U0930643

建筑工程施工技术标准

3

中国建筑第八工程局　编

中国建筑工业出版社

图书在版编目（CIP）数据

建筑工程施工技术标准. 3/中国建筑第八工程局编. —北京：中国建筑工业出版社，2005
ISBN 7-112-07260-3

Ⅰ. 建... Ⅱ. 中... Ⅲ. 建筑工程—工程施工—标准 Ⅳ. TU711

中国版本图书馆 CIP 数据核字（2005）第 016533 号

责任编辑：郦锁林
责任设计：刘向阳
责任校对：李志瑛 王金珠

建筑工程施工技术标准
3
中国建筑第八工程局 编
*
中国建筑工业出版社出版、发行（北京西郊百万庄）
新 华 书 店 经 销
北京同文印刷有限责任公司印刷
*
开本：787×1092 毫米 1/16 印张：64½ 字数：1564 千字
2005 年 3 月第一版 2005 年 3 月第一次印刷
印数：1—5000 册 定价：**118.00** 元
ISBN 7-112-07260-3
TU·6487（13214）

本社网址：http://www.china-abp.com.cn
网上书店：http://www.china-building.com.cn

《建筑工程施工技术标准》编委会

序

随着经济全球化进程的加快，技术标准已成为世界各国促进贸易、发展本国产业、规范市场秩序、推动技术创新的重要手段，在社会发展中发挥着愈来愈重要的作用。国际上有一种流行说法，叫“三流企业卖苦力，二流企业卖产品，一流企业卖技术，超一流企业卖标准”，可见，标准化建设在企业中的地位和作用是何其重要。

面对我国加入 WTO 后的新形势，企业必须尽快培育和打造出具有企业特色的核心竞争力，而企业技术标准化既是核心竞争力的重要体现，又是塑造企业核心竞争力的有效途径。企业作为独立的经济实体和社会经济活动中最活跃的细胞，既是技术标准的推动者、主导者，又是技术标准的参与者、实施者。根据国家实施标准化的战略，作为企业我们按照“以市场为主导，以企业为主体”的发展模式，适时建立自己的技术标准体系，使企业行为有法可依，促进企业运营的标准化、规范化、科学化，实现可持续发展，并以此为契机逐步形成企业在技术、管理、产品、品牌等多方面的竞争优势。这是我们启动企业技术标准化工作的出发点和落脚点。

中国建筑第八工程局（以下简称中建八局）作为我国建筑业的大型企业，一直重视标准化建设工作并取得实效。经过多年的努力和艰辛的工作，我们走出了一条“企业发展科研，科研充实标准，标准支撑企业”的发展之路，造就和培育了一支较高水平的科技研发力量。在国家新一轮规范体系正式颁布实施之际，我们抓住机遇，启动企业技术标准的编制工作，形成了建筑施工行业的这套企业技术标准，期望能在未来的市场竞争中，规范企业的经营生产行为，指导企业的理性发展。

本系列技术标准是我局技术人员辛勤劳动和智慧的结晶，也是中建八局职工实践的总结。我们将本系列标准作为中建八局对国家和地方行业主管部门的谢礼，作为我们向我国建筑业同行的学习媒介，希望通过它的出版，为进一步促进和推动中国建筑企业技术标准建设的快速稳步发展尽绵薄之力。

本系列标准在编制过程中，得到了下列专家的热情帮助和指导：叶可明、徐正忠、桂业琨、叶林标、徐有邻、侯兆欣、侯忠良、张昌叙、王允恭、熊杰民、哈成德、张耀良、钱大治、宋波、陈凤旺、孙述璞、赵志缙等，在此一并表示深切的感谢。

中国建筑第八工程局局长　梁新向

前　言

为应对我国加入 WTO 组织和国家关于标准化建设体制改革的新形势，根据《中国建筑第八工程局十五科技发展规划》的要求，于 2002 年初启动了《建筑工程施工技术标准》的编制工作。

《建筑工程施工技术标准》编制工作是一项工作量大、涉及面广的系统工程，为此，我们首先从房屋建筑工程分部分项施工技术标准着手，逐步形成覆盖全企业生产经营全部领域的系列标准。在标准编制中，在结构上与中国建筑工程总公司施工工艺标准靠近，在内容上尽量宽泛和具体，以强化可实施性，同时体现集团企业标准的一致性。另外考虑到企业技术标准的实施与管理紧密相关，我们将部分质量、安全、环境的管理内容融入其中，意在使管理与技术协同进步。此外，施工组织设计、技术交底等是我局多年坚持较好的制度，本标准将其列入并作为内控的标准之一加以规范，目的在于进一步提升和培育我局在这方面的优势。再者，建筑施工临时设施往往是安全事故的多发区段，我们组织人员对国家现行标准、法规及部分地方规程进行收集整合，进而形成脚手架、塔吊、井架物料提升机、室外电梯等安装与拆除及使用的工艺技术标准，其目的是进一步规范项目人员的操作行为，同时解决我局施工面广、施工人员查阅资料难的矛盾。本套系列标准具有以下五个特点：

全面性：本标准内容全面，包括施工工艺、施工技术、施工管理的内容，凡国家验收规范中有的分部、分项工程，标准中均有相应的施工工艺与之对应。一个分项有多种施工工艺和材料的，尽量将各种工艺均纳入本标准，以适应我局在全国各地施工的要求。

先进性：淘汰落后的施工工艺，如菱苦土地面工艺等；引进较成熟和先进的施工工艺，如：复合木地板、旋挖桩、多支盘桩、泵压成桩施工工艺等，还将我局多年来创优质工程中的成熟做法纳入其中。

可操作性：一是只要严格按照本标准施工就能够满足国家验收标准的有关规定要求，不会出现质量问题；二是工艺流程严格按施工工序编写，施工要点既简明扼要又突出技术和质量控制环节，可在编制施工组织设计、施工技术交底时直接引用。

资料性：针对我局施工项目分散，查找资料困难的特点，本标准将施工准备、常用材料、常用工具、施工现场条件、工地验收检验取样、施工工艺、安全环保管理和技术内容列入，还纳入现行国家质量验收标准和验收表格，涵盖了从施工准备到验收的全过程，相当于一套施工手册。

知识性：在编写中，对新工艺、新材料、新机具尽量进行了较全面的介绍，可作为初、中级技术人员的一套完整的学习培训教材。

本系列标准分一、二、三、四册，由 17 个单项标准构成。其中第一册是与主体结构相关的分部分项工程；第二册是涉及室内装饰装修及屋面工程施工方面的内容；第三册主要是设备安装和智能工程施工；第四册主要包括钢结构工程、电梯工程及施工设施和技术管理的内容。

目前，围绕房屋建筑施工领域的企业标准编制工作已初步完成。然而，持续改进和提高的工作是没有尽头的。另外，标准贯彻实施的任务更是繁重，我们将以百尺竿头、不懈上攀的精神，在较短时间内将企业标准覆盖企业全领域的目标，并尽快建立我局以企业标准化建设为核心的科技工作体系，推进我局的持续发展。

由于时间紧迫，工作量大，加之水平有限，肯定存在不少错误，恳请业内专家学者提出批评意见。

中国建筑第八工程局总工程师　肖绪文

总　目　录

1

2

3

4

目　录

建筑给水排水及采暖工程施工技术标准

Technical standard for construction of building
water supply drainage and heating engineering

ZJQ 08—SGJB 242—2005

编 制 说 明

本标准是根据中建八局《关于〈施工技术标准〉编制工作安排的通知》（局科字［2002］348号）文的要求，由中建八局会同中建八局安装公司和中建八局第一建筑公司共同编制。

在编写过程中，编写组认真学习和研究了国家《建筑工程施工质量验收统一标准》GB 50300—2001、《建筑给水排水及采暖工程施工质量验收规范》GB 50242—2002，结合本企业建筑给水排水及采暖工程的施工经验进行编制。并组织本企业内、外专家经专项审查后定稿。

为方便配套使用，本标准在章节编排上与《建筑给水排水及采暖工程施工质量验收规范》GB 50242—2002 保持对应关系。主要是：总则，术语，基本规定，室内给水系统安装、室内排水系统安装、室内热水供应系统安装、卫生器具安装、室内采暖系统安装、室内给水管网安装、室外排水管网安装、室外供热管网安装、建筑中水系统及游泳池水系统安装、供热锅炉及辅助设备安装和分部（子分部）子单位工程质量验收等十四章。其主要内容包括技术和质量管理、施工工艺和方法要点、质量标准和验收三大部分。

标准中有关国家规范中的强制性条文以黑体字列出，必须严格执行。

为了持续提高本标准的水平，请各单位在执行本标准过程中，注意总结经验，积累资料，随时将有关意见和建议反馈给中建八局技术质量部（通讯地址：上海市浦东新区源深路269号，邮政编码：200135），以供修订时参考。

本标准主要编写和审核人员：

主　　编：杨春沛

副 主 编：崔玉章　苗冬梅

主要参编人：陈　静　朱建平　蒋永宏　霍长干　赵民生

审 核 专 家：肖绪文　王玉岭

1 总　　则

1.0.1 为了加强施工技术管理，规范建筑给水、排水及采暖工程的施工工艺，在符合设计要求、满足使用功能和国家相关标准（规范、规程等）的条件下，达到技术先进、经济合理，保证工程质量、环境保护和安全施工，制定本标准。

1.0.2 本标准适用于建筑给水、排水及采暖工程的施工及质量验收。

1.0.3 建筑给水、排水及采暖工程施工中采用的工程技术文件、承包合同文件对施工质量验收的要求不得低于本标准的规定。

1.0.4 本标准依据现行国家标准《建筑工程施工质量验收统一标准》GB 50300—2001、《建筑给水排水及采暖工程施工质量验收规范》GB 50242—2002 等的要求进行编制，并与其配套使用。

1.0.5 建筑给水、排水及采暖工程施工应具备下列条件：

1 设计及其他技术文件齐全，并业经会审。

2 按批准的施工方案已进行技术交底。

3 材料、施工力量、机具等能保证正常施工。

4 施工场地及施工用水、电等临时设施，能满足施工需要。

1.0.6 建筑给水、排水及采暖工程的施工，应与建筑及其他有关专业工种密切配合。在施工过程中应做好质量检验评定，保证工程质量达到国家标准和设计要求。

1.0.7 建筑给水、排水及采暖工程的施工及质量验收除应执行本施工技术标准外，尚应符合国家现行有关标准、规范及地方相关标准的规定。

1.0.8 建筑给水、排水及采暖工程的施工应根据设计图纸的要求进行，所用的材料应按照设计要求选用，并应符合现行材料标准的规定。施工工艺应按本标准执行。凡本标准无规定的新材料、新工艺应根据产品说明书或工艺说明书的有关技术要求（必要时通过试验），制定操作工艺标准，并经法人层次总工程师审批后方可使用。

2 术 语

2.0.1 给水系统 water supply system

通过管道及辅助设备，按照建筑物和用户的生产、生活和消防的需要，有组织的输送到用水地点的网络。

2.0.2 排水系统 drainage system

通过管道及辅助设备，把屋面雨水及生活和生产过程所产生的污水、废水及时排放出去的网络。

2.0.3 热水供应系统 hot water supply system

为满足人们在生活和生产过程中对水温的某些特定要求而由管道及辅助设备组成的输送热水的网络。

2.0.4 卫生器具 sanitary fixtues

用来满足人们日常生活中各种卫生要求、收集和排放生活及生产中的污水、废水的设备。

2.0.5 给水配件 water supply fittings

在给水和热水供应系统中，用以调节、分配水量和水压，关断和改变水流方向的各种管件、阀门和水嘴的统称。

2.0.6 建筑中水系统 intemediate water system of building

以建筑物的冷却水、沐浴排水、盥洗排水、洗衣排水等为水源，经过物理、化学方法的工艺处理，用于厕所冲洗便器、绿化、洗车、道路浇洒、空调冷却及水景等的供水系统为建筑中水系统。

2.0.7 辅助设备 wuxiliaris

建筑给水、排水及采暖系统中，为满足用户的各种使用功能和提高运行质量而设置的各种设备。

2.0.8 试验压力 text pressure

管道、容器或设备进行耐压强度和气密性试验规定所要达到的压力。

2.0.9 额定工作压力 rated pressure

指锅炉及压力容器出厂时所标定的最高允许工作压力。

2.0.10 管道配件 pipe fittings

管道与管道或管道与设备连接用的各种零、配件的统称。

2.0.11 固定支架 fixed trestle

限制管道在支撑点处发生轴向位移的管道支架。

2.0.12 活动支架 movable trestle

允许管道在支撑点处发生轴向位移的管道支架。

2.0.13 整装锅炉 integrative boiler

按照运输条件所允许的范围，在制造厂内完成总装整台发运的锅炉，也称快装锅炉。

2.0.14 非承压锅炉 bolier without bearing

以水为介质，锅炉本体有规定水位且运行中直接与大气相通，使用中始终与大气压强相等的固定式锅炉。

2.0.15 安全附件 safely accessory

为保证锅炉及压力容器安全运行而必须设置的附属仪表、阀门及控制装置。

2.0.16 静置设备 still equipment

在系统运行时，自身不做任何运动的设备，如水箱及各种罐类。

2.0.17 分户热计量 house hold-based heat metering

以住宅的户（套）为单位，分别计量向户内供给的热量的计量方式。

2.0.18 热计量装置 heat metering device

用以测量热媒的供热量的成套仪表及构件。

2.0.19 卡套式连接 compression joint

由带锁紧螺帽和丝扣管件组成的专用接头而进行管道连接的一种连接形式。

2.0.20 防火套管 fire-resisting sleeves

由耐火材料和阻燃剂制成的，套在硬塑料排水管外壁可阻止火势沿管道贯穿部位蔓延的短管。

2.0.21 阻火圈 firestops collar

由阻燃材料膨胀剂制成的，套在硬塑料排水管外壁可在发生火灾时将管道封堵，防止火势蔓延的套圈。

2.0.22 钢塑复合管（英方翻译，下同）

在钢管内壁衬(涂)一定厚度塑料层复合而成的管道。钢塑复合管含衬塑钢管和涂塑钢管。

2.0.23 衬塑钢管

采用紧衬复合工艺将塑料管衬于钢管内而制成的复合管。

2.0.24 涂塑钢管

采用塑料粉末涂料均匀地涂敷于钢管表面并经加工而制成的复合管。

2.0.25 沟槽式连接

在管段端部压出凹槽，通过专用卡箍，辅以橡胶密封圈，扣紧沟槽而连接的方式。

2.0.26 压槽

采用压轮将旋转的管道端部压出标准凹槽的工艺。

2.0.27 超薄壁不锈钢塑料复合管

外层为不锈钢（0Cr18Ni9 或 00Cr17Ni12Mo2）材料，其厚度不大于管材外径的 1/60，内层为符合卫生要求的塑料，塑料与不锈钢间采用热熔胶或特种胶粘剂粘合而构成的三层组合管材。根据内层材料不同，管材分为冷水用和热水用两类。

2.0.28 冷水管

内层采用符合卫生要求的高密度聚乙烯（HDPE）或硬聚氯乙烯（PVC-U），工作温度不大于 40℃。

2.0.29 热水管

内层采用符合卫生要求的耐温聚乙烯（PE-RT，PE-X）或氯化聚氯乙烯（PVC-C），长期工作温度不大于 70℃，瞬时温度不大于 90℃

3 基 本 规 定

3.1 质 量 管 理

3.1.1 建筑给水、排水及采暖工程施工现场应具有必要的施工技术标准、健全的质量管理体系和工程质量检测制度，实现施工全过程质量控制。

3.1.2 建筑给水、排水及采暖工程的施工应按照批准的工程设计文件和施工技术标准进行施工。修改设计应有设计单位出具的设计变更通知单。

3.1.3 建筑给水、排水及采暖工程的施工应编制施工组织设计或施工方案，经业主或监理工程师批准方可实施。

3.1.4 建筑室内给水、排水及采暖工程（室内部分）的分部、分项工程可按表3.1.4进行划分。

表 3.1.4 建筑给水、排水及采暖工程（室内部分）子分部、分项工程划分表

分部工程	子分部工程	分项工程
建筑给水排水及采暖工程（室内）	室内给水系统	给水管道及配件安装、室内消火栓系统安装、给水设备安装、管道防腐、绝热
	室内排水系统	排水管道及配件安装、雨水管道及配件安装
	室内热水供应系统	管道及配件安装、辅助设备安装、防腐、绝热
	卫生器具安装	卫生器具安装、卫生器具给水配件安装、卫生器具排水管道安装
	室内采暖系统	管道及配件安装、辅助设备及散热器安装、金属辐射板安装、低温热水地板辐射采暖系统安装、系统水压试验及调试、防腐、绝热
	建筑中水系统及游泳池系统	建筑中水系统管道及辅助设备安装、游泳池水系统安装
	供热锅炉及辅助设备安装	锅炉安装、辅助设备及管道安装、安全附件安装、烘炉、煮炉和试运行、换热站安装、防腐、绝热

3.1.5 给水、排水及采暖工程（室外部分）子单位、分部（子分部）分项工程可按表3.1.5进行划分。

表 3.1.5 室外给水、排水及采暖工程（室外部分）子分部、分项工程划分表

单位工程	子单位工程	分部（子分部）工程	分项工程
室外安装工程	室外给水排水及采暖工程	室外给水系统	给水管道安装、消防水泵接合器及室外消火栓安装、管沟及井室
		室外排水系统	排水管道安装、排水管沟与井池
		室外供热系统	管道及配件安装、系统水压试验及调试、防腐、绝热

3.1.6 建筑给水、排水及采暖工程的施工单位应当具有相应的资质。工程质量验收人员

应具有相应的专业技术资格。

3.1.7 建筑给水、排水及采暖工程的分项工程，应按系统、区域、施工段或楼层等划分。分项工程应划分成若干个检验批进行验收。

3.1.8 分项工程检验批验收，合格质量应符合下列规定：

1 具有施工单位相应分项合格质量的验收记录。

2 主控项目的质量抽样检验应全数合格。

3 一般项目的质量抽样检验，除有特殊要求外，计数合格率不应小于80%，且不得有严重缺陷。

3.1.9 施工单位应根据施工进度情况及时组织自检，在自检合格的基础上，报请监理（建设）单位组织验收。非总承包施工单位还应报请总承包单位派员参加。

3.1.10 检验批应由施工单位项目专业质量检查员组织自检，并填写检验批质量验收表，报请监理工程师（建设单位项目专业技术负责人）组织施工单位项目专业质量检查员等进行验收。

3.1.11 分项工程应由施工单位项目专业技术负责人组织自检，并填写分项工程质量验收表，报请监理工程师（建设单位项目专业技术负责人）组织施工单位项目专业技术负责人等进行验收。

3.1.12 子分部工程应由施工单位项目专业技术负责人组织自检，并填写子分部工程质量验收表，报请监理工程师（建设单位项目专业技术负责人）组织施工单位项目技术负责人等进行验收。

3.1.13 分部工程应由施工单位项目技术负责人组织自检，并填写分部工程质量验收表，报请总监理工程师（建设单位项目专业技术负责人）组织施工单位项目经理和有关勘察、设计单位项目负责人等进行验收。

3.1.14 单位（子单位）工程应由施工单位项目经理组织自检，并填写单位（子单位）工程质量验收表，提交工程验收报告，报请建设单位（项目）负责人组织施工（含总分包单位）、设计、监理等单位（项目）负责人等进行验收。

3.2 材料设备管理

3.2.1 建筑给水、排水及采暖工程所使用的主要材料、成品、半成品、配件、器具和设备必须具有中文质量合格证明文件，规格、型号及性能检测报告应符合国家技术标准或设计要求。

3.2.2 所有材料进场时应对品种、规格、外观等验收。包装应完好，表面无划痕及外力冲击破损。

3.2.3 主要器具和设备必须有完整的安装使用说明书。在运输、保管和施工过程中，应采取有效措施防止损坏或腐蚀。

3.2.4 阀门安装前，应作强度和严密性试验。试验应在每批（同牌号、同型号、同规格）数量中抽查10%，且不少于一个；如出现漏、裂等不合格现象时应再抽查20%，仍有不合格时则该批阀门不得使用。对于安装在主干管上起切断作用的闭路阀门，应逐个作强度和严密性试验。

3.2.5 阀门的强度和严密性试验，应符合以下规定：阀门的强度试验压力为公称压力的 1.5 倍；严密性试验压力为公称压力的 1.1 倍；试验压力在试验持续时间内应保持不变，且壳体填料及阀瓣密封面无渗漏。阀门试压的试验持续时间应不少于表 3.2.5 的规定。

表 3.2.5 阀门试验持续时间

公称直径 DN（mm）	最短试验持续时间（s）		
	严密性试验		强度试验
	金属密封	非金属密封	
≤50	15	15	15
65～200	30	15	60
250～450	60	30	180

3.2.6 管道上使用冲压弯头时，所使用的冲压弯头外径应与管道外径相同。

3.3 施工过程质量控制

3.3.1 建筑给水、排水及采暖工程与相关各专业之间，应进行交接质量检验，并形成记录。

3.3.2 隐蔽工程应在隐蔽前经验收各方检验，合格后方能隐蔽，并形成记录。

3.3.3 地下室或地下构筑物外墙有管道穿过的，应采取防水措施。对有严格防水要求的建筑物，必须采用柔性防水套管。

3.3.4 管道穿过结构伸缩缝、抗震缝及沉降缝敷设时，应根据情况采取下列保护措施：

1 在墙体两侧采取柔性连接。

2 在管道或保温层外皮上、下部留有不小于 150mm 的净空。

3 在穿墙处做成方形补偿器，水平安装。

3.3.5 在同一单位工程，同类型的采暖设备、卫生器具及管道配件，宜安装在同一高度上；在同一房间内，除有特殊要求外，应安装在同一高度上。

3.3.6 明装管道成排安装时，直线部分应互相平行。曲线部分：当管道水平或垂直并行时，应与直线部分保持等距；管道水平上下并行时，弯管部分的曲率半径应一致。

3.3.7 管道支、吊、托架的安装，应符合下列规定：

1 位置正确，埋设应平整牢固。

2 固定支架与管道接触应紧密，固定应牢靠。

3 滑动支架应灵活，滑托与滑槽两侧间应留有 3～5mm 的间隙，纵向移动量应符合设计要求。

4 无热伸长管道的吊架、吊杆应垂直安装。

5 有热伸长管道的吊架、吊杆应向热膨胀的反方向偏移。

6 固定在建筑结构上的管道支、吊架不得影响结构的安全。

3.3.8 钢管水平安装的支、吊架间距不应大于表 3.3.8 的规定。

表 3.3.8 钢管管道支架的最大间距

公称直径（mm）		15	20	25	32	40	50	70	80	100	125	150	200	250	300
支架的最大间距（m）	保温管	2	2.5	2.5	2.5	3	3	4	4	4.5	6	7	7	8	8.5
	不保温管	2.5	3	3.5	4	4.5	5	6	6	6.5	7	8	9.5	11	12

3.3.9 采暖、给水及热水供应系统的塑料管及复合管垂直或水平安装的支架间距应符合

表3.3.9的规定。采用金属制作的管道支架，应在管道与支架间加衬非金属垫或套管。

表3.3.9 塑料管及复合管管道支架的最大间距

管径（mm）			12	14	16	18	20	25	32	40	50	63	75	90	110
最大间距（m）	立管		0.5	0.6	0.7	0.8	0.9	1.0	1.1	1.3	1.6	1.8	2.0	2.2	2.4
	水平管	冷水管	0.4	0.4	0.5	0.5	0.6	0.7	0.8	0.9	1.0	1.1	1.2	1.35	1.55
		热水管	0.2	0.2	0.25	0.3	0.3	0.35	0.4	0.5	0.6	0.7	0.8		

3.3.10 铜管垂直或水平安装的支架间距应符合表3.3.10的规定。

表3.3.10 铜管管道支架的最大间距

公称直径（mm）		15	20	25	32	40	50	65	80	100	125	150	200
支架的最大间距（m）	垂直管	1.8	2.4	2.4	3.0	3.0	3.0	3.5	3.5	3.5	3.5	4.0	4.0
	水平管	1.2	1.8	1.8	2.4	2.4	2.4	3.0	3.0	3.0	3.0	3.5	3.5

3.3.11 采暖、给水及热水供应系统的金属管道立管管卡安装应符合下列规定：

1 楼层高度小于或等于5m，每层必须安装1个。

2 楼层高度大于5m，每层不得少于2个。

3 管卡安装高度，距地面应为1.5~1.8m，2个以上管卡应匀称安装，同一单位工程中管卡宜安装在同一高度上；同一房间内管卡应安装在同一高度上。

3.3.12 管道及管道支墩（座），严禁铺设在冻土和未经处理的松土上。

3.3.13 管道穿过墙壁和楼板，宜设置金属或塑料套管。安装在楼板内的套管，其顶部应高出装饰地面20mm；安装在卫生间及厨房内的套管，其顶部应高出装饰地面50mm；底部应与楼板底面相平；安装在墙壁内的套管其两端与饰面相平。穿过楼板的套管与管道之间缝隙应均匀且应用阻燃密实材料和防水油膏填实，端面光滑平整。穿墙套管与管道之间缝隙应均匀宜用阻燃型密实材料填实，且端面应光滑平整。管道的接口不得设在套管内。

3.3.14 弯制钢管，弯曲半径应符合下列规定：

1 热弯：应不小于管道外径的3.5倍；

2 冷弯：应不小于管道外径的4倍；

3 焊接弯头：应不小于管道外径的1.5倍；

4 冲压弯头：应不小于管道外径。

3.3.15 管道接口应符合下列规定：

1 管道接口采用粘接接口，管端插入承口的深度不得小于表3.3.15的规定。

表3.3.15 管端插入承口的深度

公称直径（mm）	20	25	32	40	50	75	100	125	150
插入深度（mm）	16	19	22	26	31	44	61	69	80

2 熔接连接管道的结合面应有一均匀的熔接圈，不得出现局部熔瘤或熔接圈凹凸不匀现象。

3 采用橡胶圈接口的管道，允许沿曲线敷设，每个接口的最大偏转角不得超过2°。

4 法兰连接时衬垫不得凸入管内，其外边缘接近螺栓孔为宜。不得安放双垫或偏垫。

5 连接法兰的螺栓，直径和长度应符合标准，拧紧后，突出螺母的长度不应大于螺杆直径的1/2。

6 螺纹连接管道安装后的管螺纹根部应有2~3扣的外露螺纹，多余的麻丝或生料带应清理干净，清除油污后做相应防腐处理。

7 承插口采用水泥捻口时，油麻必须清洁、填塞密实，水泥应捻入并密实饱满，其接口面凹入承口边缘的深度不得大于2mm。

8 卡箍（套）式连接两管口端应平整、无缝隙，沟槽应均匀，卡紧螺栓后管道应平直，卡箍（套）安装方向应一致。

3.3.16 各种承压管道系统和设备应做水压试验，非承压管道系统和设备应做灌水试验。

3.3.17 管道和设备安装前，必须清除内部污垢和杂物；安装中断或完毕的敞口处应临时封闭。

3.3.18 给水和采暖系统在使用前，应用水冲洗，直到将污浊物冲干净为止。

3.3.19 管的螺纹应规整，如有断丝或缺丝，不得大于螺丝全部丝扣数的10%。

3.3.20 弯制方形钢管补偿器，宜用整根管弯成；如需接口，其焊口应设在管道垂直臂的中间。

3.3.21 方形补偿器水平安装，应与管道坡度一致，垂直安装应有排气装置。

3.3.22 安装补偿器，应做预拉伸。如设计无要求，套管补偿器预拉长度应符合表3.3.22规定；方形补偿器预拉长度等于1/2ΔX。预拉长度允许偏差：套管补偿器为+5mm，方形补偿器为+10mm。管道热伸长应按下列公式计算：

$$\Delta X = 0.012(t_1 - t_2)L$$

式中 ΔX——管道热伸长（mm）；

t_1——热媒温度（℃）；

t_2——安装时环境温度（℃）；

L——管道长度（m）。

表3.3.22 套管补偿器预拉长度

补偿器规格（mm）	15	20	25	32	40	50	65	75	80	100	125	150
拉出长度（mm）	20	20	30	30	40	40	56	56	59	59	59	63

3.4 环保措施

3.4.1 所有建筑给水、排水及采暖工程使用的材料必须符合国家环保要求。

3.4.2 建筑给水（特别是生活饮用给水系统）的材料（含附属材料）必须符合国家饮用水卫生标准，不含有毒及其他污染物质，并提供相应的证明文件。

3.4.3 建筑给水、排水及采暖工程的施工过程应保持环境整洁，并有相应防护措施。

3.4.4 本标准范围内工程所产生的建筑废料及垃圾不得随意丢弃，应分类堆集，按国家和地方规定的废弃物排放标准及环境管理方案的要求进行收集、排放及其他方式处理。

3.4.5 对工程试验用的废水废料应严格进行检验，符合排放标准的按指定地点排放，不符合排放标准的应进行处理，直至符合国家和地方的环保要求。

3.4.6 对工程施工过程中可能产生的粉尘、噪音污染应有严格的防护隔离措施。

3.4.7 施工人员应具有环保意识，做到工完场清。

3.5 安 全 措 施

3.5.1 施工现场的所有施工人员，必须经过安全技术教育，方可进入施工现场施工作业。

3.5.2 在编制施工组织设计或施工方案中，应有相应的安全技术措施。施工前，在进行技术交底的同时，必须进行安全技术交底，并做好安全技术交底记录，所有参加人员签字。

3.5.3 参加施工的人员，必须认真学习和熟悉安全生产法规和本工种安全技术操作规程，严格遵守相关法规和规程。

3.5.4 所在施工人员必须严格履行各自的安全生产职责。

3.5.5 凡遇强风、雷雨、大雾时，严禁露天高处作业。

4 室内给水系统安装

4.1 一 般 规 定

4.1.1 本章适用于工作压力不大于1.0MPa的室内给水和消火栓系统管道安装工程，包括室内生活给水系统，消火栓系统管道及设备安装，不含室内消防气体灭火系统及燃气系统等管道及设备安装。

4.1.2 给水管道材质有给水铸铁管、镀锌钢管（热浸镀锌、电镀）、焊接钢管、无缝钢管、螺旋钢管、铝塑复合管、钢塑复合管（衬塑钢管、涂塑钢管）、超薄壁不锈钢塑料复合管、给水硬聚氯乙烯管（PVC-U）、给水用改性聚丙烯（PP-R）管、铜管等。材料相关要求见附录A～E。

4.1.3 给水管道必须采用与管材相适应的管件。生活给水系统所涉及的材料必须达到饮用水卫生标准。

4.1.4 管径小于或等于100mm的镀锌钢管应采用螺纹连接，套丝扣时破坏的镀锌层表面及外露螺纹部分应做防腐处理；管径大于100mm的镀锌钢管应采用法兰或卡套式专用管件连接，镀锌钢管与法兰的焊接处应二次镀锌。

4.1.5 给水塑料管和复合管可以采用橡胶圈接口、粘接接口、热熔接口、卡套式或沟槽式专用管件连接及法兰连接等形式。塑料管和复合管与金属管件、阀门等的连接应使用专用管件连接。不得在塑料管上套丝。

4.1.6 无缝钢管、螺旋焊接钢管采用焊接或法兰方式连接。

4.1.7 给水铸铁管管道应采用水泥捻口或橡胶圈接口方式进行连接。

4.1.8 铜管连接可采用专用接头或焊接，当管径小于22mm时宜采用承插或套管焊接，承口应迎介质流向安装；当管径大于或等于22mm时宜采用对口焊接。

4.1.9 给水立管和装有3个或3个以上配水点的支管始端，均应安装可折卸的连接件。

4.1.10 冷、热水管道同时安装应符合下列规定：

1 上、下平行安装时热水管应在冷水管上方。

2 垂直平行安装时热水管应在冷水管左侧。

4.1.11 建筑给水、排水及采暖工程与相关各专业之间，应进行交接质量检验，并形成记录。

4.1.12 隐蔽工程应在隐蔽前经验收各方检验合格后，才能隐蔽，并形成记录。

4.1.13 管道穿过结构伸缩缝、抗震缝及沉降缝敷设时，应根据情况采取下列措施：

1 在墙体两侧采取柔性连接。

2 在管道或保温层外皮上、下部留有不小于150mm的净空。

3 在穿墙处做成方形补偿器，水平安装。

4.1.14 明装管道成排安装时，直线部分应互相平行。曲线部分：当管道水平或垂直并行时，应与直线部分保持等距；管道水平上下并行时，弯管部分的曲率半径应一致。

4.2 给水管道及配件安装

4.2.1 施工准备

4.2.1.1 技术准备

1 所有安装项目的设计图纸已具备，并且已经过图纸会审和设计交底；

2 施工方案已编制完成并获得批准；

3 施工技术人员向班组做了图纸和施工技术交底。

4.2.1.2 材料准备

1 给水铸铁管、镀锌钢管（热浸镀锌、电镀）、焊接钢管、无缝钢管、螺旋钢管、铝塑复合管、钢塑复合管（衬塑钢管、涂塑钢管）、超薄壁不锈钢塑料复合管、给水硬聚氯乙烯管（PVC-U）、给水用改性聚丙烯（PP-R）管、铜管等及相配套管件。

2 阀门、水表。

3 防腐底漆、面漆涂料；沥青、溶剂和稀释剂、各类保温材料。

4 砂布、砂轮片、干净棉布块、干净棉纱、抹布、粗砂纸、劈材、煤。

4.2.1.3 主要机具

1 机械：套丝机、台钻、电锤、手电钻、砂轮切割机、电锯、金钢砂轮、电焊机、电动试压泵、滚槽机、弯管机、喷枪、空气压缩机、除锈机及管材生产厂家配套机械等。

2 工具：套丝板、圆丝盘、管钳、链钳、台虎钳、割刀、手锯、手锤、大锤、錾子、扁铲、捻凿、麻钎、螺丝板、活动扳手、煨弯器、手压泵、断管器、克丝钳、螺丝刀、气焊工具、刮刀、锉刀、钢丝锯、砂布、砂纸、刷子、棉纱、沥青锅、钢剪、布剪、剁子、弯钩、铁锹、灰桶、捻灰器、平抹子、圆弧抹子及管材生产厂家配套机具等。

3 计量器具：钢卷尺、钢板尺、角尺、水平尺、线坠、卡尺、焊口检测器、小线、压力表、钢针、靠尺、楔形塞尺等。

4.2.1.4 作业条件

1 根据施工方案安排好适当的现场工作场地、工作棚、料具库，在管道层、地下室、地沟内操作时，要接通低压照明灯。

2 地下管道铺设必须在回填土夯实或挖到管底标高，沿管线铺设位置清理干净，管道穿墙处已留管洞或安装套管，其洞口尺寸和套管规格符合要求，坐标、标高正确。浇注楼板孔洞、堵抹墙洞工作在土建装修工程开始前完成。

3 暗装管道应在地沟未盖盖板或吊顶未封闭前进行安装，其型钢支架均应安装完毕并符合要求。

4 明装托、吊干管安装必须在安装层的结构顶板完成后进行。沿管线安装位置的模板及杂物清理干净，托吊卡均已安装牢固，位置正确。

5 立管安装应在主体结构完成后进行。高层建筑在主体结构达到安装条件后，适当插入进行。每层均应有明确的标高线，暗装立管竖井管道，应把竖井内的模板及杂物清除干净，并有防坠落措施。

6 支管安装（包括暗装支管）应在墙体砌筑完毕，墙面未装修前进行。

4.2.2 材料质量控制

1 材料质量控制除应符合本标准第 3.2 节“材料设备管理”的规定外，尚应满足其他有关要求。

2 所有材料使用前应做好产品标识，注明产品名称、规格型号、批号、数量、生产日期和检验代码等，并确保材料具有可追溯性。

3 铸铁给水管及管件的规格应符合设计压力要求，管壁薄厚均匀，内外光滑整洁，不得有砂眼、裂纹、毛刺和疙瘩；承插口的内外径及管件应造型规矩，管内外表面的防腐涂层应整洁均匀，附着牢固。

4 镀锌碳素钢管及管件的规格种类应符合设计要求，管壁内外镀锌均匀，无锈蚀、无飞刺。管件无偏扣、乱扣，丝扣不全或角度不准等现象。

5 铝塑管、超薄壁不锈钢塑料复合管、给水用改性聚丙烯（PP-R）管、给水硬聚氯乙烯管、铜管等的相关要求见附录。

6 给水管材试验项目与取用按照表执行。

表 4.2.2 给水管材试验项目与取用规定参考表

<table>
<tr><th>序号</th><th>材料名称及相关标准、规范代号</th><th>试 验 项 目</th><th colspan="2">组批原则及取样规定</th></tr>
<tr><td rowspan="2">1</td><td rowspan="2">给水用硬聚氯乙烯（PVC-U）管材（GB/T 10002.1—1996）</td><td rowspan="2">必试：生活饮用给水管材的卫生性能。
选试：纵向回缩率、二氯甲烷浸渍试验、液压试验</td><td colspan="2">1）同一生产厂、同一批原料、同一配方和工艺情况下生产的同规格的管材每 100t 为一检验批，不足 100t 也按一批计。
2）抽样方案见下表：</td></tr>
<tr><td>批量范围（N）</td><td>样本大小（n）</td></tr>
<tr><td>2</td><td>给水用聚乙烯（PE）管材
（GB/T 13663.1—2000）
（GB/T 17219.1—1998）</td><td>必试：生活饮用给水管材的卫生性能。
选试：静液压强度（80℃）、断裂伸长率、氧化诱导时间</td><td>≤150
151～280
280～500
501～1200
1201～3200
3201～10000</td><td>8
13
20
32
50
80</td></tr>
<tr><td colspan="5">注：“必试”为工程管理过程中对材料进行验收时必须实验的项目；
“选试”为根据需要有选择进行的实验项目。</td></tr>
</table>

7 水表的规格应符合设计要求并经质量监督检验和计量机构检验合格，热水系统选用符合温度要求的热水表。表壳铸造规矩，无砂眼、裂纹，表玻璃无损坏，铅封完整，有出厂合格证。

8 阀门的规格型号应符合设计要求，热水系统阀门符合温度要求。阀体铸造规矩，表面光洁，无裂纹、开关灵活，关闭严密，填料密封完好无渗漏，手轮无损坏，有出厂合格证。

9 试验合格的阀门，应及时排尽内部积水，并吹干。密封面上应涂防锈油，关闭阀门，封闭出入口，做出明显的标记，并应按规定格式填写“阀门试验记录”。

10 管道组成件及管道支承件在施工过程中应妥善保管，不得混淆或损坏，其色标或标记应明显清晰。材质为不锈钢、有色金属（铜及铜合金）的管道组成件及管道支承件，在储存期间不得与碳素钢接触。暂时不进行安装的管道，应封闭管口。

4.2.3 施工工艺

4.2.3.1 工艺流程

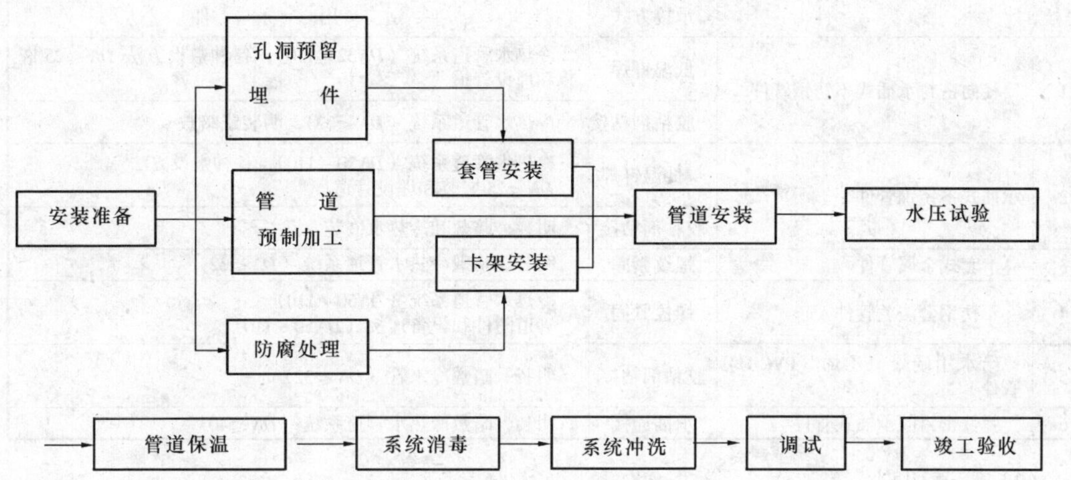

4.2.3.2 施工要点

1 管道预制加工

(1) 管道的连接方式一般按设计要求，当设计没要求时可根据管道系统不同的材质、不同的工作压力、不同的温度、不同的安装位置的等情况确定管道连接方式，参见表4.2.3.2-1。

表 4.2.3.2-1 管材、连接方式、切割机具选用表

序号	管材选用	连接方式	切割机具
1	给水铸铁管	水泥捻口或橡胶圈接口	管道截断器或砂轮切割机
2	镀锌钢管（热浸镀锌、电镀）	（$DN \leqslant 100$）丝扣连接 （$DN \geqslant 100$）沟槽式连接或法兰连接	手锯、切割机或氧乙炔火焰
3	焊接钢管	丝扣连接或焊接	手锯、切割机或氧乙炔火焰
4	无缝钢管	焊接、丝扣连接（较少用）	切割机或氧乙炔火焰
5	螺旋钢管	焊接	氧乙炔火焰
6	钢塑复合管（衬塑钢管、涂塑钢管）	丝扣、法兰、沟槽式连接	锯床、盘锯、手锯
7	铝塑复合管	卡套式连接	专用管剪、管道割刀
8	超薄壁不锈钢塑料复合管	螺纹紧固、螺栓紧固、承插连接、低温钎焊、胶接	手工割刀、专用机械切割机
9	给水硬聚氯乙烯管（PVC-U）	胶粘剂粘接	细齿锯、割刀、专用断管机
10	给水用改性聚丙烯（PP-R）管	热熔接	切管器
11	铜管	焊接或专用接头	钢锯、砂轮锯
12	不锈钢管	焊接或专用接头	专用钢锯、专用机械切割机
13	阀门、水表等附件、管件与管道连接	丝扣连接、法兰连接	

(2) 超薄壁不锈钢塑料复合管管材、管件不同的连接方式和适用条件应符合表4.2.3.2-2的规定。

表 4.2.3.2-2　超薄壁不锈钢塑料复合管管材、管件连接方式选用表

序号	管　　件	承接方式	适　用　条　件
1	径向密封承插式不锈钢管件	低温钎焊	冷热水管道系统（DN32～110），各种敷设方法 DN≤25 嵌装和埋设管道
		胶粘剂粘接	冷热水管道系统（DN≤32），明装或暗敷
2	承插式不锈钢管件	低温钎焊	冷热水管道系统（DN20～110），各种敷设方法 DN≤25 嵌装和埋设管道
		胶粘剂粘接	明装、暗敷和冷热水嵌装
3	卡套式金属管件	螺纹紧固	明装、暗敷冷热水管道系统（DN≤32）
4	不锈钢套法兰管件	螺栓紧固	冷热水管道系统（DN50～110） 管道附件和设备连接（DN50～110）
5	给水用硬聚氯乙烯（PVC-U）管件	胶粘剂粘接	明装、暗敷冷水管（DN≤32）
6	弹性密封圈承插式管件	承插连接	明装、暗敷冷热水管道系统（DN≤40）

（3）管道切割

1）管道截断根据不同的材质采用不同的工具，见表 4.2.3.2-1。

2）碳素钢管宜采用机械方法切割。当采用氧乙炔火焰切割时，必须保证尺寸正确和表面平整。

3）不锈钢管宜采用机械方法或等离子方法切割。不锈钢管用砂轮切割或修磨时，应使用专用砂轮片。

4）断管：根据现场测绘草图，在选好的管材上画线，按线断管。管道切断前应移植原有标记。

a　用砂轮锯断管，应将管材放在砂轮锯卡钳上，对准画线卡牢，进行断管。断管时压手柄用力要均匀，不要用力过猛。断管后要将管口断面的铁膜、毛刺清除干净。

b　用手锯断管，应将管材固定在台虎钳的压力钳内，将锯条对准画线，双手推锯，锯条要保持与管的轴线垂直，推拉锯用力要均匀，锯口要锯到底，不准将未切完的管道扭断或折断，以防管口断面变形。

c　钢管切口质量应符合下列规定：

——切口表面应平整，无裂纹、重皮、毛刺、凸凹、缩口、熔渣、氧化物、铁屑等。

——切口端面倾斜偏差 Δ（图 4.2.3.2-1）不应大于管道外径的 1%，且不超过 3mm。

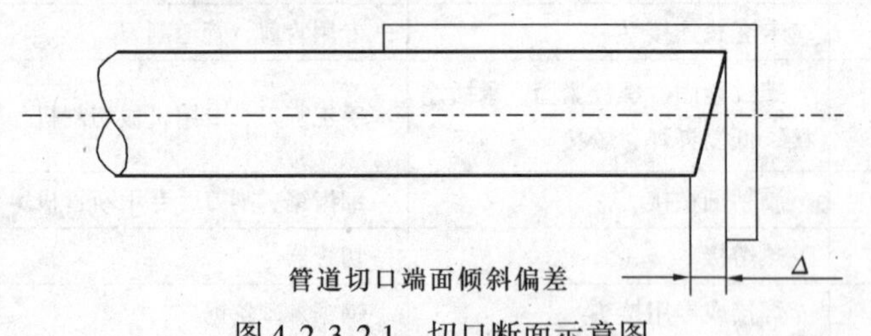

图 4.2.3.2-1　切口断面示意图

d　钢塑复合管截管宜采用锯床，不得采用砂轮切割。当采用盘锯切割时，其转速不得大于 800r/min；当采用手工锯截管时，其锯面应垂直于管轴心。

e　超薄壁不锈钢塑料复合管管道在安装前发现管材有纵向弯曲的管段时，应采用手工方法进行校直，不得锤击划伤。管道在施工中不得抛、摔、踏踩。

f　超薄壁不锈钢塑料复合管 DN≤50mm 的管材宜使用专用割刀手工断料，或专用机械切割机断料；DN>50mm 的管材宜使用专用机械切割机断料。手工割刀应有良好的同圆性。

g　铝塑复合管管道：公称外径不大于 32mm 的管道，安装时应先将管卷展开、调直。截断管道应使用专用管剪或割刀。

h　给水硬聚氯乙烯管道：断管工具宜选用细齿锯、割刀或专用断管机具；断管时，断管应平整，并垂直于管轴线；应去掉断口处的毛刺和毛边，并倒角。倒角坡度宜为 10°~15°，倒角长度宜为 2.5~3.0mm。

i　铜管调直：铜及铜合金管道的调直应先将管内充沙，然后用调直器进行调直；也可将充砂管放在平板或工作台上，并在其上铺放木垫板，再用橡皮锤、木锤或方木沿管身轻轻敲击，逐段调直。调直过程中注意用力不能过大，不得使管道表面产生锤痕、凹坑、划痕或粗糙的痕迹。调直后应将管内的残砂等清理干净。

j　铜管切割：铜及铜合金管的切割可采用钢锯、砂轮锯，但不得采用氧-乙炔焰切割。铜及铜合金管坡口加工采用锉刀或坡口机，但不得采用氧-乙炔焰来切割加工。夹持铜管的台虎钳钳口两侧应垫以木板衬垫，以防夹伤管道。

（4）弯管

1）根据管道材质和管径的不同，弯管制作有冷弯和热弯之分。

2）弯管宜采用壁厚为正公差的管道制作。

3）有缝钢管制作弯管时，焊缝应避开受拉（压）区。

4）弯制钢管，弯曲半径应符合下列规定：

热弯：应不小于管道外径的 3.5 倍；

冷弯：应不小于管道外径的 4 倍；

焊接弯头：应不小于管道外径的 1.5 倍；

冲压弯头：应不小于管道外径。

5）钢管应在其材料特性允许范围内冷弯或热弯。

6）加热制作弯管时，铜管加热温度范围为 500~600℃；铜合金管加热温度范围为 600~700℃。

7）弯管质量应符合下列规定：

a　不得有裂纹（目测或依据设计文件规定）；

b　不得存在过烧、分层等缺陷；

c　不宜有皱纹；

d　测量弯管任一截面上的最大外径与最小外径差，应符合表 4.2.3.2-3 规定；

e　各类金属管道的弯管，管端中心偏差值 Δ 不得超过 3mm/m，当直管长度 L 大于 3m 时，其偏差不得超过 10mm。

8）Π 形弯管的平面度允许偏差 Δ 应符合表 4.2.3.2-4 规定。

9）钢塑复合管管径不大于50mm时可用弯管机冷弯，但其弯曲半径不得小于8倍管

表 4.2.3.2-3　弯管最大外径与最小外径之差

管子类别	最大外径与最小外径之差
钢　管	为制作弯管前管道外径的 8%
铜　管	为制作弯管前管道外径的 9%
铜合金管	为制作弯管前管道外径的 8%

表 4.2.3.2-4　Π 形弯管的平面度允许偏差 Δ（mm）

长度 L	<500	500—1000	>1000—1500	>1500
平面度 Δ	≤3	≤4	≤6	≤10

径，弯曲角度不得大于10°。

10）管道转弯处宜采用管件连接。$DN \leqslant 32$ 的管材，当采用直管材折曲转弯时，其弯曲半径不应小于 $12DN$，且在弯曲时应套有相应口径的弹簧管。管道弯曲部位不得有凹陷和起皱现象。

11）铝塑复合管直接弯曲时，公称外径 De 不大于25mm的管道可采用在管内放置专用弹簧弯曲；公称外径 De 为32mm的管道宜采用专用弯管器弯管。

12）铜管弯管：铜及铜合金管煨弯时尽量不用热煨，因热煨后管内填充物（如河砂、松香等）不宜清除。一般管径在100mm以下者采用弯管机冷弯；管径在100mm以上者采用压制弯头或焊接弯头。铜弯管的直边长度不应小于管径，且不少于30mm。

a　热煨弯（一般用于黄铜管）

a）先将管内充入无杂质的干细沙，并用木锤敲实，然后用木塞堵住两端口，再在管壁上画出加热长度的记号，应使弯管的直边长度不小于其管径，且不小于30mm。

b）用木碳对管身的加热段进行加热，如采用焦炭加热，应在关闭炭炉吹风机的条件下进行，并不断转动管道，使加热均匀。

c）当加热至400～500℃时，迅速取出管道放在胎具上弯制，在弯制过程中不得在管身上浇水冷却。

d）热煨弯后，管内不易清除的河沙可用浓度15%～20%的氢氟酸在管内存留3h使其溶蚀，再用10%～15%的碱中和，以干净的热水冲洗，再在120～150℃温度下经3～4h烘干。

b　冷煨弯（一般用于紫铜管）

a）先将管内充入无杂质的干细沙，并用木锤敲实，然后用木塞堵住两端口，再在管壁上画出加热长度的记号，应使弯管的直边长度不小于其管径，且不小于30mm。

b）用木碳对管身的加热段进行加热，如采用焦炭加热，应在关闭炭炉吹风机的条件下进行，并不断转动管道，使加热均匀。

c）当加热至540℃时，迅速取出管道，并对其加热部分浇水骤冷，待其冷却后再在胎具上弯制。

（5）钢管管道丝扣连接

螺纹连接管道安装后的管螺纹根部应有2～3扣的外露螺纹，多余的麻丝等填料应清理干净并做防腐处理。

1）套丝：将断好的管材，按管径尺寸分次套制丝扣，一般以管径15～32mm者套二次，40～50mm者套三次，70mm以上者套3～4次为宜。

a　用套丝机套丝，将管材夹在套丝机卡盘上，留出适当长度将卡盘夹紧，对准板套号码，上好板牙，按管径对好刻度的适当位置，紧住固定板机，将润滑剂管对准丝头，开机推板，待丝扣套到适当长度，轻轻松板机。

b　用手工套丝板套丝，先松开固定板机，把套丝板板盘退到零度，按顺序号上好板牙，把板盘对准所需刻度，拧紧固定板机，将管材放在台虎钳压力钳内，留出适当长度卡紧，将套丝板轻轻套入管材，使其松紧适度，而后两手推套丝板，带上2～3扣，再站到侧面扳转套丝板，用力要均匀，待丝扣即将套成时，轻轻松开板机，开机退板，保持丝扣应锥度。管道螺纹长度尺寸详见表4.2.3.2-5。

表 4.2.3.2-5　管道螺纹长度尺寸表

项次	公称直径		普通丝头		长丝（联设备）		短丝（联阀门类）	
	（mm）	（英寸）	长度（mm）	螺纹数	长度（mm）	螺纹数	长度（mm）	螺纹数
1	15	1/2	14	8	50	28	12.0	6.5
2	20	3/4	16	9	55	30	13.5	7.5
3	25	1	18	8	60	26	15.0	6.5
4	32	1¼	20	9			17.0	7.5
5	40	1½	22	10			19.0	8.0
6	50	2	24	11			21.0	9.0
7	70	2½	27	12				
8	80	3	30	13				
9	100	4	33	14				
注：螺纹长度均包括螺尾在内。								

2）配装管件：根据现场测绘草图，将已套好丝扣的管材，配装管件。

a　配装管件时应将所需管件带入管丝扣，试试松紧度（一般用手带入 3 扣为宜），在丝扣处涂铅油、缠麻后（或生料带等）带入管件（缠麻方向要顺向管件上紧方向），然后用管钳将管件拧紧，使丝扣外露 2～3 扣，去掉麻头，擦净铅油（或生料带等多余部分），编号放到适当位置等待调直。

b　根据配装管件的管径的大小选用适当的管钳，见表 4.2.3.2-6。

表 4.2.3.2-6　管钳适用范围表

名　　称	规　　格	适　用　范　围	
		公称直径（mm）	英　制　对　照
管　　钳	12″	15～20	1/2″～3/4″
	14″	20～25	3/4″～1″
	18″	32～50	1¼″～2″
	24″	50～80	2″～3″
	36″	80～100	3″～4″

3）管段调直：将已装好管件的管段，在安装前进行调直。

a　在装好管件的管段丝扣处涂铅油，连接两段或数段，连接时不能只顾预留口方向而且要照顾到管材的弯曲度，相互找正后再将预留口方向转到合适部位并保持正直。

b　管段连接后，调直前必须按设计图纸核对其管径、预留口方向、变径部位是否正确。

c　管段调直要放在调管架上或调管平台上，一般两人操作为宜，一人在管段端头目测，一人在弯曲处用手锤敲打，边敲打，边观测，直至调直管段无弯曲为止，并在两段连接点处标明印记，卸下一段或数段，再接上另一段或数段直至调完为止。

d　对于管件连接点处的弯曲过死或直径较大的管道可采用烘炉或气焊加热到 600～800℃（火红色）时，放在管架上将管道不停的转动，利用管道自重使其平直，或用木板垫在加热处用锤轻击调直，调直后在冷却前要不停地转动，等温度降到适当时在加热处涂抹机油。

e　凡是经过加热调直的丝扣，必须标好印记，卸下来重新涂铅油缠麻，再将管段对准印记拧紧。

f　配装好阀门的管段，调直时应先将阀门盖卸下来，将阀门处垫实再敲打，以防震裂阀体。

g　镀锌碳素钢管不允许用加热法调直。管段调直时不允许损坏管材。

(6) 管道法兰连接

1) 凡管段与管段采用法兰盘连接或管道与法兰阀门连接者，必须按照设计要求和工作压力选用标准法兰盘。

2) 法兰盘的连接螺栓直径、长度应符合标准要求，紧固法兰盘螺栓时要对称拧紧，紧固好的螺栓，突出螺母的丝扣长度应为 2~3 扣，不应大于螺栓直径的 1/2。

3) 法兰盘连接衬垫，一般给水管（冷水）采用厚度为 3mm 的橡胶垫，供热、蒸汽、生活热水管道应采用厚度为 3mm 的石棉橡胶垫。

4) 法兰连接时衬垫不得凸入管内，其外边缘接近螺栓孔为宜。不得安放双垫或偏垫。

(7) 管道焊接

1) 根据设计要求，高层建筑消防管道及给水管道等根据所用管道材质可选用电、气焊连接。

2) 焊缝的设置应避开应力集中区，便于焊接。除焊接及成型管件外的其他管道对接焊缝的中心到管道弯曲起点的距离不应小于管道外径，且不应小于 100mm；管道对接焊缝与支、吊架边缘的距离不应小于 50mm。同一直管段上两个对接焊缝中心面间的距离：当公称直径大于或等于 150mm 时，不应小于 150mm；公称直径小于 150mm 时不应小于管道的外径。

3) 不宜在焊缝及其边缘上开孔。当不可避免时，应对开孔直径 1.5 倍或开孔补强板直径范围内的焊缝进行无损检验，确认焊缝合格后，方可进行开孔。补强板覆盖的焊缝应磨平。

4) 一般管道的焊接为对口形式，如设计无要求，电焊应符合表 4.2.3.2-7 规定，气焊应符表 4.2.3.2-8 规定。

表 4.2.3.2-7　手工电弧焊对口形式及组对要求

接头名称	对口形式	接头尺寸（mm）			
		厚度 δ	间隙 C	钝边 P	坡口角度 α（°）
管道对接 V 形接口	（图：α、δ、C、P）	5~8	1.5~2.5	1~1.5	60~70
		8~12	2~3	1~1.5	60~65
注：$\delta \leqslant 4$mm 的管道对接如能保证焊透可不开坡口。					

表 4.2.3.2-8　氧-乙炔焊对口形式及组对要求

接头名称	对口形式	接头尺寸（mm）			
		厚度 δ	间隙 C	钝边 P	坡口角度 α（°）
对接不开坡口	（图：δ、C、P）	<3	1~2	—	—
管道对接 V 形接口	（图：α、δ、C、P）	3~6	2~3	0.5~1.5	70~90

5）焊件的切割和坡口加工宜采用机械方法，也可采用氧乙炔焰等热加工方法。在采用热加工方法加工坡口后，必须除去坡口表面的氧化皮、熔渣及影响接头质量的表面层，并应将凹凸不平处打磨平整。

6）焊件组对前应将坡口及其内外侧表面不小于10mm范围内的油、漆、垢、锈、毛刺及镀锌层等清除干净，且不得有裂纹、夹层、加工损伤、毛刺及火焰切割熔等缺陷。

7）除设计规定需进行冷拉伸或冷压缩的管道外，焊件不得进行强行组对。

8）管道或管件对接焊缝组对时，内壁应齐平，内壁错边量不宜超过管壁厚度的10%，且不应大于2mm。

9）不等厚对接焊件组对时，薄件端面应位于厚件端面之内。当内壁错边量大于上条规定时，应对焊件进行加工。

10）碳素钢焊接材料的选用。Q235-A·F、Q235-A、10号、20号、25号等钢材手工电弧焊均采用E4303（J422）焊条；氧-乙炔焊：Q235-A·F采用H08焊丝，Q235-A、10号、20号、25号等钢材采用H08Mn焊丝。

11）焊条在使用前应规定进行烘干，并应在使用过程中保持干燥。焊丝使用前应清除其表面的油污、锈蚀等。

12）管道焊接时应有防风、防雨雪措施。当焊件温度低于0℃，所有钢材的焊缝应在始焊处100mm范围内预热到15℃以上。

13）焊件组对时应垫置牢固，并应采取措施防止焊接和热处理过程中产生附加应力和变形。

14）焊接前要将两管轴线对中，先将两管端部点焊牢，管径在100mm以下可点焊三个点，管径在150mm以上以点焊四个点为宜。定位焊缝焊接，应采用与根部焊相同的焊接材料和焊接工艺，并由合格焊工施焊。

15）在焊接根部焊道前，应对定位焊缝进行检查，当发现缺陷时应处理后方可施焊。

16）与母材焊接的工卡具其材质宜与母材相同或同一类别号。拆除工卡具时不应损伤母材，拆除后应将残留焊疤打磨修整至与母材表面平齐。

17）严禁在坡口之外的母材表面引弧和试验电流，并应防止电弧擦伤母材。

18）焊接时应采取合理的施焊方法和施焊顺序。管道焊接，管内应防止穿堂风。

19）施焊过程中应保证起弧和收弧处的质量，收弧时应将弧坑填满。多层焊的层间接头应错开。

20）多层焊每层焊完后，应立即对层间进行清理，并进行外观检查，发现缺陷消除后方可进行下一层的焊接。

21）对中断焊接的焊缝，继续焊接前应清理并检查，消除发现的缺陷并满足规定的预热温度后方可施焊。

22）焊接双面焊件时应清理并检查焊缝根部的背面，消除缺陷后方可施焊背面焊缝。规定清根的焊缝，应在清根后进行外观检查及规定的无损检验，消除缺陷后方可施焊。

23）除焊接作业指导书有特殊要求的焊缝外，焊缝应在焊完后立即去除渣皮、飞溅物，清理干净焊缝表面，然后进行焊缝外观检查。

24）管道及管件焊接的焊缝表面质量应符合下列要求：

a　焊缝外形尺寸应符合图纸和工艺文件的规定，焊缝高度不得低于母材表面，焊缝与母材应圆滑过渡。

b　焊缝及热影响区表面应无裂纹、未熔合、未焊透、夹渣、弧坑和气孔等缺陷。

c　钢管管道的焊口允许偏差应符合表4.2.3.2-9的规定：

表4.2.3.2-9　钢管管道焊口允许偏差和检验方法

<table>
<tr><th>项次</th><th colspan="3">项　　目</th><th>允许偏差</th><th>检　验　方　法</th></tr>
<tr><td>1</td><td>焊口平直度</td><td colspan="2">管壁厚10mm以内</td><td>管壁厚的1/4</td><td rowspan="3">焊接检验尺和游标卡尺检查</td></tr>
<tr><td rowspan="2">2</td><td rowspan="2">焊缝加强面</td><td colspan="2">高　度</td><td rowspan="2">+1mm</td></tr>
<tr><td colspan="2">宽　度</td></tr>
<tr><td rowspan="3">3</td><td rowspan="3">咬　边</td><td colspan="2">深　度</td><td>小于0.5mm</td><td rowspan="3">直尺检查</td></tr>
<tr><td rowspan="2">长度</td><td>连续长度</td><td>25mm</td></tr>
<tr><td>总长度（两侧）</td><td>小于焊缝长度的10%</td></tr>
</table>

25）焊缝的强度试验及严密性试验应在射线照相检验或超声波检验以及焊缝热处理后进行。焊缝的强度试验及严密度试验方法及要求应符合设计文件、相关标准的规定。

26）焊缝焊完后应在焊缝附近做焊工标记及其他规定的标记。

27）民用工程一般采用平焊法兰。管材与法兰盘焊接，应先将管材插入法兰盘内，先点焊2～3点，再用角尺找正找平后方可焊接，法兰盘应两面焊接，其内侧焊缝不得凸出法兰盘密封面，参见图4.2.3.2-2。

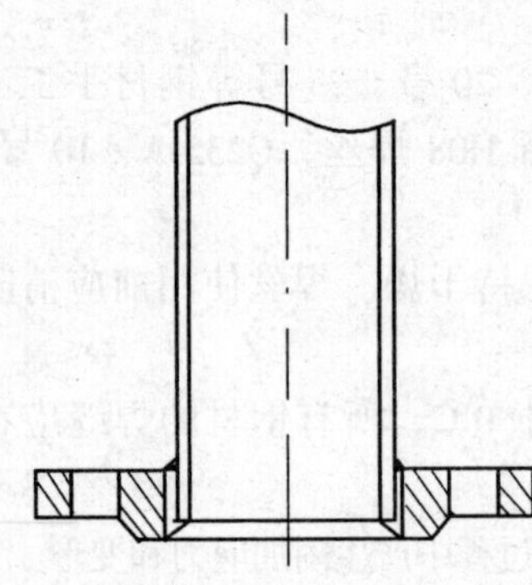

图4.2.3.2-2　管道与法兰焊接

（8）铸铁管道承插口连接

1）石棉水泥接口

a　一般用线麻（大麻）在5%的65号或75号熬热普通石油沥青和95%的汽油的混合液里浸透，凉干后即成油麻。捻口用的油麻填料必须清洁。

b　将4级以上石棉在平板上把纤维打松，挑净混在其中的杂物，将42.5级硅酸盐水泥（捻口用水泥强度不低于32.5MPa即可），给水管道以石棉∶水泥＝3∶7之比掺合在一起搅合，搅好后，用时加上其混合总重量的10%～12%的水（加水量在气温较高或风较大时选较大值），一般采用喷水的方法，即把水喷洒在混合物表面，然后用手着实揉搓，当抓起被湿润的石棉水泥成团，一触即又松散时，说明加水适量，调合即用。由于石棉水泥的初凝期短，加水搅拌均匀后立即使用，如超过4h则不可用。

c　操作时，先清洗管口，用钢丝刷刷净，管口缝隙用楔铁临时支撑找匀。

d　铸铁管承插捻口连接的对口间隙应不小于3mm，最大间隙不大于表4.2.3.2-10的规定值。

e　铸铁管沿直线敷设，承插捻口的环形间隙应符合表4.2.3.2-11的规定；沿曲线敷设，每个接口允许有2°转角。

表4.2.3.2-10　铸铁管承插接口的对口最大间隙

管径（mm）	沿直线敷设（mm）	沿曲线敷设（mm）
75	4	5
100～200	5	7～13
250～500	6	14～22

表4.2.3.2-11　铸铁管承插接口的环形间隙

管径（mm）	标准环形间隙（mm）	允许偏差（mm）
75～200	10	（－2，＋3）
250～450	11	（－2，＋4）
500	12	（－2，＋4）

f　将油麻搓成环形间隙的1.5倍直径的麻辫，其长度搓拧后为为管外径周长加上100mm。从接口的下方开始向上塞进缝隙里，沿着接口向上收紧，边收边用麻凿打入承口，应相压打两圈，再从下向上依次打实打紧。当锤击发出金属声，捻凿被弹加为打好，被打实的油麻深度应占总深度1/3（2~3圈，注意两圈麻接头错开）。

g　麻口全打完达到标准后合灰打口，将调好的石棉水泥均匀地铺在盘内，将拌好的灰从下至上塞入已打紧的油麻承口内，塞满后，用不同规格的捻凿及手锤将填料捣实。分层打紧打实，每层要打至锤击时发出金属的清脆声，灰面呈黑色，手感有回弹力，方可填料打下一层，每层厚约10mm，一直打击至凹入承口边缘深度不大于2mm，深浅一致，表面用捻凿连打几下灰面再不凹下即可，大管径承插口铸铁管接口时，由两个人左右同时进行操作。

h　接口捻完后，用湿泥抹在接口外面，春秋季每天浇两次水，夏季用湿草袋盖在接口上，每天浇4次水，初冬季在接口上抹湿泥覆土保湿，敞口的管线两端用草袋塞严。

i　采用水泥捻口的给水铸铁管，在安装地点有侵蚀性的地下水时，应在接口处涂抹沥清防腐层。

2）膨胀水泥接口

膨胀水泥又称自应力水泥，是由硅酸盐水泥和石膏及矾土水泥组成的膨胀剂，由此混合而成。膨胀剂遇少量的水便产生低硫的硫铝酸钙。在水泥中形成板状结晶，当和大量的水作用后，会产生高硫的硫铝酸钙，它把板状结晶分解成联系松散的细小结晶面引起体积膨胀。

a　拌合填料：以0.2~0.5mm清洗晒干的砂和硅酸盐水泥为拌合料，按砂:水泥:水=1:1:0.28~0.32（重量比）的配合比拌合而成，拌好后的砂浆和石棉水泥的湿度相似，拌好的灰浆在1h内用完。冬季施工时，须用80℃左右热水拌合。

b　操作：按照石棉水泥接口标准要求填塞油麻。再将调好的砂浆一次塞满在已填好油麻的承插间隙内，一面塞入填料，一面用灰凿分层捣实，可不用手锤。表面捣出有稀浆为止，如不能和承口相平，则再填充后找平。一天内不得受到大的碰撞。

c　养护：接口完毕后，2h内不准在接口上浇水，直接用湿泥封口，上留检查口浇水，烈日直射时，用草袋覆盖住。冬季可覆土保湿，定期浇水。夏天不少于2d，冬天不少于3d，也可用管内充水进行养生，充水压力不超过200kPa。

d　其他要求参见“石棉水泥接口”。

3）氯化钙、石膏水泥接口

采用硅酸盐水泥、石膏粉（粒度能通过200铜沙网），也是膨胀水泥接口材料的一种。因膨胀水泥在工地存放三个月以上容易变质，这种水泥现用现配较方便。氯化钙是种快凝剂，石膏是膨胀剂，水泥是强度剂，具有膨胀性好，凝结速度快等特点。限用于工作压力不大于0.5MPa的管道上。

a　填料配比为水泥:石膏:氯化钙=0.85:0.1:0.05重量比。

b　先将水泥和石膏均匀拌合，另将氯化钙溶液倒入，搅拌成发面状，立刻用手将拌合物塞入打好麻的承插间隙内，填满后，用手按填料、两边挤出水泥就表示填实，拌合后的填料要求6~10min内操作完毕。否则填料会因为初凝而失效，一次拌合量以一个口为宜。

c　操作完成后，其接口要用土覆盖后浇水养护 8h。

d　其他要求参见“石棉水泥接口”。

4）青铅接口：一般用于工业厂房室内铸铁给水管敷设，设计有特殊要求或室外铸铁给水管紧急抢修，管道连接急于通水的情况下可采用铅接口。

a　按石棉水泥接口的操作要求，打紧油麻。

b　将承插口的外部用密封卡或包有粘性泥浆的麻绳，将口密封，上部留出浇铅口。

c　将铅锭截成几块，然后投入铅锅内加热熔化，铅熔至紫红色（500℃左右）时，用加热的铅勺（防止铅在灌口时冷却）除去液面的杂质，盛起铅液浇入承插口内，灌铅时要慢慢倒入，使管内气体逸出，至高出灌口为止，一次浇完，以保接口的严密性。对于大管径管道灌铅速度可适当加快，防止熔铅中途凝固。

d　铅浇入后，立即将泥浆或密封卡拆除。

e　管径在 350mm 以下的用手钎子（捻凿）一人打，管径在 400mm 以上的，用带把钎子两人同时从两边打。从管的下方打起，至上方结束。上面的铅头不可剁掉，只能用铅塞刀边打紧边挤掉。第一遍用剁子，然后用小号塞刀开始打，逐渐增大塞刀号，打实打紧打平，打光为止。

f　化铅与浇铅口时，如遇水会发生爆炸（又称放炮）伤人，可在接口内灌入少量机油（或蜡），则可以防止放炮。

5）承插铸铁给水管胶圈接口

a　胶圈应形体完整，表面光滑，粗细均匀，无气泡，无重皮。用手扭曲、拉、折表面和断面不得有裂纹、凹凸及海绵状等缺陷，尺寸偏差应小于 1mm，将承口工作面清理干净。

b　安放胶圈，胶圈擦拭干净，扭曲，然后放入承口内的圈槽里，使胶圈均匀严整地紧贴承口内壁，如有隆起或扭曲现象，必须调平。

c　画安装线：对于装入的合格管，清除内部及插口工作面的粘附物，根据要插入的深度，沿管道插口外表面画出安装线，安装面应与管轴相垂直。

d　涂润滑剂：向管道插口工作面和胶圈内表面刷水擦上肥皂。

e　将被安装的管道插口端锥面插入胶圈内，稍微顶紧后，找正将管道垫稳。

f　安装安管器：一般采用钢箍或钢丝绳，先捆住管道。安管器有电动、液压汽动，出力在 50kN 以下，最大不超过 100kN。

g　插入：管道经调整对正后，缓慢启动安管器，使管道沿圆周均匀地进入并随时检查胶圈不得被卷入，直至承口端与插口端的安装线齐平为止。

h　橡胶圈接口的管道，每个接口的最大偏转角不得超过如下规定：

$DN \leqslant 200$mm 时，允许偏转角度最大为 5°；$200 < DN \leqslant 350$mm 时，为 4°；$DN = 400$mm，为 3°。

i　检查接口。插入深度、胶圈位置（不得离位或扭曲），如有问题时，必须拔出重新安装。

j　采用橡胶圈接口的埋地给水管道，在土壤或地下水对橡胶有腐蚀的地段，在回填土前应用沥青胶泥、沥青麻丝或沥青锯末等材料封闭橡胶圈接口。

k　推进、压紧：根据管道规格和施工现场条件选择施工方法。小管可用撬棍直接撬

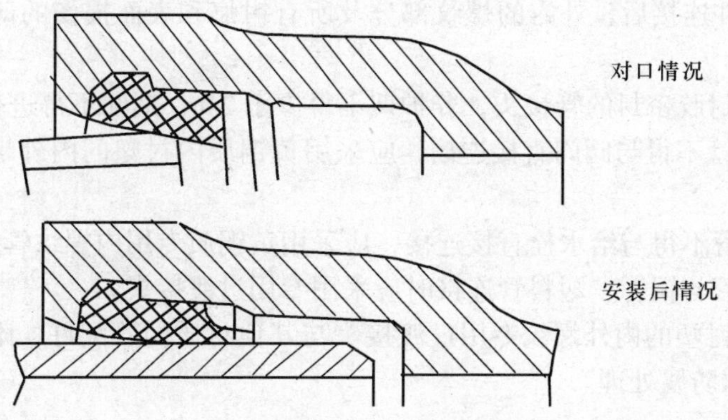

图 4.2.3.2-3　胶圈安装示意图

入，也可用千斤顶顶入，用锤敲入（锤击时必须垫好管道防止砸坏）。中、大管一般通过钢丝绳用倒链拉入，或使用卷扬机、绞磨、吊车、推土机、挖沟机等拉入。

（9）钢塑复合管管道连接

1）螺纹连接

a　套丝应符合下列要求：套丝应采用自动套丝机；套丝机应采用润滑油润滑；圆锥形管螺纹应符合现行国家标准《用螺纹密封的管螺纹》GB/T 7306 的要求，并采用标准螺纹规检验。

b　管端清理加工应用细锉将金属管端的毛边修光；应采用棉回丝和毛刷清除管端和螺纹内的油、水和金属切屑；衬塑钢管应采用专用绞刀，将衬塑层厚度 1/2 倒角，倒角坡度宜为 10°～15°；涂塑钢管应采用削刀削成轻内倒角。

c　管端、管螺纹清理加工后，应进行防腐、密封处理，宜采用防锈密封胶和聚四氟乙烯生料带缠绕螺纹，同时应用色笔在管壁上标记拧入深度。

d　不得采用非衬塑可锻铸铁管件。

e　管道与配件连接前，应检查衬塑可锻铸铁管件内橡胶密封圈或厌氧密封胶。然后将配件用手捻上管端丝扣，在确认管件接口已插入衬（涂）塑钢管后，用管道钳按表 4.2.3.2-12 进行管道与配件的连接（注：不得逆向旋转）。

表 4.2.3.2-12　标准旋入牙数及标准紧固扭矩

公称直径（mm）	旋入		扭矩	管道钳规格（mm）×施加的力（kN）
	长度（mm）	牙数	N·m	
15	11	6.0～6.5	40	350×0.15
20	13	6.5～7.0	60	350×0.25
25	15	6.0～6.5	100	450×0.30
32	17	7.0～7.5	120	450×0.35
40	18	7.0～7.5	150	600×0.30
50	20	9.0～9.5	200	600×0.40
65	23	10.0～10.5	250	900×0.35
80	27	11.5～12.0	300	900×0.40
100	33	13.5～14.0	400	1000×0.50
125	35	15.0～16.0	500	1000×0.50
150	35	15.0～16.0	600	1000×0.70

f 管道与配件连接后，外露的螺纹部分及所有钳痕和表面损伤的部位应涂防锈密封胶。

g 用厌氧密封胶密封的管接头，养护期不得少于24h，期间不得进行试压。

h 钢塑复合管不得与阀门直接连接，应采用黄铜质内衬塑的内外螺纹专用过渡管接头。

i 钢塑复合管不得与给水栓直接连接，应采用黄铜质专用内螺纹管接头。

j 钢塑复合管与铜管、塑料管连接时应采用专用过渡接头。

k 当采用内衬塑的内外螺纹专用过渡接头与其他材质的管配件、附件连接时，应在外螺纹的端部采取防腐处理。

2）法兰连接

a 用于钢塑复合管的法兰应符合下列要求：

凸面板式平焊钢制管法兰应符合现行国家标准《凸面板式平焊钢制管法兰》GB/T 9119.5—9119.10要求。

凸面带颈螺纹钢制管法兰应符合现行国家标准《凸面带颈螺纹钢制管法兰》GB/T 9114.1—9114.3的要求，仅适用于公称管径不大于150mm的钢塑复合管的连接。

法兰的压力等级应与管道的工作压力相匹配。

b 钢塑复合管法兰现场连接应符合下列要求：

在现场配接法兰时，应采用内衬塑凸面带颈螺纹钢制管法兰。

被连接的钢塑复合管上应绞螺纹密封用的管螺纹，其牙型应符合现行国家标准《用螺纹密封的管螺纹》GB/T 7306的要求。

c 钢塑复合管法兰连接可根据施工人员技术熟练程度采取一次安装法或二次安装法。

一次安装法：可现场测量、绘制管道单线加工图，送专业工厂进行管段、配件涂（衬）加工后，再运抵现场安装。

二次安装法；可在现场用非涂（衬）钢管和管件，法兰焊接，拼装管道，然后拆下运抵专业加工厂进行涂（衬）加工，再运抵现场进行安装。

d 钢塑复合管法兰连接采用二次安装法时，现场安装的管段、管件、阀件和法兰盘均应打上钢印编号。

3）沟槽连接

a 沟槽连接方式可适用于公称直径不小于65mm的涂（衬）塑钢管的连接。

b 沟槽式管接头应符合国家现行的有关产品标准。

c 沟槽式管接头的工作压力应与管道工作压力相匹配。

d 用于输送热水的沟槽式管接头应采用耐温型橡胶密封圈。用于饮用净水的管道的橡胶材质应符合现行国家标准《生活饮用水输配水设备及防护材料的安全性评价标准》GB/T17219的要求。

e 对衬塑复合钢管，当采用现场加工沟槽并进行管道安装时，其施工应符合下列要求：

a）应优先采用成品沟槽式涂塑管件。

b）连接管段的长度应是管段两端口净长度减去6~8mm断料，每个连接口之间应有3~4mm间隙并用钢印编号。

c）应采用机械截管，截面应垂直轴心，允许偏差为：管径不大于100mm时，偏差不大于1mm；管径大于125mm时，偏差不大于1.5mm。

d）管外壁端面应用机械加工1/2壁厚的圆角。

表4.2.3.2-13　沟槽标准深度及公差（mm）

管　径	沟槽深	公　差
65~80	2.20	+0.3
100~150	2.20	+0.3
200~250	2.50	+0.3
300	3.0	+0.5

e）应用专用滚槽机压槽，压槽时管段应保持水平，钢管与滚槽机止面呈90°。压槽时应持续渐进，槽深应符合表4.2.3.2-13的规定，并应用标准量规测量槽的全周深度。如沟槽过浅，应调整压槽机后再行加工。沟槽过深，则应作废品处理。

f）与橡胶密封圈接触的管外端应平整光滑，不得有划伤橡胶圈或影响密封的毛刺。

f　涂塑复合钢管的沟槽连接方式，宜用于现场测量、工厂预涂塑加工、现场安装。

g　管段在涂塑前应压制标准沟槽。

h　管段涂塑除涂内外壁外，还应涂管口端和管端外壁与橡胶密封圈接触部位。

i　衬（涂）塑复合钢管的沟槽连接应按下列程序进行：

a）检查橡胶密封圈是否匹配，涂润滑剂，并将其套在一根管段的末端；将对接的另一根管段套上，将胶圈移至连接段中央。

b）将卡箍套在胶圈外，并将边缘卡入沟槽中。

c）将带变形块的螺栓插入螺栓孔，并将螺母旋紧（应对称交替旋紧，防止胶圈起皱）。

j　管道最大支承间距应不大于表4.2.3.2-14与表3.3.8规定之最小值：

表4.2.3.2-14　钢塑复合管管道最大支承间距

管径（mm）	最大支承间距（m）
65~100	3.5
125~200	4.2
250~315	5.0

k　沟槽式连接管道，无须考虑管道因热胀冷缩的补偿。

l　埋地管用沟槽式卡箍接头时，其防腐措施应与管道部分相同。

（10）给水超薄壁不锈钢塑料复合管管道连接

1）管道应根据承口深度正确断料。管材端口应平整、光滑、无毛刺，不锈钢面层应向管材圆心方向收口。

2）当管材、管件采用管材端口径向密封时，管材端面嵌入的橡胶圈应该紧固、压缩。其压缩变形程度应控制在插入管件时保持一定阻力，不宜有松弛现象。

3）当管材与不锈钢和给水硬聚氯乙烯（PVC-U）管件连接采用胶粘剂粘结时，应符合下列规定和操作要求：

a　胶粘剂应通过卫生性能测试合格，粘结的剪切强度、配合比和固化时间等应符合表4.2.3.2-15的规定。管材、管件连接件浸泡液的卫生性能应符合国家标准《生活饮用水输配水设备及防护材料的安全性评价标准》GB/T 17219的要求。

b　应清洁承口和插口部位。当受有机物污染时应采用丙酮或无水酒精揩擦，表面挥发干燥后方可涂胶。涂胶应先涂承口后涂插口，由里向外均匀涂抹。当采用管材端口径向密封形式时只涂管材插口部位。

c 胶粘剂应涂刷均匀，插入承口底部后旋转90°并保持15~25s。粘结完成后，将挤出的多余胶粘剂沿管口周边揩擦干净。

表 4.2.3.2-15 胶粘剂的主要物理学性能

项 目		指 标 和 要 求
外 观	A组分	乳白色膏状体，无异味
	B组分	橙色胶体，无异味
粘 度	A组分	4000~7000
	B组分	4000~7000
拉伸强度（MPa）		≥25
剪切强度（MPa）		≥25
耐冷水性（25℃，48h浸泡）		剪切强度≥25MPa
耐热水性（85℃，48h浸泡）		剪切强度≥18MPa
25~30℃，20%强度固化时间		≤30min
注：胶粘剂配比A:B组分1:5（配比时每组成分不应超过±5%），强度为常温48h固化测试性能。		

d 粘接管段应在安装24h后进行试压。

4）管材与管件采用低温钎焊连接时，现场施工应符合下列规定：

a 清洁焊接部位表面，当有油类等有机污染物时，应采用丙酮或无水酒精擦净。

b 管件承口有嵌入式焊料时，应采用由管材生产企业提供的电热卡钳操作，其加热方法和控制要求应符合说明书的规定。

c 采用火焰加热焊接时，施工人员必须经培训考核方可上岗，未取得上岗证者不得操作。

d 焊接结束后应检查焊缝质量，严格防止缺焊、漏焊现象。

e 在火焰加热焊接现场，必须遵守明火操作的有关规定。

5）弹性密封圈管件的管道连接及安装应符合下列规定：

a 检查管件承口胶圈放置位置是否正确，胶圈应平整妥贴。用直尺测量承口长度和胶圈后部的有效承口长度，并在管材端头做出标记。

b 用清洁干布揩擦管材端口和承口部位。

c 管材插口应涂适量洗洁精或医用凡士林，将管材一次插入管件承口，直到有效承口长度中间部位为止。

d 每条管道的承口部位、管道系统的三通、90°弯管部位，应设固定支承和防止推脱的固定装置。

6）卡套式连接应按下列程序施工：

a 管材端口按次序套入锁紧螺母、C形卡圈、锥形橡胶圈。

b 管材端部用专用工具卡成凹槽后插入管件根部，推动C形环，将胶圈与管件口部压紧，锁紧螺母。

c 卡套式连接两管口端应平整、无缝隙，沟槽应均匀，卡紧螺栓后管道应平直，卡套安装方向应一致。

（11）给水铝塑复合管管道连接

1）管道的连接方式宜采用卡套式连接。应采用管材生产企业配套的管件及专用工具进行施工安装。

2）按设计要求的管径和现场复核后的管道长度截断管材。检查管口，如发现管口有毛刺、不平整或端面不垂直管轴线时，应修正。

3）用整圆器将管口整圆。

4）将锁紧螺帽、C形紧箍环套在管上，用力将管芯插入管内，至管口达管芯根部。

5）将C形紧箍环移至距管口0.5~1.5mm处，再将锁紧螺帽与管件本体拧紧。

6）卡套式连接两管口端应平整、无缝隙，沟槽应均匀，卡紧螺栓后管道应平直，卡套安装方向应一致。

(12) 给水硬聚氯乙烯管管道连接

1）配管时，应对承插口的配合程度进行检验。将承插口进行试插，自然试插深度以承口长度的1/2~2/3为宜，并做出标记。采用粘接接口时，管端插入承口的深度不得小于表4.2.3.2-16的规定：

表4.2.3.2-16 管端插入承口的深度

公称直径（mm）	20	25	32	40	50	75	100	125	150
插入深度（mm）	16	19	22	26	31	44	61	69	80

2）管道的粘接连接应符合如下要求：

a 管道粘接不宜在湿度很大的环境下进行，操作场所应远离火源、防止撞击和阳光直射。在-20℃以下的环境中不得操作。

b 涂抹胶粘剂应使用鬃刷或尼龙刷。用于擦揩承插口的干布不得带有油腻及污垢。

c 在涂抹胶粘剂之前，应先用干布将承、插口处粘接表面擦净。若粘接表面有油污，可用干布蘸清洁剂将其擦净。粘接表面不得沾有尘埃、水迹及油污。

d 涂抹胶粘剂时，必须先涂承口，后涂插口。涂抹承口时，应由里向外。胶粘剂应涂抹均匀，并适量。

e 涂抹胶粘剂后，应在20s内完成粘接。若操作过程中胶粘剂出现干涸，应在清除干涸的胶粘剂后，重新涂抹。

f 粘接时，应将插口轻轻插入承口中，对准轴线，迅速完成。插入深度至少应超过标记。插接过程中，可稍做旋转，但不得超过1/4圈。不得插到底后进行旋转。

g 粘接完毕，应立刻将接头处多余的胶粘剂擦干净。

h 初粘接好的接头，应避免受力，须静置固化一定时间，牢固后方可继续安装。

i 在零度以下粘接操作时，不得使胶粘剂冻结。不得采用明火或电炉等加热装置加热胶粘剂。

3）塑料管与金属管配件的螺纹连接

a 塑料管与金属管配件采用螺纹连接的管道系统，其连接部位管道的管径不得大于63mm。

b 塑料管与金属管配件连接采用螺纹连接时，必须采用注射成型的螺纹塑料管件。其管件螺纹部分的最小壁厚不得小于表4.2.3.2-17的规定。

表4.2.3.2-17 注射塑料管件螺纹处最小壁厚尺寸（mm）

塑料管外径	20	25	32	40	50	63
螺纹处厚度	4.5	4.8	5.1	5.5	6.0	6.5

c 注射成型的螺纹塑料管件与金属管配件螺纹连接时，宜将塑料管件作为外螺纹，

金属管配件为内螺纹；若塑料管件为内螺纹，则宜使用注射螺纹端外部嵌有金属加固圈的塑料连接件。

d 注射成型的螺纹塑料管件与金属管配件螺纹连接，宜采用聚四氟乙烯生料带作为密封填充物，不宜使用厚白漆、麻丝。

(13) 给水用改性聚丙烯（PP-R）管管道连接

1) 切断管材，切断时，必须使用切管器垂直切断，切断后应将切头清除干净。

2) 在管道插入深度处做记号（等于接头的承插深度）。

3) 把整个嵌入深度加热，包括管材和管件，在管材生产企业提供的焊接工具上进行。

4) 当加热完成后，把管材平稳而均匀地插入管件中，形成牢固而完美的结合。

5) 按规定时间冷却。

6) 热熔接操作技术参数详见管材生产企业提供的操作说明书。

7) PP-R 管与其他管材的连接采用专用接头。

8) 熔接连接管道的接合面应一定均匀的熔接圈，不得出现局部熔瘤或熔接圈凸凹不均匀现象。

(14) 紫铜、黄铜管管道连接

薄壁铜管的连接可采用螺纹连接、法兰连接，还有卡压、压紧连接，但卡压、压紧连接对零件、密封材料及压紧设备要求较高，一般为进口材料、设备，其安装应符合说明书要求。

1) 螺纹连接：螺纹连接的螺纹必须有与焊接钢管的标准螺纹相当的外径，才能得到完整的标准螺纹。施工方法可参照“钢管管道丝扣连接”，连接时，其螺纹部分涂以石墨、甘油作密封填料。

2) 法兰连接

a 铜及铜合金管道上采用的法兰根据承受压力的压力不同，可选用不同形式的法兰连接。法兰连接的形式一般有翻边活套法兰、平焊法兰和对焊法兰等，具体选用应按设计要求。一般管道压力在 2.5MPa 以内采用光滑面铸铜法兰连接。法兰及螺栓材料牌号应根据国家颁布的有关标准选用。公称压力在 0.25MPa 及 2.5MPa 的管道连接，宜采用铜套翻边活套法兰或铜管翻边活套法兰。

b 与铜管及铜合金管道连接的铜法兰宜采用焊接，焊接方法和质量要求应与钢管道的焊接一致。

c 当设计无明确规定时，铜及铜合金管道法兰连接中的垫片一般可采用橡胶石棉垫或铜垫片，也可以根据输送介质的温度和压力选择其他材质的垫片。

d 法兰外缘的圆柱面上应打出材料牌号、公称压力和公称通径的印记。例如法兰材料牌号为 H62、$PN = 2.5$MPa、$DN = 100$mm，则印记标记为：H6225-100。

e 活套法兰

图 4.2.3.2-4 铜管翻边图

a) 管道采用活套法兰连接时，有两种结构：一种是管道翻边（图 4.2.3.2-4），另一种是管端焊接焊环。焊环的材质与管材相同。

b) 铜及铜合金管翻边模具有内模及外模。内模是一圆锥形的钢模，其外径应与翻边管道内径相等或略小。外模是两片长颈法兰，见图 4.2.3.2-5。

c）在管道翻边前，先量出管端翻边宽度见表 4.2.3.2-18，然后划好线。将这段长度用气焊嘴加热至再结晶温度以上，一般为 450℃左右。然后自然冷却或浇水急冷。待管端冷却后，将内外模套上并固定在工作平台上，用手锤敲击翻边或使用压力机。全部翻转后再敲光锉平，即完成翻边操作。

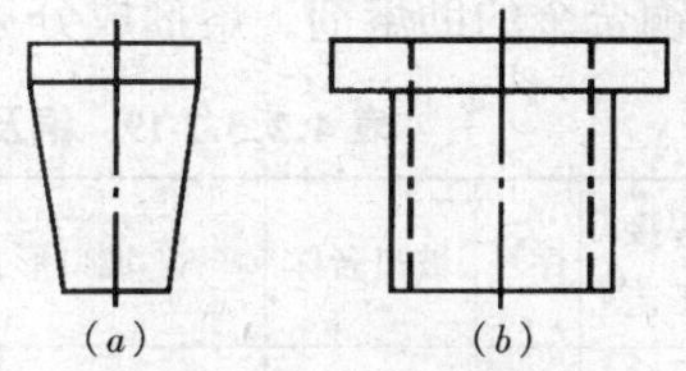

图 4.2.3.2-5 翻边模具
（a）内摸；（b）外摸

d）铜管翻边连接应保持两管同轴，其偏差为：公称直径≤50mm，偏差 ≯ 1mm；公称直径＞50mm，偏差 ≯ 2mm。

3）焊接：铜在焊接过程中，有易氧化、易变形、易蒸发（如锌等）、易生成气孔等不良现象，给焊接带来困难。因此焊接铜管时，必须合理选择焊接工艺，正确使用焊具和焊件，严格遵守焊接操作规程。当设计无明确规定时，紫铜管道的焊接宜采用手工钨极氩弧焊；铜合金管道宜采用氧-乙炔焊接。

表 4.2.3.2-18 铜管翻边宽度（mm）

公称直径（*DN*）	15	20	25	32	40	50	65	80	100	125	150	200	250
翻 边 宽 度	11	13	16	18	18	18	18	18	18	20	20	20	24

a 为防止熔液流淌进入管内，焊接时宜采用以下几种形式：

管径在 22mm 以下者，采用手动胀口机将管口扩张承插口插入焊接，或采用套管焊接（套管长度 $L=2\sim2.5D$）。但承口的扩张长度不应小于管径，并应迎介质流向安装，如图 4.2.3.2-6。

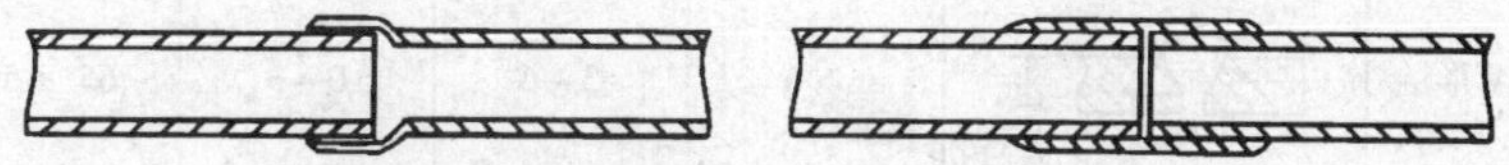

铜及铜合金管道的承插焊接及套管焊接

图 4.2.3.2-6 铜及铜合金管道的承插焊接及套管焊接

同口径铜管对口焊接，可采用加衬焊环的方法焊接。

b 坡口形式：当设计无明确规定时，对接焊应符合表 4.2.3.2-19 的规定：

c 组对：应达到内壁脊平，内壁错边量不得超过管壁厚度的 10%，且不大于 1mm。不同壁厚的管道、管件组对可按碳素钢管的相应规定加工管道坡口。

d 坡口清理：坡口面及其边缘内外侧不小于 20mm 范围内的表面，应在焊前采用有机溶剂除去油污，采用机械方法或化学方法清洗去除氧化膜，使其露出金属光泽。焊丝使用前也应用同样方法处理。铜及铜合金酸洗操作条件见表 4.2.3.2-20。

经上述配方处理的铜及铜合金材料，必须用清水冲洗，再用热水冲洗，并宜经钝化处理。钝化液的组成及操作条件见表 4.2.3.2-21。

e 气焊：焊丝的直径约等于管壁厚度，可采用一般紫铜丝或“HS201”（特制紫铜焊丝）、“SH202”（低磷铜焊丝）；气焊熔剂可采用“CJ301”。焊前，把管端和焊丝清理干净，并用砂纸仔细打磨，使管端不太毛，也不太光。

a）气焊用熔剂：CJ301 铜气焊熔剂。性能：熔点约 650℃，呈酸性反应，能有效地熔融氧化铜和氧化亚铜；焊接时生成液态熔渣覆盖于焊缝表面，防止金属氧化。用于气焊铜及铜合金的助熔剂，熔剂成分见表 4.2.3.2-22。

表 4.2.3.2-19　铜及铜合金管、管件坡口形式、尺寸及组对间隙（mm）

焊接工艺	序号	坡口名称	坡口形式	尺寸				备　注
				壁厚 s	间隙 c	钝边 p	坡口角度 α	
紫铜钨极氩弧焊	1	Ⅰ形		<2	0	—	—	
	2	V形		3~4	0	—	65°±5°	
	3	V形		5~8	0	1~2	65°±5°	
黄铜氧-乙炔焊	1	Ⅰ形		≤3		—	—	单面焊
				3~6	3~5	—	—	双面焊不能两侧同时焊
	2	V形		8~12	3~6	0	65°±5°	
	3	V形		>6	3~6	0~3	65°±5°	

表 4.2.3.2-20　铜及铜合金酸洗操作条件

配　方	溶剂组成	温度（℃）	时间（min）
Ⅰ	硫酸 10%；水 90%	15~30	3~5
Ⅱ	磷酸 4%；硅酸钠 0.5%；水 99.5%	15~30	10~15

注：表内配方Ⅰ不适用于处理青铜及铝青铜。

表 4.2.3.2-21　钝化液的组成及操作条件

钝化液组成	操作温度（℃）	时间（min）
硫酸 30mL；铬酸钠 90g；氯化钠 1g；水 11g	15~30	2~3

注：经钝化处理的工作，应先用冷水冲洗，后用热水冲洗并烘干。

表 4.2.3.2-22　熔剂成分表

硼酸 H_3BO_3	硼砂 $Na_2B_4O_7$	磷酸氢钠 Na_2HPO_4	碳酸钾 K_2CO_3	氯化钠 NaCl
100	—	—	—	—
—	100	—	—	—
50	50	—	—	—
25	75	—	—	—
35	50	15	—	—
—	56	—	22	22

b）自制氧焊熔剂见表4.2.3.2-23。

表4.2.3.2-23 自制氧焊熔剂

熔剂代号	熔剂成分（%）	应用范围
1GB50242	硼酸50，硼砂50	气焊铜及铜合金
104	硼砂35，无水氟化钾42±2	用银钎料焊铜合金管
CBK	硼酸75，硼砂25	焊接或钎焊铜及铜合金管
CBK－3	硼酸50，无水氟化钾50	用银钎焊青铜及铍青铜
205	氧化钠20，氟化钠12～16，氯化钡20，氯化钾余量	焊接锡青铜

c）铜及铜合金焊丝：用于氧-乙炔焊、氩弧焊、碳弧焊铜及铜合金，其中黄铜焊丝也广泛用于钎焊碳钢、铸铁及硬质合金刀具等。施焊时，应配用铜气焊熔剂。

铜及铜合金焊丝代号：

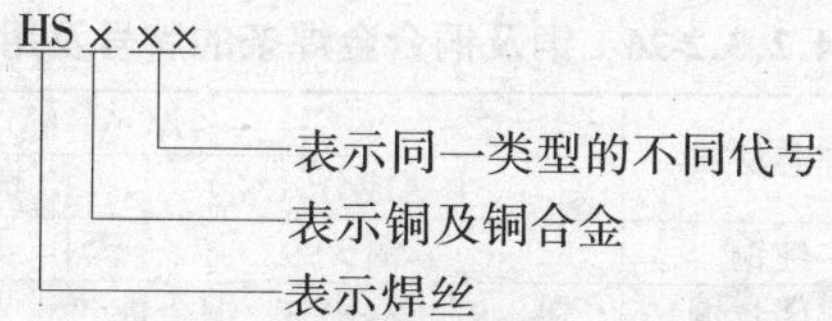

铜及铜合金焊丝主要成分、性能及用途见表4.2.3.2-24。

表4.2.3.2-24 铜及铜合金焊丝主要成分、性能及用途

焊丝牌号	相当部标型号	焊丝名称	焊丝主要成分（%）	焊接接头抗拉强度		焊丝熔点（℃）
				母材	MPa	
HS201	SCu-2	特制紫铜焊丝	锡1.1，硅0.4 锰0.4，铜余量	紫铜	≥1960	1050
HS2GB50242	SCu-1	低磷铜焊丝	磷0.3，铜余量	紫铜	1470～1770	1060
HS221	SCuZn-3	锡黄铜焊丝	铜60，锡1，硅0.3，锌余量	H62	≥3330	890
HS222	SCuZn-4	铁黄铜焊丝	铜58，锡0.9，硅0.1 铁0.8，锌余量	H62	≥3330	860
HS224	SCuZn－5	硅黄铜焊丝	铜62，硅0.3，锌余量	H62	≥3330	905
焊丝牌号	性能及用途					
HS201	焊接工艺性能优良，焊缝成型良好，机械性能较优高，抗裂性能好，适用于亚弧焊、氧-乙炔焊紫铜（纯铜）					
HS2GB50242	流动性较优一般紫铜好，适用于氧-乙炔气焊、亚弧焊紫铜					
HS221	流动性能和机械性能均较好，适用于氧-乙炔气焊黄铜和钎焊铜、铜镍合金、灰铸铁和钢，也用于镶嵌硬质合金刀具					
HS222	焊时烟雾较小，其他性能、用途与“HS221”同					
HS224	能有效地消除气孔，机械性能良好，用途与“HS221”同					

注：焊丝尺寸（mm）：圈状—直径1.2；条状—直径3、4、5、6；长度1000。

f 手工电弧焊

a）铜的导电性强，放焊前要预热（用氧-乙炔预热至200℃以上），并用较大电流焊接。

b）铜的线膨胀系数大（比低碳钢约大50%以上），导热快（比低碳钢约大8倍），热影响区大，凝固时产生的收缩力较大，因此装配间隙要大些。

c）根据管材成分和壁厚等因素，要正确选用焊条种类、直径和焊接电流强度，参见

表 4.2.3.2-25。

表 4.2.3.2-25 铜管焊接电流参考表

对焊接头焊接			搭接接头焊接		
管壁厚度（mm）	焊条直径（mm）	电流强度（A）	管壁厚度（mm）	焊条直径（mm）	电流强度（A）
2.5	3.2	130～140	2.5	3.2	110～130
3	3.2～4	140～200	3	3.2	110～140
4	4	180～220	4	3.2	120～250
5	4～5	200～250	5	4	160～180
6	5～6	220～280	6	4	180～200

常用铜及铜合金焊条：铜及铜合金焊条的药皮均为低氢型；焊接电源均为直流。常用铜及铜合金焊条的牌号及用途见表 4.2.3.2-26。

表 4.2.3.2-26 铜及铜合金焊条的牌号及用途

焊条牌号	相当国际型号	焊芯材质	焊缝金属		
			主要成分（%）	抗拉强度（MPa）	延伸率（%）
T107	TCu	纯铜	铜＞99	≥1770	冷弯角≥120°
T227	TCuSnB	锡磷青铜	锡≈8，磷≤0.3，铜余量	≥2750	≥20
T237	TCuAl	铝锰青铜	铝≈8，锰≤2，铜余量	≥3920	≥15

d）焊接黄铜时，为了减少在高温下的蒸发和氧化，焊接电流强度应比紫铜小。由于锌蒸发时易使人中毒，应选用在空气流通的地方施焊。

e）铜在焊接时应采用直流电源反极性接法（工件接负极）。

f）焊接后趁焊件在热态下，用小平锤敲打焊缝，以消除热应力，使金属组织致密，改善机械性能。

g　钎焊：钎焊强度小。一般焊口采用搭接形式。搭接长度为管壁厚度的 6～8 倍。管道的公称直径 $DN \leqslant 25$mm 时，搭接长度为（1.2～1.5）D。

钎焊后的管件，必须在 8h 内进行清洗，除去残留的熔剂和熔渣。常用煮沸的含 10%～15%的明矾水溶液涂刷接头处，然后用水冲洗擦干。

h　钨极氩弧焊：用钨极代替碳酸弧焊的碳极，并用氩气（惰性气体）保护熔池，以获得高质量的焊接接头。

a）使用焊丝：紫铜氩弧焊时，使用含脱氧元素的焊丝，如 HS201、HS2GB50242；如使用不含脱氧元素的焊丝，如 T2 牌号，需要与铜焊熔剂 CJ301 同时使用。

b）点焊定位：点固焊的焊缝长度要细而长（20～30mm），如发现裂纹应铲掉重焊。

c）紫铜钨极氩弧焊采用直流正接极性左焊法。

d）操作时，电弧长度保持在 3～5mm、8～14mm。为保持焊缝熔合质量，常采用预热、大电流和高速度进行焊接。壁厚小于 3mm，预热温度为 150～300℃；壁厚大于 3mm，预热温度为 350～500℃；宽度以焊口中心为基准，每侧不小于 100mm。预热温度不宜太高，否则热影响区扩大，劳动条件也差。

e）紫铜钨极手工氩弧焊参数如表 4.2.3.2-27。

f）焊接时应注意防止“夹钨”现象和始端裂纹。可采用引出板或始端焊一段后，稍停，凉一凉再焊。

i　预热和热处理：除以上各条提及的要求外，还应注意：

a）黄铜焊接时，其预热温度为：壁厚为 5 ~ 15mm 时，为 400 ~ 500℃；壁厚大于 15mm 时，为 550℃。

表 4.2.3.2-27　紫铜钨极手工氩弧焊参数

板厚（mm）	钨极直径（mm）	焊丝直径（mm）	焊接电流（A）	氩气流量（L/min）	喷嘴口径（mmJ）
<1.5	2.5	2	140 ~ 180	6 ~ 8	8
2.0 ~ 3.0	2.5 ~ 3.0	3	160 ~ 280	6 ~ 10	8 ~ 10
4.5 ~ 5.0	4	3 ~ 4	250 ~ 350	8 ~ 12	10 ~ 12
6.0 ~ 10	5	4 ~ 5	300 ~ 400	10 ~ 14	10 ~ 12
>10	5 ~ 6	5 ~ 6	350 ~ 500	12 ~ 16	12 ~ 14

b）黄铜氧-乙炔焊，预热宽度以焊口中心为基准，每侧为 150mm。

c）黄铜焊接后，焊缝应进行焊后热处理。焊后热处理温度：消除应力处理为 400 ~ 450℃；软化退火处理为 550 ~ 600℃。管道焊接热处理，一般应在焊接后及时进行。

（15）按设计图纸画出管道分路、管径、变径、预留管口，阀门位置等施工草图，在实际安装的结构位置上做出标记，按标记分段量出实际安装的准确尺寸，记录在施工草图上，然后按草图测得的尺寸预制加工，按管段分组编号。

2　预留孔洞及预埋铁件

（1）在混凝土楼板、梁、墙上预留孔、洞、槽和预埋件时应有专人按设计图纸将管道及设备的位置、标高尺寸测定，标好孔洞的部位，将预制好的模盒、预埋铁件在绑扎钢筋前按标记固定牢，盒内塞入纸团等物，在浇注混凝土过程中应有专人配合校对，看管模盒、埋件，以免移位。

（2）预留孔应配合土建进行，其尺寸如设计无要求时应按表 4.2.3.2-28 的规定执行。

表 4.2.3.2-28　预留孔洞尺寸（mm）

项次	管道名称		明管	暗管
			留孔尺寸长×宽	墙槽尺寸宽度×深度
1	采暖或给水立管	管径小于或等于 25	100×100	130×130
		管径 32 ~ 50	150×150	150×130
		管径 70 ~ 100	200×200	200×200
2	一根排水立管	管径小于或等于 50	150×150	200×130
		管径 70 ~ 100	200×200	250×200
3	二根采暖或给水立管	管径小于或等于 32	150×100	200×130
4	一根给水立管和一根排水立管在一起	管径小于或等于 50	200×150	200×130
		管径 70 ~ 100	250×200	250×200
5	二根给水立管和一根排水立管在一起	管径小于或等于 50	200×150	250×130
		管径 70 ~ 100	350×130	380×200
6	给水支管或散热器支管	管径小于或等于 25	100×100	60×60
		管径 32 ~ 40	150×130	150×100
7	排水支管	管径小于或等于 80	250×200	—
		管径 100	300×250	—
8	采暖或排水主干管	管径小于或等于 80	300×250	—
		管径 100 ~ 125	350×300	—
9	给水引入管	管径小于或等于 100	300×200	—
10	排水排出管穿基础	管径小于或等于 80	300×300	—
		管径 100 ~ 150	$(D_e+300)\times(D_e+200)$	—

注：1　给水引入管，管顶上部净空一般不小于 100mm；
　　2　排水排出管，管顶上部净空一般不小于 150mm。

(3) 凡属预制墙板楼板需要剔孔洞，必须在装修或抹灰前剔凿，其直径与管外径的间隙不得超过30mm，遇有剔混凝土空心楼板或断钢筋，必须预先征得有关部门的同意及采取相应补救措施后，方可剔凿。

(4) 在外砖内模和外挂板内模工程中，对个别无法预留的孔洞，应在大模板拆除后及时进行制凿。

(5) 用电锤或手锤、錾子剔凿孔洞时，用力要适度，严禁用大锤操作。

3　套管安装

(1) 管道穿过墙壁和楼板，应设置金属或塑料套管。地下室或地下构筑物外墙有管道穿过的，应采取防水措施。对有严格防水要求的建筑物，必须采用柔性防水套管。

(2) 安装在楼板内的套管，其顶部宜高出装饰地面20mm；安装在卫生间及厨房内的套管，其顶部应高出装饰地面50mm；底部应与楼板底面相平。安装在墙壁内的套管其两端与饰面相平。

(3) 穿过楼板的套管与管道之间缝隙应用阻燃密实材料和防水油膏填实，端面光滑。穿墙套管与管道之间缝隙宜用阻燃密实材料填实，且端面应光滑。管道的接口不得设在套管内。

(4) 钢套管：根据所穿构筑物的厚度及管径尺寸确定套管规格、长度，下料后套管内刷防锈漆一道，用于穿楼板套管应在适当部位焊好架铁。管道安装时，把预制好的套管穿好。

(5) 防水套管：根据构筑物及不同介质的管道，按照设计或施工安装图册中的要求进行预制加工。将预制加工好的套管在浇筑混凝土前按设计要求部位固定好，校对坐标、标高，平正合格后一次浇筑，待管道安装完毕后把填料塞紧捣实。

4　支、吊、托架的制作安装

(1) 支吊架的制作：

1) 管道支吊应按照设计图纸要求选用材料制作，其加工尺寸、型号、精度及焊接均应符合设计要求。

2) 下料前，先将型钢调直。下料时应采用砂轮切割机切割型钢。大型型钢在现场用气割切断时，应将切口用砂轮将氧化层磨光，切口表面应垂直。

3) 用台钻钻孔，不得使用氧-乙炔焰吹割孔；煨制要圆滑均匀。各种支吊架要无毛刺、豁口、漏焊等缺陷，支架制作或安装后要及时刷漆防腐。

(2) 管道支、吊、托架的安装，应符合下列规定：

1) 位置正确，埋设应平整牢固。

2) 固定支架与管道接触应紧密，固定应牢靠。

3) 滑动支架应灵活，滑托与滑槽两侧间应留有3~5mm的间隙，纵向移动量应符合设计要求。

4) 无热伸长管道的吊架、吊杆应垂直安装。

5) 有热伸长管道的吊架、吊杆应向热膨胀的反方向偏移。

6) 固定在建筑结构上的管道支、吊架不得影响结构的安全。

(3) 管道及管道支墩（座），严禁铺设在冻土或未经处理的松土上。

(4) 管道的支、吊架安装应平整牢固，其间距应符合如下规定：

1）钢管水平安装的支、吊架间距不应大于表 3.3.8 规定。

2）给水塑料管及复合管垂直或水平安装的支架间距应符合表 3.3.9 规定要求。采用金属制作的管道支架，应在管道与支架间加衬非金属垫或套管。

3）铜管垂直或水平安装的支架间距应符合表 3.3.10 规定：

4）采暖、给水及热水供应系统的金属管道立管管卡安装应符合下列规定：

a 楼层高度小于或等于 5m，每层必须安装 1 个。

b 楼层高度大于 5m，每层不得少于 2 个。

c 管卡安装高度，距地面应为 1.5～1.8m，2 个以上管卡应匀称安装，同一单位工程中管卡宜安装在同一高度上；同一房间内管卡应安装在同一高度上。

（5）支、吊、托架的安装：

1）管道支、吊、托架安装时应及时进行固定和调整工作。

2）安装支、吊架的位置、标高应准确、间距应合理。应按设计图纸要求、有关标准图规定进行安装。

3）管道不允许位移时，应设置固定支架。必须严格安装在设计规定的位置上，并应使管道牢固地固定在支架上。

4）埋入墙内的支架，焊接到预埋件上的支架，用射钉安装的支架，用膨胀螺栓固定安装的支架，都应遵照设计图纸要求进行安装。

5）型钢吊架安装（以实心砖墙为例）：

a 按设计图纸和规范要求，测定好吊卡位置和标高，找好坡度，将吊架孔洞剔好，将已预制好的型钢吊架放在洞内，复查好吊孔距沟边尺寸，用水冲净洞内砖碴灰面，再用 C20 细石混凝土或 M20 水泥砂浆填入洞内，塞紧抹平。

b 用 22 号钢丝或小线在型钢下表面吊孔中心位置拉直绷紧，把中间型钢吊架依次栽好。

c 按设计要求的管道标高、坡度结合吊卡间距、管径大小、吊卡中心计算每根吊棍长度并进行预制加工，待安装管道时使用。

6）型钢托吊安装（以实心砖墙为例）：

a 安装托架前，按设计标高计算出两端的管底高度，在墙上或沟壁上放出坡线，或按土建施工的水平线，上下量出需要的高度，按间距画出托架位置标记，剔凿全部墙洞。

b 用水冲净两端孔洞，将 C20 细石混凝土或 M20 水泥砂浆填入洞深的一半，再将预制好的型钢托架插入洞内，用碎石塞住，校正卡孔的距墙尺寸和托架高度，将托架栽平，用水泥砂浆将孔洞填实抹平，然后在卡孔中心位置拉线，依次把中间托架栽好。

c U 形活动卡架一头套丝，在型钢托架上下各安一个螺母；U 形固定卡架两头套丝，各安一个螺母，靠紧型钢在管道上焊两块止动钢板。

7）双立管卡安装（以实心砖墙为例）：

a 在双立管位置中心的墙上画好卡位印记。

b 按印记剔直径 60mm 左右、深度不少于 80mm 的洞，用水冲净洞内杂物，将 M50 水泥砂浆填入洞深的一半，将预制好 $\phi 10\times170$mm 带燕尾的单头丝棍插入洞内，用碎石卡牢找正，上好管卡后再用水泥砂浆填塞抹平。

8）立支单管卡安装：先将位置找好，在墙上画好印记，剔直径 60mm 左右、深度 100

~120mm 的洞，卡子距地高度和安装工艺与立管卡相同。

9）在没有预留孔、洞和预埋件的混凝土构件上，可以选用射钉或膨胀螺栓安装支架，但不宜安装推力较大的固定支架。

10）膨胀螺栓安装支架，有不带钻和带钻两种，常用规格为 M8、M10、M12 等。

a 用不带钻膨胀螺栓安装支架时，必须先在安装支架的位置上钻孔。

b 钻出的孔必须与构件表面垂直。孔的直径与套管外径相等，深度为套管长度加 15mm。钻好后，将孔内的碎屑清除干净。

c 把套管套在螺栓上，套管的开口端朝向螺栓的锥形尾部；再把螺母带在螺栓上。然后打入已钻好的孔内，到螺母接触孔口时，用扳手拧紧螺母。随着螺母的拧紧，螺栓的锥形尾部就把开口的套管尾部胀开，使螺栓和套管一起紧固在孔内，见图 4.2.3.2-7。

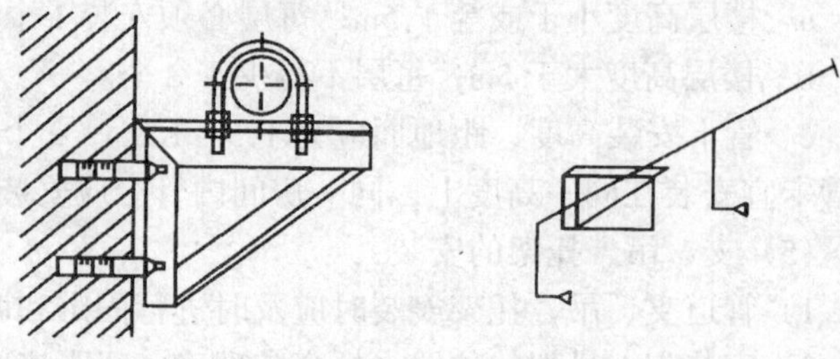

图 4.2.3.2-7 螺栓和套管紧固图

11）当安装并列管道时，应注意使管道间距排列标准化。支架标高须使管道安装后的标高与设计相符。

5 管道安装

(1) 工艺流程

安装准备→预制加工→干管安装→立管安装→支管安装→管道试压→管道防腐和保温→管道冲洗→管道消毒

(2) 安装准备

1）认真熟悉图纸，根据施工方案决定的施工方法和技术交底的具体措施做好准备工作。

2）参看有关专业设备图和装修建筑图，核对各种管道的坐标、标高是否有交叉，管道排列所用空间是否合理。有问题及时与设计和有关人员研究解决，办好变更洽商记录。

(3) 干管安装

1）给水铸铁管道安装：

a 在干管安装前清扫管膛，将承口内侧插口外侧端头的沥青除掉，承口朝向来水方向顺序排列，连接的对口应不小于 3mm。找平找直后，将管道固定。管道拐弯和始端处应支撑顶牢，防止捻口时轴向移动，所有管口随时封堵好。

b 采用橡胶圈接口的管道，允许沿曲线敷设，每个接口的最大偏转角不得超过 2°。

c 给水铸铁管与镀锌钢管连接时按图 4.2.3.2-8 的几种方式安装。

2）给水镀锌管道安装：安装时一般从总进入口开始操作、总进口端头加好临时丝堵以备试压用。把预制完的管道运到安装部位按编号依次排开。安装前清扫管膛，丝扣连接管道抹上铅油缠好麻（或用生料带），用管钳按编号依次上紧，丝扣外露 2~3 扣，安装完毕后找直找正，复核甩口的位置、方向及变径无误。清除麻头，所有管口要加好临时丝堵。

3）热水管道的穿墙处均按设计要求加好套管及固定支架，安装补偿器按规定做好预

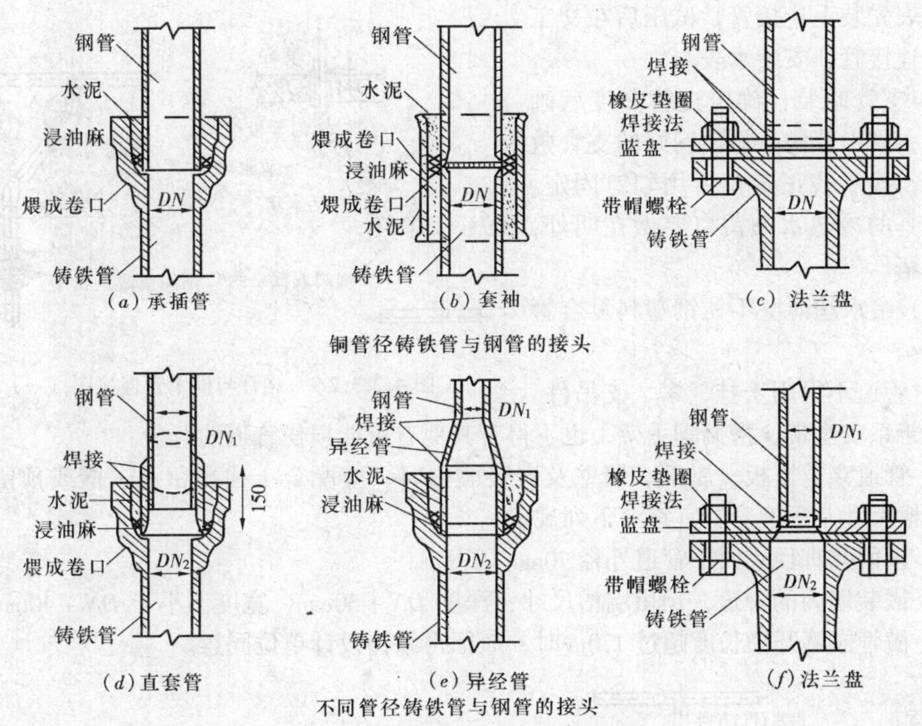

图 4.2.3.2-8　铸铁管与钢管的连接方式

拉伸，待管道固定卡件安装完毕后，除去预拉伸的支撑物，调整好坡度，翻身处高点要有放风、低点有泄水装置。

4）给水大管径管道使用无镀锌碳素钢管时，应采用焊接法兰连接，管材和法兰根据设计压力选用焊接钢管或无缝钢管，管道安装完毕先做水压试验，无渗漏编号后再拆开法兰进行镀锌加工。加工镀锌的管道不得刷漆及污染，管道镀锌后按编号进行二次安装。

（4）立管安装

1）立管明装：每层从上至下统一吊线安装卡件，将预制好的立管按编号分层排开，顺序安装，对好调直时的印记，丝扣外露 2～3 扣，清除麻头，校核预留甩口的高度、方向是否正确。外露丝扣和镀锌层破损处刷好防锈漆。支管甩口处均加好临时丝堵。立管截门安装朝向应便于操作和修理。安装完后用线坠吊直找正，配合土建加套管堵好楼板洞。

2）立管暗装：竖井内立管安装的卡件宜在管井口设置型钢，上下统一吊线安装卡件。安装在墙内的立管应在结构施工中预留管槽，立管安装后吊直找正，用卡件固定。支管的甩口应露明并加好临时丝堵。

3）热水立管暗装：按设计要求加好套管。立管与横干管连接要采用 2 个弯头（图 4.2.3.2-9）。立管直线长度大于 15m 时，与横干管连接要采用 3 个弯头（图 4.2.3.2-10）。立管如有补偿器，安装如干管。

（5）支管安装

1）支管明装：将预制好的支管从立管或横干管甩口依次逐段进行安装，有阀门应将阀门盖卸下再安装，根据管道长度适当加好临时固定卡，核定不同卫生器具的冷热水预留口高度、位置是否正确，找平找正后栽支管卡，去掉临时固定卡，上好临时丝堵。支管如装有水表先装上连接管，试压后在交工前拆下连接管，安装水表。

2）支管暗装：确定支管高度后画线定位，剔出管槽，将预制好的支管敷在槽内，找平找正定位后用勾钉固定。卫生器具的冷热水预留口要做在明处，加好丝堵。

（6）给水超薄壁不锈钢塑料复合管安装

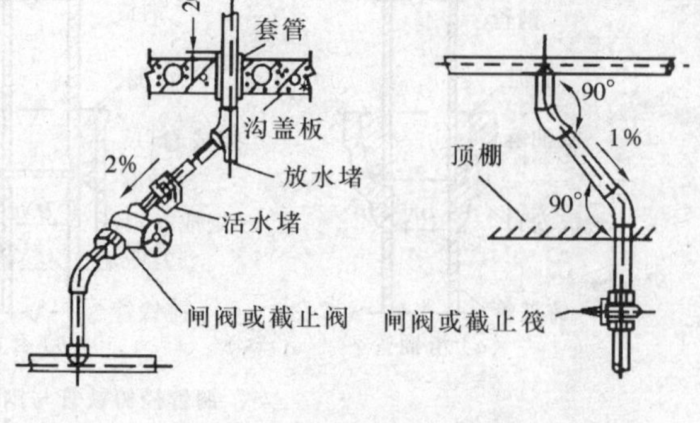

图 4.2.3.2-9 立管与横干管连接图（一）

1）管道不得用于挂、攀、支吊件，不得用于系安全带、搭搁脚手架，也不得有其他有可能损伤管道的行为。

2）管道穿越楼板、屋面、墙壁及嵌装墙内时，应配合土建预留孔、槽或预留套管，留孔开槽尺寸及预埋套管宜符合下列规定：

a 预留孔直径应大于管道外径 70mm 以上。

b 嵌装墙内的管道，预留墙槽尺寸：深度 $DN+30$mm，宽度不小于 $DN+40$mm。

c 横管嵌墙开槽长度超过 1.0m 时，应征得结构设计单位同意。

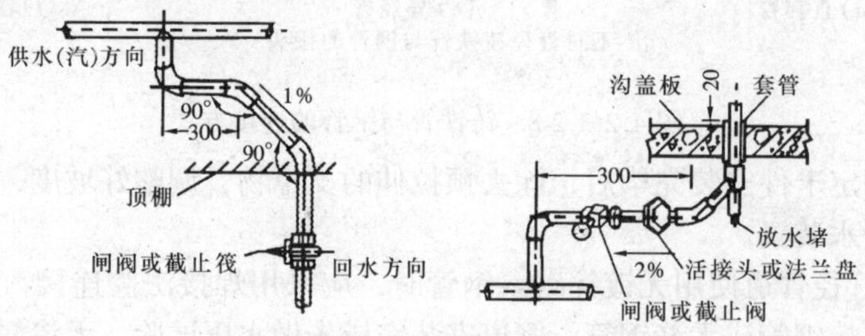

图 4.2.3.2-10 立管与横干管连接图（二）

d 管道穿越地下室墙壁、水池（箱）壁，应预埋带防水翼环的套管，套管内径应大于管道外径 + 60mm。

e 热水管穿越楼板、墙体应预埋金属或硬聚氯乙烯套管，套管内径不小于热水管外径 + 50mm。

3）立管穿越地面时，在地坪上部宜设置钢制保护管，保护管应深入地坪找平层内，套管应高出地坪 120mm 以上（楼梯处高出 500mm），保护管内径应大于立管外径 + 10mm。

4）管道与管道附件的连接应采用带管螺纹的管件。管材外壁不得以任何方式加工螺纹。

5）管道安装时，应将表示管材介质工作温度、产品标志的字样处于醒目位置。

6）管道系统安装完毕或告一段落时，应采用专用材料或配件及时封堵管口开敞处。

7）冷热水管穿越墙板、楼板、屋面时，应按下列规定施工：

管道穿越楼板、屋面预留孔洞的间隙应采用 C20 细石混凝土分二次嵌实填平。第一次为板厚 2/3，达到 50%强度后再进行第二次嵌实，与结构面层相平。

热水管与护套管间隙宜用发泡聚乙烯或其他耐热软性填料填实。

8）管道穿越水池（箱）和地下室混凝土墙板的防水套管间隙，中间部位应采用防水胶泥嵌实，其宽度不小于池（箱）壁厚度的50%，其余部分应采用M10的防水水泥砂浆嵌实。

9）冷热水管道应采用金属管卡和支吊架。卡吊支座应墙体结构牢靠固定。明装管道中，管卡与管材固定的卡环宜采用不锈钢制作。

10）管道敷设时，应按设计施工图确定的管位、标高和走向进行安装。

11）室内管道敷设时，应按设计规定合理选用管件和连接方法：

嵌墙和埋设管道应采用承插式连接。

明装管道宜采用卡套式或承插式连接。

嵌墙和埋设管道应在墙面粉刷和地坪找平层施工前进行。其外壁保护层厚度：冷水管不宜小于15mm；地面找平层内埋设管的覆盖层厚度不应小于15mm。

12）立管和横管的支承间距应符合表4.2.3.2-29的规定。

表4.2.3.2-29　给水超薄壁不锈钢塑料复合管立管和横管的最大支承间距（mm）

DN	20	25	32	40	50	63	75	90	110
立管	2000	2300	2600	3000	3500	4200	4800	4800	5000
不保温横管	1500	1800	2000	2200	2500	2800	3200	3800	4000
保温横管	1200	1600	1800	2000	2300	2500	2800	3200	3500

注：1　配水点两端应设支承固定，支承件离配水点中心间距不得大于150mm；
2　管道折角转弯时，在折转部位不大于500mm的位置应设支承固定；
3　立管应在距地（楼）面1.6～1.8m处设支承。

13）室内明装和暗装管道应按规定设置支吊架及管卡。沿板底敷设时管壁距顶板不宜小于100mm。

14）室内$DN \leqslant 32$的明装管道，应在建筑装饰结束后，按下列程序安装：

确定管道和配水点的管卡位置，当饰面为瓷砖时宜将管卡固定在砖缝位置。

根据管径选定的各种管道与装饰面的净距：*DN*20为15mm；*DN*25为12mm；*DN*32为10mm。

管材正确断料并配置管件，先加工分段组合件，再按设计要求安装到位。

管道在管卡位置坚固前，应进行横向和竖向的安装质量检查，合格后紧固管卡并清理管道表面污物。

管道试压或管道结束后，必须在封闭前进行试压和隐蔽工程验收。

15）室内埋地管道施工时，应在夯实土壤后开挖管沟进行敷设。管道敷设后，应通过隐蔽工程验收合格后方可回填。在管道周围的回填土中应无大颗粒坚硬石块，当回填到距管顶100mm以上后进行常规回填和施工。

16）由室外引入室内的埋地管道宜分二段敷设。在室内管道安装完毕并伸出外墙200～250mm后进行临时封堵；在主体建筑物完工后进行室外工程施工时，再连接户外管段。

（7）铝塑复合管安装

1）直埋敷设管道的管槽，宜配合土建施工时预留，管槽的底和壁应平整无凸出的尖锐物。管槽宽度宜比管道公称外径大40～50mm，管槽深度宜比管道公称外径大20～25mm。

a　铺放管道后，应用管卡（或鞍形卡片），将管道固定牢固，水压试验后方可填塞管槽。

b 管槽的填塞应采用 M7.5 水泥砂浆。冷水管管槽的填塞宜分两层进行，第一层填塞至 3/4 管高，砂浆初凝时应将管道略作左右摇动，使管壁与砂浆之间形成缝隙，再进行第二层填塞，填满管槽与地（墙）面抹平，砂浆必须密实饱满。

c 热水管直线管段的管槽填塞操作与冷水管相同，但在转弯段应在水泥砂浆堵塞前沿转弯管外侧插嵌宽度等于管外径，厚度为 5～10mm 的质地松软板条，再按上述操作填塞。

2）管道穿越混凝土屋面，楼板、墙体等部位，应按设计要求配合土建预留孔洞或预埋套管，孔洞或套管的内径宜比管道公称外径大 30～40mm。

3）管道穿越屋面、楼板部位，应做防渗措施，可按下列规定施工：

a 贴近屋面或楼板的底部，应设置管道固定支承件。

b 预留孔或套管与管道之间的环形缝隙，用 C15 细石混凝土或 M15 膨胀水泥砂浆分两次嵌缝：第一次嵌缝至板厚的 2/3 高度，待达到 50% 强度后进行第二次嵌缝至板面平，并用 M10 水泥砂浆抹高、宽不小于 25mm 的三角灰。

4）管道穿越地下室外壁或混凝土水池壁时，必须配合土建预埋带有止水翼环的金属套管，套管长度不应小于 200mm，套管内径宜比管道公称外径大 30～40mm。

管道安装完毕后，对套管与管道之间的环形缝隙进行嵌缝；先在套管中部塞 3 圈以上油麻，再用 M10 膨胀水泥砂浆嵌缝至平套管口。

5）管道穿越无防水要求的墙体、梁、板的做法应符合下列规定：

a 靠近穿越孔洞的一端应设固定支承件将管道固定。

b 管道与套管或孔洞之间的环形缝隙应用阻燃材料填实。

6）管道的最大支承间距应符合表 4.2.3.2-30 的规定。

表 4.2.3.2-30 铝塑复合管管道最大支承间距（mm）

公称外径	12	14	16	18	20	25	32	40	50	63	75
立管间距	500	600	700	800	900	1000	1100	1300	1600	1800	2000
横管间距	400	400	500	500	600	700	800	1000	1200	1400	1600

7）管道支承和支承件应符合下列规定：

a 无伸缩补偿装置的直线管段，固定支承件的最大间距：冷水管不宜大于 6.0m，热水管不宜大于 6.0m，且应设置在管道配件附近。

b 采用管道伸缩补偿器的直线管段，固定支承件的间距应经计算确定，管道伸缩补偿器应在两个固定支承件的中间部位。

c 采用管道折角进行伸缩补偿时，悬臂长度不应大于 3.0m，自由臂长度不应小于 300mm。

d 固定支承件的管卡与管道表面应全面接触，管卡的宽度宜为管道公称外径的 1/2，收紧管卡时不得损坏管壁。

e 滑动支承件的管卡应卡住管道，可允许管道轴向滑动，但不允许管道产生横向位移，管道不得从管卡中弹出。

（8）建筑给水硬聚氯乙烯管安装

1）室内明敷管道应在土建粉饰完毕后进行安装。安装前应首先复核预留孔洞的位置是否正确。

2）管道安装前，宜按要求先设置管卡。其位置应准确，埋设应平整、牢固。管卡与管道接触应紧密，但不得损伤管道表面。

3）若采用金属管卡固定管道时，金属管卡与塑料管间采用塑料带或橡胶物隔垫，不得使用硬物隔垫。

4）在金属管配件与塑料管连接部位，管卡应设置在金属管配件一端，并尽量靠近金属配件。

5）塑料管道的立管和水平管的支撑间距不得大于表4.2.3.2-31的规定。

表4.2.3.2-31　建筑给水硬聚氯乙烯管道的最大支撑间距（mm）

外　径	20	25	32	40	50	63	75	90	110
水平管	500	550	650	800	950	1100	1200	1350	1550
立　管	900	1000	1200	1400	1600	1800	2000	2200	2400

6）塑料管穿越楼板时，必须设置套管，套管可采用塑料管；穿越屋面时必须采用金属套管。套管应高出地面、屋面不小于100mm，并采取严格的防水措施。

7）管道敷设严禁有轴向扭曲。穿越墙或楼板时不得强制校正。

8）塑料管道与其他金属管道并行时，应留有一定的保护距离。若设计无规定时，净距不宜小于100mm。并行时，塑料管道宜在金属管道的内侧。

9）室内暗敷的塑料管道墙槽必须采用1:2水泥砂浆填补。

10）在塑料管道的各配水点、受力点处，必须采取可靠的固定措施。

11）室内地坪±0.00以下塑料管道铺设宜分为两段进行。先进行地坪±0.00以下至基础墙外壁管段的铺设，待土建施工结束后，再进行户外连接管的铺设。

12）室内地坪以下管道铺设应在土建工程回填土夯实以后，重新开挖进行。严禁在回填土之前或未经夯实的土层中铺设。

13）铺设管道的沟底应平整，不得有突出的尖硬物体。土的颗粒不宜大于12mm，必要时可铺100mm厚的砂垫层。

14）埋地管道回填时，管周回填土不得夹杂尖硬物直接与塑料管壁接触。应先用砂土或颗粒粒径不大于12mm的土回填至管顶上侧300mm处，经夯实后方可回填原土。室内埋地管道的埋置深度不宜小于300mm。

15）塑料管出地坪处应设置护管，其高度应高出地坪100mm。

16）塑料管在穿基础墙时，应设置金属套管。套管与基础墙预留孔上方的净空高度，若设计无规定时不应小于100mm。

(9) 给水管道安装的允许偏差

给水管道安装的允许偏差应符合表4.2.3.2-32的规定。

6　阀门及水表等附件安装

(1) 阀门安装

1）安装前应仔细检查，核对阀门的型号、规格是否符合设计要求。

2）根据阀门的型号和出厂说明书，检查它们是否可以在所要求的条件下应用，并且按设计和规范规定进行试压，请甲方或监理验收并填写试验记录。

3）检查填料及压盖螺栓，必须有足够的节余量，并要检查阀杆是否转动灵活，有无卡涩现象和歪斜情况。法兰和螺栓连接的阀门应加以关闭。

表 4.2.3.2-32　管道和阀门安装的允许偏差和检验方法

项次	项目			允许偏差	检验方法
1	水平管道纵横方向弯曲	钢管	每米	1	用水平尺直尺拉线和尺量检查
			全长 25m 以上	≯25	
		塑料管复合管	每米	1.5	
			全长 25m 以上	≯25	
		铸铁管	每米	2	
			全长 25m 以上	≯25	
2	立管垂直度	钢管	每米	3	吊线尺量检查
			5m 以上	≯8	
		塑料管复合管	每米	2	
			5m 以上	≯8	
		铸铁管	每米	3	
			5m 以上	≯10	
3	成排管段和成排阀门		在同一平面上间距	3	尺量检查

4）不合格的阀门不准安装。

5）阀门在安装时应根据管道介质流向确定其安装方向。

6）安装一般的截止阀时，使介质自阀盘下面流向上面，简称“低进高出”。安装闸阀、旋塞时，允许介质从任意一端流入流出。

7）安装止回阀时，必须特别注意阀体上箭头指向与介质的流向相一致，才能保证阀盘能自由开启。对于升降式止回阀，应保证阀盘中心线与水平面相互垂直。对于旋启式止回阀，应保证其摇板的旋转枢轴装成水平。

8）安装杠杆式安全阀和减压阀时，必须使阀盘中心线与水平面互相垂直，发现斜倾时应予以校正。

9）安装法兰阀门时，应保证两法兰端面相互平行和同心。尤其是安装铸铁等材质较脆弱的阀门时，应避免因强力连接或受力不均引起的损坏。拧螺栓应对称或十字交叉进行。

10）螺纹阀门应保证螺纹完整无缺，并按不同介质要求涂以密封填料物，拧紧时，必须用扳手咬牢拧入管道一端的六棱体上，以保证阀体不致拧变形或损坏。

11）阀门安装的允许偏差应符合表 4.2.3-32 的规定。

（2）水表安装

1）水表应安装在查看方便、不受曝晒、不受污染和不易损坏的地方，引入管上的水表装在室外水表井、地下室或专用的房间内。

2）水表装到管道上以前，应先除去管道中的污物（用水冲洗），以免水表造成堵塞。

3）水表应水平安装，并使水表外壳上的箭头方向与水流方向一致，切勿装反。水表前后应装设阀门。

4）对于不允许停水或设有消防管道的建筑，还应设旁通管道。此时水表后侧要装止回阀，旁通管上的阀门应设有铅封。

5）为了保证水表计量准确，水表前面应装有大于水表口径 10 倍的直管段，水表前面的阀门在水表使用时全部打开。

6）家庭独用小水表，明装于每户进水总管上，水表前应有阀门，水表外壳距墙面不得大于 30mm，水表中心距另一墙面（端面）的距离为 450 ~ 500mm，安装高度为 600 ~

1200mm。水表前后直管段长度大于300mm时，其超出管段应用弯头引靠到墙面，沿墙面敷设，管中心距离墙面20～25mm。

7　填堵孔洞

(1) 管道安装完毕后，必须及时用不低于结构强度等级的混凝土或水泥砂浆把孔洞堵严、抹平。为了不致因堵洞而将管道移位，造成立管不垂直，应派专人配合土建堵孔洞。

(2) 堵楼板孔洞宜用定型模具或用木板支搭牢固后，往洞内浇水湿润，再用C20以上的细石混凝土或M5水泥砂浆填平捣实，不许向洞内塞砖头、杂物。

(3) 有防水要求的楼板，孔洞处填料应予以养护，待其强度满足规定以后，应对该部位进行围水试验。围水高度不低于30mm，围水时间为24h。

8　管道试压

(1) 室内给水管道的水压试验必须符合设计要求。当设计未注明时，各种材质的给水管道系统试验压力均为工作压力的1.5倍，但不得小于0.6MPa。

金属及复合管给水管道系统在试验压力下观测10min，压力降不应大于0.02MPa，然后降到工作压力进行检查，应不渗不漏；塑料管给水系统应在试验压力下保持1h，压力降不得超过0.05MPa，然后在工作压力的1.15倍状态下保持2h，压力降不得超过0.03MPa，同时检查各连接处，不得渗漏。

(2) 管道试压一般分单项试压和系统试压两种。单项试压是在干管敷设完后或隐蔽部位的管道安装完毕按设计和规范要求进行水压试验。

系统试压是在全部干、立、支管安装完毕，按设计或规范要求进行水压试验。

(3) 试压泵一般设在首层，或室外管道入口处。压力表量程不应小于试验压力的1.3倍，且精度为0.01MPa。

(4) 试压前应将预留口堵严，关闭入口总阀门和所有泄水阀门及低处放风阀门，打开各分路及主管阀门和系统最高处的放风阀门。水压试验之前，对试压管道应采取安全有效的固定和保护措施，但接头部位必须明露。

(5) 打开水源阀门，往系统内缓慢充水，将管道内气体排出并将阀门关闭。

(6) 检查全部系统，如有漏水处应做好标记，并进行修理，修好后再充满水进行加压，而后复查。如管道不渗、不漏，采用加压泵缓慢升压。

(7) 保持压力持续到规定时间，压力降在允许范围内，应通知有关单位验收并办理验收记录。

(8) 拆除试压水泵和水源，把管道系统内水泄净。被破损的镀锌层和外露丝扣处做好防腐处理，再进行隐蔽工作。

(9) 冬期施工期间竣工而又不能及时供暖的工程进行试压时，必须采取可靠措施把水泄净，以防冻坏管道和设备。

(10) 对粘接连接的管道，水压试验必须在粘接连接安装24h后进行。

(11) 给水用铝塑复合管管道系统需将管道系统升压至0.6MPa，检查各配水件接口应无渗漏方可交付使用。

9　管道系统消毒

(1) 生活给水系统管道在交付使用前必须冲洗和消毒，并经有关部门取样检验，符合现行国家标准《生活饮用水卫生标准》GB 5749方可使用。

(2) 管道试压合格后，将管道内的水放空，各配水点与配水件连接后，进行管道消毒。用含 20～30mg/L 的游离氯的水灌满管道进行消毒，含氯水在管道中应留置 24h 以上。

(3) 消毒结束后，放空管道内的消毒液，用生活饮用水冲洗管道，至各末端配水件出水水质符合现行国家标准《生活饮用水卫生标准》GB 5749 为止。

10 管道系统冲洗

(1) 管道系统的冲洗应在管道试压结束后，交付使用前进行。

(2) 管道冲洗进水口及排水口应选择适当位置，并能保证管道系统内的杂物冲洗干净为宜。排水管截面积不应小于被冲洗管道截面的 60%，排水管应接至排水井或排水沟内。

(3) 冲洗时，以系统内可能达到的最大压力和流量进行，直到出口处的水色和透明度与入口处目测一致达到生活饮用水标准。冲洗洁净后办理验收手续。

11 管道防腐

管道防腐：给水管道铺设与安装的防腐均按设计要求及国家质量验收规范施工，所有型钢支架及管道镀锌层破损处和外露丝扣要补刷防锈漆。分管道油漆防腐施工、埋地管道防腐施工、环氧煤沥青防腐层施工三部分介绍。

(1) 管道油漆防腐施工

1) 工艺流程

施工准备→表面去污除锈→调配涂料→刷漆或喷涂施工→养护

2) 施工准备

a 材料

a) 防腐底漆、面漆涂料，其种类如表 4.2.3.2-33 所示。

表 4.2.3.2-33 管道及设备常用油漆涂料一览表

类别	型号	名称	性 能	适用温度（℃）	主 要 用 途	配套施工要点
油脂类	Y03-1	各色油性调合漆	干燥较慢，漆膜较软，光亮。附着力较强，耐候性比酯酸调合漆及酚醛调合漆好，不易粉化、龟裂	(60) (＜120)	用于室内一般金属和木材表面	涂于金属、木材表面或磷化底漆、红丹油性防锈漆面上，室外至少涂两层。用 200 号溶剂汽油或松节油作稀释
	Y53-1	红丹油性防锈漆	除锈性能好，干后附着力强，柔韧性好。易涂刷，干燥慢，制漆烧焊易中毒	100	用于钢铁表面打底用，但不能用于铝锌表面，不可单独用	配套面漆为酚醛磁漆。醇酸磁漆及油性调合漆。用 200 溶剂汽油或松节油作稀释剂
	Y53－2	铁红油性防锈漆	防锈性能较好，附着力强，漆膜较软	(150) (＜150)	用于室内外要求不高的钢铁表面作防锈打底用，但不能用于铝锌表面，也不能单独使用	配套面漆为酚醛磁漆及油性调和漆。用 200 号溶剂汽油或松节油作稀释剂
酚醛树脂类	F06-8	锌黄、铁红、酚醛底漆	防锈性能良好，附着力强		锌黄酚醛底漆用于铝合金表面，铁红用于钢铁表面	两层底漆后涂面漆，醇酸磁漆，氨基烘漆，纯酚醛磁漆
	F06-9	锌黄、铁红纯酚醛底漆	防锈性能好，附着力强，耐热、防潮耐盐雾性能好		锌黄酚醛底漆用于铝合金表面铁红、纯酚醛底漆可配合过氧乙烯漆使用效果好	两层底漆后涂面漆，醇酸磁漆、氨基烘漆、纯酚醛磁漆，用二甲苯、松节油稀释

续表 4.2.3.2-33

类别	型号	名称	性　能	适用温度（℃）	主 要 用 途	配套施工要点
酚醛树脂类	F04-1	各色酚醛磁漆	耐酸（但不耐硝酸、浓硫酸和碱），耐水，附着力强，光泽好，漆膜坚硬，耐候性次于醇酸磁漆		涂在金属、木材、磷化底漆或防锈底漆上。底漆一层，室外磁漆二层以上。用200号溶剂汽油或松节油稀释	
	F53-5	酚醛防锈漆	防锈性好，附着力很强，干燥快，易施工，无毒、防火		用于室内外金属、木材表面。取代红丹防锈漆。用在钢铁表面防锈打底	配套面漆为醇酸磁漆、酚醛磁漆、调合漆
	F53-2	灰酚醛防锈漆	4h表面干燥，24h可完全干燥		用于一般要求的钢铁表面打底	底漆二层，面层1～2层，由200号溶剂汽油或松节油稀释
醇酸树脂类	C06-1	铁红醇酸底漆	防锈性能良好，附着力较强，与多种面漆结合好，耐油，坚硬，耐候性较好	－40～60	用于金属管道打底，但不适用于湿热地带	刷或喷1～2层，配套面漆为醇酸磁漆、沥青漆、过氧乙烯漆等，稀释喷涂用甲苯，刷涂用松节油
	C04-2	各色醇酸磁漆	耐酸性尚可。坚韧、光亮。机械强度较好，耐候性比油性调合漆及酚醛磁漆好。耐水性稍差	＜100	用于室内外金属和木材表面作面层涂料	刷或喷在涂有底层的金属或木材表面，前一层干后方可涂一层，用200号溶剂汽油或松节油稀释
	C04-42	各色醇酸磁漆	耐候性、耐水性和附着力比C04-2好能耐油，但干燥时间长		用于室外金属管道表面为面层	涂1～2层醇酸底漆腻子补平，再涂醇酸底漆两层，最后涂该磁漆二层
	C01-2	银粉漆（铝粉漆）	银白色。对钢铁及铝表面具有较强的附着力。漆膜受热后不易起泡。耐水、耐热	150		
乙烯树脂类漆	X06-1	磷化底漆	对金属表面有极强附着力。可省去磷化或钝化处理，增加金属上有机涂层附着力。防止锈蚀。延长涂层寿命	＜60	用于有色及黑色金属底层的防锈涂料。不可代替一般底漆	使用前。以树脂液基料与磷化液按4:1混合。磷化液用量不可任意增减。稀释剂用3份乙醇（96%）与1份丁醇的混合液
	X52-1	各色乙烯防腐	耐酸、碱，常温下耐硫酸、盐酸、氢氧化钠；耐油及醇类；耐候性优；耐海水、耐晒，抗湿热	70～100	用于室内外设备及管道，室外管道优于其他涂料，可用于水下金属结构和管道	不能与其他漆混用，根据酸、碱等程度。可涂2～4层。配制白色或灰色颜料有钛白粉和氧化锌
环氧树脂漆	H53-3	红丹环氧防锈漆	有较佳防腐蚀能力	－40～＋110	供各种金属表面防锈、专作底漆	配套品种：与磷化底漆配套使用，可提高漆膜防盐雾、防潮、防锈性
	H06-2	铁红锌黄环氧底漆	耐水，防锈性优，漆膜坚韧耐久。对金属附着力均良好		用于海洋性及湿热气候下金属表面打底。铁红用于黑色金属，锌黄用于有色金属	硝基外用磁漆 H05-6 环氧烘漆

续表 4.2.3.2-33

类别	型号	名称	性能	适用温度（℃）	主要用途	配套施工要点
环氧树脂漆	H52-3	各色氧防锈漆	耐化学腐蚀性能较好。耐硫酸、氢氧化钠、盐酸、二甲苯、盐水、油，漆膜附着力好，坚韧耐久，自干型。施工方便	－40～＋110	防化学腐蚀的金属管道等	在金属表面涂两层以上配套底漆。用铁红环氧底漆
	H01-4	环氧沥青清漆，云母氧化铁底漆	耐化学腐蚀，有良好的物理机械性能，漆膜坚牢，对金属、水泥附着力强，耐水性好。施工方便	－55～＋155	用作地下、水下管道、水闸贮槽等防潮、防化学腐蚀用（云铁环氧底漆打底用）	云铁环氧底漆两层，环氧沥青漆两层即可，或直接涂刷环氧沥青清漆三层即可
聚氨脂漆	S04-1	聚氨酯磁漆	耐酸、碱腐蚀，耐水、油，防潮、霉，耐溶剂，漆膜坚硬、光亮。附着力强		用于除航空油以外的燃料油、化工设备、管道	配套品种：S06-1 两层；S04-1 两层
	S06-1	棕黄锌黄聚氨酯底漆	耐酸、碱腐蚀，耐水、油，防潮、霉，耐溶剂，漆膜坚硬、光亮，附着力强	－55～＋155	与 S04－1 配合使用	
有机硅漆	W61-22	各有色有机硅耐热漆	有耐油、耐水、耐高温，良好机械性能，常温干燥	300	用于高温设备、配件、管道	
沥青漆	L01-6	沥青漆	耐腐蚀性能良好，耐水、防潮性好。干燥快，施工方便	－20～＋70	金属表面作防潮、防水、防腐用	可用汽油、二甲苯、松节油稀释，刷、涂、喷均可
	L01-17	煤焦沥青漆	耐土壤腐蚀，防锈性能较好，耐水性强，干燥快		用于不受阳光直射的钢铁表面及地下管道	涂刷不少于两层，施工方便
	L50-1	沥青耐酸漆	耐氧化氮、二氧化硫、氨气、氯气、盐酸及无机酸，附着力较强	－20～＋70	用于防止硫酸等对金属腐蚀的管道等	刷涂不少于两层，间隔12h。刷于金属表面或铁红防锈漆上或磷化底漆上

b）溶剂和稀释剂：汽油、松节油、苯、二甲苯、丙酮、乙醇、丁醇、醋酸、乙酯、醋酸丁酯。

c）砂布、砂轮片、干净棉布块、干净棉纱、抹布、粗砂纸。

b　机具

a）空气压缩机、分离器、储砂罐、橡胶管、喷枪、压缩空气管、钢丝刷、油刷、小油箱。

b）人字梯、高凳、搅拌棒、护具、手套、口罩、眼镜。

c）灭火器、干砂、防火铁锹。

c　作业条件

a）金属管道和设备已安装完。

b）作业场地清洁，施工环境温度宜保持在0℃以上，且通风良好。

c）在管道安装前除锈后涂刷一层底漆，第二遍须待刷面漆之前完成。

d）面漆要求在管道工程全部完成后，室内刮大白，装饰工程完工并验收合格后进行。

3）金属管道表面去污除锈

金属表面锈垢的清除程度，是决定管道防腐效果的重要因素。为增强漆料与金属的附着力，取得良好的防腐效果，必须清除金属表面的灰尘、污垢和锈蚀，露出金属光泽方可刷、喷底漆。

a　表面去污：去污方法、适用范围、施工要点详见表 4.2.3.2-34 所示。

表 4.2.3.2-34　金属表面去污

去污方法		适用范围	施工要点
溶剂清洗	煤焦油溶剂（甲苯、二甲苯等），石油矿物溶剂（溶剂汽油、煤油），氯代烃类（过氯乙烯、三氯乙烯等）	除油、油脂、可溶污物和可溶涂层	有的油垢要反复溶解和稀释。最后要用干净溶剂清洗，避免留下薄膜
碱液	氢氧化钠 30g/L，磷酸三钠 15g/L，水玻璃 5g/L，水适量。也可购成品	除掉可皂化的油、油脂和其他污物	清洗后要充分冲净残液，并做钝化处理（用含有 0.1%左右重的铬酸、重铬酸钠或重铬酸钾溶液清洗表面）
乳剂除污	煤油 67%，松节油 22.5%，月酸 5.4%；三乙醇胺 3.6%，丁基溶纤剂 1.5%。也可购成品	除油、油脂和其他污物	清洗后用蒸汽或热水将残留物从金属表面上冲洗净

b　除锈方法有人工除锈、机械除锈、喷砂除锈。

a）人工除锈：一般先用手锤敲击或用钢丝刷、废砂轮片除去严重的厚锈和焊渣，再用刮刀、钢丝布、粗破布除去氧化皮、铁浮锈及其他污垢。最后用干净的布块或棉纱擦净。对于管道内表面除锈，可用圆形钢丝刷，两头绑上绳子来回拉擦。至刮露出金属光泽为合格。

b）机械除锈：可用电动砂轮、风动刷、电动旋转钢丝刷、电动除锈机等除锈机械，如旋转钢丝刷管道除锈机（图 4.2.3.2-11）、钢管外壁除锈设备（图 4.2.3.2-12）。当电动机转动通过软轴带动钢丝刷旋转除锈，用来清除管道内表面锈垢。

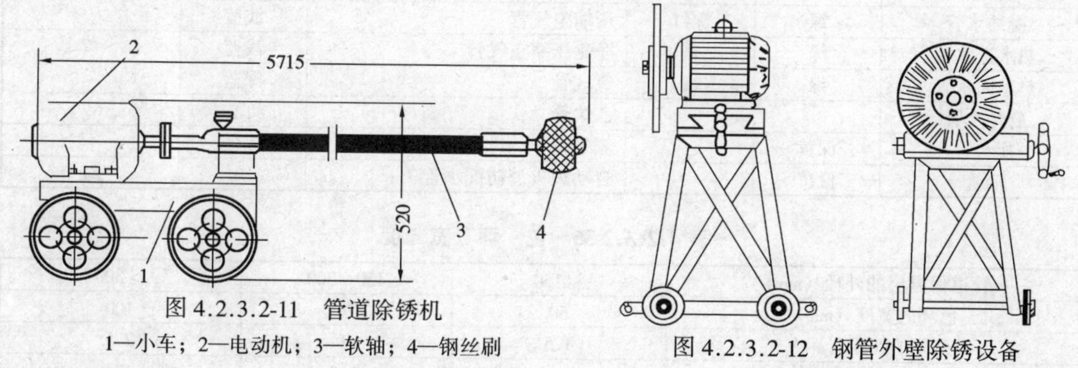

图 4.2.3.2-11　管道除锈机

1—小车；2—电动机；3—软轴；4—钢丝刷

图 4.2.3.2-12　钢管外壁除锈设备

c　喷砂刷锈：利用压缩空气喷嘴喷射石英砂粒，吹打锈蚀表面将氧化皮、铁锈层等等剥落。

施工现场可用空压机、油水分离器、沙斗及喷枪组成，如图 4.2.3.2-13 所示。除锈用的空压机的压缩空气不能含有水分和油、油脂，必须在其出口安设油水分离器。空压机压

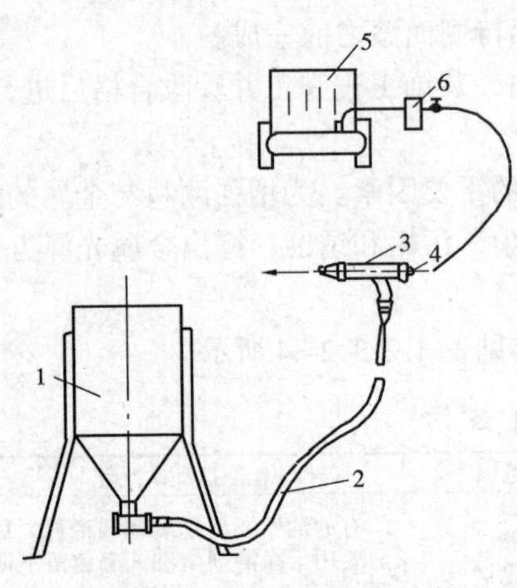

图 4.2.3.2-13　喷砂装置

1—储砂罐；2—橡胶管；3—喷枪；
4—压缩空气接管；5—压缩机；6—分离器

力保持在 0.4 ~ 0.6MPa，石英砂的粒度 1.0 ~ 2.5mm，要过筛除去泥土杂质，再经过干燥处理。

砂要顺气流方向，喷嘴与金属表面成 70° ~ 80° 夹角、相距 100 ~ 150mm。在管道表面达到均匀的灰白色时，用压缩空气清扫干净。再用汽油等溶剂洗净，干燥后可进行油漆刷涂。

4）调配涂料

工程中用漆种类繁多，底、面漆不相配会造成防腐失效。某些工程油漆涂层出现成片脱落或混色现象，有的当一遍底漆涂完，刷面漆时发生底漆溶解，面层无法施工。调配和选对漆种是重要的施工程序。

a　根据设计要求，按不同管道、不同介质、不同用途及不同材质，参考表 4.2.3.2-33 中所示选择油漆涂料。

b　管道涂色分类：管道应根据输送介质选择漆色，如设计无规定，参考表 4.2.3.2-35 选择涂料颜色。色环宽度参见表 4.2.3.2-36。

c 将选好的油漆桶开盖，根据原装油漆稀稠程度加入适量稀释剂。油漆的调合程度要考虑涂刷方法，调合至适合手工涂刷或喷涂的稠度。喷涂时，稀释剂和油漆的比可为 1:1 ~ 2。用棍棒搅拌均匀，以可刷不流淌、不出刷纹为准，即可准备涂刷。

表 4.2.3.2-35　管道涂色分类

管道名称	颜色		管道名称	颜色	
	底色	色环		底色	色环
给水（冷水）管	绿		高热值煤气管	黄	
排水管	黑		低热值煤气管	黄	
过热蒸汽	红	黄	液化石油气管	黄	绿
饱和蒸汽	红		天然气管		
凝结水管	绿	深红	压缩空气管	浅蓝	
热水送水管	绿	黄	净化压缩空气管	浅蓝	黄
热水回水管	绿	褐	氧气管	深蓝	
软化水管			乙炔管	白	
盐水管	深黄		氢气管	棕色	
油管	橙黄		自动灭火消防配水管	绿	红

表 4.2.3.2-36　色环宽度

管道保温层的外径（mm）	<150	150 ~ 300	>300
色环的宽度（mm）	50	70	100
色环的间距（m）	1.5	2	2.5
最后一个色环离墙或楼板尺寸（mm）	1	1.5	2

5）油漆涂刷施工

a　手工涂刷：用油刷、小桶进行。每次油刷沾油要适量，不要弄到桶外污染环境。手工涂刷应自上而下，从左至右，先里后外，先斜后直，先难后易，纵横交错地进行。漆层厚薄均匀一致，不得漏刷和漏挂。多遍涂刷时每遍不易过厚。必须在上一遍涂膜干燥后，才可涂刷第二遍。

b 浸涂：把调合好的漆倒入容器或槽里，然后将物件浸渍在涂料液中，浸涂均匀后抬出涂件，搁置在干净的排架上，待第一遍干后，再浸涂第二遍。这种方法厚度不易控制。一般仅用于形状复杂的物件防腐。

c 喷涂法：常用的有压缩空气喷涂、静电喷涂、高压喷涂（又称无空气喷涂）。

a）压缩空气喷涂——将喷枪漆罐装满调和好的漆，见图 4.2.3.2-14、图 4.2.3.2-15 和表 4.2.3.2-37。启动空气压缩机，空压机压力一般调至 0.2～0.4MPa，喷嘴距喷涂件的距离视涂件形状而定。如果涂件表面为平面时，一般距 250～350mm；若为圆弧面则距 400mm。调整后用手扳动扳机，以 10～15m/min 的速度移动喷嘴，以达到满意的效果为止。空气喷涂的漆膜较薄，多遍喷涂时掌握厚度，必须在上一遍漆膜干燥后，才喷涂下一遍。

b）静电喷涂——运用静电喷涂设备，如图 4.2.3.2-16 所示。使被涂件带一种电荷，从喷漆器喷出的涂料带有另一种电荷，由于两种异性电荷相互吸引，使雾状涂料均匀地涂在物件上。一般喷涂或刷、浸、淋涂均会损失较多涂料，而静电喷涂几乎全吸附到物件上。还较容易控制涂膜厚度，且均匀、平整、光滑。适用大批量涂件施工。

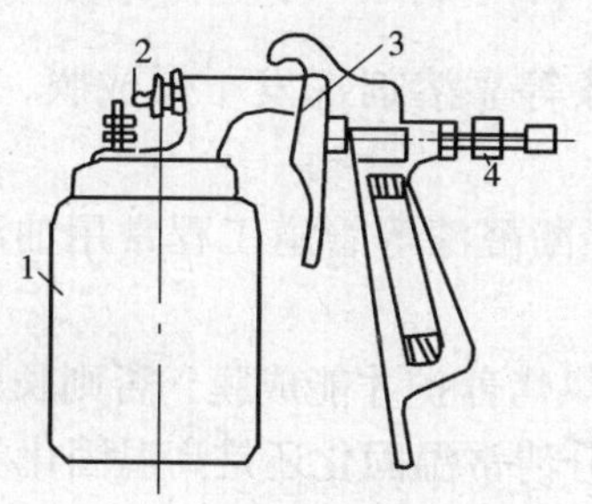

图 4.2.3.2-14 PQ-1 型喷枪

1—漆罐；2—空气喷嘴；3—扳机；4—空气接头

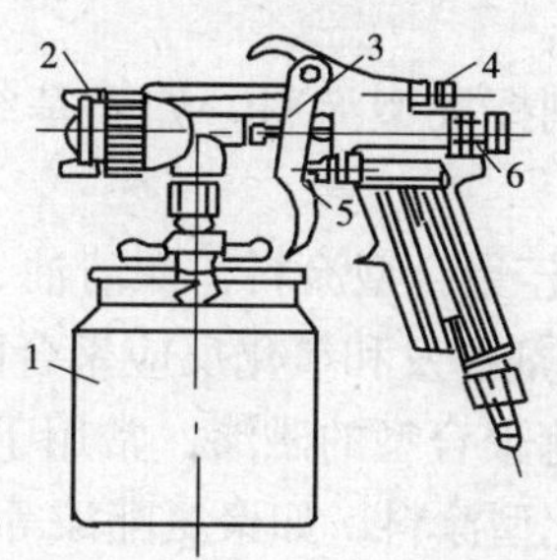

图 4.2.3.2-15 PQ-2 型喷枪

1—漆罐；2—空气喷嘴旋钮；3—扳机；4—控制阀；5—空气阀杆；6—空气接头

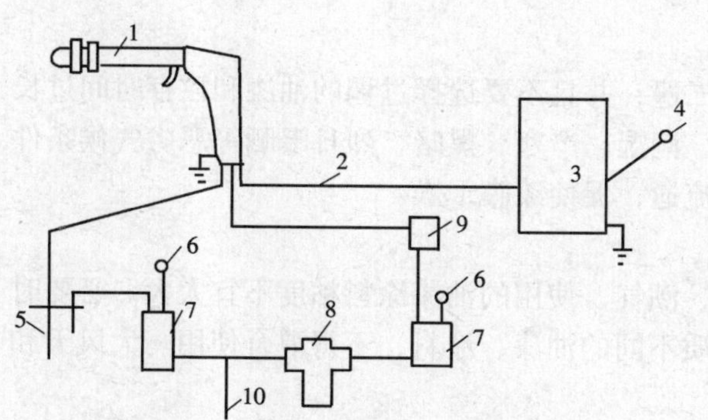

图 4.2.3.2-16 静电喷涂作业

1—静电喷枪；2—高压电缆；3—静电发生器；4—电源；5—压力供漆器；6—压力表；7—减压器；8—过滤器；9—气动开关；10—压缩空气进口

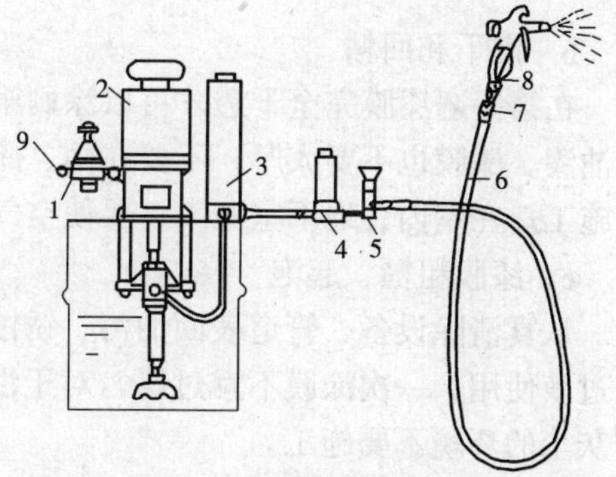

图 4.2.3.2－17 高压喷涂

1—调压阀；2—高压泵；3—蓄压器；4—过滤器；5—截止阀；6—高压软管；7—接头；8—喷枪；9—压缩空气入口

表 4.2.3.2-37 常用的喷枪技术性能

项　　目	PQ-I 型	PQ-2 型
1. 工作压力（kPa）	275 ~ 343	392 ~ 491
2. 喷枪喷嘴距喷涂面 250mm 时喷涂面积（cm^2）	3 ~ 8	13 ~ 14
3. 喷嘴直径（mm）	0.2 ~ 4.5	1.8

c）高压喷涂（无空气喷涂）——将调合好的涂料通过加压后的高压泵压缩，从专用喷枪喷出。根据涂料粘度的大小，使用压力可以从 0.5 ~ 5MPa 左右。喷料喷出后剧烈膨胀，雾化成极细漆粒喷涂在物件上，如图 4.2.3.2-17 所示。由于没有空气混入而带进水分和杂质，既减少漆雾，节省涂料，又提高涂层质量。

d 管道设备等涂刷的面漆（如：银粉漆或着色漆）、漆膜、颜色应均匀一致，表面光亮、光滑。不允许有脱皮、漏刷、反锈、气泡、流坠、皱皮、堆积及混色等缺陷。厚度均匀，表面光亮、光滑。各类管道涂色标志准确、明显。

6）油漆深层养护

a 油漆施工的条件。油漆施工不应在雨天、雾天、露天和 0℃以下环境施工。

b 油漆涂层的成膜养护。不同的油漆涂料，成膜干燥机理不同，有不同的成膜养护条件和规律。

c 溶剂挥发型涂料，如硝基纤维漆、过氧乙烯漆等靠溶剂挥发干燥成膜，温度为 15 ~ 25℃。

d 氧化-聚合型涂料，如清油、酯胶漆、醇酸漆、酚醛漆等管道工程常用油漆涂料，成膜分为溶剂挥发和氧化反应聚合阶段才达到强度。

e 烘烤聚合型的磁漆，常用于阀件、仪表，只有烘烤养护才能成膜，否则长期不干。

f 固化型涂料，如聚氨酯漆等应满足成型条件，分清常温固化还是高温固化。

7）质量通病及防治方法

a 油漆流坠、漆膜皱纹

涂刷前，物件表面油、水等必须清除干净，调配油漆稀稠适当。刷前要进行试刷，选用适宜的刷子。涂刷的漆膜不要太厚，选择适当的环境温度和相对湿度，前遍干后再刷二遍。

b 慢干和回粘

在第一遍漆膜完全干透才可以涂刷第二遍，并且不要选择过稠的油漆和贮存时间过长的油漆。漆膜也不要太厚，不要在雨、露、潮湿、严寒、黑暗、烈日曝晒等恶劣气候条件下施工。在室内、地下室施工，要使空气流通，促使漆膜干燥。

c 漆膜粗糙、起泡

认真清除设备、管道表面油污、锈蚀、潮气，使用的油漆涂料粘度不宜太大。必要时应过箩使用，一次涂膜不宜过厚，对于性质不同的油漆、涂料，不得混合使用。大风天和有灰尘的环境不要施工。

d 漆膜生锈

涂漆前，必须把金属表面的锈斑清除干净，处理后要尽快涂刷底漆，防止再生锈。涂刷普通防锈漆时，漆膜要略厚一些，宜涂两遍，并防止出现针孔或漏涂漆等弊病。

（2）埋地管道防腐施工

埋地管道采用沥青防腐时，分为三种结构类型，即普通防腐层、加强防腐层和特加强防腐层，如表4.2.3.2-38中所示。

表4.2.3.2-38 埋地管道防腐层结构表

防腐层层次（从金属表面起）	普通防腐层	加强防腐层	特加强防腐层
1	冷底子油	冷底子油	冷底子油
2	沥青涂层	沥青涂层	沥青涂层
3	外包保护层	加强包扎层（封闭层）	加强保护层（封闭层）
4		沥青涂层	沥青涂层
5		外包保护层	加强包扎层（封闭层）
6			沥青涂层
7			外包保护层
防腐层厚度不小于（mm）	3	6	9
厚度允许偏差（mm）	−3	−0.5	−0.5

1）工艺流程

施工准备→沥青底漆的配制→调制沥青玛琋脂→埋地管道防腐施工→牺牲阳极保护

2）施工准备

a 材料

沥青：建筑石油沥青30号、10号和普通石油沥青75号、65号、55号。

油料：汽油、煤油、柴油。

填料：橡胶粉、高岭土、5~6级石棉、滑石粉，石灰石粉。

内包扎层材料：玻璃丝布、石棉油毡、麻袋布、矿棉纸。

外保护层材料：玻璃丝布、牛皮纸、塑料布。

燃料：劈柴、煤。

b 机具、护具

机具：油刷、搅拌工具、小桶、油壶、钢丝刷子、砂子、抹布、钢针、沥青锅、刮板、铁锹、温度计（≤300℃）、油毡。

护具：长袖手套、鞋盖、口罩、眼镜、劳保胶鞋。

消防器材：灭火器、铁锅盖、干砂、防火铁锹。

c 工作条件

沟槽挖完，管道安装试压和验收合格。

沥青锅应架设完毕，位置选定在离施工地点最近的地方，并须经消防部门同意。

施工现场设置消防器材完毕，防腐材料材质合格，并均已齐备。

3）沥青底漆的配制

沥青底漆又称冷底子油，它是由沥青和汽油混合而成。沥青底漆和沥青涂层用同一种沥青标号，一般采用建筑石油沥青。在配制底漆时，按其配比调制——沥青:汽油＝1:3（体积比）；沥青:汽油＝1:2.25~2.5（重量比）。当必须在＋5℃气温以下施工时，沥青:汽油＝1:2.5（体积比）；沥青:汽油＝1:2（重量比）。

制备沥青底漆，先将沥青打成1.5kg以下的小块，放进干净的沥青锅中用文火逐渐加热并不断搅拌，使之熔化。加热至170℃左右进行蒸发、脱水，不产生气泡为止，除去杂物后熄火。将熔化脱水后的热沥青慢慢倒进桶里，冷却至80℃左右，一面用木棒搅拌，一面将按比例备好的汽油掺进热沥青中，直至完全混合为止。冷底漆应在≥60℃时涂刷成膜，膜厚0.15mm左右为宜。

环境气温在5℃以下，应按冬季施工采取措施。-25℃及以下温度不得施工。在清理管道表面后24小时内刷冷底子油，涂层应均匀，厚度为0.1~0.15mm。

4）沥青涂料的配制

沥青涂料又称沥青玛𤧛脂，是由建筑石油沥青和填料混合而成。填料可选用高岭土、七级石棉、石灰石粉或滑石粉等材料。沥青标号和填料品种由设计选定，其混合配比为：高岭土∶沥青=1∶3（重量比），其他品种可参考掺入10%~25%左右的填料粉。

制备沥青涂料时，先将沥青打成小块，装入无杂物的沥青锅中，一般装至锅容量的3/4，不得装满。开始用文火烧，逐渐升温加热并不断搅拌。加热到160~180℃，蒸发脱水，温度不可超过220℃，再继续向锅中加沥青，继续搅拌。然后慢慢将粉状高岭土分小批加入到已完全熔化的沥青中，搅拌至完全熔合为止。然后测定沥青玛𤧛脂的软化点、延伸度、针入度等三项技术指标，达到表4.2.3.2-39的规定时为合格。

表4.2.3.2-39　沥青玛𤧛脂技术指标

施工气温（℃）	输送介质温度（℃）	软化点（环球法）（℃）	延伸度（+25℃）（cm）	针入度（mm）
-25~+5	-25~+25 +25~+56 +56~+70	+56~+75 +80~+90 +85~+90	3~4 2~3 2~3	25~35 20~25
+5~+30	-25~+25 +25~+56 +506~+70	+70~+80 +80~+90 +90~+95	2.5~3.5 2~3 1.5~2.5	15~25 10~20 10~20
+30以上	-25~+25 +25~+56 +56~+70	+80~+90 +90~+95 +90~+95	2~3 1.5~2.5 1.5~2	10~20 10~20

5）埋地管道防腐施工

由设计确定管道防腐结构级别，分别进行各道工序的施工。以特加强防腐层为例操作顺序为：除锈→冷底子油→沥青→包布→沥青→包布→沥青→包布。分别介绍三种施工方法。

a　刷涂法

a）管道除锈，采用人工或机械的方法将管道表面的锈垢清除干净，并用抹布将灰尘擦掉，保持干燥。

b）涂刷沥青底漆，在除完锈、表面干燥、无尘的管道上均匀地刷上1~2遍沥青底漆。厚度一般为1~1.5mm，底漆涂刷不可有麻点、漏涂、气泡、凝块、流痕等缺陷。下一道工序须待沥青底漆彻底干燥后进行。

c）涂刷沥青涂料，将熬好的沥青涂料均匀地在管道上刷一层，厚度为1.5~2mm。不得有漏刷、凝块和流迹。若连续涂刷多遍时，必须在上一遍干燥后不粘手方可涂第二遍。热熔沥青应涂刷均匀，涂刷方向要与管轴线保持60°方向。

d）加强包扎层的作法。沥青涂层中间所夹的内包扎层：可用玻璃丝布、油毡、麻袋片或矿棉纸；外包扎保护层：可采用玻璃丝布、塑料布等。当设计无要求时，宜选用宽度为 300～500mm 卷装材料便于施工。操作时，一个人用沥青油壶浇热沥青，另外的人缠卷材料，包扎材料绕螺旋状包缠，且与管轴线保持 60°方向。全部用热沥青涂料粘合紧密，圈与圈之间的接头搭接长度应为 30～50mm，并用热沥青粘合。任何部位不得形成气泡和褶皱。缠扎时间应掌握在面层浇涂沥青后，处于刚进入半凝固状态时进行。

e）若有未连接或焊接的接口或施工中断处，应作成每层收缩为 80～100mm 的阶梯式接槎。

f）保护层目前多采用塑料布或玻璃丝布包缠而成，其施工方法和要求与加强包扎层相同。圈与圈之间的搭接长度为 10～20mm，应粘牢。

g）防腐应符合设计要求，与基层粘结牢固，无空鼓。转角及边沿、接头处要求平整，无翘皮、无皱折、封口严实。表面光滑，厚度均匀，无露涂、过薄、过厚现象。防腐层的厚度应符合设计要求，一般情况下：

普通防腐层的厚度不小于 3mm，允许偏差 －0.3mm。

加强防腐层的厚度不小于 6mm，允许偏差 －0.5mm。

特加强防腐层的厚度不小于 9mm，允许偏差 －0.5mm。

b　兜抹法

a）先进行除锈，去掉污垢灰尘、准备施工。由于管道安装完以后管底距地沟底面太近，用手及刷子很难刷到每个部位或刷匀。所以可采用油毡兜抹法施工。操作和布置形式如图 4.2.3.2-18 所示。

b）先将油毡按管径裁剪，若 ＜ ϕ500mm，为 250mm 宽；＞ ϕ500mm，为 500mm 宽，长为两倍管径加 1.2～1.5m。

c）用裁好的油毡从管底穿过将管兜住，使下部管外壁与油毡紧紧接触。

d）再用沥青油壶向管道顶部边移动边浇涂已经熬好的热沥青底漆（冷底子油）、或热沥青涂料（沥青玛琋脂）。使之沿着管道周壁向下流淌至管下部外壁与油毡接合处。此时上下抖动油毡，使油毡与管外壁摩擦，中间夹着热沥青，达到涂抹沥青底漆或沥青涂料的目的。

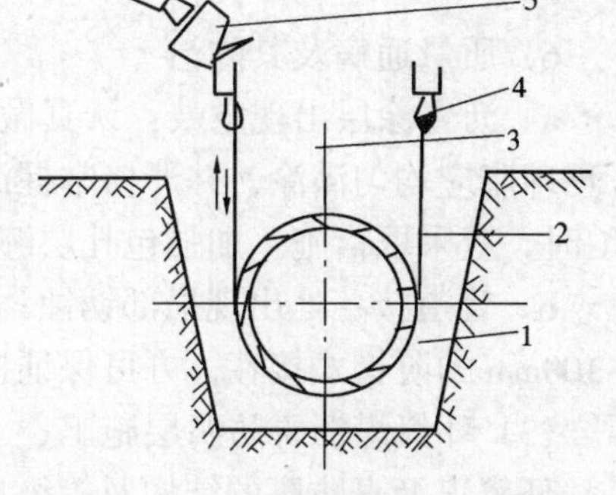

图 4.2.3.2-18　油毡兜抹法防腐施工
1—管道；2—油毡；3—热沥青；4—戴手套的手；5—油壶

e）加强包扎层做法与上面介绍相同。

c　机械方法

a）对于大型施工可采用机械方法进行防腐包扎，如图 4.2.3.2-19 所示为移动式绝缘层包扎机。该机由钢管旋转系统和沥青、包布缠扎系统组成。沥青箱内的包布固定在轴上，穿绕轴底至上轴，引出沥青箱里的包布缠绕在钢管上。

b）操作时将热熔的沥青灌入沥青箱内，转动的钢管被包布缠绕在表面，此时经沥青箱浸没输出的包布已浸透了热熔沥青。与此同时，沥青箱经链轮带动的链条的移动，作定向水平位移，和旋转着的钢管协调配合，即完成了钢管外壁“二油一布”的包扎工序。重复一次即成了“三油二布”。由于包扎布斜移，成为 60°左右螺旋包扎绝缘层。

c）此方法使用机械构造简单、操作方便、效果明显，便于在大批量的管道防腐中应用。

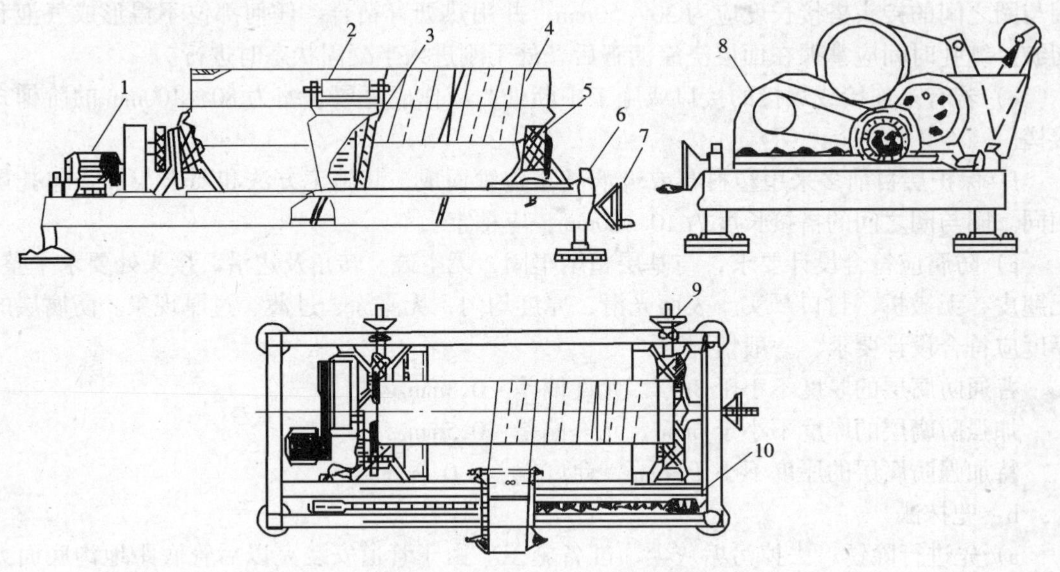

图 4.2.3.2-19 移动式钢管绝缘层包扎机

1—电动机；2—绝缘玻璃布；3—活动沥青箱；4—钢管；5—被动滚轮；
6—升降支架；7—纵向控制手轮；8—减速箱；9—横向控制手轮；10—沥青箱传动链

6）质量通病及其防治

a 沥青涂层出现空鼓：认真做好管道除锈，并用抹布擦去表面灰尘。冷底子油或沥青玛琋脂应均匀满涂，并严格掌握沥青的浇涂温度，应控制在 190～220℃。环境温度低于5℃时，应采取措施。加强包扎层缠绕时，边缠绕边浇热沥青，要浇匀缠紧。

b 管道接茬处出现局部锈蚀：防腐施工中断或其他原因接茬，应作成每层收缩为 80～100mm 的阶梯式接茬，方可保证接茬质量。

（3）环氧煤沥青防腐层施工

环氧煤沥青防腐的结构及等级见表 4.2.3.2-40。

表 4.2.3.2-40 环氧煤沥青防腐结构及等级

防腐层等级	结构	干膜厚度（mm）	总厚度（mm）
普通级	底漆-面漆-面漆	≥0.2	>0.4
加强级	底漆-面漆-玻璃丝布-面漆-面漆	≥0.4	≥0.6
特加强级	底漆-面漆-玻璃丝布-面漆-玻璃丝璃布-面漆-面漆	≥0.6	≥0.8

1）工艺流程

除锈→涂料调制→涂刷底漆→涂刷面漆→缠玻璃布→面漆→玻璃布→面漆→面漆→电火花检测

2）施工准备

a 材料

中碱玻璃布（宽度应符合表 4.2.3.2-41 的规定）、环氧煤沥青底漆、环氧煤沥青面漆、稀释剂、固化剂。

砂纸、棉布块、木棒、石英砂、钢丝刷。

表 4.2.3.2-41 中碱玻璃布宽度（mm）

管　径	60～89	114～159	219	273	377	426～529	720
布　宽	120	150	200～250	300	400	500	600～700

b 机具

干净容器，油刷，喷砂除锈装置，压缩空气机，涂料喷枪。

c 工作条件

管道安装试压和验收合格。

油漆防腐工程均已完成。

施工环境温度宜在5℃以上，雨雪及风沙天气应有防护措施方可施工。

3）钢管除锈

用人工或机械对钢管进行表面除锈处理，除去钢管表面的油污、泥土等杂物，除去表面锈蚀的氧化皮。用喷射磨料方式除去氧化皮、锈、污物、油脂、灰土等。

4）涂料调制

打开漆油桶之后，先将桶内漆油用木棒充分搅拌，使其混合均匀无沉淀。

按厂家说明中规定的配合比进行调制。先将底漆或面漆倒入清洁的容器（或桶内），然后再缓慢加入固化剂，边加入边用棍棒搅拌均匀。

5）涂刷

a 涂刷过程中，如果粘度太大不宜涂刷时，可加入重量不超过5%的稀释剂。

b 配好的调料需熟化30min以后方能使用。在常温下调好的涂料可以使用4～6h左右。

c 操作时，先在除锈后的钢管上，尽快涂刷底漆，涂刷要均匀，不可漏刷，每根钢管两端各留150mm左右以备焊接后再涂刷。

d 底漆干透后，用面漆和滑石粉调成腻子，在底漆上打匀，就可以涂刷面漆。涂刷要均匀，不可漏涂。

e 在常温下，底漆和面漆间隔时间不可超过24h。

普通级防腐——第一遍面漆干后可涂刷第二遍面漆。

加强级防腐——第一道面漆后，便可缠绕玻璃布。包缠时必须将玻璃布拉紧，不得出现鼓包和折皱。玻璃布的环向压边宽度为100～150mm。包缠完即可涂刷第二遍面漆。漆量应饱满达到一定厚度，将玻璃布的孔隙全填密实。第二遍面漆干后就可涂第三遍面漆。

特加强级防腐——操作方法和加强级防腐相同，两层玻璃布缠绕的方向必须相反，每一遍面漆都必须在上一遍面漆干了以后方可涂刷。此时用手指推捻防腐层时不移动。

f 玻璃布缠绕时，压边必须保证15mm左右，严防松圈脱落。底漆和面漆涂刷应无漏涂、无起泡、无流淌。普通级干膜厚度应≥0.2mm，总厚度≥0.4mm；加强级干膜厚度应≥0.4mm，总厚度≥0.6mm；特加强级干膜厚度应≥0.6mm，总厚度≥0.8mm。经5kV电压电火花检测不漏电方可验收。

6）已做了防腐层的管道在吊运时，应采用软吊带或不损坏防腐层的绳索，以免损坏防腐层。管道下沟前，要清理管沟，使沟底平整，无石块、砖瓦或其他杂物。上层如很硬时，应先在沟底铺垫 100mm 松软细土，管道下沟后，不许用撬杠移管，更不得直接推管下沟。

防腐层上的一切缺陷、不合格处以及检查和下沟时弄坏的部位，都应在管沟回填前修补好。回填时，宜先用人工回填一层细土，埋过管顶，然后再用人工或机械回填。

7）质量通病及其防治

a　玻璃布脱落：缠绕玻璃布时搭边不够，缠得不均匀，松紧度不均匀。接头未固紧，造成松圈、脱落。

b　检测漏电不合格：涂料未按比例调配；调配后超过规定时间使用；底漆、面漆涂刷不合格；底漆有漏刷的部位。

12　管道保温

管道保温：给水管道明装暗装的保温有三种形式：管道防热损失保温、管道防冻保温、管道防结露保温。其保温材质及厚度均应按设计要求。

（1）管道棉毡及矿纤等结构保温绑扎施工

1）工艺流程

缠裹保温安装：施工准备→裁料→缠裹保温材→包扎保护层

管壳制品安装：施工准备→散管壳→合管壳→缠裹保护壳

2）施工准备

a　材料

a）棉毡类材料，见表 4.2.3.2-42。

表 4.2.3.2-42　常用棉毡类绑扎结构保温材料表

序　号	材料名称	密度（kg/m³）	导热系数（W/m·K）	适用温度（℃）
1	超细棉无脂毡和缝合热	60～80	≤0.035	−120～400
2	沥青矿渣棉毡	100～125	0.037～0.049	<250
3	岩棉保温毡（垫）	90～195	0.047～0.052	−268～400
4	岩棉保温带	100		200
5	硅酸铝纤维毡	180	0.016～0.047	
6	牛（羊）毛毡			

b）管壳类材料，见表 4.2.3.2-43。

c）镀锌钢丝直径 1.0～1.2mm 或丝裂膜绑扎带。

b　机具

剪、刀、尺。

c　作业条件

a）管道安装试压和验收合格后可以隐蔽的工程。

b）油漆防腐工程均已完成。

3）棉毡缠包保温施工

先将成卷的棉毡按管径大小剪裁成适当宽度（一般宽为 200～300mm）的条带，以螺旋状包缠到管道上。也可以根据管道的圆周长度进行裁剪，以原幅度对缝平包到管道上。不管采用哪种方法，都应将剪裁完的保温材料厚度修正均匀，而且需要边缠、边压、边抽紧，使保温后的密度达到设计要求。

表 4.2.3.2-43 常用管壳类绑扎结构保温材料表

序号	材料名称	密度（kg/m³）	导热系数（W/m·K）	适用温度（℃）
1	水泥珍珠岩板、管壳	300~400	0.058~0.131	≤600
2	水玻璃珍珠岩板、管壳	200~300	0.056~0.065	≤600
3	玻璃棉沥青粘结制品	100~170	0.041~0.058	-20~250
4	超细棉树脂制品	60~80	0.041	-120~400
5	微孔硅酸钙(管壳)	200~250	0.059~0.060	600
6	水泥蛭石管壳	430~500	0.093~0.118	<600
7	硅藻土保温管及板	<550	0.063~0.077	<900
8	酚醛树脂矿渣棉管壳	150~180	0.042~0.049	<300
9	石棉碳酸镁管	360~450	0.064~0.100	<300
10	岩棉保温管	100~200	0.052~0.058	-268~350
11	岩棉保温板(半硬质)	80~200	0.047~0.058	-268~500
12	硅酸铝纤维板	150~200	0.047~0.059	≤1000
13	硅酸铝纤维管壳	300~380	0.047~0.059	≤1000
14	可发性聚苯乙烯塑料板、管壳	20~50	0.031~0.047	-80~75
15	硬质聚氨酯泡沫塑料制品	30~50	0.023~0.029	-80~100
16	硬质聚氯乙烯泡沫塑料制品	40~50	≤0.043	-35~80

当单层棉毡不能达到规定保温层厚度时，可用两层或三层分别缠包在管道上，并要注意将两层接缝错开。每层纵横向接缝处必须紧密接合，纵向接缝应放在管道上部，所有缝隙要用同样的保温材料填充。表面要处理平整，封严。采用多层缠包时，层与层应仔细压缝。

保温层外径不大于 500mm 时，在保温层外面用直径为 1.0~1.2mm 的镀锌钢丝绑扎，绑扎的间距为 150~200mm，每处绑扎的钢丝应不小于两圈，禁止以螺旋状连续缠绕。

当保温层外径大于 500mm 时，还应加镀锌钢丝网缠包，再用镀锌钢丝绑扎牢。如果使用玻璃丝布或油毡做保护层时，不必包钢丝网，但缠包的材料一定要平整、无皱、压缝均匀。始末和接头处一定要处理牢固，避免脱落。保温结构如图 4.2.3.2-20 所示。

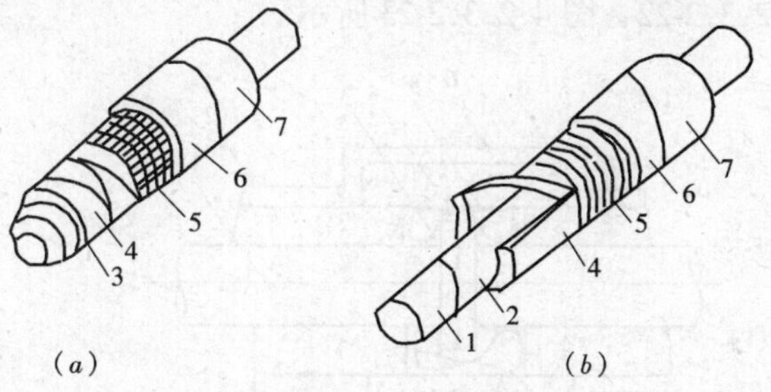

图 4.2.3.2-20 缠包法保温结构

1—管道；2—防锈漆；3—镀锌钢丝；4—保温毡；5—钢丝网；6—保护层；7—防腐漆

4）矿纤预制品绑扎保温施工

适用材料：矿渣棉管壳、玻璃棉管壳、岩棉管壳、硅酸铝纤维管壳、可发性聚苯乙烯塑料管壳等，这些种类的保温管壳可以用直径为 1.0~1.2mm 镀锌钢丝等直接绑扎在管道上。

绑扎保温材料时，应将横向接缝错开，如果一层预制品不能满足厚度要求而采用双层结构时，双层绑扎的保温预制品内外弧度应均匀并盖缝。

若保温材料为管壳，应将纵向接缝设置在管道的两侧。

绑扎保温材料时，应尽量减小两块之间的接缝。绑扎用镀锌钢丝或丝裂膜绑扎带时，绑扎的间距不应超过 300mm，并且每块预制品至少应绑扎两处，每处绑扎的钢丝或带，不应少于两圈，并禁止以螺旋状连续缠绕。其接头应放在预制品的纵向接缝处，使得接头嵌入接缝内。然后将塑料布缠绕包扎在壳外，圈与圈之间的接头搭接长度应为 30~50mm。

最后外层包玻璃丝布等保护层。玻璃丝布外应刷调合漆。

5）非纤维材料的预制瓦、板保温施工

a　绑扎法：泡沫混凝土硅藻土、膨胀珍珠岩、膨胀蛭石、硅酸钙保温瓦等制品。为了使这类保温材料与管壁紧密结合，保温材料与管壁之间应涂抹一层石棉粉、石棉硅藻土胶泥。一般厚度为3～5mm，然后再将保温材料绑扎在管壁上。所有接缝均应用石棉粉、石棉硅藻土或与保温材料性能相近的材料配成胶泥填塞。其他过程与矿纤预制品绑扎保温相同。保温结构如图4.2.3.2-21所示。

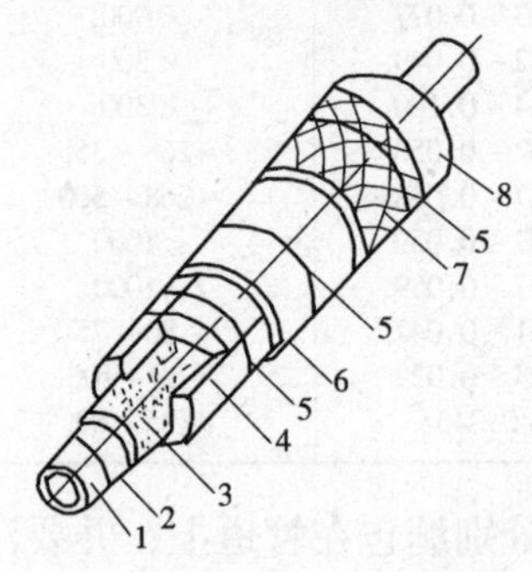

图4.2.3.2-21　绑扎法保温结构

1—管道；2—防锈漆；3—胶泥；4—保温材料；5—镀锌钢丝；6—沥青油毡；7—玻璃丝布；8—保护层（防腐漆及其他）

b　粘贴法：施工时将保温瓦块用胶粘剂直接贴在保温件的面上，保温瓦应将横向接缝错开，粘贴住即可。常用的粘结剂有沥青玛琋脂、聚氨酯胶粘剂（101胶）、醋酸乙烯乳胶、环氧树脂等。涂刷胶粘剂时，要保持均匀保满，接缝处必须填满、严实。

6）管件绑扎保温施工：管道上的法兰、阀门、弯头、三通、四通等管件保温时，应作特殊处理，要便于启、闭、检修或拆卸更换，其结构形式、施工做法，与管道保温基本相同。

a　法兰、阀门绑扎保温施工：先将法兰两旁空隙用散状保温材料，如：矿渣棉、玻璃棉、岩棉或与管道保温材料相同的材料填充满，再用镀锌钢丝将管壳或棉毡等材料绑扎好外缠玻璃丝布等保护层。法兰、阀门保温做法如图4.2.3.2-22、图4.2.3.2-23所示。

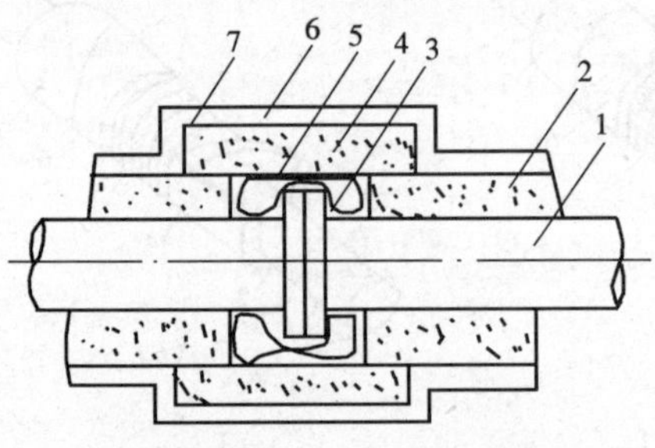

图4.2.3.2-22　法兰保温结构

1—管道；2—管道保温层；3—法兰；4—法兰保温层；5—散状保温材料；6—镀锌钢丝；7—保护层

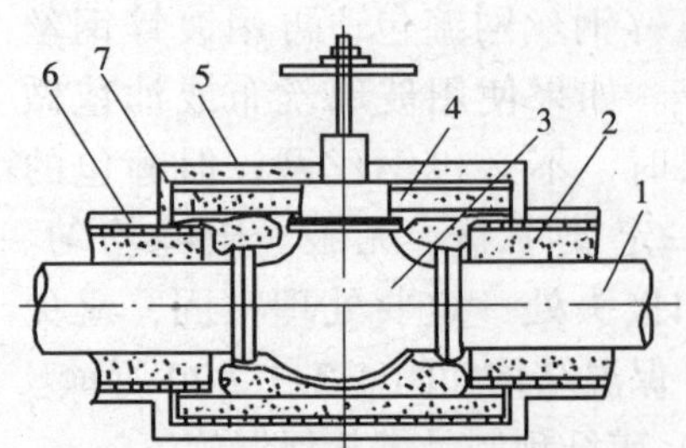

图4.2.3.2-23　阀门保温结构

1—管道；2—阀门；3—管道保温层；4—绑扎钢带；5—填充保温材料；6—镀锌钢丝网；7—保护层

b　弯管绑扎保温施工：弯管处是管道系统膨胀较集中的地方，膨胀量大，尤其是保温材料的膨胀系数与管道的膨胀系数不同时，更要注意，避免在使用中破坏保温结构。

a）对于预制管壳结构：当管径＜80mm时，其结构如图4.2.3.2-24。施工方法：将空隙用散状保温材料填充，再用镀锌钢丝将裁剪好的直角弯头管壳绑扎好，外做保护层。

当管径＞100mm时，其结构如图4.2.3.2-25所示。施工方法是按照管径的大小和设计要求选好保温管壳，再根据管壳的外径及弯管的曲率半径，做虾米腰的样板，用样板套在管壳外，划线裁剪成段，再用镀锌钢丝将每段管壳按顺序绑扎在弯管上，外做保护层即可。若每段管壳连接处有空隙可用同样的保温材料填充至无缝为止。

b）当管道采用棉毡或其他材料保温时，弯管也可用同样的材料保温，如棉毡可缠绕在弯管上，再用镀锌钢丝将其绑扎牢固，外做保护层。

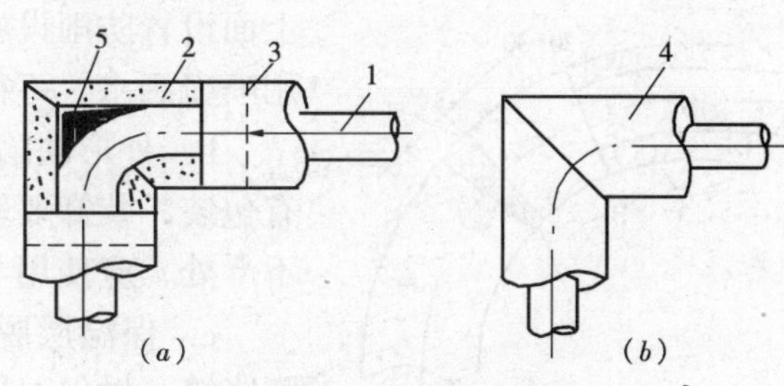

图 4.2.3.2-24 弯管的保温结构（一）

1—管道；2—预制管壳；3—镀锌钢丝；4—薄钢板壳；5—填料保温材料

c）三通、四通绑扎保温施工：三通、四通在发生变化时，各个方向的伸缩量都不一样，很容易破坏保温结构。所以在施工时一定要认真仔细地绑扎牢固，避免开裂，其结构如图 4.2.3.2-26 所示。三通预制管壳做法如图 4.2.3.2-27 所示。

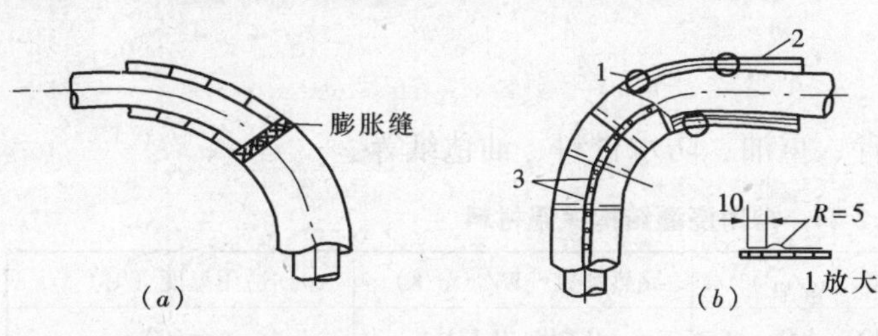

图 4.2.3.2-25 弯管的保温结构（二）

（a）保温层（硬质材料）；（b）金属保护层

1—0.5mm 薄钢板保护层；2—保温层；3—半圆头自攻螺钉（4×6）

7）膨胀缝

管道转弯处，在用保温瓦做管道保温层，在直线管段上，相隔 7m 左右留一条间隙 5mm 的膨胀缝。保温管道的支架处，应留膨胀缝。接近弯曲管道的直管部分，也应留膨胀缝，缝宽均为 20 ~ 30mm，并用弹性良好的保温材料，如石棉绳或玻璃棉填充。弯管处留膨胀缝的位置如图 4.2.3.2-28 所示。

8）棉毡、管壳等制品，必须紧贴管道表面，绑扎牢固，防止脱落，搭、对接缝处严密，无间隙，表面平整、光滑。保温层表面平整度允许偏差 5mm，用 2m 直尺和楔形塞尺检查。保温层厚度允许偏差 －5% ~ ＋10%。用钢针刺入隔热层和尺量检查。

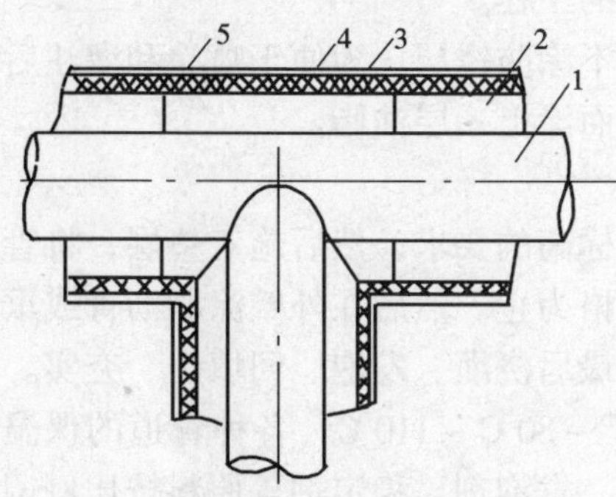

图 4.2.3.2-26 三通保温结构

1—管道；2—保温层；3—镀锌钢丝；4—镀锌钢丝网；5—保护层

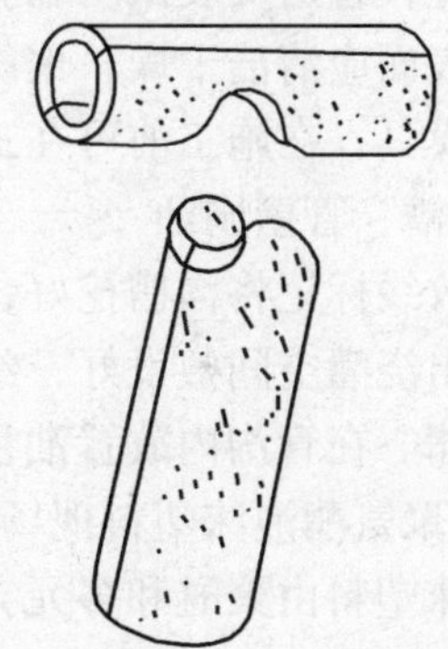

图 4.2.3.2-27 三通保温管壳

9）质量通病及其防治

a 保温隔热层功能不良：制品应在室内堆放，若在室外堆放时，下面应设隔热板，

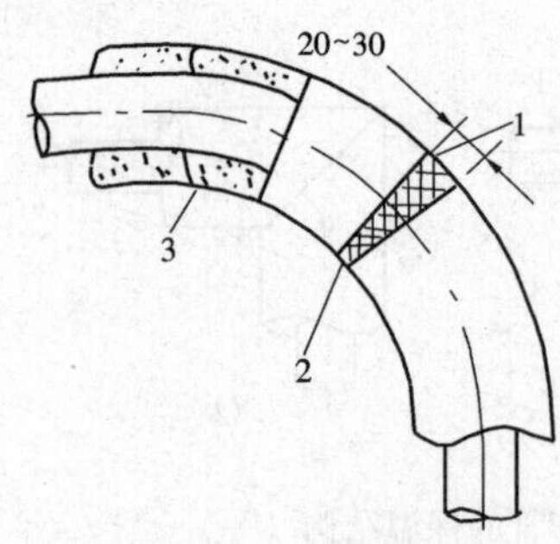

图 4.2.3.2-28 弯管处留膨胀缝位置示意图

1—膨胀缝；2—石棉绳或玻璃棉；3—硬质保温瓦

上面设置防雨设施。做完的保温层在做胶泥保护层时，应用喷壶洒水，不得用胶管浇水。

b 外形缺陷和拼缝过大降低保温效果：制品运输要有包装，装卸要轻拿轻放。对缺棱掉角处、断块处与拼缝不严处，应使用与制品材料相同的材料填补充实。

c 保温层脱落：主保温层一定要绑扎牢固，并留出膨胀缝，做保温层时不得踩在保温层上施工。

（2）管道浇灌保温结构施工

浇灌式结构——即现场发泡，多用于地下无沟敷设。

1）工艺流程

挖沟槽、管壁刷油→硬质聚氨酯泡沫现场浇灌、发泡→阀件保温

2）施工准备

a 材料

浇灌材料（表 4.2.3.2-44）、沥青、重油、防水材料、油毡纸等。

表 4.2.3.2-44 常用浇灌结构保温材料

序 号	材料名称	密度（kg/m³）	导热系数［W/（m·K）］	适用温度（℃）
1	水泥珍珠岩	300～400	0.058～0.131	≤600
2	水泥泡沫混凝土	<500	0.127～0.157	<300
3	粉煤灰泡沫混凝土	300～700	0.150～0.163	<300
4	硬质聚氨酯泡沫塑料	30～50	0.023～0.029	－80～100
5	沥青珍珠岩	400～500	0.06～0.07	－50～250

b 机具

管道发泡用模具、搅拌工具、小桶、油刷。

c 工作条件

沟槽挖完，管道安装试压和验收合格可以隐蔽的工程。

被涂物表面应清洁干燥，聚氨酯发泡保温可以不涂防锈层。为便于喷涂和灌注后清洗工具和脱取模具，在施工前可在工具和模具的内表面涂上一层油脂。

3）挖沟槽、管壁刷油

按测量放线标记将沟槽挖好，达到设计坐标和标高的要求，然后施工垫层，将管道按设计标高留出浇灌空间敷设好，经检查验收达到合格为止。然后在外壁涂刷沥青或重油以利管道的伸缩。在管沟内放置油毡纸等防潮材料，最后浇灌、发泡、回填土、夯实。

4）硬质聚氨酯泡沫塑料现场浇灌、发泡适用于－80℃～110℃，各种管道的保温。聚氨酯硬质泡沫塑料由聚醚和多元异氰酸酯加催化剂、发泡剂、稳定剂等原料按比例调配而成。施工前，应将这些原料分成两组。A 组为聚醚和其他原料的混合液；B 组为异氰酸酯。A、B 两组成分配比如表 4.2.3.2-45 中所示。

不同厂家的产品，有不相同的技术条件，施工时应认真研究技术文件、配方和操作要点。现场发泡施工前，先进行试配、试喷或试灌，掌握其性能和特点后再大面积进行保温作业。

表 4.2.3.2-45　A、B 两组成分配比表

组别	原料成分名称	重量配比
A组	阻火聚醚	10
	乙二胺聚醚	7
	三氯三氟乙烷（F-113）	8
	β-三氯乙基磷酸酯	8
	三乙烯二胺 6H_2O/乙二醇（1:1）	0.8
	发泡灵	0.5
	二月桂酸二丁基锡	0.1
B组	PAP1	23

只要两组混合在一起，即起泡而生成泡沫塑料。浇灌前应先在管的外壁涂刷一遍高效防水防腐的化学材料——氰凝。

施工时可根据管道的外径及保温层厚度，首先预制保护壳。一般选择高密度聚乙烯（HDPE）硬质塑料作保护壳，其拉伸强度≥2.0MPa，线膨胀系数 1.2×10^{-2} mm/m·℃。也可选择氯磺化烯玻璃钢作保护壳，所用的玻璃布为中碱无捻粗纱玻璃纤维布，其经纬密度为 6×6 或 8×8（纱根数/cm^2），厚度为 0.3～0.5mm。可用长纤维玻璃布进行缠绕制成，其抗拉强度达 2.94MPa。

现场发泡预制操作时，把保护壳或钢制模具套在管道上，将混合均匀的液料直接灌进安装好的模具内，操作速度不可太快，保证有足够的发泡时间。经过发泡膨胀后充满整个空间。

根据具体应用情况，也有采用喷涂法发泡，用喷枪将混合均匀的发泡液直接喷涂在绝热防腐层的表面。为避免喷涂液在绝热面上流淌，严格计算好发泡时间，使其发泡速度加快。

当采用保护壳的预制发泡保温管道时，安装后应该处理好接头。外套管塑料壳与原管道塑料外壳的搭接长度每端不小于 30mm。安装前须做好标记，保持两端搭接均匀。外套管接头发泡操作时，先在外套管的两端上部各钻一孔，其中一孔用作浇灌，另一孔作排气用。灌注时，接头套管内应保持干燥，发泡温度保持在 15～35℃之间。

聚氨酯发泡应充满整个接头里的环形空间，发泡完毕，即用与外壳相同的材料注塑堵死两个孔洞。接头内环形空间的发泡容量一般可计算控制在 60～70kg/m^3 内，使接头发泡衔接部分严密无空隙。

5）法兰、阀门保温

法兰、阀门保温时，两侧必须留出足够的间隙，以便拆除螺栓，一般应留出螺栓长度加 30～50mm。法兰、阀门安装紧固后，再用保温材料填满充实后，做好保温。

6）管道转弯处保温

管道转弯处应留出 20～30mm 的膨胀缝，用弹性好的保温材料填充。供热管道的直管部分每隔 5～8m，应留 5～10mm 的膨胀缝，用弹性良好的保温材料填充。

也可以采用预制保温弯头，规格有 30°、45°、60°、90°，构造见图 4.2.3.2-29，参照表 4.2.3.2-46 和表 4.2.3.2-47 施工，其他角度和各种长度的弯头，可根据设计图中要求，进行预定加工。

表 4.2.3.2-46　固定节弯管（弯头定位管）

DN（mm）	*L*（mm）	*R*（mm）	*h*（mm）	*S*（mm）	*A*（m^2）
100	1000	420	50	20	393
125	1000	190	50	20	432
150	1000	229	50	20	471
200	1000	305	50	25	573
250	1000	381	50	40	707
300	1000	457	50	40	785

注：固定节弯管表中“*A*”为漏出套管外面的面积。

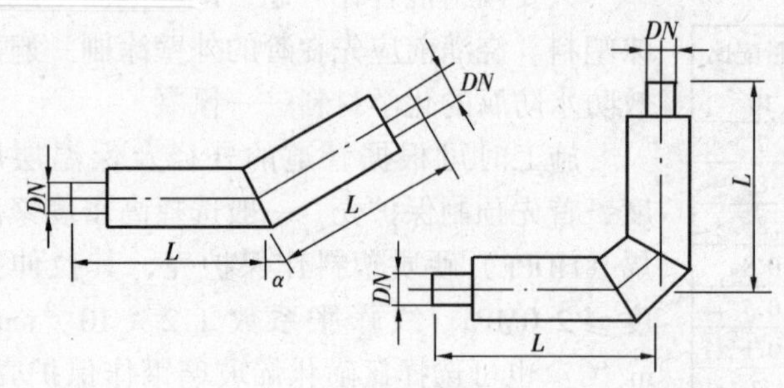

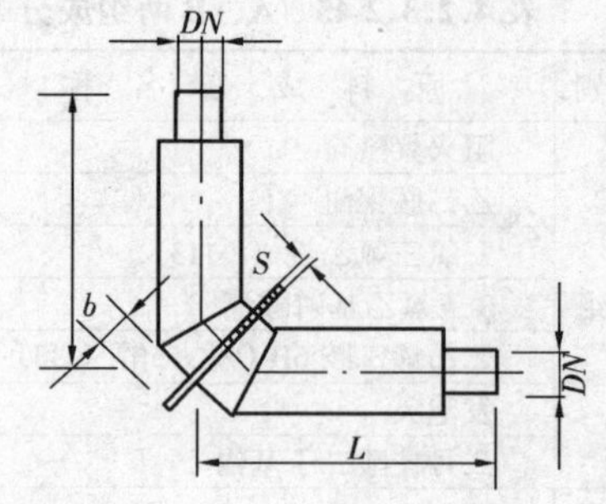

图 4.2.3.2-29 聚氨酯保温管及管件图

表 4.2.3.2-47 管道弯管（弯头）

DN（mm）	*L*（mm）	*R*（mm）	*DN*（mm）	*L*（mm）	*R*（mm）
100	1000	420	300	1000	457
125	1000	191	350	1000	534
150	1000	229	400	1000	610
200	1000	305	500	1200	762
250	1000	381			

7）符合设计要求，厚度均匀，表面平整，无裂缝，无空鼓。管道保温层的厚度和平整度的允许偏差应符合表 4.2.3.2-48 的规定。

表 4.2.3.2-48 管道及设备保温层的允许偏差和检验方法

项次	项目		允许偏差（mm）	检验方法
1	厚度		$+0.1\delta$ -0.05δ	用钢针刺入
2	表面平整度	卷材	5	用 2m 靠尺和楔形塞尺检查
		发泡	10	

注：δ 为保温层厚度。

8）质量通病及其防治

a 保温隔热层功能不良，热损失增大，保温效果下降：必须在浇灌结构外边做防潮层，一般为热沥青涂刷或油毡缠裹。浇灌式不能用在地下水位很高的地方，浇灌泡沫混凝土的底部至少要高于历年最高地下水位 50mm 以上。

b 聚氨酯泡沫塑料发泡过慢、过快：施工时应按原料供应厂提供的配方及操作规程等技术文件资料进行施工。为防止配方或操作的错误使原材料报废，应先进行试喷（灌），以掌握正确的配方和施工操作方法。在有了可靠的保证之后方可正式喷灌。

(3) 涂抹式保护层施工

1）工艺流程

选料配制→涂抹

2）施工准备

a 材料

沥青、石棉绒、水泥、煤油、石棉灰（或硅藻土粉）、粉煤灰（或麻刀）、镀锌钢丝网。

b　机具、护具

油具：油刷、搅拌工具、小桶、油壶、抹布、沥青锅、刮板、铁锹、温度计（≤300℃）、油毡、劈材或煤。

护具：长袖手套、鞋盖、口罩、眼镜、劳保胶鞋及用品。

消防器材：灭火器、铁锅盖、干砂、防火铁锹。

c　工作条件

管道、设备安装后，保温绝热层施工完并经验收合格。

沥青锅架设完毕，位置选定在离施工地点最近的地方，并须经消防部门同意。

施工现场要设置消防器材。

3）沥青油膏保护层

a　沥青油膏配制。沥青油膏的配方参见表 4.2.3.2-49。

表 4.2.3.2-49　沥青油膏保护层配比表

序　号	材 料 名 称	重量百分比	序　号	材 料 名 称	重量百分比
1	沥　　青	36~41	3	水泥（普通 32.5 级）	13~14
2	石棉绒（机选 3~4 级）	27~35	4	煤　　油	15~18

先将选好的固体状沥青打碎成 1.5kg 以下的小块，放入干净架好的沥青锅中，用文火逐渐加热并搅拌，使之熔化。当温度升至 240℃左右进行脱水，持续 1.5~2.5h，不产生气泡为止。停火将脱水后的沥青冷却到 150℃左右，加入煤油，搅拌至完全混合。再加入石棉绒和水泥，继续搅拌至不见石棉绒和水泥，则油膏均匀，将其放入容器（池）中，储存或使用。存放期不得超过 3d。

b　沥青油膏涂抹施工方法。将保温后的管道、设备表面清理干净，然后取沥青油膏揉和成长方扁块，放在管道或设备保温层的上部，由上往下赶，使之越来越薄达到要求的厚度，约 3~5mm。在管道或设备下部、转角处做接头，使之紧密相连接。若要求厚度 >5mm时，可分两次涂抹，但总厚度不得超过 10mm。

沥青油膏敷好后，待表面硬化（即软而不粘手）再投入使用。一般敷好 3d 后投入运行。

4）石棉水泥保护层

a　将石棉水泥按配比调制成胶泥状备用。石棉水泥配方参考表 4.2.3.2-50。

b　石棉水泥涂抹施工方法。首先在管道或设备保温层外表面包上镀锌钢丝网，接头处用相应的钢丝缝合，并用绑扎工具将钢丝松动的地方扭紧。抹面前还应全面检查钢丝网是否完全紧贴在保温层上。

抹面操作时可分两层进行，第一层粗抹，不要求抹光，初步找平留有粗糙的表面，以便第二层粘结。厚度以能盖住钢丝网为准。再进行第二层细抹，细抹后表面一定要光滑、平整。

保护层总厚度为 10~20mm，一般为 15mm。

两遍涂抹的相隔时间应根据施工环境温度来确定。一般是底层没有“水印”时，即可涂抹第二层。第二层必须压平抹光。当保护层达到规定的厚度时，进行第一次压光，直至呈现出水膜。待水膜消失后，再进行第二次压光，一定要抹压到光滑，密实为止。

管道及设备投入运行前，应当给以缓慢加热干燥，避免保护层产生裂缝。

表 4.2.3.2-50　石棉水泥保护层参考配方

序　号	材 料 名 称	规　格	重量百分比（%）
1	水　泥	32.5 级	15 ~ 20
2	石棉绒	5 ~ 6 级	20 ~ 25
3	石棉灰（或硅藻土粉）		50 ~ 60（10 ~ 35）
4	粉煤灰（或麻刀）		20 ~ 30（2 ~ 3）

5）保护层应符合设计要求，并与保温层粘结牢固，无空鼓；表面光滑，厚度均匀，无漏涂、过薄、过厚等现象。转角及边沿、接头处要求平整，无翘角，无皱褶，封口严实。管道保温层的厚度和平整度的允许偏差应符合表 4.2.3-43 的规定。

6）质量通病及其防治

沥青油膏粘结处空鼓：认真做好保温层表面灰尘、积物的清理工作，并用干净抹布擦去浮灰，不得沾水。操作时环境温度低于 +5℃时应采取措施。

(4) 金属板保护层施工

1）工艺流程

下料→安装

2）施工准备

a　材料

镀锌钢板、普通钢板、铝板、不锈钢板、自攻螺钉。

b　机具

铁剪子、划线工具、手电钻、钻头、螺丝刀、木锤或带橡胶头的铁锤。

c　工作条件

管道设备安装完后，保温层施工完，已验收合格。

3）用黑薄钢板或白薄钢板按保温层（或防潮层）的外尺寸裁剪下料，加工成型。大块板料须要压制加固筋，然后在黑薄钢板里外刷上防锈漆，再进行安装。

安装时首先固定一块板，然后再将相邻的板材搭接压上，应与保温层（或防潮层）压严贴紧。接缝连接中，遇有防潮层时用镀锌铁皮带捆扎固定。只有保温层时，可用自攻螺钉固定。可用手电钻钻孔，间距 200mm 左右，然后用自攻螺钉固定即可。依次进行安装。

接缝用搭接时应尽可能朝下或顺水流方向，防止雨水渗入。搭接长度为 30 ~ 50mm。相邻搭接的部位用木锤或带橡胶头的铁锤轻轻敲打，使之平整美观。

应特别注意人孔及进出墙面、地面等局部处理，防止雨水进入保温层影响使用效果。

4）保护层应符合设计要求，搭接处严密、平整、无翘角，保护层与保温层之间无缝隙、无空鼓、表面光滑。管道保温层的厚度和平整度的允许偏差应符合表 4.2.3-43 的规定。

5）质量通病及其防治

保护层板材脱落，搭接处翘角：做保护层时要保证板与板之间的搭接长度 30 ~ 50mm。

自攻螺钉间距不应大于150mm，紧固用力应适当，搭接处应用木锤或带橡胶头的铁锤击打严实。

(5) 布及毡类保护层施工

1) 工艺流程

裁料→玻璃布类、沥青油毡保护层施工

2) 施工准备

a 材料

玻璃丝布（推荐采用75支纱，经纬松紧密度每1cm^{2}为16×16的平纹或斜纹玻璃丝布)。

Ⅱ形钢钉，油漆或防火涂料、沥青、镀锌钢丝。

b 机具：剪、刀、小桶、油刷。

c 工作条件：管道、设备安装后，保温层施工完并验收合格。

3) 玻璃布类保护层施工

施工前，先将玻璃丝布裁成幅宽为200~300mm的长条，并卷成小卷备用。也可根据设备、管道直径、大小选用不同幅宽的玻璃丝布。

缠绕时先用Ⅱ形钢钉固定端头，然后拉紧玻璃丝布缠绕。边缠绕边整平，不得有折皱、翻边等现象。圈与圈之间的接头搭接长度一般应为30~50mm。末端一定要用Ⅱ形钢钉固定。否则容易松动，脱落。

根据设计要求外表面刷色漆或防火涂料。

4) 沥青油毡保护层施工

根据管道或设备的周长加上搭接长度切割成合适的尺寸。

纵、横向接缝搭接长度为50~100mm。沿管道长度方向的纵向接缝应在管道下部搭接。横向环绕接缝应按坡度由低处向高处捆扎施工，让高处油毡压住低处油毡，使保护层外部形成顺流，防止雨水渗入。

所有接缝搭接处要用热沥青粘牢，每隔500~1000mm，用镀锌钢丝捆扎牢固。管道拐管处或三通碰头处要先放样，一块一块裁好后再施工。

5) 保护层与保温层应紧密相接触、无空鼓，转角及边沿、接头外要平整，无翘角，无皱折，封口、封头严实。表面光滑，无松散、脱落现象。管道保温层的厚度和平整度的允许偏差应符合表4.2.3.2-48的规定。

6) 质量通病及其防治

a 玻璃丝布保护层松散、脱落：缠绕时，要拉紧缠绕，边缠绕边整平，遇有转角、接头处用Ⅱ形钢钉固定。末端一定要用Ⅱ形钢钉固定。

b 沥青油毡保护层离缝、脱落：搭接处用热沥青粘牢，并每隔500~1000mm用镀锌钢丝捆扎牢固，转角、拐弯处要认真处理，所有缝隙用热沥青粘接。

4.2.4 成品保护

1 严禁在预置到位的模具、木砖、铁件上放置物件或踩踏。

2 浇灌混凝土时应有专人看守，防止振动、位移或倾斜。

3 套管制作后应妥善保管。封堵时严防将套管挤向一侧，防止套管上下串动。

4 管道在运输过程中要轻抬轻放。两侧挤紧，防止管道间相互撞击造成管道弯曲。

5　不同材质的管道应分别分类存放，并挂牌标识。

6　冷弯或火煨后的弯管处，在未冷却前应防雨、防水浸渍，更要防止受外力撞击。不同弯曲半径和不同管径、不同材质的弯管应及时编号、挂牌，防止安装时用错。

7　管道、管件、支架在焊接过程中严禁在母材上引弧。焊接的临时支撑点处焊瘤应及时清理干净，防止母材损伤。

8　托架（钩）、吊架栽入墙体或顶棚后，在混凝土（或砂浆）强度未达到设计强度的75%时，严禁受外力，不准安装管道，不准蹬、踏、摇动。各类支架在管道安装前均应完成防腐工序。

9　严禁法兰螺栓浸水锈蚀。紧固法兰螺栓时不可用力过猛，不可一次拧到位。

10　塑料管接口在冷却的过程中，不得移动或受力。冬期施工，对接过程时间不宜过长，否则形成冰膜。撤出电热铁（电热平板模时）不可碰伤聚乙烯软化物。

11　管道安装过程中，应防止油漆、沥青类有机物与塑料管、铜管及管件接触，防止污染。

12　预制加工好的管段，应加临时管箍或用水泥袋纸将管口包好，防止管品变形、锈蚀。

13　预制加工好的干、立、支管，要分项按编号排放整齐，用木方垫好，不许大管压小管码放，并应防止脚踏、碰撞。

14　经除锈、刷油防腐处理后的管材、管件、型钢、托吊、卡架等金属制品、宜放在有防雨、雪措施、运输通畅的专用场地，其周围不应堆放杂物。

15　涂漆的管道、设备及容器，漆层在干燥过程中应防止冻结、撞击、震动和温度剧烈变化。

16　已做好防腐层的管道及设备之间要隔开，不得粘连，以免破坏防腐层。

17　刷油时，应防止污染地面、墙面及其他管道和设备等。

18　干燥后的防腐管道应及时回填土。回填土初填时，严禁损坏管道保护层，以免影响工程质量。

19　环氧煤沥青防腐管段在运输装卸、堆放保管、吊装入沟的各个工序中，严格保护好防腐结构，不可损伤。在管道下沟后，用电火花检漏仪对防腐管段进行一次全长检漏，如发现缺陷必须进行补修，达到合格为止。

20　安装好的管道不得用做支撑或放脚手板，不得踏压，其支托卡架不得作为其他用途的受力点。

21　截门的手轮在安装时应卸下，交工前统一安装完好。

22　水表应有保护措施，为防止损坏，可统一在交工前装好。

23　安装好管道及设备在抹灰、喷涂前应做发好防护处理，以免被污染。

24　管道在试压、冲洗时必须注意防止介质泄漏对其他专业工程造成损坏。

25　保温必须在地沟及管井内已进行清理，不再有下道工序损坏保温层的前提下，方可进行保温。

26　管道保温应在水压试验合格，防腐已完方可施工，不能颠倒工序。

27　保温材料进入现场不得雨淋或存在潮湿场所。

28　明装管道的保温，土建若粉刷在后，应有防止污染温层的措施。

29 如有特殊情况需拆下保温层进行管道处理或其他工种在施中损坏保温层时，应及时按原样进行修复。

30 贯彻施工方案中的成品保护措施，建立严格的值班制度。

4.2.5 安全环保措施

1 现场布置应文明合理，临时电源和管线布设应安全。坑、沟和洞口应有围栏和标志。阴暗场所应有照明。低洼地上应有排水沟。夜间施工应有足够的照明。材料和设备堆放整齐、保护良好。作业棚不得设在高、低压线下方。

2 施工中必须坚持“三做到，四注意”：

“三做到”：

(1) 做到施工准备工作周到，劳动保护用具按规定穿戴整齐。

(2) 做到施工操作时思想集中，认真负责，坚守岗位。

(3) 做到施工机具有专人负责保养、保管，并保持机具性能良好。

“四注意”：

(1) 高空作业必须系好安全带。

(2) 进入施工现场必须戴好安全帽。

(3) 施工现场行走中必须注意脚下、头上、四周的机械和车辆。

(4) 多人共同协作时，应相互注意安全。

3 高处作业

(1) 坠落高度在工作面 2m（含 2m）以上的，应视为高处作业。高处作业必须系安全带，下面设有安全监护人员，防止坠落物件伤人并注意突发性不安全因素。

(2) 各种梯子应安全可靠，合梯应有绊绳，单梯下端有防滑垫；5m 以上高处操作时，梯子顶端应设法固定，否则应有专人扶持梯子。梯子与地面夹角以 60°~70°为宜。

(3) 安全带使用前应认真检查。悬挂处应能承载足够重量。必须高挂低用，切忌低于腰部位置悬挂。多人操作时，避免安全带相互缠绕。

(4) 高处作业时，应注意架空电线，不得在高压线 2m 以内空间作业。

(5) 高处作业人员随身携带的工具袋应绑扎好，不得任其倾斜倒出物件。与地面人员上下递送物件，小件应放入工具袋内提升或放下，大件用绳索绑扎时应防止滑脱。

4 地下室、管沟和管井作业

(1) 在光线暗淡场所，用行灯照明设施时，其电压不得超过 24V。在密闭金属容器内及潮湿地上，行灯电压不得超过 12V。

(2) 在进入土沟、土坑内作业前，必须仔细检查边坡应无裂缝和落土，边坡角度和堆土距离符合安全规程。若有不安全因素时，应采取加固支撑等措施。

(3) 地下室、沟、井等底部有积水时，应认真采取排水措施，且防止带电线缆在水中漏电。

(4) 地下室、沟、井等场所通风不良时，应采取通风措施，如发现有毒气体，应采取相应安全技术措施。外面设专人监护，防止可能发生的突发性停电事故等。

(5) 施工人员不得在土坑、土沟内休息。

(6) 进入通气的燃气管道沟，沿线检查时，不得吸烟和携带明火，应用手电筒照明。封盖的管道沟内滞留时间不得超过 1h。沟外有专人监护，以防中毒。

(7) 往沟、井内运送工具、材料时，应慢慢滑放，沟内人员应注意安全避让。

5　电动机具安全用电

(1) 用电设备应有各自的专用开关箱，必须实行“一机一箱一闸一保护”。开关箱除接零外，在设备负荷线的首端处必须设置漏电保护器。开关箱内不得放置任何杂物，经常保持整洁。开关箱内熔断器的熔体更换时，严禁用不符合原规格的熔体代替。

(2) 施工现场停止作业时，应将动力开关箱断电上锁。

(3) 开关箱和移动式配电箱的进、出线必须采用橡胶绝缘电缆。进、出线应设在箱体的下底面。进、出线应加保护套分路成束，并做防水弯。开关箱与其固定式用电设备的水平距离不宜超过3m。

(4) 开关箱应设在干燥、通风及常温的场所。周围有足够的通道和空间。装置牢固端正。移动式开关箱应装设在坚固的支架上。

(5) 手持式电动工具的负荷线必须采用耐气候型的橡胶护套铜芯软电缆，并不得有接头。

1) 手持式电动工具的外壳、手柄、负荷线、插头、开关等必须完好无损，使用前必须作空载检查，运转正常方可使用。

2) 水泵负荷线必须采用YHS型防水橡胶护套电缆，不得承受任何外力。

6　管道作业

(1) 在砖墙、楼板上打洞时，应戴防护镜。快打穿时应通知隔墙或楼下人员，防止击穿时伤人。

(2) 套管、预留孔洞在未安装管道前应进行封闭，防止从套管中掉下重物伤人。

(3) 扳手的开口尺寸应与螺栓、螺母尺寸相符合。管钳的开口尺寸应与管道、管件的尺寸相符合。操作时应双手扶持，一手握手柄，一手握钳头。手柄不得加套管道加长使用。

(4) 使用手锤，不得戴手套。锤柄、锤头部位不得有油污，防止打滑。锤头与锤柄应连接牢固可靠。挥锤时四周不得有障碍，人员应避让。

(5) 管道被夹于台钳或套丝机上，除本身应夹紧外，较长一侧的管道应有支撑，使管道保持水平状态。两人以上操作时，动作应协调，用力要均衡，防止锯条折断或套丝扳手崩滑伤人。

(6) 两人同时操作管钳进行接口时，用力要均匀，压紧、拿稳把柄。不得将短管套入把柄内使用。

(7) 管道套丝时，人工套丝应防止扳把旋转打伤人或绞板未咬上口跌落伤人。机械套丝，使用钻床时不得戴手套操作，防止手被卷人。

(8) 使用砂轮机切断管道时，速度不得太快，应托住将被切断的管道，防止坠落伤人。

(9) 煨弯注意事项

1) 用手动弯管器煨弯时，操作人员面部应错开所弯的管道，以免弯管器滑脱伤人。

2) 用火煨弯时，管口处禁止站人，以防放炮伤人。煤炉周围的易燃易爆物必须清除，下班前将火熄灭。

3) 弯管时，液压机应注意检查液压软管是否完好，防止爆裂。应注意电动机旋转轴旋转时，手和衣服不得接近旋转轴。脱下弯管模具时，锤击不宜过重，防止脱模时伤人。

(10) 氧气瓶、乙炔瓶应有防震圈、安全帽，避免碰撞，防止曝晒，远离火源。乙炔瓶必须设阻火器，严禁放倒使用。

(11) 电焊机使用注意事项

1) 施焊场地、烘炉周围的易燃、易爆物品应进行清除、覆盖或隔离，并设有灭火设施。配合气、电焊作业时应戴防护眼镜或面罩。

2) 电焊机外壳，必须接地（接零）良好，其电源的装拆应由电工进行。

3) 焊钳与把线必须绝缘良好，连接牢固，更换焊条应戴手套。在潮湿地点工作，应站在绝缘板或木板上。

4) 更换场地移动把线时，应切断电源，不得手持把线或连接胶管的气焊枪爬梯登高。清除焊渣时，采用电弧气刨清根时，应戴防护眼镜或面罩，防止铁渣飞溅伤人。

5) 等离子的弧光及紫外线十分强烈，对皮肤和眼睛有伤害作用，操作人员必须戴好防护器具。对于长期使用等离子的场地，必须设置强制通风装置。

(12) 塑料管粘接、熔接注意事项

1) 胶粘剂、丙酮等易燃品，在存放和运输时，必须远离火源，存放处应安全可靠，阴凉干燥，随用随取。粘接场所严禁明火，场内通风良好。

2) 粘接管道时，操作人员应站在上风处，戴防护手套、防护眼镜和口罩。

3) 电热平模板、电热熔接口均属通过电热丝加热，操作时应遵守用电设备的规定，防止触电。

4) 电熔接口时，屏幕显示必须正常方可熔接，屏幕显示不正常时应停止熔接。控制箱应有专人看管使用。

5) 熔接过程中，当电热平模板（电热铁）达到温度后，要指定专人看守，以免发生烫伤。

(13) 人力搬运管道、阀门等时，轻装轻卸，动作一致，互相照应。起吊重物，必须先认真检查吊具、绳索是否可靠。起吊重物时，吊起重物下不准站人。

(14) 架空管道未正式固定前，应临时性绑扎或卡定，防止滚动、滑落。

(15) 阀门安装后，应关闭严密。试压时可打开，试压后仍关闭，待调试或试运时开启以调节流量。

(16) 水压试验前，应按设计要求对管线检查一遍，临时封堵应有足够的强度，阀件应开启到最大，孔板、调压阀、温度计等应拆除。

水压试验时，升压应缓慢，沿程管线应有专人巡逻，压力在0.3MPa以下允许紧螺栓和用手锤检查焊缝。在法兰、盲板等处，人员应避开结合口。严禁带压检修，必须放压泄水后进行修理工作。冬期进行水压试验，应有防冻措施，试压后及时泄尽存水。

(17) 蒸汽吹洗时，吹洗阀应缓慢打开，吹洗距离内用围绳围起，严禁人员进入。

(18) 防腐作业安全注意事项

1) 一切油漆、易燃、易爆材料，必须存放在专用库房内，不得与其他材料混放在一起。挥发性油料须装入密闭容器内妥善保管。施工现场及库房应通风良好，严禁烟火，并应设置“严禁烟火”明显标志及消防器材。

2) 油漆涂料一般都具有一定的毒性，故调制、涂刷时应戴口罩、手套，并在操作区内要有新鲜空气流通，以防止中毒现象发生。

3）配制沥青底漆时，使用的汽油应远离水源，严禁靠近火源。距明火不少于10m。严禁把汽油等易燃熔剂倒入熔化的沥青锅内。

4）熬制沥青溶液，要戴口罩、手套、眼镜、套袖等劳动保护用品，穿高腰鞋，并注意高温脱水不要让沥青烫伤或中毒。

5）沥青锅上空不得有架空电线通过，四周应设围栏或设明显的“危险”标志。

6）沥青加热、使用全过程中应有专人看管，不得擅离职守，并配备灭火器、铁锅盖、干砂、防火铁锹等消防器材。沥青锅装料不得超过锅深度的2/3。装运热沥青不准使用锡焊的金属容器，装入量不得超过容器深度的3/4。

7）严禁在雨、风、雪和大雾天中施工。当气温低于+5℃时，应按冬期施工考虑，采取必要的升温措施。当使用煤炭取暖时，应符合防火要求，并指定专人负责管理，应有防止一氧化碳中毒的措施。当气温低于-25℃时，不得做防腐工作。管道凝有霜露应先经干燥后方可作防腐。

8）夏季作业应调整作息时间，从事高温工作的场所，应加强通风和降温措施。

9）沥青锅起火处理：如发现沥青锅着火，不要慌乱，要镇静。应立即用木棍等工具将锅盖盖在锅上，同时用干砂熄灭炉火，封闭炉门。无关人员迅速离开，以防爆炸。如沥青外溢到地面着火，可用灭火器灭火或干砂覆盖。绝对禁止浇水灭火。

10）沾染油漆的棉纱、破布、油纸等废物，应收集存放在有盖的金属容器内，及时处理掉。

（19）管道保温作业注意事项

1）在紧固钢丝或拉钢丝网时，用力不得过猛，不得站在保温材料上操作或行走。

2）从事矿渣棉、岩棉、玻璃纤维棉（毡）等作业时，衣领、袖口、裤脚应扎紧或采取防护措施。

3）聚氨酯泡沫塑料现场浇灌发泡，施工所采用的异氰酸酯及其催化剂等原料均系有毒物质，对上呼吸道、眼睛和皮肤有强烈的刺激作用，操作时应戴上防毒面具、防毒口罩、防护眼镜、橡皮手套等防护用品，以免中毒和影响健康。

4）使用金属材料要注意裁剪锋口，不要划破、割伤手脚。搬运安装时，注意不要使钢板滑落伤人。

（20）雨期施工防雷、防电，夏天施工防暑降温，冬期施工防冻、防滑，编制季节性安全技术措施。

4.2.6 质量标准

主 控 项 目

1　室内给水管道的水压试验必须符合设计要求。当设计未注明时，各种材质的给水管道系统试验压力均为工作压力的1.5倍，但不得小于0.6MPa。

检验方法：金属及复合管给水管道系统在试验压力下观测10min，压力降不应大于0.02MPa，然后降到工作压力进行检查，应不渗不漏；塑料管给水系统应在试验压力下稳压1h，压力降不得超过0.05MPa，然后在工作压力的1.15倍状态下稳压2h，压力降不得超过0.03MPa，同时检查各连接处，不得渗漏。

2　给水系统交付前必须进行通水试验并做好记录。

检验方法：观察和开启阀门、水嘴等放水。

3　生活给水系统管道在交付使用前必须冲洗和消毒，并经有关部门取样检验，符合国家《生活饮用水标准》方可使用。

检验方法：检查有关部门提供的检测报告。

4　室内直埋给水管道（塑料管道和复合管道除外）应做防腐处理。埋地管道防腐材质和结构应符合设计要求。

检验方法：观察或局部解剖检查。

一　般　项　目

5　给水引入管与排水排出管的水平净距不得小于1m。室内给水与排水管道平行敷设时，两管间的最小水平净距不得小于0.5m；交叉铺设时，垂直净距不得小于0.15m。给水管应铺在排水管上面，若给水管必须铺在排水管的下面时，给水管应加套管，其长度不得小于排水管管径的3倍。

检验方法：尺量检查。

6　管道及管件焊接的焊缝表面质量应符合下列要求：

焊缝外形尺寸应符合图纸和工艺文件的规定，焊缝高度不得低于母材表，焊缝与母材应圆滑过渡。

焊缝及热影响区表面应无裂纹、未熔合、未焊透、夹渣、弧坑和气孔等缺陷。

检验方法：观察检查。

7　给水水平管道应有2‰～5‰的坡度坡向泄水装置。

检验方法：水平尺和尺量检查。

8　给水管道和阀门安装的允许偏差应符合表4.2.3.2-32的规定：

9　管道的支、吊架安装应平整牢固，其间距应符合表3.3.8、表3.3.9、表3.3.10的规定。

检验方法：观察、尺量及手扳检查。

10　水表应安装在便于检修、不受曝晒、污染和冻结的地方。安装螺翼式水表，表前与阀门应有不小于8倍水表接口直径的直线管段。表外壳距墙表面净距为10～30mm；水表进水口中心标高按设计要求，允许偏差为±10mm。

检验方法：观察和尺量检查。

4.2.7　质量验收

1　给水管道及配件安装分项工程，应按系统、区域、施工段或楼层等划分。分项工程应划分成若干检验批进行验收。

2　检验批质量验收表当地政府主管部门无统一规定时，宜采用表4.2.7-1“室内给水管道及配件安装工程检验批质量验收记录表”。

3　分项工程质量验收表当地政府主管部门无统一规定时，宜采用表4.2.7-2“分项工程质量验收记录表”。

表 4.2.7-1 室内给水管道及配件安装工程检验批质量验收记录表

GB 50242—2002

单位（子单位）工程名称							
分部（子分部）工程名称					验收部位		
施工单位					项目经理		
分包单位					分包项目经理		
施工执行标准名称及编号							
施工质量验收规范规定						施工单位检查评定记录	监理（建设）验收记录
主控项目	1	给水管道　水压试验			设计要求		
	2	给水系统　通水试验			第 4.2.2 条		
	3	生活给水系统管　冲洗和消毒			第 4.2.3 条		
	4	直埋金属给水管道　防腐			第 4.2.4 条		
一般项目	1	给排水管铺设的平行、垂直净距			第 4.2.5 条		
	2	金属给水管道及管件焊接			第 4.2.6 条		
	3	给水水平管道　坡度坡向			第 4.2.7 条		
	4	管道支、吊架			第 4.2.9 条		
	5	水表安装			第 4.2.10 条		
	6	水平管道纵、横方向弯曲允许偏差	钢　管	每 1m	1mm		
				全长 25m 以上	≯25mm		
			塑料管复合管	每 1m	1.5mm		
				全长 25m 以上	≯25mm		
			钢铁管	每 1m	2mm		
				全长 25m 以上	≯25mm		
		立管垂直度允许偏差	钢　管	每 1m	3mm		
				5m 以上	≯8mm		
			塑料管复合管	每 1m	2mm		
				5m 以上	≯8mm		
			钢铁管	每 1m	3mm		
				5m 以上	≯10mm		
		成排管段和成排阀门		在同一平面上的间距	3mm		
施工单位检查评定结果	专业工长（施工员）			施工班组长			
	项目专业质量检查员：　　年　月　日						
监理（建设）单位验收结论	专业监理工程师（建设单位项目专业技术负责人）：　　年　月　日						

表 4.2.7-2 ________________分项工程质量验收记录表

工 程 名 称		项目技术负责人/证号	
子分部工程名称		项目质检员/证号	
分项工程名称		专业工长/证号	
分项工程施工单位		检验批数量	
序号	检 验 批 部 位	施工单位检查评定结果	监理（建设）单位验收结论
检查结论	项目专业质量 （技术）负责人： 年 月 日	验收结论	监理工程师： （建设单位项目专业技术负责人） 年 月 日

4.3 室内消火栓系统安装

本节适用于民用和一般工业建筑的消火栓系统的管道安装工程。

4.3.1 施工准备

1 技术准备

(1) 认真熟悉图纸，根据施工方案、技术、安全交底的具体措施选用材料，测量尺寸，绘制草图，预制加工。

(2) 核对有关专业图纸，查看各种管道的坐标、标高是否有交叉或排列位置不当，及时与设计人员研究解决，办理洽商手续。

(3) 检查预埋件和预留洞是否准确。

(4) 检查管材、管件、阀门、设备及组件等是否符合设计要求和质量标准。

(5) 要安排合理的施工顺序，避免工种交叉作业干扰，影响施工。

2 材料准备

(1) 无缝钢管、焊接钢管、镀锌钢管、钢素复合管等管材。

(2) 配套管件、阀门、法兰、室内消火栓、消火栓箱、水龙带、水枪等。

(3) 螺栓、垫片、石棉橡胶板、橡胶板、塑料板、电焊条、型钢、管卡、生料带、铅油、麻丝等。

3 主要机具

(1) 套丝机，砂轮锯，台钻，电锤，手砂轮，手电钻，电焊机，电动试压泵等机械。

(2) 套丝板，管钳，台钳，压力钳，链钳，手锤，钢锯，扳手，射钉枪，倒链，电气焊等工具。

4 作业条件

(1) 设备平面布置图、系统图、安装图等施工图及有关技术文件应齐全。

(2) 设计单位应向施工单位进行技术交底。

(3) 系统组件、管件及其他设备、材料，应能保证正常施工。

(4) 检查管道支架、预留孔洞的位置、尺寸是否正确。

4.3.2 材料质量控制

材料质量控制除应符合本标准第3.2节“材料设备管理”的规定外，尚应满足下列要求：

1 所有材料使用前应做好产品标识，注明产品名称、规格型号、批号、数量、生产日期和检验代码等，并确保材料具有可追溯性。

2 主要器具和设备必须有完整的安装使用说明书。在运输、保管和施工过程中，应采取有效措施防止损坏或腐蚀。

3 消火栓系统管材应根据设计要求选用，一般采用碳素钢管、钢塑复合管或无缝钢管。

4 管材、管件应进行现场外观检查，并应符合下列要求：

(1) 表面应无裂纹、缩孔、夹渣、折叠和重皮。

(2) 螺纹密封面应完整、无损伤、无毛刺。

(3) 镀锌钢管内外表面的镀锌层不得有脱落、锈蚀等现象。

(4) 非金属密封垫片应质地柔韧、无老化变质或分层现象，表面应无折损、皱纹等缺陷。

(5) 法兰密封面应完整光洁，不得有毛刺及径向沟槽；螺纹法兰的螺纹应完整、无损伤。

5　阀门及其附件的现场检验应符合下列要求：

(1) 阀门的型号、规格应符合设计要求。

(2) 阀门及其附件应配备齐全，不得有加工缺陷和机械损伤。

(3) 报警阀除应有商标、型号、规格等标志外，尚应有水流方向的永久性标志。

(4) 报警阀和控制阀的阀瓣及操作机构应动作灵活，无卡涩现象。阀体内应清洁、无异物堵塞。

(5) 水力警铃的铃锤应转动灵活，无阻滞现象。

(6) 报警阀应逐个进行渗漏试验。试验压力应为额定工作压力的 2 倍，试验时间为 5min，阀瓣处应无渗漏。

(7) 对于在主干管上起切断作用的闭路阀门，应逐个做强度和严密性试验。阀门试压的试验持续时间应不少于表 3.2.5 规定。

6　压力开关、水流指示器及水位、气压、阀门限位等自动监测装置应有清晰的铭牌、安全操作指示标志和产品说明书。水流指示器尚应有水流方向的永久性标志。安装前应逐个进行主要功能检查，不合格者不得使用。

7　消火栓箱体的规格类型应符合设计要求，箱体表面平整、光洁。金属箱体无锈蚀、划伤，箱门开启灵活。箱体方正，箱内配件齐全。栓阀外形规矩，无裂纹，启闭灵活，关闭严密，密封填料完好，有产品出厂合格证。

8　试验合格的阀门，应及时排尽内部积水并吹干。密封面上应涂防锈油，关闭阀门，封闭出入口，做出明显的标记，并应按规定格式填写“阀门试验记录”。

9　管道组成件及管道支承件在施工过程中应妥善保管，不得混淆或损坏，其色标或标记应明显清晰。材质为不锈钢、有色金属（铜及铜合金）的管道组成件及管道支承件，在储存期间不得与碳素钢接触。暂时不进行安装的管道，应封闭管口。

4.3.3　施工工艺

4.3.3.1　工艺流程

安装准备→干管安装→立管安装→消火栓（箱）及支管安装→消防水泵、高位水箱、水泵结合器安装→管道试压→管道冲洗→系统综合试压及冲洗→节流装置安装消火栓配件安装→管道试压

4.3.3.2　施工要点

1　管道预制加工

(1) 管道预制加工可参照标准第 4.2.3.2 条相关内容。

(2) 管网安装前应校直管道，并应清除管道内部的杂物。安装时应随时清除已安装管道内部的杂物。

(3) 在具有腐蚀性的场所安装管网前，应按设计要求对管道、管件等进行防腐处理。

(4) 管网安装。当管道公称直径小于或等于100mm时，应采用螺纹连接；当管道公称直径大于100mm时，可采用焊接或法兰连接。连接后，均不得减小管道的通水横断面面积。

(5) 螺纹连接应符合下列要求：

1) 管道宜采用机械切割，切割面不得有飞边、毛刺。

2) 螺纹连接的密封填料应均匀附着在管道的螺纹部分。拧紧螺纹时，不得将填料挤入管道内。连接后，应将连接处外部清理干净。

2　预留孔洞及预埋铁件应符合相关要求。

3　套管安装

(1) 参见标准第4.2.3.2条相关内容。

(2) 管道穿过建筑物的变形缝时，应设置柔性短管。穿过墙体或楼板时应加设套管，套管长度不得小于墙体厚度，或应高出楼面或地面50mm，管道的焊接环缝不得位于套管内。套管与管道的间隙应采用不燃烧材料填塞密实。

4 支、吊、托架的制作安装

(1) 参见本标准第4.2.3.2条相关内容。

(2) 管道的安装位置应符合设计要求。当设计无要求时，应符合表4.3.3.2-1的要求。

表4.3.3.2-1　管道的中心线与梁、柱、楼板等的最小距离

公称直径（mm）	50	70	80	100	125	150	200
距离（mm）	60	70	80	100	125	150	200

5　管道安装

(1) 参见本标准第4.2.3.2条相关内容。

(2) 干管安装

1) 消火栓系统干管安装应根据设计要求使用管材，按压力要求选用碳素钢管或无缝钢管。当要求使用镀锌管件时（干管直径在100mm以上，无镀锌管件时采用法兰连接，试完压后做好标记拆下来加工镀锌），在镀锌加工前不得刷油和污染管道。需要拆装镀锌的管道应先安排施工。

2) 干管用法兰连接每根配管长度不宜超过6m。直管段可把几根连接一起，使用倒链安装，但不宜过长，也可调直后编号依次顺序吊装。吊装时，应先吊起管道一端，待稳定后再吊起另一端。

3) 管道连接紧固法兰时，检查法兰端面是否干净，采用3~5mm的橡胶垫片。法兰螺栓的规格应符合规定。紧固螺栓应先紧最不利点，然后依次对称紧固。法兰接口应安装在易拆装的位置。

4) 配水干管、配水管应做红色或红色环圈标志。

5) 管网在安装中断时，应将管道的敞口封闭。

6) 管道在焊接前应清除接口处的浮锈、污垢及油脂。

7) 不同管径的管道焊接：连接时如两管径相差不超过小管径的15%，可将大管端部缩口与小管对焊；如果两管相差超过小管径 15%，应加工异径短管焊接。

8）管道对口焊缝上不得开口焊接支管，焊口不得安装在支吊架位置上。

9）管道穿墙处不得有接口（丝接或焊接）。管道穿过伸缩缝处应有防冻措施。

10）碳素钢管开口焊接时要错开焊缝，并使焊缝朝向易观察和维修的方向上。

11）管道焊接时先焊三点以上，然后检查预留口位置、方向、变径等无误后，找直、找正，再焊接，紧固卡件、拆掉临时固定件。

(3) 消火栓系统立管安装

1）立管暗装在竖井内时，在管井预埋铁件上安装卡件固定，立管底部的支吊架要牢固，防止立管下坠。

2）立管明装时每层楼板要预留孔洞，立管可随结构穿入，以减少立管接口。

(4) 消火栓及支管安装

1）消火栓箱体要符合设计要求（其材质有木、铁和铝合金等），栓阀有单出口和双出口双控等。产品均应有消防部门的制造许可证及合格证方可使用。

2）消火栓支管要以栓阀的坐标、标高定位甩口，核定后再稳固消火栓箱，箱体找正稳固后再把栓阀安装好。栓阀侧装在箱内时应在箱门开启的一侧，箱门开启应灵活。

3）消火栓箱体安装在轻质隔墙上时，应有加固措施。

4）箱式消火栓的安装应符合下列规定：

a　栓口应朝外；并不应安装在门轴侧，并平行于墙面。

b　栓口中心距地面为 1.1m，允许偏差 ± 20mm。

c　阀门中心距箱侧面为 140mm，距箱后内表面为 100mm，允许偏差 ± 5mm。

d　消火栓箱体安装的垂直度允许偏差为 3mm。

5）安装消火栓水龙带：水龙带与水枪和快速接头绑扎好后，应根据箱内构造将水龙带挂放在箱内的挂钉、托盘或支架上。

6）室内消火栓系统安装完成后应取屋顶层（或水箱间内）和首层取二处消火栓做试射试验，达到设计要求为合格。

6　阀门及其他附件安装

(1) 阀门安装参见本标准第 4.2.3.2 条相关内容。

(2) 节流装置应安装在公称直径不小于 50mm 的水平管段上。减压孔板安装在管道内水流转弯处下游一侧的直管上，且与转弯处的距离不应小于管道公称直径的 2 倍。

(3) 末端试水装置宜安装在系统管网末端或分区管网末端。

7　填堵孔洞参见本标准第 4.2.3.2 条相关内容。

8　管道试压

(1) 管网完装完毕后，应对其进行强度试验、严密性试验，参见本标准第 4.2.3.2 条"管道试压"部分内容。

(2) 系统试压前应具备下列条件：

1）埋地管首的位置及管道基础、支墩等经复查符合设计要求。

2）试压用的压力表不小于 2 只，精度不应低于 1.5 级，量程应为试验压力值的 1.5～2 倍。

3）冲洗方案已经批准。

4）对不能参与试压的设备、阀门及附件应加以隔离或拆除，加设的临时盲板应具有突出于法兰的边耳，且应做明显标志，并记录临时盲板的数量。

(3) 系统试压过程中，当出现泄漏时，应停止试压，并应放空管网中的试验介质，消除缺陷后，重新再试。

(4) 系统试压完成后，应及时拆除所有临时盲板及试验用的管道，并应与记录核对无误，且应按规定填写记录。

(5) 水压试验和水冲洗宜采用生活用水进行，不得使用海水或有腐蚀性化学物质的水。

1）水压试验时环境温度不宜低于5℃，当低于5℃时，水压试验应采取防冻措施。

2）水压强度试验的测试点应设在系统管网的最低点。对管网注水时，应将管网内的空气排净，并应缓慢升压。

3）水压严密性试验应在水压强度试验和管网冲洗合格后进行。

9　管道系统冲洗

(1) 参见本标准第4.2.3.2条“管道系统冲洗”部分内容。

(2) 管网冲洗应在试压合格后分段进行。冲洗顺序应先室外，后室内；先地下，后地上。室内部分的冲洗应按配水干管、配水管、配水支管的顺序进行。

(3) 冲洗前，应对管道支架、吊架进行检查，必要时应采取加固措施。

(4) 对不能经受冲洗的设备和冲洗后可能存留脏物、杂物的管段，应进行清理。

(5) 冲洗直径大于100mm的管道时，应对其焊缝、死角和底部进行敲打，但不得损伤管道。

(6) 水冲洗宜采用生活用水进行，不得使用海水或有腐蚀性化学物质的水。

(7) 管网冲洗的水流速度不宜小于3m/s，其流量不宜小于表4.3.3.2-2的规定。当施工现场冲洗流量不能满足要求时，应按系统的设计流量进行冲洗，或采用水压气动冲洗法进行冲洗。

表4.3.3.2-2　冲　洗　水　流　量

管道公称直径（mm）	300	250	200	150	125	100	80	65	50	40
冲洗流量（L/s）	220	154	98	58	38	25	15	10	6	4

(8) 管网的地上管道与地下管道连接前，应在配水干管底部加设堵头后，对地下管道进行冲洗。

(9) 管网冲洗应连续进行，当出口处水的颜色、透明度与入口处水的颜色基本一致时，冲洗方可结束。

(10) 管网冲洗的水流方向应与灭火时管网的水流方向一致。

10　管道及设备防腐：参见本标准第4.2.3.2条“管道防腐”部分内容。

11　管道及设备保温：参见本标准第4.2.3.2条“管道、设备保温”部分内容。

4.3.4　成品保护

1　消防系统施工完毕后，各部位的设备组件要有保护措施，防止碰动跑水，损坏装修成品。

2 消火栓箱内清理干净，按规定摆放整齐，箱门关好，不准随意开启乱动。

3 室内进行装饰、粉刷时，应对消火栓进行遮盖保护。

4 各部位的仪表等均应加强管理，防止丢失和损坏。

5 消防管道安装与土建及其他管道发生矛盾时，不得私自拆改，要经过设计，办理变更洽商妥善解决。

6 对处在采暖不利或有产生冻结可能的消防管道，应做好防冻保温措施。

7 其他参照本标准第 4.2.4 条。

4.3.5 安全环保措施

参照本标准第 4.2.5 条。

4.3.6 质量标准

Ⅰ 主 控 项 目

1 室内消火栓系统安装完成后应取屋顶层（或水箱间内）试验消火栓和首层取二处消火栓做试射试验，达到设计要求为合格。

检验方法：实地试射检查。

Ⅱ 一 般 项 目

2 安装消火栓水龙带：水龙带与水枪和快速接头绑扎好后，应根据箱内构造将水龙带挂放在箱内的挂钉、托盘或支架上。

检验方法：观察检查。

3 箱式消火栓的安装应符合下列规定：

(1) 栓口应朝外，并不应安装在门轴侧。

(2) 栓口中心距地面为 1.1m，允许偏差 ±20mm。

(3) 阀门中心箱侧面为 140mm，距箱后内表面为 100mm，允许偏差 ±5mm。

(4) 消火栓箱体安装的垂直度允许偏差为 3mm。

检验方法：观察和尺量检查。

4.3.7 质量验收

1 室内消火栓系统安装分项工程应按系统、区域、施工段或楼层等进行划分。分项工程应划分成若干检验批进行验收。

2 检验批质量验收、分项工程质量验收应按本技术标准第 3.1.8 ~ 3.1.11 条执行。

3 检验批质量验收表当地政府主管部门无统一规定时，宜采用表 4.3.7 “室内消火栓系统安装工程检验批质量验收记录表”。

表 4.3.7 室内消火栓系统安装工程检验批质量验收记录表
GB 50242—2002

<table>
<tr><td colspan="4">单位（子单位）工程名称</td><td colspan="12"></td></tr>
<tr><td colspan="4">分部（子分部）工程名称</td><td colspan="6"></td><td colspan="4">验收部位</td><td colspan="2"></td></tr>
<tr><td>施工单位</td><td colspan="9"></td><td colspan="4">项目经理</td><td colspan="2"></td></tr>
<tr><td>分包单位</td><td colspan="9"></td><td colspan="4">分包项目经理</td><td colspan="2"></td></tr>
<tr><td colspan="3">施工执行标准名称及编号</td><td colspan="13"></td></tr>
<tr><td colspan="5">施工质量验收规范规定</td><td colspan="10">施工单位检查评定记录</td><td>监理（建设）验收记录</td></tr>
<tr><td>主控项目</td><td>1</td><td colspan="2">室内消火栓试射试验</td><td>设计要求</td><td colspan="10"></td><td></td></tr>
<tr><td rowspan="5">一般项目</td><td>1</td><td colspan="2">室内消火栓水龙带在箱内安放</td><td>第 4.3.2 条</td><td></td><td></td><td></td><td></td><td></td><td></td><td></td><td></td><td></td><td></td><td rowspan="5"></td></tr>
<tr><td rowspan="4">2</td><td colspan="2">栓口朝外，并不应安装在门轴侧</td><td></td><td></td><td></td><td></td><td></td><td></td><td></td><td></td><td></td><td></td><td></td></tr>
<tr><td colspan="2">栓口中心距地面 1.1m 允许偏差</td><td>± 20mm</td><td></td><td></td><td></td><td></td><td></td><td></td><td></td><td></td><td></td><td></td></tr>
<tr><td colspan="2">阀门中心距箱侧面允许偏差 140mm 距箱后内表面 100mm 允许偏差</td><td>± 5</td><td></td><td></td><td></td><td></td><td></td><td></td><td></td><td></td><td></td><td></td></tr>
<tr><td colspan="2">消火栓箱体安装的垂直度允许偏差</td><td>3</td><td></td><td></td><td></td><td></td><td></td><td></td><td></td><td></td><td></td><td></td></tr>
<tr><td colspan="3" rowspan="2">施工单位
检查评定结果</td><td colspan="4">专业工长（施工员）</td><td colspan="3"></td><td colspan="4">施工班组长</td><td colspan="2"></td></tr>
<tr><td colspan="13">项目专业质量检查员：　　　　　　年　月　日</td></tr>
<tr><td colspan="3">监理（建设）单位
验收结论</td><td colspan="13">专业监理工程师（建设单位项目专业技术负责人）：　　　　　　年　月　日</td></tr>
</table>

4.4 给水设备安装

本节适用于室内给水设备安装，包括动设备——离心式水泵（生活水泵、消防水泵）、潜污泵等及静设备——水箱、罐等。

4.4.1 施工准备

1 技术准备

(1) 所有安装项目的设计图纸已具备，并且已经过图纸会审和设计交底；

(2) 施工方案已编制；

(3) 施工技术人员向班组做了图纸和施工技术交底。

2 材料准备

(1) 离心式水泵、生活水泵、消防水泵、潜污泵、水箱、罐等设备。

(2) 钢管、型钢、钢板、垫铁、螺栓、螺母、阀门、法兰、压力表、温度计、旋塞、表弯管等。

(3) 电焊条、垫片、石笔、粉笔、小线、机油、汽油、铅油、清油、石棉填料等。

3 主要机具

(1) 机具：卷扬机或绞磨、千斤顶、起重机、砂轮机、套丝机、手电钻、冲击钻、砂轮锯、电焊机等。

(2) 工具：各种扳手、夹钳、试压泵、手锯、手锤、大锤、布剪子、滑轮、道木、滚杠、钢丝绳、大绳、索具、气焊工具等。

(3) 量具：钢板尺、钢卷尺、卡钳、塞尺、水平仪、水平尺、游标卡尺、焊缝检测器、温度计、压力表、线坠等。

4 作业条件

(1) 设计图纸齐全（包括标准图在内），并已经过图纸会审及设计交底。

(2) 施工方案已经编制。特别是水箱的安装就位方案，要紧密配合土建进行，要注意建筑物的水箱进出口和吊装条件，还有制作水箱场地方案的选定。

(3) 设备要具备出厂合格证和技术资料，并且检查是否符合设计要求。

(4) 施工技术人员向班组作了施工方案和设计图纸交底。

(5) 设备基础验收合格，混凝土基础的强度必须达到60%以上。

(6) 施工运输和消防道路畅通，施工用照明、水源、电源已具备连续正常施工的条件。

4.4.2 设备质量控制

1 设备必须具备图纸、产品合格证书、安装使用说明书等。技术资料应与实物相符。

2 设备外观应完好无损，受压元件可见部位无变形、无损坏。

3 设备配套附件应齐全完好，并符合要求。根据设备清单对所有设备及零部件进行清点验收。对缺损件应做记录并及时解决，清点后应妥善保管。

4 各种金属管材、型钢、仪表阀门及管件的规格、型号必须符合设计要求，并符合产品出厂质量标准，外观质量良好，不得有损伤、锈蚀或其表面缺陷。

4.4.3 施工工艺

4.4.3.1 工艺流程

设备安装原则为：按系统、楼层划分施工，施工时先大型后小型，先里后外，先高空后低空，先特殊后一般。

1 动设备安装工艺流程

施工准备→设备运输及开箱检验→基础验收复核、放线→放置垫铁→吊装就位→找正找平→地脚螺栓灌浆→设备找平→联轴器对中→二次灌浆抹面→清洗拆检组装→设备试验→电气仪表接线调试→设备配管→电动机空载试车→联轴机组空负荷试车→负荷试车→竣工验收

2 静设备安装工艺流程

施工准备→设备运输及开箱检验→基础验收复核→吊装就位→找正找平→（地脚螺栓灌浆）→设备找平二次灌浆、抹面→配管配线→试验调整→吹扫清洗、试验→联动试车→竣工验收

4.4.3.2 施工要点

1 设备运输

(1) 设备运抵现场后，可根据施工位置、施工进度、场地库房情况等确定卸车地点，利用铲车、汽车吊、塔式起重机等卸车，可直接运至设备所在楼层。

(2) 设备在楼层内运输可用卷扬机牵引拖排运输等方法运至基础附近，也可用倒链、撬棍、滚杠等拖运，有条件时可用铲车运送。

(3) 设备进场装卸、运输及吊装时，应注意包装箱上的标记，不得翻转倒置、倾斜，不得野蛮装卸。

(4) 按包装箱上的标志绑扎牢固，捆绑设备时承力点要高于重心。捆绑位置须根据设备及内部结构选定。支垫位置一般选在底座、加强圈或有内支撑的位置，并尽量扩大支垫面积，消除应力集中，以防局部变形。

(5) 不得将钢丝绳、索具直接绑在设备的非承力外壳或加工面上，钢丝绳与设备接触处要用软木条或用胶皮垫等保护，避免划伤设备。

(6) 严禁碰撞与敲击设备，以保证设备运输装卸安全。

(7) 因吊装及运输需要、需拆卸设备的部件时，按设备部件装配的相反顺序来拆卸，并及时在其非工作面上作上标记，避免以后装配时发生错误。

(8) 由于受到层高及高度的限制，当设备无法吊送到位时，要搭设专用平台，先将设备吊送至平台上，再用拖排运至室内，如图 4.4.3.2-1 所示。吊送和拖运时要注意设备的方向和方位，避免不必要的掉头和翻身，以便于吊装和组装作业。

2 设备开箱检查

(1) 为保证设备安装质量，加快工程进度，对设备应进行严格的验收，以便能事先发现问题，予以处理。

(2) 设备运至基础附近后，按设备技术资料文件及装箱清单拆箱验收，并认真填写“设备开箱检查记录”。

(3) 对暂时不能安装的设备和零、部件要放入临时库房，并封闭管口及开口部位，以防掉入杂物等。有些零、部件的表面要涂防锈剂和采取防潮措施。随机的电气仪表元件要

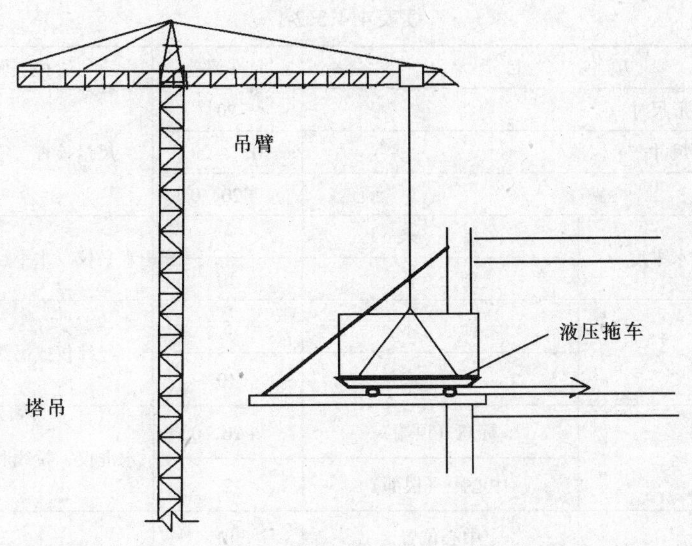

图 4.4.3.2-1　设备拖运外伸平台示意图

放置在防潮防尘的库房内，安排专人妥善保管。无法放入库房的设备要加以保护、包装或覆盖，以防因建筑施工、恶劣天气或其他原因而造成的损坏。

(4) 设备检验项目如下：

1) 查随机文件，如装箱清单、出厂合格证明书、安装说明书、安装图等。

2) 核实设备及附件的名称、规格、数量，并核实设备的方位、规格、各接口位置是否与图纸相符。

3) 进行外观质量检查，不得有破损、变形、锈蚀等缺陷。

4) 随机的专用工具是否齐全，设备开箱检验后，做好开箱检验记录，检验中发现的问题，由业主、厂家、施工单位协商解决。

3　基础验收复核

(1) 土建移交设备基础时，组织施工班组依照土建施工图及时提交的有关技术资料和各种测量记录、安装图和设备实际尺寸对基础进行验收，并作好记录。

(2) 具体验收内容包括以下各项：

1) 检查土建提供的中心线、标高点是否准确。

2) 对照设备和工艺图检查基础的外形尺寸、标高及相互位置尺寸等。

3) 基础外观不得有裂纹、蜂窝、空洞、露筋等缺陷。

4) 所有遗留的模板和露出混凝土的钢筋等必须清除，并将设备安装场地及地脚螺栓孔内的脏物、积水等全部清除干净。

5) 设备基础部分的偏差必须符合表 4.4.3.2-1 的要求：

表 4.4.3.2-1　设备基础部分的偏差

项次	项　　目	允许偏差	检　验　方　法
1	基础坐标值	20	经纬仪、拉线和尺量
2	基础各不同平面的标高	0，－20	水准仪、拉线尺量

续表 4.4.3.2-1

<table>
<tr><th>项次</th><th colspan="2">项　　目</th><th>允许偏差</th><th>检　验　方　法</th></tr>
<tr><td>3</td><td colspan="2">基础平面外形尺寸</td><td>20</td><td rowspan="3">尺量检查</td></tr>
<tr><td>4</td><td colspan="2">凸台上平面尺寸</td><td>0，－20</td></tr>
<tr><td>5</td><td colspan="2">凹穴尺寸</td><td>＋20，0</td></tr>
<tr><td rowspan="2">6</td><td rowspan="2">基础上平面水平度</td><td>每　米</td><td>5</td><td rowspan="2">水平仪（水平尺）和楔形塞尺检查</td></tr>
<tr><td>全　长</td><td>10</td></tr>
<tr><td rowspan="2">7</td><td rowspan="2">竖向偏差</td><td>每　米</td><td>5</td><td rowspan="2">经纬仪或吊线和尺量</td></tr>
<tr><td>全　高</td><td>10</td></tr>
<tr><td rowspan="2">8</td><td rowspan="2">预埋地脚螺栓</td><td>标高（顶端）</td><td>＋20，0</td><td rowspan="2">水准仪、拉线和尺量</td></tr>
<tr><td>中心距（根部）</td><td>2</td></tr>
<tr><td rowspan="3">9</td><td rowspan="3">预留地脚螺栓孔</td><td>中心位置</td><td>10</td><td rowspan="2">尺量</td></tr>
<tr><td>深　度</td><td>－20，0</td></tr>
<tr><td>孔壁垂直度</td><td>10</td><td>吊线和尺量</td></tr>
<tr><td rowspan="4">10</td><td rowspan="4">预埋活动地脚螺栓锚板</td><td>中心位置</td><td>5</td><td rowspan="2">拉线和尺量</td></tr>
<tr><td>标　高</td><td>＋20，0</td></tr>
<tr><td>水平度（带槽锚板）</td><td>5</td><td rowspan="2">水平尺和楔形塞尺检查</td></tr>
<tr><td>水平度（带螺纹孔锚板）</td><td>2</td></tr>
</table>

4　基础放线及垫铁布置

（1）基础验收合格后进行放线工作，划出安装基准线及定位基准线、地脚螺栓的中心线。对相互有关连或衔接的设备，按其关连或衔接的要求确定共同的基准。

（2）在基础平面上，划出垫铁布置位置，放置时按设备技术文件规定摆放。垫铁放置的原则是：负荷集中处，靠近地脚螺栓两侧，或是机座的立筋处。相临两垫铁组间距离一般规定为 300～500mm，若设备安装图上有要求，应按设备安装图施工。垫铁的布置和摆放要作好记录，并经监理代表签字认可。

（3）整个基础平面要修整麻面，预留地脚螺栓孔内的杂物清理干净，以保证灌浆的质量。垫铁组位置要铲平，宜用砂轮机打磨，保证水平度不大于 2mm/m，接触面积大于 75%以上。图纸上有要求的基础，要按其要求施工。

5　设备安装

（1）离心泵机组安装

1）离心泵机组分带底座和不带底座两种形式。一般小型离心泵出厂均与电动装配线在同一铸铁底座上，口径较大的泵出厂时不带底座，水泵和动务机直接安装在基础上。

2）带底座水泵的安装

a　安装带底座的小型水泵时，先在基础面和底座面上划出水泵中心线，然后将底座吊装在基础上，套上地脚螺栓和螺母，调整底座位置，使底座上的中心线和基础上的中心线一致。

b　用水平仪在底座加工面上检查是否水平。不水平时，可在底座下承垫垫铁找平。

c　垫铁的平面尺寸一般为：60mm × 800mm ~ 100mm × 150mm，厚度为 10 ~ 20mm。垫铁一般放置在底座的地脚螺栓附近。每处叠加的数量不宜多于三块。

d　垫铁找平后，拧紧设备地脚螺栓上的螺母，并对底座水平度再进行一次复核。

e　底座装好后，把水泵吊放在底座上，并对水泵的轴线、进出水口中心线和水泵的水平度进行检查和调整。

f　如果底座上已装有水泵和电机时，可以不卸下水泵和电动机而直接进行安装，其安装方法与无共用底座水泵的安装方法相同。

3）无共用底座水泵的安装

a　安装顺序是先安装水泵，待其位置与进出水管的位置找正后，再安装电动机。吊水泵可采用三角架。起吊时一定要注意，钢线绳不能系在泵体上，也不能系在轴承架上，更不能系在轴上，只能系在吊装环上。

b　水泵就位后应进行找正。水泵找正包括中心找正、水平找正和标高找正。找正找平要在同一平面内两个或两个以上的方向上进行，找平要根据要求用垫铁调整精度，不得用松紧地脚螺栓或其他局部加压的方法调整。垫铁的位置及高度、块数均应符合有关规范要求，垫铁表面污物要清理干净，每一组放置整齐平稳、接触良好。

c　中心线找正：水泵中心线找正的目的是使水泵摆放的位置正确，不歪斜。找正时，用墨线在基础表面弹出水泵的纵横中心线，然后在水泵的进水口中心和轴的中心分别用线坠吊垂线，移动水泵，使线锤尖和基础表面的纵横中心线相交。

d　水平找正：水平找正可用水准仪或 0.1 ~ 0.3mm/m 精度的水平尺测量。小型水泵一般用水平尺测量。操作时，把水平尺放在水泵轴上测其轴向水平，调整水泵的轴向位置，使水平尺气泡居中，误差不应超过 0.1mm/m，然后把水平尺平行靠边在水泵进出水口法兰的垂直面上，测其径向水平。

大型水泵找水平可用水准仪或吊垂线法进行测量。吊垂线法是将垂线从水泵进出口吊下，如用钢板尺测出法兰面距垂线的距离上下相等，即为水平；若不相等，说明水泵不水平，应进行调整，直到上下相等为止。

e　标高找正：标高找正的目的是检查水泵轴中心线的高程是否与设计要求的安装高程相符，以保证水泵能在允许吸水高度内工作。标高找正可用水准仪测量，小型水泵也可用钢板尺直接测量。

4）电动机安装（联轴器对中）

a　安装电动机时以水泵为基准，将电动机轴中心调整到与水泵的轴中心线在同一条直线上。

b　通常是靠测量水泵与电动机连接处两个联轴器的相对位置来完成，即把两个联轴器调整到既同心又相互平行。调整时，两联轴器间的轴向间隙，应符合下列要求：

小型水泵（吸入径在 300mm 以下）间隙为 2 ~ 4mm；

中型水泵（吸入径在 350 ~ 500mm 以下）间隙为 4 ~ 6mm；

大型水泵（吸入径在 600mm 以上）间隙为 4 ~ 8mm。

c　两联轴器的轴向间隙，可用塞尺在联轴器间的上下左右四点测得。塞尺片最薄为

0.03～0.05mm。各处间隙相等，表示两联轴器平行。测定径向间隙时，可把直角尺一边靠在联轴器上，并沿轮缘圆周移动。如直角尺各点都和两个轮缘的表面靠紧，则表示联轴器同心。

5）电动机找正后，拧紧地脚螺栓和联轴器连接螺栓，水泵机组即安装完毕。

6）在安装过程中，应同时填写“水泵安装记录”。

（2）潜水泵安装

安装前制造厂为防止部件损坏而包装的防护粘贴不得提早撕离，底座安装要调整水平，水平度不大于1/1000，安装位置和标高符合设计要求，平面位置偏差要小于±10mm，标高偏差不大于±20mm。潜水泵出水法兰面必须与管道连接法兰面对齐、平直紧密。

（3）水箱安装

1）验收基础，并填写“设备基础验收记录”。

2）作好设备检查，并写“设备开箱记录”。水箱如在现场制作，应按设计图纸或标准图进行。

3）设备吊装就位，进行校平找正工作。

4）现场制作的水箱，按设计要求制作成水箱后须作盛水试验或煤油渗透试验。

a　盛水试验：将水箱完全充满水，经2～3h后用锤（一般0.5～15kg）沿焊缝两侧约150mm的部位轻敲，不得有漏水现象。若发现漏水部位须铲去重新焊接，再进行试验。

b　煤油渗漏试验：在水箱外表面的焊缝上，涂满白垩粉或白粉，晾干后在水箱内焊缝上涂煤油，在试验时间内涂2～3次，使焊缝表面能得到充分浸润，如在白垩粉或白粉上没有发现油迹，则为合格。试验要求时间为：对垂直焊缝或煤油由下往上渗透的水平焊缝为35min；对煤油由上往下渗透的水平焊缝为25min。

c　敞口水箱的满水试验和密闭水箱（罐）的水压试验如无设计要求，应符合下列规定：

敞口水箱、罐安装前，应做满水试验；满水试验静置24h观察，不渗不漏为合格。密闭箱、罐，水压试验在试验压力下10min压力不下降，不渗不漏为合格。

5）盛水试验后，内外表面除锈，刷红丹两遍。

6）整体安装或现场制作的水箱，按设计要求其内表面刷汽包漆两遍，外表面如不作保温再刷油性调合漆两遍，水箱底部刷沥青漆两遍。

7）水箱支架或底座安装，其尺寸及位置应符合设计规范规定，埋设平整牢固。

8）按图纸安装进水管、出水管、溢流管、排污管、水位讯号管等，水箱溢流管和泄放管应设置在排水地点附近但不得与排水管直接连接。

9）按系统进行水压试验。

10）需绝热的要进行保温处理。水箱保温适用泡沫混凝土及泡沫珍珠岩的板状保温材料。一般水箱的表面积大，受热膨胀（冷缩）的影响，保温层易与设备脱离，因此，在设备或水箱外部焊上钩钉以固定保温层。钩钉间距一般为200～300mm，钩钉高度等于保温层厚度，外部抹保护壳。冷水箱也可采用泡沫塑料聚苯板或软木板用热沥青贴在水箱上，外包塑料布。

（4）其他设备安装：参见上述内容。

（5）水泵隔振措施

1）在水泵机组底座下，宜设置惰性块。当水泵机组底座的刚度和质量满足设计要求时，可不设惰性块，但应设置型钢机座。

2）水泵机组在惰性块上的布置，应力求使水泵机组及各附件的重心和惰性块的平面中心在同一垂直线上。

3）惰性块的尺寸应按下列规定确定：

a　长度应不小于水泵机组共用底座的长度。

b　宽度应不小于水泵机组共同底座的宽度，且共用底座的地脚螺栓中心至惰性块边线不宜小于150mm。

c　高度为长度的1/10～1/8，且不小于150mm。

d　惰性块的质量应不小于水泵机组的总质量，一般宜为水泵组总质量的1.0～1.5倍。

e　惰性块尺寸以10mm整数倍计。

4）惰性块与水泵机组底座的固定宜采用锚固式安装方式。在惰性块上表面预埋钢板上焊螺栓，用于固定水泵机组底座。

5）惰性块应配钢筋，其混凝土强度等级不小于C20。

6）惰性块和型钢机座安装时与墙面净距应不小于0.7m。

7）隔振元件应按水泵机组的中轴线作对称布置。橡胶隔振垫的平面布置可按顺时针方向或逆时针方向布置。

8）当机组隔振元件采用六个支承点时，其中四个布置在惰性块或型钢机座四角，另两个应设置在长边线上，并调节其位置，使隔振元件的压缩变形量尽可能保持一致。

9）卧式水泵机组隔振安装橡胶的隔垫或阻尼弹簧减振器时，一般情况下，橡胶隔振垫和阻尼弹簧隔振器与地面，及与惰性块或型钢机座之间毋需粘接或固定。

10）立式水泵机组隔振安装使用橡胶隔振器时，在水泵机组底座下，宜设置型钢机座并采用锚固式安装，型钢机座与橡胶隔振器之间应用螺栓（加设弹簧垫圈）固定。在地面或楼面中设置地脚螺栓，橡胶隔振器通过地脚螺栓后固定在地面或楼面上。

11）橡胶隔振垫的边线不得超过惰性块的边线，型钢机座的支承面积应不小于隔振元件顶部的支承面积。

12）橡胶隔振垫单层布置，频率比不能满足要求时，可采取多层串联布置，但隔振垫层数不宜多于五层。串联设置的各层橡胶隔振垫，其型号、块数、面积及橡胶硬度均应完全一致。

13）橡胶隔振垫多层串联设置时，每层隔垫之间用厚度不小于4mm的镀锌钢板隔开，钢板应平整，隔振垫与钢板应用胶粘剂粘结。镀锌钢板的平面尺寸应比橡胶隔振垫每个端部大10mm。镀锌钢板上、下层粘接的橡胶隔振垫应交错设置。

14）施工安装前，应及时检查，安装时应使隔振元件的静态压缩变形量不得超过最大允许值。

15）水泵机组安装时，其安装水泵机组的支承地面要求平整，且应具备足够的承载能力。

16）机组隔振元件应避免与酸、碱和有机溶剂等物质相接触。

（6）室内给水设备安装的允许偏差应符合表4.4.3.2-2规定。

表 4.4.3.2-2　室内给水设备安装的允许偏差和检验方法

<table>
<tr><th>项次</th><th colspan="3">项　　目</th><th>允许偏差（mm）</th><th>检 验 方 法</th></tr>
<tr><td rowspan="3">1</td><td rowspan="2">静置设备</td><td colspan="2">坐　标</td><td>15</td><td>经纬仪或拉线、尺量</td></tr>
<tr><td colspan="2">标　　高</td><td>±5</td><td>用水准仪、拉线和尺量</td></tr>
<tr><td colspan="3">垂直度（每 1m）</td><td>5</td><td>吊线和尺量检查</td></tr>
<tr><td rowspan="4">2</td><td rowspan="4">离心式水泵</td><td colspan="2">立式泵体垂直度（m）</td><td>0.1</td><td>水平尺和塞尺检查</td></tr>
<tr><td colspan="2">卧式泵体垂直度（m）</td><td>0.1</td><td>水平尺和塞尺检查</td></tr>
<tr><td rowspan="2">联轴器
同心度</td><td>轴向倾斜（每 1m）</td><td>0.8</td><td rowspan="2">在联轴器互相垂直的四个位置上用水准仪、百分表或测微螺钉和塞尺检查</td></tr>
<tr><td>径向位移</td><td>0.1</td></tr>
</table>

6　地脚螺栓灌浆及二次灌浆

(1) 地脚螺栓光杆部分的油脂、污物及氧化皮要清理干净，螺纹部分要涂油脂。放置时要垂直无歪斜，与孔壁及孔底的间隙要符合规范要求。设备底座套入地脚螺栓要有调整余地，不得有卡住现象，螺母、垫圈与设备底座间接触良好。

(2) 找正找平、隐蔽工程检查合格后方可进行预留孔灌浆工作。用比基础混凝土强度等级高一级的细石混凝土浇灌，捣固密实，且不影响地脚螺栓和安装精度。

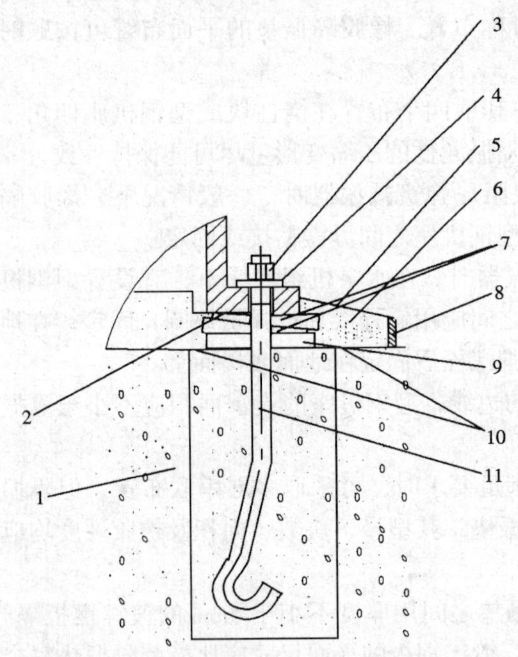

图 4.4.3.2-2　地脚螺栓垫铁和灌浆部分示意图

1—地坪或基础；2—底座底面；3—螺母；4—垫圈；5—灌浆层斜面；6—灌浆层；7—成对斜垫铁；8—外模板；9—平垫铁；10—麻面；11—地脚螺栓

(3) 强度达到设计强度的 75% 以上时，方可进行设备的精平及紧固地脚螺栓工作。最终找正找平后将地角螺栓拧紧，每组垫铁点焊牢固。

(4) 拧紧螺栓时应对称均匀，并保持螺栓的外露螺纹 2～3 扣要求。

(5) 在隐蔽工程检查合格、最终找正找平并检查合格后 24h 内进行二次灌浆工作。二次灌浆要敷设外模板，模板拆除后表面要抹面处理。一台设备要一次浇灌完，如图 4.4.3.2-2 所示。

7　泵配管

(1) 在水泵二次灌浆混凝土强度达到 75%以后，水泵经过精校后，可进行配管安装。

(2) 配管时，管道与泵体连接不得强行组合连接，且管道重量不能附加在泵体上。

(3) 对水平吸水管有以下几点要求：

1) 水泵吸水道如变径，应采用偏心大小头，并使平面朝上，带斜度的一段同朝下（以防止产生“气囊”）。

2) 为防止吸水管中积存空气而影响水泵运转，吸水管的安装应具有沿水流方向连续上升的坡度接至水泵入口，坡度应小于 0.005。

3）吸水管道靠近水泵进水口处，应有一段长约2～3倍管道直径的直管段，避免直接安装弯头，否则水泵进水口处流速分而不均匀，使流量减少。

4）吸水管应设有支撑件。

5）吸水管段要短，配管及弯头要少，力求减少管道压力损失。

6）水泵底阀与水底距离，一般不小于底阀或吸水喇叭口的外径。水泵出水管安装止回阀和阀门，止回阀应安装在靠近水泵一侧。

7）管道隔振

a　当水泵组采取隔振措施时，水泵吸水管和出水管上均应采用管道隔振元件。

b　管道的隔振元件应具有隔振和位移补偿双重功能。

c　采用管道隔振元件时，应根据隔振要求、位移补偿要求、环境条件等因素选用，一般宜采用以橡胶为原料的可曲挠管道配件。

d　管道穿墙和穿楼板处，均应有防固体传声措施。

e　管道安装应在水泵机组的隔元振元件安装24h后进行。

f　安装在水泵进出水管上的可曲挠橡胶接头，必须在阀门和止回阀近水泵的一侧。

g　可曲挠橡胶管道配件宜安装在水平管上。

h　可曲挠橡胶管道配件应在不受力的自然状态下进行安装，严禁处于极限偏差状态。

i　与可曲挠橡胶管道配件连接的管道均应固定在支架、吊架、托架或锚架上。

j　可曲挠橡胶管道件可明装，也可暗装。用于埋地管道时，应设在管沟或检查井内。

k　单球体、双球体可曲挠橡胶接头均可安装在水泵吸水管上。

l　法兰连接的可曲挠橡胶管道配件的特制法兰与普通法兰连接时，螺栓的螺杆应朝向普通法兰一侧。每一端面的螺栓应对称逐步均匀加压拧紧，所有螺栓的松紧程度应保持一致。

m　法兰连接的可曲挠橡胶管道配件串联安装时，在两个可曲挠橡胶管道配件的松套法兰中间应加设一个用于连接的平焊钢法兰。

n　当对可曲挠橡胶管道配件的压缩或伸长的位移量有控制时，应在可曲挠胶管配件的两个法兰间设限位控制杆。

o　可曲挠橡胶管道配件应保持清洁和干燥，避免阳光直射和雨雪浸淋。

p　可曲挠橡胶管道配件，应避免与酸碱、油类和有机溶剂相接触。

q　普通可曲挠胶管道件与明火和高温热源的距离宜在1m以外。

r　可曲挠橡胶管道配件外严禁刷油漆。

s　当管道需要保温时，保温做法不影响可曲挠橡胶管道的配件的位移补偿和隔振要求。

8）支架隔振措施

a　当水泵机组的基础和管道采取隔振措施时，管道支架应采用弹性支架。

b　弹性支架应具有固定架设管道与隔振双重功能。

c　支架隔振元件应根据管道的直径、重量、数量、隔振要求和与楼板或地面距离，可选用弹性支架、弹性托架、弹性吊架。

d　框架式弹性支架的型号应根据隔振要求、水泵机组转速和水泵机组安装位置确定。

e　支架数量根据管道重量确定，支架悬挂物体的总重量应不大于支架容许额定荷载量。

f　弹性吊架应均匀布置，间距可按表4.4.3.2-3的规定。

表4.4.3.2-3　弹性吊架安装间距表

序　号	公称直径 DN（mm）	安装间距（m）	序　号	公称直径 DN（mm）	安装间距（m）
1	25	2～3	4	100	5～6
2	50	2.5～3.5	5	125	7～8
3	80	3～4	6	150	8～10

8　多功能水泵控制阀安装

（1）多功能控制阀的选用应符合下列要求：

1）多功能水泵控制阀的直径宜根据流速1.5～3.0m/s选定。

2）多功能水泵控制阀的压力等级应不小于水泵零流量时的压力值。

3）用于热水供应的多功能水泵控制阀，应采用热水型多功能水泵控制阀。

（2）多功水泵控制阀应设置在单向流动的管道上，其设置应方便维修。

（3）多功能水泵控制阀可设置在水平管道或立管上。水平安装时，阀盖必须朝上；立式安装时，介质流向必须向上。

（4）多功能水泵控制阀宜设置在水泵出口处，其出口端应设置检修用的阀门，不应另设止回阀。

（5）多功能水泵控制阀的进水口和出水口宜安装压力表。

（6）橡胶软接头应安装在多功能水泵控制阀的出口端。

（7）当阀体安装在井或管沟内时，应留有检修用的空间。

（8）每台水泵出口处应单独设置多功能水泵控制阀。多功能水泵控制阀可与水泵一起采取多台并联的安装方式。

（9）在管道可能产生水柱中断的部位，应装有真空破坏阀。

（10）配置多功能水泵控制阀的水泵，在水泵进水管道上不宜设置底阀。当必须设置底阀时，应采用缓闭式底阀。

（11）当多功能水泵控制阀的出口静压与进口静压之差小于0.05MPa时，应设高位补给水箱或采取其他能增大阀门出口与进口间静压差的技术措施。

（12）安装前必须清洗管道，不得留有焊渣、螺栓等异物。

（13）吊装、搬运时不得用阀门控制管承吊，以免损伤控制管。

（14）安装前应先检查阀门各部件是否完好，确保紧固件齐全、无松动。

（15）安装时应注意阀体上箭头指示方向与水流方向一致，不得反装。

（16）安装阀门时，应采取固定措施。

（17）安装后，应检查阀体与管路连接是否紧固。

（18）调试前应进行下列检查：

1）设置、安装是否正确。

2）可能产生真空的管路，真空破坏阀应有足够的过流面积，动作应准确可靠。

3）进、出水管路上的阀门应完全开启，其他装置均应处于正常工作状态。

(19) 调试应按下列步骤进行：

1）打开多功能水泵控制阀控制管系统的进、出口调节阀。

2）将控制室上腔内的空气排尽。

3）将控制管系统的进、出口调节阀打开至半开开度。

4）启动水泵，检查多功能水泵控制阀的运行状态。

5）调节控制管系统的进、出口调节阀的开度来修正开启和缓闭的时间，使多功能水泵控制阀处于最佳工作状态。

(20) 调试运行后，应满足下列要求：

停泵暂态过程最高压力不大于水泵出口额定压力的1.3~1.5倍。

停泵暂态过程最高反转速度不大于水泵额定转速的1.2倍，超过额定转速的持续时间不应多于2min。

(21) 当用于消防工程时，应定期进行启动试验和检查，防止产生水垢，造成阀门失灵。

9　消防供水设施安装与施工

(1) 消防水泵、消防水箱、消防气压给水设备、消防水泵接合器等供水及其附属管道的安装，应消除其内部污垢和杂物。安装中断时，其敞口处应封闭。

(2) 供水设施安装时，其环境温度不应低于5℃。

(3) 消防水泵和稳定泵安装

1）消防水泵、稳压泵的安装，应符合现行国家标准《机械设备安装工程施工及验收规范》的有关规定。

2）消防水泵和稳压泵的规格、型号应符合设计要求，并应有产品合格证和安装使用说明书。

3）当设计无要求时，消防水泵的出水管上应安装止回阀和压力表，并宜安装检查和试水用的放水阀门，消防水泵泵组的总出水管上还应安装压力表和泄压阀。安装压力表时应加设缓冲装置，压力表和缓冲装置之间安装旋塞，压力表量程应为工作压力的1.5~3倍。

4）吸水管及其附件的安装应符合下列要求：

a　吸水管上的控制阀应在消防水泵固定于基础上之后再进行安装，其直径不应小于消防水泵吸水直径，且不应采有蝶阀；

b　当消防水泵和消防水池位于独立的两个基础上且相互为刚性连接时，吸水管上应加设柔性连接管；

c　吸水管水平段上不应有气囊和漏气现象。

(4) 消防水箱安装和消防水池施工

1）消防水池、消防水箱的施工和安装应符合现行国家标准《给水排水构筑物施工及验收规范》的有关规定。

2）消防水箱的容箱、安装位置应符合设计要求。消防水箱间的主要通道宽度不应小于0.7m，消防水箱顶部至楼板或梁底的距离不得小于0.6m。

3）消防水池、消防水箱的溢流管、泄水管不得与生产或生活用水的排水系统直接相连。

4）管道穿过钢筋混凝土消防水箱或消防水池时，应加设防水套管。对有振动的管道尚应加设柔性接头。进水管和出水管的接头与钢板消防水箱的连接应采用焊接，焊接处应做防锈处理。

（5）消防气压给水设备安装

1）消防气压给水设备的气压罐，其容积、气压、水位及工作压力应符合设计要求。

2）消防气压给水设备上的安全阀、压力表、泄水管、水位指示器等的安装应符合产品使用说明书的要求。

3）消防气压给水设备安装位置、进水管及出水管方向应符合设计要求、安装时其四周应检修通道，其宽度不应小于0.7m，消防气压给水设备顶部至楼台板或梁底的距离不得小于1.0m。

10　设备的清洗和检查

静置设备均要进行清理工作，清除内部的铁锈、灰尘、边角料等杂物，对无法进行人工清除的设备要用压缩空气进行吹扫。整体供货的动设备，有技术要求需拆洗时，要进行解体检查和清洗。下面以泵为例介绍。

（1）试车前，检查泵体内有无杂物。盘动转子应灵活无阻滞现象，无异常响声。如有异常，应拆卸泵壳检查，在排除故障后装复。

（2）清洗和润滑轴承使用的润滑油脂的牌号应符合设备文件规定，有充填润滑油剂要求的部位按设备文件规定进行预润滑。

（3）泵体出厂时已装配调试完毕部分不得随意拆卸，若确需拆卸时，应经现场技术负责人研究确定后进行。拆卸和装复应按设备文件规定进行，并作好原始记录。

（4）机械密封须清洗干净后装复。软料密封不可压得过紧，待运转时再调整，但必须加够填料。

（5）拆卸与清洗

由于泵的结构不同，拆卸的方法也不尽相同。现以常用的B型泵为例，介绍一般单级离心泵拆装与清洗。

1）拆泵方法，一般应将联轴器（或皮带轮）拆卸下来。联轴器（或皮带轮）用键固定在轴上，采用过渡配合，与轴配合较紧，拆卸时需用三爪攫拉工具将其慢慢地从轴端拉下来，或用铅块（或铅锤）沿轮周逐步敲打下来。拆卸时，不能用铁锤猛力敲打，以免损坏泵轴、轴承和联轴器。

2）用扳手松开泵盖螺栓上的螺母，将所有螺母及垫圈全部拿掉，即可将轴承盖拆下。

3）用扳手（或专用工具）松开叶轮螺母，将叶轮螺母拿掉，即可将叶轮及同轴连接的键拆下。

4）用扳手松开托架同泵体连接螺栓上的螺母，拿掉所有螺母及垫圈，松下填料压盖上的螺栓的螺母，即可将泵体拆下。这时填料及填料环也可以从泵体上拆下来，填料压盖也可以拆下来。

5）将挡水环从泵轴上取下，用扳手拧松下轴承压盖同支架连接的螺栓上的螺母，将前后轴承压盖拆下。

6）用铅块（或铅锤）将轴和轴承从托架上敲下来。

7）再使用三爪攫拉工具或铅块将轴承从轴上拉下或逐步缓慢敲下来。

8）至此，B 型泵的全部零件被拆卸下来，经检查清洗后即可进行装配。装配顺序和拆卸程序相反。在进行装配时，一定要仔细，不能乱敲、乱打、乱装，以免漏装或损坏零件，影响水泵正常运行。

11　设备耐压及严密性试验

(1) 设备耐压和严密性试验用以验证设备无宏观变形（局部膨胀、延伸）及泄漏等各种异常现象，在设计压力下检测设备有无微量渗透。

(2) 耐压和严密性试验可分别采用水压、干燥压缩空气进行。

(3) 试验前设备上的安全装置、阀类、压力计、液位计等附件及全部内件装配齐全，并进行外、内部检查，检查几何形状、焊缝、连接件及衬垫等是否符合要求，管件及附属装置是否齐备、操作是否灵活、正确，紧固件是否齐全且紧固完毕，检查内部是否清洁。

(4) 图纸标明不耐压部件要用盲板隔离或拆除。

(5) 试验时在设备的最高、低处安装压力表，以最高处的读数为准。

(6) 对注明无需作耐压试验的设备可只作气密性试验。

12　试运转

(1) 试运转前的检查：

1）驱动装置已经过单独试运转，其转向应与泵的转向一致；

2）各紧固件连接部位的紧固情况，不得松动；

3）润滑状况良好，润滑油或油脂已按规定加入；

4）附属设备及管路是否冲洗干净，管路应保持畅通；

5）安全保护装置是否齐备、可靠；

6）盘车灵活，声音正常；

7）吸入管道应清洗干净，无杂物。

(2) 无负荷试运转：

1）全开启入口阀门，全关闭出口阀门；

2）排净吸入管内的空气（用真空泵或注水），吸入管充满水；

3）开启泵的传动装置，运转 1 ~ 3min 后停车，不能在出口阀全闭的状态下长时间运转；

(3) 无负荷试运转应达到下列标准：

1）运转中无不正常的声响；

2）各紧固部分无松动现象；

3）水泵试运转的轴承温升必须符合设备说明书的规定。

(4) 负荷试运转：负荷试运转应由建设单位派人操作，安装单位参加，在无负荷试运转合格后进行。负荷试运转的合格标准是：

1）设备运转正常，系统的压力、流量、温度和其他要求符合设备文件的规定；

2）泵运转无杂音；

3）泵体无泄漏；

4）各紧固部位无松动；

5）轴承温升必须符合设备说明书的规定；

6）轴封填料温度正常，软填料宜有少量泄漏（每分钟不超过 10～20 滴），机械密封的泄漏量不宜超过每分钟 3 滴；

7）泵的原动机的功率或电动机的电流不超过额定值；

8）安全保护装置灵敏可靠；

9）设备运转振幅符合设备技术文件规定或表 4.4.3.2-4 要求。

表 4.4.3.2-4　设备运转振幅

泵转速 n（r/min）	$n \leqslant 375$	$375 < n \leqslant 600$	$600 < n \leqslant 750$	$750 < n \leqslant 1000$	$1000 < n \leqslant 1500$
振幅（mm）不超过	0.18	0.15	0.12	0.10	0.08
泵转速 n（r/min）	$1500 < n \leqslant 3000$	$3000 < n \leqslant 6000$	$6000 < n \leqslant 12000$	$n > 12000$	
振幅（mm）不超过	0.06	0.04	0.03	0.02	

(5) 试运转结束后（在设计负荷下连续运转不应小于 2h），应做好下列工作：

1）关闭出、入口阀门和附属系统阀门；

2）放尽泵内积液；

3）长期停运的泵，采取保护措施；

4）将试车过程中的记录整理好填入“水泵试运转记录”表中。

13　设备防腐

参见本标准第 4.2.3.2 条“管道防腐”部分内容。

14　设备保温

保温层施工分设备胶泥结构保温、设备绑扎结构保温、设备自锁垫圈结构保温三类进行介绍。保护层参见本标准第 4.2.3.2 条“管道保温”部分内容。

(1) 设备胶泥结构保温

1）工艺流程

保温钩钉制作安装→涂抹与外包

2）施工准备

a　材料

硅藻土石棉粉（鸡毛灰）、碳酸镁石棉粉、碳酸钙石棉粉、重质石棉粉（一级）、（二级）、镀锌钢丝、镀锌钢丝网、钩钉。

b　机具

平头铁锹、水桶、脚手架、人字梯、高凳、抹灰工具、弧形样板、厚度测量用钢针。

c　工作条件

设备安装就位，管道、阀门、仪表均要安装完毕。

试压或试验验收合格。

油漆防腐工程均已完成。

施工环境温度宜在 0℃以上。

3）设备胶泥保温结构的做法及所用的保温材料与管道保温基本相同，如图 4.4.3.2-3 所示。

4）保温钩钉

保温钩钉用 $\phi=5\sim6$mm 的圆钢制作，详图参见图 4.4.3.2-4。将设备壁清扫干净，焊保温钩钉，间距 250～300mm。

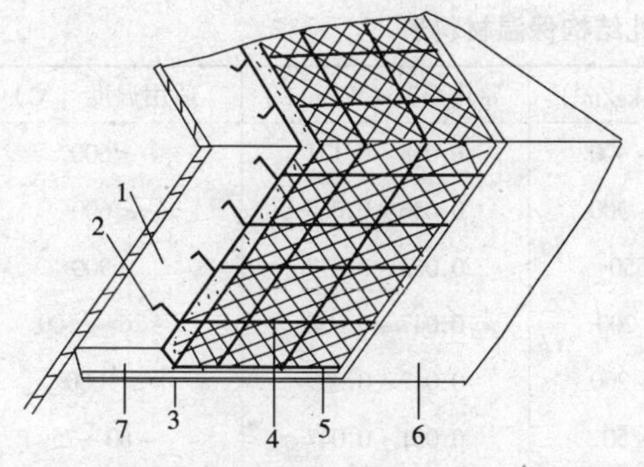

图 4.4.3.2-3 胶泥保温结构

1—热力设备；2—保温钩钉；3—保温层；4—镀锌钢丝；5—镀锌钢丝网；6—保护层；7—支承板

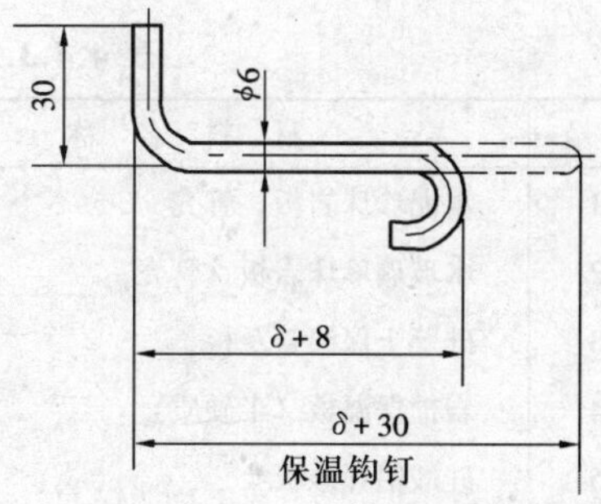

图 4.4.3.2-4 保温钩钉

5）涂抹与外包

刷防锈漆后，再将已经拌合好的保温胶泥分层进行涂抹。

第一层可用较稀的胶泥散敷，厚度为 3～5mm。待完全干燥后再敷第二层，厚度为 10～15mm。第二层干燥后再敷第三层，厚度为 20～25mm。以后分层涂抹，直至达到设计要求厚度为止。

然后外包镀锌钢丝网一层，用镀锌钢丝绑在保温钩钉上。如果保温厚度在 100mm 以上或形状特殊，保温材料容易脱落的，可用两层镀锌钢丝网，外面再作 15～20mm 的保护层。保护层应抹成表面光滑无裂缝。

6）保温层厚度均匀、结构牢固、无空鼓，表面平整度允许偏差 10mm，厚度允许偏差 －5‰～＋10‰。

7）质量通病及其防治

a　保温层脱落：主保温层要用镀锌钢丝网和镀锌钢丝绑紧，并用钩钉钩住，留出规定的膨胀缝。做保护层时不要踩在做完的保温层上。

b　保温层厚度不均匀，表面不平：涂抹前根据厚度制作测量样针，边涂抹，边检测，边抹平。

（2）设备绑扎结构保温

1）工艺流程

保温钩钉制作、焊接→保温

2）施工准备

a　材料

板类保温材料（表 4.4.3.2-5）、镀锌钢丝网、镀锌钢丝、保温钩钉。

b　机具

剪、刀、尺、电焊机、电焊条。

c　工作条件

设备安装就位，管道、阀门、仪表均已安装完毕。

试压或试验和验收合格。

油漆防腐工程均已完成。

表 4.4.3.2-5 常用设备绑扎结构保温材料表

序号	材料名称	密度（kg/m³）	导热系数（W/m·K）	适用温度（℃）
1	水泥珍珠岩板、管壳	300～400	0.058～0.131	≤600
2	水玻璃珍珠岩板、管壳	200～300	0.056～0.065	≤600
3	硅藻土保温管及板	<550	0.063～0.077	<900
4	岩棉保温板（半硬质）	80～200	0.047～0.058	－268～500
5	硅酸铝纤维板	150～200	0.047～0.059	≤1000
6	可发性聚苯乙烯塑料板、管壳	20～50	0.031～0.047	－80～75
7	硬质聚氨酯泡沫塑料制品	30～50	0.023～0.029	－80～100
8	硬质聚氯乙烯泡沫塑料制品	40～50	≤0.043	－35～80

3）平壁设备保温结构

平壁设备主要包括：给水箱、回水箱以及其他平板壁形设备，保温结构见图 4.4.3.2-5。

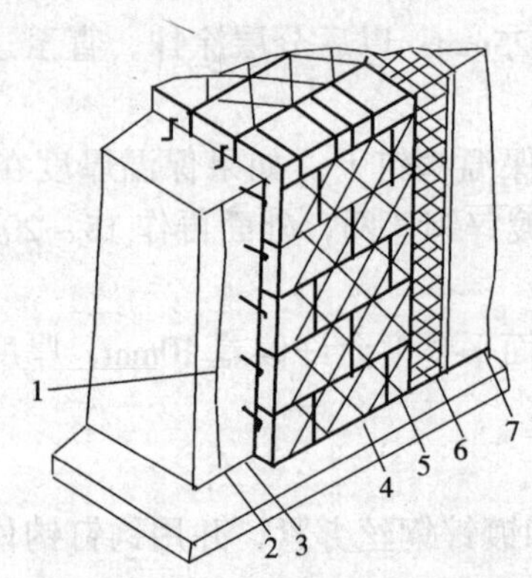

图 4.4.3.2-5 平壁设备保温结构

1—平壁设备；2—防锈漆；3—保温钩钉；4—预制保温板；5—镀锌钢丝；6—镀锌钢丝网；7—保护层

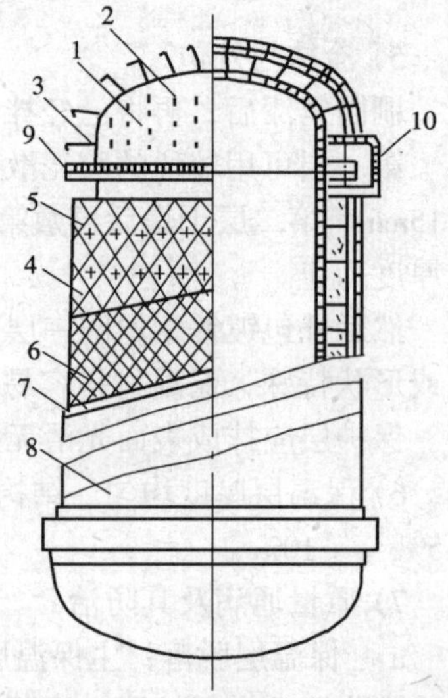

图 4.4.3.2-6 立式圆形设备保温结构

1—立式设备；2—防锈漆；3—保温钩钉；4—预制保温板；5—镀锌钢丝；6—镀锌钢丝网；7—保护层；8—色漆；9—法兰；10—法兰保护罩

先将设备表面清扫干净，焊保温钩钉、涂刷防锈漆，保温钩钉的间距。应根据保温板材的外形尺寸来布置。一股在 350mm 左右。但每块保温板不少于两个保温钩钉，同时要以绑扎方便为准。然后敷上预制保温板，再用镀锌钢丝借助保温钩钉交叉绑牢。

保温预制板的纵横接缝要错开。如果保温板的厚度满足不了设计要求的厚度，可采用两层或多层结构。但每层要分别固定，而且内外层纵横接缝要错开，板与板之间的接缝必须用相同的保温材料填充。

当保温板材有缺陷时，应当用保温材料修补好，避免增加热损失。在外面再包上镀锌钢丝网，平整地绑在保温钩钉上，为作保护层做准备。

最后做石棉水泥或其他保护层，涂抹时必须有一部分透过镀锌钢丝网与保温层接触。外表面一定要抹得平整、光滑、棱角整齐，而且不允许有钢丝或钢丝网露出保护层外表面。

4）立式圆形设备保温结构

属于该类设备有立式热交换器、给水箱、软水罐、塔类等。保温结构见图 4.4.3.2-6 所示。

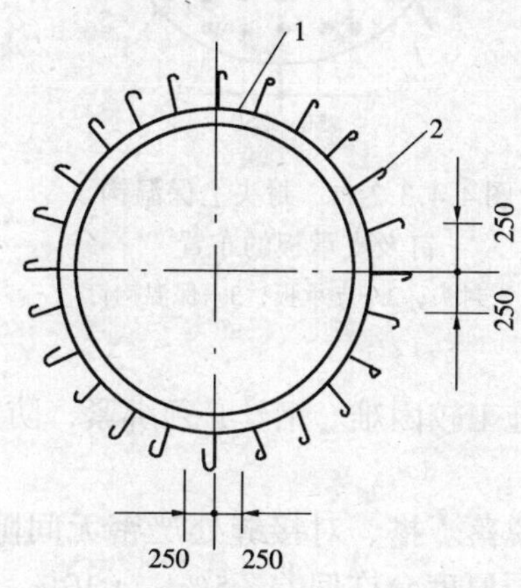

图 4.4.3.2-7 筒体上保温钩钉布置

1—筒体；2—保护钩钉

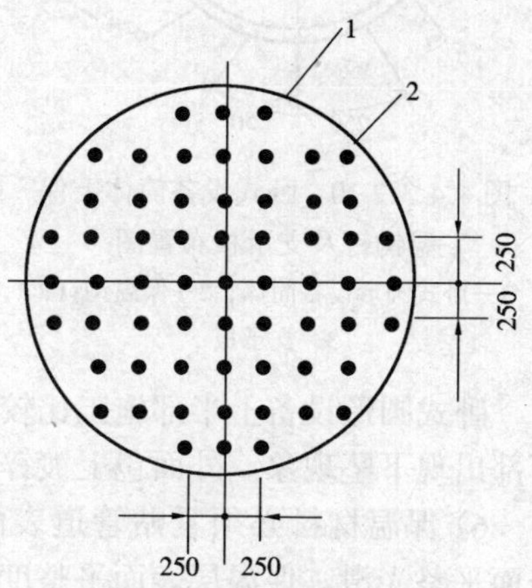

图 4.4.3.2-8 顶部及底部封头保温钩钉的布置

1—顶部或底部封头；2—保温钩钉

施工方法与平壁设备保温结构基本相同，敷设保温板材宜是根据筒体弧度制成的弧形瓦。如果筒体直径很大时，可用平板的保温板材进行施工。

最难施工的部位是顶部封头及底部封头，其保温钩钉布置如图 4.4.3.2-7、图 4.4.3.2-8 所示。尤其是底部的封头更加困难，在安装保温板时需要进行支撑。用镀锌钢丝绑牢，否则因自重而下沉。

板与板之间的缝隙必须用相同的保温材料填充。圆形设备有一定曲度缝隙可能大些，填充时更要填好，然后敷设镀锌钢丝网并做好石棉水泥保护层或其他保护层。

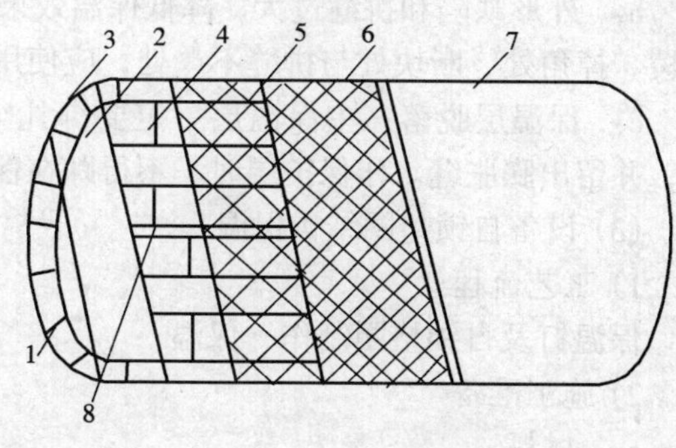

图 4.4.3.2-9 卧式圆形设备保温结构

1—圆形设备；2—防锈漆；3—保温钩钉；4—保温预制板；5—镀锌钢丝；6—镀锌钢丝网；7—保护层；8—支承板

5）卧式圆形设备保温结构

这类设备有热交换器、除氧器以及其他设备，保温结构见图 4.4.3.2-9。

施工方法基本与立式圆形设备相同。筒体上焊保温钩钉时，上半部要稀些。要在封头及筒体中间焊接水平支承板，支承板的宽度为保温层厚度的 3/4，支承板厚度为 5mm。

筒体保温钩钉及支撑板布置见图 4.4.3.2-10，封头上保温钩钉及支撑板布置见图 4.4.3.2-11。

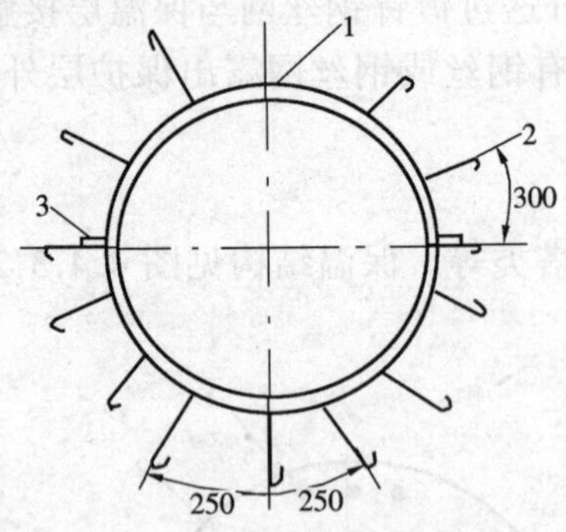

图 4.4.3.2-10 卧式设备筒体上保温钩钉及支承板布置图
1—卧式圆形设备筒体；2—保温钩钉；3—支承板

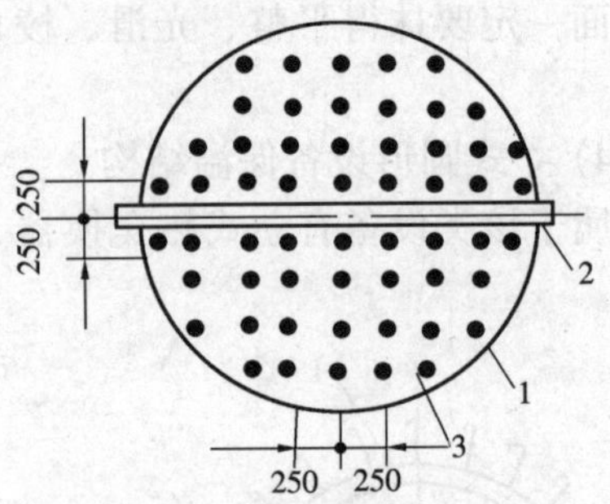

图 4.4.3.2-11 封头上保温钩钉及支承板的布置
1—封头；2—支承板；3—保温钩钉

卧式圆形设备上半部施工比较方便，封头及下半部施工较困难。钢丝必须绑紧，防止下部出现下坠现象。外面包上镀锌钢丝网，再包保护层。

6) 保温材料必须紧贴管道表面，绑扎牢固，防止脱落。搭、对接缝处严密无间隙，表面平整光滑。保温层表面平整度允许偏差 5mm，保温层厚度允许偏差 -5% ~ +10%。

7) 质量通病及其防治

a　保温层隔热功能不良：制品应在室内堆放码垛。在室外垂放时，下面应设垫板，上面设置防雨设施。预制保温材料吸湿受潮，降低保温效果。

b　外形缺陷和拼缝过大，降低保温效果：制品运输要有包装，装卸要轻拿轻放。对缺棱、掉角处、断块处与拼缝不严处，应使用与制品材料相同的材料填补充实。

c　保温层脱落：主保温层一定要绑扎牢固，使用保温钩钉，镀锌钢丝都能起到作用，并留出膨胀缝。作保护层时，不得踩在保温层上施工。

(3) 设备自锁垫圈结构保温

1) 工艺流程

保温钉及自锁垫圈制作→保温

2) 施工准备

a　材料

各种保温预制板或各种棉毡、镀锌钢丝网、保温钉、自锁垫圈。

b　机具

剪、刀、钢卷尺、电焊机、电焊条。

c　工作条件

设备安装就位，管道、阀门、仪表均已安装完毕。

试压或试验验收合格。

油漆防腐工程均已完成。

3) 施工程序及方法与设备绑扎结构基本相同，所不同的是，绑扎结构是用带钩的保温钉，是用镀锌钢丝绑扎。而自锁垫圈结构中用的保温钉是直的，利用自锁垫圈直接卡在保温钉上从而固定住保温材料，见图 4.4.3.2-12。

4）保温钉及自锁垫圈的制作

各种不同类型的保温钉分别用 ϕ6mm 的圆钢、尼龙、白铁皮制作。保温钉的直径应比自锁垫圈上的孔大 0.3mm。

自锁垫圈用 $\delta = 0.5$mm 镀锌钢板制作，制作工艺如下：下料→冲孔→切开→压筋。用模具及冲床冲制，见图 4.4.3.2-13。

用于温度不高的设备保温时，可购买塑料保温钉及自锁垫圈。也可单独购买自锁垫圈，然后自己制作保温钉来完成保温。

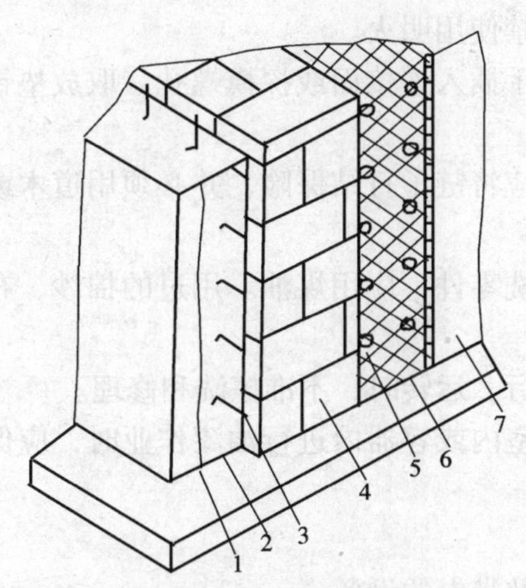

图 4.4.3.2-12 自锁垫圈保温结构

1—平壁设备；2—防锈漆；3—保温钉；4—预制保温板；5—自锁垫圈；6—镀锌钢丝网；7—保护层

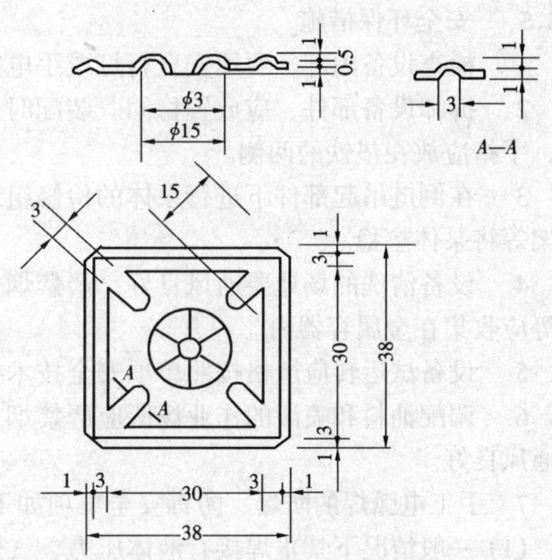

图 4.4.3.2-13 自锁垫圈

5）施工方法

先将设备表面除锈，清扫干净，焊保温钉，涂刷防锈漆，保温钉的间距应按保温板材或棉毡的外形尺寸来确定，一般为 250mm 左右，但每块保温板不少于两个保温钉为宜。然后敷设保温板，卡在保温钉上，使保温钉露出头，再将镀锌钢丝网敷上，用自锁垫圈嵌入保温钉上，压住压紧钢丝网，嵌入后保温钉至少应露出 5 ~ 6mm。镀锌钢丝网必须平整并紧贴在保温材料上，外面作保护层。

圆形设备、平壁设备施工作法相同，但底部封头施工比较麻烦，敷上保温材料就要嵌上自锁垫圈，然后再敷设镀锌钢丝网，在镀锌钢丝网外面再嵌一个自锁垫圈。这样做是防止底部或曲率过大部分的保温材料下沉或翘起，最后作保护层。

6）保温材料必须紧贴管道表面，自锁垫圈压牢，防止保温层脱落。搭、对接缝处严密，无间隙，表面平整。保温层表面平整度允许偏差 5mm，保温层厚度允许偏差 $-5\% \sim +10\%$。

7）质量通病及其防治

a　外形缺陷和拼缝过大，保温隔热层功能不良：制品运输要有包装，装卸要轻拿轻放。对缺棱掉角处、断块处与拼缝不严处，应使用与制品材料相同的材料填补充实。制品堆放要防潮，防雨。

b　保温层脱落：主保温层一定要用自锁垫圈压牢。自锁垫圈上的孔要比保温钉小0.3mm。整个保温层要留出膨胀缝。做保护层时不得踩在保温层上施工。

4.4.4　成品保护

1　贯彻施工方案中的成品保护措施，建立严格和的值班制度。

2　能有锁的设备安装房间，要建立严格的钥匙交接制度。

3　对设备的敞露口，在中断安装期间要加保护封盖。

4　严禁非操作人员随意开关水泵。

4.4.5　安全环保措施

1　检查设备内部，要用安全行灯或手电筒，严禁使用明火。

2　拆卸设备部件，应放置稳固。装配时严禁用手插入连接面或探摸螺孔。取放垫铁时，手指应放在垫铁的两侧。

3　在倒链吊起部件下进行泵体的检修组装时，应将链子打结保险，并必须用道木或支架等将泵体垫稳。

4　设备清洗的场地要通风良好，严禁烟火。清洗零件，应用煤油。用过的棉纱、布头等应收集在金属容器内。

5　设备试运转应严格按照单项安全技术措施进行。运转时，不准擦洗和修理。

6　调配油料和喷漆的作业场所应严禁烟火，在室内或容器内进行油漆作业时，应保持通风良好。

7　手工电弧焊的防爆、防毒安全事项如下：

(1) 一般情况下禁止焊接有液体压力、气体压力及带电的设备。

(2) 对于存在残余油脂或可燃液体、可燃气体的容器，焊接前应先用蒸汽和热碱水冲洗，并打开盖口，确定容器完全冲洗干净后方可进行焊接。密封的容器不准焊接。

(3) 在容器内操作时，应设监护人员，必须注意通风以便于及时将有害烟尘排出。焊工在容器内工作时，严禁将泄漏乙炔的焊炬、割炬及乙炔胶管带到容器内，以防混合气体遇明火爆炸。

4.4.6　质量标准

Ⅰ　主 控 项 目

1　水泵就位前的基础混凝土强度、坐标、标高、尺寸和螺栓孔位置必须符合设计规定。

检验方法：对照图纸用仪器和尺量检查。

2　水泵试运转的轴承温升必须符合设备说明书的规定。

检验方法：温度计实测检查。

3　敞口水箱的满水试验和密闭水箱（罐）的水压试验必须符合设计要求与本标准的规定。

检验方法：满水试验静置24h观察，不渗不漏。水压试验在试验压力下10min压力不下降，不渗不漏。

Ⅱ　一 般 项 目

4　水箱支架或底座安装，其尺寸及位置应符合设计规范规定，埋设平整牢固。

检验方法：对照图纸，尺量检查。

5　水箱溢流管和泄放管应设置在排水地点附近但不得与排水管直接连接。

检验方法：观察检查。

6　立式水泵的减振装置不应采用弹簧减振器。

检验方法：观察检查。

7　室内给水设备安装的允许偏差应符合表 4.4.3.2-2 规定。

8　管道及设备保温层的厚度和平整度的允许偏差应符合表 4.2.3.2-48 的规定。

4.4.7　质量验收

1　给水设备安装工程应按设备种类等划分成若干分项工程；分项工程应划分成若干个检验批进行验收。

2　检验批质量验收、分项工程质量验收按本技术标准第 3.1.8～3.1.11 条执行。

3　检验批质量验收表当地政府主管部门无统一规定时，宜采用用表 4.4.7“给水设备安装工程检验批质量验收记录表”。

表 4.4.7　给水设备安装工程检验批质量验收记录表

GB 50242—2002

单位（子单位）工程名称						
分部（子分部）工程名称					验收部位	
施工单位					项目经理	
分包单位					分包项目经理	
施工执行标准名称及编号						
施工质量验收规范规定					施工单位检查评定记录	监理（建设）单位验收记录
主控项目	1	水泵基础		设计要求		
	2	水泵试运转的轴承温升		设计要求		
	3	敞口水箱满水试验和密闭水箱（罐）水压试验		第 4.4.3 条		
一般项目	1	水箱支架或底座安装		第 4.4.4 条		
	2	水箱溢流管和泄放管安装		第 4.4.5 条		
	3	立式水泵减振装置		第 4.4.6 条		
	4 安装允许偏差 mm	静置设备	坐　标	15		
			标　高	±5		
			垂直度（每 1m）	5		
		离心式水泵	立式垂直度（每 1m）	0.1		
			卧式水平度（每 1m）	0.1		
			联轴器同心度　轴向倾斜（每 1m）	0.8		
			联轴器同心度　径向移位	0.1		
	5 保温层允许偏差（mm）	允许偏差	厚度 δ	$+0.1\delta$ -0.05δ		
		表面平整度	卷　材	5		
			涂　料	10		
施工单位检查评定结果	专业工长（施工员）		施工班组长			
	项目专业质量检查员：　年　月　日					
监理（建设）单位验收结论	专业监理工程师（建设单位项目专业技术负责人）：　年　月　日					

5 室内排水系统安装

5.1 一 般 规 定

5.1.1 本章适用于室内排水管道、雨水管道安装工程的施工与验收。

5.1.2 室内排水管道材料的选用：

1 首先应按设计要求选材，无特殊要求的情况下，生活污水管道应使用塑料管、铸铁管或混凝土管。由成组洗脸盆或饮用喷水器到共用水封之间的排水管和连接卫生器具的排水短管，可以使用钢管。

2 雨水管道宜使用塑料管、铸铁管、镀锌和非镀锌钢管或混凝土管等。悬吊式雨水管道应选用钢管、铸铁管或塑料管。易受振动的雨水管道（如锻造车间）应使用钢管。

5.1.3 直埋的金属排水管道应按设计要求做好防腐处理，生产车间内的埋地排水塑料管穿过道路时应按照设计要求做好保护。

5.1.4 埋地的排水管道严禁铺设在未经处理的冻土或松土上，管道的基础应按设计要求或规范的要求进行处理。

5.1.5 室内排水系统的出户管在穿过有防水要求的外墙时应设置防水套管。

5.2 排水管道及配件安装

5.2.1 施工准备

1 技术准备

(1) 所有安装项目的设计图纸已具备，并且已经过图纸会审和设计交底。

(2) 施工方案已编制。

(3) 施工技术人员向班组做了图纸和施工技术交底。

(4) 根据设计图纸及技术交底，检查、核对预留孔洞大小尺寸是否正确，将管道坐标、标高位置画线定位。

2 材料准备

(1) 管材、管件:塑料管、铸铁管、混凝土管、镀锌钢管及配套管件;清扫口、透气帽。

(2) 接口材料：水泥、石棉、膨胀水泥、石膏、氯化钙、铅油、油麻、耐酸水泥、青铅、塑料胶结剂、胶圈、塑料焊条、碳钢焊条等。

(3) 防腐、保温材料：沥青、汽油、防锈漆、沥青漆、银粉漆、铅油、清油、防火套管、阻火圈、岩棉毡、玻璃布、塑料布等。

(4) 水源、电源、生料带、短管、胶垫、阀门、打气筒、压力表、输水胶管、胶囊、胶球（以上用于灌水试验）、小白线、粉（石）笔、砂布（纸）、乙炔气、氧气、焦碳、劈柴、棉纱、锯条、机油。

3　主要机具

(1) 机具：套丝机、电焊机、台钻、冲击钻、电锤、砂轮机等。

(2) 工具：套丝板、手锤、大锤、手锯、断管器、麻钎、压力案、台虎钳、管钳、小车等。

(3) 其他：水平尺、线坠、钢卷尺、小线等。

4　作业条件

(1) 地下排水管道的铺设必须在基础墙达到或接近±0.00标高，房心土回填到管底或稍高的高度，房心内沿管线位置无堆积物，且管道穿过建筑基础处，已按设计要求预留好管洞。

(2) 设备层内排水管道的铺设，应在设备层内模板撤除清理后。

(3) 楼层内排水管道的安装，应于结构施工隔开一～二层，管道穿越结构部位的孔洞等均已预留完毕，室内模板或杂物清除后，室内弹出房间尺寸线及准确的水平线。

5.2.2　材料质量控制

(1) 铸铁排水管及管件规格品种应符合设计要求。灰口铸铁管的管壁厚薄均匀，内外光滑整洁，无浮砂、包砂、粘砂，更不允许有砂眼、裂纹、飞刺和疙瘩。承插口的内外径及管件造型规矩，法兰接口平正光洁严密，地漏和返水弯的扣距必须一致，不得有扁扣、乱扣、方扣、丝扣不全等现象。

(2) 镀锌碳素钢管及管件管壁内外镀锌均匀，无锈蚀，内外无飞刺，管件无偏扣、乱扣、方扣、死扣不全，角度不准等现象。

(3) 青麻、油麻要整齐，不允许有腐蚀现象。油沥青、防锈漆、调合漆和银粉必须有出厂合格证。

(4) 水泥一般采用32.5级水泥，必须有出厂合格证或复试证明。

(5) 其他材料：汽油、机油、胶布皮、电气焊条、型钢、螺栓、螺母、钢丝等。

表 5.2.2　排水管材试验项目与取用规定参考表

序号	材料名称及相关标准、规范代号	试验项目	组批原则及取样规定
1	建筑排水用硬聚氯乙烯管材 (GB/T5836.1—1992) (GB2828—1987)	必试：— 其他：纵向回缩率、扁平试验、拉伸屈服强度、断裂伸长率、落锤冲击试验、维卡软化温度	(1) 同一生产厂、同一批原料、同一配方和工艺情况下生产的同一规格的管材，每30t为一验收批，不足30t也按一批计。 (2) 在计数合格的产品中随机抽取3根试件，进行纵向回缩率和扁平试验
2	建筑排水用硬聚氯乙烯管件 (GB/T 13663.1—2000) (GB/T 5836.2—1992)	必试：— 其他：烘箱试验、坠落试验、维卡软化温度	(1) 同一生产厂、同一批原料、同一配方和工艺情况下生产的同一规格的管件，每5000件为一验收批，不足5000件也按一批计

注：1　“必试”为工程管理过程中对材料进行验收时必须试验的项目；
　　2　“其他”为根据需要进行的试验项目。

5.2.3 施工工艺

5.2.3.1 工艺流程

施工准备→管道预制→干管安装→立管安装→通球试验→支管安装→灌水试验→封口

5.2.3.2 施工要点

1 通用要求

(1) 生活污水铸铁管道的坡度必须符合设计或表 5.2.3.2-1 规定。

(2) 生活污水塑料管道的坡度必须符合设计或国家规范的要求，坡度值见表 5.2.3.2-2。

表 5.2.3.2-1 生活污水铸铁管道的坡度

项次	管径（mm）	标准坡度（‰）	最小坡度（‰）
1	50	35	25
2	75	25	15
3	100	20	12
4	125	15	10
5	150	10	7
6	200	8	5

表 5.2.3.2-2 生活污水塑料管道坡度

项次	管径（mm）	标准坡度（‰）	最小坡度（‰）
1	50	25	12
2	75	15	8
3	110	12	6
4	125	10	5
5	160	7	4

(3) 金属排水管道上的吊钩或卡箍应固定在承重结构上。固定件间距：横管不大于 2m，立管不大于 3m。楼层高度小于或等于 4m，立管可安装 1 个固定件。立管底部的弯管处应设支墩或采取固定措施。

(4) 排水塑料管道支、吊架间距应符合表 5.2.3.2-3 的规定。

表 5.2.3.2-3 排水塑料管道支架最大间距

管径（mm）	50	75	110	125	160
立管（m）	1.2	1.5	2.0	2.0	2.0
横管（m）	0.5	0.75	1.10	1.30	1.60

(5) 用于室内排水的水平管道与水平管道、水平管道与立管的连接，应采用 45°三通或 45°四通和 90°斜三通或 90°斜四通。立管与排出管端部的连接，应采用两个 45°弯头或曲率半径不小于 4 倍管径的 90°弯头。

(6) 在生活污水管道上设置的检查口或清扫口，当设计无要求时应符合下列规定：

1) 在立管上每隔一层设置一个检查口，但在最底层和有卫生器具的最高层必须设置。如为两层建筑时，可仅在底层设置立管检查口；如有乙字弯管时，则在该层乙字弯管上部设置检查口。检查口中心高度距操作地面一般为 1m，允许偏差 ± 20mm。检查口的朝向应便于检修。暗装立管，在检查口处应安装检修门。

2) 如排水支管设在吊顶，应在每层立管上均装立管检查口，以便做灌水实验。

3) 在连接 2 个或 2 个以上大便器或 3 个及 3 个以上卫生器具的污水横管上应设置清扫口。当污水管在楼板下悬吊敷设时，可将清扫口设在上一层楼地面上，污水管起点的清扫口与管道相垂直的墙面距离不得小于 200mm；若污水管起点设置堵头代替清扫口时，与墙面距离不得小于 400mm。

4）在转角小于 135°的污水横管上，应设置检查口或清扫口。

5）污水横管的直线管段，应按设计要求的距离设置检查口或清扫口。

6）埋在地下或地板下的排水管道的检查口，应设在检查井内。井底表面标高与检查口的法兰相平，井底表面应有 5%坡度，坡向检查口。

(7) 通向室外的排水管，穿过墙壁或基础必须下返时，应采用 45°三通和 45°弯头连接，并应在垂直管段顶部设置清扫口。

(8) 排水塑料管必须按设计要求及位置装设伸缩节，如设计无要求时，伸缩节的间距不得大于 4m。排水横管上的伸缩节位置必须装设固定支架。

(9) 立管伸缩节设置位置应靠近水流汇合管件处，并应符合下列规定：

1）立管穿越楼层处为固定支承且排水支管在楼板之上接入时，伸缩节应设置于水流汇合管件之下。

2）立管穿越楼层处为固定支承且排水支管在楼板之下接入时，伸缩节应设置于水流汇合管件之上。

3）立管穿越楼层处为不固定支承时，伸缩节应设置于水流汇合管件之上或之下。

(10) 高层建筑中明设排水塑料管道应按设计要求设置阻火圈或防火套管。

(11) 由室内通向室外排水检查井的排水管，井内引入管应高于排出管或与两管顶相平，并有不小于 90°的水流转角，如跌落差大于 300mm 可不受角度限制。

(12) 排水通气管不得与风道或烟道相连，且应符合下列规定：

1）通气管应高出屋面 300mm，但必须大于最大积雪厚度。

2）在通气管出口 4m 以内有门、窗时，通气管应高出门、窗顶 600mm 或引向无门、窗一侧。

3）在经常有人停留的平屋顶上，通气管应高出屋面 2m，并应根据防雷要求设置防雷装置。

4）屋顶有隔热层应从隔热层板面算起。

(13) 安装未经消毒处理的医院含菌污水管道，不得与其他排水管道直接连接。

(14) 饮食业工艺设备引出的排水管及饮用水水箱的溢流管，不得与污水管道直接连接，并应留出不小于 100mm 的隔断空间。

2　管道预制

(1) 为了减少在安装中捻固定灰口，对部分管材与管件可预先按测绘的草图捻好灰口，并编号，码放在平坦的场地，管段下面用木方垫平垫实。

(2) 捻好灰口的预制管段，对灰口进行养护，一般可采用湿麻绳缠绕灰口，浇水养护，保持润湿。冬期要采用防冻措施，一般常温 24～48h 后方能移动，运到现场安装。

(3) 管道接口连接可参见本标准第 4.2.3.2 条相关要求。

3　污水干管的安装

(1) 管道铺设安装

1）在挖好的管沟或房心土回填到管底标高处铺设管道时，应将预制好的管段按承口朝向来水方向，由出水口处向室内顺序排列。挖好捻灰口用的工作坑，将预制好的管段徐徐放入管沟内，封闭堵严总出水口，做好临时支撑，按施工图纸的坐标、标高找好位置、坡度，以及各预留管口的方向和中心线，将管段承插口连接。

2）在管沟内捻灰口前，先将管道调直、找正，用麻钎将承插口缝隙找均匀，把麻打实，校直、校正，管道两侧用土陪好，预防捻灰口时管道移动。

3）将水灰比例1:9的水泥捻口灰拌好后，装在灰盘内放在承插口下部。人跨在管道上，一手填灰，一手用捻凿捣实。先填下部，由下而上边填边捣实，填满后用手锤打实，再填再打，将灰口打满打平为止（可详见本标准第10.2.3.2条第4款第（2）项“铸铁排水管接口”）。

4）捻好的灰口，用湿麻绳缠好养护或回填湿润细土掩盖养护。

5）管道铺设捻好灰口后，再将立管及首层卫生洁具的排水预留管口，按室内地平线、坐标位置及轴线找好尺寸，接至规定高度，将预留管口装上临时丝堵。

6）按照施工图对铺好的管道坐标、标高及预留管口尺寸进行自检确认准确后即可从预留管口处灌水做闭水实验，水满后观察水位不下降，各接口及管道不渗漏，经有关人员检查，并填写隐蔽工程验收记录，办理隐蔽工程验收手续。

7）管道系统经隐蔽验收合格后，临时封堵各预留管口，配合土建封堵孔洞，按规定回填土。

（2）托、吊管道的安装

1）安装在管道设备层内的铸铁排水干管可根据设计要求做托吊或砌砖墩架设。

2）托、吊干管要先搭设架子，将托架按设计坡度栽好或栽好吊卡，量准吊杆尺寸。将预制好的管道托、吊安装牢固，并将立管预留口位置及首层卫生洁具的排水预留管口，将室内地平线、坐标位置及轴线找好尺寸，接至规定高度，将预留管口装上临时丝堵。

3）托、吊排水干管在吊顶内者，需做闭水实验，按隐蔽工程项目办理隐蔽手续。

4　污水立管的安装

（1）根据施工图校对预留管洞尺寸有无差错，如系预制混凝土楼板则需剔凿楼板洞，应按位置画好标记，对准标记剔凿。如需断筋，必须征得土建施工人员同意，按规定要求处理。

（2）安装立管应二人上下配合，一人在上一层楼板上，由管洞内投下一个绳头，下面一人将预制好的立管上半部栓牢，上拉下托将立管下部插口插入下层管承口内。

（3）立管插入承口后，下层的人把甩口及立管检查口方向找正，征得土建施工人员同意，上层的人用木锲将板在楼板洞口处临时卡牢，打麻、吊直、捻灰。复查立管垂直度，将立管临时固定固牢。

（4）立管安装完毕后，配合土建用不低于楼板强度等级的混凝土将洞灌满堵实，并撤除临时支架。如系高层建筑或管道井内，应按设计要求用型钢做固定支架。

（5）高层建筑考虑管道胀缩补偿，可采用法兰柔性管件，但在承插口处要留出胀缩补偿余量。

（6）高层建筑采用辅助透气管，可采用辅助透气导型管件连接。

5　污水支管安装

(1) 支管安装应先搭好架子，并将托架按坡度栽好，或栽好吊卡，量准吊棍尺寸。将预制好的管道托到架子上，再将支管插入立管预留口的承口内，将支管预留口尺寸找准，并固定好支管，然后打麻、捻灰口。

(2) 支管设在吊顶内末端有清扫口，应将管接至上层地面上，便于清掏。

(3) 支管安装完后，可将卫生洁具或设备的预留管安装到位，找准尺寸并配合土建将楼板孔洞堵严，预留管口装上临时丝堵。

6 室内排水管道安装的允许偏差

室内排水管道安装的允许偏差应符合表 5.2.3.2-4 的规定。

表 5.2.3.2-4 室内排水和雨水管道安装的允许偏差和检验方法

<table>
<tr><th>项次</th><th colspan="4">项　目</th><th>允许偏差（mm）</th><th>检验方法</th></tr>
<tr><td>1</td><td colspan="4">坐　标</td><td>15</td><td rowspan="14">用水准仪（水平尺）、直尺、拉线和尺量检查</td></tr>
<tr><td>2</td><td colspan="4">标　高</td><td>±15</td></tr>
<tr><td rowspan="12">3</td><td rowspan="12">横管纵横方向弯曲</td><td rowspan="2">铸铁管</td><td colspan="2">每 1m</td><td>≯1</td></tr>
<tr><td colspan="2">全长（25m 以上）</td><td>≯25</td></tr>
<tr><td rowspan="4">钢　管</td><td rowspan="2">每 1m</td><td>管径小于或等于 100mm</td><td>1</td></tr>
<tr><td>管径大于 100mm</td><td>1.5</td></tr>
<tr><td rowspan="2">全长（25m 以上）</td><td>管径小于或等于 100mm</td><td>≯25</td></tr>
<tr><td>管径大于 100mm</td><td>≯38</td></tr>
<tr><td rowspan="2">塑料管</td><td colspan="2">每 1m</td><td>1.5</td></tr>
<tr><td colspan="2">全长（25m 以上）</td><td>≯38</td></tr>
<tr><td rowspan="2">钢筋混凝土管、混凝土管</td><td colspan="2">每 1m</td><td>3</td></tr>
<tr><td colspan="2">全长（25m 以上）</td><td>≯75</td></tr>
<tr><td colspan="4"></td></tr>
<tr><td colspan="4"></td></tr>
<tr><td rowspan="6">4</td><td rowspan="6">立管垂直度</td><td rowspan="2">铸铁管</td><td colspan="2">每 1m</td><td>3</td><td rowspan="6">吊线和尺量检查</td></tr>
<tr><td colspan="2">全长（5m 以上）</td><td>≯15</td></tr>
<tr><td rowspan="2">钢　管</td><td colspan="2">每 1m</td><td>3</td></tr>
<tr><td colspan="2">全长（5m 以上）</td><td>≯10</td></tr>
<tr><td rowspan="2">塑料管</td><td colspan="2">每 1m</td><td>3</td></tr>
<tr><td colspan="2">全长（5m 以上）</td><td>≯15</td></tr>
</table>

7 试验

隐蔽或埋地的排水管道在隐蔽前必须做灌水试验。

(1) 工艺流程

封闭排出管口→向管道内灌水→检查、做灌水试验记录→通球试验

(2) 封闭排出管口

1) 标高低于各层地面的所有排水管管口，用短管暂时接至地面标高以上。对于横管上和地下甩出（或楼板下甩出）的管道清扫口须加垫、加盖，按工艺要求正式封闭好。

2) 通向室外的排出管管口，用大于或等于管径的橡胶胆堵，放进管口充气堵严。底层立管和地下管道灌水时，用胆堵从底层立管检查口放入，上部管道堵严。向上逐层灌水

依次类推。

3）高层建筑需分区、分段、再分层试验。

打开检查口，用卷尺在管外测量由检查口至被检查水平管的距离加斜三通以下500mm左右，记上该总长，量出胶囊到胶管的相应长度，并在胶管上作好标记，以便控制胶囊进入管内的位置。

将胶囊由检查口慢慢送入，一直放在测出的总长位。

向胶囊充气并观察压力表示值上升到0.07MPa为止，最高不超过0.12MPa。

(3) 向管道内灌水

1) 用胶管从便于检查的管口向管道内灌水，一般选择出户排水管离地面近的管口灌水。当高层建筑排水系统灌水试验时，可从检查口向管内注水。边灌水边观察卫生设备的水位，直到符合规定为止。

2) 灌水高度及水面位置控制：其灌水高度应不低于底层卫生器具的上边缘或底层地面的高度。大小便冲洗槽、水泥拖布池、水泥盥洗池灌水量不少于槽（池）深的1/2；水泥洗涤池不少于池深的2/3；坐蹲式大便器的水箱，大便槽冲洗水箱水量应至控制水位；盥洗面盆、洗涤盆、浴盆灌水量应至溢水处；蹲式大便器灌水量至水面低于大便器边沿5mm处；地漏灌水时水面高于地表面5mm以上，便于观察地面水排除状况，地漏边缘不得渗水。

3) 从灌水开始，应设专人检查监视出户排水管口、地下扫除口等易跑水部位，发现堵盖不严或高层建筑灌水中胶囊封堵不严，以至发现管道漏水应立即停止向管内灌水，进行整修。待管口堵塞、胶囊封闭严密和管道修复、接口达到强度后，再重新进行灌水试验。

4) 停止灌水后，详细记录水面位置和停灌时间。

(4) 检查，做灌水试验记录

1) 停止灌水15min后在未发现管道及接口渗漏的情况下再次向管道灌水，使管内水面恢复到停止灌水时的水面位置，第二次记录好时间。

2) 施工人员、施工技术质量管理人员、业主、监理等相关人员在第二次灌满水5min后，对管内水面进行共同检查，液面没有下降、管道及接口无渗漏为合格，立即填写排水管道灌水试验记录。

3) 检查中若发现水面下降则为灌水试验不合格，应对管道及各接口、堵口全面细致地进行检查、修复，排除渗漏因素后重新按上述方法进行灌水试验，直至合格。

4) 高层建筑的排水管灌水试验须分区、分段、分层进行，试验过程中依次做好各个部分的灌水记录，不可混淆，也不可替代。

5) 灌水试验合格后，从室外排水口放净管内存水。把灌水试验临时接出的短管全部拆除，各管口恢复原标高，拆管时严防污物落入管内。

(5) 通球试验

1) 为防止水泥、砂浆、钢丝、钢筋等物卡在管道内，排水主立管及水平干管管道均应做通球试验。通球球径不小于排水管道管径的2/3，通球率必须达到100%。胶球直径的选择可参见表5.2.3.2-5。

表 5.2.3.2-5 通球胶球直径选择表

管　　径（mm）	75	100	150
胶球直径（mm）	50	75	100

2）试验顺序从上而下进行，以不堵为合格。

3）胶球从排水立管顶端投入，并在管内注入一定水量，使球能顺利流出为宜。通球过程如遇堵塞，应查明位置进行疏通，直到通球无阻为止。

4）通球完毕，须分区、分段进行记录，填写通球试验记录。

(6) 灌水质量通病及防治方法

1）灌水不及时：必须坚持不灌水不得隐蔽、不得进行下一道工序。

2）胶囊卡住：因存放时间过长，应擦上滑石粉。

3）胶囊封堵不严：胶囊在管内应避开接口处，发现封堵不严，可放气后调整好位置再充气。

4）放水时胶囊被冲走：胶管与胶囊接口处应用镀锌钢丝扎紧。

8 埋地排水管道灌水试验合格后方可进行回填。管道沟的回填土应分层夯实，管道的周围严禁回填石块等坚硬性固体。管沟回填后应再次按上述要求做灌水试验，合格后方可进行地面施工。

5.2.4 成品保护

1 用木塞、草绳等进行临时封闭管口时，应确保堵塞物不能落入管内。既要牢固严密，又要使起封时简单方便，不得损坏管口。

2 预留管口的临时丝堵不得随意打开，以防掉进杂物造成管道堵塞。

3 预制好的管道要码放整齐，垫平、垫牢，不许用脚踩或物压，也不得双层平放。

4 不许在安装好的托、吊管道搭设架子或拴吊物品，竖井内管道在每层楼板处要做型钢支架固定。

5 室内装修粉饰前，应制定相应措施对立管加以保护，以防污染或损坏立管。管道井内管道在每层楼板处做型钢支架。

6 灌水合格和管道通球验收后，应立即对管道进行防腐、防漏等处理，及时进行管道隐蔽。不能当时隐蔽的，应采取有效防护措施，防止损坏管道，重做灌水试验。

7 地下管道灌水合格、进行回填土前，对低于回填土高度的管口，应做出明显标志（如埋一短管、木桩等高出回填土）。必须人工回填土≥300mm 厚土层，再进行大面积回填土。

8 在回填房心土时，对已铺设好的管道上部要先用细土覆盖，并逐层夯实，不许在管道上部用蛤蟆夯等机械夯土。

9 冬期施工捻灰口必须采取防冻措施。

5.2.5 安全、环保措施

1 下管沟检查管道及接口前，应先检查沟壁，排除塌方危险。严禁借加设的固壁支架上下。

2 尽量避免在管沟边行走、脚踏和停留。

3　向沟内下管时，使用的绳索、锚桩必须牢固，管下面的沟内不得有人。

4　用剁子断管时应用力均匀，边剁边转动管道，不得用力过猛防止裂管飞屑伤人。

5　使用电气设备时应由专业人员接通、拆除线路，不可自行违章操作。

6　试验用水不得排放在被试验的管段（沟）内。

7　灌水试验时，严格按先后次序操作，不得颠倒。

5.2.6　质量标准

Ⅰ　主　控　项　目

1　隐蔽或埋地的排水管道在隐蔽前必须做灌水试验，其灌水高度应不低于底层卫生器具的上边缘或底层地面高度。

检验方法：满水 15min 水面下降后，再灌满观察 5min，液面不降，管道及接口无渗漏为合格。

2　生活污水铸铁管道的坡度必须符合设计或表 5.2.3.2-1 规定。

检验方法：水平尺、拉线尺量检查。

3　生活污水塑料管道的坡度必须符合设计或国家规范的要求，坡度值见表 5.2.3.2-2。

检验方法：水平尺、拉线尺量检查。

4　排水塑料管必须按设计要求及位置装设伸缩节，如设计无要求时，伸缩节的间距不得大于 4m。

高层建筑中明设排水塑料管道应按设计要求设置阻火圈或防火套管。

检验方法：观察检查。

5　排水主立管及水平干管管道均应做通球试验，通球球径不小于排水管道管径的 2/3，通球率必须达到 100%。

Ⅱ　一　般　项　目

6　在生活污水管道上设置的检查口或清扫口，当设计无要求时应符合下列规定：

(1) 在立管上每隔一层设置一个检查口，但在最底层和有卫生器具的最高层必须设置。如为两层建筑时，可仅在底层设置立管检查口；如有乙字弯管时，则在该层乙字弯管上部设置检查口。检查口中心高度距操作地面一般为 1m，允许偏差 ±20mm；检查口的朝向应便于检修。暗装立管，在检查口处应安装检修门。

(2) 在连接 2 个或 2 个以上大便器或 3 个及 3 个以上卫生器具的污水横管上应设置清扫口。当污水管在楼板下悬吊敷设时，可将清扫口设在上一层楼地面上，污水管起点的清扫口与管道相垂直的墙面距离不得小于 200mm；若污水管起点设置堵头代替清扫口时，与墙面距离不得小于 400mm。

(3) 在转角小于 135°的污水横管上，应设置检查口或清扫口。

(4) 污水横管的直线管段，应按设计要求的距离设置检查口或清扫口。

检验方法：观察和尺量检查。

7　埋在地下或地板下的排水管道的检查口，应设在检查井内。井底表面标高与检查口的法兰相平，井底表面应有 5%坡度，坡向检查口。

检验方法：尺量检查。

8　金属排水管道上的吊钩或卡箍应固定在承重结构上。固定件间距：横管不大于2m；立管不大于3m。楼层高度小于或等于4m，立管可安装1个固定件。立管底部的弯管处应设支墩或采取固定措施。

检验方法：观察和尺量检查。

9　排水塑料管道支、吊架间距应符合表5.2.3.2-3的规定。

检验方法：尺量检查。

10　排水通气管不得与风道或烟道相连，且应符合下列规定：

(1) 通气管应高出屋面300mm，但必须大于最大积雪厚度。

(2) 在通气管出口4m以内有门、窗时，通气管应高出门、窗顶600mm或引向无门、窗一侧。

(3) 在经常有人停留的平屋顶上，通气管应高出屋面2m，并应根据防雷要求设置防雷装置。

(4) 屋顶有隔热层应从隔热层板面算起。

检验方法：观察和尺量检查。

11　安装未经消毒处理的医院含菌污水管道，不得与其他排水管道直接连接。

检验方法：观察检查。

12　饮食业工艺设备引出的排水管及饮用水水箱的溢流管，不得与污水管道直接连接，并应留出不小于100mm的隔断空间。

检验方法：观察和尺量检查。

13　通向室外的排水管，穿过墙壁或基础必须下返时，应采用45°三通和45°弯头连接，并应在垂直管段顶部设置清扫口。

检验方法：观察和尺量检查。

14　由室内通向室外排水检查井的排水管，井内引入管管顶应高于排出管管顶或两管顶相平，并有不小于90°的水流转角，如跌落差大于300mm可不受角度限制。

检验方法：观察和尺量检查。

15　用于室内排水的水平管道与水平管道、水平管道与立管的连接，应采用45°三通或45°四通和90°斜三通或90°斜四通。立管与排出管端部的连接，应采用两个45°弯头或曲率半径不小于4倍管径的90°弯头。

检验方法：观察和尺量检查。

16　室内排水管道安装的允许偏差应符合表5.2.3.2-4的规定。

5.2.7　质量验收

1　室内排水管道及配件安装分项工程应按系统、区域、施工段或楼层等划分。分项工程应划分成若干检验批进行验收。

2　检验批质量验收、分项工程质量验收应参照本技术标准第3.1.8~3.1.11条执行。

3　检验批质量验收表当地政府主管部门无统一规定时，宜采用表5.2.7“室内排水管道及配件安装工程检验批质量验收记录表”。

表 5.2.7　室内排水管道及配件安装工程检验批质量验收记录表

GB 50242—2002

单位（子单位）工程名称									
分部（子分部）工程名称							验收部位		
施工单位							项目经理		
分包单位							分包项目经理		
施工执行标准名称及编号									
施工质量验收规范规定								施工单位检查评定记录	监理（建设）单位验收记录
主控项目	1	排水管道　灌水试验					第 5.2.1 条		
	2	生活污水铸铁管，塑料管坡度					第 5.2.2、5.2.3 条		
	3	排水塑料管安装伸缩节					第 5.2.4 条		
	4	排水立管及水平干管通球试验					第 5.2.5 条		
一般项目	1	生活污水管道上设检查口和清扫口					第 5.2.6、5.2.7 条		
	2	金属和塑料管支、吊架安装					第 5.2.8、5.2.9 条		
	3	排水通汽管安装					第 5.2.10 条		
	4	医院污水和饮食业工艺排水					第 5.2.11、5.2.12 条		
	5	室内排水管道安装					第 5.2.13、5.2.14、5.2.15 条		
	6	排水管安装允许偏差	坐　标				15mm		
			标　高				± 15mm		
			横管纵横方向弯曲	铸铁管	每 1m		≯1mm		
					全长（25m 以上）		≯25mm		
				钢　管	每 1m	管径≤100mm	1mm		
						管径＞100mm	1.5mm		
					全长（25m 以上）	管径≤100mm	≯25mm		
						管径＞100mm	≯38mm		
				塑料管	每 1m		1.5mm		
					全长（25m 以上）		≯38mm		
				钢筋混凝土管	每 1m		3mm		
					全长（25m 以上）		≯75mm		
			立　管垂直度	铸铁管	每 1m		3mm		
					全长（5m 以上）		≯15mm		
				钢　管	每 1m		3mm		
					全长（5m 以上）		≯10mm		
				塑料管	每 1m		3mm		
					全长（5m 以上）		≯15mm		
施工单位检查评定结果	专业工长（施工员）					施工班组长			
	项目专业质量检查员：								年　月　日
监理（建设）单位验收结论	专业监理工程师（建设单位项目专业技术负责人）：								年　月　日

5.3 雨水管道及配件安装

5.3.1 施工准备

1 技术准备

(1) 所有安装项目的设计图纸已具备，并且已经过图纸会审和设计交底；

(2) 施工方案已编制；

(3) 施工技术人员向班组做了图纸和施工技术交底。

2 材料准备

(1) 管材、管件：塑料管、铸铁管、钢管及配套管件；雨水口。

(2) 接口材料：水泥、石棉、塑料胶结剂、胶圈、塑料焊条、碳钢焊条等。

(3) 防腐、保温材料：沥青、汽油、防锈漆、沥青漆、银粉漆、铅油、清油、防火套管、阻火圈、岩棉毡、玻璃布、塑料布等。

(4) 水源、电源、生料带、短管、胶垫、压力表、输水胶管、胶囊、胶球（以上用于灌水试验）、小白线、粉（石）笔、砂布（纸）、乙炔气、氧气、焦碳、劈柴、棉纱、锯条、机油。

3 主要机具

(1) 机械：台钻、电锤、手电钻、砂轮切割机、电焊机、空压机、除锈机等。

(2) 工具：套丝板、圆丝盘、台虎钳、手锯、手锤、大锤、錾子、扁铲、捻凿、麻钎、螺丝板、活动扳手、螺丝刀、气焊工具、砂布、砂纸、刷子、棉纱、铁锹、灰桶、捻灰器、平抹子、圆弧抹子等。

(3) 计量器具：钢卷尺、角尺、水平尺、线坠、卡尺、焊口检测器、小线等。

4 作业条件

(1) 地下雨水管道的铺设必须在基础墙达到或接近 ±0.00 标高，房心土回填到管底或稍高的高度，房心内沿管线位置无堆积物，且管道穿过建筑基础处，已按设计要求预留好管洞。

(2) 楼层内雨水管道的安装，应于结构施工隔开一~二层，管道穿越结构部位的孔洞等均已预留完毕，室内模板或杂物清除后，室内弹出房间尺寸线及准确的水平线。

(3) 应在屋面结构层施工验收完毕后方可进行雨水漏斗安装。

5.3.2 材料质量控制

材料质量控制参见本标准第 4.2.2 条与第 5.2.2 条。

5.3.3 施工工艺

5.3.3.1 工艺流程

施工准备→管道预制→雨水干管安装→雨水立管安装→雨水支管安装→灌水试验

5.3.3.2 施工要点

1 通用要求

(1) 应符合本标准室内给水第 4.2.3.2 条和污水管道第 5.2.3.2 条相关规定。

(2) 悬吊式雨水管道的敷设坡度不得小于 5‰；埋地雨水管道的最小坡度，应符合表

5.3.3.2-1 的规定。

表 5.3.3.2-1 地下埋设雨水排水管道的最小坡度

项 次	管 径（mm）	最小坡度（‰）	项 次	管 径（mm）	最小坡度（‰）
1	50	20	4	125	6
2	75	15	5	150	5
3	100	8	6	200～400	4

(3) 雨水斗管的连接应固定在屋面承重结构上。雨水斗边缘与屋面相连处应严密不漏。连接管管径应符合设计的要求，当设计无要求时，不得小于 100mm。

(4) 悬吊式雨水管道的检查口或带法兰堵口的三通的间距不得大于表 5.3.3.2-2 的规定。

表 5.3.3.2-2 悬 吊 管 检 查 口 间 距

项 次	悬吊管直径（mm）	检查口间距（m）
1	≤150	≯15
2	≥200	≯20

(5) 雨水管道如采用塑料管，其伸缩节应符合设计要求。

(6) 雨水管道不得与生活污水管道相连接。

(7) 为防止屋面雨水在施工期间进入建筑物内，室内雨水系统应在屋面结构层施工验收完毕后的最佳时间内完成。

2 雨水管道安装

(1) 内排水雨水管安装，管材必须考虑承压能力按设计要求选择。

(2) 高层建筑内排水管可采用稀土铸铁排水管，管材承压可达到 0.8MPa 以上，管材长度可根据楼层高度，每层只需一根管，捻一个水泥灰口。

(3) 选用铸铁排水管安装，其安装方法同上述室内排水管道安装。

(4) 雨水管道安装后，应做灌水实验，高度必须到每根立管最上部的雨水漏斗。

3 雨水管道安装的允许偏差应符合表 5.2.3.2-4 的规定。

4 雨水钢管管道焊接的焊口允许偏差应符合表 4.2.3.2-9 的规定。

5 安装在室内的雨水管道安装后应做灌水试验，灌水高度必须到每根立管上部的雨水斗。灌水试验持续 1h，不渗不漏为合格。

5.3.4 成品保护

参见本标准第 4.2.4 条和第 5.2.4 条。

5.3.5 安全环保措施

参见本标准第 4.2.5 条和第 5.2.5 条。

5.3.6 质量标准

Ⅰ 主 控 项 目

1 安装在室内的雨水管道安装后应做灌水试验，灌水高度必须到每根立管上部的雨水斗。

检验方法：灌水试验持续 1h，不渗不漏为合格。

2　雨水管道如采用塑料管，其伸缩节应符合设计要求。

检验方法：对照图纸检查。

3　悬吊式雨水管道的敷设坡度不得小于 5‰；埋地雨水管道的最小坡度，应符合表 5.3.3.2-1 的规定。

检验方法：水平尺、拉线尺量检查。

Ⅱ　一　般　项　目

4　雨水管道不得与生活污水管道相连接。

检验方法：观察检查。

5　雨水斗管的连接应固定在屋面承重结构上。雨水斗边缘与屋面相连处应严密不漏。连接管管径当设计无要求时，不得小于 100mm。

检验方法：观察和尺量检查。

6　悬吊式雨水管道的检查口或带法兰堵口的三通的间距不得大于表 5.3.3.2-2 的规定。

检验方法：拉线、尺量检查。

7　雨水管道安装的允许偏差应符合表 5.2.3.2-4 的规定。

检验方法：尺量检查。

8　雨水钢管管道焊接的焊口允许偏差应符合表 4.2.3.2-9 的规定。

5.3.7　质量验收

1　雨水管道及配件安装分项工程应按系统、区域、施工段或楼层等划分。分项工程应划分成若干检验批进行验收。

2　检验批质量验收、分项工程质量验收应参照本技术标准第 3.1.8～3.1.11 条执行。

3　检验批质量验收表当地政府主管部门无统一规定时，宜采用表 5.3.7“雨水管道及配件安装工程检验批质量验收记录表”。

表 5.3.7 雨水管道及配件安装工程检验批质量验收记录表

GB 50242—2002

单位（子单位）工程名称							
分部（子分部）工程名称					验收部位		
施工单位					项目经理		
分包单位					分包项目经理		
施工执行标准名称及编号							
施工质量验收规范规定						施工单位检查评定记录	监理（建设）单位验收记录
主控项目	1	室内雨水管道灌水试验			第 5.3.1 条		
	2	塑料雨水管安装伸缩节			第 5.3.2 条		
	3	地下埋设雨水管道最小坡度	(1)	50mm	20‰		
			(2)	75mm	15‰		
			(3)	100mm	8‰		
			(4)	125mm	6‰		
			(5)	150mm	5‰		
			(6)	200～400mm	4‰		
			(7)	悬吊雨水管最小坡度≤5‰			
一般项目	1	雨水管不得与生活污水管相连接			第 5.3.4 条		
	2	雨水斗安装			第 5.3.5 条		
	3	悬吊前检查口间距		≤150	≯15m		
				≥200	≯20m		
	4	焊缝允许偏差	焊口平直度	管壁厚 10mm 以内	管壁厚 1/4		
			焊缝加强面	高 度	+1mm		
				宽 度			
			咬边	深 度	小于 0.5mm		
				长度：连续长度	25mm		
				长度：总长度（两侧）	小于焊缝长度的 10%		
	5	雨水管道安装的允许偏差同室内排水管			第 5.3.7 条		
施工单位检查评定结果	专业工长（施工员）				施工班组长		
	项目专业质量检查员：					年 月 日	
监理（建设）单位验收结论	专业监理工程师（建设单位项目专业技术负责人）：					年 月 日	

6 室内热水供应系统安装

6.1 一 般 规 定

6.1.1 本章适用于工作压力不大于1.0MPa，热水温度不超过75℃的室内热水供应管道安装工程的施工及验收。

6.1.2 热水供应系统的管道应采用塑料管、复合管、镀锌钢管和铜管。

6.1.3 热水供应系统的管道及配件安装除应执行本施工技术标准第4.2节“给水管道及配件安装”规定及要求外，还应符合如下要求：

1 热水系统为上供下给式的顶层横干管在坡度峰顶处应安装放气阀。

2 横干管管线较长时，或高层建筑的热水立管上，应设置补偿器。设有补偿器的管线上，应由设计部门确定固定支架的位置。

3 需保温的热水管道，在支架处应设双合木环垫或方木垫块绝热。

4 冷热水管和水龙头并行安装，应符合下列规定：

(1) 上下平行安装，热水管应在冷水管上面；

(2) 垂直安装，热水管应在冷水管的左侧；

(3) 在卫生器具上安装冷热水龙头，热水龙头应安装在左侧。

6.2 管道及配件安装

6.2.1 施工准备

参见本标准第4.2.1条。

6.2.2 材料质量控制

参见本标准第4.2.2条。

6.2.3 施工工艺

1 参见本标准第4.2.3条。

2 管道安装坡度符合设计规定。

3 热水供应管道应尽量利用自然弯补偿热伸缩，直线段过长则应设置补偿器。补偿器形式、规格、位置应符合设计要求，并按有关规定进行预拉伸。

4 温度控制器及阀门应安装在便于观察和维护的位置。

5 热水供应管道和阀门安装的允许偏差应符合表4.2.3.2-32的规定。

6 热水供应系统安装完毕，管道保温之前应进行水压试验。

(1) 试验压力应符合设计要求。当设计未注明时，热水供应系统水压试验压力应为系统顶点的工作压力加0.1MPa，同时在系统顶点的试验压力不小于0.3MPa。

(2) 钢管或复合管道系统试验压力下10min内压力降不大于0.02MPa，然后降至工作压力检查，压力应不降，且不渗不漏；塑料管道系统在试验压力下稳压 1h，压力降不得超过 0.05MPa，然后在工作压力 1.15 倍状态下稳压 2h，压力降不得超过 0.03MPa，连接处不得渗漏。

7 热水供应系统竣工后必须进行冲洗。冲洗前，应将阻碍水流流通的调节阀、减压阀及其他可能损坏的温度计等仪表拆除。开启供水总阀，使管道系统具有设计要求的最大压力管流量，同时开启设计要求同时开放的最大数量的配水点，直至所有配水点均放出洁净水为合格。

8 热水供应系统管道应按设计要求进行保温，保温材料、厚度、保护壳等应符合设计规定。保温层厚度和平整度的允许偏差应符合表 4.2.3.2-48 的规定。

6.2.4 成品保护

参见本工艺标准第 4.2.4 条执行。

6.2.5 安全、环保措施

参见本工艺标准第 4.2.5 条执行。

6.2.6 质量标准

主 控 项 目

1 热水供应系统安装完毕，管道保温之前应进行水压试验。试验压力应符合设计要求。当设计未注明时，热水供应系统水压试验压力应为系统顶点的工作压力加 0.1MPa，同时在系统顶点的试验压力不小于 0.3MPa。

检验方法：钢管或复合管道系统试验压力下 10min 内压力降不大于 0.02MPa，然后降至工作压力检查，压力应不降，且不渗不漏；塑料管道系统在试验压力下稳压 1h，压力降不得超过 0.05MPa，然后在工作压力 1.15 倍状态下稳压 2h，压力降不得超过 0.03MPa，连接处不得渗漏。

2 热水供应管道应尽量利用自然弯补偿热伸缩，直线段过长则应设置补偿器。补偿器型式、规格、位置应符合设计要求，并按有关规定进行预拉伸。

检验方法：对照设计图纸检查。

3 热水供应系统竣工后必须进行冲洗。

检验方法：现场观察检查。

一 般 项 目

4 管道安装坡度符合设计规定。

检验方法：水平尺、拉线尺量检查。

5 温度控制器及阀门应安装在便于观察和维护的位置。

检验方法：观察检查。

6 热水供应管道和阀门安装的允许偏差应符合本施工技术标准表 4.2.3.2-32 的规定。

7 热水供应系统管道应保温（浴室内明装管道除外），保温材料、厚度、保护壳等应符合设计规定。保温层厚度和平整度的允许偏差应符合本施工技术标准表 4.2.3.2-48 的规定。

6.2.7 质量验收

1 室内热水管道及配件安装分项工程应按系统、区域、施工段或楼层等划分。分项工程应划分成若干检验批进行验收。

2 检验批质量验收、分项工程质量验收应参照本技术标准第 3.1.8～3.1.11 条执行。

3 检验批质量验收表当地政府主管部门无统一规定时，宜采用表 6.2.7“室内热水管道及配件安装工程检验批质量验收记录表”。

表 6.2.7 室内热水管道及配件安装工程检验批质量验收记录表

GB 50242—2002

<table>
<tr><td colspan="6">单位（子单位）工程名称</td><td colspan="3"></td></tr>
<tr><td colspan="6">分部（子分部）工程名称</td><td></td><td>验收部位</td><td></td></tr>
<tr><td colspan="3">施工单位</td><td colspan="4"></td><td>项目经理</td><td></td></tr>
<tr><td colspan="3">分包单位</td><td colspan="4"></td><td>分包项目经理</td><td></td></tr>
<tr><td colspan="6">施工执行标准名称及编号</td><td colspan="3"></td></tr>
<tr><td colspan="7">施工质量验收规范规定</td><td>施工单位检查评定记录</td><td>监理（建设）单位验收记录</td></tr>
<tr><td rowspan="3">主控项目</td><td>1</td><td colspan="4">热水供应系统管道水压试验</td><td>设计要求</td><td></td><td rowspan="3"></td></tr>
<tr><td>2</td><td colspan="4">热水供应系统管道安装补偿器</td><td>第 6.2.2 条</td><td></td></tr>
<tr><td>3</td><td colspan="4">热水供应系统管道冲洗</td><td>第 6.2.3 条</td><td></td></tr>
<tr><td rowspan="15">一般项目</td><td>1</td><td colspan="4">管道安装坡度</td><td>设计规定</td><td></td><td rowspan="15"></td></tr>
<tr><td>2</td><td colspan="4">温度控制器和阀门安装</td><td>第 6.2.5 条</td><td></td></tr>
<tr><td rowspan="9">3</td><td rowspan="9">管道安装允许偏差</td><td rowspan="4">水平管道纵横方向弯曲</td><td rowspan="2">钢 管</td><td>每 1m</td><td>1mm</td><td></td></tr>
<tr><td>全长 25m 以上</td><td>≯25mm</td><td></td></tr>
<tr><td rowspan="2">塑料管复合管</td><td>每 1m</td><td>1.5mm</td><td></td></tr>
<tr><td>全长 25m 以上</td><td>≯25mm</td><td></td></tr>
<tr><td rowspan="4">立 管垂直度</td><td rowspan="2">钢 管</td><td>每 1m</td><td>3mm</td><td></td></tr>
<tr><td>全长 25m 以上</td><td>≯8mm</td><td></td></tr>
<tr><td rowspan="2">塑料管复合管</td><td>每 1m</td><td>2mm</td><td></td></tr>
<tr><td>全长 25m 以上</td><td>≯8mm</td><td></td></tr>
<tr><td colspan="2">成排管道和成排阀门</td><td>在同一平面上间距</td><td>3mm</td><td></td></tr>
<tr><td rowspan="3">4</td><td rowspan="3">保温层允许偏差</td><td colspan="2">厚 度 δ</td><td colspan="2">$+0.1\delta$、-0.05δ</td><td></td></tr>
<tr><td colspan="2" rowspan="2">表面平整度</td><td>卷 材</td><td>5mm</td><td></td></tr>
<tr><td>涂 沫</td><td>10mm</td><td></td></tr>
<tr><td colspan="3">施工单位检查评定结果</td><td colspan="6">专业工长（施工员） 施工班组长
项目专业质量检查员： 年 月 日</td></tr>
<tr><td colspan="3">监理（建设）单位验收结论</td><td colspan="6">监理工程师（建设单位项目专业技术负责人）： 年 月 日</td></tr>
</table>

6.3 辅助设备安装

6.3.1 施工准备

1 技术准备

参见本标准第4.4.1条第1款。

2 主要机具：参见本标准第4.4.1条第3款。

3 材料准备

(1) 水泵、水箱（罐）、热交换器、分水器、集水器、太阳能热水器。

(2) 镀锌钢管、铝塑管、塑料管等管材及配件。

(3) 油漆、保温材料、生料带、麻丝、铅油、小线、棉纱等。

4 作业条件

(1) 参见本标准第4.4.1条第4款。

(2) 关于太阳能安装的作业条件：

1) 设置在屋面上的太阳能热水器，应在屋面做完保护层后安装；

2) 屋面结构应能承受新增太阳能热水器设备的荷载；

3) 位于阳台上的太阳能热水器，应在阳台栏板安装完毕并有安全防护措施后方可进行；

4) 太阳能热水器安装的位置，应保证充分的日照强度。

6.3.2 材料质量控制

1 参见本标准第4.4.2条。

2 集热板和集热器表面应为黑色涂料，应具有耐气候性，附着力大，强度高。

3 集热板应有良好的导热性和耐久性，不易锈蚀，宜采用铝合金板、铝板、不锈钢板或已防腐处理的钢板。

6.3.3 施工工艺

6.3.3.1 工艺流程

1 参见本标准第4.4.3.1条。

2 热交换器参见本标准第13.6.3.1条。

3 太阳能热水设备安装工艺流程：

安装准备→支座架安装→热水器设备组装→配水管路安装→管路系统试压→管路系统冲洗或吹洗→温控仪表安装→管道防腐→系统调试运行

6.3.3.2 施工要点

1 参见本标准第4.4.3.2条、第13.6.3.2条相关规定。

2 敞口水箱的满水试验和密闭水箱（罐）的水压试验必须符合设计与本施工技术标准的规定。满水试验静置24h，观察不渗不漏。水压试验在试验压力下10min内压力不降，不渗不漏为合格。

3 水泵就位前的基础混凝土强度、坐标、标高、尺寸和螺栓孔位置必须符合设计要求。

4 水泵试运转的轴承温升必须符合设备说明书的规定。

5　热交换器应以工作压力的 1.5 倍作水压试验。蒸汽部分应不低于蒸汽供汽压力加 0.3MPa；热水部分应不低于 0.4MPa。试验压力下 10min 内压力不降，不渗不漏。

6　热水供应辅助设备安装的允许偏差应符合本标准表 4.4.3.2-2 的规定。

7　太阳能热水设备安装要点

(1) 安装准备

1) 根据设计要求开箱核对热水器的规格型号是否正确，配件是否齐全。

2) 清理现场，画线定位。

(2) 支座制作安装，应根据设计详图配制，一般为成品现场组装。其支座架地脚盘安装应符合设计要求。

(3) 热水器设备组装

1) 在安装太阳能集热器玻璃前，应对集热排管和上、下集热管作水压试验，试验压力为工作压力的 1.5 倍。试验压力下 10min 内压力不降，不渗不漏为合格。

2) 制作吸热钢板凹槽时，其圆度应准确，间距应一致。安装集热排管时，应用卡箍和钢丝紧固在钢板凹槽内。

3) 安装固定式太阳能热水器朝向应正南，如受条件限制时，其偏移角不得大于 15°。集热器的倾角，对于春、夏、秋三个季节使用的，应采用当地纬度为倾角；若以夏季为主，可比当地纬度减少 10°。

4) 太阳能热水器的最低处应安装泄水装置。

5) 太阳能热水器安装的允许偏差应符合表 6.3.3.2 的规定。

表 6.3.3.2　太阳能热水器安装的允许偏差和检验方法

项　　目			允许偏差	检验方法
板式直管太阳能热水器	标　　高	中心线距地面（mm）	±20	尺　　量
	固定安装朝向	最大偏移角	不大于 15°	分度仪检查

(4) 直接加热的贮热水箱制做安装

1) 给水应引至水箱底部，可采用补给水箱或漏斗配水方式。

2) 热水应从水箱上部流出，接管高度一般比上循环管进口低 50 ~ 100mm。为保证水箱内的水能全部使用，应从水箱底部接出管与上部热水管并联。

3) 上循环管接自水箱上部，一般比水箱顶低 200mm 左右，并要保证正常循环时淹没在水面以下，并使浮球阀安装后工作正常。

4) 下循环管接自水箱下部，为防止水箱沉积物进入集热器，出水口宜高出水箱底 50mm 以上。

5) 由集热器上、下集管接往热水箱的循环管道，应有不小于 0.5‰的坡度。

6) 水箱应设有泄水管、透水管、溢流管和需要的仪表装置。

7) 自然循环的热水箱底部与集热器上集管之间的距离为 0.3 ~ 1.0m，上下集管设在集热器以外时应高出 600mm 以上。

(5) 自然循环系统管道安装

1) 为减少循环水头损失，应尽力缩短上、下循环管道的长度和减少弯头数量，应采用大于4倍曲率半径、内壁光滑的弯头和顺流三通。

2）管路上不宜设置阀门。

3）在设置几台集热器时，集热器可以并联、串联或混联，循环管路应对称安装，各回路的循环水头损失平衡。

4）循环管路（包括上下集管）安装应有不小于1%的坡度，以便于排气。管路最高点应设通气管或自动排气阀。

5）循环管路系统最低点应加泄水阀，使系统存水能全部泄净。每台集热器出口应加温度计。

(6) 机械循环系统适合大型热水器设备使用。安装要求与自然循环系统基本相同，还应注意以下几点：

1）水泵安装应能满足系统100℃高温下正常运行。

2）间接加热系统高点应设膨胀管或膨胀水箱。

(7) 热水器系统安装完毕，在交工前按设计要求安装温控仪表。

(8) 凡以水作介质的太阳能热水器，在0℃以下地区使用，应采取防冻措施。热水箱及上、下集管等循环管道均应保温。

(9) 太阳能热水器系统交工前进行调试运行。系统上满水，排除空气，检查循环管路有无气阻和滞流，机械循环系统应检查水泵运行情况及各回路温升是否均衡，做好温升记录，水通过集热器一般应升温3～5℃。符合要求后办理交工验收手续。

6.3.4 成品保护

1 太阳能安装前，工作面应清扫干净。

2 施工过程中，应做好太阳能热水器的清洁、防护工作。

6.3.5 安全、环保措施

1 太阳能热水器在楼层上（尤其是高层）安装，要预先考虑好搬运、吊装就位的方法，必须保证安装可靠。

2 其他参照本标准相关章节。

6.3.6 质量标准

Ⅰ 主 控 项 目

1 在安装太阳能集热器玻璃前，应对集热排管和上、下集热管作水压试验，试验压力为工作压力的1.5倍。

检验方法：试验压力下10min内压力不降，不渗不漏。

2 热交换器应以工作压力的1.5倍作水压试验。蒸汽部分应不低于蒸汽供汽压力加0.3MPa；热水部分应不低于0.4MPa。

检验方法：试验压力下10min内压力不降，不渗不漏。

3 水泵就位前的基础混凝土强度、坐标、标高、尺寸和螺栓孔位置必须符合设计要求。

检验方法：对照图纸用仪器和尺量检查。

4 水泵试运转的轴承温升必须符合设备说明书的规定。

检验方法：温度计实测检查。

5　敞口水箱的满水试验和密闭水箱（罐）的水压试验必须符合设计与本施工技术标准的规定。

检验方法：满水试验静置24h，观察不渗不漏；水压试验在试验压力下10min内压力不降，不渗不漏。

Ⅱ　一 般 项 目

6　安装固定式太阳能热水器朝向应正南，如受条件限制时，其偏移角不得大于15°。集热器的倾角，对于春、夏、秋三个季节使用的，应采用当地纬度为倾角；若以夏季为主，可比当地纬度减少10°。

检验方法：观察和分度仪检查。

7　由集热器上、下集管接往热水箱的循环管道，应有不小于0.5‰的坡度。

检验方法：尺量检查。

8　自然循环的热水箱底部与集热器上集管之间的距离为0.3～1.0m。

检验方法：尺量检查。

9　制作吸热钢板凹槽时，其圆度应准确，间距应一致。安装集热排管时，应用卡箍和钢丝紧固在钢板凹槽内。

检验方法：手扳和尺量检查。

10　太阳能热水器的最低处应安装泄水装置。

检验方法：观察检查。

11　热水箱及上、下集管等循环管道均应保温。

检验方法：观察检查。

12　凡以水作介质的太阳能热水器，在0℃以下地区使用，应采取防冻措施。

检验方法：观察检查。

13　热水供应辅助设备安装的允许偏差应符合本施工技术标准表4.4.3.2-2的规定。

14　太阳能热水器安装的允许偏差应符合表6.3.3.2的规定。

6.3.7　质量验收

1　热水供应系统辅助设备安装工程应按系统、区域、施工段或楼层等划分。分项工程应划分成若干检验批进行验收。

2　检验批质量验收、分项工程质量验收参照本技术标准第3.1.8～3.1.11条执行。

3　检验批质量验收表当地政府主管部门无统一规定时，宜采用表6.3.7“热水供应系统辅助设备安装工程检验批质量验收记录表”。

表 6.3.7　热水供应系统辅助设备安装工程检验批质量验收记录表
GB 50242—2002

<table>
<tr><td colspan="5">单位（子单位）工程名称</td><td colspan="4"></td></tr>
<tr><td colspan="5">分部（子分部）工程名称</td><td colspan="2"></td><td>验收部位</td><td></td></tr>
<tr><td>施工单位</td><td colspan="6"></td><td>项目经理</td><td></td></tr>
<tr><td>分包单位</td><td colspan="6"></td><td>分包项目经理</td><td></td></tr>
<tr><td colspan="5">施工执行标准名称及编号</td><td colspan="4"></td></tr>
<tr><td colspan="6">施工质量验收规范规定</td><td colspan="2">施工单位检查评定记录</td><td>监理（建设）单位验收记录</td></tr>
<tr><td rowspan="3">主控项目</td><td>1</td><td colspan="3">热交换器，太阳能热水器排管和水箱等水压和灌水试验</td><td>第 6.3.1 条
第 6.3.2 条
第 6.3.5 条</td><td colspan="2"></td><td></td></tr>
<tr><td>2</td><td colspan="3">水泵基础</td><td>第 6.3.3 条</td><td colspan="2"></td><td></td></tr>
<tr><td>3</td><td colspan="3">水泵试运转温升</td><td>第 6.3.4 条</td><td colspan="2"></td><td></td></tr>
<tr><td rowspan="16">一般项目</td><td>1</td><td colspan="3">太阳能热水器安装</td><td>第 6.3.6 条</td><td colspan="2"></td><td></td></tr>
<tr><td>2</td><td colspan="3">太阳能热水器上、下集箱的循环管道坡度</td><td>第 6.3.7 条</td><td colspan="2"></td><td></td></tr>
<tr><td>3</td><td colspan="3">水箱底部与上集水管间距</td><td>第 6.3.8 条</td><td colspan="2"></td><td></td></tr>
<tr><td>4</td><td colspan="3">集热排管安装紧固</td><td>第 6.3.9 条</td><td colspan="2"></td><td></td></tr>
<tr><td>5</td><td colspan="3">热水器最低处安泄水装置</td><td>第 6.3.10 条</td><td colspan="2"></td><td></td></tr>
<tr><td>6</td><td colspan="3">太阳能热水器上、下集箱管道保温，防冻</td><td>第 6.3.11 条
第 6.3.12 条</td><td colspan="2"></td><td></td></tr>
<tr><td rowspan="7">7</td><td rowspan="7">设备安装允许偏差</td><td rowspan="3">静置设备</td><td>坐　标</td><td>15mm</td><td colspan="2"></td><td></td></tr>
<tr><td>标　高</td><td>±5mm</td><td colspan="2"></td><td></td></tr>
<tr><td>垂直度（每 1m）</td><td>5mm</td><td colspan="2"></td><td></td></tr>
<tr><td rowspan="4">离心式水泵</td><td>立式水泵垂直度（每 1m）</td><td>0.1mm</td><td colspan="2"></td><td></td></tr>
<tr><td>卧式水泵水平度（每 1m）</td><td>0.1mm</td><td colspan="2"></td><td></td></tr>
<tr><td>同心度联轴器　轴向倾斜（每 1m）</td><td>0.8mm</td><td colspan="2"></td><td></td></tr>
<tr><td>同心度联轴器　径向位移</td><td>0.1mm</td><td colspan="2"></td><td></td></tr>
<tr><td rowspan="2">8</td><td rowspan="2">热水器安装允许偏差</td><td>标　高</td><td>中心线距地面（mm）</td><td>±20mm</td><td colspan="2"></td><td></td></tr>
<tr><td>朝　向</td><td>最大偏移角</td><td>不大于 15°</td><td colspan="2"></td><td></td></tr>
<tr><td colspan="2"></td><td colspan="4">专业工长（施工员）</td><td colspan="2">施工班组长</td><td></td></tr>
<tr><td colspan="2">施工单位检查评定结果</td><td colspan="7">项目专业质量检查员：　　　　　　年　月　日</td></tr>
<tr><td colspan="2">监理（建设）单位验收结论</td><td colspan="7">监理工程师（建设单位项目专业技术负责人）：　　　　　　年　月　日</td></tr>
</table>

7 卫生器具安装

7.1 一般规定

本章适用于室内污水盆、洗涤盆、洗脸（手）盆、盥洗槽、浴盆、淋浴器、大便器、小便器、小便槽、大便冲洗槽、妇女卫生盆、化验盆、排水栓、地漏、加热器、煮沸消毒器和饮水器等卫生器具安装的施工与验收。

7.2 卫生器具安装

7.2.1 施工准备

1 技术准备

(1) 所有安装项目的设计图纸已具备，并且已经过图纸会审和设计交底。

(2) 施工方案已编制。

(3) 施工技术人员向班组做了图纸和施工技术交底。

2 主要机具

(1) 机具：套丝机、砂轮机、砂轮锯、手电钻、冲击钻。

(2) 工具：管钳、手锯等。

(3) 其他：水平尺、划规、线锥等。

3 作业条件

(1) 所有与卫生器具连接的管道压力、闭水试验已完毕，并已办好手续。

(2) 浴盆的安装应待土建作完防水层及保护层后配合土建进行施工。

(3) 安装卫生器具的房间的土建作业应达到安装所提出的要求，对卫生器具容易造成损坏的工序必须完毕。

7.2.2 材料质量控制

1 卫生器具的规格、型号必须符合设计要求，并有产品出厂合格证。卫生器具的外观应规矩，造型周正，表面光滑、美观，无裂纹，边缘平滑，色调一致。

2 卫生器具的零件规格应标准，质量应可靠，外表光滑，电镀均匀，螺纹清晰，锁母松紧适度，无砂眼、裂纹等缺陷。

3 卫生器具的水箱应采用节水型。

4 其他材料：镀锌管件、截止阀、八字门、水嘴、丝扣返水弯、排水口、镀锌螺栓、螺母、胶皮板、铜丝、油灰等均应符合材料要求。

5 卫生陶瓷试验项目与取用按照表 7.2.2 执行。

7.2.3 施工工艺

7.2.3.1 工艺流程

安装准备→卫生器具及配件检验→卫生器具安装→卫生器具及配件预装→卫生器具稳装→卫生器具与墙面、地缝隙的处理→满水、通水试验

表 7.2.2　卫生陶瓷试验项目与取用规定参考表

序号	材料名称及相关标准、规范代号	试　验　项　目	组批原则及取样规定
1	卫生陶瓷 （GB/T 6952—1999）	必试：— 其他：冲击功能、 吸水率、 抗龟裂试验、 水封试验、 污水排放试验	（1）同一生产厂、同种产品、同一级别 500～3000 件为一验收批，不足 500 件也按一批计。 （2）每批随机抽取 3 件用于冲击功能试验，3 件用于污水排放试验，其他试验项目各取 1 件
注："必试"为工程管理过程中对材料进行验收时必须试验的项目； "其他"为根据需要进行的试验项目。			

7.2.3.2　施工要点

1　卫生器具在安装前应进行检查、清洗。配件与卫生器具应配套。部分卫生器具应进行预制再安装。

2　卫生器具安装通用要求

（1）卫生器具的安装应采用预埋螺栓或膨胀螺栓安装固定。

（2）卫生器具安装高度如无设计要求应符合表 7.2.3.2-1 规定。

（3）卫生器具的支、托架必须防腐良好，安装平整、牢固，与器具接触紧密、平稳。

（4）卫生器具安装的允许偏差应符合表 7.2.3.2-2 的规定。

表 7.2.3.2-1　卫生器具的安装高度

项次	卫　生　器　具　名　称			卫生器具安装高度（mm）		备　注
				居住和公共建筑	幼儿园	
1	污水盆（池）		架空式	800	800	自地面至器具上边缘
			落地式	500	500	
2	洗涤盆（池）			800	800	
3	洗脸盆、洗手盆（有塞、无塞）			800	500	
4	盥洗槽			800	500	
5	浴　盆			≯520		
6	蹲式大便器		高水箱	1800	1800	自台阶面至高水箱底
			低水箱	900	900	自台阶面至低水箱底
7	坐式大便器	高水箱		1800	1800	自地面至高水箱底
		低水箱	外露排水管式	510		自地面至低水箱底
			虹吸喷射式	470	370	
8	小便器		挂　式	600	450	自地面至下边缘
9	小便槽			200	150	自地面至台阶面
10	大便槽冲洗水箱			≮2000		自台阶面至水箱底
11	妇女卫生盆			360		自地面至器具上边缘
12	化验盆			800		自地面至器具上边缘

表 7.2.3.2-2　卫生器具安装的允许偏差和检验方法

项　次	项	目	允许偏差（mm）	检　验　方　法
1	坐　标	单独器具	10	拉线、吊线和尺量检查
		成排器具	5	
2	标　高	单独器具	±15	
		成排器具	±10	
3	器具水平度		2	用水平尺和尺量检查
4	器具垂直度		3	吊线和尺量检查

3　PT 型支柱式洗脸盆安装

（1）按照排水管口中心画出竖线，将支柱立好，将脸盆放在支柱上，使脸盆中心对准竖线，找平后画好脸盆固定孔眼位置。同时将支柱在地面位置作好印记。按墙上印记打出 $\phi10 \times 80$mm 的孔洞，栽好固定螺栓。

（2）将地面支柱印记内放好白灰膏，稳好支柱及脸盆，将固定螺栓加胶皮垫、眼圈、带上螺母拧至松紧适度。

（3）再次将脸盆面找平，支柱找直。将支柱与脸盆接触处及支柱与地面接触处用白水泥勾缝抹光。

4　洗脸盆安装

（1）洗脸盆支架安装：应按照排水管口中心在墙面上画出竖线，由地面向上量出规定的高度，画出水平线，根据盆宽在水平线上画出支架位置的十字线。按印记剔成 $\phi30 \times 120$mm 孔洞，将脸盆支架找平栽牢，再将脸盆置于支架上找平、找正。将架钩在盆下固定孔内，拧紧盆架的固定螺栓，找平找正。

（2）铸铁架洗脸盆安装：按上述方法找好十字线，按印记剔成 $\phi15 \times 70$mm 的孔洞，栽好铅皮卷，采用 2½″螺钉将盆架固定于墙上。将活动架的固定螺栓松开，拉出活动架将架钩勾在盆下固定孔内，拧紧盆架的固定螺栓，找正、找平。

5　净身盆安装

（1）净身盆配件安装完以后，应接通临时水试验无渗漏后方可进行稳装。

（2）将排水预留管口周围清理干净，将临时管堵取下，检查有无杂物。将净身盆排水三通下口铜管装好。

（3）将净身盆排水管插入预留排水管口内，将净身盆稳平找正。净身盆尾部距墙尺寸一致。将净身盆固定螺栓孔及底座画好印记，移开净身盆。

（4）将固定螺栓孔印记画好十字线，剔成 $\phi20 \times 60$mm 孔眼，将螺栓插入洞内栽好，再将净身盆孔眼对准螺栓放好，与原印记吻合后再将净身盆下垫好白灰膏，排水铜管套上护口盘。净身盆稳牢、找平、找正。固定螺栓上加胶垫、眼圈，拧紧螺母。清除余灰，擦拭干净。将护口盘内加满油灰与地面按实。净身盆底座与地面有缝隙之处，嵌入白水泥浆补齐、抹光。

6　蹲便器、高水箱安装

（1）首先，将胶皮碗套在蹲便器进水口上，要套正、套实，用成品喉箍紧固（或用 14 号铜丝分别绑两道，严禁压接在一条线上，铜丝拧紧要错位 90°左右。

(2) 将预留排水口周围清扫干净，把临时管堵取下，同时检查管内有无杂物。找出排水管口的中心线，并画在墙上。用水平尺（或线坠）找好竖线。

(3) 将下水管承口内抹上油灰，蹲便器位置下铺垫白灰膏，然后将蹲便器排水口插入排水管承口内稳好。同时用水平尺放在蹲便器上沿，纵横双向找平、找正。使蹲便器进水口对准墙上中心线。同时蹲便器两侧用砖砌好抹光，将蹲便器排水口与排水管承口接触处的油灰压实、抹光。最后将蹲便器的排水口用临时堵头封好。

(4) 稳装多联蹲便器时，应先检查排水管口的标高、甩口距墙的尺寸是否一致，找出标准地面标高，向上测量蹲便器需要的高度，用小线找平，找好墙面距离，然后按上述方法逐个进行稳装。

(5) 高水箱稳装：应在蹲便器稳装之后进行。首先检查蹲便器的中心与墙面中心线是否一致，如有错位应及时进行调整，以蹲便器不扭斜为准。确定水箱出水口的中心位置，向上测量出规定高度。同时结合高水箱固定孔与给水孔的距离找出固定螺栓高度位置，在墙上划好十字线，剔成 $\phi30\times100$mm 深的孔眼，用水冲净孔眼内的杂物，将燕尾螺栓插入洞内用水泥捻牢。将装好配件的高水箱挂在固定螺栓上，加胶垫、眼圈，带好螺母拧至松紧适度。

(6) 多联高水箱应按上述做法先挂两端的水箱，然后拉线找平、找直，再稳装中间水箱。

7　背水箱坐便器安装

(1) 将坐便器预留排水管口周围清理干净，取下临时管堵，检查管内有无杂物。

(2) 将坐便器出水口对准预留排水口放平找正，在坐便器两侧固定螺栓眼处画好印记后，移开坐便器，将印记画好十字线。

(3) 在十字线中心处剔 $\phi20\times60$mm 的孔洞，把 $\phi10$mm 螺栓插入孔洞内用水泥栽牢，将坐便器试稳装，使固定螺栓与坐便器吻合，移开坐便器。将坐便器排水口及排水管口周围抹上油灰后将坐便器对准螺栓放平、找正，螺栓上套好胶皮垫，带上眼圈、螺母拧至松紧适度。

(4) 坐便器无进水螺母的可采用胶皮碗的连接方法。

(5) 背水箱安装：对准坐便器尾部中心，在墙上画好垂直线，在距地平 8000mm 高度画水平线。根据水箱背面固定孔眼的距离，在水平线上画好十字线剔 $\phi30\times70$mm 深的孔洞，把带有燕尾的镀锌螺栓（规格 $\phi10\times100$mm）插入孔洞内，用水泥栽牢。将背水箱挂在螺栓上放平、找正。与坐便器中心对正，螺栓上套好胶皮垫，带上眼圈、螺母拧至松紧适度。

8　挂式小便器安装

(1) 首先，对准给水管中心画一条垂线，有地平向上量出规定的高度画一水平线。根据产品规格尺寸，由中心向两侧固定孔眼的距离，在横线上画好十字线，再画出上、下孔眼的位置。

(2) 将孔眼位置剔成 $\phi10\times60$mm 的孔眼，栽入 $\phi6$mm 螺栓。托起小便器挂在螺栓上。把胶垫、眼圈套入螺栓，将螺母拧至松紧适度。将小便器与墙面的缝隙嵌入白水泥浆补齐、抹光。

9　立式小便器安装

(1) 立式小便器安装前应检查给、排水预留管口是否在一条垂线上，间距是否一致。符合要求后按照管口找出中心线。

(2) 将下水管周围清理干净，取下临时管堵，抹好油灰，在立式小便器下铺垫水泥、白灰膏的混合灰（比例为1:5)。将立式小便器稳装找平、找正。立式小便器与墙面、地面缝隙嵌入白水泥浆抹平、抹光。

10 洗涤盆安装

(1) 栽架前应将盆架与洗涤盆试一下是否相符。将冷、热水预留管口之间画一条平分垂线（只有冷水时，洗涤盆中心应对准给水管口）。由地面向上量出规定的高度，画出水平线，按照洗涤盆架的宽度由中心线左右画好十字线，剔成 $\phi 50\times120$mm 的孔眼，用水冲净孔眼内杂物，将盆架找平、找正，用水泥栽牢。将洗涤盆放于架上纵横找平、找正。洗涤盆靠墙一侧缝隙处嵌入白水泥浆勾缝抹光。

(2) 排水管的连接：先将排水口根母松开卸下，放在洗涤盆排水孔眼内，测量出距排水预留管口的尺寸。将短管一端套好丝扣，涂油、缠麻。将存水弯拧至外露丝2~3扣，按量好的尺寸将短管断好，插入排水管口的一端应做扳边处理。将排水口圆盘下加1mm厚的胶垫、抹油灰，插入洗涤盆排水孔眼，外面再套上胶垫、眼圈，带上根母。在排水口的丝扣处抹油、缠麻，用自制扳手卡住排水口内十字筋，使排水口溢水眼对准洗涤盆溢水口眼，用自制扳手拧紧根母至松紧适度。吊直找正。接口处捻实，环缝要均匀。

(3) 水嘴安装：将水嘴丝扣处涂油缠麻，装在给水管口内，找平、找正，拧紧，除净外露麻丝等。

(4) 堵链安装：在瓷盆上方50mm并对准排水口中心处剔成 $\phi 10\times50$mm 孔眼，用水泥浆将螺栓浇注牢固。

11 浴盆安装

(1) 浴盆稳装前应将浴盆内表面擦拭干净，同时检查瓷面是否完好。带腿的浴盆先将腿部的螺丝卸下，将拔销母插入浴盆底卧槽内，把腿扣在浴盆上带好螺母拧紧找平。浴盆如砌砖腿时，应配合土建施工把砖腿按标高砌好。将浴盆稳于砖台上，找平、找正。浴盆与砖腿缝隙外用1:3水泥砂浆填充抹平。

(2) 有饰面的浴盆，应留有通向浴盆排水口的检修门。

浴盆排水安装：将浴盆排水三通套在排水横管上，缠好油盘根绳，插入三通中口，拧紧锁母。三通下口装好铜管，插入排水预留管口内（铜管下端扳边)。将排水口圆盘下加胶垫、油灰，插入浴盆排水孔眼，外面再套胶垫、眼圈，丝扣处涂铅油、缠麻。用自制叉扳手卡住排水口十字筋，上入弯头内。

将溢水立管下端套上锁母，缠上油盘根绳，插入三通上口对准浴盆溢水孔，带上锁母。溢水管弯头处加1mm厚的胶垫、油灰，将浴盆堵螺栓穿过溢水孔花盘，上入弯头“一”字丝扣上，无松动即可，再将三通上口锁母拧至松紧适度。

浴盆排水三通出口和排水管接口处缠绕油盘根绳捻实，再用油灰封闭。

混合水嘴安装：将冷、热水管口找平、找正。把混合水嘴转向对丝抹铅油、缠麻丝，带好护口盘，用自制扳手插入转向对丝内，分别拧入冷、热水预留管口，校好尺寸，找平、找正。使护口盘紧贴墙面。然后将混合水嘴对正转向对丝，加垫后拧紧锁母找平、找正。用扳手拧至松紧适度。

水嘴安装：先将冷、热水预留管口用短管找平、找正。如暗装管道进墙较深者，应先量出短管尺寸，套好短管，使冷、热水嘴安完后距墙一致。将水嘴拧紧找正，除净外露麻丝。

12　镀铬淋浴器安装

(1) 暗装管道先将冷、热水预留管口加试管找平、找正。量好短管尺寸，断管、套丝、涂铅油、缠麻，将弯头上好。明装管道按规定标高煨好"Π"弯（俗称元宝弯），上好管箍。

(2) 淋浴器锁母外丝丝头处抹油、缠麻。用自制扳手卡住内筋，上入弯头或管箍内。再将淋浴器对准锁母外丝，将锁母拧紧。将固定圆盘上的孔眼找平、找正。画出标记，卸淋浴器，将印记剔成 $\phi 10 \times 40$mm 孔眼，栽好铅皮卷。再将锁母外丝口加垫抹油，将淋浴器对准锁母外丝口，用扳手拧至松紧适度。再将固定圆盘与墙面靠严，孔眼平正，用木螺钉固定在墙上。

(3) 将淋浴器上部铜管预装在三通口上，使立管垂直，固定圆盘与墙面贴实，孔眼平正，画出孔眼标记，栽入铅皮卷，锁母外加垫抹油，将锁母拧至松紧适度。将固定圆盘采用木螺钉固定在墙面上。

13　铁管淋浴器的组装

(1) 铁管淋浴器的组装必须采用镀锌管及管件。

(2) 由地面向上量出 1150mm，画一条水平线为阀门中心标高。再将冷、热阀门中心位置画出，测量尺寸，配管上零件。阀门上应加活接头。

(3) 根据组数预制短管，按顺序组装，立管栽固定立管卡，将喷头卡住。立管应吊直、喷头找正。安装时应注意男、女浴室喷头的高度。

14　排水栓和地漏的安装应平正、牢固，低于排水表面，周边无渗漏。地漏水封高度不得小于 50mm。

15　卫生器具交工前应做满水和通水试验，进行调试。

(1) 检查卫生器具的外观，如果被污染或损伤，应清理干净或重新安装，达到要求为止。

(2) 卫生器具的满水试验可结合排水管道满水试验一同进行，也可单独将卫生器具的排水口堵住，盛满水进行检查，各连接件不渗不漏为合格。

(3) 给卫生器具放水，检查水位超过溢流孔时，水流能否顺利溢出。当打开排水口，排水应该迅速排出。关闭水嘴后应能立即关住水流，龙头四周不得有水渗出。否则应拆下修理后再重新试验。

(4) 检查冲洗器具时，先检查水箱浮球装置的灵敏度和可靠程度，应经多次试验无误后方可。检查冲洗阀冲洗水量是否合适，如果不合适，应调节螺钉位置达到要求为止。连体坐便水箱内的浮球容易脱落，造成关闭不严而长流水，调试时应缠好填料将浮球拧紧。冲洗阀内的虹吸小孔容易堵塞，从而造成冲洗后无法关闭，遇此情况，应拆下来进行清洗，达到合格为止。

(5) 通水试验给、排水畅通为合格。

7.2.4　成品保护

1　卫生器具在托运和安装时要防止磕碰。

2　预留的卫生器具排出口接管口处应做可靠的临时封堵。

3　稳装后洁具排水口应用防护品堵好。

4　在釉面砖、水磨石墙面剔孔洞时，宜用手电钻或先用小錾子剔掉釉面，待剔至砖底灰层处可用力，但不得过猛，以免将面层剔碎或震成空鼓现象。

5　安装完毕的洁具应加以保护，防止洁具瓷面受损和整个洁具损坏。

6　通水试验前应检查地漏是否畅通，分户阀门是否关闭，然后按楼层分房间逐一进行通水试验，以免漏水使装修工程受损。

7　在冬期室内不通暖时，各种洁具必须将水放净。存水弯应无积水，以免将洁具和存水弯冻裂。

7.2.5　安全、环保措施

1　搬运器具时轻抬慢放，防止损坏器具和不慎伤人。

2　器具装设前应对预栽木砖（或预栽螺栓）进行检查，防止因木砖或（螺栓）松动器具坠落伤人。

7.2.6　质量标准

Ⅰ　一 般 规 定

1　卫生器具的安装应采用预埋螺栓或膨胀螺栓安装固定。

2　卫生器具安装高度如无设计要求应符合表 7.2.3:2-1 的规定。

Ⅱ　主 控 项 目

3　排水栓和地漏的安装应平正、牢固，低于排水表面，周边无渗漏。地漏水封高度不得小于 50mm。

检验方法：试水观察检查。

4　卫生器具交工前应做满水和通水试验。

检验方法：满水后各连接件不渗不漏；通水试验给、排水畅通。

Ⅲ　一 般 项 目

5　卫生器具安装的允许偏差应符合表 7.2.3.2-2 的规定。

6　有饰面的浴盆，应留有通向浴盆排水口的检修门。

检验方法：观察检查。

7　小便槽冲洗管应采用镀锌管或硬质塑料管。冲洗孔应斜向下方安装，冲洗水流同墙面成 45°角。镀锌钢管钻孔后应进行二次镀锌。

检验方法：观察检查。

8　卫生器具的支、托架必须防腐良好，安装平整、牢固，与器具接触紧密、平稳。

检验方法：观察和手扳检查。

7.2.7　质量验收

1　卫生器具安装分项工程应按系统、区域、施工段或楼层等划分。分项工程应划分成若干检验批进行验收。

2　检验批质量验收、分项工程质量验收参照本标准第 3.1.8 ~ 3.1.11 条。

3 检验批质量验收表当地政府主管部门无统一规定时，宜采用表 7.2.7“卫生器具及给水配件安装工程检验批质量验收记录”。

表 7.2.7 卫生器具及给水配件安装工程检验批质量验收记录表

GB 50242—2002

单位（子单位）工程名称							
分部（子分部）工程名称					验收部位		
施工单位					项目经理		
分包单位					分包项目经理		
施工执行标准名称及编号							
施工质量验收规范规定						施工单位检查评定记录	监理（建设）单位验收记录
主控项目	1	卫生器具满水试验和通水试验			第 7.2.2 条		
主控项目	2	排水栓与地漏安装			第 7.2.1 条		
主控项目	3	卫生器具给水配件			第 7.3.1 条		
一般项目	1	卫生器具安装允许偏差	坐标	单独器具	10mm		
				成排器具	5mm		
			标高	单独器具	±15mm		
				成排器具	±10mm		
			器具水平度		2mm		
			器具垂直度		3mm		
	2	给水配件安装允许偏差	高、低水箱、阀角及截止阀水嘴		±10mm		
			淋浴器喷头下沿		±15mm		
			浴盆软管淋浴器挂钩		±20mm		
	3	浴盆检修门、小便槽冲洗管安装			第 7.2.4 条、第 7.2.5 条		
	4	卫生器具的支、托架			第 7.2.6 条		
	5	浴盆淋浴器挂钩高度距地 1.8m			第 7.3.3 条		
	专业工长（施工员）					施工班组长	
施工单位检查评定结果	项目专业质量检查员： 年 月 日						
监理（建设）单位验收结论	专业监理工程师（建设单位项目专业技术负责人）： 年 月 日						

7.3 卫生器具给水配件安装

7.3.1 施工准备

参见本标准第 7.2.1 条。

7.3.2 材料质量控制

1 参见本标准第 7.2.2 条。

2 卫生器具给水配件应完好无损伤，接口严密，启闭部分灵活。

7.3.3 施工工艺

7.3.3.1 工艺流程

安装准备→给水配件检验→给水配件安装→满水、通水试验

7.3.3.2 施工要点

1 卫生器具给水配件在安装前应进行检查、验收。配件与卫生器具应配套，部分卫生器具应进行预制再安装。

2 一般要求：

(1) 卫生器具给水配件的安装高度，如无设计要求时，应符合表 7.3.3.2-1 的规定。

表 7.3.3.2-1 卫生器具给水配件的安装高度

项次	给 水 配 件 名 称		配件中心距地面高度（mm）	冷热水龙头距离（mm）
1	架空式污水盆（池）水龙头		1000	
2	落地式污水盆（池）水龙头		800	
3	洗涤盆（池）水龙头		1000	150
4	住宅集中给水龙头		1000	
5	洗手盆水龙头		1000	
6	洗脸盆	水龙头（上配水）	1000	150
		水龙头（下配水）	800	150
		角阀（下配水）	450	
7	盥洗槽	水龙头	1000	150
		冷热水管 上下并行其中热水龙头	1100	150
8	浴 盆	水龙头（上配水）	670	150
9	淋浴器	截止阀	1150	95
		混合阀	1150	
		淋浴器喷头下沿	2100	
10	蹲式大便器：从台阶面算起	高水箱角阀及截止阀	2040	
		低水箱角阀	250	
		手动式自闭冲洗阀	600	
		脚踏式自闭冲洗阀	150	
		拉管式冲洗阀（从地面算起）	1600	
		带防污助冲器阀门（从地面算起）	900	
11	坐式大便器	高水箱角阀及截止阀	2040	
		低水箱角阀	150	
12	大便器冲洗水箱截止阀（从台阶面算起）		≮2400	
13	立式小便器角阀		1130	
14	挂式小便器角阀及截止阀		1050	
15	小便槽多孔冲洗管		1100	
16	实验室化验水龙头		1000	
17	妇女卫生盆混合阀		360	

注：装设在幼儿园的洗手盆、洗脸盆和盥洗槽水嘴中心离地面安装高度应为 700mm，其他卫生器具给水配件的安装高度，应按卫生器具实际尺寸相应减少。

(2) 卫生器具给水配件应完好无损伤，接口严密，启闭部分灵活。

(3) 卫生器具给水配件安装标高的允许偏差应符合表 7.3.3.2-2 的规定。

表 7.3.3.2-2　卫生器具给水配件安装标高的允许偏差和检验方法

项　次	项　　　目	允许偏差（mm）	检　验　方　法
1	大便器高、低水箱角阀及截止阀	±10	尺量检查
2	水嘴	±10	
3	淋浴器喷头下沿	±15	
4	浴盆软管沐浴器挂钩	±20	

3　PT 型支柱式洗脸盆配件安装

(1) 混合水嘴的安装：将混合水嘴的根部加 1mm 厚的胶垫、油灰。插入脸盆上沿中间孔眼内，下端加胶垫和眼圈，扶正水嘴，拧紧根母至松紧适度，带好给水螺母。

(2) 将冷、热水阀门上盖卸下，退下螺母，将阀门自下而上地插入脸盆冷、热水孔眼内。阀门锁母和胶圈套入四通横管，再将阀门上根母加油灰及 1mm 厚的胶垫，将根母拧紧与丝扣平。盖好阀门盖，拧紧门盖螺丝。

4　洗脸盆配件安装

(1) 安装脸盆水嘴：先将水嘴根母、锁母卸下，在水嘴根部垫好油灰，插入脸盆给水孔眼，下面再套上胶垫眼圈，带上母根后左手按住水嘴，右手用自制八字死扳手将螺母紧至松紧适度。

(2) 洗脸盆给水管连接：首先量好尺寸，配好短管。装上八字水门，再将短管另一端丝扣处涂油、缠麻，拧在预留给水管口（如果是暗装管道，带护口盘，要先将护口盘套在短节上，管道上完后，将护口盘内填满油灰，向墙面找平、按实，清理外溢油灰）至松紧适度。将铜管（或塑料管）按尺寸断好，需煨灯叉弯者把弯煨好。将八字水门与水嘴的锁母卸下，背靠背套在铜管（或塑料管）上，分别缠好油盘根绳或铅油麻线，上端插入水嘴根部，下端插入八字水门中口，分别拧好上、下螺母至松紧适度。找直、找正，并将外露麻丝清理干净。

5　净身盆配件安装

(1) 将混合阀门及冷、热水阀门的门盖卸下，下根母调整适当，以三个阀门装好后上根母与阀门颈丝扣基本相平为宜。将预装好的喷嘴转心阀门装在混合开关的四通口下口。

(2) 将冷、热水阀门的出口锁母套在混合阀门四通横管处，加胶圈或缠油盘根绳组装在一起，拧紧锁母，将三个阀门门颈处加胶垫、同时由净身盆自下而上穿过孔眼。三个阀门上加胶垫、眼圈，带好根母。混合阀门上加角型胶垫及少许油灰，扣上长方形镀铬护口盘，带好根母，然后将空心螺栓穿过护口盘及净身盆。盆下加胶垫、眼圈和根母，拧紧根母至松紧适当。

(3) 将混合阀门上根母拧紧，其根母应与转心阀门颈丝相平为宜。将阀门盖放入阀门挺旋转，能使转心阀门盖旋转 30°即可，再将冷、热水阀门的上根母对称拧紧。分别装好三个阀门门盖，拧紧冷、热水阀门门盖上的固定螺丝。

(4) 喷嘴安装：将喷嘴靠瓷面处加 1mm 厚的胶垫，抹少许油灰，将定型铜管一端与喷嘴连接，另一端与混合阀门四通下转心阀门连接。拧紧螺母，转心阀门门挺须朝向与四通平行一侧，以免影响手提拉杆的安装。

6 高水箱配件的安装

(1) 应先将虹吸管、锁母、根母、下垫卸下，涂抹油灰后将虹吸管插入高水箱出水孔。将管下垫、眼圈套在管上，拧紧根母至松紧适度。将锁母拧在虹吸管上，虹吸管的方向、位置视具体情况确定。

(2) 将浮球拧在漂杆上，并与浮球阀连接好。

(3) 拉把支架安装：将拉把上螺母眼圈卸下，再将拉把上螺栓插入水箱一侧的上沿（侧位方向视给水预留口情况而定）加垫圈紧固。调整挑杆距离（挑杆的提拉距离一般为40mm为宜）。挑杆另一端连接拉把（拉把可于交验前统一安装），将水箱备用上水眼用塑料胶盖堵死。

7 背水箱配件安装

(1) 背水箱中带溢流管的排水口安装根据设计要求进行，溢水管口应低于水箱固定螺栓孔10~20mm。

(2) 背水箱浮球阀安装与高水箱相同，有补水管者把补水管上好后煨弯至溢水口内。

(3) 安装扳手时，先将圆盘塞入背水箱左上角方孔内，把圆盘上入方螺母内用管钳拧至松紧适度，把挑杆煨好勺弯，将扳手轴插入圆盘孔内，套上挑杆拧紧顶丝。

(4) 安装背水箱翻板式排水时，将挑杆与翻板用尼龙线连接好。板动扳手使挑杆上翻板活动自如。

8 高水箱冲洗管的连接

先上好八字门，测量出高水箱浮球阀距八字水门中口给水管的尺寸，配好短节，装在八字门上及给水管口内。需要灯叉弯者把弯煨好，然后将浮球阀和八字水门锁母卸下，背对背套在铜管或塑料管上，两头缠铅油麻线或石棉绳，分别插入浮球阀和八字水门进出口内拧紧锁母。

9 延时自闭冲洗阀的安装

(1) 根据冲洗阀至胶皮碗的距离，断好90°弯的冲洗管，使两端合适。将冲洗阀的锁母和胶圈卸下，分别套在冲洗管直管段上，将弯管下端插入胶皮碗内40~50mm，用喉箍卡牢。再将上端插入冲洗阀内，推上胶圈，调直找正，将锁母拧至松紧适度。

(2) 扳把式冲洗阀的扳手应朝向右侧。按钮式冲洗阀的按钮应朝向正面。

10 洗涤盆配件安装

(1) 水嘴安装：将水嘴丝扣处涂油缠麻，装在给水管口内，找平、找正，拧紧，除净外露麻丝等。

(2) 堵链安装：在瓷盆上方50mm并对准排水口中心处剔成$\phi10\times50$mm孔眼，用水泥浆将螺栓注牢。

11 浴盆配件安装

(1) 混合水嘴安装：将冷、热水管口找平、找正。把混合水嘴转向对丝抹铅油、缠麻丝，带好护口盘，用自制扳手插入转向对丝内，分别拧入冷、热水预留管口，校好尺寸，找平、找正。使护口盘紧贴墙面，然后将混合水嘴对正转向对丝，加垫后拧紧锁母找平、找正，用扳手拧至松紧适度。

(2) 水嘴安装：先将冷、热预留管口用短管找平、找正。如暗装管道进墙较深者，应先量出短管尺寸，套好短管，使冷、热水嘴安完后距墙一致。将水嘴拧紧找正，除净外露麻丝。

(3) 浴盆软管淋浴器挂钩的高度，如设计无要求，应距地面 1.8m。

12　小便槽冲洗管应采用镀锌管或硬质塑料管。冲洗孔应斜向下方安装，冲洗水流同墙面成 45°角。镀锌钢管钻孔后应进行二次镀锌。

13　卫生器具安装完毕后通水时进行检查，看给水配件连接是否严密。

7.3.4　成品保护

1　给水配件安装前应妥善保管，防止损伤。

2　安装过程中轻拿轻放，采用软接触方式安装配件。

3　稳装后镀铬零件用纸包好，以免损坏。

7.3.5　安全、环保措施

1　给水配件安装操作空间普遍狭小，应注意操作，防止伤手、损伤器具。

2　塑料、木板等包装物和麻丝、铅油、生料带、管材等下脚料应分类回收。

7.3.6　质量标准

Ⅰ　一　般　规　定

1　卫生器具给水配件的安装高度，如无设计要求时，应符合表 7.3.3.2-1 的规定：

Ⅱ　主　控　项　目

2　卫生器具给水配件应完好无损伤，接口严密，启闭部分灵活。

检验方法：观察及手扳检查。

Ⅲ　一　般　项　目

3　卫生器具给水配件安装标高的允许偏差应符合表 7.3.3.2-2 的规定。

4　浴盆软管淋浴器挂钩的高度，如设计无要求，应距地面 1.8m。

检验方法：尺量检查。

7.3.7　质量验收

1　卫生器具给水配件安装分项工程应按系统、区域、施工段或楼层等划分。分项工程应划分成若干检验批进行验收。

2　检验批质量验收、分项工程质量验收参照本标准第 3.1.8~3.1.11 条。

3　检验批质量验收表当地政府主管部门无统一规定时，宜采用表 7.2.7“卫生器具及给水配件安装工程检验批质量验收记录表”。

7.4　卫生器具排水管道安装

7.4.1　施工准备

参见本标准第 7.2.1 条。

7.4.2　材料质量控制

参见本标准第 7.2.2 条。

7.4.3 施工工艺

7.4.3.1 工艺流程

安装准备→排水配件检验→排水配件安装→满水、通水试验

7.4.3.2 施工要点

1 卫生器具排水配件在安装前应进行检查、验收。配件与卫生器具应配套，部分卫生器具排水配件应进行预制再安装。

2 一般要求

(1) 连接卫生器具的排水管管径的最小坡度，如设计无要求时，应符合表 7.4.3.2-1 的规定。

表 7.4.3.2-1 连接卫生器具的排水管管径的最小坡度

项 次	卫 生 器 具 名 称		排水管管径（mm）	管道的最小坡度（‰）
1	污水盆（池）		50	25
2	单、双格洗涤盆（池）		50	25
3	洗手盆、洗脸盆		32~50	20
4	浴 盆		50	20
5	淋浴器		50	20
6	大便器	高、低水箱	100	12
		自闭式冲洗阀	100	12
		拉管式冲洗阀	100	12
7	小便器	手动、自闭式冲洗阀	40~50	20
		自动冲洗水箱	40~50	20
8	化验盆（无塞）		40~50	25
9	净身器		40~50	20
10	饮水器		20~50	10~20
11	家用洗衣机		50（软管为 30）	

(2) 与排水横管连接的各卫生器具的受水口和立管均应采取妥善可靠固定措施，管道与楼板的接合部位应采取牢固可靠的防渗、防漏措施。

(3) 连接卫生器具的排水管道接口应紧密不漏，其固定支架、管卡等支撑位置应正确、牢固，与管道的接触应平整。

(4) 卫生器具排水管道安装的允许偏差应符合表 7.4.3.2-2 的规定。

表 7.4.3.2-2 卫生器具排水管道安装的允许偏差和检验方法

项 次	检 查 项 目		允许偏差（mm）	检 验 方 法
1	横管弯曲度	每 1m 长	2	用水平尺和尺量检查
		横管长度≤10m，全长	<8	
		横管长度>10m，全长	10	
2	卫生器具的排水管口及横支管的纵横坐标	单独器具	10	用尺量检查
		成排器具	5	
3	卫生器具的接口标高	单独器具	±10	用水平尺和尺量检查
		成排器具	±5	

3 PT 型支柱式洗脸盆配件安装

(1) 脸盆排水口加1mm厚的胶垫、油灰，插入脸盆排水孔眼内，外面加胶垫和眼圈，丝扣处涂油、缠麻。用自制扳手卡住下水口十字筋，拧入下水三通口，使中口向后，溢水口要对准脸盆溢水眼。

(2) 将手提拉杆和弹簧万向珠装入三通中心，将锁母拧至松紧适度。再将立杆穿过混合水嘴空腹管至四通下口，四通和立杆接口处缠油盘根绳，拧紧压紧螺母。立、横杆交叉点用卡具连接好，同时调整定位。

4　洗脸盆配件安装

(1) 安装脸盆下水口：先将下水口根母、眼圈、胶垫卸下，将上垫垫好油灰后插入脸盆排水口孔内，下水口中的溢水口要对准脸盆排水口中的溢水口眼。外面加上垫好油灰的胶垫，套上眼圈，带上根母，再用自制扳手卡住排水口十字筋，用平口扳手上根母至松紧适度。

(2) 洗脸盆排水管连接

1) S型存水弯的连接：应在脸盆排水口丝扣下端涂铅油，缠小许麻丝。将存水弯上节拧在排水口上，松紧适度，再将存水弯下节的下端缠油盘跟绳插在排水管口内，将胶皮垫放在存水弯的连接处，把锁母用手拧紧后调直找正。再用扳手拧至松紧适度，用油灰将下水口塞严、抹平。

2) P型存水弯的连接：应在脸盆排水口丝扣下端涂铅油，缠少许麻丝。将存水弯立节拧在排水口上，松紧适度。再将存水弯横节按需要长度配好。把锁母和护口盘背靠背套在横节上，在端头缠好油盘根绳，安装高度是否合适，如不合适可用立节调整，然后把胶垫放在锁口内，将螺母拧至松紧适度。把护口盘内填满油灰后向墙面找平、安实。将外溢油灰除掉，擦净墙面。将下水口处外露麻丝清理干净。

5　净身盆配件安装

(1) 排水口安装：将排水口加胶垫，穿入净身盆排水孔眼。拧入排水三通上口，同时检查排水口与净身盆排水孔眼的凹面是不是紧密，如有松动及不严密现象，可将排水口锯掉一部分，尺寸合适后，将排水口圆盘下加抹油灰，外面加胶垫、眼圈，用自制叉扳手卡入排水口十字筋，将溢水口对准净身盆溢水孔眼，拧入排水三通上口。

(2) 手提拉杆安装：将挑杆弹簧珠装入排水三通口中，拧紧螺母至松紧适度。然后将受提拉杆插入空心螺栓，用卡具与横挑杆连接，调整定位，使手提拉杆活动自如。

6　洗涤盆配件安装

排水管的连接：先将排水口根母松开卸下，放在洗涤盆排水孔眼内，测量出距排水预留管口的尺寸。将短管一端套好丝扣，涂油、缠麻。将存水弯拧至外露丝2~3扣，按量好的尺寸将短管断好，插入排水管口的一端应做扳边处理。将排水口圆盘下加1mm厚的胶垫、抹油灰，插入洗涤盆排水孔眼，外面再套上胶垫、眼圈，带上根母。在排水口的丝扣处抹油、缠麻，用自制扳手卡住排水口内十字筋，使排水口溢水眼对准洗涤盆溢水口眼，用自制扳手拧紧根母至松紧适度。吊直找正。接口处捻实，环缝要均匀。

7　浴盆安装

将浴盆排水三通套在排水横管上，缠好油盘根绳，插入三通中口，拧紧锁母。三通下口装好铜管，插入排水预留管口内（铜管下端扳边）。将排水口圆盘下加胶垫、油灰，插入浴盆排水孔眼，外面再套胶垫、眼圈，丝扣处涂铅油、缠麻。用自制叉扳手卡住排水口十字筋，上入弯头内。

将溢水立管下端套上锁母，缠上油盘根绳，插入三通上口对准浴盆溢水孔，带上锁母。溢水管弯头处加 1mm 厚的胶垫、油灰，将浴盆堵螺栓穿过溢水孔花盘，上入弯头“一”字丝扣上，无松动即可，再将三通上口锁母拧至松紧适度。

浴盆排水三通出口和排水管接口处缠绕油盘根绳捻实，再用油灰封闭。

8 卫生器具安装完毕后通水时进行检查，看排水管道连接是否严密。

7.4.4 成品保护

1 稳装后洁具排水口应用防护品堵好，镀铬零件用纸包好，以免堵塞或损坏。

2 具稳装后，为防止配件丢失或损坏，如拉链、堵链等材料、配件应在竣工前统一安装。

3 冬期室内不通暖时，各种洁具必须将水放净。存水弯应无积水，以免将洁具和存水弯冻裂。

4 水之前，将器具内污物清理干净，不得借通水之便将污物冲入下水管内，以免管道堵塞。

7.4.5 安全、环保措施

参见本标准第 5.2.5 条中相关内容。

7.4.6 质量标准

Ⅰ 主 控 项 目

1 与排水横管连接的各卫生器具的受水口和立管均应采取妥善可靠固定措施，管道与楼板的接合部位应采取牢固可靠的防渗、防漏措施。

检验方法：观察和手扳检查。

2 连接卫生器具的排水管道接口应紧密不漏，其固定支架、管卡等支撑位置应正确、牢固，与管道的接触应平整。

检验方法：观察及通水检查。

Ⅱ 一 般 项 目

3 卫生器具排水管道安装的允许偏差应符合表 7.4.3.2-2 的规定。

4 连接卫生器具的排水管管径的最小坡度，如设计无要求时，应符合表 7.4.3.2-1 的规定。

检验方法：用水平尺和尺量检查。

7.4.7 质量验收

1 卫生器具排水管道安装分项工程应按系统、区域、施工段或楼层等划分。分项工程应划分成若干检验批进行验收。

2 检验批质量验收、分项工程质量验收参照本技术标准第 3.1.8 ~ 3.1.11 条执行。

3 检验批质量验收表当地政府主管部门无统一规定时，宜采用表 7.4.7“卫生器具排水管道安装工程检验批质量验收记录表”。

表 7.4.7　卫生器具排水管道安装工程检验批质量验收记录表

GB 50242—2002

单位（子单位）工程名称								
分部（子分部）工程名称						验收部位		
施工单位						项目经理		
分包单位						分包项目经理		
施工执行标准名称及编号								
施工质量验收规范规定							施工单位检查评定记录	监理（建设）单位验收记录
主控项目	1	器具受水口与立管，管道与楼板接合				第 7.4.1 条		
主控项目	2	连接排水管应严密，其支托架安装				第 7.4.2 条		
一般项目	1	安装允许偏差	横管弯曲度	每 1m 长		2mm		
				横管长度≤10m，全长		<8mm		
				横管长度>10m，全长		10mm		
			卫生器具排水管口及横支管的纵横坐标	单独器具		10mm		
				成排器具		5mm		
			卫生器具接口标高	单独器具		±10mm		
				成排器具		±5mm		
	2	排水管最小坡度	污水盆（池）		50mm	25‰		
			单、双格洗涤盆（池）		50mm	25‰		
			洗手盆、洗脸盆		32～50mm	20‰		
			浴　盆		50mm	20‰		
			淋浴器		50mm	20‰		
			大便器	高低水箱	100mm	12‰		
				自闭式冲洗阀	100mm	12‰		
				拉管式冲洗阀	100mm	12‰		
			小便器	冲洗阀	40～50mm	20‰		
				自动冲洗水箱	40～50mm	20‰		
			化验盆（无塞）		40～50mm	25‰		
			净身器		40～50mm	20‰		
			饮水器		20～50mm	10‰～20‰		
施工单位检查评定结果	专业工长（施工员）					施工班组长		
	项目专业质量检查员：　　　　年　月　日							
监理（建设）单位验收结论	专业监理工程师（建设单位项目专业技术负责人）：　　　　年　月　日							

8 室内采暖系统安装

8.1 一 般 规 定

8.1.1 本章适用于饱和蒸汽压力不大于0.7MPa，热水温度不超过130℃的室内采暖系统安装工程的施工及质量检验和验收。

8.1.2 本系统常用的管材为焊接钢管，管径小于或等于 *DN*32 的应采用螺纹连接；管径大于 *DN*32 的采用焊接或法兰连接。当选用镀锌钢管时应符合如下规定：

1 管径小于或等于100mm的镀锌钢管应采用螺纹连接，套丝扣时破坏的镀锌层表面及外露螺纹部分应做防腐处理。

2 管径大于100mm的镀锌钢管应采用法兰或卡套式专用管件连接，镀锌钢管与法兰的焊接处应二次镀锌。

8.2 管道及配件安装

8.2.1 施工准备

1 技术准备

(1) 所有安装项目的设计图纸已具备，并且已经过图纸会审和设计交底。

(2) 施工方案已编制。

(3) 施工技术人员向班组做了图纸和施工技术交底。

(4) 配合土建施工进度，预留槽洞及安装预埋件。

(5) 按设计图纸画出管路的位置、管径、变径、预留口、坡向、卡架位置等施工草图，包括干管起点、末端和拐弯、节点、预留口、坐标位置等。

2 材料准备

(1) 焊接钢管、无缝钢管及配套管件，平衡阀、调节阀、截止阀、闸阀、旋塞、自动排气阀、集气罐等阀门。

(2) 型钢、电焊条、石棉板、棉纱、麻丝、石棉绳、聚四氟乙烯生料带、机油、汽油、铅油、粉笔、小线、石笔、锯条、砂轮片、氧气、乙炔等。

3 主要机具

(1) 机具：砂轮锯、套丝机、台钻、电焊机、煨弯器、电锤、千斤顶等。

(2) 工具：压力案、台虎钳、电焊工具、气焊工具、倒链、管钳、手锤、手锯、活扳手等。

(3) 其他：钢卷尺、水平尺、线坠、錾子、粉笔、小线等。

4 作业条件

(1) 位于地沟内的干管，应把地沟内杂物清理干净，安装好托、吊、卡架，未盖盖板前安装。

位于楼板下及顶层的干管,应在结构封顶后或结构进入安装层的一层以上后安装。

(2) 架空的干管安装，应在管支托架稳固后，搭设脚手架后再进行安装。

(3) 立管安装应在确定准确的地面标高后进行。

(4) 暗装支管宜在土建墙面抹灰前进行，明装支管应在土建墙面抹灰后进行。

8.2.2 材料质量控制

材料除应符合本标准第3.2节“材料设备管理”的规定外，尚应满足以下要求：

1 所有材料使用前应做好产品标识，注明产品名称、规格型号、批号、数量、生产日期和检验代码等，并确保材料具有可追溯性。

2 管材不得弯曲、锈蚀，无毛刺、重皮及凹凸不平现象。

3 管件无偏扣、方扣、乱扣、断丝和角度不准确等现象。

4 阀门铸造规矩、无毛刺、无裂纹，开关灵活严密，丝扣无损伤，直度和角度正确，强度符合要求，手轮无损伤。安装前应按规定进行强度、严密性试验。

5 附属装置：减压器、疏水器、过滤器、补偿器等应符合设计要求，并有出厂合格证和说明书。

6 其他材料：型钢、圆钢、管卡子、螺栓、螺母、机油、麻、橡胶垫、焊条、焊丝等，选用时应符合国家及地方相关要求。

8.2.3 施工工艺

8.2.3.1 工艺流程

安装准备→预制加工→卡架安装→干管安装→立管安装→支管安装→附属装置安装→试压→冲洗→防腐→保温→调试验收→放净系统内积水

8.2.3.2 施工要点

1 采暖系统安装的一般要求

(1) 采暖系统按采暖介质分为热水采暖系统和蒸汽采暖系统。

(2) 热水采暖又分热水温度不超过100℃的低温水系统和热水温度在110~150℃的高温水系统两类。在低温水采暖系统中分自然和机械循环两种，高温水采暖系统中都采用机械循环。

(3) 热水采暖系统干管布置方式有上分式、下分式。干管布置在地沟、顶棚内和非采暖房间内的必须采取保温措施。

(4) 保温管在滑动支架处，宜焊上滑托，以利管道热胀移动时，不损坏保温层。滑托的反向偏位安装值与管道在该点的移伸量相同。

(5) 热水采暖系统的排气，应符合如下要求：

1) 在自然循环热水采暖系统中，上分式供水干管的坡峰处连接膨胀水箱，使聚集系统最多点的空气从膨胀水箱排放。

2) 在机械循环的热水采暖系统中，上分式供水干管的坡项设置集气罐，定期排气。下分式各立管顶端可接空气管至集气罐，作定期排气，或在顶层散热器上安装排气阀。

3) 在机械循环的高温水采暖系统中，应选用过热水集气罐。

(6) 膨胀管的连接，应符合如下要求：

1) 在自然循环的热水采暖系统中，膨胀水箱的膨胀管连接在主立管顶点，也是横干管的坡峰处，且不用接循环管。

2）在机械循环的热水采暖系统中，膨胀水箱的膨胀管连接在循环水泵吸水口前回水管的设计定压点上，起控制系统静水压力的作用。

3）在高温水采暖系统中，由供热站设置闭式气压膨胀水箱，室内无膨胀管。

4）膨胀水箱的膨胀管及循环管上不得安装阀门。

（7）在回水管上连接膨胀水箱的循环管时，循环管的连接点应距膨胀管的连接点 1.5 ~ 3m，且在膨胀管连接点的上游。

（8）采暖支立管有双管式和单管式。双管式两支管的中心距离为 80mm，允许偏差 5mm。供回水管排列位置，应面向操作人，右供左回排列。

（9）支立管宜螺纹连接。在供水支立管始端和回水支立管末端，应有调节控制阀门或可拆卸件。

（10）采暖主支管嵌墙暗装时，应在土建砌砖墙时预留墙槽，墙槽尺寸应符合设计要求或按给水管规定预留尺寸执行。嵌墙暗装的立支管应做绝热层。土建墙面的粉刷和装饰，应待管道水压试验后格，绝热层施工完成后进行施工。

（11）采暖管道应有坡度，设计未注明时，应符合下列规定：

1）气、水同向流动的热水采暖管道和汽、水同向流动的蒸汽管道及凝结水管道，坡度应为 3‰，不得小于 2‰。

2）气、水逆向流动的热水采暖管道和汽、水逆向流动的蒸汽管道，坡度不应小于 5‰。

3）散热器支管的坡度应为 1%，坡向应利于排气和泄水。

（12）采暖系统入口装置及分户热计量系统入户装置应符合设计要求，安装位置便于检修、维护和观察。

（13）焊接钢管管径大于 320mm 的管道转弯，在作为自然补偿时应使用煨弯。塑料管及复合管除必须使用直角弯头的场合外应使用管道直接弯曲转弯。

（14）当采暖热媒为 110 ~ 130℃的高温水时，管道可拆卸件应使用法兰，不得使用长丝和活接头。法兰垫料应使用耐热橡胶板。

2　干管连接，应符合如下要求：

（1）干管宜焊接或法兰连接。钢管管道焊口尺寸的允许偏差应符合表 4.2.3.2-9 要求。

（2）在高温水采暖系统中管径大于 *DN*32 的阀门和可拆卸件，应使用法兰连接。

（3）管径大于或等于 *DN*50 时宜采用气焊或氩弧焊。管径大于 *DN*50 的宜采用电焊。

（4）在管道干管上焊接垂直或水平分支管道时，干管开孔所产生的钢渣及管壁等废弃物不得残留管内，且分支管道在焊接时不得插入干管内。

（5）在干管上变径时，应采用偏心异径管，偏心位置应符合如下要求：

1）供汽管：汽、水同向流的应管底平，反向流的应管顶平。

2）供水管：水、气同向流的，应管顶平，反向流的应管底平。

3）回水管：水、气总是反向流的，应管顶平。

（6）架空布置的采暖干管，一般沿墙敷设，遇到墙面有突出立柱的，管道可移至柱外直线敷设，支架的横梁加长，避免绕柱。

（7）地面上沿墙敷设的，遇到墙面突出立柱时，管道应制成方形弯管绕柱敷设，方形弯管相当于方形补偿器，但弯管可采用冲压弯头或焊接弯头组成，也可采用曲率半径为 2 ~ 2.5 倍外管径的弯管组成。

(8) 地面上沿墙布置的水平管，在过门地沟处，最低处应安装放水丝堵，地沟上返高处应安装排气阀。

3 热水采暖干管安装

(1) 按施工草图，进行管段的加工预制，包括：断管、套丝、上零件、调直、核对好尺寸，按环路分组编号，码放整齐。

(2) 安装卡架，按设计要求或规定间距安装。吊卡安装时，先把吊棍按坡向、顺序依次穿在型把管就位在托架上，把第一节管装好U形卡，然后安装第二节管，以后各节管均照此进行，紧固好螺栓。

(3) 干管安装应从进户或分支路点开始，装管前要检查管腔并清理干净。

(4) 管道穿过墙壁、楼板或过沟处，必须先穿好套管。

(5) 分路阀门离分路点不宜过远。如分路处是系统的最低点，必须在分路阀门前加泄水丝堵。集气罐的进出水口，应开在偏下约为罐高的1/3处。其放风管应稳固，如不稳可装两个卡子。集气罐位于系统末端时，应装托、吊卡。

(6) 安装补偿器时应在预制时按规范要求做好预拉伸，并作好记录。按位置固定，与管道连接好。安装波纹补偿器时应按要求位置安装好导向支架和固定支架。

(7) 管道安装完毕，检查坐标、标高、预留口位置和管道变径等是否正确，然后找直，用水平尺等校对复核坡度，调整合格后再调整吊卡螺栓、U形卡，使其松紧适度，平正一致，最后焊牢固定卡处的止动板。

(8) 摆正或安装好管道穿结构处的套管，填堵管洞口，预留口处应加临时管堵。

4 热水采暖立管安装

(1) 核对各层预留孔位置是否垂直，吊线、安装支架。将预制好的管道按编号顺序运到安装地点。

(2) 安装前先卸下阀门盖。有钢套管的先穿到管上，按编号从第一节管开始安装。

(3) 检查立管的每个预留口标高、方向、半圆弯等是否准确、平正。将事先安装好的支架卡子松开，把管放入卡内拧紧螺栓，用吊杆、线坠从第一节管开始找好垂直度，扶正钢套管，最后填堵孔洞，预留口必须加好临时丝堵。

5 热水采暖支管安装

(1) 检查散热器安装位置及立管预留口是否准确，量出支管尺寸和灯叉弯的大小。

(2) 配支管，按量出支管的尺寸，减去灯叉弯的量，然后断管、套丝、煨灯叉弯和调直。将灯叉弯两头抹铅油缠麻，装好活接头，连接散热器，把麻头清理干净。

(3) 暗装或半暗装的散热器，其灯叉弯必须与炉片槽墙角相适应，达到美观。

(4) 散热器支管长度超过1.5m时，应在支管上安装管卡。

(5) 用钢尺、水平尺、线坠核对支管的坡度和平行距墙尺寸，并复查立管及散热器有无移动。

(6) 立支管变径，不宜使用铸铁补心，应使用变径管箍或焊接大小头。

6 蒸汽管道安装

(1) 蒸汽采暖分低压蒸汽采暖和高压蒸汽采暖系统。

(2) 蒸汽采暖系统有上供下回式，下供下回式，上供上回式等多种布置方式。蒸汽上供式水平管坡向宜水流同向流动。下供式水平管坡向宜水流反向流动，在水平管进口集水处设疏水装置，疏水器后的凝结水管与回水管连接。

（3）回水管为自流管，水平管顺水流下坡，水流反向流动。回水管末端应有空气管，并安装有排气阀门，在系统开始允许时可排出水平管内空气，在系统停运时可放进空气排尽存水。

（4）水平安装的管道要有适当的坡度，当坡向与蒸汽流动方向一致时，应采用 $i=0.003$ 的坡度；当坡向与蒸汽流动方向相反时，坡度应加大到 $i=0.005\sim0.010$。干管的翻身处及末端应设置疏水器。

（5）蒸汽干管的变径、供汽管的变径应为下平安装，凝结水管的变径为同心。管径 $DN\geqslant70$mm 时，变径管长度应≥300mm；管径 $DN\leqslant50$mm 时，变径管长度为 200mm。

（6）蒸汽采暖立管的排列、连接和支架与热水采暖管相同。

（7）蒸汽采暖在上分式单管系统的立管底部，下分式单管系统的水平供汽管末端和高压蒸汽采暖系统的回水立管底部，均应安装疏水器。

（8）低压蒸汽采暖双立管系统的散热器回水支管上，均应安装汽包回水盒。供汽支管上宜安装汽包汽门。

（9）采用丝扣连接管道时，丝扣应松紧适度，不允许缠麻，涂好铅油，丝扣上至外露 2~3 扣，对准调直至印记为止。

（10）安装附属装置时，设备的进出口支管位置应设阀门，并在设备始端装设疏水器。

7 方形补偿器安装

（1）方形补偿器在安装前，应检查补偿器是否符合设计要求，补偿器的三个臂是否在一个水平上。安装时用水平尺检查，调整支架，使方型补偿器位置标高正确，坡度符合规定。

（2）安装补偿器应做好预拉伸，设计无要求时预拉神长度为其伸长量的一半（伸长量计算公式见本标准第 3.3.22 条）。按位置固定好，然后再与管道连接。预拉伸方法可选用千斤顶将补偿器的两臂撑开或用拉管器进行冷拉。

（3）预拉伸的焊口应选在距补偿弯曲起点 2~2.5m 处为宜，冷拉前应将固定支座牢固固定住，并对好预拉神焊口处的间距。补偿器两端的直管段和连接管端两者间预留 1/4 的设计补偿量的间隙（另加上焊缝对口间隙）。

（4）采用拉管器进行冷拉时，其操作方法是将拉管器的法兰管卡，紧紧卡在被预拉伸焊口的两端。穿在两个法兰管卡之间的几个双头长螺栓，作为调整及拉紧用。将预拉伸间隙对好并用短角钢在管口处贴焊，但只能焊在管道的一端，另一端用角钢卡住即可，然后拧紧螺栓使间隙靠拢，将焊口焊好后才可松开螺栓，取下拉管器，再进行另一侧的预拉伸，也可两侧同时冷拉。

按设计或规定的压力进行系统试压及冲洗，合格后办理验收手续，并将水泄净。

（5）采用千斤顶顶撑时，将千斤顶横放置于补偿器的两臂间，加好支撑及垫块，然后启动千斤顶，使预拉伸焊口靠拢至要求的间隙。焊口找正，焊接完毕后方可撤除千斤顶。

（6）水平安装时应与管道坡度、坡向一致。如其臂长方向垂直安装时，高点应设放风阀，低点处应设疏水器。

（7）弯制补偿器应用整根无缝钢管煨制，如需要接口，其焊口位置应设在垂直臂的中间位置，且接口必须焊接。

8 套筒补偿器安装

(1) 套筒补偿器应安装在固定支架近旁，并将外套管一端朝向管道的固定支架，内套管一端与产生热膨胀的管道连接。

(2) 套筒补偿器的预拉伸长度应根据设计要求。预拉伸时，先将补偿器的填料压盖松开，将内套管拉出预拉伸的长度，然后再将填料压盖紧住。

(3) 套筒补偿器安装前，安装管道时应留出补偿器的安装位置，在管道两端各焊一片法兰盘，焊接时要求法兰垂直于管道中心线，法兰与补偿器表面相互平行，加垫后衬垫应受力均匀。

(4) 套筒补偿器的填料，应采用涂有石墨粉的石棉盘根或浸过机油的石棉绳，压盖的松紧程度在试运行时进行调整，以不漏水、不漏气，内套管又能伸缩自如为宜。

(5) 为保证补偿器的正常工作，安装时必须保证管道和补偿器中心线一致，并在补偿器前设置1~2个导向滑动支架。

(6) 套筒补偿器要注意经常检修和更换填料，以保证封口严密。

9 波纹补偿器安装

(1) 波纹补偿器的波节数量可根据需要确定，一般为1~4个，每个波节的补偿能力由设计确定，一般为20mm。

(2) 安装前应了解补偿器出厂前是否已做预拉伸，如未进行应补做。在固定的卡架上，将补偿器的一端用螺栓紧固，另一端可用倒链卡住法兰，然后慢慢按预拉伸长度进行冷拉。冷拉时要使补偿器四周受力均匀，拉出规定长度后用支架把补偿器固定好。将拉好的补偿器与管道连接。

(3) 补偿器安装前管道两侧应先安装固定卡架。安装管道时应留出补偿器的安装位置，在管道两端各焊一片法兰盘。焊接时要求法兰垂直于管道中心线，法兰与补偿器表面相互平行，加垫后衬垫应受力均匀。

(4) 补偿器安装时，卡架不得吊在波节上。试压时不得超压，不允许侧向受力，将其固定牢固。

(5) 波形补偿器如须加大壁厚，内套筒的一端与波形补偿器的壁焊接。安装时应注意使介质的流向从焊端流向自由端，并与管道的坡度方向一致。

(6) 在管段两个固定管架之间，不要安装一个以上的轴向型补偿器。固定管架和导向管架的分布符合如下要求：

1) 第一导向管架与补偿器端部的距离不超过4倍管径。

2) 第二导向架与第一导向架的距离不超过4倍管径。

3) 第二导向管架以外的最大导向间距由设计确定。

10 减压阀安装

(1) 减压阀安装时，减压阀前的管径应与阀体的直径一致，减压阀后的管径宜比阀前的管径大1~2号。

(2) 减压阀的阀体必须垂直安装在水平管路上，阀体上的箭头必须与介质流向一致。减压阀两侧应安装阀门，采用法兰连接截止阀。

(3) 减压阀前应装有过滤器，对于带有均压管的薄膜式减压阀，其均压管应接往低压管道的一侧。旁通管是安装减压阀的一个组成部分。

(4) 阀前的高压管道和阀后的低压管道上都应安装压力表。

(5) 阀后低压管道上应安装安全阀，安全阀应预先调整至规定要求。安全阀排气管应接至室外不伤人处。

(6) 较小的系统中，两个截止冷阀串联在一起也可以起到减压作用。一个阀门起减压作用，另一个阀门作开关用，但这种减压方法调节范围有限。

11 疏水器安装

(1) 疏水器应安装在用热设备或管道凝结水排出口以下，且便于检修的地方。

(2) 安装应按设计设置旁通管、冲洗管、检查管、止回阀和除污器等的位置。用汽设备应分别安装疏水器，几个用汽设备不能合用一个疏水器。检查管、冲洗管应接至排水沟。

(3) 疏水器的进出口位置要保持水平，不可倾斜安装。疏水器阀体上的箭头应与凝结水的流向一致，疏水器的排水管管径不能小于进口管径。

(4) 旁通管是安装疏水器的一个组成部分。在检修疏水器时，可暂时通过旁通管运行。

(5) 螺纹连接的疏水器及旁通阀后，均应安装活接头。*DN*32 以下，公称压力 0.3MPa 以下，以及 *DN*40～*DN*50，公称压力 0.2MPa 以下，可采用螺纹连接。

12 平衡阀及调节阀型号、规格、公称压力及安装位置应符合设计要求。安装完毕后应根据系统平衡要求进行调试并作出标志。

13 调节阀安装在振动较小，便于操作、检修的地方，前泄水短路应接疏水装置排放凝结水。

14 安全阀应安装在振动较小，便于检修的地方，且应垂直安装，不得倾斜。与安全阀连接的管道应畅通，进出口管道的公称直径应小于安全阀连接口的公称直径，排出管应向上排至室外，离地面 2.5m 以上。

15 蒸汽减压阀和管道及设备上安全阀的型号、规格、公称压力及安装位置应符合设计要求。安装完毕后应根据系统工作压力进行调试，并做出标志。

16 采暖管道安装的允许偏差应符合表 8.2.3.2 规定。

表 8.2.3.2 采暖管道安装的允许偏差和检验方法

<table>
<tr><th>项次</th><th colspan="3">项 目</th><th>允许偏差</th><th>检验方法</th></tr>
<tr><td rowspan="4">1</td><td rowspan="4">横管道纵、横方向弯曲（mm）</td><td rowspan="2">每 1m</td><td>管径≤100mm</td><td>1</td><td rowspan="4">用水平尺、直尺、拉线、和尺量检查</td></tr>
<tr><td>管径＞100mm</td><td>1.5</td></tr>
<tr><td rowspan="2">全长（25m 以上）</td><td>管径≤100mm</td><td>≯13</td></tr>
<tr><td>管径＞100mm</td><td>≯25</td></tr>
<tr><td rowspan="2">2</td><td rowspan="2">立管垂直度（mm）</td><td colspan="2">每 1m</td><td>2</td><td rowspan="2">吊线和尺量检查</td></tr>
<tr><td colspan="2">全长（5m 以上）</td><td>≯10</td></tr>
<tr><td rowspan="4">3</td><td rowspan="4">弯管</td><td rowspan="2">椭圆率 $(D_{max}-D_{min})/D_{max}$</td><td>管径≤100mm</td><td>10%</td><td rowspan="4">用外卡钳和尺量检查</td></tr>
<tr><td>管径＞100mm</td><td>8%</td></tr>
<tr><td rowspan="2">折皱不平度（mm）</td><td>管径≤100mm</td><td>4</td></tr>
<tr><td>管径＞100mm</td><td>5</td></tr>
<tr><td colspan="6">注：D_{max}、D_{min} 分别为管道最大外径及最小外径。</td></tr>
</table>

17　管道、金属支架和设备的防腐和涂漆应附着良好，无脱皮、起泡、流淌和漏涂缺陷。

18　管道和设备保温的允许偏差应符合本标准第4.2.3条的有关规定。

8.2.4　成品保护

1　测量定位的墨线在安装前进行检查、校核，防止被涂抹。

2　测绘制成的加工草图应详细检查，防止有误。

3　水平干管的拉线在支架未栽完前应注意保护，防止交叉作业中被碰断。

4　加工过程中，对标注的记号、尺寸、编号均注意保护，以免弄错。

5　调直时，注意不得损伤丝扣接头。

6　其他参见本标准第4.2.4条相关内容。

8.2.5　安全、环保措施

参见本标准第4.2.5条相关内容。

8.2.6　质量标准

主　控　项　目

8.2.6.1　管道安装坡度，当设计未注明时，应符合下列规定：

1　气、水同向流动的热水采暖管道和汽、水同向流动的蒸汽管道及凝结水管道，坡度应为3‰，不得小于2‰。

2　气、水逆向流动的热水采暖管道和汽，水逆向流动的蒸汽管道，坡度不应小于5‰。

3　散热器支管的坡度应为1%，坡向应利于排气和泄水。

检验方法：观察，水平尺、拉线、尺量检查。

8.2.6.2　补偿器的型号、安装位置及预拉伸和固定支架的构造及安装位置应符合设计要求。

检验方法：对照图纸，现场观察，并查验预拉伸记录。

8.2.6.3　平衡阀及调节阀型号、规格、公称压力及安装位置应符合设计要求。安装完毕后应根据系统平衡要求进行调试并作出标志。

检验方法：对照图纸查验产品合格证，并现场查看。

8.2.6.4　蒸汽减压阀和管道及设备上安全阀的型号、规格、公称压力及安装位置应符合设计要求。安装完毕后应根据系统工作压力进行调试，并做出标志。

检验方法：对照图纸查验产品合格证及调试结果说明书。

8.2.6.5　方形补偿器制作时，应用整根无缝钢管煨制，如需要接口，其接口应设在垂直臂的中间位置，且接口必须焊接。

检验方法：观察检查。

8.2.6.6　方形补偿器应水平安装，并与管道的坡度一致；如其臂长方向垂直安装必须设排气及泄水装置。

检验方法：观察检查。

一 般 项 目

8.2.6.7 热量表、疏水器、除污器、过滤器及阀门的型号、规格、公称压力及安装位置应符合设计要求。

检验方法：对照图纸查验产品合格证。

8.2.6.8 钢管管道焊口尺寸的允许偏差应符合表 4.2.3.2-9 要求。

8.2.6.9 采暖系统入口装置及分户热计量系统入户装置应符合设计要求。安装位置便于检修、维护和观察。

检验方法：现场观察。

8.2.6.10 散热器支管长度超过 1.5m 时，应在支管上安装管卡。

检验方法：尺量和观察检查。

8.2.6.11 上供下回式系统的热水干管变径应顶平偏心连接，蒸汽干管变径应底平偏心连接。

检验方法：观察检查。

8.2.6.12 在管道干管上焊接垂直或水平分支管道时，干管开孔所产生的钢渣及管壁等废弃物不得残留管内，且分支管道在焊接时不得插入干管内。

检验方法：观察检查。

8.2.6.13 膨胀水箱的膨胀管及循环管上不得安装阀门。

检验方法：观察检查。

8.2.6.14 当采暖热媒为 110～130℃的高温水时，管道可拆卸件应使用法兰，不得使用长丝和活接头。法兰垫料应使用耐热橡胶板。

检验方法：观察和查验进料单。

8.2.6.15 焊接钢管管径大于 320mm 的管道转弯，在作为自然补偿时应使用煨弯。塑料管及复合管除必须使用直角弯头的场合外应使用管道直接弯曲转弯。

检验方法：观察检查。

8.2.6.16 管道、金属支架和设备的防腐和涂漆应附着良好，无脱皮、起泡、流淌和漏涂缺陷。

检验方法：现场观察检查。

8.2.6.17 管道和设备保温的允许偏差应符合表 4.2.3.2-48 的规定。

8.2.6.18 采暖管道安装的允许偏差应符合表 8.2.3.2 规定。

8.2.7 质量验收

1 室内采暖管道及配件安装分项工程应按系统、区域、施工段或楼层等划分。分项工程应划分成若干检验批进行验收。

2 检验批质量验收、分项工程质量验收应参照本技术标准第 3.1.8～3.1.11 条相关内容执行。

3 检验批质量验收表当地政府主管部门无统一规定时，宜采用表 8.2.7“室内采暖管道及配件安装工程质量检验表”。

表 8.2.7　室内采暖管道及配件安装工程质量检验表
GB 50242—2002

单位(子单位)工程名称								
分部(子分部)工程名称							验收部位	
施工单位							项目经理	
分包单位							分包项目经理	
施工执行标准名称及编号								
施工质量验收规范规定							施工单位检查评定记录	监理(建设)单位验收记录
主控项目	1	管道安装坡度				第 8.2.6.1 条		
	2	采暖系统水压试验				第 8.6.6.1 条		
	3	采暖系统冲洗、试运行和调试				第 8.6.6.2 条、第 8.6.6.3 条		
	4	补偿器的制作、安装及预拉伸				第 8.2.6.2 条、第 8.2.6.5 条、第 8.2.6.6 条		
	5	平衡阀、调节阀、减压阀安装				第 8.2.6.3 条、第 8.2.6.4 条		
一般项目	1	热量表、疏水器、除污器、等安装				第 8.2.6.7 条		
	2	钢管焊接				第 8.2.6.8 条		
	3	采暖入口及分户计量入户装置安装				第 8.2.6.9 条		
	4	管道连接及散热器支管安装				第 8.2.6.10 ~ 8.2.6.15 条		
	5	管道及金属支架的防腐				第 8.2.6.16 条		
	6	管道安装允许偏差	横管道纵、横方向弯曲(mm)	每米	管径≤100mm	1		
					管径＞100mm	1.5		
				全长(25m 以上)	管径≤100mm	≯13		
					管径＞100mm	≯25		
			立管垂直度(mm)	每 1m		2		
				全长(5m 以上)		≯10		
			弯管	椭圆率	管径≤100mm	10%		
					管径＞100mm	8%		
				折皱不平度(mm)	管径≤100mm	4		
					管径＞100mm	5		
	7	管道保温允许偏差	厚度 δ			$+0.1\delta$ -0.05δ		
			表面平整度(mm)	卷材		5		
				涂料		10		
施工单位检查评定结果	专业工长(施工员)				施工班组长			
	项目专业质量检查员：　　　　年　月　日							
监理(建设)单位验收结论	专业监理工程师(建设单位项目专业技术负责人)：　　　　年　月　日							

8.3 辅助设备及散热器安装

水泵、水箱等辅助设备安装参见本标准第4.4节，热交换器等辅助设备安装参见本标准第13.6节，本节以散热器安装为主。

8.3.1 施工准备

1 技术准备

(1) 所有安装项目的设计图纸已具备，并且已经过图纸会审和设计交底。

(2) 施工方案已编制。

(3) 施工技术人员向班组做了图纸和施工技术交底。

2 材料准备

(1) 水泵、水箱、热交换器等辅助设备，各式散热器、放风阀、散热器支架。

(2) 补心、丝堵、对丝、弯头、三通、钢管、型钢、活接头、长丝根母、阀门、压力表。

(3) 水源（汽源）、热源、电源、胶皮管、机油、铅油、清油、锯条、钢丝刷、砂轮片、石棉橡胶垫、螺栓、麻线、生料带、水泥、砂子、电焊条、棉纱、砂纸。

3 主要机具

(1) 机具：台钻、手电钻冲击钻、电动试压泵、砂轮锯、套丝机等。

(2) 工具：铸铁散热器组对架子、对丝钥匙、压力案、管钳、钢丝刷、锯条、手锤、活扳手、套丝板、自制扳子、錾子、钢锯、丝锥、煨管器、手动试压泵、气焊工具、散热器运输车等。

(3) 量具：水平尺、钢尺、线坠、压力表等。

4 作业条件

(1) 组对场地有水源、电源。

(2) 室内墙面和地面抹完。

(3) 室内采暖干管、立管安装完毕，接往各散热器的支管预留管口的位置正确，标高符合要求。

(4) 散热器安装地点不得堆放施工材料或其他障碍物品。

8.3.2 材料质量控制

材料除应符合本标准第3.2节“材料设备管理”的规定外，尚应满足以下要求：

1 所有材料使用前应做好产品标识，注明产品名称、规格型号、批号、数量、生产日期。

2 散热器分铸铁和钢制两类，安装前必须取得样品资料，以制定安装方法和尺寸。散热器必须有产品合格证，并在组装前应进行外观检查，不合格产品不得使用。

3 铸铁散热器外观质量，应符合如下要求：

(1) 无砂眼，裂缝。

(2) 长翼型散热器允许掉翼一个长度不大于50mm，侧面掉翼两个，累计长度不大于200mm。

(3) 圆翼型散热器允许掉翼两个，累计长度不大于翼片周长的1/2。

(4) 柱型和长翼型散热器上下接口面应在一平面，翘扭偏差可在平台上用塞尺检验，间隙大于 0.3mm 不宜使用。

(5) 柱型散热器接口处厚度，应上下口一致，用外卡和钢板尺测定，或用游标卡尺测定，厚度偏差应不大于 0.3mm。

(6) 用螺纹塞规检查散热器接口，内螺纹应合格。

4　钢制散热器外观质量要求，应符合如下要求：

(1) 表面光洁、油漆色泽均匀。

(2) 无碰撞凹穴，表面平整度好。

(3) 规格尺寸正确。

(4) 串片式的翼片整齐平正，其松动片不超过这根散热器总片数的 3%。

(5) 接口外螺纹用螺纹环检验合格。

5　铸铁散热器组对前的清理，应符合如下要求：

(1) 应用钢丝刷除锈和清除污物，将散热器内存砂倒净，然后涂刷防锈漆一遍。

(2) 钢管散热器未刷漆的须除锈，除污后刷防锈漆。

(3) 钢制散热器为工厂成品，已涂刷油漆的用纱布拭净。

(4) 铸铁散热器组对前，接口螺纹和丝对外螺纹，均须用钢丝刷清理干净。

(5) 散热器接口外密封平面用断锯片和砂布刮削打光，露出金属光泽。

6　铸铁暖气片组对用的密封垫片，应符合如下要求：

(1) 低温热水采暖系统可用浸过清油的牛皮纸，耐热胶板或石棉橡胶板。

(2) 过热水和蒸汽采暖系统应用浸过清油的石棉橡胶板或石棉板。

(3) 垫片厚度均不大于 1mm。

(4) 垫片外径不得大于密封面，且不宜用两层垫片。

7　散热器的组对零件：对丝、炉堵、炉补心、丝扣圆翼法兰盘、弯头、弓形弯管、短丝、三通、弯头、活接头、螺栓螺母等应符合质量要求，无偏扣、方扣、乱丝、断扣，丝扣端正，松紧适宜。石棉橡胶垫以 1mm 厚为宜（不超过 1.5mm 厚），并符合使用压力要求。

8　其他材料：圆钢、拉条垫、托钩、固定卡、膨胀螺栓、钢管、冷风门、机油、铅油、麻线、防锈漆及水泥的选用应符合质量和规范要求。

8.3.3　施工工艺

8.3.3.1　工艺流程

编制组片统计表→散热器组对→外拉条预制、安装→散热器单组水压试验→散热器安装→散热器冷风门安装→支管安装→系统试压→刷漆

8.3.3.2　施工要点

1　水泵、水箱等辅助设备安装参见本标准第 4.4 节。

2　热交换器等辅助设备安装参见本标准第 13.6 节。

3　集气罐的安装分手动和自动排气两类，手动排气的集气罐，又分温水和过热水两种，并各有立式和卧式两型，安装时应符合如下要求：

(1) 手动排气集气罐容积为膨胀水箱容积的 1%，罐体直径为干管管径的 1.5~2 倍。

(2) 集气罐安装必须端正，角钢支架牢固，并有抱箍固定罐体。

(3) 温水采暖系统的热水干管在手动排气集气罐下半部两侧连接。罐顶设 *DN*15 空气排放管，接至附近洗涤盆上，并安装排气阀门，罐底设 *DN*20 放水丝堵。

(4) 过热水集气罐，应高于过热水干管的位置安装。在集气罐底与干管连接 *DN*15 进水管，管中间安装旋塞，集气罐顶的放气管下返安装，在同一高度处也安装旋塞。两旋塞的管中心距为 200mm，两旋塞阀芯杆水平对向安装，用一联动手柄，操作手柄时，进水阀开启的同时，放气阀关闭，或放气阀开启时，进水阀关闭，该手柄可用绳索和滑轮机构操作。

(5) 自动排气罐，安装时不得倾斜，罐底用 *DN*20 进水管，并安装阀门。

(6) 集气罐安装在非采暖房间，必须保温。

4 膨胀水箱安装

(1) 膨胀水箱安装在系统最高点并高出集气罐顶 300mm 以上，安装时应平正，离地 250mm 以上。

(2) 膨胀水箱的连接管有进水管、溢水管、排污管、膨胀管、循环管、检查管，安装应符合如下要求：

1) 进水管应有水位控制装置；

2) 溢水管不得安装阀类；

3) 排污管接至屋面或天沟排水；

4) 膨胀管和循环管按设计要求与采暖系统连接，但不得安装阀类；

5) 检查管接至值班室洗涤盆上，应安装放水阀门。

(3) 膨胀水箱安装在非采暖房间，应做保温。

5 调压板。安装时调压板和法兰应揩净，在法兰内凹槽内放平整。

6 混水器与蒸汽喷射器安装，应按产品说明书安装。

7 除污器安装，有立式、卧式和角式三种形式，安装时应平直端正，不可倾斜。顶部应装排气阀，底部应装排污阀，安装前除污器内必须清扫和检查。

8 散热器安装

(1) 按施工图分段分层分规格统计出散热器的组数、每组片数，列成表以便组对和安装时使用。

(2) 各种型号的铸铁柱形散热器组对：

1) 组对前要备有散热器组对架子或根据散热器规格用 100mm × 100mm 平放在地上，楔四个铁桩用钢丝绑牢加固，做成临时支架，以保持外观清洁和不损伤表面涂料。

2) 组对散热器垫片应使用成品，组对后垫片外露不应大于 1mm。散热器垫片材质当设计无要求时，应采用耐热橡胶，其厚度不超过 1.5mm，用机油随用随浸。

3) 将散热器内部污物倒净，用钢刷子除净对口及内丝处的铁锈，正扣朝上，依次码放。

4) 按统计表的数量规格进行组对。组对散热器片前，做好丝扣的选试。

5) 组对时应两人一组摆好第一片，拧上对丝一扣，套上垫片，将第二片反扣对准对丝，找正后两人各用一手扶住炉片，另一手将对丝钥匙插入对丝内径顺转，使两端入扣，同时缓缓均衡拧紧，依次逐片组对至所需的片数为止。

6) 将组成的散热器慢慢立起，用人工或车运至集中地点。

（3）外拉条预制、安装

1）根据散热器的片数和长度，计算出外拉条的长度尺寸，切断 $\phi8\sim10$ 的圆钢并进行调直，两端收头套好丝扣，将螺母上好，除锈后刷防锈漆一遍。

2）20片及以上的散热器加外拉条，在每根外拉条端头套好一个骑码，从散热器上下两端外柱内穿入四根拉条，每根再套上一个骑码带上螺母。找直后用扳手均匀拧紧，丝扣外露不得超过一个螺母厚度。

（4）组对好的散热器，进、出水安装，应符合如下要求：

1）圆翼型散热器两端为法兰连接，中间组对法兰和出水端法兰应用管底偏心法兰，进水端法兰应用管顶平偏心法兰。

2）钢制散热器为外螺纹钢管接头，可与支管或汽包阀门直接连接。

3）其他型的铸铁散热器，进出口拧上补蕊，不用的口拧上堵头。

4）散热器组对应平直紧密，组对后的平直度应符合表 8.3.3.2-1 规定。

表 8.3.3.2-1　组对后的散热器平直度允许偏差

项次	散热器类型	片　数	允许偏差（mm）
1	长　翼　型	2～4	4
		5～7	6
2	铸铁片式 钢制片式	3～15	4
		16～25	6

（5）散热器水压试验

1）散热器组对后，以及整组出厂的散热器在安装之前应作水压试验。试验压力如设计无要求时应为工作压力的 1.5 倍，但不得小于 0.6MPa。试验时间为 2～3min，压力不降且不渗不漏为合格。

2）将散热器抬到试压台上，上好临时丝堵和放气阀，连接试压泵。各种成组散热器可直接连接试压泵。

3）试压时打开进水阀门，往散热器内充水，同时打开放气阀，排净空气，待水满后关闭放气阀。

4）加压到规定的压力值时，关闭进水阀门，持续 2～3min，观察每个接口是否有渗漏，不渗漏为合格。

5）如有渗漏用铅笔做出记号，将水放尽，卸下丝堵或炉补心，用长杆钥匙从散热器外部比试，量到漏水接口的长度，在钥匙杆上做标记，将钥匙从散热器对丝孔中伸入至标记处，按丝扣旋紧的方向拧动钥匙，使接口继续上紧或卸下这一片的上下丝，检查对丝质量和密封面，找出原因修正后，更换对丝、垫片或坏散热器片，用长柄钥匙重行锁紧。钢制散热器如有砂眼渗漏可补焊。返修直到水压试验合格为止。

不能用的坏片要作明显标记（或用手锤将坏片砸一个明显的孔洞单独存放），防止再次混入好片中误组对。

6）打开泄水阀门，拆掉临时丝堵和临时补心，泄净水后将散热器运到集中地点，补焊处要补刷二道防锈漆。

（6）散热器安装

1）按设计图要求，利用所作的统计表将不同型号、规格和组对好并试压完毕的散热器运到各房间，根据安装位置及高度在墙上画出安装中心线。

2）托钩和固定卡安装：

a 各种散热器的固定卡及托钩的形式、位置应符合标准图集或说明书的要求。各种散热器支架、托架数量，应符合设计或产品说明书要求。如设计无注明时，则应符合表8.3.3.2-2规定。

表8.3.3.2-2 散热器支架、托架数量

项次	散热器形式	安装方式	每组片数	上部托钩或卡架数	下部托钩或卡架数	合计
1	长翼形	挂墙	2~4	1	2	3
			5	2	2	4
			6	2	3	5
			7	2	4	6
2	柱形 柱翼形	挂墙	3~8	1	2	3
			9~12	1	3	4
			13~16	2	4	6
			17~20	2	5	7
			21~25	2	6	8
3	柱形 柱翼形	带足落地	3~8	1	—	1
			8~12	1	—	1
			13~16	2	—	2
			17~20	2	—	2
			21~25	2	—	2

b 柱形带腿散热器固定卡安装。从地面到散热器总高度的3/4画水平线，与散热器中心线交点画印记，此为15片以下的双数片散热器的固定卡位置。单数片向一侧错过半片。16片以上者应栽两个固定卡，高度仍在散热器3/4高度的水平线上，从散热器两端各进去4~6片的地方栽入。

c 挂装柱形散热器固定卡安装。托钩高度应按设计要求并从散热器的距地高度上返45mm画水平线。托钩水平位置采用画线尺来确定，画线尺横担上刻有散热片的刻度。画线时应根据片数及托钩数量分布的相应位置，画出托钩安装位置的中心线，挂装散热器的固定卡高度从托钩中心上返散热器总高度的3/4画水平线，其位置与安装数量同带腿片安装。

d 用錾子或冲击钻等在墙上按画出的位置打孔洞。固定卡孔洞的深度不少于80mm，托钩孔洞的深度不少于120mm，现浇混凝土墙的深度为100mm（使用膨胀螺栓应按膨胀螺栓的要求深度）。

e 用水冲净洞内杂物，填入M20水泥砂浆到深洞的一半时，将固定卡、托钩插入洞内，塞紧，用画线尺或ϕ70mm管放在托钩上，用水平尺找平找正，填满砂浆抹平。

f 用同样的方法将各组散热器全部卡子、托钩栽好。成排托钩卡子需将两端钩、卡栽好，定点拉线，然后再将中间钩、卡按线依次栽好。

g 圆翼形、长翼形及辐射对流散热器安装方法同柱形散热器。

h 每组钢制闭式串片形散热器及钢制板式散热器在四角上焊带孔的钢板支架，而后将散热器固定在墙上的固定支架上。固定支架的位置按设计高度和各种钢制串片及板式散热器的具体尺寸分别确定。安装方法同柱型散热器。

i 在混凝土预制墙板上可以先下埋件，再焊托钩与固定架；在轻质板墙上，钩卡应用穿通螺栓加垫圈固定在墙上。

3）散热器安装

a 散热器安装高度应一致，底部距地大于或等于150mm。当散热器下部有管道通过时，距地高度可提高，但顶部必须低于窗台50mm。

b 散热器安装时，散热器背面与装饰后墙内表面距离应符合设计或产品说明书要求，如设计无注明应为30mm。

c 将柱型散热器（包括铸铁和钢制）和辐射对流散热器的炉堵和炉补心抹油，加垫片后拧紧。

d 带腿散热器稳装。炉补心正扣一侧朝着立管方向，将固定卡里边螺母上至距离符合要求的位置，套上两块夹板，固定在里柱上，带上外螺母，把散热器推到固定的位置，再把固定卡的两块夹板横过来放平正，用自制管扳子拧紧螺母到一定程度后，将散热器找直、找正，垫牢后上紧螺母。

e 将挂装柱型散热器和辐射对流散热器轻轻抬起放在托钩上立直，将固定卡摆正拧紧。

f 圆翼型散热器安装。将组装好的散热器抬起，轻放在手钩上找直找正。多排串联时，先将法兰临时上好，然后量出尺寸，配管连接。

g 圆翼形散热器水平安装时，纵翼应竖向安装，支托架处的纵翼应用钢锯整齐锯切掉。长翼形和圆翼形散热器安装时，翼面应朝墙、朝下安装。

h 钢制闭式串片式和钢制板式散热器抬起挂在固定支架上，带上垫圈和螺母，紧到一定程度后找平找正，再拧紧到位。

i 散热器安装的允许偏差，应符合表8.3.3.2-3规定。

表8.3.3.2-3 散热器安装允许偏差和检验方法

项次	项 目	允许偏差（mm）	检验方法
1	散热器背面与墙内表面距离	3	尺 量
2	与窗中心线或设计定位尺寸	20	尺 量
3	散热器垂直度	3	吊线和尺量

（7）散热器放气阀的安装，应符合如下要求：

1）按设计要求，将需要钻放气阀眼的炉堵放在台钻上打$\phi 8.4$的孔，在台虎钳上用1/8″丝锥攻丝。

2）将炉堵抹好铅油，加好垫片，在散热器上用管钳子上紧。在放风阀丝扣上抹铅油，缠少许麻丝，拧在炉堵上，用扳手上到松紧适度，放风孔向外斜45°（宜在综合试压前安装）。

3）钢制串片式散热器、扁管板式散热器按设计要求统计需打放风阀的散热器数量，在加工定货时提出要求，由厂家负责做好。

4）钢板板式散热器的放气阀采用专用放气阀水口堵头，定货时提出要求。

5）圆翼型散热器放气阀安装，按设计要求在法兰上打放气阀孔眼，做法同炉堵上装放风阀。

8.3.4 成品保护

1 散热器组对、试压安装过程中要立向抬运，码放整齐。在地上操作放置时下面要垫木板，以免歪倒或触地生锈，未刷油前应防雨、防锈。

2 散热器往楼里搬运时，应注意不要将已施工完的门框、墙角、地面磕碰坏。应保护好柱型炉片的炉腿，避免碰断。翼型炉片要防止翼片损坏。

3 剔散热器托钩墙洞时，应注意不要将外墙砖顶出墙外。在轻质墙上栽托钩及固定卡时应用电钻打洞，防止将板墙剔裂。

4 钢制串片散热器在运输和焊接过程中应防止将叶片碰倒，安装后不得随意蹬踩，应将卷曲的叶片整修平整。

5 喷浆前应采取措施保护已安装好的散热器，防止污染，保证清洁。叶片间的杂物应清理干净，并防止掉入杂物。

6 钢串片散热器在运输、搬动过程中，轻抬、轻放，严防损坏肋片和松动肋片，以免影响美观和散热效果。

7 安装过程中不可随意拧下散热器的塞堵，防止落进杂物而堵塞管道。

8 冬期施工时，注意排空散热器内腔积水，以免冻裂。

8.3.5 安全、环保措施

1 在平台（架）上组对散热器两人同时拧紧对丝或搬运时，要相互照应，用力均匀、一致。

2 散热器组对和试压后，要用木方分层垫平放稳或支撑牢固，防止滑倒后伤人。堆放高度不超出 2m。

3 用小车运输组装和试压后的散热器要设专人扶住，防止滑下伤人。

4 运送散热器时，防止肋片碰伤人的手。

5 散热器安装时，托钩必须达到强度，防止散热器脱落砸伤脚。

8.3.6 质量标准

主 控 项 目

8.3.6.1 散热器组对后，以及整组出厂的散热器在安装之前应作水压试验。试验压力如设计无要求时应为工作压力的 1.5 倍，但不得小于 0.6MPa。

检验方法：试验时间为 2～3min，压力不降且不渗不漏为合格。

8.3.6.2 水泵、水箱、热交换器等辅助设备安装应按本标准第 4.4 节和第 13.6 节的相关规定执行。

一 般 项 目

8.3.6.3 散热器组对应平直紧密，组对后的平直度应符合表 8.3.3.2-1 规定。

检验方法：拉线和尺量。

8.3.6.4 组对散热器的垫片应符合下列规定：

1 组对散热器垫片应使用成品，组对后垫片外露不应大于 1mm。

2 散热器垫片材质当设计无要求时，应采用耐热橡胶。

检验方法：观察和尺量检查。

8.3.6.5 散热器支架、托架安装，位置应准确，埋设牢固。散热器支架、托架数量，应符合设计或产品说明书要求。如设计未注明时，则应符合表 8.3.3.2-2 规定。

检验方法：现场清点检查。

8.3.6.6 散热器背面与装饰后的墙内表面安装距离，应符合设计或产品说明书要求。如设计无注明，应为 30mm。

检验方法：尺量检查。

8.3.6.7 散热器安装允许偏差，应符合表 8.3.3.2-3 规定。

8.3.6.8 铸铁或钢制散热器表面的防腐及面漆应附着良好，色泽均匀，无脱落、起泡、流淌和漏涂缺陷。

检验方法：现场观察。

8.3.7 质量验收

1 室内采暖辅助设备及散热器安装分项工程应按系统、区域、施工段或楼层等划分。分项工程应划分成若干检验批进行验收。

2 检验批质量验收、分项工程质量验收应参照本技术标准第 3.1.8 ~ 3.1.11 条执行。

3 检验批质量验收表当地政府主管部门无统一规定时，宜采用表 8.3.7“室内采暖辅助设备、散热器及金属辐射板安装工程检验批质量验收记录表”。

表 8.3.7 室内采暖辅助设备、散热器及金属辐射板安装工程检验批质量验收记录表

GB 50242—2002

单位(子单位)工程名称					
分部(子分部)工程名称				验收部位	
施工单位				项目经理	
分包单位				分包项目经理	
施工执行标准名称及编号					
施工质量验收规范规定				施工单位检查评定记录	监理(建设单位)验收记录
主控项目	1	散热器水压试验	第 8.3.6.1 条		
	2	金属辐射板水压试验	第 8.4.6.1 条		
	3	金属辐射板安装	第 8.4.6.2 条 第 8.4.6.3 条		
	4	水泵、水箱安装	第 8.3.6.2 条		
一般项目	1	散热器的组对	第 8.3.6.3 条 第 8.3.6.4 条		
	2	散热器的安装	第 8.3.6.5 条 第 8.3.6.6 条		
	3	散热器表面防腐涂漆	第 8.3.6.8 条		
	散热器允许偏差	散热器背面与墙内表面距离	3mm		
		与窗中心线或设计定位尺寸	20mm		
		散热器垂直度	3mm		
施工单位检查评定结果	专业工长(施工员)			施工班组长	
	项目专业质量检查员：			年 月 日	
监理(建设)单位验收结论	监理工程师(建设单位项目专业技术负责人)：			年 月 日	

8.4 金属辐射板安装

8.4.1 施工准备

1 技术准备

(1) 所有安装项目的设计图纸已具备，并且已经过图纸会审和设计交底。

(2) 施工方案已编制。

(3) 施工技术人员向班组做了图纸和施工技术交底。

2 材料准备

(1) 辐射板、法兰盘、钢管、螺栓。

(2) 型钢、圆钢、石棉橡胶垫。

(3) 电气焊条。

3 主要机具

(1) 机具：台钻、手电钻、冲击钻、电动试压泵、砂轮锯、套丝机等。

(2) 工具：压力案、管钳、钢丝刷、锯条、手锤、活扳手、套丝板、煨管器、手动试压泵、气焊工具等。

(3) 量具：水平尺、钢尺、压力表等。

4 作业条件

(1) 金属辐射板安装位置备有水源、电源。

(2) 安装部位或房间内部的装修工作已完成，预埋铁件核对无误。

(3) 安装地点不得堆放施工材料或其他障碍物品。

8.4.2 材料质量控制

材料除应符合本标准第3.2节“材料设备管理”节的规定外，尚应满足以下要求：

1 所有材料使用前应做好产品标识，注明产品名称、规格型号、批号、数量、生产日期。

2 金属辐射板的类型很多，安装前必须取得样品资料，以制定安装方法和尺寸。必须有产品合格证，并在组装前应检查板面质量，应无划痕、凹陷等缺陷，进行必要的水压试验，不合格产品不得使用。

8.4.3 施工工艺

8.4.3.1 工艺流程

安装准备→（现场制作）→安装前水压试验→支吊架安装→辐射板安装→支管安装→试压→防腐→保温

8.4.3.2 施工要点

1 辐射板一般不现场制作。其制作原理简单，根据设计要求将几根 *DN*15、*DN*20 等管径的钢管制成钢排管形式，然后嵌入预先压出与管壁弧度相同的薄钢板槽内，并用U形卡子固定。薄钢板厚度一般为0.6～0.75mm，板前可刷无光防锈漆，板后填保温材料，并用铁皮等包严。辐射板供热分类如表8.4.3.2-1所示。

金属辐射板的类型很多，按其长度分为块状辐射板和带状辐射板两种。

2 辐射板安装前必须作水压试验，如设计无要求时，试验压力为工作压力的1.5倍，但不得小于0.6MPa。在试验压力下保持2～3min压力不降且不渗不漏为合格。试验完毕放净其内水分，并将管口临时封堵。

表 8.4.3.2-1 辐射板供热分类

分类根据	名称	特点
板面温度	低温辐射 中温辐射 高温辐射	板面温度低于80℃ 板面温度等于80～200℃ 板面温度等于500℃
辐射板构造	埋管式 风道式 组合式	以直径15～32mm的管道埋置于建筑表面内，构成辐射表面 利用建筑结构的空腔使热空气循环流动期间构成辐射表面 利用金属板杆以金属管组成辐射板
辐射板位置	顶面式 墙面式 地面式 楼面式	以顶棚作为辐射供暖面，辐射热占70%左右 以墙壁作为辐射供暖面，辐射热占65%左右 以地面作为辐射供暖面，辐射热占55%左右 以楼板作为辐射供暖面，辐射热占55%左右
热媒种类	低温热水式 高温热水式 蒸汽式 热风式 电热式 燃气式	热媒水温低于100℃ 热媒水温等于或高于100℃ 以蒸汽（低压或高压）为热媒 以加热后的空气作为热媒 以电热元件加热特定表面或直接发热 通过燃烧可燃气体经特制的辐射器发射红外线

3 按设计要求，制作与安装辐射板的支吊架。一般支吊架的形式按辐射板的安装形式分类为三种：垂直安装、倾斜安装、水平安装。带形辐射板的支吊架应保持3m一个。

4 金属辐射板安装

(1) 辐射板的安装可采用现场安装或预制装配两种方法。块状辐射板宜采用预制装配法，每块辐射板的支管上可先配制法兰盘，以便连接管道。加长辐射板可采用分段安装。

(2) 辐射板管道及带状辐射板之间的连接，应使用法兰连接，以方便拆卸和检修。

(3) 水平安装：板面朝下，热量向下侧辐射。辐射板应有不小于5‰的坡度坡向回水管，其作用在于：对于热媒为热水的系统，可以很快排除空气；对于蒸汽，可以顺利地排除凝结水。

(4) 倾斜安装：倾斜安装在墙上或柱间，倾斜一定角度向斜下方辐射。安装时必须注意选择好合适的确定的倾斜角度，一般应保证辐射板中心的法线穿过工作区。

(5) 垂直安装：板面水平辐射。垂直安装在墙上、柱子上或两柱之间。安装在墙上、柱上的，应采用单面辐射板，向室内一面辐射；安装在两柱之间的空隙处时，可采用双面辐射板，向两面辐射。

(6) 辐射板用于全面采暖，如设计无要求，最低安装高度应符合表8.4.3.2-2的规定。

表 8.4.3.2-2 辐射板最低安装高度（m）

热媒平均温度（℃）	水平安装		倾斜安装与垂直面形成角度			垂直安装（板中心）
	多管	单管	60°	45°	30°	
115	3.2	2.8	2.8	2.6	2.5	2.3
125	3.4	3.0	3.0	2.8	2.6	2.5

5 接往辐射板的送水、送汽和回水管，不宜和辐射板安装在同高度上。送水、送汽管宜高于辐射板，回水管宜低于辐射板，并且有不小于5‰的坡度坡向回水管。

6 辐射板在安装完毕应参与系统试压、冲洗。冲洗时应采取防止系统管道内杂质进入辐射板排管内保护措施。

7 辐射板的防腐和涂漆应附着良好，无脱皮、起泡、流淌和漏涂缺陷。

8 背面须作保温的辐射板，保温应在防腐、试压完成后施工。保温层应紧贴在辐射板上，不得有空隙，保护壳应防腐。安装在窗台下的散热板，在靠墙处应按设计要求放置保温层。辐射板保温的允许偏差应符合表4.2.3.2-48的规定。

8.4.4 成品保护

1 辐射板安装后，未交工前用塑料布盖好，防止落上灰浆影响散热效果。

2 支撑辐射板的支、吊架，不得系其他物件，防止移动辐射板的安装角度与高度。

8.4.5 安全、环保措施

1 辐射板进行压力试验时，要遵守有关规定，由于压力较高，试压前要作好认真检查和准备。试压时，不要站在辐射板下方或靠近辐射板。

2 辐射板安装过程中，严格遵守螺栓连接、法兰连接、焊接中有关安装规定。操作人员应遵守高空作业安全规定。

3 吊装前，先检查全部起重工具和设备。

8.4.6 质量标准

Ⅰ 主 控 项 目

8.4.6.1 辐射板在安装前应作水压试验，如设计无要求时，试验压力为工作压力的1.5倍，但不得小于0.6MPa。

检验方法：在试验压力下2~3min压力不降且不渗不漏。

8.4.6.2 水平安装的辐射板应有不小于5‰的坡度坡向回水管。

检验方法：水平尺、拉线和尺量检查。

8.4.6.3 辐射板管道及带状辐射板之间的连接，应使用法兰连接。

检验方法：观察检查。

8.4.7 质量验收

1 金属辐射板安装分项工程应按系统、区域、施工段或楼层等划分。分项工程应划分成若干检验批进行验收。

2 检验批质量验收、分项工程质量验收应参照本技术标准第3.1.8~3.1.11条内容执行。

3 检验批质量验收表当地政府主管部门无统一规定时，宜采用表8.3.7“室内采暖辅助设备、散热器及金属辐射板安装工程检验批质量验收记录表”。

8.5 低温热水地板辐射采暖系统安装

8.5.1 特点及适用范围

1 本节适用于新建的工业与民用建筑物，以热水为热媒或以发热电缆为加热元件的地面辐射供暖工程的施工及验收。

2 本节适用于热水温度不高于60℃、民用建筑供水温度宜采用35~50℃，供回水温差不宜大于10℃，将加热管埋设在地板中的低温辐射采暖系统安装。

3 低温热水地面辐射供暖系统的工作压力，不应大于0.8MPa。当建筑物高度超过50m时，宜竖向分区设置。

4 本节专用术语见附录F。

8.5.2 施工准备

8.5.2.1 技术准备

1 设计施工图纸和有关技术文件齐全，并已经图纸会审和设计交底。

2 有较完善的施工方案、施工组织设计，并已完成技术交底。

8.5.2.2 材料准备

1 加热管、分水器、集水器、交联铝塑复合管（XPAP）、聚丁烯管（PB）、交联聚乙烯管（PE-X）、无规共聚聚丙烯管（PP-R）、铝塑复合板及管件、铝箔片、自熄型聚苯乙烯保温板专用塑料卡钉、专用接口连接件、孔径$\phi4\sim6$mm网距150mm×150mm钢筋网、发热电缆等。

2 专用膨胀带、专用伸缩节、专用交联聚乙烯管固定卡件。

3 小白线、棉布块、木工锯片、钢锯条、氧气、乙炔。

4 土建材料：水泥、砂子、油毡布、保温材料、卵石、防龟裂添加剂等。

8.5.2.3 主要机具

1 机具：专用扳手、切割剪刀、木工锯、电焊机、台钻、手电钻、冲击钻、电动试压泵、砂轮锯等。

2 工具：压力案、管钳、锯条、手锤、活扳手、套丝板、煨管器、手动试压泵、电焊工具、气焊工具、刮刀等。

3 量具：水平尺、钢卷尺、压力表、弯尺、线坠等。

8.5.2.4 作业条件

1 施工现场具有供水或供电条件，有储放材料的临时设施。

2 土建专业已完成墙面粉刷（不含面层），外窗、外门已安装完毕，并已将地面清理干净。厨房、卫生间应做完闭水试验并经过验收。

3 相关电气预埋等工程已完成。

4 施工人员应经过培训，特别是机械接口施工人员必须经过专业操作培训，持合格证上岗。

5 安装时环境温度宜不低于5℃。在低于0℃的环境下施工时，现场应采取升温措施。

6 施工时不宜与其他工种交叉作业，所有地面留洞应在填充层施工前完成。

7 原始地面允许偏差应满足相应土建施工标准。

8.5.3 材料质量控制

1 所使用的主要材料、设备组件、配件、绝热材料必须具有质量合格证明文件，规格、型号及性能技术指标应符合国家现行有关标准的规定。进场时应做检查验收，并经监理工程师检查确认。

2　施工安装用的专用工具，必须有生产厂的名称，并有出厂合格证和使用说明书。

3　加热管下部的隔热层，应采用轻质、有一定承载力、吸湿率低和难燃或不燃的高效保温材料，且不得含有殖菌源，不得有散发异味及可能危害健康的挥发物。

4　管材的质量要求

(1) 加热管管材应提供国家授权机构提供的有效期内的复合相关标准要求的检验报告、产品合格证。有特殊要求的管材，厂家还应提供相应说明书。

加热管质量必须符合国家现行标准中的有关规定，加热管的物理性能应符合本标准附录 G 的规定。

(2) 加热管的内外表面应光滑、平整、干净，不应有可能影响产品性能的明显划痕、凹陷、气泡等缺陷。

(3) 塑料管或铝塑复合管的公称外径、壁厚与偏差，应符合表 8.5.3-1 和表 8.5.3-2 的要求。

表 8.5.3-1　塑料管公称外径、最小与最大平均外径（mm）

塑料管材	公称外径	最小平均外径	最大平均外径
PE-X 管、PB 管、PE-RT 管、PP-R 管、PP-B 管	16	16.0	16.3
	20	20.0	20.3
	25	25.0	25.3

表 8.5.3-2　铝塑复合管公称外径、壁厚与偏差（mm）

塑料复合管	公称外径	公称外径偏差	参考内径	壁厚最小值	壁厚偏差
搭接焊	16	+0.3	12.1	1.7	+0.5
	20	+0.3	15.7	1.9	+0.5
	25	+0.3	19.9	2.3	+0.5
对接焊	16	+0.3	10.9	2.3	+0.5
	20	+0.3	14.5	2.5	+0.5
	25（26）	+0.3	18.5（19.5）	3.0	+0.5

(4) 与其他供暖系统共用同一集中热源水系统、当其他供暖系统采用钢制散热器等易腐蚀构件时，聚丁烯管（PB）、交联聚乙烯管（PE-X）、无规共聚聚丙烯管（PP-R）宜有阻氧层，以有效防止渗入氧而加速对系统的氧化腐蚀。

(5) 管材以盘管方式供货，长度宜不小于 100m/盘。

5　分、集水器型号、规格、公称压力及安装位置、高度等应符合设计图纸或产品说明书要求。分水器、集水器（含连接件等）的材质宜为铜质。

6　分水器、集水器（含连接件等）的表观，内外表面应光洁，不得有裂纹、砂眼、冷隔、夹渣、凹凸不平等缺陷。表面电镀的连接件，色泽应均匀，镀层牢固，不得有脱镀的缺陷。

7　连接件的质量要求

(1) 连接件与螺纹连接部分配件的本体材料，应为锻造黄铜。使用 PP-R 作为加热管时，与 PP-R 管直接接触的连接件表面应镀镍。

(2) 连接件外观应完整、无缺损、无变形、无开裂。

(3) 连接件的物理力学性能，应符合表表 8.5.3-3 的规定。

表 8.5.3-3　连接件的物理力学性能

性　能	单　位	指　标
连接件耐水压	MPa	常温——2.5，95℃——1.2，1h 无渗漏
工作压力	MPa	95℃——1.0，1h 无渗漏
连接密封性压力	MPa	95℃——3.5，1h 无渗漏
耐拔脱力	MPa	95℃——3.0

(4) 连接件的螺纹，应符合国家标准《非螺纹密封的管螺纹》GB/T 7307—1987 的规定。螺纹应完整，如有断丝和缺丝，不得大于螺纹全长的 10%。

8　绝热板材的质量要求

(1) 绝热板材宜采用聚苯乙烯泡沫塑料，其物理性能应符合如下要求：

表面密度不应小于 20kg/m^3；

压缩强度（即在 10%形变下的压缩应力）不应小于 100kPa；

导热系数不应大于 0.041W/m·K；

吸水率（体积分数）不应大于 4%；

尺寸稳定性不应大于 3%；

水蒸气透过系数不应大于 4.5mg/（Pa·m·s)；

氧指数不应小于 30%；

燃烧分级应达到 B_2 级。

当采用其他绝热材料时，其技术指标应符合上述规定，选用同等效果绝热材料。

(2) 为增强绝热板材的整体强度，并便于安装和固定加热管，绝热板材表面可分别作以下处理：

敷有真空镀铝聚脂薄膜面层；

敷有玻璃布基铝箔面层；

辅设低碳钢丝网。

9　发热电缆

(1) 发热电缆必须有接地屏蔽层。

(2) 发热电缆热线部分的结构在径向上从里到外应由发热导线、绝缘层、接地屏蔽层和外护套等组成，其外径不宜小于 6mm。

(3) 发热电缆的发热导体宜使用纯金属或金属合金材料。

(4) 发热电缆的轴向上分别为发热用的热线和连接用的冷线，其冷热导线的接头应安全可靠，并应满足至少 50 年的非连续正常使用寿命。

(5) 发热电缆的型号和商标应有清晰标志，冷热线接头位置应有明显标志。

(6) 发热电缆应经国家电线电缆质量监督检验部门检验合格。产品的电气安全性能、机械性能应符合本标准附录 H 的规定。

(7) 发热电缆系统用温控器应符合国家现行标准《温度指示控制仪》JJG874 和《家用和类似用途电自动控制器　温度敏感控制器的特殊要求》GB14536.10 的规定。

(8) 发热电缆系统的温控器外观不应有划痕，标记应清晰，面板扣合应严密，开关应灵活自如，温度控制部件应使用正常。

10 材料的抽样检验方法，应符合国家标准《逐批检查计数抽样程序及抽样表》GB/T 2828—1997 的规定。

8.5.4 施工工艺

8.5.4.1 工艺流程

安装准备→清理基面→绝热层铺设→加热管安装（发热电缆系统安装）→分水器、集水器的安装→冲洗、试压（标称电阻和绝缘电阻检测）→填充层施工→试压（标称电阻和绝缘电阻检测）→面层施工→检验、调试

8.5.4.2 施工要点

1 安装准备

(1) 加热管敷设前，应对照施工图纸核定加热管的选型、管径、壁厚。安装人员应熟悉管材的一般性能，掌握基本操作要点，严禁盲目施工。

(2) 加热管安装前，应检查外观质量，管内部不得有杂质。

(3) 绝热层直接与土壤接触或有潮湿气体侵入的地面，在铺设绝热层之前应先铺一层防潮层。铺设在潮湿房间（如卫生间、厨房和游泳池等）内的楼板上时，填充层以上应做防水层。辐射采暖地板的基本见构造见表 8.5.4.2-1。

表 8.5.4.2-1 辐射采暖地板基本构造表

<table>
<tr><th>序号</th><th colspan="4">构造层名称</th><th>说明</th></tr>
<tr><td>1</td><td colspan="4">地面层</td><td>包括地面装饰层及其保护层</td></tr>
<tr><td>2</td><td>防水层</td><td>—</td><td>—</td><td>防水层</td><td>仅在楼层潮湿房间地面设（如厨房、卫生间等）</td></tr>
<tr><td>3</td><td colspan="4">填充层</td><td>卵石混凝土</td></tr>
<tr><td>4</td><td colspan="4">加热管</td><td></td></tr>
<tr><td>5</td><td colspan="4">隔热层</td><td></td></tr>
<tr><td>6</td><td colspan="2">防潮层</td><td colspan="2">—</td><td>仅在地面层土壤上设</td></tr>
<tr><td>7</td><td colspan="2">土壤</td><td colspan="2">楼板</td><td></td></tr>
</table>

2 清理基面

在铺设贴有铝箔的自熄型聚苯乙烯保温板之前，将地面清扫干净，不得有凹凸不平的地面，不得有砂石碎块，钢筋头等。

3 绝热层铺设

(1) 土壤防潮层上部、住宅楼板上部及其下为不供暖房间的楼板上部的地板加热管之下，以及辐射采暖地板沿外墙的周边，应铺设隔热层。

绝热层采用聚苯乙烯泡沫塑料板时，厚度不宜小于下列要求（当采用其他绝热材料时，宜按等效热阻确定其厚度）：

楼板上部：30mm（住宅受层高限制时不应小于 20mm）；土壤上部：40mm；沿外墙周边：20mm。

(2) 铺设绝热层的地面应平整、干燥、无杂物。墙面根部应平直，且无积灰现象。

（3）绝热层的铺设应平整，绝热层相互接合应严密。

当敷有真空镀铝聚脂薄膜或玻璃布基铝箔贴面层时，铝箔面朝上。当钢筋、电线管、散热器支架、加热管固定卡钉或其他管道穿过时，只允许垂直穿过，不准斜插，其插口处用胶带封贴严实、牢固，不得有其他破损。

（4）绝热层铺设结合处应无缝隙，绝热层厚度允许偏差 + 10mm。

4　加热管安装

（1）同一热媒集配装置系统各分支路的加热管长度宜尽量接近，并不宜超过 120m。不同房间和住宅的各主要房间，宜分别设置分支路。

（2）加热管的间距，不宜大于 300mm。应根据房间的热工特性和保证温度均匀的原则，分别采用旋转形、往复形或直列形等布管方式。

（3）按设计图纸的要求，进行放线并配管。同一通路的加热管应保持水平。

（4）埋设于填充层内的加热管不应有接头。如不可避免，应设置在便于揭盖或补漏操作的地方。

（5）加热管安装时应防止管道扭曲。弯曲管道时，圆弧的顶部应加以限制，并用管卡进行固定，不得出现“死折”。塑料及铝塑复合管的弯曲半径不宜小于 6 倍管外径，铜管的弯曲半径不宜小于 5 倍管外径。

（6）在分水器、集水器附近以及其他局部加热管排列比较密集的部位，当管间距小于 100mm 时，加热管外部应采取设置柔性套管等措施。

（7）加热管出地面至分水器、集水器连接处，弯管部分不宜露出地面装饰层。加热管出地面至分水器、集水器下部球阀接口之间的明装管段，外部应加装塑料套管。套管应高出装饰面 150 ~ 200mm。

（8）加热管与分水器、集水器连接，应采用卡套式、卡压式挤压夹紧连接。连接件材料宜为铜质，铜质连接件与 PP-R 或 PP-B 直接接触的表面必须镀镍。

（9）加热管的环路布置不宜穿越填充层内的伸缩缝。必须穿越时，伸缩缝处应设长度不小于 200mm 的柔性套管。

（10）伸缩缝的设置应符合下列规定：

1）在内外墙、柱等垂直构件交接处应留不间断的伸缩缝。伸缩缝填充材料应采用搭接方式连接，搭接宽度不应小于 10mm；伸缩缝填充材料与墙、柱应有可靠的固定措施，与地面绝热层连接应紧密，伸缩缝宽度不宜小于 10mm。伸缩缝填充材料宜采用高发泡聚乙烯泡沫塑料。

2）当地面面积超过 $30m^2$ 或边长超过 6m 时，应按不大于 6m 间距设置伸缩缝，伸缩缝宽度不应小于 8mm。伸缩缝宜采用高发泡聚乙烯泡沫塑料或伸缩缝内满填弹性膨胀膏。

3）伸缩缝应从绝热层的上边缘做到填充层的上边缘。

（11）加热管切割，应采用专用工具，切口应平整，断口面应垂直管轴线。

（12）凡是加热管穿地面伸缩缝处，一律用膨胀条将地面分隔开来，加热管在此均须加伸缩节。伸缩缝须由土建专业先行划分，相互配合协调一致。

（13）加热管应设固定装置，可采用下列方法之一固定：

1）用固定卡将加热管直接固定在绝热板或敷有复合面层的绝热板上。

2）用扎带将加热管固定在铺设于绝热层上的网格上。

3）直接卡在铺设于绝热层表面的专用管架或管卡上。

4）直接固定于绝热层表面凸起间形成的凹槽内。

（14）加热管弯头两端宜设固定卡。加热管固定点的间距，直管段固定点间距宜为0.5～0.7m，弯曲管段固定点间距宜为0.2～0.3m。

（15）管道安装工程施工技术要求及允许偏差应符合表8.5.4.2-2的规定

表8.5.4.2-2 管道安装工程施工技术要求及允许偏差

序号	项目	条件	技术要求	允许偏差（mm）
1	加热管安装	间距	不宜大于300mm	±10
2	加热管弯曲半径	塑料管及铝塑管	不小于6倍管外径	－5
		铜管	不小于5倍管外径	－5
3	加热管固定点间距	直管	不大于700mm	±10
		弯管	不大于300mm	

（16）施工验收后，发现加热管损坏需要增设接头时，应先报建设单位或监理工程师，提出书面补救方案，经批准后方可实施。增设接头时，应根据加热管的材质，采用热熔或电熔插接式连接，或卡套式、卡压式铜质管接头连接，并应做好密封。铜管宜采用机械连接或焊接连接。无论采用何种接头，均应在竣工图上表示，并记录归档。

5 分水器、集水器的安装

（1）分水器、集水器宜在开始铺设加热管之前进行安装。水平安装时，宜将分水器安装在上，集水器安装在下，中心距宜为200mm，允许偏差为±10mm。集水器中心距地面不应小于300mm。

（2）地板辐射采暖系统应有独立的分水器、集水器，并应符合下列要求：

1）每一集配装置的分支路不宜多于8个，住宅每户至少应设置一套集配装置。

2）集配装置的直径应大于总供回水管径。

3）集配装置应高于地板加热管，并配置排气阀。

4）总供回水管和每一供回水分支路，均应配置截止阀或球阀。

5）总供水管阀的内侧应设置过滤器。

（3）阀门、分水器、集水器组件安装前，应做强度和严密性试验。试验应在每批数量中抽查10%，且不得少于一个。对安装在分水器进口、集水器出口及旁通管上的阀门，应逐个做强度和严密性试验，合格后方可使用。

（4）阀门的强度试验压力应为工作压力的1.5倍；严密性试验压力应为工作压力的1.1倍，公称直径不大于50mm的阀门强度和严密性试验持续时间应为15s，其间压力应保持不变，且壳体、填料及密封面应无渗漏。

6 冲洗、试压

（1）水压试验应在系统冲洗之后进行。冲洗应在分水器、集水器以外主供、回水管道冲洗合格后，再进行室内供暖系统的冲洗。

（2）水压试验应分别在浇捣混凝土填充层前和填充层养护期满后进行两次。水压试验应以每组分水器、集水器为单位，逐回路进行。

（3）试验压力应为工作压力的1.5倍，但不小于0.6MPa。

(4) 在试验压力下，稳压 1h，其压力降不应大于 0.05MPa。

(5) 水压试验宜采用手动泵缓慢升压，升压过程中随时观察与监察，不得有渗漏。不宜以气压试验代替水压试验。

(6) 水应试验还应符合如下要求：

1) 水压试验之前，应对试压管道和构件采取安全有效的固定和保护措施。

2) 在有冻结可能的情况下试压时，应采取防冻措施。试压完成后应及时将管内的水吹净、吹干。

(7) 水压试验应按下列步骤进行：

1) 经分水器缓慢注水，同时将管道内空气排出。

2) 充满水后，进行水密性检查。

3) 采用试压泵缓慢升压，升压时间不得少于 15min。增压过程中观察接口，发现渗漏立即停止，将压力降至零，把接口处理后再增压。

4) 升压至规定试验压力后，停止加压，稳压 1h，观察有无漏水现象。

7 发热电缆系统安装

(1) 发热电缆应按照施工图纸标定的电缆间距和走向敷设，发热电缆应保持平直，电缆间距的安装误差不应大于 10mm。发热电缆敷设前，应对照施工图纸核定发热电缆的型号，并应检查电缆的外观质量。

(2) 发热电缆出厂后严禁剪裁和拼接，有外伤或破损的发热电缆严禁敷设。

(3) 发热电缆安装前应测量发热电缆的标称电阻和绝缘电阻，并做好自检记录。

(4) 发热电缆施工前，应确认电缆冷线预留管、温控器接线盒、地温传感器预留管、供暖配电箱等预留、预埋工作已完毕。

(5) 电缆的弯曲半径不应小于生产企业规定的限值，却不得小于 6 倍电缆直径。

(6) 发热电缆不应铺设钢丝网或金属固定带，发热电缆不得被压入绝缘材料中。

(7) 发热电缆应采用扎带固定在钢丝网上，或直接用金属固定带固定。

(8) 发热电缆的热线部分严禁进入冷线预留管。

(9) 发热电缆的冷热线接头应设在填充层内。

(10) 发热电缆安装完毕，应检测发热电缆的标称电阻和绝缘电阻，并进行记录。

(11) 发热电缆温控器的温度传感器安装应按生产企业相关技术要求进行。

(12) 发热电缆温控器应水平安装，并应牢固固定。温控器应设在通风良好且不被风直接吹处，不得被家具遮挡，温控器的四周不得有热源体。

(13) 发热电缆温控器安装时，应将发热电缆可靠接地。

(14) 伸缩缝的设置应符合本条第 4 款“加热管安装”中的有关规定。

8 填充层施工

(1) 混凝土填充层施工应具备以下条件：

1) 发热电缆经电阻检测和绝缘性能检测合格；

2) 所有伸缩缝已安装完毕；

3) 加热管安装完毕且水压试验合格、加热管处于有压状态下；

4) 温控器的安装盒、发热电缆冷线穿管已经布置完毕；

5) 通过隐蔽验收。

(2) 混凝土填充层施工，应由有资质的土建施工方承担，供暖系统安装单位应密切配合。

(3) 混凝土填充层施工中，加热管内的水压不应低于0.6MPa；填充层养护过程中，系统水压不应低于0.4MPa。

(4) 混凝土填充层施工中，严禁使用机械振捣设备。施工人员应穿软底鞋，采用平头铁锹。

(5) 在加热管或发热电缆的铺设区内，严禁穿凿、钻孔或进行射钉作业。

(6) 系统初始加热前，混凝土填充层的养护期不应少于21d。施工中，应对地面采取保护措施，不得在地面上加以重载、高温烘烤、直接放置高温物体和高温加热设备。

(7) 填充层施工技术要求及允许偏差：

1) 骨料：$\phi \leqslant 12$mm，允许偏差-2mm。

2) 厚度不宜小于50mm，允许偏差±4mm。

3) 当面积大于30m^{2}或长度大于6m时，留8mm伸缩缝，允许偏差+2mm。

4) 与内外墙、柱等垂直部件，留10mm伸缩缝，允许偏差+2mm。

(8) 混凝土填充层浇捣和养护过程中试压临时管路暂不拆除，并将系统内压力保持在0.4MPa。

(9) 混凝土填充层应设置以下热膨胀补偿构造措施：

1) 辐射采暖地板面积>30m^{2}或长边超过6m时，填充层应设置间距$\leqslant$6m、宽度$\geqslant$5mm的伸缩缝，缝中填充弹性膨胀材料。

2) 与墙、柱的交接处，应填充厚度$\geqslant$10mm的软质闭孔泡沫塑料。

3) 加热管穿越伸缩缝处，应设长度不小于100mm的柔性套管。

(10) 填充层施工完毕后，应进行发热电缆的标称电阻和绝缘电阻检测，验收并做好记录。

9 面层施工

(1) 装饰地面宜采用下列材料：

1) 水泥砂浆、混凝土地面；

2) 瓷砖、大理石、花岗石等地面；

3) 符合国家标准的复合木地板、实木复合地板及耐热实木地板。

(2) 面层施工前，填充层应达到面层需要的干燥度。面层施工除应符合土建施工设计图纸的各项要求外，尚应符合下列规定：

1) 施工面层时，不得剔、凿、割、钻和钉填充层，不得向填充层内楔入任何物件；

2) 面层的施工，应在填充层达到要求强度后方可进行；

3) 石材、面砖在与内外墙、柱等垂直构件交接处，应留10mm宽伸缩缝，允许偏差+2mm；木地板铺设时，应留不小于14mm的伸缩缝，允许偏差为+2mm。伸缩缝应从填充层的上边缘做到高出装饰层上表面10~20mm，装饰层敷设完毕后，应裁去多余部分。伸缩缝填充材料宜采用高发泡聚乙烯泡沫塑料。

(3) 以木地板作为面层时，木材应经干燥处理，且应在填充层和找平层完全干燥后，才能进行地板施工。

(4) 瓷砖、大理石、花岗石面层施工时，在伸缩缝处宜采用干贴。

10　卫生间施工

(1) 卫生间应做两层隔离层。

(2) 卫生间过门处应设置止水墙，在止水墙内侧应配合土建专业做防水。加热管或发热电缆穿止水墙处应采取防水措施。

11　检验、调试

(1) 地面辐射供暖系统未经调试，严禁运行使用。

(2) 地面辐射供暖系统的运行调试，应在具备正常供暖和供电的条件下进行。

(3) 地面辐射供暖系统的调试工作应由施工单位在建设单位配合下进行。

(4) 地面辐射供暖系统的调试与试运行，应在施工完毕且混凝土填充层养护期满后，正式采暖运行前进行。

(5) 初次加热时，热水升温应平缓，供水温度应控制在比当时环境温度高10℃左右，且不应高于32℃，并应连续运行48h。以后每隔24h水温升高3℃，直至达到设计供水温度。在此温度下应对每组分水器、集水器连接的加热管逐路进行调节，直至达到设计要求。

(6) 发热电缆地面辐射供暖系统初始通电加热时，应控制室温平缓上升，直至达到设计要求。

(7) 发热电缆温控器的调试应按照不同型号温控器安装调试说明书的要求进行。

(8) 地面辐射供暖系统的供暖效果，应以房间中央离地1.5m处黑球温度计指示的温度，作为评价和检测的依据。

8.5.5　成品保护

1　加热管和发热电缆应进行遮光包装后运输，不得裸露散装。运输、装卸和搬运时，应小心轻放，不得抛、摔、滚、拖，不得暴晒雨淋。宜储存在温度不超过40℃，通风良好和干净的库房内，与热源距离应保持在1m以上。应避免因环境温度和物理压力受到损害。

2　管材的绝热板材应码放在平整的场地上，垫层高度要大于100mm，防止泥土和杂物进入管内。

3　施工过程中，应防止油漆、沥青或其他化学溶剂接触污染加热管和发热电缆的表面。

4　地面辐射供暖工程施工过程中，严禁人员踩踏加热管或发热电缆。

5　管道系统安装间断或完毕的敞口处，应随时封堵。

6　填充层施工前应做盘管的外观检查，安装时防止磕碰、撞击或踩踏。

7　加热管严禁攀踏、用作支撑或借作他用。

8　混凝土填充层的浇捣和养护过程中，严禁进入踩踏。

9　在混凝土填充层养护期满后，敷设加热管的地面，应设置明显标志，加以妥善保护，严禁在地面上运行重荷载或放置高温物体。

8.5.6　安全、环保措施

1　室内用电设备应有专人看管、专人使用，防止触电。

2　搬运电焊机、打压泵、交联塑料管盘管和钢筋网卷较重的物件时，上下楼梯时要注意脚下不打滑、不踩空，抬运重物时，前后照应。

3　混凝土搅拌和运输中要注意地面整洁、干燥，防止交叉作业时滑倒。

8.5.7　质量标准

Ⅰ　主　控　项　目

8.5.7.1　地面下敷设的盘管埋地部分不应有接头。

检验方法：隐蔽前现场查看。

8.5.7.2　盘管隐蔽前必须进行水压试验，试验压力为工作压力的1.5倍，但不小于0.6MPa。

检验方法：稳压1h内压力降不大于0.05MPa且不渗不漏。

8.5.7.3　加热盘管弯曲部分不得出现硬折弯现象，曲率半径应符合下列规定：

1　塑料管：不应小于管道外径的8倍。

2　复合管：不应小于管道外径的5倍。

检验方法：尺量检查。

Ⅱ　一　般　项　目

8.5.7.4　分、集水器型号、规格、公称压力及安装位置、高度等应符合设计要求。

检验方法：对照图纸及产品说明书，尺量检查。

8.5.7.5　加热盘管管径、间距和长度应符合设计要求，间距偏差不大于±10mm。

检验方法：拉线和尺量检查。

8.5.7.6　防潮层、防水层、隔热层及伸缩缝应符合设计要求。

检验方法：填充层浇灌前观察检查。

8.5.7.7　填充层强度等级应符合设计要求。

检验方法：作试块抗压试验。

8.5.8　质量验收

1　地板辐射采暖系统安装分项工程应按系统、区域、施工段或楼层等划分，分项工程应划分成若干检验批进行验收。

(1) 低温热水系统应对下列内容进行检查和验收。

1) 管道、分水器、集水器、阀门、配件、绝热材料等的质量；

2) 原始地面、填充层、面层等施工质量；

3) 管道、阀门等安装质量；

4) 隐蔽前、后水压试验；

5) 管路冲洗；

6) 系统试运行。

(2) 发热电缆系统应对下列内容进行检查和验收：

1) 发热电缆、温控器、绝热材料等的质量；

2) 原始地面、填充层、面层等施工质量；

3) 隐蔽前、后发热电缆标称电阻、绝缘电阻检测；

4) 发热电缆安装；

5) 系统试运行。

2　检验批质量验收、分项工程质量验收应参照本技术标准第3.1.8～3.1.11条执行。

3　检验批质量验收表当地政府主管部门无统一规定时，宜采用表8.5.8“低温热水地板辐射采暖安装工程检验批质量验收记录表”。

表8.5.8　低温热水地板辐射采暖安装工程检验批质量验收记录表
GB 50242—2002

<table>
<tr><td colspan="4">单位(子单位)工程名称</td><td colspan="4"></td></tr>
<tr><td colspan="4">分部(子分部)工程名称</td><td colspan="2"></td><td>验收部位</td><td></td></tr>
<tr><td colspan="2">施工单位</td><td colspan="4"></td><td>项目经理</td><td></td></tr>
<tr><td colspan="2">分包单位</td><td colspan="4"></td><td>分包项目经理</td><td></td></tr>
<tr><td colspan="4">施工执行标准名称及编号</td><td colspan="4"></td></tr>
<tr><td colspan="6">施工质量验收规范规定</td><td>施工单位检查评定记录</td><td>监理(建设)单位验收记录</td></tr>
<tr><td rowspan="3">主控项目</td><td>1</td><td colspan="2">加热盘管埋地</td><td colspan="2">第8.5.7.1条</td><td></td><td rowspan="7"></td></tr>
<tr><td>2</td><td colspan="2">加热盘管水压试验</td><td colspan="2">第8.5.7.2条</td><td></td></tr>
<tr><td>3</td><td colspan="2">加热盘管弯曲的曲率半径</td><td colspan="2">第8.5.7.3条</td><td></td></tr>
<tr><td rowspan="4">一般项目</td><td>1</td><td colspan="2">分、集水器规格及安装</td><td colspan="2">设计要求</td><td></td></tr>
<tr><td>2</td><td colspan="2">加热盘管安装</td><td colspan="2">第8.5.7.5条</td><td></td></tr>
<tr><td>3</td><td colspan="2">防潮层、防水层、隔热层、伸缩缝</td><td colspan="2">设计要求</td><td></td></tr>
<tr><td>4</td><td colspan="2">填充层混凝土强度</td><td colspan="2">设计要求</td><td></td></tr>
<tr><td colspan="3" rowspan="2">施工单位
检查评定结果</td><td>专业工长(施工员)</td><td></td><td>施工班组长</td><td colspan="2"></td></tr>
<tr><td colspan="5">项目专业质量检查员：　　　　　　　　　　　年　月　日</td></tr>
<tr><td colspan="3">监理(建设)单位
验收结论</td><td colspan="5">监理工程师(建设单位项目专业技术负责人)：　　　年　月　日</td></tr>
</table>

8.6 系统水压试验及调试

8.6.1 施工准备

1 技术准备

(1) 所有安装项目的设计图纸已具备，并且已经过图纸会审和设计交底。

(2) 施工方案已编制。

(3) 施工技术人员向班组做了图纸和施工技术交底。

2 材料准备

(1) 钢管、阀门、管件、胶皮管、水源、热源。

(2) 线麻、石棉绳、铅油、锯条、生料带、粉笔、表弯管。

3 主要机具

(1) 机具：电焊机、电动试压泵、砂轮切割机等。

(2) 工具：压力案、管钳、钢锯、锯条、手锤、活扳手、螺丝刀、套丝板、手动试压泵、电焊工具、气焊工具、刮刀等。

(3) 量具：压力表、温度计等。

4 作业条件

(1) 地沟管道安装完，地沟未盖盖板之前。吊顶干管隐蔽等隐蔽工程之前，进行分阶段试压。

(2) 采暖管道全部安装完毕。

(3) 水源、电源、热源已具备，试压设备、机具、材料均已进场。

8.6.2 材料质量控制

使用的材料应符合本标准第3.2节“材料设备管理”的规定，不能因为是辅助材料而降低质量要求。

8.6.3 施工工艺

8.6.3.1 工艺流程

连接管路→检查采暖系统→试压→系统冲洗→系统通热调试

8.6.3.2 施工要点

1 连接安装水压试验管路

(1) 根据水源的位置和工程系统情况制定出试压程序和技术措施，再测量出各连接管的尺寸，标注在连接图上。

(2) 断管、套丝、上管件及阀件，采用丝接或焊接连接管路。

(3) 一般选择在系统进户入口供水管的甩头处，连接至加压泵的管路。

(4) 在试压管路的加压泵端和系统的末端安装压力表及表弯管。

2 灌水前的检查

(1) 检查全系统管路、设备、阀件、固定支架、套管等，必须安装无误，各类连接处均无遗漏。

(2) 根据全系统试压或分系统试压的实际情况，检查系统上各类阀门的开、关状态，不得漏检。试压管道阀门全打开，试验管段与非试验管段连接处应予以隔断。

(3) 检查试压用的压力表的灵敏度是否符合要求。

(4) 水压试验系统中阀门都处于全关闭状态，待试压中需要开启再打开。

3 水压试验

(1) 打开水压试验管路中的阀门，开始向采暖系统注水。

(2) 开启系统上各高处的排气阀，使管道及供暖设备里的空气排尽。待水灌满后，关闭排气阀和进水阀，停止向系统注水。

(3) 打开连接加压泵的阀门，用电动打压泵或手动打压泵通过管路向系统加压，同时拧开压力表上的旋塞阀，观察压力逐渐升高的情况，一般分 2~3 次升至试验压力。在此过程中，每加压至一定数值时，应停下来对管道进行全面检查，无异常现象方可再继续加压。

(4) 试验压力应符合设计要求。当设计未注明时，应符合下列规定：

1) 蒸汽、热水采暖系统，应以系统顶点工作压力加 0.1MPa 作水压试验，同时在系统顶点的试验压力不小于 0.3MPa。

2) 高温热水采暖系统，试验压力应为系统顶点工作压力加 0.4MPa。

3) 使用塑料管及复合管的热水采暖系统，应以系统顶点工作压力加 0.2MPa 作水压试验，同时在系统顶点的试验压力不小于 0.4MPa。

(5) 高层建筑其系统低点如果大于散热器所能承受的最大试验压力，则应分层进行水压试验。

(6) 使用钢管及复合管的采暖系统应在试验压力下 10min 内压力降不大于 0.02MPa，降至工作压力后检查，不渗、不漏为合格。

使用塑料管的采暖系统应在试验压力下 1h 内压力降不大于 0.05MPa，然后降至工作压力的 1.15 倍，稳压 2h，压力降不大于 0.03MPa，同时各连接处不渗、不漏为合格。

(7) 系统试压合格后，放掉管道内的全部存水。不合格者应降压至零，待修补后按前述方法再次试压，直至合格。

(8) 拆除试压连接管路，将入口供水管用盲板临时封堵严实。

4 室内采暖系统冲洗

(1) 系统试压合格后，应对系统进行冲洗并清扫过滤器及除污器。

(2) 热水采暖系统的冲洗。首先检查全系统内各类阀件的关启状态，须关闭系统上的全部阀门，应关紧、关严，并拆下除污器、自动排气阀等。

1) 水平供水干管及总供水立管的冲洗。先将自来水管接进供水水平干管的末端，再将供水总立管进户处接往排水管。打开排水口的控制阀，再开启自来水进口控制阀，进行反复冲洗。依次对系统的各个分路供水水平干管分别进行冲洗。冲洗结束后，先关闭自来水进口阀，后关闭排水口控制阀门。

2) 系统上立管及回水水平导管冲洗。冲洗水连通进口可不动，将排水出口连通管改接至回水管总出口处。关上供水总立管上各个分环管路的阀门。先打开排水口的总阀门，再打开靠近供水总立管边的第一个立支管上的全部阀门，最后打开自来水入口处阀门进行第一分立支管的冲洗。冲洗结束时，先关闭进水口阀门，再关闭第一分立支管上的阀门。按此顺序分别对第二、三……各环路上各根立支管及水平回路的导管进行冲洗。若为同程式系统，则从最远的立支管开始冲洗为宜。

3）冲洗中，管路通畅，无堵塞现象，当排入下水道的冲洗水为清净水时可认为冲洗合格。全部冲洗后，再以流速1～1.5m/s的速度进行全系统循环，延续20h以上，循环水色透明为合格。

4）全系统循环正常后，把系统回路按设计要求连接好。

（3）蒸汽采暖供热系统吹扫。

1）蒸汽供热系统的吹扫采用蒸汽为宜，也可采用压缩空气进行。吹洗前应将疏水器等拆除，排气管须设置牢固支架，其他程序同热水系统冲洗。

2）蒸汽吹洗时，应缓慢升温，以恒温1h左右进行吹扫为宜。然后自降温至室温，再升温、暖管、恒温进行二次吹扫，直到吹扫合格。

3）蒸汽排出口可设置一块刨光的木板，板上无锈蚀物及脏物为合格。

5　室内采暖管道通热调试

（1）系统冲洗完毕应充水、加热，进行试运行和调试。

（2）先联系好热源，制定出通暖调试方案、人员分工和处理紧急情况的各项措施。备好修理、泄水等器具。

（3）维修人员按分工各就各位，分别检查采暖系统中的泄水阀门是否关闭，干、立、支管上的阀门是否打开。

（4）向系统内充水（以软化水为宜），开始先打开系统最高点的排气阀，指定专人看管。慢慢打开系统回水干管的阀门，待最高点的排气阀见水后立即关闭。然后开启总进口供水管的阀门，最高点的排气阀须反复开闭数次，直至将系统中冷空气排净。

（5）在巡视检查中如发现隐患，应尽量关闭小范围内的供、回水阀门，及时处理和抢修。修好后随即开启阀门。

（6）全系统运行时，遇有不热处要先查明原因。如需冲洗检修，先关闭供、回水阀，泄水后再先后打开供、回水阀门，反复放水冲洗。冲洗完后再按上述程序通暖运行，直到运行正常为止。

（7）若发现热度不均，应调整各个分路、立管、支管上的阀门，使其基本达到平衡后，邀请各有关单位检查验收，并办理验收手续。

（8）高层建筑的采暖管道冲洗与通热，可按设计系统的特点进行划分，按区域、独立系统、分若干层等逐段进行。

（9）冬期通暖时，必须采取临时采暖措施。室温应连续24h保持在5℃以上后，方可进行正常送暖：

1）充水前先关闭总供水阀门，开启外网循环管的阀门，使热力外网管道先预热循环。

2）分路或分立管通暖时，先从向阳面的末端立管开始，打开总进口阀门，通水后关闭外网循环管的阀门。

3）待已供热的立管上的散热器全部热后，再依次逐根、逐个分环路通热，直到全系统正常运行为止。

8.6.4　成品保护

1　管道试压合格后，应和单位工程负责人办理移交保管手续，严防土建工程进行收尾损坏管路。

2　立即进行除污、除锈、管道刷油、管道保温等工序。

3　清除地沟内的污物和积水。

4　管道在冲洗过程中，要严防中途停止时污物进入管内。下班应设专人负责看管，也可采取保护措施。

5　通热试调后，阀门位置应作上定位记号，运行中再不可随便拧动。

6　冲洗或吹扫后，把地沟清扫干净，防止地沟里管道的保温层遭到破坏。

7　冲洗或吹扫过程，严禁热水或蒸汽冲坏土建装修面。应设专人看护。

8.6.5　安全、环保措施

1　管道试压中，严禁使用失灵或不准确的压力表。

2　试压中，对管道加压时，不能分散精力，应集中注意力观察压力表。

3　试压过程时若发现异常现象应立即停止试压，紧急情况下，应立即放尽管道内的积水。

4　用蒸汽吹扫中，排出口的管口应朝上，防止伤人。排气管的管径不得小于被吹扫管的管径。

5　冲洗水的排放管，接至可靠的排水井或排水沟里，保证排泄畅通和安全。

8.6.6　质量标准

Ⅰ 主 控 项 目

8.6.6.1　采暖系统安装完毕，管道保温之前应进行水压试验。试验压力应符合设计要求。当设计未注明时，应符合下列规定：

1　蒸汽、热水采暖系统，应以系统顶点工作压力加 0.1MPa 作水压试验，同时在系统顶点的试验压力不小于 0.3MPa。

2　高温热水采暖系统，试验压力应为系统顶点工作压力加 0.4MPa。

3　使用塑料管及复合管的热水采暖系统，应以系统顶点工作压力加 0.2MPa 作水压试验，同时在系统顶点的试验压力不小于 0.4MPa。

检验方法：使用钢管及复合管的采暖系统应在试验压力下 10min 内压力降不大于 0.02MPa，降至工作压力后检查，不渗、不漏。

使用塑料管的采暖系统应在试验压力下 1h 内压力降不大于 0.05MPa，然后降至工作压力的 1.15 倍，稳压 2h，压力降不大于 0.03MPa，同时各连接处不渗、不漏。

8.6.6.2　系统试压合格后，应对系统进行冲洗并清扫过滤器及除污器。

检验方法：现场观察，直至排出水不含泥沙、铁屑等杂质，且水色不浑浊为合格。

8.6.6.3　系统冲洗完毕应充水、加热，进行试运行和调试。

检验方法：观察、测量室温应满足设计要求。

8.6.7　质量验收

检验批质量验收表当地政府主管部门无统一规定时，宜采用表 8.2.7“室内采暖管道及配件安装工程质量检验表”。

9 室外给水管网安装

9.1 一 般 规 定

9.1.1 本章适用于民用建筑群（住宅区）及厂区的室外给水管网安装工程的施工。

9.1.2 输送生活给水的管道应采用塑料管、复合管、镀锌钢管或给水铸铁管。塑料管、复合管或给水铸铁管的管材、配件，应是同一厂家的配套产品。

9.1.3 架空或在地沟内敷设的室外给水管道其安装要求按室内给水管道的安装要求执行。塑料管道不得露天架空铺设，必须露天架空铺设时应有保温和防晒等措施。

9.1.4 消防水泵接合器及室外消火栓的安装位置、形式必须符合设计要求。

9.1.5 其他要求可参见第四章。

9.2 给 水 管 道 安 装

9.2.1 施工准备

1 技术准备

(1) 所有安装项目的设计图纸已具备，并且已经过图纸会审和设计交底。

(2) 施工方案已编制。

(3) 施工技术人员向班组做了图纸和施工技术交底。

2 材料准备

(1) 塑料管、复合管、镀锌钢管、焊接管、无缝钢管、给水铸铁管，预、自应力钢筋混凝土管。

(2) 相应的配套管件。

(3) 青铅、油麻、硅酸盐膨胀水泥、石棉绒、32.5 级普通硅酸盐水泥、橡胶圈、电焊条、石膏粉、氧化钙、方木、槽钢、立板、角钢、钢板。

(4) 焦碳、木柴、氧气、乙炔、电焊条、水泥、油毡、锯条、砂轮片、机油、铅油、石笔、小线、线麻、聚四氟乙烯生料带、橡胶板、木板、砂子、水泥、破布、草袋等。

3 主要机具

(1) 机具：汽车起重机、履带式起重机 5t、载重汽车 4t、卷扬机、管道切断机、电动套丝机、普通车床、交流弧焊机、鼓风机、砂轮切割机、试压泵等。

(2) 工具：千斤顶、液压弯管机、手动坡口机、人字桅杆、钢丝夹、导链、滑轮、撬杠、套丝板、压力案、电焊工具、气焊工具、熔铅锅、铅勺、大锤、手锤、剁子、钢丝刷、錾子、管钳、扳手、麻凿（盘根凿）、灰凿（钢凿）、剪子、螺丝刀、铁锹、绳索、导轨、枕木、顶铁、钢丝绳、运土车、内涨圈、木桩等。

(3) 量具：经纬仪、水准仪、水平尺、钢卷尺、卡尺、线坠等。

4　作业条件

(1) 管沟平直，管沟深度、宽度符合要求，阀门井、表井垫层、消火栓底座施工完毕，沟底标高与管沟中心坐标已验收合格。

(2) 管沟沟底夯实，沟内无障碍物，且应有防塌方措施。

(3) 管沟两侧不得堆放施工材料和其他物品。

9.2.2　材料质量控制

1　工程所使用的主要材料、成品、半成品、配件、器具和设备必须具有中文质量合格证明文件，规格、型号及性能检测报告应符合国家技术标准或设计要求。进场时应完好，并经监理工程师核查确认。

2　所有材料进场时应对品种、规格、外观等进行验收。包装应完好，表面无划痕及外力冲击破损。包装上应标有批号、数量、生产日期和检验代码。

3　主要器具和设备必须有完整的安装使用说明书。在运输、保管和施工过程中，应采取有效措施防止损坏或腐蚀。

4　给水铸铁管及管件规格品种应符合设计要求，管壁薄厚均匀，内外光滑整洁，不得有砂眼、裂纹、飞刺和疙瘩。承插口的内外径及管件应造型规矩，并有出厂合格证。

5　镀锌碳素钢管及管件管壁内外镀锌均匀，无锈蚀。内壁无飞刺，管件无偏扣、乱扣、方扣、丝扣不全、角度不准等现象。

6　其他应参见本标准第4.2.2条“材料质量控制”。

9.2.3　施工工艺

9.2.3.1　工艺流程

检验管材、阀件→处理管口、阀件、填料→检验下料机具→管道、阀件定位→下管→断管→对口→阀门等配件安装→管道试压→管道冲洗与消毒→管道防腐→管道保温

9.2.3.2　施工要点

1　做好下管前的各项准备工作

(1) 检查闸阀、排气阀的开并是否严密、吻合、灵活，直径200mm以上闸阀必须更换填料。

(2) 钢管已按本标准中焊接规定进行了坡口等技术处理。

(3) 铸铁管承口内和插口外的沥青防腐层用汽焊烤掉，并用刷子清理干净，飞刺等杂质已凿掉，管腔内脏物被清除。

(4) 准备好下管的机具及绳索，并进行安全检查。管径在125mm以下，可用人力下管，采用传递法；管径在150mm以上可用撬压绳法下管；直径大的管可酌情用起重设备。详见本技术标准室外排水有关方法及规定。

(5) 使管中心对准定位中心，做好各种辅助工作。

(6) 下管前，必须对管材进行认真检查，发现裂纹的管道，应进行处理。若裂纹发生在插口端，将产生裂纹管段截去方可使用。

(7) 将有三通、阀门、消火栓的部位先定出具体位置，再按承口朝向水流方向，逐个确定工作坑的位置。如管线较长，由于铸铁管长度规格不一，工作坑一次定位往往不准确，可以逐段定位。

(8) 根据铸铁管长度，确定管段工作坑位置，铺管前把工作坑挖好。工作坑尺寸，见

表 9.2.3.2-1。

表 9.2.3.2-1 工作坑尺寸表

管径（mm）	工作坑尺寸（mm）			
	宽度（m）	长度（m）		深度（m）
		承口前	承口后	
75～250	管径 +0.6	0.6	0.2	0.3
250 以上	管径 +1.2	1.0	0.3	0.4

2 通用要求

（1）给水管道在埋地敷设时，应在当地的冰冻线以下。如必须在冰冻线以上铺设时，应做可靠的保温防潮措施。在无冰冻地区埋地敷设时，管顶的覆土埋深不得小于 500mm；穿越道路部位的埋深不得小于 700mm。当管顶埋设深度不大于 700mm 时，应按设计要求加设金属或钢筋混凝土套管保护。

（2）给水管道不得直接穿越污水井、化粪池、厕所等污染源。

（3）给水系统各种井室内的管道安装，如设计无要求，井壁距法兰或承口的距离：管径小于或等于 450mm 时，不得小于 250mm；管径大于 450mm 时，不得小于 350mm。

（4）给水管道与污水管道在不同标高平行敷设，其垂直间距在 500mm 以内时，给水管径小于或等于 200mm 的，管壁水平间距不得小于 1.5m；管径大于 200mm 的，不得小于 3m。

（5）塑料管高出地坪处应设置护管，其高度应高出地坪 100mm。塑料管在空基础墙时，应设置金属套管。套管与基础墙预留孔上方的净空高度，若设计无规定时不应小于 100mm。

（6）建筑给水铝塑复合管埋地管道敷设应符合下列规定：

1）埋地进户管应先安装室内部分的管道，待土建室外施工时再进行室外部分的管道安装与连接。

2）进户管穿越外墙处，应预留孔洞。孔洞高度应根据建筑物沉降量决定，一般管顶以上的净高不宜小于 100mm。公称外径 D_e 不小于 40mm 的管道，应采用水平折弯后进户。

3）管道在室内穿出地坪处，应在管外套长度不小于 100mm 的金属套管，套管的根部应插嵌入地坪层内 30～50mm。

4）埋地管道的管沟底部的地基承载力不应小于 $80kN/m^2$，且不得有尖硬凸出物。管沟回填时，管周 100mm 以内的填土不得含有料径大于 10mm 的尖硬石（砖）块。

3 下管

（1）复测三通、阀门、消火栓位置及排尺定位的工作坑位置、尺寸是否适合。

（2）下第一根管。管中心必须对准定位中心线，找准管底标高（在水平板上挂水平线），管末端用方木垫顶在墙上或钉好点桩挡住、顶牢，严防打口时顶走管道。

（3）连续下管铺设时，必须保证管与管之间接口的环形空隙均匀一致。承插口与管中心线不垂直的管，管端外形不正的管道和按照设计曲线铺设的管道，其管道四周任何一点的间隙均应符合质量标准。

（4）铸铁管承插接口的对口间隙应符合本标准表 4.2.3.2-10 和表 4.2.3.2-11 的相关要

求，管径大于500mm时，只允许管道有1°转角。

(5) 阀门两端的甲乙短管，下沟前可在上面先接口，待牢固后再下沟。

(6) 若须断管，须在管的下部垫好方木。管径在75～350mm的铸铁管，可直接用剁子（或钢锯）切断；管径在400mm以上时，先走大牙一周，再用剁子截断。剁管时，在切断部位先划好线，沿线边剁边转动管道，剁子始终在管的上方。预、自应力钢筋混凝土管和钢筋混凝土管不允许切断后再用。

(7) 管径大于500mm的铸铁管切断时，可采用爆破断管法。先将片状黄色炸药研细过筛，装入不同直径的塑料管中，略加捣实。使用时，将药管一端封好，缠绕在管道须切断部位上，未封口的一端留出10mm长度，接上雷管或起爆药。爆破断管时，必须严格按规程操作起爆，用药量见表9.2.3.2-2。

表9.2.3.2-2 爆破断管有关数据

铸铁管直径（mm）	壁厚（m）	装药塑料管规格		TNT装药量（g）	TNT粒度（m）	起爆雷管
		内径（mm）	长度（m）			
500	14.0	12	1.8	165～170	<0.2	工业8号
600	15.4	12	2.15	200～205	<0.2	工业8号
700	16.5	14	2.50	380～390	<0.6	工业8号
800	18.0	16	2.90	560～570	<0.6	工业8号
900	19.5	20	3.30	790～830	<0.6	工业8号

(8) 铸铁管稳好后，在靠近管道两端处填土覆盖，两侧夯实，并应随即用稍粗于接口间隙的干净麻绳将接口塞严，以防泥土及杂物进入。

4 顶管施工

(1) 作业条件

1) 当管道穿越铁路、公路、道路或无法开挖沟槽的障碍物时，可采用顶管施工。

2) 掌握顶管所穿过地层的水文地质资料。

3) 对顶管过程中所用的材料、机具、工作坑的布置，应有充分的准备。

4) 与有关地段相关的部门取得联系。

(2) 顶管施工工艺流程

挖工作坑→架设后墙支撑→平基与铺轨→计算顶力→顶管→管道接口

下面介绍工程中常用的人工挖土顶管法。

(3) 挖工作坑：工作坑的平面尺寸及工作间高度，要根据管径大小、管节长度、操作工具、出土方式、后墙长度和撑板、撑木的规格、后座尺寸而决定（见图9.2.3.2-1），一般情况下可以按下式计算：

$$B = D_1 + 2b + 2c$$

$$L = L_1 + L_2 + L_3 + L_4 + L_5$$

式中 B——工作坑宽度（m）；

D_1——管道外径（mm）；

b——两侧操作空间，一般为 1.2～1.6m；

c——撑板厚度，一般为 0.2m；

L——工作坑长度（m）；

L_1——管节长度（m）；

L_2——顶镐机长度（m）；

L_3——后背墙厚度（立板、方木、顶铁共 1m 左右）；

L_4——稳管时，前一节已顶进预留在导轨上的最小长度（0.3～0.5m）；

L_5——为管尾出土所留工作长度，根据出土工具而定，用小铁车为 0.6m，用手推车为 1.2m。

工作间高度一般采用 3m 或 2～3 倍管径。

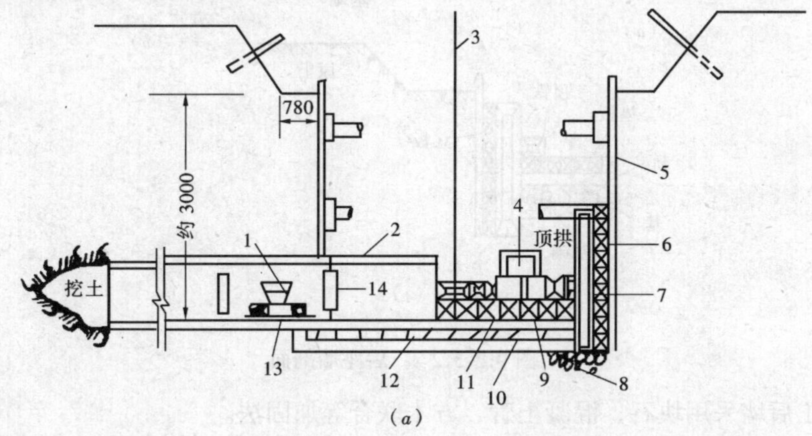

（a）

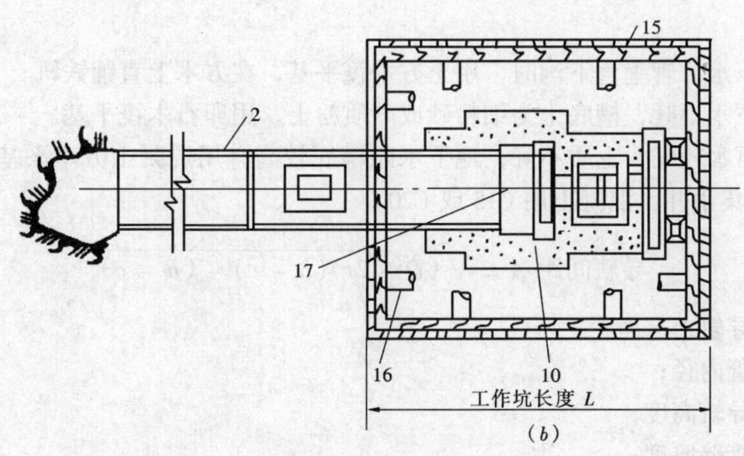

（b）

图 9.2.3.2-1　人工挖土顶管施工工作坑布置示意图

1—运土车；2—管道；3—钢丝绳；4—摇镐机；5—立板兼作后背；6—后背方木；7—后背顶铁；8—排水层；9—木板；10—混凝土基础；11—坑道板；12—木垫基；13—导轨；14—内涨圈；15—方木（300×300×1500）；16—撑木；17—出土工作区（300×300×60）

(4) 架设后墙：后墙承受着顶进中全部阻力，要求有足够的稳定性，其安全系数为1.5倍的最大阻力。

1) 原土后墙许可顶力值由土压力公式计算，其后墙一般不小于7m长，并于原土表面加设木板、方木、顶铁（图9.2.3.2-2)。

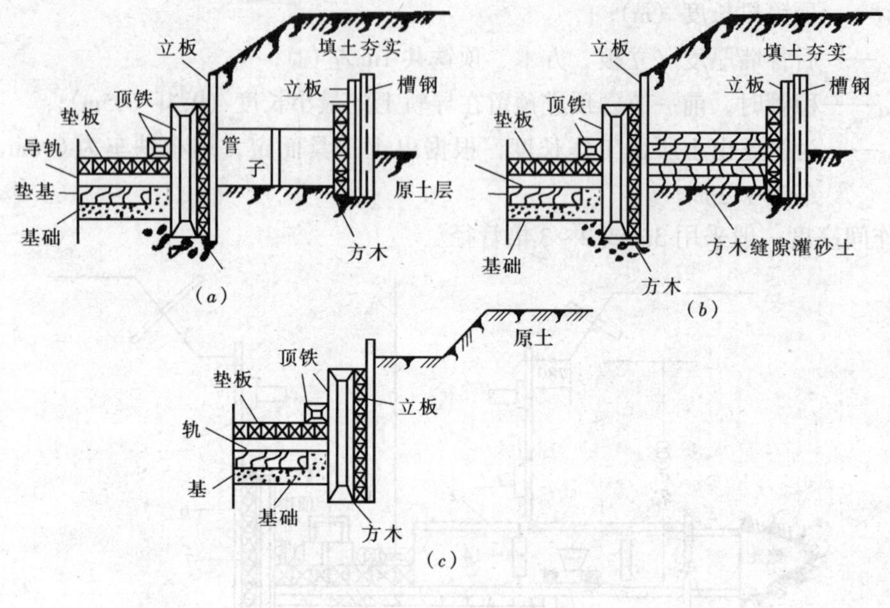

图9.2.3.2-2 后座墙剖面

2) 人工后墙采用块石、混凝土管、方木联合等加固法。

(5) 平基与导轨：其结构取决于下管方法、管道重量、基底土质及地下水位情况，见图9.2.3.2-3。

1) 无地下水，管垂直下沟时，用土方木筏平基，在方木上直铺铁轨。

2) 遇地下水不旺，槽底土为细粉砂或砂质粉土，用卵石木筏平基。

3) 遇地下水较旺，土质不好，地下水距槽底较高，用混凝土方木平基。在平基下做卵石盲沟通往集水井，混凝土用C15或C20。

$$导轨间距\ A = \sqrt{(D + 2t)(h - c) - (h - c)^2}$$

式中 A——导轨上部净距；

D——管内径；

h——导轨高度；

t——管壁厚度；

c——预留空缝高度。

当采用铁轨时，导轨间距 $A_0 = A + a_0$

a_0 为铁轨上顶宽度（mm)。

当采用18kg轻便铁轨（轨高为90mm）和预留空缝高度采用10mm时，导轨上部净距

$$A = 8\sqrt{5(D + 2t) - 400}$$

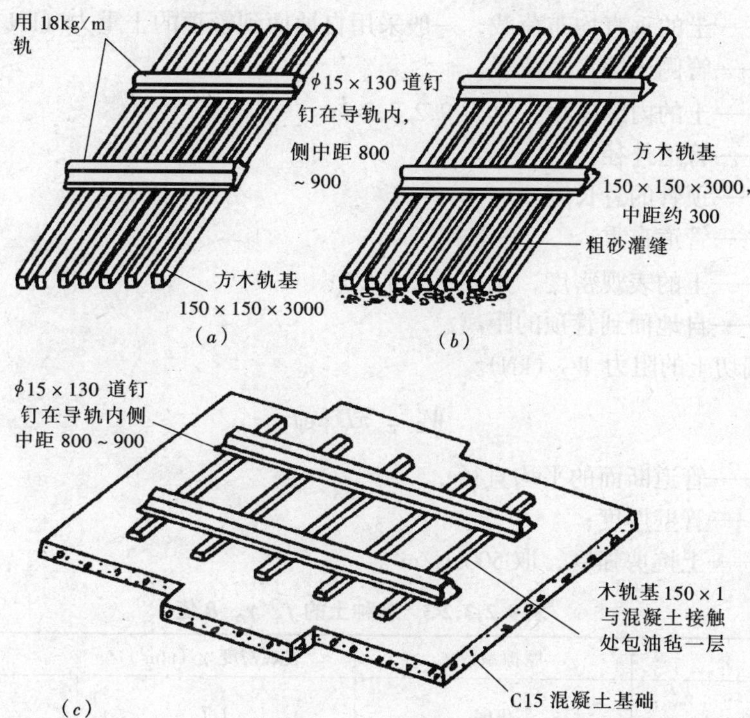

图 9.2.3.2-3　平基与导轨

（a）土槽木筏平基；（b）卵石木筏平基；（c）横铺混凝土平基

当采用木轨时，导轨间距 $A_0 = A + B$（mm）

B 为木轨的宽度（mm）。

（6）顶力计算：施工中必须有足够的顶力，才能克服管道在顶进过程中土壤对管道产生的摩阻力，当采用人工挖土顶管，一般多采用下面两种公式计算其顶力：

1）近似的顶力计算式：

$$P = 2\pi DLf$$

式中　P——最大顶力（kN）；

D——管外径（m）；

L——顶管长度（m）；

f——管道与土的单位摩擦系数（近似采用 5kN/m²），见表 9.2.3.2-3。

2）常用的顶力计算式：

总顶力：
$$W = W_2 + W_2$$

管自重及管表面与土的摩擦力 W_1（kN）

$$W_1 = f[2(P_{垂直} + P_{水平})DL + P_0]$$

$$P_{垂直} = \gamma h$$

$$P_{水平} = P_{垂直}\mathrm{tg}^2(45° - \varphi/2)$$

式中　$P_{垂直}$——土的垂直均布荷载，一般采用自地面到管顶的土重力（kN/m^2）；

$P_{水平}$——管侧土壤水平荷载；

φ——土的内摩擦角，见表 9.2.3.2-3；

D——管道外径；

L——顶管的总长度；

P_0——管道自重；

γ——土的表观密度，见表 9.2.3.2-3；

h——自地面到管顶的距离。

管道前端切土的阻力 W_2（kN）

$$W_2 = \pi D_{平均} t \tau$$

式中　$D_{平均}$——管道断面的平均直径；

t——管壁厚度；

τ——土抗剪强度，取 $500kN/m^2$。

表 9.2.3.2-3　各种土的 f、γ、θ 值

土　种　类	摩擦系数 f	表观密度 γ（t/m^3）	内摩擦角 φ
干细砂	0.64	1.7	27
砂土及砾石	0.50	1.7	30
湿砂质黏土	0.45	1.6	35
稍湿黏土	0.3	1.6	40
饱和黏土	0.25	1.6	40

（7）顶管操作程序及挖土

1）须严格控制第一节管道施工，周密地测量，边顶边测。第一节管道顶得准确，整个管路不易出大现偏差。

2）千斤顶顶头伸出，使管道进土。当顶头伸到极限后退回，插入顶铁，再使千斤顶顶头伸出，反复进行。直到管端与千斤顶间放下另一节管道，再继续从头开始顶。

3）在无水的土中挖土，可先挖下面，管前 150mm 以外的土要边挖边找准周边，管前 250mm 以外的土可先挖成锥体。

4）土中有水时要从上往下挖土，且需采取降水措施。

5）管径大于 800mm 时，直接用双轮手推车运土至工作坑，再将手推车垂直提升运至堆土地点。

6）管径小于 800mm 时，出土可用四轮土斗小铁车，用绳从管内把车拉出来。

（8）测量与校正

1）一般情况下，管道每顶进 1m 需测量高程、对中心线一次。当管道顶进中发现偏差，每顶进一镐（300mm 左右）即测一次。

2）用水平仪测高程，只测最前一节管道管底标高，中心线可用经纬仪测，也可用“小线垂球延长线法”测量（图 9.2.3.2-4）。

3）发现偏差后要及时校正。当实际顶管坡度线偏低时，可用小顶镐顶起来至坡度合

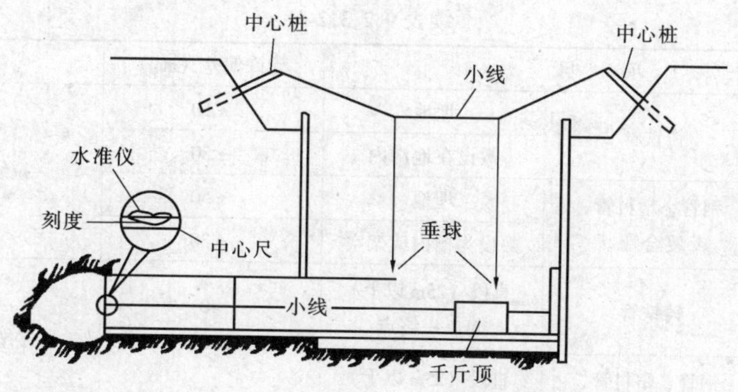

图 9.2.3.2-4　小线垂球延长线法测量中心线示意图

格为止，再将管向前顶进 100mm，使第一节管头落于硬土上或在管前以木料斜撑顶进使管头抬起来。当实际顶管坡度线偏高时，可在管下挖土，管上填土。当连续几节管道发生偏高偏低，但高程误差没有反坡且不超过全长高差，则变更坡度逐渐纠正，并按剩下的管节长度和全长剩下的高程，在剩下各节管中平均分配调节。

(9) 管道接口。可参照本标准：第 4.2.3 条相关要求进行。

(10) 顶管施工中的注意事项

1）顶压坑的周密设计、计划、严格措施和制度，是保证顶管工程质量，保证经济效果的首要前提。

2）顶每根管的方向误差不应超过 50mm。有坡度要求时，严格遵循设计要求。

3）有一条公认的可靠经验应该遵循：第一节管道顶得准确，便于保证整个管路施工顺畅。始自起顶时的累积误差，校正时十分不经济。在装上千斤顶之前，必须校准刃脚和第一节管道的高度、平面位置。在推顶第一节管时，密切注意观察，随时纠偏。

4）顶管时机具应洁净，每次退镐前将顶芯和丝杠上的泥土擦净，加润滑油后再退回，几台顶镐同时使用时，须保证顶力相同。

5）工作坑、管内的动力及照明设备，分别设漏电保护器，以备随时切断电源，照明电压不超过 36V。全部电线使用安全防水线。

5　管道接口

(1) 管道接口连接方式主要有铸铁给水管石棉水泥接口、膨胀水泥接口、氯化钙石膏水泥接口、青铅接口、胶圈接口、钢管焊接接口、镀锌钢管螺纹连接、法兰接口、塑料管粘接接口等，参见本标准第 4.2.3.2 条相关规定。

(2) 管道的坐标、标高、坡度应符合设计要求，管道安装的允许偏差应符合表 9.2.3.2-4 的规定。

表 9.2.3.2-4　室外给水管道安装的允许偏差和检验方法

项次	项　目			允许偏差（mm）	检验方法
1	坐标	铸铁管	埋地	100	拉线和尺量检查
			敷设在地沟内	50	
		钢管、塑料管、复合管	埋地	100	
			敷设沟槽内或架空	40	

续表 9.2.3.2-4

<table>
<tr><th>项次</th><th colspan="3">项　目</th><th>允许偏差（mm）</th><th>检验方法</th></tr>
<tr><td rowspan="4">2</td><td rowspan="4">标高</td><td rowspan="2">铸铁管</td><td>埋地</td><td>±50</td><td rowspan="4">拉线和尽量检查</td></tr>
<tr><td>敷设在地沟内</td><td>±30</td></tr>
<tr><td rowspan="2">钢管、塑料管、复合管</td><td>埋地</td><td>±50</td></tr>
<tr><td>敷设沟槽内或架空</td><td>±30</td></tr>
<tr><td rowspan="2">3</td><td rowspan="2">水平管纵横向弯曲</td><td>铸铁管</td><td>直段（25m 以上）起点—终点</td><td>40</td><td rowspan="2">拉线和尽量检查</td></tr>
<tr><td>钢管、塑料管、复合管</td><td>直段（25m 以上）起点—终点</td><td>30</td></tr>
</table>

6　阀门、水表等安装

(1) 管道接口法兰、卡扣、卡箍等应安装在检查井或地沟内，不应埋在土壤中。

(2) 阀门、水表等安装位置应正确，阀杆要垂直向上。

(3) 塑料给水管道上的水表、阀门等设施其重量或启闭装置的扭矩不得作用于管道上，当管径≥50mm 时必须设独立的支承装置。

(4) 管路上大型闸门的支撑及时砌筑，防止闸门下沉时，管口漏水。

(5) 室外水表安装

1) 严格检查准备安装的水表，闸门是否灵活、严密、吻合，所配带的附属配件是否齐全、是否符合设计的型号、规格、耐压强度。

2) 闸门安装以前应更换盘根。

3) 先把室外水表或阀门安装在砌好的混凝土支墩或砖砌支墩上。

4) 按本技术标准有关要求进行配件和连接管的螺纹连接和法兰连接。

5) 安装时，要求位置和进出口方向正确，连接牢固、紧密。

(6) 其他详见本标准第 4.2 节“给水管道及配件安装”。

7　管道试压、冲洗与消毒

给水管网必须进行水压试验，试验压力为工作压力的 1.5 倍，但不得小于 0.6MPa。给水管道竣工验收前，必须对管道进行冲洗。饮用水管道还要在冲洗后进行消毒处理，满足饮用水卫生要求。

(1) 工艺流程

试压或冲洗前准备→灌水排气→升压→稳压→检查→验收填表→回填→试压合格后→灌水冲洗

(2) 给水管道试压一般用水进行试验，在冬季或缺水时，也可用气压试验。

(3) 在回填管沟前，分段进行试压，回填管沟和完成管段各项工作后，进行最后试压。水压试验的管段长度一般不超过 1000m，并应在管件支墩达到要求强度后方可进行，否则应作临时支撑。

(4) 凡在使用中易于检查的地下管道允许一次性试压。铺设后必须立即回填的局部地下管道，可不作预先试压。焊接接口的地下钢管的各管段，允许在沟边作预先试压。

(5) 埋地管道经检查管基合格后，管身上部回填土不小于 500mm 后方可试压。

(6) 试压管段两端及所有支管甩头不得用闸板代替堵板。管道接口处有回填土覆盖时，应把覆土取出。

(7) 管口必须用堵板堵死，堵板厚度应根据管径和试验压力确定。一般情况下，当管径 $DN \geqslant 300$mm 时，不应小于 28mm。钢管道试压堵板厚度（δ）一般选用数值：

$DN \leqslant 125$，厚度不小于管壁厚度；$DN150 \sim DN300$，$\delta = 8$mm；$DN350 \sim DN450$，$\delta = 11 \sim 14$mm；$DN500 \sim DN700$，$\delta = 15 \sim 21$mm。

(8) 试压程序如下：

1）编制试压方案。

2）按批准的方案，结合本技术标准有关要求，量尺、下料、制作、安装堵板和管道末端支撑，并从水源开始，铺设和连接好试压给水管，安装给水管上的阀门、试压水泵、试压泵前后阀门、前后压力表及截止阀。

3）接通自来水水源，并挖好排水沟及排水井。

4）试验所用的压力表的精度等级不应低于 1.5 级，其刻度上限值约为试验压力的 1.3 倍，试验时应在有效使用期内。

5）非焊接或螺纹连接管道，在接口后须经过养护期达到强度以后方可进行充水。充水后应把管内空气全部排尽。

6）空气排尽后，将检查阀门关闭好。管道试压，铸铁管应在管道内充水 24h 后进行；预应力钢筋混凝土管、钢筋混凝土管当管径 $DN \leqslant 1000$mm 时，应在管道内充水 40h 后进行，当管径 $DN > 1000$mm 时，应在管道充水 72h 后进行。充水时应注意排净管内空气。

7）充水达到规定时间后，逐步加压，每次升 0.2MPa 为宜。管材为钢管、铸铁管时，试验压力下 10min 内压力降不应大于 0.05MPa，然后降至工作压力进行检查，压力应保持不变，不渗不漏；管材为塑料管时，试验压力下，稳压 1h 压力降不大于 0.05MPa，然后降至工作压力进行检查，压力应保持不变，不渗不漏。

8）试压过程中，全部检查若发现接口渗漏，应做上明显记号，然后将压力降至零。制定出补修措施，经补修后，再重新试验，直至合格。

9）管道试压合格后，应立即办理验收手续，组织回填。

(9) 新建室外给水管道在碰头以前，必须经过管内冲洗，冲洗干净后方可与供水干管支管连接碰头。冲洗标准当设计无规定时，则以出口的水色和透明度与入口处的进水目测一致为合格。

(10) 饮用水管道必须在冲洗后进行消毒，满足饮用水卫生要求。

8　管道涂漆、防腐

(1) 管道和金属支架的涂漆应附着良好，无脱皮、起泡、流淌和漏涂等缺陷。

(2) 镀锌钢管、钢管的防腐必须符合设计要求，如设计无规定时，可按表 4.2.3.2-38 规定执行。卷材与管材间应粘贴牢固，无空鼓、滑移、接口不严等。

(3) 施工技术参见本标准第 4.2.3.2 条相关规定。

9　管道保温：参见本标准第 4.2.3.2 条相关规定。

9.2.4　成品保护

1　油麻打完可及时从管段两侧分层回填夯实至管身上皮填土不少于 0.3m 为宜，防止管道位移。

2 已烤掉并清除干净的承插头，要防止再存积污物，阴雨天应用物品覆盖保护。

3 中断施工或工程完工后，凡开口的部位必须有封闭措施。

4 严格按设计或规范要求设置管道支墩、挡墩。

5 由于钢筋混凝土管和石棉水泥管在搬运过程中易损坏，所以要特别注意。不能碰撞和随意滚动，并且要轻放。

6 管沟内安装工作坑旁设置集水坑，管道基础旁设置排水明沟，以防止槽底受水浸泡。

7 接口完成后，严防管口受震动，并及时养护。养护接口应设专人负责。塑料接口要严防被砸坏。

8 一般情况下顶管施工要连续作业，不应中断，防止出现意外故障。若事故间断，要有人值班，记录事故。顶管用做套管时，顶管施工完成以后，未穿管以前，要将套管的两端临时堵严，以防管道被污物堵塞。

9 管道试压中途因不合格返修时，若天气较冷，要及时放水。如不放水须有可靠的安全技术措施，否则管口及闸门都有可能冻裂而漏水。

10 漏水的接口未作返修或补修前，要保护好记号，以免弄错或遗忘。

11 水压试验要密切注意最低点的压力不可超过管道附件及阀门的承受能力。排放水时，必须先打开上部排气阀。

12 试压合格后，及时回填土。

13 回填土应严格按要求进行。应注意不可破坏接口，特别是预、自应力钢筋混凝土管及钢筋混凝土管的接口更要留心。

9.2.5 安全、环保措施

1 沟内人员必须戴好安全帽。

2 吊装管道的绳索必须绑牢，吊装时要服从统一指挥，动作要协调一致。管道吊起后，沟内操作人员应避开，以防伤人。

3 管沟上下传递物件时，不准抛丢。应系在绳子上吊上或放下。

4 吊装拔杆垂直下方不准站人。

5 施工作业时，不准向沟内随便乱扔材料和工具等物料。

6 用手工切断管道时不能过急过猛。管道将断时应扶住管道，以免管道滚下垫木时砸脚。

7 爆破断管时，要制定特殊安全措施，详细交底，统一指挥，遵守爆破工程有关规定的操作顺序。

8 管道在对口过程中，要相互照应，防止挤手。

9 配合焊工组对管口的人员，应戴上手套和面罩。

10 熔铅的焦炭炉，应设在指定地点。氧气瓶和乙炔瓶等与火源距离不小于10m。熔化青铅，浇铅操作人员应穿戴好劳动保护。

11 铅口操作完后，应洗澡、更衣、漱口，再进食。

12 打口时，注意力要集中，尽量不打在手上。

13 顶管时管内掏土不应超过管头，应随顶随掏，严防管头外塌方。随掏随运，管内要进行通风换气。

14 在加压至试验压力时，工作人员不可下管沟检查管口。

15 压力表安装前应经过检查，避免安装失灵的压力表。加压过程中，设专人观察两头的压力表变化。发现异常情况，立即停止，切不可超压。

16 升压和降压都应缓慢进行，不能过急。

17 不得自行延长试验压力的稳定时间，更不允许擅自加大试验压力。

18 事先要作好充分准备，确定好冲洗管道的排水点或排水井。

9.2.6 质量标准

Ⅰ 主 控 项 目

1 给水管道在埋地敷设时，应在当地的冰冻线以下。如必须在冰冻线以上铺设时，应做可靠的保温防潮措施。在无冰冻地区埋地敷设时，管顶的覆土埋深不得小于500mm，穿越道路部位的埋深不得小于700mm。

检验方法：现场观察检查。

2 给水管道不得直接穿越污水井、化粪池、厕所等污染源。

检验方法：观察检查。

3 管道接口法兰、卡扣、卡箍等应安装在检查井或地沟内，不应埋在土壤中。

检验方法：观察检查。

4 给水系统各种井室内的管道安装，如设计无要求，井壁距法兰或承口的距离：管径小于或等于450mm时，不得小于250mm；管径大于450mm时，不得小于350mm。

检验方法：尺量检查。

5 管网必须进行水压试验，试验压力为工作压力的1.5倍，但不得小于0.6MPa。

检验方法：管材为钢管、铸铁管时，试验压力下10min内压力降不应大于0.05MPa，然后降至工作压力进行检查，压力应保持不变，不渗不漏；管材为塑料管时，试验压力下，稳压1h压力降不大于0.05MPa，然后降至工作压力进行检查，压力应保持不变，不渗不漏。

6 镀锌钢管、钢管的埋地防腐必须符合设计要求，如设计无规定时，可按表4.2.3.2-38规定执行。卷材与管材间应粘贴牢固，无空鼓、滑移、接口不严等。

检验方法：观察和切开防腐层检查。

7 给水管道在竣工后，必须对管道进行冲洗，饮用水管道还要在冲洗后进行消毒，满足饮用水卫生要求。

检验方法：观察冲洗水的浊度，查看有关部门提供的检验报告。

Ⅱ 一 般 项 目

8 管道的坐标、标高、坡度应符合设计要求，管道安装的允许偏差应符合表9.2.3-4的规定。

9 管道和金属支架的涂漆应附着良好，无脱皮、起泡、流淌和漏涂等缺陷。

检验方法：现场观察检查。

10 管道连接应符合工艺要求，阀门、水表等安装位置应正确。塑料给水管道上的水表、阀门等设施其重量或启闭装置的扭矩不得作用于管道上。当管径≥50mm时必须设独立的支承装置。

检验方法：现场观察检查。

11 给水管道与污水管道在不同标高平行敷设，其垂直间距在500mm以内时，给水管径小于或等于200mm的，管壁水平间距不得小于1.5m；管径大于200mm的，不得小于3m。

检验方法：观察和尺量检查。

12 铸铁管承插捻口连接的对口间隙应不小于3mm，最大间隙不得大于表4.2.3.2-10的规定。

检验方法：尺量检查。

13 铸铁管沿曲线敷设，每个接口允许有2°转角；沿直线敷设，承插捻口的环型间隙应符合表4.2.3.2-11规定。

检验方法：观察和尺量检查。

14 捻口用的油麻填料必须清洁，填塞后应捻实，其深度应占整个环型间隙深度的1/3。

检验方法：尺量检查。

15 捻口用水泥强度应不低于32.5MPa，接口水泥应密实饱满，其接口水泥凹入承口边缘的深度不得大于2mm。

检验方法：观察和尺量检查。

16 采用水泥捻口的给水铸铁管，在安装地点有侵蚀性的地下水时，应在接口处涂抹沥青防腐层。

检验方法：观察检查。

17 采用橡胶圈接口的埋地给水管道，在土壤或地下水对橡胶圈有腐蚀的地段，在回填土前应用沥青胶泥、沥青麻丝或沥青锯末等材料封闭橡胶圈接口。橡胶圈接口的管道，每个接口的最大转角不得超过表9.2.6的规定。

表9.2.6 橡胶圈接口最大允许偏转角

公称直径（mm）	100	125	150	200	250	300	350	400
允许偏转角（°）	5°	5°	5°	5°	4°	4°	4°	3°

检验方法：观察和尺量检查。

9.2.7 质量验收

1 室外给水管道安装分项工程应按系统、区域、施工段或楼层等划分。分项工程应划分成若干检验批进行验收。

2 检验批质量验收、分项工程质量验收应参照本技术标准第3.1.8～3.1.11条内容执行。

3 检验批质量验收表当地政府主管部门无统一规定时，宜采用表9.2.7“室外给水管道安装工程检验批质量验收记录表”。

表 9.2.7 室外给水管道安装工程检验批质量验收记录表

GB 50242—2002

单位(子单位)工程名称								
分部(子分部)工程名称							验收部位	
施工单位							项目经理	
分包单位							分包项目经理	
施工执行标准名称及编号								
施工质量验收规范规定							施工单位检查评定记录	监理(建设)单位验收记录
主控项目	1	埋地管道覆土深度				第 9.2.1 条		
	2	给水管道不得直接穿越污染源				第 9.2.2 条		
	3	管道上可拆和易腐件,不埋在土中				第 9.2.3 条		
	4	管井内安装与井壁的距离				第 9.2.4 条		
	5	管道的水压试验				第 9.2.5 条		
	6	埋地管道的防腐				第 9.2.6 条		
	7	管道冲洗和消毒				第 9.2.7 条		
一般项目	1	管道和支架的涂漆				第 9.2.9 条		
	2	阀门、水表安装位置				第 9.2.10 条		
	3	给水与污水管平行铺设的最小间距				第 9.2.11 条		
	4	管道连接应符合规范要求				第 9.2.12、9.2.13、9.2.14、9.2.15、9.2.16、9.2.17 条		
	5	管道安装允许偏差	坐标	铸铁管	埋地	100mm		
					敷设在沟槽内	50mm		
				钢管、塑料管、复合管	埋地	100mm		
					敷沟内或架空	40mm		
			标高	铸铁管	埋地	±50mm		
					敷设在沟槽内	±30mm		
				钢管、塑料管、复合管	埋地	±50mm		
					敷沟内或架空	±30mm		
			水平管纵横向弯曲	铸铁管	直段(25m 以上)起点~终点	40mm		
				钢管、塑料管、复合管	直段(25m 以上)起点~终点	30mm		
施工单位检查评定结果	专业工长(施工员)						施工班组长	
	项目专业质量检查员: 年 月 日							
监理(建设)单位验收结论	监理工程师(建设单位项目专业技术负责人): 年 月 日							

9.3 消防水泵接合器及室外消火栓安装

9.3.1 施工准备

1 技术准备

(1) 所有安装项目的设计图纸已具备，并且已经过图纸会审和设计交底。

(2) 施工方案已编制。

(3) 施工技术人员向班组做了图纸和施工技术交底。

2 材料准备

(1) 室外消火栓、消火栓底座（带弯头）、平焊法兰、消防水泵接合器、法兰接管、法兰弯管（带底座）、止回阀、安全阀、闸阀、放水阀等。

(2) 焊接钢管、无缝钢管、精制三角带帽螺栓、石棉橡胶板、压制弯头。

(3) 铅油、清油、机油、石棉线、油麻、普通硅酸盐水泥 42.5 级、电焊条、乙炔、氧气、黑玛钢丝堵。

3 主要机具

(1) 电焊机、卷扬机、载重汽车、人字桅杆、倒链、滑轮。

(2) 管钳子、活扳手、钢锯、手锤、凿子、套丝板、管压力及案子、钢丝绳、钢丝夹。

4 作业条件

(1) 对设计图纸已进行交底，熟悉和掌握了设计要求。

(2) 各类设备及材料均已进场，并有产品质量合格证。

(3) 支撑消火栓、闸门、水泵接合器的混凝土或砖墩已砌筑完，并达到强度。

9.3.2 材料质量控制

1 材料质量控制应符合本技术标准第 3.2 节“材料设备管理”。

2 室外消火栓、水泵接合器种类、规格应符合设计要求，并有有效的证明文件。

9.3.3 施工工艺

9.3.3.1 工艺流程

检查消栓和水泵接合器→砌筑支墩→安装消火栓和水表→处理管道穿过井壁间隙→系统水压试验

9.3.3.2 施工要点

1 室外消火栓安装

(1) 严格检查消火栓的各处开关是否灵活、严密、吻合，所配带的附属设备配件是否齐全。

(2) 地下式消火栓的顶部出水口与消防井盖底面的距离不得大于 400mm，井内应有足够的操作空间，并设爬梯。

(3) 室外地下消火栓应砌筑消火栓井，室外地上消火栓应砌筑消火栓闸门井。在高级和一般路面上，井盖上表面同路面相平，允许偏差 ± 5mm；无正规路时，井盖高出室外设计标高 50mm，并应在井口周围以 0.02 的坡度向外做护坡。

(4) 室外地下消火栓与主管连接的三通或弯头下部带座和无座的，均应先稳固在混凝土支墩上，管下皮距井底不应小于0.2m，消火栓顶部距井盖底面，不应大于0.4m，如果超过0.4m应增加短管，见图9.3.3.2。

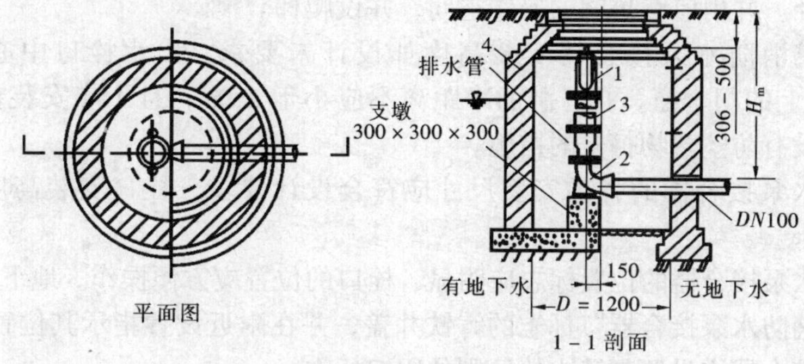

图9.3.3.2 室外地下消火栓安装结构图

1—消火栓；2—弯头底座；3—法兰接管；4—圆形阀门井

(5) 按本标准有关技术要求，进行法兰闸阀、双法兰短管及水龙带接扣安装，接出的直管高于1m时，应加固定卡子一道，井盖上铸有明显的“消火栓”字样。

(6) 室外消火栓地上安装时，一般距地面高度为640mm，首先应将消火栓下部的弯头带底座安装在混凝土支墩上，安装应稳固。

(7) 安装消火栓开闭闸门，两者距离不应超过2.5m。

(8) 地下消火栓安装时，如设置闸门井，必须将消火栓自身的放水口堵死，在井内另设放水门。

(9) 按本标准有关要求，进行消火栓闸门短管、消火栓法兰短管、带法兰闸门的安装。

(10) 使用的闸门井井盖上应有消火栓字样。

(11) 墙壁式室外消火栓如设计未要求，出水栓口中心安装高度距地面应为1.10m，其上方应设有防坠落物打击的措施。

(12) 管道穿过井壁、墙壁处，应根据情况采取不同的套管，保证严密不漏水。

(13) 室外消火栓的各项安装尺寸应符合设计要求，栓口安装高度允许偏差为±20mm。

(14) 消火栓的位置标志应明显，栓口的位置应方便操作。

2 消防水泵接合器安装

(1) 水泵接合器应安装在接近主楼的一侧，安装在便于消防车接近的人行道或非机动车行驶地段，附近40m以内有可取水的室外消火栓或贮水池。

(2) 水泵接合器按管径分为*DN*100、*DN*150两种，按安装位置分为地下式、地上式、墙壁式三类，并有相应的标准图集供使用。

(3) 一套水泵接合器包括以下配件：法兰接管、闸阀、法兰三通、法兰安全阀、法兰止回阀、法兰弯管（带底座）、法兰弯管（不带底座——用于墙壁式）、法兰接管、接合器本体、消防接口。其中法兰接管出厂长度为340mm，施工时应根据水泵接合器栓口安装中心标高与地面标高确定，不可一概而论。

(4) 消防水泵接合器的安全阀及止回阀安装位置和方向应正确，阀门启闭应灵活。安全阀出口压力应校准。

(5) 地下式水泵接合器的顶部进水口与消防井盖底面的距离不得大于400mm，且不应小于井盖的半径。井内应有足够的操作空间，并设爬梯。

(6) 墙壁式消防水泵接合器安装高度如设计未要求，出水栓口中心距地面应为1.10m，与墙面上的门、窗、孔、洞的净距离不应小于2.0m，且不应安装在玻璃幕墙下方。其上方应设有防坠落物打击的措施。

(7) 消防水泵接合器的各项安装尺寸应符合设计要求，栓口安装高度允许偏差为±20mm。

(8) 消防水泵接合器的位置标志应明显，栓口的位置应方便操作。地下消防水泵接合器应用铸有“消防水泵接合器”标志的铸铁井盖，并在附近设置指示其位置的固定标志；地上消防水泵接合器应设置与消火栓区别的固定标志。

(9) 其他要求可参照“室外消火栓安装”。

3 室外消火栓、消防水泵接合器应与系统一同试压。

4 寒冷地区室外消火栓、消防水泵接合器应做防冻保护。

5 其他施工要求详见本标准第4.2节“给水管道及配件安装”。

9.3.4 成品保护

1 消火栓、水表、闸门安装后，在未盖井盖之前，要将井暂时盖好，防止落物进井，砸坏设备。

2 设备下部若没有临时支撑，在设备安装完，应及时砌筑或浇灌好支墩。

9.3.5 安全、环保措施

1 井上井下人员不可抛扔工具和材料，应用绳子系住传递。

2 拧紧螺栓应当使用合适的扳手。

3 吊装设备人井时，绳索必须绑牢。

4 井下操作人员必须戴安全帽。

9.3.6 质量标准

Ⅰ 主 控 项 目

1 系统必须进行水压试验，试验压力为工作压力的1.5倍，但不得小于0.6MPa。

检验方法：试验压力下，10min内压力降不大于0.05MPa，然后降至工作压力进行检查，压力保持不变，不渗不漏。

2 消防管道在竣工前，必须对管道进行冲洗。

检验方法：观察冲洗出水的浊度。

3 消防水泵接合器和消火栓的位置标志明显，栓口的位置应方便操作。消防水泵接合器和室外消火栓当采用墙壁式时，如设计未要求，进、出水栓口的中心安装高度距地面应为1.10m，其上方应设有防坠落物打击的措施。

检验方法：观察和尺量检查。

Ⅱ 一 般 项 目

4 室外消火栓和消防水泵接合器的各项安装尺寸应符合设计要求，栓口安装高度允许偏差±20mm。

检验方法：尺量检查。

5　地下式消防水泵接合器顶部进水口或地下式消火栓的顶部出水口与消防井盖底面的距离不得大于400mm，井内应有足够的操作空间，并设爬梯。寒冷地区井内应做防冻保护。

检验方法：观察和尺量检查。

6　消防水泵接合器的安全阀及止回阀安装位置和方向应正确，阀门启闭应灵活。

检验方法：现场观察和手扳检查。

9.3.7　质量验收

1　消防水泵接合器及消火栓安装分项工程应按系统、区域、施工段或楼层等划分。分项工程应划分成若干检验批进行验收。

2　检验批质量验收、分项工程质量验收应参照本技术标准第3.1.8～3.1.11条执行。

3　检验批质量验收表当地政府主管部门无统一规定时，宜采用表9.3.7“消防水泵接合器及消火栓安装工程检验批质量验收记录表”。

表9.3.7　消防水泵接合器及消火栓安装工程检验批质量验收记录表

GB 50242—2002

单位(子单位)工程名称					
分部(子分部)工程名称				验收部位	
施工单位				项目经理	
分包单位				分包项目经理	
施工执行标准名称及编号					
施工质量验收规范规定				施工单位检查评定记录	监理(建设)单位验收记录
主控项目	1	系统水压试验	第9.3.1条		
	2	管道冲洗	第9.3.2条		
	3	消防水泵接合器和室外消火栓位置标识	第9.3.3条		
一般项目	1	地下式消防水泵接合器、消火栓安装	第9.3.5条		
	2	阀门安装应方向正确，启闭灵活	第9.3.6条		
	3	室外消火栓和消防水泵接合器安装尺寸，栓口安装高度允许偏差	±20m		
施工单位检查评定结果	专业工长(施工员)			施工班组长	
	项目专业质量检查员：　　年　月　日				
监理(建设)单位验收结论	监理工程师(建设单位项目专业技术负责人)：　　年　月　日				

9.4 管 沟 及 井 室

9.4.1 施工准备

1 技术准备

(1) 所有安装项目的设计图纸已具备，并且已经过图纸会审和设计交底。

(2) 施工方案已编制。

(3) 施工技术人员向班组做了图纸和施工技术交底。

2 材料准备

水泥，砂子，石子，白灰，水，土。

3 主要机具

(1) 挖掘机、水泵、抽水泵、翻斗车、搅拌机。

(2) 镐、铁锹、大锤、手锤、钢钎、撬棍、木板、木桩、小白线、水桶、手推车。

(3) 水准仪、经纬仪、水平尺、钢盘尺、钢卷尺。

4 作业条件

(1) 施工人员认真熟悉图纸，了解管道分布情况，掌握设计要求，清除管道施工区域内的地上障碍物。

(2) 摸清地下是否有高、低压电线、电缆、水道、煤气及其他管道，并明确位置，认真妥善处理好。

(3) 管道施工区域内的地面要进行清理。杂物、垃圾弃出场外指定地点。

(4) 在饮用给水管线附近的厕所、粪坑、污水坑和棺木等，应在开工前迁至卫生管理机关同意的地方。将脏物清除干净后进行消毒处理，方可将坑填实。

9.4.2 材料质量控制

1 材料质量控制应符合本标准第 3.2 节“材料设备管理”。

2 水泥、砂子、石子、砂浆、混凝土的控制应符合《混凝土结构工程施工技术标准》ZJQ08—SGJB 204—2005 的要求。

9.4.3 施工工艺

9.4.3.1 工艺流程

管道线路测量、定位→降水、排水→沟槽开挖→管道基础施工→井室砌筑→回填土

9.4.3.2 施工要点

1 管道线路测量、定位

(1) 测量之前先找好当地准确的永久性水准点。在测量过程中，沿管道线路应设临时水准点，并与固定水准点相连。

(2) 临时水准点设在稳固和僻静之处，尽量选择永久性建筑物，距沟边大于 10m。其精确度不应低于Ⅲ级，在居住区外的压力管道则不低于Ⅳ级。水准点闭合差不大于 4mm/km。

(3) 测定出管道线路的中心线和转弯处的角度，使其与当地固定的建筑物（房屋、树木、构筑物等）相连。

(4) 若管道线路与地下原有构筑物有交叉，必须在地面上用特别标志表明其位置。

（5）定线测量过程应作好准确记录、标记，并记明全部水准点和连接线。

（6）根据管底标高，垫砂厚度，计算确定管沟沟底标高，每隔 3m 做好标记。

（7）根据设计要求，计算出管沟上口及沟底的宽度。

（8）绘制管沟尺寸图，据此在下管前验收管沟。确定堆土、堆料、运料、下管的区间或位置。

（9）给水管道坐标和标高偏差应符合表 9.2.3.2-3 规定。从测量定位起，就应控制偏差值。

（10）给水管道与污水管道在不同标高平行铺设，其垂直距离在 500mm 以内时，给水管道管径等于或小于 200mm 的，管壁间距不得小于 1.5m；管径大于 200mm 的，间距不得小于 3m。

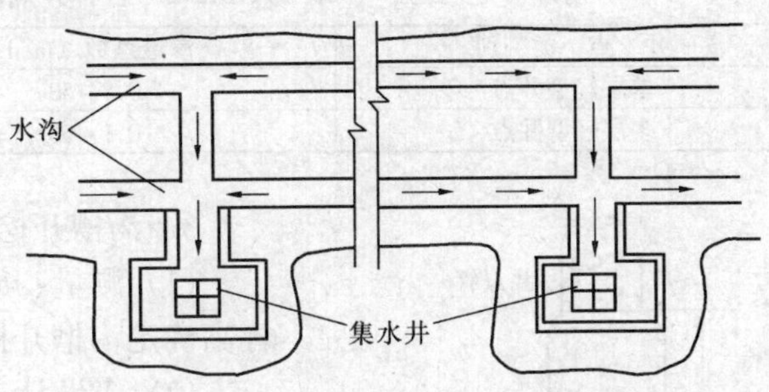

图 9.4.3.2-1 管沟集水井法排水示意图

2 降水、排水

对低于地下水的管沟或有大量地面水、雨水灌入沟内或因不慎折断沟内原有给排水管道造成沟内积水，均需组织排除积水。挖土应从沟底标高最低端开始。

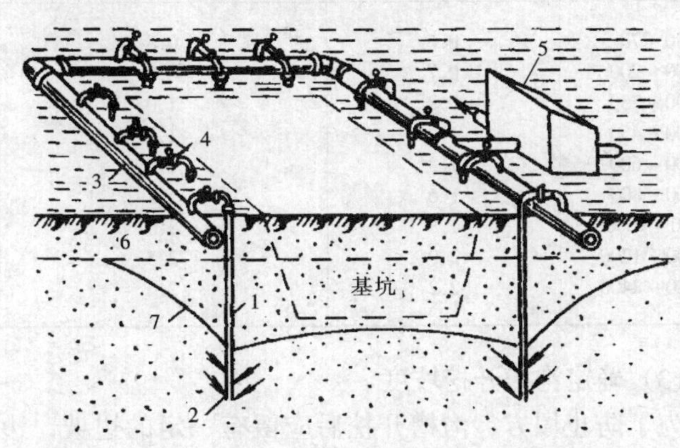

图 9.4.3.2-2 轻型井点法降低地下水位全貌图

1—井点管；2—滤管；3—总管；4—弯联管；5—水泵房；6—原有地下水位线；7—降低后地下水位

（1）掌握地下原有各类管道的分布状况及介质。

（2）掌握水文地质资料，分别采用沟底排水沟集水井（图 9.4.3.2-1）、井点法（图 9.4.3.2-2、图 9.4.3.2-3）等措施，进行排水。

（3）可将排水沟设在中段，挖至近沟底时再设在一侧或两侧排水。

（4）沟底深度低于地下水位不超过 400mm，且沟槽为砂质粘土时，可在沟两侧挖沟排除积水。

（5）布置集水井按表 9.4.3.2-1 设置。将积水引进集水井后，用水泵抽走。一般情况下，集水井进口宽为 1～1.2m。沟帮用较密的支撑或板桩进行加固。集水井内侧与槽底边的距离，即进水口的长度规定如下：黏土 1m，粉质黏土 2m，粗砂 4m，细砂 6m。

表 9.4.3.2-1 集水井间距（m）

土质类别	地下水距沟底高度		
	2m 以下	2～4m	4m 以上
黏土、粉质黏土、砂质粉土	160～180	140～160	120～140
粉砂、细砂	30～150	100～120	80～100
中砂、粗砂、砾砂	100～120	60～80	30～40

（6）若为砂土层，可在沟内或沟边埋设排水管、滤管，用泵抽出地下水排走，即称为轻型井点法，见图9.4.3.2-2、图9.4.3.2-3和表9.4.3.2-2。

表9.4.3.2-2 各种井点的适用范围

井点类别	渗透系数（m/d）	降低水位深度（m）
单层轻型井点	0.1~50	3~6
多层轻型井点	0.1~50	6~12

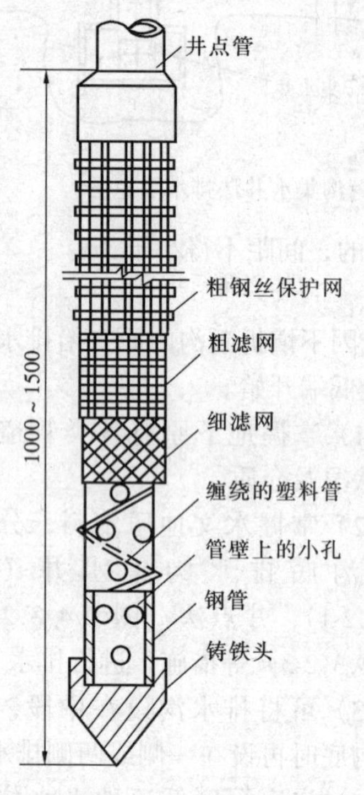

图9.4.3.2-3 滤管构造

3 沟槽开挖

（1）测量、放线已完成，可开挖沟槽。首先按设计标高确定沟槽开挖深度。

（2）当设计未确定时，沟底宽可按表9.4.3.2-3确定。

表9.4.3.2-3 管沟底宽尺寸表

管径（mm）	埋设深度在1.5m以内的沟底宽度（m）	
	铸铁管、钢管或石棉水泥管	混凝土管、钢筋混凝土管或预应力钢筋混凝土管
50~70	0.6	0.8
100~200	0.7	0.9
200~250	0.8	1.0
300~450	1.0	1.3
500~600	1.3	1.5
700~800	1.6	1.8
900~1000	1.8	2.0
1100~1200	2.0	2.3
1300~2400	2.2	2.6

（3）确定沟槽开挖坡度

为了防止塌方，沟槽开挖后应留有一定的边坡，边坡的大小与土质和沟深有关。当设计无规定时，深度在5m以内的沟槽，最大边坡应符合表9.4.3.2-4的规定。

表9.4.3.2-4 深度在5m以内的沟槽最大边坡坡度（不加支撑）

土名称	边坡坡度		
	人工挖土并将土抛于沟边上	机械挖土	
		在沟底挖土	在沟上挖土
砂土	1:1.00	1:0.75	1:1.00
砂质粉土	1:0.67	1:0.50	1:0.75
粉质黏土	1:0.50	1:0.33	1:0.75
粒土	1:0.33	1:0.25	1:0.67
含砾石、卵石	1:0.67	1:0.50	1:0.75
泥炭岩白土	1:0.33	1:0.25	1:0.67
干黄土	1:0.25	1:0.10	1:0.33

注：1 如人工挖土不把土抛于沟槽上边而是随时运走，即可采用机械在沟底挖土的坡度；
2 表中砂土不包括细砂和松砂；
3 在个别情况下，如有足够依据或采用多种挖土机，均可不受本表的限制；
4 距离沟边0.8m内，不应堆积弃土和材料，弃土堆置高度不超过1.5m。

(4) 根据沟深、边坡和沟底宽计算而得上口宽。

(5) 按设计图纸要求及测量定位的中心线，依据沟槽上口宽，撒好灰线。

(6) 按人数和最佳操作面划分段，沿灰线直边切出沟槽边轮廓线，按照从深到浅的顺序进行开挖。人工开槽时，宜将槽上部混杂土与槽下部良质土分开堆放，以便回填用。

(7) 一、二类土可按300mm分层逐层开挖，倒退踏步型挖掘，三、四类土先用镐翻松，再按300mm左右分层正向开挖。

(8) 挖深超过2m时，要留边坡。在遇有不同的土层断面变化处可做成折线形边坡或加支撑处理。

(9) 每挖一层清底一次，挖深1m切坡成型一次，并同时抄平，在边坡上打好水平控制小木桩。

(10) 挖土开槽时严格控制基底高程，基底设计标高以上0.2~0.3m的原状土用人工清理，此时测量一次标高。待下道工序进行前，按找平的沟槽木桩挖平。如果局部超挖或发生扰动，须先清除松动土壤，再换填粒径10~15mm天然级配的砂石料或中、粗砂并夯实。

(11) 铺设管道前，应按规定进行排尺，并将沟槽底清理到设计标高，按表9.4.3.2-5规定挖好工作抗。

表9.4.3.2-5 工 作 坑 尺 寸（m）

		75~125	150	200	250	300	350	400	500	600	700	800	900	1000
接口工作坑	承口前	0.6	0.6	0.6	0.6	0.8	0.8	0.80	0.8	0.9	0.9	0.9	0.9	0.9
	承口后	0.2	0.2	0.2	0.25	0.25	0.25	0.25	0.25	0.3	0.3	0.3	0.3	0.3
	合　计	0.8	0.8	0.8	0.8	1.05	1.05	1.05	1.05	1.2	1.2	1.2	1.2	1.2
	深（管下皮）	0.25	0.25	0.3	0.3	0.3	0.3	0.3	0.3	0.35	0.35	0.35	0.35	0.4
	下底宽	0.6	0.8	0.8	0.8	0.9	0.9	1.4	1.5	1.6	1.7	1.8	1.9	2.0

(12) 人工清理后，管沟底层应是原土层，或是夯实的回填土，沟底应平整，坡度应顺畅，不得有尖硬的物体、块石等。

(13) 如沟基为岩石、不易消除的块石或为砾石层时，沟底应下挖100~200mm，填铺细砂或粒径不大于5mm的细土，夯实到沟底标高后，方可进行管道敷设。

(14) 在管沟开挖过程中，如发现地下文物，应及时与公安和文物鉴定部门取得联系，同时用黄色警戒带将现场隔开，以免文物遭到破坏。如发现地下管道、电缆或通讯设施等应及时与业主及有关部门取得联系，以便统筹解决。

(15) 挖沟过程中易导致的质量通病如下：

1) 沟底长时间敞露：施工图、材料和机具均已齐全，方可挖沟。挖沟后及时进行下道工序。

2) 沟底局部超挖：挖沟过程中，随时严格检查和控制沟底标高。遇有超挖时，必须采取补救技术措施。

3) 管道下沉：沟槽开挖时，要注意排除雨水与地下水，不要带水接口。管基要坐落在原土或夯实的土上，管道基础达到强度后方可下管。

4　管道基础施工

(1) 管沟验收合格，标高、坐标无误即可进行管基施工。

(2) 挖沟时沟底的自然土层被扰动，必须换以碎石或砂垫层。被扰动土为砂性或砂砾土时，铺设垫层前先夯实；粘性土则须换土后再铺碎石砂垫层。事先须将积水或泥浆清除出去。

(3) 基础在施工前，清除浮土层、碎石铺填后夯实至设计标高。

(4) 铺垫层后浇灌混凝土，从检查井开始，完成后可进行管沟的基础浇灌。

(5) 砂浆、混凝土的施工应遵照相关土建施工技术标准执行。

5　井室砌筑

(1) 本部分仅从给排水及采暖工程出发进行讲述，井室砌筑施工还应遵照相关土建施工技术标准执行。

(2) 井室的砌筑应按设计或给定的标准图施工。井室的底标高在地下水位以上时，基层应为素土夯实；在地下水位以下时，基层应打100mm厚的混凝土底板。砌筑应采用水泥砂浆，内表面抹灰后应严密不透水。

(3) 井室砌筑时管道与检查井的连接，采用钢性接口。管道穿过井壁处，应用水泥砂浆分二次填塞严密、抹平，不得渗漏。在施工时要求井与管之间用1:2.5水泥砂浆接合密实，该部分井壁砌砖要求错缝上旋。

(4) 重型铸铁或混凝土井圈，不得直接放在井室的砖墙上，砖墙上应做不少于80mm厚的细石混凝土垫层。

(5) 设在通车路面下或小区道路下的各种井室，必须使用重型井圈和井盖，井盖上表面应与路面相平，允许偏差±5mm。绿化带上和不通车的地方可采用轻型井圈和井盖，井盖的上表面应高出地坪50mm，并在井口周围以2%的坡度向外做水泥砂浆护坡。

(6) 各类井室的井盖应符合设计要求，应有明显的文字标识，各种井盖不得混用。

6　回填土

(1) 水压试验合格、办理隐蔽验收后，方可进行土方回填。

(2) 回填土前，将沟槽内软泥、木料等杂物清理干净。回填土时，不得回填积泥、有机物。回填土中不应有石块及其他杂硬物体。

(3) 回填土过程中，不允许带水回填，槽内应无积水。如果雨期施工排水困难时，可采取随下管随回填的措施。为防止漂管，先回填到管顶以上一倍管径以上的高度。

(4) 回填土先从管底与基础结合部位开始，沿管腔两侧同时对称分层回填并夯实，每层回填高度宜为0.15～0.20m。地下水位以下若是砂土，可用水撼砂进行回填。

(5) 管顶上部200mm以内应用砂子或无块石及冻土块的土，人工回填，严禁采用机械回填。

(6) 管顶上部500mm以内不得回填直径大于100mm的块石和冻土块；500mm以上部分回填土中的石块或冻土块不得集中。上部用机械回填时，机械不得在管沟上行走。

(7) 管道位于车行道下时，当铺设后立即修筑路面或管道位于软土地层以及低洼、沼泽、地下水位高的地段时，沟槽回填应先用中、粗砂将管底腋角部位填充密实，然后用中、粗砂或石屑分层回填到管顶以上0.4m，再往上可回填良质土。

(8) 沟槽如有支撑，随同填土逐步拆下。横撑板的沟槽，先拆撑后填土，自下而上拆除支撑。若用直撑板或板桩时，可在填土过半以后再拔出，拔出后立即灌砂充实。如因拆除支撑时不安全，可保留支撑。

(9) 雨后填土要测定土壤含水量，如超过规定不可回填。槽内有水则须排除后，符合规定方可回填。

(10) 雨期填土，应随填随夯，防止夯实前遇雨。填土高度不能高于检查井。

(11) 冬期填土时，混凝土强度达到设计强度50%后准许填土。当年或次年修建的高级路面及管道胸腔部分不能回填冻土。填土高出地面200~300mm，作为预留沉降量。

(12) 回填土应达到设计规定的密实度。

(13) 路面下凹的质量通病防治措施：

1) 回填土应按规定程序进行。

2) 位于交通要道的部位，要采用特殊技术措施回填。一般可采用回填砂，然后用水撼砂法施工。

3) 管顶0.5m以下回填土，干密度不得低于$1.65t/m^3$；管顶0.5m以上的填土，应尽量采用机械夯实，若在当年铺路，干密度达到$1.6t/m^3$。

9.4.4 成品保护

1 定位控制桩，沟槽顶、底的水平桩，龙门板等，挖运土时均不准碰撞，也不准坐在龙门板上休息。

2 管沟壁和边坡在开挖过程中应予保护，以防坍塌。

3 初冬季节施工时，应用草帘覆盖保温。

4 雨期施工，应尽可能缩短开槽长度，做到成槽快，回填快。一旦发生泡槽，将水排除，把基底受泡软化的表层土清除，换填砂石料或中、粗砂，做好基础处理，再下管安装。

5 管沟内安装工作坑旁设置集水坑，管道基础旁设置排水明沟，以防止槽底受水浸泡。

9.4.5 安全、环保措施

1 夜间挖沟必须设有充足的照明，在交通要道外设置警告标志。

2 上下管沟时应用梯子。挖沟过程中要经常检查边坡状态，防止变异塌方伤人。

3 不准在管沟内坐地休息。

4 抡镐和大锤时，注意检查镐头和锤头。发现松动时，必须修理好再用。

9.4.6 质量标准

Ⅰ 主 控 项 目

1 管沟的基层处理和井室的地基必须符合设计要求。

检验方法：现场观察检查。

2 各类井室的井盖应符合设计要求，应有明显的文字标识，各种井盖不得混用。

检验方法：现场观察检查。

3 设在通车路面下或小区道路下的各种井室，必须使用重型井圈和井盖，井盖上表面应与路面相平，允许偏差±5mm。绿化带上和不通车的地方可采用轻型井圈和井盖，井盖的上表面应高出地坪50mm，并在井口周围以2%的坡度向外做水泥砂浆护坡。

检验方法：观察和尺量检查。

4 重型铸铁或混凝土井圈，不得直接放在井室的砖墙上，砖墙上应做不少于80mm厚的细石混凝土垫层。

检验方法：观察和尺量检查。

Ⅱ 一 般 项 目

5 管沟的坐标、位置、沟底标高应符合设计要求。

检验方法；观察和尺量检查。

6 管沟的沟底层应是原土层，或是夯实的回填土，沟底应平整，坡度应顺畅，不得有尖硬的物体、块石等。

检验方法：现场观察。

7 如沟基为岩石、不易消除的块石或为砾石层时，沟底应下挖100~200mm，填铺细砂或粒径不大于5mm的细土，夯实到沟底标高后，方可进行管道敷设。

检验方法：观察和尺量检查。

8 管沟回填土，管顶上部200mm以内应用砂子或无块石及冻土块的土，并不得用机械回填；管顶上部500mm以内不得回填直径大于100mm的块石和冻土块；500mm以上部分回填土中的石块或冻土块不得集中。上部用机械回填时，机械不得在管沟上行走。

检验方法：观察和尺量检查。

9 井室的砌筑应按设计或给定的标准图施工。井室的底标高在地下水位以上时，基层应为素土夯实；在地下水位以下时，基层应打100mm厚的混凝土底板。砌筑应采用水泥砂浆，内表面抹灰后应严密不透水。

检验方法：观察和尺量检查。

9.7.3.10 管道穿过井壁处，应用水泥砂浆分二次填塞严密、抹平，不得渗漏。

检验方法：观察检查。

9.4.7 质量验收

1 管沟及井室分项工程应按系统、区域、施工段或楼层等划分。分项工程应划分成若干检验批进行验收。

2 检验批质量验收、分项工程质量验收应参照本技术标准第3.1.8~3.1.11条执行。

3 检验批质量验收表当地政府主管部门无统一规定时，宜采用表9.4.7“管沟及井室检验批质量验收记录表”。

表 9.4.7　管沟及井室检验批工程质量验收记录表

GB 50242—2002

单位(子单位)工程名称					
分部(子分部)工程名称				验收部位	
施工单位				项目经理	
分包单位				分包项目经理	
施工执行标准名称及编号					
施工质量验收规范规定				施工单位检查评定记录	监理(建设)单位验收记录
主控项目	1	管沟的基层处理和井室的地基	设计要求		
	2	各类井盖的标识应清楚,使用正确	第 9.4.2 条		
	3	通车路面上的各类井盖安装	第 9.4.3 条		
	4	重型井圈与墙体结合部处理	第 9.4.4 条		
一般项目	1	管沟及各类井室的坐标,沟底标高	设计要求		
	2	管沟的回填要求	第 9.4.6 条		
	3	管沟岩石基底要求	第 9.4.7 条		
	4	管沟回填的要求	第 9.4.8 条		
	5	井室内施工要求	第 9.4.9 条		
	6	井室内应严密,不透水	第 9.4.10 条		
施工单位检查评定结果	专业工长(施工员)			施工班组长	
	项目专业质量检查员:　　　　年　月　日				
监理(建设)单位验收结论	监理工程师(建设单位项目专业技术负责人):　　　　年　月　日				

10 室外排水管网安装

10.1 一 般 规 定

10.1.1 本章适用于民用建筑群（住宅小区）及厂区的室外排水管网安装工程的施工及验收。

10.1.2 室外排水管道应采用混凝土管、钢筋混凝土管、排水铸铁管或塑料管，其规格及质量必须符合现行国家标准及设计要求。排水铸铁管安装参见第九章给水铸铁管安装。

10.1.3 排水管沟及井池的土方工程、沟底的处理、管道穿井壁处的处理、管沟及井池周围的回填要求等，均参照给水管沟及井室的规定执行。

10.1.4 各种排水井、池应按设计给定的标准图施工，各种排水井和化粪池均应用混凝土做底板（雨水井除外），厚度不小于100mm。

10.2 排 水 管 道 安 装

10.2.1 施工准备

1 技术准备

(1) 所有安装项目的设计图纸已具备，并且已经过图纸会审和设计交底。

(2) 施工方案已编制。

(3) 施工技术人员向班组做了图纸和施工技术交底。

2 材料准备

(1) 混凝土管、钢筋混凝土管、排水承插铸铁管、塑料管、石棉水泥管。

(2) 型钢、砖、水泥、砂子、石子、白灰、沥青、石棉、石棉绳、塑料胶粘剂、水源、电源、生料带、短管、胶垫、阀门等。

3 主要机具

(1) 吊车、汽车、搅拌机。

(2) 起重机具、手锤、抹子、剁子、錾子、铁锹。

(3) 水准仪、水平尺、钢卷尺、线坠、小线。

4 作业条件

(1) 管沟及管基已合格并验收。

(2) 管材及机具均已备齐，经检验合格并运进现场。

10.2.2 材料质量控制

1 材料质量控制应符合本技术标准第3.2节“材料设备管理”。

2 水泥、砂子、石子、砂浆、混凝土的控制应符合《混凝土结构工程施工技术标准》ZJQ08—SGJB 204—2005的要求。

10.2.3 施工工艺

10.2.3.1 工艺流程

下管前准备工作→下管→接口（管道接口、管道与检查井连接）→灌水试验和通水试验

10.2.3.2 施工要点

1 下管前准备工作

(1) 检查管材、套环及接口材料的质量。管材有破裂、承插口缺肉、缺边等缺陷不允许使用。

(2) 检查基础的标高和中心线。基础混凝土强度须达到设计强度等级的50%和不小于5MPa时方准下管。

(3) 管径大于500mm时应采用吊车等起重设备。

(4) 用其他方法下管时，要检查所用的大绳、木架、倒链、滑车等机具，无损坏现象方可使用。临时设施要绑扎牢固，下管后支座应稳固牢靠。

(5) 校正测量及复核坡度板，是否被挪动过。

(6) 铺设在地基上的混凝土管，根据管道规格量准尺寸，下管前挖好枕基坑，枕基低于管底皮10mm，捣制的枕基应在下管前支好模板。

2 一般规定

(1) 管道埋设深度与覆土厚度。覆土深度指管道外壁顶部到地面的距离，埋设深度指管道内壁底到地面的距离，如图10.2.3.2-1所示。

(2) 排水管道施工图中所列的管道安装标高均指管道内底标高。

(3) 硬聚氯乙烯排水管道安装一般规定：

1) 管道应敷设在原状土地层或经开槽后处理回填密实的地层上。当管道在车行道下时，管顶覆土厚度不得小于0.7m。

2) 管道应直线敷设，遇到特殊情况需利用柔性接口折线敷设时，相邻两节管纵轴线的允许转角应由管材制造厂提供。在一般情况下，平壁管不宜大于1°，异型壁管不得大于2°。

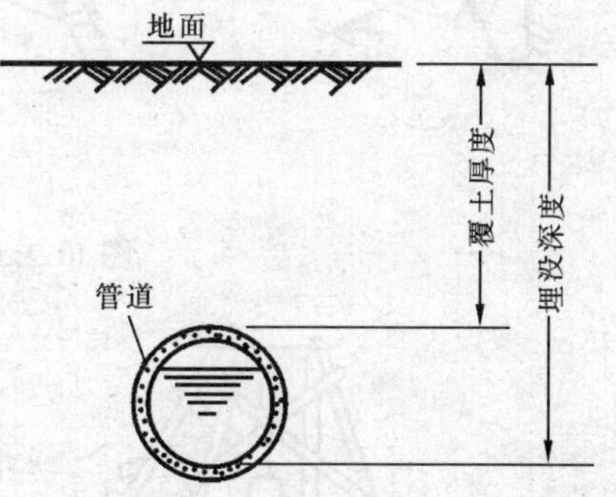

图10.2.3.2-1 埋设深度与覆土厚度

3) 硬聚氯乙烯管道穿越铁路、高等级道路路堤及构筑物等障碍物时，应设置钢筋混凝土管、钢管、铸铁管等材料制作的保护套管。套管内径应大于硬聚氯乙烯管外径300mm。

4) 硬聚氯乙烯管道基础的埋深低于建（构）筑物基础底面时，管道不得敷设在建（构）筑物基础下地基扩散角受压区范围内。

(4) 排水铸件管外壁在安装前应除锈，涂二遍石油沥青漆。防腐及保温等参见本标准第4.2.3条中相关要求。

(5) 地下水位高于开挖沟槽槽底高程的地区，应使槽内水位降至槽底最低点以下0.3～0.5m。管道在安装、回填的全部过程中，槽底不得积水或泡槽受冻。必须在回填土回填到管道的抗浮稳定的高度后才可停止排除地下水。

3 下管

(1) 下管前应检查管道基础标高和中心线位置是否符合设计要求，基础混凝土强度达到设计强度的 50%，且不小于 5MPa 时方可下管。

(2) 根据管径大小，现场的施工条件，分别采用压绳法、三角架、木架漏大绳、大绳二绳挂钩法、倒链滑车下管法、吊车法等，如图 10.2.3.2-2、图 10.2.3.2-3、图 10.2.3.2-4 所示。

图 10.2.3.2-2 下管方法示意图（一）

(*a*) (*b*)

图 10.2.3.2-3 下管方法示意图（二）

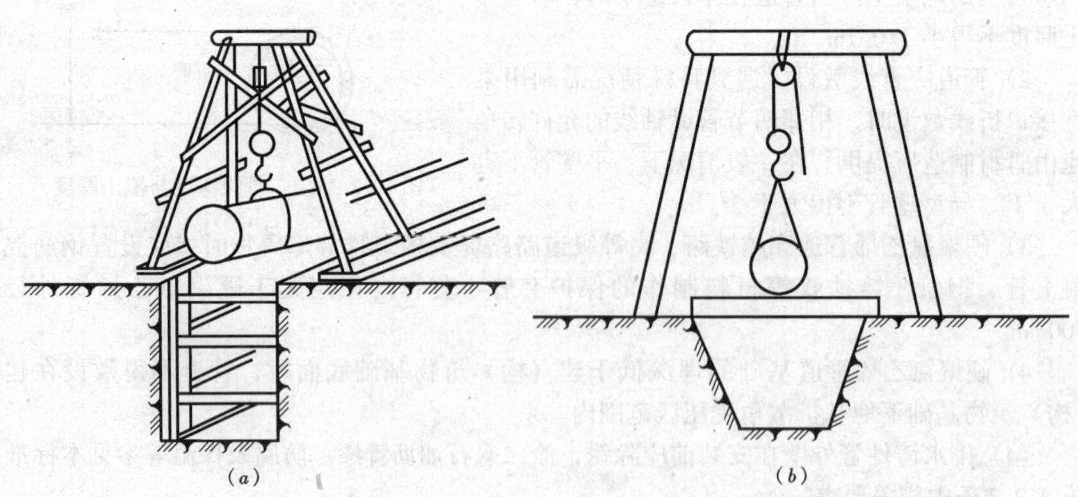

(*a*) (*b*)

图 10.2.3.2-4 下管方法示意图（三）

(*a*) 利用滑车四脚架卸管道；(*b*) 卸管时枕木的安放

(3) 下管时宜从两个检查井的低端开始，若为承插管铺设时，以承口在前，承口迎向水流平方向。

(4) 稳管前将管口内外全刷洗干净，管径在600mm以上的平口或承插管道接口，应留有10mm缝隙；管径在600mm以下者，留出不小于3mm的对口缝隙。

(5) 下管后找正拨直，在撬杠下垫以木板，不可将撬杠直插在混凝土基础上。待两检查井间全部管道下完，检查坡度无误后即可接口。

(6) 使用套环接口时，稳好一根管道再安装一个套环。铺设小口径承插管时，稳好第一节管后，在承口下垫满灰浆，再将第二节管插入，挤入管内的灰浆应从里口抹平，扫净多余部分。继续用灰浆填满接口，打紧抹平。

(7) 排水管道的坡度必须符合设计要求，严禁无坡或倒坡。

(8) 管道的坐标和标高应符合设计要求，安装的允许偏差应符合表10.2.3.2-1的规定。

表10.2.3.2-1　室外排水管道安装的允许偏差和检验方法

项次	项	目	允许偏差（mm）	检验方法
1	坐标	埋地	100	拉线尺量
		敷设在沟槽内	50	
2	标高	埋地	±20	用水平仪、拉线和尺量
		敷设在沟槽内	±20	
3	水平管道纵横向弯曲	每5m长	10	拉线尺量
		全长（两井间）	30	

(9) 待两检查井间的管道全部下完，对管道的设置位置、标高进行检查无误后，再进行管道接口处理。

4　管道接口

(1) 混凝土管道、钢筋混凝土管道接口

排水管道的接口形式有承插口、平口管道接口、套环接口及橡胶圈接口等。

1) 平口和企口管道抹带接口

a　平口和企口管道均采用1∶2.5水泥砂浆抹带接口。钢丝网应在管道就位前放入下方，抹压砂浆时应将钢丝网抹压牢固，钢丝网不得外露。

b　水泥砂浆抹带接口必须在八字枕基或包接头混凝土浇注完后进行抹带工序。

c　管径$DN \leqslant 600$mm时，应刷去抹带部分管口浆皮；管径$DN > 600$mm时，应将抹带部分的管口凿毛刷净，管道基础与抹带相接处混凝土表面也应凿毛刷净。

d　管道直径在600mm以上接口时,对口缝留10mm。管端如不平以最大缝隙为准。接口时不应往管缝内填塞碎石、碎砖,必要时应塞麻绳或在管内加垫托,待抹完后再取出。

e　抹带时，应使接口部位保持湿润状态。抹带厚度不得小于管壁的厚度，宽度宜为80~100mm。

f　当管径小于或等于500mm时，抹带可一次完成；当管径大于500mm时，应分二次抹成，抹带不得有裂纹。先在接口部位抹上一层薄薄的素灰浆，并分两次抹压，第一层为全厚的1/3，抹完后在上面割划线槽使其表面粗糙，待初凝后再抹第二层，并赶光压实。抹好后，立即覆盖湿草袋并定时洒水养护，以防龟裂。

g 抹带时，禁止在管上站人、行走或坐在管上操作。

2）套环接口

接口一般采用石棉水泥作填充材料，接口缝隙处填充一圈油麻，形式如图 10.2.3.2-5 所示。

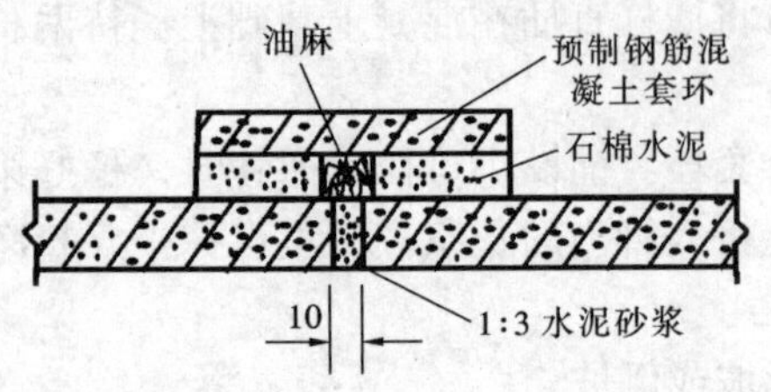

图 10.2.3.2-5 排水管预制套环接口

接口时，先检查管道的安装标高和中心位置是否符合设计要求，管道是否稳定。

稳好一根管道，立即套上一个预制钢筋混凝土套环，再稳好连接管。借用小木楔 3～4 块将缝垫匀，调节套环，使管道接口处于套环正中，套环与管外壁间的环形间隙应均匀。套环和管道的接合面用水冲刷干净，保持湿润。

石棉灰的配合比（质量比）为：水:石棉:水泥=1:3:7。水泥强度等级应不低于 32.5 级，且不得采用膨胀水泥，以防套环胀裂。将油麻填入套环中心，把搅拌好的石棉灰用灰钎子自下而上填入套环缝内。

打灰口时，用錾子将灰自下而上地边填边塞，分层打紧。管径在 600mm 以上要做到四填十六打，前三次每填 1/3 打四遍。管径在 500mm 以下采用四填八打，每填一次打两遍。打好的灰口，较套环的边凹进 2～3mm。填灰打口时，下面垫好塑料布，落在塑料布上的石棉灰，1h 内可再用。

管径 $d>700$mm 的管道，对口处缝隙较大时，应在管内临时用草绳填塞，待打完外部灰口后，再取出内部草绳，用 1:3 水泥砂浆将内缝抹严。管内管外操作时间不应超过 1h。

打完的灰口应立即用潮湿草袋盖好，1h 后开始定期洒水养护 2～3d。

采用套环接口的排水管道应先作接口，后作接口处混凝土基础。

敷设在地下水位以下且地基较差，可能产生不均匀沉陷地段的排水管，在用预制套环接口时，接口材料应采用沥青砂。沥青砂的配制及接口操作方法应按施工图纸要求。

3）承插管水泥砂浆接口或沥青接口

先将管道承口内壁及插口外壁刷净，涂冷底子油一道，在承口的 1/2 深度内，宜用油麻填严塞实，再填沥青油膏。沥青油膏的重量配合比为：6 号石油沥青:重松节油:废机油:石棉灰:滑石粉=100:11.1:44.5:77.5:119。调制时，先把沥青加热至 120℃，加入其他材料搅拌均匀，然后加热至 140℃即可使用。

采用水泥砂浆作为接口填塞材料时，一般用 1:2 水泥砂浆。施工时应将插口外壁及承口内壁刷净，在承口的 1/2 深度内，用油麻填严塞实，然后将搅拌好的水泥砂浆由下往上分层填入捣实，表面抹光后覆盖湿土或湿草袋养护。

敷设小口径承插管时，可在稳好第一节管段后，在下部承口上垫满灰浆，再将第二节管插入承口内稳好。挤入管内的灰浆用于抹平里口，多余的要清除干净。接口余下的部分应填灰打严或用砂浆抹严。

按上述程序将其余管段敷完。

4）橡胶圈接口

橡胶圈接口属柔性接口，可以抵抗震动和弯曲，抗应变性能好。接口填料采用橡胶圈，结构简单，施工方便，适用于土质较差，地基硬度不均匀，软土地基，或地震地区。

a 橡胶圈接口的形式。排水管道所用橡胶圈依据管口形状不同而异，其形式参见表10.2.3.2-2。

表 10.2.3.2-2 排水管橡胶圈柔性接口

管 道 类 型	接 口 形 式
混凝土承插管	遇水膨胀橡胶圈
钢筋混凝土承插管	“O”形橡胶圈
钢筋混凝土企口管	“q”形橡胶圈
钢筋混凝土“F”形钢套环	齿形止水橡胶圈

b 承插式钢筋混凝土管“O”形橡胶圈接口，参见图 10.2.3-6。

a）管道基础。钢筋混凝土承插管“O”形橡胶圈接口的管道基础应根据土质情况和降水效果选用。当槽底土基较好，基本上无扰动软化，易排除积水时，采用砾石砂基础，基础包括砾石砂、垫板和管枕。当槽底土质较差，不排除积水，且易扰动软化的地方，则采用 C20 混凝土基础，基础包括砾石砂垫层，C20 混凝土管枕。以上两种基础的管座均为粗砂，中心包角为 180°。但在市区主干道和重要道路，管道施工完后立即进行道路施工的工程，须用粗砂管座并回填至管顶以上 500mm 处。

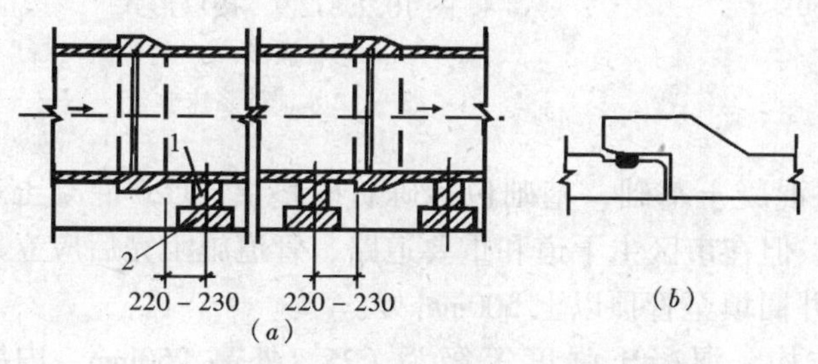

图 10.2.3.2-6 承插式钢筋混凝土管的纵向布置及接口形式
（a）纵向布置；（b）接口形式
1—管枕；2—垫板

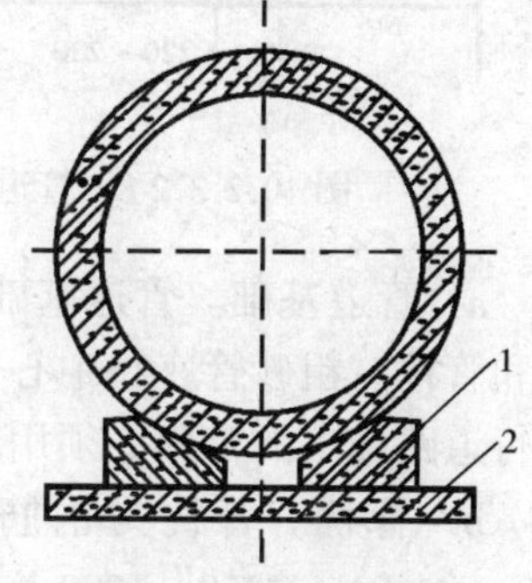

图 10.2.3.2-7 承插式钢筋混凝土管道基座
1—管枕；2—垫板

b）管枕、垫板。管枕和垫板的主要作用是安管过程中便于稳管、做接口。承插式钢筋混凝土管道的垫板和管枕为钢筋混凝土结构，混凝土强度等级为 C25，垫板厚 50mm，宽 350mm，长依管径不同而异；管枕外高为 200mm，内高为 100mm，$DN<1000$mm 时，宽为 120mm，$DN \geqslant 1000$mm 时，宽为 150mm，$DN=600\sim1200$mm 时，长为 265～345mm。承插式钢筋混凝土管道基座参见图 10.2.3.2-7。

c）对“O”形橡胶圈的具体要求：橡胶圈应耐酸、耐碱、耐油；橡胶圈可采用挤压法或浇筑法成型，并应硫化，橡胶圈搭接时应满足如下要求：搭接强度，在延伸 100%情况下无明显分离；经弯曲试验，搭接的任何部位，无明显分离。

橡胶圈展开长度及允许偏差见表 10.2.3.2-3。

表 10.2.3.2-3 橡胶密封圈展开长度及允许偏差表

管道直径（mm）	600	800	1000	1200
展开长度（mm）	1825	2385	2955	3504
允许偏差（mm）	8	8	12	12

橡胶圈物理性能参见表 10.2.3.2-4。

表 10.2.3.2-4　橡胶圈物理性能

邵氏硬度（邵尔 A,度）	延伸率（%）	拉伸强度（MPa）	伸长率（%）	拉伸永久变形（%）	拉伸强度降低率（%）	吸水率（%）	压缩永久变形（%）	耐酸耐碱系数
45	23	≥16	≥42	≤15	≤15	<8	≤20	≥0.8

橡胶圈不能与油类接触。橡胶圈应质地紧密，表面光滑平直，不得有空隙气泡。橡胶圈应在阴凉、清洁的环境下保存。

c　企口式钢筋混凝土管“q”形橡胶圈接口。企口式钢筋混凝土管道的纵向布置和胶圈接口形式，见图 10.2.3.2-8、图 10.2.3.2-9。

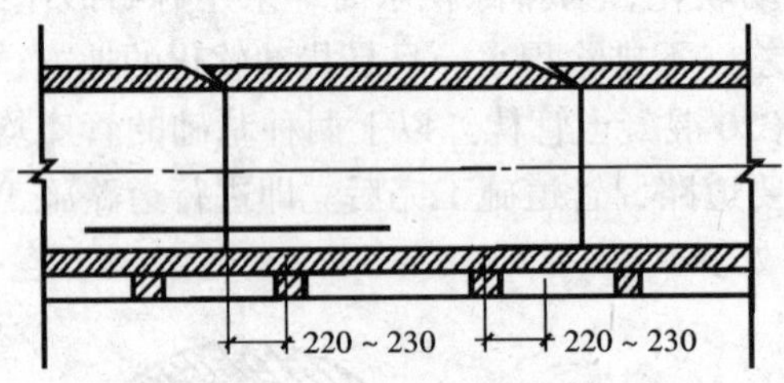

图 10.2.3.2-8　管道纵向布置

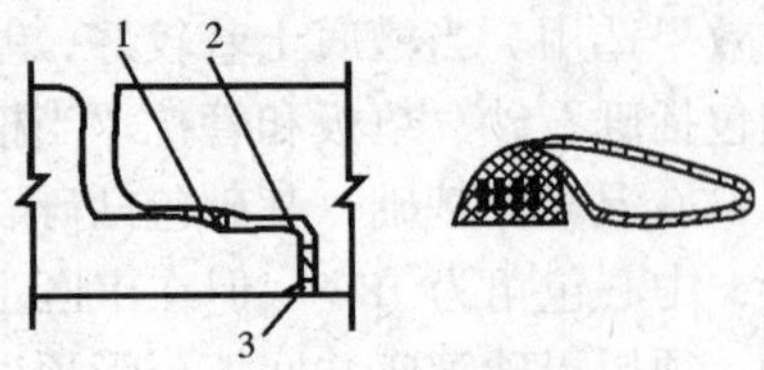

图 10.2.3.2-9　接口形式

1—“q”形橡胶圈；2—衬垫；3—1:2 水泥砂浆抹平

a）管道基础。管道基础采用 C20 混凝土基础，基础包括砾石砂垫层，C20 混凝土基础和管枕。粗砂管座，中心包角 180°。但在市区主干道和重要道路，管道施工完后应立即进行道路施工的工程，须用粗砂管座并回填至管顶以上 500mm 处。

b）管枕。管枕为钢筋混凝土结构，混凝土强度等级为 C25，外高 250mm，内高 100mm。DN = 1350～1800mm 时，宽为 200mm；DN = 2000～2400mm 时，宽为 250mm。

c）对“q”形橡胶圈的具体要求。橡胶圈展开长度及允许偏差见表 10.2.3.2-5。

表 10.2.3.2-5　橡胶圈展开长度及允许偏差（mm）

管　径	1350	1500	1650	1800	2000	2200	2400
橡胶圈展开长度	4120	4580	5040	5480	6085	6590	7155
允许偏差	±6				±10		
橡胶圈选用高度	20 号				24 号		

橡胶圈外形尺寸的允许偏差除上表所示外，其他尺寸允许偏差应<6%。

在环形的滑动部分内表面注有硅油薄层，空隙应贯通。

d　“F”形承口式钢筋混凝土管，分为“F-A”、“F-B”两种形式，见图 10.2.3.2-10 及图 10.2.3.2-11。

（2）铸铁排水管接口

室外排水铸铁管常用接口为石棉水泥接口、橡胶圈接口，青铅接口、膨胀水泥接口等不常用。接口操作工艺除以下介绍之外，还应参见本标准第 4.2.3.2 条中相关要求。

1）石棉水泥接口

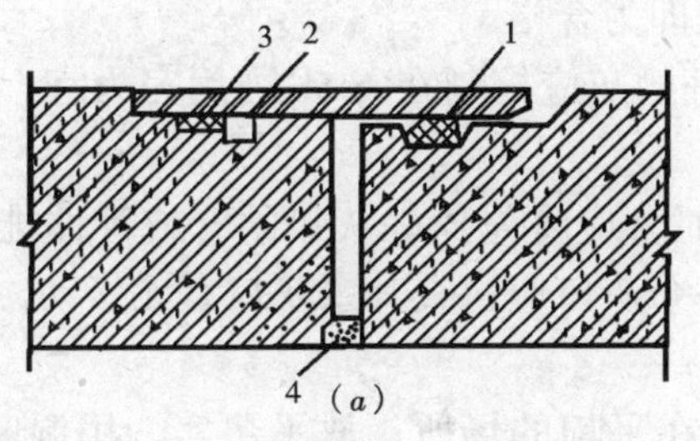

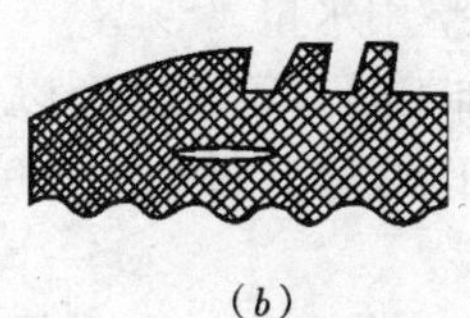

图 10.2.3.2-10 “F-A”形管道接口

（a）接口形式；（b）齿形橡胶圈断面

1—齿形橡胶圈；2—方钢；3—遇水膨胀橡胶圈；4—密封胶

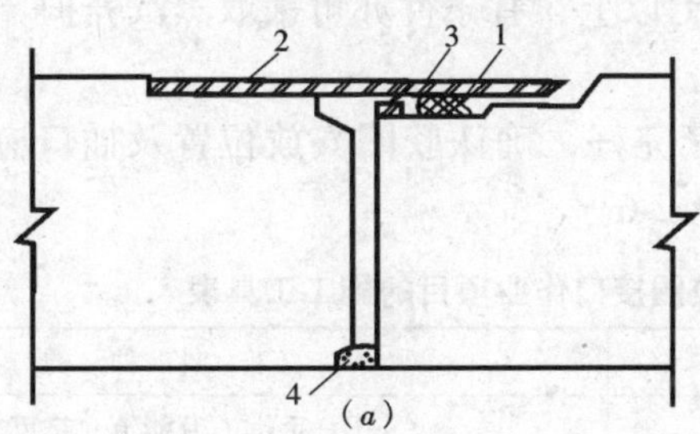

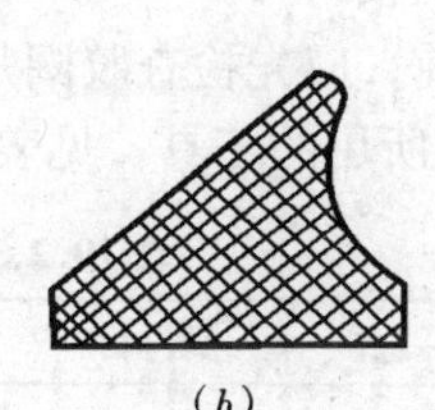

图 10.2.3.2-11 “F-B”形管道接口

（a）接口；（b）楔形胶圈断面

1—楔形橡胶圈；2—“F-B”形钢套环；3—钢环；4—密封胶

一般用于室内、外铸铁排水管道的承插口连接，见图 10.2.3.2-12。

a 承插口采用水泥捻口时，油麻必须清洁、填塞密实，水泥应捻入并密实饱满，其接口面凹入承口边缘的深度不得大于 2mm。

b 为了减少捻固定灰口，对部分管材与管件可预先捻好灰口。捻灰口前应检查管材管件有无裂纹、砂眼等缺陷，并将管材与管件进行预排，校对尺寸有无差错，承插口的灰口环形缝隙是否合格。

c 管材与管件连接可在临时固定架上进行，按图纸要求将承口朝上、插口向下的方向插好。

d 捻灰口时，先用麻钎将拧紧的比承插口环形缝隙稍粗一些的青麻或扎绑绳打进承口内，一般打两圈为宜（约为承口深度的 1/3），青麻搭接处应大于 30mm 的长度，而后将麻打实，边打边找正、找直并将麻须捣平。

e 将麻打好后，即可把捻口灰（石棉与水泥重量比 1∶9 掺合在一起，搅匀后，用时喷洒其混合总重量的 10% ~ 12% 的水）分层填入承口环形缝隙内。先用薄捻凿，一手填灰，一手用捻凿捣实，然后分层用手锤、捻凿打实，直到将灰口填满，用厚薄与承口环形缝隙大小相适应的捻凿将灰口打实

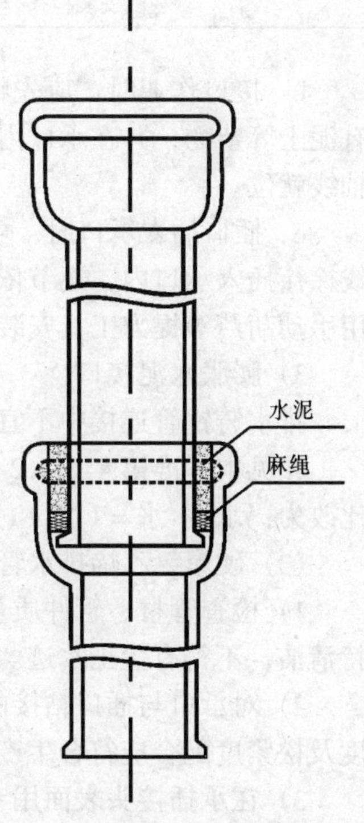

图 10.2.3.2-12 铸铁管石棉水泥接口示意图

打平，直至捻凿打在灰口上有回弹的感觉即为合格。

f 拌合捻口灰，应随拌合随用，拌好的灰应控制在 1.5h 内用完为宜，同时要根据气候情况适当调整用水量。

g 预制加工两节管或两个以上管件时，应将先捻好灰口的管或管件排列在上部，再捻下部灰口，以减轻其振动。捻完最后一个灰口应检查其余灰口有无松动，若有松动应及时处理。

h 预制加工好的管段与管件应码放在平坦的场所，放平垫实，用湿麻绳缠好灰口，浇水养护，保持湿润，一般常温 48h 后方可移动运到现场安装。

i 冬季严寒季节捻灰口应采取有效的防冻措施，拌灰用水可加适量盐水，捻好的灰口严禁受冻，存放环境温度应保持在 5℃以上，有条件亦可采取蒸汽养护。

2）橡胶圈接口

a 连接前，应先检查胶圈是否配套完好，确认胶圈安放位置及插口应插入承口的深度。接口作业所用的工具，见表 10.2.3.2-6。

表 10.2.3.2-6 胶圈接口作业项目的施工工具表

作 业 项 目	工 具 种 类
断 管	手锯、万能笔、量尺
清理工作面	棉纱、钢丝刷
涂润滑剂	毛刷、润滑剂
接 口	挡板、撬棍、缆绳
安装检查	塞 尺

b 接口作业时，应先将承口（或插口）的内（或外）工作面用棉纱清理干净，不得有泥土等杂物，并在承口内工作面涂上润滑剂，然后立即将插口端的中心对准承口的中心轴线就位。

c 插口插入承口时，可在管端部设置木挡板，用撬棍将被安装的管材沿着对准的轴线徐徐插入承口内，逐节依次安装。公称直径大于 *DN*400mm 的管道，可用缆绳系住管材用手动葫芦等提力工具安装。严禁采用施工机械强行推挤管道插入承口。

3）膨胀水泥接口

排水铸铁管连接中不宜采用，仅限用于操作空间受限、抢修等情况。

参见本标准第 4.2.3.2 条中“铸铁管膨胀水泥接口”相关要求，只是拌合填料，配合比改为：水泥∶水＝1∶2。

（3）硬聚氯乙烯排水管接口

1）检查管材、管件质量。必须将插口外侧和承口内侧表面擦拭干净，被粘接面应保持清洁，不得有尘土水迹。表面沾有油污时，必须用棉纱蘸丙酮等清洁剂擦净。

2）对承口与插口粘接的紧密程度应进行验证。粘接前必须将两管试插一次，插入深度及松紧度配合应符合生产厂家产品要求，在插口端表面宜划出插入承口深度的标线。

3）在承插接头表面用毛刷涂上专用的胶粘剂，先涂承口内面，后涂插口外面，顺轴向由里向外涂抹均匀，不得漏涂或涂抹过量。

4）涂抹胶粘剂后，应立即找正对准轴线，将插口插入承口，用力推挤至所划标线。

插入后将管旋转 1/4 圈，在 60s 时间内保持施加外力不变，并保持接口在正确位置。

5）插接完毕应及时将挤出接口的胶粘剂擦拭干净，静止固化。固化时间应符合生产胶粘剂厂的规定。

（4）石棉水泥管接口

石棉水泥管是由石棉及高强度等级的水泥制成，可用于输送盐卤、水等介质。工程中不常用。

连接时常用水泥套管连接。当套管内用石棉水泥接口时为刚性接口；当套管内用油麻、橡胶圈接口时为柔性接口。可参见混凝土管接口连接。

（5）陶土管（缸瓦管）安装

陶土管分带釉与不带釉两种，按厚度有普通管、厚管、特厚管三种，本身为承插式连接。质脆易破裂，适用于埋地敷设。因其耐腐蚀能力强，价格便宜，偏远地区及特殊工业厂房内还有使用。不应用于普通民用和工业给水排水工程中。

陶土管机械强度低、脆性大，安装时应使陶瓷管放置平稳，不使其局部受力。吊装时采用软吊索，不得使用铁链条或钢丝绳，移动搬运时轻拿轻放。

安装过程中，不得使用铁撬棍或其他坚硬工具碰击和锤击设备及管道的安装部位，不允许用火焰直接加热，以免局部爆裂损坏。如不能避免时，则应采取隔热措施。

与其他管道同时敷设时，应先敷设其他管道，然后敷设陶土管。敷设间距：与其他材质管道或装置交叉跨越时，陶土管安装在管道或设备的上方，两管壁间间距应不小于 200mm，必要时在陶土管外面加设保护罩。

陶土管不应敷设在走道或容易受到撞击的地面上，一般应采取地下敷设或架空敷设。先安装好管托、支架和底座，然后放上管道。

水平敷设时，在输送介质流动方向保持一定坡度，每根管道应有两根枕木或管墩支承。架空敷设离地坪或楼面≥2500mm。

垂直敷设时，管道垂直度偏差≤0.005。每根管道应固定的管夹支撑，位置位于承口下方。

承插式接头：承口及插口处使用耐酸水泥、浸渍水玻璃的石棉绳及沥青等胶结材料。承口的内壁和插口的外壁上应刻有数条沟槽，用以增强胶结牢度。用于一般排水管时，陶土管采取承插连接，把水泥和砂浆按 1:1 的质量比拌成砂浆填塞接口即可。

套管式接头：用于调节管道长度，也可作为管道伸缩补偿器用。也有专供补偿陶土管因温度变化产生伸缩的伸缩补偿接头。

支架：应架设牢固。管卡与陶土管之间应垫以 3～5mm 厚的弹性衬垫，但不应将管道夹持过紧，使管道能做轴向运动。当管段有补偿器时，则允许将管道夹紧。

（6）接口的组对方法可参见本标准第 9.2 节“室外给水管道安装”。

（7）雨期施工应采取防止管材漂浮的措施。可先回填到管顶以上大于一倍管径的高度。当管道安装完毕尚未还土而遭到水泡时，应进行管中心线和管底高程复测和外观检查，如出现漂浮、拔口现象，应返工处理。

（8）冬期施工应采取防冻措施，不得使用冻硬的橡胶圈。

5　管道与检查井连接

（1）管道与检查井的连接，应按设计图施工。当采用承插管件与检查井井壁连接时，承插管件应由生产厂家配套提供。

(2) 管件或管材与砖砌或混凝土浇制的检查井连接，可采用中介层作法。即在管材或管件与井壁相接部位的外表面预先用聚氯乙烯胶粘剂、粗砂做成中介层，然后用水泥砂浆砌入检查井的井壁内（图 10.2.3.2-13）。

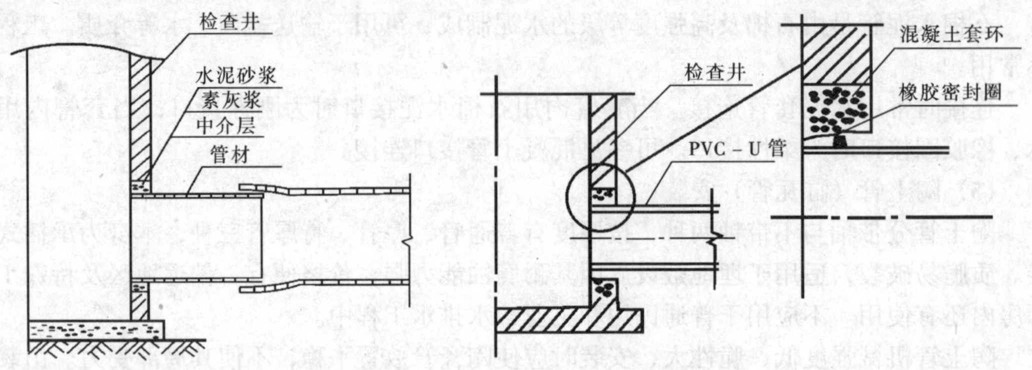

图 10.2.3.2-13　管道与检查井的连接（一）　　图 10.2.3.2-14　管道与检查井的连接（二）

(3) 当管道与检查井的连接采用柔性连接时，可用预制混凝土套环和橡胶密封圈接头（图 10.2.3.2-14）。混凝土外套环应在管道安装前预制好，套环的内径按相应管径的承插口管材的承口内径尺寸确定。套环的混凝土强度等级应不低于 C20，最小壁厚不应小于 60mm，长度不应小于 240mm。套环内壁必须平滑，无孔洞、鼓包。混凝土外套环必须用水泥砂浆砌筑。在井壁内，其中心位置必须与管道轴线对准。安装时，可将橡胶圈先套在管材插口指定的部位与管端一起插入套环内。橡胶密封圈直径必须根据承插口间缝大小及管材外径确定。

(4) 预制混凝土检查井与管道连接的预留孔直径应大于管材或管件外径 0.2m，在安装前预留孔环周表面应凿毛处理，连接构造宜按上述第（2）条规定采用中介层方式。

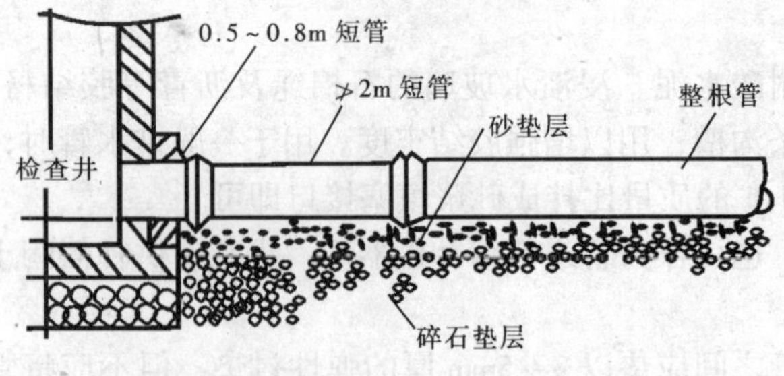

图 10.2.3.2-15　软土地基上管道与检查井连接

(5) 检查井底板基底砂石垫层，应与管道基础垫层平缓顺接。管道位于软土地基或低洼、沼泽、地下水位高的地段时，检查井与管道的连接，宜先用长 0.5～0.8m 的短管（管道口应出井壁 50～100mm）按上述第（2）条或第（3）条的要求与检查井连接，后面接一根或多根（根据地质条件确定）长度不大于 2.0m 的短管，然后再与上下游标准管长的管段连接（图 10.2.3.2-15）。

6　常用施工方法

排水管道铺设方法，主要是根据不同的管道接口，灵活地处理平基、稳管、管座和接口之间的关系，合理地安排施工顺序。常用的铺设方法有：普通法、四合一施工法、前三合一法、后三合一法和垫块法。前四种方法用于刚性基础、刚性接口的管道安装，垫块法常用于大中型管道安装。还有另一种分类方法，分为两种铺设方法：五合一施工法、四合一施工法。

(1) 普通法

管道施工时，平基混凝土、安管、做管座和接口分四步进行的方法，称为普通法。适用于雨期施工或地基不良者，常用于雨水管道。

1) 施工程序

浇筑混凝土平基→养护→下管、安管→浇筑管座混凝土→抹带接口→养护

2) 施工要点

a 平基混凝土应在验槽合格后及时浇筑，终凝前不得泡水，并应进行养护。

b 平基混凝土的高程应严格控制，不得高于设计高程，低于设计高程不超过10mm。

c 平基混凝土强度达到5MPa以上时，方可直接下管。

d 安装管道的对口间隙，$DN \geqslant 700$mm时为10mm，$DN < 700$mm时可不留间隙。

e 浇筑管座混凝土前平基应凿毛冲净。

f 平基与管道相接触的三角部分，应用同强度等级混凝土中的软灰填捣密实。

g 浇筑管座混凝土时，应两侧同时进行，以防将管道挤偏。

(2) 四合一施工法

四合一施工法，即把平基、稳管、管座、抹带4道工序合在一起一次完成的施工方法。这种方法速度快，结构整体性好，适用于小口径的抹带接口管道施工。

1) 施工程序

验槽→支模→下管→排管→浇筑平基混凝土→稳管→做管座→抹带→养护

2) 施工要点

a 支模。由于“四合一”施工法要在模板上滚运和放置管道，故模板安装应特别牢固。模板材料一般使用150mm×150mm的方木，模板内部可用支杆临时支撑，外侧用铁钎支牢。若管道为90°管座时，可一次支设模板，支设高度略高于90°基础高度；如果是135°及180°管座基础，模板宜分为两次支设，上部模板应待管道铺设合格后再安装。

b 浇筑平基混凝土。平基混凝土应振捣密实，混凝土面做成弧形，并高出平基面20~40mm（视管径大小而定）。稳管前，在管口部位应铺适量的抹带砂浆，以增加接口的严密性。

c 稳管。将管道从模板上移至混凝土面，轻轻揉动至设计高程（一般可掌握高出设计高程1~2mm，以备安装好的管道自沉）。如果管道下沉过多，可将管道撬起，在下部填补混凝土或砂浆，认真捣固密实，抹平管座两肩，同时用麻袋球或其他工具在管内来回拖动，拉平砂浆。

d 抹带。管座混凝土浇筑完毕立即进行抹带，使带和管座连成一体。抹带与稳管至少相隔2~3节管道，以免稳管时碰撞管道影响接口质量。抹带完成后随即勾捻内缝。

(3) 前三合一法

即将平基、稳管、接口三道工序连续操作，待闭水试验合格后，再浇筑混凝土管座。$DN < 500$mm的普通混凝土管，管座为180°或包管时，可采用这种方法。

(4) 后三合一法

即先浇筑平基，待平基混凝土达到一定强度后，再将稳管、接口、浇筑管座混凝土三道工序连续进行。管径在500~900mm普通混凝土管可采用后三合一法。

(5) 垫块法安管

管道安装时，先铺设垫块（每节管下两个垫块），再在垫块上安管做接口，然后再浇筑混凝土基础和管座的安管方法，称为垫块法。这种安管方法的优点是平基和管座同时浇筑，整体性好，且管道接口的施工质量容易保证，是污水管道常用的施工方法。

1）施工程序

预制垫块→安垫块→下管→在垫块上安管→支模→浇筑混凝土基础→接口→养护

2）预制混凝土垫块

垫块混凝土的强度等级同混凝土基础。垫块长等于管径的 0.7 倍，高等于平基厚度，宽大于或等于高。

3）施工要点

a 垫块应放置平稳，并测量高程使之符合设计要求。

b 管道的对口间隙，$DN>700$mm 以上者约 10mm 左右。

c 管道位置固定后，一定要用石子将管道卡住并及时做接口和浇筑混凝土基础。

d 管底部混凝土要注意振捣密实，防止形成管道漏水的通道。

e 如是钢丝网水泥砂浆抹带接口，应在插入部分另加适当抹带砂浆，认真捣固，并保持钢丝网位置正确。

(6) 五合一施工法

五合一施工法是指基础混凝土、稳管、八字混凝土、包接头混凝土、抹带等五道工序连续施工。管径小于 600mm 的管道，设计采用五合一施工法时，程序如下：

1）先按测定的基础高度和坡度支好模板，并高出管底标高 2~3mm，为基础混凝土的压缩高度。随后即浇灌。

2）洗刷干净管口并保持湿润。落管时徐徐放下，轻落在基础底上，立即找直找正拨正，滚压至规定标高。

3）管道稳好后，随后打八字和包接头混凝土，并抹带。但必须使基础、八字和包接头混凝土以及抹带合成一体。

4）打八字前，用水将其接触的基础混凝土面及管皮洗刷干净。八字及包接头混凝土，可分开浇筑，但两者必须合成一体。包接头模板的规格质量，应符合要求，支搭应牢固，在浇注混凝土前应将模板用水湿润。

5）混凝土浇筑完毕后，应切实做好保养工作，严防管道受振而使混凝土开裂脱落。

(7) 四合一施工方法

管径大于 600mm 的管道不得用五合一施工法，可采用四合一施工法。

1）待基础混凝土达到设计强度 50% 和不小于 5MPa 后，将稳管、八字混凝土、包接头和抹带等四道工序连续施工。

2）不可分隔、间断作业。

3）其他施工方法同五合一相同。

7 灌水试验和通水试验

(1) 管道埋设前必须做灌水试验和通水试验。

(2) 灌水试验

1）管道密闭性检验应在管底与基础腋角部位用砂回填密实后进行。必要时，可在被检验管段的管顶回填到管顶以上一倍管径高度（管道接口处外露）的条件下进行。

2）灌水试验应按排水检查井分段进行。将被试验的管段起点及终点检查井（又称为上游井及下游井）的管道两端用钢制堵板堵好。

3）在上游井的管沟边设置一试验水箱，试验水箱底高出上游井管顶1m。如管道设在干燥型土层内，试验水位高度宜高出上游井管顶4m；如地下水位高出管顶时，则应高出地下水位至少1m。

4）将进水管接至上游堵板的下侧，管道应严密。下游井内管道的堵板下侧设泄水管，上侧设放气阀，并挖好排水沟。

5）从水箱向管内充水，管道充满水30min后，对试验管道逐段进行检查，管接口无渗漏为合格。

6）为检验管道管体及接口的严密性、抗渗性，如设计、业主、监理有要求或作为承包方愿提供更可靠的质量保证，可根据管道材质的不同将管道浸泡1~2昼夜再进行试验。

7）定期进行外观检查，观察管口接头处是否严密不漏，如发现漏水应及时返修。检查中应补水，水位保持规定值不变。

8）浸泡达到规定时间后，量好水位，连续观察30min，水渗入和渗出量应不大于表10.2.3.2-7的规定。

表10.2.3.2-7　1000m长的管道在24h内允许的渗出或渗入量（t）

管径 *DN*（mm）	<150	200	250	300	350	400	450	500	600
钢筋混凝土管、混凝土管、石棉水泥管	7.0	20	24	28	30	32	34	36	40
陶土管（缸瓦管）	7.0	12	12	18	20	21	22	23	23

9）核对渗水量时，可根据表10.2.3.2-7计算出30min的允许渗水量是多少，然后求出试验段下降水位的数值（事先已标记出的水位为起点）为实际渗水量，进行对比。

10）如污水管道排出有腐蚀性水时，管道不允许有渗漏。

11）闭水试验完毕应及时将水排出。

（3）通水试验

1）管道埋设前必须做通水试验。

2）为适应流水作业需要，一般逐段进行通水试验，宜在灌水试验合格后进行。

3）水源可为允许直接排入市政管网的水，流量应为设计流量。当下游出口流速均匀时观察，进出水流量是否大致相同，确定排水是否通畅。

4）排水通畅，无堵塞为通水合格。

5）为检验管道在回填土过程中是否受到扰动，宜在回填土工作完成后再次进行观察、进行通水试验，检查是否有堵塞。

6）通水试验可按支、干管、系统分别进行，有条件的宜在整个系统同时进行。

10.2.4　成品保护

1　抹带时，禁止有人在管上，以防灰口松动。

2　采用五、四合一方法施工时，工序不宜间断。基础混凝土浇筑完立即下管，稳好管道后，不得移动碰撞，并应做好混凝土和砂浆的养护工作。

3 抹带后，用湿土将其表面包好，严禁踩压或碰撞。如果不及时还土，可用湿草袋覆盖并洒水养护至还土时止。

4 施工过程中，防止管道相撞，以免管道端部保护层脱落影响接口质量。

5 在昼夜温差大的地区和季节，管道可能受到较大的热应力产生裂缝。因此，除接口暂时外露养生，要尽快回填土，以便遮住管身。

10.2.5 安全、环保措施

1 安装管道时，随时检查管沟，确无松动、塌方的迹象方可在沟内作业。

2 若管沟有支撑时，接口操作过程中要随时检查边坡与支撑，如发现裂缝或支撑折断，有危险现象立即停止操作。

3 接口及铺管过程中，上下沟槽不准攀登支撑。

10.2.6 质量标准

Ⅰ 主 控 项 目

1 排水管道的坡度必须符合设计要求，严禁无坡或倒坡。

检验方法：用水准仪、拉线和尺量检查。

2 管道埋设前必须做灌水试验和通水试验，排水应畅通，无堵塞，管接口无渗漏。

检验方法：按排水检查井分段试验，试验水头应以试验段上游管顶加 1m，时间不少于 30min，逐段观察。

Ⅱ 一 般 项 目

3 管道的坐标和标高应符合设计要求，安装的允许偏差应符合表 10.2.3.2-1 的规定。

4 排水铸铁管采用水泥捻口时，油麻填塞应密实，接口水泥应密实饱满，其接口面凹入承口边缘且深度不得大于 2mm。

检验方法：观察和尺量检查。

5 排水铸铁管外壁在安装前应除锈，涂二遍石油沥青漆。

检验方法：观察检查。

6 承插接口的排水管道安装时，管道和管件的承口应与水流方向相反。

检验方法：观察检查。

7 混凝土管或钢筋混凝土管采用抹带接口时，应符合下列规定：

(1) 抹带前应将管口的外壁凿毛，扫净，当管径小于或等于 500mm 时，抹带可一次完成；当管径大于 500mm 时，应分二次抹成，抹带不得有裂纹。

(2) 钢丝网应在管道就位前放入下方，抹压砂浆时应将钢丝网抹压牢固，钢丝网不得外露。

(3) 抹带厚度不得小于管壁的厚度，宽度宜为 80 ~ 100mm。

10.2.7 质量验收

1 室外排水管道安装分项工程应按系统、区域、施工段或楼层等划分。分项工程应划分成若干检验批进行验收。

2 检验批质量验收、分项工程质量验收应参照本技术标准第 3.1.8 ~ 3.1.11 条执行。

3 检验批质量验收表当地政府主管部门无统一规定时，宜采用表 10.2.7“室外排水管道安装工程检验批质量验收记录表”。

表 10.2.7 室外排水管道安装工程检验批质量验收记录表

GB 50242—2002

<table>
<tr><td colspan="4">单位(子单位)工程名称</td><td colspan="4"></td></tr>
<tr><td colspan="4">分部(子分部)工程名称</td><td colspan="2"></td><td>验收部位</td><td></td></tr>
<tr><td colspan="2">施工单位</td><td colspan="4"></td><td>项目经理</td><td></td></tr>
<tr><td colspan="2">分包单位</td><td colspan="4"></td><td>分包项目经理</td><td></td></tr>
<tr><td colspan="4">施工执行标准名称及编号</td><td colspan="4"></td></tr>
<tr><td colspan="6">施工质量验收规范规定</td><td>施工单位检查评定记录</td><td>监理(建设)单位验收记录</td></tr>
<tr><td rowspan="2">主控项目</td><td>1</td><td colspan="3">管道坡度符合设计要求、严禁无坡和倒坡</td><td>设计要求</td><td></td><td rowspan="2"></td></tr>
<tr><td>2</td><td colspan="3">灌水试验和通水试验</td><td>第 10.2.2 条</td><td></td></tr>
<tr><td rowspan="10">一般项目</td><td>1</td><td colspan="3">排水铸铁管的水泥捻口</td><td>第 10.2.4 条</td><td></td><td rowspan="10"></td></tr>
<tr><td>2</td><td colspan="3">排水铸铁管，除锈、涂漆</td><td>第 10.2.5 条</td><td></td></tr>
<tr><td>3</td><td colspan="3">承插接口安装方向</td><td>第 10.2.6 条</td><td></td></tr>
<tr><td>4</td><td colspan="3">混凝土管或钢筋混凝土管抹带接口的要求</td><td>第 10.2.7 条</td><td></td></tr>
<tr><td rowspan="6">5</td><td rowspan="6">允许偏差</td><td rowspan="2">坐标</td><td>埋地</td><td>100mm</td><td></td></tr>
<tr><td>敷设在沟槽内</td><td>50mm</td><td></td></tr>
<tr><td rowspan="2">标高</td><td>埋地</td><td>± 20mm</td><td></td></tr>
<tr><td>敷设在沟槽内</td><td>± 20mm</td><td></td></tr>
<tr><td rowspan="2">水平管道纵横向弯曲</td><td>每 5m 长</td><td>10mm</td><td></td></tr>
<tr><td>全长(两井间)</td><td>30mm</td><td></td></tr>
<tr><td rowspan="2" colspan="3">施工单位检查评定结果</td><td colspan="2">专业工长(施工员)</td><td></td><td>施工班组长</td><td></td></tr>
<tr><td colspan="5">项目专业质量检查员： 年 月 日</td></tr>
<tr><td colspan="3">监理(建设)单位验收结论</td><td colspan="5">监理工程师(建设单位项目专业技术负责人)： 年 月 日</td></tr>
</table>

10.3 排水管沟及井池

10.3.1 施工准备

1 技术准备

(1) 所有安装项目的设计图纸已具备，并且已经过图纸会审和设计交底。

(2) 施工方案已编制。

(3) 施工技术人员向班组做了图纸和施工技术交底。

2 材料准备

水泥、砂子、石子、白灰、水、土。

3 主要机具

(1) 挖掘机、水泵、抽水泵、翻斗车、搅拌机。

(2) 镐、铁锹、大锤、手锤、钢钎、撬棍、木板、木桩、小白线、水桶、手推车。

(3) 水准仪、经纬仪、水平尺、钢盘尺、钢卷尺。

4 作业条件

(1) 施工人员认真熟悉图纸，了解管道分布情况，掌握设计要求，清除管道施工区域内的地上障碍物。

(2) 摸清地下是否有高、低压电线、电缆、水道、煤气及其他管道，并明确位置，认真妥善处理好。

(3) 管道施工区域内的地面要进行清理。杂物、垃圾弃出场外指定地点。

(4) 核对新排水管道末端接旧有管道的底标高，核对设计坡度。

10.3.2 材料质量控制

1 材料质量控制应符合本标准第3.2节“材料设备管理”的规定。

2 水泥、砂子、石子、砂浆、混凝土的控制应符合《混凝土结构工程施工技术标准》ZJQ08—SGJB 204—2005的要求。

10.3.3 施工工艺

10.3.3.1 工艺流程

管道线路测量、定位→降水、排水→沟槽开挖→管道基础施工→井室砌筑→回填土

10.3.3.2 施工要点

1 管道测量、定位

(1) 应参照本技术标准第9.4.3.2条第1款。

(2) 根据导线桩测定管道中心线，在管线的起点、终点和转角处，钉一较长的大木桩作中心控制桩。用两个固定点控制此桩，将检查井位置相继用短木桩钉出。

(3) 根据设计坡度计算挖槽深度、放出上开口挖槽线。

(4) 测定雨水井等附属构筑物的位置。

(5) 在中心桩上钉个小钉，用钢尺量出间距，在检查井中心牢固埋设水平板，不高出地面，将平板测为水平。板上钉出管道中心标志作挂线用，在每块水平板上注明井号、沟宽、坡度和立板至各控制点的常数，如图10.3.3.2-1所示。图中 H 为常数；h_2 值即为高程差，也即为管线坡降。

（6）用水准仪测出水平板顶标高，以便确定坡度。在中心钉一T形板，使下缘水平，且和沟底标高为一常数，在另一窨井的水平板同样设置，其常数不变。

（7）挖沟过程中，对控制坡度的水平板要注意保护和复测。

（8）挖至沟底时，在沟底补钉临时桩以便控制标高，防止多挖而破坏自然土层。可留出100mm暂不挖。

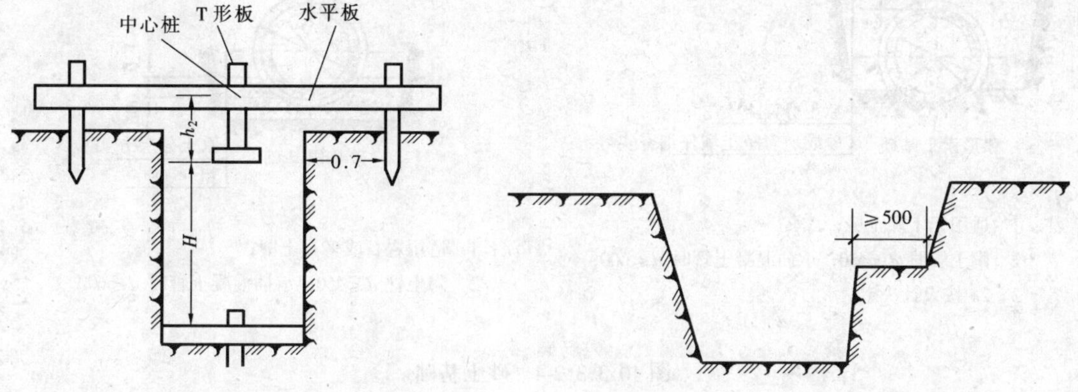

图10.3.3.2-1 中心桩设置示意图　　图10.3.3.2-2 台阶二次返土示意图

（9）挖沟深度在2m以内时，采用脚手架进行接力倒土，也可用边坡台阶二次返土见图10.3.3.2-2。根据沟槽土质及沟深不同，酌情设置支撑加固见图10.3.3.2-3。

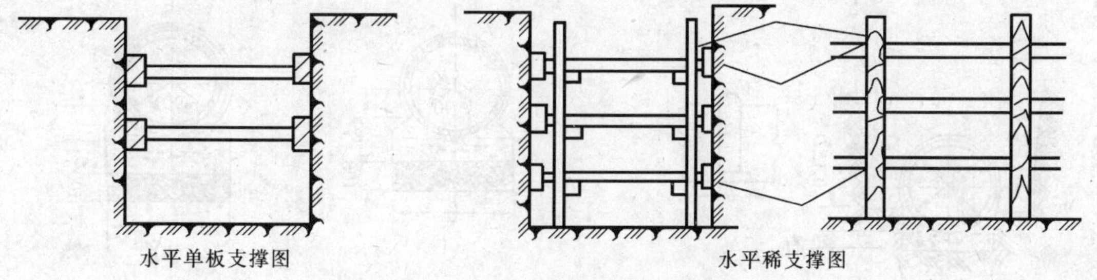

图10.3.3.2-3 管沟支撑图

2 降水、排水

参照本标准第9.4.3.2条第2款。

3 沟槽开挖

（1）参照本标准第9.4.3.2条第3款。

（2）沟槽槽底净宽度，可按各地区的具体情况确定，宜按管外径加0.6m长采用。

4 管道基础施工

（1）参照本标准第9.4.3.2条第4款。

（2）管沟验收合格，标高、坐标无误即可进行管基施工。管道及管座（墩），严禁铺设在冻土和未经处理的松土上。

（3）采用套环接口的排水管道应先作接口，后作接口处混凝土基础。

（4）排水管道基础好坏，对排水工程的质量有很大影响。基础形式应根据施工图纸的要求而定。混凝土管、钢筋混凝土管常用如下基础形式：

1）砂土基础：砂土基础包括弧形素土基础及砂垫层基础两种，如图 10.3.3.2-4 所示。适用于套环及承插接口管道。

弧形素土基础是在原土层上挖一弧形管槽，管道落在弧形管槽内。

砂垫层基础是在挖好的弧形槽内铺一层粗砂，砂垫层厚度通常为 100～150mm。

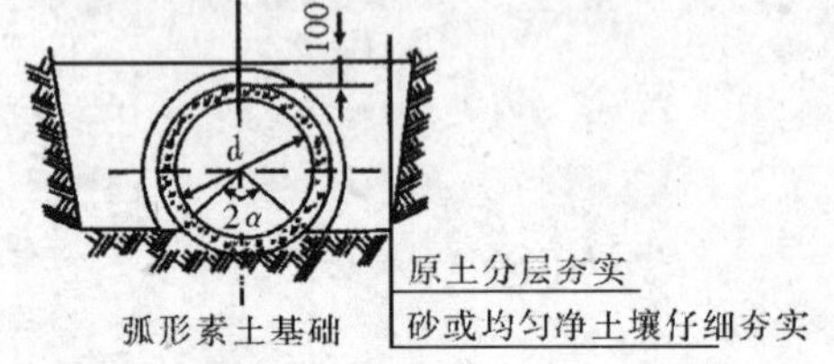

注：1　适用于干燥土壤；

2　陶土管时 $d \leqslant 450$，承插混凝土管时 $d \leqslant 600$；

3　2α 按设计决定。

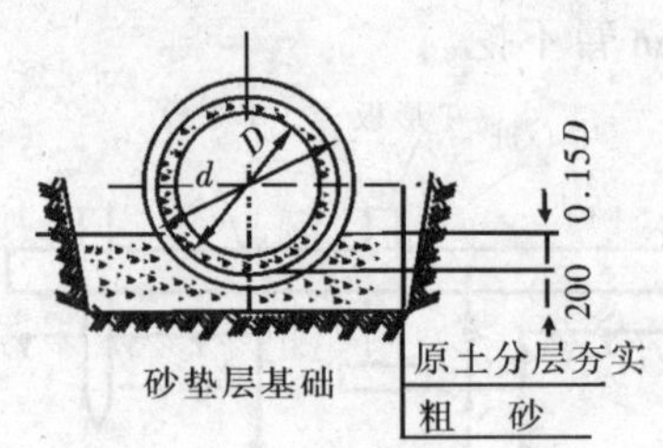

注：1　适用岩石或多石土壤；

2　陶土管 $d \leqslant 450$；承插混凝土管时 $d \leqslant 600$。

图 10.3.3.2-4　砂土基础

2）混凝土枕基。混凝土枕基是设置在管接口处的局部基础，如图 10.3.3.2-5 所示。通常在管道接口下用 C15 混凝土做成枕状垫块，适用于管径 $d \leqslant 600$mm 的承插接口管道及管径 $d \leqslant 900$mm 的抹带接口管道。枕基长度等于管道外径，宽度为 200～300mm。

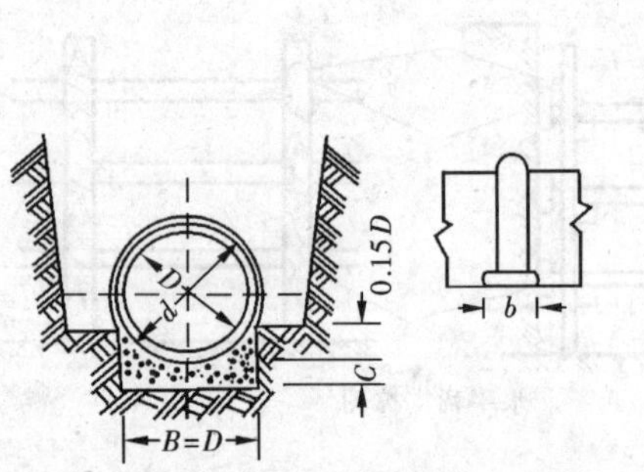

图 10.3.3.2-5　混凝土枕基

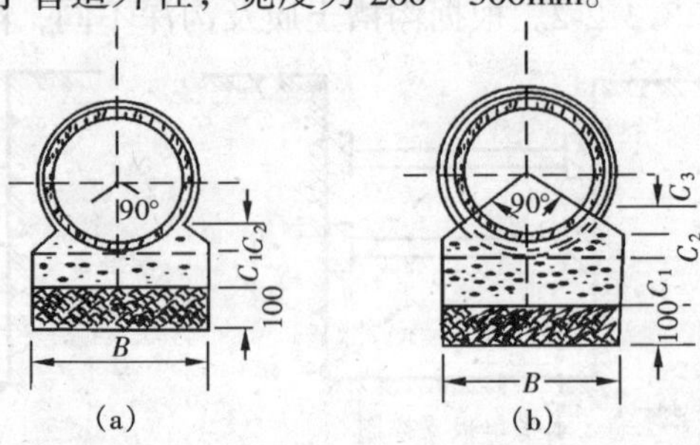

图 10.3.3.2-6　90°混凝土带形基础

（*a*）抹带接口式；（*b*）套环接口式或承插接口式

3）混凝土带形基础。混凝土带形基础是沿管道全长铺设的基础。按管座形式分为 90°、135°、180°三种。图 10.3.3.2-6 所示为 90°混凝土带形基础。施工时，先在基础底部垫 100mm 厚的砂砾石，然后在垫层上浇灌 C15 混凝土。混凝土带形基础的几何尺寸应按施工图的要求确定。

在下列情况之一，应采用混凝土整体基础：雨水或污水管道在地下水位以下；管径在 1.35m 以上的管道；每根管长在 1.2m 以内的管道；雨水或污水管道在地下水位以上，覆土深大于 2.5m 或 4m 时。

（5）管道基础在接口部位的凹槽，宜在铺设管道时随铺随挖（图 10.3.3.2-7）。凹槽长度 L 按管径大小采用，宜为 0.4～0.6m；凹槽深度 h 宜为 0.05～0.1m；凹槽宽度 B 宜为管外径的 1.1 倍。在接口完成后，凹槽随即用砂回填密实。

（6）管道支座（墩）应构造正确，埋设平整牢固，支座与管道接触紧密。管道基础的

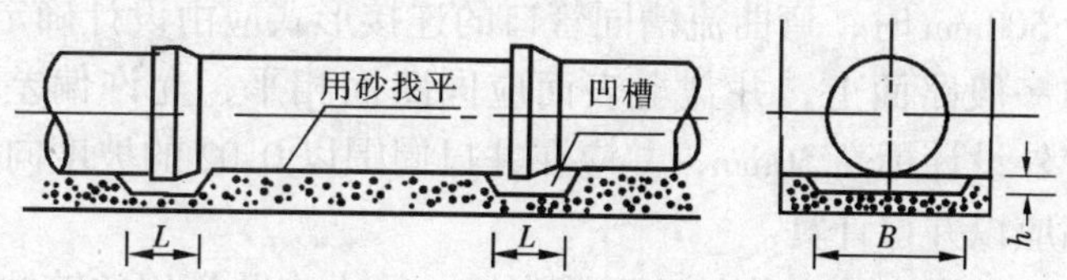

图 10.3.3.2-7　管道接口处的凹槽

平基、管座允许偏差应符合表 10.3.3.2-1 的规定，以便保证管道的安装质量。

表 10.3.3.2-1　平基、管座允许偏差

序号	项目		允许偏差	检验频率		检验方法
				范围	点数	
1	混凝土抗压强度			100m	1 组	
2	垫层	中线每侧宽度	不小于设计规定	10m	2	挂中心线用尺量每侧计 1 点
		高　程	0 －15mm	10m	1	用水准仪测量
3	平基	中线每侧宽度	＋10mm 0	10m	2	挂中心线用尺量 每侧计 1 点
		高　程	0 －15mm	10m	1	用水准仪测量
		厚　度	不小于设计规定	两井之间 （每侧面）	1	用尺量
4	管座	肩　宽	＋10mm －5mm	10m	2	挂边线用尺量 每侧计 1 点
		肩　高	±20mm	10m	2	用水准仪测量每侧计 1 点
5	蜂窝面积		1%	两井之间 （每侧面）	1	用尺量蜂窝总面积

5　井室砌筑

（1）井室的尺寸应符合设计要求，允许偏差为±20mm。

（2）安装混凝土预制井圈，应将井圈端部洗干净并用水泥砂浆将接缝抹光。

（3）井池的底板强度必须符合设计要求。排水检查井、化粪池的底板及进、出水管的标高，必须符合设计，其允许偏差为±15mm。

（4）地下水位较低，内壁可用水泥砂浆勾缝；水位较高，井室的外壁应用防水砂浆抹面，其高度应高出最高水位 200～300mm。含酸性污水检查井，内壁应用耐酸水泥砂浆抹面。

（5）排水检查井底需做流槽，应用混凝土浇筑或用砖砌筑，用水泥砂浆抹光，并与管内壁接合平顺。流槽的高度等于引入管中的最大直径，允许偏差为±10mm。

（6）流槽下部断面为半圆形，其直径同引入管管径相等。流槽上部应作垂直墙，其顶面应有 0.05 的坡度。排出管同引入管直径不相等，流槽应按两个不同直径作成渐扩形。弯曲流槽同管口连接处应有 0.5 倍直径的直线部分，弯曲部分为圆弧形，管端应同井壁内表面齐平。

(7) 管径大于500mm时，弯曲流槽同管口的连接形式应由设计确定。

(8) 在高级和一般路面上，井盖上表面应同路面相平，允许偏差为±5mm。无路面时，井盖应高出室外设计标高50mm，并应在井口周围以0.02的坡度向外作护坡。如采用混凝土井盖，标高应以井口计算。

(9) 安装在室外的排水检查井与地下消火栓、给水表井等用的铸铁井盖，应有明显区别，重型与轻型井盖不得混用。

(10) 管道穿过井壁处，应严密、不漏水。

(11) 其余参照本标准第9.4.3.2条第5款。

6 回填土

参照本标准第9.4.3.2条第6款。

10.3.4 成品保护

1 在测量放线的排水管道沟槽开挖的范围（包括推土区域）内，不得堆卸管材及其他材料和机具。

2 放线后应及时开挖沟槽，以免所放线迹模糊不清。

3 管道中心线控制桩及标高控制桩应随着挖土过程加以保护或补测后重新立小木桩。

4 挖土过程有专人看护标高等控制桩，严禁用脚踩动。

10.3.5 安全、环保措施

1 水准仪架设时，要看好地势，将仪器放平、放稳、不可摔坏仪器。

2 转移测点移位时，水准仪不可倾斜移动，宜将水准仪垂直收拢后，再移至新测点。

3 用大锤打木桩时，先检查大锤手柄是否松动，严防举锤时脱落伤人。

10.3.6 质量标准

Ⅰ 主 控 项 目

1 沟基的处理和井池的底板强度必须符合设计要求。

检验方法：现场观察和尺量检查，检查混凝土强度报告。

2 排水检查井、化粪池的底板及进、出水管的标高，必须符合设计，其允许偏差为±15mm。

检验方法：用水准仪及尺量检查。

Ⅱ 一 般 项 目

3 井、池的规格、尺寸和位置应正确，砌筑和抹灰符合要求。

检验方法：观察及尺量检查。

4 井盖选用应正确，标志应明显，标高应符合设计要求。

检验方法：观察及尺量检查。

10.3.7 质量验收

1 室外排水管沟及井池分项工程应按系统、区域、施工段或楼层等划分。分项工程应划分成若干检验批进行验收。

2 检验批质量验收、分项工程质量验收应参照本技术标准第3.1.8～3.1.11条执行。

3 检验批质量验收表当地政府主管部门无统一规定时，宜采用表10.3.7“室外排水管沟及井池工程检验批质量验收记录表”。

表 10.3.7　室外排水管沟及井池工程检验批质量验收记录表

GB 50242—2002

<table>
<tr><td colspan="3">单位（子单位）工程名称</td><td colspan="4"></td></tr>
<tr><td colspan="3">分部（子分部）工程名称</td><td colspan="2"></td><td>验收部位</td><td></td></tr>
<tr><td colspan="2">施工单位</td><td colspan="3"></td><td>项目经理</td><td></td></tr>
<tr><td colspan="2">分包单位</td><td colspan="2"></td><td colspan="2">分包项目经理</td><td></td></tr>
<tr><td colspan="3">施工执行标准名称及编号</td><td colspan="4"></td></tr>
<tr><td colspan="4">施工质量验收规范的规定</td><td colspan="2">施工单位检查评定记录</td><td>监理（建设）单位验收记录</td></tr>
<tr><td rowspan="2">主控项目</td><td>1</td><td>沟基的处理和井池的底板</td><td>设计要求</td><td colspan="2"></td><td rowspan="4"></td></tr>
<tr><td>2</td><td>检查井、化粪池的底板及进出口水管</td><td>设计要求</td><td colspan="2"></td></tr>
<tr><td rowspan="2">一般项目</td><td>1</td><td>井池的规格，尺寸和位置砌筑、抹灰</td><td>第 10.3.3 条</td><td colspan="2"></td></tr>
<tr><td>2</td><td>井盖标识、选用正确</td><td>第 10.3.4 条</td><td colspan="2"></td></tr>
<tr><td colspan="2" rowspan="2">施工单位检查评定结果</td><td colspan="2">专业工长（施工员）</td><td></td><td>施工班组长</td><td></td></tr>
<tr><td colspan="5">

项目专业质量检查员：　　　　　　　　　年　　月　　日</td></tr>
<tr><td colspan="2">监理（建设）单位验收结论</td><td colspan="5">

监理工程师（建设单位项目专业技术负责人）：　　　　年　　月　　日</td></tr>
</table>

11　室外供热管网安装

11.1　一　般　规　定

11.1.1　本章适用于厂区及民用建筑群（住宅小区）的饱和蒸汽压力不大于0.7MPa、热水温度不超过130℃的室外供热管网安装工程的施工及质量检验和验收。

11.1.2　供热管网的管材应按设计要求，当设计未注明时，应符合下列规定：

1　管径小于或等于40mm时，应使用焊接钢管。

2　管径为50～200mm时，应使用焊接钢管或无缝钢管。

3　管径大于200mm时，应使用螺旋焊接钢管。

11.1.3　室外供热管道连接均应采用焊接连接。

11.2　管道及配件安装

11.2.1　施工准备

1　技术准备

(1) 所有安装项目的设计图纸已具备，并且已经过图纸会审和设计交底。

(2) 施工方案已编制。

(3) 施工技术人员向班组做了图纸和施工技术交底。

2　材料准备

(1) 焊接钢管、无缝钢管、螺旋焊接钢管及配套管件，平衡阀、调节阀、截止阀、闸阀、旋塞、自动排气阀、集气罐、补偿器、除污器等阀门。

(2) 型钢、螺栓、铆钉、电焊条、焊丝、石棉板、石棉橡胶垫、棉纱、麻丝、石棉绳、聚四氟乙烯生料带、机油、汽油、铅油、粉笔、小线、石笔、白灰、锯条、砂轮片、氧气、乙炔、垫铁、水泥、砂子、木板等。

3　主要机具

(1) 机具：吊车、卷扬机、砂轮锯、切管机、坡口机、套丝机、除锈机、台钻、电焊机、煨弯器、电锤等。

(2) 工具：压力案、台虎钳、电焊工具、气焊工具、人字桅杆、滑轮、钢丝绳、千斤顶、倒链、管钳、8磅大锤、尖镐、手推车、木桩、铁锹、撬棍、手锤、锉刀、手锯、活扳手、钢丝刷子等。

(3) 其他：经纬仪、水准仪、钢盘尺、钢卷尺、水平尺、线坠、錾子、粉笔、小线等。

4　作业条件

(1) 若为混凝土支架架空敷设、混凝土支架已经预制完。

(2) 不通行地沟、半通行地沟或通行地沟的砌筑已完成，或能满足支吊架安装和管道安装。应把地沟内杂物清理干净，未盖盖板前安装。

(3) 管道所在位置及周围的障碍物已清除。

11.2.2 材料质量控制

1 材料除应符合本标准第 3.2 节“材料设备管理”的规定外，尚应满足以下要求：

(1) 所有材料使用前应做好产品标识，注明产品名称、规格、型号、批号、数量、生产日期和检验代码等，并确保材料具有可追溯性。

(2) 管材不得弯曲、锈蚀，无毛刺、重皮及凹凸不平现象。

(3) 管件无偏扣、方扣、乱扣、断丝和角度不准确等现象。

(4) 阀门铸造规矩、无毛刺、无裂纹，开关灵活严密，丝扣无损伤，直度和角度正确，强度符合要求，手轮无损伤。安装前应按规定进行强度、严密性试验。

2 附属装置：减压器、疏水器、过滤器、补偿器等应符合设计要求，并有出厂合格证和说明书。

3 其他材料：型钢、圆钢、管卡子、螺栓、螺母、机油、麻、橡胶垫、焊条、焊丝等，选用时应符合国家及地方相关要求。

4 水泥、砂子、石子、砂浆、混凝土的质量控制按《混凝土结构工程施工技术标准》ZJQ08—SGJB204—2005 的要求。

11.2.3 施工工艺

11.2.3.1 工艺流程

安装准备→管架基础施工→管架及支座制作→管道支架安装→管道敷设→管道接口→配件安装→试压冲洗合格后的防腐保温

11.2.3.2 施工要点

室外供热管网采用架空敷设、埋地敷设、直埋敷设三种形式。

1 管架基础施工

(1) 测量定位、降水、地沟开挖按本标准第 9.4.3.2 条要求进行。根据不同的铺筑物和操作方式，其每侧工作面宽度见表 11.2.3.2-1。

表 11.2.3.2-1 地沟操作面宽度表

管道结构宽度（mm）	每侧工作面宽度（mm）		基础形式	每侧工作面宽度（mm）
	非金属管道	金属管道或砖沟		
200～500	400	300	毛石砌筑	150
600～1000	500	400	混凝土需支模的	300
1100～1500	600	600	基础侧需卷材防水	800
1600～2500	800	800	基础侧抹灰或防腐	600

(2) 坑槽挖土：采用人工挖土，沿灰线直边切出坑槽边的轮廓线；一、二类土，按 300mm 分层逐步开挖，三、四类土，先用镐翻动按 300mm 分层，每挖一层清底一次。出土堆放先向远处甩，挖土距坑槽底约 15～20mm 处，先预留不挖，下道工序进行前，按控制抄平木桩找平。

(3) 进行混凝土（或毛石混凝土）基础的施工应按下面流程进行施工，与土建各个工序和工种密切配合。

支承模板检验合格→标识混凝土上皮线→模板浇水湿润→按配比重量和坍落度拌制混凝土→浇筑捣实：耙平或压实找平混凝土上表面→覆盖、浇水养生

(4) 基础施工的同时，要把事先按设计图预制好的铁件（或地脚螺栓或预留孔洞），及时预埋（或预留）好，用水平仪找准设计标高。如果为预埋地脚螺栓，要注意找直、找正。在丝扣部位刷上机油后用灰袋纸或塑料布包扎好，防止损坏丝扣。

(5) 管沟的浇筑、砌筑按土建专业技术标准相关要求施工。

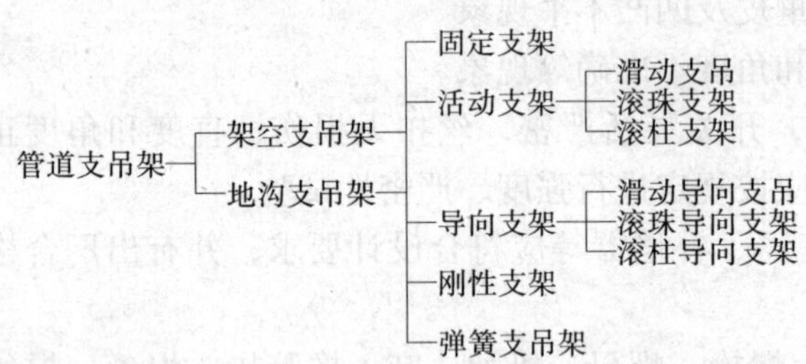

图 11.2.3.2-1 室外供热管道支吊架分类示意图

2 管架及支座制作

(1) 管道支吊架的分类见图11.2.3.2-1。

(2) 管架及管道支座预制

1) 按设计图纸编制加工草图。加工草图中包括取得设计单位同意的更改内容。

2) 按程序进行放样。放样前将钢平台清理干净，校核划线工具，注意留出焊接收缩量和切割加工余量。

3) 由技术人员和专检人员共同检查放样过程或样板。

4) 号料时要使用放样时的钢尺与样杆。号料时，要注意合理排版、节约使用钢材。

5) 切割前，先将钢材表面切割区域内的铁锈、油污清净。切割后，切口上不允许有裂纹、夹层和大于 1.0mm 的缺陷，清除边缘上的熔瘤和飞溅物等，切割面与表面的垂直度偏差不大于板厚的 10%，亦不大于 2.0mm。

6) 组对焊接时，按设计要求根据焊接工艺进行。焊接前，根据管架具体结构形式，采用反变形法、刚性固定法、临时固定法、焊接工艺控制变形法，达到减少变形的目的。

7) 管架焊制后须进行检查、校核。允许使用火焰加热矫正、纠偏，须按有关规定进行。

8) 滑动支座、固定支座、导向支座组对焊制前，先进行钻孔，焊制后分类保管待用。U 形螺栓均须按图纸要求的位置、数量预先加工好，与支座配套使用。

3 管道支架安装

(1) 架空管架安装就位

1) 将预制好的并标有中心标记的管架运至施工现场，按顺序型号分别放置在基础边。

2) 管架基础达到强度后，根据管架的外形尺寸、重量，可采用吊车、卷扬机、三木搭等不同的方法将管架立起，在基础上就位。

3) 同时架设好经纬仪，随时找正、找直，用事先准备好的垫铁调整。

4) 如果采用预埋铁件焊接固定，严格保证焊接质量，应焊透、焊牢，不允许超出夹渣、咬肉、气孔的规定值。地脚螺连接时，要从四个方向，对称地、均匀地拧紧螺栓。

5) 只有在管架固定牢固以后，方允许离开吊杆或临时支撑物。

(2) 不通行、半通行、通行地沟管支架安装

1) 对地沟的宽度、标高、沟底坡度进行检查，是否与工艺要求一致。

2) 在地沟内壁上，测出水平基准线，按图纸要找好坡度差。钉上钎子或木楔拉紧坡线。

3) 按照支架的间距值（不得超过最大间距值）在壁上定出支架位置，作上记号打眼

或预留孔洞。具体尺寸按设计或标准图集的规定。

4）用水浇湿已打好的洞，灌入1:2水泥砂浆，把预制好的型钢支架栽进洞内，用碎砖或石块塞紧，再用抹子压紧抹平。

5）如果沟垫层有预埋铁件，打垫层时，应将预制好的铁件配合土建找准预埋位置。

6）当管道为多层铺设时，应该待下层管道安装后，再将上层支架焊在预埋铁件上。

6）焊接必须符合设计要求。

(3) 直埋敷设

按设计规定参照本标准第9.2节“给水管道安装”进行施工。

(4) 管道支座安装

1）按设计要求，核对预制好的各类滑动、固定、导向支座的形式、尺寸、数量。

2）根据设计图上的位置，将支座分类送至安装地点，安装就位。

3）若为低管架或砖砌管墩，管道安装完后，接口焊完、调直。将支座垫入管下，按滑动、固定、导向支座的特点，分别焊牢。若为高管架时，测出管架上支座的标高、位置，将各类支座安装就位后焊住，然后再吊装管道。也可以从管网一端开始，在管道两边用撬扛将管道慢慢夹撬起，由专人将支座放入管下。

4）支座焊接前，应该按设计要求的标高、坡度、拐角，进行拨正、找准。发现错误时应采取措施，一直到符合设计要求再焊接支座。

5）管道的管托与混凝土支柱或垫块的中心位置，根据管道热膨胀方向和热膨胀量的计算，作业面反向偏移放置。

(5) 滑动管支架安装后，要使管道运行过程中自由滑动无障碍。

(6) 管道支（吊、托）架及管座（墩）的安装应符合构造正确、埋设平整、焊接牢固的规定。

4 管道敷设

(1) 管道测绘

1）管道可根据各种具体情况先进行直线测量、排尺，以便下管前的分段预制焊接和下管后的固定口焊接。一般预制焊接长度在25～35m范围内，应尽可能减少地沟内、高空中固定口的焊接数量。

2）管道的混凝土支柱或垫块，应在测定坐标、标高后，标志出十字中心线及标高差，以便管道安装时找正找平。

3）管道直线测绘排尺时，须事先将阀门、配件、补偿器等放在管道沿线安装位置。

4）对变向的任意角测定后，制定出合适的钢制件。

将两根不同方向的管道，取其中心，用小线拉直、相交于 A 点（图11.2.3.2-2），以 A 点为中心向两边量出等距离长度 Aa、Ab、用尺量出 ab 点的长度并做出记录。

在画样板的纸上，画出 ab 直线，以 a、b 点分别为圆心、aA、bA 为半径画弧相交于 A 点$\angle aAb$ 便是实际角度。做出样板后进行钢制弯头加工。

5）当管道遇到高差时，可采用灯叉弯进行连接。

用小白线贴着两根管道的上管皮，拉直并要求水平测定灯叉弯角和斜边长。

用尺量出变坡两点的水平长度 ab 及与下面管道的上管长高度 bc（图11.2.3.2-3），将尺寸数字做好记录。

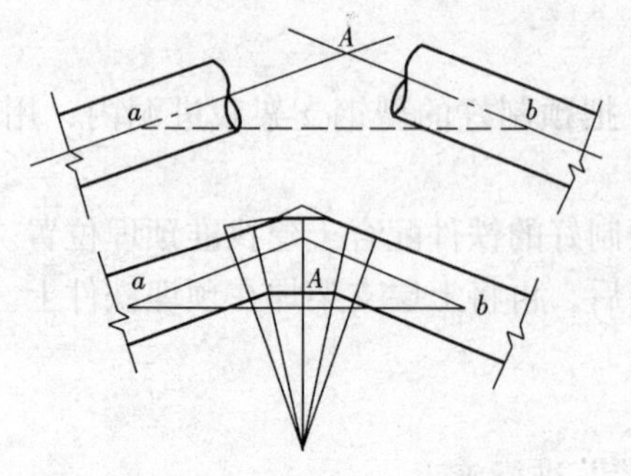

图 11.2.3.2-2 任意角测定及放样

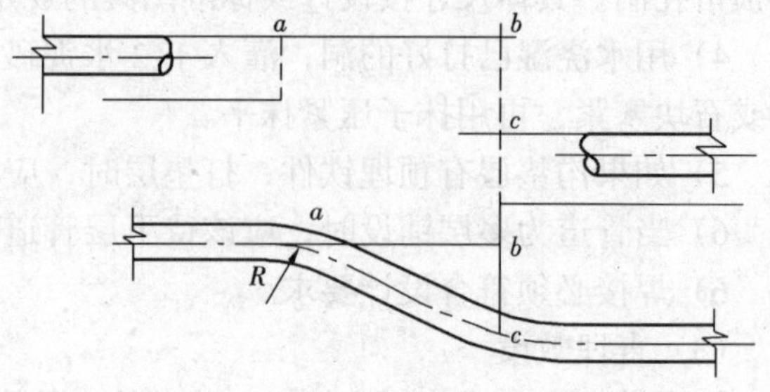

图 11.2.3.2-3 灯叉弯测定与放样

在样板纸上画一直角，两边分别为 ab 及 bc，连接 ac 点、$\angle bac$ 即是灯叉弯的角度。ac 为斜边的长度。按此图即可加工管件。

采用煨制时，要注意不使 R 值大于斜边长度 1/2。

(2) 架空管道安装

1) 管道作架空敷设时，必须待混凝土支柱达到允许承重的强度后，方可安装管道。支柱顶标高过低时，允许焊接钢垫板和型钢。

2) 架空敷设的供热管道安装高度，如设计无规定应符合下列规定值（以保温层外表面计算）：

人行地区不低于　　　　　　2.5m；

通行车辆地区，不低于　　　4.5m；

跨越铁路，距轨顶不低于　　6.0m。

3) 管道上架前，对管架的垂直度、标高进行检查，有条件的应进行复测，否则应仔细查阅核算测量记录。

4) 根据管道布置、管径、管件、起重机具和设备、安装现场的具体情况，可局部预制，并用吊车、桅杆、滑轮、卷扬机等吊装。选麻绳吊管时，必须根据管道重量，按麻绳的破断拉力（表 11.2.3.2-2），充分考虑足够的安全系数，计算麻绳最大许用拉力。

$$麻绳最大许用拉力\ P = \frac{麻绳破断拉力\ F}{安全系数\ K}$$，在一般情况下 $K \geqslant 6 \sim 8$。

表 11.2.3.2-2　常用麻绳重量、破断拉力一览表

麻绳尺寸（mm）		白麻绳		浸油麻绳	
圆　周	直　径	每 100m 重（kg）	破断拉力（kN）	每 100m 重（kg）	破断拉力（kN）
30	9.6				
35	11.1	8.75	6.10	10.3	5.75
40	12.7	11.20	7.75	13.8	7.35
45	14.3	14.60	9.45	17.2	8.95
50	15.9	17.40	11.20	20.5	10.56
60	19.1	24.80	15.70	29.3	14.90
65	20.7	29.30	17.55	34.6	16.65
70	23.9	39.50	23.93	46.6	22.26
90	28.7	57.20	34.33	67.5	32.23
100	31.8	70.00	40.13	82.6	37.67

5）管道吊装过程中，绳索绑扎结扣是一项重要工作，吊装前把重物绑扎牢固，结紧绳端，防止重物脱扣松结。绳索绑扎位置应使管道挠度最小。

6）高空作业的管架两旁须搭设脚手架，脚手架的高度以低于管道标高 1m 为宜，脚手架的宽度约 1m 左右，考虑到高空保温作业，应适当加宽便于堆料。

7）用绳索把吊上管架的管段牢牢地绑在支架上，避免尚未焊接的管段从支架上滚落。

（3）地沟内管道敷设

1）管道作地沟敷设时，与土建专业的交叉配合施工应符合如下要求：

不通行地沟：设计要求为砖砌管墩，混凝土管墩，宜在土建垫层完毕后就立即施工；若设计为支、吊、托架，宜在地沟壁砌至适当高度时进行管道安装；管道安装和保温完成后，交土建砌沟壁和盖板。

半通行地沟：地沟底层和沟壁土建施工完后交付管道安装，管道安装和保温完成后，交土建盖板。特殊情况，管道安装的部分尾项工作在地沟盖板后施工。

通行地沟：地沟底层和沟壁土建施工完后交付管道安装，管道安装和保温完成后，交土建盖板。特殊情况允许保温、刷油等工程在盖板后施工。在封闭的地沟内施工，必须设置进出口和通风设施。

2）地沟内的管道安装位置，其净距（保温层外表面）应符合下列规定：

与沟壁　　100～150mm；

与沟底　　100～200mm；

与沟顶（不通行地沟）50～100mm；

（半通行和通行地沟）200～300mm。

3）不通行地沟里的管道少、管径一般较小、重量轻，地沟及支架构造简单，可以由人力借助绳索直接下沟，落放在已达到强度的支架上，然后进行组对焊接。

4）半通行地沟及通行地沟的构造较复杂。沟里管道多、直径大，支架层数多。在下管就位前，必须有施工组织措施或技术措施，否则不可施工。下管可采用吊车、卷扬、倒链等起重设备或人力。

5）若地沟盖板必须先盖，必须相隔 50m 左右留出安装口，口的长度大于地沟宽度（一般仅允许通行地沟盖板在特殊情况下先盖）。一般供生产用的热力管道，设永久性照明，若采暖为主的热力管道必须设临时照明。一般每隔 8～12m 距离以及在管道附件（阀门、仪表等）处，设电气照明设备，电压不超过 36V。

6）下管时，先用汽车吊（或其他起重机械）将管吊进安装口内座落在特制小车上，然后再将小车运至安装位置（图 11.2.3.2-4）。为避免小车翻倒，将车栏角铁放下，垫好木块，再将管道从小车撬至支座上。直到底层管道运完就位以后，再将上层角钢就位。然后二层、三层管道依底层方法顺序安装就位。在时间上、条件上允许的情况下，宜将下层的管道运完、连接、试压、保温后，再安装上面一层的管道。

（4）直埋敷设

1）按设计规定参照本标准第 9.2 节“给水管道安装”进行施工。

2）直埋无补偿供热管道预热伸长及三通加固应符合设计要求。

（5）供热管道的供、回管排列位置，设计无规定时，水平并列的应按载热介质前进方向右供左回排列，上下并列的应按上供下回排列。

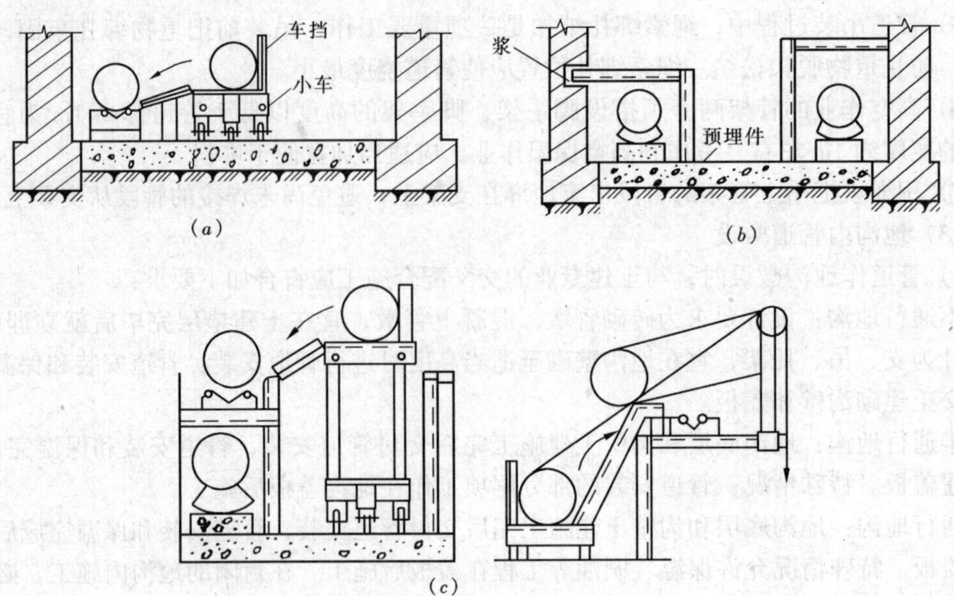

图 11.2.3.2-4 常用地沟管道下管方法

(a) 管道安装时管道放入小车时；(b) 管道放在混凝土垫块上；(c) 由小车向管道支架上安装管道的方法

(6) 在干管上开分支管，应符合如下要求：

蒸汽管道应在干管顶部或两侧开孔；

水管应在干管底部或两侧开孔。

(7) 管道上的变径管，宜用偏心异径管，偏心位置应符合如下要求：

供汽管：汽、水同向流的，应管底平；汽、水反向流的，应管顶平；

供水管：水、气同向流的，应管顶平；水、气反向流的应管底平；

回水管：水气总是反向流的，应管顶平。

(8) 检查井室、用户入口处管道布置应便于操作及维修，支、吊、托架稳固，并满足设计要求。

(9) 管道水平敷设其坡度应符合设计要求。室外供热管道安装的允许偏差应符合表 11.2.3.2-3 的规定。

表 11.2.3.2-3 室外供热管道安装的允许偏差和检验方法

项次	项		目	允许偏差	检验方法
1	坐标（mm）		敷设在沟槽内及架空	20	用水准仪（水平尺）、直尺、拉线
			埋 地	50	
2	标高（mm）		敷设在沟槽内及架空	±10	尺量检查
			埋 地	±15	
3	水平管道纵、横方向弯曲（mm）	每 1m	管径≤100mm	1	用水准仪（水平尺）、直尺、拉线和尺量检查
			管径＞100mm	1.5	
		全长（25m 以上）	管径≤100mm	≯13	
			管径＞100mm	≯25	

续表 11.2.3.2-3

项次	项目			允许偏差	检验方法
4	弯管	椭圆率 $\frac{D_{max}-D_{min}}{D_{max}}$	管径≤100mm	8%	用外卡钳和尺量检查
			管径>100mm	5%	
		折皱不平度（mm）	管径≤100mm	4	
			管径 125～200mm	5	
			管径 250～400mm	7	

5　管道接口

(1) 室外碳素钢热力管道安装常用的连接方式有：焊接、螺纹连接、法兰连接等，参照本标准第 4.2 节“给水管道及配件安装”中相关要求执行。

(2) 钢管对接焊口，宜用管口找正器。

(3) 管道及管件焊接的焊缝表面质量应符合下列规定：

焊缝外形尺寸应符合图纸和工艺文件的规定，焊缝高度不得低于母材表面，焊缝与母材应圆滑过渡；焊缝及热影响区表面应无裂纹、未熔合、未焊透、夹渣、弧坑和气孔等缺陷。

6　配件安装

(1) 参照本技术标准第 8.2 节“管道及配件安装”中相关要求执行。

(2) 球形补偿器安装

1) 球形补偿器是利用球形管接头随拐弯转动来解决管道伸缩问题。一般只用在三向位移的蒸汽和热水管道上。介质由任何一端进出均可。

2) 球形补偿器安装前，须将通道两端封堵，存放在干燥通风的室内，要严防锈蚀。安装时须仔细核对器体上的标志，使其符合使用要求。使用中极易漏水、漏气，要安装在便于经常检修和操作的位置。

(3) 在热水管道坡度的峰顶集气处，应安装排气阀口；在管道坡谷处，应安装泄水或疏水装置。

(4) 平衡阀及调节阀型号、规格及公称压力应符合设计要求。

(5) 除污器安装

1) 除污器构造应符合设计要求，安装位置和方向应正确。

2) 除污器一般用法兰与干管连接，以便于拆装检修。安装时应设专门支架，并不能妨碍排污。

3) 热介质应管板孔的网格外进入，同时注意水流方向与除污器要求方向相同，不得装反。

4) 系统试压与冲洗后，应清扫除污器。

(6) 蒸汽喷射器安装

1) 蒸汽喷射器的组装，其喷嘴与混合室、扩压管的中心必须一致。试运行时，应调整喷嘴与混合室的距离。

2) 蒸汽喷射器出口后的直管段，一般不小于 2～3m。喷射器并联安装，在每个喷射器后宜安装止回阀。

(7) 调压孔板安装

1) 蒸汽系统调压板常用不锈钢制作，热水系统可用不锈钢或铝合金制作，开孔的位置及直径由设计决定。

2）高压热水采暖往往在入口处安装调压板进行减压。

3）安装时夹在两片法兰中间，两侧加垫石棉垫片，板中心应在管道轴线上。

4）应在整个采暖系统经过冲洗合格后进行安装，并在通暖时仔细检查其严密性。

7 防腐保温

（1）管道的防腐、保温执行本标准第4.2.3.2条中的相关规定。

（2）管道焊接前宜集中进行防腐底漆施工，钢管两端应预留50～100mm接口长度，焊口处的防腐在管道试压完后进行。

（3）直埋管道的保温应符合设计要求，接口在现场发泡时，接头处厚度应与管道保温层厚度一致，接头处保温层必须与管道保护层成一体，符合防潮防水要求。

8 回填土

（1）挖沟、管基、降水及回填土应按设计要求进行，并应参照本标准第9.4节“管沟及井室”相关要求。

（2）直埋无补偿供热管道回填前应注意检查预制保温层外壳及接口的完好性。

11.2.4 成品保护

1 基坑开挖

（1）定位轴线引桩，基槽顶、底的水平桩等在挖运土时不得碰撞。

（2）初冬施工时，每次收工前应挖一步虚土置于槽内，并用草帘覆盖严密保温，不得使基底受冻。

（3）基坑的直立壁和边坡，在开挖过程中要加以保护，以防坍塌，雨期施工时要设置挡土板、排水沟，防止地面水流进基底。

2 钢支架等制安

（1）钢制件组焊前后编上号，管架尚须标明重量、中心位置和定位标记。

（2）管架运至安装地点应采取临时加固措施，防止途中变形。

（3）焊缝成型后，待温度降至与母材同温时，再清除熔渣，并在组焊后及时刷防锈漆。

（4）地脚螺栓的装配面应干燥、洁净，不得在雨天安装螺栓固定的管架。

3 地沟内管道安装

（1）地沟内管道安装后，其甩口要用临时活堵封口，严防污物进入管内。

（2）保温后的管道严禁踩踏或承重。

（3）试压后，焊口处及时防腐处理。

（4）盖沟盖板时，应注意保护，不得碰撞损坏。

4 高处管道安装

（1）吊上管架尚未焊接成型的管道或管段，要用绳索把它牢固地捆绑在支架上，严防组装好的管段或单根管段从架上滚落下来。

（2）管道坡口加工后，若不及时焊接，应采取措施，特别雨季施工期，更须防止已成型的坡口锈蚀，严重影响焊接质量。

（3）管道保温时，严禁借用相邻管道搭设跳板等。

（4）分支及甩头处，应用活动堵加以堵严，防止污物进人管内。

（5）补偿器预制后，应放在平坦的场地，防止补偿器变形。安装时也应当放平放稳。

（6）保护层若为石棉水泥保护壳，施工时应用塑料布盖好下层管道，防止石棉水泥灰落在下层管道上。

5 安装好的管道不得用做吊拉及支撑、蹬踩，或在施工中当固定点。

6 各类阀门、附属装置应装保护盖板，不得污染，砸碰损坏。

11.2.5 安全、环保措施

1 吊车的起重臂，钢丝绳与管架要与架空电线保持一定距离。

2 管道吊装过程中所用的绳索，每次使用前均须进行检查。

3 高处作业中使用的脚手架、跳板使用前要经过检查。

4 高处作业要扎好安全带，工具用后要放进专用袋中，不准放在架子或梯子上，防止落下砸伤人。

5 高处作业的人员严禁喝酒后进行操作。

6 架空管道上的固定支座尤其要加强检查其坚固性。严防其掉落下来砸伤人。

7 多层管道对接焊口时，应在下层已施工完的管道上面铺上防火制品，防止外层的塑料薄膜或玻璃布保护壳着火。

8 基坑开挖过程中，要注意异变情况，防止塌方伤人。

9 钢制件加工场地要做到工完场清。工作前检查氧气瓶、乙炔瓶、阻火器及切割工具是否完好，放置地点必须符合规定。

10 防止触电。常检查电焊机接地线、一次和二次线绝缘层都应完好。电焊机上各接触点良好。

11 通行地沟及半通行地沟内施工时，防止沟壁的局部倾塌以及沟边的乱石滑进沟内砸伤人。

12 向地沟里吊卸管道或阀件时，严防破裂或自行脱落，地沟内外要严密配合，落物位置不可站人。

13 地沟内应使用安全照明，防水电缆。

11.2.6 质量标准

Ⅰ 主 控 项 目

1 平衡阀及调节阀型号、规格及公称压力应符合设计要求。安装后应根据系统要求进行调试，并作出标志。

检验方法：对照设计图纸及产品合格证，并现场观察调试结果。

2 直埋无补偿供热管道预热伸长及三通加固应符合设计要求。回填前应检查预制保温层外壳及接口的完好性。回填应按设计要求进行。

检验方法：回填前现场验核和观察。

3 补偿器的位置必须符合设计要求，并应按设计要求或产品说明书进行预拉伸。管道固定支架的位置和构造必须符合设计要求。

检验方法：对照图纸，并查验预拉伸记录。

4 检查井室、用户入口处管道布置应便于操作及维修，支、吊、托架稳固，并满足设计要求。

检验方法：对照图纸，观察检查。

5 直埋管道的保温应符合设计要求，接口在现场发泡时，接头处厚度应与管道保温层厚度一致，接头处保护层必须与管道保护层成一体，符合防潮防水要求。

检验方法：对照图纸，观察检查。

Ⅱ 一 般 项 目

6 管道水平敷设及其坡度应符合设计要求。

检验方法：对照图纸，用水准仪（水平尺）、拉线和尺量检查。

7 除污器构造应符合设计要求，安装位置和方向应正确。管网冲洗后应清除内部污物。

检验方法：打开清扫口检查。

8 室外供热管道安装的允许偏差应符合表 11.2.3.2-3 的规定。

9 管道焊口的允许偏差应符合本标准表 4.2.3.2-9 的规定。

10 管道及管件焊接的焊缝表面质量应符合下列规定：

焊缝外形尺寸应符合图纸和工艺文件的规定，焊缝高度不得低于母材表面，焊缝与母材应圆滑过渡。

焊缝及热影响区表面应无裂纹、未熔合、未焊透、夹渣、弧坑和气孔等缺陷。

检验方法：观察检查。

11 供热管道的供水管或蒸汽管，如设计无规定时，应敷设在载热介质前进方向的右侧或上方。

检验方法：对照图纸，观察检查。

12 地沟内的管道安装位置，其净距（保温层外表面）应符合下列规定：

与沟壁　　100~150mm；

与沟底　　100~200mm；

与沟顶(不通行地沟)　　50~100mm；

　　(半通行和通行地沟)　　200~300mm。

检验方法：尺量检查。

13 架空敷设的供热管道安装高度，如设计无规定时，应符合下列规定（以保温层外表面计算）：

人行地区，不小于 2.5m；

通行车辆地区，不小于 4.5m；

跨越铁路，距轨顶小于 6m。

检验方法：尺量检查。

14 防锈漆的厚度应均匀，不得有脱皮、起泡、流淌和漏涂等缺陷。

检验方法：保温前观察检查。

15 管道保温层的厚度和平整度的允许偏差应符合本标准表 4.2.3.2-48 的规定。

11.2.7 质量验收

1 室外供热管道及配件安装分项工程应按系统、区域、施工段或楼层等划分。分项工程应划分成若干检验批进行验收。

2 检验批质量验收、分项工程质量验收应参照本技术标准第 3.1.8~3.1.11 条执行。

3 检验批质量验收表当地政府主管部门无统一规定时，宜采用表 11.2.7“室外供热管道及配件安装工程检验批质量验收记录表”。

表 11.2.7　室外供热管道及配件安装工程检验批质量验收记录表

GB 50242—2002

<table>
<tr><td colspan="6">单位（子单位）工程名称</td><td colspan="3"></td></tr>
<tr><td colspan="6">分部（子分部）工程名称</td><td></td><td>验收部位</td><td></td></tr>
<tr><td colspan="6">施工单位</td><td></td><td>项目经理</td><td></td></tr>
<tr><td colspan="6">分包单位</td><td></td><td>分包项目经理</td><td></td></tr>
<tr><td colspan="6">施工执行标准名称及编号</td><td colspan="3"></td></tr>
<tr><td colspan="6">施工质量验收规范规定</td><td colspan="2">施工单位检查评定记录</td><td>监理（建设）单位验收记录</td></tr>
<tr><td rowspan="8">主控项目</td><td>1</td><td colspan="3">平衡阀及调节阀安装位置及调试</td><td>设计要求</td><td colspan="2"></td><td rowspan="8"></td></tr>
<tr><td>2</td><td colspan="3">直埋无补偿供热管道预热伸长及三通加固</td><td>设计要求</td><td colspan="2"></td></tr>
<tr><td>3</td><td colspan="3">补偿器位置和予拉伸。支架位置和构造</td><td>设计要求</td><td colspan="2"></td></tr>
<tr><td>4</td><td colspan="3">检查井、入口管道布置方便操作维修</td><td>第 11.2.4 条</td><td colspan="2"></td></tr>
<tr><td>5</td><td colspan="3">直埋管道及接口现场发泡保温处理</td><td>第 11.2.5 条</td><td colspan="2"></td></tr>
<tr><td>6</td><td colspan="3">管道系统的水压试验</td><td>第 11.3.1 条、第 11.3.4 条</td><td colspan="2"></td></tr>
<tr><td>7</td><td colspan="3">管道冲洗</td><td>第 11.3.2 条</td><td colspan="2"></td></tr>
<tr><td>8</td><td colspan="3">通热试运行调试</td><td>第 11.3.3 条</td><td colspan="2"></td></tr>
<tr><td rowspan="21">一般项目</td><td>1</td><td colspan="3">管道的坡度</td><td>设计要求</td><td colspan="2"></td><td rowspan="21"></td></tr>
<tr><td>2</td><td colspan="3">除污器构造、安装位置</td><td>第 11.2.7 条</td><td colspan="2"></td></tr>
<tr><td>3</td><td colspan="3">管道的焊接</td><td>第 11.2.9 条、第 11.2.10 条</td><td colspan="2"></td></tr>
<tr><td>4</td><td colspan="3">管道安装对应位置尺寸</td><td>第 11.2.11 条、第 11.2.12 条、第 11.2.13 条</td><td colspan="2"></td></tr>
<tr><td>5</td><td colspan="3">管道防腐应符合规范</td><td>第 11.2.14 条</td><td colspan="2"></td></tr>
<tr><td rowspan="13">6</td><td rowspan="13">安装允许偏差</td><td rowspan="2">坐标（mm）</td><td>敷设在沟槽内及架空</td><td>20</td><td colspan="2"></td></tr>
<tr><td>埋地</td><td>50</td><td colspan="2"></td></tr>
<tr><td rowspan="2">标高（mm）</td><td>敷设在沟槽内及架空</td><td>±50</td><td colspan="2"></td></tr>
<tr><td>埋地</td><td>±15</td><td colspan="2"></td></tr>
<tr><td rowspan="4">水平管道纵、横方向弯曲（mm）</td><td>每 1m　管径≤100mm</td><td>1</td><td colspan="2"></td></tr>
<tr><td>每 1m　管径＞100mm</td><td>1.5</td><td colspan="2"></td></tr>
<tr><td>全长(25m)　管径≤100mm</td><td>≯13</td><td colspan="2"></td></tr>
<tr><td>全长(25m)　管径＞100mm</td><td>≯25</td><td colspan="2"></td></tr>
<tr><td rowspan="2">椭圆率</td><td>管径≤100mm</td><td>8%</td><td colspan="2"></td></tr>
<tr><td>管径＞100mm</td><td>5%</td><td colspan="2"></td></tr>
<tr><td rowspan="3">折皱不平度（mm）</td><td>管径≤100mm</td><td>4</td><td colspan="2"></td></tr>
<tr><td>管径 125～200mm</td><td>5</td><td colspan="2"></td></tr>
<tr><td>管径 250～400mm</td><td>7</td><td colspan="2"></td></tr>
<tr><td rowspan="3">7</td><td colspan="2" rowspan="3">管道保温允许偏差</td><td>厚度 δ</td><td>+0.1δ, −0.05δ</td><td colspan="2"></td></tr>
<tr><td>表面平整度（mm）　卷材</td><td>5</td><td colspan="2"></td></tr>
<tr><td>表面平整度（mm）　涂抹</td><td>10</td><td colspan="2"></td></tr>
<tr><td colspan="4" rowspan="2">施工单位检查评定结果</td><td colspan="3">专业工长（施工员）</td><td>施工班组长</td><td></td></tr>
<tr><td colspan="5">项目专业质量检查员：　　　　　　　　　　年　月　日</td></tr>
<tr><td colspan="4">监理（建设）单位验收结论</td><td colspan="5">监理工程师（建设单位项目专业技术负责人）：　　　　年　月　日</td></tr>
</table>

11.3 系统水压试验及调试

11.3.1 施工准备

1 技术准备

(1) 所有安装项目的设计图纸已具备，并且已经过图纸会审和设计交底。

(2) 施工方案已编制。

(3) 施工技术人员向班组做了图纸和施工技术交底。

2 材料准备

(1) 钢管、胶皮管、截止阀、水源、热源。

(2) 活接头、管箍、弯头、三通、线麻、铅油、电焊条。

3 主要机具

(1) 电动试压泵、带丝及扳牙。

(2) 手动试压泵、管钳子、管压力及压力案子、套丝板、锯弓、表弯管、活扳手。

(3) 流量计、压力表、温度计。

4 作业条件

(1) 水源、热源和电源已经准备无误。

(2) 管道已全部（或分段）施工完毕，具备试压的条件。

(3) 若进行水压试验，室外温度必须大于5℃，方准试压。

11.3.2 材料质量控制

材料除应符合本标准第3.2节“材料设备管理”的规定。

11.3.3 施工工艺

11.3.3.1 工艺流程

水压试验→热力管网冲洗→热力网灌充、通热→各用户供暖介质引入和系统试调

11.3.3.2 施工要点

1 水压试验

(1) 试压前，须对全系统或试压管段的最高处放风阀、最低处的泄水阀进行检查，若管道施工时尚未进行安装，立即进行安装。

(2) 根据管道进水口的位置和水源距离，设置打压泵，接通给水管路，安装压力表。

(3) 检查全系统的管道阀门关启状况，观察其是否满足系统或分段试压的要求。试验管道上的阀门应开启，试验管道与非试验管道应隔断。

(4) 灌水进入管道，打开放风阀，当放风阀出水时关闭，间隔短时间后再打开放风阀，依此顺序关启数次，直至管内空气放完后再加压。加压至试验压力，热力管网的试验压力应等于工作压力的1.5倍，不得小于0.6MPa。停压10min，如压力降不大于0.05MPa，即可将压力降到工作压力。宜用重量不大于1.5kg的手锤敲打管道距焊口150mm处，检查焊缝质量，不渗不漏为合格。

(5) 若试压中已包括了全部阀门、补偿器等则为全系统试验，整个系统作一次试压即可。

2 热力管网冲洗

（1）管道试压合格后，应进行冲洗。

（2）热水管的冲洗

1）粗洗：对供水及回水总干管先分别进行冲洗，先用0.3～0.4MPa压力的自来水进行管道冲洗，当接入下水道的出口流出洁净水时，粗洗完成。

2）精洗：以流速1～1.5m/s以上水流进行循环冲洗，一般延续20～30h，直至从回水总干管出口流出的水色透明时为合格。

（3）蒸汽管道的冲洗

1）蒸汽管道宜用蒸汽冲洗。

2）在冲洗段末端与管道垂直升高处设冲洗口。冲洗口应设在不影响交通和不损坏建筑物、管架的基础及人身安全处。冲洗口用钢管焊接在蒸汽管道下侧，并装设阀门。冲洗口的直径以将管中杂质冲出为宜。冲洗口处管道应加固，防止蒸汽喷射时管道晃动。

3）拆除管道中的流量孔板、温度计、滤网及止回阀芯等，当疏水器无旁通管时也应拆除。

4）缓缓开启总阀门，切勿使蒸汽流量和压力增加过快。

5）在加热过程中，不断地检查管道的严密性，以及补偿器、支架、疏水系统的工作状况，发现问题及时处理。加热开始时，大量凝结水从冲洗口排出，随着凝结水量的减小，逐渐关小冲洗口的阀门。当冲洗管段末端的蒸汽温度接近始端温度时，加热完毕即可进行冲洗。

6）冲洗时先将各冲洗口的阀门打开，再开大总进气阀，增大蒸汽量进行冲洗，延续20～30min，直至冲洗口排出的蒸汽完全清洁时为止。

（4）管网冲洗后应清除除污器内部污物，最后拆除冲洗管及排气管，将水放尽。

3　热力网灌充、通热

（1）首先用软化水将热力管网全部充满。

（2）再启动循环水泵，使水缓慢加热，严禁产生过大的温差应力。

（3）同时，注意检查补偿器支架工作情况，发现异常情况要及时处理，直到全系统达到设计温度为止。

（4）管网的介质为蒸汽时，应缓缓开启分汽缸上的供汽阀门，同时仔细观察管网的补偿器、阀件等工作情况。

4　各用户供暖介质引入和系统试调

（1）若为机械热水供暖系统，首先使水泵运转并达到设计压力。

（2）然后开启建筑物内引入管的回、供水（汽）阀门。应通过压力表监视水泵及建筑物内的引入管上的总压力。

（3）热力管网运行中，应注意排尽管网内空气后方可进行系调工作。

（4）室内进行初调（参见本标准第8.6节“系统水压试验及调试”）后，可对室外各用户进行系统调节。

（5）系统调节从最远的用户即最不利供热点开始，利用建筑物进户处引入管的供回水温度计（如有超声波流量计更好），观察其温度差的变化，调节进户流量，采用等比失调的原理及方法进行调节。

（6）当系统中有减压阀时，应根据使用压力进行调试，并作出调试后的标志。

1）调压时，先开启减压阀后阀门，关闭旁通阀，慢慢打开减压阀前阀门。

2）同时注意观察减压后的数值。当室内管道及设备都充满蒸汽后，继续开大减压阀前阀门，及时调整减压阀的调节装置，使低压端的压力达到设计要求时为止。

3）带有均压管的减压阀，均压管在压力波动时自动调节减压阀的启闭大小，只能对小范围内的波动起作用，不能仅靠它来代替调压工序。

4）旁通管在维修减压阀时起临时减压作用，开启阀门时的动作应缓慢，注意观察减压的数值，勿使其超过规定值。

（7）系统调试的步骤

1）首先将最远用户的阀门开到最大流量，观察其温度差。若温差小于设计温差则说明该用户进口流量大，若温差大于设计温差则说明该用户进口流量小，可用阀门进行调节。回水温度偏差在±2℃以内，认为达到热力平衡。

2）按上述方法再调节倒数第二户，将这两户入口的温度调至相同为止，这说明最后两户的流量达到平衡。倘若达不到设计温度，也须这样逐一调节、平衡。

3）再调整倒数第三户，使其与倒数第二户的流量平衡。在平衡倒数第三、二户过程中，允许再适当稍拧动这二户的进口调节阀，此时第一户已定位，该进户调节阀不准拧动；并且作上定位标记。

4）依次类推。调整倒数第四户使其与倒数第三户的流量平衡。允许再稍拧动这第三户阀门，但这时第二户阀门应作上定位标记，不准拧动。直到将全部用户引入管的进户调节阀，都作上定位记号为止。

5）全部进户阀门调整完毕后，若流量还有剩余，最后可调节循环水泵的阀门。

11.3.4 成品保护

1 水压试验后，必须及时将管道内的水放完、泄尽，以免冬季冻坏管道及阀件。

2 水压试验合格后，要及时办理隐蔽或交接手续，合格后允许进行保温。

3 水压试验合格后，应及时对焊口进行防腐处理。

4 冲洗过程中，要设专人看守，严禁污物进入管道内。冲洗后的管段，必须用活动堵堵严，或及时接好管件和阀件。

5 冲洗中的冲洗水严禁排入热力管沟内。

6 通热时，要设专人看管正在调节的阀件，严禁随意拧动，以免扰乱通热调节程序。

7 已作好定位记号的进户调节阀，及时将检查井上盖。

8 蒸汽吹洗时，防止排气进入沟内，破坏保护管道的保温层。

11.3.5 安全、环保措施

1 管道试压前一定要将管道内灌满水，放尽空气。

2 管道试压前，必须对压力表进行校核，不准用失灵或有较大误差的压力表。

3 冲洗过程中，要设专人看守，严禁污物进入管道内。冲洗后的管段，必须用活动堵堵严，或及时接好管件和阀件。

4 冲洗中的冲洗水严禁排入热力管沟内。

5 通热时，要设专人看管正在调节的阀件，严禁随便拧动，以免扰乱通热调节程序。

6 已作好定位记号的进户调节阀，及时将检查井上盖。

7 蒸汽吹洗时，防止排气进入沟内，破坏保护管道的保温层。

11.3.6 质量标准

Ⅰ 主 控 项 目

1 供热管道的水压试验压力应为工作压力的1.5倍，但不得小于0.6MPa。

检验方法：在试验压力下10min内压力降不大于0.05MPa，然后降至工作压力下检查，不渗不漏。

2 管道试压合格后，应进行冲洗。

检验方法：现场观察，以水色不浑浊为合格。

3 管道冲洗完毕应通水、加热，进行试运行和调试。当不具备加热条件时，应延期进行，

检验方法：测量各建筑物热力入口处供回水温度及压力。

4 供热管道作水压试验时，试验管道上的阀门应开启，试验管道与非试验管道应隔断。

检验方法：开启和关闭阀门检查。

11.3.7 质量验收

1 室外给水系统水压试验及调试工程验收应参照本技术标准第3.1.8~3.1.11条执行。

2 检验批质量验收表当地政府主管部门无统一规定时，宜采用表11.2.7“室外供热管道及配件安装工程检验批质量验收记录表”。

12 建筑中水系统及游泳池水系统安装

12.1 一 般 规 定

12.1.1 本章适用于民用建筑群（住宅区）的中水系统和游泳池水系统的施工。

12.2 建筑中水系统管道及辅助设备安装

12.2.1 施工准备

技术准备、材料准备、主要机具、作业条件等施工准备工作参照本标准第4章“室内给水系统安装”和第5章“室内排水系统安装”中“施工准备”内容执行。

12.2.2 材料质量控制

1 材料质量控制参照本标准第4章“室内给水系统安装”和第5章“室内排水系统安装”中“材料质量控制”内容执行。

2 中水给水管道管材及配件应采用耐腐蚀的给水管管材及附件。

12.2.3 施工工艺

12.2.3.1 工艺流程

建筑中水系统安装包括中水原水管道系统安装、水处理设备安装及中水供水系统安装，其安装工艺流程如图12.2.3.1所示。

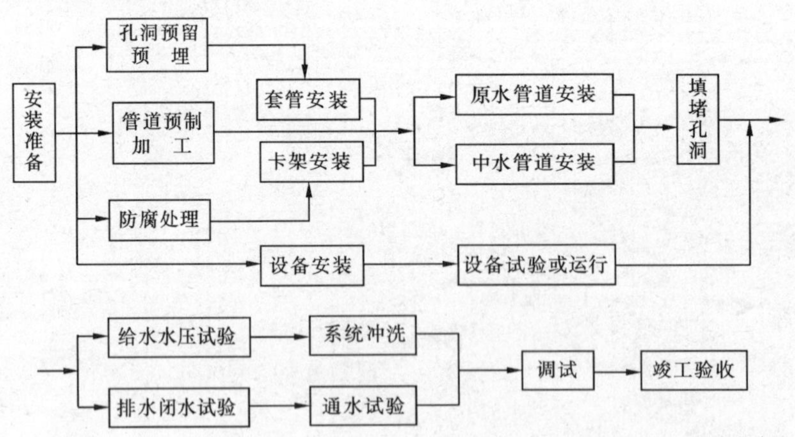

图12.2.3.1 建筑中水系统安装工艺流程示意图

12.2.3.2 施工要点

1 参照本标准第4章“室内给水系统安装”和第5章“室内排水系统安装”中“施工要点”内容执行。

2　中水原水管道系统安装应遵守下列要求：

(1) 中水原水管道系统宜采用分流集水系统，以便于选择污染较轻的原水，简化处理流程和设备，降低处理经费。

(2) 便器与洗浴设备应分设或分侧布置，以便于单独设置支管、立管，有利于分流集水。

(3) 污废水支管不宜交叉，以免横支管标高降低过多，影响室外管线及污水处理设备的标高。

(4) 室内外原水管道及附属构筑物均应防渗漏，井盖应做“中”字标志。

(5) 中水原水系统应设分流、溢流设施和跨越管，其标高及坡度应能满足排放要求。

3　中水供水系统是给水供水系统的一个特殊部分，所以其供水方式与给水系统相同。主要依靠最后处理设备的余压供水系统、水泵加压供水系统和气压罐供水系统等。

(1) 中水供水系统必须单独设置。中水供水管道严禁与生活饮用水给水管道连接，并应采取下列措施：

1）中水管道及设备、受水器等外壁应涂浅绿色标志。

2）中水池（箱）、阀门、水表及给水栓均应有“中水”标志。

(2) 中水管道不宜暗装于墙体和楼板内。如必须暗装于墙槽内时，必须在管道上有明显且不会脱落的标志。

(3) 中水管道与生活饮用水管道、排水管道平行埋设时，其水平净距离不得小于0.5m，交叉埋设时，中水管道应位于生活饮用水管道下面，排水管道的上面，其净距离不应小于0.15m。

(4) 中水给水管道不得装设取水水嘴。便器冲洗宜采用密闭型设备和器具。绿化、浇洒、汽车冲洗宜采用壁式或地下式的给水栓。

(5) 中水高位水箱应与生活高位水箱分设在不同的房间内，如条件不允许只能设在同一房间时，与生活高位水箱的净距离应大于2m。止回阀安装位置和方向应正确，阀门启闭应灵活。

(6) 中水供水系统的溢流管、泄水管均应采取间接排水方式排出，溢流管应设隔网。

(7) 中水供水管道应考虑排空的可能性，以便维修。

4　为确保中水系统的安全，试压验收要求不应低于生活饮用给水管道。

5　原水处理设备安装后，应经试运行检测中水水质符合国家标准后，方可办理验收手续。

12.2.4　成品保护

参照本标准第4章“室内给水系统安装”和第5章“室内排水系统安装”中“成品保护”内容执行。

12.2.5　安全、环保措施

参照本标准第4章“室内给水系统安装”和第5章“室内排水系统安装”中“安全、环保措施”内容执行。

12.2.6　质量标准

Ⅰ 主 控 项 目

1 中水高位水箱应与生活高位水箱分设在不同的房间内，如条件不允许只能设在同一房间时，与生活高位水箱的净距离应大于2m。止回阀安装位置和方向应正确，阀门启闭应灵活。

检验方法：现场观察和手扳检查。

2 中水给水管道不得装设取水水嘴。便器冲洗宜采用密闭型设备和器具。绿化、浇洒、汽车冲洗宜采用壁式或地下式的给水栓。

检验方法：观察检查。

3 中水供水管道严禁与生活饮用水给水管道连接，并应采取下列措施：

(1) 中水管道外壁应涂浅绿色标志。

(2) 中水池（箱）、阀门、水表及给水栓均应有“中水”标志。

检验方法：观察检查。

4 中水管道不宜暗装于墙体和楼板内。如必须暗装于墙槽内时，必须在管道上有明显且不会脱落的标志。

检验方法：观察检查。

Ⅱ 一 般 项 目

5 中水给水管道管材及配件应采用耐腐蚀的给水管管材及附件。

检验方法：观察检查。

6 中水管道与生活饮用水管道、排水管道平行埋设时，其水平净距离不得小于0.5m，交叉埋设时，中水管道应位于生活饮用水管道下面，排水管道的上面，其净距离不应小于0.15m。

检验方法：观察和尺量检查。

12.2.7 质量验收

1 参照本标准第4章“室内给水系统安装”和第5章“室内排水系统安装”中“质量验收”内容执行。

2 建筑中水系统管道及辅助设备安装分项工程验收还应采用表12.2.7“建筑中水系统及游泳池水系统安装工程检验批质量验收记录表”。

表 12.2.7　建筑中水系统及游泳池水系统安装工程检验批质量验收记录表
GB 50242—2002

<table>
<tr><td colspan="3">单位（子单位）工程名称</td><td colspan="4"></td></tr>
<tr><td colspan="3">分部（子分部）工程名称</td><td colspan="2"></td><td>验收部位</td><td></td></tr>
<tr><td colspan="3">施工单位</td><td colspan="2"></td><td>项目经理</td><td></td></tr>
<tr><td colspan="3">分包单位</td><td colspan="2"></td><td>分包项目经理</td><td></td></tr>
<tr><td colspan="3">施工执行标准名称及编号</td><td colspan="4"></td></tr>
<tr><td colspan="4">施工质量验收规范规定</td><td colspan="2">施工单位检查评定记录</td><td>监理（建设）单位验收记录</td></tr>
<tr><td rowspan="7">主控项目</td><td>1</td><td>中水水箱设置</td><td>第 12.2.1 条</td><td colspan="2"></td><td rowspan="10"></td></tr>
<tr><td>2</td><td>中水管道上装设用水器</td><td>第 12.2.2 条</td><td colspan="2"></td></tr>
<tr><td>3</td><td>中水管道严禁与生活饮用水管道连接</td><td>第 12.2.3 条</td><td colspan="2"></td></tr>
<tr><td>4</td><td>管道暗装时的要求</td><td>第 12.2.4 条</td><td colspan="2"></td></tr>
<tr><td>5</td><td>游泳池给水配件材质</td><td>第 12.3.1 条</td><td colspan="2"></td></tr>
<tr><td>6</td><td>游泳池毛发采集集器过度网</td><td>第 12.3.2 条</td><td colspan="2"></td></tr>
<tr><td>7</td><td>游泳池地面应采取措施防止冲洗排水流入地内</td><td>第 12.3.3 条</td><td colspan="2"></td></tr>
<tr><td rowspan="3">一般项目</td><td>1</td><td>中水管道及配件材质</td><td>第 12.2.5 条</td><td colspan="2"></td></tr>
<tr><td>2</td><td>中水管道与其他管道平行交叉铺设的净距</td><td>第 12.2.6 条</td><td colspan="2"></td></tr>
<tr><td>3</td><td>游泳池加药、消毒设备及管材</td><td>第 12.3.4 条
第 12.3.5 条</td><td colspan="2"></td></tr>
<tr><td colspan="3" rowspan="2">施工单位检查评定结果</td><td>专业工长（施工员）</td><td></td><td>施工班组长</td><td></td></tr>
<tr><td colspan="4">项目专业质量检查员：　　　　年　月　日</td></tr>
<tr><td colspan="3">监理（建设）单位验收结论</td><td colspan="4">监理工程师（建设单位项目专业技术负责人）：　　　　年　月　日</td></tr>
</table>

12.3 游泳池水系统安装

12.3.1 施工准备

技术准备、材料准备、主要机具、作业条件等施工准备工作参照本标准第4章“室内给水系统安装”、第5章“室内排水系统安装”和第6章“室内热水供应系统安装”中“施工准备”相关内容执行。

12.3.2 材料质量控制

1 参照本标准第4章“室内给水系统安装”、第5章“室内排水系统安装”和第6章“室内热水供应系统安装”中“材料质量控制”相关内容执行。

2 游泳池的给水口、回水口、泄水口应采用耐腐蚀的铜、不锈钢、塑料等材料制造。溢流槽、格栅应为耐腐蚀材料制造，并为组装型。

3 游泳池的毛发聚集器应采用铜或不锈钢等耐腐蚀材料制造，过滤筒（网）的孔径应不大于3mm，其面积应为连接管截面积的1.5~2倍。

4 游泳池循环水系统加药（混凝剂）的药品溶解池、溶液池及定量投加设备应采用耐腐蚀材料制作。输送溶液的管道应采用塑料管、胶管或铜管。

5 游泳池的浸脚、浸腰消毒池的给水管、投药管、溢流管、循环管和泄空管应采用耐腐蚀材料制成。

12.3.3 施工工艺

12.3.3.1 工艺流程

游泳池水系统安装工艺流程如图12.3.3.1所示。

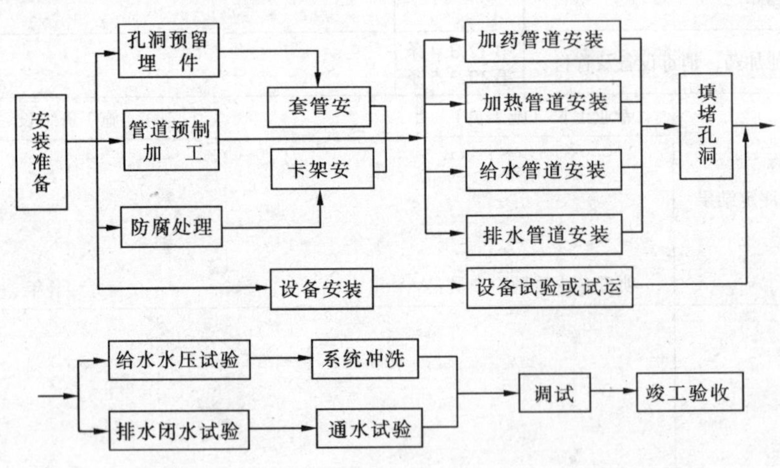

图12.3.3.1 游泳池水系统安装工艺流程图

12.3.3.2 施工要点

1 参照本标准第4章“室内给水系统安装”、第5章“室内排水系统安装”和第6章“室内热水供应系统安装”中“施工要点”相关内容执行。

2 游泳池水系统包括给水系统、排水系统及附属装置，另外还有跳水制波系统。游泳池给水系统分直流式给水系统、直流净化给水系统、循环净化给水系统三种。一般应采用循环净化给水系统。

3　循环净化给水系统包括充水管、补水管、循环水管和循环水泵、预净化装置（毛发聚集器）、净化加药装置、过滤装置（压力式过滤器等）、压力式过滤器反冲洗装置、消毒装置、水加热系统等。

4　游泳池水系统安装须严格按照设计要求进行。

5　游泳池排水系统安装参照本标准第5章相关规定执行。

6　游泳池水加热系统安装参照本标准第6章相关规定执行。

7　游泳池水系统设备安装参照本标准第4章、第6章、第13章的相关规定执行。

8　循环水系统的管道，一般应采用给水铸铁管。如采用钢管时，管内壁应采取符合饮用水要求的防腐措施。

9　循环水管道，宜敷设在沿游泳池周边设置的管廊或管沟内。如埋地敷设，应采取防腐措施。

10　游泳池地面，应采取有效措施防止冲洗排水流入池内。冲洗排水管（沟）接入雨污水管系统时，应设置防止雨、污水回流污染的措施。

11　重力泄水排入排水管道时，应设置防止雨、污水回流污染的措施。

12　机械方法泄水时，宜用循环水泵兼作提升泵，并利用过滤设备反冲洗排水管兼作泄水排水管。

13　游泳池的给水口、回水口、泄水口、溢流槽、格栅等安装时其外表面应与池壁或池底面相平。

12.3.4　成品保护

1　参照本标准第4章“室内给水系统安装”、第5章“室内排水系统安装”和第6章“室内热水供应系统安装”中“成品保护”相关内容执行。

2　游泳池给水口、回水口、泄水口等安装完毕采用塑料薄膜、硬纸板、木板等遮蔽，防止其他专业施工时损伤其表面、掉入杂物等。

12.3.5　安全、环保措施

参照本标准第4章“室内给水系统安装”、第5章“室内排水系统安装”和第6章“室内热水供应系统安装”中“安全、环保措施”相关内容执行。

12.3.6　质量标准

Ⅰ 主 控 项 目

1　游泳池的给水口、回水口、泄水口应采用耐腐蚀的铜、不锈钢、塑料等材料制造。溢流槽、格栅应为耐腐蚀材料制造，并为组装型。安装时其外表面应与池壁或池底相平。

检验方法：观察检查。

2　游泳池的毛发聚集器应采用铜或不锈钢等耐腐蚀材料制造，过滤筒（网）的孔径应不大于3mm，其面积应为连接管截面积的1.5~2倍。

检验方法：观察和尺量计算方法。

3　游泳池地面，应采取有效措施防止冲洗排水流入池内。

检验方法：观察检查。

Ⅱ 一 般 项 目

4 游泳池循环水系统加药（混凝剂）的药品溶解池、溶液池及定量投加设备应采用耐腐蚀材料制作。输送溶液的管道应采用塑料管、胶管或铜管。

检验方法：观察检查。

5 游泳池的浸脚、浸腰消毒池的给水管、投药管、溢流管、循环管和泄空管应采用耐腐蚀材料制成。

检验方法：观察检查。

12.3.7 质量验收

1 参照本标准第4章“室内给水系统安装”、第5章“室内排水系统安装”和第6章“室内热水供应系统安装”中“质量验收”相关内容执行。

2 游泳池水系统管道及辅助设备安装分项工程验收还应采用表12.2.7“建筑中水系统及游泳池水系统安装工程检验批质量验收记录表”。

13 供热锅炉及辅助设备安装

13.1 一 般 规 定

13.1.1 本章适用于工作压力不大于1.25MPa、蒸发量不大于10t/h、出口额定温度不超过130℃的整装蒸汽和热水锅炉及辅助设备的安装工程。

13.1.2 适用于本章的整装锅炉及辅助设备安装工程的质量检验与验收，除应按本技术标准规定执行外，还应符合现行国家有关规范、规程和标准的规定。

13.2 锅 炉 安 装

13.2.1 施工准备

1 技术准备

(1) 审查图纸的合法性。全国性锅炉定型设计，须经国务院主管部门和锅炉压力容器安全监督局审查批准；非全国性的锅炉定型设计，须经省、自治区、直辖市主管部门和技术监督局锅炉压力容器安全监察处审查批准。设计图纸上应有审查批准字样。

(2) 锅炉制造单位应具有国家技术质量检验检疫总局批准发给的制造许可证。

(3) 认真熟悉图纸，掌握图纸内容，审查图纸是否存在不合理、错误的内容，并通过图纸会审或设计变更解决存在的问题。

(4) 了解当地技术监督局相关要求，获取有关文件，学习领会并贯彻执行。

(5) 锅炉安装前，须将锅炉平面布置图及标明与有关建筑距离的图纸，报当地锅炉压力容器安全监察机构审查同意。

(6) 锅炉安装施工单位，必须具有相应等级的安装许可证。

(7) 建立锅炉安装质量保证体系，配备质保工程师、焊接工程师、工艺工程师、检验工程师、设备工程师、无损检测工程师、计量工程师、热处理工程师、筑炉工程师、材料工程师、安全员等。

(8) 根据审批的施工方案向作业班组进行详细的技术交底、安全交底，交底应按分项工程进行，并形成记录。

(9) 施工班组各工种应搭配合理，符合施工项目实际需要。

(10) 需要：管道工、钳工、电焊工、气焊工、起重工、探伤工、机械操作工、油漆工、保温工等主要工种，各工种需持证上岗，特殊工种上岗还应持安全操作证、职业健康证等。

(11) 班组人员进驻现场前，应接受系统的培训教育——治安保卫教育、技术培训考核、安全教育、文明施工教育、环境保护教育等。

(12) 确定每个分项工程的检验批，由项目专业质量检查员组织班组人员进行检验批质量内部验收。

2　材料准备

（1）各式锅炉本体、炉排传动装置、平台扶梯、省煤器、液压传动装置、出渣机、电气开关箱、烟囱。

（2）排污阀、调节阀、闸阀、截止阀、止回阀。

（3）钢板、型钢、法兰、机油、汽油、清油、铅油。

（4）电焊条、螺栓、螺帽、垫铁、水泥、石棉绳、石棉橡胶垫、石棉填料及盘根。

（5）聚四氟乙烯生料带、麻丝、粉笔、石笔、小线、水源、电源。

3　主要机具

（1）机械：吊车、卷扬机、砂轮机、套丝机、砂轮锯、电焊机、试压泵等。

（2）工具：手电钻、冲击钻、千斤顶、各种扳手、夹钳、手锯、手锤、大锤、布剪子、人字桅杆、绞磨、滑轮、倒链、锚碇、道木、滚杠、撬杠、钢丝绳、大绳、索具、电焊机具、气焊工具、胀管机具、钢锯、螺丝刀等。

（3）量具：钢板尺、法兰角尺、钢卷尺、卡钳、塞尺、水平仪、水平尺、游标卡尺、焊缝检测尺、温度计、压力表、线坠等。

4　作业条件

（1）施工现场应具备满足施工的水源、电源、大型机具运输车辆进出的道路，材料及机具存放场地和仓库等；冬雨期施工时应有防寒防雨措施及消防安全措施；锅炉房主体结构、设备基础完工并达到安装强度。

（2）检查土建施工时预留的孔洞、沟槽及各类预埋铁件的位置、尺寸、数量是否符合设计图纸要求。

（3）锅炉设备基础的混凝土强度必须达到设计要求，基础的坐标、标高、几何尺寸和螺栓孔位置应符合表 13.2.1 的规定。

表 13.2.1　锅炉及辅助设备基础的允许偏差和检验方法

<table>
<tr><th>项次</th><th colspan="2">项　　目</th><th>允许偏差（mm）</th><th>检验方法</th></tr>
<tr><td>1</td><td colspan="2">基础坐标位置</td><td>20</td><td>经纬仪、接线和尺量</td></tr>
<tr><td>2</td><td colspan="2">基础各不同平面的标高</td><td>0，－20</td><td>水准仪、拉线尺量</td></tr>
<tr><td>3</td><td colspan="2">基础平面外形尺寸</td><td>20</td><td rowspan="3">尺量检查</td></tr>
<tr><td>4</td><td colspan="2">凸台上平面尺寸</td><td>0，－20</td></tr>
<tr><td>5</td><td colspan="2">凹穴尺寸</td><td>＋20，0</td></tr>
<tr><td rowspan="2">6</td><td rowspan="2">基础上平面水平度</td><td>每 1m</td><td>5</td><td rowspan="2">水平仪（水平尺）和楔形塞尺检查</td></tr>
<tr><td>全长</td><td>10</td></tr>
<tr><td rowspan="2">7</td><td rowspan="2">竖向偏差</td><td>每 1m</td><td>5</td><td rowspan="2">经纬仪或吊线和尺量</td></tr>
<tr><td>全高</td><td>10</td></tr>
<tr><td rowspan="2">8</td><td rowspan="2">预埋地脚螺栓</td><td>标高（顶端）</td><td>＋20，0</td><td rowspan="2">水准仪、拉线和尺量</td></tr>
<tr><td>中心距（根部）</td><td>2</td></tr>
</table>

续表 13.2.1

<table>
<tr><th>项次</th><th colspan="2">项　　目</th><th>允许偏差（mm）</th><th>检 验 方 法</th></tr>
<tr><td rowspan="3">9</td><td rowspan="3">预留地脚螺栓孔</td><td>中心位置</td><td>10</td><td rowspan="2">尺量</td></tr>
<tr><td>深度</td><td>－20，0</td></tr>
<tr><td>孔壁垂直度</td><td>10</td><td>吊线和尺量</td></tr>
<tr><td rowspan="4">10</td><td rowspan="4">预埋活动
地脚螺栓锚板</td><td>中心位置</td><td>5</td><td rowspan="2">拉线和尺量</td></tr>
<tr><td>标高</td><td>＋20，0</td></tr>
<tr><td>水平度（带槽锚板）</td><td>5</td><td rowspan="2">水平尺和楔形塞尺检查</td></tr>
<tr><td>水平度（带螺纹孔锚板）</td><td>2</td></tr>
</table>

（4）混凝土基础外观不得有蜂窝、麻面、裂纹、孔洞、露筋等缺陷。

13.2.2 材料质量控制

材料质量控制除应符合本标准第 3.2 节“材料设备管理”中相关要求外，还应符合如下要求：

1 工程所使用的主要材料、成品、半成品、配件、器具和设备必须具有中文质量合格证明文件，规格、型号及性能检测报告应符合国家技术标准或设计要求，包装应完好，表面无划痕及外力冲击破损。包装上应标有批号、数量、生产日期和检验代码，并经监理工程师核查确认。

2 主要器具和设备必须有完整的安装使用说明书。在运输、保管和施工过程中，应采取有效措施防止损坏或腐蚀。

3 锅炉出厂必须附有如下技术资料，技术资料应与实物相符。其内容包括：

（1）锅炉样图（包括总图、安装图和主要受压部件图）；

（2）受压元件的强度计算书或计算结果汇总表；

（3）安全阀排放量的计算书或计算结果汇总表；

（4）锅炉质量证明书（包括出厂合格证、金属材料证明、焊接质量证明和水压试验证明）；

（5）锅炉安装说明书和使用说明书；

（6）受压元件重大设计更改资料。

4 锅炉设备外观应完好无损，炉墙绝热层无空鼓，无脱落，炉拱无裂纹，无松动，受压元件可见部位无变形，无损坏。

13.2.3 施工工艺

13.2.3.1 工艺流程

整装锅炉按燃料分有燃煤锅炉、燃油、燃气锅炉。此处以工艺较复杂的燃煤锅炉为例说明，燃油、燃气锅炉根据其安装使用说明书，参照本标准执行。锅炉安装工艺流程如图 13.2.3.1 所示。

13.2.3.2 施工要点

1 基础放线验收及放置垫铁

（1）锅炉房内清扫干净，将全部地脚螺栓孔内的杂物清出，并用皮风箱（皮老虎）吹扫。

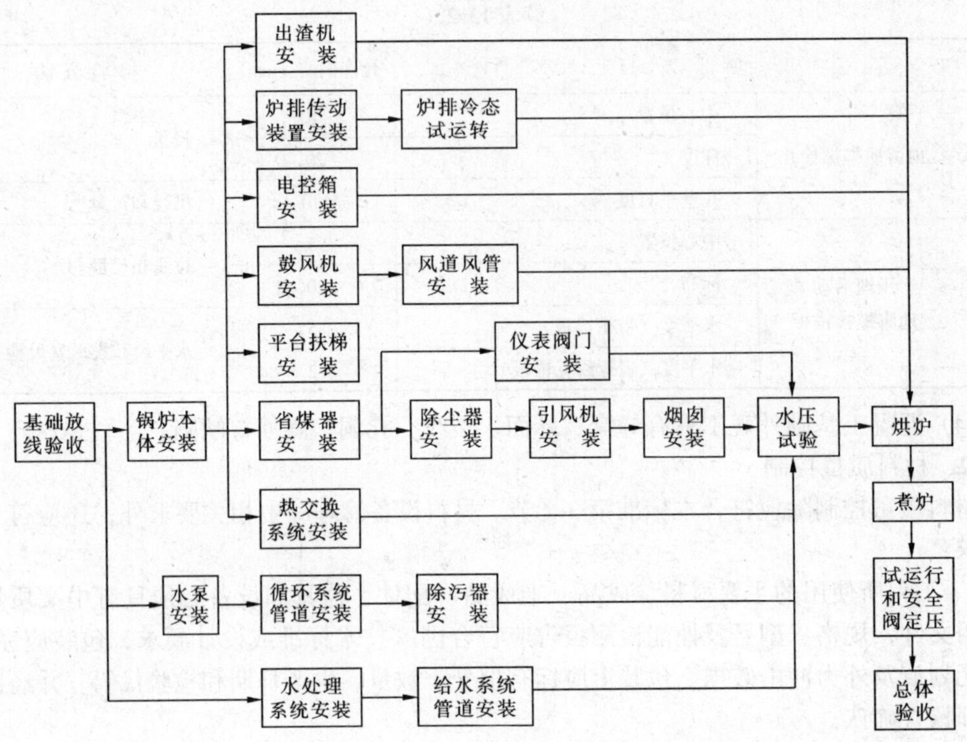

图 13.2.3.1　锅炉安装工艺流程图

说明：锅炉安装共分四节：

1　本节讲述锅炉本体安装及炉排传动装置、平台扶梯、省煤器、液压传动装置安装、出渣机、电气开关箱、烟囱安装、锅炉水压试验。

2　13.3　辅助设备及管道安装包括：送风机、引风机、单斗提升机、除尘器、水处理设备、水泵、箱、罐及管道、风道安装。

3　13.4　安全附件安装包括：安全阀、压力表、水位表、温度计等附件安装。

4　13.5　烘炉、煮炉和试运行。

5　13.6　换热站安装包括：热交换器、分汽缸（分水器、集水器）等安装。

（2）根据锅炉房平面图和基础图放安装基准线：

1）锅炉纵向中心基准线。

2）锅炉炉排前轴基准线或锅炉前面板基准线，如有多台锅炉时应一次放出基准线。在安装不同型号的锅炉而上煤为一个系统时应保证煤斗中心在一条基准线上。

3）炉排传动装置的纵横向中心基准线。

4）省煤器纵、横向中心基准线。

5）除尘器纵、横向中心基准线。

6）送风机、引风机的纵、横向中心基准线。

7）水泵、钠离子交换器纵、横的向中心基准线。

8）锅炉基础标高基准点，在锅炉基础上或基础四周选有关的若干地点分别作标记，各标记间的相对位移不应超过 3mm。

（3）当基础尺寸、位置不符合要求时，必须经过修正达到安装要求后再进行安装。

（4）基础放线验收应有记录，并作为竣工资料归档。

（5）整个基础平面要修整铲麻面，预留地脚螺栓孔内的杂物清理干净，以保证灌浆的质量。垫铁组位置要铲平，宜用砂轮机打磨，保证水平度不大于2mm/m，接触面积大于75%以上。

（6）在基础平面上，划出垫铁布置位置，放置时按设备技术文件规定摆放。垫铁放置的原则是：负荷集中处，靠近地脚螺栓两侧，或是机座的立筋处。相临两垫铁组间距离一般为300~500mm，若设备安装图上有要求，应按设备安装图施工。垫铁的布置和摆放要作好记录，并经监理代表签字认可。

2 锅炉本体安装

（1）锅炉水平运输

1）运输前应先选好路线，确定锚点位置，稳好卷扬机，铺好道木。

2）用千斤顶将锅炉前端（先进锅炉房的一端）顶起放进滚杠，用卷扬机牵引前进，在前进过程中，随时倒滚杠和道木。道木必须高于锅炉基础，保护基础不受损坏。

（2）当锅炉运到基础上以后，不撤滚杠先进行找正。应达到下列要求：

1）锅炉本体安装应按设计或产品说明书要求布置并坡向排污阀。

2）锅炉炉排前轴中心线应与基础前轴中心基准线相吻合，允许偏差±2mm。

3）锅炉纵向中心线与基础纵向中心基准线相吻合，或锅炉支架纵向中心线与条形基础纵向中心基准线相吻合，允许偏差±10mm。

（3）撤出滚杠使锅炉就位

1）撤滚杠时用道木或木方将锅炉一端垫好。用两个千斤顶将锅炉的另一端顶起，撤出滚杠，落下千斤顶，使锅炉一端落在基础上。再用千斤顶将锅炉另一端顶起，撤出剩余的滚杠和木方，落下千斤顶使锅炉全部落到基础上。如不能直接落到基础上，应再垫木方逐步使锅炉平稳地落到基础上。

2）锅炉就位后应进行校正。用千斤顶校正，达到允许偏差以内。

（4）锅炉找平及找标高

1）锅炉纵向找平

用水平尺（水平尺长度不小于600mm）放在炉排的纵排面上，检查炉排面的纵向水平度。检查点最少为炉排前后两处。要求炉排面纵向应水平或护排面略坡向炉膛后部。最大倾斜度不大于10mm。

当锅炉纵向不平时，可用千斤顶将过低的一端顶起，在锅炉的支架下垫以适当厚度的钢板，使锅炉的水平度达到要求。垫铁的间距一般为500~1000mm。

2）锅炉横向找平

用水平尺（长度不小于600mm）放在炉排的横排面上，检查炉排面的横向水平度，检查点最少为炉排前后两处，炉排的横向倾斜度不得大于5mm（炉排的横向倾斜过大会导致炉排跑偏）。

当炉排横向不平时，用千斤顶将锅炉一侧支架同时顶起，在支架下垫以适当厚度的钢板。垫铁的间距一般为500~1000mm。

3）锅炉标高确定：在锅炉进行纵、横向找平时同时兼顾标高的确定，标高允许偏差为±5mm。

（5）炉底风室的密封要求

1）锅炉由炉底送风的风室及锅炉底座与基础之间必须用水泥砂浆堵严，并在支架的内侧与基础之间用水泥浆抹成斜坡。

2）锅炉支架的底座与基础之间的密封砖应砌筑严密，墙的两侧抹水泥砂浆。

3）当锅炉安装完毕后，基础的预留孔洞，应砌好用水泥砂浆抹严。

（6）排污装置安装

1）在锅筒和每组水冷壁的下集箱及后棚管的后集箱的最低处，应装排污阀；排污阀及排污管道不得采用螺纹连接。

2）蒸发量≥1t/h或工作压力≥0.7MPa的锅炉，排污管上应安装两个串联的排污阀。排污阀的公称直径为20～65mm。卧式火管锅炉锅筒上排污阀直径不得小于40mm。排污阀宜采用闸阀。

3）每台锅炉应安装独立的排污管，要尽量少设弯头，接至排污膨胀箱或安全地点，保证排污畅通。

4）几台锅炉的定期排污合用一个总排污管时，必须设有安全措施。

（7）锅炉安装的坐标、标高、中心线和垂直度的允许偏差应符合表13.2.3.2-1的规定。

表13.2.3.2-1 锅炉安装的允许偏差和检查方法

项次	项目		允许偏差（mm）	检验方法
1	坐标		10	经纬仪、拉线和尺量
2	标高		±5	水准仪、拉线和尺量
3	中心线垂直度	卧式锅炉炉体全高	3	吊线和尺量
		立式锅炉炉体全高	4	吊线和尺量

（8）锅炉本体管道及管件焊接的焊缝质量应符合下列规定：

1）焊缝表面质量应符合下列规定：

焊缝外形尺寸应符合图纸和工艺文件的规定，焊缝高度不得低于母材表面，焊缝与母材应圆滑过渡。焊缝及热影响区表面应无裂纹、未熔合、未焊透、夹渣、弧坑和气孔等缺陷。

2）管道焊口尺寸的允许偏差应符合表4.2.3.2-9的规定。

3）无损探伤的检测结果应符合锅炉本体设计的相关要求。

（9）非承压锅炉，应严格按设计或产品说明书的要求施工。锅筒顶部必须敞口或装设大气连通管，连通管上不得安装阀门。

（10）以天然气为燃料的锅炉的天然气释放管或大气排放管不得直接通向大气，应通向贮存或处理装置。

（11）电动调节阀门的调节机构与电动执行机构的转臂应在同一平面内动作，传动部分应灵活、无空行程及卡阻现象，其行程及伺服时间应满足使用要求。

3 炉排安装

（1）整装锅炉安装之前，须进行整装炉排安装。

1）炉排在吊装就位前，必须对其各个部件进行详细检查。若发现变形，应予以校正或更换处理后方可进行。

2）锅炉基础已放线复查验收。

3）安装时锅炉房若屋顶尚未上盖，可用吊车将整装炉排起吊后直接落放在基础上。若土建主体施工完毕，可用卷扬机或绞磨将炉排运至基础上，拨正就位。

4）检查和调整各炉排片间的距离。各炉排片与片之间的间隙应均匀一致。

5）检查和调整炉排面的平整度。炉排面不得有局部凸起，应平整。链节各部受力应均匀，炉排片应能自由翻转。

6）链条炉排安装过程中，应使前轴中心线与后滚筒中心线保持平行，以免炉排跑偏拉断。

（2）炉排两侧进行密封、传动系统安装：

1）密封性能应达到不漏风。

2）密封件的固定部分运动部分不得有碰撞的部位，并且留有足够的热膨胀间隙。

3）通过放线确定齿轮箱的位置。

4）检查预埋地脚螺栓或预留地脚螺栓孔是否符合设计及安装要求，若不合格应进行修整。清理基础表面找平后用水冲洗干净，以便二次浇筑。

5）齿轮箱的输出轴与炉排主动轴中心线应同心。

（3）组装链条炉排安装的允许偏差应符合表 13.2.3.2-2 规定。

表 13.2.3.2-2 组装链条炉排安装的允许偏差和检验方法

项次	项目		允许偏差（mm）	检验方法
1	炉排中心位置		2	经纬仪、拉线和尺量
2	墙板的标高		±5	水准仪、拉线和尺量
3	墙板的垂直度，全高		3	吊线和尺量
4	墙板间两对角线的长度之差		5	钢丝线和尺量
5	墙板框的纵向位置		5	经纬仪、拉线和尺量
6	墙板顶面的纵向水平度		长度 1/1000，且≯5	拉线、水平尺和尺量
7	墙板间的距离	跨距≤2m	+3 0	钢丝线和尺量
		跨距＞2m	+5 0	
8	两墙板的顶面在同一水平面上相对高差		5	水准仪、吊线和尺量
9	前轴、后轴的水平度		长度 1/1000	拉线、水平尺和尺量
10	前轴和后轴的轴心线相对标高差		5	水准仪、吊线和尺量
11	各轨道在同一水平面上的相对高差		5	水准仪、吊线和尺量
12	相邻两轨道间的距离		±2	钢丝线和尺量

(4) 往复炉排安装的允许偏差应符合表13.2.3.2-3的规定。

表13.2.3.2-3 往复炉排安装的允许偏差和检验方法

项次	项目		允许偏差（mm）	检验方法
1	两侧板的相对标高		3	水准仪、吊线和尺量
2	两侧板间距离	跨距≤2m	+3 0	钢丝线和尺量
		跨距>2m	+4 0	
3	两侧板的垂直度（全高）		3	吊线和尺量
4	两侧板间对角线的长度之差		5	钢丝线和尺量
5	炉排片的纵向间隙		1	钢板尺量
6	炉排两侧的间隙		2	

4 炉排减速机安装

一般整装锅炉的炉排减速机由制造厂装配成整机运到现场进行安装。

(1) 开箱点件检查设备，零部件是否齐全，根据图纸核对其规格、型号是否符合设计要求。

(2) 检查机体外观和零、部件不得有损坏，输出轴及联轴器应光滑，无裂纹，无锈蚀。油杯、扳把等无丢失和损坏。

(3) 根据需要配备地脚螺栓、斜垫铁等，准备起重和安装所需的工具、量具及其他用品。

(4) 减速机就位及找正找平

1) 将垫铁放在划好基准线和清理好预留孔的基础上，靠近地脚螺栓预留孔。

2) 将减速机（带地脚螺栓，螺栓露出螺母1~2扣）吊装在设备基础上，并使减速机纵、横中心线与基础纵、横中心基准线相吻合。

3) 根据炉排输入轴的位置和标高进行找正找平，用水平仪结合更换垫铁厚度或打入楔形铁的方法加以调整。同时还应对联轴器进行找正，以保证减速机输出轴与炉排输入轴对正同心。用卡箍及塞尺对联轴器找同心。减速机的水平度和联轴器的同心度，两联轴节端面之间的间隙以设备随机技术文件为准。无规定时应符合《机械设备安装工程施工及验收通用规范》GB 50231—98的相应规定。

(5) 设备找平找正后，即可进行地脚螺栓孔浇筑混凝土。浇筑时应捣实，防止地脚螺栓倾斜。待混凝土强度达到75%以上时，方可拧紧地脚螺栓。在拧紧螺栓时应进行水平的复核，无误后将机内加足机械油准备试车。

(6) 减速机试运行：安装完成后，联轴器的连接螺栓暂不安装，先进行减速机单独试车。试车前先拧松离合器的弹簧压紧螺母，把扳把放到空档上接通电源试电机。检查电机运转方向是否正确和有无杂音，正常后将离合器由低速到高速进行试转，无问题后安装好联轴器的螺栓，配合炉排冷态试运行。在运行过程中调整好离合器的螺栓，配合炉排冷态试运行。在运行过程中调整好离合器的压紧弹簧能自动弹起。弹簧不能压得过紧，防止炉排断片或卡住，离合器不能离开，以免把炉排拉坏。

5　平台扶梯安装

(1) 长、短支撑的安装：先将支撑孔中杂物清理干净，然后安装长短支撑。支撑安装要正，螺栓应涂机油、石墨后拧紧。

(2) 平台安装：平台应水平，平台与支撑连接螺栓要拧紧。

(3) 平台扶手柱和栏杆安装：平台扶手柱要垂直于平台，螺栓连接要牢固，栏杆煨弯处应一致美观。

(4) 安装爬梯、扶手柱及栏杆：先将爬梯上端与平台螺栓连接，找正后将下端焊在锅炉支架板上或耳板上；与耳板用螺栓连接。扶手栏杆有焊接接头时，焊后应光滑。

6　省煤器安装

(1) 整装锅炉的省煤器均为整体组件出厂，因而安装时比较简单。安装前要认真检查省煤器管周围嵌填的石棉绳是否严密牢固，外壳箱板是否平整，肋片有无损坏。铸铁省煤器破损的肋片数不应大于总肋片数的5%，有破损肋片的根数不应大于总根数的10%，符合要求后方可进行安装。

(2) 省煤器支架安装

1) 清理地脚螺栓孔，将孔内的杂物清理干净，并用水冲洗。

2) 将支架上好地脚螺栓，放在清理好预留孔的基础上，然后调整支架的位置、标高和水平度。

3) 当烟道为现场制作时，支架可按基础图找平找正；当烟道为成品组件时，应等省煤器就位后，按照实际烟道位置尺寸找平找正。

4) 铸铁省煤器支承架安装的允许偏差应符合表13.2.3.2-4规定。

表13.2.3.2-4　铸铁省煤器支承架安装的允许偏差和检验方法

项次	项　　目	允许偏差（mm）	检　验　方　法
1	支承架的位置	3	经纬仪、拉线和尺量
2	支承架的标高	0 −5	水准仪、吊线和尺量
3	支承架的纵、横向水平度（每1m）	1	水平尺和塞尺检查

(3) 省煤器安装

1) 安装时前应进行水压试验，试验压力为$1.25P+0.5$MPa（P为锅炉工作压力：对蒸汽锅炉指锅筒工作压力，对热水锅炉指锅炉额定出水压力）。在试验压力下10min内压力降不超过0.02MPa，然后降至工作压力进行检查，压力不降，无渗漏为合格，同时进行省煤器安全阀的调整。安全阀的开启压力应为省煤器工作压力的1.1倍，或为锅炉工作压力的1.1倍。

2) 用三木搭或其他吊装设备将省煤器安装在支架上，并检查省煤器的进口位置、标高是否与锅炉烟气出口相符，以及两口的距离和螺栓孔是否相符。通过调整支架的位置和标高，达到烟道安装的要求。

3) 一切妥当后将省煤器下部槽钢与支架焊在一起。

(4) 浇筑混凝土。支架的位置和标高找好后浇筑混凝土，混凝土的强度等级应比基础强度等级高一级，并应捣实和养护（拌混凝土时宜用豆石）。

(5) 当混凝土强度达到 75%以上时，将地脚螺栓拧紧。

(6) 省煤器的出口处或入口处应按设计或锅炉图纸要求安装阀门或管道。在每组省煤器的最低处应设放水阀。

7 液压传动装置安装

(1) 对预埋板进行清理和除锈。

(2) 检查和调整使铰链架纵横中心线与滑轨纵横中心相符，以确保铰链架的前后位置有较大的调节量，调整后将铰链架的固定螺栓稍加紧固。

(3) 把液压缸的活塞杆全部拉出（最大行程)，并将活塞杆的长拉脚与摆轮连接好，再把活塞缸与铰链架连接好。然后根据摆轮的位置和图纸的要求把滑轨的位置找正焊牢，最后认真检查调整铰链的位置并将螺栓拧紧。

(4) 液压箱安装：按设计位置放好，液压箱内要清洗干净。箱内应加入滤清机械油，冬天采用 10 号机械油，夏天采用 20 号机械油。

(5) 安装地下油管：地下油管采用无缝钢管，在现场煨弯和焊接管接头。钢管内应除锈清理干净。

(6) 安装高压软管：应安装在油缸与地下油管之间。安装时应将丝头和管接头内铁屑毛刺清除干净，丝头连接处用聚四氟乙烯薄膜或麻丝白铅油作填料，最后安装高压软管。

(7) 安装高压铜管：先将管接头分别装在油箱和地下油管的管口上，按实际距离将铜管截断，然后退火煨弯，两端穿好锁母，用扩口工具扩口，最后把铜管安装好，拧紧锁母。

(8) 电气部分安装：先将行程撞块和行程开关架装好，再装行程开关。行程开关架安装要牢固。上行程开关的位置，应在摆轮拨爪略超过棘轮槽为适宜，下行程开关的位置应定在能使炉排前进 800mm 或活塞不到缸底为宜。定位时可打开摆轮的前盖直观定位。最后进行电气配管、穿线、压线及油泵电机接线。

(9) 油管路的清洗和试压

1) 把高压软管与油缸相接的一端断开，放在空油桶内，然后起动油泵，调节溢流阀调压手轮，逆时针旋转使油压维持在 0.2MPa，再通过人工方法控制行程开关，使两条油管都得到冲洗。冲洗的时间为 15～20min，每条油管至少冲洗 2～3 次。冲洗完毕把高压软管与油缸装好。

2) 油管试压：利用液压箱的油泵即可。起动油泵，通过调节溢流阀的手轮，使油压逐步升到 3.0MPa，在此压力下活塞动作一个行程，油管、接头和液压缸均无泄漏为合格，并立即把油压调到炉排的正常工作压力。因油压长时间超载会使电机烧毁。

炉排正常工作时油泵工作压力如下：

1～2t/h 链条炉，油压力 0.6～1.2MPa;

4t/h 链条炉，油压力 0.8～1.5MPa。

(10) 摆轮内部应擦洗后加入适量的 20 号机油，上下铰链油杯中应注满黄油。

(11) 液压传动装置冲洗、试压应作记录。

8 螺旋出渣机安装

(1) 先将出渣机从安装孔斜放在基础坑内。

(2) 将漏灰接口板安装在锅炉底板的下部。

(3) 安装锥形渣斗。上好渣斗与炉体之间的连接螺栓，再将漏灰板与渣斗的连接螺栓上好。

(4) 吊起出渣器的筒体，与锥形渣斗连接好。锥形渣斗下口长方形的法兰与筒体长方形法兰之间要加橡胶垫或油浸扭制的石棉盘根（应加在螺栓内侧），拧紧后不得漏水。

(5) 安装出渣机的吊耳和轴承底座。在安装轴承底座时，要使螺旋轴保持同心并形成一条直线。

(6) 调好安全离合器的弹簧，用扳手扳转蜗杆，使螺旋轴转动灵活。油箱内应加入符合要求的机械油。

(7) 安好后接通电源和水源，检查旋转方向是否正确，离合器的弹簧是否跳动，冷态试车 2h，无异常声音、不漏水为合格，并作好试车记录。

9　刮板除渣机安装就位

湿式刮板除渣（灰）机一般用于锅炉房有多台锅炉时，由链条、刮板、托辊、渣槽、驱动装置及尾部拉紧从动装置组成。

(1) 检查驱动装置和从动装置以及渣槽的浇灌质量、外形尺寸。不应有裂缝、蜂窝、孔洞、露筋及剥落等现象，沟槽尚应作渗水试验，应不渗不漏。

(2) 检查沟槽与锅炉出渣口的相对位置，以锅炉的纵横基准线及建筑标高基准点为依据，核对设备基础上渣槽的纵、横中心线及标高，用钢丝线检查基础和渣槽的几何尺寸。

沟槽内壁表面经严格检查验收，要求光滑，直线方向上水平度、倾斜坡圆弧度应该符合要求。每个地脚螺栓孔的大小、位置、间距和垂直度应符合设计要求。沟槽壁上预埋铁件和预留管的位置、数量应准确。

(3) 刮板安装前应逐块、逐件清理毛刺、污垢，必须将其表面修整光滑、干净。

(4) 在沟槽壁预埋件上，用钢丝线和钢板尺划定托辊轴座的焊接位置，并确保两壁轴座中心线和除渣沟槽纵向中心线重合，允许偏差为 2mm。

(5) 安装托辊轴道

1）先安装尾部的从动装置，从锅炉底水平段尾部开始向首部方向进行，再安装圆弧斜坡段。

2）托辊安装过程中随时用铁水平尺和水准仪、钢板尺找平，其托辊的允许偏差控制在 1/1500 以内，全长测定时不得超过 10mm。

3）托辊安装时与托辊支座接头处应找平、找齐，左右不能超过 1mm 偏差，高低差不超过 0.5mm，边安装、边检查，不符合要求应重新调整。

4）托辊横向中心线与除渣机纵向中心线应重合，其允许偏差为 3mm。

(6) 安装驱动装置和从动装置

1）驱动装置必须安装在除渣机之首，从动装置安装在尾部。张紧边外是在下面的工作面上。

2）将驱动装置中的减速器、电动机运到验收合格的基础上，然后找正找准方位，埋进地脚螺栓，进行二次灌浆，待达到强度后戴上地脚螺栓垫圈及螺帽，拧紧。

(7) 链条和刮板安装

1）刮板的安装节距一般为 2200mm 左右（见随机图纸），由框链相连接。安装时由从动装置起至驱动装置止。

2）框链的松紧度要调整一致，松紧度适当，框链移动自如，无卡框卡刮板的现象。上下坡度角度不可大于30°。

3）驱动装置和拉紧框链滚动轴应水平安装，安装时随时用铁水平尺检查，不得超过0.5/1000。

（8）从锅炉的出渣口接出锅炉落渣管，插入水中100mm，达到除渣水封的目的。

10 电气控制箱（柜）安装

（1）控制箱安装位置应在锅炉的前方，便于监视锅炉的运行、操作及维修。

（2）控制箱的地脚螺栓位置要正确，控制箱安装时要找正找平，灌注牢固。

（3）控制箱装好后，可敷设控制箱到各个电机和仪器仪表的配管，穿导线。控制箱及电气设备外壳应有良好的接地。待各个辅机安装完毕后接通电源。

11 钢烟囱安装

（1）每节烟囱之间用ϕ10石棉扭绳作垫料，安装螺栓时螺帽在上，连接要严密牢固，组装好的烟囱应基本成直线。

（2）当烟囱超过周围建筑物时要安装避雷针。

（3）在烟囱的适当高度处（无规定时为2/3处）安装拉紧绳，最少三根，互为120°。采用焊接或其他方法将拉紧绳的固定装置安装牢固。在拉紧绳距地面不少于3m处安装绝缘子，拉紧绳与地锚之间用花篮螺栓拉紧，锚点的位置应合理，应使拉紧绳与地面的斜角少于45°。

（4）用吊装设备把烟囱吊装就位，用拉紧绳调整烟囱的垂直度，垂直度的要求为1/1000，全高不超过20mm，最后检查接紧绳的松紧度，拧紧绳卡和基础螺栓。

（5）两台或两台以上燃油锅炉共用一个烟囱时，每一台锅炉的烟道上均应配备风阀或挡板装置，并应具有操作调节和闭锁功能。

12 送风机、引风机、单斗提升机、除尘器、水处理设备、水泵、箱、罐及管道、风道安装等详见本标准第13.3节“辅助设备及管道安装”。

13 热交换器、分汽缸（分水器、集水器）等安装详见本标准第13.6节“换热站安装”。

14 安全阀、压力表、水位表、温度计等附件安装详见本标准第13.4节“安全附件安装”。

15 锅炉水压试验

（1）水压试验应报请当地技术监督局有关部门参加。

（2）试验前的准备工作

1）将锅筒、集箱内部清理干净后封闭人孔手孔。

2）检查锅炉本体的管道、阀门有无漏加垫片，漏装螺栓和未紧固等现象。

3）应关闭排污阀、主汽阀和上水阀。

4）安全阀的管座应用盲板封闭，并在一个管座的盲板上安装放气管和放气阀，放气管的长度应超出锅炉的保护壳。

5）锅炉试压管道和进水管道接在锅炉的副汽阀上为宜。

6）应打开锅炉的前后烟箱和烟道的检查门，试压时便于检查。

7）打开副汽阀和放气阀。

8）至少应装两块经计量部门校验合格的压力表，并将其旋塞转到相通位置。

（3）试验时对环境温度的要求

1）水压试验应在环境温度（室内）高于+5℃时进行。

2）在气温低于+5℃的环境中进行水压试验时，必须有可靠的防冻措施。

（4）试验时对水温的要求

1）水温一般应在20~70℃。

2）水压试验应使用软化水，应保持高于周围环境露点的温度以防锅炉表面结露。

3）无软化水时可用自来水试压；当施工现场无热源时，要等锅炉筒内水温与周围气温较为接近或无结露时，方可进行水压试验。

（5）锅炉水压试验的压力规定见表13.2.6，并应符合地方技术监督局的规定。

（6）水压试验步骤和验收标准

1）向炉内上水。打开自来水阀门向炉内上水，待锅炉最高点放气管见水无气后关闭放气阀，最后把自来水阀门关闭。

2）用试压泵缓慢升压至0.3~0.4MPa时，应暂停升压，进行一次检查和必要的紧固螺栓工作。

3）待升至工作压力时，应停泵检查各处有无渗漏或异常现象，再升至试验压力后停泵。锅炉应在试验压力下保持10min，压力降不超过0.02MPa，然后降至工作压力进行检查。达到下列要求为试验合格：

压力不降、不渗、不漏；观察检查，不得有残余变形；受压元件金属壁和焊缝上不得有水珠和水雾；胀口处不滴水珠。

4）水压试验结束后，应将炉内水全部放净，以防冻，并拆除所加的全部盲板。

5）水压试验结束后，应作好记录，并有参加验收人员签字，最后存档。

6）水压试验还应符合地方技术监督局的有关规定。

16　炉排冷态试运转

（1）清理炉膛、炉排，尤其是容易卡住炉排的铁块、焊渣、焊条头和铁矿钉等必须清理干净，然后将炉排各部位的油杯加满润滑油。

（2）机械炉排安装完毕后应做冷态运转试验。炉排冷运转连续不少于8h，试运转速度最少应在两级以上，并进行检查和调整：

1）检查炉排有无卡住和拱起现象，如炉排有拱起现象可通过调整炉排前轴的拉紧螺栓消除。

2）检查炉排有无跑偏现象，要钻进炉膛内检查两侧主炉排片与两侧板的距离是否基本相等。不等时说明跑偏，应调整前轴相反一侧的拉紧螺栓（拧紧），使炉排走正。如拧到一定程度后还不能纠偏时，还可以稍松另一侧的拉紧螺栓，使炉排走正。

3）检查炉排长销轴与两侧板的距离是否大致相等，通过一字形检查孔，用手锤间接打击过长的，使长销轴与两侧板的距离相等。同时还要检查有无漏装垫圈和开口销。

4）检查主炉排片与链轮啮合是否良好，各链轮齿是否同位。如有严重不同位时，应与制造厂联系解决。

5）检查炉排片有无断裂，有断裂时等到炉排转到一字形检查孔的位置时，停炉排把备片换上再运转。

6）检查煤闸板吊链的长短是否相等，检查各风室的调节门是否灵活。

7）冷态试运行结束后应填好记录，甲乙方、监理方签字。

17 烘炉、煮炉和试运行详见本标准第 13.5 节“烘炉、煮炉和试运行”。

13.2.4 成品保护

1 施工过程中随时掌握成品保护情况，发现不足之处，及时加强、弥补。

2 当锅炉房地面做好后，在进行锅炉、设备的水平运输时应将地面扫净，垫好木板或道木防止损坏地面。如滚杠与地面直接接触时除地面要扫净外，滚杠的两头不得翻边和有棱角突出防止损坏地面。用大锤敲打滚杠时应注意不得损坏地面。

3 水平运输或吊装时所设置的锚点应尽量避免设在建筑结构或基础上，如难以避免时应取得设计单位和业主的同意并采取有效的保护措施。

4 设备如在楼板上拖运，必须了解楼板的承载能力。如楼板承载能力不足，必须采取有效保护措施。

5 在进行锅炉、设备及管道安装时，不得损坏门、窗、玻璃和已抹好的墙面。

6 在建筑结构或墙上（包括抹面的墙）需要剔槽打洞或安装各种支架时，应尽量缩小损坏程度。

7 锅炉安装过程中，每天下班前遮盖好敞口部位。

8 施工中用的各类油类（主要指机油、黄油、油漆），不得随意洒落或涂抹在地面、墙面或门窗上。

9 试压前认真检查锅筒及集箱，严禁内部遗留污物等。

10 试压后应及时放尽存水。

11 当锅炉设备安装完后进行地面施工时，土建施工人员不得损坏地下管道及已安好的设备。

12 土建专业需搭设脚手架进行工程修补及抹灰、喷浆时，不得将架子搭在设备或管道上。

13 土建专业进行修补和喷浆时，应有妥善的保护措施，防止损坏、污染设备、管道、阀门和仪表。

14 安装锅炉设备时，锅炉房应具备能关窗、锁门的条件，防止设备、阀门、仪表的损坏和丢失。

15 螺旋除渣机及刮板除渣机安装过程中，应防止铁块、螺栓等物落进机体。运输过程中，保护好法兰，严防碰撞变形。

13.2.5 安全、环保措施

1 锅炉在运输、吊装安装、就位以及在运输中所用的起重工具，必须经过检查，合格后方可使用。

2 非操作人员严禁进入吊装区内，桅杆垂直下方不准站人，也不准通过或停留。要注意与运转的机械保持一定距离。

3 高空作业时，必须遵守有关规定。

4 锅炉就位时，严格听从统一指挥，相互协调，步调一致，防止砸、碰、挤、压伤操作人员。

5 锥形渣斗及筒体吊进坑内过程中，坑内外人员配合要协调，严防撞伤人。

6　试压时，因是带压进行检查，严禁敲击锅炉受压件。

7　试压中应使用校准后的压力表，且不少于两个。严禁使用失灵的压力表。

13.2.6　质量标准

Ⅰ　主 控 项 目

1　锅炉设备基础的混凝土强度必须达到设计要求，基础的坐标、标高、几何尺寸和螺栓孔位置应符合表13.2.1的规定。

2　非承压锅炉，应严格按设计或产品说明书的要求施工。锅筒顶部必须敞口或装设大气连通管，连通管上不得安装阀门。

检验方法：对照设计图纸或产品说明书检查。

3　以天然气为燃料的锅炉的天然气释放管或大气排放管不得直接通向大气，应通向贮存或处理装置。

检查方法：对照设计图纸检查。

4　两台或两台以上燃油锅炉共用一个烟囱时，每一台锅炉的烟道上均应配备风阀或挡板装置，并应具有操作调节和闭锁功能。

检验方法：观察和手扳检查。

5　锅炉的锅筒和水冷壁的下集箱及后棚管的后集箱的最低处排污阀及排污管道不得采用螺纹连接。

检查方法：观察检查。

6　锅炉的汽、水系统安装完毕后，必须进行水压试验，水压试验的压力应符合表13.2.6的规定。

表13.2.6　水压试验压力规定

项次	设备名称	工作压力 P（MPa）	试验压力（MPa）
1	锅炉本体	$p<0.59$	$1.5P$ 但不小于0.2
		$0.59\leqslant P\leqslant1.18$	$P+0.3$
		$p>1.18$	$1.25P$
2	可分式省煤器	P	$1.25P+0.5$
3	非承压锅炉	大气压力	0.2

注：1　工作压力 P 对蒸汽锅炉指锅筒工作压力，对热水锅炉指锅炉额定出水压力；

2　铸铁锅炉水压试验同热水锅炉；

3　非承压锅炉水压试验压力为0.2MPa，试验期间压力应保持不变。

检验方法：

（1）在试验压力下10min内压力降不超过0.02MPa，然后降至工作压力进行检查，压力不降、不渗、不漏。

（2）观察检查，不得有残余变形，受压元件金属壁和焊缝上不得有水珠和水雾。

7　机械炉排安装完毕后应做冷态运转试验，连续运转时间不应少于8h。

检验方法：观察运转试验全过程。

8　锅炉本体管道及管件焊接的焊缝质量应符合下列规定：

1）管道及管件焊接的焊缝表面质量应符合下列要求：

焊缝外形尺寸应符合图纸和工艺文件的规定，焊缝高度不得低于母材表，焊缝与母材应圆滑过渡。

焊缝及热影响区表面应无裂纹、未熔合、未焊透、夹渣、弧坑和气孔等缺陷。

2）钢管管道焊接的焊口允许偏差应符合表4.2.3.2-9的规定：

3）无损探伤的检测结果应符合锅炉本体设计的相关要求。

检验方法：观察和检验无损伤检测报告。

Ⅱ 一 般 项 目

9 锅炉安装的坐标、标高、中心线和垂直度的允许偏差应符合表13.2.3.2-1的规定。

10 组装链条炉排安装的允许偏差应符合表13.2.3.2-2规定。

11 往复式炉排安装的允许偏差应符合表13.2.3.2-3的规定。

12 铸铁省煤器破损的肋片数不应大于总肋片数的5%，有破损肋片的根数不应大于总根数的10%。铸铁省煤器支承架安装的允许偏差应符合表13.2.3.2-4规定。

13 锅炉本体安装应按设计或产品说明书要求布置并坡向排污阀。

检验方法：用水平尺或水准仪检查。

14 锅炉由炉底送风的风室及锅炉座与基础之间必须封、堵严密。

检验方法：观察检查。

15 省煤器的出口处（或入口处）应按设计或锅炉图纸要求安装阀门和管道。

检验方法：对照设计图纸检查。

16 电动调节阀门的调节机构与电动执行机构的转臂应在同一平面内动作，传动部分应灵活、无空行程及卡阻现象，其行程及伺服时间应满足使用要求。

检验方法：操作时观察检查。

13.2.7 质量验收

1 检验批质量验收、分项工程质量验收应参见本标准第3.1.8条执行。

2 检验批质量验收表当地政府主管部门无统一规定时，宜采用表13.2.7“锅炉安装工程检验批质量验收记录表”。

表 13.2.7 锅炉安装工程检验批质量验收记录表

GB 50242—2002

单位（子单位）工程名称				
分部（子分部）工程名称			验收部位	
施工单位			项目经理	
分包单位			分包项目经理	
施工执行标准名称及编号				

		施工质量验收规范的规定				施工单位检查评定记录	监理（建设）单位验收记录
主控项目	1	锅炉基础验收			设计要求		
	2	燃油、燃汽及非承压锅炉安装			第 13.2.2 条，第 13.2.3 条，第 13.2.4 条		
	3	锅炉烘炉和试运行			第 13.5.1 条，第 13.5.2 条，第 13.5.3 条		
	4	排污管和排污阀安装			第 13.2.5 条		
	5	锅炉和省煤器的水压试验			第 13.2.6 条		
	6	机械炉排冷态试运行			第 13.2.7 条		
	7	本体管道焊接			第 13.2.8 条		
一般项目	1	锅炉煮炉			第 13.5.4 条		
	2	铸铁省煤器肋片破损数			第 13.2.12 条		
	3	锅炉本体安装的坡度			第 13.2.13 条		
	4	锅炉炉底风室			第 13.2.14 条		
	5	省煤器出入口管道及阀门			第 13.2.15 条		
	6	电动调节阀安装			第 13.2.16 条		
	7	锅炉安装允许偏差	坐　　标		10mm		
			标　　高		±5mm		
			中心线垂直度	立式锅炉炉体全高	4mm		
				卧式锅炉炉体全高	3mm		
	8	链条炉排安装允许偏差	炉排中心位置		2mm		
			前后中心线的相对标高差		5mm		
			前轴、后轴的水平度（每 1m）		1mm		
			墙壁板间两对角线长度之差		5mm		
	9	往复炉排安装允许偏差	炉排片间隙	纵　向	1mm		
				两　侧	2mm		
			两侧板对角线长度之差		5mm		
	10	省煤器支架安装允许偏差	支承架的水平方向位置		3mm		
			支承架的标高		0，-5mm		
			支承架纵横水平度（每 1m）		1mm		

施工单位检查评定结果	专业工长（施工员）	施工班组长
	项目专业质量检查员：　　年　月　日	
监理（建设）单位验收结论	监理工程师（建设单位项目专业技术负责人）：　　年　月　日	

13.3 辅助设备及管道安装

13.3.1 施工准备

1 技术准备

(1) 所有安装项目的设计图纸已具备，并且已经过图纸会审和设计交底。

(2) 施工方案已编制。

(3) 施工技术人员向班组做了图纸和施工技术交底。

2 材料准备

(1) 辅助设备及管道安装包括：送风机、引风机、单斗提升机、除尘器、水处理设备、水泵、箱、罐及管道、风道安装。

(2) 压力表、安全阀、水位计、排污阀、调节阀、闸阀、截止阀、止回阀。

(3) 钢板、型钢、法兰、机油、汽油、清油、铅油。

(4) 电焊条、螺栓、螺帽、垫铁、水泥、石棉绳、石棉橡胶垫、石棉填料及盘根。

(5) 聚四氟乙烯生料带、麻丝、粉笔、石笔、小线、水源、电源。

3 主要机具

(1) 机械：吊车、卷扬机、砂轮机、套丝机、坡口机、砂轮锯、电焊机、试压泵等。

(2) 工具：手电钻、冲击钻、千斤顶、各种扳手、夹钳、手锯、手锤、大锤、布剪子、人字桅杆、绞磨、滑轮、倒链、锚碇、道木、滚杠、撬杠、钢丝绳、大绳、索具、电焊机具、气焊工具、胀管机具、钢锯、螺丝刀等。

(3) 量具：钢板尺、法兰角尺、钢卷尺、卡钳、塞尺、水平仪、水平尺、游标卡尺、焊缝检测尺、温度计、压力表、线坠等。

4 作业条件

(1) 锅炉已吊装就位，安装完毕。

(2) 各类设备基础施工完毕，符合表13.2.1的要求。模板已拆除，并已清理干净。表面不得有油污。基础四周的回填土已完成。

(3) 各类设备均已进场。

13.3.2 材料质量控制

材料质量控制除应符合本标准第3.2节“材料设备管理”中相关要求外，还应符合如下要求：

1 锅炉辅助设备应齐全完好，并经业主、施工单位、监理共同开箱检查，设备的型号、规格、技术数据、构造尺寸、外形尺寸、风机进出口的位置、叶轮旋转方向等都符合设计要求。根据设备清单对所有设备及零部件进行清点验收。各类设备的切削加工面、机壳、转子等均无变形或锈蚀、碰损等缺陷。对缺损件应做记录并及时解决，清点后应妥善保管。

2 各种金属管材、型钢、阀门及管件的规格、型号必须符合设计要求，并符合产品出厂质量标准，外观质量良好，不得有损伤、锈蚀或其他表面缺陷。

3 分汽缸属于一、二类压力容器。分汽缸必须由具有相应资质的压力容器制造厂制造。出厂时，应经当地锅炉压力容器监督检验部门监检合格，并提交产品合格证（包含材质、无损探伤、水压试验和图纸等资料）。

13.3.3 施工工艺

13.3.3.1 工艺流程

1 动设备安装工艺流程

施工准备→设备运输及开箱检验→基础验收复核、放线→垫铁安装→吊装就位→找正找平→地脚螺栓灌浆→设备找平→联轴器对中→二次灌浆抹面→清洗拆检组装→设备配管→电气仪表接线调试→电动机空载试车→试运行→竣工验收

2 静设备安装工艺流程

施工准备→设备运输及开箱检验→基础验收复核→吊装就位→找正找平→地脚螺栓灌浆→二次灌浆、抹面→配管配线→试验调整→吹扫清洗、试验→联动试车→竣工验收

3 管道安装工艺流程参见本标准第4章“室内给水系统安装”。

13.3.3.2 施工要点

1 各种设备的主要操作通道的净距如设计不明确时不应小于1.5m，辅助操作通道净距不应小于0.8m。

2 基础验收：执行本标准表13.2.1。

3 风机安装

（1）基础验收合格，安装垫铁后，将送风机吊装就位（带地脚螺栓），找平找正后进行地脚螺栓孔灌浆。待混凝土强度达到75%以上时，再复查风机是否水平，地脚螺栓紧固后进行二次灌浆。混凝土的强度等级应比基础强度等级高一级，灌注捣固时不得使地脚螺栓歪斜，灌注后要养护。

（2）风机找正找平要求

1）机壳安装应垂直：风机坐标安装允许偏差为10mm，标高允许偏差为±5mm。

2）纵向水平度0.2/1000。

横向水平度0.3/1000。

风机轴与电机轴不同心，径向位移不大于0.05mm。

如用皮带轮连接时，风机和电机的两皮带轮的平行度允许偏差应小于1.5mm。两皮带轮槽应对正，允许偏差小于1mm。

（3）风管安装

1）砖砌地下风道，风道内壁用水泥砂浆抹平，表面光滑、严密。风机出口与风管之间、风管与地下风道之间连接要严密，防止漏风。

2）安装烟道时应使之自然吻合，不得强行连接，更不允许将烟道重量压在风机上。当采用钢板风道时，风道法兰连接要严密。应设置安装防护装置。

3）安装调节风门时应注意不要装反，应标明开、关方向。

4）安装调节风门后试拨转动，检查是否灵活，定位是否可靠。

（4）安装冷却水管：冷却水管应干净畅通。排水管应安装漏斗以便于直观出水的大小，出水大小可用阀门调整。安装后应按要求进行水压试验，如无规定时，试验压力不低于0.4MPa。其他要求可参考给水管安装要求。

（5）轴承箱清洗加油。

（6）安装安全罩，安全罩的螺栓应拧紧。

(7) 风机试运行：试运行前用手转动风机，检查是否灵活。先关闭调节阀门，接通电源，进行点试，检查风机转向是否正确，有无摩擦和振动现象。起动后再稍开调节门，调节门的开度应使电机的电流不超过额定电流。运转时检查电机和轴承升温是否正常。风机试运行不小于2h，并作好运行记录。

1) 风机试运转，轴承温升应符合下列规定：

滑动轴承温度最高不得超过60℃；

滚动轴承温度最高不得超过80℃。

2) 轴承径向单振幅应符合下列规定：

风机转速小于1000r/min时，不应超过0.10mm；

风机转速为1000~1450r/min时，不应超过0.08mm。

4 单斗式提升机安装应符合下列要求：

(1) 导轨的间距偏差不大于2mm。

(2) 垂直式导轨的垂直度偏差不大于1‰，倾斜式导轨的倾斜度偏差不大于2‰。

(3) 料斗的吊点与料斗垂心在同一垂线上，重合度偏差不大于10mm。

(4) 行程开关位置应准确，料斗运行平稳，翻转灵活。

5 除尘器安装

(1) 安装前首先核对除尘器的旋转方向与引风机的旋转方向是否一致，安装位置是否便于清灰、运灰。除尘器落灰口距地面高度一般为0.6~1.0m。检查除尘器内壁耐磨涂料有无脱落。

(2) 安装除尘器支架：将地脚螺栓安装在支架上，然后把支架放在划好基准线的基础上。

(3) 安装除尘器：支架安装好后，吊装除尘器，紧好除尘器与支架连接的螺栓。吊装时根据情况（立式或卧式）可分段安装，也可整体安装。除尘器的蜗壳与锥形体连接的法兰要连接严密，用ϕ10石棉扭绳作垫料，垫料应加在连接螺栓的内侧。

(4) 烟道安装：先从省煤器的出口或锅炉后烟箱的出口安装烟道和除尘器的扩散管。烟道之间的法兰连接用ϕ10石棉扭绳作垫料，垫料应加在连接螺栓的内侧，连接要严密。烟道与引风机连接时应采用软接头，不得将烟道重量压在风机上。烟道安装后，检查扩散管的法兰与除尘器的进口法兰位置是否正确。

(5) 检查除尘器的垂直度和水平度：除尘器的垂直度和水平度允许偏差为1/1000，找正后进行地脚螺栓孔灌浆，混凝土强度达到75%以上时，将地脚螺栓拧紧。

(6) 锁气器安装：锁气器是除尘器的重要部件，是保证除尘器效果的关键部件之一，因此锁气器的连接处和舌形板接触要严密，配重或挂环要合适。

(7) 除尘器应按图纸位置安装，安装后再安装烟道。设计无要求时，弯头（虾米腰）的弯曲半径不应小于管径的1.5倍，扩散管渐扩角度不得大于20°。

6 水处理设备安装

(1) 锅炉运行应用软化水。

(2) 低压锅炉的炉外水处理一般采用钠离子交换水处理方法。多采用固定床顺流再生、逆流再生和浮动床三种工艺。

(3) 离子交换器安装前，先检查设备表面有无撞痕，罐内防腐有无脱落，如有脱落应用好记录，采取措施后再安装。为防止树脂流失应检查布水喷嘴和孔板垫布有无损坏，如损坏应更换。

(4) 钠离子交换器安装：将离子交换器吊装就位，找平找正。视镜应安装在便于观看的方向，罐体垂直允许偏差为2/1000。在吊装时要防止损坏设备。

(5) 设备配管：一般采用镀锌钢管或塑料管，采用螺纹连接，接口要严密。所有阀门安装的标高和位置应便于操作，配管的支架严禁焊在罐体上。

(6) 配管完毕后，根据说明书进行水压试验。检查法兰、视镜、管道接口等，以无渗漏为合格。

(7) 装填树脂时，应根据说明书先进行冲洗后再装入罐内。树脂层装填高度按设备说明书要求进行。

(8) 盐水箱（池）安装：如用塑料制品，可按图纸位置放好即可；如用钢筋混凝土浇注或砖砌盐池，应分为溶池和配比池两部分。无规定时，一般底层用30~50mm厚的木板，并在其上打出 ϕ8mm 的孔，孔距为5mm，木板上铺200mm厚的石英石，粒度为 ϕ10~20mm，石英石上铺上1~2层麻袋布。

7 水泵安装

(1) 将水泵吊装就位，找平找正，与基准线相吻合，泵体水平度0.1mm/m，然后进行灌浆。

(2) 联轴器找正。泵与电机轴的同心度：轴向倾斜0.8mm/1m，径向位移0.1mm。

(3) 手摇泵应垂直安装。安装高度如设计无要求时，泵中心距地面为800mm。

(4) 水泵安装后外观质量检查：泵壳不应有裂纹、砂眼及凹凸不平等缺陷，多级泵的平衡管路应无损伤或折陷现象，蒸汽往复泵的主要部件、活塞及活动轴必须灵活。

(5) 轴承箱清洗加油。

(6) 水泵试运转

1) 电机试运转，确认转动无异常现象、转动方向无误。

2) 安装联轴器的连接螺栓：安装前应用手转动水泵轴，应转动灵活无卡阻、杂音及异常现象，然后再连接联轴器的螺栓。

3) 泵启动前应先关闭出口阀门（以防起动负荷过大），然后启动电机。当泵达到正常运转速度时，逐步打开出口阀门，使其保持工作压力。检查水泵的轴承温升（应按说明书，一般不超过外界温度35℃，其最高温度不应大于75℃），轴封是否漏水、漏油。

8 热力除氧器和真空除氧器安装

热力除氧器和真空除氧器使用安全，应用广泛。其上部为除氧头，下部为除氧水箱，除氧头和除氧水箱用法兰相连。除此之外还有解吸除氧装置、化学除氧器等。下面以热力除氧器为例介绍除氧器安装方法：

(1) 热力除氧器应安装在锅炉给水泵的上方，除氧水箱的最低水位和给水泵的中心线之间的高差应不小于7m。除氧水箱为卧式安装，除氧头为立式安装在除氧水箱上。一般均设有钢梯及钢平台。

(2) 提交安装除氧器的基础应验收合格，混凝土强度达到70%以上。基础划线以安装层的建筑基准点为依据。安装前，应清除基础表面杂物污垢，在施工中不得使基础沾油污。

(3) 除氧器的运输方法与锅炉相同，先将除氧水箱吊至安装的高度，调准水箱方位后，将除氧水箱的固定支座落在固定基础上，再慢慢将滑动支座落在另一端基础上。吊线、找正、调整后，按随机技术文件的规定将支座用地脚螺栓帽或电焊固定。

(4) 安装钢扶梯和钢平台

1) 安装前检查钢构件的几何尺寸、长度、弯曲度。允许偏差为：平台不平度2mm/m；平台长度 2mm/m；钢扶梯长度为±5mm。

2) 可采用组合构件吊装，先安装扶梯，然后安装钢平台和钢栏杆。安装后的允许偏差为：平台标高为±10mm；栏杆的弯曲度为5mm/m；扶手立杆不垂直度 5mm/全高。

(5) 将除氧头吊至安装高度，慢慢落下，使除氧头的法兰对准除氧水箱上的法兰，用螺栓穿入法兰孔、稳住除氧头后，将垫片加进法兰内，再把除氧头全部座落在除氧水箱上，吊正、找平，调整各螺栓孔位置，穿进全部螺栓，戴上垫圈、螺帽，对称地逐渐拧紧。

(6) 按锅炉房配管施工图进行管道附件、阀门及仪表配置。热力除氧器和真空除氧器的排气管应通向室外，直接排入大气。

(7) 热力除氧器必须安装水位自动调节装置、蒸汽压力自动调节装置和水封式安全阀。

(8) 除氧头与除氧水箱安装完毕必须进行水压试验。除氧器的工作压力为 0.02MPa，其试验压力为 0.2MPa。

(9) 除氧器经水压试验合格后，外壳进行保温。如设计无规定，可采用钢丝网包扎后抹石棉水泥一层，厚度一般为 80~100mm。

(10) 试运转。在试运转过程中注意调节好排气阀的开启度，既要保证顺利排出气体，又要尽量阻止蒸汽的逸出，减少热量损失。通过自动调节装置应注意蒸汽量吸水量的比例调节是否恰到好处，即将水加热至沸腾状。

9 箱、罐等静态设备安装

(1) 箱、罐安装允许偏差不得超过表 13.3.3.2-1 的规定。

表 13.3.3.2-1 箱、罐安装允许偏差

项次	项目	允许偏差
1	标高	±5mm
2	水平度或垂直度	2/1000*L* 或 2/1000*H* 但不大于 10mm（*L*——长度，*H*——高度）
3	坐标	15mm

(2) 箱、罐及支、吊、托架安装，应平直牢固，位置正确，支架安装的允许偏差应符合表 13.3.3.2-2 的规定。

表 13.3.3.2-2 箱、罐支架安装允许偏差

项次	项目		允许偏差
1	支架立柱	位置	5mm
		垂直度	2/1000*H* 但不大于 10mm（*H*——高度）
2	支架横梁	上表面标高	±5mm
		侧向弯曲	2/1000*L* 但不大于 10mm（*L*——长度）

（3）敞口箱、罐安装前应作满水试验，满水试验满水后静置24h不渗不漏为合格。密闭箱、罐，如设计无要求，应以工作压力的1.5倍作水压试验，但不得小于0.4MPa，在试验压力下10min内无压降，不渗不漏为合格。

（4）地下直埋油罐在埋地前应做气密性试验，试验压力不应小于0.03MPa。在试验压力下观察30min不渗、不漏、无压降为合格。

（5）分汽缸（分水器、集水器）安装前应进行水压试验，试验压力为工作压力的1.5倍，但不得小于0.6MPa。试验压力下10min内无压降、无渗漏为合格。分汽缸一般安装在角钢支架上，安装位置应有0.005的坡度，分汽缸的最低点应安装疏水器。

（6）注水器安装高度，如设计无要求时，中心距地面为1.0～1.2m，固定应牢固。与锅炉之间装好逆止阀，注水器与逆止阀的安装间距应保持在150～300mm的范围内。

（7）除污器安装

1）除污器应装有旁通管（绕行管），以便在系统运行时，对除污器进行必要的检修。

2）因除污器重量较大，应安装在专用支架上。

3）除污器安装方向必须正确。系统试压与冲洗后，应予以清扫。

10　管道、阀门和仪表安装

（1）参见本技术标准第六章和第四章相关条款。

（2）连接锅炉及辅助设备的工艺管道安装完毕后，必须进行系统的水压试验，试验压力为系统中最大工作压力的1.5倍。在试验压力10min内压力降不超过0.05MPa，然后降至工作压力进行检查，不渗不漏为合格。

（3）管道连接的法兰、焊缝和连接管件以及管道上的仪表、阀门的安装位置应便于检修，并不得紧贴墙壁、楼板或管架。

（4）连接锅炉及辅助设备的工艺管道安装的允许偏差应符合表13.3.3.2-3的规定。

表13.3.3.2-3　工艺管道安装的允许偏差和检验方法

项次	项　目		允许偏差（mm）	检 查 方 法
1	坐　标	架　空	15	水准仪、拉线和尺量
		地　沟	10	
2	标　高	架　空	±15	水准仪、拉线和尺量
		地　沟	±10	
3	水平管道纵、横方向弯曲	$DN\leqslant100$mm	2‰，最大50	直尺和拉线检查
		$DN>100$mm	3‰，最大70	
4	立 管 垂 直		2‰，最大15	吊线和尺量
5	成排管道间距		3	直尺尺量
6	交叉管的外壁或绝热层间距		10	

11　设备管道防腐

设备管道防腐按本标准第4.2节“室内管道及配件安装”相关内容执行。

在涂刷油漆前，必须清除管道及设备表面的灰尘、污垢、锈斑、焊渣等物。涂漆的厚度应均匀，不得有脱皮、起泡、流淌和漏涂等缺陷。

12 设备管道保温

设备管道保温按本标准第 4.2 节“室内管道及配件安装”相关内容执行。

13.3.4 成品保护

1 鼓、引风机若露天安装，应在尚未安装保护及防雨罩之前，用塑料布或油毡盖好、压住。

2 为防止水泵内部淤塞，水泵的入口和出口，在其与管道相接之前，暂用堵板盖严。

3 各种罐体安装后，在未与管道连接前，均须用堵胆临时封闭。

4 各类容器、罐安装过程中，仅仅就位、找正，在尚未固定前，要设专人负责，严防工种交叉作业时不慎将容或罐碰倒。

5 零件分类装箱保管，不得随意堆放，设备要用木方垫平以防变形。

6 电机及设备要用防水布盖好，避免雨淋或受潮。

13.3.5 安全环保措施

1 风机试运转之前，先清理周围场地，拆除脚手架及临时设施，装好充足照明。机壳及各连接系统内不得有人操作或堆放物件。

2 试运转中，风机叶轮的切线方向及联轴器的附近不得站人。

3 先试验事故按钮是否灵敏和可靠。

4 设备起吊与安装过程，应严格遵守吊装中各项安全规定。

13.3.6 质量标准

Ⅰ 主 控 项 目

1 辅助设备基础的混凝土强度必须达到设计要求，基础的坐标、标高、几何尺寸和螺栓孔位置必须符合表 13.2.1 的规定。

2 风机试运转，轴承温升应符合下列规定：

(1) 滑动轴承温度最高不得超过 60℃；

(2) 滚动轴承温度最高不得超过 80℃。

检验方法：用温度计检查。

轴承径向单振幅应符合下列规定：

(1) 风机转速小于 1000r/min 时，不应超过 0.10mm；

(2) 风机转速为 1000～1450r/min 时，不应超过 0.08mm。

检验方法：用测振仪表检查。

3 分汽缸（分水器、集水器）安装前应进行水压试验，试验压力为工作压力的 1.5 倍，但不得小于 0.6MPa。

检验方法：试验压力下 10min 内无压降、无渗漏。

4 敞口箱、罐安装前应做满水试验；密闭箱、罐应以工作压力的 1.5 倍作水压试验，但不得小于 0.4MPa。

检验方法：满水试验满水后静置 24h 不渗不漏；水压试验在试验压力下 10min 内无压降，不渗不漏。

5 地下直埋油罐在埋地前应做气密性试验，试验压力不应小于0.03MPa。

检验方法：试验压力下观察30min不渗、不漏，无压降。

6 连接锅炉及辅助设备的工艺管道安装完毕后，必须进行系统的水压试验，试验压力为系统中最大工作压力的1.5倍。

检验方法：在试验压力10min内压力降不超过0.05MPa，然后降至工作压力进行检查，不渗不漏。

7 各种设备的主要操作通道的净距如设计不明确时不应小于1.5m，辅助的操作通道净距不应小于0.8m。

检验方法：尺量检查。

8 管道连接的法兰、焊缝和连接管件以及管道上的仪表、阀门的安装位置应便于检修，并不得紧贴墙壁、楼板或管架。

检验方法：观察检查。

9 管道焊接质量应符合下列规定：

(1) 管道及管件焊接的焊缝表面质量应符合下列要求：

焊缝外形尺寸应符合图纸和工艺文件的规定，焊缝高度不得低于母材表，焊缝与母材应圆滑过渡。焊缝及热影响区表面应无裂纹、未熔合、未焊透、夹渣、弧坑和气孔等缺陷。

(2) 钢管管道焊接的焊口允许偏差应符合表4.2.3.2-9的规定。

Ⅱ 一 般 项 目

10 锅炉辅助设备安装的允许偏差应符合表13.3.6的规定。

表13.3.6 锅炉辅助设备安装的允许偏差和检验方法

项次	项	目		允许偏差（mm）	检 验 方 法
1	送、引风机	坐 标		10	经纬仪、拉线和尺量
		标 高		±5	水准仪、拉线和尺量
2	各种静置设备（各种容器、箱、罐等）	坐 标		15	经纬仪、拉线和尺量
		标 高		±5	水准仪、拉线和尺量
		垂直度（每1m）		2	吊线和尺量
3	离心式水泵	泵体水平度（每1m）		0.1	水平尺和塞尺检查
		联轴器同心度	轴向倾斜（每1m）	0.8	水准仪、百分表（测微螺钉）和塞尺检查
			径向位移	0.1	

11 连接锅炉及辅助设备的工艺管道安装的允许偏差应符合表13.3.3.2-3的规定。

12 单斗式提升机安装应符合下列规定：

(1) 导轨的间距偏差不大于2mm。

(2) 垂直式导轨的垂直度偏差不大于1‰；倾斜式导轨的倾斜度偏差不大于2‰。

(3) 料斗的吊点与料斗垂心在同一垂线上，重合度偏差不大于10mm。

(4) 行程开关位置应准确，料斗运行平稳，翻转灵活。

检验方法：吊线坠、拉线及尺量检查。

13 安装锅炉送、引风机，转动应灵活无卡碰等现象；送、引风机的传动部位，应设置安全防护装置。

检验方法：观察和启动检查。

14 水泵安装的外观质量检查：泵壳不应有裂纹、砂眼及凹凸不平等缺陷；多级泵的平衡管路应无损伤或折陷现象；蒸汽往复泵的主要部件、活塞及活动轴必须灵活。

检验方法：观察和启动检查。

15 手摇泵应垂直安装。安装高度如设计无要求时，泵中心距地面为800mm。

检验方法：吊线和尺量检查。

16 水泵试运转，叶轮与泵壳不应相碰，进、出口部位的阀门应灵活。轴承温升应符合产品说明书的要求。

检验方法：通电、操作和测温检查。

17 注水器安装高度，如设计无要求时，中心距地面为1.0~1.2m。

检验方法：尺量检查。

18 除尘器安装应平稳牢固，位置和进、出口方向应正确。烟道与引风机连接时应采用软接头，不得将烟道重量压在风机上。

检验方法：观察检查。

19 热力除氧器和真空除氧器的排气管应通向室外，直接排入大气。

检验方法：观察检查。

20 软化水设备罐体的视镜应布置在便于观察的方向。树脂装填的高度应按设备说明书要求进行。

检验方法：对照说明书，观察检查。

21 管道及设备保温层的厚度和平整度的允许偏差应符合表4.2.3.2-48的规定：

22 在涂刷油漆前，必须清除管道及设备表面的灰尘、污垢、锈斑、焊渣等物。涂漆的厚度应均匀，不得有脱皮、起泡、流淌和漏涂等缺陷。

检验方法：现场观察检查。

13.3.7 质量验收

1 锅炉辅助设备安装分项工程应按设备种类等划分。分项工程应按台数划分成若干检验批进行验收。

2 工艺管道安装分项工程宜按系统、材质不同等划分。分项工程应划分成若干检验批进行验收。

3 检验批质量验收、分项工程质量验收应参照本标准第3.1.8~3.1.11条执行。

4 检验批质量验收表当地政府主管部门无统一规定时，宜采用表13.3.7-1“锅炉辅助设备安装工程检验批质量验收记录表（Ⅰ）”和表13.3.7-2“工艺管道安装工程检验批质量验收记录表（Ⅱ）”。

表 13.3.7-1　锅炉辅助设备安装工程检验批质量验收记录表

GB 50242—2002

（Ⅰ）

<table>
<tr><td colspan="5">单位（子单位）工程名称</td><td colspan="3"></td></tr>
<tr><td colspan="5">分部（子分部）工程名称</td><td></td><td>验收部位</td><td></td></tr>
<tr><td colspan="2">施工单位</td><td colspan="4"></td><td>项目经理</td><td></td></tr>
<tr><td colspan="2">分包单位</td><td colspan="4"></td><td>分包项目经理</td><td></td></tr>
<tr><td colspan="5">施工执行标准名称及编号</td><td colspan="3"></td></tr>
<tr><td colspan="6">施工质量验收规范的规定</td><td>施工单位检查评定记录</td><td>监理（建设）单位验收记录</td></tr>
<tr><td rowspan="6">主控项目</td><td>1</td><td colspan="3">辅助设备基础验收</td><td>设计要求</td><td></td><td rowspan="6"></td></tr>
<tr><td>2</td><td colspan="3">风机试运转</td><td>第 13.3.2 条</td><td></td></tr>
<tr><td>3</td><td colspan="3">分汽缸、分水器、集水器水压试验</td><td>第 13.3.3 条</td><td></td></tr>
<tr><td>4</td><td colspan="3">敞口水箱、密闭水箱、满水或压力试验</td><td>第 13.3.4 条</td><td></td></tr>
<tr><td>5</td><td colspan="3">地下直埋油罐气密性试验</td><td>第 13.3.5 条</td><td></td></tr>
<tr><td>6</td><td colspan="3">各种设备的操作通道</td><td>第 13.3.7 条</td><td></td></tr>
<tr><td rowspan="16">一般项目</td><td>1</td><td colspan="3">斗式提升机安装</td><td>第 13.3.12 条</td><td></td><td rowspan="16"></td></tr>
<tr><td>2</td><td colspan="3">风机传动部位安全防护装置</td><td>第 13.3.13 条</td><td></td></tr>
<tr><td>3</td><td colspan="3">手摇泵、注水器安装高度</td><td>第 13.3.15 条、第 13.3.17 条</td><td></td></tr>
<tr><td>4</td><td colspan="3">水泵安装及试运转</td><td>第 13.3.14 条、第 13.3.16 条</td><td></td></tr>
<tr><td>5</td><td colspan="3">除尘器安装</td><td>第 13.3.18 条</td><td></td></tr>
<tr><td>6</td><td colspan="3">除氧器排汽管</td><td>第 13.3.19 条</td><td></td></tr>
<tr><td>7</td><td colspan="3">软化水设备安装</td><td>第 13.3.20 条</td><td></td></tr>
<tr><td rowspan="9">8 安装允许偏差</td><td rowspan="2">送、引风机</td><td colspan="2">坐标</td><td>10mm</td><td></td></tr>
<tr><td colspan="2">标高</td><td>±5mm</td><td></td></tr>
<tr><td rowspan="2">各种静置设备</td><td colspan="2">坐标</td><td>15mm</td><td></td></tr>
<tr><td colspan="2">标高</td><td>±5mm</td><td></td></tr>
<tr><td colspan="2">垂直度（每 1m）</td><td>2mm</td><td></td></tr>
<tr><td rowspan="4">离心式水泵</td><td colspan="2">泵体水平度(每 1m)</td><td>0.1mm</td><td></td></tr>
<tr><td rowspan="2">联轴器同心度</td><td>每向倾斜(每 1m)</td><td>0.8mm</td><td></td></tr>
<tr><td>径向位移</td><td>0.1mm</td><td></td></tr>
<tr><td colspan="3"></td><td></td></tr>
<tr><td colspan="3" rowspan="2">施工单位检查评定结果</td><td colspan="3">专业工长（施工员）</td><td>施工班组长</td><td></td></tr>
<tr><td colspan="5">项目专业质量检查员：　　　　年　月　日</td></tr>
<tr><td colspan="3">监理（建设）单位验收结论</td><td colspan="5">监理工程师（建设单位项目专业技术负责人）：　　　　年　月　日</td></tr>
</table>

表 13.3.7-2 工艺管道安装工程检验批质量验收记录表 GB 50242—2002 (Ⅱ)

<table>
<tr><td colspan="5">单位（子单位）工程名称</td><td colspan="3"></td></tr>
<tr><td colspan="5">分部（子分部）工程名称</td><td></td><td>验收部位</td><td></td></tr>
<tr><td colspan="5">施工单位</td><td></td><td>项目经理</td><td></td></tr>
<tr><td colspan="5">分包单位</td><td></td><td>分包项目经理</td><td></td></tr>
<tr><td colspan="5">施工执行标准名称及编号</td><td colspan="3"></td></tr>
<tr><td colspan="5">施工质量验收规范规定</td><td colspan="2">施工单位检查评定记录</td><td>监理（建设）单位验收记录</td></tr>
<tr><td rowspan="3">主控项目</td><td>1</td><td colspan="2">工艺管道水压试验</td><td>第 13.3.6 条</td><td colspan="2"></td><td rowspan="3"></td></tr>
<tr><td>2</td><td colspan="2">仪表、阀门的安装</td><td>第 13.3.8 条</td><td colspan="2"></td></tr>
<tr><td>3</td><td colspan="2">管道焊接</td><td>第 13.3.9 条</td><td colspan="2"></td></tr>
<tr><td rowspan="16">一般项目</td><td>1</td><td colspan="2">管道及设备表面涂漆</td><td>第 13.3.22 条</td><td colspan="2"></td><td rowspan="16"></td></tr>
<tr><td rowspan="11">2 安装允许偏差</td><td rowspan="2">坐标</td><td>架空</td><td>15mm</td><td colspan="2"></td></tr>
<tr><td>地沟</td><td>10mm</td><td colspan="2"></td></tr>
<tr><td rowspan="2">标高</td><td>架空</td><td>±15mm</td><td colspan="2"></td></tr>
<tr><td>地沟</td><td>±10mm</td><td colspan="2"></td></tr>
<tr><td rowspan="2">水平管道纵、横方向弯曲</td><td>$DN \leqslant 100$mm（每 1m）</td><td>2‰，最大 50</td><td colspan="2"></td></tr>
<tr><td>$DN > 100$mm（每 1m）</td><td>3‰，最大 70</td><td colspan="2"></td></tr>
<tr><td colspan="2">立管垂直（每 1m）</td><td>2‰，最大 15</td><td colspan="2"></td></tr>
<tr><td colspan="2">成排管道间距</td><td>3mm</td><td colspan="2"></td></tr>
<tr><td colspan="2">交叉管的外壁或绝热层间距</td><td>10mm</td><td colspan="2"></td></tr>
<tr><td colspan="4"></td></tr>
<tr><td colspan="4"></td></tr>
<tr><td rowspan="3">3 管道设备保温</td><td colspan="2">厚度 δ</td><td>$+0.1\delta, -0.05\delta$</td><td colspan="2"></td></tr>
<tr><td rowspan="2">表面平整度</td><td>卷材</td><td>5mm</td><td colspan="2"></td></tr>
<tr><td>涂抹</td><td>10mm</td><td colspan="2"></td></tr>
<tr><td colspan="4"></td></tr>
<tr><td colspan="4"></td></tr>
<tr><td colspan="2" rowspan="2">施工单位检查评定结果</td><td colspan="2">专业工长（施工员）</td><td></td><td>施工班组长</td><td colspan="2"></td></tr>
<tr><td colspan="6">项目专业质量检查员：　　　　年　月　日</td></tr>
<tr><td colspan="2">监理（建设）单位验收结论</td><td colspan="6">监理工程师（建设单位项目专业技术负责人）：　　　　年　月　日</td></tr>
</table>

13.4 安 全 附 件 安 装

13.4.1 施工准备

1 技术准备

(1) 所有安装项目的设计图纸已具备，并且已经过图纸会审和设计交底。

(2) 施工方案已编制。

(3) 施工技术人员向班组做了图纸和施工技术交底。

2 材料准备

(1) 安全阀、压力表、水位表、温度计等附件。

(2) 闸阀、截止阀、旋塞、法兰、机油、汽油、清油、铅油。

(3) 电焊条、螺栓、螺帽、石棉绳、石棉橡胶垫、石棉填料及盘根

(4) 聚四氟乙烯生料带、麻丝、粉笔、石笔、小线。

3 主要机具

(1) 机械：砂轮机、套丝机、坡口机、电焊机等。

(2) 工具：各种扳手、夹钳、手锯、电焊机具、气焊工具、钢锯、螺丝刀等。

(3) 量具：法兰角尺、钢卷尺、塞尺、水平尺、游标卡尺、焊缝检测尺、线坠等。

4 作业条件

(1) 锅炉及辅助设备、管道安装就位，验收合格，试验冲洗完毕。

(2) 锅炉及辅助设备、管道保温之前。

13.4.2 材料质量控制

材料质量控制除应符合本标准第 3.2 节“材料设备管理”的相关要求外，还应符合如下要求：

1 根据清单对所有安全附件及零部件进行清点验收。对缺损件应做记录并及时解决，清点后应妥善保管。

2 安全阀上必须有下列装置：

(1) 杠杆式安全阀有防止重锤自行移动的装置和限制杠杆越出的导架；

(2) 弹簧式安全阀要的提升手把和防止随便拧动调整螺丝的装置；

(3) 静重式安全阀要有防止重片飞脱装置；

(4) 冲量式安全阀的冲量接入导管上的阀门，要保持全开并加铅封。

3 安全阀出厂时，应有金属铭牌。铭牌上至少应载明下列各项：

(1) 安全阀型号；

(2) 制造厂名；

(3) 产品编号；

(4) 出厂年月；

(5) 公称压力 (MPa)；

(6) 阀门喉径 (mm)；

(7) 提升高度 (mm)；

(8) 排放系数。

4 压力表应符合下列要求：

(1) 压力表精度不应低于2.5级；

(2) 压力表表盘刻度极限值应大于或等于工作压力的1.5倍；

(3) 表盘直径不得小于100mm。

5 压力表有下列情况之一者禁止使用：

(1) 有限止钉的压力表在无压力时，指针转动后不能回到限止钉处；没有限止钉的压力表在无压力时，指针离零位的数值超过压力表规定允许偏差。

(2) 表盘玻璃破碎或表盘刻度模糊不清。

(3) 封印损坏或超过校验有效期限。

(4) 表内泄漏或指针跳动。

(5) 其他影响压力表的准确指示的缺陷。

6 水位计应有下列装置：

(1) 为防止水位计（表）损坏伤人，玻璃管式水位表应有防护装置（如保护罩、快关阀、自动闭球锁等），但不得妨碍观察真实水位。

(2) 水位计（表）应有放水阀门和接到安全地点的放水管。

7 水位计（表）结构应符合下列要求：

(1) 锅炉运行中能够吹洗和更换玻璃板（管）、云母片。

(2) 旋塞内径及玻璃管的内径都不得小于8mm。

13.4.3 施工工艺

13.4.3.1 工艺流程

施工准备→安全附件调校→安全附件安装→安全附件调试→验收

13.4.3.2 施工要点

1 安全阀安装

(1) 额定热功率大于1.4MW（即120×104kcal/h）的锅炉，至少应装设两个安全阀（不包括省煤器），并应使其中一个先动作；额定热功率小于或等于1.4MW的锅炉至少应装设一个安全阀。省煤器进口或出口安装一个安全阀。

(2) 锅炉和省煤器安全阀定压和调整应符合表13.4.3.2的规定。锅炉上装有两个安全阀时，其中的一个按表中较高值定压，另一个按较低值定压。装有一个安全阀时，应按较低值定压。

(3) 额定蒸汽压力小于0.1MPa的锅炉应采用静重式安全阀或水封安全装置。

(4) 安全阀应在锅炉水压试验合格后再安装。水压试验时，安全阀管座可用盲板法兰封闭，试完压后应立即将其拆除。

表13.4.3.2 安全阀定压规定

项次	工作设备	安全阀开启压力（MPa）
1	蒸汽锅炉	工作压力+0.02MPa
		工作压力+0.04MPa
2	热水锅炉	1.12倍工作压力，但不少于工作压力+0.07MPa
		1.14倍工作压力，但不少于工作压力+0.10MPa
3	省煤器	1.1倍工作压力

(5) 安全阀应垂直安装，并装在锅炉锅筒、集箱的最高位置。在安全阀和锅筒之间或安全阀和集箱之间，不得装有取用蒸汽的汽管和取用热水的出水管，并不许装阀门。

(6) 蒸汽锅炉安全阀应安装排汽管直通室外安全处，排汽管的截面积不应小于安全阀出口的截面积。排汽管应坡向室外并在最低点的底部装泄水管，并接到安全处。热水锅炉安全阀泄水管应接到安全地点。排汽管和排水管上不得装阀门。

(7) 几个安全阀共用一根引出管时，短管的流通截面积应不小于全部安全阀截面积的1.25倍。

(8) 安全阀必须设有下列装置：

1) 杠杆式安全阀应有防止重锤自行移动的装置并限制杠杆越出导架。

2) 弹簧式安全阀应设有提升把手并防止随意拧动调整螺栓。

3) 静重式安全阀应有防止重锤飞出的限制装置。

(9) 严禁在安装中用加重物、移动重锤、将阀芯卡死等手段任意提高安全阀的开启压力或使其失效。

(10) 安全阀在锅炉负荷试运行时应进行热态定压检验和调整，应加锁或铅封，详见本章13.5节。

2 水位表安装

(1) 每台锅炉至少应装两个彼此独立的水位表。但额定蒸发量≤0.2t/h的锅炉可以装一个水位表。

(2) 采用双色水位表时，每台锅炉只能装一个，另一个装普通（无色的）水位表。

(3) 水位表装置应符合下列技术条件方可安装：

1) 锅炉运行时，能够吹洗和更换玻璃管（板）。水位表和锅筒之间的汽、水连接管内径不得小于18mm。连接管应尽可能短，连接管长度大于500mm或有弯曲时，内径应适当放大，以保证水位表准确灵敏。

2) 汽连管应能自动向水位计疏水，水连管应能自动向锅筒疏水。

3) 旋塞及玻璃管的内径均严禁小于8mm。

(4) 水位表应装于便于观察的地方，并有足够的照明度。采用玻璃管水位表时应装有防护罩，防止损坏伤人。

(5) 水位表安装前应检查旋塞转动是否灵活，填料是否符合使用要求，不符合要求时应更换填料。水位表的玻璃管或玻璃板应干净透明。

(6) 安装水位表时，应使水位表的两个表口保持垂直和同心，填料要均匀，接头应严密。

(7) 安装玻璃管时，端口有裂纹的不应使用，安装后的玻璃管距上下口的空隙不应大于10mm，充填石棉线紧固时，不可堵塞管孔。

(8) 水位表安装完毕应划出最高、最低水位的明显标志。水位表玻璃管（板）上的下部可见边缘应比最低安全水位至少低25mm，水位表玻璃管（板）上的上部可见边缘比最高安全水位至少应高25mm。

(9) 水位表应有放水旋塞（或阀门），泄水管应接到安全处。当泄水管接至安装有排污管的漏斗时，漏斗与排污管之间应加阀门，防止锅炉排污时从漏斗冒汽伤人。

(10) 电接点式水位表的零点应与锅筒正常水位重合。

（11）额定蒸发量≥2t/h的锅炉，应安装高低水位警报器。报警器的泄水管可与水位表的泄水管接在一起，但报警器泄水管上应单独安装一个截止阀，绝不允许在合用管段上仅装一个阀门。

3 压力表安装

（1）弹簧管压力表安装

1）工作压力小于1.25MPa的锅炉，压力表精度不应低于2.5级。

2）压力表安装前应经校验，铅封后进行安装。

3）表盘刻度极限值为工作压力的1.5～3倍（宜选用2倍工作压力），表盘直径不得小于100mm（锅炉本体的压力表表盘直径不应小于150mm），表体位置端正，便于观察。

4）压力表必须安装在便于观察和吹洗的位置，并防止受高温、冰冻和振动的影响，同时要有足够的照明。

5）压力表必须设有存水弯。存水弯管采用钢管煨制时，内径不应小于10mm；采用铜管煨制时，内径不应小于6mm。

6）压力表与存水弯管之间应安装三通旋塞。

7）压力表应垂直安装，垫片要规整，垫片表面应涂机油石墨，丝扣部分涂白铅油，连接要严密。安装完后在表盘上或表壳上划出明显的标志，标出最高工作压力。

（2）电接点压力表安装同弹簧管式压力表，要求如下：

1）报警：把上限指针定位在最高工作压力刻度位置，当活动指针随着压力增高与上限指针接触时，与电铃接通进行报警。

2）自控停机：把上限指针定在最高工作压力刻度上，把下限指针定在最低工作压力刻度上，当压力增高使活动指针与上限指针相接触时可自动停机。停机后压力逐渐下降，降到活动指针与下限指针接触时能自动起动使锅炉继续运行。

3）应定期进行试验，检查其灵敏度，有问题应及时处理。

（3）测压仪表取源部件在水平工艺管道上安装时，取压口的方位应符合下列规定：

1）测量液体压力的，在工艺管道的下半部与管道水平中心线成0°～45°夹角范围内。

2）测量蒸汽压力的，在工艺管道上半部或下半部与管道水平中心线成0°～45°夹角范围内。

3）测量气体压力的，在工艺管道的上半部。

4 温度计（表）安装

（1）安装在管道和设备上的套管温度计，底部应插入流动介质内，不得装在引出的管段上或死角处。

（2）内标式温度表安装：温度表的丝扣部分应涂白铅油，密封垫应涂机油石墨，温度表的标尺应朝向便于观察的方向。底部应加入适量导热性能好，不易挥发的液体或机油。

（3）压力式温度计安装：温度表的丝接部分应涂白铅油，密封垫涂机油石墨，温度表的感温器端部应装在管道中心，温度表的毛细管应固定好，并有保护措施，其转弯处的弯曲半径不应小于50mm，温包必须全部浸入介质内。多余部分应盘好固定在安全处。温度表的表盘应安装在便于观察的位置。安装完后应在表盘上或表壳上划出最高运行温度的标志。

（4）压力式电接点温度表的安装：与压力式温度表安装相同。报警和自控同电接点压力表的安装。

(5) 热电偶温度计的保护套管应保证规定的插入深度。

(6) 温度计与压力表在同一管道上安装时，按介质流动方向温度计应在压力表下游处安装，如温度计需在压力表的上游安装时，其间距不应小于 300mm。

5 锅炉的高低水位报警器和超温、超压报警器及联锁保护装置必须按设计要求安装齐全和有效。

13.4.4 成品保护

1 安全附件应妥善保管，轻拿轻放。

2 安全附件安装宜在试压、冲洗合格后进行。

3 安全附件安装后应设专人负责保护。

13.4.5 安全环保措施

1 施工中随时清理现场，防止拌倒伤人。

2 安装过程中不得碰撞、振动、污染、摔扔安全附件，防止损坏。

3 在高凳上或梯子上作业，高凳、梯子要放牢，下部要有防滑措施或绑扎牢固，防止滑倒伤人。

13.4.6 质量标准

Ⅰ 主 控 项 目

1 锅炉和省煤器安全阀的定压调整应符合表 13.4.3.2 的规定。锅炉上装有两个安全阀时，其中的一个按表中较高值定压，另一个按较低值定压。装有一个安全阀时，应按较低值定压。

检验方法：检查定压合格证书。

2 压力表的刻度极限值，应大于或等于工作压力的 1.5 倍，表盘直径不得小于 100mm。

检验方法：现场观察和尺量检查。

3 安装水位表应符合下列规定：

(1) 水位表应有指示最高、最低安全水位的明显标志，玻璃板（管）的最低可见边缘应比最低安全水位低 25mm，最高可见边缘的应比最高全水位高 25mm。

(2) 玻璃管式水位表应有防护装置。

(3) 电接点式水位表的零点应与锅筒正常水位重合。

(4) 采用双色水位表时，每台锅炉只能装设一个，另一个装设普通水位表。

(5) 水位表应有放水旋塞（或阀门）和接到安全地点的放水管。

检验方法：现场观察和尺量检查。

4 锅炉的高、低水位报警器和超温、超压报警器及联锁保护装置必须按设计要求安装齐全和有效。

检验方法：启动、联动试验并作好试验记录。

5 蒸汽锅炉安全阀应安装通向室外的排汽管。热水锅炉安全阀泄水管应接到安全地点。在排汽管和泄水管上不得装设阀门。

检验方法：观察检查。

Ⅱ 一 般 项 目

6 安装压力表必须符合下列规定：

(1) 压力表必须安装在便于观察和吹洗的位置，并防止受高温、冰冻和振动的影响，同时要有足够的照明。

(2) 压力表必须设有存水弯管。存水弯管采用钢管煨制时，内径不应不小 10mm；采用铜管煨制时，内径不应小于 6mm。

(3) 压力表与水弯管之间应安装三通旋塞。

检验方法：观察和尺量检查。

7 测压仪表取源部件在水平工艺管道上安装时，取压口的方位应符合下列规定：

(1) 测量液体压力的，在工艺管道的下半部与管道水平中心线成 0°~45°夹角范围内。

(2) 测量蒸汽压力的，在工艺管道上半部或下半部与管道水平中心线成 0°~45°夹角范围内。

8 测量气体压力的，在工艺管道的上半部。

检验方法：观察和尺量检查。

9 安装温度计应符合下列规定：

(1) 安装在管道和设备上的套管温度计，底部应插入流动介质内，不得装在引出的管段上或死角处。

(2) 压力式温度计的毛细管应固定好并有保护措施，其转弯处的弯曲半径不应小于 50mm，温包必须全部浸入介质内。

(3) 热电偶温度计的保护套管应保证规定的插入深度。

检验方法：观察和尺量检查。

10 温度计与压力表在同一管道上安装时，按介质流动方向温度计应在压力表下游处安装，如温度计需在压力表的上游安装时，其间距不应小于 300mm。

检验方法：观察和尺量检查。

13.4.7 质量验收

1 锅炉安全附件安装分项工程应按系统、或设备类别等划分成。分项工程应划分成若干检验批进行验收。

2 检验批质量验收、分项工程质量验收应参照本标准第 3.1.8~3.1.11 条执行。

3 检验批质量验收表当地政府主管部门无统一规定时，宜采用表 13.4.7“锅炉安全附件安装工程检验批质量验收记录表”。

表 13.4.7　锅炉安全附件安装工程检验批质量验收记录表
GB 50242—2002

<table>
<tr><td colspan="3">单位（子单位）工程名称</td><td colspan="3"></td></tr>
<tr><td colspan="3">分部（子分部）工程名称</td><td colspan="2"></td><td>验收部位</td></tr>
<tr><td colspan="2">施工单位</td><td colspan="3"></td><td>项目经理</td></tr>
<tr><td colspan="2">分包单位</td><td colspan="3"></td><td>分包项目经理</td></tr>
<tr><td colspan="3">施工执行标准名称及编号</td><td colspan="3"></td></tr>
<tr><td colspan="4">施工质量验收规范规定</td><td>施工单位检查评定记录</td><td>监理（建设）单位验收记录</td></tr>
<tr><td rowspan="5">主控项目</td><td>1</td><td>锅炉和省煤器安全阀定压</td><td>第 13.4.1 条</td><td></td><td rowspan="9"></td></tr>
<tr><td>2</td><td>压力表刻度极限、表盘直径</td><td>第 13.4.2 条</td><td></td></tr>
<tr><td>3</td><td>水位表安装</td><td>第 13.4.3 条</td><td></td></tr>
<tr><td>4</td><td>锅炉的超温、超压及高低水位报警装置</td><td>第 13.4.4 条</td><td></td></tr>
<tr><td>5</td><td>安全阀排气管、泄水管安装</td><td>第 13.4.5 条</td><td></td></tr>
<tr><td rowspan="4">一般项目</td><td>1</td><td>压力表安装</td><td>第 13.4.6 条</td><td></td></tr>
<tr><td>2</td><td>测压仪取源部件安装</td><td>第 13.4.7 条</td><td></td></tr>
<tr><td>3</td><td>温度计安装</td><td>第 13.4.8 条</td><td></td></tr>
<tr><td>4</td><td>压力表与温度计在管道上相对位置</td><td>第 13.4.9 条</td><td></td></tr>
<tr><td colspan="2" rowspan="2">施工单位检查评定结果</td><td colspan="3">专业工长（施工员）</td><td>施工班组长</td></tr>
<tr><td colspan="4">项目专业质量检查员：　　　　年　月　日</td></tr>
<tr><td colspan="2">监理（建设）单位验收结论</td><td colspan="4">监理工程师（建设单位项目专业技术负责人）：　　　　年　月　日</td></tr>
</table>

13.5 烘炉、煮炉和试运行

13.5.1 施工准备

1 技术准备

(1) 所有安装项目的设计图纸已具备，并且已经过图纸会审和设计交底。

(2) 施工方案已编制。

(3) 施工技术人员向班组做了图纸和施工技术交底。

2 材料准备

水源、劈柴、煤、氢氧化钠、磷酸三钠、通球。

3 主要机具

(1) 管钳子、扳手、煤铲、煤钩。

(2) 温度计。

4 作业条件

(1) 锅炉本体及工艺管道全部安装完毕，水压试验合格，防腐及保温工作完成。

(2) 炉排试车完毕。

(3) 锅炉的辅助设备，如水处理设备、化验设备、水泵等已达到使用要求。

(4) 锅炉辅机包括送风及引风机、出渣机、除尘器及电气控制仪表安装完毕并调试合格。

(5) 对所有设备的油箱、油杯加满润滑油。

(6) 炉墙砌完后应打开各处门、孔，让其自然干燥一段时间的程序已完成。

(7) 准备好足够的木柴和燃煤，木柴上不能带有钢钉或其他金属材料。

(8) 编制烘炉方案及烘炉升温曲线，选好炉墙测温点，准备好测温仪表和记录表格。

13.5.2 材料质量控制

1 材料质量控制应符合本标准第3.2节“材料设备管理”的相关要求。

2 准备用于烘炉、煮炉的材料，质量和数量都能满足烘炉、煮炉、试运行的需要。木材及煤碳等燃料中不得有金属物。

13.5.3 施工工艺

13.5.3.1 工艺流程

烘炉前准备工作→烘炉→煮炉→锅炉试运行和气密性试验及安全阀定压→总体验收

13.5.3.2 施工要点

1 烘炉前的准备工作

(1) 清理炉膛及烟、风道内留下的砖头、木块、铁线等杂物。

(2) 拆掉所有的临时支撑设施。

(3) 检查给水系统及水处理系统的工作情况，要求给水系统（包括水处理）8h连续试运行，均能正常工作。

2 烘炉

(1) 整体快装锅炉一般采用轻型炉墙，根据炉墙潮湿程度，一般应烘烤时间为4~6d，升温应缓慢。

(2) 关闭排污阀、主汽阀、副汽阀和水位表的泄水阀。打开上水系统的阀门，如有省煤器时，开启省煤器循环管阀门，将合格软化水上至比锅炉正常水位稍低位置。

(3) 打开炉门、烟道闸板，开启引风机，强制通风5min，以排除炉膛和烟道的潮气和灰尘，然后关闭引风机。

(4) 打开炉门和点火门，在炉排前部1.5m范围内铺上厚度为30～50mm的炉渣，在炉渣上放置木柴和引燃物。点燃木柴，小火烘烤。火焰应在炉膛中央燃烧，自然通风，缓慢升温。第一天不得超过80℃；后期烟温不应高于160℃，且持续时间不应少于24h。烘烤约2～3d。

(5) 木柴烘烤后期，逐渐添加煤炭燃料，并间断引风和适当鼓风，使炉膛温度逐步升高，同时间断开动炉排，防止炉排过烧损坏，烘烤约为1～3d。

(6) 整个烘炉期间要注意观察炉墙、炉拱情况，按时做好温度记录，最后画出实际升温曲线图。

(7) 注意事项：

1) 火焰应保持在炉膛中央，燃烧均匀，升温缓慢，不能时旺时弱。烘炉时锅炉不带压。

2) 烘炉期间应注意及时补给软水，保持锅炉正常水位。

3) 烘炉中后期应适量排污，每6～8h可排污一次，排污后及时补水。

4) 煤炭烘炉时应尽量减少炉门、看火门开启次数，防止冷空气进入炉膛内，使炉膛产生裂损。

(8) 烘炉结束后应符合下列规定：

1) 炉墙经烘烤后没有变形、裂纹及塌落现象。

2) 炉墙砌筑砂浆含水率达到7%以下。

3 煮炉

(1) 为了节约时间和燃料，在烘炉末期进行煮炉。非砌筑或浇注保温材料的锅炉，安装后可直接进行煮炉。煮炉时间一般为2～3d，如蒸汽压力较低，可适当延长时间。

(2) 一般采用碱性溶液煮炉，加药量根据锅炉锈蚀、油污情况及锅炉水容量而定。如锅炉出厂说明未作规定时，可按表13.5.3.2-1确定加药量。

表13.5.3.2-1 每吨炉水加药量

药品名称	铁锈较薄	铁锈较厚
氢氧化钠（NaOH）（kg/t）	2～3	3～4
磷酸三钠（$Na_3PO_412H_2O$）（kg/t）	2～3	2～3
注：表中药品用量按100%纯度计算，无磷酸三钠时可用碳酸钠（Na_2CO_3）代替，用量为磷酸三钠的1.5倍。		

(3) 将两种药品按用量配好后，用水溶解成液体，从安全阀座处，缓慢加入锅筒内，然后封闭安全阀。操作人员要采取有效防护措施防止化学药品腐蚀。加药时，炉水加至低水位。

(4) 升压煮炉：加药后间断开动引风机，适量鼓风使炉膛温度和锅炉压力逐渐升高，进入升压煮炉。在达到锅炉额定压力的25%、50%、75%时分别连续煮炉12h后停火，煮炉结束。

（5）每隔3～4h由上、下锅筒及各集箱排污处进行炉水取样，若炉水碱度低于45mg当量/L，向炉内补充加药。

（6）煮炉期间，炉水水位控制在最高水位，水位降低时，及时补充给水。

（7）需要排污时，应将压力降低后，前后、左右对称排污。

（8）煮炉结束后，待锅炉蒸汽压力降至零，水温低于70℃时，方可将炉水放掉，换水冲洗。待锅炉冷却后，打开人孔和手孔，彻底清除锅筒和集箱内部的沉积物，并用清水冲洗干净，

（9）检查锅炉和集箱内壁，无油垢、无锈斑、有金属光泽为煮炉合格。煮炉结束后炉墙砂浆含水率达到2.5%以下。

（10）最后经有关方共同检验，确认合格，并在检验记录上签字盖章。

4　锅炉试运行及安全阀定压

锅炉在烘炉、煮炉合格后，正式运行之前应进行48h的带负荷连续运行，同时应进行安全阀的热状态定压检验和调整。

（1）锅炉试运行应具备下列条件：

1）对于单机试车、烘炉煮炉中发现的问题或故障，应全部进行排除、修复或更换。

2）锅炉开火前的内部检查：如汽水分离器、连续排污和定期排污装置、进水管及隔板等应齐全完好；锅筒、集箱及受热面管道内污垢清除干净，无缺陷和损坏、无杂物或工具留在里面；可用通球试验的方法检查炉管或省煤器弯管是否通畅，通球直径按表13.5.3.2-2选用。内部检查合格后，装好人孔和手孔盖。

表13.5.3.2-2　通球直径选用表

管道弯曲半径	$R \leqslant 3.5D_外$	$3.5D_外 > R \geqslant 1.8D_外$	$R < 1.8D_外$
通球直径	$0.75D_内$	$0.7D_内$	$0.65D_内$

3）锅炉开火前的外部检查：炉膛中无积灰、杂物，炉墙、炉拱、隔火墙应完整严密；水冷壁管、排管外表面无缺陷；风道及烟道内应干净，且没有其他杂物留下，风、烟道调节阀应完整严密、启动灵活、准确；锅炉炉墙应完好严密，炉门、灰门、看火门和人孔等装置完整齐全、灵活、严密。

检查完毕，有省煤器的锅炉应把省煤器烟道板关闭，开启旁通烟道挡板；无旁通烟道的，应开启省煤器再循环管阀门。

4）与锅炉房外供热管道隔断。

5）关闭排污阀，打开排气阀，热水锅炉注满软化水；蒸汽锅炉达到规定的低水位；水质符合要求。

6）准备充足的燃煤，供水、供电、运煤、除渣系统均能满足锅炉满负荷连续试运行的需要。

7）由具有合格证的司炉工、化验员负责操作，并在运行前熟悉各系统流程，操作中严格执行操作规程。

8）试运行工作应由业主、施工单位、监理、物业管理等单位配合进行。

（2）点火运行：打开炉膛门、烟道门自然通风10～15min。添加燃料及引火木柴，然后点火，开大引风机调节阀，使木柴引燃后关小引风机的调节阀，间断开启引风机，使火

燃烧旺盛，尔后手工加煤并开启送风机，当燃煤燃烧旺盛时可关闭点火门向煤斗加煤，间断开动炉排。此时应观察燃烧情况进行适当拨火，使煤能连续燃烧。同时调整鼓风量和引风量，使炉膛内维持2~3mm水柱的负压。使煤逐步正常燃烧。

(3) 升火时炉膛温升不宜太快，避免锅炉受热不均产生较大的热应力影响锅炉寿命。一般情况从点火到燃烧正常，时间不得小于3~4h。

(4) 升火后应注意水位变化，炉水受热后水位会上升，超过最高水位时，通过排污保持水位正常。

(5) 当锅炉压力升至0.05~0.1MPa时，应进行压力表弯管和水位表的冲洗工作。以后每班冲洗一次。

(6) 当锅炉压力升至0.3~0.4MPa时，对锅炉范围内的法兰、人孔、手孔和其他连接螺栓进行一次热状态下的紧固。随着压力升高注意观察锅筒、联箱、管道及支架的热膨胀是否正常。

(7) 安全阀定压

1) 试运行正常后，可进行安全阀的调整定压工作，安全阀开启压力执行第13.9.4.1条的规定。安全阀的定压必须在锅监所有关人员的监督下由有资质的检测单位进行，并出具检测报告。

2) 锅炉装有两个安全阀的，一个按表中较高值调整，另一个按较低值调整。先调整锅筒上开启压力较高的安全阀，然后再调整开启压力较低的安全阀。

3) 对弹簧式安全阀，先拆下安全阀的阀帽的开口销，取下安全阀提升手柄和安全阀的阀帽，用扳手松开紧固螺母，调松调整螺杆，放松弹簧，降低安全阀的排汽压力，然后逐渐由较低压力调整到规定压力。当听到安全阀有排气声而不足规定开启压力值时，应将调整杆顺时针转动压紧弹簧，这样反复几次逐步将安全阀调整到规定的开启压力。在调整时，观察压力表的人与调整安全阀的人要配合好，当弹簧调整到安全阀能在规定的开启压力下自动排汽时，就可以拧紧紧固螺母。

4) 对杠杆式安全阀，要先松动重锤的固定螺栓，再慢慢移动重锤。移远为加压，移近为降压。当重锤移到安全阀能在规定动作的开启压力下自动排汽时，就可以拧紧重锤的固定螺栓。

5) 省煤器安全阀的调整定压：将锅炉给水阀临时关闭，靠给水泵升压，通过调节省煤器循环管阀门来控制安全阀开启压力。当锅炉需上水时，应在锅炉上水后再进行调整。安全阀调整完毕，应及时把锅炉给水阀门打开。

6) 定压工作完成后，应做一次安全阀自动排汽试验，启动合格后应铅封。同时将始启压力、起座压力、回座压力记入“锅炉安装质量证明书”中。

7) 安全阀定压调试应有两人配合操作，严防蒸汽冲出伤人及高空坠落事故的发生。

8) 安全阀定压调试记录应有甲乙双方、监理及锅检部门共同签字确认。

(8) 要保持正常水位，防止缺水和满水事故。

(9) 安全阀调整完毕后，锅炉应带负荷连续试运行48h，以锅炉及全部辅助设备运行正常为合格。

5 总体验收

在锅炉试运行末期，建设单位、安装单位、监理单位和当地技术监督部门、环保部门共同对锅炉及辅助设备进行总体验收。总体验收时应进行下列几个方面的检查：

(1) 检查锅炉、锅炉房设备及管道的安装记录、质量检验记录。

(2) 检查锅炉、辅助设备及管道安装是否符合设计要求。热力设备和管道的保温、刷油是否合格。

(3) 检查各安全附件安装是否合理正确、安全可靠，压力容器有无合格证明。

(4) 锅炉房电气设备安装是否合理正确，安全可靠；自动控制、讯号系统及仪表是否调试合格，灵敏可靠。

(5) 检查上煤、燃烧、除渣系统的运行情况，检查除尘设备的效果和锅炉辅助设备噪声是否达到规定要求。

(6) 检查水处理设备及给水设备的安装质量，查看水质是否符合低压锅炉水质标准。

(7) 检查烘炉、煮炉、安全阀调试记录，了解试运行时各项参数能否达到设计要求。

(8) 总体验收合格后，由安装单位按照有关要求整理竣工技术文件，并向建设单位移交。

13.5.4 成品保护

1 煮炉后，必须对接触过药液的锅内壁及阀件等进行冲洗，并应清除积物。

2 试运过程中，应设值班人员日夜监视，发现问题及时处理。

13.5.5 安全、环保措施

1 烘炉时，要逐渐加温干燥。温度要缓慢上升，防止炉墙裂缝。

2 煮炉加药时，严禁将固体药品直接投入锅炉内，应先用水调成溶液除去杂质，将水溶液徐徐注入炉中。

3 试火前必须全面认真检查。

13.5.6 质量标准

Ⅰ 主 控 项 目

1 锅炉火焰烘炉应符合下列规定：

(1) 火焰应在炉膛中央燃烧，不应直接烧烤炉墙及炉拱。

(2) 烘炉时间一般不少于4d，升温应缓慢，后期烟温不应高于160℃，且持续时间不应少于24h。

(3) 链条炉排在烘炉过程中应定期转动。

(4) 烘炉的中、后期应根据锅炉水水质情况排污。

检验方法：计时测温、操作观察检查。

2 烘炉结束后应符合下列规定：

(1) 炉墙经烘烤后没有变形、裂纹及塌落现象。

(2) 炉墙砌筑砂浆含水率达到7%以下。

检验方法：测试及观察检查。

3 锅炉在烘炉、煮炉合格后，应进行48h的带负荷连续试运行，同时应进安全阀的热状态定压检验和调整。

检查方法：检查烘炉、煮炉及试运行全过程。

Ⅱ 一 般 项 目

4 煮炉时间一般应为 2～3d，如蒸汽压力较低，可适当延长煮炉时间。非砌筑或浇注保温材料保温的锅炉，安装后可直接进行煮炉。煮炉结束后，锅筒和集箱内壁应无油垢，擦去附着物后金属表面应无锈斑。

检验方法：打开锅筒和集箱检查孔检查。

13.5.7 质量验收

1 烘炉、煮炉和试运行与锅炉安装工程一同验收。

2 检验批质量验收表当地政府主管部门无统一规定时，宜采用表 13.2.7“锅炉安装工程检验批质量验收记录表”。

13.6 换 热 站 安 装

13.6.1 施工准备

1 技术准备

(1) 所有安装项目的设计图纸已具备，并且已经过图纸会审和设计交底。

(2) 施工方案已编制。

(3) 施工技术人员向班组做了图纸和施工技术交底。

2 材料准备

(1) 热交换器、分汽缸、分水器、集水器、水处理设备、水泵、膨胀水箱、除污器等。

(2) 压力表、水位计、排污阀、调节阀、闸阀、截止阀、止回阀。

(3) 无缝钢管、焊接钢管、钢板、型钢、法兰、油漆、机油、汽油、清油、铅油、保温材料。

(4) 电焊条、螺栓、螺帽、垫铁、水泥、石棉绳、石棉橡胶垫、石棉填料及盘根。

(5) 聚四氟乙烯生料带、麻丝、粉笔、石笔、小线、水源、电源。

3 主要机具

(1) 机械：吊车、卷扬机、砂轮机、套丝机、坡口机、砂轮锯、电焊机、试压泵等。

(2) 工具：手电钻、冲击钻、千斤顶、各种扳手、夹钳、手锯、手锤、大锤、布剪子、人字桅杆、绞磨、滑轮、倒链、锚碇、道木、滚杠、撬杠、钢丝绳、大绳、索具、电焊机具、气焊工具、钢锯、螺丝刀等。

(3) 量具：钢板尺、法兰角尺、钢卷尺、卡钳、塞尺、水平仪、水平尺、游标卡尺、焊缝检测尺、温度计、压力表、线坠等。

4 作业条件

(1) 施工现场应具备满足施工的水源、电源、大型机具运输车辆进出的道路，材料及机具存放场地和仓库等。冬雨期施工时应有防寒防雨措施及消防安全措施；锅炉房主体结构、设备基础完工并达到安装强度。

(2) 检验土建施工时预留的孔洞、沟槽及各类预埋铁件的位置、尺寸、数量是否符合设计图纸要求。

(3) 设备基础的混凝土强度必须达到设计要求，基础的坐标、标高、几何尺寸和螺栓孔位置应符合表 13.2.1 的规定。混凝土基础外观不得有蜂窝、麻面、裂纹、孔洞、露筋等缺陷。

13.6.2 材料质量控制

1 材料质量控制除应符合本标准第 3.2 节“材料设备管理”的相关要求外，还应符合相关要求。

2 对热交换器和密闭式膨胀水箱按压力容器的技术规定进行检查验收。设备应随机带制造图、强度计算书、材质、焊接、水压试验等合格证明，以及使用说明书等有关技术资料。

3 各种金属管材、型钢、阀门及管件的规格、型号必须符合设计要求，并符合产品出厂质量标准，外观质量良好，不得有损伤、锈蚀或其他表面缺陷。

4 分汽缸属于一、二类压力容器。分汽缸必须由具有相应资质的压力容器制造厂制造。出厂时，应经当地锅炉压力容器监督检验部门监检合格，并提交产品合格证（包含材质、无损探伤、水压试验和图纸等资料）。

13.6.3 施工工艺

13.6.3.1 工艺流程

换热站安装工艺流程，见图 13.6.3.1。

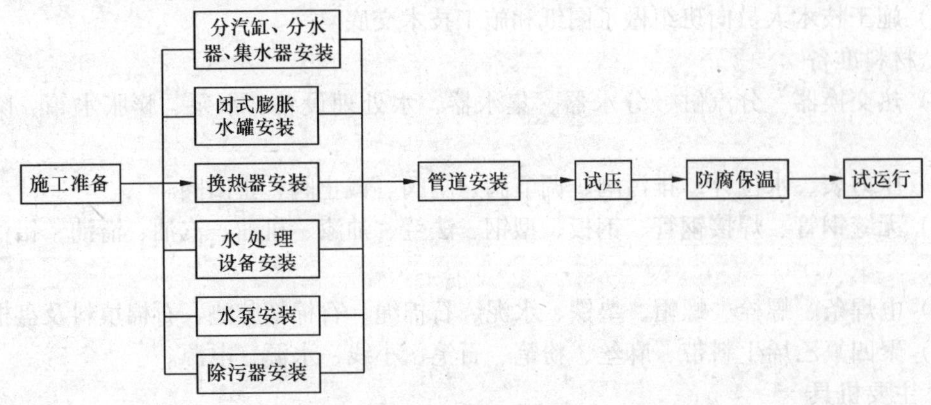

图 13.6.3.1 换热站安装工艺流程图

13.6.3.2 施工要点

1 换热站一般包括高温热水热力站和蒸汽供热热力站两种。包括热源管道系统（包括蒸汽或高温热水的供回水管道、控制与计量装置及凝结水管道）、热交换设施、低温热水管道系统及其水循环设施、水处理和补水设施等。

2 低温热水供热热力站一般不进行热交换而采取直接供应用户采暖或生活热水。其安装可按本节相关要求执行。

3 热交换器安装：

(1) 对热交换器按压力容器的技术规定进行检查验收。

(2) 组织各方进行设备基础复查，并形成验收记录。

(3) 设备座架制作完毕，安装在合格的基础或预埋铁件上。用水准仪或水平尺、线坠找正、找平、找垂直，同时核对相对标高和相对位置。然后拧紧地脚螺栓进行二次灌浆，或者将座架支腿焊在预埋铁件上，安装应牢固。

（4）整体换热器安装：根据现场条件采用叉车、滚杠等将换热器运到安装部位；采用汽车吊、拔杆、悬吊式滑轮组等设备机具将换热器吊到预先准备好的支架或支座上，同时进行设备定位复核（许多整体换热器都带有支座，直接吊装到位即可）。

（5）组装式换热器安装

1）由于组装换热器各部件的重量较小，一般采用拔杆吊装。

2）组装的顺序一般是由下向上，先主件后副件。先将主部件放到支架上，按安装尺寸调整好位置和方向，再吊装副件进行连接。

3）组装换热器的各部件间大多是法兰连接，法兰连接工艺同法兰阀门安装，根据介质的温度和压力确定密封件。

4）在组对部件时要同时关注几个法兰的对口情况，以保证全部接口的正确和严密，同时也要保证换热器整体的水平度和垂直度。

（6）对热交换器以最大工作压力的1.5倍作水压试验，蒸汽部分应不低于蒸汽供汽压力加0.3MPa，热水部分应不低于0.4MPa。在试验压力下，保持10min压力不降为合格。

（7）壳管式热交换器的安装，如设计无要求时，其封头与墙壁或屋顶的距离不得小于换热管的长度。

（8）管道连接和仪表安装：各种控制阀门应布置在便于操作和维修的部位。仪表安装位置应便于观察和更换。交换器蒸汽入口处应按要求装设减压装置。交换器上应装压力表和安全阀。回水入口应设置温度计，热水出口设温度计和放气阀。

4 闭式膨胀水罐装置安装：

（1）闭式膨胀水罐装置包括：闭式膨胀水罐、补水泵、安全阀、电接点压力表、超压报警器、电磁阀、软化水箱或软化水池等。闭式膨胀水罐有立式和卧式两种。

（2）闭式膨胀水罐的安装与立式换热器的安装方法相同。

（3）闭式膨胀水罐本体必须以工作压力的1.5倍作水压试验，但不得不低于0.4MPa。在试验压力下，保持10min压力不降、无渗漏为合格。

（4）正确选定初始压力、终止压力、安全阀的启闭压力、电接点压力表的两个触点压力和超压报警压力等参数。这些压力参数应由设计和生产厂家技术部门共同研究确定，并写入设计资料。

（5）按设计要求和生产厂家安装使用说明书的要求进行安装和调试，并作好调试记录。安全阀的定压必须由有资质的检测单位进行，并出具检测报告。

5 分汽缸、分水器、集水器、水处理设备、水泵、除污器等设备安装按照本章相关内容执行。

6 换热站内设备安装的允许偏差应符合表13.3.6的规定。

7 管道安装、系统整体试压按本标准相关章节执行，管道安装的允许偏差应符合表13.3.3.2-3的规定。

8 管道防腐保温按本技术标准第四章相关条款执行。

9 热交换站试运行

（1）热交换站的试运行是在安装和单机试运转基础上进行的带负荷的联合试运转。在联合试运转前应先行办理交工验收手续。

(2) 建设单位组织，施工、设计单位参加，进行热交换站带负荷联合试运转。

(3) 热交换站试运行前的准备：

1) 热交换站内设备及管道均已安装完毕，设备已进行过单机水压试验或试运行，并有经各有关方会签的试验或试运转记录。管道已按系统进行了水压试验和管道冲洗，并有水压试验记录和冲洗记录。水箱已进行了灌水试验，并有记录。

2) 热交换站内设备和管道上的仪表已安装齐全，仪表的检定资料已检查通过，仪表的初始值已经校对正确。

3) 热交换站所需的给水、排水、热力、电力、通信外线系统已经形成，并经各种测试合格。其中电话已经开通，排水已经接通并允许排入，给水已经可以进入室内，电力外线已供电，照明系统已经试验可正常照明。热力一次管网已经开通到热力站的总阀，热力二次管网有一个以上的系统环路准备好接受热力站供热。

4) 编制详细的试运转方案，并报批。

(4) 热交换站的试运转内容（以水-水热交换站为例）：

1) 软化水系统的调试：调整软化罐内树脂量，用自来水进行正洗，测试水质。当水质符合标准后将水放入软化水箱，记录下软化水水表的读数。检查给排水系统工作情况。

2) 启动补水泵，将软化水箱的软化水注入二次热水管道。注水范围应包括热交换站内的二次热水管道和二次管网中准备供热的系统。注水时注意排气。当室内外均充满水后，关闭所有放气阀，开启外网系统末端的循环管阀门。

3) 当二次热水系统有高位膨胀水箱时，进行水位自动控制装置的调试，最后将膨胀水箱水位调整到停泵的位置；当二次热水系统设置低位膨胀水罐时，调整水罐压力、安全阀、电磁阀等，最后将膨胀水罐的压力调整到初始压力。

4) 关闭二次热水的循环泵的出口阀门，开启泵，正常后逐渐开循环泵的出口阀，使二次热水管路系统的水路运转起来。检查水泵出入口阀门、仪表工作情况。

5) 取得供热单位同意后，开启一次热网的入站总阀，使一次热供入热交换站。通常先开回水管总阀，热水由回水管压入集水缸，再开供水总阀，热水供到分水缸。检查分(集) 水缸的阀门和仪表工作情况，再按系统成对开启分水缸和集水缸上的阀门。先开供水阀，同时打开热交换站内一次水系统设备和管道的放气阀，直至见水。再逐渐开启回水阀，使一次水系统的水开始循环，二次水的温度将开始上升。手动调节分水缸出水阀，以调节二次水温升的速度，再调整电磁阀的温度控制值，使电磁阀投运，自动调节阀门的开启程度。检查一次热网的压力和流量及仪表工作情况。

(5) 热交换站试运转的要求：

1) 在二次热网有用热的条件时，进行连续 24h 运转，作出全部运行记录，包括热力站内所有温度、压力、流量、水泵转速及相关的电压、电流情况记录。

2) 由建设、监理、安装单位共同对试运转的情况和各项记录进行分析，得出试运转合格的结论，以证明该热交换站建设合格，可以投入使用。

13.6.4 成品保护

1 热交换器的入口和出口，在其与管道相接之前，暂用堵板盖严。

2 热交换器在就位、找正，尚未固定前，要设专人负责，严防工种交叉作业时不慎将容器或罐碰倒。

3 零件分类装箱保管，不得随意堆放，设备要用木方垫平以防变形。

4 安装时，不得损坏门、窗、玻璃和已抹好的墙面。

5 热交换器不应参与管道系统试压冲洗，应单独进行。管道冲洗时，将管道与热交换器法兰接口处加盲板封死。拆除时应小心，不要将管道内污物掉入。

13.6.5 安全、环保措施

1 设备起吊与安装过程，应严格遵守吊装中各项安全规定。

2 高空作业时，必须遵守有关规定。

13.6.6 质量标准

Ⅰ 主 控 项 目

1 热交换器以最大工作压力的 1.5 倍作水压试验，蒸汽部分应不低于蒸汽供汽压力加 0.3MPa，热水部分应不低于 0.4MPa。

检验方法：在试验压力下，保持 10min 压力不降。

2 高温水系统中，循环水泵和换热器的相对安装位置应按设计文件施工。

检验方法：对照设计图纸检查。

3 壳管式热交换器的安装，如设计无要求时，其封头与墙壁或屋顶的距离不得小于换热管的长度。

检验方法：观察和尺量检查。

Ⅱ 一 般 项 目

4 换热站内设备安装的允许偏差应符合表 13.3.6 的规定。

5 换热站内的循环泵、调节阀、减压器、疏水器、除污器、流量计等安装应符合本技术标准的相关规定。

6 换热站内管道安装的允许偏差应符合表 13.3.3.2-3 的规定。

7 管道及设备保温层的厚度和平整度的允许偏差应符合本技术标准表 4.2.3.2-48 的规定。

13.6.7 质量验收

1 换热站安装分项工程应按系统或设备类别等划分，宜按设备台数划分成若干检验批进行验收。

2 检验批质量验收、分项工程质量验收应参照本标准第 3.1.8～3.1.11 条执行。

3 检验批质量验收表当地政府主管部门无统一规定时，宜采用表 13.6.7 “换热站安装工程检验批质量验收记录表”。

表 13.6.7　换热站安装工程检验批质量验收记录表

GB 50242—2002

单位（子单位）工程名称			
分部（子分部）工程名称		验收部位	
施工单位		项目经理	
分包单位		分包项目经理	
施工执行标准名称及编号			

类别	序号	施工质量验收规范规定			规定值	施工单位检查评定记录	监理（建设）单位验收记录
主控项目	1	热交换器水压试验			第 13.6.1 条		
主控项目	2	高温水循环泵与换热器相对位置			第 13.6.2 条		
主控项目	3	壳管热换器距离墙及屋顶距离			第 13.6.3 条		
一般项目	1	设备、阀门及仪表安装			第 13.6.5 条		
一般项目	2	静置设备允许偏差	坐标		15mm		
			标高		±5mm		
			垂直度（每 1m）		2m		
		离心式水泵允许偏差	泵体水平度（每 1m）		0.1mm		
			联轴器同心度	轴向倾斜(每 1m)	0.8mm		
				径向位移	0.1mm		
一般项目	3	管道允许偏差	坐　标	架　空	15mm		
				地　沟	10mm		
			标　高	架　空	±15mm		
				地　沟	±10mm		
			水平管道纵、横方向弯曲	$DN \leq 100$mm(每 1m)	2‰，最大 50		
				$DN > 100$mm(每 1m)	3‰，最大 70		
			立管垂直（每米）		2‰，最大 15		
			成排管道间距		3mm		
			交叉管的外壁或绝热层间距		10mm		
一般项目	4	管道设备保温允许偏差	厚　度 δ		$+0.1\delta, -0.05\delta$ mm		
			表面平整度	卷材	5mm		
				涂抹	10mm		

	专业工长（施工员）		施工班组长	
施工单位检查评定结果	项目专业质量检查员：　　年　月　日			
监理（建设）单位验收结论	监理工程师（建设单位项目专业技术负责人）：　　年　月　日			

14 分部（子分部）、子单位工程质量验收

14.0.1 检验批、分项工程、分部（或子分部）、单位（子单位）工程质量的验收，均应在施工单位自检合格的基础上进行。并应按检验批、分项、分部（或子分部）、单位（或子单位）工程的程序进行验收，同时做好记录。

1 检验批、分项工程的质量验收应全部合格。

检验批质量验收详见各节“质量验收”的内容。

分项工程质量验收见表 4.2.7-2。

2 分部（子分部）工程的验收，必须在分项工程验收通过的基础上，对涉及安全、卫生和使用功能的重要部位进行抽样检验和检测。

子分部工程质量验收见附录 G。

分部工程质量验收见附录 H。

3 单位（子单位）工程质量验收合格应符合下列规定：

（1）单位（子单位）工程所含分部（子分部）工程的质量均应验收合格，表格见附录 I、附录 J、附录 K。

（2）质量控制资料应完整，表格见附录 L。

（3）单位（子单位）工程所含分部工程有关安全的功能的检测资料应完整，表格见附录 M。

（4）主要功能项目的抽查结果应符合相关专业质量验收规范的规定。

（5）观感质量验收应符合要求，表格见附录 L。

14.0.2 建筑给水、排水及采暖工程的检验和检测应包括下列主要内容：

1 承压管道系统和设备及阀门水压试验。

2 排水管道灌水、通球及通水试验。

3 雨水管道灌水及通水试验。

4 给水管道通水试验及冲洗、消毒检测。

5 卫生器具通水试验，具有溢流功能的器具满水试验。

6 地漏及地面清扫口排水试验

7 消火栓系统测试。

8 采暖系统冲洗及测试。

9 安全阀及报警联动系统动作测试。

10 锅炉 48h 负荷试运行。

14.0.3 工程质量验收文件和记录中应包括下列内容：

1 开工报告。

2 图纸会审记录、设计变更及洽商记录。

3 施工组织设计或施工方案。

4 主要材料、成品、半成品、配件、器具和设备出厂合格证及进场验收单。

5 隐蔽工程验收及中间试验记录。

6 设备试运转记录。

7 安全、卫生和使用功能检验和检测记录。

8 检验批、分项、子分部、分部工程质量验收记录。

9 竣工图。

附录A 给水钢塑复合管管材相关要求

A.0.1 根据管道系统的工作压力确定采用不同的管材、管件和连接方式，见表A.0.1。

表A.0.1 管材、管件及连接方式选用表

管道系统工作压力	选用管材	选用管件	主要连接方式
<1.0MPa	涂（衬）塑焊接钢管、镀锌管	可锻铸铁涂（衬）塑管件	螺纹连接
1.0~1.6MPa	涂（衬）塑无缝钢管	无缝钢管件或球墨铸铁涂（衬）塑管件	法兰连接或沟槽式连接
1.6~2.5MPa	涂（衬）塑无缝钢管	无缝钢管件或铸钢涂（衬）塑管	法兰连接或沟槽式连接

A.0.2 管径不大于100mm时宜采用螺纹连接，管径大于100mm时宜采用法兰或沟槽式连接。

A.0.3 水池（箱）内管道选择应符合下列要求：

1 水池（箱）内浸水部分的管道应采用内外涂塑焊接钢管及管件（包括法兰、水泵吸水管、溢水管、吸水喇叭、溢水漏斗等）。

2 泄水管、出水管应采用管内外及管口端涂塑管段。

3 管道穿越钢筋混凝土水池（箱）部位应采用耐腐蚀防水套管。

4 管道的支承件、紧固件均应采用经防腐处理的金属支承件。

A.0.4 在热水供应管道系统中，应采用内衬交联聚乙烯（PEX）、氯化聚氯乙烯（PVC-C）钢塑复合管和内衬聚丙烯（PP-R）、氯化聚氯乙烯（PVC-C）的管件。当采用橡胶密封时，应采用耐热橡胶密封圈。

A.0.5 埋地的钢塑复合管管道，宜在管外壁采取可靠的防腐蚀措施。

A.0.6 超薄壁不锈钢塑料复合管管材其公称压力为1.6MPa，冷水管使用温度不大于40℃；热水管长期工作温度不大于70℃，瞬时温度不大于90℃。

A.0.7 给水硬聚氯乙烯管道系统给水温度不得大于45℃，给水压力不得大于0.60MPa。不得用于消防给水管道，不得在建筑物内与消防管道相连。用于建筑内部的管道宜采用1.0MPa等级的管材。

附录B 铝塑管材及管件的相关要求

B.0.1 铝塑管管材的外观质量：管壁的颜色应一致，无色泽不均匀及分解变色线。内外壁应光滑、平整，应无气泡、裂口、裂纹、脱皮、痕纹及碰撞凹陷。公称外径 *De* 不大于32mm 的盘管卷材，调直后截断断面应无明显的椭圆变形。

B.0.2 铝塑管管材的截面尺寸应符合表 B.0.2-1、表 B.0.2-2 的规定。

表 B.0.2-1 搭接焊铝塑复合管基本结构尺寸（mm）

公称外径 *De*	外径		壁厚		内层聚乙烯最小厚度	外层聚乙烯最小厚度	铝层最小厚度
	最小值	允许偏差	最小值	允许偏差			
12	12	+0.30	1.60	+0.40	0.70	0.40	0.18
14	14	+0.30	1.60	+0.40	0.80	0.40	0.18
16	16	+0.30	1.65	+0.40	0.90	0.40	0.18
20	20	+0.30	1.90	+0.40	1.00	0.40	0.23
25	25	+0.30	2.25	+0.50	1.10	0.40	0.23
32	32	+0.30	2.90	+0.50	1.20	0.40	0.28
40	40	+0.40	4.00	+0.60	1.80	0.70	0.35
50	50	+0.50	4.50	+0.70	2.00	0.80	0.45
63	63	+0.60	6.00	+0.80	3.00	1.00	0.55
75	75	+0.70	7.50	+1.00	3.00	1.00	0.65

表 B.0.2-2 对接焊铝塑复合管基本结构尺寸（mm）

公称外径 *De*	外径		壁厚		内层聚乙烯最小厚度	外层聚乙烯最小厚度	铝层最小厚度
	最小值	允许偏差	最小值	允许偏差			
12	12	+0.30	1.60	+0.40	0.70	0.40	0.18
14	14	+0.30	1.60	+0.40	0.80	0.40	0.18
16	16	+0.30	1.65	+0.40	0.90	0.40	0.18
20	20	+0.30	1.90	+0.40	1.00	0.40	0.23
25	25	+0.30	2.25	+0.50	1.10	0.40	0.23
32	32	+0.30	3.00	+0.50	1.40	0.60	0.60
40	40	+0.40	3.50	+0.50	1.65	0.70	0.75
50	50	+0.50	4.00	+0.60	1.80	0.80	1.00
63	63	+0.60	5.00	+0.60	2.20	1.00	1.20
75	75	+0.70	7.50	+1.00	3.00	1.20	1.65

B.0.3 铝塑复合管的管环径向拉伸力和爆破强度，应不小于表 B.0.3 所列数值。

表 B.0.3 管环径向拉伸力和爆破强度检验

公称外径 De (mm)	管环径向拉伸力（N）		爆破强度（MPa）
	中密度聚乙烯复合管	高密度聚乙烯复合管	
12	2000	2100	7.0
14	2100	2300	7.0
16	2100	2300	6.0
20	2400	2500	5.0
25	2400	2500	4.0
32	2600	2700	4.0
40	3300	3500	4.0
50	4200	4400	4.0
63	5100	5300	3.5
75	6000	6300	3.5

B.0.4 铝塑复合管的工作压力检验：将管材浸入水槽，一端封堵，另一端通入1.0MPa的压缩空气，稳压3min，管壁应无膨胀、无裂纹、无泄漏。

B.0.5 铝塑复合管的静液压强度检验应符合表B.0.5规定。

表 B.0.5 铝塑复合管静液压强度检验

管材用途	试验温度（℃）	静液压强度（MPa）	持压时间（h）	合格指标
冷水管	60±2	2.48±0.07	10	管壁无膨胀、无破裂、无泄漏
热水管	82±2	2.72±0.07		

B.0.6 铝塑管铜质管件的材质应符合现行国家标准《加工黄铜》GB/T 5232K中HPb59-1要求。管件的螺纹应符合现行国家标准《非螺纹密封的管螺纹》GB/T 7307和《用螺纹密封的管螺纹》GB/T 7306的要求。

B.0.7 管件表面应光滑无毛刺，无缺损和变形，无气泡和砂眼。同一口径管件的锁紧螺帽、紧箍环应能互换。管件内使用的密封圈材质，应符合卫生要求，宜采用丁腈橡胶、硅橡胶。

附录C 超薄壁不锈钢塑料复合管管材和管件的要求

C.0.1 管材与管件连接用的橡胶圈、特种胶粘剂、低温钎焊料和有关施工工具等，均应由管材生产企业配套供应。施工机具应附有操作说明。

C.0.2 管材、管件内外表面应光滑平整，色泽一致，无明显的痕纹凹陷，断口平直，冷热水管标志醒目，内壁清洁无污染。

C.0.3 预置橡胶圈的承插式管件，其橡胶件应平整，座入位置正确。

C.0.4 管材压力条块等级为1.6MPa，规格和壁厚见表C.0.4。

表C.0.4 超薄壁不锈钢塑料复合管管材规格和壁厚

公称外径 *DN*			16	20	25	32	40	50	63	75	90	110
1	不锈钢厚度		0.25	0.25	0.28	0.30	0.35	0.40	0.45	0.50	0.55	0.60
2	粘结层厚度		0.10	0.10	0.10	0.10	0.10	0.20	0.20	0.20	0.25	0.25
3	1	PE类塑料厚度	1.65	1.65	2.12	2.60	3.05	3.40	4.35	5.30	6.20	7.15
		管壁总厚	2.00	2.00	2.50	3.00	3.50	4.00	5.00	6.00	7.00	8.00
	2	聚氯类塑料厚度	1.15	1.15	1.62	2.10	2.05	2.40	2.85	3.30	3.70	4.15
		管壁总厚	1.50	1.50	2.00	2.50	2.50	3.00	3.50	4.00	4.50	5.00

C.0.5 管材、管件的物理力学性能应符合表C.0.5的规定。

表C.0.5 超薄壁不锈钢塑料复合管管材、管件的物理力学性能

项 目	单位	技 术 性 能
外表质量		表面平整光滑，无裂纹、拉丝痕迹、凹陷
压扁性能	%	压至50%，壳体与塑料不分离
耐压试验（1h）	MPa	*DN*＜90MPa为6.7MPa，*DN*≥90为4.5MPa
管材、管件组合性能试验（15℃）	MPa	100h 4.2MPa，连接处无渗漏 165h 2.5MPa，连接处无渗漏
热水管冷热水循环试验		1.0MPa 20～95℃，冷热水循环500次，内层塑料不变形、不分离，连接点不渗漏

C.0.6 管材、管件在运输或工地搬运时，应小心轻放，不得剧烈碰撞、抛摔、滚拖、受油腻沾污。

C.0.7 管材管件储存应符合下列规定：

1 管材按规格堆放整齐，管端口应有管堵或管塞封口，严格防止尘土或异物进入管内。管材堆放高度不宜大于2.0m，堆放场地应平整，支垫物间距不宜大于1.0m，且应采用木材制作。

2 管件应逐件包装，包装箱按规格堆放整齐，堆放高度不宜大于1.5m。

3 管材管件应存放在通风良好的库房内，距热源应大于1.0m，不得露天堆放。

C.0.8 胶粘剂、清洁剂丙酮或酒精等易燃品宜存放在危险品仓库中。运输和使用时应远离火源，存放处应安全可靠、阴凉干燥、通风良好、严禁明火。

C.0.9 钎焊焊剂、焊料应集中堆放在通风良好的库房内，焊接工具应分类放置在料架上。专用工具应保持表面清洁、完整，不得移作他用。

附录 D 给水用改性聚丙烯（PP-R）管材规格要求

D.0.1 给水用改性聚丙烯（PP-R）管材规格及偏差，见表 D.0.1。

表 D.0.1 给水用改性聚丙烯（PP-R）管材规格及偏差

公称外径（*De*）	平均允许偏差	壁 厚 (mm)					
		公称压力（1.25MPa）		公称压力（1.6MPa）		公称压力（2.0MPa）	
		基本尺寸	允许偏差	基本尺寸	允许偏差	基本尺寸	允许偏差
20	+0.3			2.3	+0.5	2.8	+0.5
25	+0.3	2.3	+0.5	2.8	+0.5	3.5	+0.6
32	+0.3	3.0	+0.5	3.6	+0.6	4.4	+0.7
40	+0.4	3.7	+0.6	4.5	+0.7	5.5	+0.8
50	+0.5	4.6	+0.7	5.6	+0.8	6.9	+0.9
63	+0.6	5.8	+0.8	7.1	+1.0	8.7	+1.1
75	+0.7	6.9	+0.9	8.4	+1.1	10.3	+1.3
90	+0.9	8.2	+1.1	10.1	+1.3	12.3	+1.5
110	+1.0	10.0	+1.2	12.3	+1.5	15.1	+1.8

附录 E　给水硬聚氯乙烯管道管材和管件的材料要求

E.0.1　管材和管件应具有质量检验部门的质量合格证，并应有明显标志标明生产厂的名称和规格。包装上应标有批号、数量、生产日期和检验代号。

E.0.2　胶粘剂必须标有生产厂名称、出厂日期、有效使用期限、出厂合格证和使用说明书。

E.0.3　管材与管件的外观质量应符合下列规定：

1　管材和管件的颜色应一致，无色泽不均及分解变色线。

2　管材和管件的内外壁应光滑、平整，无气泡、裂口、裂纹、脱皮和严重的冷斑及明显的痕纹、凹陷。

3　管材轴向不得有异向弯曲，其直线度偏差应小于1%；管材端头必须平整，并垂直于轴线。

E.0.4　管件应完整，无缺损、变形，合模缝、浇口应平整，无开裂。

E.0.5　管材和管件的物理力学性能应符合表 E.0.5 规定。

表 E.0.5　管材、管件的物理力学性能

项　目	单　位	指　标	
		管　材	管　件
密度	kg/mm³	1.35～1.46	1.35～1.46
拉伸强度	MPa	≥45.0℃	
维卡软化温度	℃	≥76	≥72
液压试验		4.2 倍公称压力	4.2 倍公称压力
纵向回缩率	%	≤5	
扁平试验		无裂缝	
丙酮浸泡		无分层及碎裂	
落锤冲击试验		1. 0℃，10 次冲击无破裂 2. 0℃，冲击 TIR* ＜5% 3. 20℃，冲击 TIR* ＜10%	
吸水性	g/m²	≤40.0	≤40.0
坠落试验			试样无破裂
烘箱试验			无任何起泡或拼缝开裂现象

注：1　TIR* 为实际冲击率；

2　表中项目检测方法参照国家标准《给水用硬聚氯乙烯管材》和《给水用硬聚氯乙烯管件》执行。

E.0.6　管材在同一截面的壁厚偏差不得超过 14%，管材的外径、壁厚及其公差应符合表 E.0.6 的规定。

表 E.0.6 外径与公称直径对应关系及管材尺寸及公差（mm）

相对应的公称直径		外 径（D_e）		壁 厚			
				公称压力 0.63MPa		公称压力 1.0MPa	
英制（in）	公制（mm）	基本尺寸	公 差	基本尺寸	公 差	基本尺寸	公 差
½	15	20	+0.30	1.6	+0.40	1.9	+0.40
¾	20	25	+0.30	1.6	+0.40	1.9	+0.40
1	25	32	+0.30	1.6	+0.40	1.9	+0.40
1¼	32	40	+0.30	1.6	+0.40	1.9	+0.40
1½	40	50	+0.30	1.6	+0.40	2.4	+0.50
2	50	63	+0.30	2.0	+0.40	3.0	+0.50
2½	65	75	+0.30	2.3	+0.50	3.6	+0.60
3	80	90	+0.30	2.8	+0.50	4.3	+0.70
4	100	110	+0.40	3.4	0.6	5.3	+0.80

E.0.7 管件的壁厚不得小于相应管材的壁厚。

E.0.8 管材和管件的承插粘接面，必须表面平整、尺寸准确，以保证接口的密封性能。其承口尺寸应符合表 E.0.8 规定。

表 E.0.8 管材、管件承口尺寸（mm）

承口内径	承口长度	承口中部的平均内径	
20	16.0	20.1	20.3
25	18.5	25.1	25.3
32	22.0	32.1	32.3
40	26.0	40.1	40.3
50	31.0	50.1	50.3
63	37.5	63.1	63.3
75	43.5	75.1	75.3
90	51.0	90.1	90.3
110	61.0	110.1	110.4

E.0.9 塑料管道与金属管配件连接的塑料转换接头所承受的强度试验压力不应低于管道的试验压力，其所能承受的水密性试验压力不应低于管道系统的工作压力；其螺纹应符合现行国家规定《可锻铸铁管路连接件形式尺寸管件结构尺寸表》的规定，螺纹应完整，如有断丝或缺丝，不得大于螺纹全扣数的 10%。不得在塑料管材及管件上直接套丝。

E.0.10 胶粘剂应呈自由流动状态，不得为凝胶体，在未搅拌的情况下，不得有分层现象和析出物出现；不宜稀释。

E.0.11 胶粘剂内不得有团块、不溶颗粒和其他影响胶粘剂粘接强度的杂质。

E.0.12 胶粘剂中不得含有毒和利于微生物生长的物质，不得对饮用水的味、嗅及水质有任何影响。

E.0.13 胶粘剂的性能必须符合下列规定：

管径≤63mm，黏度≥0.09Pa·s（23℃）；管径≥75mm，黏度≥0.5Pa·s（23℃）。

剪切强度≥6.1MPa（23℃，固化72h后）。

最低静压水密性强度；4.2+0.20倍公称压力下保持15min不漏水。

E.0.14 管材和管件应在同一批中抽样进行规格尺寸及必要的外观性能检查。如不能达到规定的质量要求，应按国家标准《给水用硬聚氯乙烯管材》和《给水用硬聚氯乙烯管件》，由指定检测单位进行检验。

E.0.15 不得使用有损坏迹象的材料。长期存放的材料，在使用前必须进行外观检查，若发现异常，应进行技术鉴定或复检。

E.0.16 管材应按不同规格分别进行捆扎，每捆长度应一致，且重量不宜超过50kg。管件应按不同品种、规格分别装箱，均不得散装。

E.0.17 搬运管材和管材时，应小心轻放，避免油污。严禁剧烈撞击、与尖锐物品碰撞、抛摔滚拖。在寒冷地区的冬季，需特别注意。

E.0.18 管材和管件应存放在通风良好、温度不超过40℃的库房或简易棚内，不得露天存放，距离热源不得小于1m。

E.0.19 管材应水平堆放在平整的支垫物上，支垫物宽度不应小于75mm，间距不应大于1m。外悬端部不应超过0.5m，堆置高度不得超过1.5m。管件应逐层码放，不得叠置过高。

E.0.20 胶粘剂和丙酮等清洁剂应存放于危险品仓库中。现场存放处应阴凉干燥，安全可靠，严禁明火。

附录F 地面辐射供暖专用术语

F.0.1 低温热水地面辐射供暖 low temperature hot water floor radiant heating

以湿度不高于60℃的热水为热媒，在加热管内循环流动。加热地板，通过地面以辐射和对流的传热方式向室内供热的供暖方式。

F.0.2 分水器 manifold

水系统中，用于连接各路加热管供水管的配水装置。

F.0.3 集水器 manifold

水系统中，用于连接各路加热管回水管的汇水装置。

F.0.4 面层 surface course

建筑地面自接承受各种物理和化学作用的表面层。

F.0.5 找平层 toweling course

在垫层或楼板面上进行抹乎找坡的构造层。

F.0.6 隔离层 isolating course

防止建筑地面上各种液体或地下水、潮气透过地面的构造层。

F.0.7 填充层 filler course

在绝热层域楼板基面上设置加热管或发热电缆用的构造层，用以保护加热设备并使地面温度均匀。

F.0.8 绝热层 insulating course

用以阻挡热量传递，减少无效热耗的构造层。

F.0.9 防潮层 moisture proofing course

防止建筑地基或楼层地面下潮气透过地面的构造层。

F.0.10 伸缩缝 expansion joint

补偿混凝土填充层、上部构造层和面层等膨胀或收缩用的构造缝。

F.0.11 铝塑复合管 polyethylene-aluminum compound pipe

内层和外层为交联聚乙烯或耐高温聚乙烯，中间层为增强铝管，层间采用专用热熔胶，通过挤出成型方法复合成一体的加热管。根据铝管焊接方法不同，分为搭接焊和对接焊两种形式，通常以XPAP或PAP标记。

F.0.12 聚丁烯管 polyethylene pipe

由聚丁烯-1树脂添加适量助剂，经挤出成型的热塑性加热管，通常以PB标记。

F.0.13 交联聚乙烯管 cross linked polyethylene pipe

以密度大于等于0.94g/cm^{3}的聚乙烯或乙烯共聚物，添加适量助剂，通过化学的或物理的方法，使其线型的大分子交联成三维网状的大分子结构的加热管，通常以PE-X标记。按照交联方式的不同，可分为过氧化物交联聚乙烯（PE-X_a）、硅烷交联聚乙烯<PE-X_b）、辐照交联聚乙烯（PE-X_c）、偶氮交联聚乙烯PE-X_d）。

F.0.14 无规共聚聚丙烯管 polypropylene random copolymer pipe

以丙烯和适量乙烯的无规共聚物，添加适量助剂，经挤出成型的热塑性加热管，通常以 PP-R 标已。

F.0.15 嵌段共聚聚丙烯管 polypropylene block copolymer pipe

以内烯和乙烯嵌段共聚物，添加适量助剂，经挤山成型的热塑性加热管，通常以 PP-B 标记。

F.0.16 耐热聚乙烯管 polyethylene of raised temperature resistance pipe

以乙烯和辛烯共聚制成的特殊的线型中密度乙烯共聚物，添加适量助剂，经挤出成型的热塑性加热昔，通常以 PE-RT 标已。

F.0.17 黑球温度 black globe temperature

由黑球温度计指示的温度数值，习惯上也称实感温度。

F.0.18 发热电缆 heating cable

以供暖为目的、通电后能够发热的电缆。由冷线、热线和冷热线接头组成，其中热线由发热导线、绝缘层、接地屏蔽层和外护套等部分组成。

F.0.19 发热电缆地面辐射供暖 heating cable floor radiant heating

以低温发热电缆为热源，加热地板，通过地面以辐射和对流的传热方式向室内供热的供暖方式。

F.0.20 发热导线 heating conductor

发热电缆中将电能转换为热能的金属线。

F.0.21 绝缘层 insulation of a cable

发热电缆内不同电导体之间的绝缘材料层。

F.0.22 接地屏蔽层 screen

包裹在发热导线外并与发热导线绝缘的金属层。其材质可以是编织成网或螺旋缠绕的金属丝，也可以是螺旋缠绕或沿发热电缆纵向围合的金属带。

F.0.23 外护套 sheath

保护发热电缆内部不受外界环境影响（如腐蚀、受潮等）的电缆外围结构层。

F.0.24 发热电缆温控器 thermostat for heating cable system

应用于发热电缆地面辐射供暖的系统中，能够感应温度并加以控制调节的自动控制装置，按照控制方法的不同主要分为室温型、地温型和双温型温控器。

附录G　管材物理力学性能

G.0.1　塑料加热管的物理力学性能，应符合表G.0.1的规定。

表G.0.1　塑料加热管的物理力学性能

项目	PE-X管	PE-RT管	PP-R管	PB管	PP-B管
20℃、1h液压试验环应力（MPa）	12.00	10.00	16.00	15.50	16.00
95℃、1h液压试验环应力（MPa）	4.80	—	—	—	—
95℃、22h液压试验环应力（MPa）	4.70	—	4.20	6.50	3.40
95℃、165h液压试验环应力（MPa）	4.60	3.55	3.80	6.20	3.00
95℃、1000h液压试验环应力（MPa）	4.40	3.50	3.50	6.00	2.60
110℃、8760h热稳定性试验环应力（MPa）	2.50	1.90	1.90	2.40	1.40
纵向尺寸收缩率（%）	≤3	<3	≤2	≤2	≤2
交联度（%）	见注	—	—	—	—
0℃耐冲击	—	—	破损率≤试样的10%	—	破损率<试样的10%
管材与混配料熔体流动速率之差	—	变化率≤原料的30%（在190℃、2.16kg的条件下）	变化率≤原料的30%（在230℃、2.16kg的条件下）	≤0.3g/10min（在190℃、5kg的条件下）	变化率≤原料的30%（在230℃、2.16kg的条件下）
注：交联度要求：过氧化物交联大于或等于70%，硅烷交联大于或等于65%，辐照交联大于或等于60%，偶氮交联大于或等于60%。					

G.0.2　铝塑复合管的物理力学性能，应符合表G.0.2的规定。

表 G.0.2 铝塑复合管的物理力学性能

<table>
<tr><td rowspan="2">公称直径
(mm)</td><td colspan="2">管环径向拉伸力（N）
（HDPE、PEX）</td><td colspan="2">静液压强度（MPa）</td><td colspan="2">焊破压力（MPa）</td></tr>
<tr><td>搭接焊</td><td>对接焊</td><td>搭接焊
（82℃、10h）</td><td>对接焊
（95℃、1h）</td><td>搭接焊</td><td>对接焊</td></tr>
<tr><td>12</td><td>2100</td><td>—</td><td>2.72</td><td>—</td><td>7.0</td><td>—</td></tr>
<tr><td>16</td><td>2300</td><td>2400</td><td>2.72</td><td>2.42</td><td>6.0</td><td>8.0</td></tr>
<tr><td>20</td><td>2500</td><td>2600</td><td>2.72</td><td>2.42</td><td>5.0</td><td>7.0</td></tr>
</table>

注：1 交联度要求：硅烷交联大于或等于65%，辐照交联大于或等于60%；
2 热熔胶熔点大于或等于120℃；
3 搭接焊铝层拉伸强度大于或等于100MPa，断裂伸长率大于或等于20%；对接焊铝层拉伸强度大于或等于80MPa，断裂伸长率应不小于22%；
4 铝塑复合管层间粘合强度，按规定力法试验，层间不得出现分离和缝隙。

G.0.3 铜管机械性能要求，见表D.0.3。

表 G.0.3 铜管机械性能要求

<table>
<tr><td rowspan="2">状 态</td><td rowspan="2">公称外径
(mm)</td><td>抗拉强度 δ_b（MPa）</td><td colspan="2">伸长率不小于</td></tr>
<tr><td>不小于</td><td>δ_5（%）</td><td>δ_{10}（%）</td></tr>
<tr><td rowspan="2">硬态（Y）</td><td>≤100</td><td>315</td><td rowspan="2">—</td><td rowspan="2">—</td></tr>
<tr><td>>100</td><td>295</td></tr>
<tr><td>半硬态（Y_2）</td><td>≤54</td><td>250</td><td>30</td><td>25</td></tr>
<tr><td>软态（M）</td><td>≤35</td><td>205</td><td>40</td><td>35</td></tr>
</table>

附录 H　发热电缆的电气和机械性能要求

H.0.1　发热电缆的电气和机械性能要求，见表 H.0.1。

表 H.0.1　发热电缆的电气和机械性能要求

类　别	检　验　项　目	标　准　要　求
标　志	成品电缆表面标志	字迹清楚、容易辨认、耐擦
	标志间距离	最大 500mm
电压试验 绝缘电阻	室温成品电缆电压试验（2.0kV/5min）	不击穿
	高温成品电缆电压试验（100℃，1.5kV/150min）	不击穿
	绝缘电阻（100℃）	最小 0.03MΩ·km
导　体	导体电阻（20℃）	在标定值（Ω/m）的 +10% 和 −5% 之间
	电阻温度系数	不为负数
成品性能试验	变形试验（30N，1.5kV/30s）	不击穿
	拉力试验	最小 120N
	正反卷绕试验	不击穿
	低温冲击试验（−15℃）	不开裂
	屏蔽的耐穿透性	试针推入绝缘需触及屏蔽
绝缘层	绝缘厚度：	
	平均厚度	最小 0.80mm
	最薄处厚度	最小 0.72mm
	机械物理性能：	
	老化前抗拉强度	最小 4.2N/mm²
	老化前断裂伸长率	最小 200%
	空气箱老化（7×24h，135℃）：	
	抗拉强度变化率	最大 ±30%
	断裂伸长率变化率	最大 ±30%
	空气弹老化（40h，127℃）：	
	抗拉强度变化率	最大 ±30%
	断裂伸长率变化率	最大 ±30%
	非污染试验（7×24h，90℃）：	
	抗拉强度变化率	最大 ±30%
	断裂伸长率变化率	最大 ±30%
	热伸缩（15min，250℃）：	
	伸长率	最大 175%
	永久伸长率	最大 15%
	耐臭氧试验（臭氧浓度 0.025%～0.030%，24h）	不开裂

续表 H.0.1

类　别	检验项目	标准要求
外护套	外护套厚度： 平均厚度 最薄处厚度	 最小 0.8mm 最小 0.58mm
	机械物理性能： 老化前抗张强度 老化前断裂伸长率 空气箱老化（10×24h，135℃）： 老化前抗张强度 老化后断裂伸长率 抗张强度变化率 断裂伸长率变化率	 最小 15.0N/mm² 最小 150% 最小 15.0N/mm² 最小 150% 最大 ±25% 最大 ±25%
	非污染试验（7×24h，90℃）： 老化后抗张强度 老化后断裂伸长率 抗张强度变化率 断裂伸长率变化率	 最小 15.0N/mm² 最小 150% 最小 ±25% 最小 ±25%
	失重试验（10×24h，115℃）	最大 2.0mg/cm²
	抗开裂试验（1h，150℃）	不开裂
	90℃高温压力试验——变形率	最大 50%
	低温卷绕试验（－15℃）	不开裂
	热稳定性（200℃）	最小 180min

附录 I　子分部工程质量验收

I.0.1　分部（子分部）工程质量验收应由总监理工程师（建设单位项目专业负责人）组织施工单位项目经理和有关勘察、设计单位项目负责人进行验收，并由施工单位按表 I.0.1 填写。

表 I.0.1　子分部工程质量验收表

<table>
<tr><td colspan="2">工 程 名 称</td><td colspan="2"></td><td>结构类型/层数</td><td></td></tr>
<tr><td colspan="2">施 工 单 位</td><td colspan="2"></td><td>分 包 单 位</td><td></td></tr>
<tr><td colspan="2">技术部门负责人</td><td colspan="2"></td><td>分包单位负责人</td><td></td></tr>
<tr><td colspan="2">质量单位负责人</td><td colspan="2"></td><td>分包技术负责人</td><td></td></tr>
<tr><td>序 号</td><td colspan="2">分项工程名称</td><td>检验批数量</td><td>施工单位检查结果</td><td>监理（建设）单位验收结论</td></tr>
<tr><td>1</td><td colspan="2"></td><td></td><td></td><td></td></tr>
<tr><td>2</td><td colspan="2"></td><td></td><td></td><td></td></tr>
<tr><td>3</td><td colspan="2"></td><td></td><td></td><td></td></tr>
<tr><td>4</td><td colspan="2"></td><td></td><td></td><td></td></tr>
<tr><td>5</td><td colspan="2"></td><td></td><td></td><td></td></tr>
<tr><td>6</td><td colspan="2"></td><td></td><td></td><td></td></tr>
<tr><td></td><td colspan="2"></td><td></td><td></td><td></td></tr>
<tr><td colspan="3">质量控制资料</td><td></td><td></td><td></td></tr>
<tr><td colspan="3">安全和功能检验（检测）报告</td><td></td><td></td><td></td></tr>
<tr><td colspan="3">观感质量验收</td><td></td><td></td><td></td></tr>
<tr><td rowspan="4">验收意见</td><td colspan="2">分 包 单 位</td><td colspan="3">项目专业负责人:　　　　年　月　日</td></tr>
<tr><td colspan="2">施 工 单 位</td><td colspan="3">项 目 负 责 人:　　　　年　月　日</td></tr>
<tr><td colspan="2">设 计 单 位</td><td colspan="3">项 目 负 责 人:　　　　年　月　日</td></tr>
<tr><td colspan="2">监理（设计单位）</td><td colspan="3">监理工程师（建设单位项目专业负责人）:　　　　年　月　日</td></tr>
</table>

附录J 分部工程质量验收

J.0.1 由总监理工程师组织施工单位项目负责人和技术、质量负责人等进行验收，并按表J.0.1由施工单位填写，验收结论由监理（建设）单位填写。综合验收结论由参加验收各方共同商定，建设单位填写，填写内容应对工程质量是否符合设计和规范要求及总体质量作出评价。

表J.0.1 建筑给水排水及采暖（分部）工程质量验收表

<table>
<tr><td colspan="2">工程名称</td><td colspan="4"></td><td>层数/建筑面积</td><td></td></tr>
<tr><td colspan="2">施工单位</td><td colspan="4"></td><td>开/竣工日期</td><td></td></tr>
<tr><td colspan="2">项目经理/证号</td><td></td><td>专业技术
负责人/证号</td><td colspan="2"></td><td>项目专业技术
负责人/证号</td><td></td></tr>
<tr><td>序号</td><td colspan="2">项目</td><td colspan="3">验收内容</td><td colspan="2">验收结论</td></tr>
<tr><td>1</td><td colspan="2">子分部工程质量验收</td><td colspan="3">共　子分部，经查　子分部；
符合规范及设计要求　子分部。</td><td colspan="2"></td></tr>
<tr><td>2</td><td colspan="2">质量管理资料核查</td><td colspan="3">共　项，经审查符合要求　项；
经核定符合规范要求　项。</td><td colspan="2"></td></tr>
<tr><td>3</td><td colspan="2">安全、卫生和主要使用功能核查抽查结果</td><td colspan="3">共抽查　项，符合要求　项；
经返工处理符合要求　项。</td><td colspan="2"></td></tr>
<tr><td>4</td><td colspan="2">观感质量验收</td><td colspan="3">共抽查　项，符合要求　项；
不符合要求　项。</td><td colspan="2"></td></tr>
<tr><td>5</td><td colspan="2">综合验收结论</td><td colspan="5"></td></tr>
<tr><td rowspan="2">参加验收单位</td><td colspan="2">施工单位</td><td colspan="2">设计单位</td><td colspan="2">监理单位</td><td>建设单位</td></tr>
<tr><td colspan="2">（公章）

单位（项目）
负责人：

年　月　日</td><td colspan="2">（公章）

单位（项目）
负责人：

年　月　日</td><td colspan="2">（公章）

总监理
工程师：

年　月　日</td><td>（公章）

单位（项目）
负责人：

年　月　日</td></tr>
</table>

附录K 单位（子单位）工程质量验收

K.0.1 建设单位收到施工单位提交的工程验收报告后，应由建设单位（项目）负责人组织施工（含分包单位）、设计、监理等单位（项目）负责人进行单位（子单位）工程验收。由施工单位按表K.0.1填写，验收结论由监理（建设）单位填写。综合验收结论由参加验收各方共同商定，建设单位填写，填写内容应对工程质量是否符合设计和规范要求及总体质量水平作出评价。

表K.0.1 单位（子单位）工程质量竣工验收记录

<table>
<tr><td colspan="2">工程名称</td><td colspan="4"></td><td colspan="2">层数/建筑面积</td><td colspan="2"></td></tr>
<tr><td colspan="2">施工单位</td><td colspan="4"></td><td colspan="2">开/竣工日期</td><td colspan="2"></td></tr>
<tr><td colspan="2">项目经理/证号</td><td></td><td colspan="2">专业技术
负责人/证号</td><td></td><td colspan="2">项目专业技术
负责人/证号</td><td colspan="2"></td></tr>
<tr><td>序号</td><td colspan="2">项目</td><td colspan="4">验收内容</td><td colspan="3">验收结论</td></tr>
<tr><td>1</td><td colspan="2">分部工程质量验收</td><td colspan="4">共 子分部，经查 子分部；
符合规范及设计要求 子分部</td><td colspan="3"></td></tr>
<tr><td>2</td><td colspan="2">质量管理资料核查</td><td colspan="4">共 项，经审查符合要求 项；
经核定符合规范要求 项</td><td colspan="3"></td></tr>
<tr><td>3</td><td colspan="2">安全、卫生和主要使用功能核查及抽查结果</td><td colspan="4">共抽查 项，符合要求 项；
经返工处理符合要求 项</td><td colspan="3"></td></tr>
<tr><td>4</td><td colspan="2">观感质量验收</td><td colspan="4">共抽查 项，符合要求 项；
不符合要求 项</td><td colspan="3"></td></tr>
<tr><td>5</td><td colspan="2">综合验收结论</td><td colspan="7"></td></tr>
<tr><td rowspan="2">参加验收单位</td><td colspan="2">施工单位</td><td colspan="2">设计单位</td><td colspan="3">监理单位</td><td colspan="2">建设单位</td></tr>
<tr><td colspan="2">（公章）
单位（项目）
负责人：
年 月 日</td><td colspan="2">（公章）
单位（项目）
负责人：
年 月 日</td><td colspan="3">（公章）
总监理
工程师：
年 月 日</td><td colspan="2">（公章）
单位（项目）
负责人：
年 月 日</td></tr>
</table>

附录L　室外给水排水及采暖子单位工程质量控制资料核查记录

L.0.1　核查由总监理工程师组织，有关专业监理工程师参加。施工单位应先将资料整理成册。单位（子单位）工程质量控制核查记录，采用表L.0.1格式。

表L.0.1　单位（子单位）工程质量控制资料核查记录

工程名称			施工单位			
序号	项目	资料名称		份数	核查意见	核查人
1	给排水与采暖	图纸会审、设计变更、洽商记录				
2		材料、配件出厂合格证书及进场检（试）验报告				
3		管道、设备强度试验、严密性试验记录				
4		隐蔽工程验收记录				
5		系统清洗、灌水、通水、通球试验记录				
6		施工记录				
7		分项、分部工程质量验收记录				
8						
结论：						
施工单位项目经理：　　年　　月　　日　　总监理工程师（建设单位项目负责人）：　　年　　月　　日						

附录 M　室外给水排水及采暖子单位工程安全和功能检验资料及主要功能抽查记录

M.0.1　由总监理工程师组织有关监理工程师核查、检查，有关施工单位项目经理、技术负责人参加。抽查项目由验收组协商确定。对在分部、子分部工程已抽查的项目，核查其结论是否符合设计要求；对在子单位工程抽查的项目，应进行全面检查，并核实其结论是否符合设计要求。子单位工程安全和功能检验资料核查及主要功能抽查记录，采用表 M.0.1 格式。

表 M.0.1　子单位工程安全和功能检验资料核查及主要功能抽查记录

<table>
<tr><td colspan="3">工程名称</td><td colspan="2"></td><td>施工单位</td><td colspan="2"></td></tr>
<tr><td>序号</td><td>项目</td><td>安全和功能检查项目</td><td>份数</td><td>核查意见</td><td>核查结果</td><td colspan="2">核查人</td></tr>
<tr><td>1</td><td rowspan="6">给排水与采暖</td><td>给水管道通水试验记录</td><td></td><td></td><td></td><td colspan="2" rowspan="6"></td></tr>
<tr><td>2</td><td>暖气管道、散热器压力试验记录</td><td></td><td></td><td></td></tr>
<tr><td>3</td><td>卫生器具满水试验记录</td><td></td><td></td><td></td></tr>
<tr><td>4</td><td>消防管道、燃气管道压力试验记录</td><td></td><td></td><td></td></tr>
<tr><td>5</td><td>排水干管通球试验记录</td><td></td><td></td><td></td></tr>
<tr><td>6</td><td></td><td></td><td></td><td></td></tr>
<tr><td colspan="8">结论：

施工单位项目经理：　　年　　月　　日　　总监理工程师（建设单位项目负责人）：　　年　　月　　日</td></tr>
</table>

附录N　室外给水排水及采暖子单位工程观感质量检查记录

N.0.1　由总监理工程师组织有关监理工程师，会同参加验收的人员共同进行，通过现场全面检查，在听取有关人员的意见后，由总监理工程师为主与监理工程师共同确定质量评价。评价分为好、一般、差。只要不影响安全和使用功能，都可通过验收；评为差时，能修的尽量修，不能修的按《建筑工程施工质量验收统一标准》GB 50300—2001 第5.0.6条执行。单位（子单位）工程观感质量检查记录，见表N.0.1。

表N.0.1　单位（子单位）工程观感质量检查记录

<table>
<tr><td colspan="2">工程名称</td><td colspan="2"></td><td>施工单位</td><td></td></tr>
<tr><td>序　号</td><td>项　目</td><td>观感检查项目</td><td colspan="2">核　查　意　见</td><td>核　查　结　果</td></tr>
<tr><td>1</td><td rowspan="4">给排水
与采暖</td><td>管道接口、坡度、支架</td><td colspan="2"></td><td></td></tr>
<tr><td>2</td><td>阀门</td><td colspan="2"></td><td></td></tr>
<tr><td>3</td><td></td><td colspan="2"></td><td></td></tr>
<tr><td>4</td><td></td><td colspan="2"></td><td></td></tr>
<tr><td colspan="3">观感质量综合评价</td><td colspan="3"></td></tr>
<tr><td colspan="6">检查结论：

施工单位项目经理　　年　　月　　日　　　总监理工程师（建设单位项目负责人）：　　年　　月　　日</td></tr>
</table>

附录O 本标准采用的标准、规范、规程

本技术标准采用的标准、规范、规程：

1 《建筑工程施工质量验收统一标准》GB 50300—2001；

2 《建筑给水排水及采暖工程施工质量验收规范》GB 50242—2002；

3 《工业金属管道工程施工及验收规范》GB 50235—97；

4 《现场设备、工业管道焊接工程施工及验收规范》GB 50236—98；

5 《游泳池给水排水设计规范》CECS 14：89；

6 《水泵隔振技术规程》CECS 59：94；

7 《给水排水多功能水泵控制阀应有技术规程》CECS 132：2002；

8 《埋地给水排水玻璃纤维增强热固性树脂夹砂管管道工程施工及验收规程》CECS 129：2001；

9 《建筑给水超薄壁不锈钢塑料复合管管道工程技术规程》CECS 135：2002；

10 《建筑给水铝塑复合管管道工程技术规程》CECS 105：2000；

11 《建筑给水钢塑复合管管道工程技术规程》CECS 125：2001；

12 《建筑给水硬聚氯乙烯管道设计与施工验收规程》CECS 41：92；

13 《埋地硬聚氯乙烯给水管道工程技术规程》CECS 17：2000；

14 《建筑排水硬聚氯乙烯管道工程技术规程》CJJ/T 29：98；

15 《埋地硬聚氯乙烯排水管道工程技术规程》CECS 122：2001；

16 《建筑排水用硬聚氯乙烯内螺旋管管道工程技术规程》CECS 94：2002；

17 《混凝土排水管道工程闭气检验标准》CECS19：90；

18 《埋地钢骨架聚乙烯复合管燃气管道工程技术规程》CECS 131：2002；

19 《地面辐射供暖技术规程》JGJ 142—2004。

本标准用词说明

1　为便于在执行本标准中相关内容时区别对待，对要求严格程度不同的用词说明如下：

1）表示很严格，非这样做不可的用词：

正面词采用“必须”；反面词采用“严禁”。

2）　表示严格，在正常情况下均应这样做的用词：

正面词采用“应”；反面词采用“不应”或“不得”。

3）表示允许稍有选择，在条件许可时，首先应这样做的用词：

正面词采用“宜”；反面词采用“不宜”。

表示有选择，在一定条件下可以这样做的用词，采用“可”。

2　本标准中指定应按其他有关标准、规范执行时的写法为“应符合……要求或规定”或“应按……执行”。

通风与空调工程施工技术标准

Technical standard for construction of ventilation and air conditioning works

ZJQ 08—SGJB 243—2005

编 制 说 明

本标准是根据中建八局《关于〈施工技术标准〉编制工作安排的通知》（局科字［2002］348号）文件要求，由中建八局会同中建八局安装公司和中建八局第三建筑公司共同编制。

在编写过程中，编写组认真学习和研究了国家《建筑工程施工质量验收统一标准》GB 50300—2001、《通风与空调工程施工质量验收规范》GB 50243—2002 第二十余个技术规范和文献资料，结合本企业通风与空调工程的施工经验进行编制，并组织本企业内、外专家经审查后定稿。

为方便配套使用，本标准在章节编排上与《通风与空调工程施工质量验收规范》GB 50243—2002 保持对应关系。主要是：总则、术语、基本规定、风管制作、风管部件与消声器制作、风管系统安装、通风与空调设备安装、空调制冷系统安装、空调水系统管道与设备安装、防腐与绝热、系统调试、竣工验收和综合效能的测定与调整等十三章，其内容包括技术和质量管理、施工工艺和操作要点、质量标准和验收三大部分。

本标准中引用国家规范中的强制性条文以黑体字列出，必须严格执行。

为了持续提高本标准的水平，请各单位在执行本标准过程中，注意总结经验，积累资料，随时将有关意见和建议反馈给中建八局技术质量部（通讯地址：上海市浦东新区源深路269号，邮政编码：200135），以供修订时参考。

本标准主要编写和审核人员：

主　　编：杨春沛

副 主 编：曹　昊　苗冬梅

主要参编人：于亚超　刘咏梅　任　宏　韩付安　毛继明　周枚生

审核专家：肖绪文　王玉岭　谢刚奎　宁文华

1 总 则

1.0.1 为了加强施工技术管理，规范通风与空调工程的施工工艺，在符合设计要求、满足使用功能和国家相关标准（规范、规程等）条件下，达到技术先进、经济合理，保证工程质量、环境保护和安全施工，制定本标准。

1.0.2 本标准适用于建筑工程通风与空调工程的施工及质量验收。

1.0.3 本标准依据现行国家标准《通风与空调工程施工质量验收规范》GB 50243—2002、《建筑工程施工质量验收统一标准》GB 50300—2001 等的要求进行编制，并与其配套使用。

1.0.4 通风与空调工程施工应根据设计图纸及有关设备技术文件的要求进行，所用的材料，应按照设计要求选用，并应符合现行材料标准的规定。凡本标准无规定的新材料、新工艺应根据产品说明书或工艺说明书的有关技术要求（必要时通过试验），制定操作工艺标准，并经法人层次总工程师审批后方可使用。

1.0.5 通风与空调工程施工中采用的工程技术文件、承包合同文件对施工质量的要求不得低于本标准的规定。

1.0.6 通风与空调工程的施工除执行本标准外，尚应符合现行国家、行业及地方有关标准规范的规定。

2 术 语

2.0.1 风管 air duct

采用金属、非金属薄板或其他材料制作而成，用于空气流通的管道。

2.0.2 风道 air channel

采用混凝土、砖等建筑材料砌筑而成，用于空气流通的通道。

2.0.3 通风工程 ventilation works

送风、排风、除尘、气力输送以及防、排烟系统工程的统称。

2.0.4 空调工程 air conditioning works

空气调节、空气净化与洁净空调系统的总称。

2.0.5 风管配件 duct fittings

风管系统中的弯管、三通、四通、各类变径及异形管、导流叶片和法兰等。

2.0.6 风管部件 duct accessory

通风、空调风管系统中的各类风口、阀门、排气罩、风帽、检查门和测定孔等。

2.0.7 咬口 seam

金属薄板边缘弯曲成一定形状，用于相互固定连接的构造。

2.0.8 漏风量 air leakage rate

风管系统中，在某一静压下通过风管本体结构及其接口，单位时间内泄出或渗入的空气体积量。

2.0.9 系统风管允许漏风量 air system permissible leakage rate

按风管系统类别所规定平均单位面积、单位时间内的最大允许漏风量。

2.0.10 漏风率 air system leakage ratio

空调设备、除尘器等，在工作压力下空气渗入或泄漏量与其额定风量的比值。

2.0.11 净化空调系统 air cleaning system

用于洁净空间的空气调节、空气净化系统。

2.0.12 漏光检测 air leak check with lighting

用强光源对风管的咬口、接缝、法兰及其他连接处进行透光检查，确定孔洞、缝隙等渗漏部位及数量的方法。

2.0.13 制冷剂 refrigerant

制冷系统中，完成制冷循环的工作物质。

2.0.14 整体式制冷设备 packaged refrigerating unit

制冷机、冷凝器、蒸发器及辅助设备部件组装在同一机座上，而构成整体形式的制冷设备。

2.0.15 组装式制冷设备 assembling refrigerating unit

制冷机、冷凝器、蒸发器及辅助设备采用部分集中、部分分开安装形式的制冷设备。

2.0.16 风管系统的工作压力 design working pressure

指系统风管总风管处设计的最大的工作压力。

2.0.17 空气洁净度等级 air cleanliness class

洁净空间单位体积空气中，以大于或等于被考虑粒径的粒子最大浓度限值进行划分的等级标准。

2.0.18 洁净室 clean room

对空气中的悬浮粒状物质按规定标准进行控制，同时对温度、湿度、压力等环境条件也进行相应控制的密闭空间。

2.0.19 角件 corner pieces

用于金属薄钢板法兰风管四角连接的直角型专用构件。

2.0.20 风机过滤器单元（FFU、FMU） fan filter（module）unit

由风机箱和高效过滤器等组成的用于洁净空间的单元式送风机组。

2.0.21 空态 as-built

洁净室的设施已经建成，所有动力接通并运行，但无生产设备、材料及人员在场。

2.0.22 静态 at-rest

洁净室的设施已经建成，生产设备已经安装，并按业主及供应商同意的方式运行，但无生产人员。

2.0.23 动态 operational

洁净室的设施以规定的方式运行及规定的人员数量在场，生产设备按业主及供应商双方商定的状态下进行工作。

2.0.24 非金属材料风管 nonmetallic duct

采用硬聚氯乙烯、有机玻璃钢、无机玻璃钢等非金属无机材料制成的风管。

2.0.25 复合材料风管 foil-insulant composite duct

采用不燃材料面层复合绝热材料板制成的风管。

2.0.26 防火风管 refractory duct

采用不燃、耐火材料制成，能满足一定耐火极限的风管。

2.0.27 试验压力 test pressure

管道、容器或设备进行耐压强度和气密性试验规定所要达到的压力。

2.0.28 管道配件 pipe fittings

管道与管道或管道与设备连接用的各种零、配件的统称。

2.0.29 建筑工程质量 quality building engineering

反映建筑工程满足相关标准或合同约定的要求，包括其在安全、使用功能及其在耐久性能、环境保护等方面所有明显和隐含能力的特性总和。

2.0.30 验收 acceptance

建筑工程在施工单位自行质量检查评定的基础上，参与建设活动的有关单位共同对检验批、分项、分部、单位工程的质量进行抽样复验，根据相关标准以书面形式对工程质量达到合格与否做出确认。

2.0.31 进场验收 site acceptance

对进入施工现场的材料、构配件、设备等按相关标准规定要求进行检验，对产品达到合格与否做出确认。

2.0.32 检验批 inspection lot

按同一的生产条件或按规定的方式汇总起来供检验用的，由一定数量样本组成的检验体。

2.0.33 检验 inspection

对检验项目中的性能进行量测、检查、试验等，并将结果与标准规定要求进行比较，以确定每项性能是否合格所进行的活动。

2.0.34 见证取样检测 evidential testing

在监理单位或建设单位监督下，由施工单位有关人员现场取样，并送至具备相应资质的检测单位所进行的检测。

2.0.35 交接检验 handing over inspection

由施工的承接方与完成方经双方检查并对可否继续施工做出确认的活动。

2.0.36 主控项目 dominant item

建筑工程中的对安全、卫生、环境保护和公众利益起决定性作用的检验项目。

2.0.37 一般项目 general item

除主控项目以外的检验项目。

2.0.38 抽样检验 sampling inspection

按照规定的抽样方案，随机地从进场的材料、构配件、设备或建筑工程检验项目中，按检验批抽取一定数量的样本所进行的检验。

2.0.39 抽样方案 sampling scheme

根据检验项目的特性所确定的抽样数量和方法。

2.0.40 计数检验 counting inspection

在抽样的样本中，记录每一个体有某种属性或计算每一个体中的缺陷数目的检查方法。

2.0.41 计量检验 quantitative inspection

在抽样检验的样本中，对每一个体测量其某个定量特性的检查方法。

2.0.42 观感质量 quality of appearance

通过观察和必要的量测所反映的工程外在质量。

2.0.43 返修 repair

对工程不符合标准规定的部位采取整修等措施。

2.0.44 返工 rework

对不合格的工程部位采取的重新制作、重新施工等措施。

3 基本规定

3.0.1 通风与空调工程的施工除应符合现行国家规范的规定外，还应按照被批准的设计图纸、合同约定的内容和相关技术标准的规定进行。施工图纸修改必须以设计单位的设计变更通知书或技术核定签证。

3.0.2 承担通风与空调工程施工的企业，应具有相应工程承包的资质等级及相应质量管理体系。

3.0.3 施工企业承担通风与空调工程施工图纸深化设计及施工时，还必须具有相应的设计资质及其质量管理体系，并取得原设计单位的书面同意或签字认可。

3.0.4 通风与空调工程施工现场的质量管理应符合《建筑工程施工质量验收统一标准》GB 50300—2001 第 3.0.1 条的规定。

3.0.5 通风与空调工程所使用的主要原材料、成品、半成品和设备的进场，必须对其进行验收。验收应经监理工程师认可，并应形成相应的质量记录。

3.0.6 通风与空调工程的施工，应把每一个分项施工工序作为工序交接检验点，并应形成相应的质量记录。

3.0.7 通风与空调工程施工过程中发现设计文件有差错的，应及时提出修改意见或更正建议，并形成书面文件及归档。

3.0.8 当通风与空调工程作为建筑工程的分部工程施工时，其子分部与分项工程的划分应按表 3.0.8 的规定执行。当通风与空调工程作为单位工程独立验收时，子分部上升为分部，分项工程的划分同上。

表 3.0.8 通风与空调工程分部工程的子分部划分

<table>
<tr><th>子分部工程</th><th colspan="2">分项工程</th></tr>
<tr><td>送、排风系统</td><td rowspan="5">风管与配件制作
部件制作
风管系统安装
风机安装
系统调试</td><td>通风设备安装，消声设备制作与安装</td></tr>
<tr><td>防、排烟系统</td><td>排烟风口、常闭正压风口与设备安装</td></tr>
<tr><td>除尘系统</td><td>除尘器与排污设备安装</td></tr>
<tr><td>空调系统</td><td>空调设备安装，消声设备制作与安装，风管与设备绝热</td></tr>
<tr><td>净化空调系统</td><td>空调设备安装，消声设备制作与安装，风管与设备绝热，高效过滤器安装，净化设备安装</td></tr>
<tr><td>制冷系统</td><td colspan="2">制冷机组安装，制冷剂管道及配件安装，制冷附属设备安装，管道及设备的防腐与绝热，系统调试</td></tr>
<tr><td>空调水系统</td><td colspan="2">冷热水管道系统安装，冷却水管道系统安装，冷凝水管道系统安装，阀门及部件安装，冷却塔安装，水泵及附属设备安装，管道与设备的防腐与绝热，系统调试</td></tr>
</table>

3.0.9 通风与空调工程的施工应按规定的程序进行，并与土建及其他专业工种互相配合。与通风与空调系统有关的土建工程施工完毕后，应由建设或总承包、监理、设计及施

工单位共同会检。会检的组织宜由建设、监理或总承包单位负责。

3.0.10 通风与空调工程分项工程施工质量的验收，应按本标准对应分项的具体条文规定执行。子分部中的各个分项，可根据施工工程的实际情况一次验收或数次验收。

3.0.11 通风与空调工程中的隐蔽工程，在隐蔽前必须经监理人员验收及认可签证。

3.0.12 通风与空调工程中从事管道焊接施工的焊工，必须具备操作资格证书和相应类别管道焊接的考核合格证书。

3.0.13 通风与空调工程竣工的系统调试，应在建设和监理单位的共同参与下进行，施工企业应具有专业检测人员和符合有关标准规定的测试仪器。

3.0.14 通风与空调工程施工质量的保修期限，自竣工验收合格日起计算为二个采暖期、供冷期。在保修期内发生施工质量问题的，施工企业应履行保修职责，责任方承担相应的经济责任。

3.0.15 净化空调系统洁净室（区域）的洁净度等级应符合设计要求。洁净度等级的监测应按本标准附录A第A.4条的规定，洁净度等级与空气中悬浮粒子的最大浓度限值（C_n）的规定，见本标准表11.4.2-5。

3.0.16 分项工程检验批验收合格质量应符合下列规定：

1 具有施工单位相应分项合格质量的验收记录；

2 主控项目的质量抽样检验应全数合格；

3 一般项目的质量抽样检验，除有特殊要求外，计数合格率不应小于80%，且不得有严重缺陷。

3.0.17 工程项目专业质量检查员和技术负责人组织检查评定检验批、分项工程质量的检查评定；项目经理组织分部（子分部）工程质量的检查评定，企业技术负责人组织单位（子单位）工程质量的检查评定。

3.0.18 通风与空调工程完工后，承包（或总承包）单位应组织自检，在自检合格的基础上，检验批的质量验收记录由施工项目专业质量检查员填写，监理工程师（建设单位项目专业技术负责人）组织项目专业质量检查员等进行验收；分项工程质量应由监理工程师（建设单位项目专业技术负责人）组织项目专业技术负责人等进行验收；分部（子分部）工程质量由总监理工程师（建设单位项目专业负责人）组织施工项目经理和有关设计单位项目负责人进行验收。

4 风 管 制 作

4.1 一 般 规 定

4.1.1 本章适用于建筑工程通风与空调工程中，使用金属、非金属风管与复合材料风管或风道的加工、制作，质量不得低于本标准的规定。

4.1.2 对风管制作质量的验收，应按其材料、系统类别和使用场所的不同分别进行，主要包括风管的材质、规格、强度、严密性与成品外观质量等项内容。

4.1.3 对风管制作质量的验收，按设计图纸与本标准的规定执行。工程中所选用的外购风管，还必须提供相应的产品合格证明文件或进行强度和严密性的验证（非金属风管还需要提供消防及卫生检测合格的报告），符合要求的方可使用。

4.1.4 风管制作宜优先选用节能、高效、机械化加工制作工艺。

4.1.5 风管制作所使用的计量器具及监测仪器应处于合格状态并在有效检定期内。

4.1.6 通风管道规格的验收，金属风管宜以外径或外边长为标注尺寸，非金属风管宜以内径或内边长为准。矩形风管的常用规格应符合表 4.1.6-1 的规定，其长边与短边之比不宜大于 4:1。圆形风管规格应符合表 4.1.6-2 的规定，并优先选用基本系列。非规则椭圆形风管参照矩形风管，并以长径平面边长及短径尺寸为准。

表 4.1.6-1 矩形风管规格（mm）

风 管 边 长				
120	320	800	2000	4000
160	400	1000	2500	
200	500	1250	3000	
250	630	1600	3500	

表 4.1.6-2 圆形风管规格（mm）

风 管 直 径 *D*					
基本系列	辅助系列	基本系列	辅助系列	基本系列	辅助系列
100	80	280	260	800	750
	90	320	300	900	850
120	110	360	340	1000	950
140	130	400	380	1120	1060
160	150	450	420	1250	1180
180	170	500	480	1400	1320
200	190	560	530	1600	1500
220	210	630	600	1800	1700
250	240	700	670	2000	1900

4.1.7 风管系统按其系统的工作压力划分为三个类别，其类别划分应符合表 4.1.7 的规定。

表 4.1.7 风管系统类别划分

系统类别	系统工作压力 P（Pa）	密 封 要 求
低压系统	$P \leqslant 500$	接缝和接管连接处严密
中压系统	$500 < P \leqslant 1500$	接缝和接管连接处增加密封措施
高压系统	$P > 1500$	所有的拼接缝和接管连接处，均应采取密封措施

4.1.8 镀锌钢板及各类含有复合保护层的钢板，应采用咬口连接或铆接，不得采用影响其保护层防腐性能的焊接连接方法。

4.1.9 风管的密封，应以板材连接的密封为主，可采用密封胶嵌缝和其他方法密封。密封胶性能应符合使用环境的要求，密封面宜设在风管的正压侧。

4.1.10 风管及法兰制作的允许偏差应符合表 4.1.10 的规定。

表 4.1.10 风管及法兰制作的允许偏差（mm）

风管边长 b 或直径 D		允许偏差				
		边长或直径偏差	矩形风管表面平整度	矩形风管端口对角线之差	法兰或端口端面平面度	圆形法兰任意正交两直径
金属风管	$b(D) \leqslant 320$	≤2	≤10	≤3	≤2	≤2
	$b(D) > 320$	≤3				
非金属风管	$b(D) \leqslant 320$	≤2	≤3	≤3	≤2	≤3
	$320 < b(D) \leqslant 2000$	≤3	≤5	≤4	≤4	≤5

4.2 金属风管制作

4.2.1 特点及适用范围

1 金属风管包括钢板风管、不锈钢板风管和铝板风管，其机械强度较高，适用范围广泛。

2 金属风管一般为现场加工，板材可采用咬口连接、铆接和焊接等方式。矩形金属风管可采用法兰连接、插条连接、咬口连接等形式；圆形金属风管可采用承插连接、芯管连接、抱箍连接等。其适用范围见附录 B。

3 法兰用料选择，应满足表 4.2.1 的要求。

表 4.2.1 法兰用料规格（mm）

钢制法兰				不锈钢和铝制圆形、矩形法兰			
圆法兰（D）	规 格	方法兰（长边 b）	规 格	法 兰（mm）	规 格		
					不锈钢	铝	
$D \leqslant 140$	−20×4	$b \leqslant 630$	∟25×3	D 或 $L_{max} \leqslant 280$	−25×4	−30×6	∟30×4
$140 < D \leqslant 280$	−25×4	$630 < b \leqslant 1500$	∟30×3	D 或 L_{max} 320～560	−30×4	−35×8	∟35×4
$280 < D \leqslant 630$	∟25×3	$1500 < b \leqslant 2500$	∟40×4	D 或 L_{max} 630～1000	−35×6	−40×10	
$630 < D \leqslant 1250$	∟30×4	$2500 < b \leqslant 4000$	∟50×5	D 或 L_{max} 1120～2000	−40×8	−40×12	
$1250 < D \leqslant 2000$	∟40×4						

4.2.2　施工准备

4.2.2.1　技术准备

1　对建筑、结构和电气、暖卫及管路走向、坐标、标高与通风管道之间跨越交叉等已有方案。

2　技术人员已向施工人员进行技术交底，对风管的制作尺寸、采用的技术标准、接口及法兰连接方法已经明确。

3　编制了集中加工或现场加工的施工方案，并准备就绪。

4　绘制轴测系统图，应体现整个系统水平和垂直的风管走向和设备、部件连接顺序及相对位置、方向等。

5　应备齐设计中使用规范、标准和其他技术资料文件。

6　加工草图已绘制。

4.2.2.2　材料准备

板材、型材、铆钉及辅助材料等。

4.2.2.3　主要机具

1　机械设备：剪板机、振动剪板机、电剪、手动折方机、三辊卷圆机、联合冲剪机、法兰卷圆机、厢式联合单平咬口机、手剪、圆弯头咬口机、压筋合缝两用机、插条成型机、电动拉铆枪、电焊机、电动角向磨光机、台钻、砂轮切割机、手电钻、冲孔机、空压机及油漆喷枪等。

2　划线工具：划规（地规）、标度划规、角尺、卡钳、墨斗、划针等。

3　测量工具：游标卡尺、钢直尺、钢卷尺、游标万能角度尺、内卡钳、漏风量测试装置等。

4.2.2.4　作业条件

1　应有独立的加工场地，场地应平整、清洁，加工平台应找平。

2　作业地点应有安放施工机具和材料堆放场地，设施和电源应有可靠的安全防护装置。

3　作业场地道路应畅通。应设置满足消防要求的设施。

4　加工设备布置在建筑物内时，应考虑建筑物楼板、梁的承载能力，必要时应采取相应措施。

5　对于洁净系统的风管制作应有干净封闭库房储存成品或半成品。

6　加工场地应预留现场材料、成品及半成品的运输通道，加工场地的选择不得阻碍消防通道。

4.2.3　材料质量控制

1　普通薄钢板：钢板表面应平整光滑，厚度应均匀，不得有裂纹结疤等缺陷，其材质应符合现行国家标准《优质碳素结构钢冷轧薄钢板和钢带》GB 13237 或《优质碳素结构钢热轧薄钢板和钢带》GB 710 的规定。

2　镀锌钢板：镀锌钢板（带）宜选用机械咬合类，镀锌层为 100 号以上（双面三点试验平均值不应小于 $100g/m^2$）的材料，其材质应符合现行国家标准《连续热镀锌薄钢板和钢带》GB 2518 的规定。厚度应符合设计要求，表面应平整光滑、有镀锌层的结晶花纹；表面应无明显锈斑、氧化层、针孔麻点、起皮、起泡、锌层脱落等弊病。

钢板或镀锌钢板的厚度按设计执行，当设计无规定时，钢板厚度不应小于表 4.9.1.1-1 的规定。

3 不锈钢板应采用奥氏体不锈钢材料，其表面不得有明显的划痕、刮伤、斑痕和凹穴等缺陷，材质应符合现行国家标准《不锈钢冷轧钢板》GB 3280 的规定。

不锈钢板的厚度按设计执行，当设计无规定时，板材厚度不应小于表 4.9.1.1-2 的规定

4 铝板应采用纯铝板或防锈铝合金板，其表面不得有明显的划痕、刮伤、斑痕和凹穴等缺陷，材质应符合现行国家标准《铝及铝合金轧制板材》GB/T 3880 的规定。

铝板的厚度按设计执行，当设计无规定时，板材厚度不应小于表 4.9.1.1-3 的规定。

5 金属型钢应分别符合现行国家标准《热轧等边角钢尺寸、外形、重量及允许偏差》GB9787、《热轧扁钢尺寸、外形、重量及允许偏差》GB 704、《热轧槽钢尺寸、外形、重量及允许偏差》GB 707 和《热轧圆钢和方钢尺寸、外形、重量及允许偏差》GB 702 的规定。

6 外购成品风管应有检测机构提供的风管耐压强度、严密性检测报告。

7 其他辅助材料应符合相关产品技术标准及有关消防要求。

4.2.4 施工工艺

4.2.4.1 钢板风管

1 工艺流程

放样下料→风管制作（法兰制作）→中间检查→风管加固→风管连接→检查验收

2 操作要点

(1) 放样下料

1) 风管加工尺寸的核定

根据设计要求、图纸会审纪要，结合现场实测数据绘制风管加工草图，并标明系统风量、风压测定孔的位置。

2) 风管展开下料

根据风管施工图（或放样图）把风管的表面形状，按实际的大小铺在板料上。展开方法有三种，即平行线展开法、放射线展开法和三角线展开法。

风管展开下料应注意：明确板材的壁厚、板材的接缝形式及风管的连接形式等，在展开下料时考虑余量。

3) 剪切、倒角

板材剪切前应进行下料复核，复核无误后按划线形状进行剪切。

板材下料后在压口之前，应用倒角机或剪刀进行倒角。倒角形状如图 4.2.4.1-1 所示。

图 4.2.4.1-1 倒角形状示意图

(2) 风管的制作

1) 折方、卷圆

a　画好折方线，在折方机上折方。

b　制作圆风管时，将咬口两端拍成圆弧状放在卷圆机上圈圆，操作时，手不得直接推送钢板。

2）咬口

a　折方或卷圆后的钢板用合缝机或手工进行合缝。操作时，用力均匀，不宜过重。咬口缝结合应紧密，不得有胀裂和半咬口现象。

b　风管板材连接形式及适用范围应符合表 B.0.1 的规定。

c　咬口宽度和留量根据板材厚度而定，应符合表 4.2.4.1-1 的要求。总咬口留量的大小、咬口宽度和重叠层数与使用的机械有关。对单平咬口、单立咬口、转角咬口在第一块板上等于咬口宽度，而在第二块板上是 2 倍宽，即咬口留量等于 3 倍咬口宽；联合角咬口在第一块板上为咬口宽，在第二块板材上为 3 倍咬口宽，咬口留量等于 4 倍咬口宽度。

表 4.2.4.1-1　咬口宽度（mm）

咬口形式	板厚		
	0.5～0.7	0.7～0.9	1.0～1.2
平咬口	6～8	8～10	10～12
立咬口	5～6	6～7	7～8
转角咬口	6～7	7～8	8～9
联合角咬口	3～9	9～10	10～11
按扣式咬口	12	12	12

单平咬口：用于板材的拼接缝、圆形风管的纵向闭合缝；

单立咬口：用于风管的横向缝；

转角咬口：用于矩形风管的纵向闭合缝；

按扣式咬口：用于矩形风管的纵向闭合缝；

联合角咬口：用于矩形风管的纵向闭合缝。

3）焊接

a　当板材厚度大于 1.2mm 时可采用氧气-乙炔焊、电弧焊及接触焊等形式，焊缝的形式如图 4.2.4.1-2 所示。

b　风管焊接前应除锈、除油。焊缝应熔合良好、平整，表面不应有裂纹、焊瘤、穿透的夹渣和气孔等缺陷，焊后的板材变形应矫正，焊渣及飞溅物应清除干净。

壁厚大于 1.2mm 的风管与法兰的连接可采用连续焊或翻边断续焊。管壁与法兰内口应紧贴，焊缝不得凸出法兰端面，断续焊的焊缝长度宜在 30～50mm，间距不应大于 50mm。

4）铆钉连接

铆钉连接是将两块要连接的板材，使其两边相重叠，并用铆钉穿连铆合在一起的连接方法。铆钉直径、铆钉长度及铆钉之间的间距等应根据板材厚度进行选择。

镀锌钢板或彩色涂层钢板的拼接，应采用咬接或铆接，且不得有十字形拼接缝。彩色涂层钢板的涂塑面应设在风管内侧，加工时应避免损坏涂塑层，损坏的部分应进行修补。

一般情况下，铆钉的直径 $d=2s$（s 为板厚），但不应小于 3mm；铆钉的长度 $L=2s+$

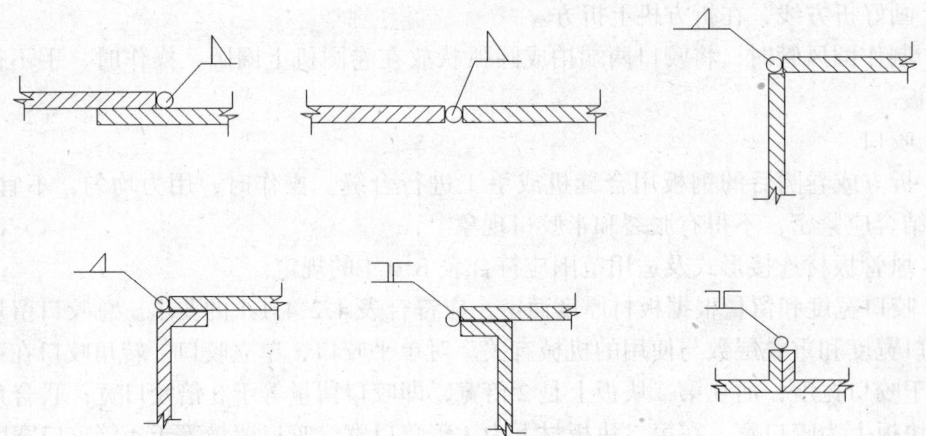

图 4.2.4.1-2　焊缝形式

(1.5 ~ 2) d；铆钉之间的间距一般为 40 ~ 100mm，严密性要求较高时，其间距应小一些；铆钉孔中心到板边的距离 B = (3 ~ 4) d。

5) 风管制作要求

制作风管时，划线、下料应正确，板面应保持平整，咬口缝应宽度均匀、紧密，纵面接缝应错开一定距离；焊接的风管，其焊缝不应有气孔、沙眼及裂纹等缺陷，焊接后的变形应进行校正。

风管的管段长度，依据实际需要和板材规格，一般为 1800 ~ 4000mm。

(3) 法兰制作

角钢法兰的连接螺栓和铆钉的规格及间距应符合表 4.2.4.1-2 的规定。法兰的焊缝应熔合良好、饱满，不得有夹渣和孔洞；法兰四角处应设螺栓孔；同一批同规格的法兰应具有互换性。

表 4.2.4.1-2　角钢法兰的连接螺栓和铆钉的规格及间距 (mm)

角钢规格	螺栓规格	铆钉规格	螺栓及铆钉间距	
			低、中压系统	高压系统
∟25 × 3	M6	ϕ4	≤150	≤100
∟30 × 3	M8			
∟40 × 3	M8			
∟50 × 3	M8			

1) 圆形法兰

加工圆形法兰时，先将整根角钢或扁钢在卷圆机上，卷成螺旋形状后，再将卷好的角钢或扁钢划线割开，逐个放在平台上找平找正，调整后进行焊接、钻孔。孔位应沿圆周均布。

法兰的用料规格应符合表 4.2.1 的规定。

法兰的螺孔、铆钉尺寸应符合表 4.2.4.1-3 的规定。

表 4.2.4.1-3　圆形法兰螺孔、铆孔尺寸

风管外径 D (mm)	螺孔 ϕ_1 (mm)	螺孔 n_1 (个)	铆孔 ϕ_2 (mm)	铆孔 n_2 (个)	配用螺栓规格	配用铆钉规格
80 ~ 90	7.5	4			M6 × 20	
100 ~ 140	7.5	6			M6 × 20	
150 ~ 200	7.5	8			M6 × 20	
210 ~ 280	7.5	8	4.5	8	M6 × 20	ϕ4 × 8
300 ~ 360	7.5	10	4.5	10	M6 × 20	ϕ4 × 8
380 ~ 500	7.5	12	4.5	12	M6 × 20	ϕ4 × 8
530 ~ 600	9.5	14	5.5	14	M8 × 25	ϕ5 × 10
600 ~ 630	9.5	16	5.5	16	M8 × 25	ϕ5 × 10
670 ~ 700	9.5	18	5.5	18	M8 × 25	ϕ5 × 10
750 ~ 800	9.5	20	5.5	20	M8 × 25	ϕ5 × 10
850 ~ 900	9.5	22	5.5	22	M8 × 25	ϕ5 × 10
950 ~ 1000	9.5	24	5.5	24	M8 × 25	ϕ5 × 10
1000 ~ 1120	9.5	26	5.5	26	M8 × 25	ϕ5 × 10
1180 ~ 1250	9.5	28	5.5	28	M8 × 25	ϕ5 × 10
1320 ~ 1400	9.5	32	5.5	32	M8 × 25	ϕ5 × 10
1500 ~ 1600	9.5	36	5.5	36	M8 × 25	ϕ5 × 10
1700 ~ 1800	9.5	40	5.5	40	M8 × 25	ϕ5 × 10
1900 ~ 2000	9.5	44	5.5	44	M8 × 25	ϕ5 × 10

法兰尺寸偏差应为正偏差，其偏差值为 + 2mm。

2）矩形法兰

矩形风管法兰由四根角钢或扁钢组焊而成，划线下料时应使焊成后的法兰内框尺寸不小于风管的外边尺寸。用切割机切断角钢或扁钢，进行调直，磨掉毛刺后用台钻加工铆钉孔或螺栓孔。

钻孔后的型钢放在焊接平台上进行焊接，焊接时用模具卡紧。

中、低压系统风管法兰的铆钉孔及螺栓孔的孔距不应大于 150mm；高压系统的风管不应大于 100mm；净化空调系统，当洁净度等级为 1 ~ 5 级时，不应大于 65mm；为 6 ~ 9 级时，铆钉的孔距不应大于 100mm。

矩形法兰的四角部位应设有螺孔。螺孔孔径应比螺栓直径大 1.5mm，螺孔的孔距准确。

金属矩形风管法兰螺栓规格应符合表 4.2.4.1-4 的规定。

表 4.2.4.1-4　金属矩形风管法兰螺栓规格（mm）

风关长边尺寸 b	螺栓规格	风关长边尺寸 b	螺栓规格
$b \leqslant 630$	M6	$1500 < b \leqslant 2500$	M8
$630 < b \leqslant 1500$	M8	$2500 < b \leqslant 4000$	M10

(4) 中间检查

1）风管制作后应进行质量检查。风管的外径或外边长允许偏差为负偏差，其偏差为：小于或等于 300mm 为 -1mm；大于 300mm 为 -2mm。

2）圆形风管法兰和矩形风管法兰制作的尺寸允许偏差应符合表 4.1.10 的规定

（5）风管的加固

1）风管加固应符合下列规定：

a　圆形风管（不包括螺旋风管）直径大于或等于 800mm，且其管段长度大于 1250mm 或总表面积大于 $4m^2$ 均应采取加固措施。

b　矩形风管边长大于630mm、保温风管边长大于800mm，管段长度1250mm或低压风管单边平面积大于 $1.2m^2$、中、高压风管大于 $1.0m^2$，均应采取加固措施。

c　非规则椭圆形风管的加固，应参照矩形风管执行。薄钢板法兰风管宜轧制加强筋，加强筋的凸出部分应位于风管外表面，排列间隔应均匀，板面不应有明显的变形。

d　风管的法兰强度低于规定强度时，可采用外加固框和管内支撑进行加固，加固件距风管连接法兰一端的距离不应大于 250mm。

e　外加固型材的高度不宜大于风管法兰高度，且间隔应均匀对称，与风管的连接应牢固，螺栓或铆接点的间距不应大于 220mm。外加固框的四角处，应连接为一体。

f　风管内支撑加固的排列应整齐、间距应均匀对称，应在支撑件两端的风管受力（压）面处设置专用垫圈。采用管套内支撑时，长度应与风管边长相等。

g　矩形风管刚度等级及加固间距宜按表 4.2.4.1-5、表 4.2.4.1-6、表 4.2.4.1-7、表 4.2.4.1-8、表 4.2.4.1-9 进行选择和确定。

表 4.2.4.1-5　矩形风管连接刚度等级

<table>
<tr><th colspan="3">连接形式</th><th colspan="2">附件规格（mm）</th><th>刚度等级</th></tr>
<tr><td rowspan="4">角钢法兰</td><td colspan="2" rowspan="4"></td><td colspan="2">L25×3</td><td>F3</td></tr>
<tr><td colspan="2">L30×3</td><td>F4</td></tr>
<tr><td colspan="2">L40×4</td><td>F5</td></tr>
<tr><td colspan="2">L50×5</td><td>F6</td></tr>
<tr><td rowspan="6">薄钢板法兰</td><td rowspan="4">弹簧夹式
插接式
顶丝卡式</td><td rowspan="4"></td><td rowspan="4">弹簧夹板厚度大于或等于 1.0mm
顶丝卡厚度大于或等于 3mm
顶丝螺栓 M8</td><td>$h=25$、$\delta_1=0.6$</td><td>Fb1</td></tr>
<tr><td>$h=25$、$\delta_1=0.75$</td><td>Fb2</td></tr>
<tr><td>$h=30$、$\delta_1=1.0$</td><td>Fb3</td></tr>
<tr><td>$h=40$、$\delta_1=1.2$</td><td>Fb4</td></tr>
<tr><td rowspan="2">组合式</td><td rowspan="2"></td><td colspan="2">$h=25$、$\delta_2=0.75$</td><td>Fb3</td></tr>
<tr><td colspan="2">$h=30$、$\delta_2=1.0$</td><td>Fb4</td></tr>
</table>

续表 4.2.4.1-5

连接形式			附件规格（mm）	刚度等级
S形插条	平插条		大于风管壁厚度且大于或等于 0.75mm	F1
	立插条		大于风管壁厚度且大于或等于 0.75mm $h \geqslant 25$mm	F2
C形插条	平插条		大于风管壁厚度且大于或等于 0.75mm	F1
	立插条		大于风管壁厚度且大于或等于 0.75mm $h \geqslant 25$mm	F2
	直角插条		等于风管板厚且大于或等于 0.75mm	F1
立联合角形插条			等于风管厚且大于或等于 0.75mm $h \geqslant 25$mm	F2
立咬口			等于风管厚 $h \geqslant 25$mm	F2
注：h 为法兰高度；δ_1 为风管壁厚度；δ_2 为组合法兰板厚度。				

表 4.2.4.1-6 矩形风管连接允许最大间距（mm）

刚度等级		风管边长 b								
		≤500	630	800	1000	1250	1600	2000	2500	3000
		允许最大间距								
低压风管	F1	3000	1600	不使用						
	F2		2000	1600	1250					
	F3		2000	1600	1250	1000				
	F4		2000	1600	1250	1000	800	800		
	F5		2000	1600	1250	1000	800	800	800	
	F6		2000	1600	1250	1000	800	800	800	800

续表 4.2.4.1-6

刚度等级		风管边长 b								
		≤500	630	800	1000	1250	1600	2000	2500	3000
		允许最大间距								
中压风管	F2	3000	1250	不使用						
	F3		1600	1250	1000	不使用				
	F4		1600	1250	1000	800	800	不使用		
	F5		1600	1250	1000	800	800	800	625	不使用
	F6		2000	1600	1000	800	800	800	800	625
中压风管	F3	3000	1250	不使用						
	F4		1250	1000	800	625	不使用			
	F5		1250	1000	800	625	625	不使用		
	F6		1250	1000	800	625	625	625	500	400

表 4.2.4.1-7 薄钢板法兰矩形风管连接允许最大间距（mm）

刚度等级		风管边长 b								
		≤500	630	800	1000	1250	1600	2000	2500	3000
		最大间距								
低压风管	Fb1	3000	1600	1250	650	500	不使用			
	Fb2		2000	1600	1250	650	500	400		
	Fb3		2000	1600	1250	1000	800	600		
	Fb4		2000	1600	1250	1000	800	800	不使用	
中压风管	Fb1	3000	1250	650	500	不使用				
	Fb2		1250	1250	650	500	400	400		
	Fb3		1600	1250	1000	800	650	500		
	Fb4		1600	1250	1000	800	800	800	不使用	

表 4.2.4.1-8 矩形风管加固刚度等级

加固形式		加固件规格（mm）	加固件高度 h（mm）					
			15	25	30	40	50	60
			刚度等级					
外框加固	角钢加固	L25×3		G2				
		L30×3			G3			
		L40×4				G4		
		L50×5					G5	
		L63×5						G6

续表 4.2.4.1-8

<table>
<tr><td colspan="3" rowspan="2">加固形式</td><td rowspan="2">加固件规格（mm）</td><td colspan="6">加固件高度 h（mm）</td></tr>
<tr><td>15</td><td>25</td><td>30</td><td>40</td><td>50</td><td>60</td></tr>
<tr><td colspan="4"></td><td colspan="6">刚度等级</td></tr>
<tr><td rowspan="8">外框加固</td><td>直角形加固</td><td></td><td>$\delta=1.2$</td><td>—</td><td>G2</td><td>G3</td><td>—</td><td>—</td><td>—</td></tr>
<tr><td rowspan="2">Z形加固</td><td rowspan="2">$b\geqslant10$mm</td><td>$\delta=1.5$</td><td>—</td><td>G2</td><td>G3</td><td>G3</td><td>—</td><td>—</td></tr>
<tr><td>$\delta=2.0$</td><td>—</td><td>—</td><td>—</td><td>—</td><td>G4</td><td>—</td></tr>
<tr><td rowspan="2">槽形加固 1</td><td rowspan="2">$b\geqslant20$mm</td><td>$\delta=1.2$</td><td>—</td><td>G2</td><td>—</td><td>—</td><td>—</td><td>—</td></tr>
<tr><td>$\delta=1.5$</td><td>—</td><td>—</td><td>G3</td><td>—</td><td>—</td><td>—</td></tr>
<tr><td rowspan="3">槽形加固 2</td><td rowspan="3">$b\geqslant25$mm</td><td>$\delta=1.2$</td><td>G1</td><td>G2</td><td>—</td><td>—</td><td>—</td><td>—</td></tr>
<tr><td>$\delta=1.5$</td><td>—</td><td>—</td><td>G3</td><td>G4</td><td>—</td><td>—</td></tr>
<tr><td>$\delta=2.0$</td><td>—</td><td>—</td><td>—</td><td>—</td><td>G5</td><td>—</td></tr>
<tr><td rowspan="3">点加固</td><td>扁钢内支撑</td><td>$b\geqslant25$mm</td><td>25×3 扁钢</td><td colspan="6">J1</td></tr>
<tr><td>螺杆内支撑</td><td></td><td>≥M8 螺杆</td><td colspan="6">J1</td></tr>
<tr><td>套管内支撑</td><td></td><td>$\phi16\times1$ 套管</td><td colspan="6">J1</td></tr>
<tr><td>纵向加固</td><td>立咬口</td><td>$h\geqslant25$mm</td><td>—</td><td colspan="6">Z2</td></tr>
<tr><td>压筋加固</td><td>压筋间距 ≤300</td><td></td><td>—</td><td colspan="6">J1</td></tr>
</table>

注：h 为法兰高度；δ_1 为风管壁厚度；δ_2 为组合法兰板厚度。

表 4.2.4.1-9　矩形风管横向加固允许最大间距（mm）

刚度等级		风管边长 b								
		≤500	630	800	1000	1250	1600	2000	2500	3000
		允许最大间距								
低压风管	G1		1600	1250	625					
	G2		2000	1600	1250	625	500	400	不使用	
	G3		2000	1600	1250	1000	800	600		
	G4		2000	1600	1250	1000	800	800		
	G5		2000	1600	1250	1000	800	800	800	625
	G6		2000	1600	1250	1000	800	800	800	800
中压风管	G1		1250	625						
	G2		1250	1250	625	500	400	400		
	G3		1600	1250	1000	800	625	500	不使用	
	G4	3000	1600	1250	1000	800	800	625		
	G5		1600	1250	1000	800	800	800	625	
	G6		2000	1600	1000	800	800	800	800	625
中压风管	G1		625							
	G2		1250	625						
	G3		1250	1000	625					
	G4		1250	1000	800	625			不使用	
	G5		1250	1000	800	625	625			
	G6		1250	1000	800	625	625	625	500	400

h　金属风管加固方法。风管一般可采用楞筋、立筋、角钢、扁钢、加固筋和管内支撑等形式（图 4.2.4.1-3）。

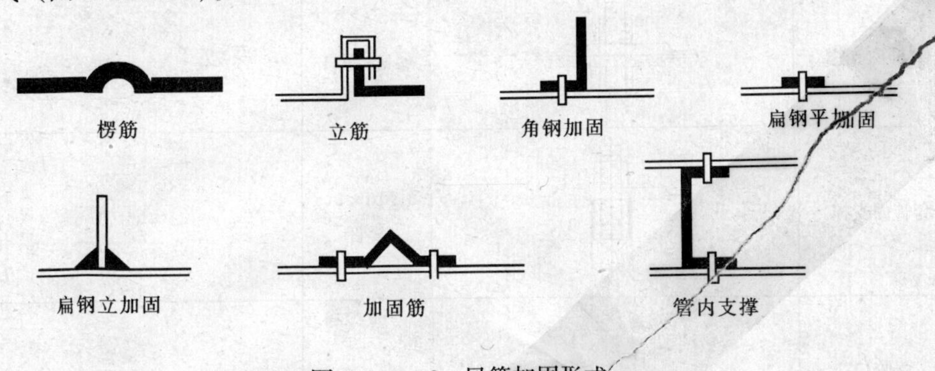

图 4.2.4.1-3　风管加固形式

2）圆形风管分直缝和螺旋缝两种形式。直缝圆形风管的直径大于 800mm、管段长度大于 1250mm 或总表面积大于 $4m^2$ 时，均应采取加固措施。

（6）风管的连接

1）风管法兰连接

a　风管与法兰铆接前应进行技术复核。将法兰套在风管上，管端留出 6 ~ 9mm 左右的翻边量，管中心线与法兰平面应垂直，然后使用铆钉钳将风管与法兰铆固，并留出四周翻边。

b　铆钉：用钢铆钉，铆钉平头朝内，圆头在外。铆钉规格及铆钉孔尺寸见表 4.2.4.1-10。

表 4.2.4.1-10　风管法兰铆钉规格及铆钉孔尺寸

类　型	风管规格	铆孔尺寸	铆钉规格
方法兰	120 ~ 630	$\phi 4.5$	$\phi 4 \times 8$
	800 ~ 2000	$\phi 5.5$	$\phi 5 \times 10$
圆法兰	200 ~ 500	$\phi 4.5$	$\phi 4 \times 8$
	530 ~ 2000	$\phi 5.5$	$\phi 5 \times 10$

风管法兰内侧的铆钉处应涂密封胶，涂胶前应清除铆钉表面油污。

c　壁厚小于或等于 1.2mm 的风管套人角钢法兰框后，应将风管端面翻边，并用铆钉铆接。风管的翻边应平整、紧贴法兰、宽度均匀，应剪去风管咬口部位多余的咬口层，并保留一层余量；翻边四角不得撕裂，翻拐角边时，应拍打为圆弧形，翻边高度不应小于 6mm；涂胶时，应适量、均匀，不得有堆积现象。咬缝及四角处应无开裂与孔洞；铆接应牢固，无脱铆和漏铆。

d　未经过防腐处理的钢板在加工咬口前，宜涂一道防锈漆。

e　薄钢板法兰风管制作应符合：

薄钢板法兰应采用机械加工。风管折边（或组合式法兰条）应平直，弯曲度不应大于 5‰。

组合式薄钢板法兰与风管连接可采用铆接、焊接或本体冲压连接。低、中压风管与法兰的铆（压）接点，间距应小于或等于 150mm；高压风管的铆（压）接点间距应小于或等于 100mm。

弹簧夹应具有相应的弹性强度，形状和规格应与薄钢板法兰匹配，长度宜为 120 ~ 150mm。

圆形风管采用法兰连接时，材料规格应符合表 4.2.4.1-11 规定。低压和中压系统风管法兰的螺栓及铆钉的间距应小于或等于 150mm；高压系统风管应小于或等于 100mm。

表 4.2.4.1-11　圆形风管法兰及螺栓规格（mm）

风管直径 D	法兰材料规格		螺栓规格
	扁　钢	角　钢	
$D \leqslant 140$	20 × 4	—	M6
$140 < D \leqslant 280$	20 × 4	—	
$280 < D \leqslant 630$	—	25 × 3	
$630 < D \leqslant 1250$	—	30 × 3	M8
$1250 < D \leqslant 2000$	—	40 × 4	

2）风管无法兰连接

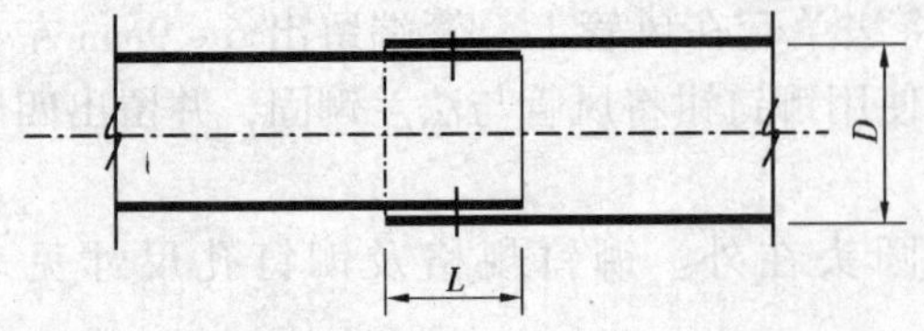

图 4.2.4.1-4　直接承插连接示意图

L—插入深度；D—风管直径

无法兰连接风管的接口应采用机械加工，尺寸应正确、形状应规则，接口处应严密。无法兰矩形风管接口处的四角应有固定措施。金属风管无法兰连接可分为圆形风管和矩形风管两大类，其形式有十几种，但按结构原理可分为承插、插条、咬合、铁皮法兰和混合式连接5种。风管无法兰连接与法兰连接一样，应满足严密、牢固的要求，不得发生自行脱落、胀裂等缺陷。

a　承插连接

a）直接承插连接，如图 4.2.4.1-4 所示。

制作风管时，使风管的一端比另一端的尺寸略大，然后插入连接，插入深度＞30mm，用拉铆钉或自攻螺钉固定两节风管连接位置，在接口缝内或外沿涂抹密封胶，完成风管段的连接。这种连接形式结构最为简单，用料也最省，但接头刚度较差，所以仅用在断面较小的圆形风管上（低压风管，直径＜700mm）。

b）芯管承插连接，如图 4.2.4.1-5 所示。

利用芯管作为中间连接件，芯管两端分别插入两根风管实现连接，插入深度≥20mm，然后用拉铆钉或自攻螺钉将风管和芯管连接段固定，并用密封胶将接缝封堵严密。这种连接方式一般都用在圆形风管和椭圆形风管上。

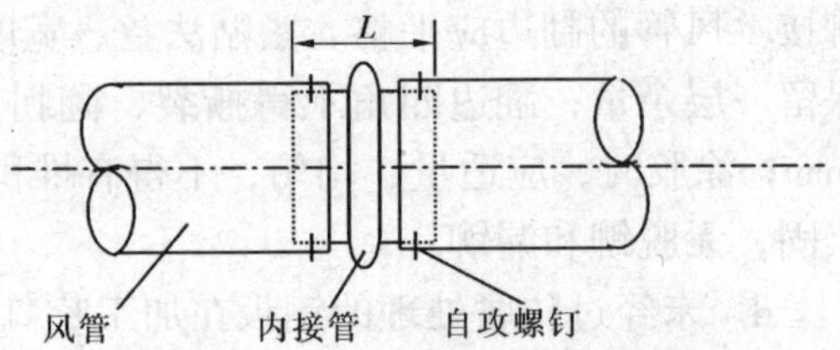

图 4.2.4.1-5　芯管承插连接示意图

L—芯管长度

圆形风管采用芯管连接时，芯管的板厚应等于风管板厚。其长度、直径允许偏差及芯管自攻螺钉规格或铆钉数量应符合表 4.2.4.1-12 的规定。

表 4.2.4.1-12　芯管长度、螺钉数量及直径允许偏差

风管直径 D（mm）	芯管长度（mm）	芯管每端口自攻螺钉或铆钉数量（个）	芯管直径允许偏差（mm）
120	120	3	－3～－4
300	160	4	
400	200	4	－4～－5
700	200	6	
1000	200	8	

b　插条连接

a）"C"形插条连接，如图 4.2.4.1-6（*a*）所示。

利用"C"形插条插入端头翻边180°的两风管连接部位，将风管扣咬达到连接的目的，其中插条插入风管两对边和风管接口相等，另两对边各长50mm左右，使这两长边每头翻压90°，盖压在另一插条端头上，完成矩形风管的四个角定位，并用密封胶将接缝处堵严。这种连接方式多用于矩形风管。

b）“S”形插条连接，如图 4.2.4.1-6（*b*）所示。

利用中间连接件“S”形插条，将要连接的两根风管的管端分别插入插条的两面槽内，四角处理方法同“C”形插条。因“S”形插条风管是轴向插入槽内，故必须采取预防风管与插条轴向分离措施，一般可采用拉铆钉、自攻螺钉固定，或两对边分别采用“C”、“S”插条混用的方法。“S”形插条均用于矩形风管连接（备注：采用“S”、“C”形插条连接时，风管最长边尺寸不得大于 630mm。立咬口小于等于 1000mm）。

C 形、S 形插条与风管插口的宽度应匹配，插条的两端延长量（图 4.2.4.1-6）宜大于或等于 20mm；S 形插条与风管边长尺寸允许偏差应为 2mm。

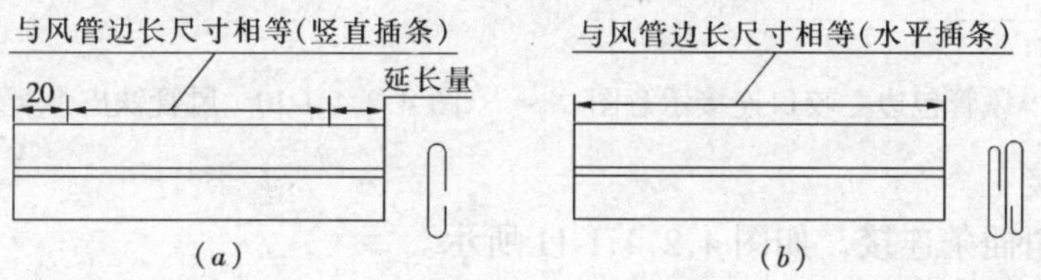

图 4.2.4.1-6　C 形插条、S 形插条示意图

（*a*）C 形插条；（*b*）S 形插条

c）直角形插条连接，如图 4.2.4.1-7 所示。

利用“C”形插条从中间外弯 90°作连接件插入矩形风管主管平面与支管管端的连接。主管平面开洞，洞边四周翻边 180°，翻边后净留孔尺寸刚好相等于所连接支管断面尺寸，支管管端翻边 180°，将需连接口对合后，四边分别插入已折 90°的“C”形插条，四角处理同“C”形插条。

图 4.2.4.1-7　风管直角形插条连接示意图　　图 4.2.4.1-8　风管立咬口连接示意图

c　咬合连接

立咬口与包边立咬口风管的立筋高度应大于或等于 25mm。立咬口的折角应与风管垂直，直线度允许偏差为 5‰；立咬口四角连接处的 90°贴角板厚应大于或等于风管板厚。

a）立咬口连接，如图 4.2.4.1-8 所示。

利用风管两头四个面分别折成一个 90°和两个 90°，形成两个折边或一公一母。连接时，将一公端插接到母端，然后将母端外折边翻压到公端翻边背后，压紧后再用铆钉每间隔 200mm 左右铆上一颗。为了堵严并固定四角，在合口时四角各加上一个 90°贴角。全部咬合完后，在咬口接缝处涂抹密封胶。一般都用于矩形风管连接。

b）包边立咬口连接，如图 4.2.4.1-9 所示。

利用风管管头四边均翻一个垂直立边，然后利用一个公用包边将连接管头的两翻边合在一起并用铆钉完成紧固。风管连接四角和立咬口连接一样，需做贴角以保证风管四角刚度和密封。全部连接后，接缝处涂抹密封胶。一般都用于矩形风管连接。

d　铁皮弹簧夹连接（图 4.2.4.1-10 所示）

矩形风管管端四面连接的铁皮法兰和风管不是一体，而是专门压制出来的空心法兰条，连接风管管端四个面，分别插到预制好的法兰插条内，插条和风管本体板的固定有做成铆钉连接，也有做成倒刺止退形式的。风管四角插入90°贴角，以加强矩形风管的四角成型及密封。弹簧夹须用专用机械加工，连接接口密封除插入空心法兰和风管管端平面有密封胶条密封外，两法兰平面也需由密封胶条在连接时加以密封。

图 4.2.4.1-9　风管包边立咬口连接示意图　　图 4.2.4.1-10　风管铁皮弹簧夹连接示意图

e　混合连接

a）立联合角插条连接，如图 4.2.4.1-11 所示。

利用一立咬平插条，将矩形风管连接两个头，分别采用立咬口和平插的方式连在一起。不管是平插和立咬口连接处，均需用铆钉紧死。风管四角立咬口出加90°贴角，在平插处靠一对插条两头长出另两个风管面20mm左右压倒在齐平风管面的插条上，这种连接方式主要是改变平插条接头刚度较低的缺陷。咬口后的连接接缝处均需涂抹密封胶。

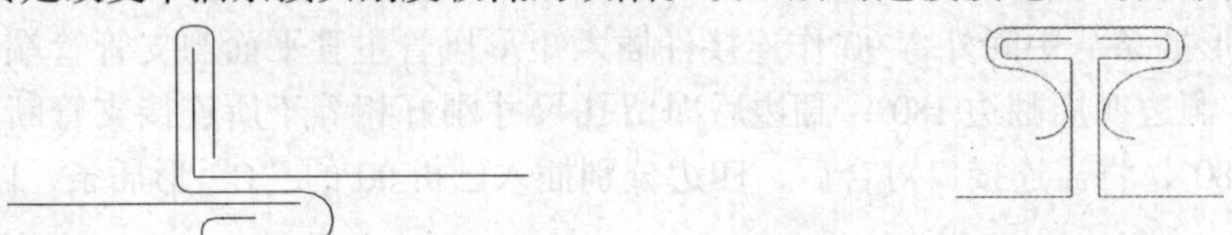

图 4.2.4.1-11　风管立联合角插条连接示意图

图 4.2.4.1-12　风管铁皮法兰“C”形平插条连接示意图

b）铁皮法兰“C”形平插条连接，如图 4.2.4.1-12 所示。

这种连接方式是在矩形风管连接管端，利用“C”形插条连接时，在风管端部多翻出一个立面，相当于连接法兰，以增大风管连接处的刚度。在接头连接时，四角须加工成对贴角，以便插条延伸出角及加固风管四角定形。插条最终仍需在四角一头压到另一头上去，并在接缝处涂抹密封胶。

3）金属风管的焊接连接

a　当普通钢板的厚度大于1.2mm，可采用焊接连接。焊接接头的形式如图 4.2.4.1-2 所示。

b　碳钢风管焊接。碳钢板风管宜采用直流焊机焊接或气焊焊接。

焊接前，必须清除焊接端口处的污物、油迹、锈蚀；采用点焊或连续焊缝时，还需清除氧化物。对接口应保持最小的缝隙，手工点焊定位处的焊瘤应及时清除。采用机械焊接方法时，电网电压的波动不能超过±10%。焊接后，应将焊缝及其附近区域的电极熔渣及残留的焊丝清除。

风管焊缝形式：对接焊缝适用于板材拼接或横向缝及纵向闭合缝。搭接焊缝适用于矩形或管件的纵向闭合缝或矩形弯头、三通的转向缝，圆形、矩形风管封头闭合缝。

c　除尘系统风管与法兰的连接宜采用内侧满焊、外侧间断焊。风管端面距法兰接口平面的距离不应小于5mm。

(7) 检查验收

风管制作完成后，应按本标准第 4.9 节的相关规定进行检查验收。

3　塑料复合钢板风管

(1) 塑料复合钢板风管由普通薄钢板表面上喷涂一层塑料，保护钢板防止腐蚀，使之具有钢板的机械强度和塑料的耐腐蚀性能。施工方法和普通钢板相同，但施工过程中应注意不可破坏钢板表面的塑料层，在下料和制作过程中塑料复合钢板不应在地面上来回拖动，划线时也不应使用锋利的金属划针。

(2) 风管的连接缝只能采用咬扣和铆接进行板材的连接，不应采用焊接，避免烧毁和损坏塑料层。咬口折边机械不应有尖锐的楞边。

(3) 对损伤的塑料层处，应涂刷环氧树脂漆保护。

4.2.4.2　不锈钢板风管

1　工艺流程

同本标准第 4.2.4.1 条。

2　操作要点

(1) 不锈钢板风管的展开下料、咬口、加工方法等与钢板风管基本相同，可参照本标准第 4.2.4.1 条相关要求。

(2) 不锈钢板风管加工制作过程中还应注意以下内容：

1) 风管制作场地应铺设木板，工作之前必须把工作场地上的铁屑、杂物打扫干净。

2) 不锈钢板在放样划线时，不得用锋利的金属划针在板材表面划辅助线和冲眼，以免造成划痕。制作较复杂的管件时，应先做好样板，经复核无误后，再在不锈钢板表面套裁下料。

3) 不锈钢风管采用手工咬口制作时，应使用木方尺（木槌）、铜锤或不锈钢锤，不得使用碳素钢锤。由于不锈钢经过加工时，其强度增加，韧性降低，材料发生硬化，因此手工拍制咬口时，注意不要拍反，尽量减少加工次数，以免使材料硬度增加，造成加工困难。

4) 剪切不锈钢板时，为了使切断的边缘保持光洁，应仔细调整好上下刀刃的间隙。刀刃间隙一般为板材厚度的 0.04 倍。

5) 在不锈钢板上钻孔时，应采用高速钢钻头，钻孔的切削速度约为普通钢的一半，最多不要超过 20m/s。

6) 不锈钢热煨法兰时应采用专用的加热设备加热，其温度应控制在 1100～1200℃之间。煨弯温度不得低于 820℃。煨好后的法兰必须重新加热到 1100～1200℃，再在冷水中迅速冷却。

7) 不锈钢板材厚度小于或等于 1mm 时，板材拼接应采用咬接或铆接；板材厚度大于 1mm 时，宜采用氩弧焊或电弧焊焊接，不得采用气焊。焊接时，焊材应与母材匹配，并应防止焊接飞溅物沾污表面。

焊接前，应将焊缝区域的油脂、污物清除干净，以防止焊缝出现气孔、砂眼。清洗可用汽油、丙酮等进行。焊后应将焊渣及飞溅物清除干净。不锈钢风管采用法兰连接时，矩形风管法兰材料规格及要求应符合表 4.2.4.1-4 规定；圆形风管法兰材料规格及要求应符合表 4.2.4.1-11 规定。法兰材质为碳素钢时，其表面应进行镀铬或镀锌处理。风管铆接应采用不锈钢铆钉。

不锈钢板风管的法兰、铆钉和螺栓采用碳素钢材料时，应有防腐处理。

用电弧焊焊接不锈钢时，应在焊缝的两侧表面涂上白垩粉，防止飞溅金属粘附在板材的表面，损伤板材。

焊接后，应注意清除焊缝处的熔渣，并用不锈钢丝刷或铜丝刷刷出金属光泽，再用酸洗膏进行酸洗钝化，最后用热水清洗干净。

(3) 矩形不锈钢风管采用薄钢板法兰连接时，应符合本标准第 4.2.4.1 条第 2 款第 (6) 项的规定。紧固件材质为碳素钢时，其表面应进行镀铬或镀锌处理。

(4) 矩形不锈钢风管的加固形式可符合本标准表 4.2.4.1-8 的规定，加固间距可符合本标准表 4.2.4.1-9 的规定。

(5) 风管应避免在风管焊缝及其边缘处开孔。

4.2.4.3 铝板风管

1 工艺流程

同本标准第 4.2.4.1 条。

2 操作要点

(1) 铝板风管的展开下料、咬口、加工方法等与钢板风管基本相同，可参照本标准第 4.2.2.3 条相关要求。

(2) 铝板风管加工制作过程中还应注意以下内容：

1) 铝制风管和配件板材应注意保护表面，制作时应用铅笔或记号笔划线，避免表面刻伤。

2) 铝制圆形法兰冷煨前，应将冷煨机辊轮擦拭干净，角铝采用贴牛皮纸保护。铝材上不得存有黄锈及其他污物。

3) 铝板厚度小于或等于 1.5mm 时，板材的连接可采用咬接或铆接，不得采用按扣式咬口，板厚大于 1.5mm 时，应采用氩弧焊或气焊焊接。

4) 铝板焊接的焊材应与母材相匹配。焊前应清除焊口处的氧化膜及脱脂；焊缝不得有未熔合、烧穿等缺陷，焊缝表面应清除飞溅、焊渣、焊药等。

焊接前，必须对铝制风管焊口处和焊丝上的氧化物及污物进行清理，并应在清除氧化膜后的 2～3h 内焊接结束，防止处理后的表面再度氧化。

在对口的过程中，要使焊口达到最小间隙，以避免焊穿。对于易焊穿的薄板，焊接须在铜垫板上进行。

当采用点焊或连续焊工艺焊接铝制风管时，应进行试验，合格后方可正式施焊。

(3) 矩形铝板风管的法兰材料规格及要求应符合表 4.2.4.1-2 规定。铝板圆形风管法兰材料规格及要求应符合表 4.2.4.1-11 规定。铝板风管与法兰的连接采用铆接时，应采用铝铆钉。风管法兰材质为碳素钢时，其表面应按设计要求做防腐处理。

(4) 矩形铝板角钢法兰风管的连接间距可按照表 4.2.4.1-5 和表 4.2.4.1-6 的规定，加固间距可按照表 4.2.4.1-9 的规定，根据铝材强度另行计算。

(5) 铝板风管的法兰、铆钉和螺栓采用碳素钢材料时，应有防腐处理。

(6) 矩形铝板风管不宜采用 C 形、S 形平插条连接形式。

4.3 非金属风管制作

4.3.1 特点及适用范围

1 非金属风管包括：酚醛铝箔复合板风管与聚氨酯铝箔复合板风管、玻璃纤维复合板风管、无机玻璃钢风管、硬聚氯乙烯风管等，具有耐腐蚀、防潮湿、保温性能好及漏风量低等优点。

2 非金属风管材料的燃烧性能应符合现行国家标准《建筑材料燃烧性能分级方法》GB 8624中不燃A级或难燃B_1级的规定。

3 非金属风管一般为工厂制作，也可现场加工。板材的技术参数及适用范围见附录C。

4 非金属矩形风管连接一般采用粘接、插接、法兰连接等，其适用范围见附录C。

4.3.2 施工准备

4.3.2.1 技术准备

同本标准第4.2.2.1条。

4.3.2.2 材料准备

1 酚醛铝箔复合板风管与聚氨酯铝箔复合板风管：板材、型材、加固专用件、板材专用胶水、密封胶、铝箔胶带等。

2 玻璃纤维复合板风管：板材、型材、加固专用件、板材专用胶水、密封胶带、热敏（压敏）铝箔胶带等。

3 有机玻璃钢风管：玻璃纤维、不饱和聚酯树脂、固化剂、促进剂、颜料、填料、其他增加剂、预埋件和加强筋用的材料。

4 无机玻璃钢风管：玻璃纤维网格布、氯氧镁水泥添加氯化镁胶结料、固化剂、促进剂、颜料、填料、其他增加剂、预埋件和加强筋用的材料。

5 硬聚氯乙烯风管：塑料板材、焊条等。

4.3.2.3 主要机具

工作台、压尺、直角尺、圆规、手动压弯机、90°双刃刀、45°双刃刀、单刃刀、剪床、塑料焊机、加热机具、电锯、手锯、圆盘锯、木工锯、锉刀、砂纸、划刀、墨斗、雌雄刀、圆孔凿孔刀、月亮刀、电烫斗、手工开槽工具、装订枪等。

台秤、磅秤、药物天平、玻璃量杯、剪刀、毛刷、排笔、搅拌棒、铲刀、刮板、钢锯、木榔头、铁榔头、卷尺、角尺、直尺、卷尺、焊缝检验尺、干湿温度计、糊制台等。

4.3.2.4 作业条件

1 应有独立的加工场地，场地应平整、清洁，加工平台应找平。场地位置不应有水，以减少湿空气的影响。周围不应堆放易燃物。加工场地应预留现场材料、成品及半成品的运输通道，加工场地的选择不得阻碍消防通道。应设置满足消防要求的设施。

2 作业地点应有安放施工机具和材料堆放场地，设施和电源应有可靠的安全防护装置。

3 对于洁净系统的风管制作应有干净封闭库房储存成品或半成品。

4 玻璃钢风管制作场地内应采用机械排风，排风量应大于送风量。如无条件进行机械排风，仅靠自然通风时，场地应宽敞。场地的温湿度应达到操作要求，一般在15～30℃之间，适度保持在75%以下。加工车间宜做到机械通风，保持车间空气基本新鲜。场地内应以自然采光为主，光照应均匀，避免太阳直射。

5 玻璃布裁剪房间应有除尘吸尘措施，不应将尘埃排放到空气中造成公害。

6 玻纤制品的存放温度不应低于15℃，湿度不大于70%，应备有吸湿材料，化工原料的存放，以不高于20℃为宜。

4.3.3 材料质量控制

1 复合材料的表层铝箔材质应符合现行国家标准《铝及铝合金箔》GB/T 3198的规定，厚度不应小于0.06mm。当铝箔层复合有增强材料时，其厚度不应小于0.012mm。

2 复合板材的复合层应粘接牢固，板材外表面单面的分层、塌凹等缺陷不得大于6‰，内部绝热材料不得裸露在外。覆面材料应为不燃材料，内部的绝热材料应为不燃或难燃B_1级，且对人体无害。

3 PVC连接件的燃烧等级应为难燃B_1级，其壁厚应大于或等于1.5mm。

4 粘接胶水应为板材专用胶，如需另行采购其他品牌胶水，应做样品试验，并经有关部门检查、试验，出具专门合格认可单后方可使用。

5 玻璃纤维复合板内、外表面层与玻璃纤维绝热材料粘接应牢固，复合板表面应能防止纤维脱落。风管内壁采用涂层材料时，其材料应符合对人体无害的卫生规定。

6 玻璃纤维复合板风管内表面层的玻璃纤维布应是无碱或中碱性材料，并符合现行国家标准《玻璃纤维无捻粗纱布》GB/T 18370的规定。内表面层玻璃纤维布不得有断丝、断裂等缺陷。

7 铝箔热敏、压敏胶带和胶粘剂的燃烧性能应符合难燃B_1级，并应在使用期限内。胶粘剂应与风管材质相匹配，且应符合环保要求。

8 铝箔压敏密封胶带应在符合标注的使用期内，且180°剥离强度不应低于0.52N/mm；热敏密封胶带180°剥离强度不应低于0.68N/mm。

9 铝箔热敏胶带熨烫面应有加热到150℃时变色的感温色点。

10 玻璃布应无潮湿、发霉、污染等缺陷。

11 无机玻璃钢风管应采用无碱、中碱或抗碱玻璃纤维网格布，并应分别符合现行国家标准《玻璃纤维网格布》JC 561、《无机玻璃纤维无捻粗沙布》JC/T 281、《玻璃纤维无捻粗沙布》GB/T 18370的规定。

12 氯氧镁水泥风管氧化镁的品质应符合现行国家标准《菱镁制品用轻烧氧化镁》WB/T1019的规定。

13 无机玻璃钢风管胶凝材料硬化体的pH值应小于8.8，且不应对玻璃纤维有碱性腐蚀。

14 硬聚氯乙烯板材应符合现行国家标准《硬质聚氯乙烯层压板材》GB/T 4454或《硬质聚氯乙烯挤出板材》GB/T 13520的规定。板材的燃烧性能应为难燃B_1级。硬聚氯乙烯板材表面平整，厚度均匀，不应有气泡、分层、碳化、变形和裂纹等缺陷。板材的四角应成90°，并不得有扭曲翘角现象。

风管板材厚度及直径（或边长）允许偏差应符合表4.3.3-1或表4.3.3-2规定。

表 4.3.3-1 硬聚氯乙烯圆形风管板材厚度及直径允许偏差（mm）

风管直径 D	板材厚度	直径允许偏差
$D \leqslant 320$	3	−1
$320 < D \leqslant 630$	4	−1
$630 < D \leqslant 1000$	5	−2
$1000 < D \leqslant 2000$	6	−2

表 4.3.3-2 硬聚氯乙烯矩形风管板材厚度及边长允许偏差（mm）

风管边长 b	板材厚度	边长允许偏差
$b \leqslant 320$	3	−1
$320 < b \leqslant 500$	4	−1
$500 < b \leqslant 800$	5	−2
$800 < b \leqslant 1250$	6	−2
$1250 < b \leqslant 2000$	8	−2

15 PVC 法兰插条的强度与规格应符合出厂供应标准。

16 母材、焊条、焊剂（药）应有出厂合格证明，并在有效期内，主材选用符合现行国家验收规范和设计要求，需报验的应向有关部门报验。

17 外购成品风管应有检测机构提供的风管耐压强度、严密性检测报告。

18 其他辅助材料应符合相关产品技术标准及有关消防要求。

4.3.4 施工工艺

4.3.4.1 酚醛铝箔复合板风管与聚氨酯铝箔复合板风管

1 工艺流程

放样下料→粘接→连接→检查存放

2 操作要点

（1）放样下料

1）风管的板材放样下料展开可采用U形、L形或单板、条板法，根据需要以减少板材损耗选择展开方法。风管每节尽量做长以减少风管接口。

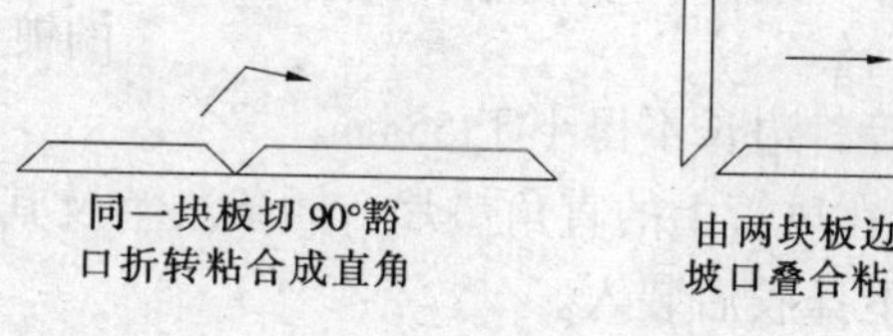

图 4.3.4.1-1 豁口折合

2）矩形铝箔复合风管的四面板材可由一块板上切去 90°豁口折合而成，也可由两块板各切去 45°叠合而成，见图 4.3.4.1-1。

3）复合板板材切割应使用专用工具，切口应平直。

（2）粘接

1）酚醛铝箔复合板风管与聚氨酯铝箔复合板风管板材的拼接应采用45°角粘接或“H”形加固条拼接（见图4.3.4.1-2），拼接处应涂胶粘剂粘合。当风管边长小于或等于1600mm时，宜采用45°角形槽口处直接粘接，并在粘接缝处两侧粘贴铝箔胶带；边长大于1600mm时，宜采用“H”形PVC或铝合金加固条在90°角槽口处拼接。

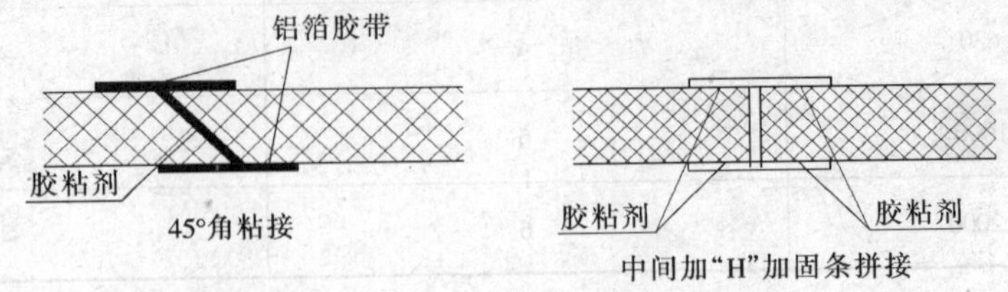

图4.3.4.1-2 风管板材拼接方式

2）风管管板组合前应清除油渍、水渍、灰尘，组合可采用一片法、两片法或四片法形式，见图4.3.4.1-3。组合时45°角切口处应均匀涂满胶粘剂粘合。粘接缝应平整，不得有歪扭、错位、局部开裂等缺陷。铝箔胶带粘贴时，其接缝处单边粘贴宽度不应小于20mm。

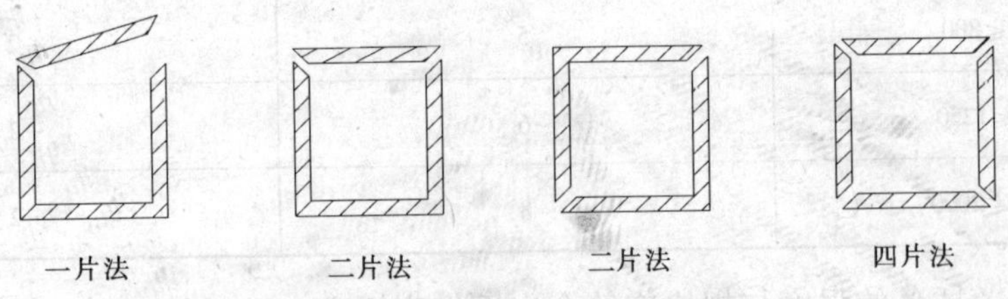

图4.3.4.1-3 矩形风管45°角组合方式

3）风管内角缝应采用密封材料封堵；外角缝铝箔断开处，应采用铝箔胶带封贴，见图4.3.4.1-4。

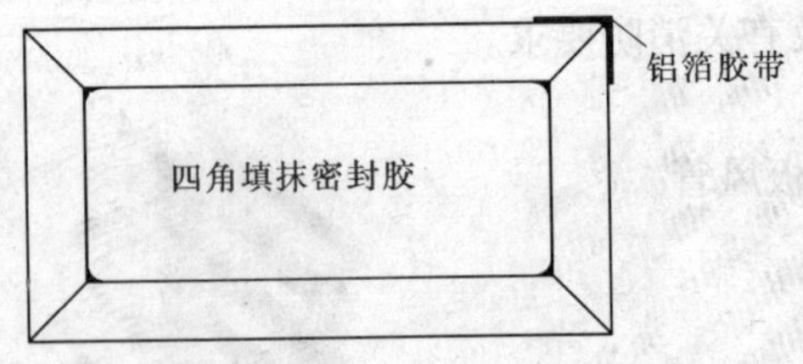

图4.3.4.1-4 铝箔胶带封合

（3）连接

1）低压风管边长大于2000mm、中高压风管边长大于1500mm时，风管法兰应采用铝合金等金属材料。

2）边长大于320mm的矩形风管安装插接法兰时，应在风管四角粘贴厚度不小于0.75mm的镀锌直角垫片，直角垫片的宽度应与风管板料厚度相等，边长不得小于55mm。

3）装在风管上的直角垫片、插条法兰及其他铝合金材质的中间连接件均需在两连接件接触面上抹胶后装入。

4）风管加固应根据设计要求进行，当设计无规定时，低压矩形风管边长超过1000mm，风管长度大于1200mm时，风管应进行加固。风管内支撑加固形式应按表4.2.4.1-8选用。横向加固点数及纵向加固间距应符合表4.3.4.1的规定。

5）风管的角钢法兰或外套槽形法兰可视为一纵（横）向加固点；其余连接方式的风管，其边长大于1200mm时，应在法兰连接的单侧方向长度250mm内，设纵向加固。

表 4.3.4.1　酚醛铝箔复合板风管与聚氨酯铝箔复合板风管横向加固点数及纵向加固间距

类　别		系统工作压力（Pa）							
		<300	301～500	501～750	751～1000	1001～1250	1251～1500	1501～2000	
		横向加固点数							
风管边长 b（mm）	410 < b ≤600	—	—	—	1	1	1	1	—
	600 < b ≤800	—	1	1	1	1	1	2	—
	800 < b ≤1000	1	1	1	1	1	2	2	—
	1000 < b ≤1200	1	1	1	1	1	2	—	2
	1200 < b ≤1500	1	1	1	2	2	2	—	2
	1500 < b ≤1700	2	2	2	2	2	2	—	2
	1700 < b ≤2000	2	2	2	2	2	2	—	3
		纵向加固间距（mm）							
聚氨酯铝箔复合板风管		≤1000	≤800	≤600					≤400
酚醛铝箔复合板风管		≤800							—

（4）检查存放

1）每节风管的各端口四个面端线应在管中线的同一垂直面上，当边长小于等于400mm时，允许不平度为1mm；当边长大于400mm时，允许不平度为1.5mm。

2）安装风管接口插条法兰时，4根插条法兰之间和每根法兰条本身都应在同一平面上，其不平度：当风管长边小于等于1000mm时允许偏差为1mm；当风管长边大于1000mm时，允许偏差为1.5mm。

3）检查合格后按系统、规格和编号存放。

4.3.4.2　玻璃纤维复合板风管

1　工艺流程

放样下料→粘接→连接→检验存放

2　操作要点

（1）放样下料

1）制作风管的板材实际展开长度应包括风管内尺寸和余量，展开长度超过3m的风管可用两片法或多片法制作。

2）风管管板的槽口形式可采用45°角形（图4.3.4.1-3）和90°梯形（图4.3.4.2-1）。切割槽口应选用专用刀具，开槽应平直且不得破坏铝箔表层。组合风管的封口处宜留有大于35mm的外表面层搭接边量。

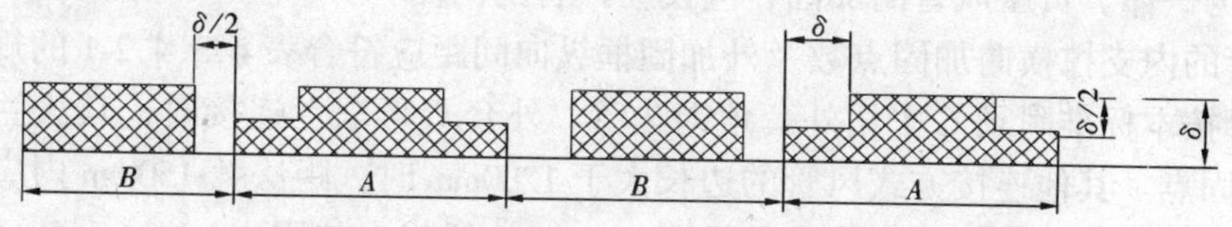

图 4.3.4.2-1　玻璃纤维复合板风管梯形槽口

（2）粘接

1）使用密封胶带和粘接剂前，使用“外八字”形装订针固定所有的接头，装订针的间距为 50mm。

2）风管宜采用整板材料制作。板材拼接时应在结合口处涂满胶液并紧密粘合（图 4.3.4.2-2）；外表面拼缝处预留宽 30mm 的外护层涂胶密封后，用一层大于或等于 50mm 宽热敏（压敏）铝箔胶带粘贴密封。接缝处单边粘贴宽度不应小于 20mm。内表面拼缝处可用一层大于或等于 30mm 宽铝箔复合玻璃纤维布粘贴密封或采用胶粘剂抹缝。

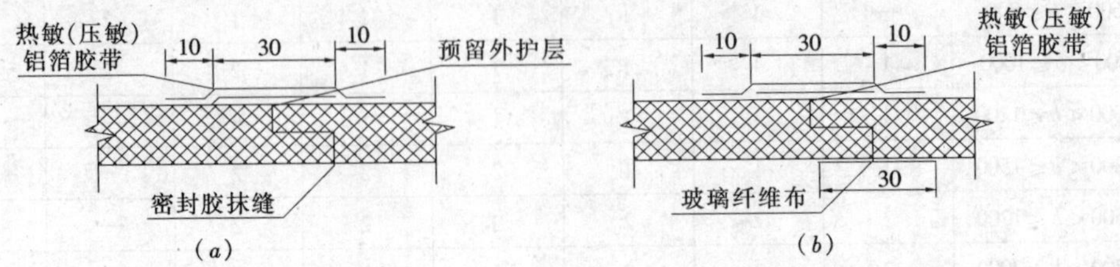

图 4.3.4.2-2 玻璃纤维复合板拼接

（3）连接

1）风管组合前，应清除管板表面的切割纤维、油渍、水渍。槽口处应均匀涂满胶粘剂，不得有玻璃纤维外露。风管组合时，应调整风管端面的平面度（图 4.3.4.2-3），槽口不得有间隙和错口。风管内角接缝处应用胶粘剂勾缝。风管外接缝应用预留外护层材料和热敏（压敏）铝箔胶带重叠粘贴密封；使用压敏胶带前，应清洁风管表面需粘接的部位并保持干燥。

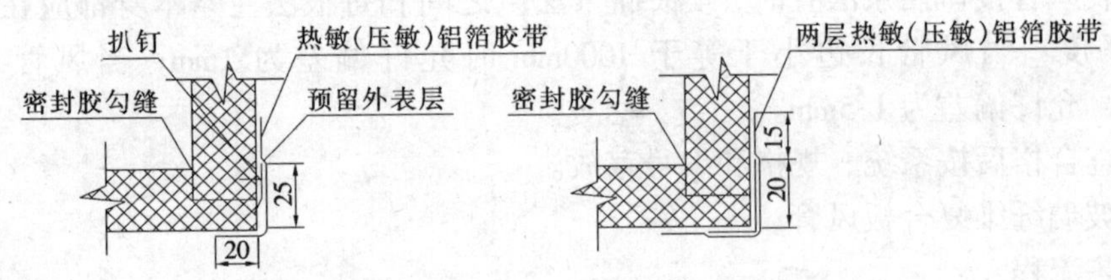

图 4.3.4.2-3 风管直角组合图

2）使用热敏胶带时，烫斗的表面温度要达到 287 ~ 343℃，热量和压力要能使胶带表面 ABI 圆点变黑色。使用玻璃纤维织物和胶粘剂时应注意在胶粘剂干透前，不宜触碰胶粘剂，也不应压紧玻璃纤维织物和胶粘剂。

3）风管加固根据材料生产厂家提供的产品技术说明进行确定，并由厂家提供专用的加固材料。

4）风管采用金属槽形框外加固时，应按表 4.3.4.2-1 设置内支撑，并将内支撑与金属槽形框紧固为一体。负压风管的加固，应设在风管的内侧。

5）风管的内支撑横向加固点数及外加固框纵向间距应符合表 4.3.4.2-1 的规定。

6）风管按本标准附录 C 采用外套角钢法兰、外套 C 形法兰连接时，其法兰连接处可视为一外加固点。其他连接方式风管的边长大于 1200mm 时，距法兰 150mm 内应设纵向加固。采用阴、阳榫连接的风管，应在距榫口 100mm 内设纵向加固。

7）内表面层采用丙烯酸树脂的风管应符合下列规定：

a 丙烯酸树脂涂层应均匀，涂料重量不应小于 105.7g/m^2，且不得有玻璃纤维外露。

表 4.3.4.2-1　玻璃纤维复合板风管内支撑横向加固点数及外加固框纵向间距

类别		系统工作压力（Pa）				
		0 ~ 100	101 ~ 250	251 ~ 500	501 ~ 750	751 ~ 1000
		横向加固点数				
风管边长 b（mm）	$300 < b \leqslant 400$	—	—	—	—	1
	$400 < b \leqslant 500$	—	—	1	1	1
	$500 < b \leqslant 600$	—	1	1	1	1
	$600 < b \leqslant 800$	1	1	1	2	2
	$800 < b \leqslant 1000$	1	1	2	2	3
	$1000 < b \leqslant 1200$	1	2	2	3	3
	$1200 < b \leqslant 1400$	2	2	3	3	4
	$1400 < b \leqslant 1600$	2	3	3	4	5
	$1600 < b \leqslant 1800$	2	3	4	4	5
	$1800 < b \leqslant 2000$	3	3	4	5	6
槽形外加固框纵向间距（mm）		≤600		≤400		≤350

b　风管成形后，在外接缝处宜采用扒钉加固，其间距不宜大于 50mm，并应采用宽度大于 50mm 的热敏胶带粘贴密封。

8）风管的外加固槽形钢规格应符合表 4.3.4.2-2 的规定。

表 4.3.4.2-2　玻璃纤维复合板风管外加固槽形钢规格（mm）

风管边长 b	槽形钢高度×宽度×厚度	风管边长 b	槽形钢高度×宽度×厚度
≤1200	40×20×1.0	1201 ~ 2000	40×20×1.2

9）风管加固内支撑件和管外壁加固件的螺栓穿过管壁处应进行密封处理。

（4）检查存放

1）每节风管的各端口四个面端线应在管中线的同一垂直面上，当边长小于等于 400mm 时，允许不平度为 1mm；当边长大于 400mm 时，允许不平度为 1.5mm。

2）风管端面的平面度应符合要求。

3）风管成形后，管端为阴、阳榫的管段应水平放置，管端为法兰的管段可立放。风管应待胶液干燥固化后方可挪动、叠放或安装。风管应存放在防潮、防雨和防风沙的场地。

4.3.4.3　有机玻璃钢风管

有机玻璃钢按生产工艺的特点，可分为手糊成型、模压成型、机械缠绕成型、层压成型等方法制作风管。有机玻璃钢风管的成型过程也就是有机玻璃钢风管质量的形成过程，因此，有机玻璃钢风管可以看作是由各种材料组成的一个复合结构，这种结构受到工艺过程中的各种因素制约，一般在工厂加工。在此谨以手糊成型为例简单介绍。

1　工艺流程

制浆、剪裁、支模→成型→检验→固化→修整、打孔→存放

2　操作要点

（1）剪裁

1）剪裁前根据需要，宜先进行脱腊（布腊布），需化学处理的应进行化学处理，不宜

受潮、受污染。

2）简单形状的制品，可按尺寸大小直接裁剪；复杂形状的按预先制成的纸样剪裁。可单层剪裁，也可数层一次剪裁，剪刀口应锋利。

3）玻璃布的裁剪应适应产品要求的铺放方向。

4）布应留有搭接余量，一般为50mm，对壁厚要求均匀的产品宜对接。各层布的接缝应错开。

5）应尽量减少布的开剪处。表面要求严格的产品，表层布的布边应在铺层前剪去。

6）圆形风管，宜沿着与布的经向成45°角的方向剪成布带，利用45°方向布的形变性来糊成环形。

7）机械性能要求高的产品，应尽量用整块布，保持纤维连续。

8）剪裁时，布要铺平，剪布台的高度适中。剪裁后，应注明用途、数量、编号（产品部位）、日期，用塑料袋包好，或者放入干燥箱内，或尽快用掉以免受朝。

（2）支模、胶衣施工

1）模具尺寸必须准确，结构坚固，制作风管时不变形，模具表面必须光洁。模具使用前应清洁其表面的尘埃、微粒、油迹等，然后均匀地涂刷一层脱模剂。

2）脱模剂完全干燥后方可上胶衣（胶衣是指有机玻璃钢风管表面带的既有保护作用又有装饰作用的树脂层）。涂刷或喷涂应均匀，一般涂两层，等第一层初凝后再涂第二层，每次间隔时间为40～60min。

3）胶衣层可用表面毡来增强。胶衣中不应混入机械杂质。

4）胶衣涂刷后，若需加快凝胶速度，可放在直射阳光下，也可用红外线灯照射，但应保持温度平衡。

（3）风管糊制成型

1）胶衣初凝后，应立即铺层糊制。铺层应按层次进行，胶衣后面的一层要仔细成型，完成后可停一段时间，等不粘手再铺第二层。成型时反复刮挤，树脂含量越小越不易变形，树脂凝胶时间宜调整为1h左右，以减少成型后变形。

2）树脂固化收缩引起布纹凸起，造成表观不平滑。为此，表层除用胶衣外，还可用0.06～0.1mm厚的薄布、表面毡，甚而用纸或有机纤维布做表面。还可用普通树脂加入粉末填料来代替胶衣树脂，树脂均要饱和。

3）紧贴胶衣的增强材料，宜选用1～2层短切纤维毡，应注意排除气泡。树脂也应饱和，有利于浸透和排除气泡。

4）风管厚度如超过7mm，可分两次成型，等放热缓慢时再继续。

5）糊制时，应防止固化时发热量过大，如需中途停下实行多次成型时，只有将前一次已固化的含蜡表面磨去才能继续。中途如果停顿，应尽量在固化之前继续糊制。

6）玻璃布之间的接缝应互相错开，一般搭缝宽度不小于50mm。

7）转角、法兰、人孔等受力处，可增加布层，但布的尺寸要由小到大。凡是棱角处应尽量不在此处搭接。每次铺层，不得同时铺两层以上的布。

8）用方格布时，含胶量控制在50%～55%；用毡时，控制在70%～75%。宜逐层铺布，树脂定量使用。

9）如需提高产品的刚度，可在产品中埋入加强筋。加强筋应在铺层达到70%以上时再埋入，以不影响表层质量。埋入件不论是金屑、木材，还是泡沫塑料，都要去油洗净，为防止位移，应稍加固定。

10）糊制时用力沿布的经向和纬向顺一个方向赶气泡，或从中间向两头赶气泡，使布层贴紧，含胶量均匀。

11）遇到直角、锐角等尖角时，又不能改变原设计，可在这里填充玻璃纤维加树脂。

12）在垂直面上糊制，为防止或减少流胶，可在树脂中加适量触变剂。

13）糊制时，可打开窗户自然通风，也可用电扇通风。

14）拐角处的圆角 R 的限制是：内侧 $R>5$mm，外侧 $R>2$mm。

15）糊制完毕，若使落成面上也能带胶衣，使有机玻璃钢风管两面光滑。可先将刚糊完尚未凝胶的落成面进行修整，使之平整无毛刺，在凝胶开始时的放热期间，随即涂刷加有蜡液的胶衣树脂，或用加有触变剂的普通树脂在落成面上涂 1～2 层树脂层。若胶衣是有色的，可在紧贴胶衣层的一层布中用与胶衣或树脂层相同颜色的树脂。

16）风管法兰钻眼应先画线、定位，再用电钻钻眼。钻眼后，除去表面毛刺和尘渣。

（4）有机玻璃钢风管的检查存放

1）有机玻璃钢风管的壁厚和法兰的规格如表 4.3.4.3-1 和表 4.3.4.3-2 所列。

表 4.3.4.3-1　中、低压系统有机玻璃钢风管管壁厚度（mm）

圆形风管直径 D 和矩形风管长边 b	厚　度	圆形风管直径 D 和矩形风管长边 b	厚　度
$D(b)\leqslant 200$	2.5	$630<D(b)\leqslant 1000$	4.8
$200<D(b)\leqslant 400$	3.2	$1000<D(b)\leqslant 2000$	6.2
$400<D(b)\leqslant 630$	4.0		

表 4.3.4.3-2　有机、无机玻璃钢风管法兰规格（mm）

圆形风管直径 D 和矩形风管长边 b	材料规格（宽×厚）	连接螺栓
$D(b)\leqslant 400$	30×4	M8
$400<D(b)\leqslant 1000$	40×6	M8
$1000<D(b)\leqslant 2000$	50×8	M10

2）有机玻璃钢风管不应放在室外，特别是固化不久的产品，即使需要放在室外，也应放在按照产品形状制作的支撑架上，防止变形。

3）风管存放地点应通风，不得日光直接照射、雨淋及潮湿。

4）有机玻璃钢风管吊装或运输时，产品外壁表面禁止直接与钢丝绳接触，否则表面容易受到损伤。对于有外接管等突出部位，能拆的要拆下，不能拆下的要加固保护。

4.3.4.4　无机玻璃钢风管

无机玻璃钢风管可按其胶凝材料性能分为：以硫酸盐类为胶凝材料与玻璃纤维网格布制成的水硬性无机玻璃钢风管和以改性氯氧镁水泥为胶凝材料与玻璃纤维网格布制成的气硬性改性氯氧镁水泥风管两种类型。

无机玻璃钢风管主要是氯氧镁水泥添加氯化镁胶结料等，用玻璃纤维布作增强材料而制得的复合材料风管。

无机玻璃钢风管的制作工艺多采用手糊成型的方法，具体制作方法可参照本标准第 4.3.4.3 条相关内容，其区别是氯化镁、氯氧镁等代替树脂胶粘剂。

1 工艺流程

同本标准第 4.3.4.3 条。

2 操作要点

(1) 无机玻璃钢风管可分为整体普通型（非保温）、整体保温型（内、外表面为无机玻璃钢，中间为绝热材料）、组合型（由复合板、专用胶、法兰、加固角件等连接成风管）和组合保温型四类，其制作参数应符合表 4.3.4.4-1、表 4.3.4.4-2、表 4.3.4.4-3 的规定。

表 4.3.4.4-1 整体普通型风管制作参数（mm）

风管边长 b 或直径 D	风管管体			法兰					
	壁厚	玻璃纤维布层数		高度	厚度	玻璃纤维布层数		孔距（L）	螺栓规格
		C_1	C_2			C_1	C_2		
b(D) ≤ 300	3	4	5	27	5	7	8	低、中压 L≤120	M6
300 < b(D) ≤ 500	4	5	7	36	6	8	10		M8
500 < b(D) ≤ 1000	5	6	8	45	8	9	13		M8
1000 < b(D) ≤ 1500	6	7	9	49	10	10	14	高压 L≤100	M10
1500 < b(D) ≤ 2000	7	8	12	53	15	14	16		M10
b(D) > 2000	8	9	14	52	20	16	20		M10

注：C_1 = 0.4mm 厚玻璃纤维布层数，C_2 = 0.3mm 厚玻璃纤维布层数。

表 4.3.4.4-2 整体保温型风管制作参数（mm）

风管边长 b 或直径 D	风管管体		法兰			
	内壁厚	外壁厚	净高度	厚度	孔距（L）	螺栓规格
b(D) ≤ 300	2	2	31	5	低、中压 L≤120	M6
300 < b(D) ≤ 500	2	2	31	6		M8
500 < b(D) ≤ 1000	2	3	40	8		M8
1000 < b(D) ≤ 1500	3	3	44	10	高压 L≤100	M10
1500 < b(D) ≤ 2000	3	4	48	15		M10
b(D) > 2000	3	5	47	20		M10

注：保温层厚应符合设计要求。

表 4.3.4.4-3 组合保温型风管制作参数（适用压力≤1500Pa）

风管边长 b（mm）		玻璃纤维布层数		内壁厚（mm）	外壁厚（mm）	风管总厚（mm）	连接方式	法兰孔距
		内壁	外壁					
保温	b ≤1250	2	2	2	3	5+保温层	PVC 或铝合金 C 形插条	—
	b > 1250		3				L36×4 角钢法兰	≤150
普通	b≤630	5		—		5	L25×3 角钢法兰	≤150
	b≤1250						L30×3 角钢法兰	
	b > 1250						L36×4 角钢法兰	

注：表中法兰规格为允许的最小规格。

(2) 玻璃纤维网格布相邻层之间的纵、横搭接缝距离应大于 300mm，同层搭接缝距离不得小于 500mm。搭接长度应大于 50mm。

(3) 风管表层浆料厚度以压平玻璃纤维网格布为宜（可见布纹），表面不得有密集气孔和漏浆。

(4) 整体型风管法兰处的玻璃纤维网格布应延伸至风管管体处。法兰与管体转角处的过渡圆弧半径宜为壁厚的 0.8～1.2 倍。

(5) 风管制作完毕应待胶凝材料固化后除去内模，并置于干燥、通风处养护 6d 以上，方可安装。

(6) 矩形风管管体的缺棱不得多于两处，且小于或等于 10mm × 10mm。风管法兰缺棱不得多于一处，且小于或等于 10mm × 10mm；缺棱的深度不得大于法兰厚度的 1/3，且不得影响法兰连接的强度。

(7) 风管壁厚、整体成型法兰高度与厚度的偏差应符合表 4.3.4.4-4 的规定，相同规格的法兰应具有互换性。

表 4.3.4.4-4　无机玻璃钢风管壁厚、整体成型法兰高度与厚度的偏差（mm）

风管边长 b 或直径 D	风　管　壁　厚	整体成型法兰高度与厚度	
		高　　度	厚　　度
$b(D) \leqslant 300$	±0.5	±1	+0.5
$300 < b(D) \leqslant 2000$	±0.5	±2	±1.0
$b(D) > 2000$			±2.0

(8) 组合型风管粘合的四角处应涂满无机胶凝浆料，其组合和连接部分的法兰槽口、角缝，加固螺栓和法兰孔隙处均应密封。

组合型保温式风管保温隔热层的切割面，应采用与风管材质相同的胶凝材料或树脂加以涂封。

(9) 组合型风管采用角形金属型材加固四角边时，其紧固件的间距应小于或等于 200mm。法兰与管板紧固点的间距应小于或等于 120mm。

(10) 整体型风管应采用与本体材料或防腐性能相同的材料加固，加固件应与风管成为整体。风管制作完毕后的加固，其内支撑横向加固点数及外加固框、内支撑加固点纵向间距应符合表 4.3.4.4-5 的规定，并采用与风管本体相同的胶凝材料封堵。

表 4.3.4.4-5　整体型风管内支撑横向加固点数及外加固框、内支撑加固点纵向间距

类　别		系统工作压力（Pa）				
		500～630	631～820	821～1120	1121～1610	1611～2500
		内支撑横向加固点数				
风管边长 b（mm）	$650 < b \leqslant 1000$	—	—	1	1	1
	$1000 < b \leqslant 1500$	1	1	1	1	2
	$1500 < b \leqslant 2000$	1	1	1	1	2
	$2000 < b \leqslant 3100$	1	1	1	2	2
	$3100 < b \leqslant 4000$	2	2	3	3	4
纵向加固间距（mm）		≤1420	≤1240	≤890	≤740	≤590

（11）组合型风管的内支撑加固点数及外加固框、内支撑加固点纵向间距应符合表4.3.4.4-6和表4.3.4.4-7的规定。

表 4.3.4.4-6　组合型风管内支撑加固点数及外加固框、内支撑加固点纵向间距

类别		系统工作压力（Pa）				
		500~600	601~740	741~920	921~1160	1161~1500
		内支撑横向加固点数				
风管边长 b（mm）	550 < b ≤ 1000	—	—	1	1	1
	1000 < b ≤ 1500	1	1	1	1	2
	1500 < b ≤ 2000	1	1	2	2	2
	2000 < b ≤ 3000	2	2	3	3	4
	3000 < b ≤ 4000	3	3	4	4	5
纵向加固间距（mm）		≤1100	≤1000	≤900	≤800	≤700

注：横向加固点数量为5个时应加加固框，并与内支撑固定为一整体。

表 4.3.4.4-7　组合保温型风管内支撑加固点数及外加固框、内支撑加固点纵向间距

类别		系统工作压力（Pa）				
		500~600	601~740	741~920	921~1160	1161~1500
		内支撑横向加固点数				
风管边长 b（mm）	1000 < b ≤ 1500	1	1	1	1	1
	1500 < b ≤ 2000	1	1	1	1	1
	2000 < b ≤ 3000	2	2	2	2	2
	3000 < b ≤ 4000	2	2	3	3	3
纵向加固间距（mm）		≤1470	≤1370	≤1270	≤1170	≤1070

注：横向加固点数大于或等于3个时应加加固框，并与内支撑固定为一整体。

4.3.4.5　硬聚氯乙烯风管

1　工艺流程

划线切割→板材坡口→加热成型→法兰制作→风管组配、加固→检验→存放

2　操作要点

（1）划线切割

1）硬聚氯乙烯板制作风管时，其展开划线的方法和金属风管相同。板材放样划线前，应留出收缩余量。每批板材加工前均应进行试验，确定其收缩余量。

2）放样划线时，应根据设计图纸尺寸和板材规格，以及加热烘箱、加热机具等的具体情况，合理安排放样图形及焊接部位，应尽量减少切割和焊接工作量。

3）展开划线时应使用红铅笔或不伤板材表面软体笔进行。严禁用锋利金属针或锯条进行划线，不应使板材表面形成伤痕或折裂。

4）纵焊缝不应设置在圆形风管的管底。矩形风管底宽度小于板材宽度不应设置纵焊缝，管底宽度大于板材宽度，只能设置一条纵缝，并应尽量避免纵焊缝存在，焊缝应牢

固、平整、光滑。

5）板材可用剪床、圆盘锯或普通木工锯进行切割。使用剪床进行切割时，5mm 厚以下板材可在常温下进行；5mm 厚以上或冬天气温较低时，应事先将板材加热到 30℃左右，再用剪床进行剪切，防止材料碎裂。

6）锯割时，应将板材贴在锯床表面上，均匀地沿割线移动，锯割的线速度应控制在 3m/min 的范围内，防止材料过热，发生烧焦和粘住现象。切割时，宜用压缩空气进行冷却。

（2）板材坡口

1）板材厚度大于 3mm 时应开 V 形坡口；板材厚度大于等于 5mm 时应开双面 V 形坡口。坡口角度为 70°～90°。

2）采用坡口机或砂轮机进行坡口时应将坡口机或砂轮机底板和挡板调整到需要角度，先对样板进行坡口后，检查角度是否合乎要求，准确无误后再进行大批量坡口加工。

（3）加热成型

1）矩形风管：矩形风管的四角可采用煨角或焊接连接的方法。

当采用煨角时，纵向焊缝距煨角处宜大于 80mm。煨角时，在煨角处进行局部加热，加热处变软后，迅速放在手动折边机上，把板材煨成 90°角，待加热部委冷却后，方可取出成型后的板材。加热煨折部位不得有焦黄、发白裂口。成型后不得有明显扭曲和翘角。

2）圆形风管加热成型时，将下好料的板材均匀加热，加热温度控制在 130～150℃，加热时间一般根据板材厚度确定，可参考表 4.3.4.5-1。

表 4.3.4.5-1　塑料板的加热时间（min）

板材厚度（mm）	2～4	5～6	8～10	11～15
加热时间	3～7	7～10	10～14	15～24

当板材加热到柔软状态时，将板材放在垫有帆布的木模中卷成圆管，待完全冷却后，将管取出；或放到成型机台面上，手摇成型轮将塑料板卷入帆布轮中，用压缩空气强行冷却后取出。

3）板材焊缝应填满，首根底焊条宜用 ϕ2mm，表面多根焊条焊接应排列整齐，板材焊接不得出现焦黄、断裂等缺陷，焊缝应饱满，焊条排列应整齐，焊缝形式、焊缝坡口尺寸及使用范围应符合表 4.3.4.5-2 的规定。焊缝强度不得低于母材强度的 60%，焊条材质与板材相同。

表 4.3.4.5-2　硬聚氯乙烯板焊缝形式、坡口尺寸及使用范围

焊缝形式	图　形	焊缝高度（mm）	板材厚度（mm）	坡口角度 α（°）	使用范围
V 形对接焊缝	α；1～1.5；0.5	2～3	3～5	70～90	单面焊的风管

续表 4.3.4.5-2

焊缝形式	图形	焊缝高度（mm）	板材厚度（mm）	坡口角度 α（°）	使用范围
X形对接焊缝		2～3	≥5	70～90	风管法兰及厚板的拼接
搭接焊缝		≥最小板厚	3～10	—	风管和配件的加固
角焊缝（无坡口）		2～3	6～18	—	
		≥最小板厚	≥3	—	风管配件的角焊
V形单面角焊缝		2～3	3～8	70～90	风管角部焊接
V形双面角焊缝		2～3	6～15	70～90	厚壁风管角部焊接

（4）法兰制作

1）矩形法兰：在硬聚氯乙烯板上按规格划好样板，尺寸应准确，对角线长度应一致，四角的外边应整齐。焊接成型时应用钢块等重物适当压住，防止塑料焊接变形，使法兰的表平面保持平整。

2）圆形法兰：将聚氯乙烯按直径要求计算板条长度并放足热胀冷缩余料长度，用剪床或圆盘锯裁切成条形状，在坡口机上开出内圆的坡口。圆形法兰宜采用两次热成型，第一次将加热成柔软状态的聚氯乙烯板煨成圈带，接头焊牢后，第二次再加热成柔软状态板体在胎具上压平成型。ϕ150mm 以下法兰不宜热煨，可用车床加工。

3）法兰制作的允许偏差与金属法兰相同。其螺栓孔的间距不应大于 120mm，矩形法兰的四角处，应设有螺孔。

4）圆形、矩形风管法兰规格应符合表 4.3.4.5-3、表 4.3.4.5-4 的规定。

表 4.3.4.5-3 硬聚氯乙烯圆形风管法兰规格

风管直径 D（mm）	法兰宽×厚（mm）	螺栓孔距（mm）	螺栓数量	连接螺栓
D≤180	35×6	7.5	6	M6
180 < D≤400	35×8	9.5	8~12	M8
400 < D≤500	35×10	9.5	12~14	M8
500 < D≤800	40×10	9.5	16~22	M8
800 < D≤1400	45×12	11.5	24~38	M10
1400 < D≤1600	50×15	11.5	40~44	M10
1600 < D≤2000	60×15	11.5	46~48	M10
D > 2000	按设计			

表 4.3.4.5-4 硬聚氯乙烯矩形风管法兰规格（mm）

风管边长 b	法兰宽×厚	螺栓孔径	螺孔间距	连接螺栓
b ≤ 160	35×6	7.5	≤120	M6
160 < b ≤ 400	35×8	9.5		M8
400 < b ≤ 500	35×10	9.5		M8
500 < b ≤ 800	40×10	11.5		M10
800 < b ≤ 1250	45×12	11.5		M10
1250 < b ≤ 1600	50×15	11.5		M10
1600 < b ≤ 2000	60×18	11.5		M10

（5）风管组配、加固

1）风管与法兰连接应采用焊接，法兰端面应垂直于风管轴线。直径或边长大于500mm的风管与法兰的连接处，宜均匀设置三角支撑加强板，加强板间距不得大于450mm。

2）边长大于或等于630mm焊接成型的、边长大于或等于800mm煨角成型的或管段长度大于1200mm的风管，应焊接加固框或加固筋，加固框的规格宜与法兰相同。

3）风管两端面应平行，无明显扭曲；表面应平整，凸凹不应大于5mm；煨角圆弧应均匀。

（6）检验存放

硬聚氯乙烯风管加工检验合格后，应按系统编号，存放在通风、不受日光直接照射、雨淋及潮湿的地方。

4.4 净化空调系统风管

4.4.1 施工准备

4.4.1.1 技术准备

同本标准第4.2.2.1条。

4.4.1.2 材料准备

板材、型材、铆钉及辅助材料等。

4.4.1.3 主要机具

参考本标准第4.2.2.3条。

4.4.1.4 作业条件

1 参考本标准第4.2.2.4条相关内容。

2 风管制作的场所应相对封闭，场地宜铺设不易产生灰尘的软性材料。

4.4.2 材料质量控制

1 参考本标准第4.2.3条相关内容。

4.4.3 施工工艺

4.4.3.1 工艺流程

参考本标准第4.2.4条相关内容。

4.4.3.2 操作要点

1 风管加工前应采用清洗液去除板材表面油污及积尘。清洗液应为对板材表面无损害、干燥后不产生粉尘，且对人体无危害的中性清洁剂。

2 风管应减少纵向接缝，且不得有横向接缝。矩形风管底板的纵向接缝数量应符合表4.4.3.2的规定。

表4.4.3.2 净化系统矩形风管底板允许纵向接缝数量

风管边长 b（mm）	$b<900$	$900<b\leqslant1800$	$1800<b\leqslant2600$
允许纵向接缝数	0	1	2

3 风管的咬口缝、铆接缝以及法兰翻边四角缝隙处，应按设计及洁净等级要求，采用涂密封胶或其他密封措施堵严。密封材料宜采用异丁基橡胶、氯丁橡胶、变性硅胶等为基材的材料。风管板材连接缝的密封面应设在风管壁的正压侧。

4 彩色涂层钢板风管的内壁应光滑，加工时不得损坏涂层，被损坏的部位应涂环氧树脂。

5 净化空调系统风管法兰的铆钉间距应小于100mm，空气洁净等级为1~5级的风管法兰铆钉间距应小于65mm。

6 风管连接螺栓、螺母、垫圈和铆钉应采用镀锌或其他防腐措施，不得使用抽芯铆钉。

7 风管不得采用S形插条、C形直角插条及立联合角插条的连接方式，空气洁净等级为1~5级的风管不得采用按扣式咬口。

8 风管内不得设置加固框或加固筋。

9 风管制作完毕应使用清洗液清洗，清洗后经白绸布擦拭检查达到要求后，应及时封口。

4.5 风管配件

4.5.1 矩形风管的弯管、三通、异径管及来回弯管等配件所用材料厚度、连接方法及制作要求应符合风管制作的相应规定。

4.5.2 矩形弯管按图 4.5.2-1 所示分内外同心弧形、内弧外直角形、内斜线外直角形及内外直角形，其制作应符合下列要求：

1 矩形弯管宜采用内外同心弧形。弯管曲率半径宜为一个平面边长，圆弧应均匀。

2 矩形内外弧形弯管平面边长大于 500mm，且内弧半径（r）与弯管平面边长（a）之比小于或等于 0.25 时应设置导流片。导流片弧度应与弯管弧度相等，迎风边缘应光滑，片数及设置位置应按表 4.5.2-1 及表 4.5.2-2 的规定。

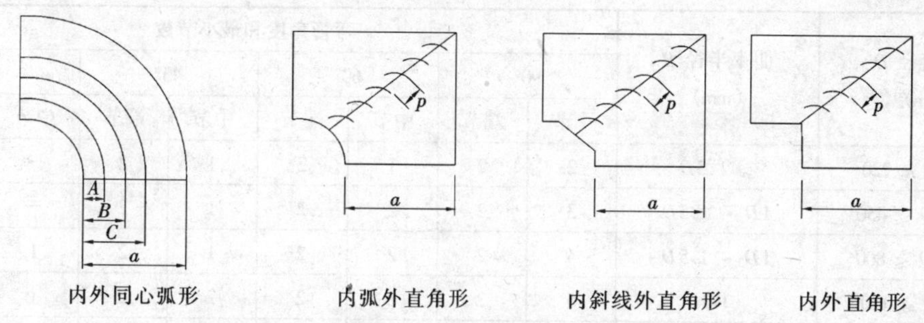

图 4.5.2-1 矩形弯管示意图

表 4.5.2-1 内外弧形矩形弯管导流片数及设置位置

弯管平面边长 a（mm）	导流片数	导流片位置		
		A	B	C
$500 < a \leqslant 1000$	1	$a/3$	—	—
$1000 < a \leqslant 1500$	2	$a/4$	$a/2$	—
$a > 1500$	3	$a/8$	$a/3$	$a/2$

3 矩形内外直角形弯管以及边长大于 500mm 的内弧外直角形、内斜线外直角形弯管应按图 4.5.2-2 选用并设置单弧形或双弧形等圆弧导流片。导流片圆弧半径及片距宜按表 4.5.2-2 规定。

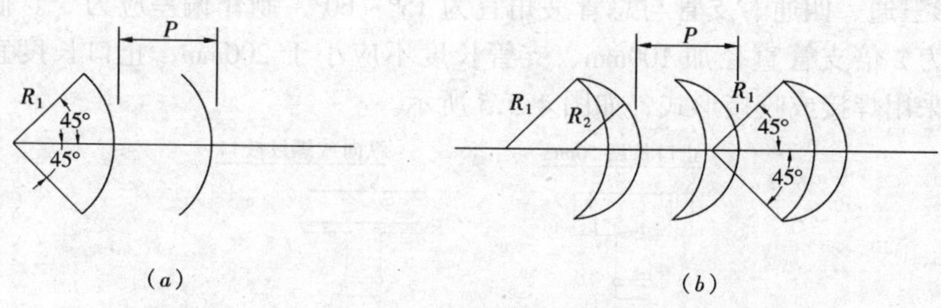

（a）　　（b）

图 4.5.2-2 单弧形或双弧形导流片形式

（a）单弧形；（b）双弧形

表 4.5.2-2 单弧形或双弧形导流片圆弧半径及片距（mm）

单圆弧导流片		双圆弧导流片	
$R_1 = 50$ $P = 38$	$R_1 = 115$ $P = 83$	$R_1 = 50$ $R_2 = 25$ $P = 54$	$R_1 = 115$ $R_2 = 51$ $P = 83$
镀锌板厚度宜为 0.8		镀锌板厚度宜为 0.6	

4 采用机械方法压制的非金属矩形弯管弧面，其内弧半径小于 150mm 的轧压间距宜为 20 ~ 35mm；内弧半径 150 ~ 300mm 的轧压间距宜为 35 ~ 50mm 之间；内弧半径大于 300mm 的轧压间距宜为 50 ~ 70mm。轧压深度不宜大于 5mm。

4.5.3 组合圆形弯管可采用立咬口，弯管曲率半径（以中心线计）和最小分节数应符合表 4.5.3 的规定。弯管的弯曲角度允许偏差宜为 3°。

表 4.5.3 圆形弯管曲率半径和最小分节数

弯管直径 D（mm）	曲率半径 R（mm）	弯管角度和最小节数							
		90°		60°		45°		30°	
		中节	端节	中节	端节	中节	端节	中节	端节
80 < D ≤ 220	≥1.5D	2	2	1	2	1	2	—	2
220 < D ≤ 450	1D ~ 1.5D	3	2	2	2	1	2	—	2
450 < D ≤ 800	1D ~ 1.5D	4	2	2	2	1	2	1	2
800 < D ≤ 1400	1D	5	2	3	2	2	2	1	2
1400 < D ≤ 2000	1D	8	2	5	2	2	2	2	2

4.5.4 变径管单面变径的夹角（θ）宜小于 30°，双面变径的夹角宜小于 60°（图 4.5.4）。

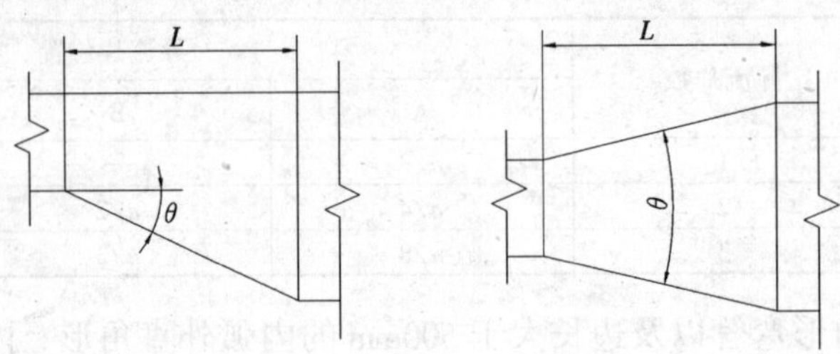

图 4.5.4 单面变径与双面变径夹角

4.5.5 圆形三通、四通、支管与总管夹角宜为 15° ~ 60°，制作偏差应为 3°。插接式三通管段长度宜为 2 倍支管直径加 100mm、支管长度不应小于 200mm，止口长度宜为 50mm。三通连接宜采用焊接或咬接形式，如图 4.5.5 所示。

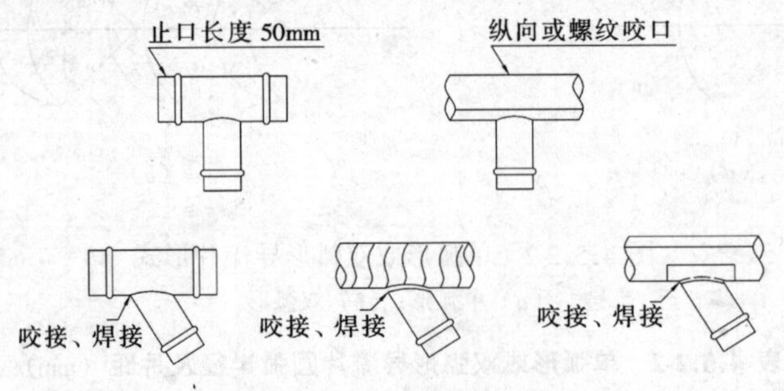

图 4.5.5 三通连接形式

4.6 柔 性 风 管

4.6.1 柔性风管应选用防腐、不透气、不宜霉变的柔性材料。当用于空调系统时，应采取防止结露的措施，外保温风管应包覆防潮层。

4.6.2 直径小于或等于 250mm 的金属圆形柔性风管，其壁厚应大于或等于 0.09mm；直径为 250~500mm 的风管，其壁厚应大于或等于 0.12mm；直径大于 500mm 的风管，其壁厚应大于或等于 0.2mm。

4.6.3 风管材料与胶粘剂的燃烧性能应达到难燃 B_1 级。胶粘剂的化学性能应与所粘接材料一致，且在 -30~70℃环境中不开裂、融化、不水溶，并保持良好的粘接性。

4.6.4 铝箔聚酯膜复合柔性风管的壁厚应大于或等于 0.021mm，钢丝表面应有防腐涂层，且符合现行国家标准《胎圈用钢丝》GB 14450 的规定。钢丝规格应符合表 4.6.4 的规定。

表 4.6.4 铝箔聚酯膜复合柔性风管钢丝规格（mm）

风管直径（D）	$D \leqslant 200$	$200 < D \leqslant 400$	$D > 400$
钢丝直径	0.96	1.2	1.42

4.7 成 品 保 护

4.7.1 成品、半成品加工成型后，按照系统、规格和编号存放在宽敞、避雨、避雪的仓库或棚中，码放在干燥隔潮的木头垫上，避免相互碰撞造成表面损伤，要保持所有产品表面的光滑、洁净。

4.7.2 不锈钢板风管、铝板风管的表面不得有划伤、刻痕等缺陷，严禁不锈钢板风管与其他金属接触。

4.7.3 运输装卸时，应轻拿轻放。风管较多或高出车身的部分要绑扎牢固，避免来回碰撞，损伤风管。

4.7.4 玻璃钢风管在运输时不得碰撞摔损。成品存放地要平整并有遮阳防雨措施。码放时总高度不得超过 3m，上面不得堆放重物。

4.7.5 玻璃纤维风管应尽量减少和其他物品的接触，尽量减少多次搬运。

4.7.6 玻璃纤维风管直管半成品可折叠打包后进行搬运，在送达现场后应立即打开。折叠 7d 后的风管需用对角支撑钢丝来恢复其原有的矩形形状。

4.7.7 玻璃纤维风管堆放在可能有大风的地方时，应采取防风措施。

4.7.8 洁净系统风管成品保护应符合以下要求：

1 风管应在门窗齐全的密闭干净的环境中贮存。

2 用清洗液将风管内表面的油膜、污物清洗干净，干燥后经检查合格立即用塑料布及胶带封口。

4.7.9 进入施工现场的设备必须进行检查验收，定期维护保养。达不到使用要求的设备严禁使用，并及时清理出场。

4.8 安全、环保措施

4.8.1 使用剪板机时，手严禁伸入机械压板空隙中。上刀架不准放置工具等物品，调整板料时，脚不能放在踏板上。使用固定振动剪两手要扶稳钢板，手离刀口不得小于 5cm，用力均匀适当。

4.8.2 咬口时，手指距滚轮护壳不小于5cm，手不准放在咬口机轨道上，扶稳板料。

4.8.3 折方时，应互相配合并与折方机保持距离，以免被翻转的钢板和配重击伤。

4.8.4 操作卷圆机、压缝机，手不得直接推送工件。

4.8.5 操作前检查所有工具，特别是使用木、钣金、大锤之前，应检查锤柄是否牢靠。打大锤时，严禁带手套，并注意四周人员和锤头起落范围有无障碍物。

4.8.6 电动机具应布置安装在室内或搭设的工棚内，防止雨雪的侵袭，使用剪板机床时，应检查机件是否灵活可靠，严禁用手摸刀片及压脚底面。如两人配合下料时更要互相协调，在取得一致的情况下，才能按下开关。

4.8.7 使用型材切割机时，要先检查防护罩是否可靠，锯片运转是否正常。切割时，型材要量准，固定后再将锯片下压切割，用力要均匀，适度。使用钻床时，不准带手套操作。

4.8.8 风管搬运，需根据管段的体积、重量，组织适当的劳动力。加工现场条件允许也可以用平板车运输。多人搬运风管用力要一致，轻拿轻放，堆放整齐。

4.8.9 玻璃钢风管制作场地比较潮湿，照明电线及动力电缆必须架空敷设或采取其他防潮措施。现场用电需专业电工接线，其他人员不得私自接线。

4.8.10 风管应在门窗齐全的清洁环境中制作，在加工过程中应经常打扫，保持环境干净。

4.8.11 玻璃钢风管、玻璃纤维风管制作过程均会产生粉尘或纤维飞扬，现场制作人员必须带口罩操作。

4.8.12 作业地点必须配备灭火器或其他灭火器材。

4.8.13 严格按项目施工组织设计用水、用电，避免超计划和浪费现象的发生，现场管线布置要合理，不得随意乱接乱用，设专人对现场的用水用电进行管理。

4.8.14 当天施工结束后的剩余材料及工具应及时入库，不许随意放置。

4.8.15 施工时需要照明亮度大和噪声大的工作尽量安排在白天进行，减少夜间施工照明电能的消耗和对周围居民的影响。

4.8.16 制作工序中使用的胶粘剂应妥善存放，注意防火且不得直接在阳光下曝晒。失效的胶粘剂及空的粘接剂容器不得随意抛弃或燃烧，应集中堆放处理。

4.8.17 玻璃钢风管的制作现场安排在建筑物内时，地面应铺设塑料布，避免浆料及原料污染地面，每天工作完成后，应打扫干净。

4.8.18 废料堆放地点应设置醒目标志，表明可回收废料及不可回收废料堆放区。

4.8.19 严格按照《建筑施工安全检查标准》JGJ 59—99 执行。

4.9 质 量 标 准

4.9.1 主控项目

4.9.1.1 金属风管的材料品种、规格、性能与厚度等应符合设计和现行国家产品标准的规定。当设计无规定时，应符合以下要求。钢板或镀锌钢板的厚度不得小于表 4.9.1.1-1 规定；不锈钢板的厚度不得小于表 4.9.1.1-2 的规定；铝板的厚度不得小于表 4.9.1.1-3 的规定。

表 4.9.1.1-1　钢板风管板材的厚度（mm）

类别 风管直径 D 或边长尺寸 b	圆形风管	矩形风管		除尘系统风管
		中低压系统	高压系统	
$D(b)\leqslant 320$	0.5	0.5	0.75	1.5
$320<D(b)\leqslant 450$	0.6	0.6	0.75	1.5
$450<D(b)\leqslant 630$	0.75	0.6	0.75	2.0
$630<D(b)\leqslant 1000$	0.75	0.75	1.0	2.0
$1000<D(b)\leqslant 1250$	1.0	1.0	1.0	2.0
$1250<D(b)\leqslant 2000$	1.2	1.0	1.2	按设计
$2000<D(b)\leqslant 4000$	按设计	1.2	按设计	

注：1　螺旋风管的钢板厚度可适当减小 10%～15%；

2　排烟风管钢板厚度可按高压系统；

3　特殊除尘系统风管钢板厚度应符合设计要求；

4　不适用于地下人防与防火隔墙的预埋管。

表 4.9.1.1-2　高、中、低压系统不锈钢板风管板材厚度（mm）

风管直径 D 或长边尺寸 b	不锈钢板厚度	风管直径 D 或长边尺寸 b	不锈钢板厚度
D（b）$\leqslant 500$	0.5	$1120<D$（b）$\leqslant 2000$	1.0
$500<D$（b）$\leqslant 1120$	0.75	$2000<D$（b）$\leqslant 4000$	1.2

表 4.9.1.1-3　中、低压系统铝板风管板材厚度（mm）

风管直径 D 或长边尺寸 b	铝板厚度	风管直径 D 或长边尺寸 b	铝板厚度
D（b）$\leqslant 320$	1.0	$630<D$（b）$\leqslant 2000$	2.0
$320<D$（b）$\leqslant 630$	1.5	$2000<D$（b）$\leqslant 4000$	按设计

检查数量：按材料与风管加工批数量抽查 10%，不得少于 5 件。

检查方法：查验材料质量合格证明文件、性能检测报告，尺量和观察检查。

4.9.1.2　非金属风管的材料品种、规格、性能与厚度等应符合设计和现行国家产品标准的规定。当设计无规定时，应符合以下要求。硬聚氯乙烯风管板材的厚度，不得小于表 4.9.1.2-1 或表 4.9.1.2-2 的规定；有机玻璃钢风管板材的厚度，不得小于表 4.9.1.2-3 的规定；无机玻璃钢风管板材的厚度应符合表 4.9.1.2-4 的规定，相应的玻璃布层数不得少于表 4.9.1.2-5 的规定，其表面不得出现返卤或严重泛霜。

用于高压风管系统的非金属风管厚度应按设计规定。

表 4.9.1.2-1　中、低压系统硬聚氯乙烯圆形风管板材厚度（mm）

风管直径 D	板材厚度	风管直径 D	板材厚度
$D\leqslant 320$	3.0	$630<D\leqslant 1000$	5.0
$320<D\leqslant 630$	4.0	$1000<D\leqslant 2000$	6.0

表 4.9.1.2-2 中、低压系统硬聚氯乙烯矩形风管板材厚度（mm）

风管长边尺寸 b	板材厚度	风管长边尺寸 b	板材厚度
$b \leqslant 320$	3.0	$800 < b \leqslant 1250$	6.0
$320 < b \leqslant 500$	4.0	$1250 < b \leqslant 2000$	8.0
$500 < b \leqslant 800$	5.0		

表 4.9.1.2-3 中、低压系统有机玻璃钢风管板材厚度（mm）

圆形风管板直径 D 或矩形风管风管长边尺寸 b	板材厚度	圆形风管板直径 D 或矩形风管风管长边尺寸 b	板材厚度
$(D)b \leqslant 200$	2.5	$630 < (D)b \leqslant 1000$	4.8
$200 < (D)b \leqslant 400$	3.2	$1000 < (D)b \leqslant 2000$	6.2
$400 < (D)b \leqslant 630$	4.0		

表 4.9.1.2-4 中、低压系统无机玻璃钢风管板材厚度（mm）

风管直径 D 或长边尺寸 b	板材厚度	风管直径 D 或长边尺寸 b	板材厚度
$D(b) \leqslant 300$	2.5 ~ 3.5	$1000 < D(b) \leqslant 1500$	5.5 ~ 6.5
$300 < D(b) \leqslant 500$	3.5 ~ 4.5	$1500 < D(b) \leqslant 2000$	6.5 ~ 7.5
$500 < D(b) \leqslant 1000$	4.5 ~ 5.5	$D(b) > 2000$	7.5 ~ 8.5

表 4.9.1.2-5 中、低压系统无机玻璃钢风管玻璃纤维布厚度与层数（mm）

风管直径 D 或长边尺寸 b	风管管体玻璃纤维布厚度		风管法兰玻璃纤维布厚度	
	0.3	0.4	0.3	0.4
	玻璃布层数			
$D(b) \leqslant 300$	5	4	8	7
$300 < D(b) \leqslant 500$	7	5	10	8
$500 < D(b) \leqslant 1000$	8	6	13	9
$1000 < D(b) \leqslant 1500$	9	7	14	10
$1500 < D(b) \leqslant 2000$	12	8	16	14
$D(b) > 2000$	14	9	20	16

检查数量：按材料与风管加工批量抽查10%，不得少于5件。

检查方法：查验材料质量合格证明文件、性能检测报告，尺量、观察检查。

4.9.1.3 防火风管的本体、框架与固定材料、密封垫料必须为不燃材料，其耐火等级应符合设计的规定。

检查数量：按材料与风管加工批量抽查10%，不应少于5件。

检查方法：查验材料质量合格证明文件、性能检测报告，观察检查与点燃试验。

4.9.1.4 复合材料风管的覆面材料必须为不燃材料，内部的绝热材料应为不燃或难燃 B_1 级，且对人体无害的材料。

检查数量：按材料与风管加工批量抽查10%，不应少于5件。

检查方法：查验材料质量合格证明文件、性能检测报告，观察检查与点燃试验。

4.9.1.5 风管必须通过工艺性的检测或验证，其强度和严密性要求应符合设计或下列规定：

1 风管的强度应能满足在1.5倍工作压力下接缝处不开裂；

2 矩形风管的允许漏风量应符合以下规定：

低压系统风管 $Q_L \leqslant 0.1056P^{0.65}$

中压系统风管 $Q_M \leqslant 0.0352P^{0.65}$

高压系统风管 $Q_H \leqslant 0.0117P^{0.65}$

式中 Q_L、Q_M、Q_H——系统风管在相应工作压力下，单位面积风管单位时间内的允许漏风量［$m^3/(h \cdot m^2)$］；

P——指风管系统的工作压力（Pa）。

3 低压、中压圆形金属风管、复合材料风管以及采用法兰形式的非金属风管的允许漏风量，应为矩形风管规定值的50%；

4 砖、混凝土风道的允许漏风量不应大于矩形低压系统风管规定值的1.5倍；

5 排烟、除尘、低温送风系统按中压系统风管的规定，1～5级净化空调系统按高压系统风管的规定。

检查数量：按风管系统的类别和材质分别抽查，不得少于3件及15m²。

检查方法：检查产品合格证明文件和测试报告，或进行风管强度和漏风量测试（见本标准附录A)。

4.9.1.6 金属风管的连接应符合下列规定：

1 风管板材拼接的咬口缝应错开，不得有十字形拼接缝。

2 金属风管法兰材料规格不应小于表4.9.1.6-1或表4.9.1.6-2的规定。中、低压风管法兰的螺栓及铆钉孔的孔距不得大于150mm；高压系统风管不得大于100mm。矩形风管法兰的四角部位应设有螺孔。

当采用加固方法提高了风管法兰部位的强度时，其法兰材料规格相应的使用条件可适当放宽。

无法兰连接风管的薄钢板法兰高度应参照金属法兰风管的规定执行。

表 4.9.1.6-1 金属圆形风管法兰及螺栓规格（mm）

风管直径 D	法兰材料规格		螺栓规格
	扁 钢	角 钢	
$D \leqslant 140$	－20×4	—	M6
$140 < D \leqslant 280$	－25×4	—	
$280 < D \leqslant 630$	—	∟25×3	
$630 < D \leqslant 1250$	—	∟30×4	M8
$1250 < D \leqslant 2000$	—	∟40×4	

表 4.9.1.6-2 金属矩形风管法兰及螺栓规格（mm）

风管长边尺寸 b	法兰材料规格（角钢）	螺栓规格
$b \leqslant 630$	∟25×3	M6
$630 < b \leqslant 1500$	∟30×3	M8
$1500 < b \leqslant 2500$	∟40×4	
$2500 < b \leqslant 4000$	∟50×5	M10

检查数量：按加工批数量抽查5%，不得少于5件。

检查方法：尺量、观察检查。

4.9.1.7 非金属（硬聚氯乙烯，有机、无机玻璃钢）风管的连接还应符合下列规定：

1 法兰的规格应分别符合表4.9.1.7-1、表4.9.1.7-2、表4.9.1.7-3的规定，其螺栓孔的间距不得大于120mm；矩形风管法兰的四角处，应设有螺孔。

表4.9.1.7-1 硬聚氯乙烯圆形风管法兰规格（mm）

风管直径 D	法兰规格（宽×厚）	连接螺栓	风管直径 D	法兰规格（宽×厚）	连接螺栓
$D \leqslant 180$	35×6	M6	$800 < D \leqslant 1400$	45×12	M10
$180 < D \leqslant 400$	35×8	M8	$1400 < D \leqslant 1600$	50×15	M10
$400 < D \leqslant 500$	35×10	M8	$1600 < D \leqslant 2000$	60×15	M10
$500 < D \leqslant 800$	40×10	M8	$D > 2000$	按设计	

表4.9.1.7-2 硬聚氯乙烯矩形风管法兰规格（mm）

风管边长 b	法兰规格（宽×厚）	连接螺栓	风管长边 b	法兰规格（宽×厚）	连接螺栓
$b \leqslant 160$	35×6	M6	$800 < b \leqslant 1250$	45×12	M10
$160 < b \leqslant 400$	35×8	M8	$1250 < b \leqslant 1600$	50×15	M10
$400 < b \leqslant 500$	35×10	M8	$1600 < b \leqslant 2000$	60×18	M10
$500 < b \leqslant 800$	40×10	M10	$b > 2000$	按设计	

表4.9.1.7-3 有机、无机玻璃钢风管法兰规格（mm）

风管直径 D 或风管边长 b	法兰规格（宽×厚）	连 接 螺 栓
$D(b) \leqslant 400$	30×4	M8
$400 < D(b) \leqslant 1000$	40×6	M8
$1000 < D(b) \leqslant 2000$	50×8	M10

2 采用套管连接时，套管厚度不得小于风管管材厚度。

检查数量：按加工批数量抽查5%，不得少于5件。

检查方法：尺量、观察检查。

4.9.1.8 复合材料风管采用法兰连接时，法兰与风管板材的连接应可靠，其绝热层不得外露，不得采用降低板材强度和绝热性能的连接方法。

检查数量：按加工批数量抽查5%，不得少于5件。

检查方法：尺量、观察检查。

4.9.1.9 砖、混凝土风道的变形缝，应符合设计要求，不应渗水和漏风。

检查数量：全数检查。

检查方法：观察检查。

4.9.1.10 金属风管的加固应符合下列规定：

1 圆形风管（不包括螺旋风管）直径大于或等于800mm，且其管段长度大于1250mm或总表面积大于4m^{2}均应采取加固措施。

2 矩形风管边长大于630mm、保温风管边长大于800mm，管段长度1250mm或低压风管单边平面积大于1.2m^2、中、高压风管大于1.0m^2，均应采取加固措施。

3　非规则椭圆风管的加固，应参照矩形风管执行。

检查数量：按加工批抽查5%，不得少于5件。

检查方法：尺量、观察检查

4.9.1.11　非金属风管的加固，除应符合第4.9.1.10条的规定外，还应符合下列规定：

1　硬聚氯乙烯风管的直径或边长大于500mm时，其风管与法兰的连接处应设加强板，且间距不得大于450mm；

2　有机及无机玻璃钢风管的加固，应为本体材料或防腐性能相同的材料，并与风管成一整体。

检查数量：按加工批抽查5%，不得少于5件。

检查方法：尺量、观察检查。

4.9.1.12　金属风管板材拼接不得有十字形拼缝。

4.9.1.13　矩形风管弯管制作，一般应采用曲率半径为一个平面边长的内外同心弧形弯管。当采用其他形式的弯管，平面边长大于500mm时，必须设置弯管导流片。

检查数量：其他的形式的弯管抽查20%，不得少于2件。

检查方法：观察检查。

4.9.1.14　净化空调系统风管还应符合下列规定：

1　矩形风管边长小于或等于900mm时，底面板不应有拼接缝；大于900mm时不应有横向拼接缝；

2　风管所用的螺栓、螺母、垫圈和铆钉均应采用与管材性能相匹配、不会产生电化学腐蚀的材料，或采取镀锌或其他防腐措施，并不得采用抽芯铆钉。

3　不应在风管内设加固框及加固筋，风管无法兰连接不得使用S形插条、直角形插条及立联合角形插条等形式。

4　空气洁净度等级为1~5级的净化空调系统风管不得采用按扣式咬口。

5　风管的清洗不得用对人体和材质有危害的清洁剂。

6　镀锌钢板风管不得有镀锌层严重损坏的现象，如表面大面积白花、镀层粉化等。

检查数量：按风管数量抽查20%，不得少于5件。

检查方法：查阅材料质量合格证明文件和观察检查，白绸布擦拭。

4.9.1.15　金属、非金属风管的管壁变形量（变形量与风管边长之百分比）允许值应符合表4.9.1.15的规定。

表4.9.1.15　金属、非金属风管管壁变形量允许值

风管类型	管壁变形量允许值（%）		
	低压风管	中压风管	高压风管
金属矩形风管	≤1.5	≤2.0	≤2.5
金属圆形风管	≤0.5	≤1.0	≤1.5
非金属矩形风管	≤1.0	≤1.5	≤2.0

检查方法：按本标准附录D“风管耐压强度及漏风量测试方法”进行检验，或查验有关检验机构提供的性能测试报告。

4.9.2　一般项目

4.9.2.1 金属风管的制作应符合下列规定：

1 圆形弯管的曲率半径（以中心线计）和最少分节数量应符合表 4.9.2.1 的规定。圆形弯管的弯曲角度及圆形三通、四通支管与总管夹角的制作偏差不应大于 3°。

表 4.9.2.1 圆形弯管曲率半径和最少节数

弯曲直径 D（mm）	曲率半径 R	弯管角度和最少节数							
		90°		60°		45°		30°	
		中节	端节	中节	端节	中节	端节	中节	端节
80～220	≥1.5D	2	2	1	2	1	2	—	2
220～450	1.0D～1.5D	3	2	2	2	1	2	—	2
450～800	1.0D～1.5D	4	2	2	2	1	2	1	2
800～1400	1.0D	5	2	3	2	2	2	1	2
1400～2000	1.0D	8	2	5	2	3	2	2	2

2 风管与配件的咬口缝应紧密、宽度应一致，折角应平直，圆弧应均匀，两端面平行。风管无明显扭曲与翘角，表面应平整，凹凸不大于 10mm；

3 风管外径或外边长的允许偏差：当小于或等于 300mm 时，为 2mm；当大于 300mm 时，为 3mm。管口平面度的允许偏差为 2mm，矩形风管两条对角线长度之差不应大于 3mm。圆形法兰任意正交两直径之差不应大于 2mm。

4 焊接风管的焊缝应平整，不应有裂缝、凸瘤、穿透的夹渣、气孔及其他缺陷等，焊接后板材的变形应矫正，并将焊渣及飞溅物清除干净。

检查数量：按制作数量抽查 10%，不得少于 5 件；净化空调工程按制作数量抽查 20%，不得少于 5 件。

检查方法：查验测试记录，进行装配试验，尺量、观察检查。

4.9.2.2 金属法兰连接风管的制作应符合下列规定

1 风管法兰的焊缝应熔合良好、饱满，无假焊和孔洞；法兰平面度的允许偏差为 2mm，同一批量加工的相同规格法兰的螺孔排列应一致，并具有互换性。

2 风管与法兰铆接应牢固、不应有脱铆和漏铆现象；翻边应平整、紧贴法兰，其宽度应一致，且不应小于 6mm；咬缝与四角处不应有开裂与孔洞。

3 风管与法兰采用焊接连接时，风管端面不得高于法兰接口平面。除尘系统的风管，宜采用内侧满焊、外侧间断焊形式，风管端面距法兰接口平面不应小于 5mm。

当风管法兰采用点焊固定连接时，焊点应融合良好，间距不应大于 100mm；法兰与风管应紧贴，不应有穿透的缝隙和孔洞。

4 不锈钢板或铝板风管的法兰采用碳素钢时，其规格应符合本标准第 4.6.1.6 条第 1 款、第 4.6.1.6 条第 2 款的有关规定，并应根据设计要求作防腐处理。铆钉应采用与风管材质相同或不产生电化学腐蚀的材料。

检查数量：按制作数量抽查 10%，不得少于 5 件；净化空调工程按制作数量抽查 20%，不得少于 5 件。

检查方法：查验测试记录，进行装配试验，尺量、观察检查。

4.9.2.3 无法兰连接风管的制作还应符合下列规定:

1 无法兰连接风管的接口及连接件，应符合表 4.9.2.3-1、表 4.9.2.3-2 的要求，圆形风管的芯管连接应符合表 4.9.2.3-3 的要求。

表 4.9.2.3-1 圆形风管无法兰连接形式

无法兰连接形式		附件板厚(mm)	接口要求	使用范围
承插连接	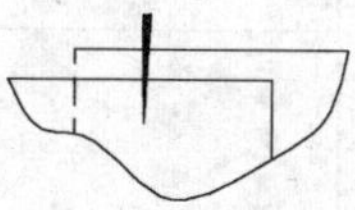	—	插入深度≥30mm，有密封要求	低压风管直径<700mm
带加强筋承插	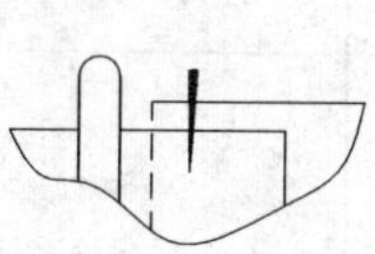	—	插入深度≥20mm，有密封要求	中、低压风管
角钢加固承插	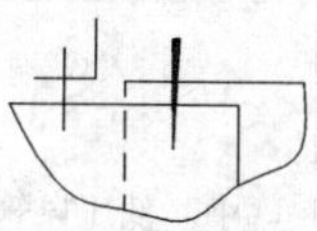	—	插入深度≥20mm，有密封要求	中、低压风管
芯管连接	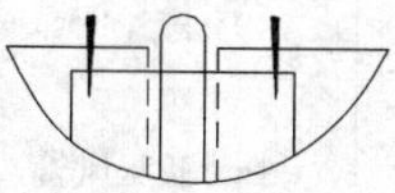	≥管板厚	插入深度≥20mm，有密封要求	中、低压风管
立筋抱箍连接	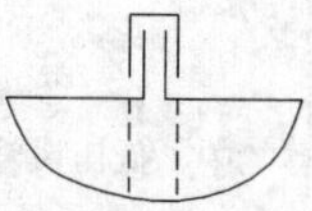	≥管板厚	翻边与楞筋匹配一致，紧固严密	中、低压风管
抱箍连接	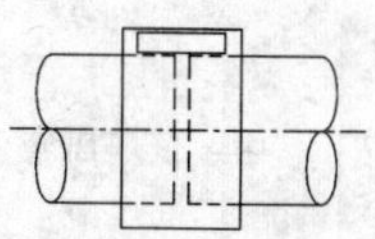	≥管板厚	对口尽量靠近不重叠，抱箍应居中	中、低压风管宽度≥100mm

表 4.9.2.3-2 矩形风管无法兰连接形式

无法兰连接形式		附件板厚（mm）	使用范围
S形插条	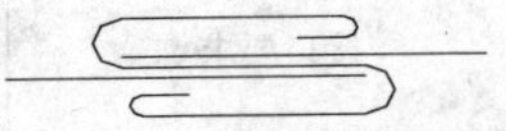	≥0.7	低压风管单独使用连接处必须有固定措施
C形插条		≥0.7	中、低压风管
立插条	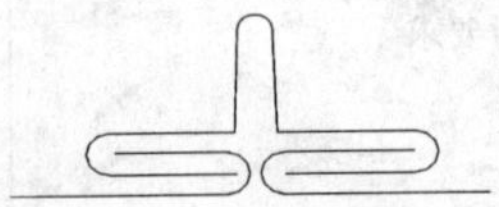	≥0.7	中、低压风管
立咬口	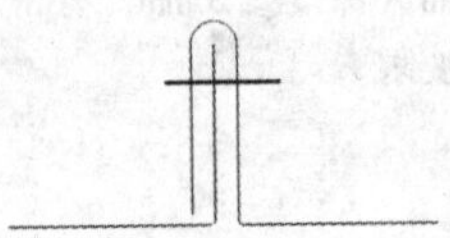	≥0.7	中、低压风管
包边立咬口	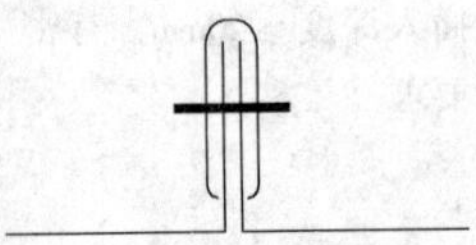	≥0.7	中、低压风管
薄钢板法兰插条	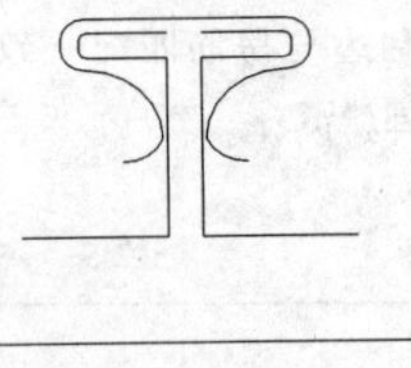	≥1.0	中、低压风管
薄钢板法兰弹簧夹		≥1.0	中、低压风管

续表 4.9.2.3-2

无法兰连接形式		附件板厚（mm）	使用范围
直角形平插条	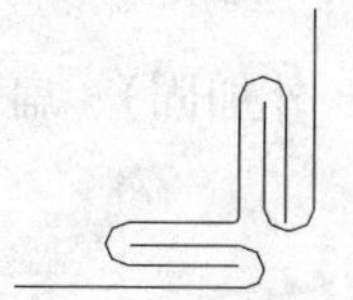	≥0.7	低压风管
立联合角形插条	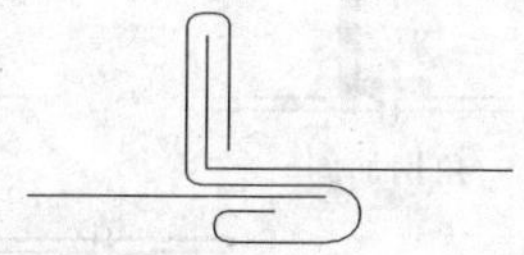	≥0.8	低压风管
注：薄钢板法兰风管也可采用铆接法兰条连接的方法。			

表 4.9.2.3-3　圆形风管的芯管连接

风管直径 D（mm）	芯管长度 L（mm）	自攻螺钉或抽芯铆钉数量（个）	外径允许偏差（mm）	
			圆　管	芯　管
120	120	3×2	-1~0	-3~ -4
300	160	4×2		
400	200	4×2	-2~0	-4~0
700	200	6×2		
900	200	8×2		
1000 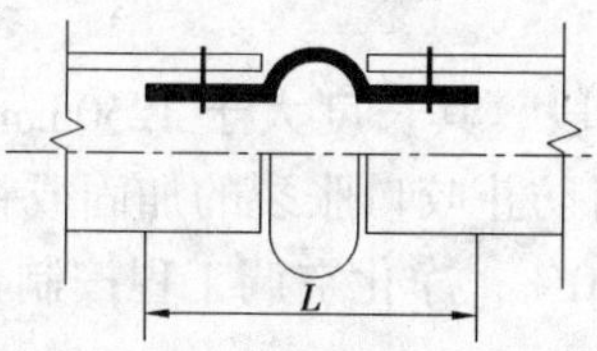	200	8×2		

L

2　薄钢板法兰矩形风管的接口及附件，其尺寸应正确，形状应规则，接口处应严密；薄钢板法兰的折边（或法兰条）应平直，弯曲度不应大于 5/1000；弹性插条或弹簧夹应与薄钢板法兰相匹配；角件与风管薄钢板法兰四周接口的固定位置应稳固，端面应平整，相连处不应有缝隙大于 2mm 的连续穿透缝。

3　采用 C 形、S 形插条连接的矩形风管，其边长不应大于 630mm，插条与风管加工插口的宽度应匹配一致，其允许偏差为 2mm，连接应平整、严密，插条两端压倒长度不应小于 20mm。

4　采用立咬口、包边立咬口的矩形风管，其立筋的高度应大于或等于同规格风管的角钢法兰宽度。同一规格风管的立咬口、包边立咬口的高度应一致，折角应倾角、直线度允许偏差为 5/1000；咬口连接铆钉的间距不应 150mm，间距应均匀；立咬口四周连接处的铆固，应紧密、无孔洞。

检查数量：按制作数量抽查 10%，不得少于 5 件；净化空调工程按制作数量抽查 20%，不得少于 5 件。

检查方法：查验测试记录，进行装配试验，尺量、观察检查。

4.9.2.4 风管的加固应符合下列规定：

1 风管的加固可采用楞筋、立筋、角钢（内、外加固）、扁钢、加固筋和管内支撑等形式，如图 4.9.2.4 所示。

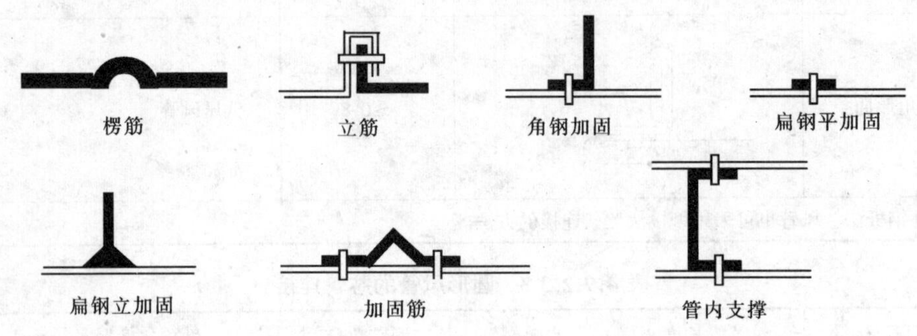

图 4.9.2.4 风管加固形式

2 楞筋和楞线的加固，排列应规则，间隔应均匀，板面不应有明显的变形。

3 角钢、加固筋的加固，应排列整齐、均匀对称，其高度应小于或等于风管的法兰宽度。角钢、加固筋与风管的铆接应牢固，间距应均匀，不应大于 220mm。两相交处应连接为一体。

4 管内支撑与的风管的固定应牢固，各支撑点之间或与风管的边沿或法兰的间距应均匀，不应大于 950mm。

5 中压和高压系统风管的管段，其长度大于 1250mm 时，还应有加固框补强。高压系统金属风管的单咬口缝，还应有防止咬口胀裂的加固或补强措施。

检查数量：按制作数量抽查 10%，净化空调工程按制作数量抽查 20%，均不得少于 5 件。

检查方法：查验测试记录，进行装配试验，观察尺量检查。

4.9.2.5 硬聚氯乙烯风管除应执行本标准第 4.9.2.1 条第 1、3 款和第 4.9.2.2 条第 1 款外，还应符合下列规定：

1 风管的两端面平行，无明显扭曲，外径或外边长的允许偏差为 2mm；表面平整，圆弧均匀，凹凸不应大于 5mm。

2 焊缝的坡口形式和角度应符合表 4.9.2.5 的规定。

3 焊缝应饱满，焊条排列应整齐，无焦黄、断裂现象。

4 用于洁净室时，还应按本标准第 4.9.2.11 条的有关规定执行。

检查数量：按风管总数抽查 10%，法兰数抽查 5%，不得少于 5 件。

检查方法：尺量、观察检查。

表 4.9.2.5 焊缝形式及坡口

焊缝形式	焊缝名称	图　　形	焊缝高度（mm）	板材厚度（mm）	焊缝张角 α（°）
对接焊缝	V形单面焊	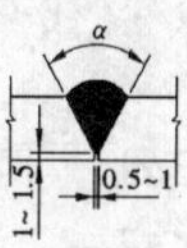	2～3	3～5	70～90
	V形双面焊		2～3	5～8	70～90
对接焊缝	X形双面焊	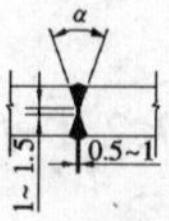	2～3	≥8	70～90
搭接焊缝	搭接焊	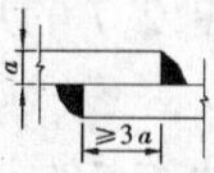	≥最小板厚	3～5	—
填角焊缝	填角焊无坡角	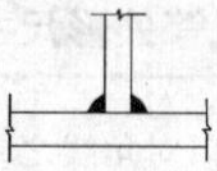	≥最小板厚	6～18	—
	填角焊无坡角	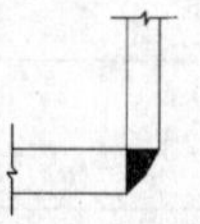	≥最小板厚	≥3	—
对角焊缝	V形对角焊	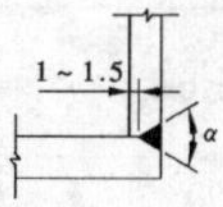	≥最小板厚	3～5	70～90
	V形对角焊	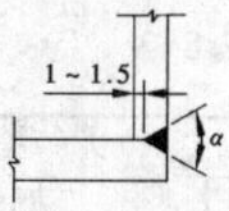	≥最小板厚	5～8	70～90
	V形对角焊	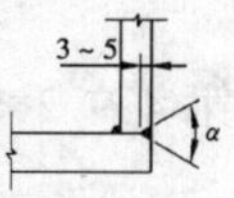	≥最小板厚	6～15	70～90

4.9.2.6 有机玻璃钢风管除执行本节标准第 4.9.2.1 条第 1 ~ 3 款和第 4.9.2.2 条第 1 款外，还应符合下列规定：

1 风管不应有明显扭曲、内表面应平整光滑，外表面应整齐美观，厚度应均匀，且边缘无毛刺，并无气泡及分层现象。

2 风管的外径或外边长尺寸的允许偏差为 3mm，圆形风管的任意正交两直径之差不应大于 5mm，矩形风管的两对角线之差不应大于 5mm。

3 法兰应与风管成一整体，并应有过渡圆弧，并与风管轴线成直角。管口平面度的允许偏差为 3mm，螺孔的排列应均匀，至管壁的距离应一致，允许偏差为 2mm。

4 矩形风管的边长大于 900mm，且管段长度大于 1250mm 时，应加固。加固筋的分布应均匀、整齐。

检查数量：按风管总数抽查 10%，法兰数抽查 5%，不得少于 5 件。

检查方法：尺量、观察检查。

4.9.2.7 无机玻璃钢风管除执行本节标准第 4.9.2.1 条第 1 ~ 3 款和第 4.9.2.2 条第 1 款外，还应符合下列规定：

1 风管的表面应光洁、无裂纹、无明显泛霜和分层现象。

2 风管的外形尺寸的允许偏差应符合表 4.9.2.7 的规定。

3 风管法兰的规定与有机玻璃钢法兰相同。

检查数量：按风管总数抽查 10%，法兰数抽查 5%，不得少于 5 件。

检查方法：尺量、观察检查。

表 4.9.2.7 无机玻璃钢风管外形尺寸（mm）

直径或大边长	矩形风管外表平面度	矩形风管管口对角线之差	法兰平面度	圆形风管两直径之差
≤300	≤3	≤3	≤2	≤3
301 ~ 500	≤3	≤4	≤2	≤3
501 ~ 1000	≤4	≤5	≤2	≤4
1001 ~ 1500	≤4	≤6	≤3	≤5
1501 ~ 2000	≤5	≤7	≤3	≤5
>2000	≤6	≤8	≤3	≤5

4.9.2.8 砖、混凝土风道内表面水泥砂浆应抹平整，无裂缝，不渗水。

检查数量：按风道总数抽查 10%，不得少于 1 段。

检查方法：观察检查。

4.9.2.9 双面铝箔绝热板风管除应执行本标准第 4.9.2.1 条第 2、3 款和第 4.9.2.2 条第 2 款外，还应符合下列规定：

1 板材拼接宜采用专用的连接构件，连接后板面平面度的允许偏差为 5mm。

2　风管的折角应平直，拼缝粘接应牢固、平整，风管的粘结材料宜为难燃材料。

3　风管采用法兰连接时，其连接应牢固，法兰平面度的允许偏差为2mm。

4　风管的加固，应根据系统工作压力及产品技术标准的规定执行。

检查数量：按风管总数抽查10%，法兰数抽查5%，不得少于5件。

检查方法：尺量、观察检查。

4.9.2.10　铝箔玻璃纤维板风管除应执行本标准第4.9.2.1条第2、3款和第4.9.2.2条第2款外，还应符合下列规定：

1　玻璃纤维板材应干燥、平整，板外表面的铝箔隔气保护层应与内层玻璃纤维材料粘合牢固，内表面应有防纤维脱落的保护层，并应对人体无危害。

2　当风管连接采用插入接口形式时，接缝处的粘接应严密、牢固，外表面铝箔胶带密封的每一边粘贴宽度不应小于25mm，并应有辅助的连接固定措施。

当风管的连接采用法兰形式时，法兰与风管的连接应牢固，并应能防止板材纤维逸出和冷桥。

3　风管表面应平整、两端面平行，无明显凹穴、变形、起泡，铝箔无破损等。

4　风管的加固，应根据系统工作压力及产品技术标准的规定执行。

检查数量：按风管总数抽查10%，不得少于5件。

检查方法：尺量、观察检查。

4.9.2.11　净化空调系统风管还应符合以下规定：

1　现场应保持清洁，存放时应避免积尘和受潮。风管的咬口缝、折边和铆接等处有损坏时，应作防腐处理。

2　风管法兰铆钉孔的间距，当系统洁净度的等级为1~5级时，不应大于65mm；为6~9级时，不应大于100mm。

3　静压箱本体、箱内固定高效过滤器的框架及固定件应做镀锌、镀镍等防腐处理。

4　制作完成的风管，应进行第二次清洗，经检查达到清洁要求后应及时封口。

检查方法：观察检查，查阅风管清洗记录，用白绸布擦拭。

检查数量：按风管总数抽查20%，法兰数抽查10%，不得少于5件。

4.10　质　量　验　收

4.10.1　检验批的验收按本标准第3.0.18条进行组织。

4.10.2　检验批质量验收记录当地方主管部门无统一规定时，宜采用表4.10.2-1“风管与配件制作检验批质量验收记录表（金属风管）（Ⅰ）”、表4.10.2-2“风管与配件制作检验批质量验收记录表（非金属、复合材料风管）（Ⅱ）”。

表 4.10.2-1 风管与配件制作检验批质量验收记录表（金属风管）GB 50243—2002（Ⅰ）

单位（子单位）工程名称				
分部（子分部）工程名称			验收部位	
施工单位			项目经理	
分包单位			分包项目经理	
施工执行标准名称及编号				

		施工质量验收规范的规定		施工单位检查评定记录	监理（建设）单位验收记录
主控项目	1	材质种类、性能及厚度	第4.9.1.1条		
	2	防火风管材料及密封垫材料	第4.9.1.3条		
	3	风管强度及严密性、工艺性检测	第4.9.1.5条		
	4	风管的连接	第4.9.1.6条		
	5	风管的加固	第4.9.1.10条		
	6	矩形弯管制作及导流片	第4.9.1.12条		
	7	净化空调风管	第4.9.1.13条		
一般项目	1	圆形弯管制作	第4.9.2.1条第1款		
	2	风管外观质量和外形尺寸	第4.9.2.1条第2、3款		
	3	焊接风管	第4.9.2.1条第4款		
	4	法兰风管制作	第4.9.2.2条		
	5	铝板或不锈钢板风管	第4.9.2.2条第4款		
	6	无法兰圆形风管制作	第4.9.2.3条		
	7	无法兰矩形风管制作	第4.9.2.3条		
	8	风管的加固	第4.9.2.4条		
	9	净化空调风管	第4.9.2.11条		

施工单位检查评定结果	专业工长（施工员）		施工班组长	
	项目专业质量检查员：　　　　年　月　日			
监理（建设）单位验收结论	专业监理工程师（建设单位项目专业技术负责人）：　　　　年　月　日			

表4.10.2-2 风管与配件制作检验批质量验收记录表
（非金属、复合材料风管）GB 50243—2002
（Ⅱ）

<table>
<tr><td colspan="4">单位（子单位）工程名称</td><td colspan="3"></td></tr>
<tr><td colspan="4">分部（子分部）工程名称</td><td></td><td>验收部位</td><td></td></tr>
<tr><td colspan="2">施工单位</td><td colspan="3"></td><td>项目经理</td><td></td></tr>
<tr><td colspan="2">分包单位</td><td colspan="3"></td><td>分包项目经理</td><td></td></tr>
<tr><td colspan="4">施工执行标准名称及编号</td><td colspan="3"></td></tr>
<tr><td colspan="4">施工质量验收规范的规定</td><td colspan="2">施工单位检查评定记录</td><td>监理（建设）单位验收记录</td></tr>
<tr><td rowspan="9">主控项目</td><td>1</td><td>材质种类、性能及厚度</td><td>第4.9.1.2条</td><td colspan="2"></td><td rowspan="17"></td></tr>
<tr><td>2</td><td>复合材料风管的材料</td><td>第4.9.1.4条</td><td colspan="2"></td></tr>
<tr><td>3</td><td>风管强度及严密性工艺性检测</td><td>第4.9.1.5条</td><td colspan="2"></td></tr>
<tr><td>4</td><td>风管的连接</td><td>第4.9.1.7条</td><td colspan="2"></td></tr>
<tr><td>5</td><td>复合材料风管法兰连接</td><td>第4.9.1.8条</td><td colspan="2"></td></tr>
<tr><td>6</td><td>砖、混凝土风道的变形缝</td><td>第4.9.1.9条</td><td colspan="2"></td></tr>
<tr><td>7</td><td>风管的加固</td><td>第4.9.1.10条
第4.9.1.11条</td><td colspan="2"></td></tr>
<tr><td>8</td><td>矩形弯管制作及导流片</td><td>第4.9.1.12条</td><td colspan="2"></td></tr>
<tr><td>9</td><td>净化空调风管</td><td>第4.9.1.13条</td><td colspan="2"></td></tr>
<tr><td rowspan="8">一般项目</td><td>1</td><td>风管制作</td><td>第4.9.2.1条</td><td colspan="2"></td></tr>
<tr><td>2</td><td>硬聚氯乙烯风管</td><td>第4.9.2.5条</td><td colspan="2"></td></tr>
<tr><td>3</td><td>有机玻璃钢风管</td><td>第4.9.2.6条</td><td colspan="2"></td></tr>
<tr><td>4</td><td>无机玻璃钢风管</td><td>第4.9.2.7条</td><td colspan="2"></td></tr>
<tr><td>5</td><td>砖、混凝土风管</td><td>第4.9.2.8条</td><td colspan="2"></td></tr>
<tr><td>6</td><td>双面铝箔绝热板风管</td><td>第4.9.2.9条</td><td colspan="2"></td></tr>
<tr><td>7</td><td>铝箔玻璃纤维板风管</td><td>第4.9.2.10条</td><td colspan="2"></td></tr>
<tr><td>8</td><td>净化空调风管</td><td>第4.9.2.11条</td><td colspan="2"></td></tr>
<tr><td colspan="2" rowspan="2">施工单位检查评定结果</td><td>专业工长（施工员）</td><td></td><td>施工班组长</td><td colspan="2"></td></tr>
<tr><td colspan="5">项目专业质量检查员：　　　　　　　　　　年　月　日</td></tr>
<tr><td colspan="2">监理（建设）单位验收结论</td><td colspan="5">专业监理工程师（建设单位项目专业技术负责人）：　　　　　　　　　　年　月　日</td></tr>
</table>

5 风管部件与消声器制作

5.1 一 般 规 定

5.1.1 本章适用于通风与空调工程中风口、风阀、排风罩等其他部件及消声器的加工制作或成品质量的验收。

5.1.2 一般风量调节阀按设计文件和风阀制作的要求进行验收，其他风阀按外购产品质量进行验收。

5.2 施 工 准 备

5.2.1 技术准备

1 风管部件与消声器应按照设计要求进行制作。

2 专业技术人员对施工人员应进行质量、职业健康安全、环境交底，并形成交底记录。

3 施工人员应按照经审查的大样图、系统图进行制作。

4 所制成品的主要技术参数应符合国家及相关行业标准。

5 对弯头、三通、四通等配件应有具体的下料尺寸和数量。

5.2.2 材料准备

1 风管部件与消声器的材质、厚度、规格型号应严格按照设计要求及相关标准选用，并应具有出厂合格证明书或质量鉴定文件。

2 风管部件与消声器制作材料，应进行外观检查，各种板材表面应平整，厚度均匀，无明显伤痕，并不得有裂纹、锈蚀等质量缺陷，型材应等型、均匀、无裂纹及严重锈蚀等情况。

3 其他材料不能因其本身缺陷而影响或降低产品的质量或使用效果。

4 防爆系统的部件必须严格按照设计要求制作，所用的材料严禁代用。

5 消声器所选用的材料应符合设计规定及相关的防火、防腐、防潮和卫生标准的要求。

6 柔性短管应选用防腐、防潮、不透气、不易霉变的材料。防排烟系统的柔性短管的制作材料必须为不燃材料，空气洁净系统的柔性短管应是内壁光滑、不产尘的材料。

7 防火阀所选用的零（配）件必须符合有关消防产品标准的规定。

5.2.3 主要机具

1 施工机具：电焊机、氩弧焊机、砂轮切割机、焊条烘干箱、卷板机、单平咬口机、台钻、折方机、法兰冲剪机、联合冲剪机、车床、角向磨光机、压筋机、电气焊工具、焊条保温桶、台虎钳、钢锯等。

2 测量检验工具：游标卡尺、钢直尺、钢卷尺、游标万能角度尺、内卡钳等。

5.2.4 作业条件

1 作业场地应满足加工工艺的要求，具备相应的电源、水源、安全防护设施及防雨雪措施，并配备相应的消防器材。

2 作业地点不宜远离安装现场，避免造成多次倒运。

3 制作地点至安装现场之间的道路应畅通，能保证机械设备、材料及半成品部件运输方便。

4 焊接、油漆喷涂作业场所应有良好的通排风措施。

5.3 材料质量控制

5.3.1 制作风口、风阀、消声器及其他部件所选用钢板或铝材的厚度、规格应符合设计和有关规范的要求。

5.3.2 消声器的吸声材料应按照设计要求和有关产品标准进行选用，吸声材料的材质、密度、吸湿率及防火性能应达到设计使用要求。

5.3.3 消声器微穿孔板的穿孔孔径和穿孔率必须符合设计图纸的要求。穿孔孔径的大小一致，分布要均匀。

5.4 施工工艺

5.4.1 工艺流程

1 风口工艺流程

施工准备→外框、叶片下料及机加件及其他零件加工→专用模具成形→组装→焊接→表面处理→成品检验→出厂

2 风阀制作工艺流程

施工准备→外框、叶片下料及机加件及其他零件加工→专用模具成形→组装→焊接→检验调整→喷漆→装配执行机构→成品检验→出厂

3 罩类及风帽制作工艺流程

施工准备→下料→成形→组装→成品检验→出厂

4 柔性短管制作工艺流程

施工准备→下料→缝制→成形→法兰组装

5 消声器制作工艺流程

施工准备→下料→外壳及框架结构施工→充填消声材料→覆面→成品检验→包装及标识

5.4.2 施工要点

5.4.2.1 风口制作

1 下料、成型

(1) 风口的部件下料及成型应使用专用模具完成。

(2) 铝制风口所需材料应为型材，其下料成型除应使用专用模具外，还应配备有专用的铝材切割机具。

2 组装

(1) 风口的部件成型后组装，应有专用的工艺装备，以保证产品质量。产品组装后，应进行检验。

(2) 风口表面平整度，以及边长、对角线的允许偏差应符合表 5.7.2.12-1 ~ 表 5.7.2.12-4 之规定。

(3) 风口的转动调节部分应灵活，叶片应平直，与边框无碰擦。

(4) 插板式及活动篦板式风口，其插板、篦板应平整，边缘光滑，拉动灵活。活动篦板式风口组装后应能达到完全打开和闭合。

(5) 百叶风口的叶片间距应均匀，两端轴的中心应在同一直线上。手动式风口叶片与边框铆接应松紧适当。

(6) 散流器的扩散环和调节环应同轴，轴向间距分布应均匀。

(7) 孔板式风口，孔口不得有毛刺，孔径和孔距应符合设计要求。

(8) 旋转式风口，活动件应轻便灵活。

(9) 球形风口内外球面间的配合应间隙均匀，转动自如，定位后无松动，风量调节片应能有效地调节风量。

(10) 风口活动部分，如轴、轴套的配合等，应松紧适宜，并应在装配完成后加注润滑油。

(11) 如风口尺寸较大，应在适当部位对叶片及外框采取加固补强措施。

3 焊接

(1) 钢制风口组装后的焊接可根据不同材料，选择气焊或电焊的焊接方式。铝制风口应采用氩弧焊接。

(2) 焊接均应在非装饰面处进行，不得对装饰面外观产生不良影响。

(3) 焊接完成后，应对风口进行二次调整。

4 表面处理

(1) 风口的表面处理，应满足设计及使用要求，可根据不同材料选择如喷漆、喷塑、烤漆、氧化等方式。

(2) 油漆的品种及喷涂道数应符合设计文件和相关规范的规定。

5.4.2.2 风阀制作

1 下料、成型

外框及叶片下料应使用机械完成，成型应尽量采用专用模具。

2 零部件加工

风阀内的转动部件应采用耐磨耐腐蚀材料制作，以防锈蚀。

3 焊接组装

(1) 外框焊接可采用电焊或气焊方式，并控制焊接变形。

(2) 风阀组装应按照规定的程序进行，阀门的制作应牢固，调节和制动装置应准确、灵活、可靠，并标明阀门的启闭方向和开启度。

(3) 多叶片风阀叶片应贴合严密，间距均匀，搭接一致。

(4) 止回阀阀轴必须灵活，阀板关闭严密，转动轴采用不易锈蚀的材料制作。

(5) 防火阀制作所用钢材厚度不应小于2mm，转动部件应转动灵活。易熔件应为批准的并检验合格的正规产品，其熔点温度的允许偏差为$^{+0}_{-2}$℃。

4 风阀组装完成后应进行调整和检验，并根据要求进行防腐处理。

5 若风阀尺寸过大，可将其分格成若干个小规格的阀门制作。

6 防火阀在阀体制作完成后要加装执行机构，并逐台进行检验阀板的关闭是否灵活和严密。

5.4.2.3 罩类制作

1 下料

根据不同的罩类型式放样后下料，并尽量采用机械加工。

2 成型、组装

(1) 罩类部件的组装根据所用材料及使用要求，可采用咬接、焊接等方式，其方法及要求详见风管制作部分（见具体条目）。

(2) 用于排出蒸汽或其他潮湿气体的伞形罩，应在罩口内边采取排除凝结液体的措施。

(3) 如有要求，在罩类中还应加调节阀、自动报警、自动灭火、过滤、集油装置及设备。

5.4.2.4 柔性短管制作

1 柔性短管制作可选用人造革、帆布、树脂玻璃布、软橡胶板、增强石棉布等材料。

2 柔性短管的长度一般为150~300mm，不宜作为变径管。设于结构变形缝的柔性短管，其长度宜为变形缝的宽度加100mm及以上。

3 下料后缝制可采用机械或手工方式，但必须保证严密牢固。

4 如需防潮，帆布柔性短管可刷帆布漆。

5 柔性短管与法兰组装可采用钢板压条的方式，通过铆接使二者联合起来。

6 柔性短管不得出现扭曲现象，两侧法兰应平行。

5.4.2.5 风帽制作

1 风帽主要可分为：伞形风帽、锥形风帽和筒形风帽三种。伞形风帽可按圆锥形展开下料，咬口或焊接制成。

2 筒形风帽的圆筒，当风帽规格较小时，帽的两端可翻边卷钢丝加固。风帽规格较大时，可用扁钢或角钢做箍进行加固。

3 扩散管可按圆形大小头加工，一端用翻边卷钢丝加固，一端铆上法兰，以便与风管连接。

4 风帽的支撑一般应用扁钢制成，用以连接扩散管、外筒和伞形帽。

5.4.2.6 消声器制作

1 下料

根据不同的消声器型式放样后下料，并尽量采用机械加工。

2 外壳及框架结构施工

(1) 消声器外壳根据所用材料及使用要求，应采用咬接、焊接等方式，其方法及要求详见本标准第四章有关内容。

(2) 消声器框架无论用何种材料，必须固定牢固。有方向性的消声器还需装上导流板。

(3) 对于金属穿孔板，穿孔的孔径和穿孔率应符合设计及相关技术文件的要求。穿孔板孔口的毛刺应锉平，避免将覆面织布划破。

(4) 消声片单体安装时，应有规则的排列，应保持片距的正确，上下两端应装有固定消声片的框架。框架应固定牢固，不得松动。

3 充填材料

消声材料的填充应按设计及相关技术文件规定的单位表观密度均匀进行敷设，需粘贴的应按规定的厚度粘贴牢固，拼缝密实，表面平整。

4 覆面

消声材料的填充后应按设计及相关技术文件要求采用透气的覆面材料覆盖，覆面材料拼接应顺气流方向，拼缝密实，表面平整、拉紧，不应有凹凸不平。

5 成品检验

(1) 消声器制作尺寸应准确，连接应牢固，其外壳不应有锐边。

(2) 消声器制作完成后，应通过专业检测，其性能应能满足设计及相关技术文件规定的要求。

6 包装及标识

(1) 检验合格后，应出具检验合格证明文件。

(2) 有规格、型号、尺寸、方向的标识。

(3) 包装应符合成品保护的要求。

5.5 成品保护

5.5.1 部件成品应存放在有防潮及防雨、雪措施的平整的场地上，并分类码放整齐。

5.5.2 风口成品应采取防护措施，保护装饰面不受损伤。

5.5.3 防火阀执行机构应加装保护罩，防止执行机构受损或丢失。

5.5.4 要注意对风阀执行机构的保护，保持螺母在拧紧状态。

5.5.5 在装卸、运输、安装、调试过程中，应注意成品的保护。

5.6 安全、环保措施

5.6.1 使用电动工机具时，应按照机具的使用说明进行操作，防止因操作不当造成人员或机具的损害。

5.6.2 使用手锤、大锤，不准戴手套，锤柄、锤头上不得有油污，抡大锤时甩转方向不得有人。

5.6.3 熔锡时，锡液不许着水，防止飞溅，盐酸要妥善保管。

5.6.4 使用剪板机，上刀架不准放置工具等物品。调整工件时，脚不得站在踏板上。剪切时，手禁止伸入压板空隙中。

5.6.5 使用剪板机剪切时，工件要压实。剪切窄小钢板，要用工具卡牢。调换校正刀具时，必须停机。

5.6.6 乙炔表、氧气表前必须有安全减压表，且乙炔气管上必须装设合格的阻火器，方可使用。

5.6.7 各类油漆和其他易燃、有毒材料，应存放在专用库房内，不得与其他材料混淆，挥发性材料应装入密闭容器内，妥善保管，并采取相应的消防措施。

5.6.8 使用煤油、汽油、松香水、丙酮等对人体有害的材料时，应配备相应的防护用品。

5.6.9 在室内或容器内喷涂，要保持通风良好，喷涂作业周围不准有火种，并采取相应的消防措施。

5.6.10 应制定与风管部件制作场地相关的环境管理规定。

5.6.11 根据制作场地的废弃物的管理要求，做好制作场地的日常清洁工作。

5.6.12 有毒有害废弃物应收集存放在指定的容器内，按规定进行处理。

5.7 质 量 标 准

5.7.1 主控项目

5.7.1.1 手动单叶片或多叶片调节风阀的手轮或手柄，应以顺时针方向转动为关闭，其调节范围及开启角度指示应与叶片开启角度相一致。用于除尘系统间歇工作点的风阀，关闭时应能密封。

检查数量：按批抽查 10%，不得少于 1 个。

检查方法：手动操作、观察检查。

5.7.1.2 电动、气动调节风阀的驱动装置，动作应可靠，在最大工作压力下工作正常。

检查数量：按批抽查 10%，不得少于 1 个。

检查方法：核对产品的合格证明文件、性能检测报告、观察或测试。

5.7.1.3 防火阀和排烟阀（排烟口）必须符合有关消防产品标准的规定，并且有相应的产品合格证明文件。

检查数量：按批抽查 10%，不得少于 2 个。

检查方法：核对产品的合格证明文件、性能检测报告。

5.7.1.4 防爆风阀的制作材料必须符合设计规定，不得自行替换。

检查数量：全数检查。

检查方法：核对材料品种、规格，观察检查。

5.7.1.5 净化空调系统的风阀，其活动件、固定件以及紧固件均应采取镀锌或作其他防腐处理（如喷塑或烤漆）；阀体与外界相通的缝隙处，应有可靠的密封措施。

检查数量：按批抽查 10%，不得少于 1 个。

检查方法：核对产品的材料，手动操作、观察。

5.7.1.6 工作压力大于 1000Pa 的调节风阀，生产厂应提供（在 1.5 倍工作压力下能自由开关）强度测试合格证书（或试验报告）。

检查数量：按批抽查 10%，不得少于 1 个。

检查方法：核对产品的合格证明文件、性能检测报告。

5.7.1.7 防排烟系统柔性短管的制作材料必须为不燃材料。

检查数量：全数检查。

检查方法：核对材料品种的合格证明文件。

5.7.1.8 消声弯管的平面边长大于800mm时，应加设吸声导流片，消声器的直接迎风面的布质覆面层应有保护措施，净化空调系统消声器内的覆面应为不易产尘的材料。

检查数量：全数检查。

检查方法：观察检查、核对产品的合格证明文件。

5.7.2 一般项目

5.7.2.1 手动单叶片或多叶片调节阀应符合下列规定：

1 结构应牢固，启闭应灵活，法兰应与相应材质风管的相一致。

2 叶片的搭接应贴合一致，与阀体缝隙应小于2mm。

3 截面积大于1.2m^{2}的风阀应实施分组调节。

检查数量：按类别、批抽查10%，不得少于1个。

检查方法：手动操作，尺量、观察检查。

5.7.2.2 止回风阀应符合下列规定：

1 启闭灵活、关闭时应严密。

2 阀叶的转轴、铰链应采用不易锈蚀的材料制作，保证转动灵活、耐用。

3 阀片的强度应保证在最大负荷压力下不弯曲变形。

4 水平安装的止回风阀应有可靠的平衡调节机构。

检查数量：按类别、批抽查10%，不得少于1个。

检查方法：观察、尺量、手动操作试验与核对产品的合格证明文件。

5.7.2.3 插板风阀应符合下列规定：

1 壳体应严密，内壁应作防腐处理。

2 插板应平整，启闭灵活，并有可靠的定位固定装置。

3 斜插板风阀的上下接管应成一直线。

检查数量：按类别、批抽查10%，不得少于1个。

检查方法：手动操作、尺量、观察检查。

5.7.2.4 三通调节风阀应符合下列规定：

1 拉杆或手柄的转轴与风管的结合处应严密。

2 拉杆可在任意位置固定，手柄开关应标明调节的角度。

3 阀板调节方便，并不与风管相碰擦。

检查数量：按类别、批抽查10%，不得少于1个。

检查方法：观察、尺量，手动操作试验。

5.7.2.5 风量平衡阀应符合产品技术文件的规定。

检查数量：按类别、批抽查10%，不得少于1个。

检查方法：观察、尺量、核对产品的合格证明文件。

5.7.2.6 风罩的制作应符合下列规定：

1 尺寸正确，连接牢固，形状规则，表面平整光滑，其外壳不应有尖锐边角。

2 槽边侧吸罩、条缝抽风罩尺寸应正确，转角处弧度均匀，形状规则，吸入口平整，罩口加强板分隔间距应一致。

3 厨房锅灶排烟罩应采用不易锈蚀材料制作，其下部集水槽应严密不漏水，并坡向排放口，罩内油烟过滤器应便于拆卸和清洗。

检查数量：按批抽查10%，不得少于1个。

检查方法：尺量、观察检查。

5.7.2.7 风帽的制作应符合下列规定：

1 尺寸应正确，结构牢靠，风帽接管尺寸的允许偏差同风管的规定一致。

2 伞形风帽伞盖的边缘应有加固措施，支撑高度尺寸应一致。

3 锥形风帽内外锥体的中心应同心，锥体组合的连接缝应顺水、下部排水应畅通。

4 筒形风帽的形状应规则，外筒体的上下沿口应加固，其不圆度不应大于直径的2%，伞盖边缘与外筒体的距离应一致，挡风圈的位置应正确。

5 三叉形风帽三个支管的夹角应一致，与主管的连接应严密。主管与支管的锥度应为3°~4°。

检查数量：按批抽查10%，不得少于1个。

检查方法：尺量、观察检查。

5.7.2.8 矩形弯管导流叶片的迎风侧边缘应圆滑，固定应牢固。导流片的弧度应与弯管的角度相一致。导流片的分布应符合设计规定。当导流叶片的长度超过1250mm时，应有加强措施。

检查数量：按批抽查10%，不得少于1个。

检查方法：核对材料、尺量、观察检查。

5.7.2.9 柔性短管应符合下列规定：

1 应选用防腐、防潮、不透气、不易霉变的柔性材料。用于空调系统的应采取防止结露的措施。用于净化空调系统的还应是内壁光滑、不易产生尘埃的材料。

2 柔性短管的长度，一般宜为150~300mm，其连接处应严密，牢固、可靠。

3 柔性短管不宜作为找正找平的异径连接管。

4 设于结构变形缝的柔软性短管，其长度宜为变形缝的宽度加100mm及以上。

检查数量：按批抽查10%，不得少于1个。

检查方法：尺量、观察检查。

5.7.2.10 消声器的制作应符合下列规定：

1 所选用的材料应符合设计的规定，如防火、防腐、防潮和卫生性能等要求。

2 外壳应牢固、严密，其漏风量应符合4.6.1.5条的规定。

3 充填的消声材料，应按规定的密度均匀铺设，并应有防止下沉的措施。消声材料的覆面层不得破损，搭接应顺气流，且应拉紧，界面无毛边。

4 隔板与壁板结合处应紧贴、严密，穿孔板应平整，无毛刺，其孔径和穿孔率应符合设计要求。

检查数量：按批抽查10%，不得少于1个。

检查方法：尺量、观察检查、核对材料合格的证明文件。

5.7.2.11 检查门应平整、启闭灵活、关闭严密，与风管或空气处理室的连接处应采取密封措施，无明显渗漏。

净化空调系统风管检查门的密封垫料，宜采用成型密封胶带或软橡胶条制作。

检查数量：按批抽查20%，不得少于1个。

检查方法：观察检查。

5.7.2.12 风口的验收，规格以颈部外径与外边长为准，其尺寸的允许偏差应符合表5.7.2.12-1～表5.7.2.12-4的规定。风口的外表装饰面应平整，叶片或扩散环的分布应匀称，颜色应一致，无明显的划伤和压痕，调节装置转动应灵活，可靠，定位后无明显自由松动。

检查数量：按类别、批分别抽查5%，不得少于1个。

检查方法：尺量、观察检查、核对材料合格的证明文件与手动操作检查。

表5.7.2.12-1 圆形风口允许偏差（mm）

直　径	≤250	＞250
允许偏差	0～－2	0～－3

表5.7.2.12-2 矩形风口允许偏差（mm）

边　长	＜300	300～800	＞800
允许偏差	0～－1	0～－2	0～－3
对角线长度	＜300	300～500	＞500
对角线长度之差	≤1	≤2	≤3

表5.7.2.12-3 百叶风口允许偏差（mm）

叶片间距	±0.1mm	
叶片中心线	3/1000	（轴的面端中心线）
叶片平行度	4/1000	

表5.7.2.12-4 风口平面允许偏差（mm）

表面积（m^2）	＜0.1	≥0.1且＜0.3	≥0.3且＜0.8
允许偏差（mm）	1	2	3

5.8 质量验收

5.8.1 检验批的验收按本标准第3.0.18条进行组织。

5.8.2 检验批质量验收记录当地方主管部门无统一规定时，宜采用表5.8.2“风管部件与消声器制作检验批质量验收记录表”。

表 5.8.2 风管部件与消声器制作检验批质量验收记录表

GB 50243—2002

<table>
<tr><td colspan="3">单位（子单位）工程名称</td><td colspan="3"></td></tr>
<tr><td colspan="3">分部（子分部）工程名称</td><td colspan="2"></td><td>验收部位</td></tr>
<tr><td colspan="3">施工单位</td><td colspan="2"></td><td>项目经理</td></tr>
<tr><td colspan="3">分包单位</td><td colspan="2"></td><td>分包项目经理</td></tr>
<tr><td colspan="3">施工执行标准名称及编号</td><td colspan="3"></td></tr>
<tr><td colspan="4">施工质量验收规范的规定</td><td>施工单位检查评定记录</td><td>监理（建设）单位验收记录</td></tr>
<tr><td rowspan="8">主控项目</td><td>1</td><td>一般风阀</td><td>第 5.7.1.1 条</td><td></td><td></td></tr>
<tr><td>2</td><td>电动风阀</td><td>第 5.7.1.2 条</td><td></td><td></td></tr>
<tr><td>3</td><td>防火阀、排烟阀（口）</td><td>第 5.7.1.3 条</td><td></td><td></td></tr>
<tr><td>4</td><td>防爆风阀</td><td>第 5.7.1.4 条</td><td></td><td></td></tr>
<tr><td>5</td><td>净化空调系统风阀</td><td>第 5.7.1.5 条</td><td></td><td></td></tr>
<tr><td>6</td><td>特殊风阀</td><td>第 5.7.1.6 条</td><td></td><td></td></tr>
<tr><td>7</td><td>防排烟柔性短管</td><td>第 5.7.1.7 条</td><td></td><td></td></tr>
<tr><td>8</td><td>消防弯管、消声器</td><td>第 5.7.1.8 条</td><td></td><td></td></tr>
<tr><td rowspan="12">一般项目</td><td>1</td><td>调节风阀</td><td>第 5.7.2.1 条</td><td></td><td></td></tr>
<tr><td>2</td><td>止回风阀</td><td>第 5.7.2.2 条</td><td></td><td></td></tr>
<tr><td>3</td><td>插板风阀</td><td>第 5.7.2.3 条</td><td></td><td></td></tr>
<tr><td>4</td><td>三通调节阀</td><td>第 5.7.2.4 条</td><td></td><td></td></tr>
<tr><td>5</td><td>风量平衡阀</td><td>第 5.7.2.5 条</td><td></td><td></td></tr>
<tr><td>6</td><td>风罩</td><td>第 5.7.2.6 条</td><td></td><td></td></tr>
<tr><td>7</td><td>风帽</td><td>第 5.7.2.7 条</td><td></td><td></td></tr>
<tr><td>8</td><td>矩形弯管导流叶片</td><td>第 5.7.2.8 条</td><td></td><td></td></tr>
<tr><td>9</td><td>柔性短管</td><td>第 5.7.2.9 条</td><td></td><td></td></tr>
<tr><td>10</td><td>消声器</td><td>第 5.7.2.10 条</td><td></td><td></td></tr>
<tr><td>11</td><td>检查门</td><td>第 5.7.2.11 条</td><td></td><td></td></tr>
<tr><td>12</td><td>风口验收</td><td>第 5.7.2.12 条</td><td></td><td></td></tr>
<tr><td rowspan="2">施工单位检查评定结果</td><td colspan="3">专业工长（施工员）</td><td colspan="2">施工班组长</td></tr>
<tr><td colspan="5">项目专业质量检查员：　　　　年　月　日</td></tr>
<tr><td>监理（建设）单位验收结论</td><td colspan="5">专业监理工程师（建设单位项目专业技术负责人）：　　　　年　月　日</td></tr>
</table>

6 风管系统安装

6.1 一般规定

6.1.1 本章适用于通风与空调工程中的金属和非金属风管系统安装质量的检验和验收。

6.1.2 风管安装所用板材、型材以及其他主要成品材料，应符合设计及相关产品国家现行标准的规定，并应有出厂检验合格证明。材料进场时应按国家现行有关标准进行验收。

6.1.3 以成品供货的通风管道应具有相应的合格证明，包括主材的材质证明、风管的强度及严密性检测报告（非金属风管还需提供消防卫生检测合格的报告）。成品供货风管的性能试验方法应符合本标准附录 D 的规定。

6.1.4 风管安装所使用的计量器具及监测仪器应处于合格状态并在有效检定期内。

6.1.5 **隐蔽工程的风管在隐蔽前必须经监理人员验收及认可签证。**

6.1.6 风管系统安装后，应进行严密性检验，其实验方法应符合本标准附录 E 的规定，合格后方能交付下道工序。风管严密性检验以主、干管为主。在加工工艺得到保证的前提下，低压风管系统可采用漏光法检测。

6.1.7 风管接口不得安装在墙内或楼板中，风管沿墙体或楼板安装时，距离墙面、楼板宜大于 150mm。

6.1.8 **风管内不得敷设各种管道、电线或电缆，室外立管的固定拉索严禁拉在避雷针或避雷网上。**

6.1.9 输送含有易燃、易爆气体或安装在易燃、易爆环境的风管系统应有良好的接地措施。通过辅助生产房间的风管必须严密，并不得设置接口。输送空气温度高于 80℃的风管应按设计规定采取防护措施。

6.1.10 输送产生凝结水或含蒸汽的潮湿空气风管，安装坡度应按设计要求。风管底部不宜设置拼接缝，拼接缝处应做密封处理。

6.1.11 风管穿过需要封闭的防火防爆楼板或墙体时，应设壁厚不小于 1.6mm 的预埋管或防护套管，风管与防护套管之间应采用不燃且对人体无害的柔性材料封堵。

6.1.12 风管与建筑结构风道的连接接口，应顺气流方向插入，并应采取密封措施。

6.1.13 风管与风机、风机箱、空气处理机等设备的相连处应设置柔性短管，其长度宜为 150 ~ 300mm 或按设计规定。柔性短管不应作为找正、找平的异径连接管。风管穿越结构变形缝处应设置柔性短管，其长度应大于变形缝宽度 100mm 以上。

6.1.14 风管安装前应对其外观进行质量检查，并清除其内外表面粉尘及管内杂物。

6.1.15 风管测定孔应设置在不产生涡流区且便于测量和观察的部位；吊顶内风管测定孔的部位，应留有活动吊顶板或检查门。

6.1.16 风管安装偏差应符合下列规定：

1 明装水平风管水平度偏差应为 3mm/m，总偏差不得大于 20mm；

2 明装垂直风管垂直度偏差应为2mm/m，总偏差不得大于20mm；

3 暗装风管位置应正确，无明显偏差。

6.2 施 工 准 备

6.2.1 技术准备

1 风管安装前应对风管位置、标高、走向进行技术复核，且符合设计要求。建筑结构的预留孔洞位置应正确，孔洞应大于风管外边尺寸100mm或以上。

2 检查已制作好的风管和部件：风管不应有变形、扭曲、开裂、孔洞，法兰不应有脱落、开焊、漏焊、漏打螺栓孔等缺陷。

3 有完善的风管安装施工方案，并进行了技术交底。

4 安装用工机具、计量器具准备齐全，并检查使用性能完好。

6.2.2 材料要求

1 各种安装材料产品应具有出厂合格证书或质量鉴定文件。

2 型钢（包括扁钢、角钢、槽钢、圆钢）应按照国家现行有关标准进行验收。

3 螺栓、螺母、垫圈、膨胀螺栓、铆钉、拉铆钉、石棉绳、橡胶板、密封胶条、电焊焊条等应符合产品质量要求，不得存在影响安装质量的缺陷。

6.2.3 主要机具

测量工具：水平尺、钢直尺、钢卷尺、水准仪、线坠（磁力线坠）、角尺。

常用工具：扳手（活动扳手、双头扳手、套筒扳手、梅花扳手），螺钉旋具（一字螺钉旋具、十字螺钉旋具），手电钻，冲击电钻，台钻，射钉枪，磨光机，交、直流电焊机（移动式），倒链（包括加长链倒链），木锤，拍板，麻绳等。

6.2.4 作业条件

1 通风管道的安装，宜在建筑围护结构施工完毕，安装部位和操作场所清理后进行；净化系统安装，宜在建筑物内部安装部位的地面做好，墙面抹灰完毕，室内无灰尘飞扬或有防尘措施的条件下进行。

2 工艺设备安装完毕或设备基础已确定，设备的连接管等方位已明确。

3 结构预埋铁件、预留孔洞的位置、尺寸符合设计要求。

4 作业地点应有相应的辅助设施，如梯子、架子、移动平台、电源、消防器材等。

6.3 材 料 质 量 控 制

1 风管法兰垫料的材质、规格、厚度符合设计要求，弹性良好、厚度均匀。

2 风口的尺寸、规格、形式符合设计要求，表面平整、无变形，自带调节部分应灵活、无卡涩和松动。表面喷涂的风口应颜色均匀、无色差，表面无划痕。

3 风管无法兰连接时，采用法兰插条和弹簧夹的规格、厚度、强度应能满足设计和使用要求。

4 风阀、柔性短管、风帽和消声器采用法兰连接时，其法兰规格应与风管法兰规格相匹配。

5 风管支、吊架的固定件、吊杆、横担和所有配件材料，应符合其载荷额定值和应用参数的要求。

6.4 施　工　工　艺

6.4.1 工艺流程

支、吊架制作、安装→风管连接→风管安装→严密性试验→中间验收

6.4.2 施工要点

1 支、吊架制作

(1) 风管支、吊架制作前，首先要对型钢进行矫正，矫正的方法有冷矫和热矫两种；小型钢材一般采用冷矫正，较大的型钢须加热到900℃左右后进行矫正。矫正的顺序为先矫正扭曲后矫正弯曲。

(2) 风管支、吊架的型式、材质、加工尺寸、安装间距、制作精度、焊接等应符合设计要求，不得随意更改，开孔必须采用台钻或手电钻，不得用氧乙炔焰开孔。

(3) 支、吊架的焊接应外观整洁，要保证焊透、焊牢，不得有漏焊、欠焊、裂纹、咬肉等缺陷。

(4) 吊杆圆钢应根据风管安装标高适当截取。套丝不宜过长，丝扣末端不宜超出托架最低点，不应妨碍装饰吊顶的施工。

(5) 风管支、吊架制作应符合下列规定：

1) 支、吊架的形式和规格宜按本标准或有关标准图集与规范选用，直径大于2000mm或边长大于2500mm的超宽、超重特殊风管的支、吊架应按设计规定。

2) 支、吊架的下料宜采用机械加工，采用气焊切割口应进行打磨处理。不应采用电气焊开孔或扩孔。

3) 吊杆应平直，螺纹应完整、光洁。吊杆加长可采用以下方法拼接：

a 采用搭接双侧连续焊，搭接长度不应小于吊杆直径的6倍；

b 采用螺纹连接时，拧入连接螺母的螺丝长度应大于吊杆直径，并有防松动措施。

(6) 矩形金属水平风管在最大允许安装距离下，吊架的最小规格应符合表6.4.2-1规定，圆形金属水平风管在最大允许安装距离下，吊架的最小规格应符合表6.4.2-2规定。其他规格应按吊架载荷分布图6.4.2-1及公式（6.4.2）进行吊架挠度校验计算。挠度不应大于9mm。

表6.4.2-1　金属矩形水平风管吊架的最小规格（mm）

风管边长 b	吊杆直径	横担规格	
		角钢	槽钢
$b \leqslant 400$	$\phi 8$	∟25×3	[40×20×1.5
$400 < b \leqslant 1250$	$\phi 8$	∟30×3	[40×40×2.0
$1250 < b \leqslant 2000$	$\phi 10$	∟40×4	[40×40×2.5 [60×40×2.0
$2000 < b \leqslant 2500$	$\phi 10$	∟50×5	—
$b > 2500$	按设计确定		

表 6.4.2-2　金属圆形水平风管吊架的最小规格（mm）

风管直径 D	吊杆直径	抱箍规格		角钢横担
		钢　丝	扁　钢	
$D \leqslant 250$	$\phi 8$	$\phi 2.8$	-25×0.75	—
$250 < D \leqslant 450$	$\phi 8$	$* \phi 2.8$ 或 $\phi 5$		
$450 < D \leqslant 630$	$\phi 8$	$* \phi 3.6$		
$630 < D \leqslant 900$	$\phi 8$	$* \phi 3.6$	-25×1.0	—
$900 < D \leqslant 1250$	$\phi 10$	—		
$1250 < D \leqslant 1600$	$* \phi 10$	—	$* -25 \times 1.5$	L40×4
$1600 < D \leqslant 2000$	$* \phi 10$	—	$* -25 \times 2.0$	
$D > 2000$	按设计确定			

注：1　吊杆直径中的“*”表示两根圆钢；
　　2　钢丝抱箍中的“*”表示两根钢丝合用；
　　3　扁钢中的“*”表示上、下两个半圆弧。

吊架挠度校验计算公式为：

$$y = \frac{(P - P_1)a(3L^2 - 4a^2) + (P_1 + P_Z)L_3}{48EI} \qquad (6.4.2)$$

式中　y——吊架挠度（mm）；

P——风管、保温及附件总重（kg）；

P_1——保温材料及附件重量（kg）；

a——吊架与风管壁间距（mm）；

L——吊架有效长度（mm）；

E——刚度系数（kPa）；

I——转动惯量（mm^4）；

P_Z——吊架自重（kg）。

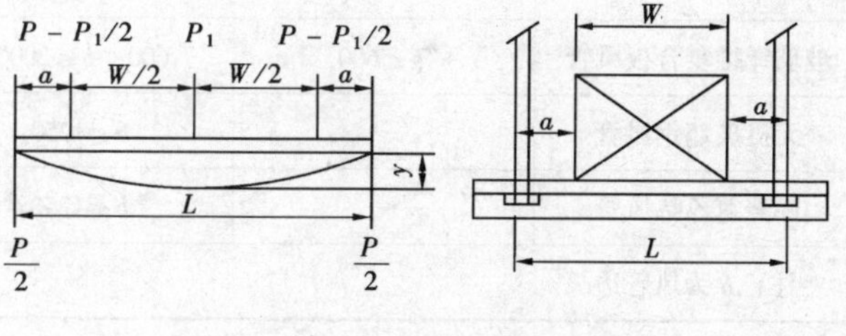

图 6.4.2-1　吊架载荷分布图

（7）非金属风管水平安装横担允许吊装风管的规格按表 6.4.2-3 可选用相应规格的角钢和槽钢。

表 6.4.2-3　非金属风管水平安装横担允许吊装的风管规格（mm）

风管类别	角钢或槽钢横担				
	L25×3 [40×20×1.5	L30×3 [40×20×1.5	L40×4 [40×20×1.5	L50×5 [60×40×2	L63×5 [80×60×2
聚氨酯铝箔复合板风管	$b \leqslant 630$	$630 < b \leqslant 1250$	$b > 1250$		

续表 6.4.2-3

风管类别	角钢或槽钢横担				
	∟25×3 [40×20×1.5	∟30×3 [40×20×1.5	∟40×4 [40×20×1.5	∟50×5 [60×40×2	∟63×5 [80×60×2
酚醛铝箔复合板风管	$b\leqslant 630$	$630<b\leqslant 1250$	$b>1250$		
玻璃纤维复合板风管	$b\leqslant 450$	$450<b\leqslant 1000$	$1000<b\leqslant 2000$		
无机玻璃钢风管	$b\leqslant 630$	—	$b\leqslant 1000$	$b\leqslant 1500$	$b<2000$
硬聚氯乙烯风管	$b\leqslant 630$	—	$b\leqslant 1000$	$b\leqslant 2000$	$b>2000$
注：b 为风管边长。					

(8) 非金属风管吊架的吊杆直径不应小于表 6.4.2-4 的规定。

表 6.4.2-4 非金属风管吊架的吊杆直径（mm）

风管类别	吊 杆 直 径			
	$\phi 6$	$\phi 8$	$\phi 10$	$\phi 12$
聚氨酯铝箔复合板风管	$b\leqslant 1250$	$1250<b\leqslant 2000$	—	—
酚醛铝箔复合板风管	$b\leqslant 800$	$800<b\leqslant 2000$	—	—
玻璃纤维复合板风管	$b\leqslant 600$	$600<b\leqslant 2000$	—	—
无机玻璃钢风管	—	$b\leqslant 1250$	$1250<b\leqslant 2500$	$b>2500$
硬聚氯乙烯风管	—	$b\leqslant 1250$	$1250<b\leqslant 2500$	$b>2500$
注：b 为风管边长。				

(9) 风管支、吊架制作完成后，应进行除锈刷漆。埋入墙、混凝土的部位不得油漆。

(10) 用于不锈钢、铝板风管的支架、抱箍应按设计要求做好防腐绝缘处理，防止电化学腐蚀。

2 支、吊架安装

(1) 按风管的中心线找出吊杆安装位置，单吊杆在风管的中心线上，双吊杆可按托架的螺孔间距或风管的中心线对称安装。吊杆与吊件应进行安全可靠地固定，对焊接后的部位应补刷油漆。

(2) 立管管卡安装时，应先把最上面的一个管件固定好，再用线坠在中心处吊线，下面的风管即可按线进行固定。

(3) 当风管较长要安装成排支架时，先把两端安好，然后以两端的支架为基准，用拉线法找出中间各支架的标高进行安装。

(4) 金属风管（含保温）水平安装时，其吊架的最大间距应符合表 6.4.2-5 的规定。

表 6.4.2-5　金属风管吊架的最大间距（mm）

<table>
<tr><td rowspan="2">风管边长或直径</td><td rowspan="2">矩形风管</td><td colspan="2">圆　形　风　管</td></tr>
<tr><td>纵向咬口风管</td><td>螺旋咬口风管</td></tr>
<tr><td>≤400</td><td>4000</td><td>4000</td><td>5000</td></tr>
<tr><td>>400</td><td>3000</td><td>3000</td><td>3750</td></tr>
<tr><td colspan="4">注：薄钢板法兰、C 形插条法兰、S 形插条法兰风管的支、吊架间距不应大于 3000mm。</td></tr>
</table>

（5）水平安装非金属风管支吊架最大间距应符合表 6.4.2-6 的规定。

表 6.4.2-6　非金属风管支吊架最大间距（mm）

<table>
<tr><td rowspan="3">风管类别</td><td colspan="7">风　管　边　长</td></tr>
<tr><td>≤400</td><td>≤450</td><td>≤800</td><td>≤1000</td><td>≤1500</td><td>≤1600</td><td>≤2000</td></tr>
<tr><td colspan="7">支吊架最大间距</td></tr>
<tr><td>聚氨酯铝箔复合板风管</td><td>≤4000</td><td colspan="6">≤3000</td></tr>
<tr><td>酚醛铝箔复合板风管</td><td colspan="4">≤2000</td><td colspan="2">≤1500</td><td>≤1000</td></tr>
<tr><td>玻璃纤维复合板风管</td><td colspan="2">≤2400</td><td colspan="2">≤2200</td><td colspan="3">≤1800</td></tr>
<tr><td>无机玻璃钢风管</td><td>≤4000</td><td colspan="2">≤3000</td><td>≤2500</td><td colspan="3">≤2000</td></tr>
<tr><td>硬聚氯乙烯风管</td><td>≤4000</td><td colspan="6">≤3000</td></tr>
</table>

（6）支吊架的预埋件位置应正确、牢固可靠，埋入部分应除锈、除油污，并不得涂漆。支吊架外露部分应做防腐处理。

（7）支吊架不应设置在风口处或阀门、检查门和自控机构的操作部位，距离风口或插接管不宜小于 200mm。

（8）采用膨胀螺栓固定支、吊架时，应符合膨胀螺栓使用技术条件的规定。膨胀螺栓宜安装于强度等级 C15 及其以上混凝土构件，螺栓至混凝土构件边缘的距离不应小于螺栓直径的 8 倍。螺栓组合使用时，其间距不应小于螺栓直径的 10 倍。螺栓孔直径和钻孔深度应符合表 6.4.2-7 的规定，成孔后应对钻孔直径和钻孔深度进行检查。

表 6.4.2-7　常用膨胀螺栓的型号、钻孔直径和钻孔深度（mm）

膨胀螺栓种类	规　格	螺栓总长	钻孔直径	钻孔深度
内螺纹膨胀螺栓	M6 M8 M10 M12	25 30 40 50	8 10 12 15	32～42 42～52 43～53 54～64
单胀管式膨胀螺栓	M8 M10 M12	95 110 125	10 12 18.5	65～75 75～85 80～90
双胀管式膨胀螺栓	M12 M16	125 155	18.5 23	80～90 110～120

(9) 当设计无规定时，支吊架安装宜符合下列规定：

1) 靠墙或靠柱安装的水平风管宜用悬臂支架或斜撑支架；不靠墙、柱安装的水平风管宜用托底吊架。直径或边长小于400mm的风管可采用吊带式吊架。

2) 靠墙安装的垂直风管应采用悬臂托架或斜撑支架；不靠墙、柱穿楼板安装的垂直风管宜采用抱箍吊架，室外或屋面安装的立管应采用井架或拉索固定。

(10) 金属风管支吊架安装应符合下列规定：

1) 不锈钢板、铝板风管与碳素钢支架的横担接触处，应采取防腐措施。

2) 矩形风管立面与吊杆的间隙不宜大于150mm，吊杆距风管末端不应大于1000mm。

3) 水平弯管在500mm范围内应设置一个支架，支管距干管1200mm范围内应设置一个支架。

4) 风管垂直安装时，其支架间距不应大于4000mm。长度大于或等于1000mm单根直风管至少应设置2个固定点。

(11) 非金属风管支吊架安装应符合下列规定：

1) 边长（直径）大于200mm的风阀等部件与非金属风管连接时，应单独设置支吊架。风管支吊架的安装不能有碍连接件的安装。

2) 酚醛铝箔复合板风管与聚氨酯铝箔复合板风管垂直安装的支架间距不应大于2400mm，每根立管的支架不应少于2个。

3) 玻璃纤维复合板风管垂直安装的支架间距不应大于1200mm。

4) 无机玻璃钢风管垂直支架间距应小于或等于3000mm，每根垂直风管不应少于2个支架。

5) 边长或直径大于2000mm的超宽、超高等特殊无机玻璃钢风管的支、吊架，其规格及间距应进行载荷计算。

6) 无机玻璃钢消声弯管或边长与直径大于1250mm的弯管、三通等应单独设置支、吊架。

7) 无机玻璃钢圆形风管的托座和抱箍所采用的扁钢不应小于30×4。托座和抱箍的圆弧应均匀且与风管的外径一致，托架的弧长应大于风管外周长的1/3。

8) 无机玻璃钢风管边长或直径大于1250mm的风管吊装时不得超过2节。边长或直径大于1250mm的风管组合吊装时不得超过3节。

(12) 柔性风管支、吊架的安装应符合下列规定：

1) 风管支吊架的间隔宜小于1500mm。风管在支架间的最大允许垂度宜小于40mm/m。

2) 柔性风管的吊卡箍宽度应大于25mm（图6.4.2-2）。卡箍的圆弧长应大于1/2周长且与风管外径相符。柔性风管外保温层应有防潮措施，吊卡箍可安装在保温层上。

(13) 风管安装后，支、吊架受力应均匀，且无明显变形，吊架的横担挠度应小于9mm。

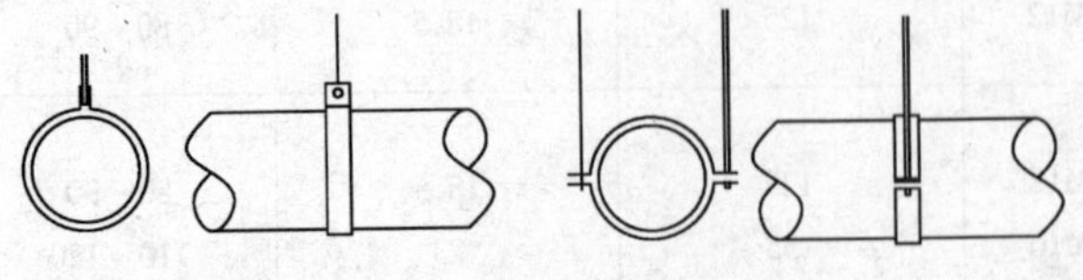

图6.4.2-2 柔性风管吊卡箍安装

(14) 水平悬吊的风管长度超过20m的系统，应设置不少于1个防止风管摆动的固定支架。

(15) 支撑保温风管的横担宜设在风管保温层外部，且不得损坏保温层。

(16) 圆形风管的托座和抱箍的圆弧应均匀，且与风管外径一致。抱箍支架的紧固折角应平直，抱箍应箍紧风管。

(17) 保温风管的支、吊架装置宜放在保温层外部，保温风管不得与支、吊托架直接接触，应垫上坚固的隔热防腐材料，其保温厚度与保温层相同，防止产生“冷桥”。

3 风管连接的密封

(1) 风管连接的密封材料应满足系统功能技术条件、对风管的材质无不良影响，并具有良好的气密性。应选用不透气、不产尘、弹性好的材料。法兰垫料应尽量减少接头，接头形式采用阶梯形或企口形，接头处应涂密封胶。风管法兰垫料的燃烧性能和耐热性能应符合表 6.4.2-8 的规定。

表 6.4.2-8 风管法兰垫料燃烧性能和耐热性能

种 类	燃烧性能	主要基材耐热性能
玻璃纤维类	不燃 A 级	300℃
氯丁橡胶类	难燃 B_1 级	100℃
异丁基橡胶类	难燃 B_1 级	80℃
丁腈橡胶类	难燃 B_1 级	120℃
聚氯乙烯	难燃 B_1 级	100℃

(2) 当设计无要求时，法兰垫料可按下列规定使用：

1) 法兰垫料厚度宜为 3.5mm。

2) 输送温度低于 70℃的空气，可用橡胶板、闭孔海绵橡胶板、密封胶带或其他闭孔弹性材料。

3) 防、排烟系统或输送温度高于 70℃的空气或烟气，应采用耐热橡胶板或不燃的耐温、防火材料。

4) 输送含有腐蚀性介质的气体，应采用耐酸橡胶板或软聚氯乙烯板。

5) 净化空调系统风管的法兰垫料应为不产尘、不易老化，具有一定强度和弹性的材料。

(3) 密封垫料应减少拼接，接头连接应采用梯形或榫形方式。密封垫料不应凸入风管内或脱落（图 6.4.2-3、图 6.4.2-4）。

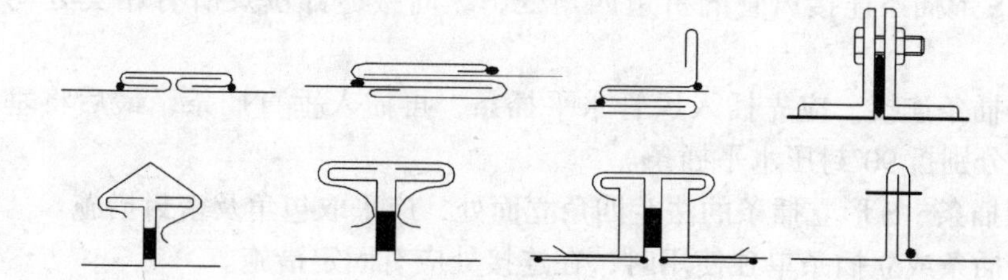

图 6.4.2-3 矩形风管管段连接的密封

(4) 非金属风管采用 PVC 或铝合金插条法兰连接，应对四角或漏风缝隙处进行密封处理。

4 金属风管安装

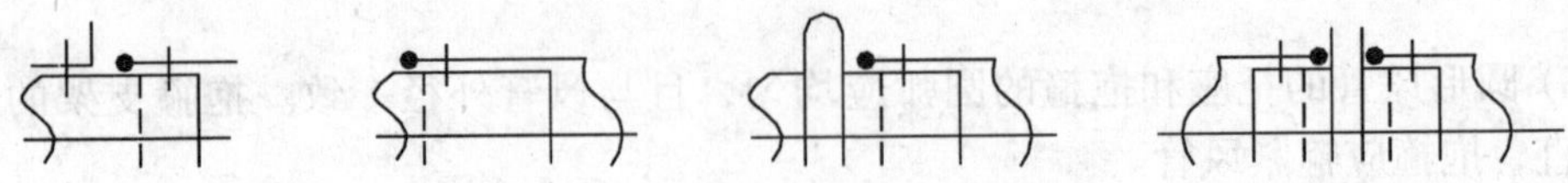

图 6.4.2-4 圆形风管管段连接的密封

（1）角钢法兰连接应符合下列规定：

1）角钢法兰的连接螺栓应均匀拧紧，螺母应在同一侧。

2）不锈钢风管法兰的连接，宜采用同材质的不锈钢螺栓。采用普通碳素钢螺栓时，应按设计要求喷涂涂料。

3）铝板风管法兰的连接，应采用镀锌螺栓，并在法兰两侧加垫镀锌垫圈。

4）安装在室外或潮湿环境的风管角钢法兰连接处，应采用镀锌螺栓和镀锌垫圈。

（2）薄钢板法兰的连接应符合下列规定：

1）风管四角处的角件与法兰四角接口的固定应紧贴，端面应平整，相连处不应有大于 2mm 的连续穿透缝。法兰四角连接处、支管与干管连接处的内外面均应进行密封。

2）法兰端面粘贴密封胶条并紧固法兰四角螺栓后，方可安装插条或弹簧夹、顶丝卡。弹簧夹、顶丝卡不应松动。

3）薄钢板法兰的弹性插条、弹簧夹的紧固螺栓（铆钉）应分布均匀，间距不应大于 150mm，最外端的连接件距风管边缘不应大于 100mm。

4）组合型薄钢板法兰与风管管壁的组合，应调整法兰口的平面度后，再将法兰条与风管铆接（或本体铆接）。

（3）法兰连接时，首先按要求垫好垫料，然后把两个法兰先对正，穿上几颗螺栓并戴上螺母，不要上紧。再用尖冲塞进未上螺栓的螺孔中，把两个螺孔撬正，直到所有螺栓都穿上后，拧紧螺栓。紧螺栓时应按十字交叉逐步均匀地拧紧。风管连接好后，以两端法兰为准，拉线检查风管连接是否平直。

（4）不锈钢风管法兰连接的螺栓，宜用同材质的不锈钢制成，如用普通碳素钢，应按设计要求喷涂涂料。

（5）铝板风管法兰连接应采用镀锌螺栓，并在法兰两侧垫镀锌垫圈。

（6）C 形、S 形插条连接应符合下列规定：

1）C 形、S 形插条连接风管的折边四角处、纵向接缝部位及所有相交处均应进行密封。

2）C 形平插条连接，应先插入风管水平插条，再插入垂直插条，最后将垂直插条两端延长部分，分别折 90°封压水平插条。

3）C 形立插条、S 形立插条的法兰四角立面处，应采取包角及密封措施。

4）S 形平插条或立插条单独使用时，在连接处应有固定措施。

（7）立咬口、包边立咬口连接的风管，同一规格风管的立咬口、包边立咬口的高度应一致。铆钉的间距应小于或等于 150mm，四角连接处应铆固长度大于 60mm 的 90°贴角。

（8）边长小于或等于 630mm 支风管与主风管的连接可采用下列方式：

1）迎风面应有 30°斜面或 $R=150$mm 弧面。

2）S 形咬接式可按图 6.4.2-5（*a*）制作，连接四角处应做密封处理。

3）联合角咬接式可按图 6.4.2-5（*b*）制作，连接四角处应做密封处理。

4）法兰连接式可按图 6.4.2-5（*c*）制作，主风管内壁处上螺丝前应加扁钢垫并做密封处理。

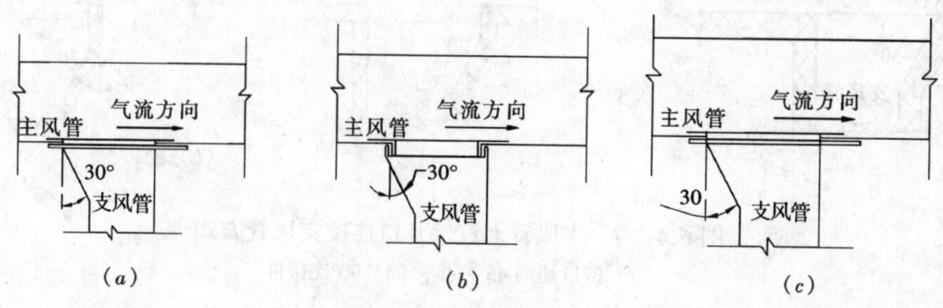

图 6.4.2-5　支风管与主风管连接方式

5　非金属风管安装

（1）风管穿过需密封的楼板或侧墙时，除无机玻璃钢外，均应采用金属短管或外包金属套管。套管板厚应符合金属风管板材厚度的规定。与电加热器、防火阀连接的风管材料必须采用不燃材料。

（2）风管管板与法兰（或其他连接件）采用插接连接时，管板厚度与法兰（或其他连接件）槽宽度应有 0.1～0.5mm 的过盈量，插接面应涂满胶粘剂。法兰四角接头处应平整，不平度应小于或等于 1.5mm，接头处的内边应填密封胶。

承插式风管连接：适用于矩形或圆形风管连接。先制作连接管，然后插入两侧风管，再用自攻螺钉或拉铆钉将其紧密固定，如图 6.4.2-6 所示。风管连接处的四周应一致，无明显的弯曲或褶皱。内涂的密封胶应完整，外粘的密封胶带应粘贴牢固、完整无缺陷。

（3）酚醛铝箔复合板风管与聚氨酯铝箔复合板风管安装应符合下列规定：

1）插条法兰的长度宜小于风管内边 1～2mm，插条法兰的不平整度宜小于或等于 2mm。

2）中、高压风管的插接法兰之间应加密封垫或采取其他密封措施。

3）插接法兰四角的插条端头应涂抹密封胶后再插护角。

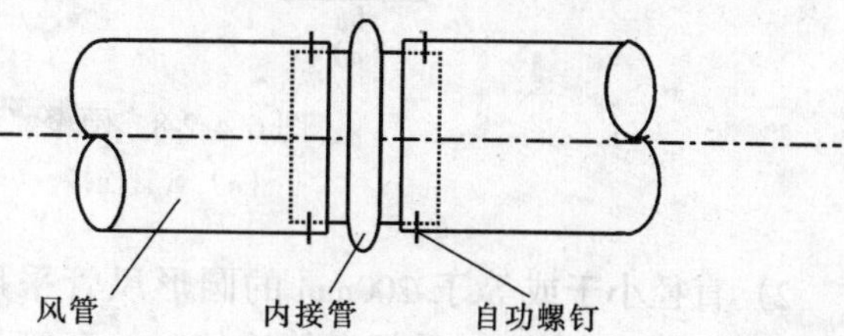

图 6.4.2-6　承插式风管连接

4）矩形风管边长小于 500mm 的支风管与主风管接连时，可按图 6.4.2-7（*a*）采用在主风管接口切内 45°坡口，支风管管端接口处开外 45°坡口直接粘接方法。

5）主风管上直接开口连接支风管可按图 6.4.2-7（*b*）采用 90°连接件或采用其他专用连接件连接。连接件四角处应涂抹密封胶。

（4）玻璃纤维复合板风管安装应符合下列规定：

1）板材搬运中，应避免损坏铝箔复合面或树脂涂层。

2）榫连接风管的连接应在榫口处涂胶粘剂，连接后在外接缝处应采用扒钉加固，间距不宜大于 50mm，并宜采用宽度大于 50mm 的热敏胶带粘贴密封。

3）风管预接的长度不宜超过 2800mm。

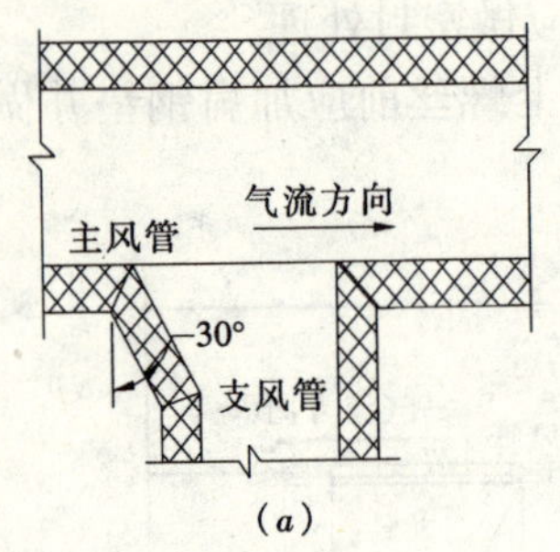

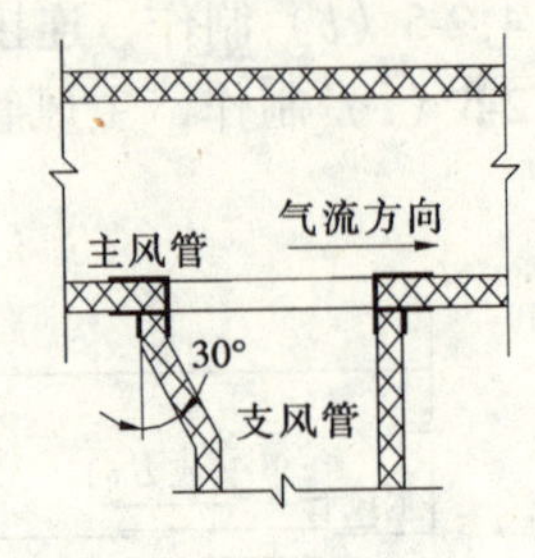

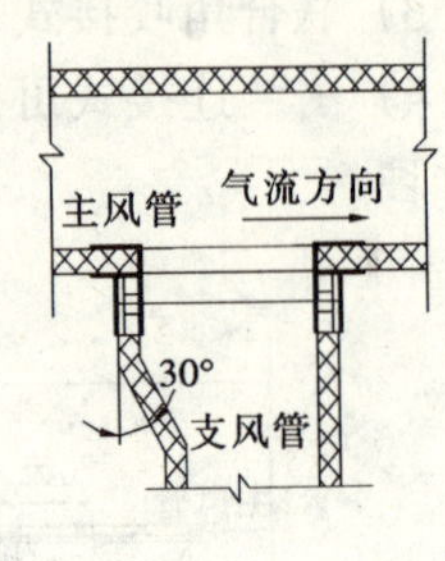

图 6.4.2-7　主风管上直接开口连接支风管方式

(a) 接口切向 45°粘接；(b) 90°连接件

4) 采用槽形插接等连接构件时，风管端切口应采用铝箔胶带或刷密封胶封堵。

5) 采用钢制槽形法兰或插条式构件连接的风管垂直固定处，应在风管外壁用角钢或槽形钢抱箍、风管内壁衬镀锌金属内套，并用镀锌螺栓穿过管壁把抱箍与内套固定。螺孔间距不应大于 120mm，螺母应位于风管外侧。螺栓穿过的管壁处应进行密封处理。

6) 玻璃纤维复合板风管在竖井内垂直的固定，可采用角钢法兰加工成“井”形套，将突出部分作为固定风管的吊耳。

(5) 无机玻璃钢风管法兰连接螺栓的两侧应加镀锌垫圈并均匀拧紧。

(6) 硬聚氯乙烯风管应符合下列规定：

1) 圆形风管可按图 6.4.2-8 采用套管连接或承插连接的形式。

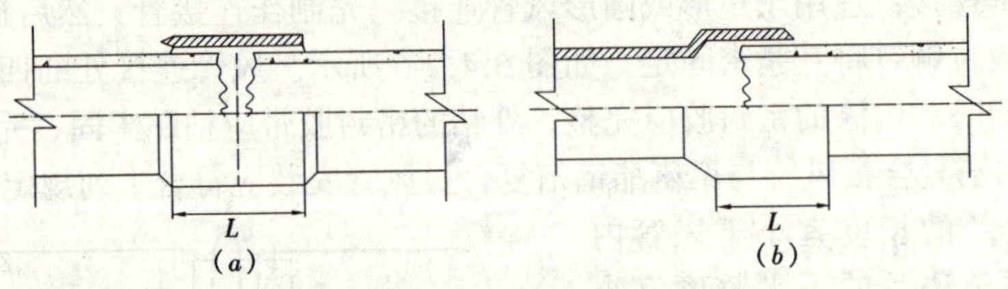

图 6.4.2-8　硬聚氯乙烯风管连接

(a) 套管连接；(b) 承插连接

2) 直径小于或等于 200mm 的圆形风管采用承插连接时，插口深度宜为 40 ~ 80mm。粘接处应严密和牢固。采用套管连接时，套管长度宜为 150 ~ 250mm，其厚度不应小于风管壁厚。

3) 法兰垫片宜采用 3 ~ 5mm 软聚氯乙烯板或耐酸橡胶板，连接法兰的螺栓应加钢制垫圈。

4) 风管穿越墙体或楼板处应设金属防护套管。

5) 支管的重量不得由干管承受。

6) 风管所用的金属附件和部件应做防腐处理。

(7) 非金属风管连接两法兰端面应平行、严密，法兰螺栓两侧应加镀锌垫圈。复合材料风管采用法兰连接时，应有防冷桥措施。

(8) 连接法兰的螺栓应均匀拧紧，其螺母宜在同一侧。

6　柔性风管安装

(1) 非金属柔性风管安装位置应远离热源设备。

(2) 柔性风管安装后，应能充分伸展，伸展度宜大于或等于60%。风管转弯处其截面不得缩小。

(3) 金属圆形柔性风管宜采用抱箍将风管与法兰紧固。当直接采用螺钉紧固时，紧固螺钉距离风管端部应大于12mm，螺钉间距应小于或等于150mm。

(4) 用于支管安装的铝箔聚酯膜复合柔性风管长度应小于5m。风管与角钢法兰连接，应采用厚度大于或等于0.5mm的镀锌钢板将风管与法兰紧固（图6.4.2-9）。圆形风管连接宜采用卡箍紧固，插接长度应大于50mm。当连接套管直径大于300mm时，应在套管端面10～15mm处压制环形凸槽，安装时卡箍应放置在套管的环形凸槽后面。

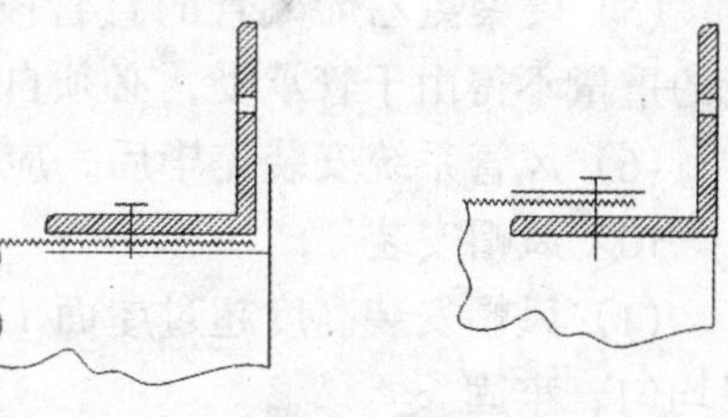

图6.4.2-9 柔性风管与角钢法兰的连接

7 净化空调系统风管安装

(1) 风管系统安装前，建筑结构、门窗和地面施工应已完成。

(2) 风管安装场地所用机具应保持清洁，安装人员应穿戴清洁工作服、手套和工作鞋等。

(3) 经清洗干净包装密封的风管及其部件，在安装前不得拆卸。安装时拆开端口封膜后应随即连接，安装中途停顿，应将端口重新封好。

(4) 法兰的密封垫料应采用不易产尘的材料，不得使用厚纸板、石棉橡胶板、铅油麻丝及油毡纸等。垫料应尽量减少接头，垫料接头应按图6.4.2-10采用梯形或榫形连接，并应涂胶粘牢。法兰均匀压紧后，垫料不应凸出风管内壁。

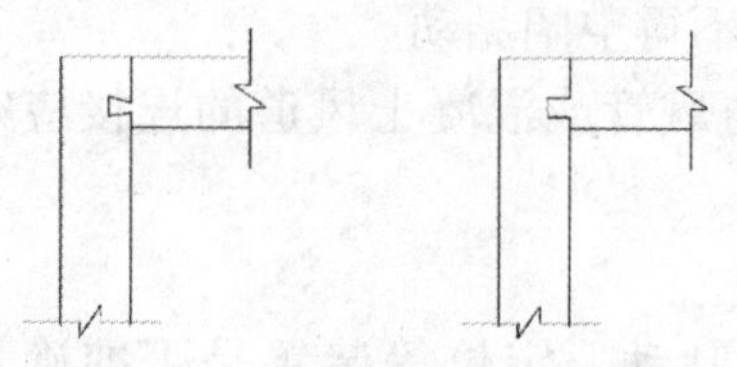

图6.4.2-10 法兰密封垫片接头连接形式

(5) 风管与洁净室吊顶、隔墙等围护结构的接缝处应严密。

8 柔性短管安装

根据施工图纸确定正确的安装位置。

(1) 柔性短管安装得应松紧适当，不得扭曲。安装在风机吸入口的柔性短管可安装得紧一些，防止风机启动后被吸入而减少截面尺寸。

(2) 安装时，不得把柔性短管当成找平找正的连接管或异径管。

9 风管安装

(1) 安装技术要求

明装风管的要求：

水平安装：水平度每米≤3mm，总偏差≤20mm；

垂直安装：垂直度 每米≤2mm，总偏差≤20mm。

暗装风管的位置应正确，无明显偏差。

(2) 安装顺序为先干管后支管。安装方法应根据施工现场的实际情况确定，可以在地面上连成一定的长度然后采用整体吊装的方法就位，也可以把风管一节一节地放在支架上逐节连接。整体吊装是将风管在地面上连接好，一般可接长至10～12m左右，用倒链或升降机将风管吊到吊架上。

(3) 风管穿越需要封闭的防火、防爆的墙体或楼板时，应设预埋管或防护套管，其钢板厚度不应小于1.6mm。风管与防护套管之间，应用不燃且对人体无危害的柔性材料封堵。

(4) 复合材料风管接缝应牢固，无孔洞和开裂。当采用插接连接时，接口应匹配、无松动，端口缝隙不应大于5mm。

(5) 硬聚氯乙烯风管的直管段连续长度大于20m时，应按设计要求设置伸缩节。支管的重量不得由干管承受，必须自行设置支、吊架。

(6) 风管系统安装完毕后，应按系统类别进行严密性检验。

10　风帽安装

(1) 风帽安装高度超过屋面1.5mm，应设拉索固定。拉索的数量不应少于3根，且设置均匀、牢固。

(2) 不连接风管的筒形风帽，可用法兰直接固定在混凝土或木板底座上。当排送湿度较大的气体时，应在底座设置滴水盘并有排水措施。

11　风口安装

(1) 各类风口安装应横平、竖直、严密、牢固，表面平整。

(2) 带风量调节阀的风口安装时，应先安装调节阀框，后安装风口的叶片框。同一方向的风口，其调节装置应设在同一侧。

(3) 散流器风口安装时，应注意风口预留孔洞要比喉口尺寸大，留出扩散板的安装位置。

(4) 洁净系统的风口安装前，应将风口擦拭干净，其风口边框与洁净室的顶棚或墙面之间应采用密封胶或密封垫料封堵严密，不能漏风。

(5) 球形旋转风口连接应牢固，球形旋转头要灵活，不得空阔晃动。

(6) 排烟口与送风口的安装部位应符合设计要求，与风管或混凝土风道的连接应牢固、严密。

12　风阀安装

(1) 风阀安装前应检查框架结构是否牢固，调节、制动、定位等装置是否准确灵活。

(2) 风阀的安装同风管的安装，将其法兰与风管或设备的法兰对正，加上密封垫片，上紧螺栓，使其与风管或设备连接牢固、严密。

(3) 风阀安装时，应使阀件的操纵装置便于人工操作。其安装方向应与阀体外壳标注的方向一致。

(4) 安装完的风阀，应在阀体外壳上有明显和准确的开启方向、开启程度的标志。

(5) 防火阀的易熔片应安装在风管的迎风侧，其熔点温度应符合设计要求。

13　严密性试验

(1) 风管系统的主风管安装完毕，尚未连接风口和支风管前，应以主干管为主进行风管系统的严密性检验。

(2) 试验可参照附录E“漏光法检测与漏风量测试”。

14　中间验收

(1) 水平明装风管的水平度允许偏差为3mm/m，总偏差不应大于20mm；垂直明装风管的垂直度允许偏差为2mm/m，总偏差不应大于20mm。暗装风管位置应正确，应无明显偏差。

(2) 金属风管支吊架规格应符合本标准表6.4.2-1、表6.4.2-2的规定，非金属风管支吊架规格应符合本标准表6.4.2-3、表6.4.2-4的规定。

(3) 固定支、吊架的膨胀螺栓选用及固定应符合本条第2款第（8）项规定或按照膨胀螺栓制造商提供的技术条件。

(4) 水平安装金属风管支吊架间距应符合表6.4.2-5的规定，非金属风管支吊架间距应符合表6.4.2-6的规定。

6.5 成品保护

6.5.1 安装完的风管要保证表面光滑清洁，保温风管外表面整洁无杂物。室外风管应有防雨、雪措施。特别要防止二次污染现象，必要时应采取保护措施。

6.5.2 暂时停止施工的风管系统，应将风管敞口封闭，防止杂物进入。

6.5.3 严禁把已安装完的风管作为支吊架或当作跳板，不允许将其他支、吊架焊在或挂在风管法兰和风管支、吊架上。

6.5.4 运输和安装不锈钢、铝板风管时，应避免划伤风管表面。安装时尽量减少与其他金属接触，必要时用厚纸板、塑料布等保护风管。

6.5.5 搬运风管应防止碰、撬、摔等机械损伤，安装时严禁攀登倚靠非金属风管。安装中途停顿时，应将风管端口封闭。

6.6 安全、环保措施

6.6.1 施工前要认真检查施工机械，特别是电动工具应运转正常，保护接零安全可靠。

6.6.2 高空作业必须系好安全带，上下传递物品不得抛投，小件工具要放在随身带的工具包内，不得任意放置，防止坠落伤人或丢失。

6.6.3 吊装风管时，严禁人员站在被吊装风管下方，风管上严禁站人。

6.6.4 风管正式起吊前应先进行试吊。试吊距离一般离地200～300mm，仔细检查倒链或滑轮受力点和捆绑风管的绳索、绳扣是否牢固，风管的重心是否正确、无倾斜，确认无误后方可继续起吊。

6.6.5 作业地点要配备必要的安全防护装置和消防器材。

6.6.6 作业地点必须配备灭火器或其他灭火器材。

6.6.7 风管安装流动性较大，对电源线路不得随意乱接乱用，设专人对现场用电进行管理。

6.6.8 当天施工结束后的剩余材料及工具应及时入库，不许随意放置，做到工完场清。

6.6.9 氧气瓶、乙炔气瓶的存放要距明火10m以上，挪动时不能碰撞，氧气瓶不得和可燃气瓶同放一处。

6.6.10 风管吊装工作尽量安排在白天进行，减少夜间施工照明电能的消耗和对周围居民的影响。

6.6.11 支、吊架涂漆时不得对周围的墙面、地面、工艺设备造成二次污染，必要时采取保护措施。

6.7 质量标准

6.7.1 主控项目

6.7.1.1 在风管穿过需要封闭的防火、防爆的墙体或楼板时，应设预埋管或防护套管，其钢板厚度不应小于1.6mm。风管与防护套管之间，应用不燃且对人体无危害的柔性材料封堵。

检查数量：按数量抽查20%，不得少于1个系统。

检查方法：尺量、观察检查。

6.7.1.2 风管内严禁其他管线穿越。输送含有易燃、易爆气体或安装在易燃、易爆环境的风管系统应有良好的接地，通过生活区或其他辅助生产房间时必须严密，并不得设置接口。室外立管的固定拉索严禁拉在避雷针或避雷网上。

检查数量：按数量抽查20%，不得少于1个系统。

检查方法：手扳、尺量、观察检查。

6.7.1.3 输送空气温度高于80℃的风管，应按设计规定采取防护措施。

检查数量：按数量抽查20%，不得少于1个系统。

检查方法：观察检查。

6.7.1.4 风管部件安装必须符合下列规定：

1 各类风管部件及操作机构的安装，应能保证其正常的使用功能，并便于操作。

2 斜插板风阀的安装，阀板必须为向上拉启。水平安装时，阀板还应为顺气流方向插入。

3 止回风阀、自动排气活门的安装方向应正确。

检查数量：按数量抽查20%，不得少于5件。

检查方法：尺量、观察检查，动作试验。

6.7.1.5 防火阀、排烟阀（口）的安装方向、位置应正确。防火分区隔墙两侧的防火阀，距墙表面不应大于200mm。

检查数量：按数量抽查20%，不得少于5件。

检查方法：尺量、观察检查，动作试验。

6.7.1.6 净化空调系统风管、静压箱及其他部件，必须擦拭干净，做到无油污和浮尘。当施工停顿或完毕时，端口应封好。法兰垫料应为不产尘、不易老化和具有一定强度和弹性的材料，厚度为5~8mm。不得采用乳胶海绵，法兰垫片应尽量减少拼接，不允许直缝对接连接，严禁在垫料表面涂涂料。风管与洁净室吊顶、隔墙等围护结构的接缝处应严密。

检查数量：按数量抽查20%，不得少于1个系统。

检查方法：观察、用白绸布擦拭。

6.7.1.7 集中式真空吸尘系统弯管的曲率半径不应小于4倍管径，弯管的内壁面应光滑，不得采用褶皱弯管。三通的夹角不得大于45°，四通制作应采用两个斜三通的做法。

检查数量：按数量抽查20%，不得少于2个系统。

检查方法：尺量、观察检查。

6.7.1.8 风管系统安装完毕后，应按系统类别进行严密性检验。漏风量应符合设计及本标准第4.9.1.5条的规定，风管系统的严密性检验，应符合下列规定：

1 低压系统风管的严密性检验应采用抽检，抽检率为5%，且不得少于1个系统。在加工工艺得到保证的前提下，采用漏光法检测。检测不合格时，应按规定的抽检率做漏风量测试。

中压系统风管的严密性检验，应在漏光法检测合格后，对系统漏风量测试进行抽检，抽检率为20%，且不得少于1个系统。

高压系统风管严密性检验，为全数进行漏风量测试。

系统风管严密性检验的被抽检，应全数合格，则视为通过。如有不合格时，则应再加倍抽检，直至全数合格。

2 净化空调系统风管的严密性检验，1~5级的系统按高压系统风管的规定执行；6~9级的系统按本标准第4.9.1.5条的规定执行。

检查数量：按条文中的规定。

检查方法：按本标准第11章的规定进行严密性测试。

6.7.1.9 风管系统安装完毕，应按系统类别进行严密性检验。矩形风管允许漏风量应符合本标准4.9.1.5的规定，圆形风管允许漏风量应符合表6.7.1.9的规定。

表6.7.1.9 圆形风管允许漏风量

压　　力 P（Pa）	允许漏风量［m^3/（h·m^2）］
低压系统风管（$P \leqslant 500$Pa）	$\leqslant 0.0528P^{0.065}$
中压系统风管（$500 < P \leqslant 1500$Pa）	$\leqslant 0.0176P^{0.065}$
高压系统风管（$1500 < P \leqslant 3000$Pa）	$\leqslant 0.0117P^{0.065}$

检查方法：1 低压系统风管严密性检验：在风管制作、安装工艺得到保证的前提下，可按本标准附录E“漏光法检测及漏风量测试”中的第E.1节漏光检测方法进行检验，也可直接采用漏风量测试方法进行漏风量测试。

2 中压、高压系统风管严密性检验：应按本标准附录E“漏光法检测及漏风量测试”中的第E.3节“漏风量测试”进行漏风量测试。

3 净化系统风管严密性检验：洁净等级为1.5级应符合高压系统风管的规定，洁净等级为6~9级应符合本标准4.9.1.5条、表6.7.1.9规定。

6.7.1.10 手动密闭阀安装，阀门上标志的箭头方向必须与受冲击波方向一致。

检查数量：全数检查。

检查方法：观察、核对检查。

6.7.1.11 室外立管的固定拉索严禁拉在避雷针或避雷网上。风管内严禁其他管线穿越。

6.7.1.12 输送含有凝结水或其他液体的气体，风管坡度应符合设计要求，并在最低处有排液装置。

6.7.2 一般项目

6.7.2.1 风管安装应符合下列规定：

1 风管安装前，应清除内、外杂物，并做好清洁和保护工作。

2 风管安装的位置、标高、走向，应符合设计要求。现场风管接口的配置，不得缩小其有效截面。

3 连接法兰的螺栓应均匀拧紧，其螺母宜在同一侧，且均匀拧紧。薄钢板法兰风管的弹簧夹或顶丝卡的间距应小于150mm。

4 风管接口的连接应严密、牢固。风管法兰的垫片材质应符合系统功能的要求，厚度不应小于3mm。垫片不应凸入管内，亦不宜突出法兰外。

5 柔性短管的安装，应松紧适度，无明显扭曲。

6 可伸缩性金属或非金属软风管的长度不宜超过2m，并不应有死弯或塌凹。

7 风管与砖、混凝土风管的连接接口，应顺着气流方向插入，并应采取密封措施。风管穿出屋面处应设有防雨装置。

8 不锈钢板、铝板风管与碳素钢支架的接触处，应有隔绝或防腐绝缘措施。

检查数量：按数量抽查10%，不得少于1个系统。

检查方法：尺量、观察检查。

6.7.2.2 无法兰连接风管的安装还应符合下列规定：

1 风管连接处，应完整无缺损，表面应平整，无明显扭曲。

2 承插式风管的四周缝隙应一致，无明显的弯曲或褶皱。内涂的密封胶应完整，外粘的密封胶带，应粘贴牢固、完整无缺损。

3 薄钢板法兰形式风管连接，弹性插条、弹簧夹或紧固螺栓的间距不应大于150mm，且分布均匀，无松动现象。

4 插条连接的矩形风管，连接后的板面应平整、无明显弯曲。

检查数量：按数量抽查10%，不得少于1个系统。

检查方法：尺量、观察检查。

6.7.2.3 风管的连接应平直，不扭曲。明装风管水平安装，水平度的允许偏差为3/1000，总偏差不应大于20mm。明装风管垂直安装，垂直度的允许偏差为2/1000，总偏差不应大于20mm。暗装风管的位置，应正确，无明显偏差。除尘系统的风管，宜垂直或倾斜敷设，与水平夹角宜大于或等于45°，小坡度和水平管应尽量短。对含有凝结水或其他液体的风管，坡度应符合设计要求，并在最低处设排液装置。

检查数量：按数量抽查10%，不得少于1个系统。

检查方法：尺量、观察检查。

6.7.2.4 风管支、吊架安装应符合下列规定：

1 风管水平安装，直径或长边尺寸小于等于400mm，间距不应大于4m；直径或长边尺寸大于400mm，间距不应大于3m。螺旋风管的支、吊架间距可分别延长至5m和3.75m。对于薄钢板法兰的风管，其支、吊架间距不应大于3m。

2 风管垂直安装，间距不应大于4m。单根直管至少应有2个固定点。

3 风管支、吊架宜按国家标准图集与规范选用强度和刚度相适应的形式和规格。对于直径或边长大于2500mm的超宽、超重等特殊风管的支、吊架应按设计规定。

4 支、吊架不宜设置在风口、阀门、检查门及自控机构处，离风口或插接管的距离不宜小于200mm。

5 当水平悬吊的主、干风管长度超过20m时，应设置防止摆动的固定点，每个系统不应少于1个。

6 吊架的螺孔应采用机械加工。吊杆应平直，螺纹完整、光洁。安装后各副支、吊架的受力应均匀，无明显变形。

风管或空调设备使用的可调隔振支、吊架的拉伸或压缩量应按设计的要求进行调整。

7 抱箍支架，折角应平直，抱箍应紧贴并箍紧风管。安装在支架上的圆形风管应设托座和抱箍，其圆弧应均匀，且与风管外径相一致。

检查数量：按数量抽查10%，不得少于1个系统。

检查方法：尺量、观察检查。

6.7.2.5 非金属风管安装应符合下列规定：

1 风管连接两法兰端面应平行、严密，法兰螺栓两侧应加镀锌垫圈。

2 应适当增加支、吊架与水平风管的接触面积。

3 硬聚氯乙烯风管的直管段连续长度大于20m，应按设计要求设置伸缩节。支管的重量不得由干管承受，必须自行设置支、吊架。

4 风管垂直安装，支架间距不应大于3m。

检查数量：按数量抽查10%，不得少于1个系统。

检查方法：尺量、观察检查。

5 非金属风管的连接和加固等处应有防止产生冷桥的措施。

检查方法：观察。

6.7.2.6 复合材料风管的连接处，接缝应牢固，无孔洞和开裂。当采用插接连接时，接口应匹配、无松动，端口缝隙不应大于5mm。采用法兰连接时，应有防冷桥的措施。支、吊架的安装宜按产品标准的规定执行。

检查数量：按数量抽查10%，不得少于1个系统。

检查方法：尺量、观察检查。

6.7.2.7 C形、S形插条与风管插口的宽度应匹配，连接处应平整、严密，插条长度允许偏差应为2mm。C形插条的折边应平直。C形、S形插条连接风管的折边四角处应进行密封。

检查方法：观察、尺量。

6.7.2.8 玻璃纤维复合板风管表面应平整、不脱胶、无气鼓和破损，接口处粘接牢固严密。外表面层与保温材料粘合应牢固，内表面层不应有损坏。

检查方法：观察。

6.7.2.9 无机玻璃钢风管表面应无裂纹、分层、明显泛霜且光洁。

检查方法：观察。

6.7.2.10 集中式真空吸尘系统安装应符合下列规定：

1 吸尘管道的坡度宜为5‰，并坡向立管或吸尘点。

2 吸尘嘴与管道的连接，应牢固、严密。

检查数量：按数量抽查20%，不得少于5件。

检查方法：尺量、观察检查。

6.7.2.11 各类风阀应安装在便于操作及检修的部位，安装后的手动或电动操作装置应灵活、可靠，阀板关闭应保持严密。

防火阀直径或长边尺寸大于等于630mm时，宜设独立支、吊架。

排烟阀（排烟口）及手动装置（包括预埋套管）的位置应符合设计要求。预埋套管不得有死弯及瘪陷。

除尘系统吸入管段的调节阀，宜安装在垂直管段上。

检查数量：按数量抽查10%，不得少于5件。

检查方法：尺量、观察检查。

6.7.2.12 风帽安装必须牢固，连接风管与屋面或墙面的交接处不应渗水。

检查数量：按数量抽查10%，不得少于5件。

检查方法：尺量、观察检查。

6.7.2.13 排、吸风罩的安装位置应正确，排列整齐，牢固可靠。

检查数量：按数量抽查10%，不得少于5件。

检查方法：尺量、观察检查。

6.7.2.14 风口与风管的连接应严密、牢固，与装饰面相紧贴，表面平整、不变形，调节灵活、可靠。条形风口的安装，接缝处应衔接自然，无明显缝隙。同一厅室、房间内的相同风口的安装高度应一致，排列应整齐。

明装无吊顶的风口，安装位置和标高偏差不应大于10mm。

风口水平安装，水平度的偏差不应大于3/1000。

风口垂直安装，垂直度的偏差不应大于2/1000。

检查数量：按数量抽查10%，不得少于1个系统或不少于5件和2个房间的风口。

检查方法：尺量、观察检查。

6.7.2.15 净化空调系统风口安装还应符合下列规定：

1 风口安装前应清扫干净，其边框与建筑顶棚或墙面间的接缝处应加设密封垫料或密封胶，不应漏风。

2 带高效过滤器的送风口，应采用可分别调节高度的吊杆。

检查数量：按数量抽查20%，不得少于1个系统或不少于5件和2个房间的风口。

检查方法：尺量、观察检查。

6.8 质 量 验 收

6.8.1 检验批的验收按本标准第3.0.18条进行组织。

6.8.2 检验批质量验收记录当地方主管部门无统一规定时，宜采用表6.8.2-1“风管系统安装检验批质量验收记录表（送、排风，防排烟，除尘系统）（Ⅰ）”、表6.8.2-2“风管系统安装检验批质量验收记录表（空调系统）（Ⅱ）”。

表 6.8.2-1 风管系统安装检验批质量验收记录表

（送、排风，防排烟，除尘系统）GB 50243—2002

（Ⅰ）

<table>
<tr><td colspan="3">单位（子单位）工程名称</td><td colspan="3"></td></tr>
<tr><td colspan="3">分部（子分部）工程名称</td><td></td><td>验收部位</td><td></td></tr>
<tr><td colspan="2">施工单位</td><td colspan="2"></td><td>项目经理</td><td></td></tr>
<tr><td colspan="2">分包单位</td><td colspan="2"></td><td>分包项目经理</td><td></td></tr>
<tr><td colspan="3">施工执行标准名称及编号</td><td colspan="3"></td></tr>
<tr><td colspan="4">施工质量验收规范的规定</td><td>施工单位检查评定记录</td><td>监理（建设）单位验收记录</td></tr>
<tr><td rowspan="8">主控项目</td><td>1</td><td>风管穿越防火、防爆墙</td><td>第 6.7.1.1 条</td><td></td><td rowspan="18"></td></tr>
<tr><td>2</td><td>风管内严禁其他管线穿越</td><td>第 6.7.1.2 条</td><td></td></tr>
<tr><td>3</td><td>易燃、易爆环境风管</td><td>第 6.7.1.2 条第 2 款</td><td></td></tr>
<tr><td>4</td><td>室外立管的固定拉索</td><td>第 6.7.1.2 条第 3 款</td><td></td></tr>
<tr><td>5</td><td>高于 80℃风管系统</td><td>第 6.7.1.3 条</td><td></td></tr>
<tr><td>6</td><td>风管部件安装</td><td>第 6.7.1.4 条</td><td></td></tr>
<tr><td>7</td><td>手动密闭阀安装</td><td>第 6.7.1.9 条</td><td></td></tr>
<tr><td>8</td><td>风管严密性检验</td><td>第 6.7.1.8 条</td><td></td></tr>
<tr><td rowspan="10">一般项目</td><td>1</td><td>风管系统安装</td><td>第 6.7.2.1 条</td><td></td></tr>
<tr><td>2</td><td>无法兰风管系统安装</td><td>第 6.7.2.2 条</td><td></td></tr>
<tr><td>3</td><td>风管连接的水平、垂直质量</td><td>第 6.7.2.3 条</td><td></td></tr>
<tr><td>4</td><td>风管支、吊架安装</td><td>第 6.7.2.4 条</td><td></td></tr>
<tr><td>5</td><td>铝板、不锈钢板风管安装</td><td>第 6.7.2.1 条第 8 款</td><td></td></tr>
<tr><td>6</td><td>非金属风管安装</td><td>第 6.7.2.5 条</td><td></td></tr>
<tr><td>7</td><td>风阀安装</td><td>第 6.7.2.8 条</td><td></td></tr>
<tr><td>8</td><td>风帽安装</td><td>第 6.7.2.9 条</td><td></td></tr>
<tr><td>9</td><td>吸、排风罩安装</td><td>第 6.7.2.10 条</td><td></td></tr>
<tr><td>10</td><td>风口安装</td><td>第 6.7.2.11 条</td><td></td></tr>
<tr><td colspan="2" rowspan="2">施工单位
检查评定结果</td><td>专业工长（施工员）</td><td></td><td>施工班组长</td><td></td></tr>
<tr><td colspan="4">
项目专业质量检查员：　　　　年　月　日</td></tr>
<tr><td colspan="2">监理（建设）单位
验收结论</td><td colspan="4">
专业监理工程师（建设单位项目专业技术负责人）：　　　　年　月　日</td></tr>
</table>

表 6.8.2-2 风管系统安装检验批质量验收记录表

（空调系统）GB 50243—2002

（Ⅱ）

单位（子单位）工程名称					
分部（子分部）工程名称				验收部位	
施工单位				项目经理	
分包单位				分包项目经理	
施工执行标准名称及编号					
施工质量验收规范的规定				施工单位检查评定记录	监理（建设）单位验收记录
主控项目	1	风管穿越防火、防爆墙（楼板）	第 6.7.1.1 条		
	2	风管内严禁其他管线穿越	第 6.7.1.2 条第 1 款		
	3	易燃、易爆环境风管	第 6.7.1.2 条第 2 款		
	4	室外立管的固定拉索	第 6.7.1.2 条第 3 款		
	5	高于 80℃风管系统	第 6.7.1.3 条		
	6	风管部件安装	第 6.7.1.4 条		
	7	手动密闭阀安装	第 6.7.1.9 条		
	8	风管严密性检验	第 6.7.1.8 条		
一般项目	1	风管系统安装	第 6.7.2.1 条		
	2	无法兰风管系统安装	第 6.7.2.2 条		
	3	风管连接的水平、垂直质量	第 6.7.2.3 条		
	4	风管支、吊架安装	第 6.7.2.4 条		
	5	铝板、不锈钢板风管安装	第 6.7.2.1 条第 8 款		
	6	非金属风管安装	第 6.7.2.5 条		
	7	复合材料风管安装	第 6.7.2.6 条		
	8	风阀安装	第 6.7.2.8 条		
	9	风口安装	第 6.7.2.11 条		
	10	变风量末端装置安装	第 6.7.2.20 条		
施工单位检查评定结果	专业工长（施工员）			施工班组长	
	项目专业质量检查员：			年 月 日	
监理（建设）单位验收结论	专业监理工程师（建设单位项目专业技术负责人）：			年 月 日	

7 通风与空调设备安装

7.1 一 般 规 定

7.1.1 本章适用于工作压力不大于5kPa的通风机与空调设备安装质量的检验与验收。

7.1.2 通风与空调设备应有装箱清单、设备说明书、产品质量合格证书和产品性能检测报告等随机文件，进口设备还应具有商检合格的证明文件。

7.1.3 设备安装前，应进行开箱检查，并形成验收文字记录。参加人员为建设、监理、施工和厂商等单位的代表。

7.1.4 设备就位前应对基础进行验收，合格后方可安装。

7.1.5 设备的搬运和吊装必须符合产品说明书的有关规定，做好设备的保护工作，防止因搬运或吊装造成设备损伤。

7.1.6 大型设备搬运前，应制定安全措施，并预留土建运输道路。

7.2 施 工 准 备

7.2.1 技术准备

1 技术人员必须认真熟悉施工图纸及有关技术资料，进行图纸会审。通风与空调设备规格型号、设备基础尺寸及位置应符合设计要求。

2 技术人员已向施工人员进行技术、质量、安全交底，对通风与空调设备安装施工工艺的操作方法已明确，并做好相应的交底记录。

3 与建设单位、监理单位、设备厂商共同进行设备的开箱检验。设备所带备件、配件应齐备完好。随设备所带资料和产品合格证应完备，做好开箱检查记录

7.2.2 材料准备

设备安装所使用的主料和辅料的规格、型号应符合设计规定，并具有出厂合格证明书或质量鉴定文件。

1 地脚螺栓通常随设备配套带来，其规格和质量应符合施工图纸或说明书要求。

2 垫铁的规格、型号及安装数量应符合设计及设备安装有关规范的规定。

(1) 垫铁材料和规格

铸铁垫铁，厚度在20mm以上。

钢垫铁，厚度为1mm以上。

(2) 垫铁的形式

1) 平垫铁：平垫铁形状见图7.2.2-1，其厚度 h 可按实际情况和材料材质决定；$l \times b$ (mm) 为：90×60—平1，110×70—平2，125×85—平3。

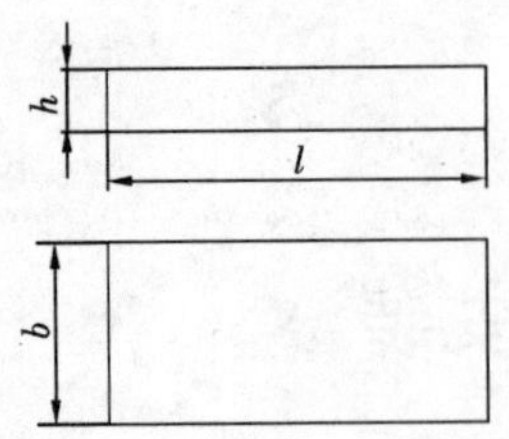

图 7.2.2-1　平垫铁示意图

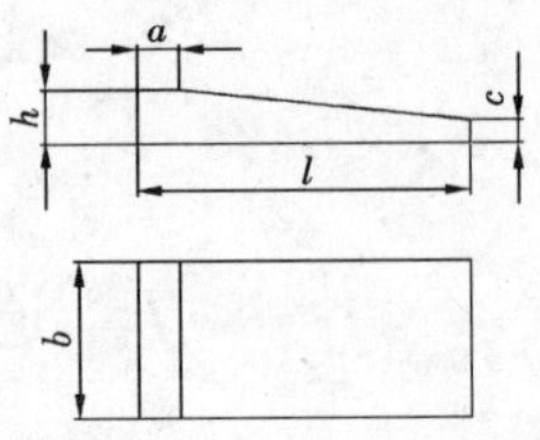

图 7.2.2-2　斜垫铁示意图

2）斜垫铁：斜垫铁形状见图 7.2.2-2，其厚度按材料材质与实际需要而定。斜垫铁的斜度宜为 1/10～1/20，其尺寸见表 7.2.2。

表 7.2.2　斜垫铁规格表（mm）

项　次	代　号	l	b	c	a
1	斜 1	100	50	3	4
2	斜 2	120	60	4	6
3	斜 3	140	70	4	8

3）斜平垫铁配合使用：斜 1 配平 1，斜 2 配平 2，斜 3 配平 3。

(3) 橡胶减振垫材质、规格，单位面积承载率，安装的数量和位置应符合设计及设备安装有关规范的规定。

(4) 阻燃密封胶条的性能参数、规格、厚度应满足设计和设备安装说明要求。

(5) 密封胶的粘接强度、固化时间、性能参数（耐酸、耐碱、耐热）应能满足设备安装说明书要求。

(6) 其他辅助材料，如耐热垫片、密封液、硅橡胶、滤料、型钢、垫圈等应符合相应的产品质量标准。

3　主要机具

(1) 测量检验工具：角尺、钢直尺、钢卷尺、水平尺、水平仪、百分表、千分表、塞尺、线坠、水准仪、经纬仪等。

(2) 工机具：卷扬机、倒链、冲击电钻、汽车吊、手电钻、扳手、风铲、麻绳、滑车、钢丝绳、卡环、钢丝绳夹、套丝板、手压泵、钢丝钳、撬棍、扒杆、皮老虎等。

注：施工机具的配备以工程性质、施工条件及设计图纸要求合理配置。

4　作业条件

(1) 土建施工完毕、设备基础及预埋件的强度达到安装条件。

(2) 安装前检查现场，应具备足够的运输空间及场地。应清理干净设备安装地点，要求无影响设备安装的障碍物及其他管道、设备、设施等。

(3) 设备和主、辅材已运抵现场，安装所需机具已准备齐全，且有安装前检测用的场地、水源、电源。

(4) 设备堆放地点应设置在不淋雨、不潮湿、不被太阳暴晒的地方，并应采取可靠的预防设备损坏的措施。

7.3 材料质量控制

7.3.1 设备的地脚螺栓的规格、长度以及平、斜垫铁的厚度、材质和加工精度应满足设备安装要求。

7.3.2 设备安装所采用的减振器或减振垫的规格、材质和单位面积的承载力应符合设计和设备安装要求。

7.4 施工工艺

7.4.1 工艺流程

设备基础验收→设备开箱检验→设备搬运→设备安装→机组安装（风机盘管机组、装配式空调机组、整体式空调机组、单元式空调机组）→消声器、除尘器安装→检查验收→中间交接

7.4.2 施工要点

1 通风机的安装

(1) 工艺流程

基础验收→开箱检查→搬运→清洗→就位、找平、找正→试运转、检查验收

(2) 基础验收

1) 风机安装前应根据设计图纸对设备基础进行全面检查，坐标、标高及尺寸应符合设备安装要求。

2) 风机安装前、应在基础表面铲出麻面，以使二次浇灌的混凝土或水泥能与基础紧密结合。

(3) 通风机检查及运输

1) 按设备装箱清单，核对叶轮、机壳和其他部位的主要尺寸，进、出风口的位置方向是否符合设计要求，做好检查记录。

2) 叶轮旋转方向应符合设备技术文件的规定。

3) 进、出风口应有盖板严密遮盖。检查各切削加工面，机壳的防锈情况和转子有无变形或锈蚀、碰损的现象。

4) 搬运设备应有专人指挥，使用的工具及绳索必须符合安全要求。

(4) 设备清洗

1) 风机安装前，应将轴承、传动部位及调节机构进行拆卸、清洗，使其转动灵活。

2) 用煤油或汽油清洗轴承时严禁吸烟或用火，以防发生火灾。

(5) 风机安装

1) 风机就位前，按设计图纸并依据建筑物的轴线、边缘线及标高线放出安装基准线。将设备基础表面的油污、泥土杂物清除和地脚螺栓预留孔内的杂物清除干净。

2) 整体安装的风机，搬运和吊装的绳索不得捆绑在转子和机壳或轴承盖的吊环上。风机吊至基础上后，用垫铁找平。垫铁一般应放在地脚螺栓两侧，斜垫铁必须成对使用。风机安装好后，同一组垫铁应点焊在一起，以免受力时松动。

3）风机安装在无减振器的支架上，应垫上4～5mm厚的橡胶板，找平找正后固定牢。

4）风机安装在有减振器的机座上时，地面要平整，各组减振器承受的荷载压缩量应均匀，不偏心，安装后采取保护措施，防止损坏。

5）通风机的机轴应保持水平，水平度允许偏差为0.2/1000，风机与电动机用联轴器连接时，两轴中心线应在同一直线上，两轴心径向位移允许偏差为0.05mm，两轴线倾斜允许偏差为0.2/1000。

6）通风机与电动机用三角皮带传动时，应对设备进行找正，以保证电动机与通风机的轴线平行，并使两个皮带轮的中心线相重合。三角皮带拉紧程度控制在可用手敲打已装好的皮带中间，以稍有弹跳为准。

7）安装通风机与电动机的传动皮带轮时，操作者应紧密配合，防止将手碰伤。挂皮带轮时不得把手指插入皮带轮内，防止事故发生。

8）风机的传动装置外露部分应安装防护罩，风机的吸入口或吸入管直通大气时，应加装保护网或其他安全装置。

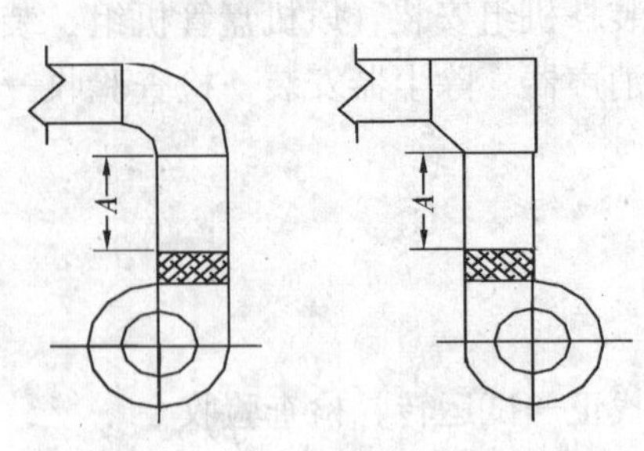

图7.4.2-1

9）通风机出口的接出风管应顺叶轮旋转方向接出弯管。在现场条件允许的情况下，应保证出口至弯管的距离A大于或等于风口出口长边尺寸1.5～2.5倍（图7.4.2-1）。如果受现场条件限制达不到要求，应在弯管内设导流叶片弥补。

10）现场组装风机、绳索的捆缚不得损伤机件表面，转子、轴颈和轴封等处均不应作为捆缚部位。

11）输送特殊介质的通风机转子和机壳内如涂有保护层应严加保护。

12）大型组装轴流风机，叶轮与机壳的间隙应均匀分布，并符合设备技术文件要求。叶轮与进风外壳的间隙见表7.4.2-1。

表7.4.2-1　叶轮与主体风筒对应两侧间隙允许偏差（mm）

叶轮直径	≤600	600～1200	1200～2000	2000～3000	3000～5000	5000～8000	>8000
对应两侧半径间隙之差不应大于	0.5	1	1.5	2	3.5	5	6.5

13）通风机附属的自控设备和观测仪器、仪表安装，应按设备技术文件规定执行。

14）风机试运转：经过全面检查手动盘车，确认供应电源相序正确后方可送电试运转，运转前轴承箱必须加上适度的润滑油，并检查各项安全措施。叶轮旋转方向必须正确，在额定转速下试运转时间不得少于2h。运转后，再检查风机减振基础有无位移和损坏现象，做好记录。

2　空调机组的安装

（1）工艺流程

基础验收→开箱检查→搬运→清洗→设备安装就位→找平找正→二次灌浆→精平调整→试运转→检查验收

（2）设备基础的验收

根据安装图对设备基础的强度、外形尺寸、坐标、标高及减振装置进行认真检查。

(3) 设备开箱检验

1) 开箱前检查外包装有无损坏和受潮。开箱后认真核对设备及各段的名称、规格、型号、技术条件是否符合设计要求。产品说明书、合格证、随机清单和设备技术文件应齐全。逐一检查主机附件、专用工具、备用配件等是否齐全，设备表面应无缺陷、缺损、损坏、锈蚀、受潮的现象。

2) 取下风机段活动板或通过检查门进入，用手盘动风机叶轮，检查有无与机壳相碰、风机减振部分是否符合要求。

3) 检查表冷器的凝结水部分是否畅通、有无渗漏，加热器及旁通阀是否严密、可靠，过滤器零部件是否齐全，滤料及过滤形式是否符合设计要求。

(4) 设备运输

空调设备在水平运输和垂直运输之前尽可能不要开箱并保留好底座。现场水平运输时，应尽量采用车辆运输或钢管、跳板组合运输。室外垂直运输一般采用门式提升架或吊车，在机房内采用滑轮、倒链进行吊装和运输。整体设备允许的倾斜角度参照说明书。

(5) 一般装配式空调安装

1) 阀门启闭应灵活，阀叶须平直。表面式换热器应有合格证，在规定期间内外表面又无损伤时安装前可不做水压试验，否则应做水压试验。试验压力等于系统最高工作压力的 1.5 倍，且不低于 0.4MPa，试验时间为 2~3min，压力不得下降。空调器内挡水板，可阻挡喷淋处理后的空气夹带水滴进入风管内，使空调房间湿度稳定。挡水板安装时前后不得装反。要求机组清理干净，箱体内无杂物。

2) 现场有多套空调机组安装前，将段体进行编号，切不可将段位互换调错，按厂家说明书，分清左式、右式，段体排列顺序应与图纸吻合。

3) 从空调机组的一端开始，逐一将段体抬上底座就位找正，加衬垫，将相邻两个段体用螺栓连接牢固严密。每连接一个段体前，将内部清扫干净。组合式空调机组各功能段间连接后，整体应平直。检查门开启要灵活，水路畅通。

4) 加热段与相邻段体间应采用耐热材料作为垫片。

5) 喷淋段连接处要严密、牢固可靠，喷淋段不得渗水，喷淋段的检视门不得漏水。积水槽应清理干净，保证循环水畅通不溢水。循环水管应设置水封，水封高度根据机外余压确定，防止空气调节器内空气外漏或室外空气进来。

6) 安装空气过滤器时方向应符合下列要求：

a 框式及袋式粗、中效空气过滤器的安装要便于拆卸及更换滤料。过滤器与框架间、框架与空气处理室的围护结构间应严密。

b 自动浸油过滤器的网子要清扫干净，传动应灵活，过滤器间接缝要严密。

c 卷绕式过滤器安装时，框架要平整，滤料应松紧适当，上下筒体应平行。

d 静电过滤器的安装应特别注意平稳，与风管或风机相连的部位设柔性短管，接地电阻要小于 4Ω。

e 亚高效、高效过滤器的安装应符合以下规定：按出厂标志方向搬运、存放，安置于防潮洁净的室内。其框架端面或刀口端面应平直，其平整度允许偏差为 ±1mm，其外框不得改动。洁净室全部安装完毕，并全面清扫擦净。系统连续试车 12h 后，方可开箱检查，不得有变形、破损和漏胶等现象，合格后立即安装。安装时，外框上的箭头与气流方向应一致。用波纹板组合的过滤器在竖向安装时，波纹板垂直地面，不得反向。过滤器与框架间必须加密封垫料或涂抹密封胶，厚度为 6～8mm。定位胶贴在过滤器边框上，用梯形或榫形拼接，安装后的垫料的压缩率应大于 50%。采用硅橡胶密封时，先清除边框上的杂物和油污，在常温下挤抹硅橡胶，应饱满、均匀、平整。采用液槽密封时，槽架安装应水平，槽内保持清洁无水迹。密封液宜为槽深的 2/3。现场组装的空调机组，应做漏风量测试。

7）安装完的空调机组静压为 700Pa 时，漏风率不大于 3%；空气净化系统机组，静压为 1000Pa，在室内洁净度低于 5 级时，漏风率不应大于 2%；洁净度高于或等于 5 级时，漏风率不应大于 1%。

(6) 整体式空调机组的安装

1）安装前认真熟悉图纸、设备说明书以及有关的技术资料。检查设备零部件、附属材料及随机专用工具是否齐全。制冷设备充有保护气体时，应检查有无泄漏情况。

2）空调机组安装时，坐标、位置应正确，基础达到安装强度。基础表面应平整，一般应高出地面 100～150mm。

3）空调机组加减振装置时，应严格按设计要求的减振器型号、数量和位置进行安装并找平找正。

4）水冷式空调机组的冷却水系统、蒸汽、热水管道及电气、动力与控制线路的安装工应持证上岗。充注氟利昂和调试应由制冷专业人员按产品说明书的要求进行。

(7) 单元式空调机组安装

1）分体式室外机组和风冷整体式机组的安装。安装位置应正确，目测呈水平，凝结水的排放应畅通。周边间隙应满足冷却风的循环。制冷剂管道连接应严密无渗漏。穿过的墙孔必须密封，雨水不得渗入。

2）水冷柜式空调机组的安装。安装时其四周要留有足够空间，方能满足冷却水管道连接和维修保养的要求。机组安装应平稳。冷却水管连接应严密，不得有渗漏现象，应按设计要求设有排水坡度。

3）窗式空调器的安装。其支架的固定必须牢靠。应设有遮阳、防雨措施，但注意不得妨碍冷凝器的排风。安装时其凝结水盘应有坡度，出水口设在水盘最低处，应将凝结水从出口用软塑料管引至排放地。安装后，其面板应平整，不得倾斜，用密封条将四周封闭严密。运转时应无明显的窗框振动和噪声。

3 风机盘管及诱导器的安装

(1) 工艺流程：

预检→施工准备→电机检查试转→表冷器水压检验→吊架制安→风机盘管、诱导器安装→连接配管→检验

(2) 安装前应检查每台电机壳体及表面交换器有无损伤、锈蚀等缺陷。

(3) 风机盘管和诱导器应逐台进行通电试验检查，机械部分不得碰擦，电器部分不得漏电。

(4) 风机盘管和诱导器应逐台进行水压试验，试验强度应为工作压力的 1.5 倍，定压后观察 2～3min 不渗不漏为合格。

(5) 卧式吊装风机盘管和诱导器，吊架安装平整牢固，位置正确。吊杆不应自由摆动，吊杆与托盘相连应用双螺母紧固。

(6) 诱导器安装前必须逐台进行质量检查，检查项目如下：

1) 各连接部分不得有松动、变形和产生破裂等情况，喷嘴不能脱落、堵塞。

2) 静压箱封头处缝隙密封材料不能有裂痕和脱落，一次风调节阀必须灵活可靠，并调到全开位置。

(7) 诱导器经检查合格后按设计要求就位安装，并检查喷嘴型号是否正确。

1) 暗装卧式诱导器应用支、吊架固定，并便于拆卸和维修。

2) 诱导器与一次风管连接处应严密，防止漏风。

3) 诱导器水管接头方向和回风面朝向应符合设计要求。立式双面回风诱导器为利于回风，靠墙一面应留 50mm 以上空间。卧式双回风诱导器，要保证靠楼板一面留有足够空间。

(8) 冷热媒水管与风机盘管、诱导器连接可采用钢管或紫铜管，接管应平直。紧固时应用扳手卡住六方接头，以防损坏铜管。凝结水管应柔性连接，软管长度不大于 300mm，材质宜用透明胶管，并用喉箍紧固严密，不渗漏，坡度应正确。凝结水应畅通地排放到指定位置，水盘应无积水现象。

(9) 风机盘管、诱导器同冷热媒管道连接，应在管道系统冲洗排污合格后进行，以防堵塞热交换器。

(10) 暗装卧式风机盘管，吊顶应留有活动检查门，便于机组能整体拆卸和维修。

4　消声器的安装

(1) 阻性消声器的消声片和消声壁、抗性消声器的膨胀腔、共振性消声器中的穿孔板孔径和穿孔率、共振腔、阻抗复合消声器中的消声片、消声壁和膨胀腔等有特殊要求的部位均应按照设计和标准图进行制作加工、组装，如图 7.4.2-2、图 7.4.2-3、图 7.4.2-4 所示。

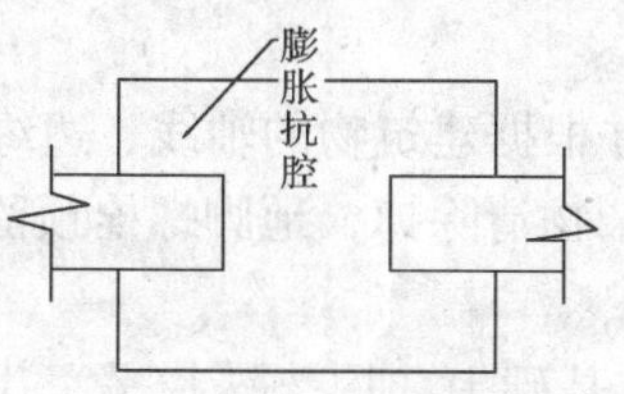

图 7.4.2-2　抗性消声器示意图

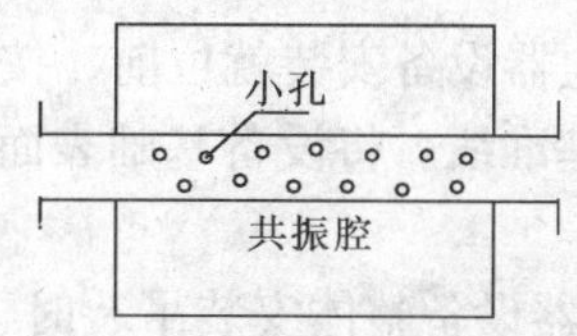

图 7.4.2-3　共振性消声器示意图

大量使用的消声器、消声弯头、消声风管和消声静压箱应选用专业设备生产厂的产品，产品应具有检测报告和质量证明文件。

(2) 消声器等消声设备运输时，不得有变形现象和过大振动，避免外界冲击破坏消声性能。

(3) 消声器、消声弯管应单独设支、吊架，不得由风管来支撑，其支、吊架的设置应位置正确、牢固可靠。

(4) 消声器支、吊架的横托板穿吊杆的螺孔距离，应比消声器宽 40~50mm。为了便

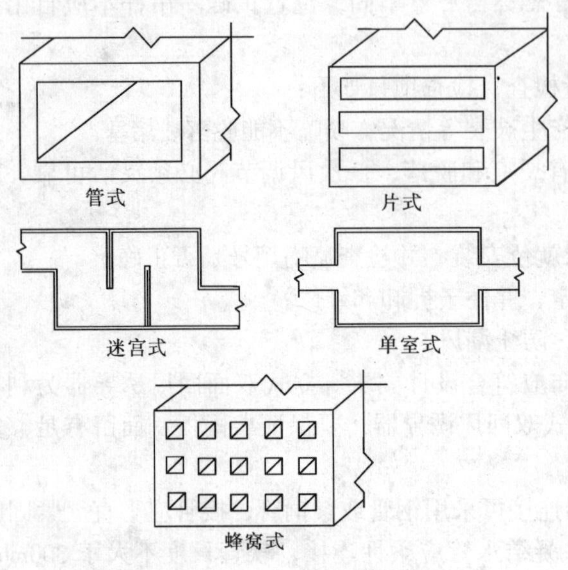

图 7.4.2-4 阻性消声器示意图

于调节标高，可在吊杆端部套 50～80mm 的丝扣，以便找平，找正，加双螺母固定。

(5) 消声器的安装方向必须正确，与风管或管件的法兰连接应保证严密、牢固。

(6) 当通风、空调系统有恒温、恒湿要求时，消声设备外壳应做保温处理。

(7) 消声器等安装就位后，可用拉线或吊线尺量的方法进行检查，对位置不正、扭曲、接口不齐等不符合要求部位进行修整，达到设计和使用的要求。

5 除尘器的安装

(1) 除尘器基础验收。除尘器安装前，对设备基础进行全面的检查，外形尺寸、标高、坐标应符合设计，基础螺栓预留孔位置、尺寸应正确。基础表面应铲出麻面，以便二次灌浆。应提交耐压试验单，验收合格后方可进行设备安装。大型除尘器安装前，对基础尚须进行水平度测定，允许偏差值 ±3mm。

(2) 水平运输和垂直运输除尘器时，应保持外包装完好。

(3) 设备开箱检查验收。按除尘器设备装箱清单，核对主机、辅机、附件、支架、传动机构和其他零部件和备件的数量、主要尺寸、进、出口的位置、方向是否符合设计要求。安装前必须按图检查各零件的完好情况，若发现变形和尺寸变动，应整形或校正后方可安装。

(4) 除尘器设备安装就位前，按照设计图纸，并根据建筑物的轴线、边缘线及标高线测放出安装基准线。将设备基础表面的油污、泥土杂物清除掉，地脚螺栓预留孔内的杂物冲洗干净。

1) 除尘器设备整体安装吊装时，应直接放置在基础上，用垫铁找平、找正，垫铁一般应放在地脚螺栓两侧，斜垫铁必须成对使用。

2) 除尘器现场组装。当除尘器设备散件组装或分段组装时，应先组装基础、支架部分，待找平、找正固定后再向上或多机组对安装。箱体及灰斗应进行密封性焊接，外观应平整、折角平直，加固要牢靠。焊接框架、检修平台时，要求焊缝保持平整、牢固。

3) 除尘器设备的进口和出口方向应符合设计要求。安装连接各部法兰时，密封填料应加在螺栓内侧，以保证密封。人孔盖及检查门应压紧不得漏气。

4) 除尘器的排尘装置、卸料装置、排泥装置的安装必须严密，并便于以后操作和维修。各种阀门必须开启灵活、关闭严密。传动机构必须转动自如，动作稳定可靠。

(5) 袋式除尘器安装

1) 布袋接口应牢固，各部件连接处要严密。分室反吹袋式除尘器的滤袋安装必须平直，每条滤袋的拉紧力保持在25～35N/m。与滤袋接触的短管、袋帽应光滑无毛刺。

2）机械回转扁袋除尘器的旋臂转动应灵活可靠，净气室上部顶盖应密封不漏气、旋转灵活。

3）脉冲除尘器喷吹孔的孔眼对准文氏管的中心，同心度允许偏差±2mm。

（6）电除尘器安装

1）电除尘器壳体及辅助设备均匀接地，在各种气候条件下接地电阻应小于4Ω。

2）清灰装置动作应灵活、可靠，不可与周围其他物件相碰。

3）电除尘器外壳应作保温层。

6 空气风幕机的安装

（1）空气风幕机安装位置方向应正确、牢固可靠，与门框之间应采用弹性垫片隔离，防止空气风幕机的振动传递到门框上产生共振。

（2）风幕机的安装不得影响其回风口过滤网的拆卸和清洗。

（3）风幕机的安装高度应符合设计要求，风幕机吹出的空气应能有效地隔断室内外空气的对流。

（4）风幕机的安装纵向垂直度和横向水平度的偏差均不大于2/1000。

7 洁净层流罩的安装

（1）层流罩安装高度和位置应符合设计要求，应设立单独的吊杆，并有防晃动的固定措施，以保持层流罩的稳固。

（2）安装在洁净室的层流罩其与顶板相连的四周必须设有密封及隔振措施，以保证洁净室的严密性。

（3）层流罩安装的水平度允许偏差应为1/1000，高度的允许偏差为±1mm。

8 装配式洁净室的安装

（1）地面铺设：垂直单向流洁净室的地面，采用格栅铝合金活动地板；而水平单向流和乱流洁净室，采用塑料贴面活动地板或现场铺设的塑料地板。塑料地面一般选用抗静电聚氯乙烯卷材。

（2）板壁安装：板壁一般采用1mm的喷塑薄钢板，将两边冲压成企口形，两层板材间填充不燃的保温材料。板壁安装前应在地面弹线并校准尺寸。开始按划出的底马槽线，将贴密封条的底马槽装好。应注意使马槽接缝与板壁接缝错开。板壁应先从转角处开始安装，板壁两边企口处各贴一层厚为2mm的闭孔海绵橡胶板。当相邻两块板壁的高度一致、垂直平行时，便可用顶卡子将相邻两块板壁锁牢。板壁装好后，将顶马槽和屋角进行预装，注意平直，不使接缝与板壁的接缝错开。壁板组装结束后，应对其垂直度进行检查，垂直度允许偏差为2/1000。

（3）顶板的安装：在部件L形板与骨架、L形板与顶马槽、十字形板与骨架等连接处，均需加密封条，以保证顶板的密封性。

7.5 成 品 保 护

7.5.1 设备开箱后安装现场应封闭，禁止闲人进入现场。安装现场应宽敞、明亮，可防风、雨、雪并干燥。堆放设备、配件的应隔潮，设备、配件场地应分类保存，要避免相互碰撞造成表面划伤和损坏，要保持设备配件的洁净。

7.5.2 设备、配件安装时，要轻拿轻放，重物吊装要合理选择吊点。绳索在设备、配件上的绑扎处应加软垫，并按顺序安装，避免返工。

7.5.3 安装现场应清理干净、照明、给排水均应通畅，设备外表面易损部应加临时防护罩，设备上面不得存放任何物品及承重，做好封闭。

7.6 安全、环保措施

7.6.1 搬动和安装大型通风空调设备，应有起重工配合进行，并设专人指挥，统一行动，所用工具、绳索必须符合安全要求。

7.6.2 整装设备在起吊和下落时，速度应缓慢，并注意周围环境，不要破坏其他建筑物、设备和砸压伤手脚。

7.6.3 分段装配式空调机组拼装时，要注意防止板缝夹伤手指。紧固螺栓用力要适度。安装盖板时作业人员要相互配合，防止物件坠落伤人。

7.6.4 禁止危害环境的废水未经处理直接排入城市排水设施和河流。

7.6.5 不得在施工现场焚烧油漆等会产生有毒有害烟尘和恶臭气体的物质。

7.6.6 使用密封式的圈筒或者采取其他措施处理施工中的废弃物。

7.6.7 采取洒水等有效措施控制施工过程中产生的扬尘。

7.6.8 对产生噪声的施工机械、应采取有效的控制措施，减轻噪声扰民。

7.7 质 量 标 准

7.7.1 主控项目

7.7.1.1 通风机的安装应符合下列规定：

1 型号、规格应符合设计规定，其出口方向应正确。

2 叶轮旋转应平稳，停转后不应每次停留在同一位置上。

3 固定通风机的地脚螺栓应拧紧，并有防松动措施。

检查数量：全数检查。

检查方法：依据设计图核对、观察检查。

7.7.1.2 通风机传动装置的外露部位以及直通大气的进、出口，必须装设防护罩（网）或采取其他安全措施。

检查数量：全数检查。

检查方法：依据设计图核对，观察检查。

7.7.1.3 空调机组的安装应符合下列规定：

1 型号、规格、方向和技术参数应符合设计要求。

2 现场组装的组合式空气调节机组应做漏风量的检测，其漏风量必须符合现行国家标准《组合式空调机组》GB/T 14294 的规定。

检查数量：按总数抽检 20%，不得少于 1 台。净化空调系统的机组，1～5 级全数检查，6～9 级抽查 50%。

检查方法：依据设计图核对，检查测试记录。

7.7.1.4 除尘器的安装应符合下列规定：

1 型号、规格、进出口方向必须符合设计要求。

2 现场组装的除尘器应做漏风量的检测，在设计工作压力下允许漏风率为5%，其中离心式除尘器为3%。

3 布袋除尘器、电除尘器的壳体及辅助设备接地应可靠。

检查数量：按总数抽查20%，不得少于1台。接地全数检查。

检查方法：按图核对、检查测试记录和观察检查。

7.7.1.5 高效过滤器应在洁净室及净化空调系统进行全面清扫和系统连续试车12h以上后，在现场拆开包装并进行安装。

安装前需进行外观检查和仪器检漏。目测不得有变形、脱落、断裂等破损现象。仪器抽查检漏应符合产品质量文件的规定。

合格后立即安装，其方向必须正确，安装后的高效过滤器四周及接口应严密不漏。在调试前应进行扫描检漏。

检查数量：高效过滤器的仪器抽检检漏按批抽5%，不得少于1台。

检查方法：观察检查、按规定扫描检测或查看检测记录。

7.7.1.6 净化空调设备的安装还应符合下列规定：

1 净化空调设备与洁净室围护结构相连的接缝必须密封。

2 风机过滤器单元（FFU与FMU空气净化装置）应在清洁的现场进行外观检查，目测不得有变形、锈蚀、漆膜脱落、拼接板破损等现象。在系统试运转时，必须在进风口处加装临时中效过滤器作为保护。

检查数量：全数检查。

检查方法：依据设计图核对、观察检查。

7.7.1.7 静电空气过滤器金属外壳接地必须良好。

检查数量：按总数抽查20%，不得少于1台。

检查方法：核对材料、观察检查或电阻测定。

7.7.1.8 电加热器的安装必须符合下列规定：

1 电加热器与钢构架间的绝热层必须为不燃材料，接线柱外露的应加设安全防护罩。

2 电加热器的金属外壳接地必须良好。

3 连接电加热器的风管的法兰垫片，应采用耐热不燃材料。

检查数量：按总数抽查20%，不得少于1台。

检查方法：核对材料、观察检查或电阻测定。

7.7.1.9 干蒸汽加湿器的安装，蒸汽喷管不应朝下。

检查数量：全数检查。

检查方法：观察检查。

7.7.1.10 过滤吸收器的安装方向必须正确，并应设独立支架，与室外的连接管段不得泄漏。

检查数量：全数检查。

检查方法：观察或检测。

7.7.2 一般项目

7.7.2.1 通风机的安装应符合下列规定：

1 通风机的安装，应符合表 7.7.2.1 的规定，叶轮转子与机壳的组装位置应正确。叶轮进风口插入风机机壳进风口或密封圈的深度，应符合设备技术文件的规定，或为叶轮外径值的 1/100。

表 7.7.2.1 通风机安装的允许偏差

<table>
<tr><th>项次</th><th colspan="2">项 目</th><th>允许偏差</th><th>检 验 方 法</th></tr>
<tr><td>1</td><td colspan="2">中心线的平面位移</td><td>10mm</td><td>经纬仪或拉线和尺量检查</td></tr>
<tr><td>2</td><td colspan="2">标高</td><td>±10mm</td><td>水准仪或水平仪、直尺、拉线或尺量检查</td></tr>
<tr><td>3</td><td colspan="2">皮带轮轮宽中心平面偏移</td><td>1mm</td><td>在主、从动皮带轮端面拉线和尺量检查</td></tr>
<tr><td>4</td><td colspan="2">传动轴水平度</td><td>纵向 0.2/1000
横向 0.3/1000</td><td>在轴或皮带轮 0°和 180°的两个位置上，用水平仪检查</td></tr>
<tr><td rowspan="2">5</td><td rowspan="2">联轴器</td><td>两轴心径向位移</td><td>0.05mm</td><td rowspan="2">在联轴器互相垂直的四个位置上，用百分表检查</td></tr>
<tr><td>两轴线倾斜</td><td>0.2/1000</td></tr>
</table>

2 现场组装的轴流风机叶片安装角度应一致，达到在同一平面内运转，叶轮与筒体之间的间隙应均匀，水平允许偏差为 1/1000。

3 安装隔振器的地面应平整，各组隔振器承受荷载的压缩量应均匀，高度误差应小于 2 mm。

4 安装风机的隔振钢支、吊架，其结构形式和外形尺寸应符合设计或设备技术文件的规定。焊接应牢固，焊缝应饱满、均匀。

检查数量：按总数抽查 20%，不得少于 1 台。

检查方法：尺量、观察或检查施工记录。

7.7.2.2 组合式空调机组及柜式空调机组的安装应符合下列规定：

1 组合式空调机组各功能段的组装，应符合设计规定的顺序和要求。各功能段之间的连接应严密，整体应平直。

2 机组与供回水管的连接应正确，机组下部冷凝水排放管的水封高度应符合设计要求。

3 机组应清扫干净，箱体内应无杂物、垃圾和积尘。

4 机组内空气过滤器（网）和空气热交换器翅片应清洁、完好。

检查数量：按总数抽查 20%，不得少于 1 台。

检查方法：观察检查。

7.7.2.3 空气处理室的安装应符合下列规定：

1 金属空气处理室壁板及各段的组装位置应正确，表面平整，连接严密、牢固。

2 喷水段的本体及其检查门不得漏水，喷水管和喷嘴的排列、规格应符合设计的规定。

3 表面式换热器的散热面应保持清洁、完好。当用于冷却空气时，在下部应设有排水装置，冷凝水的引流管或槽应畅通，冷凝水不外溢。

4 表面式换热器与围护结构间的缝隙，以及表面式热交换器之间的缝隙，应封堵严密。

5 换热器与系统供回水管的连接应正确，且严密不漏。

检查数量：按总数抽查 20%，不得少于 1 台。

检查方法：观察检查。

7.7.2.4 单元式空调机组的安装应符合下列规定：

1 分体式空调机组的室外机和风冷整体式空调机组的安装，固定应牢固、可靠。除应满足冷却风循环空间的要求外，还应符合环境卫生保护有关法规的规定。

2 分体式空调机组的室内机的位置应正确，并保持水平，冷凝水排放应通畅。管道穿墙处必须密封，不得有雨水渗入。

3 整体式空调机组管道的连接应严密、无渗漏，四周应留有相应的维修空间。

检查数量：按总数抽查20%，不得少于1台。

检查方法：观察检查。

7.7.2.5 除尘设备的安装应符合下列规定：

1 除尘器的安装位置应正确、牢固平稳，允许偏差应符合表7.7.2.5的规定。

表7.7.2.5 除尘器安装允许偏差和检验方法

项次	项目		允许偏差（mm）	检验方法
1	平面位移		≤10	用经纬仪或拉线、尺量检查
2	标高		±10	用水准仪、直尺、拉线和尺量检查
3	垂直度	每1m	≤2	吊线和尺量检查
		总偏差	≤10	

2 除尘器的活动或转动部件的动作应灵活、可靠，并应符合设计要求。

3 除尘器的排灰阀、卸料阀、排泥阀的安装应严密，并便于操作与维护修理。

检查数量：按总数抽查20%，不得少于1台。

检查方法：尺量、观察检查及检查施工记录。

7.7.2.6 现场组装的静电除尘器的安装，还应符合设备技术文件及下列规定：

1 阳极板组合后的阳极排平面度允许偏差为5mm，其对角线允许偏差为10mm。

2 阴极小框架组合后主平面的平面度允许偏差为5mm，其对角线允许偏差为10mm。

3 阴极大框架的整体平面度允许偏差为15mm，整体对角线允许偏差为10mm。

4 阳极板高度小于或等于7m的电除尘器，阴、阳极间距允许偏差为5mm。阳极板高度大于7m的电除尘器，阴、阳极间距允许偏差为10mm。

5 振打锤装置的固定应可靠，振打锤的转动应灵活，锤头方向应正确。振打锤头与振打砧之间应保持良好的线接触状态，接触长度应大于锤头厚度的70%。

检查数量：按总数抽查20%，不得少于1组。

检查方法：尺量、观察检查及检查施工记录。

7.7.2.7 现场组装布袋除尘器的安装，还应符合下列规定；

1 外壳应严密、不漏，布袋接口应牢固。

2 分室反吹袋式除尘器的滤袋安装，必须平直。每条滤袋的拉紧力应保持在25～35N/m。与滤袋连接接触的短管和袋帽，应无毛刺。

3 机械回转扁袋袋式除尘器的旋臂转动应灵活可靠，净气室上部的顶盖应密封不漏气，旋转应灵活，无卡阻现象。

4 脉冲袋式除尘器的喷吹孔，应对准文氏管的中心，同心度允许偏差为2mm。

检查数量：按总数抽查20%，不得少于1台。

检查方法：尺量、观察检查及检查施工记录。

7.7.2.8 洁净室空气净化设备的安装，应符合下列规定：

1　带有通风机的气闸室、吹淋室与地面间应有隔振垫。

2　机械式余压阀的安装，其阀体、阀板的转轴均应水平，允许偏差为2/1000。余压阀的安装位置应在室内气流的下风侧，并不应在工作面高度范围内。

3　传递窗的安装应牢固、垂直，与墙体的连接处应密封。

检查数量：按总数抽查20%，不得少于1件。

检查方法：尺量、观察检查。

7.7.2.9　装配式洁净室的安装应符合下列规定：

1　洁净室的顶板和壁板（包括夹芯材料）应为不燃材料。

2　洁净室的地面应干燥、平整，平整度允许偏差为1/1000。

3　壁板的构配件和辅助材料的开箱，应在清洁的室内进行，安装前应严格检查其规格和质量。壁板应垂直安装，底部宜采用圆弧或钝角交接。安装后的壁板之间、壁板与顶板间的拼缝，应平整严密。墙板的垂直允许偏差为2/1000，顶板水平度的允许偏差与每个单间的几何尺寸的允许偏差均为2/1000。

4　洁净室吊顶在受荷载后应保持平直，压条全部紧贴。洁净室壁板若为上、下槽形板时，其接头应平整、严密。组装完毕的洁净室所有拼接缝，包括与建筑的接缝，均应采取密封措施，做到不脱落，密封良好。

检查数量：按总数抽查20%，不得少于5处。

检查方法：尺量、观察检查及检查施工记录。

7.7.2.10　洁净层流罩的安装应符合下列规定：

1　应设独立的吊杆，并有防晃动的固定措施。

2　层流罩安装的水平度允许偏差为1/1000，高度的允许偏差为±1mm。

3　层流罩安装在吊顶上，其四周与顶板之间应设有密封及隔振措施。

检查数量：按总数抽查20%，且不得少于5件。

检查方法：尺量、观察检查及检查施工记录。

7.7.2.11　风机过滤器单元（FFU、FMU）的安装应符合下列规定：

1　风机过滤器单元的高效过滤器安装前应按规定检漏，合格后进行安装，方向必须正确。安装后的FFU或FMU机组应便于检修。

2　安装后的FFU风机过滤器单元，应保持整体平整，与吊顶衔接良好。风机箱与过滤器之间的连接，过滤器单元与吊顶框架间应有可靠的密封措施。

检查数量：按总数抽查20%，且不得少于2个。

检查方法：尺量、观察检查及检查施工记录。

7.7.2.12　高效过滤器的安装应符合下列规定：

1　高效过滤器采用机械密封时，须采用密封垫料，其厚度为6～8mm，并定位贴在过滤器边框上。安装后垫料的压缩应均匀，压缩率为25%～50%；

2　采用液槽密封时，槽架安装应水平，不得有渗漏现象，槽内无污物和水分，槽内密封液高度宜为2/3槽深。密封液的熔点宜高于50℃

检查数量：按总数抽查20%，且不得少于5个。

检查方法：尺量、观察检查。

7.7.2.13　消声器的安装应符合下列规定：

1　消声器安装前应保持干净，做到无油污和浮尘。

2　消声器安装前的位置、方向应正确，与风管的连接应紧密，不得有损坏与受潮。两组同类消声器不宜直接串联。

3　现场安装的组合式消声器，消声组件的排列、方向和位置应符合设计要求。单个消声器组件的固定应牢固。

4　消声器、消声弯头均应设独立支、吊架。

检查数量：整体安装的消声器，按总数抽查 10%，且不得少于 5 台。现场组装的消声器全数检查。

检查方法：手扳和观察检查，核对安装记录。

7.7.2.14　空气过滤器的安装应符合下列规定：

1　安装平整、牢固，方向正确。过滤器与框架、框架与围护结构之间应严密无穿透缝。

2　框架式或粗效、中效袋式空气过滤器的安装，过滤器四周与框架应均匀压紧，无可见缝隙，并应便于拆卸和更换滤料。

3　卷绕式过滤器的安装，框架应平整、展开的滤料，应松紧适度、上下筒体应平行。

检查数量：按总数抽查 10%，且不得少于 1 台。

检查方法：观察检查。

7.7.2.15　风机盘管机组的安装应符合下列规定：

1　机组安装前宜进行单机三速试运转及水压检漏试验。试验压力为系统工作压力的 1.5 倍，试验观察时间为 2min，不渗漏为合格。

2　机组应设独立支、吊架，安装的位置、高度及坡度应正确、固定牢固。

3　机组与风管、回风箱或风口的连接，应严密、可靠。

检查数量：按总数抽查 10%，且不得少于 1 台。

检查方法：观察检查、查阅检查试验记录。

7.7.2.16　转轮式换热器安装的位置、转轮旋转方向及接管应正确，运转应平稳。

检查数量：按总数抽查 20%，且不得少于 1 台。

检查方法：观察检查。

7.7.2.17　转轮去湿机安装应牢固，转轮及传动部件应灵活、可靠，方向正确。处理空气与再生空气接管应正确。排风水平管须保持一定的坡度，并坡向排出方向。

检查数量：按总数抽查 20%，且不得少于 1 台。

检查方法：观察检查。

7.7.2.18　蒸汽加湿器的安装应设置独立支架，并固定牢固；接管尺寸正确、无渗漏。

检查数量：全数检查。

检查方法：观察检查。

7.7.2.19　空气风幕机的安装，位置方向应正确、牢固可靠，纵向垂直度与横向水平度的偏差均不应大于 2/1000。

检查数量：按总数 10% 的比例抽查，且不得少于 1 台。

检查方法：观察检查。

7.7.2.20　变风量末端装置的安装，应设单独支、吊架，与风管连接前宜做动作试验。

检查数量：按总数抽查 10%，且不得少于 1 台。

检查方法：观察检查、查阅检查试验记录。

7.8 质 量 验 收

7.8.1 检验批的验收按本标准第3.0.18条进行组织。

7.8.2 检验批质量验收记录当地方主管部门无统一规定时，宜采用表7.8.2-1“通风与空调设备安装检验批质量验收记录表（通风系统）（Ⅰ）”、表7.8.2-2“通风与空调设备安装检验批质量验收记录表（空调系统）（Ⅱ）”、表7.8.2-3“通风与空调设备安装检验批质量验收记录表（净化空调系统）（Ⅲ）”和表7.8.2-4“通风机安装检验批质量验收记录表”。

表7.8.2-1 通风与空调设备安装检验批质量验收记录表（通风系统）GB 50243—2002（Ⅰ）

<table>
<tr><td colspan="4">单位（子单位）工程名称</td><td colspan="3"></td></tr>
<tr><td colspan="4">分部（子分部）工程名称</td><td></td><td>验收部位</td><td></td></tr>
<tr><td colspan="2">施工单位</td><td colspan="3"></td><td>项目经理</td><td></td></tr>
<tr><td colspan="2">分包单位</td><td colspan="3"></td><td>分包项目经理</td><td></td></tr>
<tr><td colspan="4">施工执行标准名称及编号</td><td colspan="3"></td></tr>
<tr><td colspan="5">施工质量验收规范的规定</td><td>施工单位检查评定记录</td><td>监理（建设）单位验收记录</td></tr>
<tr><td rowspan="5">主控项目</td><td>1</td><td colspan="2">除尘器安装</td><td>第7.7.1.4条</td><td></td><td rowspan="5"></td></tr>
<tr><td>2</td><td colspan="2">布袋与静电除尘器接地</td><td>第7.7.1.4条第3款</td><td></td></tr>
<tr><td>3</td><td colspan="2">静电空气过滤器安装</td><td>第7.7.1.7条</td><td></td></tr>
<tr><td>4</td><td colspan="2">电加热器安装</td><td>第7.7.1.8条</td><td></td></tr>
<tr><td>5</td><td colspan="2">过滤吸收器安装</td><td>第7.7.1.10条</td><td></td></tr>
<tr><td rowspan="12">一般项目</td><td>1</td><td colspan="2">除尘器部件及阀安装</td><td>第7.7.2.5条第2~3款</td><td></td><td rowspan="12"></td></tr>
<tr><td rowspan="5">2</td><td colspan="3">除尘设备安装允许偏差（mm）</td><td></td></tr>
<tr><td colspan="2">（1）平面位移</td><td>≤10</td><td></td></tr>
<tr><td colspan="2">（2）标高</td><td>±10</td><td></td></tr>
<tr><td rowspan="2">（3）垂直度</td><td>每料</td><td>≤2</td><td></td></tr>
<tr><td>总偏差</td><td>≤10</td><td></td></tr>
<tr><td>3</td><td colspan="2">现场组装静电除尘器安装</td><td>第7.7.2.6条</td><td></td></tr>
<tr><td>4</td><td colspan="2">现场组装布袋除尘器安装</td><td>第7.7.2.7条</td><td></td></tr>
<tr><td>5</td><td colspan="2">消声器安装</td><td>第7.7.2.13条</td><td></td></tr>
<tr><td>6</td><td colspan="2">空气过滤器安装</td><td>第7.7.2.14条</td><td></td></tr>
<tr><td>7</td><td colspan="2">蒸汽加湿器安装</td><td>第7.7.2.18条</td><td></td></tr>
<tr><td>8</td><td colspan="2">空气风幕机安装</td><td>第7.7.2.19条</td><td></td></tr>
<tr><td colspan="2" rowspan="2">施工单位
检查评定结果</td><td colspan="2">专业工长(施工员)</td><td></td><td>施工班组长</td><td></td></tr>
<tr><td colspan="5">项目专业质量检查员：　　　　年　月　日</td></tr>
<tr><td colspan="2">监理(建设)单位
验收结论</td><td colspan="5">专业监理工程师(建设单位项目专业技术负责人)：　　　　年　月　日</td></tr>
</table>

表 7.8.2-2 通风与空调设备安装检验批质量验收记录表
(空调系统)GB 50243—2002
(Ⅱ)

<table>
<tr><td colspan="3">单位(子单位)工程名称</td><td colspan="4"></td></tr>
<tr><td colspan="3">分部(子分部)工程名称</td><td colspan="2"></td><td>验收部位</td><td></td></tr>
<tr><td colspan="3">施工单位</td><td colspan="2"></td><td>项目经理</td><td></td></tr>
<tr><td colspan="3">分包单位</td><td colspan="2"></td><td>分包项目经理</td><td></td></tr>
<tr><td colspan="3">施工执行标准名称及编号</td><td colspan="4"></td></tr>
<tr><td colspan="4">施工质量验收规范的规定</td><td colspan="2">施工单位检查评定记录</td><td>监理(建设)单位验收记录</td></tr>
<tr><td rowspan="4">主控项目</td><td>1</td><td>空调机组的安装</td><td>第 7.7.1.3 条</td><td colspan="2"></td><td rowspan="14"></td></tr>
<tr><td>2</td><td>静电空气过滤器安装</td><td>第 7.7.1.7 条</td><td colspan="2"></td></tr>
<tr><td>3</td><td>电加热器安装</td><td>第 7.7.1.8 条</td><td colspan="2"></td></tr>
<tr><td>4</td><td>干蒸汽加湿器安装</td><td>第 7.7.1.9 条</td><td colspan="2"></td></tr>
<tr><td rowspan="10">一般项目</td><td>1</td><td>组合式空调机组安装</td><td>第 7.7.2.3 条</td><td colspan="2"></td></tr>
<tr><td>2</td><td>现场组装的空气处理室安装</td><td>第 7.7.2.3 条</td><td colspan="2"></td></tr>
<tr><td>3</td><td>单元式空调机组安装</td><td>第 7.7.2.4 条</td><td colspan="2"></td></tr>
<tr><td>4</td><td>消声器安装</td><td>第 7.7.2.13 条</td><td colspan="2"></td></tr>
<tr><td>5</td><td>风机盘管机组安装</td><td>第 7.7.2.15 条</td><td colspan="2"></td></tr>
<tr><td>6</td><td>粗、中效空气过滤器安装</td><td>第 7.7.2.14 条</td><td colspan="2"></td></tr>
<tr><td>7</td><td>空气风幕机安装</td><td>第 7.7.2.19 条</td><td colspan="2"></td></tr>
<tr><td>8</td><td>转轮式换热器安装</td><td>第 7.7.2.16 条</td><td colspan="2"></td></tr>
<tr><td>9</td><td>转轮式去湿器安装</td><td>第 7.7.2.17 条</td><td colspan="2"></td></tr>
<tr><td>10</td><td>蒸汽加湿器安装</td><td>第 7.7.2.18 条</td><td colspan="2"></td></tr>
<tr><td colspan="2" rowspan="2">施工单位
检查评定结果</td><td>专业工长(施工员)</td><td></td><td>施工班组长</td><td colspan="2"></td></tr>
<tr><td colspan="5">项目专业质量检查员：　　　　　　年　月　日</td></tr>
<tr><td colspan="2">监理(建设)单位
验收结论</td><td colspan="5">专业监理工程师(建设单位项目专业技术负责人)：　　　　年　月　日</td></tr>
</table>

表 7.8.2-3 通风与空调设备安装检验批质量验收记录表
(净化空调系统)GB 50243—2002
(Ⅲ)

<table>
<tr><td colspan="3">单位(子单位)工程名称</td><td colspan="3"></td></tr>
<tr><td colspan="3">分部(子分部)工程名称</td><td colspan="2"></td><td>验收部位</td></tr>
<tr><td colspan="3">施工单位</td><td colspan="2"></td><td>项目经理</td></tr>
<tr><td colspan="3">分包单位</td><td colspan="2"></td><td>分包项目经理</td></tr>
<tr><td colspan="3">施工执行标准名称及编号</td><td colspan="3"></td></tr>
<tr><td colspan="4">施工质量验收规范的规定</td><td>施工单位检查评定记录</td><td>监理(建设)单位验收记录</td></tr>
<tr><td rowspan="6">主控项目</td><td>1</td><td>空调机组安装</td><td>第 7.7.1.3 条</td><td></td><td rowspan="6"></td></tr>
<tr><td>2</td><td>净化空调设备安装</td><td>第 7.7.1.6 条</td><td></td></tr>
<tr><td>3</td><td>高效过滤器安装</td><td>第 7.7.1.5 条</td><td></td></tr>
<tr><td>4</td><td>静电空气过滤器安装</td><td>第 7.7.1.7 条</td><td></td></tr>
<tr><td>5</td><td>电加热器安装</td><td>第 7.7.1.8 条</td><td></td></tr>
<tr><td>6</td><td>干蒸汽加湿器安装</td><td>第 7.7.1.9 条</td><td></td></tr>
<tr><td rowspan="9">一般项目</td><td>1</td><td>组合式净化空调机组安装</td><td>第 7.7.2.2 条</td><td></td><td rowspan="9"></td></tr>
<tr><td>2</td><td>净化室设备安装</td><td>第 7.7.2.8 条</td><td></td></tr>
<tr><td>3</td><td>装配式洁净室安装</td><td>第 7.7.2.9 条</td><td></td></tr>
<tr><td>4</td><td>洁净层流罩安装</td><td>第 7.7.2.10 条</td><td></td></tr>
<tr><td>5</td><td>风机过滤单元安装</td><td>第 7.7.2.11 条</td><td></td></tr>
<tr><td>6</td><td>粗、中效空气过滤器安装</td><td>第 7.7.2.14 条</td><td></td></tr>
<tr><td>7</td><td>高效过滤器安装</td><td>第 7.7.2.12 条</td><td></td></tr>
<tr><td>8</td><td>消声器安装</td><td>第 7.7.2.13 条</td><td></td></tr>
<tr><td>9</td><td>蒸汽加湿器安装</td><td>第 7.7.2.18 条</td><td></td></tr>
<tr><td rowspan="2" colspan="2">施工单位
检查评定结果</td><td>专业工长(施工员)</td><td></td><td>施工班组长</td><td></td></tr>
<tr><td colspan="4">
项目专业质量检查员：　　　　年　月　日</td></tr>
<tr><td colspan="2">监理(建设)单位
验收结论</td><td colspan="4">
专业监理工程师(建设单位项目专业技术负责人)：　　　　年　月　日</td></tr>
</table>

表 7.8.2-4　通风机安装检验批质量验收记录表

GB 50243—2002

单位(子单位)工程名称					
分部(子分部)工程名称				验收部位	
施工单位				项目经理	
分包单位				分包项目经理	
施工执行标准名称及编号					

		施工质量验收规范的规定			施工单位检查评定记录	监理(建设)单位验收记录
主控项目	1	通风机安装		第 7.7.1.1 条		
	2	通风机安全措施		第 7.7.1.2 条		
一般项目	1	叶轮与机壳安装		第 7.7.2.1 条第 1 款		
	2	轴流风机叶片安装		第 7.7.2.1 条第 2 款		
	3	隔振器地面		第 7.7.2.1 条第 3 款		
	4	隔振器支吊架		第 7.7.2.1 条第 4 款		
	5	通风机安装允许偏差(mm)				
		(1)中心线的平面位移		10		
		(2)标高		±10		
		(3)皮带轮轮宽中心平面偏移		1		
		(4)传动轴水平度	纵向	0.2/1000		
			横向	0.3/1000		
		(5)联轴器	两轴心径向位移	0.05		
			两轴线倾斜	0.2/1000		

施工单位检查评定结果	专业工长(施工员)		施工班组长
	项目专业质量检查员：　　　　年　月　日		
监理(建设)单位验收结论	专业监理工程师(建设单位项目专业技术负责人)：　　　　年　月　日		

8　空调制冷系统安装

8.1　一　般　规　定

8.1.1　本章适用于空调工程中压力不高于2.5MPa，工作温度在－20～150℃的整体式、组装式及单元式制冷设备（包括热泵）、制冷附属设备、其他配套设备和管路系统安装工程施工质量的检验和验收。

8.1.2　制冷设备、制冷附属设备、管道、管件及阀门的型号、规格、性能及技术参数等必须符合设计要求。设备机组的外表应无损伤，密封良好，随机文件和配件应齐全。

8.1.3　与制冷机组配套的蒸汽、燃油、燃气供应系统和蓄冷系统的安装，还应符合设计文件、有关消防规范与产品技术文件的规定。

8.1.4　空调用制冷设备的运输和吊装，应符合产品说明书有关规定，并做好设备的保护工作，防止因运输或吊装而造成设备损伤。

8.1.5　制冷机组本体的安装、试验、试运转及验收还应符合现行国家标准《制冷设备、空气分离设备安装工程施工及验收规范》GB 50274有关条文的规定。

8.2　施　工　准　备

8.2.1　技术准备

1　专业技术人员应熟悉施工图纸和设备随机附带的配管系统图，现场设备的管口尺寸、方位、高度应符合图纸设计要求，设计图纸、技术文件齐全，熟悉制冷工艺及施工程序。

2　管道专业施工方案已进行会审和批准，并已进行技术质量安全交底，形成交底记录。

3　按施工图所示管道位置、标高测量放线，查找出支、吊架预埋铁件。

4　安装完的管路系统应有完整的检验、检测手段和措施。

8.2.2　材料要求

1　所采用的管子和焊接材料应符合设计规定，并具有出厂合格证明或质量鉴定文件。

2　制冷系统的各类阀件必须采用国标产品，并有出厂合格证。

3　无缝管内外表面无明显腐蚀、裂纹、重皮及凹凸不平等缺陷。

4　铜管内外壁均应光洁，无疵孔、裂缝、结疤、层裂或气泡等缺陷。

8.2.3　主要机具

1　施工工机具：卷扬机、空气压缩机、真空泵、砂轮切割机、磨光机、压力工作台、倒链、台钻、电锤、坡口机、铜管扳边器、手锯、套丝板、管钳、套筒扳手、活扳手、平尺、铁锤、电气焊设备等。

2 测量工具：钢直尺、钢卷尺、角尺、水平尺、塞尺、线坠、水准仪、经纬仪、半导体测温计、U形压力计等。

8.2.4 作业条件

1 建筑结构工程施工完毕，室内装修基本完成，与管道连接的设备已安装找正完毕，管道穿过结构的孔洞已配合预留，尺寸正确。预埋件设置恰当，符合制冷管道施工要求。

2 施工准备工作完成，材料送至现场。

8.3 材料和质量控制

1 制冷管道及管件、阀门应选用正规厂家的产品，其规格、型号、性能及技术参数等必须符合图纸设计要求。

2 设备的地脚螺栓以及平、斜垫铁材质、规格和加工精度应满足设备安装要求。

3 设备安装所采用的减振器或减振垫的规格、材质和单位面积的承载率应符合设计和设备安装要求。

8.4 施　工　工　艺

8.4.1 工艺流程

1 设备安装工艺流程

基础检验→设备开箱检查→设备运输→吊装就位→找平找正→灌浆、基础抹面

2 一般系统工艺流程

施工准备→管道等安装→系统吹污→系统气密性试验→系统抽真空→管道防腐→系统充制冷剂

3 水蓄冷系统工艺流程

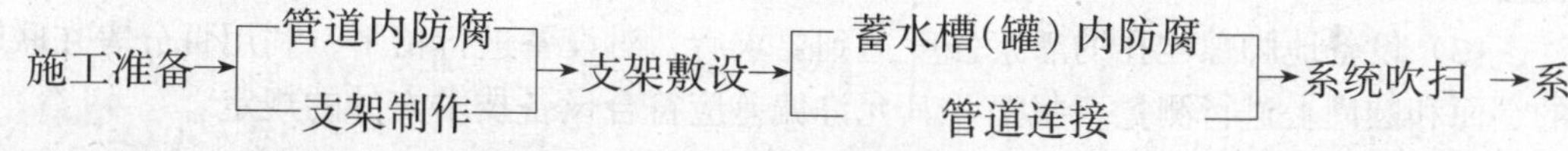

统气密性试验→系统抽真空→管道外防腐→系统充制冷剂

8.4.2 施工要点

8.4.2.1 制冷机组的安装

1 活塞式制冷机组

(1) 基础检查验收：会同土建、监理和建设单位共同对基础质量进行检查，确认合格后进行中间交接。检查内容主要包括：外形尺寸、平面的水平度、中心线、标高、地脚螺栓孔的深度和间距、埋设件等。

(2) 就位找正和初平

1) 根据施工图纸按照建筑物的定位轴线弹出设备基础的纵横向中心线，利用铲车、人字桅杆将设备吊至设备基础上进行就位。应注意设备管口方向应符合设计要求，将设备的水平度调整到接近要求的程度。

2）利用平垫铁或斜垫铁对设备进行初平，垫铁的放置位置和数量应符合设备安装要求。

（3）精平和基础抹面

1）设备初平合格后，应对地脚螺栓孔进行二次灌浆，所用的细石混凝土或水泥砂浆的强度等级，应比基础强度等级高1～2级。灌浆前应清理孔内的污物、泥土等杂物。每个孔洞灌浆必须一次完成，分层捣实，并保持螺栓处于垂直状态。待其强度达到70%以上时，方能拧紧地脚螺栓。

2）设备精平后应及时点焊垫铁，设备底座与基础表面间的空隙应用混凝土填满，并将垫铁埋在混凝土内，灌浆层上表面应略有坡度，以防油、水流入设备底座。抹面砂浆应压密实、表面光滑美观。

3）利用水平仪法或铅垂线法在气缸加工面、底座或与底座平行的加工面上测量，对设备进行精平，使机身纵、横向水平度的允许偏差为1/1000，并应符合设备技术文件的规定。

（4）拆卸和清洗

1）用油封的制冷压缩机，如在设备技术文件规定的期限内，且外观良好、无损坏和锈蚀时，仅拆洗缸盖、活塞、气缸内壁、吸排气阀及曲轴箱等，并检查所有紧固件、油路是否通畅，更换曲轴箱内的润滑油。用充有保护性气体或制冷工质的机组，如在设备技术文件规定的期限内，充气压力无变化，且外观完好，可不作压缩机的内部清洗。

2）设备拆卸清洗的场地应清洁，并具有防火设备。设备拆卸时，应按照顺序进行，在每个零件上做好记号，防止组装时颠倒。

3）采用汽油进行清洗时，清洗后必须涂上一层机油，防止锈蚀。

2　螺杆式制冷机组

（1）螺杆式制冷机组的基础检查、就位找正初平的方法同活塞式制冷机组。机组安装的纵向和横向水平偏差均不应大于1/1000，并应在底座或底座平行的加工面上测量。

（2）脱开电动机与压缩机间的联轴器，点动电动机，检查电动机的转向是否符合压缩机要求。

（3）设备地脚螺栓孔的灌浆强度达到要求后，对设备进行精平，利用百分表在联轴器的端面和圆周上进行测量、找正，其允许偏差应符合设备技术文件的规定。

3　离心式制冷机组

（1）离心式制冷机组的安装方法与活塞式制冷机组基本相同，机组安装的纵向和横向水平偏差均不应大于1/1000，并应在底座或底座平行的加工面上测量。

（2）机组吊装时，钢丝绳要设在蒸发器和冷凝器的筒体外侧，不要使钢丝绳在仪表盘、管路上受力，钢丝绳与设备的接触点应垫木板。

（3）机组在连接压缩机进气管前，应从吸气口观察导向叶片和执行机构、叶片开度与指示位置，按设备技术文件的要求调整一致并定位，最后连接电动执行机构。

（4）安装时设备基础底板应平整，底座安装应设置隔振器，隔振器的压缩量应一致。

4　溴化锂吸收式制冷机组

（1）安装前，设备的内压应符合设备技术文件规定的出厂压力。

（2）机组在房间内布置时，应在机组周围留出可进行保养作业的空间。多台机组布置时，两机组间的距离应保持在1.5～2m。

（3）溴化锂制冷机组就位后的初平及精平方法与活塞式制冷机组基本相同。

（4）机组安装的纵向和横向水平偏差均不应大于1/1000，并应按设备技术文件规定的基准面上测量。水平偏差的测量可采用U形管法或其他方法

（5）燃油或燃气直燃型溴化锂制冷机组及附属设备的安装还应符合《高层民用建筑设计防火规范》GB 50045的相关要求。

5 模块式冷水机组

（1）设备基础平面的水平度、外形尺寸应满足设备安装技术文件的要求。设备安装时，在基础上垫以橡胶减振块，并对设备进行找平找正，使模块式冷水机组的纵横向水平度偏差不超过1/1000。

（2）多台模块式冷水机组并联组合时，应在基础上增加型钢底座，并将机组牢固地固定在底座上。连接后的模块机组外壳应保持完好无损、表面平整，并连接成统一整体。

（3）模块式冷水机组的进、出水管连接位置应正确，严密不漏。

（4）风冷模块式冷水机组的周围，应按设备技术文件要求留有一定的通风空间。

6 大、中型热泵机组

（1）空气热源热泵机组周围应按设备不同留有一定的通风空间。

（2）机组应设置隔振垫，并有定位措施，防止设备运行发生位移，损害设备接口及连接的管道。

（3）机组供、回水管侧应留有1～1.5m的检修距离。

8.4.2.2 附属设备

1 制冷系统的附属设备如冷凝器、贮液器、油分离器、中间冷却器、集油器、空气分离器、蒸发器和制冷剂泵等就位前，应检查管口的方向与位置、地脚螺栓孔与基础的位置并应符合设计要求。

2 附属设备的安装除应符合设计和设备技术文件规定外，尚应符合下列要求：

（1）附属设备的安装，应进行气密性试验及单体吹扫。气密性试验压力应符合设计和设备技术文件的规定。

（2）卧式设备的安装水平偏差和立式设备的铅垂度偏差均不宜大于1/1000。

（3）当安装带有集油器的设备时，集油器的一端应稍低。

（4）洗涤式油分离器的进液口的标高宜比冷凝器的出液口标高低。

（5）当安装低温设备时，设备的支撑和与其他设备接触处应增设垫木。垫木应预先进行防腐处理，垫木的厚度不应小于绝热层的厚度。

（6）与设备连接的管道，其进、出口方向及位置应符合工艺流程和设计的要求。

3 制冷剂泵的安装，应符合下列要求：

（1）泵的轴线标高应低于循环贮液桶的最低液面标高，其间距应符合设备技术文件的规定。

（2）泵的进、出口连接管管径不得小于泵的进、出口直径，两台及两台以上泵的进液管应单独敷设，不得并联安装。

(3) 泵不得空运转或在有气蚀的情况下运转。

8.4.2.3 管道安装

1 制冷系统管道安装

(1) 管道预制

1) 制冷系统的阀门，安装前应按设计要求对型号、规格进行核对检查，并按照规范要求做好清洗和强度、严密性试验。

2) 制冷剂和润滑油系统的管子、管件应将内外壁铁锈及污物清除干净，除完锈的管子应将管口封闭，并保持内外壁干燥。

3) 从液体干管引出支管，应从干管底部或侧面接出，从气体干管引出支管，应从干管上部或侧面接出。

4) 管道成三通连接时，应将支管按制冷剂流向弯成弧形再进行焊接，当支管与干管直径相同且管道内径小于50mm时，需在干管的连接部位换上大一号管径的管段，再按以上规定进行焊接。

5) 不同管径管子对接焊接时，应采用同心异径管。

6) 紫铜管连接宜采用承插焊接，或套管式焊接，承口的扩口深度不应小于直径，扩口方向应迎介质流向。

7) 紫铜管切口表面应平齐，不得有毛刺、凹凸等缺陷。

(2) 阀门安装

1) 阀门安装的位置、方向、高度应符合设计要求，不得反装。

2) 安装带手柄的手动截止阀，手柄不得向下。电磁阀、调节阀、热力膨胀阀、升降式止回阀等，阀头均应向上竖直安装。

3) 热力膨胀阀的感温包，应装于蒸发器末端的回气管上，应接触良好，绑扎紧密，并用隔热材料密封包扎，其厚度与管道保温层相同。

4) 安全阀安装前，应检查铅封情况、出厂合格证书和定压测试报告，不得随意拆启。

(3) 仪表安装

1) 所有测量仪表按设计要求均采用专用产品，并应有合格证书和有效的检测报告。

2) 所有仪表应安装在光线良好、便于观察、不妨碍操作和检修的地方。

3) 压力继电器和温度继电器应装在不受振动的地方。

(4) 系统吹扫、气密性试验及抽真空

1) 系统吹扫：

a 整个制冷系统是一个密封而又清洁的系统，不得有任何杂物存在，必须采用洁净干燥的空气对整个系统进行吹扫，将残存在系统内部的铁屑、焊渣、泥砂等杂物吹净。

b 应选择在系统的最低点设排污口。用压力0.5~0.6MPa的干燥空气进行吹扫，如系统较长，可采用几个排污口分段进行。此项工作按次序连续反复地进行多次，当用白布检查吹出的气体无污垢时为合格。

2) 系统气密性试验：

a 系统内污物吹净后，应对整个系统进行气密性试验。

b 制冷剂为氨的系统，采用压缩空气进行试验；制冷剂为氟利昂的系统，采用瓶装压缩氨气进行试验。对于较大的制冷系统也可采用压缩空气，但须干燥处理后再充入系统。

c 检漏方法：用肥皂水对系统所有焊口、阀门、法兰等连接部位进行仔细涂抹检漏。

d 在试验压力下，经稳压 24h 后观察压力值，不出现压力降为合格。

e 试验过程中如发现泄漏要做好标记，必须在泄压后进行检修，不得带压修补。

f 系统气密性试验压力，应符合表 8.4.2.3 的规定。

表 8.4.2.3 系统气密性试验压力（MPa）

系统压力	活塞式制冷机			离心式制冷机
	R717 R502	R22	R12 134a	R11 R123
低压系统	1.8	1.8	1.2	0.3
高压系统	2.0	2.5	1.6	0.3

3）系统抽真空试验

在气密性试验后，采用真空泵将系统抽至剩余压力小于 5.3kPa（40mm 汞柱），保持 24h，氨系统压力以不发生变化为合格。氟利昂系统压力回升不应大于 0.53kPa（4mm 汞柱）。

（5）管道防腐

1）管道防锈

a 制冷管道、型钢、支吊架等金属制品必须做好除锈防腐处理，安装前可在现场集中进行。如采用手工除锈时，用钢丝刷或砂布反复清刷，直至露出金属光泽，再用棉纱擦净锈尘。

b 刷漆时，必须保持金属面干燥、洁净，漆膜附着良好，油漆厚度均匀，无遗漏。

c 制冷管道刷漆的种类、颜色，应按设计或验收规范规定执行。

2）乙二醇系统管道内壁需作环氧树脂防腐处理。

3）管道保温应符合制冷管道保温要求。

（6）系统充制冷剂

1）制冷系统充灌制冷剂时，应将装有质量合格制冷剂的钢瓶在磅秤上做好记录，用连接管与机组注液阀接通，利用系统内真空度将制冷剂注入系统。

2）当系统内的压力至 0.196～0.294MPa 时，应对系统再次进行检验。查明泄漏后应予以修复，再充灌制冷剂。

3）当系统压力与钢瓶压力相同时，即可启动压缩机，加快充入速度，直至符合有关设备技术文件规定的制冷剂重量。

2 燃油系统管路安装

（1）机房内油箱的容量不得大于 $1m^3$，油位应高于燃烧器 0.10～0.15m 之间，油箱顶部应安装呼吸阀，油箱还应设置油位指示器。

（2）为防止油中的杂质进入燃烧器、油泵及电磁阀等部件，应在管路系统中安装过滤器，一般可设在油箱的出口处和燃烧器的入口处。油箱的出口处可采用60目的过滤器，而燃烧器的入口处则应采用140目较细的过滤器。

(3) 燃油管路应采用无缝钢管，焊接前应清除管内的铁锈和污物，焊接后应做强度和严密性试验。

(4) 燃油管道的最低点应设置排污阀，最高点应设置排空阀。

(5) 装有喷油泵回油管路时，回油管路系统中应装有旋塞、阀门等部件，保证管路畅通无阻。

(6) 在无日用油箱的供油系统，应在储油罐与燃烧器之间安装空气分离器，并应靠近机组。

(7) 管道采用无损检测时，其抽检比例和合格等级应符合设计文件要求。

(8) 当管道系统采用水冲洗时，合格后还应用干燥的压缩空气将管路中的水分吹干。

3 燃气系统管路安装

(1) 管路应采用无缝钢管，并采用明装敷设。特殊情况下采用暗装敷设时，必须便于安装和检查。

(2) 燃气管路的敷设，不得穿越卧室、易燃易爆品仓库、配电间、变电室等部位。燃气管道应做可靠接地。

(3) 当燃气管路的设计压力大于机组使用压力范围时，应在进机组之前增加减压装置。

(4) 燃气管路进入机房后，应按设计要求配置球阀、压力表、过滤器及流量计等。

(5) 燃气管路宜采用焊接连接，应做强度、严密性试验和气体泄漏量试验。

(6) 燃气管路与设备连接前，应对系统进行吹扫，其清洁度应符合设计和有关规范的规定。

8.5 成 品 保 护

8.5.1 管道预制加工、防腐、安装、试压等工序应紧密衔接，如施工有间断，应及时将敞开的管口封闭，以免进入杂物堵塞管子。

8.5.2 吊装重物不得利用已安装好的管道作为吊点，也不得在管道上搭设脚手板踩蹬。

8.5.3 安装用管洞修补工作，必须在面层粉饰之前全部完成。

8.5.4 粉饰工程期间，必要时应设专人监护已安装完的管道、阀部件、仪表等，防止碰坏成品。

8.6 安全、环保措施

8.6.1 安装操作时应戴手套，焊接施工时须戴好防护眼镜面罩及手套。

8.6.2 在密闭空间或设备内焊接作业时，应有良好的通排风措施，并设专人监护。

8.6.3 管道吹扫时，排放口应接至安全地点。排风口不得对着人和设备，防止造成人员伤亡及设备损伤。

8.6.4 管道采用蒸汽吹扫时，应先进行暖管。吹扫现场设置警戒线，无关人员不得进入现场，防止蒸汽烫伤人。

8.6.5 采用电动套丝机进行套丝作业时，操作人员不得佩戴手套。

8.6.6 避免制冷剂的泄漏，减少对大气的污染。

8.6.7 管道吹扫的排放口应定点排放，不得污染已安装的设备及周围环境。

8.6.8 管道和支吊架油漆时，应做好隔离工作，不得污染已完的地面、墙壁、吊顶及其他安装成品。

8.7 质　量　标　准

8.7.1 主控项目

8.7.1.1 制冷设备与制冷附属设备的安装应符合下列规定：

1 制冷设备、制冷附属设备的型号、规格和技术参数必须符合设计要求，并具有产品合格证书、产品性能检验报告。

2 设备的混凝土基础必须进行质量交接验收，合格后方可安装。

3 设备安装的位置、标高和管口方向必须符合设计要求。用地脚螺栓固定的制冷设备和制冷附属设备，其垫铁的放置位置应正确，接触紧密。螺栓必须拧紧，并有防松动措施。

检查数量：全数检查。

检查方法：查阅图纸核对设备型号、规格，产品质量合格证书和性能检验报告。

8.7.1.2 直接膨胀表面式冷却器的外表应保持清洁、完整，空气与制冷剂应呈逆向流动。表面式冷却器与外壳四周的缝隙应堵严，冷凝水排放应畅通。

检查数量：全数检查。

检查方法：观察检查。

8.7.1.3 燃油系统的设备与管道，以及储油罐及日用油箱的安装，其位置和连接方法应符合设计与消防要求。

燃气系统设备的安装应符合设计和消防要求。调压装置、过滤器的安装和调节应符合设备技术文件的规定，且应可靠接地。

检查数量：全数检查。

检查方法：按图纸核对、观察、查阅接地测试记录。

8.7.1.4 制冷设备的各项严密性试验和试运行的技术数据，均应符合设备技术文件的规定。对组装式的制冷机组和现场充注制冷剂的机组，必须进行吹污、气密性试验、真空试验和充注制冷剂检漏试验，其相应的技术数据必须符合产品技术文件和有关现行国家标准、规范的规定。

检查数量：全数检查。

检查方法：旁站观察、检查和查阅式运行记录。

8.7.1.5 制冷系统管道、管件和阀门的安装应符合下列规定：

1 制冷系统的管道、管件和阀门的型号、材质及工作压力等必须符合设计要求，并应具有出厂合格证、质量证明书。

2 法兰、螺纹等处的密封材料应与管内的介质性能相适应。

3 制冷剂液体管不得向上装成“Ω”形，气体管道不得向下装成“U”形（特殊回油管除外）。液体支管引出时，必须从干管底部或侧面接出；气体支管引出时，必须从干管顶部或侧面接出；有两根以上的支管从干管引出时，连接部位应错开，间距不应小于2倍支管直径，且不小于200mm。

4 制冷机与附属设备之间制冷剂管道的连接，其坡度与坡向应符合设计及设备技术文件要求。当设计无规定时，应符合表8.7.1.5的规定。

表 8.7.1.5 制冷剂管道坡度、坡向

管道名称	坡 向	坡 度
压缩机吸气水平管（氟）	压缩机	≥10/1000
压缩机吸气水平管（氨）	蒸发器	≥3/1000
压缩机排气水平管	油分离器	≥10/1000
冷凝器水平供液管	贮液器	（1~3）/1000
油分离器至冷凝器水平管	油分离器	（3~5）/1000

5 制冷系统投入运行前，应对安全阀进行调试校核，其开启和回座压力应符合设备技术文件的要求。

检查数量：按总数抽检20%，其不得少于5件；第5款全数检查。

检查方法：核查合格证明文件、观察、水平仪测量、查阅调校记录。

8.7.1.6 燃油管道系统必须设置可靠的防静电接地装置，其管道法兰应采取镀锌螺栓连接或在法兰处用铜线进行跨接，且接合良好。

检查数量：系统全数检查。

检查方法：观察检查、查阅试验记录。

8.7.1.7 燃气系统管道与机组的连接不得使用非金属软管。燃气管道的吹扫和压力试验应为压缩空气或氮气，严禁用水。当燃气供气管道压力大于0.005MPa时，焊缝的无损检测的执行标准应按规定设计。当设计无规定，且采用超声波探伤时，应全数检测，以质量不低于Ⅱ级为合格。

检查数量：系统全数检查。

检查方法：观察检查、查阅探伤报告和试验记录。

8.7.1.8 氨制冷剂系统管道、附件、阀门及填料不得采用铜或铜合金材料（磷青铜除外），管内不得镀锌。氨系统的管道焊缝应进行射线照相检验，抽检率为10%，以质量不低于Ⅲ级为合格。在不易进行射线照相检验操作的场合，可用超声波检验代替，以不低于Ⅱ级为合格。

检查数量：系统全数检查。

检查方法：观察检查、查阅探伤报告和试验记录。

8.7.1.9 输送乙二醇溶液的管道系统，不得使用内镀锌管道及配件。

检查数量：按系统的管段抽查20%，且不得少于5件。

检查方法：观察检查、查阅安装记录。

8.7.1.10 制冷管道系统应进行强度、气密性试验及真空试验，且必须合格。

检查数量：系统全数检查。

检查方法：旁站、观察检查和查阅试验记录。

8.7.2 一般项目

8.7.2.1 制冷机组与制冷附属设备的安装应符合下列规定：

1 制冷设备及制冷附属设备安装平面位移、标高的允许偏差，应符合表 8.7.2.1 的规定。

表 8.7.2.1 制冷设备与制冷附属设备安装允许偏差和检验方法

项　次	项　目	允许偏差（mm）	检　验　方　法
1	平面位移	10	经纬仪或拉线和尺量检查
2	标　高	±10	水准仪或经纬仪、拉线和尺量检查

2 整体安装的制冷机组，其机身纵、横向水平度的允许偏差为 1/1000，并应符合设备技术文件的规定；

3 制冷附属设备安装的水平度或垂直度允许偏差为 1/1000，并应符合设备技术文件的规定。

4 采用隔振措施的制冷设备或制冷附属设备，其隔振器安装位置应正确。各个隔振器的压缩量，应均匀一致，偏差不应大于 2mm。

5 置弹簧隔振的制冷机组，应设有防止机组运行时水平位移的定位装置。

检查数量：全数检查。

检查方法：在机座或指定的基准面上用水平仪、水准仪等检测、尺量与观察检查。

8.7.2.2 模块式冷水机组单元多台并联组合时，接口应牢固，且严密不漏。连接后机组的外表，应平整、完好，无明显的扭曲。

检查数量：全数检查。

检查方法：尺量、观察检查。

8.7.2.3 燃油系统油泵和蓄冷系统载冷剂泵的安装，纵、横向水平度允许偏差为 1/1000，联轴器两轴心轴向倾斜允许偏差为 0.2/1000，径向位移为 0.05mm。

检查数量：全数检查。

检查方法：在机座或指定的基准面上，用水平仪、水准仪等检测，尺量、观察检查。

8.7.2.4 制冷系统管道、管件的安装应符合下列规定：

1 管道、管件的内外壁应清洁、干燥。铜管管道支吊架的形式、位置、间距及管道安装标高应符合设计要求。连接制冷机的吸、排气管道应设单独支架。管径小于等于 20mm 的铜管道，在阀门处应设置支架。管道上下平行敷设时，吸气管应在下方。

2 制冷剂管道弯管的弯曲半径不应小于 3.5D（管道直径），其最大外径与最小外径之差不应大于 0.08D，且不应使用焊接弯管及皱褶弯管。

3 制冷剂管道分支管应按介质流向弯成 90°弧度与主管连接，不宜使用弯曲半径小于 1.5D 的压制弯管。

4 铜管切口应平整，不得有毛刺、凹凸等缺陷，切口允许倾斜偏差为管径的 1%。

管口翻边后应保持同心，不得有开裂及皱褶，并应有良好的密封面。

5 采用承插钎焊焊接连接的铜管，其插接深度应符合表8.7.2.4的规定，承插的扩口方向应迎介质流向。当采用套接钎焊焊接连接时，其插接深度应不小于承插连接的规定。

采用对接焊缝组对管道的内壁应齐平，错边量不大于0.1倍壁厚，且不大于1mm。

表8.7.2.4 承插式焊接的铜管承口的扩口深度（mm）

铜管规格	≤*DN*15	*DN*20	*DN*25	*DN*32	*DN*40	*DN*50	*DN*65
承插口的扩口深度	9～12	12～15	15～18	17～20	21～24	24～26	26～30

6 管道穿越墙体或楼板时，管道的支吊架和钢管的焊接应按本标准第9章的有关规定执行。

检查数量：按系统抽查20%，且不得少于5件。

检查方法：尺量、观察检查。

8.7.2.5 制冷系统阀门的安装应符合下列规定：

1 制冷剂阀门安装前应进行强度和严密性试验。强度试验压力为阀门公称压力的1.5倍，时间不得少于5min。严密性试验压力为阀门公称压力的1.1倍，持续时间30s不漏为合格。合格应保持阀体内干燥，如阀门进、出口封闭破损或阀体锈蚀的还应进行解体清洗。

2 位置、方向和高度应符合设计要求。

3 水平管道上的阀门的手柄不应朝下，垂直管道上的阀门手柄应朝向便于操作的地方。

4 自控阀门安装的位置应符合设计要求。电磁阀、调节阀、热力膨胀阀、升降式止回阀等的阀头均应向上，热力膨胀阀的安装位置应高于感温包。感温包应装在蒸发器末端的回气管上，与管道接触良好，绑扎紧密。

5 安全阀应垂直安装在便于检修的位置，其排气管的出口应朝向安全地带，排液管应装在泄水管上。

检查数量：按系统抽查20%，且不得少于5件。

检查方法：尺量、观察检查、旁站或查阅试验记录。

8.7.2.6 制冷系统的吹扫排污应采用压力为0.6MPa的干燥压缩空气或氮气，以浅色布检查5min，无污物为合格。系统吹扫干净后，应将系统中阀门的阀芯拆下清洗干净。

检查数量：全体检查。

检查方法：观察、旁站或查阅试验记录。

8.8 质 量 验 收

8.8.1 检验批的验收按本标准第3.0.18条进行组织。

8.8.2 检验批质量验收记录当地方主管部门无统一规定时，宜采用表8.8.2“空调制冷系统安装检验批质量验收记录表”

表 8.8.2　空调制冷系统安装检验批质量验收记录表

GB 50243—2002

<table>
<tr><td colspan="4">单位（子单位）工程名称</td><td colspan="3"></td></tr>
<tr><td colspan="4">分部（子分部）工程名称</td><td colspan="1"></td><td>验收部位</td><td></td></tr>
<tr><td colspan="2">施工单位</td><td colspan="3"></td><td>项目经理</td><td></td></tr>
<tr><td colspan="2">分包单位</td><td colspan="3"></td><td>分包项目经理</td><td></td></tr>
<tr><td colspan="4">施工执行标准名称及编号</td><td colspan="3"></td></tr>
<tr><td colspan="5">施工质量验收规范的规定</td><td>施工单位检查评定记录</td><td>监理（建设）单位验收记录</td></tr>
<tr><td rowspan="11">主控项目</td><td>1</td><td colspan="2">制冷设备与附属设备安装</td><td>第 8.7.1.1 条第 1、3 款</td><td></td><td rowspan="11"></td></tr>
<tr><td>2</td><td colspan="2">设备混凝土基础验收</td><td>第 8.7.1.1 条第 2 款</td><td></td></tr>
<tr><td>3</td><td colspan="2">表冷器的安装</td><td>第 8.7.1.2 条</td><td></td></tr>
<tr><td>4</td><td colspan="2">燃油、燃气系统设备安装</td><td>第 8.7.1.3 条</td><td></td></tr>
<tr><td>5</td><td colspan="2">制冷设备严密性试验及试运行</td><td>第 8.7.1.4 条</td><td></td></tr>
<tr><td>6</td><td colspan="2">制冷管道及管配件安装</td><td>第 8.7.1.5 条</td><td></td></tr>
<tr><td>7</td><td colspan="2">燃油管道系统接地</td><td>第 8.7.1.6 条</td><td></td></tr>
<tr><td>8</td><td colspan="2">燃气系统安装</td><td>第 8.7.1.7 条</td><td></td></tr>
<tr><td>9</td><td colspan="2">氨管道焊缝无损检测</td><td>第 8.7.1.8 条</td><td></td></tr>
<tr><td>10</td><td colspan="2">乙二醇管道系统安装</td><td>第 8.7.1.9 条</td><td></td></tr>
<tr><td>11</td><td colspan="2">制冷剂管道试验</td><td>第 8.7.1.10 条</td><td></td></tr>
<tr><td rowspan="9">一般项目</td><td rowspan="2">1</td><td rowspan="2">制冷及附属设备安装</td><td>平面位移(mm)</td><td>10</td><td></td><td rowspan="9"></td></tr>
<tr><td>标高(mm)</td><td>±10</td><td></td></tr>
<tr><td>2</td><td colspan="2">模块式冷水机组安装</td><td>第 8.7.2.2 条</td><td></td></tr>
<tr><td>3</td><td colspan="2">泵安装</td><td>第 8.7.2.3 条</td><td></td></tr>
<tr><td>4</td><td colspan="2">制冷剂管道安装</td><td>第 8.7.2.4 条
第 1、2、3、4 款</td><td></td></tr>
<tr><td>5</td><td colspan="2">管道焊接</td><td>第 8.7.2.4 条第 5、6 款</td><td></td></tr>
<tr><td>6</td><td colspan="2">阀门安装</td><td>第 8.7.2.5 条第 2、5 款</td><td></td></tr>
<tr><td>7</td><td colspan="2">阀门试压</td><td>第 8.7.2.5 条第 1 款</td><td></td></tr>
<tr><td>8</td><td colspan="2">制冷系统吹扫</td><td>第 8.7.2.6 条</td><td></td></tr>
<tr><td colspan="2" rowspan="2">施工单位
检查评定结果</td><td colspan="2">专业工长(施工员)</td><td></td><td>施工班组长</td><td></td></tr>
<tr><td colspan="5">项目专业质量检查员：　　　　年　月　日</td></tr>
<tr><td colspan="2">监理(建设)单位
验收结论</td><td colspan="5">专业监理工程师(建设单位项目专业技术负责人)：　　　　年　月　日</td></tr>
</table>

9 空调水系统管道与设备安装

9.1 一 般 规 定

9.1.1 本章适用于空调工程水系统安装子分部工程，包括冷（热）水、冷却水、凝结水系统的设备（不包括末端设备）、管道及附件施工及施工质量的检验和验收。

9.1.2 镀锌钢管应采用螺纹连接。当管径大于 *DN*100 时，可采用卡箍式、法兰或焊接连接，但应对焊缝及热影响区的表面进行防腐处理。

9.1.3 从事金属管道焊接的企业，应具有相应项目的焊接工艺评定，焊工应持有相应类别焊接的焊工合格证书。

9.1.4 空调用蒸汽管道的安装，应按《建筑给水排水及采暖工程施工技术标准》ZJQ08—SGJB242—2005 和现行国家标准《建筑给水排水及采暖工程施工质量验收规范》GB 50242—2002 的规定执行。

9.2 施 工 准 备

9.2.1 技术准备

1 熟悉技术资料。安装前，应事先熟悉有关施工图纸、规范、规程、标准图集及其他技术资料，以便全面掌握工程概况、特点和技术要求。

2 图纸会审。安装前，应会同设计单位和监理单位（建设单位），进行图纸会审。

3 技术交底。安装前，应由专业技术负责人或工长向施工人员进行技术交底。

9.2.2 材料准备

管材、阀门、管件等。

9.2.3 主要机具

1 施工机具：套丝机、试压泵、台钻、冲击电钻、砂轮切割机、砂轮机、坡口机、钢管专用滚槽机、钢管专用开孔机、交流电焊机、PP-R 等复合管专用焊机、倒链、管钳等。

2 测量工具：钢直尺、钢卷尺、角尺、压力表、焊缝检验尺、水平尺、线坠等。

9.2.4 作业条件

1 有关的土建工程施工完毕并经检查合格，泥水活基本完成。

2 所需图纸资料和技术文件齐备。

3 管子、阀门、管道附件等经检验合格且已完成除锈、清洗等工作。

4 设备配管时，该设备已找正、调平，固定完毕。

9.3 材料质量控制

1 管材、管件、阀门等型号、规格、材质及承压应符合设计要求和施工规范规定。

2 碳素钢管、无缝钢管。管材不得弯曲、锈蚀，无飞刺、重皮及凹凸不平现象。

3 硬聚氯乙烯（UPVC）、聚丙烯（PP-R）、聚丁烯（PB）与交联聚乙烯（PEX）等有机材料管道，表面无明显压瘪、无划伤等现象。

4 阀门铸造规矩、无毛刺、无裂纹，开关灵活严密，丝扣无损伤，直度和角度正确，强度符合要求，手轮无损伤。

5 工程中所选用的对焊管件的外径和壁厚应与被连接管道的外径和壁厚相一致。

6 丝接或粘接管道的管材与管件应匹配，丝接管件无偏丝、断丝、角度不准确等缺陷。

7 设备安装所采用的减振器或减振垫的规格、材质和单位面积的承载率应符合设计和设备安装要求。

8 支吊架固定所采用的膨胀螺栓、射钉等，应符合设计要求，其强度应能满足管道及设备的安装要求。

9.4 施工工艺

9.4.1 管道安装

空调水系统的管道一般选用无缝钢管、焊接钢管、镀锌钢管、PP-R、UPVC、PEX 等。根据材质、管径不同采用不同的连接方式。当管径小于等于 32mm 采用螺纹连接，当管径大于 32mm 采用焊接或法兰连接。非金属管道使用热熔焊接方法。管道与设备、阀门接口时，选用便于拆卸的连接方式。

9.4.1.1 工艺流程

预留预埋→材料进场检查→支、吊架制作安装→管道安装→强度严密性试验→管道冲洗→绝热→系统调试

9.4.1.2 施工要点

1 预留预埋

(1) 工程结构施工过程中，根据设计图纸要求，做好预留预埋。在管道工程施工前，进行复测。

(2) 管道穿墙和楼板应设套管，根据设计要求选用套管。当设计无规定时，宜按表 9.4.1.2-1 选用。

表 9.4.1.2-1 常用套管

序号	名称	适用
1	普通套管	穿结构内墙和楼板
2	柔性防水套管	穿结构外墙或有严密防水要求的建筑物
3	刚性防水套管	一般防水要求的部位

(3) 套管规格应符合设计要求。当设计无规定时，可按表 9.4.1.2-2 的规定。

表 9.4.1.2-2　套管使用规格

序号	部位	规格	要求
1	穿墙	长度（L）	与墙体厚度一致，与墙两侧面平齐
2	穿楼板	长度（L）	大于楼板厚度，套管的下口应与楼板平齐，上口高于楼板 20～50mm
3	保温	管径（DN）	比管道保温层大 2 号
4	不保温	管径（DN）	一般比管道大 2～3 号

(4) 套管安装应在混凝土结构浇筑或墙体砌筑时进行。

1) 混凝土墙上的套管配合钢筋绑扎时预埋，按设计要求的位置用点焊或用钢丝捆扎在钢筋上，两端管口和模板严密接触，必要时可在套管内塞入木屑或湿报纸等，管口用塑料布封闭。

2) 混凝土楼板的套管在底模板支上后，将套管固定在模板上，与模板相接的一端（下端）用上述方法封堵，另一端（上端）用薄钢板点焊封口。

3) 墙体砌筑时，将套管固定在预定的位置上。

4) 柔性或刚性套管安装在非混凝土墙壁时，应在装套管处局部改用混凝土，且应将套管一次浇固于墙内。

2　材料进场检查

(1) 管材、管件、阀门等安装前，应按设计要求检查型号、规格和质量，应清除内部污垢和杂物。

(2) 当对合格证或试验记录有疑问时，应抽取管材、管件等进行打压试验。

3　支、吊架制作安装

管道支、吊架的形式、位置、间距、标高应符合设计及规范要求。支、吊架按用途一般分为滑动支架、固定支架、导向支架、一般支架及吊架等。

(1) 支、吊架设置的原则

1) 满足管道的稳定性、强度和刚度以及输送介质的温度、工作压力、受力、受热后的形变等要求。

2) 明装管道应考虑支、吊架的整齐一致与美观，管道的落地支架还应考虑通行的便利。

3) 设有补偿器的管道应设置固定支架，固定支架结构形式和固定位置应符合图纸要求。

4) 一般支、吊架选用根据标准图集，大管道或多根成排管道支、吊架型钢的选用应进行刚度和强度计算。

5) 有减振要求应加减振吊架。设备进、出口软接头、大管径阀门处要单独设置支、吊架。

6) 支、吊架的间距应符合设计要求，当设计无要求时可按表 9.4.1.2-3。

表 9.4.1.2-3　钢管道支、吊架最大间距

公称直径 *DN*（mm）		15	20	25	32	40	50	70	80	100	125	150	200	250	300
支、吊架最大间距（m）	L_1	1.5	2.0	2.5	2.5	3.0	3.5	4.0	5.0	5.0	5.5	6.5	7.5	8.5	9.5
	L_2	2.5	3.0	3.5	4.0	4.5	5.0	6.0	6.5	6.5	7.5	7.5	9.0	9.5	10.5
	对大于 300mm 的管道可参考 300mm，但需经计算														

注：1　适用工作压力≤2.0MPa，保温材料密度≤200kg/m^3 的管道系统；
　　2　L_1 适用保温管道，L_2 适用不保温管道。

(2) 金属管道支、吊架制作与安装

1) 支、吊架制作：型钢下料不得用电气焊，须用专用工具切割。吊杆不得弯曲，其下端套丝长度一般大于 100mm。吊杆长度不够需搭接时，其搭接长度一般为吊杆直径的 8～10 倍，搭接处应双面满焊，焊缝不得有漏焊、欠焊、裂纹咬肉等缺陷，焊接变形应予矫正。

2) 支、吊架的生根应牢固，一般采用预埋铁件、膨胀螺栓、顶板打透眼等方法。

预埋铁件的钢板厚度应根据承重选择。钢板上焊钢筋爪钩以便与钢筋绑扎固定生根，不得用直筋插入在绑扎的钢筋中。

膨胀螺栓埋设时应与结构面垂直，埋设的深度应使套管全部进入结构中，套管的端口和结构面相平。

顶板打透眼时在透眼上应用钢板或型钢做十字固定，十字长度应根据管径和现场情况超出透眼边缘 50～100mm。

3) 支、吊架安装的位置、标高应准确，支、吊架生根前应根据施工图纸、管道的操作距离、绝热距离以及与其他专业或其他管道交叉规定的距离进行测量放线。

4) 支、吊架在安装前应做防腐处理，一般在除锈后刷防锈漆两道。

5) 支、吊架安装：

a　凝结水管道的支、吊架安装应留有足够的坡度。

b　蒸汽管、热水管的固定支架及滑动支架应严格按设计的位置安装，其管道应牢固的固定在支架上。在没有补偿器时有位移的直管段上，只能有一个固定架。无热位移的管道吊架的吊杆应垂直于管道，有热位移管道的吊杆应按位移量的 1/2 偏向位移相反方向倾斜安装。

c　固定在建筑结构上的支、吊架不得影响结构的安全。

6) 空调水系统管道应做绝热，在支、吊架处必须设置木托，木托的厚度与保温层厚度相同。

(3) 非金属管道支架制作与安装

1) 非金属管道支、吊架的间距应符合设计要求，当设计无要求时应不大于表 9.4.1.2-4 和表 9.4.1.2-5 的规定。

表 9.4.1.2-4　冷水管支、吊架最大间距

公称外径 *DN*（mm）	20	25	32	40	50	63	75	90	110
横管（m）	0.40	0.50	0.65	0.80	1.00	1.20	1.30	1.50	1.60
立管（m）	0.70	0.80	0.90	1.20	1.40	1.60	1.80	2.00	2.20

表 9.4.1.2-5 热水管支、吊架最大间距

公称外径 DN（mm）	20	25	32	40	50	63	75	90	110
横管（m）	0.30	0.40	0.50	0.65	0.70	0.80	1.00	1.10	1.20
立管（m）	0.60	0.70	0.80	0.90	1.10	1.20	1.40	1.60	1.80

2）采用金属管卡或金属支、吊架时，卡箍与管道之间应垫隔绝垫片，不可直接接触。

3）当非金属管道和金属管道连接，其管卡或支、吊架应设在金属管配件一端。

4）热水管应加宽管卡及横梁的接触面积。

4 管道安装

管道连接有焊接、丝接、法兰连接、沟槽式连接、热熔连接等方式。

（1）管道安装原则和要求

1）管道安装应遵循有压管让无压管、小管让大管的原则，按先装上后装下、先装里后装外的程序进行。

2）管道与支架接触要良好，不得有间隙。管道安装时，布局要合理、整齐一致、美观。

3）冷、热水管道上下平行安装时，热水管应在冷水管的上方，垂直平行安装时，热水管应在冷水管的左侧。

4）管道上的阀门、压力表、温度计等附件应安装在便于操作和观察的位置上。

5）镀锌管、焊接钢管不得采用热煨弯。

6）钢管弯制曲率半径：

a 热弯，应不小于管道外径的 3.5 倍；

b 冷弯，应不小于管道外径的 4 倍；

c 焊接弯头，应不小于管道外径的 1.5 倍；

d 冲压弯头，应不小于管道外径。

7）管道的椭圆率：

管径小于或等于 150mm 时，不得大于 8%；管径小于或等于 200mm 时，不得大于 6%；管壁的减薄率不得超过原壁厚的 5%。

8）管道安装的坡度、坡向应符合设计要求，管道的最低点或变坡低点应设放水阀，系统的最高点应设排气阀。

（2）螺纹连接

管径小于等于 32mm、采用焊接钢管时，应采用螺纹连接。

1）管道螺纹应使用套丝机或铰板加工。

手工套丝应用力均匀；机械套丝时，应防止“爆牙”或管端变形。加工完成后的螺纹应端正、清楚、完整、光滑，螺纹表面不得有裂纹、乱丝、断丝、凹陷、毛刺等缺陷。缺丝的长度不得超过整个螺纹长度的 10%。

2）管道连接一般采用生料带或铅油麻丝作填料。管道连接后，应将螺纹外的填料清除干净。

（3）焊接连接

1）焊条的规格、性能应符合焊接工艺规程。

2）在雨天、雪天、冬天、刮风等恶劣环境焊接时应有保护措施。焊条在使用前应按出厂说明书规定进行烘干。若使用时包装完好，未受潮可以直接使用，但是开封1d后应经烘干后方能使用。焊条在使用过程中要保持干燥，超过4h应重新烘干，但重复烘干次数不宜超过两次。凡受潮或药皮脱落、裂纹显著的焊条不得使用。

3）钢管切割口断面应与管子中心线垂直，以保证管道焊接的同心度。

4）管道对接焊口与坡口要符合焊接工艺要求。当管壁 $\delta \geqslant 6mm$ 时应加工坡口。坡口及对口形式和要求应符合表9.4.1.2-6的要求。坡口加工可采用气割或坡口机加工，加工后应清除渣屑、污物和油垢，露出金属光泽。

表 9.4.1.2-6　对口形式及对口要求

坡口名称	坡口形式	接头尺寸				备　注
		壁厚（mm）	间距（mm）	钝边（mm）	角度（°）	
管接头为V形坡口	α, δ, C, P	δ	C	P	α	内壁错边量 $\leqslant 0.1\delta$；且 $\leqslant$ 2mm；外壁 $\leqslant$ 3mm
		6～9	0～2.0	0～2	65～75	
		9～26	0～3.0	0～3	55～65	

5）管径、壁厚相同的管道或管件对接口时，应内壁齐平。对口的平直度为1/100，全长不大于10mm。

6）异径管对焊时应将大管加工成偏心管（上平或下平），与小管的口径相同时，再进行焊接。缩管应平直、圆正，不应有皱褶、裂纹和壁厚不匀等缺陷。

7）管道焊接焊缝的高度和宽度，应符合《建筑给水排水及采暖工程施工技术标准》ZJQ08—SGJB242—2005的有关要求，焊缝表面要清晰整齐，呈鱼鳞状。

8）管道焊接后，应作外观检查。焊缝缺陷超过规定标准时，应进行修补。焊缝表面的缺陷用砂轮打磨，缺陷磨除后的焊缝表面若低于母材，要先进行焊接修补，然后再焊接。必要时将管段割除重焊。不要求进行无损检验的焊缝，其外观质量应不低于表9.4.1.2-7中的Ⅳ级。

9）焊接管道的焊缝设置应避开应力集中区，相邻两纵向焊缝间的距离应大于壁厚的3倍，且不小于100mm。在焊缝及其边缘上不应开孔。管道对接焊缝与支、吊架的距离应大于50mm。

表 9.4.1.2-7　焊缝质量分级标准

检验项目	缺陷名称	质量分级			
		Ⅰ	Ⅱ	Ⅲ	Ⅳ
焊缝外观质量	裂纹	不允许			
	表面气孔	不允许		每50mm焊缝长度内允许直径 $\leqslant 0.3\delta$，且 $\leqslant$ 2mm的气孔2个孔间距 $\geqslant$ 6倍孔径	每50mm焊缝长度内允许直径 $\leqslant 0.4\delta$，且 $\leqslant$ 3mm的气孔2个孔间距 $\geqslant$ 6倍孔径
	表面夹渣	不允许		深 $\leqslant 0.1\delta$ 长 $\leqslant 0.3\delta$，且 $\leqslant$ 10mm	深 $\leqslant 0.2\delta$ 长 $\leqslant 0.5\delta$，且 $\leqslant$ 20mm

续表 9.4.1.2-7

检验项目	缺陷名称		质量分级			
			Ⅰ	Ⅱ	Ⅲ	Ⅳ
焊缝外观质量	咬边		不允许		$\leqslant 0.05\delta$，且$\leqslant$0.5mm 连续长度$\leqslant$100mm，且焊缝两侧咬边总长$\leqslant$10%焊缝全长	$\leqslant 0.1\delta$，且$\leqslant$1mm，长度不限
	未焊透		不允许		不加垫单面焊允许值$\leqslant 0.15\delta$，且$\leqslant$1.5mm 缺陷总长在6δ焊缝长度内不超过δ	$\leqslant 0.2\delta$，且$\leqslant$2.0mm 每100mm焊缝内缺陷总长$\leqslant$25mm
	根部收缩		不允许	$\leqslant 0.2+0.02\delta$，且$\leqslant$0.5mm	$\leqslant 0.2+0.02\delta$，且$\leqslant$1mm	$\leqslant 0.2+0.04\delta$，且$\leqslant$2mm
				长度不限		
	角焊缝厚度不足		不允许		$\leqslant 0.3+0.05\delta$，且$\leqslant$1mm每100mm焊缝长度内缺陷总长度$\leqslant$25mm	$\leqslant 0.3+0.05\delta$，且$\leqslant$2mm每100mm焊缝长度内缺陷总长度$\leqslant$25mm
	角焊缝焊角不对称		差值$\leqslant 1+0.1a$		$\leqslant 2+0.15a$	$\leqslant 2+0.2a$
	余高		$\leqslant 1+0.10b$，且最大为3mm		$\leqslant 1+0.2b$，且最大为5mm	
对接焊缝内部质量	射线照相检验	碳素钢和合金钢	GB3323 的Ⅰ级	GB3323 的Ⅱ级	GB3323 的Ⅲ级	不要求
		铝及铝合金	附录 E 的Ⅰ级	附录 E 的Ⅱ级	附录 E 的Ⅲ级	
		铜及铜合金	GB3323 的Ⅰ级	GB3323 的Ⅱ级	GB3323 的Ⅲ级	
		工业纯钛	附录 F 的合格级		不要求	
		镍及镍合金	GB3323 的Ⅰ级	GB3323 的Ⅱ级	GB3323 的Ⅲ级	不要求
	超声波检验		GB11345 的Ⅰ级		GB11345 的Ⅱ级	不要求

注：1 当咬边经磨削修整并平滑过渡时，可按焊缝一侧较薄母材最小允许厚度值评定。
2 角焊缝焊角不对称在特定条件下要求平缓过渡时，不受本规定限制（如搭接或不等厚板的对接和角接组合焊缝）。
3 除注明角焊缝缺陷外，其余均为对接，角接焊缝通用。
4 表中 a—设计焊缝厚度；b—焊缝宽度；δ—母材厚度。
5 表中“附录 E、附录 F”为国家标准《现场设备、工业管道焊接工程施工及验收规范》GB50236—98 中的附录。

（4）法兰连接

1）管道与法兰焊接应双面满焊，法兰平面与管道中心线应垂直，并同心。焊接时管道插入法兰内深度应以法兰厚度的 1/2 为宜，最多不超过法兰厚度的 2/3。法兰内口的焊缝不应超出法兰面。

2）法兰对接应平行，其偏差不得大于其外径的 1.5/1000，且不大于 2mm。法兰盘的密封面应平整、光洁，不得有毛刺和径向沟槽，凹凸面法兰要能够自然嵌合，凸面的高度不得低于凹槽的深度，不得有影响密封性能的缺陷。

3）连接螺栓的长度应一致，其规格与法兰配套。螺母在水流方向的下方同一侧，螺母下垫一个平垫圈，平垫圈和螺母间加弹簧垫圈防止松动。螺栓紧固后要露出螺纹，螺纹外露长度应一致，一般为2~3扣。

4）法兰之间应根据设计及规范要求，选择密封垫片。冷水一般使用橡胶垫片，热水一般使用石棉橡胶垫片。法兰垫片的质地应柔软，无老化变质或分层现象，表面不应有折损、皱纹等缺陷。法兰垫片放置时要平整，周边要整齐，垫片尺寸与法兰尺寸要相符，不得使用斜垫片或多层垫片。

5）法兰边缘与建筑物、支吊架或其他构筑物之间的距离不得小于螺栓长度。

（5）沟槽式连接

沟槽式连接是弹性连接，一般在管径大、施工困难时使用。

沟槽、橡胶圈、卡箍套应是合格的配套产品。

支、吊架不得设在卡箍上，但在水平管任意两个卡箍之间必须设置支、吊架。支、吊架的距离应符合表9.7.2.6-2的规定。

1）镀锌钢管预制：用滚槽机滚槽，在需要开孔的部位用开孔机开孔。

2）安装密封圈：把密封圈套入管道口一端，然后将另一管道口与该管口对齐，把密封圈移到两管道口密封面处，密封圈两侧不应伸入两管道的凹槽。

3）安装接头：把接头两处螺栓松开，分成两块，先后在密封圈上套上两块外壳，插入螺栓，对称上紧螺帽，确保外壳两端进入凹槽直至上紧。

4）机械三通、机械四通：先从外壳上去掉一个螺栓，松开另一螺母直到与螺栓端头平，将下壳旋离上壳约90°，把上壳出口部分放在管口开口处对中并与孔成一直线，再沿管端旋转下壳使上下两块合拢。

5）法兰片：松开两侧螺母，将法兰两块分开，分别将两块法兰片的环形键部分装入开槽管端凹槽里，再把两侧螺栓插入拧紧，调节两侧间隙相近，安装密封垫要将“C”形开口处背对法兰。

（6）非金属管道连接

同种材质的管道及配件之间，应采用热熔连接；与金属管件连接时，可采用带金属嵌件的管件过渡，该管件与塑料管采用热熔连接，与金属管件等采用丝扣连接。

明装或暗设在管道井、吊顶内的管道宜采用热熔连接；埋地敷设、嵌墙敷设和在楼地面找平层内敷设的管道应采用热熔连接。

（7）管道安装

1）干管安装

a 干管若为吊卡固定时，在安装管子前，必须先把地沟或顶棚内吊卡按坡向顺序依次穿在型钢上。安装管路时先把吊卡按卡距套在管子上，把吊卡子抬起将吊卡长度按坡度调整好，再穿上螺栓螺母，将管安装好。

b 托架上安管时，把管先架在托架上，上管前先把第一节管带上U形卡，然后安装第二节管，各节管段照此进行。

c 管道安装应从进户处或分支点开始，安装前要检查管内有无杂物。在丝头处抹上铅油缠好麻丝，一人在末端找平管子，一人在接口处把第一节管相对固定，对准丝口，依丝扣自然锥度，慢慢转动入口，至用手转不动时，再用管钳咬住管件，用另一管钳子上管，松紧度适宜，外露 2~3 扣为好。最后清除麻头。

d　焊接连接管道的安装程序与丝接管道相同，从第一节管开始，把管扶正找平，使甩口方向一致，对准管口，调直后即可用点焊，然后正式施焊。

e　遇有方形补偿器，应在安装前按规定做好预拉伸。用钢管支撑，点焊固定，按位置把补偿器摆好，中心加支吊托架，按管道坡向用水平尺逐点找好坡度，再把两边接口对正、找直、点焊、焊死。待管道调整完，固定卡焊牢后，方可把补偿器的支撑管拆掉。

f　按设计图纸或标准图中的规定位置、标高，安装阀门、集气罐等。

g　管道安装完，首先检查坐标、标高、坡度，变径、三通的位置等是否正确。用水平尺核对、复核调整坡度，合格后将管道固定牢固。

h　要装好楼板上钢套管，摆正后使套管上端高出地面面层 20mm（卫生间 50mm），下端与顶棚抹灰相平。水平穿墙套管与墙的抹灰面相平。

2）立管安装

a　首先检查和复核各层预留孔洞、套管是否在同一垂直线上。

b　安装前，按编号从第一节管开始安装，由上向下，一般两人操作为宜。先进行预安装，确认支管三通的标高、位置无误后，卸下管道抹油缠麻，将立管对准接口的丝扣扶正角度慢慢转动入扣，直至手拧不动为止。用管钳咬住管件，用另一把管钳上管，松紧适宜，外露 2~3 扣为宜。

c　检查立管的每个预留口的标高、角度是否准确、平正。确认后将管子放入立管管卡内紧固，然后填塞套管缝隙或预留孔洞。预留管口暂不施工时，应做好保护措施。

3）支管安装

a　核对各设备的安装位置及立管预留口的标高、位置是否准确，作好记录。风机盘管、诱导器应采用柔性连接，柔性短管自带活套连接时，可不采用活接头，否则应增加活接头。

b　安装活接头时，子口一头安装在来水方向，母口一头安装在去水方向。

c　丝头抹油缠麻，用手托平管子，随丝扣自然锥度入扣。手拧不动时，用管钳子将管子拧到松紧适度，丝扣外露 2~3 扣为宜。然后对准活接头，把麻垫抹上铅油套在活接口上，对正子母口，带上锁母，用管钳拧到松紧适度，清净麻头。

d　用钢尺、水平尺、线坠校核支管的坡度和距墙尺寸，复查立管及设备有无移动。合格后固定管道和堵抹墙洞缝隙。

e　管道安装的允许偏差和检查方法应符合表 9.7.2.5 的要求。

(8) 阀门、压力表、温度计等安装

1）阀门、阀件的安装位置、高度、进出口方向要按图纸的规定，并应考虑装在便于操作和观察的位置。

安装前，应仔细核对型号与规格是否符合设计要求，检查阀杆和阀盘是否灵活，有无卡住和歪斜现象。主干管上起切断作用的阀门应逐个进行强度和严密性试验，合格后方可安装。阀门的试验应符合本标准第 9.7.1.4 条的规定。

2）水平管道上的阀门，阀杆宜垂直向上或向左右偏 45°，也可水平安装，但不宜向下。垂直管道上的阀门阀杆，必须顺着操作巡回线方向安装。

3）搬运阀门时，不允许随手抛掷。吊装时，绳索应拴在阀体与阀盖的法兰连接处，不得拴在手轮或阀杆上。

4）阀门安装时应保持关闭状态，并注意阀门的特性及介质流动方向。

5）阀门与管道连接时，不应强行拧紧其法兰上的连接螺栓。对螺纹连接的阀门，其螺纹应完整无缺，拧紧时宜用扳手卡住阀门一端的六角体。

6）安装螺纹连接阀门时，一般应在阀门的出口端加设一个活接头。

7）对带操作机构和传动装置的阀门，应在阀门安装好后，再安装操作机构和传动装置，且在安装前先对它们进行清洗，安装完后还应进行调整，使其动作灵活、指示准确。

8）温度计、压力表安装的位置应便于观察，在机房成排设备上安装高度应整齐一致。

(9) 补偿器安装

常用的补偿装置有方形补偿器、波纹补偿器、套管式补偿器等。

1）方形补偿器通常是水平安装，其安装应在两个固定架之间的其他管段安装完毕后再安装。

2）补偿器在安装前应根据设计计算的补偿量进行预拉伸或预压缩。

3）管道的固定支架应在补偿器预拉伸或预压缩前固定。

4）波纹补偿器分带套筒和不带套筒两种形式，安装时应注意方向。补偿器内的补套与管外壳焊接的一端应朝向坡度的上方，安装时应加设临时固定，待管道安装固定后再拆除临时固定。吊装波纹补偿器时不应把吊索捆扎在波节上，不应将支撑件焊在波节上。试压时应注意将补偿器夹牢固定，防止变形。

(10) 水压试验

管道安装完毕后，在保温前进行水压试验。水压试验时应将与设备连接的法兰拆除，或用盲板对设备进行隔断。

1）连接安装水压试验管路

根据水源的位置和管路系统情况，制定出试压方案和技术措施。根据试压方案连接试压管路。

2）灌水前的检查

检查试压系统中的管道、设备、阀件、固定支架等是否按照施工图纸和设计变更内容全部施工完毕，并符合有关规范要求。

对于不宜参与试验的系统、设备、仪表及管道附件是否已采取安全可靠的隔离措施。

试压用的压力表是否已经校验，其精度等级不得低于1.5级，表盘的最大刻度值应符合试验要求。

水压试验前的安全措施是否已经全部落实到位。

3）水压试验

打开水压试验管路中的阀门，开始向系统注水。

开启系统上各高处的排气阀，使管道内的空气排尽。待灌满水后，关闭排气阀和进水阀，停止向系统注水。

打开连接加压泵的阀门，用电动或手动试压泵通过管路向系统加压，同时拧开压力表上的旋塞阀，观察压力表升高情况，一般分2~3次升至试验压力。在此过程中，每加压至一定数值时，应停下来对管道进行全面检查，无异常现象方可再继续加压。

分区、分层试压：试验压力应该符合设计要求，如果设计无要求时，系统管道的试验压力：当工作压力小于等于1.0MPa时，为1.5倍工作压力，但最低不得小于等于0.6MPa；当工作压力大于1.0MPa时，为工作压力加0.5MPa。在试验压力下稳压10mim，压力下降不大于0.02MPa，再将系统压力降到工作压力，外观检查无渗漏为合格。

系统试压：在分区、分层管道和主干管全部接通后，应对整个系统进行试压。试验压力以最低点的压力为准，但最低点的压力不得超过管道和组成件的承受能力。压力试验升至试验压力后，稳压10min，压力下降不大于0.02MPa，再将系统压力降至工作压力，外观检查无渗漏为合格。

非金属管道强度试验压力为1.5倍的工作压力，严密性试验应为1.15倍的工作压力。以该系统顶点工作压力作为试验压力，同时试验压力不应该小于0.4MPa。PP-R管道达到试验压力后，压力在1h内下降不得超过0.05MPa，然后再将压力下降到工作压力的1.15倍，稳压2h，压降不大于0.03MPa，各连接处不渗不漏为合格。

当试验过程发现泄漏时，不得带压处理。处理后，重新进行试验。

凝结水系统采用冲水试验，以不渗不漏为合格。

系统试压达到合格验收标准后，放掉管道内的全部存水，填写试验记录。

(11) 管道冲洗

(1) 冲洗前应将系统内的仪表加以保护，并将孔板、喷嘴、滤网、节流阀及止回阀的阀芯等拆除，妥善保管，待冲洗合格后复位。对不允许冲洗的设备及管道应进行隔离。

(2) 水冲洗的排放管应接入可靠的排水井或沟中，并保证排水畅通和安全，排放管的截面积不应小于被冲洗管道截面积的60%。

(3) 水冲洗应以管内可能达到的最大流量或不小于1.5m/s的流速进行。在不损伤管子的情况下，应该用木锤进行敲打，对焊缝、死角和管底等部位应重点敲打。

(4) 水冲洗以出口水色和透明度与入口处目测一致为合格。

(5) 蒸汽系统宜采用蒸汽吹扫，也可以采用压缩空气进行。采用蒸汽吹扫时，应先进行暖管，恒温1h后方可进行吹扫，然后自然降温至环境温度，再升温暖管，恒温进行吹扫，如此反复一般不少于3次。

(6) 一般蒸汽管道，可用刨光木板置于排汽口处检查，板上应无铁锈、脏物为合格。

9.4.2 设备安装

9.4.2.1 水泵安装

1 工艺流程

基础复验→隔振器安装→水泵就位→配管安装→单机试运转→管道系统调试

2 施工要点

(1) 基础复验

施工前，应对土建施工的基础进行复查验收，特别是基础尺寸、标高、轴线、预留孔洞等应符合设计要求。基础表面平整、混凝土强度达到设备安装要求。

(2) 隔振器安装

有隔振要求的水泵安装时，水泵进出管上应有橡胶挠性接头和采用弹性支吊架。

1) 橡胶隔振垫安装

水泵的橡胶隔振垫减振安装适用于电机功率小于110kW、工作环境温度小于42℃的卧式离心水泵。

水泵固定采用锚固式时，应根据水泵螺栓孔位置在混凝土基础中预留钢板，地脚螺栓焊在预留钢板中心。

隔振垫与钢筋混凝土基础表面均不粘接。

水泵基座各支撑点的橡胶隔振垫应为偶数，按水泵的中轴线对应布置在基座的四周或周边，各支撑点荷载应均匀。同一水泵各支点的橡胶隔振垫的面积、硬度、层数应完全一致。

2）减振器安装

常用减振器有弹簧减振器、剪切减振器。

在台座下减振器部位应按设计或标准图集要求的位置放置，其旁放置稍大于减振器高度的垫块，然后吊装水泵安装就位，待升起台座后撤去垫块。

水泵调整找平、配管施工时，在台座减振器旁放置和减振器高度相同的垫块，待水泵调整、配管完成后将垫块撤除。

（3）水泵就位

1）水泵安装前，检查水泵的名称、规格型号，核对水泵铭牌的技术参数是否符合设计要求。水泵外观应完好，无锈蚀和损坏。根据设备装箱清单，核对随机所带的零部件是否齐全，有无缺损和锈蚀。

2）对水泵进行手动盘车，盘车应灵活，没有卡涩和异常声音等现象。

3）水泵吊装时，吊钩、索具、钢丝绳应挂在底座或泵体和电机的吊环上，不允许挂在水泵或电机的轴、轴承座或泵的进出口法兰上。

4）水泵就位在基础上，装上地脚螺栓，用平垫铁和斜垫铁对水泵进行找平找正，并拧上地脚螺栓的螺母。

5）地脚螺栓在二次灌浆时，应保持螺栓处于垂直状态，混凝土的强度应比基础高1~2级，且不低于C25，并做好对地脚螺栓的保护工作。

6）用水平仪和线坠在水泵进出口法兰和底座加工面上测量，对水泵进行精平工作，使整体安装的水泵纵向水平度偏差不应大于0.1/1000，横向水平度偏差不应大于0.2/1000。解体安装的水泵纵、横向水平度偏差均不应大于0.05/1000。

7）水泵与电机采用联轴器连接时，用百分表在联轴器的轴向和径向进行测量和调整，使两轴心的允许偏差：轴向倾斜不应大于0.2/1000，径向位移不应大于0.05mm。

（4）配管安装

1）水泵配管要求

a 与水泵进、出连接的管道应在不影响水泵的运行和维修的位置设独立、牢固的支、吊点。

b 管道应在试压、冲洗完毕后再与水泵接口。

c 与水泵入口相连的管路上应设置过滤器或过滤网，滤网的总过流面积不应小于吸入口面积的2~3倍

d 与水泵进、出口相连管路直径均应大于水泵的入口和出口直径。使用变径管时，变径管的长度应大于变径管两端大小管径差的5~7倍，采用偏心变径管。

e 水泵入口前的直管段长度应大于水泵入口直径的3倍，管路内部不应有窝气的地

方。

f　当离心式水泵的扬程大于20m，或有2台以上的水泵并联时，应在每台水泵的出口管路上设止回阀。

2）挠性橡胶接头安装

a　选用的挠性橡胶软接头工作压力应符合设计要求。

b　挠性橡胶接头安装应保证和水泵进、出口同心，安装完毕后橡胶软接头不应有变形、曲挠、位移等状况。

c　将泵和软接头的两法兰盘对正找平，先穿几根螺栓，将垫片（不得放置斜面衬垫或多层衬垫）插入两法兰之间，再穿余下的螺栓，把衬垫找正。按对角顺序拧紧螺栓，紧固时应分次逐步、均匀地拧紧所有螺栓，其螺栓紧固程度要一致。找平时将水平尺放在两法兰上观察气泡是否居中，并用线坠在法兰的边缘吊线检查两法兰端面的平行。

d　软接头安装完毕后，应测量其长度。在系统运行时，随时观察橡胶软接头的变化，其变形应控制在允许范围内。

（5）水泵试运转

1）准备工作

a　检查水和附属系统的部件安装应齐全；

b　与需要冲洗的管道系统连接的管路已关闭；

c　水泵螺栓连接部位紧固；

d　叶轮转动轻便灵活、正常，没有卡碰等异常情况；

e　轴承已加润滑脂，所用的润滑油脂规格、数量符合设备技术文件的规定；

f　水泵与附属管路系统阀门处于启闭状态，经检查和调整后符合设计要求；

g　水泵运转前应将入口阀门全开，出口阀门全闭，将水泵启动后，再将出口阀门打开。

2）试运转

水泵初次启动应采用"点动"方式，检查叶轮与泵壳有无摩擦和其他不正常的声音，并检查水泵的旋转方向是否正确。

水泵启动时，应用钳形电流表测量电机的启动电流，待水泵运转正常后再测量电机的运转电流，保证电机的运转功率或电流不超过额定范围。

水泵在运转过程中应经常用金属棒或螺钉旋具抵在轴承外套上，仔细听轴承内有无杂音，以判断轴承的运转状态。

水泵如使用滚动轴承，其轴承最高温度应小于75℃；如使用滑动轴承，其轴承最高温度应小于70℃。

水泵在运转中，其填料的温升应正常，在无特殊要求时，普通软填料允许有少量的泄漏，即为：15～60mL/h；机械密封的泄漏量不允许大于5mL/h。

水泵运转检查正常后，可进行不少于2h的连续运转。运转中如未发现问题，水泵单机试运转即为合格，并填写试运转报告。

试运转结束后，应将水泵出入口阀门和附属管道系统的阀门关闭，在不能连续运转的情况下，应放净泵内积存的水，防止锈蚀和冬季冻裂。如长期停泵，应采取必要的措施，防止水泵沾污、锈蚀和损坏。

9.4.2.2 冷却塔安装

1 工艺流程

基础复验→冷却塔及附件检查→冷却塔安装→配管安装→试运转→系统调试

2 施工要点

(1) 基础复验

1) 混凝土基础应按设计要求浇筑完成，其强度达到承重安装要求；基础预埋钢板或地脚螺栓埋设应与冷却塔支柱生根点一致。

2) 混凝土基础表面平整，各支柱支腿基础标高应位于同一水平面标高上，高度允许误差为±20mm，分角中心距误差为±2mm。

(2) 冷却塔及附件检查

冷却塔的规格型号符合设计要求，各部位的连接件应采用热镀锌或不锈钢螺栓。

(3) 冷却塔安装

1) 塔体立柱腿与基础预埋钢板和地脚螺栓连接时，应找平找正，连接稳定牢固。

2) 收水器安装后器体不得有变形，集水盘的拼接缝处应严密不渗漏。

3) 冷却塔的出水口及喷嘴的方向和位置应正确。

4) 风筒组装时应保证风筒的圆度，尤其是喉部尺寸，齿轮箱及电机底座安装前应校平。风机安装应严格按照风机安装的标准进行，安装后风机的叶片角度应一致，叶片端部与风筒壁的间隙应均匀。

5) 风机试运转正常后，应将该电动机的接线盒用环氧树脂或其他防潮材料密封，防止电机受潮。

6) 冷却塔的填料安装应码放平整、疏密适中、间距均匀，四周与冷却塔内壁紧贴，块体之间无空隙。

7) 单台冷却塔安装水平度和垂直度允许偏差均为2/1000。同一冷却水系统的多台冷却塔安装时，各台冷却塔的水面高度应一致，高度差不应大于30mm。

(4) 配管安装

1) 布水系统的水平管路安装应保持水平，连接喷嘴的支管要求垂直向下，喷嘴底盘应保持在同一水平面内。

2) 在冷却水系统管道上应装滤网装置。

3) 所有焊接处均需重新补做防腐。

(5) 冷却塔试运转

1) 准备工作

a 清扫冷却塔内的杂物，并用清水冲洗填料中的灰尘和杂物，防止冷却水管路或冷凝器等堵塞；

b 冷却塔和冷却水管路系统用水冲洗干净，在冲洗过程中不能将水通入冷凝器中，应采用临时的短路措施，待管路冲洗干净后，冷凝器再与管路连接。

c 检查自动补水阀应处于动作灵敏准确状态；

d 冷却塔内的补水、溢水的水位应进行校验，达到准确无误；

e 对于横流式冷却塔配水池的水位，以及逆流式冷却塔旋转布水器的转速等，应调整到进塔水量适当，使喷水量和吸水量达到平衡状态；

f　确定风机的电机绝缘状况及风机的旋转方向，电机的控制系统动作应正确。

2）试运转

冷却塔运转时，应检查风机的运转状态和冷却水循环系统的工作状态，并记录运转中的情况及有关数据。如无异常，连续运转时间不少于2h为合格。

a　检查布水器的旋转速度和布水器的喷水量是否均匀，如发现布水器运转不正常，应暂停运转，待故障排除后再进行运转；

b　检查喷水量和吸水量是否平衡，及补给水和集水池的水位等状况，应达到冷却水不跑、不漏的状态；

c　测定风机的电机启动电流和运转电流，并控制运转电流在额定电流范围内；

d　测定风机轴承温度；

e　检查喷水有无偏流状态；

f　测定冷却塔出入口冷却水的温度；

g　检查冷却塔正常运转后的飘水情况。

试运转工作结束后，应清洗集水池。冷却塔试运转后长期不用时，应将循环管路及集水池的水全部放出，防止冻坏设备。

9.4.2.3　水处理设备安装

1　工艺流程

基础复验→设备进场检查→就位安装→配管安装→系统调试

2　施工要点

（1）基础复验

水处理设备的基础尺寸、地脚螺栓或预埋钢板的埋设应满足设备安装的要求。基础表面应平整，同类罐的基础高度应一致。

（2）设备进场检查

应根据设计要求对设备的规格型号进行检查。

（3）就位安装

1）水处理设备的吊装应注意保护设备的仪表和玻璃观察孔的部位，设备就位找平后拧紧地脚螺栓进行固定。

2）与水处理设备连接的管道，应在试压、冲洗完毕后再连接。

3）冬季安装，应将设备内的水放净，防止冻坏设备。

（4）配管安装

1）水处理设备的管道、管件、阀门等应符合设计要求，并有材质证明或出厂合格证。

2）衬里管道及管件在搬运就位时应避免强烈振动及碰撞。安装前，应将内部清理干净，并逐件检查衬里情况，衬里不应有破损或缺陷。安装连接时，严禁敲击、加热、焊接或矫形。

（5）系统调试

1）化学处理法的水处理设备试运转应参照设备技术文件进行。

2）物理法水处理设备安装后，在系统管道冲洗后，即可进行试运转。试运转时应注意：

a　按照设备铭牌上的额定电压接通电源，指示灯应亮；

b　设备的主机出厂前已调试合格，在运转中不应随意再进行调整；

c　设备安装在循环管道系统中或自动补水系统，开机后自行运行，不需要任何操作；

d　设备安装在手动补水系统中，应先开水处理设备，后补水。补水后先关补水阀，后关水处理设备；

e　在空调水循环系统中，如采用水泵运行控制的接点达到水处理设备自动投入或断开的目的，应在水泵运转前，对其控制系统进行检查，确认控制的动作应正确；

f　水系统运行一定时间后，应对水处理设备进行排污，以保证水处理的效果。

9.5　成　品　保　护

9.5.1　测量定位的墨线应在安装前进行检查、校核，并防止被涂抹。

9.5.2　对经测绘制成的加工草图应该详细核对，防止有误。并注意保管好，安装时对照就位。

9.5.3　水平干管的拉线在支架安装完以前要注意保护和监视，防止交叉作业中弄坏了拉线。

9.5.4　加工过程中，对标注的记号、尺寸、编号均注意保护，以免弄错。

9.5.5　调直时，注意不得损伤丝扣接头。

9.5.6　加工的半成品要编上号并捆扎好，存放在专用的场地，安装时运至安装地点，按编号就位。

9.5.7　暂不安装的螺纹头，要用机油涂抹后包上塑料布，防止锈蚀、碰坏。

9.5.8　安装好的管道不得用来支撑、系安全绳、搁脚手板，也禁止蹬踩。

9.5.9　未安装好的管道管口应及时盖好，以免进入灰浆等其他脏物。

9.5.10　管道和设备搬运、安装、施焊时，要注意保护好已做好的墙面和地面。

9.5.11　保温后的水箱不得上人踩或堆放承重物品，防止保温层脱落。

9.5.12　水箱于现场组装时，应认真清理水箱内的污物，防止运行时连接管被堵。

9.5.13　管道在冲洗过程中，要严防中途停止时污物进入管内。下班应设专人负责看管，或采取保护措施。

9.5.14　系统调试完，应在阀门上作好定位记号，运行中不可随便拧动。

9.5.15　冲洗过程中，严禁水或蒸汽冲坏土建装修面，应设专人看护。

9.5.16　堆放设备、配件的仓库应隔潮，分类存放，要避免相互碰撞造成表面划伤和损坏，要保持设备配件的洁净、卫生。

9.5.17　设备、配件安装时，要轻拿轻放，重物吊装要找好绑扎吊点。绳索靠在设备、配件上应加隔垫。

9.5.18　在堵洞浇捣混凝土时应控制套管环隙不要挤向一侧，应使位置正确。

9.6　安全、环保措施

9.6.1　使用套丝机进刀退刀时，用力要均衡，不得用力过猛。

9.6.2　使用电气设备前，先检查有无漏电，如有故障，必须经电工修理好方可使用。

9.6.3 操作转动设备时，严禁戴手套，并应将袖口扎紧。

9.6.4 使用手锤，先检查锤头是否牢固。

9.6.5 支托架上安装管子时，先把管子固定好再接口，防止管子滑脱砸伤人。

9.6.6 顶棚内焊接要严加注意防火。焊接地点周围严禁堆放易燃物。

9.6.7 高空作业时要系好安全带，严防蹬滑或踩探头板。

9.6.8 搬运设备时，要防止摔坏设备，砸伤人。

9.6.9 管道试压时，严禁使用失灵或不准确的压力表。

9.6.10 试压中，对管道加压时，应集中注意力观察压力表，防止超压。

9.6.11 用蒸汽吹洗时，排出口的管口应朝上，防止伤人。排气管管径不得小于被吹洗管的管径。

9.6.12 冲洗水的排放管，应接至可靠的排水井或排水沟里，保证排泄畅通和安全，防止污染环境。

9.7 质 量 标 准

9.7.1 主控项目

9.7.1.1 空调工程水系统的设备与附属设备、管道、管配件及阀门的型号、规格、材质及连接形式应符合设计规定。

检查数量：按总数抽查10%，且不得少于5件。

检查方法：观察检查外观质量并检查产品质量证明文件、材料进场验收记录。

9.7.1.2 管道安装应符合下列规定：

1 隐蔽管道在隐蔽前必须经监理人员（或建设单位项目专业技术人员）验收及认可签字。

2 焊接钢管、镀锌钢管不得采用热煨弯。

3 管道与设备的连接，应在设备安装完毕后进行，与水泵、制冷机组的接管必须为柔性接口。柔性短管不得强行对口连接，与其连接的管道应设置独立的支架。

4 冷热水及冷却水系统应在系统冲洗、排污合格（目测：以排出口的水色和透明度与入水口对比相近，无可见杂物），再循环试运行2h以上，且水质正常后才能与制冷机组、空调设备相贯通。

5 固定在建筑结构上的管道支、吊架，不得影响结构的安全。管道穿越墙体或楼板处应设钢制套管，管道接口不得置于套管内，钢制套管应与墙体饰面或楼板底部平齐，上部应高出楼层地面20~50mm，并不得将套管作为管道支撑。

保温管道与套管四周间隙应使用不燃绝热材料堵塞紧密。

检查数量：系统全数检查。每个系统管道、部件数量抽查10%，且不得少于5件。

检查方法：尺量、观察检查，旁站或查阅试验记录、隐蔽工程记录。

9.7.1.3 管道系统安装完毕，外观检查合格后，应按设计要求进行水压试验。当设计无规定时，应符合下列规定：

1 冷热水、冷却水系统的试验压力，当工作压力小于等于1.0MPa时，为1.5倍工作压力，但最低不小于0.6MPa；当工作压力大于1.0MPa时，为工作压力加0.5MPa。

2　对于大型或高层建筑垂直位差较大的冷（热）媒水、冷却水管道系统宜采用分区、分层试压和系统试压相结合的方法。一般建筑可采用系统试压方法。

分区、分层试压：对相对独立的局部区域的管道进行试压。在试验压力下，稳压10min，压力不得下降，再将系统压力降至工作压力，在60min内压力不得下降、外观检查无渗漏为合格。

系统试压：在各分区管道与系统主、干管全部连通后，对整个系统和管道进行系统的试压。试验压力以最低点的压力为准，但最低点的压力不得超过管道与组成件的承受压力。压力试验升至试验压力后，稳压10min，压力下降不得大于0.02MPa，再将系统压力降至工作压力，外观检查无渗漏为合格。

3　各类耐压塑料管的强度试验压力为1.5倍工作压力，严密性工作压力为1.15倍设计工作压力。

4　凝结水系统采用充水试验，应以不渗漏为合格。

检查数量：系统全数检查。

检查方法：旁站、观察或查阅试验记录。

9.7.1.4　阀门的安装应符合下列规定：

1　阀门的安装位置、高度、进出口方向必须符合设计要求，连接应牢固紧密。

2　装在保温管道上的各类手动阀门，手柄均不得向下。

3　阀门安装前必须进行外观检查，阀门的铭牌应符合现行国家标准《通用阀门标志》GB 12220的规定。对于工作压力大于1.0MPa及在主干管上起到切断作用的阀门，应进行强度和严密性试验，合格后方准使用。其他阀门可不单独进行试验，待在系统试压中检验。

强度试验时，试验压力为公称压力的1.5倍，持续时间不少于5min，阀门的壳体、填料应无渗漏。

严密性试验时，试验压力为公称压力的1.1倍。试验压力在试验持续的时间内应保持不变，时间应符合表9.7.1.4的规定，以阀瓣密封面无渗漏为合格。

表9.7.1.4　阀门压力持续时间（s）

公称直径 *DN*（mm）	最短试验持续时间	
	严密性试验	
	金属密封	非金属密封
≤50	15	15
65～200	30	15
250～450	60	30
≥500	120	60

检查数量：1、2款抽查5%，且不得少于1个。水压试验以每批（同牌号、同规格、同型号）数量中抽查20%，且不得少于1个。对于安装在主干管上起切断作用的闭路阀门，全数检查。

检查方法：按设计图核对、观察检查；旁站或查阅试验记录。

9.7.1.5　补偿器的补偿量和安装位置必须符合设计及产品技术文件的要求，并应根据设计计算的补偿量进行预拉伸或预压缩。

设有补偿器（膨胀节）的管道应设置固定支架，其结构形式和固定位置应符合设计要求，并应在补偿器的预拉伸（或预压缩）前固定；导向支架的位置应符合所安装产品技术文件的要求。

检查数量：抽查 20%，且不得少于 1 个。

检查方法：观察检查，旁站或查阅补偿器的预拉伸或预压缩记录。

9.7.1.6 冷却塔的型号、规格、技术参数必须符合设计要求。对含有易燃材料冷却塔的安装，必须严格执行施工防火安全的规定。

检查数量：全数检查。

检查方法：按图纸核对，监督执行防火规定。

9.7.1.7 水泵的规格、型号、技术参数应符合设计要求和产品性能指标。水泵正常连续试运行的时间，不少于 2h。

检查数量：全数检查。

检查方法：按图纸核对，实测或查阅水泵试运行记录。

9.7.1.8 水箱、集水缸、分水缸、储水罐的满水试验或水压试验必须符合设计要求。储冷罐内壁防腐涂层的材质、涂抹质量、厚度必须符合设计要求或产品技术文件要求，储冷罐与底座必须进行绝热处理。

检查数量：全数检查。

检查方法：尺量、观察检查，查阅试验记录。

9.7.2 一般项目

9.7.2.1 当空调水系统的管道，采用建筑用硬聚氯乙烯（UPVC）、聚丙烯（PP-R）、聚丁烯（PB）与交联聚乙烯（PEX）等有机材料管道时，其连接方法应符合设计和产品技术要求的规定。

检查数量：按总数抽查 20%，且不得少于 2 处。

检查方法：尺量、观察检查，验证产品合格证书和试验记录。

9.7.2.2 金属管道的焊接应符合下列规定：

1 管道焊接材料的品种、规格、性能应符合设计要求。管道对接焊口的组对和坡口形式等应符合表 9.7.2.2 的规定。对口的平直度为 1/100，全长不大于 10mm。管道的固定焊口应远离设备，且不宜与设备接口中心线相重合。管道对接焊缝与支、吊架的距离应大于 50mm。

表 9.7.2.2 管道焊接坡口形式和尺寸

<table>
<tr><td rowspan="2">项 次</td><td rowspan="2">厚度 T（mm）</td><td rowspan="2">坡口名称</td><td rowspan="2">坡口形式</td><td colspan="3">坡 口 尺 寸</td><td rowspan="2">备 注</td></tr>
<tr><td>间隙 C（mm）</td><td>钝边 P（mm）</td><td>坡口角 α（°）</td></tr>
<tr><td rowspan="2">1</td><td>1～3</td><td rowspan="2">Ⅰ形坡口</td><td rowspan="2"></td><td>0～1.5</td><td rowspan="2">—</td><td rowspan="2">—</td><td rowspan="4">内壁错边量 ≤ $0.1T$，且 ≤ 2mm；外壁 ≤ 3mm</td></tr>
<tr><td>3～6</td><td>1～2.5</td></tr>
<tr><td rowspan="2">2</td><td>6～9</td><td rowspan="2">V形坡口</td><td rowspan="2"></td><td>0～2.0</td><td>0～2</td><td>65～75</td></tr>
<tr><td>9～26</td><td>0～3.0</td><td>0～3</td><td>55～65</td></tr>
</table>

续表 9.7.2.2

项 次	厚度 T (mm)	坡口名称	坡口形式	坡口尺寸 间隙 C (mm)	钝边 P (mm)	坡口角 α (°)	备 注
3	2～30	T形坡口	T_1 C T_2	0～2.0	—	—	

2 管道焊缝表面应清理干净，并进行外观质量的检查。焊缝外观质量不得低于现行国家标准《现场设备、工业管道焊接工程施工及验收规范》GB 50236 中第 11.3.3 条的Ⅳ级规定（氨管为Ⅲ级）。

检查数量：按总数 2 抽查 20%，且不得少于 1 处。

检查方法：尺量、观察检查。

9.7.2.3 螺纹连接的管道，螺纹应清洁、规整，断丝或缺丝不大于螺纹全扣数的 10%。连接牢固。接口处根部外露螺纹为 2～3 扣，无外露填料。镀锌管道的镀锌层应注意保护，对局部的破损处，应做防腐处理。

检查数量：按总数抽查 5%，且不得少于 5 处。

检查方法：尺量、观察检查。

9.7.2.4 法兰连接的管道，法兰面应与管道中心线垂直，并同心。法兰对接应平行，其偏差不应大于其外径的 1.5/1000，且不得大于 2mm。连接螺栓长度应一致，螺母在同侧，均匀拧紧。螺栓紧固后不应低于螺母平面。法兰的衬垫规格、品种与厚度应符合设计的要求。

检查数量：按总数抽查 5%，且不得少于 5 处。

检查方法：尺量、观察检查。

9.7.2.5 钢制管道的安装应符合下列规定：

1 管道和管件在安装前，应将其内、外壁的污物和锈蚀清除干净。当管道安装间断时，应及时封闭敞开的管口。

2 管道弯制弯管的弯曲半径，热弯不应小于管道外径的 3.5 倍，冷弯不应小于管道外径的 4 倍；焊接弯管不应小于管道外径的 1.5 倍；冲压弯管不应小于管道外径的 1 倍。弯管的最大外径与最小外径的差不应大于管道外径的 8/100，管壁减薄率不应大于 15%。

3 冷凝水排水管坡度，应符合设计文件的规定。当设计无规定时，其坡度宜大于或等于 8‰；软管连接的长度，不宜大于 150mm。

4 冷热水管道与支、吊架之间，应有绝热衬垫（承压强度能满足管道重量的不燃、难燃硬质绝热材料或经防腐处理的木衬垫），其厚度不应小于绝热层厚度，宽度应大于支、吊架支承面的宽度。衬垫的表面应平整，衬垫接合面的空隙应填实。

5 管道安装的坐标、标高和纵、横向的弯曲度应符合表 9.7.2.5 的规定。在吊顶内等暗装管道的位置应正确，无明显偏差。

表 9.7.2.5　管道安装的允许偏差和检验方法

项目			允许偏差（mm）	检查方法
坐标	架空及地沟	室外	25	按系统检查管道的起点、终点、分支点和变向点及各点之间的直管用经纬仪、水准仪、液体连通器、水平仪、拉线和尺量检查
		室内	15	
	埋地		60	
标高	架空及地沟	室外	±20	
		室内	±25	
	埋地		±25	
水平管道平直度		$DN \leqslant 100$mm	$2L$‰，最大 40	用直尺、拉线和尺量检查
		$DN > 100$mm	$3L$‰，最大 60	
立管垂直度			$5L$‰，最大 25	用直尺、线锤、拉线和尺量检查
成排管段间距			15	用直尺尺量检查
成排管段或成排阀门在同一平面上			3	用直尺、拉线和尺量检查

注：L——管道的有效长度（mm）。

检查数量：按总数抽查 10%，且不得少于 5 处。

检查方法：尺量、观察检查。

9.7.2.6　钢塑复合管道的安装，当系统工作压力不大于 1.0MPa 时，可采用涂（衬）塑焊接钢管螺纹连接，与管道配件的连接深度和扭矩应符合表 9.7.2.6-1 的规定；当系统工作压力为 1.0～2.5MPa 时，可采用涂（衬）塑无缝钢管法兰连接或沟槽式连接，管道配件均为无缝钢管涂（衬）塑件。

沟槽式连接的管道，其沟槽与橡胶密封圈和卡箍套必须为配套合格产品，支、吊架的间距应符合表 9.7.2.6-2 的规定。

表 9.7.2.6-1　钢塑复合管螺纹连接深度及紧固扭矩

公称直径（mm）		15	20	25	32	40	50	65	80	100
螺纹连接	深度（mm）	11	13	15	17	18	20	23	27	33
	牙数	6.0	6.5	7.0	7.5	8.0	9.0	10.0	11.5	13.5
扭矩（N·m）		40	60	100	120	150	200	250	300	400

表 9.7.2.6-2　沟槽式连接管道的沟槽及支、吊架的间距

公称直径（mm）	沟槽深度（mm）	允许偏差（mm）	支、吊架的间距（mm）	端面垂直允许偏差（mm）
65～100	2.20	0～+0.3	3.5	1.0
125～150	2.20	0～+0.3	4.2	1.5
200	2.50	0～+0.3	4.2	
225～250	2.50	0～+0.3	5.0	
300	3.0	0～+0.5	5.0	

注：1　连接管端面应平整光滑、无毛刺；沟槽过深，应作为废品，不得使用。

2　支、吊架不得支承在连接头上，水平管的任意两个连接头之间必须有支、吊架。

检查数量：按总数抽查 10%，且不得少于 5 处。

检查方法：尺量、观察检查、查阅产品合格证明文件。

9.7.2.7　风机盘管机组及其他空调设备与管道的连接，宜采用弹性接管或软接管（金属或非金属软管），其耐压值应大于等于 1.5 倍的工作压力。软管的连接应牢固，不应有强扭和瘪管。

检查数量：按总数抽查 10%，且不得少于 5 处。

检查方法：观察、查阅产品合格证明文件。

9.7.2.8 金属管道的支、吊架的形式、位置、间距、标高应符合设计或有关技术标准的要求。设计无规定时，应符合下列规定：

1 支、吊架的安装应平整牢固，与管道接触紧密。管道与设备连接处，应设独立支、吊架；

2 冷（热）媒水、冷却水系统管道机房内总干管的支、吊架，应采用承重防晃管架。与设备连接的管道管架宜有减振措施。当水平支管的管架采用单杆吊架时，应在管道起始点、阀门、三通、弯头及长度每隔15m设置承重防晃支、吊架。

3 无热位移的管道吊架，其吊杆应垂直安装；有热位移的，其吊杆应向热膨胀（或冷收缩）的反方向偏移安装，偏移量按计算确定。

4 滑动支架的滑动面应清洁、平整，其安装位置应从支承面中心向位移反方向偏移1/2位移值或符合设计文件规定。

5 竖井内的立管，每隔2~3层应设导向支架。在建筑结构负重允许的情况下，水平安装管道支、吊架的间距应符合表9.7.2.8的规定。

表 9.7.2.8 钢管道支、吊架的最大间距（m）

公称直径（mm）		15	20	25	32	40	50	70	80	100	125	150	200	250	300
支架的最大间距（m）	L_1	1.5	2.0	2.5	2.5	3.0	3.5	4.0	5.0	5.0	5.5	6.5	7.5	8.5	9.5
	L_2	2.5	3.0	3.5	4.0	4.5	5.0	6.0	6.5	6.5	7.5	7.5	9.0	9.5	10.5
	对大于300mm的管道可参考300mm管道														

注：1 适用于工作压力不大于2.0MPa，不保温或保温材料密度不大于200kg/m³的管道系统。

2 L_1用于保温管道，L_2用于不保温管道。

6 管道支、吊架的焊接应由合格持证焊工施焊，并不得有漏焊、欠焊或焊接裂纹等缺陷。支架与管道焊接时，管道侧的咬边量，应小于0.1的管壁厚。

检查数量：按系统支架数量抽查5%，且不得少于5个。

检查方法：尺量、观察检查。

9.7.2.9 采用建筑用硬聚氯乙烯（UPVC）、聚丙烯（PP-R）与交联聚乙烯（PEX）等管道时，管道与金属支、吊架之间应由隔绝措施。当为热水管道时，还应加宽其接触的面积。支、吊架的间距应符合设计和产品技术要求的规定。

检查数量：按系统支架数量抽查5%，且不得少于5个。

检查方法：观察检查。

9.7.2.10 阀门、集气罐、自动排气装置、除污器（水过滤器）等管道部件的安装应符合设计要求，并应符合下列规定：

1 阀门安装的位置、进出口方向应正确，并便于操作。连接应牢固紧密，启闭灵活。成排阀门的排列应整齐美观，在同一平面上的允许偏差为3mm。

2 电动、气动等自控阀门在安装前应进行单体的调试，包括开启、关闭等动作试验。

3 冷冻水和冷却水的除污器（水过滤器）应安装在进机组的管道上，方向正确且便于清污。与管道连接牢固、严密，其安装位置应便于滤网的拆装和清洗。过滤器滤网的材质、规格和包扎方法应符合设计要求。

4 闭式系统管路应在系统最高处及所有可能积聚空气的高点设置排气阀，在管路最低点应设置排水管及排水阀。

检查数量：按规格、型号抽查10%，且不得少于2个。

检查方法：对照设计文件尺量、观察和操作检查。

9.7.2.11 冷却塔安装应符合下列的规定：

1 基础标高应符合设计的规定，允许误差为±20mm。冷却塔地脚螺栓与预埋件的连接或固定应牢固，各连接部件应采用热镀锌或不锈钢螺栓，其紧固力应一致、均匀。

2 冷却塔安装应水平，单台冷却塔安装水平度和垂直度允许偏差均为2/1000。同一冷却水系统的多台冷却塔安装时，各台冷却塔的水面高度应一致，高差不应大于30mm。

3 冷却塔的出水口及喷嘴的方向和位置应正确，积水盘应严密无渗漏，分水器布水均匀。带转动布水器的冷却塔，其转动部分应灵活，喷水出口按设计或产品要求，方向一致。

4 冷却塔风机叶片端部与塔体四周的径向间隙应均匀。对于可调整角度的叶片，角度应一致。

检查数量：全数检查。

检查方法：尺量、观察检查，积水盘做充水试验或者查阅试验记录。

9.7.2.12 水泵及附属设备的安装应符合下列规定：

1 水泵的平面位置和标高允许偏差为±10mm，安装的地脚螺栓应垂直、拧紧，且与设备底座接触紧密。

2 垫铁组放置位置正确、平稳，接触紧密，每组不超过3块。

3 整体安装的泵，纵向水平偏差不应大于0.1/1000，横向水平偏差不应大于0.2/1000；解体安装的泵纵、横向安装水平偏差均不应大于0．05/1000。

水泵与电机采用联轴器连接时，联轴器两轴心允许偏差，轴向倾斜不应大于0.2/1000，径向位移不应大于0.05mm。

小型整体安装的管道水泵不应有明显偏斜。

4 减振器与水泵及水泵基础连接牢固、平稳，接触紧密。

检查数量：全数检查。

检查方法：扳手试拧、观察检查，用水平仪和塞尺测量或查阅设备安装记录。

9.7.2.13 水箱、集水器、分水器、储冷罐等设备的安装，支架或底座的尺寸、位置符合设计要求。设备与支架或底座接触紧密，安装平正、牢固。平面位置允许偏差为15mm，标高允许偏差为±5mm，垂直度允许偏差为1/1000。

膨胀水箱安装的位置及接管的连接，应符合设计文件的要求。

检查数量：全数检查。

检查方法：尺量、观察检查，旁站或查阅试验记录。

9.8 质 量 验 收

9.8.1 检验批的验收按本标准第3.0.18条进行组织。

9.8.2 检验批质量验收记录当地方主管部门无统一规定时，宜采用表9.8.2-1“空调水系统安装检验批质量验收记录表（金属管道）（Ⅰ）”、表9.8.2-2“空调水系统安装检验批质量验收记录表（非金属管道）（Ⅱ）”、表9.8.2-3“空调水系统安装检验批质量验收记录表

（设备）（Ⅲ）”。

表 9.8.2-1 空调水系统安装检验批质量验收记录表
（金属管道）GB 50243—2002
（Ⅰ）

单位（子单位）工程名称				
分部（子分部）工程名称		验收部位		
施工单位		项目经理		
分包单位		分包项目经理		
施工执行标准名称及编号				

		施工质量验收规范的规定		施工单位检查评定记录	监理（建设）单位验收记录
主控项目	1	系统的管材与配件验收	第 9.7.1.1 条		
	2	管道柔性接管安装	第 9.7.1.2 条第 3 款		
	3	管道套管	第 9.7.1.2 条第 5 款		
	4	管道补偿器安装及固定支架	第 9.7.1.5 条		
	5	系统与设备贯通冲洗、排污	第 9.7.1.2 条第 4 款		
	6	阀门安装	第 9.7.1.4 条第 1、2 款		
	7	阀门试压	第 9.7.1.4 条第 3 款		
	8	系统试压	第 9.7.1.3 条		
	9	隐蔽管道验收	第 9.7.1.2 条第 1 款		
	10	焊接、镀锌钢管焊号	第 9.7.1.2 条第 2 款		
一般项目	1	管道焊接连接	第 9.7.2.2 条		
	2	管道螺纹连接	第 9.7.2.3 条		
	3	管道法兰连接	第 9.7.2.4 条		
	4 钢制管道安装允许偏差（mm）	（1）坐标 架空及地沟 室外	25		
		（1）坐标 架空及地沟 室内	15		
		（1）坐标 埋地	60		
		（2）标高 架空及地沟 室外	±20		
		（2）标高 架空及地沟 室内	±15		
		（2）标高 埋地	±25		
		（3）水平管平直度 $DN \leqslant 100$mm	$2L$‰，最大 40		
		（3）水平管平直度 $DN > 100$mm	$3L$‰，最大 40		
		（4）立管垂直度	$5L$‰，最大 25		
		（5）成排管段间距	15		
		（6）成排管段或成排阀门在同一平面上	3		
	5	钢塑复合管道安装	第 9.7.2.6 条		
	6	管道沟槽式连接	第 9.7.2.6 条		
	7	管道支、吊架	第 9.7.2.8 条		
	8	阀门及其他部件安装	第 9.7.2.10 条		
	9	系统放气阀与排水阀	第 9.7.2.10 条第 4 款		
施工单位检查评定结果	专业工长（施工员）		施工班组长		
	项目专业质量检查员：			年 月 日	
监理（建设）单位验收结论	专业监理工程师（建设单位项目专业技术负责人）：			年 月 日	

表 9.8.2-2 空调水系统安装检验批质量验收记录表（非金属管道）GB 50243—2002（Ⅱ）

<table>
<tr><td colspan="3">单位（子单位）工程名称</td><td colspan="3"></td></tr>
<tr><td colspan="3">分部（子分部）工程名称</td><td colspan="2"></td><td>验收部位</td></tr>
<tr><td colspan="3">施工单位</td><td colspan="2"></td><td>项目经理</td></tr>
<tr><td colspan="3">分包单位</td><td colspan="2"></td><td>分包项目经理</td></tr>
<tr><td colspan="3">施工执行标准名称及编号</td><td colspan="3"></td></tr>
<tr><td colspan="4">施工质量验收规范的规定</td><td>施工单位检查评定记录</td><td>监理（建设）单位验收记录</td></tr>
<tr><td rowspan="9">主控项目</td><td>1</td><td>系统管材与配件验收</td><td>第 9.7.1.1 条</td><td></td><td rowspan="16"></td></tr>
<tr><td>2</td><td>管道柔性接管安装</td><td>第 9.7.1.2 条第 3 款</td><td></td></tr>
<tr><td>3</td><td>管道套管</td><td>第 9.7.1.2 条第 5 款</td><td></td></tr>
<tr><td>4</td><td>管道补偿器安装及固定支架</td><td>第 9.7.1.5 条</td><td></td></tr>
<tr><td>5</td><td>系统冲洗、排污</td><td>第 9.7.1.2 条第 4 款</td><td></td></tr>
<tr><td>6</td><td>阀门安装</td><td>第 9.7.1.4 条第 1、2 款</td><td></td></tr>
<tr><td>7</td><td>阀门试压</td><td>第 9.7.1.4 条第 3 款</td><td></td></tr>
<tr><td>8</td><td>系统试压</td><td>第 9.7.1.3 款</td><td></td></tr>
<tr><td>9</td><td>隐蔽管道验收</td><td>第 9.7.1.2 条第 1 款</td><td></td></tr>
<tr><td rowspan="7">一般项目</td><td>1</td><td>UPVC 管道安装</td><td>第 9.7.2.1 条</td><td></td></tr>
<tr><td>2</td><td>PP-R 管道安装</td><td>第 9.7.2.1 条</td><td></td></tr>
<tr><td>3</td><td>PEX 管道安装</td><td>第 9.7.2.1 条</td><td></td></tr>
<tr><td>4</td><td>管道与金属支吊架间隔绝</td><td>第 9.7.2.9 条</td><td></td></tr>
<tr><td>5</td><td>管道支、吊架</td><td>第 9.7.2.8 条</td><td></td></tr>
<tr><td>6</td><td>阀门安装</td><td>第 9.7.2.10 条</td><td></td></tr>
<tr><td>7</td><td>系统放气阀与排水阀</td><td>第 9.7.2.10 条第 4 款</td><td></td></tr>
<tr><td rowspan="2" colspan="2">施工单位
检查评定结果</td><td>专业工长(施工员)</td><td></td><td>施工班组长</td><td></td></tr>
<tr><td colspan="4">项目专业质量检查员：　　　　年　月　日</td></tr>
<tr><td colspan="2">监理(建设)单位
验收结论</td><td colspan="4">专业监理工程师(建设单位项目专业技术负责人)：　　　　年　月　日</td></tr>
</table>

表 9.8.2-3　空调水系统安装检验批质量验收记录表
（设备）GB 50243—2002
（Ⅲ）

<table>
<tr><td colspan="3">单位（子单位）工程名称</td><td colspan="3"></td></tr>
<tr><td colspan="3">分部（子分部）工程名称</td><td colspan="2"></td><td>验收部位</td></tr>
<tr><td colspan="3">施工单位</td><td colspan="2"></td><td>项目经理</td></tr>
<tr><td colspan="3">分包单位</td><td colspan="2"></td><td>分包项目经理</td></tr>
<tr><td colspan="3">施工执行标准名称及编号</td><td colspan="3"></td></tr>
<tr><td colspan="4">施工质量验收规范的规定</td><td>施工单位检查评定记录</td><td>监理（建设）单位验收记录</td></tr>
<tr><td rowspan="4">主控项目</td><td>1</td><td>系统设备与附属设备</td><td>第 9.7.1.1 条</td><td></td><td rowspan="4"></td></tr>
<tr><td>2</td><td>冷却塔安装</td><td>第 9.7.1.6 条</td><td></td></tr>
<tr><td>3</td><td>水泵安装</td><td>第 9.7.1.7 条</td><td></td></tr>
<tr><td>4</td><td>其他附属设备安装</td><td>第 9.7.1.8 条</td><td></td></tr>
<tr><td rowspan="5">一般项目</td><td>1</td><td>风机盘管机组等与管道连接</td><td>第 9.7.2.7 条</td><td></td><td rowspan="5"></td></tr>
<tr><td>2</td><td>冷却塔安装</td><td>第 9.7.2.11 条</td><td></td></tr>
<tr><td>3</td><td>水泵及附属设备安装</td><td>第 9.7.2.12 条</td><td></td></tr>
<tr><td>4</td><td>水箱、集水缸、分水缸、储冷罐等设备安装</td><td>第 9.7.2.13 条</td><td></td></tr>
<tr><td>5</td><td>水过滤器等设备安装</td><td>第 9.7.2.10 条第 3 款</td><td></td></tr>
<tr><td colspan="2" rowspan="2">施工单位
检查评定结果</td><td colspan="2">专业工长(施工员)</td><td>施工班组长</td><td></td></tr>
<tr><td colspan="4">
项目专业质量检查员：　　　　　　年　月　日</td></tr>
<tr><td colspan="2">监理(建设)单位
验收结论</td><td colspan="4">
专业监理工程师(建设单位项目专业技术负责人)：　　　　年　月　日</td></tr>
</table>

10 防腐与绝热

10.1 一般规定

10.1.1 本章适用于建筑工程通风与空调工程中金属风管、制冷系统与空调水系统的管道及支、吊架表面处理和防腐、绝热施工质量的检验与验收。

10.1.2 风管与部件及空调设备绝热工程施工应在风管系统严密性检验合格后进行。

10.1.3 空调工程的制冷系统管道，包括制冷剂和空调水系统绝热工程的施工，应在管路系统强度与严密性检验合格和防腐处理结束后进行。

10.1.4 普通薄钢板在制作风管前，宜预涂防锈漆一遍。

10.1.5 支、吊架的防腐处理应与风管或管道相一致，其明装部分必须涂面漆。

10.1.6 油漆施工前，应检查风管表面处理工作是否符合要求。涂刷前，风管表面必须干燥、清洁。

10.1.7 油漆施工时，应采取防火、防冻、防雨等措施，并不应在低温或潮湿环境下作业。明装部分的最后一遍色漆，宜在安装完毕后进行。

10.2 施工准备

10.2.1 技术准备

1 防腐施工的方法、层次和防腐油漆的品种、规格必须符合设计要求。

2 油漆施工前，应熟悉油漆的性能参数，包括油漆的表干时间、实干时间、理论用量以及按说明书施工情况下的漆膜厚度等。

3 熟悉厂家说明书的内容，了解各油漆的组分和配合比。

4 熟悉图纸设计内容，了解绝热层、防潮层及保护层的材质、厚度等技术要求。

5 了解各绝热材料生产厂家配套粘接剂的使用方法、适用温度等相关性能参数。

6 编制合理的施工方案，制定科学的安全保护措施。

10.2.2 材料要求

1 油漆必须在有效期内使用，如过期，应送技检部门鉴定合格后，方可使用。

2 当底漆与面漆采用不同厂家的产品时，涂刷面漆前应做相溶性检验，合格后方可施工。

3 所用绝热材料要具备出厂合格证或质量鉴定文件，必须是有效保质期内的合格产品。

4 使用的绝热材料的材质、密度、规格及厚度应符合设计要求和消防防火规范要求。

5 保温材料在贮存、运输、现场保管过程中应不受潮湿及机械损伤。

6 绝热材料一般有：

(1) 板材：岩棉板、铝箔岩棉板、超细玻璃棉毡、铝箔超细玻璃棉板、自熄性聚苯乙烯泡沫塑料、聚氨酯泡沫塑料、橡塑板、铝镁质隔热板等。

(2) 管壳制品：岩棉、矿渣棉、玻璃棉、硬聚氨酯泡沫塑料管壳、铝箔超细玻璃棉管壳、橡塑管壳、聚苯乙烯泡沫塑料管壳、预制瓦块（泡沫混凝土、珍珠岩、蛭石、石棉瓦）等。

(3) 卷材：聚苯乙烯泡沫塑料、岩棉、橡塑等。

(4) 防潮层：玻璃丝布、聚乙烯薄膜、夹筋铝箔（兼保护层）等。

(5) 保护层：钢丝网、玻璃丝布、铝皮、镀锌薄钢板、铝箔纸等。

(6) 其他材料：铝箔胶带、石棉灰、胶粘剂、防火涂料、保温钉等。

10.2.3 主要机具

1 施工机具：钢丝刷、粗砂布、压缩机、磨光机、喷壶、直排毛刷子、滚筒毛刷、圆盘锯、手锯、裁纸刀、钢板尺、毛刷子、打包钳、手电钻、剪刀、腰子刀、油刷子、抹子、小桶、弯钩、平抹子、圆弧抹子等。

2 测量工具：压力表、漆膜测厚仪、钢卷尺、钢针、靠尺、楔形塞尺等。

10.2.4 作业条件

1 油漆按照产品说明书要求配制完毕，熟化时间达到油漆使用要求。

2 油漆施工前，待防腐处理的构件表面应无灰尘、铁锈、油污等脏物，并保持干燥。

3 管材、型材及板材按照使用要求已进行矫正调整处理。

4 待涂刷的焊缝应检验（或检查）合格，焊渣、药皮、飞溅等已清理干净。

5 管道及设备的绝热应在防腐及水压试验合格后进行，如果先做绝热层，应将管道的接口及焊接处留出，待水压试验合格后再做接口处的绝热施工。

6 建筑物的吊顶及管井内需要做保温的管道，必须在防腐试压合格后进行，隐蔽验收检查合格后，土建才能最后封闭，严禁颠倒工序施工。

7 保温前必须将地沟管井内的杂物清理干净。

8 湿作业的灰泥保护壳在冬期施工时，要有防冻措施。

9 管道保温层施工必须在系统压力试验检漏合格、防腐结束后进行。

10 场地应清洁干净，有良好的照明设施，冬、雨期施工应有防冻防雨雪措施。

10.3 材料质量控制

10.3.1 油漆、涂料应在有效期内，不得使用过期、不合格的伪劣产品。油漆、涂料应具备产品合格证及性能检测报告或厂家的质量证明书。

10.3.2 涂刷在同一部位的底漆和面漆的化学性能要相同，否则涂刷前应做相溶性试验。

10.3.3 绝热层材料的材质、厚度、密度、含水率、导热系数等性能参数应符合设计要求。

10.3.4 玻璃丝布的径向和纬向密度应满足设计要求，玻璃丝布的宽度应符合实际施工的需要。

10.3.5 保温钉、胶粘剂等附属材料均应符合防火及环保的相关要求。

10.4 施　工　工　艺

10.4.1 防腐

1　工艺流程

除锈→表面清理→刷底漆→面漆

2　施工要点

(1) 除锈、去污

1) 人工除锈时可用钢丝刷或粗砂布擦拭，直到露出金属光泽，再用棉纱或破布擦净。

2) 喷砂除锈时，所用的压缩空气不得含有油脂和水分，空气压缩机出口处，应装设油水分离器。喷砂所用砂粒，应坚硬且有棱角，筛除其中的泥土杂质，并经过干燥处理。

3) 清除油污，一般可采用碱性溶剂进行清洗。

(2) 涂漆施工要点

1) 油漆作业的方法应根据施工要求、涂料的性能、施工条件、设备情况进行选择。

2) 涂漆施工的环境温度宜在5℃以上，相对湿度在85%以下。

3) 涂漆施工时空气中必须无煤烟、灰尘和水汽。室外涂漆遇雨、雾时应停止施工。

(3) 涂漆的方式主要有：

1) 手工涂刷：手工涂刷应分层涂刷，每层应往复进行，并保持涂层均匀，不得漏涂。快干漆不宜采用手工涂刷。

2) 机械喷涂：采用的工具为喷枪，以压缩空气为动力。喷射的漆流应和喷漆面垂直，喷漆面为平面时，喷嘴与喷漆面应相距250~350mm；喷漆面如为曲面时，喷嘴与喷漆面的距离应为400mm左右。喷涂施工时，喷嘴的移动应均匀，速度宜保持在10~18m/min。喷漆使用的压缩空气压力为0.3~0.4MPa。

(4) 涂漆施工程序

涂漆施工程序是否合理，对漆膜的质量影响很大。

1) 第一层底漆或防锈漆，直接涂在工件表面上，与工件表面紧密结合，起防锈、防腐、防水、层间结合的作用；第二层面漆（调合漆和磁漆等），涂刷应精细，使工件获得要求的色彩。

2) 一般底漆或防锈漆应涂刷一道到两道。第二层的颜色最好与第一层颜色略有区别，以检查第二层是否有漏涂现象。每层涂刷不宜过厚，以免起皱和影响干燥。如发现不干、皱皮、流挂、露底时，须进行修补或重新涂刷。

3) 表面涂调合漆或瓷漆时，要尽量涂得薄而均匀。如果涂料的覆盖力较差，也不允许任意增加厚度，而应逐次分层涂刷覆盖。每涂一层漆后，应有一个充分干燥的时间，待前一层表干后才能涂下一层。

4) 每层漆膜的厚度应符合设计要求。

10.4.2 风管及部件绝热

1　工艺流程

(1) 一般材料保温

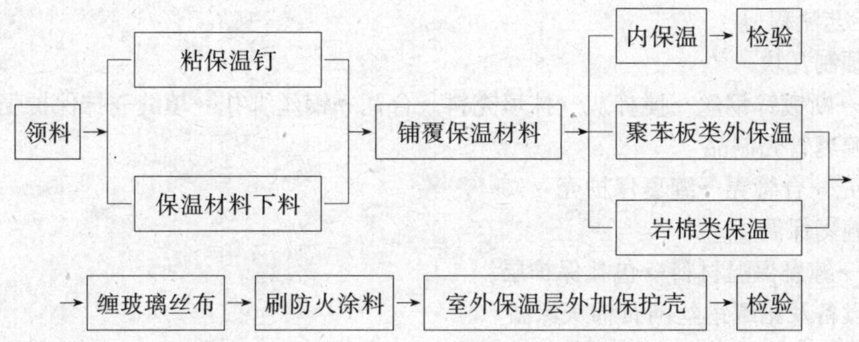

(2) 橡胶保温

领料→下料→刷胶水→粘贴→接头处贴胶带→检验

(3) 铝镁质保温

涂抹膏料→粘贴→接缝处理→收光→表面处理

2 施工要点

(1) 绝热材料下料要准确，切割端面要平直。

(2) 粘贴保温钉前要将风管壁上的尘土、油污擦净，将胶粘剂分别涂抹在管壁和保温钉粘接面上，稍后再将其粘上。矩形风管或设备保温钉的分布应均匀，其数量为底面每平方米不应少于16个，侧面不应少于10个，顶面不应少于8个。首行保温钉至风管或保温材料边沿的距离应小于120mm。

(3) 绝热材料铺覆应使纵、横缝错开。小块绝热材料应尽量铺覆在风管上表面。

(4) 各类绝热材料做法

1) 内绝热。绝热材料如采用岩棉类，铺覆后应在法兰处绝热材料断面上涂抹固定胶，防止纤维被吹起来，岩棉内表面应涂有固化涂层。

2) 聚苯板类外绝热。聚苯板铺好后，在四角放上短包角，然后以薄钢带作箍，用打包钳卡紧，钢带箍每隔500mm打一道。

3) 岩棉类外绝热。对明管绝热后在四角加长条钢皮包角，用玻璃丝布缠紧。

(5) 缠玻璃丝布。缠绕时应使其互相搭接，使绝热材料外表形成两层玻璃丝布缠绕。

(6) 玻璃丝布外表要刷二道防火涂料，涂层应严密均匀。

(7) 室外明露风管在绝热层外宜加上一层镀锌薄钢板或铝皮保护层。

(8) 全用铝镁质膏体材料时：将膏体一层一层地直接涂抹于需要保温保冷的设备或管道上。第一层的厚度应在5mm以下，第一层完全干燥后，再做第二层（第二层的厚度可以10mm左右)，依次类推，直到达到设计要求的厚度，然后再表面收光即可。表面收光层干燥后，就可进行特殊要求的处理如涂刷防水涂料、油漆或包裹玻纤布、复合铝箔等。

(9) 有铝镁质标准型卷毡材时：先将铝镁质膏体直接涂抹于卷毡材上，厚度为2~5mm，将涂有膏体的卷毡材直接粘贴于设备或管道上。如需要做两层以上的卷毡材时，将涂有膏体的卷毡材分层粘贴上去，直至达到设计要求的保温厚度，表面再用2mm左右的膏体材料收光即可。表面收光层干燥后，就可进行特殊要求的处理如涂刷防水涂料、油漆或包裹玻纤布、复合铝箔等。

10.4.3 管道及设备绝热

1　工艺流程

(1) 预制瓦块

散瓦→断镀锌钢丝→搅拌灰→抹填充料→合瓦→钢丝绑扎→填缝→抹保护壳

(2) 缠裹管壳制品

散管壳→合管壳→缠裹保护壳

(3) 缠裹保温

裁料→缠裹保温材料→包扎保护层

(4) 设备及箱罐钢丝网石棉灰保温

焊钩钉→刷油→绑扎钢丝网→抹石棉灰→抹保护层

(5) 橡胶保温

领料→下料→刷胶水→粘贴→接头处贴胶带→检验

(6) 铝镁质保温

涂抹膏料→粘贴→接缝处理→收光→表面处理

2　施工要点

(1) 各项预制瓦块运至施工地点，在沿管线散瓦时必须确保瓦块的规格尺寸与管道的管径相配套。

(2) 安装保温瓦块时，应将瓦块内侧抹 5～10mm 的石棉灰泥，作为填充料。瓦块的横缝搭接应错开，纵缝应朝下。

(3) 预制瓦块根据直径大小选用 18 号、20 号镀锌钢丝进行绑扎、固定。绑扎接头不宜过长，并将接头插入瓦块内。

(4) 预制瓦块绑扎完后，应用石棉灰将缝隙处填充，勾缝抹平。

(5) 外抹石棉水泥保护壳（其配比为：石棉灰∶水泥＝3∶7）按设计规定厚度抹平压光。设计无规定时，其厚度为 10～15mm。

(6) 立管保温时，其层高小于或等于 5m，每层应设一个支撑托盘；层高大于 5m，每层应不少于 2 个。支撑托盘应焊在管壁上，其位置应在立管卡子上部 200mm 处，托盘直径不大于保温层的厚度。

(7) 管道附件的保温除寒冷地区室外架空管道及室内防结露保温的法兰、阀门等附件按设计要求保温外，一般法兰、阀门、套管补偿器等不应保温，并在其两侧应留 70～80mm 的间隙，在保温端部抹 60°～70°的斜坡，设备容器上的人孔、手孔及可拆卸部件保温层端部应做成 45°斜坡。

(8) 保温管道的支架处应留膨胀伸缩缝，并用石棉绳或玻璃棉填满。

(9) 用预制瓦块做管道保温层，在直线管段上每隔 5～7m 应留一条间隙为 5mm 的膨胀缝，在弯管处管径小于或等于 300mm 时应留一条间隙为 20～30mm 的膨胀缝用石棉绳或玻璃棉填塞。

(10) 用管壳制品作保温层，其操作方法一般应两个人配合，一人将壳缝剖开对包在管上，两手用力挤住，另外一人缠裹保护壳。缠裹时用力要均匀，压茬要平整，粗细要一致。

(11) 若采用不封边的玻璃丝布作保护壳时，要将毛边折叠，不得外露。块状保温材料采用缠裹式保温（如聚乙烯泡沫塑料），按照管径留出搭茬量。为确保其平整美观，一般应将搭茬留在管子内侧。

(12) 管道绝热用薄钢板做保护层，其纵缝搭口应朝下，薄钢板的搭接长度一般为30mm。

(13) 设备及箱罐保温一般表面比较大，目前，采用较多的有砌筑泡沫混凝土块或珍珠岩块，外抹麻丝、白灰、水泥保护壳。

(14) 用CAS标准型卷毡材时：先将CAS膏体直接涂抹于卷毡材上，厚度为2~5mm，将涂有膏体的卷毡材直接粘贴于设备或管道上。如果要做两层以上的卷毡材时，在第二层卷毡材的表面涂抹厚度为2~5mm的膏体材料，将涂有膏体的CAS卷毡材粘贴上去，依次类推，直至达到设计要求的保温厚度，表面再用2mm左右的膏体材料收光即可。表面收光层干燥后，就可进行特殊要求的处理如涂刷防水涂料、油漆或包裹玻纤布、复合铝箔等。

(15) 按照实际工程经验，用CAS标准卷毡材进行保处理时，CAS标准型卷毡材与CAS膏体材料的用量比为（70~80）：（20~30）。用CAS防水型卷毡材和CAS专用保冷材料进行保冷处理时，安装方法同上，只需将CAS膏体材料换为CAS低温胶粘剂即可。

(16) 全用CAS膏体材料时：将膏体一层一层地直接涂抹于需要保温保冷的设备或设备管道上，第一层的厚度应在5mm以下，第一层完全干燥后，再做第二层（第二层的厚度可以在10mm左右），依次类推，直至达到设计要求的厚度，然后再表面收光即可。表面收光层干燥后，就可进行特殊要求的处理如涂刷防水涂料、油漆或包裹玻纤布、复合铝箔等。

10.4.4 制冷管道保温

1 工艺流程

绝热层→防潮层→保护层

2 施工要点

(1) 绝热层施工方法

1）直管段立管应自下而上顺序进行，水平管应从一侧或弯头直管段处顺序进行。

2）硬质绝热层管壳，可采用16号~18号镀锌钢丝双股捆扎，捆扎的间距不应大于400mm，并用粘接材料紧贴在管道上。管壳之间的缝隙不应大于2mm，并用粘接材料将沟缝填满。环缝应错开，错开距离不小于75mm，管壳缝隙设在管道轴线的左右侧。当绝热层大于80mm时，绝热层应分层铺设，层间应压缝。

3）半硬质及软质绝热制品的绝热层可采用包装钢带或14号~16号镀锌钢丝进行捆扎，其捆扎间距，对半硬质绝缘热制品不应大于300mm，对软质绝热制品不大于200mm。

4）每块绝热制品上捆扎件不得少于两道。

5）不得采用螺旋式缠绕捆扎。

6）弯头处应采用定型的弯头管壳或用直管壳加工成虾米腰块，每个应不少于3块，确保管壳与管壁紧密结合，美观平滑。

7）设备管道上的阀门、法兰及其他可拆卸部件保温两侧应留出螺栓长度加25mm的空隙。阀门、法兰部位则应单独进行保温。

8）遇到三通处应先做主干管，后做分支管。凡穿过建筑物保温管道的套管，与管子四周间隙应用保温材料堵塞紧密。

9）管道上的温度计插座宜高出所设计的保温厚度。不保温的管道不要同保温管道敷设在一起，保温管道应与建筑物保持足够的距离。

（2）防潮层施工方法

1）垂直管应自下而上，水平管应从低点向高点顺序进行，环向搭缝口应朝向低端。

2）防潮层应紧粘贴在隔热层上，封闭良好，厚度均匀松紧适度，无气泡、折皱、裂缝等缺陷。

3）用卷材做防潮层，可用螺旋形缠绕的方式牢固粘贴在隔热层上，开头处应缠2圈后再呈螺旋形缠绕，搭接宽度为30~50mm。

4）用油毡纸做防潮层，可用包卷的方式包扎，搭接宽度为50~60mm。油毡接口朝下，并用沥青玛瑞脂密封，每300mm扎镀锌钢丝或铁箍一道。

（3）保护层施工方法

保温结构的外表必须设置保护层（护壳），一般采用玻璃丝布、塑料布、油毡包缠或采用金属护壳。

1）用玻璃丝布缠裹，垂直管应自下而上，水平管则应从最低点向最高点顺序进行。开始应缠裹2圈后再呈螺旋状缠裹，搭接宽度应为1/2布宽，起点和终点应用胶粘剂粘接或镀锌钢丝捆扎。应缠裹严密，搭接宽度均匀一致，无松脱、翻边、皱折和鼓包，表面应平整。

2）玻璃丝布刷涂料或油漆，刷涂前应清除管道表面上的尘土、油污。油刷上蘸的涂料不宜太多，以防滴落在地上或其他设备上。

3）金属保护层的材料，宜采用镀锌薄钢板或薄铝合金板。当采用普通钢板时，其里外表必须涂敷防锈涂料。立管应自上而下，水平管应从管道低处向高处顺序进行，使横向搭接缝口朝顺坡方向。纵向搭接缝应放在管子两侧，缝口朝下。如采用平搭缝，其搭缝宜为30~40mm。有防潮层的保温不得使用自攻螺钉，以免刺破防潮层，保护层端头应封闭。

10.5 成 品 保 护

10.5.1 在漆膜干燥之前，应防止灰尘、杂物污染漆膜。应采取措施对涂漆后的构件进行保护，防止漆膜破坏。

10.5.2 保温材料应放在干燥处妥善保管，露天堆放应有防潮、防雨、防雪措施，防止挤压损伤变形，并与地面架空。

10.5.3 施工时要严格遵循先上后下、先里后外的施工原则，以确保施工完的保温层不被损坏。

10.5.4 操作人员在施工中不得脚踏挤压或将工具放在已施工好的绝热层上。

10.5.5 拆移脚手架时不得损坏保温层。由于脚手架或其他因素影响，当其他工种交叉作业时要注意共同保护好成品，已装好门窗的场所下班后应关窗锁门。

10.5.6 地沟及管井内管道及设备的绝热必须在其清理后，不再有下道工序损坏绝热层的前提下，方可进行绝热施工。

10.5.7 明装管道的绝热，土建施工若喷浆在后，应有防止污染绝热层的措施。

10.5.8 如有特殊情况拆下绝热层进行管道处理或其他工种在施工过程中损坏保温层时，应及时按原要求进行修复。

10.6 安全、环保措施

10.6.1 熬制热沥青时要准备好干粉灭火器等消防用具，并有防雨措施。

10.6.2 二甲苯、汽油、松香水等稀释剂应缓慢倒入胶粘剂内并及时搅拌。

10.6.3 高空防腐时，须将油漆桶缚在牢固的物体上。沥青筒不要装得太满，应检查装沥青的桶和勺子放置是否安全。涂刷时，下面要用木板遮护，不得污染其他管道、设备或地面。

10.6.4 高空作业，须遵守架设脚手架、脚手台和单扇或双扇爬梯的安全技术要求，防止坠落伤人。

10.6.5 绝热施工人员须戴风镜、薄膜手套，施工时如人耳沾染各类材料纤维时，可采取洗热水澡等措施。

10.6.6 地下设备、管道绝热施工前，应先进行检查，确认无瓦斯、毒气、易燃易爆物或酸毒等危险品，方可操作。

10.6.7 油漆时，滚筒或毛刷上蘸油漆不宜太多，以防洒在地上或设备上。

10.6.8 熬制沥青时，应把握好加热时间，以减少对空气的污染。

10.7 质 量 标 准

10.7.1 主控项目

10.7.1.1 风管和管道的绝热，应采用不燃或难燃材料，其材质、密度、规格与厚度应符合设计要求。如采用难燃材料时，应对其难燃性进行检查，合格后方能使用。

检查数量：按批随机抽查 1 件。

检查方法：观察检查、检查材料合格证，并做点燃试验。

10.7.1.2 防腐涂料和油漆，必须是在有效保质期限内的合格产品。

检查数量：按批检查。

检查方法：观察、检查材料合格证。

10.7.1.3 在下列场合必须使用不燃绝热材料：

1 电加热器及其前后 800mm 的风管和绝热层。

2 穿越防火墙两侧 2m 范围内风管、管道和绝热层。

检查数量：全数检查。

检查方法：观察、检查材料合格证与做点燃试验。

10.7.1.4 输送介质温度低于周围空气露点温度的管道，当采用非闭孔性绝热材料时，隔汽层（防潮层）必须完整，且封闭良好。

检查数量：按数量抽查 10%，且不得少于 5 段。

检查方法：观察检查

10.7.1.5 位于洁净室内的风管及管道的绝热，不应采用易产尘的材料（如玻璃纤维、短纤维矿棉等)。

检查数量：全数检查。

检查方法：观察检查。

10.7.2 一般项目

10.7.2.1 涂喷油漆的漆膜，应均匀，无堆积、波纹、气泡、掺杂、混色与漏涂等缺陷。

检查数量：按面积抽查10%。

检查方法：观察检查。

10.7.2.2 各类空调设备、部件的油漆喷、涂，不得遮盖铭牌标志和影响部件的功能使用。

检查数量：按数量抽查10%，且不得少于2个。

检查方法：观察检查。

10.7.2.3 风管系统部件的绝热，不得影响其操作功能。

检查数量：按数量抽查10%，且不得少于2个。

检查方法：观察检查。

10.7.2.4 绝热材料层应密实，无裂缝、空隙等缺陷。表面应平整，当采用卷材或板材时，允许偏差为5mm；采用涂抹或其他方式时，允许偏差为10mm。防潮层（包括绝热层的端部）应完整，且封闭良好。其搭接缝应顺水。

检查数量：管线按轴线长度抽查10%，部件、阀门抽查10%，且不得少于2个。

检查方法：观察检查、用钢针刺入保温层、尺量。

10.7.2.5 风管绝热层采用粘接方法固定时，施工应符合下列规定：

1 胶粘剂的性能应符合使用温度和环境卫生的要求，并与绝热材料相匹配。

2 粘接材料宜均匀地涂在风管、部件或设备的外表面上，绝热材料与风管、部件及设备表面应紧密贴合，无空隙。

3 绝热层纵、横向的接缝，应错开。

4 绝热层粘贴后，如进行包扎或捆扎，包扎的搭接处应均匀、贴紧。捆扎应松紧适度，不得损坏绝热层。

检查数量：按数量抽查10%。

检查方法：观察检查和检查材料合格证。

10.7.2.6 风管绝热层采用保温钉连接固定时，应符合下列规定：

1 保温钉与风管、部件及设备表面的连接，可采用粘接或焊接。结合应牢固，不得脱落。焊接后应保持风管的平整度，并不应影响镀锌钢板的防腐性能。

2 矩形风管或设备保温钉的分布应均匀，其数量底面每平方米不应少于16个，侧面不应少于10个，顶面不应少于8个。首行保温钉至风管或保温材料边沿的距离应小于120mm。

3 风管法兰部位的绝热层的厚度，不应低于风管绝热层的0.8倍。

4 带有防潮隔汽层绝热材料的拼接处，应用粘胶带封严。粘胶带的宽度不应小于50mm，粘胶带应牢固地粘贴在防潮面层上，不得有胀裂和脱落。

检查数量：按数量抽查10%，且不得少于5处。

检查方法：观察检查。

10.7.2.7 绝热涂料作绝热层时，应分层涂抹，厚度均匀，不得有气泡和漏涂等缺陷，表面固化层应光滑，牢固无间隙。

检查数量：按数量抽查10%。

检查方法：观察检查。

10.7.2.8 当采用玻璃纤维布作绝热保护层时，搭接的宽度应均匀，宜为30~50mm，且松紧适度。

检查数量：按数量抽查10%，且不得少于10m²。

检查方法：尺量、观察检查。

10.7.2.9 管道阀门、过滤器及法兰部位的绝热结构应能单独拆卸。

检查数量：按数量抽查10%，且不得少于5个。

检查方法：观察检查。

10.7.2.10 管道绝热层的施工，应符合下列规定：

1 绝热产品的材质和规格，应符合设计要求。管壳的粘贴应牢固，铺设应平整，绑扎应紧密，无滑动、松弛与断裂现象。

2 硬质或半硬质绝热管壳的拼接缝隙，保温时不应大于5mm，保冷时不应大于2mm，并用粘接材料勾缝填满。纵缝应错开，外层的水平接缝应设在侧下方。当绝热层的厚度大于100mm时，应分层铺设，层间应压缝。

3 硬质或半硬质绝热管壳应用金属丝或难腐织带捆扎，其间距为300~350mm，且每节至少捆扎2道。

4 松散或软质绝热材料应按规定的 密度压缩其体积，疏密应均匀。毡类材料在管道上包扎时，搭接处不应有空隙。

检查数量：按数量抽查10%，且不得少于10段。

检查方法：尺量、观察检查及查阅施工记录。

10.7.2.11 管道防潮层的施工应符合下列规定：

1 防潮层应紧贴在绝热层上，封闭良好，不得有虚粘、气泡、褶皱、裂缝等缺陷。

2 立管的防潮层，应从管道的低端向高端敷设，环向搭接的缝口应朝向低端。纵向的搭接缝应位于管的侧面，并顺水。

3 卷材防潮层采用螺旋形的方式施工时，卷材的搭接宽度宜为30~50mm。

检查数量：按数量抽查10%，且不得少于10m。

检查方法：尺量、观察检查。

10.7.2.12 金属保护壳的施工，应符合下列规定：

1 应紧贴绝热层，不得有脱壳、褶皱、强行接口等现象。接口的搭接应顺水，并有凸筋加强，搭接尺寸为20~25mm。采用自攻螺钉固定时，螺钉间距应匀称，并不得刺破防潮层。

2 户外金属保护壳的纵、横向接缝，应顺水。其纵向接缝应位于管道的侧面，金属保护与外墙或屋顶的交接处应加设泛水。

检查数量：按数量抽查10%。

检查方法：观察检查。

10.7.2.13 冷热源机房内制冷系统管道的外表面，应做色标。

检查数量：按数量抽查10%。

检查方法：观察检查。

10.8 质 量 验 收

10.8.1 检验批的验收按本标准第3.0.18条进行组织。

10.8.2 检验批质量验收记录当地方主管部门无统一规定时，宜采用表10.8.2-1“防腐与绝热施工检验批质量验收记录表（风管系统）（Ⅰ）”、表10.8.2-2“防腐与绝热施工检验批质量验收记录表（管道系统）（Ⅱ）”。

表10.8.2-1 防腐与绝热施工检验批质量验收记录表
（风管系统）GB 50243—2002
（Ⅰ）

<table>
<tr><td colspan="3">单位（子单位）工程名称</td><td colspan="3"></td></tr>
<tr><td colspan="3">分部（子分部）工程名称</td><td colspan="2"></td><td>验收部位</td></tr>
<tr><td colspan="3">施工单位</td><td colspan="2"></td><td>项目经理</td></tr>
<tr><td colspan="3">分包单位</td><td colspan="2"></td><td>分包项目经理</td></tr>
<tr><td colspan="3">施工执行标准名称及编号</td><td colspan="3"></td></tr>
<tr><td colspan="4">施工质量验收规范的规定</td><td>施工单位检查评定记录</td><td>监理（建设）单位验收记录</td></tr>
<tr><td rowspan="5">主控项目</td><td>1</td><td>材料的验证</td><td>第10.7.1.1条</td><td></td><td rowspan="13"></td></tr>
<tr><td>2</td><td>防腐涂料或油漆质量</td><td>第10.7.1.2条</td><td></td></tr>
<tr><td>3</td><td>电加热器与防火墙2m</td><td>第10.7.1.3条</td><td></td></tr>
<tr><td>4</td><td>低温风管的绝热</td><td>第10.7.1.4条</td><td></td></tr>
<tr><td>5</td><td>洁净室内风管</td><td>第10.7.1.5条</td><td></td></tr>
<tr><td rowspan="8">一般项目</td><td>1</td><td>防腐涂层质量</td><td>第10.7.2.1条</td><td></td></tr>
<tr><td>2</td><td>空调设备、部件油漆或绝热</td><td>第10.7.2.2、10.7.2.3条</td><td></td></tr>
<tr><td>3</td><td>绝热材料厚度及平整度</td><td>第10.7.2.4条</td><td></td></tr>
<tr><td>4</td><td>风管绝热粘接固定</td><td>第10.7.2.5条</td><td></td></tr>
<tr><td>5</td><td>风管绝热层保温钉固定</td><td>第10.7.2.6条</td><td></td></tr>
<tr><td>6</td><td>绝热涂料</td><td>第10.7.2.7条</td><td></td></tr>
<tr><td>7</td><td>玻璃布保护层的施工</td><td>第10.7.2.8条</td><td></td></tr>
<tr><td>8</td><td>金属保护壳的施工</td><td>第10.7.2.12条</td><td></td></tr>
<tr><td rowspan="2">施工单位检查评定结果</td><td colspan="2">专业工长（施工员）</td><td></td><td>施工班组长</td><td></td></tr>
<tr><td colspan="5">项目专业质量检查员： 年 月 日</td></tr>
<tr><td>监理（建设）单位验收结论</td><td colspan="5">专业监理工程师（建设单位项目专业技术负责人）： 年 月 日</td></tr>
</table>

表 10.8.2-2 防腐与绝热施工检验批质量验收记录表

（管道系统）GB 50243—2002

（Ⅱ）

<table>
<tr><td colspan="3">单位（子单位）工程名称</td><td colspan="4"></td></tr>
<tr><td colspan="3">分部（子分部）工程名称</td><td colspan="2"></td><td>验收部位</td><td></td></tr>
<tr><td colspan="2">施工单位</td><td colspan="3"></td><td>项目经理</td><td></td></tr>
<tr><td colspan="2">分包单位</td><td colspan="3"></td><td>分包项目经理</td><td></td></tr>
<tr><td colspan="3">施工执行标准名称及编号</td><td colspan="4"></td></tr>
<tr><td colspan="4">施工质量验收规范的规定</td><td colspan="2">施工单位检查评定记录</td><td>监理（建设）单位验收记录</td></tr>
<tr><td rowspan="5">主控项目</td><td>1</td><td>材料的验证</td><td>第 10.7.1.1 条</td><td colspan="2"></td><td rowspan="15"></td></tr>
<tr><td>2</td><td>防腐涂料或油漆质量</td><td>第 10.7.1.2 条</td><td colspan="2"></td></tr>
<tr><td>3</td><td>电加热器与防火墙 2m</td><td>第 10.7.1.3 条</td><td colspan="2"></td></tr>
<tr><td>4</td><td>冷冻水管道的绝热</td><td>第 10.7.1.4 条</td><td colspan="2"></td></tr>
<tr><td>5</td><td>洁净室内管道</td><td>第 10.7.1.5 条</td><td colspan="2"></td></tr>
<tr><td rowspan="10">一般项目</td><td>1</td><td>防腐涂层质量</td><td>第 10.7.2.1 条</td><td colspan="2"></td></tr>
<tr><td>2</td><td>空调设备、部件油漆或绝热</td><td>第 10.7.2.2、10.7.2.3 条</td><td colspan="2"></td></tr>
<tr><td>3</td><td>绝热材料厚度及平整度</td><td>第 10.7.2.4 条</td><td colspan="2"></td></tr>
<tr><td>4</td><td>绝热涂料</td><td>第 10.7.2.7 条</td><td colspan="2"></td></tr>
<tr><td>5</td><td>玻璃布保护层的施工</td><td>第 10.7.2.8 条</td><td colspan="2"></td></tr>
<tr><td>6</td><td>管道阀门的绝热</td><td>第 10.7.2.9 条</td><td colspan="2"></td></tr>
<tr><td>7</td><td>管道绝热层的施工</td><td>第 10.7.2.10 条</td><td colspan="2"></td></tr>
<tr><td>8</td><td>管道防潮层的施工</td><td>第 10.7.2.11 条</td><td colspan="2"></td></tr>
<tr><td>9</td><td>金属保护层的施工</td><td>第 10.7.2.12 条</td><td colspan="2"></td></tr>
<tr><td>10</td><td>机房内制冷管道色标</td><td>第 10.7.2.13 条</td><td colspan="2"></td></tr>
<tr><td rowspan="2" colspan="2">施工单位检查评定结果</td><td>专业工长（施工员）</td><td></td><td>施工班组长</td><td colspan="2"></td></tr>
<tr><td colspan="5">项目专业质量检查员：　　　　　　　　　　年　月　日</td></tr>
<tr><td colspan="2">监理（建设）单位验收结论</td><td colspan="5">专业监理工程师（建设单位项目专业技术负责人）：　　　　年　月　日</td></tr>
</table>

11 系统调试

11.1 一般规定

11.1.1 系统调试前要准备好试验调整所需的仪器、仪表和必要的工具，所使用的仪器、仪表性能应稳定可靠，其精度等级及最小分度值应能满足测定的要求，并应符合国家有关计量法规及检定规程的规定。

11.1.2 通风与空调工程的系统调试，应由施工单位负责，监理单位监督，设计单位与建设单位参与和配合，系统调试的实施可以是施工企业本身或委托具有调试能力的其他单位。

11.1.3 系统调试前，承包单位应编制调试方案，报送专业监理工程师审核批准。调试结束后，必须提供完整的调试资料和报告。

11.2 施工准备

11.2.1 技术准备

1 调试人员必须认真熟悉施工图纸，充分了解空调系统的设计使用工况。

2 调试前，应制定相应的成品保护措施、职业健康安全、环境保护措施，并形成交底记录。

3 调试人员应经过培训，并具有上岗资格。

11.2.2 材料要求

通风与空调调试过程中所用材料，使用前要严格检查，确保合格。

11.2.3 主要机具

1 通风与空调工程系统调试应配置下列机具：

钳形电流表、温度计、湿度计、流量计、毕托管、微压计、声级计、热球风速仪、微差压力计、发烟剂、采样管、粒子计数器等。

2 所使用的机具设备应处于受控状态，进入施工现场的设备必须定期进行维护保养，定期进行检查验收，并建账管理，对达不到使用要求的设备严禁使用。

3 严禁使用非法定计量器具和计量单位，现场所使用的计量器具必须在有效的检定周期内。

11.2.4 作业条件

1 通风与空调工程系统无生产负荷的联合试运转及调试，应在制冷设备和通风与空调设备单机试运转合格后进行，空调系统带冷（热）源的正常联合试运转不应少于8h。当竣工季节与设计条件相差较大时，仅做不带冷（热）源试运转。通风、除尘系统的连续试运转不应少于2h。

2 净化空调系统运行前应在回风、新风的吸入口处和粗、中效过滤器前设置临时用过滤器，实行对系统的保护，测定之前必须对系统进行全面清扫，再连续运行24h以上达到稳定后进行。

3 洁净室洁净度的检测，应在空态或静态下进行或按合约规定。在进行室内洁净度检测时，应按设计要求，检测人员穿与洁净室洁净度等级相适应的洁净工作服。

11.3 材料质量控制

调试中所需要的材料应保证质量合格。

11.4 施工工艺

11.4.1 工艺流程

1 调试前的准备工作

(1) 熟悉资料

系统调试前，调试人员应熟悉空调系统的全部设计资料，包括图纸和设计说明书，充分领会设计意图，了解各种设计参数、系统的全貌以及空调设备的性能及使用方法等。熟悉送（回）风系统、供冷和供热系统、自动调节系统的特点，特别要注意调节装置和检验仪表所在位置。

(2) 现场会检

调试人员要会同设计、施工和建设单位，对已安装好的系统进行现场验收。

(3) 编制调试方案

调试方案内容包括调试的目的要求、进度、程序、方法、安全措施、仪器仪表的配套及人员安排等，调试方案要报送专业监理工程师审核批准。调试结束后，必须提供完整的调试资料和报告。

2 调试的主要项目和程序

系统调试可以按以下项目和程序进行试验和调整：

(1) 空调设备单机试运转及调试；

(2) 系统风量的测定和调整；

(3) 空调水系统的测定和调整；

(4) 自动调节和监测系统的检验、调整与联动运行；

(5) 室内参数的测定和调整；

(6) 防排烟系统的测定和调整；

11.4.2 施工要点

11.4.2.1 调试要点

1 设备单机试运转及调试

(1) 通风机、空调机组中的风机

1) 风机安装状况外观检查

a 核对风机、电动机型号、规格及皮带轮直径是否与设计相符；

b　检查风机、电动机的皮带轮的中心轴线是否平行，地脚螺栓是否已拧紧；

c　检查风机进、出口处柔性短管是否严密，传动皮带松紧程度是否适合；

d　检查轴承处是否有足够润滑油；

e　用手盘动皮带时，叶轮是否有卡阻现象；

f　检查风机调节阀门的灵活性，定位装置的可靠性；

g　检查电机、风机、风管接地线连接的可靠性。

2）风机的启动与运转

a　点动风机，检查叶轮运转方向是否正确，运转是否平稳，叶轮与机壳有无摩擦和不正常声响。

b　风机启动后，应用钳形电流表测量电机的启动电流，待风机运转正常后再测量电动机运转电流，检查电机的运行功率是否符合设备技术文件的规定。

c　风机在额定转速下连续运行 2h 后，应用数字温度计测量其轴承的温度。滑动轴承外壳最高温度不得超过 70℃，滚动轴承不得超过 80℃。

（2）水泵

1）水泵的外观检查

a　检查水泵和其附属系统的部件应齐全，各紧固连接部位不得松动。

b　用手盘动叶轮时应轻便、灵活、正常，不得有卡、碰现象和异常的振动及声响。

2）水泵的启动和运转

a　水泵与附属管路系统上的阀门启闭状态要符合调试要求。水泵运转前，应将入口阀全开，出口阀全闭，待水泵启动后再将出口阀打开。

b　点动水泵，检查水泵的叶轮旋转方向是否正确。

c　启动水泵，用钳形电流表测量电动机的启动电流，待水泵正常运转后，再测量电动机的运转电流，检查其电机运行功率值，应符合设备技术文件的规定。

d　水泵在连续运行 2h 后，应用数字温度计测量其轴承的温度。滑动轴承外壳最高温度不得超过 70℃，滚动轴承不得超过 75℃。

（3）冷却塔

1）冷却塔运转前准备工作

a　清扫冷却塔内的杂物和尘垢，防止冷却水管或冷凝器等堵塞；

b　冷却塔和冷却水管路系统用水冲洗，管路系统应无漏水现象；

c　检查自动补水阀的动作状态是否灵活准确。

2）冷却塔运转

a　冷却塔风机与冷却水系统循环试运行不少于 2h，运行时冷却塔本体应稳固、无异常振动，用声级计测量其噪声应符合设备技术文件的规定。

b　冷却塔风机的运行可参考本条第 1 款的规定。

c　冷却塔试运转工作结束后，应清洗集水池。

d　冷却塔试运转后，如长期不使用，应将循环管路及集水池中的水全部放出，防止设备冻坏。

（4）制冷机组、单元式空调机组的试运转，应符合设备技术文件和现行国家标准《制冷设备、空气分离设备安装工程施工及验收规范》GB 50274 的有关规定，正常运转不应少于 8h。

(5) 电控防火、防排烟风阀（口）

电动防火阀、防排烟风阀（口）的手动、电动操作应灵活、可靠，信号输出要正确。在调试前要检查所有的阀门均应全部开启。

2　通风与空调系统风量的测试

空调系统风量的测定内容包括：测定总送风量、新风量、回风量、排风量，以及各干、支风管内风量和送（回）风口的风量等。

(1) 风管内风量的测定方法

1) 测定截面位置和测定截面内测点位置的确定

在用毕托管和倾斜式微压计测系统总风量时，测定截面应选在气流比较均匀稳定的地方。一般都选在局部阻力之后大于或等于 4 倍管径（或矩形风管大边尺寸）和局部阻力之前大于或等于 1.5 倍管径（或矩形风管大边尺寸）的直管段上。当条件受到限制时，距离可适当缩短，且应适当增加测点数量。

测定截面内测点的位置和数目，主要根据风管形状而定。对于矩形风管，应将截面划分为若干个相等的小截面，并使各小截面尽可能接近于正方形，测点位于小截面的中心处，小截面的面积不得大于 $0.05m^2$。在圆形风管内测量平均速度时，应根据管径的大小，将截面分成若干个面积相等的同心圆环，每个圆环上测量四个点，且这四个点必须位于互相垂直的两个直径上，所划分的圆环数目，可按表 11.4.2-1 选用。

表 11.4.2-1　圆形风管划分圆环数表

圆形风管直径（mm）	200 以下	200~400	400~700	700 以上
圆环数（个）	3	4	5	5~6

2) 绘制系统草图

根据系统的实际安装情况，参考设计图纸，绘制出系统单线草图供测试时使用。在草图上，应标明风管尺寸、测定截面位置、风阀的位置、送（回）风口的位置等。在测定截面处，应说明该截面的设计风量、面积。

3) 测量方法

将毕托管插入测试孔，全压孔迎向气流方向，使倾斜式微压计处于水平状态，连接毕托管和倾斜式微压计。在测量动压时，不论处于吸入管段还是压出管段，都是将较大压力（全压）接“+”处，较小压力（静压）接“-”处，将多向阀手柄扳向“测量”位置，在测量管标尺上即可读出酒精柱长度，再乘以倾斜测量管所固定位置上的仪器常数 K 值，即得所测量的压力值。

4) 风管内风量的计算

通过风管截面的风量可以按下式确定：

$$L = 3600Fv$$

式中　F——风管截面积（m^2）；

v——测量截面内平均风速（m/s）。

所测得的动压值要通过计算方可求出平均风速：

$$v = \sqrt{\frac{2gP_{db}}{\rho}}$$

式中　g——重力加速度，一般取 $9.81m/s^2$；

ρ——空气的体积密度（kg/m^3）；

P_{db}——测得的平均动压（kPa）。

5）系统总风量的调整

系统总风量的调整可以通过调节风管上的风阀的开度的大小来实现。

（2）送回风口风量的测定

1）各送（回）风口或吸风罩风量的测定有两种方法：

a　用热球风速仪在风口截面处用定点测量法进行测量。测量时可按风口截面的大小，划分为若干个面积相等的小块，在其中心处测量。对于尺寸较大的矩形风口（图 11.4.2-1）可分为同样大小的 8～12 个小方格进行测量；对于尺寸较小的矩形风口（图 11.4.2-2），一般测 5 个点即可，对于条缝形风口（图 11.4.2-3），在其高度方向至少应有两个测点，沿条缝方向根据其长度分别取为 4、5、6 对测点；对于圆形风口（图 11.4.2-4），按其直径大小可分别测 4 个点或 5 个点。

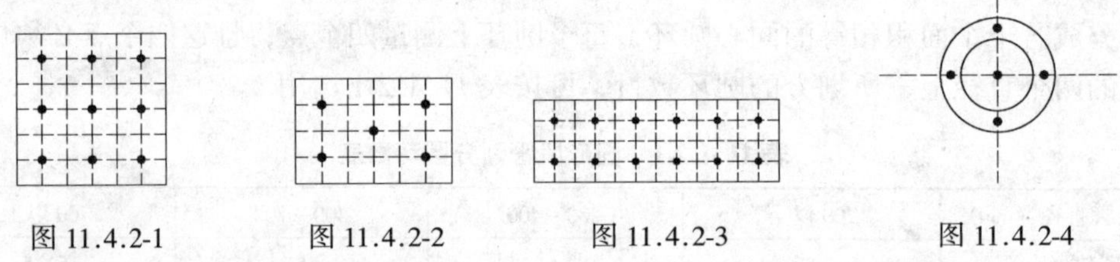

图 11.4.2-1　　图 11.4.2-2　　图 11.4.2-3　　图 11.4.2-4

b　可用叶轮风速仪采用匀速移动测量法测量。对于截面积不大的风口，可将风速仪沿整个截面按一定的路线慢慢地匀速移动，移动时风速仪不得离开测定平面，此时测得的结果可认为是截面平均风速。此法须进行三次，取其平均值。

c　送（回）风口和吸风罩风量的计算：

$$L = 3600FvK$$

式中　F——送风口的外框面积（m^2）；

K——考虑送风口的结构和装饰形式的修正系数，一般取 0.7～1.0；

v——风口处测得的平均风速（m/s）。

2）风量调整

目前使用的风量调整方法有流量等比分配法、基准风口调整法和逐段分支调整法，调试时可根据空调系统的具体情况采用相应的方法进行调整。

3　空调水系统的调试

空调工程水系统应冲洗干净，不含杂物，并排除管道系统中的空气。系统连续运行应达到正常、平稳。系统调整后，各空调机组的水流量应符合设计要求，允许偏差为 20%。

（1）冷却水系统的调试

启动冷却水泵和冷却塔，进行整个系统的循环清洗，反复多次，直至系统内的水不带任何杂质，水质清洁为止。在系统工作正常的情况下，用流量仪测量冷却水的流量，并进行调节使之符合要求。

(2) 冷冻水系统的调试

冷冻水系统的管路长且复杂，系统内清洁度要求高。因此，在清洗时要求严格、认真，冷冻水系统的清洗工作属封闭式的循环清洗，反复多次，直至水质洁净为止。最后开启制冷机蒸发器、空调机组、风机盘管的进水阀，关闭旁通阀，进行冷水系统管路的充水工作。在充水时要在系统的各个最高点安装自动排气阀，进行排气。

4 自动调节和监测系统的检验、调整与联动运行。

通风与空调工程的控制和监测设备应能与系统的检测元件和执行机构正常沟通，系统的状态参数应能正确显示，设备连锁、自动调节器、自动保护应能正确动作。

(1) 系统投运前的准备工作

1) 室内校验：严格按照使用说明或其他规范对仪表逐台进行全面性能校验。

2) 现场校验：仪表装到现场后，还需进行诸如零点、工作点、满刻度等一般性能校验。

(2) 自动调节系统的线路检查

1) 按控制系统设计图纸与有关的施工规程，仔细检查系统各组成部分的安装与连接情况。

2) 检查敏感元件安装是否符合要求，所测信号是否正确，是否符合工艺要求，对敏感元件的引出线，尤其是弱电信号线，要特别注意强电磁场干扰情况。

3) 对调节器着重于手动输出、正反向调节作用、手动—自动的无扰切换。

4) 对执行器着重于检查其开关方向和动作方向，阀门开度与调节器输出的线性关系、位置反馈，能否在规定数值启动，全行程是否正常，有无变差和呆滞现象。

5) 对仪表连接线路的检查：着重查错、查绝缘情况和接触情况。

6) 对继电信号检查：人为地施加信号，检查被调量超过预定上、下限时的自动报警及自动解除警报的情况等，此外，还要检查自动连锁线路和紧急停车按钮等安全措施。

5 空调房间室内参数的测定和调整

(1) 室内温度和相对湿度的测定

室内温度、相对湿度波动范围应符合设计的要求。

室内温度、相对湿度的测定，应根据设计要求来确定工作区，并在工作区内布置测点。

一般舒适性空调房间应选择在人经常活动的范围或工作面为工作区。

恒温恒湿房间离围护结构 0.5m，离地高度 0.5 ~ 1.5m 处为工作区。

1) 测点的布置

a 送、回风口处。

b 恒温工作区内具有代表性的地点（如沿着工艺设备周围布置或等距布置）。

c 室中心（没有恒温要求的系统，温、湿度只测此一点）。

d 敏感元件处。

测点数按表 11.4.2-2 确定。

表 11.4.2-2 湿、温度测点数

波动范围	室面积≤50m²	每增加 20～50m²
$\Delta t=\pm0.5\sim\pm2$℃ $\Delta RH=\pm5\sim\pm10\%$	5	增加 3～5
$\Delta t\leqslant\pm0.5$℃ $\Delta RH\leqslant\pm5\%$	点间距不应大于 2m，点数不应少于 5 个	

2) 有恒温恒湿要求的房间，室温波动范围按各测点的各次温度中偏离控制点温度的最大值，占测点总数的百分比整理成累积统计曲线，90%以上测点达到的偏差值为室温波动范围，应符合设计要求。区域温差以各测点中最低的一次温度为基准，各测点平均温度与其偏差的点数，占测点总数的百分比整理成累积统计曲线，如 90%以上测点的偏差值在室温波动范围内为符合设计要求。

相对湿度波动范围可按室温波动范围的原则确定。

(2) 室内静压差的测定

静压差的测定应在所有门窗关闭的条件下，由高压向低压、由里向外进行，检测时所使用的微压计，其灵敏度不应低于 2.0Pa。

为了保持房间的正压，通常靠调节房间回风量和排风量的大小来实现。

(3)空调室内噪声的测定

空调房间噪声测定，一般以房间中心离地面 1.2m 高度处为测点，噪声测定时要排除本底噪声的影响。

(4) 净化空调系统的测试

1) 风量或风速的测试

单向流洁净室采用室截面平均风速和截面积乘积的方法确定送风量，离高效过滤器 0.3m，垂直于气流的截面作为采样测试截面，截面上测点间距不宜大于 0.6m，测点数不应少于 5 个，用热球风速仪测得各测点的风速读数的算术平均值作为平均风速。

室内各风口风量的测定可采用风口法或风管法确定送风量。

a 风口法是在安装有高效过滤器的风口处，根据风口形状连接辅助风管进行测量。即用镀锌钢板或其他不产尘材料做成与风口形状及内截面相同，长度等于 2 倍风口长边尺寸的直管段，连接于风口外部。在辅助风管出口平面上，按最少测点数不少于 6 点均匀布置，使用热球风速仪测定各测点之风速，然后，以求取的风口截面平均风速乘以风口净截面积求取测定风量。

b 对于风口上风侧有较大的直管段，且已经或可以打孔时，可以用风管法确定风量。测定断面应位于大于或等于局部阻力部件前 3 倍管径或长边长，局部阻力部件后 5 倍管径或长边长的部位。

c 对于矩形风管，是将测定截面分割成若干个相等的小截面，每个小截面尽可能接近正方形，边长不应大于 200mm。测点应位于小截面中心，但整个截面上的测点数不宜少于 3 个。

d 对于圆形风管，应根据管径的大小，将截面划分为若干个面积相等的同心圆环，每个圆环测 4 点。根据管径确定圆环数量，不宜少于 3 个。

2）室内空气洁净度等级的测试

室内空气洁净度等级必须符合设计规定的等级或在商定验收状态下的等级要求，高于等于5级的单向流洁净室。在门开启的状态下，测定距离门0.6m室内侧工作高度处空气的含尘浓度，亦不应超过室内洁净度等级上限的规定。

a　检测仪器的选用，应使用采样速率大于1L/min的光学粒子计数器。在仪器选用时应考虑粒径鉴别能力、粒子浓度适用范围和计数效率。仪表应有有效的标定合格证书。

b　采样点的规定可见表11.4.2-3。

表11.4.2-3　最低限度的采样点数 N_L

测点数 N_L	2	3	4	5	6	7	8	9	10
洁净区面积 A（m^2）	2.1～6.0	6.1～12.0	12.1～20.0	20.1～30.0	30.1～42.0	42.1～56.0	56.1～72.0	72.1～90.0	90.1～110.0

注：1　在水平单向流时，面积 A 为与气流方向呈垂直的流动空气截面的面积；

2　最低限度的采样点数 N_L 按公式 $N_L = A^{0.5}$ 计算（四舍五入取整数）。

采样点应均匀分布于整个面积内，并位于工作区的高度（距地坪0.8m的水平面），或设计单位、业主特指的位置。

c　采样量的确定：

a）每次采样的最少采样量见表11.4.2-4。

表11.4.2-4　每次采样的最少采样量 V_s（L）

洁净度等级	粒径（μm）					
	0.1	0.2	0.3	0.5	1.0	5.0
1	2000	8400	—	—	—	—
2	200	840	1960	5680	—	—
3	20	84	196	568	2400	—
4	2	8	20	57	240	—
5	2	2	2	6	24	680
6	2	2	2	2	2	68
7	—	—	—	2	2	7
8	—	—	—	2	2	2
9	—	—	—	2	2	2

b）每个采样点的最少采样时间为1min，采样量至少为2L。

c）每个洁净室（区）最少采样次数为3次。当洁净区仅有一个采样点时，则在该点至少采样3次。

d）对预期空气洁净等级达到4级或更洁净的环境，采样量很大，可采用ISO14644—1附录F规定的顺序采样法。

d　检测采样的规定：

a）采样时采样口处的气流速度，应尽可能接近室内的设计气流速度。

b）对单向流洁净室，其粒子计数器的采样管口应迎着气流方向；对于非单向流洁净室，采样管口宜向上。

c）采样管必须干净，连接处不得有渗漏。采样管的长度应根据允许长度确定，如果无规定时，不宜大于1.5m。

d）室内的测定人员必须穿洁净工作服，且不宜超过3名，并应远离或位于采样点的下风侧静止不动或微动。

e 记录数据评价。空气洁净度测试中，当全室（区）测点为2~9点时，必须计算每个采样点的平均粒子浓度 C_i 值、全部采样点的平均粒子浓度 N 及其标准差，导出95%置信上限值；采样点超过9点时，可采用算术平均值 N 作为置信上限值。

a）每个采样点的平均粒子浓度 C_i 应小于或等于洁净度等级规定的限值，见表11.4.2-5。

表11.4.2-5 洁净度等级及悬浮粒子浓度限值

洁净度等级	大于或等于表中粒径 D 的最大浓度 C_n（pc/m³）					
	0.1μm	0.2μm	0.3μm	0.5μm	1.0μm	15.0μm
1	10	2	—	—	—	—
2	100	24	10	4	—	—
3	1000	237	102	35	8	—
4	10000	2370	1020	352	83	—
5	100000	23700	10200	3520	832	29
6	1000000	237000	102000	35200	8320	293
7	—	—	—	352000	83200	2930
8	—	—	—	3520000	832000	29300
9	—	—	—	35200000	8320000	293000

注：1 本表仅表示了整数值的洁净度等级（N）悬浮粒子最大浓度的限值；

2 对于非整数洁净度等级，其对应于粒子粒径 D（μm）的最大浓度值（C_n），应按下列公式计算求取。$C_n = 10^N \times (0.1/D)^{2.08}$；

3 洁净度等级定级的粒径范围为0.1~5.0μm，用于定级的粒径数不应大于3个，且其粒径有顺序级差不应小于1.5倍。

b）全部采样点的平均粒子浓度 N 的95%置信上限值，应小于或等于洁净等级规定的限值。即：

$$N + \frac{ts}{\sqrt{n}} \leqslant \text{级别规定的限值}$$

式中 N——室内各测点平均含尘浓度，$N = \Sigma C_i / n$；

n——测点数；

s——室内各测点平均含尘浓度 N 的标准差：$s = \sqrt{(C_i - N)^2 / (n-1)}$；

t——置信度上限为95%时，单侧 t 分布的系数，见表11.4.2-6。

表 11.4.2-6 *t* 系 数

点 数	2	3	4	5	6	7~9
t	6.3	2.9	2.4	2.1	2.0	1.9

3）单向流洁净室截面平均速度，速度不均匀度的检测

a 洁净室垂直单向流和非单向流应选择距墙或围护结构内表面大于 0.5m，离地面高度 0.5~1.5m 作为工作区，水平单向流以距送风墙或围护结构内表面 0.5m 处的纵断面为第一工作面，测定截面的测点数应符合表 11.4.2-3 的规定。

b 测定风速应用测定架固定风速仪，以避免人体干扰。不得不用手持风速仪测定时，手臂应伸至最长位置，尽量使人体远离测头。

c 室内气流流形的测定，宜采用发烟或悬挂丝线的方法，进行观察测量与记录。然后，标在记录的送风平面的气流流形图上，一般每台过滤器至少对应 1 个观察点。

风速不均匀度 β_0 按下列公式计算，一般 β_0 值不应大于 0.25。

$$\beta_0 = s/v$$

式中 v——各测点风速的平均值（m/s）；

s——标准差。

4）静压差的检测

静压差的测定应在所有的门关闭的条件下，由高压向低压，由平面布置上与外界最远的里间房间开始，依次向外测定。检测时所使用的补偿微压计，其灵敏度不应低于 2.0Pa。

有孔洞相通的不同等级相邻的洁净室，其洞口处应有合理的气流流向，洞口的平均风速大于等于 0.2m/s 时，可用热球风速仪检测。

为了保持房间的正压，通常靠调节房间回风量和排风量的大小来实现。

6 防排烟系统的测定

防排烟系统联合试运行与调试的结果（风量及正压），必须符合设计与消防的规定。

防排烟系统的风量测定可按照本标准第 11.4.2 条第 2 款系统风量测定的方法进行。

在风量满足设计要求的情况下，按每次开启三个楼层的加压风口，风口风量及相关区域的正压，应符合设计与消防的规定。

11.5 成 品 保 护

11.5.1 空调系统调试时，不得踩、踏、攀、爬管线、设备等，不得破坏管线、设备的外保护（保温）层。

11.5.2 空调系统调试完毕后，应在各调节阀的阀位处做好标记，避免有人随便乱调。

11.6 安 全 、 环 保 措 施

11.6.1 凡参与空调调试的有关人员，在调试前应由专业技术人员进行安全技术交底，让施工人员了解本项目的安全管理方针和目标，了解施工作业过程中的危险源及应采取的应

急响应措施。

11.6.2 进入施工现场或进行施工作业时必须穿戴劳动防护用品，在高处、吊顶内作业时要戴安全帽。

11.6.3 高处作业人员应按规定轻便着装，严禁穿硬底、铁掌等易滑的鞋。

11.6.4 所使用的梯子不得缺档，不得垫高使用，下端要采取防滑措施。

11.6.5 在吊顶作业时一定要穿戴利索，切勿踏在不承重的地方。

11.6.6 在开启空调机组前，一定要仔细检查，以防杂物损坏机组，调试人员不应立于风机的进风方向。

11.6.7 使用仪器、设备时要遵守该仪器的安全操作规程，确保其处于良好的运转状态，合理使用。

11.6.8 在调试过程中要了解本项目的环境管理方针，遵守项目部的各项环境措施。

11.6.9 在调试过程中所用完的电池要按固体废弃物的管理规定处理，不能胡乱丢弃。

11.6.10 在使用水银温度计时，一定要严格遵守操作规程，轻拿轻放，以免破碎后水银污染环境。

11.7 质 量 标 准

11.7.1 主控项目

11.7.1.1 通风与空调工程安装完毕，必须进行系统的测定和调整（简称调试）。系统调试应包括下列项目：

1 设备单机试运转及调试。

2 系统无生产负荷下的联合试运转及调试。

检查数量：全数。

检查方法：观察、旁站、查阅调试记录。

11.7.1.2 设备单机试运转及调试应符合下列规定：

1 通风机、空调机组中的风机，叶轮旋转方向正确、运转平稳、无异常振动和声响，其电机运行功率应符合设备技术文件的规定。在额定转速下连续运转 2h 后，滑动轴承外壳最高温度不得超过 70℃，滚动轴承不得超过 80℃。

2 水泵叶轮旋转方向正确，无异常振动和声响，紧固连接部位无松动，其电机运行功率值符合设备技术文件的规定。水泵连续运转 2h 后，滑动轴承外壳最高温度不得超过 70℃，滚动轴承不得超过 75℃。

3 冷却塔本体应稳固、无异常振动，其噪声应符合设备技术文件的规定。风机试运转按本条第 1 款的规定；冷却塔风机与冷却水系统循环试运行不少于 2h，运行应无异常情况。

4 制冷机组、单元式空调机组的试运转，应符合设备技术文件和现行国家标准《制冷设备、空气分离设备安装工程施工及验收规范》GB 50274 的有关规定，正常运转不应少于 8h。

5 电控防火、防排烟风阀（口）的手动、电动操作应灵活、可靠，信号输出正确。

检查数量：第 1 款按风机数量抽查 10%，且不得少于 1 台；第 2、3、4 款全数抽查；

第5款按系统中风阀的数量抽查20%，且不得少于5件。

检查方法：观察、旁站、用声级计测定，查阅试运转记录及有关文件。

11.7.1.3 系统无生产负荷的联合试运转及调试应符合下列规定：

1 系统总风量调试结果与设计风量的偏差不应大于10%。

2 空调冷热水、冷却水总流量测试结果与设计流量的偏差不应大于10%。

3 舒适空调的温度、相对湿度应符合设计的要求。恒温、恒湿房间室内空气温度、相对湿度及波动范围应符合设计规定。

检查数量：按风管系统数量抽查10%，且不得少于1个系统。

检查方法：观察、旁站、查阅调试记录。

11.7.1.4 防排烟系统联合试运行与调试的结果（风量及正压），必须符合设计与消防的规定。

检查数量：按总数抽查10%，且不得少于2个楼层。

检查方法：观察、旁站、查阅调试记录。

11.7.1.5 净化空调系统还应符合下列规定：

1 单向流洁净室系统的系统总风量调试结果与设计风量的允许偏差为0~20%，室内各风口风量与设计风量的允许偏差为15%。

新风量和设计新风量的允许偏差为10%。

2 单向流洁净室系统的室内截面平均风速的允许偏差为0~20%，且截面风速不均匀度不应大于0.25。

新风量和设计新风量的允许偏差为10%。

3 相邻不同级别洁净室之间和洁净室与非洁净室之间的静压差不应小于5Pa，洁净室与室外的静压差不应小于10Pa。

4 室内空气洁净度等级必须符合设计规定的等级或在商定验收状态下的等级要求。

高于等于5级的单向流洁净室，在门开启的状态下，测定距离门0.6m室内侧工作高度处空气的含尘浓度，亦不应超过室内洁净度等级上限的规定。

检查数量：调试记录全数检查，测点抽查5%，且不得少于1点。

检查方法：检查、验证调试记录，按本章的操作工艺进行校核。

11.7.2 一般项目

11.7.2.1 设备单机试运转及调试应符合下列规定：

1 水泵运行时不应有异常振动和声响，壳体密封处不得渗漏，紧固连接部位不应松动，轴封的温升应正常。在无特殊要求的情况下，普通填料泄漏量不应大于60mL/h，机械密封的泄漏量应不大于5mL/h。

2 风机、空调机组、风冷热泵等设备运行时，产生的噪声不宜超过产品性能说明书的规定值。

3 风机盘管机组的三速、温控开关的动作应正确，并与机组运行状态一一对应。

检查数量：第1、2款抽查20%，且不得少于1台；第3款抽查10%，且不得少于5台。

检查方法：观察、旁站、查阅试运转记录。

11.7.2.2 通风工程系统无生产负荷联动试运转及调试应符合下列规定：

1　系统联动运转中，设备及主要部件的联动必须符合设计要求，动作协调、正确，无异常现象。

2　系统经过平衡调整，各风口或吸风罩的风量与设计风量的允许偏差不应大于15%。

3　湿式除尘器的供水与排水系统运行应正常。

11.7.2.3　空调工程系统无生产负荷联动试运转及调试还应符合下列规定：

1　空调工程水系统应冲洗干净，不含杂物，并排除管道系统中的空气。系统连续运行应达到正常，平稳。水泵的压力和水泵电机的电流不应出现大幅度波动。系统平衡调整后，各空调机组的水流量应符合设计要求，允许偏差为20%。

2　各种自动计量检测元件和执行机构的工作应正常，满足建筑设备自动化（BA、FA等）系统对被测定参数进行检测和控制的要求。

3　多台冷却塔并联运行时，各冷却塔的进、出水量应达到均衡一致。

4　空调室内噪声应符合设计规定要求。

5　有压差要求的房间、厅堂与其他相邻房间之间的压差，舒适性空调正压为0~25Pa；工艺性的空调应符合设计的规定。

6　有环境噪声要求的场所，制冷、空调机组应按现行国家标准《采暖通风与空气调节设备噪声声功率级的测定——工程法》GB 9068的规定进行测定，洁净室内的噪声应符合设计的规定。

检查数量：按系统数量抽查10%，且不得少于1个系统或1间。

检查方法：观察、用仪表测量检查及查阅调试记录。

11.7.2.4　通风与空调工程的控制和监测设备，应能与系统的检测元件和执行机构正常沟通，系统的状态参数应能正确显示，设备连锁、自动调节、自动保护应能正确动作。

检查数量：按系统或监测系统总数抽查30%，且不得少于1个系统。

检查方法：旁站观察，查阅调试记录。

11.8　质　量　验　收

11.8.1　检验批的验收按本标准第3.0.18条进行组织。

11.8.2　检验批质量验收记录当地方主管部门无统一规定时，宜采用表11.8.2“工程系统调试验收记录表”。

表 11.8.2　工程系统调试验收记录表

GB 50243—2002

<table>
<tr><td colspan="3">单位（子单位）工程名称</td><td colspan="3"></td></tr>
<tr><td colspan="3">分部（子分部）工程名称</td><td colspan="2"></td><td>验收部位</td><td></td></tr>
<tr><td colspan="3">施工单位</td><td colspan="2"></td><td>项目经理</td><td></td></tr>
<tr><td colspan="3">分包单位</td><td colspan="2"></td><td>分包项目经理</td><td></td></tr>
<tr><td colspan="3">施工执行标准名称及编号</td><td colspan="4"></td></tr>
<tr><td colspan="4">施工质量验收规范的规定</td><td>施工单位检查评定记录</td><td colspan="2">监理（建设）单位验收记录</td></tr>
<tr><td rowspan="10">主控项目</td><td>1</td><td>通风机、空调机组单机试运转及调试</td><td>第 11.7.1.2 条第 1 款</td><td></td><td colspan="2" rowspan="17"></td></tr>
<tr><td>2</td><td>水泵单机试运转及调试</td><td>第 11.7.1.2 条第 2 款</td><td></td></tr>
<tr><td>3</td><td>冷却塔单机试运转及调试</td><td>第 11.7.1.2 条第 3 款</td><td></td></tr>
<tr><td>4</td><td>制冷机组单机试运转及调试</td><td>第 11.7.1.2 条第 4 款</td><td></td></tr>
<tr><td>5</td><td>电控防火、防排烟阀动作试验</td><td>第 11.7.1.2 条第 5 款</td><td></td></tr>
<tr><td>6</td><td>系统风量调试</td><td>第 11.7.1.3 条第 1 款</td><td></td></tr>
<tr><td>7</td><td>空调水系统调试</td><td>第 11.7.1.3 条第 2 款</td><td></td></tr>
<tr><td>8</td><td>恒温、恒湿空调</td><td>第 11.7.1.3 条第 3 款</td><td></td></tr>
<tr><td>9</td><td>防、排烟系统调试</td><td>第 11.7.1.4 条</td><td></td></tr>
<tr><td>10</td><td>净化空调系统调试</td><td>第 11.7.1.5 条</td><td></td></tr>
<tr><td rowspan="7">一般项目</td><td>1</td><td>风机、空调机组</td><td>第 11.7.2.1 条第 2、3 款</td><td></td></tr>
<tr><td>2</td><td>水泵安装</td><td>第 11.7.2.1 条第 1 款</td><td></td></tr>
<tr><td>3</td><td>风口风量平衡</td><td>第 11.7.2.2 条第 2 款</td><td></td></tr>
<tr><td>4</td><td>水系统试运行</td><td>第 11.7.2.3 条第 1、3 款</td><td></td></tr>
<tr><td>5</td><td>水系统检测元件工作</td><td>第 11.7.2.3 条第 2 款</td><td></td></tr>
<tr><td>6</td><td>空调房间参数</td><td>第 11.7.2.3 条第 4、5、6 款</td><td></td></tr>
<tr><td>7</td><td>工程控制和监测元件及执行结构</td><td>第 11.3.4 条</td><td></td></tr>
<tr><td colspan="2" rowspan="2">施工单位检查评定结果</td><td>专业工长（施工员）</td><td></td><td>施工班组长</td><td colspan="2"></td></tr>
<tr><td colspan="5">项目专业质量检查员：　　　　年　月　日</td></tr>
<tr><td colspan="2">监理（建设）单位验收结论</td><td colspan="5">专业监理工程师（建设单位项目专业技术负责人）：　　　　年　月　日</td></tr>
</table>

12 竣 工 验 收

12.1 一 般 规 定

12.1.1 通风与空调工程的验收分为竣工验收和综合效能试验两个阶段。

通风与空调工程的竣工验收，是在工程施工质量得到有效监控的前提下，施工单位通过整个分部工程的无生产负荷系统联合试运转与调试和观感质量的检查，按要求将质量合格的分部工程移交建设单位的验收过程。

12.1.2 通风空调工程的竣工验收，应由建设单位负责，组织施工、设计、监理等单位共同进行，合格后即应办理竣工验收手续。

12.2 竣 工 验 收

12.2.1 通风与空调工程竣工验收，应符合下列条件：

1 完成工程设计（含设计变更）和合同约定的各项内容。

2 施工单位（项目部）在工程完工后对工程进行了自查，确认工程质量符合国家有关规范和本标准要求，符合设计文件及合同要求。

3 通风与空调工程竣工验收时，应检查竣工验收资料，一般包括下列文件及记录：

(1) 图纸会审记录、设计变更通知书和竣工图；

(2) 主要材料、设备、成品、半成品和仪表的出厂合格证明及进场检（试）验报告；

(3) 隐蔽工程检查验收记录；

(4) 工程设备、风管系统、管道系统安装及检验记录；

(5) 管道试验记录；

(6) 设备单机试运转记录；

(7) 系统无生产负荷联合试运转与调试记录；

(8) 分部（子分部）工程质量验收记录；

(9) 观感质量综合检查记录；

(10) 安全和功能检验资料的核查记录。

12.2.2 观感质量检查应包括以下项目：

1 风管表面应平整、无损坏，接管合理，风管的连接以及风管与设备或调节装置的连接，无明显缺陷；

2 风口表面应平整，颜色一致，安装位置正确，风口可调节部件应能正常动作；

3 各类调节装置的制作和安装应正确牢固，调节灵活，操作方便。防火及排烟阀等关闭严密，动作可靠；

4 制冷及水管系统的管道、阀门形式、位置正确，系统无渗漏；

5 风管、部件及管道的支、吊架形式、位置及间距应符合本标准要求；

6 风管、管道的软性接管位置应符合设计要求，接管正确、牢固、自然无强扭；

7 通风机、制冷机、水泵、风机盘管机组的安装应正确牢固；

8 组合式空气调节机组外表平整光滑、接缝严密、组装顺序正确，喷水室外表面无渗漏；

9 除尘器、积尘室内安装应牢固、接口严密；

10 消声器安装方向正确，外表面应平整无损坏；

11 风管、部件、管道及支架的油漆应附着牢固，漆膜厚度均匀，油漆颜色与标志符合设计要求；

12 绝热层的材质、厚度应符合设计要求，表面平整、无断裂和脱落，室外防潮层或保护壳应顺水搭接，无渗漏。

检查数量：风管、管道各按系统抽查10%，且不得少于1个系统；各类部件、阀门及仪表抽查5%，且不得少于10件。

检查方法：尺量、观察检查。

13.2.3 净化空调系统的观感质量检查还应包括下列项目：

1 空调机组、风机、净化空调机组、风机过滤器单元和空气吹淋室等的安装位置应正确、固定牢固、连接严密，其偏差应符合本标准有关条文的规定；

2 高效过滤器与风管、风管与设备的连接处应有可靠密封；

3 净化空调机组、净压箱、风管及送风口清洁无积尘；

4 装配式洁净室的内墙面、吊顶和地面应光滑、平整、色泽均匀、不起灰尘，地板静电值应低于设计规定；

5 送回风口、各类末端装置以及各类管道等与洁净室内表面的连接处密封处理应可靠、严密。

检查数量：按数量抽查20%，且不得少于1个。

检查方法：尺量、观察检查。

12.3 交工资料的编制与移交

12.3.1 交工资料应由项目专业技术人员在施工过程中记录、编制，根据国家档案目录的有关规定，按照业主、监理单位、当地质监、档案部门的要求执行。

12.3.2 交工资料主要包括以下内容：

A类 综合资料：

1 封面。

2 交工技术文件目录。

3 交工技术文件说明。

4 施工组织设计。

5 开工报告。

6 联动试车合格证书。

7 竣工报告。

8 竣工验收证明书。
9 交工资料移交书。
10 备考表。
B类 施工记录：
1 图纸会审记录。
2 专业施工方案。
3 施工安全、技术交底。
4 施工过程质量记录：
4.1 通风与空调工程质量保证资料核查表；
4.2 通风与空调工程材料（设备）出厂合格证汇总表；
4.3 通风与空调工程材料、设备成品、半成品和仪表出厂合格证；
4.4 通风与空调工程设备开箱记录；
4.5 通风空调机组基础验收记录；
4.6 脱脂、清（吹）洗记录；
4.7 阀门试验记录；
4.8 隐蔽验收记录；
4.9 风管漏风检测记录；
4.10 管道压力试验记录；
4.11 现场组装除尘、空调机漏风检测记录；
4.12 制冷系统气密性试验记录；
4.13 设备单机试车记录；
4.14 设备运转记录；
4.15 空调系统调试报告；
4.16 油漆、防腐记录；
4.17 保温施工记录。
5 设计变更明细表（附设计变更通知单）。
6 合格焊工登记表。
7 材料合格证、质保资料汇总一览表。
C类 质量验收记录资料：
1 通风与空调工程施工质量检验批质量验收记录：
1.1 风管与配件制作检验批质量验收记录；
1.2 风管部件与消声器制作检验批质量验收记录；
1.3 风管系统安装检验批质量验收记录；
1.4 通风机安装检验批质量验收记录；
1.5 通风与空调设备安装检验批质量验收记录；
1.6 空调制冷系统安装检验批质量验收记录；
1.7 空调水系统安装检验批质量验收记录；
1.8 防腐与绝热施工检验批质量验收记录；
1.9 工程系统调试检验批质量验收记录。

2　通风与空调工程分项质量验收记录。

3　通风与空调分部（子分部）工程的质量验收记录：

3.1　排风系统子分部工程质量验收记录；

3.2　防排烟系统子分部工程质量验收记录；

3.3　除尘通风系统子分部工程质量验收记录；

3.4　空调风管子分部工程质量验收记录；

3.5　净化空调子分部工程质量验收记录；

3.6　制冷子分部工程质量验收记录；

3.7　空调水子分部工程质量验收记录；

3.8　通风与空调工程观感质量检查记录；

3.9　消防验收合格证书。

D类　工程照片。

12.3.3　竣工图编制

1　凡在施工中无修改的图纸，应在施工图上加盖竣工图章。

2　在施工中无重大变更的图纸，在原图上进行修改，并在原图醒目处（如右上角）汇总标出变更单号，加盖竣工图章。

3　有重大修改，须重新绘制竣工图时，应得到建设单位确认后再行绘制，并在此图右上角注明原图编号，经有关单位审核无误后，加盖竣工图章。

12.3.4　资料交付

在办理完工程竣工手续后，施工单位应在合同规定时间内向业主提交装订成册的全套交工资料，并办理资料移交手续。如合同无规定，则应在两个月内办理资料移交手续。

13　综合效能的测定和调整

13.1　一　般　要　求

13.1.1　通风与空调工程交工前，应进行系统生产负荷的综合效能的测定与调整。

13.1.2　通风与空调工程带生产负荷的综合效能试验与调整，应在已具备生产试运行的条件下进行，由建设单位负责，设计、施工单位配合。

13.1.3　通风、空调系统带生产负荷的综合效能试验测定与调整的项目，应由建设单位根据工程性质、工艺和设计的要求进行确定。

13.1.4　通风、除尘系统综合效能试验可包括下列项目：

1　室内空气中含尘浓度或有害气体浓度与排放浓度的测定；

2　吸气罩罩口气流特性的测定；

3　除尘器阻力和除尘效率的测定；

4　空气油烟、酸雾过滤装置净化效率的测定。

13.1.5　空调系统综合效能试验可包括下列项目：

1　送回风口空气状态参数的测定与调整；

2　空气调节机组各功能段的性能测定与调整；

3　室内噪声的测定；

4　室内空气温度和相对湿度的测定与调整；

5　对气流有特殊要求的空调区域做气流速度的测定。

13.1.6　恒温、恒湿空调系统除应包括空调系统的全效能试验项目外，尚可增加下列项目：

1　室内静压测定和调整；

2　空调机组各功能段性能的测定和调整；

3　室内温度、相对湿度的测定和调整；

4　室内气流组织的测定。气流组织的测定包括：室内气流流型和速度的测定。

13.1.7　净化空调系统除应包括恒温恒湿空调系统综合效能试验外，尚可增加下列项目：

1　生产负荷状态下室内空气洁净度等级的测定；

2　室内的浮游菌和沉降菌的测定；

3　室内自净时间的测定；

4　空气洁净度高于5级的洁净室，除应进行净化空调系统综合效能试验项目外，尚应增加设备泄漏控制，防止污染扩散等特定项目的测定；

5　洁净度等级高于或等于5级的洁净室，可进行单向气流流线平行度的检测，在工作区内气流流向偏离规定方向的角度不大于15°。

13.1.8　防排烟系统综合效能试验的测定项目，为模拟状态下安全区正压变化测定及烟雾扩散试验等。

13.1.9 净化空调系统的综合效能检测单位和检测状态，宜由建设、设计和施工单位三方协商确定。

13.2 测 定 方 法

13.2.1 通风、除尘系统综合效能试验

13.2.1.1 室内空气中含尘浓度或有害气体浓度与排放浓度的测定

1 滤膜的准备

用精度为万分之一克的分析天平进行滤膜称量，记录质量并编号，放入样品盒中备用。

2 现场采样

将粉尘采样器设在测尘地点，开动仪器，在整个采样过程中应保持流量稳定。

为了使采集的尘样具有代表性，在选择采样地点前，应详细了解和观察生产操作、粉尘发生及除尘设备使用等情况。

为了减少天平称量的相对误差，应根据空气含尘浓度的大小确定采样时间的长短。空气中含尘浓度高时，采样时间短；含尘浓度低时，采样时间长。

3 含尘浓度的计算

$$y = [(G_2 - G_1)/V] \times 10^3$$

式中 y——含尘浓度（mg/m^3）

G_1——采样前滤膜的质量（mg）；

G_2——采样后滤膜的质量（mg）；

V——核算成标准状况后实际抽气量（L）。

13.2.1.2 吸气罩罩口气流特性的测定

吸气罩罩口的气流特性可利用发烟装置在罩口发烟，通过观察烟雾的流动方向描绘出来。

13.2.1.3 除尘器阻力和除尘效率的测定

1 除尘器前后的全压差即为除尘器阻力

$$\Delta P = P_1 - P_2$$

式中 ΔP——除尘器阻力（Pa）；

P_1——除尘器进口处的平均全压（Pa）；

P_2——除尘器出口处的平均全压（Pa）。

2 除尘器除尘效率的测定

现场测定时，一般用浓度法测定除尘器的效率

$$\eta = [(y_1 - y_2)/y_1] \times 100\%$$

式中 y_1——除尘器进口处平均含尘浓度（mg/m^3）；

y_2——除尘器出口处平均含尘浓度（mg/m^3）。

13.2.1.4 空气油烟、酸雾过滤装置净化效率的测定

空气油烟、酸雾过滤装置的净化效率可由空气通过吸收剂或吸附剂前后，空气中所含油烟、酸雾的浓度变化来求得。

13.2.2 空调系统综合效能试验

13.2.2.1 送回风口空气状态参数的测定与调整

送回风口的空气状态参数包括送回风口风速、温、湿度的测定与调整。送回风风速测定可按本标准第 11.4.2 条第 2 款规定进行；温、湿度可用温、湿度计，直接在送、回风口处测得。

13.2.2.2 空气调节机组各功能段的性能测定与调整

空气调节机组性能参数测定的目的是检查空气调节机组的实际能力是否满足设计要求。空气处理过程是由加热、冷却、干燥及加湿等单项处理过程组成。对于一般性空气调节，测定的基本内容是加热和冷却干燥。

1 空气冷却装置的测定

（1）测定条件

空气冷却装置的测定应在设计条件下进行，但实际空调工程的测定和调整工作往往很难达到这一点，而可能在下述两种情况下进行。当室外空气参数 W' 接近设计条件 W 时，即当测定时室外空气的焓 i'_w 接近设计条件 i_w 时，空调工程已投产使用，但热湿比 $\varepsilon' \approx \varepsilon$，则可将一次混合比调到 $i'_c = i_c$。如果采用设计条件下水温和水量处理空气，则冷却装置的性能与容量和设计要求必然一致，也即处理后的空气的焓必然等于设计工况下空气的焓，此时可以认为冷却装置的容量满足设计要求。

测定时当室外计算参数与设计工况相差较大时，即 $i'_w \neq i_w$，工程尚未停产，即 $\varepsilon' \neq \varepsilon$，冷却装置的测定仍可用上述方法进行。

（2）冷却装置前后空气参数的测定

测定空气的干球温度时可用水银温度计或多点数字温度计。测定湿球温度时，可将水银温度计的温包包裹于湿纱布中，并置于水瓶的上方，悬吊水瓶是为了保持纱布湿润。

在测量时应将冷却装置前后断面分为多个面积相等的小方块，在其中心测定干、湿球温度和风速，则断面的平均温度可按下式计算：

$$t_j = \Sigma v_i t_i / \Sigma v_i$$

式中 v_i——各测点多次测定速度的平均值（m/s）；

t_i——各测点多次测定温度的平均值（℃）；

t_j——断面的平均温度（℃）。

（3）通过表冷器风量的测定

通过表冷器风量的测定可参照空调机风量测定方法进行。

（4）空气通过表冷器阻力的测定

空气通过表冷器的阻力用毕托管和微压计测量其前后的全压值，计算出前后全压差即表示阻力的大小。如果表冷器前后的断面相同，可测出前后的静压差表示阻力。

（5）表冷器冷却能力的测定

表冷器的冷却能力是用冷却过程中空气失去的热量来表示，即

$$Q = G(i_1 - i_2)$$

式中 Q——表冷器的冷却能力（kW）；

G——通过空气冷却装置的风量（kg/s）；

i_1——冷却装置前空气的焓（kJ/kg）；

i_2——冷却装置后空气的焓（kJ/kg）。

其中 i_1、i_2 可以通过测量的空气干、湿球温度查焓湿图得到。

2 加热器容量的测定条件

（1）加热器容量测定应在室外设计工况下进行，为了加速工程调整的进度，应创造低温条件（如利用晚间，当房间热负荷较小时候，用冷水预冷空气等）进行测定，用这个条件下的测定结果可推算出设计工况下的容量。

（2）空气参数的测定

在有旁通风阀的加热器后测定空气参数时，经常发生空气分层现象，使测定断面温度分布极不均匀，应当分块多点测定后取平均温度。在加热器前后测定空气温度时为了防止加热器对温度计的辐射影响，可在水银温度计的温包上加镀镍或由铝箔作的罩子。使用热电偶测定时，也可采取类似措施。

（3）热媒参数的测定

热媒为蒸汽时，可用精度较高分度较小的压力表读取压力值，查蒸汽热力性质表可得到蒸汽的饱和温度；热媒为热水时，可将温度计插入测温套管中，测定供、回水温度。当现场无现成测量套管时，可将热电偶测头用石棉绳紧紧包扎在供、回水管道上，测出水管表面温度作为近似的管内水温。

测量热水和空气的温度必须同时进行，共测量 0.5~1.0h，每隔 5~10min 读取一次温度值，蒸汽压力值在测量时间内可读取 2~3 次数据，算出平均压力值。

（4）加热能力的计算

加热器的容量是用加热过程中空气得到的热量来表示：

$$Q = G(i_2 - i_1)$$

上式同表冷器容量的计算公式一致。

（5）测定结果的评定

记录换热器的型号、净截面积、加热面积及其他铭牌数据，比较测定所得的换热能力是否与设计数据保持一致。

13.2.2.3 室内噪声的测定

1 测定条件

通风空调房间的噪声测定，一般以房间中心离地高度 1.2m 处为测点，较大面积的民用空调其测定应按设计要求。室内噪声的测定可用声级计，并以声压级 A 档为准，若环境噪声比所测噪声低于 10dB 以下时可不做修整。

2 测定方法、步骤

测量时用手水平方向托住声级计或将声级计固定在三脚架上，传声器指向被测声源，

声级计应尽量远离人身体以减少人体对测量的影响，掀起频率计权开关使置于“A”调节量程旋钮，使电表上有适当偏转，量程旋钮所指值加上电表读数，即得被测A声级。

噪声测定时应排除本底噪声的影响，本底噪声是指被测噪声停止发声压的周围环境噪声。若被测声源的噪声级与本底噪声相差10dB以上，则本底噪声的影响可略而不计；如两者相差小于3dB，则测量结果无意义；如两者相差了3~9dB，则应按表13.2.2.3进行修正。噪声测定要注意现场反射声的影响，在传声器或声源附近有较大的反射物时，会因反射声的加强而产生测量的误差。排除本底噪声的修正表，见表13.2.2.3。

表13.2.2.3　排除本底噪声的修正表

被测声源噪声与本底噪声的差值（dB）	3	4、5	6、7、8、9
修　正　值	-3	-2	-1

13.2.2.4　室内空气温度和相对湿度的测定与调整

室内温度、相对湿度的测定可按本标准第11.4.2条第5款的规定进行。

13.2.3　恒温、恒湿空调系统尚可增加的项目

13.2.3.1　室内静压测定和调整

1　测试方法和步骤

测试静压差前，首先试验一下室内是否处于正压状态。试验的最简便办法是将尼龙丝或小纸条放在稍微开启的门缝处，观察尼龙丝或小纸条飘动的方向，飘向室外证明是正压，飘向室内证明是负压。

在测试时，将微压计放置室内，微压计的“-”端接好橡皮管，把橡皮管的另一端经门缝拉出室外与大气相通，从微压计读取室内静压值，即是室内所保持的正压值。若微压计所处的房间没有与大气相通，要设法与大气相通。

2　室内静压的调整

为了保持房间正压，通常是调节房间回风量的大小来实现的。在房间送风量不变的情况下，开大房间回风调节阀，就能减少室内正压值，关小调节阀就会增大正压值。如果房间有两个以上的回风口时，在调节阀门的时候，要照顾到各回风口风量的均匀性，否则，将对房间气流组织带来不良的影响。

13.2.3.2　空调机组各功能段性能的测定和调整，可按本标准第13.2.2.2条第2款的规定进行。

13.2.3.3　室内空气温度和相对湿度的测定和调整，可按本标准第13.2.2.2条第4款的规定进行。

13.2.3.4　室内气流组织的测定

气流组织的测定包括：室内气流流型和速度的测定。

1　气流组织测定的方法

（1）气流组织测定的测点布置原则

1）纵断面（立面）：在送风射流轴线上布置立面测点，测点间隔一般为0.5m，但靠近顶棚墙面和射流轴线处可为0.25m，以增加测点。

2）横断面（平面）：在2m以下的范围内选择若干断面，按等面积法（常为1m^2）均布测点进行测定即可。

(2) 气流流型的测定方法

一般有两种方法：烟雾法和逐点描绘法。

1) 烟雾法：将棉球蘸上发烟剂放在送风口处，烟雾随气流在室内流动，仔细观察烟雾的流动方向和范围，在记录图上粗略地描绘射流边界线，回旋涡流区和回流区。这种方法准确性差，只在粗测时采用。

2) 逐点描绘法：将很细的合成纤维丝（直径 10μm）左右或点燃的香绑在测杆上，放在测点断面上各测点的位置上，逐点观察气流方向，并在记录图上描绘出气流流形图。

(3) 气流速度的测定

气流速度的测定可用热球风速仪，测定时将测头置于各测点测出气流速度的大小，并将测定结果表示于纵断面图上。为了进一步观察射流速度的衰减程度，可绘制出射流速度衰减曲线，判断射流是否中途下跌（对侧送）。

2 测定结果的评定

根据绘制的记录图，判断气流速度是否满足设计要求。

13.2.4 净化空调系统除应包括恒温恒湿空调系统综合效能试验外，尚可增加下列项目。

13.2.4.1 生产负荷状态下室内空气洁净度等级的测定可按本标准第 11.4.2 条第 5 款的规定进行。

13.2.4.2 室内的浮游菌和沉降菌的测定

1 室内浮游菌测点和洁净度测点可相同，采样必须按所用仪器说明书的步骤进行，特别要注意检测之前对仪器消毒杀菌。

2 沉降菌测定时，培养皿应布置在有代表性的地点和气流扰动极小的地点，培养皿数可与按洁净度采样点数相同，但培养皿最少数量应满足表 13.2.4.2 的规定，在采样点上沉降 30min 后进行采样。

表 13.2.4.2 最少培养皿数

洁净度级别	所需 ϕ90 培养皿数（以沉降 0.5h 计）
<5 级	44
5 级	14
6 级	5
≥7 级	2

13.2.4.3 室内自净时间的测定

1 本项测定必须在洁净室停止运行相当时间，室内含尘浓度已接近大气尘浓度时进行。如果要求很快测定，则可当时发烟。

2 如果以大气尘浓度为基准，则先测出洁净室内浓度，立即开机运行，定时读数直到浓度达到最低限度为止，这一段时间即为自净时间。如果以人工（如发巴兰香烟）为基准，则将发烟器放在离地面 1.8m 以上的室中心点发烟 1～2min 即停止，待 1min 后，在工作区平面的中心点测定含尘浓度，然后开机，方法同上。

3 由测得的开机前原始浓度或发烟停止后 1min 的污染浓度（N_0），室内达到稳定时的浓度（N）和实际换气次数（n），得到计算自净时间，再与实测自净时间进行对比。

4 空气洁净度高于 5 级的洁净室，除应进行净化空调系统综合效能试验项目外，尚应增加设备泄漏控制，防止污染扩散等特定项目的测定。

设备的泄漏控制、防止污染扩散可根据设备的等级要求用压缩空气加压，肥皂水涂抹检查，也可用卤素测定器对设备进行检测。

5 洁净度等级高于或等于5级的洁净室，可进行单向气流流线平行度的检测，在工作区内气流流向偏离规定方向的角度不大于15°。

(1) 本项测定要在气流速度均匀性测定后进行；

(2) 烟流出口速度要等于室内气流速度。

(3) 把送风平面（离地1.8m以上）和回风平面（离地0.75m以下）划分为若干个小面积，每一小面积最小可按3m×3m考虑。

(4) 烟发生器的出口设在送风平面的每一小面积的中心，并伸向气流方向，发烟装置应置于被测小面积之外。

(5) 在上述每块面积中心测出气流偏离垂线的角度。

附录A　洁净室测试方法

A.1　风量或风速的检测

A.1.1　对于单向流洁净室，采用室截面平均风速和截面积乘积的方法确定送风量。离高效过滤器0.3m，垂直于气流的截面作为采样测试截面，截面上测点间距不宜大于0.6m，测点数不应少于5个，以所有测点风速读数的算术平均值作为平均风速。

A.1.2　对于非单向流洁净室，采用风口法或风管确定送风量，做法如下：

1　风口法是在安装有高效过滤器的风口处，根据风口形状连接辅助风管进行测量。即用镀锌钢板或其他不产尘材料做成与风口形状及内截面相同、长度等于2倍风口长边长的直管段，连接于风口外部。在辅助风管出口平面上，按最少测点数不少于6点均匀布置，使用热球式风速仪测定各测点之风速。然后，以求取的风口截面平均风速乘以风口净截面积求取测定风量。

2　对于风口上风侧有较长的支管段，且已经或可以钻孔时，可以用风管法确定风量。测量断面应位于大于或等于局部阻力部件前3倍管径或长边长，局部阻力部件后5倍管径或长边长的部位。

对于矩形风管，是将测定截面分割成若干个相等的小截面。每个小截面尽可能接近正方形，边长不应大于200mm，测点应位于小截面中心，但整个截面上的测点数不宜少于3个。

对于圆形风管，应根据管径大小，将截面划分成若干个面积相同的同心圆环，每个圆环测4点。根据管径确定圆环数量，不宜少于3个。

A.2　静压差的检测

A.2.1　静压差的测定应在所有的门关闭的条件下，由高压向低压，由平面布置上与离外界最远的里间房间开始，依次向外测定。

A.2.2　采用的微差压力计，其灵敏度不应低于2.0Pa。

A.2.3　有孔洞相通的不同等级相邻的洁净室，其洞口处应有合理的气流流向。洞口的平均风速大于等于0.2m/s时，可用热球风速仪检测。

A.3　空气过滤器泄漏测试

A.3.1　高效过滤器的检漏，应使用采样速率大于1L/min的光学粒子计数器，D类高效过滤器宜使用激光粒子计数器或凝结核计数器。

A.3.2　采用粒子计数器检漏高效过滤器，其上风侧应引入均匀浓度的大气尘或含其他气溶胶尘的空气。对大于等于 0.5μm 尘粒，浓度应大于或等于 3.5×10^5pc/m^3；或对大于或等于 0.1μm 尘粒，浓度应大于或等于 3.5×10^7pc/m^3；若检测 D 类高效过滤器，对大于或等于 0.1μm 尘粒，浓度应大于或等于 3.5×10^9pc/m^3。

A.3.3 高效过滤器的检测采用扫描法，即在过滤器下风侧用粒子计数器的等动力采样头，放在距离被检部位表面 20～30mm 处，以 5～20mm/s 的速度，对过滤器的表面、边框和封头胶处进行移动扫描检查。

A.3.4 泄漏率的检测应在接近设计风速的条件下进行。将受检高效过滤器下风侧测得的泄漏浓度换算成透过率，高效过滤器不得大于出厂合格透过率的 2 倍；D 类高效过滤器不得大于出厂合格透过率的 3 倍。

A.3.5 在移动扫描检测工程中，应对计数突然递增的部位进行定点检验。

A.4 室内空气洁净度等级的检测

A.4.1 空气洁净度等级的检测应在设计指定的占用状态（空态、静态、动态）下进行。

A.4.2 检测仪器的选用，应使用采样速率大于 1L/min 的光学粒子计数器。在仪器选用时应考虑粒径鉴别能力、粒子浓度适用范围和计数效率。仪表应有有效的标定合格证书。

A.4.3 采样点的规定：

1 最低限度的采样点数 N_L，见表 11.4.2-3。

2 采样点应均匀分布于整个面积内，并位于工作区的高度（距地坪 0.8m 的水平面），或设计单位、业主特指的位置。

A.4.4 采样量的确定；

1 每次采样的最少采样量见表 11.4.2-4。

2 每个采样点的最少采样时间为 1min，采样量至少为 2L。

3 每个洁净室（区）最少采样次数为 3 次。当洁净区仅有一个采样点时，则在该点至少采样 3 次。

4 对预期空气洁净度等级达到 4 级或更洁净的环境，采样量很大，可采用 ISO14644—1 附录 F 规定的顺序采样法。

A.4.5 检测采样的规定；

1 采样时采样口处的气流速度，应尽可能接近室内的设计气流速度。

2 对单向流洁净室，其粒子计数器的采样管口应迎着气流方向；对于非单向流洁净室，采样管口宜向上。

3 采样管必须干净，连接处不得有渗漏。采样管的长度应根据允许长度确定，如果无规定时，不宜大于 1.5m。

4 室内的测定人员必须穿洁净工作服，且不宜超过 3 名，并应远离或位于采样点的下风侧静止不动或微动。

A.4.6 记录数据评价。空气洁净度测试中，当全室（区）测点为 2～9 点时，必须计算每个采样点的平均粒子浓度 C_i 值、全部采样点的平均粒子浓度 N 及其标准差，导出 95%置信上限值；采样点超过 9 点时，可采用算术平均值 N 作为置信上限值。

1 每个采样点的平均粒子浓度 C_i 应小于或等于洁净度等级规定的限值，见表11.4.2-5。

2 全部采样点的平均粒子浓度 N 的95%置信上限值，应小于或等于洁净度等级规定的限值。即：

$$(N + t \times s/\sqrt{n}) \leqslant \text{级别规定的限值}$$

式中 N——室内各测点平均含尘浓度，$N = \Sigma C_i/n$；

n——测点数；

s——室内各测点平均含尘浓度 N 的标准差：$s = \sqrt{\dfrac{(C_i - N)^2}{n-1}}$；

t——置信度上限为95%时，单侧 t 分布的系数，见表11.4.2-6。

A.4.7 每次测试应做记录，并提交性能合格或不合格的测试报告。测试报告应包括以下内容：

1 测试机构的名称、地址；

2 测试日期和测试者签名；

3 执行标准的编号及标准实施日期；

4 被测试的洁净室或洁净区的地址、采样点的特定编号及坐标图；

5 被测试的洁净室或洁净区的空气洁净度等级、被测粒径（或沉降菌、浮游菌）、被测洁净室所处的状态、气流流形和静压差；

6 测量用的仪器的编号和标定证书；测试方法细则及测试中的特殊情况；

7 测试结果包括在全部采样点坐标图上注明所测的粒子浓度（或沉降菌、浮游菌的菌落数）；

8 对异常测试值进行说明及数据处理。

A.5 室内浮游菌和沉降菌的检测

A.5.1 微生物检测方法有空气悬浮微生物法和沉降微生物法两种，采样后的基片（或平皿）经过恒温箱内37℃、48h的培养生成菌落后进行计数。使用的采样器皿和培养液必须进行消毒灭菌处理。采样点可均匀布置或取代表性地域布置。

A.5.2 悬浮微生物法应采用离心式、狭缝式和针孔式等碰撞式采样器，采样时间应根据空气中微生物浓度来决定，采样点数可与测定空气洁净度测点数相同。各种采样器应按仪器说明书规定的方法使用。

沉降微生物法，应采用直径为90mm培养皿，在采样点上沉降30min后进行采样，培养皿最少采样数应符合表13.2.4.2的规定。

A.5.3 制药厂洁净室（包括生物洁净室）室内浮游菌和沉降菌测试，也可采用按协议确定的采样方案。

A.5.4 用培养皿测定沉降菌，用碰撞式采样器或过滤采样器测定浮游菌，还应遵守以下规定；

1 采样装置采样前的准备及采样后的处理，均应在设有高效空气过滤器排风的负压实验室进行操作，该实验室的温度应为22±2℃；相对湿度应为50%±10%；

2 采样仪器应消毒灭菌；

3 采样器选择应审核其精度和效率，并有合格证书；

4 采样装置的排气不应污染洁净室；

5 沉降皿个数及采样点、培养基及培养温度、培养时间应按有关规范的规定执行；

6 浮游菌采样器的采样率宜大于 100L/min；

7 碰撞培养基的空气速度应小于 20m/s。

A.6 室内浮游菌和沉降菌的检测

A.6.1 根据温度和相对湿度波动范围，应选择相应的具有足够精度的仪表进行测定。每次测定间隔不应大于 30min。

A.6.2 室内测点布置：

1 送回风口处；

2 恒温工作区具有代表性的地点（如沿着工艺设备周围布置或等距离布置）；

3 没有恒温要求的洁净室中心；

4 测点一般布置在距外墙表面大于 0.5m，离地面的同一高度上；也可以根据恒温区的大小，分别布置在离地不同高度的几个平面上。

A.6.3 测点数应符合表 11.4.2-2 的规定。

A.6.4 有恒温恒湿要求的洁净室。室温波动范围按各测点的各次温度中偏差控制点温度的最大值，占测点总数的百分比整理成累计统计曲线。如 90% 以上测点偏差值在室温波动范围内，为符合设计要求。反之，为不合格。

区域温度以各测点中最低的一次测试温度为基准，各测点平均温度与超偏差值的点数，占测点总数的百分比整理成累计统计曲线，90% 以上测点所达到的偏差值为区域温差，应符合设计要求。相对温度波动范围可按室温波动范围的规定执行。

A.7 单向流洁净室截面平均速度，速度不均匀度的监测

A.7.1 洁净室垂直单向流和非单向流应选择距墙或围护结构内表面大于 0.5m，离地面高度 0.5～1.5m 作为工作区。水平单向流以距送风墙或围护结构内表面 0.5m 处的纵断面为第一工作面。

A.7.2 测定截面的测点数应符合表 11.4.2-3 的规定。

A.7.3 测定风速应用测定架固定风速仪，以避免人体干扰。不得不用手持风速仪测定时，手臂应伸至最长位置，尽量使人体远离测头。

A.7.4 室内气流流形的测定，宜采用发烟或悬挂丝线的方法，进行观察测量与记录。然后，标在记录的送风平面的气流流形图上。一般每台过滤器至少对应 1 个观察点。

风速的不均匀度 β_0 按下列公式计算，一般 β_0 值不应大于 0.25。

$$\beta_0 = \frac{s}{v}$$

式中　v——各测点风速的平均值（m/s）；
　　　s——标准差。

A.8　室内噪声的监测

A.8.1　测噪声仪器应采用带倍频程分析的声级计。

A.8.2　测点布置应按洁净室面积均分，每 50m² 设一点。测点位于其中心，距地面 1.1～1.5m 高度处或按工艺要求设定。

附录B 金属风管连接形式及适用范围

B.0.1 金属风管板材连接形式及适用范围，应符合表B.0.1的规定。

表B.0.1 金属风管板材连接形式及适用范围

名称	连接形式		适用范围
单咬口			低、中、高压系统
			低、中、高压系统
联合角咬口			低、中、高压系统矩形风管或配件四角咬接
转角咬口			低、中、高压系统矩形风管或配件四角咬接
按扣式咬口			低、中、高压系统或配件四角咬接，低压圆形风管
立咬口			圆、矩形风管横向连接或纵向接缝，圆形弯头制作不加铆钉
焊接	见本标准图4.2.4.1-2		低、中、高压系统

B.0.2 金属矩形风管连接形式及适用风管边长，应符合表B.0.2规定。

表B.0.2 金属矩形风管连接形式及适用风管边长

连接形式		适用范围		适用风管边长（mm）		
				低压风管	中压风管	高压风管
角钢法兰		M6螺栓	∟25×3	≤1250	≤1000	≤630
		M8螺栓	∟30×3	≤2000	≤2000	≤1250
		M8螺栓	∟40×4	≤2500	≤2500	≤1600
		M8螺栓	∟50×5	≤4000	≤3000	≤2500

续表 B.0.2

连接形式		适用范围		适用风管边长（mm）		
薄钢板法兰	弹簧夹式	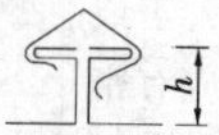 弹簧夹板厚度大于或等于 1.0mm 顶丝卡厚度大于或等于 3mm 顶丝螺栓 M8	$h=25$、$\delta_1=0.6$	≤630	≤630	—
	插接式		$h=25$、$\delta_1=0.75$	≤1000	≤1000	—
	顶丝卡式	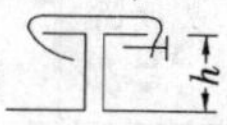	$h=30$、$\delta_1=1.0$	≤2000	≤2000	—
			$h=40$、$\delta_1=1.2$	≤2000	≤2000	—
	组合式	 顶丝卡厚度大于或等于 3mm	$h=25$、$\delta_2=0.75$	≤2000	≤2000	—
			$h=30$、$\delta_2=1.0$	≤2500	≤2000	—
S形插条	平插条	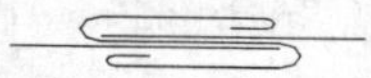 大于风管壁厚度且大于或等于 0.75mm $h\geqslant25$mm		≤630	—	—
	立插条			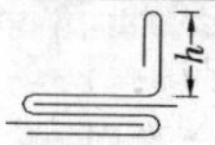 ≤1000	—	—
C形插条	平插条	 大于风管壁厚度且大于或等于 0.75mm		≤630	≤450	—
	立插条	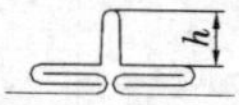 大于风管壁厚度且大于或等于 0.75mm $h\geqslant25$mm		≤1000	≤630	—
	直角插条	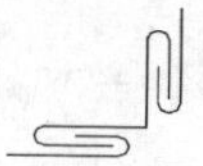 等于风管壁厚度且大于或等于 0.75mm		≤630	—	—
立联合角形插条	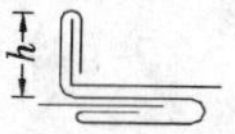	等于风管壁厚度且大于或等于 0.75mm $h\geqslant25$mm		≤1250	—	—
立咬口	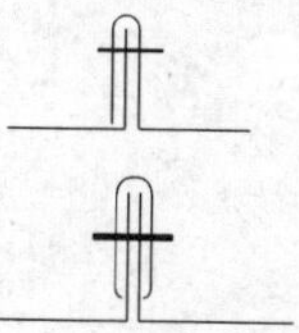	咬口包边板厚度等于风管壁厚度 $h\geqslant25$mm		≤1000	≤630	—
注：h 为法兰高度，δ_1 为风管壁厚度，δ_2 为组合法兰板厚度。						

B.0.3 金属圆形风管的连接形式及适用范围，应符合表 B.0.3 规定。

表 B.0.3 金属圆形风管的连接形式及适用范围

连接形式	附件规格（mm）	连接要求	适用范围
角钢法兰连接 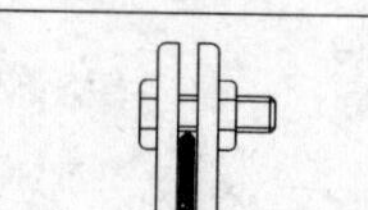	∟25×3 ∟30×3 ∟40×4	法兰与风管连接采用铆接或焊接	低、中、高压风管

续表 B.0.3

连接形式			附件规格（mm）	连接要求	适用范围
承插连接	普通	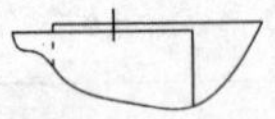	—	插入深度大于或等于 30mm，应有密封措施	直径小于 700mm 的低压风管
	角钢加固	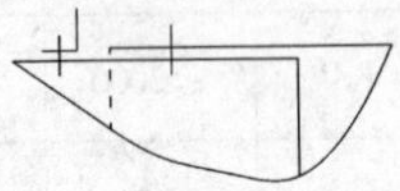	∟25 × 3 ∟30 × 4	插入深度大于或等于 20mm，应有密封措施	低、中压风管
	压加强筋	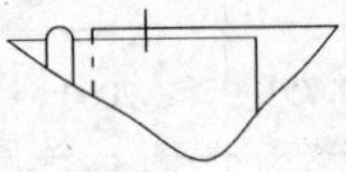	—	插入深度大于或等于 20mm，应有密封措施	低、中压风管
芯管连接		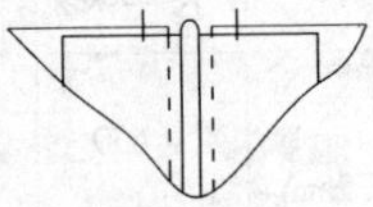	芯管板厚度大于或等于风管壁厚度	插入深度大于或等于 20mm，应有密封措施	低、中压风管
立筋抱箍连接		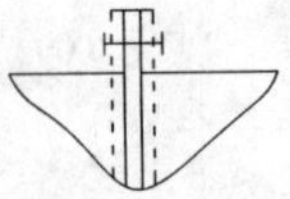	抱箍板厚度大于或等于风管壁厚度	风管翻边与抱箍应匹配，结合紧固严密	低、中压风管
抱箍连接		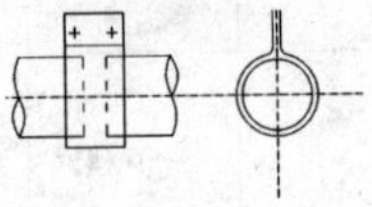	抱箍板厚度大于或等于风管壁厚度	管端应对正，抱箍应居中	低、中压风管抱箍宽度大于或等于 100mm

附录C　非金属风管连接形式及适用范围

C.0.1　非金属风管板材的技术参数及适用范围，应符合表C.0.1的规定。

表C.0.1　非金属风管板材的技术参数及适用范围

风管类别		保温材料密度（kg/m^3）	管板厚度（mm）	燃烧性能	强度（MPa）	适用范围
酚醛铝箔复合板风管		≥60	≥20	B_1级	弯曲强度≥1.05	工作压力小于或等于2000Pa的空调系统及潮湿环境
聚氨酯铝箔复合风管		≥45	≥20		弯曲强度≥1.02	工作压力小于或等于2000Pa的空调系统、洁净系统及潮湿环境
玻璃纤维复合板风管		≥70	≥25		—	工作压力小于或等于1000Pa的空调系统
无机玻璃钢	永硬性无机玻璃钢风管	≤1700	见表4.3.4.4-1、表4.3.4.4-2、表4.3.4.4-3	A级	≥70	低、中、高压空调机防排烟系统
	氯氧镁水泥风管	≤2000		A级	≥65	
硬聚氯乙烯风管		1300～1600	见表4.3.3-1、表4.3.3-2	B_1级	≥34	洁净室及含酸碱的排风系统

C.0.2　非金属矩形风管连接形式及适用范围，应符合表C.0.2的规定。

表C.0.2　非金属矩形风管的连接形式及适用范围

非金属风管连接形式		附件材料	适用范围
45°粘接		铝箔胶带	酚醛铝箔复合板风管、聚氨酯铝箔复合板风管 $b\leqslant$500mm
榫　接		铝箔胶带	丙烯酸树脂玻璃纤维复合风管 $b\leqslant$1800mm
槽形插接连接	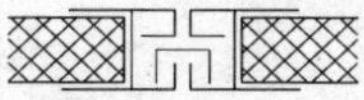	PVC	低压风管 $b\leqslant$2000mm 中、高压风管 $b\leqslant$1600mm
工形插接连接	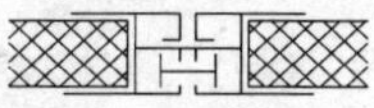	PVC	低压风管 $b\leqslant$2000mm 中、高压风管 $b\leqslant$1600mm
		铝合金	$b\leqslant$3000mm
外套角钢法兰	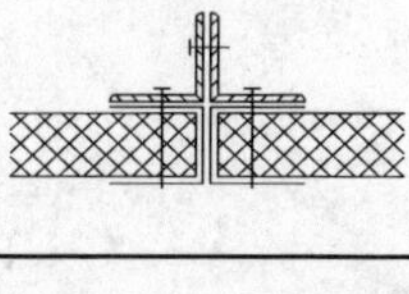	∟25×3	$b\leqslant$1000mm
		∟30×3	$b\leqslant$1600mm
		∟40×4	$b\leqslant$2000mm

续表 C.0.2

非金属风管连接形式		附件材料	适用范围
C形插接法兰	高度25~30mm	PVC铝合金	$b \leqslant 1600$mm
		镀锌板厚度大于或等于1.2mm	
“h”插接法兰		PVC铝合金	用于风管与阀部件及设备连接
注：b为风管边长。			

附录 D　风管耐压强度与漏风量测试方法

D.1　适　用　范　围

D.1.1　本测试方法适用于定型生产的金属矩形、圆形风管，非金属矩形、圆形风管，柔性风管。主要测试风管法兰连接强度、风管接缝和风管加固是否符合本标准中有关规定，对风管的耐压强度（管壁变形量、挠度）及其漏风量进行检验。

D.2　测　试　内　容

D.2.1　测试内容可分为以下四类：

1　试验风管组漏风量测试。

2　金属风管加载 80kg 负荷（W_1）和保温负荷（W_2），测试金属风管加载负荷的安全强度及抗震方面的性能；非金属风管不进行加载测试。

3　在规定工作压力下，风管管壁变形量检验。

4　在规定工作压力下，风管挠度变形量检验。

D.3　测　试　用　风　管

D.3.1　每组测试用风管宜由 4 段长度为 1.2m 的风管连接组成（图 D.3.1）。

D.3.2　风管组两端的风管端头应封堵并留有孔径 3～4mm 的测量管，用于安装进气管连接口及管内静压力测量孔。

D.3.3　测试风管组两端封堵板的接缝处应用密封材料封堵，以防止封堵板连接处的空气泄漏影响漏风量的测试结果。

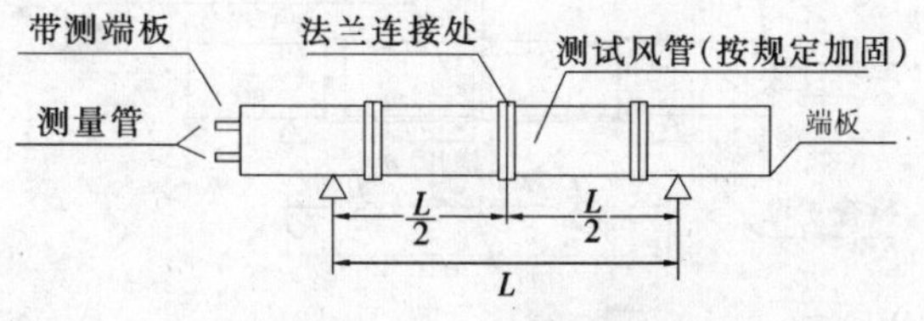

图 D.3.1　试验用风管

D.3.4　测试风管支架间距（L）应按本标准表 6.4.2-5、表 6.4.2-6 最大间距设置支撑架距离，或按指定的支架间距进行试验。

D.3.5　将测试用风管组置于测试支架上（相当于支、吊架），使风管处于安装状态，并安装测试仪表和送风装置。

D.4　测　试　装　置

D.4.1　测试装置由送风装置、流量测定装置、压力及温度测定装置及风管组支撑架组成

（图 D.4.1）。管壁变形量和挠度变形量采用百分表测量、加载负荷用砝码计量。漏风量测试装置应符合现行国家标准《通风与空调工程施工质量验收规范》GB50243—2002 的规定。

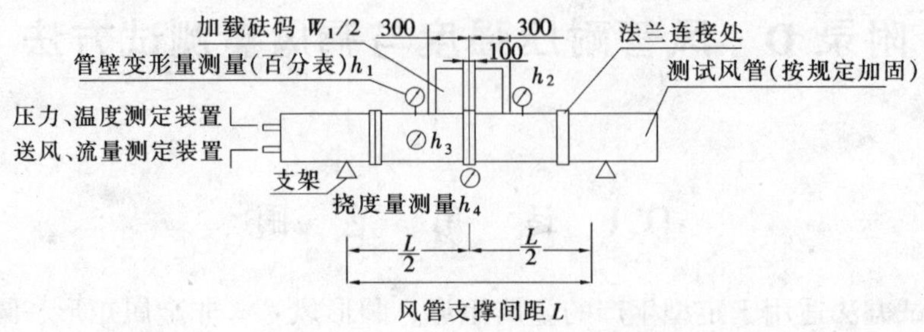

图 D.4.1　风管测试装置图

D.4.2　应将加载砝码（W_1+W_2）分为两等份，分别放在距离被测试风管中央法兰连接处两边 50～300mm 的范围内。

D.4.3　测量挠度变形量时，应由装在支架固定框架上的大量程百分表，对风管组中央法兰连接处下方的挠度变形量 h_4 进行测量。

D.4.4　管壁变形量的测量是对风管水平管壁、垂直管壁最不利点处的变形量进行测量，宜取三个点（h_1、h_2、h_3），布置在被测风管各段（含加固处）的几何中心处。

D.5　漏风量及耐压强度（管壁变形量、挠度）测试

D.5.1　风管漏风量测试应在试验风管内的试验压力与规定的工作压力保持一致时进行测量。同时，测量测试环境温度及压力，换算出标准状态（20℃，标准大气压）下的漏风量。挠度变形量及漏风量测试步骤（图 D.5.1）应符合下列规定：

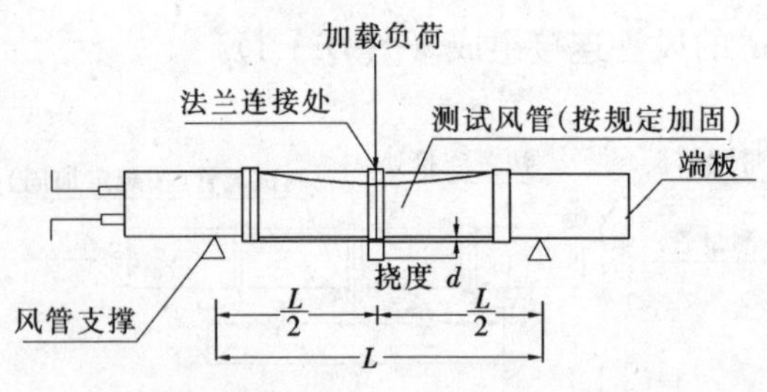

图 D.5.1　挠度变形量及漏风量测试图

1　测试风管组支架间距（L）在允许最大间距设置下的自由挠度值，以此为 0 点（即风管内无压力状态下）。

2　负荷（W_1）为测试风管安全强度及抗振方面的性能时所设定的负荷，重量为 80kg。

3　负荷（W_2）为保温材料等的假设重量，应按下式计算：

$$W_2 = 2(B+H)LZ_1 \tag{D.5.1}$$

式中　B、H——风管的长边及短边（m）；

L——风管的支撑间距（m）；

Z_1——保温材料等的单位重量（kg/m^2）。

4　将风管内测试压力保持在所指定的最大（正负）工作压力下试验的同时，测量空气泄漏量及风管壁挠度量（d），由此求得该组风管在相应工作压力下的空气泄漏量（Q）及挠度角 $\beta=d/(L/2)$。

5 加载负荷（W_1+W_2）时，将风管内测试压力保持在所指定的最大工作压力的情况下，测量测试风管组的空气泄漏量（Q_1），同时测量测试风管组中央连接法兰部位的挠度量（d），以此求得挠度角 $\beta=d/(L/2)$。

6 非金属风管不要求进行风管壁的挠度量试验。

D.5.2 风管管壁变形量及漏风量测试（图 D.5.2）应符合下列规定：

1 在风管边长部位的加固点或法兰连接处的图示位置对角线，以该对角线上交叉点作为管壁变形量（b）测定点。

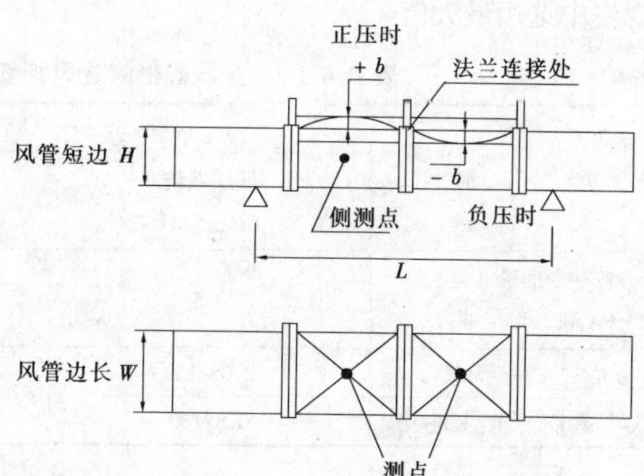

图 D.5.2 风管管壁变形量测试图

2 在无负荷情况下，将风管内压力保持在指定的最大工作压力（正、负）下，与此同时在正压时测定管壁变形量（$+b$）和漏风量（Q_0），在负压时测定管壁变形量（$-b$）和漏风量（Q_0）。在加载负荷（W_1+W_2）情况下，同样测定管壁变形量（$\pm b$）和漏风量（Q_0）。

3 测量风管壁面的最大管壁变形量（b）。

4 非金属风管必须进行耐压强度下管壁变形量的试验。

D.6 风管测试结果的评价

D.6.1 金属风管测试结果的评价应符合下列规定：

1 金属矩形风管的漏风量应符合本标准第 4.9.1.5 条第 2 款的规定，金属圆形风管的漏风量应符合本标准表 6.7.1.9 规定。

2 金属矩形风管和金属圆形螺旋风管管壁变形量及挠度允许值应符合表 D.6.1-1 和表 D.6.1-2 的规定。非金属矩形风管管壁变形量允许值应符合表 D.6.1-3 规定。

表 D.6.1-1 金属矩形风管管壁变形置及挠度允许值

类别	风管系统工作压力 P（Pa）		
	低压系统（$P\leqslant500$）	中压系统（$500<P\leqslant1500$）	高压系统（$P=1500\sim3000$）
管壁变形量（%）（无载、W_1+W_2）	≤1.5	≤2.0	≤2.5
挠度角（β）（无载、W_1+W_2）	1/150	1.5/150	2/150（或 $d\leqslant20$mm）

3 计算单位面积的空气泄漏量时，使用测试风管的展开面积。

4 加载负荷时，设想风管在保温的状态下加载含保温材料的重量，在适用的保温材料规格中选用最大值。

表 D.6.1-2 金属圆形螺旋风管管壁变形量及挠度允许值

类别		风管系统工作压力 P（Pa）		
		低压系统（$P \leqslant 500$）	中压系统（$500 < P \leqslant 1500$）	高压系统（$P = 1500 \sim 2000$）
管壁变形量（%）（无载、$W_1 + W_2$）		0.5	1.0	1.5
挠度角（β）	无载	0.05/150	0.10/150	0.15/150
	$W_1 + W_2$	0.8/150	1.0/150	1 ~ 2/150（或 $d \leqslant 12$m）

表 D.6.1-3 非金属矩形风管管壁变形量允许值

风管系统工作压力 P（Pa）	低压系统（$P \leqslant 500$）	中压系统（$500 < P \leqslant 1500$）	高压系统（$P = 1500 \sim 2000$）
管壁变形量（%）	$\leqslant 1.0$	$\leqslant 1.5$	$\leqslant 2.0$

5 以风管长边宽为 W（或短边 H）、管壁变形量为 $\pm b$，计算相对变形量为：$\pm (b/W) \times 100\%$ 或 $\pm (b/H) \times 100\%$。

D.6.2 非金属风管试验结果的评价应符合下列规定：

1 采用法兰连接的非金属矩形风管允许漏风量应符合本标准第 4.9.1.5 条第 2 款的规定。

2 采用非法兰连接的非金属矩形风管允许漏风量应为本标准第 4.9.1.5 条第 2 款规定值的 50%。

3 圆形风管的漏风量应符合本标准表 6.7.1.9 规定。

附录 E　漏光法检测与漏风量测试

E.1　漏 光 法 检 测

E.1.1　漏光法检测是利用光线对小孔的强穿透力，对系统风管严密程度进行检测的方法。

E.1.2　检测应采用具有一定强度的安全光源。手持移动光源可采用不低于 100W 带保护罩的低压照明灯，或其他低压光源。

E.1.3　系统风管漏光检测时，光源可置于风管内侧或外侧，但其相对侧应为暗黑环境。检测光源应沿着被检测接口部位与接缝作缓慢移动，在另一侧进行观察，当发现有光线射出，则说明查到明显漏风处，并应做好记录。

E.1.4　对系统风管的检测，宜采用分段检测、汇总分析的方法。在严格安装质量管理的基础上，系统风管的检测以总管和干管为主。当采用漏光法检测系统的严密性时，低压系统风管以每 10m 接缝，漏光点不大于 2 处，且 100m 接缝平均不大于 16 处为合格；中压系统风管每 10m 接缝，漏光点不大于 1 处，且 100m 接缝平均不大于 8 处为合格。

E.1.5　漏光检测中对发现的条缝形漏光，应作密封处理。

E.2　测 试 装 置

E.2.1　漏风量测试应采用经检验合格的专用测量仪器，或采用符合现行国家标准《流量测量节流装置》规定的计量元件搭设的测量装置。

E.2.2　漏风量测试装置可采用风管式或风室式。风管式测试装置采用孔板做计量元件；风室式测试装置采用喷嘴做计量元件。

E.2.3　漏风量测试装置的风机，其风压和风量应选择分别大于被测定系统或设备的规定试验压力及最大允许漏风量的 1.2 倍。

E.2.4　漏风量测试装置试验压力的调节，可采用调整风机转速的方法，也可采用控制节流装置开度的方法。漏风量值必须在系统经调整后，保持稳压的条件下测得。

E.2.5　漏风量测试装置的压差测定应采用微压计，其最小读数分格不应大于 2.0Pa。

E.2.6　风管式漏风量测试装置：

1　风管式漏风量测试装置由风机、连接风管、测压仪器、整流栅、节流器和标准孔板等组成（图 E.2.6-1）。

2　本装置采用角接取压的标准孔板。孔板 β 值范围为 0.22～0.7（$\beta = d/D$）；孔板至前、后整流栅及整流栅外直管段距离，应分别符合大于 10 倍和 5 倍圆管直径 D 的规定。

3　本装置的连接风管均为光滑圆管。孔板至上游 $2D$ 范围内其圆度允许偏差为 0.3%；下游为 2%。

4　孔板与风管连接，其前端与管道轴线垂直度允许偏差为 1°；孔板与风管同心度允

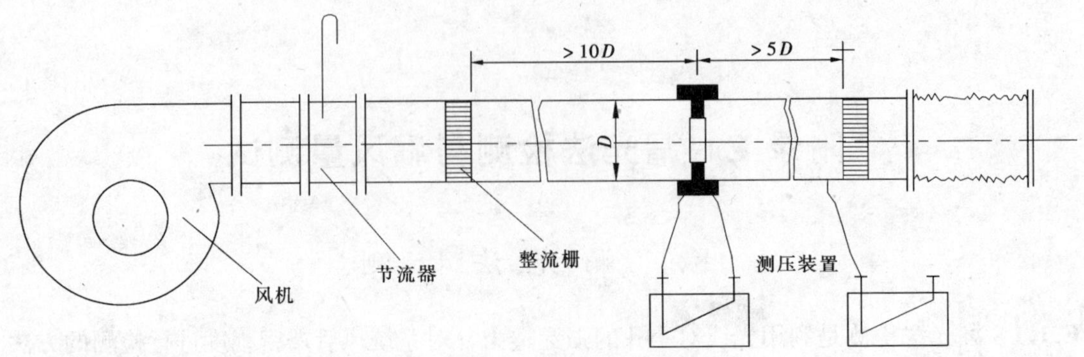

图 E.2.6-1 正压风管式漏风量测试装置

许偏差为 0.015D。

5 在第一整流栅后，所有连接部分应该严密不漏。

6 用下列公式计算漏风量：

$$Q = 3600\varepsilon \cdot \alpha \cdot A_n\sqrt{\frac{2}{\rho}\Delta P} \tag{E.2.6}$$

式中 Q——漏风量（m^3/h）；

ε——空气流束膨胀系数；

α——孔板的流量系数；

A_n——孔板开口面积（m^2）；

ρ——空气密度（kg/m^3。）；

ΔP——孔板差压（Pa）。

7 孔板的流量系数 α 与 β 值的关系根据图 E.2.6-2 确定，其适用范围应满足下列条件，在此范围内，不计管道粗糙度对流量系数的影响。

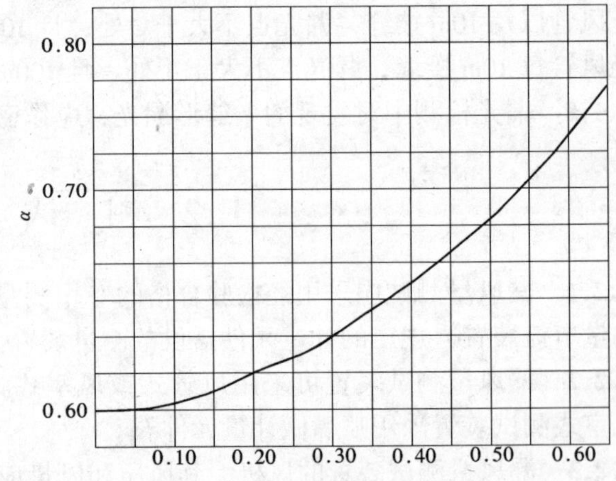

图 E.2.6-2 孔板流量系数图

$10^5 < Re < 2.0 \times 10^6$

$0.05 < \beta^2 \leqslant 0.49$

$50mm < D \leqslant 1000mm$

雷诺数小于 10^5 时，则应按现行国家标准《流量测量节流装置》求得流量系数 α。

8 孔板的空气流束膨胀系数 ε 值可根据表 E.2.6 查得。

表 E.2.6 采用角接取压标准孔板流束膨胀系数 ε 值（$\kappa = 1.4$）

β^4 \ P_2/P_1	1.0	0.98	0.96	0.94	0.92	0.90	0.85	0.80	0.75
0.08	1.0000	0.9930	0.9866	0.9803	0.9742	0.9681	0.9531	0.9381	0.9232
0.1	1.0000	0.9924	0.9854	0.9787	0.9720	0.9654	0.9491	0.9328	0.9166
0.2	1.0000	0.9918	0.9843	0.9770	0.9698	0.9627	0.9450	0.9275	0.9100
0.3	1.0000	0.9912	0.9831	0.9753	0.9676	0.9599	0.9410	0.9222	0.9034

注：1 本表允许内插，不允许外延；

2 P_2/P_1 为孔板后与孔板前的全压值之比。

9　当测试系统或设备负压条件下的漏风量时，装置连接应符合图 E.2.6-3 的规定。

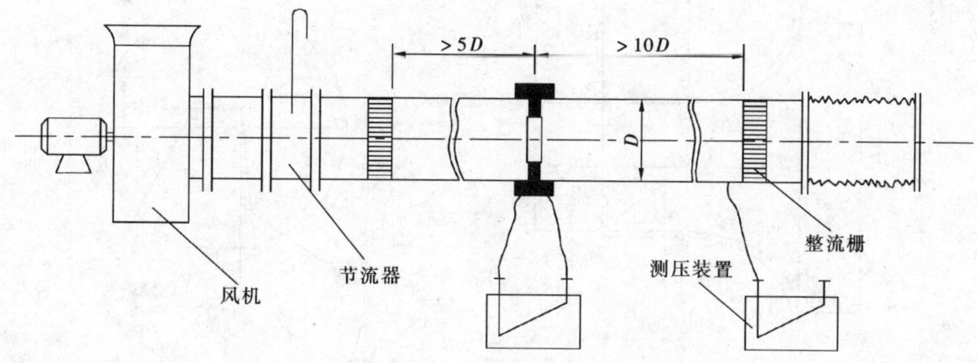

图 E.2.6-3　负压风管式漏风量测试装置

E.2.7　风室式漏风量测试装置：

1　风室式漏风量测试装置由风机、连接风管、测压仪器、均流板、节流器、风室、隔板和喷嘴等组成，如图 E.2.7-1 所示。

2　测试装置采用标准长颈喷嘴（图 E.2.7-2)。喷嘴必须按图 E.2.7-1 的要求安装在隔板上，数量可为单个或多个。两个喷嘴之间的中心距离不得小于较大喷嘴喉部直径的 3 倍；任一喷嘴中心到风室最近侧壁的距离不得小于其喷嘴喉部直径的 1.5 倍。

3　风室的断面面积不应小于被测定风量按断面平均速度小于 0.75m/s 时的断面积。风室内均流板（多孔板）安装位置应符合图 E.2.7-1 的规定。

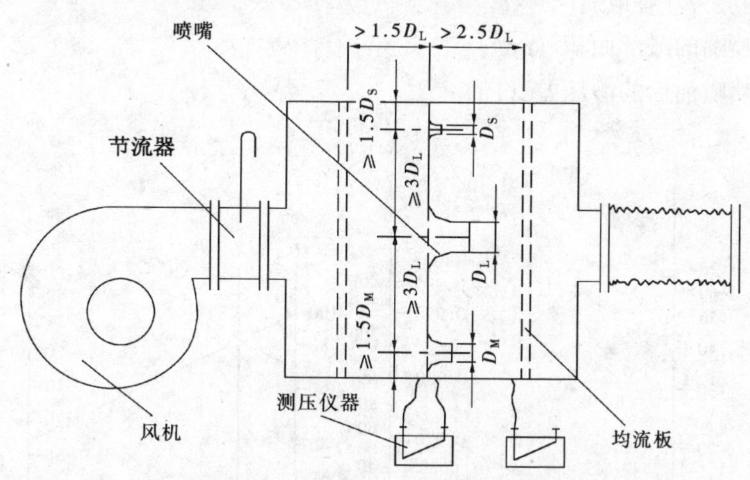

图 E.2.7-1　正压风室式漏风量测试装置

D_S—小号喷嘴直径；D_M—中号喷嘴直径；D_L—大号喷嘴直径

4　风室中喷嘴两端的静压取压接口，应为多个且均布于四壁。静压取压接口至喷嘴隔板的距离不得大于最小喷嘴喉部直径的 1.5 倍。然后，并联成静压环，再与测压仪器相接。

5　采用本装置测定漏风量时，通过喷嘴喉部的流速应控制在 15 ~ 35m/s 范围内。

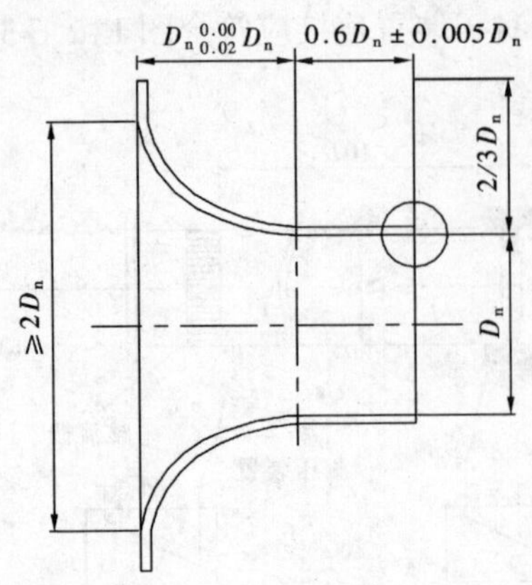

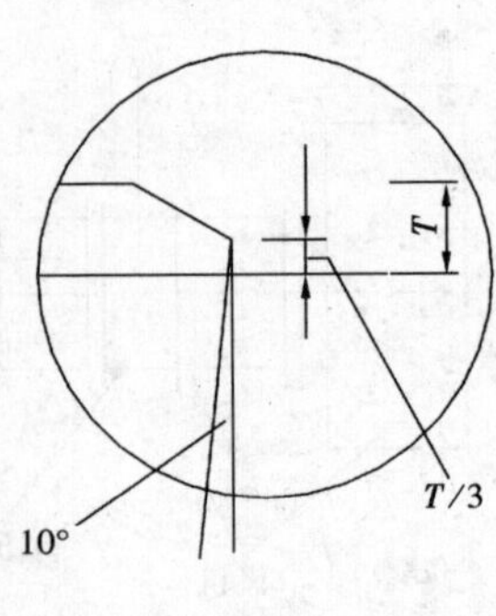

图 E.2.7-2 标准长颈喷嘴

6 本装置要求风室中喷嘴隔板后的所有连接部分应严密不漏。

7 用下列公式计算单个喷嘴风量：

$$Q_{\mathrm{n}} = 3600C_{\mathrm{d}} \cdot A_{\mathrm{d}}\sqrt{\frac{2\Delta P}{\rho}} \tag{E.2.7-1}$$

$$\text{多个喷嘴风量：} Q = \Sigma Q_{\mathrm{n}} \tag{E.2.7-2}$$

式中 Q_{n}——单个喷嘴漏风量（m^3/h）；

C_{d}——喷嘴的流量系数（直径 127mm 以上取 0.99，小于 127mm 可按表 E.2.7 或图 E.2.7-3 查取）；

A_{d}——喷嘴的喉部面积（m^2）；

ΔP——喷嘴前后的静压差（Pa）。

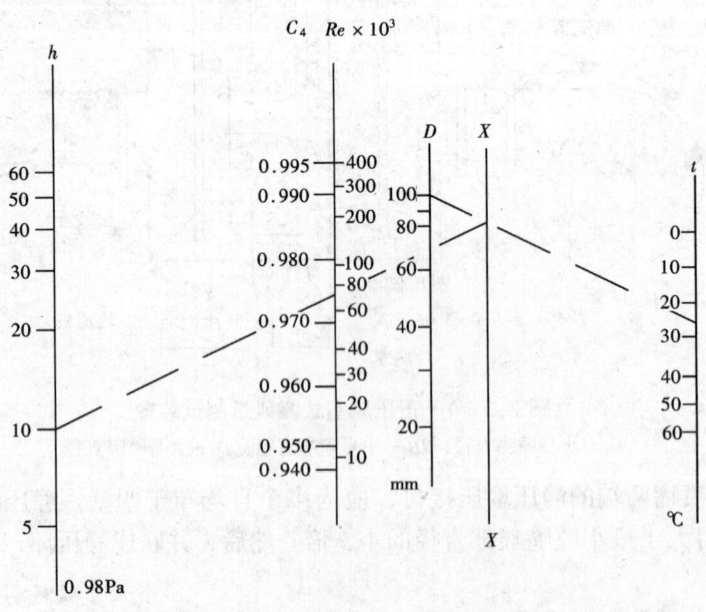

图 E.2.7-3 喷嘴流量系数推算图

表 E.2.7 喷嘴流量系数表

Re	流量系数 C_d	Re	流量系数 C_d	Re	流量系数 C_d	Re	流量系数 C_d
12000	0.950	40000	0.973	80000	0.983	200000	0.991
16000	0.956	50000	0.977	90000	0.984	250000	0.993
20000	0.961	60000	0.979	100000	0.985	300000	0.994
30000	0.969	70000	0.981	150000	0.989	350000	0.994
注：不计温度系数。							

8 当测试系统或设备负压条件下的漏风量时，装置连接应符合图 E.2.7-4 的规定。

注：先用直径和温度标尺在指数标尺（X）上求点，再将指数与压力标尺点相连，可求取流量系数值。

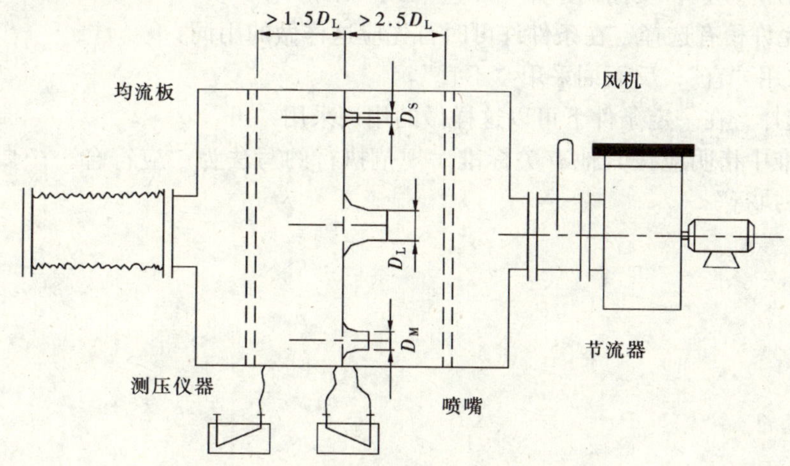

图 E.2.7-4 负压风室式漏风量测试装置

E.3 漏 风 量 测 试

E.3.1 正压或负压系统风管与设备的漏风量测试，分正压试验和负压试验两类。一般可采用正压条件下的测试来检验。

E.3.2 系统漏风量测试可以整体或分段进行。测试时，被测系统的所有开口均应封闭，不应漏风。

E.3.3 被测系统的漏风量超过设计和本标准的规定时，应查出漏风部位（可用听、摸、观察、水或烟检漏），做好标记。修补完工后，重新测试，直至合格。

E.3.4 漏风量测定值一般应为规定测定压力下的实测数值。特殊条件下，也可用相近或大于规定压力下的测试代替，其漏风量可按下式换算：

$$Q_0 = Q(P_0/P)^{0.65} \tag{E.3.4}$$

式中 P_0——规定试验压力，500Pa；

Q_0——规定试验压力下的漏风量［$m^3/(h\cdot m^2)$］；

P——风管工作压力（Pa）；

Q——工作压力下的漏风量［$m^3/(h\cdot m^2)$］。

本标准用词说明

1　为便于在执行本标准条文是区别对待，对要求严格程度不同的用词说明如下：

1）表示很严格，非这样做不可的用词：

正面词采用“必须”，反面词采用“严禁”。

2）表示严格，在正常情况下均应这样做的用词：

正面词采用“应”，反面词采用“不应”或“不得”。

3）表示允许稍有选择，在条件许可时首先应这样做的用词：

正面词采用“宜”，反面词采用“不宜”。

表示有选择，在一定条件下可以这样做的用词采用“可”。

2　本标准中指明应按其他有关标准、规范执行的写法为“应符合……要求或规定”或“应按……执行”

条 文 说 明

1.0.1 本条文阐述了制定本标准的目的和意义。

1.0.2 本条文明确了本标准所适用的对象。

1.0.3 本条文说明了本标准与《建筑工程施工质量验收统一标准》GB 50300—2001 以及《通风与空调工程施工质量验收规范》GB 50243—2002 的隶属关系，强调了在进行通风与空调工程施工质量验收时，还应执行上述标准的规定。

1.0.4 本条文规定了通风与空调工程施工的依据以及工程质量验收的依据。对于新材料、新技术的应用，由于没有成熟的施工经验，为了防止施工质量事故的发生，因此在使用本标准中未涵盖的新材料、新技术时，应制定施工方案或操作工艺，并报法人层次总工程师批准后方可施工。

1.0.5 通风与空调工程施工质量的验收，涉及较多的工程技术和设备，本标准不可能包含全部的内容。为满足和完善工程的验收标准，规定除应执行本标准的规定外，还应符合现行国家有关标准、规范的规定。

3.1.1～3.1.3 条文对设计单位的资质及责任进行明确，施工单位在工程施工过程中无权任意修改设计图纸。当有工程变更或深化设计时，应具有设计单位书面的正式变更手续，对保证工程质量有着重要作用，同时也是与国际市场的正常接轨。

3.2.1～3.2.3 通风与空调工程所使用的主要原材料、成品、半成品和设备的质量优劣，直接关系到整个工程施工的质量，因此条文中对材料的使用和代用、实物的进场检验进行明确的规定。

3.3.1 为了更好地保证通风与空调工程的施工质量，条文中对施工单位的资质、施工现场的各项管理制度进行明确。施工单位的工程管理和施工技术水平的高低对工程质量影响较大。

3.3.2 施工单位除了按照批准的设计文件施工外，在施工过程中还必须遵循国家现行的有关规范、施工合同约定和相关技术标准的规定。对施工图纸的修改必须有设计单位的书面通知作为依据。

3.3.3～3.3.5 条文是通风与空调工程的施工质量验收以及分项工程质量验收的基本条件。

3.3.6 本条文规定了通风与空调工程应按正确的、规定的施工程序进行。对上道工序的“质量交接会检”是对上道工序质量的认可和分清责任的有效手段，避免返工和质量事故隐患，同时条文还规定了组织会检的责任人，有利于执行。

3.3.7 通风与空调工程的调试是工程施工的一部分，是对工程施工质量进行全面检验的过程，条文中强调建设和监理单位共同参与，起到监督作用，同时有利于将来系统运行的管理。

3.3.8 通风与空调工程的实际施工由操作工人去完成，操作工人水平的高低直接影响到工程施工质量，因此条文中对特殊工种（如电焊工、气焊工、起重工等）必须持相应资质证上岗。

3.3.9 施工机具和计量器具性能的好坏，对工程施工质量也有很重要的影响作用，因此条文中对投入的施工机具和计量器具作相应规定。

3.3.10 为了适应时代发展的需要，各种规范、标准、图集更换较快。为了避免使用过期作废的老规范、标准、图集而返工或影响施工质量的现象，特制定本条规定。

4.1.1 工业与民用建筑通风与空调工程中所使用的金属、非金属和复合材料风管，其加工和制作质量应符合本章条文的规定，并按相对应条文进行质量的检验和验收。

4.1.2 风管应按材料与不同分部项目规定进行质量验收，一是按风管的类别：即分高、中、低压系统进行验收。二是要按风管属于哪个子分部进行验收。

4.1.3 风管验收的依据是本标准的规定和设计要求，本标准是企业进行风管验收的最低要求。当合同约定或地方标准高于本标准规定时，应按较高标准要求进行施工。鉴于目前风管制作日趋工厂化，作为产品（成品）必须提供相应的产品合格证书或进行强度和严密性试验，以证明所提供风管的加工工艺水平和质量，从而保证工程质量。

4.1.6 本条考虑为了使风管与法兰之间相匹配，因此风管以外径或外边长为准。而建筑风道因土建结构较大，为保证风道的有效截面积，因此风道尺寸以内径或内边长为准。

4.1.7 条文是根据工作压力将风管系统分为高、中、低压三个级别，同时列举了三个等级的密封要求供实际施工中选用。本条也是风管漏风量检测的依据之一。

4.1.8 为保证风管的保护层不被破坏，不降低风管的耐腐蚀性能，特制定本条之规定。

4.1.9 本条文对风管密封的重要内容，从材料和施工方法上作出了规定。

4.2.3 本条文对镀锌钢板、不锈钢板、铝板、塑料复合钢板、硬聚氯乙烯板及复合风管的外观检查作出了基本要求。

建筑电气工程施工技术标准

Technical standard for construction of
building electrical engineering

ZJQ08—SGJB303—2005

编 制 说 明

本标准是根据中建八局《关于〈施工技术标准〉编制工作安排的通知》（局科字［2002］348号）文件的要求，由中建八局会同中建八局安装公司、中建八局第二建筑公司和中国建筑土木工程公司共同编制。

在编写过程中，编写组认真学习和研究了国家《建筑工程施工质量验收统一标准》GB 50300—2001、《建筑电气工程施工质量验收规范》GB 50303—2002，并参照《电气装置安装工程低压电器施工及验收规范》GB 50254—96、《电气装置安装工程电力变流设备施工及验收规范》GB 50255—96、《电气装置安装工程起重机电气装置施工及验收规范》GB 50256—96、《电气装置安装工程爆炸和火灾危险环境电气装置施工及验收规范》GB 50257—96等有关资料，结合本企业建筑电气工程的施工经验进行编制，并组织本企业内、外专家经专项审查后定稿。

为方便配套使用，本标准在章节编排上与《建筑电气工程施工质量验收规范》GB 50303—2002保持对应关系。主要是：总则、术语、基本规定、架空线路及杆上电气设备安装、变压器、箱式变电所安装、柴油发电机组安装和分部（子分部）工程验收等二十八章，其主要内容包括技术和质量管理、施工工艺和操作要点、质量标准和验收三大部分。

本标准中有关国家规范中的强制性条文以黑体字列出，必须严格执行。

为了持续提高本标准的水平，请各单位在执行本标准过程中，注意总结经验，积累资料，随时将有关意见和建议反馈给中建八局技术质量部（通讯地址：上海市浦东新区源深路269号，邮政编码：200135），以供修订时参考。

本标准主要编写和审核人员：

主　　编：谢刚奎

副 主 编：郑丽丽　苗冬梅

主要参编人：曾自如　薛金江　秦增利　张希峰　李广山

审 核 专 家：肖绪文　王玉岭　杨纯才　杨春沛　宁文华

1 总 则

1.0.1 为了贯彻国家颁布的《建筑工程施工质量验收统一标准》GB 50300—2001 和《建筑电气工程施工质量验收规范》GB 50303—2002，加强建筑工程施工技术管理，规范建筑电气工程的施工工艺，在符合设计要求、满足使用功能和国家相关标准（规范、规程等）的条件下，达到技术先进、经济合理，保证工程质量、环境保护和安全施工，制定本标准。

1.0.2 本标准适用于建筑电气工程的施工及验收，适用电压等级 10kV 及以下。国外引进电气设备的施工及验收应按合同规定执行。

1.0.3 建筑电气工程的安装与调试应根据设计图纸及有关设备技术文件的要求进行，所用的材料，应按照设计要求选用，并应符合现行材料标准的规定。

1.0.4 本标准依据国家标准《建筑电气工程施工质量验收规范》GB 50303—2002、《电气装置安装工程低压电器施工及验收规范》GB 50254—96、《电气装置安装工程电力变流设备施工及验收规范》GB 50255—96、《电气装置安装工程起重机电气装置施工及验收规范》GB50256—96、《电气装置安装工程爆炸和火灾危险环境电气装置施工及验收规范》GB 50257—96 等施工质量验收要求进行编制。

1.0.5 建筑电气工程施工中除应执行本标准外，尚应符合现行国家、行业及地方有关标准、规范的规定。

2 术 语

2.0.1 布线系统 wiring system

一根电缆（电线）、多根电缆（电线）或母线以及固定它们的部件的组合。如果需要，布线系统还包括封装电缆（电线）或母线的部件。

2.0.2 电气设备 electrical equipment

发电、变电、输电或用电的任何物件，诸如电机、变压器、电器、测量仪表、保护装置、布线系统的设备、电气用具。

2.0.3 用电设备 current-using equipment

将电能转换成其他形式能量（例如光能、热能、机械能）的设备。

2.0.4 电气装置 electrical installation

为实现一个或几个具体目的且特性相配合的电气设备的组合。

2.0.5 建筑电气工程（装置） electrical installation in building

为实现一个或几个具体目的且特性相配合的，由电气装置、布线系统和用电设备电气部分的组合。这种组合能满足建筑物预期的使用功能和安全要求，也能满足使用建筑物的人的安全需要。

2.0.6 导管 conduit

在电气安装中用来保护电线或电缆的圆型或非圆型的布线系统的一部分，导管有足够的密封性，使电线电缆只能从纵向引入，而不能从横向引入。

2.0.7 金属导管 metal conduit

由金属材料制成的导管。

2.0.8 绝缘导管 insulating conduit

没有任何导电部分（不管是内部金属衬套或是外部金属网、金属涂层等均不存在），由绝缘材料制成的导管。

2.0.9 保护导体（PE） protective conductor（PE）

为防止发生电击危险与裸露及外部导电部件、主接地端子、接地电极（接地装置）、电源的接地点或人为的中性接点进行电气连接的一种导体。

2.0.10 中性保护导体（PEN） PEN conductor

一种同时具有中性导体和保护导体功能的接地导体。

2.0.11 可接近的 accessible

（用于配线方式）在不损坏建筑物结构或装修的情况下就能移出或暴露的，或者不是永久性地封装在建筑物的结构或装修中的。

（用于设备）因为没有锁住的门、抬高或其他有效办法用来防护，而许可十分靠近者。

2.0.12 低压—高压

额定电压交流 1kV 及以下、直流 1.5kV 及以下称为低压。额定电压大于交流 1kV、直流 1.5kV 称为高压。

2.0.13 暗配

敷设于墙壁、顶棚、地面及楼板等处的内部的电气配线。

2.0.14 明配

敷设于墙壁、顶棚的表面及桁架处的明露的电气配线。

2.0.15 一般照明系统

供给整个场所的照明。

2.0.16 局部照明系统

仅供给局部工作地点（固定式或携带式）的照明。

2.0.17 混合照明系统

一般照明与局部照明综合使用。

2.0.18 工作照明

正常情况下工作用；也叫常用照明或正常照明。

2.0.19 事故照明

在工作照明事故停电时，仅供工作人员暂时工作或安全通行。

2.0.20 值班照明

在非工作时间内供值班用的照明。

2.0.21 景观照明 landscape lighting

为表现建筑物造型特色、艺术特点、功能特征和周围环境布置的照明工程，这种工程通常在夜间使用。

2.0.22 电气连接

导体与导体之间电阻接近零的连接，又称金属连接。

2.0.23 接地装置

接地体和接地线的总和。

2.0.24 接地

电力设备、杆塔或过电压保护装置用接地线与接地体连接。

2.0.25 接地线

电力设备、杆塔的接地螺栓与接地体或零线连接用的正常情况下不载流的金属导体。

2.0.26 工作接地

在电力系统中运行需要的接地（中性点接地等）。

2.0.27 重复接地

在中性点直接接地系统中，除在中性点直接接地外，在中性线上的一处或多处再作接地。

2.0.28 外露导电部分

正常情况下不带电，而发生接地故障时才有可能带电的部分，如用电设备的金属外壳、配电金属套管等，统称外露导电部分。

3 基 本 规 定

3.0.1 建筑电气工程施工现场管理，应符合下列规定：

1 安装电工、电气调试人员及有关的特殊操作工种等，应按有关要求持证上岗。

2 安装和调试用的计量器具，应检定合格，使用时在有效期内。

3.0.2 建筑电气工程施工质量验收应在施工单位自检的基础上，按照检验批、分项工程、分部（子分部）工程进行。建筑电气子分部工程、分项工程的划分按表3.0.2执行。

表3.0.2 建筑电气子分部工程、分项工程划分表

分部工程	子分部工程	分项工程
建筑电气	室外电气	架空线路及杆上电气设备安装、变压器、箱式变电所安装、成套配电箱、控制柜（屏、台）和动力、照明配电箱（盘）及控制柜安装，电线、电缆导管和线槽敷设，电线、电缆穿管和线槽敷设，电缆头制作、导线连接和线路电气试验，建筑物外部装饰灯具、航空障碍标志灯和庭院路灯安装，建筑照明通电试运行，接地装置安装
	变配电室	变压器、箱式变电所安装，成套配电柜、控制柜（屏、台）和动力、照明配电箱（盘）安装，裸母线、封闭母线、插接式母线安装，电缆沟内和电缆竖井内电缆敷设，电缆头制作、导线连接和线路电气试验，接地装置安装，避雷引下线和变配电室接地干线敷设
	供电干线	裸母线、封闭母线、插接式母线安装，桥架安装和桥架内电缆敷设，电缆沟内和电缆竖井内电缆敷设，电线、电缆导管和线槽敷设，电线、电缆穿管和线槽敷设，电缆头制作、导线连接和线路电气试验
	电气动力	成套配电柜、控制柜（屏、台）和动力、照明配电箱（盘）及控制柜安装，低压电动机、电加热器及电动执行机构检查、接线，低压电气动力设备检测、试验和空载试运行，桥架安装和桥架内电缆敷设，电线、电缆导管和线槽敷设，电线、电缆穿管和线槽敷线，电缆头制作、导线连接和线路电气试验，插座、开关、风扇安装
	电气照明安装	成套配电柜、控制柜（屏、台）和动力、照明配电箱（盘）安装，电线、电缆导管和线槽敷设，电线、电缆导管和线槽敷线，槽板配线，钢索配线，电缆头制作、导线连接和线路电气试验，普通灯具安装，专用灯具安装，插座、开关、风扇安装，建筑照明通电试运行
	备用和不间断电源安装	成套配电柜、控制柜（屏、台）和动力、照明配电箱（盘）安装，柴油发电机组安装，不间断电源的其他功能单元安装，裸母线、封闭母线、插接式母线安装，电线、电缆导管和线槽敷设，电线、电缆导管和线槽敷线，电缆头制作、导线连接和线路电气试验，接地装置安装
	防雷及接地安装	接地装置安装，避雷引下线和变配电室接地干线敷设，建筑物等电位连接，接闪器安装

3.0.3 除设计要求外，承力建筑钢结构构件上，不得采用熔焊连接固定电气线路、设备和器具的支架、螺栓等部件；且严禁热加工开孔。

3.0.4 额定电压交流 1kV 及以下、直流 1.5kV 及以下的应为低压电器设备、器具和材料；额定电压大于交流 1kV、直流 1.5kV 的应为高压电器设备、器具和材料。

3.0.5 电气设备上的计量仪表和与电气保护有关的仪表均应检定合格，当投入试运行时，应在有效期内。

3.0.6 建筑电气动力工程的空载试运行和建筑电气照明工程的负荷试运行，应按本标准及国家现行规范规定执行；建筑电气动力工程的负荷试运行，依据电气设备及相关建筑设备的种类、特性，编制试运行方案或作业指导书，并应经施工单位审查批准、监理单位确认后执行。

3.0.7 动力和照明工程的漏电保护装置均应做模拟动作试验。

3.0.8 建筑电气工程中的隐蔽工程，在隐蔽前必须经监理人员或建设单位验收及认可签证。

3.0.9 建筑电气工程的施工除符合本标准的规定外，还应按照被批准的施工图纸、合同约定的内容及相关技术标准的规定进行施工。施工图纸修改必须有设计单位的变更通知书或技术核准签证。

3.0.10 接地（PE）或接零（PEN）支线必须单独与接地（PE）或接零干线相连接，不得串联连接。

3.0.11 高压的电气设备和布线系统及继电保护系统的交接试验，必须符合国家现行标准《电气装置安装工程电气设备交接试验标准》GB 50150 的规定。

3.0.12 低压的电气设备和布线系统的交接试验，应符合本标准和现行国家标准和规范的规定。

3.0.13 送至建筑智能化工程变送器的电量信号精度等级应符合设计要求，状态信号应正确。接收建筑智能化工程的指令应使建筑电气工程的自动开关动作符合指令要求，且手动、自动切换功能正常。

3.0.14 建筑电气工程中的电气设备安装施工对土建工程的要求：与电气设备有关的建筑物、构筑物的土建工程质量，应符合国家现行的有关土建施工及验收规范的规定。电气设备安装前土建工程应具备以下条件：

1 屋顶楼板应施工完毕，不得渗漏；变电所、电控室等房屋内部粉刷装饰应完毕。

2 对电器安装有妨碍的模板、脚手架等应拆除，场地清理干净；室内地面基础应施工完毕，并应在墙上标出建筑地面标高。

3 预埋件应埋设牢固、位置准确，预埋件及预留孔的尺寸应符合设计和有关规范的的规定。

4 设备基础和构架应达到允许设备安装的强度；焊接构件应符合有关现行国家规范及设计的要求，基础槽钢应牢固可靠。

5 电气室、电控室的室内湿度应达到设计要求或产品技术文件的有关规定。

6 电气设备安装完毕，投入运行前，建筑工程应符合以下规定：门窗安装完毕；运行后无法进行的和影响安全运行的工作应施工完毕；施工中造成的建筑物损坏部分应修补完整，电气设备基础的二次灌浆及抹面应完成。

3.0.15 承担建筑电气工程施工的单位应具备相应的资质，施工现场应具有必要的施工技术标准、健全的质量管理体系和工程质量检验制度。施工单位应编制施工组织设计并应经过审查批准，应按有关的施工工艺标准或经审定的施工技术方案施工，实现施工全过程质量控制。

3.0.16 建筑电气工程所用的主要设备、材料、成品和半成品的进场，必须对其进行验收。验收应经监理工程师认可，并形成相应的质量记录。确认设备、材料、成品和半成品的品种、规格和质量符合设计要求和国家现行标准的规定后，方可在施工中应用。当设计无要求时应符合国家现行标准的规定。对于国家明令淘汰的材料严禁使用。

3.0.17 对于有异议的设备、器具和材料，应送至有相应资质的试验室进行抽样检测。试验室应出具检测报告，确认符合国家现行的有关标准、规范规定后，才能在施工中应用。

3.0.18 电气设备、器具和材料的进场验收，首先其必须是依法定程序批准进入市场的。验收时除符合国家现行的有关标准、规范规定外，并应提供安装、使用、维修和试验要求等技术文件。经批准的免检产品或经行业协会认定的名牌产品，在进场验收时，宜不做抽样检测。

3.0.19 进口电气设备、器具和材料进场验收，除符合国家现行的有关标准、规范规定外，尚应提供商检证明和中文的质量合格证明文件、规格、型号、性能检测报告以及中文的安装、使用、维修和试验要求等技术文件。并应符合合同的有关规定。

3.0.20 经批准的免检产品或认定的名牌产品，当进场验收时，宜不做抽样检测。

3.0.21 型钢和电焊条应符合下列规定：

1 按批查验合格证和材质证明书。有异议时，按批抽样送有资质的试验室检测。

2 外观检查：型钢表面无严重锈蚀，无过度扭曲、弯折变形；电焊条包装完整，拆包抽检，焊条尾部无锈斑。

3.0.22 镀锌制品（支架、横担、接地极、避雷用型钢等）和外线金具应符合下列规定：

1 按批查验合格证或镀锌厂出具的镀锌质量证明书；

2 外观检查：镀锌层覆盖完整、表面无锈斑，金具配件齐全，无砂眼；

3 对镀锌质量有异议时，按批抽样送有资质的试验室检测。

3.0.23 安全、环保措施

1 施工前应制定有效的安全、防护措施，进行安全交底，并应遵照安全技术及劳动保护制度执行，参加安装的电工、起重工、焊工持证上岗。

2 施工机械用电必须采用一机一闸一保护。

3 吊装作业开始前，索具、机具必须先经过检查，合格后方可使用。

4 线路架设和灯具安装必须由专业持证电工完成。

5 作业前，检查电源线路应无破损，漏电保护装置应灵活可靠。

6 施工中使用的各种电气机具应符合《施工现场临时用电安全技术规范》JGJ46—88，避免发生电线短路和人身接触触电事故。

7 机械操作人员必须戴绝缘手套和穿绝缘鞋，防止漏电伤人。

8 施工机械设备进场时必须是完好设备，不采用国家要求淘汰的机械设备，并定期对机械设备进行检查、维修、保养，使其在正常状态下运行。

9　对易燃材料操作点要配备干粉灭火器，防止火灾发生。

10　注意对机械的噪声控制，白天不应超过 85dB，夜间不应超过 55dB。

11　应注意对粉状材料的覆盖，防止扬尘和运输过程中的遗洒。

12　防止机械漏油污染土地。

13　加强有毒有害物体的管理，对有毒有害物体要定期定点排放。

3.0.24　建筑电气工程的分项工程施工质量检验的主控项目，必须达到本标准规定的质量标准，认定为合格；一般项目 80%以上的检查点（处）符合本标准规定的质量要求，其他检查点（处）不得有明显影响使用，并不得大于允许偏差值的 50%为合格。

3.0.25　建筑电气工程完工后，承包（或总承包）单位应组织自检，在自检合格的基础上，检验批的质量验收记录由施工项目专业质量检查员填写，监理工程师（建设单位项目专业技术负责人）组织项目专业质量检查员等进行验收；分项工程质量应由监理工程师（建设单位项目专业技术负责人）组织项目专业技术负责人等进行验收；分部（子分部）工程质量由总监理工程师（建设单位项目专业负责人）组织施工项目经理和有关勘察、设计单位项目负责人进行验收。

4 架空线路及杆上电气设备安装

4.1 一 般 规 定

4.1.1 本章适用于架空线路及杆上电气设备安装分项工程的施工操作和施工质量检验。

4.1.2 架空配电线路的安装应按设计要求进行施工。采用的设备、器材及材料应符合国家现行技术标准的规定，并应有合格证。设备应有铭牌。当采用新型材料或器材时安装前应经技术鉴定或试验，证明质量合格后方可使用。

4.1.3 架空线路所用的金具、横担、紧固件及各种金属构件等均应热镀锌，不应有裂纹、砂眼，镀锌层脱落及锈蚀等现象。各种螺栓应有防松装置。防松装置弹力适宜，厚度应符合规定。拉线应用镀锌铁线或镀锌绞线。

4.1.4 架空线路及杆上电气设备安装应按以下程序进行：

1 线路方向和杆位及拉线坑位测量埋桩后，经检查确认，才能挖掘杆坑和拉线坑；

2 杆坑、拉线坑的深度和坑型，经检查确认，才能立杆和埋设拉线盘；

3 杆上高压电气设备交接试验合格，才能通电；

4 架空线路做绝缘检查，且经单相冲击试验合格，才能通电；

5 架空线路的相位经检查确认，才能与接户线连接。

4.1.5 本标准适用于10kV及以下架空电力线路的安装工程。按电压等级分，1kV及以下称为低压架空配电线路，1kV以上称为高压架空配电线路。

4.2 施 工 准 备

4.2.1 技术准备

4.2.1.1 开工前，进行图纸会审，并应进行技术交底。

4.2.1.2 编制施工方案并报主管部门审批。

4.2.1.3 施工前应根据工程特点、施工环境进行线路测量定位，确定通过宽度、最大弧垂点、架空线摆动最大时与各种设施的允许水平距离、与电力配电线路交叉接近距离、与通信线路的最小垂直距离、与通信线路最小允许交叉角。

4.2.2 材料准备

预应力钢筋混凝土电杆、铝绞线或钢芯铝线、绝缘导线、预制混凝土底盘、各种绝缘子、金具、横担、横担垫铁、单或双凸抱箍、拉线立铁抱箍、曲型垫及圆铁抱箍、拉板、连板等。

4.2.3 主要机具

4.2.3.1 安装机具：扳手、钢丝钳、剥线钳、断线钳、紧线钳、登高板、脚扣、腰带、保险绳、腰绳、携带型接地线、人字抱杆、八角锤、钢钎、起重滑车、螺旋钻洞器、夹铲、平头冲锤、外线用压接钳。

4.2.3.2 检测机具：经纬仪、水平仪、皮尺、塔尺、线坠、高压测电器。

4.2.4 作业条件

4.2.4.1 在厂区，架空电力线路附近的主干道应已通行，妨碍施工的障碍物已清除。厂区地下管网和其他地下设施已基本完工，地坪已经平整，道路基本成型。

4.2.4.2 架空电力线路工程施工前必须根据设计提供的线路平面图、断面图对标定的线路中心桩位进行复核，最终确定电杆位置。若误差值超过施工规范规定，应通知设计人员查明原因予以纠正。

4.2.4.3 中心桩位置确定后，应按中心桩标定必要的辅助桩作为施工及工程质量检查的依据：

1 直线单杆：顺线路方向，在中心桩（主桩）前后 3m 处各设一辅助桩（副桩）；

2 直线双杆：顺线路方向，在中心桩前后 3～5m 处各设一辅助桩，垂直于线路方向，在中心桩左右大约 5m 处再各设一辅助桩；

3 转角杆：除在中心桩前后各设一辅助桩外，并在转角点的夹角平分线上内外侧各设一辅助桩。

4.2.4.4 厂区的架空电力线路，工程设计一般以工厂的坐标值表示杆位，施工测量时应根据线路附近的建筑物坐标、道路坐标或厂区固定的控制坐标进行定位。定位程序如下：

1 采用经纬仪和标杆测量法、目测法测量定位；

2 皮尺丈量杆间档距，逐点定出杆位；

3 标定主、辅标桩，编号。

4.2.4.5 挖杆坑前应先根据标定的中心桩进行分坑，即划出挖坑范围。

4.3 材料质量控制

4.3.1 架空电力线路工程所使用的原材料、器材，具有下列情况之一者，应重作检验：

4.3.1.1 超过保管期限者；

4.3.1.2 因保管、运输不当等原因而有变质损坏可能者；

4.3.1.3 对原试验结果有怀疑或试样代表不够者。

4.3.2 架空电力线路使用的线材，架设前应进行外观检查，且应符合下列规定：

4.3.2.1 不应有松股、交叉、折叠、断裂及破损等缺陷；

4.3.2.2 不应有严重腐蚀现象；

4.3.2.3 钢绞线、镀锌铁线表面镀锌层应良好，无锈蚀；

4.3.2.4 绝缘线表面应平整、光滑、色泽均匀无破损绝缘层厚度应符合规定。绝缘线的绝缘层应挤包紧密，且易剥离，绝缘线端部应有密封措施。

4.3.3 由黑色金属制造的附件和紧固件，除地脚螺栓外，应采用热镀锌制品。

4.3.4 各种连接螺栓宜有防松装置。防松装置弹力应适宜，厚度应符合规定。

4.3.5 金属附件及螺栓表面不应有裂纹、砂眼、镀锌层脱落及锈蚀等现象。螺杆与螺母的配合应良好，加大尺寸的内螺纹与有镀锌层的外螺纹配合，其公差应符合现行国家标准《普通螺纹直径 1～300mm 公差》的粗牙三级标准。

4.3.6 金具组装配合应良好，安装前应进行外观检查，且应符合下列规定：

4.3.6.1 表面光洁，无裂纹、毛刺、飞边、砂眼、气泡等缺陷；

4.3.6.2 线夹转动灵活，与导线接触面符合要求；

4.3.6.3 镀锌良好，无锌皮剥落、锈蚀现象。

4.3.7 绝缘子及瓷横担绝缘子安装前应进行外观检查，且应符合下列规定：

4.3.7.1 瓷件与铁件组合无歪斜现象，且结合紧密，铁件镀锌良好；

4.3.7.2 瓷釉光滑、无裂纹、缺釉、斑点、烧痕、气泡或瓷釉烧坏等缺陷；

4.3.7.3 弹簧销、弹簧垫的弹力适宜。

4.3.8 环形钢筋混凝土电杆制造质量应符合现行国家标准《环形钢筋混凝土电杆》的规定。安装前应进行外观检查，且符合下列规定：

4.3.8.1 表面平整，壁厚均匀，无缺楞露筋、跑浆等现象，每个制品表面有合格印记；

4.3.8.2 钢筋混凝土电杆表面光滑，应无纵、横向裂纹，杆身平直，弯曲不大于杆长的1/1000。

4.3.9 预制混凝土底盘，卡盘表面不应有蜂窝、麻面、露筋、纵向裂缝等缺陷，强度应符合设计要求。

4.4 施 工 工 艺

4.4.1 工艺流程

测量放线定位→基坑开槽→底盘安装→回填土→横担组装→电杆组立→拉线安装→导线架设→导线连接→杆上电气设备安装→接户线安装→线路调试运行及验收

4.4.2 施工要点

4.4.2.1 测量放线定位

基坑放线定位应根据设计提供路平、断面图和勘测地形图等，确定线路的走向，再确定耐张杆、转角杆、终端杆等位置，最后确定直线杆的位置。

1 杆坑定位

(1) 架空配电线路的杆坑位置，应根据设计线路图已定的线路中心线和规定线路中心桩位进行测量放线定位。

(2) 基坑定位中心桩位置确定后，应按中心桩的标定位置辅助桩作为施工控制点，即为基坑定位的依据，见表 4.4.2.1-1 的规定。

表 4.4.2.1-1 电杆基坑定位规定

电杆设置	辅 助 桩	允许偏差值（mm）
直线角杆	在顺线路方向，中心桩（主桩）前后 3m 处各设置一辅助桩（副桩）	顺线路方向位移不应超过设计档距的 5%，垂直线路方向不应超过 50mm
直线双杆	在顺线路方向，中心桩前后 3～5m 处各设置一辅助桩，在垂直于线路方向，中心桩左右大约 5m 处再各设一辅助桩	顺线路方向位移不应超过设计档距的 5%，垂直线路方向不应超过 50mm
转角杆	除中心桩前后各设一辅助桩外，并应在转角点的夹角平分线上内外侧各设一辅助桩	位移不应超过 50mm

(3) 如线路沿已有的道路架设，则可根据该道路的距离和走向定杆位。当线路距离不长时，可采用标杆进行测位。这种方法是用三根标杆构成一条直线，逐步向前延伸测出杆位。

(4) 杆坑应采用经纬仪测量定位，逐点测出杆位后，随即在定位点处打入主、辅标桩，并在标桩上编号。应在转角杆、耐张杆、终端杆和加强杆的杆位的标桩上标明杆型，以便挖设拉线坑。

(5) 电杆埋设深度，应符合设计要求。如设计无要求时，应符合表 4.4.2.1-2 的规定。

表 4.4.2.1-2 电杆埋设深度数值

杆长（m）	8.0	9.0	10.0	11.0	12.0	13.0	15.0
埋深 h（m）	1.7	1.8	1.9	2.0	2.1	2.3	2.5

(6) 杆坑复测定位。施工前必须对全线路的坑位进行一次复测，其目的是检查线路坑位的准确性，特别要检查转角坑的桩位、角度、距离、高差是否正确，以防止坑位移。经复测确定主杆基坑坑位标桩、拉线中心桩及其辅助桩的位置，并划出坑口尺寸。

2 拉线坑定位

(1) 直线杆的位线位置与线路中心线应平行或垂直。转角杆的位线位于转角的平分角线上（杆受力的反方向）。拉线与杆的中心线夹角一般为 45°，如受地形和建筑物的限制时其角度可减小到 30°。

(2) 拉线坑与杆的水平距离 L 可按下述方法确定：拉线坑是沿杆受力的反方向，应以杆位为起点，测量出距离 L，在此定位点处钉上标桩，为拉线坑的中心位置。

$$L=（拉线高度+拉线坑深度）\cdot \mathrm{tg}\varphi$$

式中 φ——拉线与电杆中心线夹角；

L——拉线坑与电杆中心线的水平距离。

注：1 如：$\varphi=45°$，$\mathrm{tg}\varphi=1$

则：L = 拉线高度 + 拉线坑深度

2 因地形条件杆坑高于拉线坑，地形高差为 D 时：

L =（拉线高度 + 地形高差 D + 拉线坑深度）$\cdot\mathrm{tg}\varphi$

3 因地形条件杆坑低于拉线坑，地形高差为 D 时：

L =（拉线高度 − 地形高差 D + 拉线坑深度）$\cdot\mathrm{tg}\varphi$

(3) 拉线坑的位置方向必须对准杆坑中心。拉线坑深度应根据拉线盘埋设深度而定，当设计无规定时，应按表 4.4.2.1-3 中数值确定。

表 4.4.2.1-3 拉线盘埋设深度

拉线棒长度（m）	拉线盘长×宽（mm）	埋深（m）	拉线棒长度（m）	拉线盘长×宽（mm）	埋深（m）
2 2.5	500×300 600×400	1.3 1.6	3	800×600	2.1

(4) 底盘。电杆有底盘时，坑底应保持水平。底盘安装尺寸的偏差值应符合表 4.4.2.1-4 中数值的规定。

表 4.4.2.1-4 底盘安装允许偏差值

项　目	允许偏差（mm）	项　目	允许偏差（mm）
单杆基坑深度 双杆两基坑的相对高差	+100　－50 ≤20	双杆底盘中心距离	≤30

(5) 卡盘。配电线路的电杆要受荷载、地势和土质影响，为满足杆基的稳定性，需设置卡盘对基础进行补强。卡盘设置应符合以下规定：

1) 卡盘上口距地面不应小于 500mm；

2) 直线杆的卡盘应与线路平行，并应在线路电杆左、右侧交替埋设；

3) 承力杆的卡盘设置应埋设在承力的一侧。

4.4.2.2 基坑开槽

1 杆坑有梯形和圆形两种。不带卡盘或底盘的杆坑，常规做法为圆形基坑，圆形坑土挖掘工作量小，对电杆的稳定性较好，可采用螺旋钻洞器、夹铲等工具进行挖掘。

2 底盘置于基坑底时，坑底表面应平整，双杆两底盘中心的根开误差不应超过 30mm，两杆坑深度高差不应超过 20mm。

3 梯形坑适用于杆身较高较重及带有卡盘的电杆，便于立杆。坑深在 1.6m 以下应放二步阶梯形基坑，坑深在 1.8m 以上可放三步阶梯形基坑。

4 拉线坑的基底底面应垂于拉线方向，深度应符合设计要求。

5 坑底处理：

(1) 坑底应铲平夯实。混凝土杆的坑底应设置底盘并应找正。

(2) 基土的持力层耐压力应大于 0.2MPa，直线杆可不设置底盘。

(3) 终端杆、转角杆在一般土层应设置底盘，或者采用岩石或碎石作基础，并应夯实。

(4) 当土质松散、含沙量大、以及地下水位高时，直线杆应设置底盘。

(5) 卡盘一般情况下是在土质不好或在较陡斜坡上立杆时，为了减少电杆埋置深度应装设卡盘。卡盘设置的位置在距地面 1/3 埋置深处，直线杆的卡盘与线路平行。承力杆的卡盘埋设在承力侧。

4.4.2.3 底盘安装

1 底盘重量小于 300kg 时，可采用人工作业。用撬棍将底盘撬入坑内，若地面土质松软时，应在地面铺设木板或平行木棍，然后将底盘撬入基坑内。底盘重量超过 300kg 时，可采用吊装方式将底盘就位。

2 底盘找正：单杆底盘找正方法。底盘入坑后，采用钢丝（20 号或 22 号），在前后辅助桩中心点上连成一线，用钢尺在连线的钢丝上测出中心点，从中心点吊挂线锤，使线锤尖端对准底盘中心。如产生偏差应调整底盘，直到中心对准为止。然后用土将底盘四周填实，使底盘固定牢固。

3 拉线盘找正：拉线盘找正方法。拉线盘安装后，将拉线棒方向对准杆坑中心的标杆或已立好的电杆，使拉线棒与拉线盘成垂直，如产生偏差应找正拉线盘垂直于拉线棒（或已立好的电杆），直到符合要求为止。拉线盘找正后，应按设计要求将拉线棒埋入规定角度槽内，填土夯实固定牢固。

4.4.2.4 回填土

1 凡埋入地下金属件（镀锌件除外）在回填土前均应作防腐处理，防腐必须符合设计要求。

2 严禁采用冻土块及含有机物的杂土。

3 回填时应将结块干土打碎后方可回填，回填应选用干土。

4 回填土时每步（层）回填土 500mm，经夯实后再回填下一步（上一层），松软土应增加夯实遍数，以确保回填土的密实度。

5 回填土夯实后应留有高出地坪 300mm 的防沉土台，在沥青路面或砌有水泥花砖的路面不留防沉土台。

6 在地下水位高的地域如有水流冲刷埋设的电杆时，应在电杆周围埋设立桩并以石块砌成水围子。

4.4.2.5 横担组装

1 横担组装前，用支架垫起杆身的上部，用尺量出横担安装位置，按装配工序套上抱箍、穿好垫铁及横担，垫好平光垫圈、弹簧垫圈，用螺母紧固。紧固时，要控制找平、找正，然后安装连接板、杆顶支座抱箍、拉线等。

2 横担组装应符合下列要求：

(1) 同杆架设的双回路或多回路线路，横担间的垂直距离不应小于表 4.4.2.5 所列数值。

表 4.4.2.5 同杆架设线路横担间的最小垂直距离（mm）

架设方式	直 线 杆	分支或转角杆
10kV 与 10kV	800	500
10kV 与 1kV 以下	1200	1000
1kV 以下与 1kV 以下	600	300

(2) 1kV 以下线路的导线排列方式可采用水平排列；电杆最大档距不大于 50m 时，导线间的水平距离为 400mm，但靠近电杆的两导线间的水平距离不应小于 500mm。

10kV 及以下线路的导线排列方式及线间距离应符合设计要求。

(3) 横担的安装：当线路为多层排列时，自上而下的顺序为：高压、动力、照明、路灯；当线路为水平排列时，上层横担距杆顶不宜小于 200mm；直线杆的单横担应装于受电侧，20°转角杆及终端杆应装于拉线侧。

(4) 螺栓的穿入方向一般为：水平顺线路方向，由送电侧穿入；垂直方向，由下向上穿入，开口销钉应从上向下穿。

(5) 使用螺栓紧固时，均应装设垫圈、弹簧垫圈，且每端的垫圈不应多于 2 个。螺母紧固后，螺杆外露不应少于 2 扣，但最长不应大于 30mm，双螺母可平扣。

(6) 用水泥砂浆将杆顶严密封堵。

(7) 安装针式绝缘子，并清除表面灰垢、附着物及不应有的涂料。

4.4.2.6 电杆组立

1 机械立杆

(1) 吊车就位后，按计划在杆上绑扎吊绳的部位挂上钢丝绳，吊索拴好缆风绳，挂好吊钩，在专人指挥下起吊就位。

(2) 起吊后杆顶部离地面 1000mm 左右时应停止起吊，检查各部件、绳扣等是否安全，确认无误后再继续起吊使杆就位。

(3) 电杆起立后，应立即调整好杆位，架上叉木，回填一步土，撤去吊钩及吊绳，然后用经纬仪和线坠调整杆身的垂直度及横担方向，再作回填土。填土 500mm 厚度夯实一次，夯填土方填到卡盘安装部位为止，最后撤去缆风绳及叉木。

(4) 杆位、杆身垂直度及横担方向应符合下列要求：

1) 电杆组立位置应正确，桩身应垂直。允许偏差：直线杆横向位移不大于 50mm，杆梢偏移不大于杆梢直径的 1/2，转角杆紧线后不向内角倾斜，向外角倾斜不大于 1 个杆梢直径。

2) 直线杆单横担应装于受电侧，终端杆、转角杆的单横担装于拉线侧，允许偏差：横担的上下歪斜和左右扭斜，从横担端部测量均不大于 20mm。

2　人力立杆

绞磨就位。设置地锚钎子，用钢丝绳将绞磨与打好的地锚钎子连接好，再组装滑轮组，穿好钢丝绳，立人字抱杆。按计算杆的适当部位牵挂钢丝绳，拴好缆风绳及前后控制横绳，挂好吊钩，在专人指挥下起吊就位。

3　卡盘安装

(1) 将卡盘放在杆位，核实卡盘埋设标高及坑深，将坑底找平并夯实。

(2) 将卡盘放入坑内，穿上抱箍，垫好垫圈，用螺母紧固验收合格后方可回填土。

(3) 卡盘安装应符合以下要求：

1) 卡盘上口距地面不应小于 350mm;

2) 直线杆卡盘应与线路平行，应在线杆左右侧交替埋设；

3) 转角杆应分为上、下二层埋设在受力侧，终端杆卡盘应埋设在承力侧。

4　钢筋混凝土电杆组合

(1) 钢圈焊口上的油脂、铁锈、泥垢等物应清理洁净，焊接时遵照《钢结构工程施工质量验收规范》有关规定。

(2) 分段钢筋混凝土电杆组对，应按钢圈对齐找正，中间应留 2～5mm 的焊口缝隙。其错口不应大于 2mm。

(3) 焊口符合要求后，先点焊 3～4 处，然后对称交叉施焊。

(4) 钢圈厚度大于 6mm 时，应开 V 形坡口采用多层焊接，焊接中应特别注意焊缝接头和收口质量，多层焊缝的接头应错开，收口时应将熔池填满。

(5) 电杆的钢圈焊接接头应按设计要求进行防腐处理。

(6) 电杆焊接组合质量应符合以下要求：

1) 焊完后的电杆弯曲度不得超过对应长度的 2/1000;

2) 焊缝表面应有一定的加强面，不应有裂纹、夹渣、气孔等，咬边深度不应大于 0.5mm。

4.4.2.7　拉线安装

1　拉线盘的埋设深度和方向盘，应符合设计要求。拉线棒与拉线盘应垂直，连接处应采用双螺母，其外露地面部分的长度应为 500～700mm。拉线坑应有斜坡，回填土时应将土打碎后夯实。拉线坑宜设防沉层。

2　拉线安装应符合下列规定：

（1）安装后对地平面夹角与设计值的允许偏差，应符合下列规定：

1）架空电力线路不应大于3°；

2）特殊地段应符合设计要求。

（2）承力拉线应与线路方向的中心线对正；分角拉线应与线路分角线方向对正；防风拉线应与线路方向垂直。

（3）跨越道路的拉线，应满足设计要求，且对通车路面边缘的垂直距离不应小于5m。

（4）当采用UT型线夹及楔形线夹固定时，应符合下列规定：

1）安装前丝扣上应涂润滑剂；

2）线夹舌板与拉线接触应紧密，受力后无滑动现象，线夹凸肚在尾线侧，安装时不应损伤线股；

3）拉线弯曲部分不应有明显松股，拉线断头处与拉线主线应固定可靠，线夹处露出尾线长度为300~500mm，尾线回头后与本线应扎牢；

4）当同一组拉线使用双线夹并采用连板时，其尾线端部方向应统一；

5）UT型线夹或花篮螺栓的螺杆应露扣，并应有不小于1/2螺杆丝扣长度可供调紧，调整后，UT型线夹的双螺母应并紧，花篮螺栓应封固。

（5）当采用绑扎固定安装时，应符合下列规定：

1）拉线两端应设置心形环；

2）钢绞线拉线，应采用直径不大于3.2mm的镀锌钢线绑扎固定。绑扎应整齐、紧密，最小缠绕长度应符合表4.4.2.7的规定：

表4.4.2.7　最小缠绕长度

钢绞线截面（mm^2）	最小缠绕长度（mm）				
	上　段	中段有绝缘子的两端	与拉棒连接处		
			下　缠	花　缠	上　缠
2.5	200	200	150	250	80
3.5	250	250	200	250	80
5.0	300	300	250	250	80

（6）采用拉线柱拉线的安装应符合下列规定：

1）拉线柱的埋设深度，当设计无要求时，采用坠线的，不应小于拉线柱长的1/6；采用无坠线的，应按其受力情况确定。

2）拉线柱应向张力反方向倾斜10°~20°。

3）坠线与拉线夹角不应小于30°。

4）坠线上端固定点的位置距拉线柱顶端的距离应为250mm。

5）坠线采用镀锌钢线绑扎固定时，最小缠绕长度应符合表4.4.2.7的规定。

（7）当一基电杆上装设多条拉线时，各条拉线的受力应一致。

（8）采用镀锌钢线合股组成的拉线，其股数不应少于3股。镀锌钢线的单股不应小于4.0mm，绞合应均匀，受力相等，不应出现抽筋现象。

(9) 合股组成的镀锌钢线的位线，可采用直径不小于3.2mm镀锌钢线绑扎固定，绑扎应整齐紧密，缠绕长度为：5股及以下者，上端：200mm；中端有绝缘子的两端：200mm；下缠150mm，花缠250mm，上缠100mm。当合股组成的镀锌钢线拉线采用自身缠绕固定时，缠绕应整齐紧密，缠绕长度；3股线不应小于80mm，5股线不应小于150mm。

(10) 混凝土电杆的拉线当装设绝缘子时，在断拉线情况下，拉线绝缘子距地面不应小于2.5m。

(11) 顶（撑）杆的安装，应符合下列规定：

1) 顶杆底部埋深不宜小于0.5m，且设有防沉措施；

2) 与主杆之间夹角应满足设计要求，允许偏差为±5°；

3) 与主杆连接应紧密、牢固。

4.4.2.8 导线架设

1 放线

(1) 按线路长度和导线的长度计算好每盘导线就位的杆位或就位差，首先，做好线盘就位，然后，从线路首端（紧线处），用放线架架好线轴，沿着线路方向把导线从盘上放开。

(2) 常规导线施放两种方法：一种是将导线沿杆根部放开后，再将导线吊上电杆；另一种是在横担上装好开口滑轮，施放导线时，逐档将导线吊放在滑轮内施放导线。

(3) 施放导线前，应沿线路清除障碍物，石砾地区应垫草垫等隔离物，以免损伤导线。当布线需跨越道路、河流时，应搭跨越架，并应专人监管通过的车辆、船只，以防发生事故。

(4) 施放的导线吊升上杆时，每档之间的导线尽量避免接头，必须有接头时，接头应符合下列要求：

1) 同一档距内，同一根导线上的接头不得超过一个。

2) 导线接头位置与导线固定处的距离应大于0.5m，有防振装置者应在防振装置以外。

3) 线路跨越各种设施时，档距内的导线不应有接头。

4) 不同金属、不同规格、不同绞向的导线严禁在档距内连接。

(5) 导线连接可使用与导线配套的钳压管压接，且应符合下列要求：

1) 导线连接前应清除表面污垢，清除长度应为连接部分的二倍，导线表面及钳压管内壁均应涂刷电力复合脂。

2) 钳压后导线端头露出长度，不应小于20mm，导线端头绑线不应拆除。

3) 压接后的套管不应有裂纹，弯曲度不应大于管长的2%，弯曲度大于2%时应校直。套管两端附近的导线不应有灯笼、抽筋等现象。

4) 导线钳压口数及压后尺寸，应符合表4.4.2.8-1的规定。

5) 压接后，套管两端出口处、合缝处及外露部分应涂刷油漆。

2 紧线

(1) 对耐张杆、转角杆和终端杆的已作完的拉线，应做全部检查，达到设计要求功能后（必要时还设临时拉线），方可进行下道工序。

(2) 在线路末端将导线卡固在耐张线夹上或绑回头挂在蝶式绝缘子上。裸铝导线在蝶式绝缘子上作耐张且采用绑扎方式固定时，绑扎长度应符合表 4.4.2.8-2 的规定。

(3) 铝绞线和钢芯铝绞线的紧线方法是先将导线通过滑轮组，用人力初步拉紧，然后用紧线器紧线。紧线时，应同时收紧，使横担两侧的导线受力均匀一致，以免横担受力不均而产生歪斜。

(4) 导线紧固后，弛度的误差不应超过设计弛度的 ±5%，同一档内各条导线弛度应一致；水平排列的导线，高低差应不大于 50mm。导线弛度要求见表 4.4.2.8-3 的规定。

表 4.4.2.8-1 钳压压口数及压后尺寸

导线型号		压口数	压后尺寸 D（mm）	钳压部位尺寸（mm）		
				a_1	a_2	a_3
铝绞线	LJ-16	6	10.5	28	20	34
	LJ-25	6	12.5	32	20	36
	LJ-35	6	14.0	36	25	43
	LJ-50	8	16.5	40	25	45
	LJ-70	8	19.5	44	28	50
	LJ-95	10	23.0	48	32	56
	LJ-120	10	26.0	52	33	59
	LJ-150	10	30.0	56	34	62
	LJ-185	10	33.5	60	35	65
钢芯铝绞线	LJ-16/3	12	12.5	28	14	28
	LJ-25/4	14	14.5	32	15	31
	LJ-35/6	14	17.5	34	42.5	93.5
	LJ-50/8	16	20.5	38	48.5	105.5
	LJ-70/10	16	25.0	46	54.5	123.5
	LJ-95/20	20	29.0	54	61.5	142.5
	LJ-120/20	24	33.0	62	67.5	160.5
	LJ-150/20	24	36.0	64	70	166
	LJ-185/20	26	39.0	66	74.5	173.5
	LJ-240/30	2×14	43.0	62	68.5	161.5

表 4.4.2.8-2 绑扎长度值

导线截面（mm）	绑扎长度（mm）
LJ-50、LGJ-50 及以下	>150
LJ-70	>200

(5) 导线对地距离及交叉跨越要求：

1) 导线与地面的距离，在导线最大弛度时，不应小于表 4.4.2.8-4 中所列数值。

2) 配电线路与允许跨越的建筑物的垂直距离，在导线最大弛度时，1～10kV 线路不应小于 3m，1kV 以下线路不应小于 2.5m。

表 4.4.2.8-3 架空导线弛度要求（mm）

档距（m）	导线截面（mm^2）								
	当温度为 10℃时							下列温度时增减值	
	10	16	25	35	50	70	95	+25℃	-10℃
铜导线弛度									
30	300	300	300	400	500	600	700	+60	-120
40	400	400	400	500	600	700	800	+80	-160
50	500	600	600	600	700	800	900	+100	-200
铝导线弛度									
30	360	360	360	500	620	780	900	+80	-150
40	480	480	480	620	720	800	1040	+100	-200
50	720	720	720	750	870	1040	1170	+130	-250

表 4.4.2.8-4 导线与地面的最小距离（m）

线路经过地区	线路电压	
	1kV 以下	1~10kV
居民区	6.0	6.5
非居民区	5.0	5.5
交通困难地区	4.0	4.5

3）配电线路边线与建筑物之间的距离，在最大风偏情况下，10kV 线路不应小于 2m，1kV 以下线路不应小于 1.0m。

4）配电线路的导线与街道树、行道树之间的距离不应小于表 4.4.2.8-5 中所列数值。

表 4.4.2.8-5 导线与街道树、行道树之间的最小距离（m）

最大弛度时的垂直距离		最大风偏时的水平距离	
1kV 以下	10kV	1kV 以下	10kV
1.0	1.5	1.0	2.0

5）配电线路与弱电线路交叉时，应架设在弱电线路的上方，且与弱电线路的交叉角度适宜。最大弛度时配电线路与弱电线路的垂直距离，10kV 线路不应小于 2m，1kV 以下线路不应小于 1m。

6）配电线路与铁路、公路、河流交叉时最小垂直距离，在最大弛度时不应小于表 4.4.2.8-6 所列数值。

表 4.4.2.8-6 配电线路与铁路、公路、河流交叉时最小垂直距离（m）

线路电压	铁路至轨顶	公路	电车道	通航河流
10kV	7.5	7.0	9.0	5
1kV 以下	7.5	6.0	9.0	1.0

注：通航河流的距离系指与最高航行水位的最高船桅顶的距离。

7）配电线路与各种架空电力线路交叉跨越时的最小垂直距离，在最大弛度时不应小于表 4.4.2.8-7 所列数值，且低电压的线路应架设在下方。

表 4.4.2.8-7 配电线路与架空电力线路交叉跨越时的最小垂直距离（m）

配电线路电压	电力线路				
	1kV 以下	1～10kV	35～110kV	220kV	330kV
10kV	2	2	3	4	5
1kV 以下	1	2	3	4	5

3 过引线、引下线安装

（1）在耐张杆、转角杆、分支杆、终端杆上搭接过引线或引下线。

（2）搭接过引线、引下线应符合下列要求：

1）过引线应呈均匀弧度、无硬弯，必要时应加装绝缘子。

2）搭接过引线、引下线、应与主导线连接，不得与绝缘子回头绑扎在一起。铝导线间的连接一般应采用并沟线夹，但 70mm^2 及以下的导线可以采用绑扎连接，绑扎长度不应小于表 4.4.2.8-8 中的规定。

3）铜、铝导线的连接应使用铜铝过渡线夹，或有可靠的过渡措施。

4）裸铝导线在线夹上固定时应缠包铝带，缠绕方向应与导线外层绞股方向一致，缠绕长度应超出接触部分 30mm。

5）过引线、引下线的导线间及导线对地间的最小安全距离应不小于表 4.4.2.8-9 中的规定。

表 4.4.2.8-8 过引线绑扎长度值

导线截面（mm^2）	绑扎长度（mm）	导线截面（mm^2）	绑扎长度（mm）	导线截面（mm^2）	绑扎长度（mm）
LJ-35 及以下	150	LJ-70	250	TJ-25～35	150
LJ-50	290	TJ-16 及以下	100	TJ-50～95	200
注：不同截面导线连接时，绑扎长度以小截面导线为准。					

表 4.4.2.8-9 过引线、引下线的导线间及导线对地间的最小安全距离

线　别	电压等级（kV）	距离（mm）
每相过引线、引下线与邻相过引线、引下线或导线之间	1～10	300
	1 以下	150
导线与拉线、电杆或物架之间	1～10	200
	1 以下	50
1～10kV 引下线与 1kV 以下线路间		200

4 架空导线固定

架空导线在绝缘子上通常用绑扎法固定。绑扎方法因绝缘子形式和安装地点不同而各异。常用的有以下几种：

（1）顶绑法：适用于直线杆针式绝缘子上的绑扎。绑扎时，首先在导线绑扎处包铝带

150mm，然后用绑线绑扎，绑线材料应与导线材料相同，直径在 2.6～3mm 范围内。

(2) 侧绑法：适用于转角杆针式绝缘子上的绑扎。绑扎时，导线应放在绝缘子颈部外侧（若直线杆针式绝缘子顶槽太浅，无法用顶绑时，也可采用侧绑法绑扎）。导线在进行侧绑法绑扎前，在导线绑扎处同样要绑扎一定长度的铝带。

(3) 终端绑扎法：适用于终端杆蝶式绝缘子的绑扎。

(4) 用耐张线夹固定导线法：适用在用耐张悬式绝缘子串的导线固定。

5　线路、电杆的防雷接地

(1) 避雷线的钢绞线质量应符合设计要求，其损伤处理标准，应符合表 4.4.2.8-10 的规定。

表 4.4.2.8-10　钢绞线损伤处理标准

钢绞线股数	以镀锌钢丝缠绕	以补修管补修	锯断重接
7	不允许	断 1 股	断 2 股
19	断 1 股	断 2 股	断 3 股

(2) 采用接续管连接的避雷线或接地线，应符合国家现行技术标准《电力金具》的规定，连接后的握着力与原避雷线或接地线的保证计算拉断力比，应符合下列规定：

1) 接续管不小于 95%；

2) 螺栓式耐张线夹不小于 90%。

(3) 架空线路保护接地的范围：架空线路配线的金属配件；架空线路的金属杆塔。

(4) 线路的接地线敷设走向合理，连接紧密、牢固，导线截面选用符合设计要求，需防腐处理部分涂料涂刷均匀无遗漏。

4.4.2.9　导线连接

1　架空导线连接方式如下：

(1) 跳线处接头，常规采用线夹连接法。

(2) 其他位置接头，通常采用钳接（压接）法、单股线缠绕法和多股线交叉缠绕法。特殊地段和部位利用爆炸压接法。

2　架空导线连接应符合以下要求：

(1) 金属不同、规格不同、绞向不同的导线，严禁在档距内连接。

(2) 在一个档距内，每根导线不应超过 1 个接头。跨越线（道路、河流、通信线路、电力线路）和避雷线均不允许有接头。

(3) 接头距导线的固定点，不应小于 500mm。

(4) 导线接头处的机械强度，不应低于原导线强度的 90%，电阻不应超过同长度导线的 1.2 倍。

3　导线连接质量应符合以下规定：

(1) 压接后尺寸的允许误差，铝绞线钳接管为 ±1.0mm；钢芯铝绞线钳接管为 ±0.5mm。

(2) 10kV 及以下架空线路的导线，采用缠绕方法连接时，连接部分的线缠绕紧密、牢固，不应有断股、松股等，以及连接处严禁有损伤导线的缺陷。

(3) 压接后接线管两端出口处，合缝处及外露部分，应涂刷电力复合脂。导线的压接管在压接或校直后严禁有裂纹。

(4) 钳压后导线露出的端头绑扎线不应拆除。

4.4.2.10 杆上电气设备安装

1 电杆上电气设备的安装，应符合下列规定：

(1) 安装应牢固可靠，固定电气设备的支架、紧固件为热浸锌制品，紧固件及防松零件齐全；

(2) 电气连接应接触紧密，不同金属连接，应有过渡措施；

(3) 瓷件表面光洁，无裂纹、破损等现象。

2 杆上变压器及变压器台的安装，尚应符合下列规定：

(1) 水平倾斜不大于台架根开的 1/100；

(2) 一、二次引线排列整齐、绑扎牢固；

(3) 油枕、油位正常，无渗油现象，外壳涂层完整、干净；

(4) 接地可靠，接地电阻值符合规定；

(5) 套管压线螺栓等部件齐全；

(6) 呼吸孔道畅通。

3 跌落式熔断器的安装，应符合下列规定：

(1) 各部分零件完整；

(2) 转轴光滑灵活，铸件不应有裂纹、砂眼、锈蚀；

(3) 瓷件良好，熔丝管不应有吸潮膨胀或弯曲现象；

(4) 熔断器安装牢固、排列整齐，熔管轴线与地面的垂线夹角为 15°～30°，熔断器水平相间距离不小于 500mm，熔管操作能自然打开旋下；

(5) 操作时灵活可靠、接触紧密。合熔丝管时上触头应有一定的压缩行程；

(6) 上、下引线压紧，与线路导线的连接紧密可靠。

4 杆上断路器和负荷开关的安装，应符合下列规定：

(1) 水平倾斜不大于托架长度的 1/100；

(2) 引线连接紧密，当采用绑扎连接时，长度不小于 150mm；

(3) 外壳干净，不应有漏油现象，气压不小于规定值；

(4) 操作灵活，分、合位置指示正确可靠；

(5) 外壳接地可靠，接地电阻值符合规定。

5 杆上隔离开关安装，应符合下列规定：

(1) 瓷件良好；

(2) 操作机构动作灵活；

(3) 隔离刀刃，分闸后应有不小于 200mm 的空气间隙；

(4) 与引线的连接紧密可靠；

(5) 水平安装的隔离刀刃，分闸时宜使静触头带电；地面操作杆的接地（PE）可靠，且有标识；

(6) 三相连动隔离开关的三相隔离刀刃应分、合同期。

6 杆上避雷器的安装，应符合下列规定：

(1) 瓷套与固定抱箍之间加垫层；

(2) 排列整齐、高低一致，相间距离：1～10kV 时，不小于 350mm；1kV 以下时，不小于 150mm；

(3) 引线短而直、连接紧密，采用绝缘线时，电源侧引线其截面铜线不小于 16mm²，铝线不小于 25mm²；接地侧引线其截面铜线不小于 25mm²，铝线不小于 35mm²；

(4) 与电气部分连接，不应使避雷器产生外加应力；

(5) 引下线接地可靠，接地电阻值符合规定。

7 低压熔断器和开关安装各部位接触应紧密，便于操作。

8 低压保险丝（片）安装，应符合下列规定：

(1) 无弯折、压偏、伤痕等现象；

(2) 严禁用线材代替保险丝（片）。

4.4.2.11 接户线安装

1 电力接户线的安装，其各部位电气距离应满足设计要求。

2 电力接户线的安装，应符合下列规定：

(1) 档距内不应有接头；

(2) 两端应设绝缘子固定，绝缘子安装应防止瓷裙积水；

(3) 采用绝缘线时，外露部位应进行绝缘处理；

(4) 两端遇有铜铝连接时，应设有过渡措施；

(5) 进户端支持物应牢固；

(6) 在最大摆动时，不应有接触树木和其他建筑物现象；

(7) 1kV 及以下的接户线不应从高压引线间穿过，不应跨越铁路。

3 由两个不同电源引入的接户线不宜同杆架设。

4 接户线固定端采用绑扎固定时，其绑扎长度应符合表 4.4.2.11 的规定。

表 4.4.2.11 绑 扎 长 度

导线截面积（mm²）	绑扎长度（mm）	导线截面积（mm²）	绑扎长度（mm）
10 及以下	＞50	25～50	＞120
16 及以下	＞80	70～120	＞200

4.4.2.12 线路调试运行及验收

1 架空配电线路测试

(1) 绝缘子的绝缘电阻值测试记录：1kV 以上为 300MΩ，35kV 以上不小于 500MΩ。

(2) 线路的绝缘电阻测试记录。

(3) 相位检查记录：各相两侧的相位应一致。

(4) 冲击合闸试验记录：冲击合闸前，35kV 以上线路应事先进行递升加压试验。

(5) 测量杆塔接地电阻值测试记录。

2 变压器试运行前检查

(1) 变压器试运行前应做全面检查，确认符合试运行条件时方可投入运行。

(2) 变压器试运行前，必须由质量监督部门检查合格。

(3) 变压器试运行前的检查内容，见本标准第 5.4.1.2 条第 9 款相关内容。

3 架空配电线路试运行检查

(1) 导线的型号、规格应符合设计要求。
(2) 电杆组立的各项误差应符合规定。
(3) 拉线的制作和安装应符合规定。
(4) 导线的弧垂、相间距离、对地距离及交叉跨越距离应符合规定。
(5) 电气设备外观应完整无缺损。
(6) 相位正确，接地良好。
(7) 沿线的障碍物、树及树枝等杂物应清除完毕。
(8) 导线固定、绝缘子固定等所有设备安装应牢靠，符合规范和设计要求。

4 变压器送电试运行

见本标准第 5.4.1.2 条第 10 款相关内容。

5 架空配电线路验收资料和文件

(1) 工程竣工图。
(2) 变更设计的证明文件。
(3) 安装技术记录（包括隐蔽工程记录)。
(4) 交叉跨越距离记录有关协议文件。
(5) 调整试验记录、接地电阻记录。

4.5 成 品 保 护

4.5.1 电杆搬运时，在车上应捆绑卡牢。人抬时，动作一致，电杆不得离地过高，

4.5.2 架空电力线路施工，在杆上输送瓷瓶及金具等，只能用带绳吊，不能采用抛扔的办法，以免损坏。

4.5.3 架空电力线路中断施工时，要及时收拣好瓷瓶、电线及金具等，保管妥善。

4.5.4 单方向紧线时，反方向应设置临时拉线，防止倒杆。

4.5.5 工程完工后，及时进行调试和办理验交手续。

4.6 安 全 、环 保 措 施

4.6.1 人工立杆，所用叉木应坚固完好，操作时，互相配合，用力均衡。机械立杆，两侧应设溜绳。立杆时，坑内不得有人，基坑夯实后，方准拆去叉木或拖拉绳。

4.6.2 登杆前，杆根应夯实牢固。旧木杆杆根单侧腐朽深度超过杆根直径 1/8 以上时，应加固后，方能登杆。

4.6.3 登杆操作脚扣应与杆径相适应。使用脚踏板，勾子应向上。安全带应栓于安全可靠处，以扣环扣牢，不准栓于瓷瓶或横担上。工具、材料应用绳索传递，禁止上下抛扔。杆下作业人员要戴好安全帽，并且不准无关人员在杆下逗留和通过。

4.6.4 杆上紧线应侧向操作，并将夹紧螺栓拧紧。紧有角度的导线，应在外侧作业。调整拉线时，杆上不得有人。放线时要有安全值日在路口处禁止行人从线路上经过。

4.6.5 架线时在线路的每 2 ~ 3km 处，应重复接地一次，送电前必须拆除。如遇雷电停止作业。

4.6.6 安装的针式绝缘子，应清除表面灰垢、附着物及不应有的涂料。

4.6.7 立杆时，在保护线路不受损伤的同时，应注意周围环境不受破坏。

4.6.8 抻直钢丝时，不应损伤树木等物。

4.7 质 量 标 准

4.7.1 主控项目

4.7.1.1 电杆坑、拉线坑的深度允许偏差，应不深于设计坑深100mm，不浅于设计坑深50mm。

检验方法：实测和检查施工记录。

4.7.1.2 架空导线的弧垂值，允许偏差为设计弧垂值的±5%，水平排列的同档导线间弧垂值偏差±50mm。

检验方法：实测和检查施工记录。

4.7.1.3 变压器中性点应与接地装置引出干线直接连接，接地装置的接地电阻值必须符合设计要求。

检验方法：观察检查和检查接地记录。

4.7.1.4 杆上变压器和高压绝缘子、高压隔离开关、跌落式熔断器、避雷器等必须按本标准第3.0.11条的规定交接试验合格。

检验方法：实测和检查试验记录。

4.7.1.5 杆上低压配电箱的电气装置和馈电线路交接试验应符合下列规定：

1 每路配电开关及保护装置的规格、型号，应符合设计要求；

2 相间和相间对地的绝缘电阻值应大于0.5MΩ；

3 电气装置的交流工频耐压试验电压1kV，当绝缘电阻值大于10MΩ时，可采用2500V兆欧表摇测替代，试验持续时间1min，无击穿闪络现象。

检验方法：实测和检查试验记录。

4.7.2 一般项目

4.7.2.1 拉线的绝缘子及金属应齐全，位置正确，承力拉线应与线路中心一致，转角拉线与线路分角线方向一致。拉线应收紧，收紧程度与杆上导线数量规格及弧垂值相适配。

检验方法：观察检查和检查安装记录。

4.7.2.2 电杆组立应正直，直线杆横向位移不应大于50mm，杆梢偏移不应大于梢径的1/2，转角杆紧线后不向内角倾斜，向外角倾斜不应大于1个梢径。

检验方法：实测和检查安装记录。

4.7.2.3 直线杆单横担应装于受电侧，终端杆、转角杆的单横担应装于拉线侧。横担的上下的歪斜，从横担端部测量不应大于20mm。横担等镀锌制品应热浸镀锌。

检验方法：观察、实测和检查安装记录。

4.7.2.4 导线无断股、扭绞和死弯，与绝缘子固定可靠，金具规格应与导线规格适配。

检验方法：观察检查。

4.7.2.5 线路的跳线、过引线、接户线的线间和线对地间的安全距离，电压等级为6~10kV及以下的，应大于150mm。用绝缘导线架设的线路，绝缘破口处应修补完整。

检验方法：实测和检查安装记录。

4.7.2.6 杆上电气设备安装应符合下列规定：

1 固定电气设备的支架、紧固件为热浸镀锌制品，紧固件及防松零件齐全；

2 变压器油位正常、附件齐全、无渗油现象、外壳涂层完整；

3 跌落式熔断器安装的相间距离不小于500mm；熔管试操动能自然打开旋下；

4 杆上隔离开关分、合操动灵活。操动机构机械锁定可靠，分合时三相同期性好，分闸后，刀片与静触头间空气间隙距离不小于200mm；地面操作杆的接地（PE）可靠，且有标识；

5 杆上避雷器排列整齐，相间距离不小于350mm，电源侧引线铜线截面积不小于$16mm^2$、铝线截面积不小于$25mm^2$，接地侧引线铜线截面积不小于$25mm^2$，铝线截面积不小$35mm^2$。与接地装置引出线连接可靠。

检验方法：观察检查、实测和检查安装记录。

4.8 质 量 验 收

4.8.1 架空线路和杆上电气设备安装分项工程的施工质量验收检验批的划分：

1 架空线路以杆上电气设备为单位，每段为一个检验批。

2 杆上电气设备安装以每杆为一个检验批。

4.8.2 架空线路安装工程检验数量按以下规定进行：

1 高压绝缘子的交流耐压试验及高压电气设备的试验调整全数检查。

2 电气设备的瓷件全数检查。

3 导线连接全数检查。

4 其他抽查每个检验批的10%，但不少于5处（支、档）。不足5处（支、档），应全数检查。

4.8.3 杆上电气设备安装全数检查。

4.8.4 检验批的验收按本标准第3.0.25条进行组织。

4.8.5 检验批质量验收记录当地方主管部门无统一规定时，宜采用表4.8.5“架空线路及杆上电气设备安装检验批质量验收记录表”。

表 4.8.5　架空线路及杆上电气设备安装检验批质量验收记录表

GB 50303—2002

<table>
<tr><td colspan="3">单位（子单位）工程名称</td><td colspan="3"></td></tr>
<tr><td colspan="3">分部（子分部）工程名称</td><td colspan="1"></td><td>验收部位</td><td></td></tr>
<tr><td colspan="3">施工单位</td><td></td><td>项目经理</td><td></td></tr>
<tr><td colspan="3">分包单位</td><td></td><td>分包项目经理</td><td></td></tr>
<tr><td colspan="3">施工执行标准名称及编号</td><td colspan="3"></td></tr>
<tr><td colspan="4">施工质量验收规范规定</td><td>施工单位检查评定记录</td><td>监理（建设）单位验收记录</td></tr>
<tr><td rowspan="6">主控项目</td><td>1</td><td colspan="2">变压器中性点应与接地装置引出干线直接连接，接地装置的接地电阻值必须符合设计要求</td><td></td><td rowspan="6"></td></tr>
<tr><td>2</td><td colspan="2">杆上变压器和高压绝缘子、高压隔离开关、跌落式熔断器、避雷器等必须按本标准第 3.0.11 条的规定交接试验合格</td><td></td></tr>
<tr><td>3</td><td colspan="2">杆上低压配电箱的电气装置和馈电线路交接试验应符合：每路配电开关及保护装置的规格、型号，应符合设计要求；相间和查对地间的绝缘电阻值应大于 0.5MΩ；电气装置的交流工频耐压试验电压 1kV，当绝缘电阻值大于 10MΩ 时，可采用 2500V 兆欧表摇测替代，试验持续时间 1min，无击穿闪络现象</td><td></td></tr>
<tr><td>4</td><td>电杆坑、拉线坑深度允许偏差（mm）</td><td>+100，−50</td><td></td></tr>
<tr><td>5</td><td>架空导线的弧垂值允许偏差</td><td>±5%</td><td></td></tr>
<tr><td>6</td><td>水平排列的同档导线间的弧垂值允许偏差（mm）</td><td>±50</td><td></td></tr>
<tr><td rowspan="6">一般项目</td><td>1</td><td colspan="2">拉线的绝缘子及金属应齐全，位置正确，承力拉线应与线路中心一致，转角拉线与线路分角线方向一致。拉线应收紧，收紧程度与杆上导线数量规格及弧垂值相适配</td><td></td><td rowspan="6"></td></tr>
<tr><td>2</td><td colspan="2">电杆组立应正直，直线杆横向位移不应大于 50mm，杆梢偏移不应大于梢径的 1/2，转角杆紧线后不向内角倾斜，向外角倾斜不应大于 1 个梢径</td><td></td></tr>
<tr><td>3</td><td colspan="2">直线杆单横担应装于受电侧，终端杆、转角杆的单横担应装于拉线侧。横担的上下的歪斜，从横担端部测量不应大于 20mm。横担等镀锌制品应热浸镀锌</td><td></td></tr>
<tr><td>4</td><td colspan="2">导线无断股、扭绞和死弯，与绝缘子固定可靠，金具规格应与导线规格适配</td><td></td></tr>
<tr><td>5</td><td colspan="2">线路的跳线、过引线、接户线的线间和线对地间的安全距离，电压等级为 6～10kV 及以下的，应大于 150mm。用绝缘导线架设的线路，绝缘破口处应修补完整</td><td></td></tr>
<tr><td>6</td><td colspan="2">杆上电气设备安装应符合：固定电气设备的支架、紧固件为热浸镀锌制品，紧固件及防松零件齐全；变压器油位正常、附件齐全、无渗油现象、外壳涂层完整；跌落式熔断器安装的相间距离不小于 500mm；熔管试操动能自然打开旋下；杆上隔离开关分、合操动灵活。操动机构机械锁定可靠，分合时三相同期性好，分闸后，刀片与静触头间空气间隙距离不小于 200mm；地面操作杆的接地（PE）可靠，且有标识；杆上避雷器排列整齐，相间距离不小于 350mm，电源侧引线铜线截面积不小于 16mm²、铝线截面积不小于 25mm²，接地侧引线铜线截面积不小于 25mm²，铝线截面积不小 35mm²。与接地装置引出线连接可靠</td><td></td></tr>
<tr><td colspan="3" rowspan="2">施工单位检查评定结果</td><td>专业工长（施工员）</td><td>施工班组长</td><td></td></tr>
<tr><td colspan="3">项目专业质量检查员：　　　　　　年　月　日</td></tr>
<tr><td colspan="3">监理（建设）单位验收结论</td><td colspan="3">监理工程师
（建设单位项目专业技术负责人）：　　　　　　年　月　日</td></tr>
</table>

5 变压器、箱式变电所安装

5.1 一 般 规 定

5.1.1 本章适用于油浸式电力变压器、树脂浇铸干式变压器及箱式变电所安装的施工操作和质量检验。

5.1.2 变压器、箱式变电所、高压电器及电磁制品应符合下列规定：

1 查验合格证和随带技术文件，变压器有出厂试验记录；

2 外观检查：有铭牌，附件齐全，绝缘件无缺损、裂纹，充油部分不渗漏，充气高压设备气压指示正常，涂层完整。

5.1.3 变压器本体外观检查无损伤及变形，油漆完好无损伤。箱式变电所内外涂层完整、无损伤，有通风口的风口防护网完好。

5.1.4 变压器及箱式变电所安装前应满足一定的作业条件，安装位置应正确无误。

5.1.5 变压器基础的轨道应水平，轨距与轮距应配合，装有气体继电器的变压器顶盖，沿气体继电器的气流方向有1.0%～1.5%的升高坡度。

5.1.6 变压器、箱式变电所在试运行前，应进行全面检查，确认其符合运行条件时，方可投入试运行。

5.1.7 变压器、箱式变电所安装应按以下程序进行：

1 变压器、箱式变电所的基础验收合格，且对埋入基础的电线导管、电缆导管和变压器进、出线预留孔及相关预埋件进行检查，才能安装变压器、箱式变电所；

2 杆上变压器的支架紧固检查后，才能吊装变压器且就位固定；

3 变压器及接地装置交接试验合格，才能通电。

5.2 施 工 准 备

5.2.1 技术准备

5.2.1.1 进行图纸会审，复核设计安装方式是否符合现行国家规范的要求。

5.2.1.2 施工前应编制施工组织设计（施工方案），并报相应管理部门进行审批。

5.2.1.3 进行设计交底和技术交底。

5.2.2 材料准备

变压器、箱式变电所、型钢、紧固件、蛇皮管、耐油塑料管、变压器油。

5.2.3 主要机具

5.2.3.1 搬运吊装机具设备：汽车吊、汽车、卷扬机、千斤顶、倒链、道木、钢丝绳、钢丝绳轧头、钢丝绳套环、麻绳、滚杠。

5.2.3.2 安装机具设备：台钻、砂轮机、电焊机、气焊工具、电锤、冲击电钻、扳手、液压升降梯、套丝机。

5.2.3.3 测试仪器：钢卷尺、钢板尺、水平仪、塞尺、磁力线坠、摇表、玻璃温度计、钳形电流表、万用表、电桥及试验仪器。

5.2.4 作业条件

5.2.4.1 安装前，建筑工程应具备下列条件：

1 屋顶、楼板、门窗等均已施工完毕，并且无渗漏，有可能损坏设备、变压器安装后不能再进行施工的装饰工作应全部结束。

2 室内地面的基层施工完毕，并在墙上标出建筑地面标高。

3 混凝土基础及构架达到允许安装的强度，焊接构件的质量符合要求。

4 预埋件及预留孔符合设计要求，预埋件牢固。

5 模板及施工设施拆除，场地清理干净。

6 具有足够的施工用场地，道路通畅。

5.2.4.2 变压器轨道安装完毕并符合设计要求。

5.2.4.3 安装干式变压器室内应无灰尘，相对湿度宜保持在70%以下。

5.2.4.4 箱式变电所的基础应高于室外地坪，周围排水通畅。

5.3 材料质量控制

5.3.1 变压器的规格型号及容量符合施工图纸设计要求。并有合格证、出厂试验记录及技术数据文件。

5.3.2 外观检查：变压器应装有铭牌。铭牌上应注明制造厂名、型号、额定容量，一二次额定电压、电流、阻抗电压及接线组别、重量、制造年月等技术数据。附件、备件齐全，无锈蚀及机械损伤，密封应良好。绝缘件无缺损、裂纹和瓷件瓷釉损坏等缺陷，外表清洁，测温仪表指示正确。油箱箱盖或钟罩法兰及封板的联接螺栓应齐全，紧固良好无渗漏。浸入油中运输的附件，其油箱应无渗漏。充油套管的油位应正常、无渗油，瓷体无损伤。

5.3.3 干式变压器的局放试验PC值及噪声测试器dB（A）值应符合设计及标准要求。带有防护罩的干式变压器、防护罩与变压器的距离应符合技术标准的规定。

5.3.4 有载调压开关的传动部分润滑应良好，动作灵活，点动给定位置与开关实际位置一致，自动调节符合产品的技术文件要求。

5.3.5 型钢：各种规格型钢应符合设计要求，并无明显锈蚀。

5.3.6 螺栓：除地脚螺栓及防震装置螺栓外，均应采用镀锌螺栓，并配相应的平垫圈和弹簧垫。

5.3.7 其他材料：蛇皮管、耐油塑料管、电焊条、防锈漆、调和漆及变压器油，均应符合设计要求，并有产品合格证。

5.4 施工工艺

5.4.1 变压器施工工艺

5.4.1.1 工艺流程

器身检查 ↓

基础验收 → 设备开箱检查 → 设备二次搬运 → 变压器就位 → 附件安装及结线 → 交接试验 → 试运前检查 → 试运行 → 交工验收

5.4.1.2 施工要点

1 基础验收：变压器就位前，要先对基础进行验收。基础的中心与标高应符合设计要求，轨距与轮距应互相吻合，具体要求如下：

(1) 轨道水平误差不应超过 5mm。

(2) 实际轨距不应小于设计轨距，误差不应超过 + 5mm。

(3) 轨面对设计标高的误差不应超过 ± 5mm。

2 设备开箱检查

(1) 设备开箱检查应由施工单位、供货方会同监理单位、建设单位代表共同进行，并做好开箱检查记录。

(2) 开箱后，按照设备清单、施工图纸及设备技术文件核对变压器规格型号应与设计相符，附件与备件齐全无损坏。

(3) 变压器外观检查无机械损伤及变形，油漆完好、无锈蚀。

(4) 油箱密封应良好，带油运输的变压器，油枕油位应正常，油液应无渗漏。

(5) 绝缘瓷件及环氧树脂铸件无损伤、缺陷及裂纹。

3 设备二次搬运

(1) 变压器二次搬运应由起重工作业，电工配合。搬运时最好采用汽车吊和汽车，如距离较短时且道路较平坦时可采用倒链吊装、卷扬机拖运、滚杠运输等。变压器重量参见表 5.4.1.2-1。

表 5.4.1.2-1 变压器及箱式变电所参考重量

型　式	序　号	容　量 (kVA)	重　量 (t)
树脂浇铸干式变压器	1	100 ~ 200	0.71 ~ 0.92
	2	250 ~ 500	1.16 ~ 1.90
	3	630 ~ 1000	2.08 ~ 2.73
	4	1250 ~ 1600	3.39 ~ 4.38
	5	2000 ~ 2500	5.14 ~ 6.30
油浸式电力变压器	1	100 ~ 180	0.6 ~ 1.0
	2	200 ~ 420	1.0 ~ 1.8
	3	500 ~ 630	2.0 ~ 2.8
	4	750 ~ 800	3.0 ~ 3.8
	5	1000 ~ 1250	3.5 ~ 4.6
	6	1600 ~ 1800	5.2 ~ 6.1

(2) 变压器吊装时，索具必须检查合格，钢丝绳必须挂在油箱的吊钩上，变压器顶盖上盘的吊环仅作吊芯检查用，严禁用此吊环吊装整台变压器。

(3) 变压器搬运时，用木箱或纸箱将高低压绝缘瓷瓶罩住进行保护，使其不受损伤。

(4) 变压器搬运过程中，不应有严重冲击或振动情况，利用机械牵引时，牵引的着力点应在变压器重心以下，以防倾斜，运输倾斜角不得超过 15°，防止内部结构变形。

(5) 用千斤顶顶升大型变压器时，应将千斤顶放置在油箱千斤顶支架部位，升降操作应协调，各点受力均匀，并及时垫好垫块。

(6) 大型变压器在搬运或装卸前，应核对高低压侧方向，以免安装时调换方向发生困难。

4 器身检查

变压器到达现场后，应按产品技术文件要求进行器身检查。

(1) 当满足下列条件之一时，可不进行器身检查。

1) 制造厂规定可不作器身检查者。

2) 就地生产仅作短途运输的变压器，且在运输过程中进行了有效的监督，无紧急制动、剧烈振动、冲撞或严重颠簸等异常情况者。

(2) 器身检查应当遵守下列规定:

1) 周围空气温度不宜低于0℃，变压器器身温度不宜低于周围空气温度。当器身温度低于周围空气温度时，应加热器身，宜使其温度高于周围空气温度10℃。

2) 当空气相对湿度小于75%时，器身暴露在空气中的时间不得超过16h。

3) 调压切换装置吊出检查、调整时，暴露在空气中的时间应符合表5.4.1.2-2规定。

表 5.4.1.2-2 调压切换装置露空时间

环境温度（℃）	>0	>0	>0	<0
空气相对湿度（%）	65	65~75	75~85	不控制
持续时间不大于（h）	24	16	10	8

4) 空气相对湿度或露空时间超过规定时，必须采取相应的可靠措施。露空时间计算规定，带油运输的变压器，由开始放油时算起；不带油运输的变压器，由揭开顶盖或打开任一堵塞算起，到开始抽真空或注油为止。

5) 器身检查时，场地四周应清洁和有防尘措施；雨雪天或雾天，不应在室外进行。

(3) 钟罩起吊前，应拆除所有与其相连的部件。

(4) 器身或钟罩起吊时，吊索与铅垂线的夹角不宜大于30°，必要时可使用控制吊梁。起吊过程中，器身与箱壁不得碰撞。

(5) 器身检查的主要项目和要求符合下列规定:

1) 运输支撑和器身各部位应无移动现象，运输用的临时防护装置及临时支撑应予拆除，并经过清点作好记录以备查。

2) 所有螺栓应紧固，并有防松措施；绝缘螺栓应无损坏，防松绑扎完好。

3) 铁芯应无变形，铁轮与夹件间的绝缘垫应良好。铁芯应无多点接地。铁芯外引接地的变压器，拆开接地线后铁芯对地绝缘应良好。拆开夹件与铁轮接地片后，铁轮螺杆与铁芯、铁轮与夹件、螺杆与夹件间的绝缘应良好。当铁轮采用钢带绑扎时，钢带对铁轮的绝缘应良好。拆开铁芯屏蔽接地引线，检查屏蔽绝缘应良好。拆开夹件与线圈压板的连线，检查压钉绝缘应良好。铁芯拉板及铁轮拉带应紧固，绝缘良好（无法拆开铁芯的可不检查）。

4) 绕组绝缘层应完整，无缺损、变位现象；各绕组应排列整齐，间隙均匀，油路无堵塞；绕组的压钉应紧固，防松螺母应锁紧。

5）绝缘围屏绑扎牢固，围屏上所的线圈引出处的封闭应良好。

6）引出线绝缘包扎紧固，无破损、折弯现象。引出线绝缘距离应合格，固定牢靠，其固定支架应紧固。引出线的裸露部分应无毛刺或尖角，且焊接应良好；引出线与套管的连接应牢靠，接线正确。

7）无励磁调压切换装置各分接点与线圈的连接应紧固正确；各分接头应清洁，且接触紧密，引力良好；所有接触到的部分，用规格为 0.05mm × 10mm 塞尺检查，应塞不进去，转动接点应正确地停留在各个位置上，且与指示器所指位置一致；切换装置的拉杆、分接头凸轮、小轴、销子等应完整无损；转动盘应动作灵活，密封良好。

8）有载调压切换装置的选择开关、范围开关应接触良好，分接引线应连接正确、牢固，切换开关部分密封良好。必要时抽出切换开关芯子进行检查。

9）绝缘屏障应完好，且固定牢固，无松动现象。

10）检查强油循环管路与下轮绝缘接口部位的密封情况；

11）检查各部位应无油泥、水滴和金属屑末等杂物。

注：变压器有围屏者，可不必解除围屏，由于围屏遮蔽而不能检查的项目，可不予检查；铁芯检查时，无法拆开的可不测。

(6) 器身检查完毕后，必须用合格的变压器油进行冲洗，并清洗油箱底部，不得有遗留杂物。箱壁上的阀门应开闭灵活、指示正确。导向冷却的变压器还应检查和清理进油管接头和联箱。

(7) 运输网的定位钉应予以拆除或反装，以免造成多点接地。

5 就位

(1) 变压器就位可用汽车吊直接进行就位，由起重工操作，电工配合。可用道木搭设临时轨道，用倒链拉入设计位置。

(2) 就位时，应注意其方位和距墙尺寸应与设计要求相符，允许误差为 ± 25mm，图纸无标注时，纵向按轨道定位，横向距离不得小于 800mm，距门不得小于 1000mm，并使屋内预留吊环的垂线位于变压器中心，以便于进行吊芯检查，干式变压器图纸无注明时，安装维修最小环境距离应符合图 5.4.1.2-1 要求。

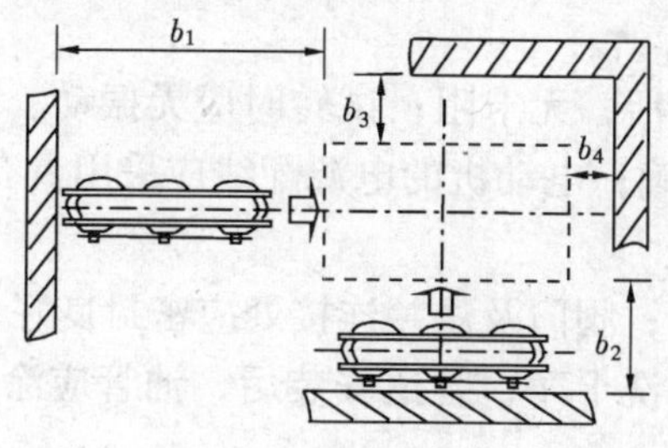

部　位	周围条件	最小距离（mm）
b_1	有导轨	2600
	无导轨	2000
b_2	有导轨	2200
	无导轨	1200
b_3	距墙	1100
b_4	距墙	600

图 5.4.1.2-1　干式变压器安装维修最小距离

(3) 变压器基础的轨道应水平，轨距与轮距应配合，装有气体继电器的变压器顶盖，沿气体继电器的气流方向有 1.0% ~ 1.5% 的升高坡度。

(4) 变压器与封闭母线连接时，其套管中心线应与封闭母线中心线相符。

(5) 变压器宽面推进时，低压侧应向外；窄面推进时，油枕侧应向外。装有开关的一侧操作方向上应留有 1200mm 以上的距离。

(6) 装有滚轮的变压器，滚轮应转动灵活，在变压器就位后，应将滚轮用能拆卸的制动装置加以固定。

(7) 油浸变压器的安装，能考虑能在带电的情况下，方便检查油枕和套管中的油位、上层油温、气体继电器等。

6 附件安装

(1) 密封处理

1) 设备的所有法兰连接处，应用耐油密封垫（圈）密封。密封垫（圈）必须无扭曲、变形、裂纹和毛刺。密封垫（圈）应与法兰面的尺寸相配合。

2) 法兰连接面应平整、清洁，密封垫应擦拭干净，安装位置应准确。其搭接处的厚度应与其原厚度相同，橡胶密封垫的压缩量不宜超过其厚度的1/3。

(2) 有载调压切换装置的安装

1) 传动部分润滑应良好（传动结构的摩擦部分应涂以适合当地气候条件的润滑脂），动作灵活，无卡阻现象；点动给定位置与开关实际位置一致，自动调节符合产品的技术文件要求。

2) 切换开关的触头及其连接线应完整无损，且接触良好，其限流电阻应完好，无断裂现象。

3) 切换装置的工作顺序应符合产品出厂技术要求；切换装置在极限位置时，其机械联锁与极限开关的电气联锁动作应正确。

4) 位置指示器应动作正常，指示正确。

5) 切换开关油箱内应清洁，油箱应做密封试验，且密封良好；注入油箱中的绝缘油，其绝缘强度应符合产品的技术要求。

(3) 冷却装置的安装

1) 冷却装置在安装前应按制造厂规定的压力值用气压或油压进行密封试验，其中散热器、强迫油循环风冷却器，持续30min应无渗漏；强迫油循环水冷却器，持续1h应无渗漏，水、油系统应分别检查渗漏。

2) 冷却装置安装前应用合格的绝缘油经净油机循环冲洗干净，并将残油排尽。冷却装置安装完毕后应即注满油。

3) 风扇电动机及叶片应安装牢固，并应转动灵活，无卡阻；试转时应无振动、过热；叶片应无扭曲变形或与风筒碰擦等情况，转向应正确；电动机的电源配线应采用具有耐油性能的绝缘导线。

4) 管路中的阀门应操作灵活，开闭位置应正确；阀门及法兰连接处应密封良好。

5) 外接油管路在安装前，应进行彻底除锈并清洗干净；管道安装后，油管应涂黄漆，水管应涂黑漆，并设有流向标志。

6) 油泵转向应正确，转动时应无异常噪声、振动或过热现象；其密封应良好，无渗油或进气现象。

7) 差压继电器、流速继电器应经校验合格，且密封良好，动作可靠。

8) 水冷却装置停用时，应将水放尽。

(4) 储油柜的安装

1) 储油柜安装前，应清洗干净。

2）胶囊式储油柜中的胶囊或隔膜式储油柜中的隔膜应完整无破损；胶囊在缓慢充气胀开后检查应无漏气现象。

3）胶囊沿长度方向应与储油柜的长轴保持平行，不应扭偏；胶囊口的密封应良好，呼吸应通畅。

4）油位表动作应灵活，油位表或油标管的指示必须与储油柜的真实油位相符，不得出现假油位。油位表的信号接点位置正确，绝缘良好。

（5）升高座的安装

1）升高座安装前，应完成电流互感器的试验；电流互感器出线端子板应绝缘良好，无渗油现象。

2）安装升高座时，应使电流互感器铭牌位置面向油箱外侧，放气塞位置应在升高座最高处。电流互感器和升高座的中心应一致。

3）绝缘筒应安装牢固，其安装位置不应使变压器引出线与之相碰。

（6）套管的安装

1）套管安装前先进行检查：瓷套表面应无裂缝、伤痕，套管、法兰颈部及均压球内壁应清擦干净。套管经试验合格，充油套管无渗油现象，油位指示正常。

2）当充油管介质损失角正切值 tgδ（%）超过标准，且确认其内部绝缘受潮时，应进行干燥处理。

3）套管顶部结构的密封垫应安装正确，密封应良好，连接引线时，不应使顶部结构松扣。

4）充油套管的油标应面向外侧，套管末端应接地良好。

（7）气体继电器安装

1）气体继电器安装前应经检验整定，以检验其严密性及绝缘性能并作流速整定。油速整定范围为：管径为 80mm 者为 0.7～1.5m/s，管径为 50mm 者为 0.6～1.0m/s。

2）气体继电器应水平安装，观察窗应装在便于检查的一侧，箭头方向应指向油枕，与连通管的连接应密封良好。截油阀应位于油枕和气体继电器之间。

3）打开放气嘴，放出空气，直到有油溢出时将放气嘴关上，以免有空气使继电保护器误动作。

4）当操作电源为直流时，必须将电源正极接到水银侧的接点上，以免接点断开时产生飞弧。

5）事故喷油管的安装方位，应注意到事故排油时不致危及其他电器设备；喷油管口应换为割划有“十”字线的玻璃，以便发生故障时气流能顺利冲破玻璃。

（8）安全气道（防爆管）安装

1）安全气道安装前内壁应清拭干净，防爆隔膜应完整，其材料和规格应符合产品的技术规定，不得任意代用。

2）安全气道斜装在油箱盖上，安装倾斜方向应按制造厂规定，厂方无明显规定时，宜斜向储油柜侧。

3）防焊隔膜信号接线应正确，接触良好。

（9）干燥器（吸湿器、防潮呼吸器、空气过滤器）安装

1）检查硅胶是否失效（对浅兰色硅胶，变为浅红色即已失效；白色硅胶不加鉴定一

律进行烘烤）。如已失效，应在115~120℃温度下烘烤8h，使其复原或更新。

2）安装时必须将干燥器盖子处的橡皮垫取掉，使其畅通，并在盖子中装适量的变压器油，起滤尘作用。

3）干燥器与储气柜间管路的连接应密封良好，管道应通畅。

4）干燥器油封油位应在油面线上；但隔膜式储油柜变压器应按产品要求处理（或不到油封、或少放油，以便胶囊易于伸缩呼吸）。

（10）温度计安装

1）套管温度计安装，应直接安装在变压器上盖的预留孔内，并在孔内加以适当变压器油。刻度方向应便于检查。

2）电接点温度计安装前应进行校验，油浸变压器一次元件应安装在变压器顶盖上的温度计套筒内，并加适当变压器油；二次仪表挂在变压器一侧的预留板上。干式变压器一次元件应按厂家说明书位置安装，二次仪表安装在便于观测的变压器护网栏上。软管不得有压扁或死弯，弯曲半径不小于50mm，富余部分应盘圈并固定在温度计附近。

3）干式变压器的电阻温度计，一次元件应预埋在变压器内，二次仪表应安装值班室或操作台上，导线应符合仪表要求，并加以适当的附加电阻校验调试后方可使用。

7　变压器接线及接地

（1）变压器的一、二次接线、地线、控制导线均应符合相应各章的规定，油浸变压器附件的控制导线，应采用具有耐油性能的绝缘导线。靠近箱壁的绝缘导线，排列应整齐，并有保护措施；接线盒密封应良好。

（2）变压器一、二次引线的施工，不应使变压器的套管直接承受应力。

（3）变压器的低压侧中性点必须直接与接地装置引出的接地干线进行连接，变压器箱体、干式变压器的支架或外壳应进行接地（PE），且有标识。所有连接必须可靠，紧固件及防松零件齐全。

（4）变压器中性点的接地回路中，靠近变压器处，宜做一个可拆卸的连接点。

8　交接试验

（1）变压器的交接试验应由当地供电部门许可的有资质的试验室进行，试验标准符合现行国家标准《电气装置安装工程电气设备交接试验标准》GB50150的规定。

（2）变压器交接试验的内容：

1）测量绕组连同套管的直流电阻。

2）检查所有分接头的变压比。

3）检查变压器的三相结线组别和单相变压器引出线的极性。

4）测量绕组连同套管的绝缘电阻、吸收比或极化指数。

5）测量绕组连同套管的介质损耗角正切值 $tg\delta$。

6）测量绕组连同套管的直流泄漏电流。

7）绕组连同套管的交流耐压试验。

8）绕组连同套管的局部放电试验。

9）测量与铁芯绝缘的各紧固件及铁芯接地线引出套管对外壳的绝缘电阻。

10）非纯瓷套管的试验。

11）绝缘油试验。

12）有载调压切换装置的检查和试验。

13）额定电压下的冲击合闸试验。

14）检查相位。

15）测量噪声。

(3) 变压器电气交接试验的要求详见附录A的规定。

9　送电前的检查

变压器试运行前必须由质量监督部门检查合格，并做全面检查，确认符合试运行条件时方查投入运行。检查内容如下：

(1) 各种交接试验单据齐全，数据符合要求。

(2) 变压器应清理、擦拭干净，顶盖上无遗留杂物，本体、冷却装置及所有附件应无缺损，且不渗油。

(3) 变压器一、二次引线相位正确，绝缘良好。

(4) 接地线良好且满足设计要求。

(5) 通风设施安装完毕，工作正常，事故排油设施完好，消防设施齐备。

(6) 油浸变压器油系统油门应打开，油门指示正确，油位正常。

(7) 油浸变压器的电压切换装置及干式变压器的分接头位置放置正常电压档位。

(8) 保护装置整定值符合规定要求；操作及联动试验正常。

(9) 干式变压器护栏安装完毕。各种标志牌挂好，门窗封闭完好，门上挂锁。

10　送电试运行

(1) 变压器第一次投入时，可全压冲击合闸，冲击合闸宜由高压侧投入。

(2) 变压器应进行3～5次全压冲击合闸，无异常情况；第一次受电后，持续时间不应少于10min；励磁涌流不应引起保护装置的误动作。

(3) 油浸变压器带电后，检查油系统所有焊缝和连接面不应有渗油现象。

(4) 变压器并列运行前，应核对好相位。

(5) 变压器试运行要注意冲击电流、空载电流、一、二次电压、温度，并做好试运行记录。

(6) 变压器空载运行24h，无异常情况，方可投入负荷运行。

11　验收。

变压器开始带电起，24h后无异常情况，应办理验收手续。在验收时，应移交下列资料和文件：

(1) 设计变更书。

(2) 厂方提供的产品说明书、试验记录、合格证及安装图纸等技术文件。

(3) 安装技术记录、器身检查记录等。

(4) 变压器试验报告。

5.4.2　箱式变电所安装

5.4.2.1　工艺流程

测量定位→基础→设备就位→安装→接线→试验→验收

紧固件连接→接地线安装↑

1　测量定位

按设计施工图纸所标定位置及坐标方位、尺寸，进行测量放线确定箱式变电所安装的底盘线和中心轴线，并确定地脚螺栓的位置。

2 基础型钢安装

（1）预制加工基础型钢的型号、规格应符合设计要求。按设计尺寸进行下料和调直，做好防锈处理。根据地脚螺栓位置及孔距尺寸，进行制孔。制孔必须采用机械制孔。

（2）基础型钢架安装。按放线确定的位置、标高，中心轴线尺寸，控制准确的位置稳好型钢架，用水平尺或水准仪找平、找正。与地脚螺栓连接牢固。

（3）基础型钢与地线连接，将引进箱内的地线扁钢与型钢结构基架的两端焊牢（焊接处搭接面不得小于扁钢宽度的2倍，且不少于三面施焊）然后涂二遍防锈漆。

3 箱式变电所就位与安装

（1）就位。要确保作业场地洁清、通道畅通。将箱式变电所运至安装的位置，吊装时，应严格吊点，应充分利用吊环将吊索穿入吊环内，然后，做试吊检查受力吊索力的分布应均匀一致，确保箱体平稳、安全、准确地就位。

（2）按设计布局的顺序组合排列箱体。找正两端的箱体，然后挂通线，找准调正，使其箱体正面平顺。

（3）组合的箱体找正、找平后，应将箱与箱用镀锌螺栓连接牢固。

（4）接地。箱式变电所接地，应以每箱独立与基础型钢连接，严禁进行串联。接地干线与箱式变电所的N母线和PE母线直接连接，变电箱体、支架或外壳的接地应用带有防松装置的螺栓连接。连接均应紧固可靠，紧固件齐全。

（5）箱式变电所的基础应高于室外地坪，周围排水畅通。

（6）箱式变电所，用地脚螺栓固定的螺帽齐全，拧紧牢固，自由安放的应垫平放正。

（7）箱壳内的高、低压室均应装设照明灯具。

（8）箱体内应有防雨、防晒、防锈、防尘、防潮、防凝露的技术措施。

（9）箱式变电所安装高压或低压电度表时，必须接线相位准确，并安装在便于查看的位置。

4 接线

（1）高压接线应尽量简单，但要求既有终端变电站接线，也有适应环网供电的接线。

成套变电所各部分一般在现场进行组装和接线，通常采用下列型式的一种。适合电力系统中应用的单线系统图。

1）放射式：一回一次馈电线接一台降压变压器，其二次侧接一回或多回放射式馈电线。

2）一次选择系统和一次环形系统。每台降压变压器通过开关设备接到两个独立的一次电源上，以得到正常和备用电源。在正常电源有故障时，则将变压器换接到另一电源上。

3）二次选择系统。两台降压变压器各接一独立一次电源。每台变压器的二次侧通过合适的开关和保护装置连接各自的母线。两段母线间闭幕词设联络开关与保护装置，联络开头正常是断开的，每段母线可供接一回或多回二次放射式馈电线。

4）二次点状网络。两台降压变压器各接一独立一次电源。每台变压器二次侧通过特殊型的断路器都接到公共母线上，该断路器叫做网络保护器（Networkprotector）。网络保护器装有继电器，当逆功率流过变压器时，断路器即被断开，并在变压器二次侧电压、相角和相序恢复正常时再行重合。母线可供接一回或多回二次放射式馈电线。

5）配电网络。单台降压变压器二次侧通过做网络保护器接到母线上。网络保护器装有继电器，当变压器二次侧电压、相角、相序恢复时，断路器断开。母线可供一回或多回二次放射式馈电线，和接一回或多回联络线，与类似的成套变电站相连。

6）双回路（一个半断路器方案）系统。两台降压变压器各接一独立一次电源。每台变压器二次侧接一回放射式馈电线。这些馈电线电力断路器的馈电侧用正常断开的断路器联接在一起。

(2) 接线的接触面应连接紧密，连接螺栓或压线螺丝紧固必须牢固，与母线连接时紧固螺栓采用力矩扳手紧固。

(3) 相序排列准确、整齐、平整、美观。涂色正确。

(4) 设备接线端，母线搭接或卡子、夹板处，明设地线的接线螺栓处等两侧 10～15mm 处均不得涂刷涂料。

5　试验及验收

(1) 箱式变电所电气交接试验，变压器应按附录 A 的规定进行试验。高压开关及其母线等按附录 B 的规定进行试验。

(2) 高压开关、熔断器等与变压器组合在同一个密闭油箱内箱式变电所，其高压电气交接试验必须按随带的技术文件执行。

(3) 低压配电装置的电气交接试验。

1）对每路配电开关及保护装置核对规格、型号，必须符合设计要求。

2）测量线间和线对地间绝缘电阻值大于 0.5MΩ。当绝缘电阻值大于 10MΩ 时，用 2500V 兆欧表摇测 1min，无闪络击穿现象。当绝缘电阻值在 0.5～10MΩ 之间时，做 1000V 交流工频耐压试验，时间 1min，不击穿为合格。

5.5 成　品　保　护

5.4.1　变压器室门应加锁，未经安装单位许可，无关人员不得入内。

5.4.2　变压器就位后，其高低压瓷套管及环氧树脂铸件，应有防砸及防碰撞措施。

5.4.3　变压器器身要保持清洁干净，保护好油漆面不被碰撞和损伤；干式变压器就位后，要采取保护措施，防止铁件掉入线圈内。

5.4.4　在变压器上方作业时，操作人员不得蹬踩变压器，随身佩带工具袋，以避免工具掉下损伤变压器。在变压器上方进行电气焊作业时，应对变压器进行全方位保护，防止焊渣掉下，损伤设备。

5.4.5　安装好的电气管线及其支架应注意保护，不得碰伤。

5.4.6　未经允许不得拆卸设备部件，不得损坏设备零件和仪表。

5.6 安全、环保措施

5.6.1 安装套管和油箱顶盖上的附件以及注油、进行电气试验时，操作人员经常要攀登到变压器顶部操作，此时要随时注意脚下有无油渍，雨雪天还要注意有无雨水、冰雪，以免脚下发滑造成摔跌事故。

5.6.2 检查变压器芯部时，施工人员应站在架子上工作，架子要绑扎牢固，外侧有防护措施，并且不准超载上人，以防发生架子倾倒、断裂和失足坠落事故。

5.6.3 变压器芯部绝缘物、绝缘油和滤油纸均系可燃或易燃物，进行干燥作业和过滤绝缘油时，使用各种加热装置，要备好消防器材，慎重作业，避免失火。

5.6.4 变压器施工时固体废弃物做到工完场清，分类管理，统一回收到规定的地点存放清运。

5.6.5 废变压器油不能任意丢弃，派专人进行回收，以免造成土地和水体污染。

5.6.6 搬运变压器时，在施工场地内限制车速，在运输装卸过程中注意不让粉尘飞扬。

5.6.7 其他安全、环保措施参见第5.1.8条相关内容。

5.7 质 量 标 准

5.7.1 主控项目

5.7.1.1 变压器安装应位置正确，附件齐全，油浸变压器油位正常，无渗油现象。

检验方法：观察检查和检查安装记录。

5.7.1.2 接地装置引出的接地干线与变压器的低压侧中性点直接连接；接地干线与箱式变电所的N母线和PE母线直接连接；变压器箱体、干式变压器的支架或外壳应接地(PE)。所有连接应可靠紧固件及防松零件齐全。

检验方法：观察检查和检查接地记录。

5.7.1.3 变压器必须按本标准第3.0.11条的规定交接试验合格。

检验方法：实测和检查试验记录。

5.7.1.4 箱式变电所及落地式配电箱的基础应高于室外地坪，周围排水通畅。用地脚螺栓固定的螺帽齐全，拧紧牢固；自由安放的应垫平放正。金属箱式变电所及落地式配电箱，箱体应接地（PE）或接零（PEN）可靠，且有标识。

检验方法：观察检查和检查安装记录。

5.7.1.5 箱式变电所的交接试验，必须符合下列规定：

1 由高压成套开关柜、低压成套开关柜和变压器三个独立单元组合成的箱式变电所高压电气设备部分，按本标准第3.0.11条的规定交接试验合格。

2 高压开关、熔断器等与变压器组合在同一个密闭油箱内的箱式变电所，交接试验按产品提供的技术文件要求执行。

3 低压成套配电柜交接试验符合本标准第4.7.1.5条的规定。

检验方法：实测和检查试验记录。

5.7.2 一般项目

5.7.2.1 有载调压开关的传动部分润滑应良好，动作灵活，点动给定位置与开关实际位置一致，自动调节符合产品的技术文件要求。

检验方法：观察检查和检查安装记录。

5.7.2.2 绝缘件应无裂纹、缺损和瓷件瓷釉损坏等缺陷，外表清洁，测温仪表指示准确。

检验方法：观察检查和检查安装记录。

5.7.2.3 装有滚轮的变压器就位后，应将滚轮用能拆卸的制动部件固定。

检验方法：观察检查。

5.7.2.4 变压器应按产品技术文件要求进行检查器身，当满足下列条件之一时，可不检查器身。

1 制造厂规定不检查器身者。

2 就地生产仅做短途运输的变压器，且在运输过程中有效监督，无紧急制动、剧烈振动、冲撞或严重颠簸等异常情况者。

检验方法：查验产品技术文件。

5.7.2.5 箱式变电所内外涂层完整、无损伤，有通风口的风口防护网完好。

检验方法：观察检查。

5.7.2.6 箱式变电所的高低压柜内部接线完整、低压每个输出回路标记清晰，回路名称准确。

检验方法：观察检查和检查接线记录。

5.7.2.7 装有气体继电器的变压器顶盖，沿气体继电器的气流方向有1.0%～1.5%的升高坡度。

检验方法：实测和检查安装记录。

5.8 质 量 验 收

5.8.1 变压器和箱式变电所安装工程检验批的划分以每台变压器和箱式变电所为单位，检查数量为全检。

5.8.2 检验批的验收按本标准第3.0.25条进行组织。

5.8.3 检验批质量验收记录当地政府主管部门无统一规定时，宜采用表5.8.3“变压器、箱式变电所安装检验批质量验收记录表”。

表 5.8.3 变压器、箱式变电所安装检验批质量验收记录表
GB 50303—2002

<table>
<tr><td colspan="3">单位（子单位）工程名称</td><td colspan="3"></td></tr>
<tr><td colspan="3">分部（子分部）工程名称</td><td></td><td>验收部位</td><td></td></tr>
<tr><td>施工单位</td><td colspan="2"></td><td></td><td>项目经理</td><td></td></tr>
<tr><td>分包单位</td><td colspan="2"></td><td></td><td>分包项目经理</td><td></td></tr>
<tr><td colspan="3">施工执行标准名称及编号</td><td colspan="3"></td></tr>
<tr><td colspan="3">施工质量验收规范规定</td><td colspan="2">施工单位
检查评定记录</td><td>监理（建设）
单位验收记录</td></tr>
<tr><td rowspan="5">主控项目</td><td>1</td><td>变压器安装应位置正确，附件齐全，油浸变压器油位正常，无渗油现象</td><td colspan="2"></td><td rowspan="5"></td></tr>
<tr><td>2</td><td>接地装置引出的接地干线与变压器的低压侧中性点直接连接；接地干线与箱式变电所的N母线和PE母线直接连接；变压器箱体、干式变压器的支架或外壳应接地（PE）。所有连接应可靠紧固件及防松零件齐全</td><td colspan="2"></td></tr>
<tr><td>3</td><td>变压器必须按本标准第3.0.11条的规定交接试验合格</td><td colspan="2"></td></tr>
<tr><td>4</td><td>箱式变电所及落地式配电箱的基础应高于室外地坪，周围排水通畅。用地脚螺栓固定的螺帽齐全，拧紧牢固；自由安放的应垫平放正。金属箱式变电所及落地式配电箱，箱体应接地（PE）或接零（PEN）可靠，且有标识</td><td colspan="2"></td></tr>
<tr><td>5</td><td>箱式变电所的交接试验，必须符合：由高压成套开关柜、低压成套开关柜和变压器三个独立单元组合成的箱式变电所高压电气设备部分，按本标准3.0.11条的规定交接试验合格。高压开关、熔断器等与变压器组合在同一个密闭油箱内的箱式变电所，交接试验按产品提供的技术文件要求执行
低压成套配电柜交接试验符合本标准第4.7.1.5条的规定</td><td colspan="2"></td></tr>
<tr><td rowspan="7">一般项目</td><td>1</td><td>有载调压开关的传动部分润滑应良好，动作灵活，点动给定位置与开关实际位置一致，自动调节符合产品的技术文件要求</td><td colspan="2"></td><td rowspan="7"></td></tr>
<tr><td>2</td><td>绝缘件应无裂纹、缺损和瓷件瓷釉损坏等缺陷，外表清洁，测温仪表指示准确</td><td colspan="2"></td></tr>
<tr><td>3</td><td>装有滚轮的变压器就位后，应将滚轮用能拆卸的制动部件固定</td><td colspan="2"></td></tr>
<tr><td>4</td><td>变压器应按产品技术文件要求进行检查器身，当满足下列条件之一时，可不检查器身。制造厂规定不检查器身者。就地生产仅做短途运输的变压器，且在运输过程中有效监督，无紧急制动、剧烈振动、冲撞或严重颠簸等异常情况者</td><td colspan="2"></td></tr>
<tr><td>5</td><td>箱式变电所内外涂层完整、无损伤，有通风口的风口防护网完好</td><td colspan="2"></td></tr>
<tr><td>6</td><td>箱式变电所的高低压柜内部接线完整、低压每个输出回路标记清晰，回路名称准确</td><td colspan="2"></td></tr>
<tr><td>7</td><td>装有气体继电器的变压器顶盖，沿气体继电器的气流方向有1.0%～1.5%的升高坡度</td><td colspan="2"></td></tr>
<tr><td colspan="2" rowspan="2">施工单位
检查评定结果</td><td>专业工长（施工员）</td><td></td><td>施工班组长</td><td></td></tr>
<tr><td colspan="4">项目专业质量检查员：　　　　　　　　　　年　月　日</td></tr>
<tr><td colspan="2">监理（建设）
单位验收结论</td><td colspan="4">监理工程师（建设单位项目专业技术负责人）：　　　　年　月　日</td></tr>
</table>

6 成套配电柜、控制柜（屏、台）和动力、照明配电箱（盘）安装

6.1 一 般 规 定

6.1.1 盘、柜装置及二次回路结线的安装工程应按已批准的设计进行施工。

6.1.2 高低压成套配电柜、蓄电池柜、不间断电源柜、控制柜（屏、台）及动力、照明配电箱（盘）应符合下列规定：

1 查验合格证和随带技术文件，实行生产许可证和安全认证制度的产品，有许可证编号和安全认证标志。不间断电源柜有出厂试验记录；

2 外观检查：有铭牌，柜内元器件无损坏、接线无脱落脱焊，蓄电池柜内电池壳体无碎裂、漏液，充油、充气设备无泄漏，涂层完整，无明显碰撞凹陷。

6.1.3 成套配电柜、控制柜（屏、台）和动力、照明配电箱（盘）安装应按以下程序进行：

1 埋设的基础型钢和柜、屏、台下的电缆沟等相关建筑物检查合格，才能安装柜、屏、台；

2 室内外落地动力配电箱的基础验收合格，且对埋入基础的电线导管、电缆导管进行检查，才能安装箱体；

3 墙上明装的动力、照明配电箱（盘）的预埋件（金属埋件、螺栓），在抹灰前预留和预埋；暗装的动力、照明配电箱的预留孔和动力、照明配线的线盒及电线导管等，经检查确认到位，才能安装配电箱（盘）；

4 接地（PE）或接零（PEN）连接完成后，核对柜、屏、台、箱、盘内的元件规格、型号，且交接试验合格，才能投入试运行。

6.1.4 设备安装用的紧固件，除地脚螺栓外，应用镀锌制品，并宜采用标准件。

6.1.5 二次回路接线施工完毕在测试绝缘时，应有防止弱电设备损坏的安全技术措施。

6.2 施 工 准 备

6.2.1 技术准备

6.2.1.1 进行图纸会审，复核安装方式是否符合现行国家规范的要求。

6.2.1.2 复核预埋件及预留孔，位置是否正确，标高尺寸是否符合要求。

6.2.1.3 施工前编制施工方案并进行技术交底，并报相应主管部门审批。

6.2.2 材料准备

成套配电柜、控制柜、控制屏、控制台、动力配电箱、照明配电箱（盘）、型钢、镀锌螺丝、螺母、地脚螺栓、防锈漆、调和漆、绝缘胶垫等。

6.2.3 主要机具

6.2.3.1 安装机具：螺丝刀、冲击电钻、电工用梯、圆头锤、电工刀、钢手锯、扳手、钢丝钳、手电钻、丝锥、圆板牙、电焊机、整形锉、钳工锉、套筒扳手；

6.2.3.2 测量工具：摇表、钢卷尺、钳形电流表、塞尺、磁力线坠。

6.2.4 作业条件

6.2.4.1 必须具有全套正式施工图纸（包括施工说明）和有关施工规程、规范、标准和标准图册等；

6.2.4.2 经过设计技术交底，编制了施工方案并且已经由上级审批；

6.2.4.3 与盘、柜安装有关的建筑物、构筑物的土建工程质量应符合国家现行的建筑工程施工及验收规范中的规定；

6.2.4.4 土建工作应具备下列条件：

1 屋顶、楼板施工完毕，不得有渗漏；

2 室内地坪工程结束；

3 预埋件及预留孔符合设计要求，预埋件应牢固；

4 门窗安装完毕；

5 凡进行装饰工作时有可能损坏已安装设备，或设备安装后不能再进行施工的装饰工作全部结束。

6.3 材料质量控制

6.3.1 盘、柜等在搬运和安装时应采取防震、防潮、防止框架变形和漆面受损等安全措施，必要时可将装置性设备和易损元件拆下单独包装运输。当产品有特殊要求时，尚应符合产品技术文件的规定；

6.3.2 盘、柜应存放在室内或能避雨、雪、风、沙的干燥场所。对有特殊保管要求的装置性设备和电气元件，应按规定保管；

6.3.3 采用的设备和器材，必须是符合国家现行技术标准的合格产品，并有合格证件。设备应有铭牌；

6.3.4 设备和器材到达现场后，应在规定期限内作验收检查，并应符合下列要求：

1 包装及密封良好；

2 型号、规格符合设计要求，设备无损伤，附件、备件齐全；

3 产品的技术文件齐全；

4 外观检查合格。

6.3.5 低压配电柜进场的技术要求：

1 低压配电柜骨架中所有钢网采用菱形网眼，其网眼边长不得大于20mm，网丝直径不应小于1.2mm。

2 所有紧固件包括螺钉、螺帽、垫圈等均应有防腐层。

3 低压配电柜的门应有内锁或暗门，并应转动灵活。开启角度不得小于90°，但不宜过大。门在开启过程中不应使电器受到冲击或破坏。

4 低压配电柜内零件的边缘和开孔处应平整光滑，无毛刺及裂口。

5　为保修安全，低压柜骨架应具有接地装置。骨架涂漆前，接地装置的螺栓螺纹应涂上油脂，并不应沾漆或有黄锈。接地装置应有明显的接地标法。

6　所有电器及附件（如附加电阻等）均应牢固地固定在骨架或支件上，不得悬吊在其他电器的接线端子上或连接线上。

7　母线连接严密，接触良好，配置整齐美观，不同金属母线或母线与电器端子连接时，在结构上应采取防止电化腐蚀的措施。并保证铝母线连接受压后不致变形。

8　低压柜内的一次回路电器设备及母线与其他带电导体布置的最小距离，不应小于表 6.3.5 的规定。

表 6.3.5　一次设备及母线与其他带电体间的最小距离（mm）

类　　别	电气间隙	漏电距离
交直流低压配电柜、电容器屏、动力箱	12	20
照　明　箱	10	15

9　二次回路带电体间或带电体与金属骨架间的电气间隙不应小于 4mm，漏电距离不应小于 6mm。

10　二次配线应采用截面不小于 $1.5mm^2$ 的铜芯绝缘线，导线的耐压等级应按工作电压不低于 500V 来选择；在经常受到弯曲的地方（如门上电器与屏间的联线），则应使用多芯软绝缘线；二次配线的线束，不应直接靠铁板敷设；

11　绝缘导线穿过金属板孔，应在板孔上装绝缘套。

6.4　施　工　工　艺

6.4.1　工艺流程

测量定位→基础型钢安装→柜（盘、箱）就位→母线安装→回路接线→调试→送电运行验收

6.4.2　施工要点

6.4.2.1　盘、柜的安装

1　成套盘柜安装工序常分为：基础型钢配料、基础型钢制作埋设、盘柜搬运检查、找正固定、接线调整；

2　按施工图选用型钢，如无规定可选用 8 号～10 号槽钢，槽钢可平放及竖放，型钢应先调直和除锈，按图下料。

3　盘柜在室内的位置必须按施工图规定，作业人员不得任意改更；

4　应与土建部门密切配合，核对各种预留孔、预留沟及预埋件的位置、数量、尺寸等，以免差错；

5　基础型钢的安装允许偏差：水平度和不直度每米均不得超过 1mm，全长不得超过 5mm；

6　基础型钢安装后，其顶部应高出抹平地面 10mm；手车式配电柜基础应与最后地面齐平；基础型钢应有明显的可靠接地，接地点不得少于两点；

7　盘柜成排安装按下列要求进行：

(1) 在距柜顶和柜底各 200mm 处，拉两根基准线。

(2) 将盘柜按图纸规定的顺序比照基准就位，精确调整一个盘柜，再逐个调整其他盘柜。

(3) 调整至盘面一致，排列整齐，其水平误差不得大于 1/1000，全长不得大于 5mm。垂直误差不得大于 1.5/1000，盘与盘之间无明显缝隙，最大不得超过 2mm。

(4) 模拟母线应对齐，其误差不应超过视差范围，并应完整，安装牢固。

8 盘、柜及盘、柜内设备与各构件间连接应牢固。主控制盘、继电保护盘和自动装置盘等不宜与基础型钢焊死；

9 在有振动场所的盘柜应采取下列防震措施：

(1) 可在盘柜与基础型钢之间垫厚 10mm 的胶皮垫，其长度应与盘柜长度一致，宽度不小于基础型钢；

(2) 盘柜与基础型钢的连接采用螺栓或压板连接；

10 盘、柜、台、箱的接地应牢固可靠，装有电器的活动盘、柜门，应以裸铜软线与接地的金属构架可靠接地。

11 各种安装支架和柜体必须采用螺栓连接。不得将支架直接焊在柜体上。

12 成套柜的安装应符合下列要求：

(1) 机械闭锁、电气闭锁应动作准确、可靠；

(2) 动触头与静触头的中心线一致，触头接触紧密；

(3) 二次回路辅助开关的切换接点应动作准确，接触可靠；

(4) 柜内照明齐全。

13 盘、柜的漆层应完整，无损伤，固定电器的支架应刷漆，安装于同一室内且经常监视的盘、柜，其盘面颜色宜和谐一致。

14 手车式柜的安装尚应符合下列要求：

(1) 检查防止电气误操作的“五防”装置齐全，并动作灵活可靠；

(2) 手车推拉应灵活轻便，无卡阻、碰撞现象，相同型号的手车应能互换；

(3) 手车推入工作位置后，动触头顶部与静触头底部的间隙应符合产品要求；

(4) 手车和柜体间的二次回路连接插件应接触良好；

(5) 安全隔离板应开启灵活，随手车的进出而相应动作；

(6) 柜内控制电缆的位置不应妨碍手车的进出，并应牢固；

(7) 手车与柜体间的接地触头应接触紧密，当手车推入柜内时，其接地触头应比主触头先接触，拉出时接地触头比主触头后断开。

15 抽屉式配电柜的安装尚应符合下列要求：

(1) 抽屉推拉应灵活轻便，无卡阻、碰撞现象，抽屉应能互换；

(2) 抽屉的机械联锁或电气联锁装置应动作正确可靠，断路器分闸后，隔离触头才能分开；

(3) 抽屉与柜体间的二次回路连接插件应接触良好；

(4) 抽屉与柜体间的接触及柜体、框架的接地应良好。

6.4.2.2 盘、柜上的电器安装

1 盘柜就位后，应按设计图进一步检查盘上元件的型号、规格及各种元件的端子编

号及标志。

2 仪表、继电器等元件的密封垫、铅封、漆封和附件应完整。

3 元件的固定应稳固端正，安装在盘上的各元件应能自由拆装，而不影响其他相邻元件和线束。

4 盘、柜上的仪表等元件应用螺栓固定，不得将它们直接焊在盘、柜壁上。

5 仪表及继电器，均应经过校验后方能安装，测量仪表应将额定值标明在刻度盘上。

6 仪表之间水平及垂直间距不应小于20mm，固定仪表时，受力应均匀，以免影响仪表精度，较重的仪表安装，应在盘后另设支架支托。

7 控制开关安装时，应先检查各不同位置时触点闭合情况与展开图相符，各触点应接触良好，安装应横平、竖直，固定牢靠。

8 电阻器应安装在盘柜上部，应使冷却空气能在其周围流动并应在其接线端子30mm以内的一段芯线上套上小瓷管。

9 信号灯、光字牌等信号元件安装前应进行外观检查及试亮，并检查灯罩颜色及附加电阻应与设计相符，单独提供的附加电阻应用小支架固定，不得悬吊在灯头接线螺丝上。

10 光字牌里层的光玻璃上应用黑漆按设计图正楷书写相应标题，不应用写好字的纸条镶入两层玻璃中，以免烧焦。

11 电器的安装尚应符合下列要求：

（1）发热元件宜安装在散热良好的地方；两个发热元件之间的连线应采用耐热导线或裸铜线套瓷管；

（2）熔断器的熔体规格、自动开关的整定值应符合设计要求；

（3）切换压板应接触良好，相邻压板间应有足够安全距离，切换时不应碰及相邻的压板；对于一端带电的切换压板，应使在压板断开情况下，活动端不带电；

（4）信号回路的信号灯、光字牌、电铃、电笛、事故电钟等应显示准确，工作可靠；

（5）盘上装有装置性设备或其他有接地要求的电器，其外壳应可靠接地；

（6）带有照明的封闭式盘、柜应保证照明完好。

12 端子排的安装应符合下列要求：

（1）端子排应无损坏，固定牢固，绝缘良好；

（2）端子排应有序号，垂直布置的端子排最底下一个端子，及水平布置的最下一排端子离地宜大于350mm，端子排并列时彼此间隔不应小于150mm；

（3）回路电压超过400V，端子板应有足够的绝缘并涂以红色标志；

（4）强、弱电端子宜分开布置；当有困难时，应有明显标志并设空端子隔开或设加强绝缘的隔板；

（5）正、负电源之间以及经常带电的正电源与合闸或跳闸回路之间，宜以一个空端子隔开；

（6）电流回路应经过试验端子，其他需断开的回路宜经特殊端子或试验端子，试验端子应接触良好；

（7）潮湿环境宜采用防潮端子；

（8）接线端子应与导线截面匹配，不应使用小端子配大截面导线。

13　二次回路的连接件应采用铜质制品，绝缘件应采用自熄性阻燃材料。

14　盘柜的正面及背面各电器、端子牌等应标明编号、名称、用途及操作位置，其标明的字迹应清晰、工整，且不宜脱色。

15　盘、柜上的小母线应采用直径不小于6mm的铜棒或铜管，小母线两侧应有标明其代号或名称的绝缘标志牌，字迹应清晰、工整，且不宜脱色。

16　二次回路的电气间隙和爬电距离应符合下列要求：

（1）盘、柜内两导体间，导电体与裸露的不带电的导体间，应符合表6.4.2.2的要求；

表6.4.2.2　允许最小电气间隙及爬电距离（mm）

额定电压（V）	电气间隙		爬电距离	
	额定工作电流		额定工作电流	
	≤63A	>63A	≤63A	>63A
$V \leqslant 60$	3.0	5.0	3.0	5.0
$60 < V \leqslant 300$	5.0	6.0	6.0	8.0
$300 < V \leqslant 500$	8.0	10.0	10.0	12.0

（2）屏顶上小母线不同相或不同极的裸露载流部分之间，裸露载流部分与未经绝缘的金属体之间，电气间隙不得小于12mm；爬电距离不得小于20mm。

6.4.2.3　二次回路结线

1　盘内配线应按施工图规定，接线正确、整齐美观，绝缘良好，连接牢固；且不得有中间接头；若无明确规定，可选用铜芯电线或电缆，导线回路截面应符合如下要求：

（1）电流回路导线截面不小于2.5mm²。

（2）电压、控制、保护、信号等回路不小于1.5mm²。

（3）对电子元件回路、弱电回路采用锡焊连接时，在满足载流量和电压降及有足够的机械强度的情况下，可采用不小于0.5mm²截面的绝缘导线。

（4）多油设备的二次接线不得采用橡皮线，应采用塑料绝缘线。

（5）接到活动门、板上的二次配线必须采用2.5mm²以上的绝缘软线，并在转动轴线附近两端留出余量后卡固，结束应有外套塑料管等加强绝缘层。与电器连接时，端部应绞紧，并应加终端附件或搪锡，不得松散、断股。

（6）应使用剥线钳剥线，绝缘导线的剥切长度见表6.4.2.3。

（7）在剥掉绝缘层的导线端部套上标志管，导线顺时针方向弯成内径比端子接线螺钉外径大0.5~1mm的圆圈；多股导线应先拧紧、挂锡、煨圈，并卡入梅花垫，或采用压接线鼻子，禁止直接插入。

表6.4.2.3　绝缘导线的剥切长度（mm）

端子螺丝直径	3	4	5	6	8
剥线长度	15	18	21	24	28

(8) 线头弯曲方向应与拧紧螺钉一致，导线与螺钉之间须使用垫圈（片）。

(9) 插接式接线端子，不同截面的两根导线不得接在同一端子上。对于螺栓连接端子，当接两根导线时，中间应加平垫片。导线端部剥切长度为插接端子的1/2，不应将导线绝缘层插入，以免造成接触不良。也不应插入过少，以致掉落。每个接线端子的一端，接线不得超过2根。

(10) 二次回路接地应设专用螺栓。

2 引入盘柜内的电缆及芯线应符合下列要求：

(1) 引入盘柜内的电缆应排列整齐，编号清晰，避免交叉，并应固定牢固，不得使所接端子排受到机械应力；

(2) 铠装电缆在进入盘、柜后，应将钢带切断，切断处的端部应扎紧，并应将钢带接地；

(3) 使用静态保护、控制等逻辑回路的控制电缆，应采用屏蔽电缆，其屏蔽层应按设计要求的接地方式予以接地；

(4) 橡胶绝缘的芯线应用外套绝缘管保护；

(5) 盘柜内的电缆芯线，应按垂直或水平有规律地配置，不得任意歪斜交叉连接，备用芯线长度应留有适当余量；

(6) 强、弱电回路不应使用同一根电缆，并应分别成束分开排列。

3 直流回路中具有水银接点的电器，电源正极应接到水银侧接点的一端。

4 在油污环境，应采用耐油的绝缘导线，在日光直射环境，橡胶或塑料绝缘导线应采取防护措施。

6.5 成品保护

6.5.1 安装过程中，要注意对已完工项目及设备配件的成品保护，防止磕碰摔砸，未经批准不得随意拆卸，不应拆卸的设备零件及仪表等防止损坏，不得利用开关柜支撑脚手架。

6.5.2 要把安装过程和土建工程作为一个整体来对待，在安装过程中，要注意保护建筑物的墙面、地面、顶板、门窗及油漆、装饰等防止碰坏，剔槽、打眼尽量缩小破损面。

6.6 安全、环保措施

6.6.1 吊装作业时，索具、机具必须先经过检查，不合格者不得使用。

6.6.2 用火碱溶液清洗铝母线时，要小心操作，防止火碱溶液溅到眼睛或皮肤上。一旦溅上，立即用大量清水冲洗，然后视情况送医院治疗。

6.6.3 试运行的防护用品未准备好时，不得进行试运行。试运过程中必须严格服从指挥，按试运行方案操作，操作及监护人员不得随意改变操作指令。

6.6.4 柜、盘及其支架接地支线，需防腐的部分刷漆时，不得污染设备和建筑物。

6.6.5 盘、柜上的仪表等元件所使用的螺栓不得任意堆放，应放置有序。

6.7 质 量 标 准

6.7.1 主控项目

6.7.1.1 柜、屏、台、箱、盘的金属框架及基础型钢必须接地（PE）或接零（PEN）可靠。装有电器的可开启门，门和框架的接地端子应用裸编织铜线连接，且有标识。

检验方法：观察检查和检查接地记录。

6.7.1.2 低压成套配电柜、控制柜（屏、台）和动力、照明配电箱（盘）应有可靠的电击保护。柜（屏、台、箱、盘）内保护导体应有裸露的连接外部保护导体的端子，当设计无要求时，柜（屏、台、箱、盘）内保护导体最小截面积 S_P 不应小于表 6.7.1.2 的规定。

表 6.7.1.2 保护导体的截面积

相线的截面积 S（mm^2）	相应保护导体的最小截面积 S_P（mm^2）	相线的截面积 S（mm^2）	相应保护导体的最小截面积 S_P（mm^2）
$S \leqslant 16$ $16 < S \leqslant 35$ $35 < S \leqslant 400$	S 16 $S/2$	$400 < S \leqslant 800$ $S > 800$	200 $S/4$
注：S 指柜（屏、台、箱、盘）电源进线截面积，且两者（S、S_P）材质相同。			

检验方法：做电击试验和实测。

6.7.1.3 手车、抽出式成套配电柜推拉应灵活，无卡阻碰撞现象。动触头与静触头的中心线一致，且触头接触紧密。投入时，接地触头先与主触头接触；退出时，接地触头后与主触头脱开。

检验方法：观察检查。

6.7.1.4 高压成套配电柜必须符合本标准第 3.0.11 条的规定交接试验合格，且应符合下列规定：

1 继电保护元器件、逻辑元件、变送器和控制用计算机等单体校验合格，整体组试验动作正确，整定参数符合设计要求；

2 凡经法定程序批准，进入市场投入使用的新高压电气设备和继电保护装置，按产品技术文件要求交接试验。

检验方法：检查试验调整记录。

6.7.1.5 低压成套配电柜交接试验，必须符合本标准第 4.7.1.5 条的规定。

检验方法：检查试验调整记录。

6.7.1.6 柜、屏、台、箱、盘间线路的线间和线对地间绝缘电阻值，馈电线路必须大于 0.5MΩ；二次回路必须大于 1MΩ。

检验方法：实测和检查接地记录。

6.7.1.7 柜、屏、台、箱、盘间二次回路交流工频耐压试验。当绝缘电阻值大于 10MΩ 时，用 2500V 兆欧表摇测 1min，应无击穿闪络现象；当绝缘电阻值在 1～10MΩ 时，做 1000V 交流工频耐压试验，时间为 1min，应无击穿闪络现象。

检验方法：检查试验调整记录。

6.7.1.8 直流屏试验，应将屏内电子器件从线路上退出，检测主回路线间和线对地间绝缘电阻值大于0.5MΩ，直流屏所附蓄电池组的充、放电应符合产品技术文件要求；整流器的控制调整和输出特性试验应符合产品技术文件要求。

检验方法：检查试验调整记录。

6.7.1.9 照明配电箱（盘）安装应符合下列规定：

1 箱(盘)内配线整齐,无绞接现象。导线连接紧密,不伤芯丝,不断股。垫圈下螺丝两侧压的导线截面积相同,同一端子上导线连接不多于2根,防松动垫圈等零件齐全。

2 箱（盘）内开关动作灵活可靠，带有漏电保护的回路，漏电保护装置动作电流不大于30mA，动作时间不大于0.1s。

3 照明箱（盘）内，分别设置零线（N）和保护地线（PE线）汇流排，零线和保护地线由汇流排配出。

检验方法：观察检查和检查安装记录。

6.7.2 一般项目

6.7.2.1 基础型钢安装应符合表6.7.2.1的规定。

表6.7.2.1 基础型钢安装允许偏差

项　目	允许偏差	
	(mm/m)	(mm/全长)
不直度	1	5
水平度	1	5
不平行度	/	5

检验方法：实测和检查安装记录。

6.7.2.2 柜、屏、台、箱、盘相互间或基础型钢应用镀锌螺栓连接，且防松动零件齐全。

检验方法：观察检查。

6.7.2.3 柜、屏、台、箱、盘安装垂直度允许偏差为1.5‰，相互间接缝不应大于2mm。成列盘面偏差不应大于5mm。

检验方法：实测和检查安装记录。

6.7.2.4 柜、屏、台、箱、盘内检查试验应符合下列规定：

1 控制开关及保护装置的规格、型号符合设计要求；

2 闭锁装置动作准确、可靠；

3 辅助开关切换动作与主开关动作一致；

4 柜、屏、台、箱、盘上的铭牌应标明被控设备编号及名称或操作位置，接线端子有编号，且清晰、工整、不易脱色；

5 48V及以下回路可不做交流工频耐压试验，回路中的电子元件不需做交流工频耐压试验。

检验方法：检查试验调整记录。

6.7.2.5 低压电器组合应符合下列规定：

1 发热元件安装在散热良好的位置；

2 熔断器的熔体规格、自动开关的整定值符合设计要求；

3 切换压板接触良好，相邻压板间有安全距离，切换时，不触及相邻的压板；

4 信号回路的信号灯、按钮、光字牌、电铃、电笛、事故电钟等动作和信号显示准确；

5 外壳须接地（PE）或接零（PEN）的，连接可靠；

6 端子排安装牢固，端子有序号，强电、弱电端子隔离布置，端子规格与芯线截面积大小适配。

检验方法：观察检查。

6.7.2.6 柜、屏、台、箱、盘间配线；电流回路应采用额定电压不低于750V、芯线截面积不小于2.5mm^{2}的铜芯绝缘电线或电缆。除电子元件回路或类似回路外，其他回路的电线应采用额定电压不低于750V、芯线截面不小于1.5mm^{2}的铜芯绝缘电线或电缆。

二次回路连线应成束绑扎，不同电压等级、交流、直流线路及计算机控制线路应分别绑扎，且有标识；固定后不应妨碍手车开关或抽出式部件的拉出或推入。

检验方法：观察检查。

6.7.2.7 连接柜、屏、台、箱、盘面板上的电器及控制台、板等可动部位的电线应符合下列规定：

1 采用多股铜芯软电线，敷设长度留有适当裕量；

2 线束有外套塑料管等加强绝缘保护层；

3 与电器连接时，端部绞紧，且有不开口的终端端子或搪锡，不松散、断股；

4 可转动部位的两端用卡子固定。

检验方法：观察检查。

6.7.2.8 照明配电箱（盘）安装应符合下列规定：

1 位置正确，部件齐全，箱体开孔与导管管径适配，暗装配电箱箱盖紧贴墙面，箱（盘）涂层完整；

2 箱（盘）内接线整齐，回路编号齐全，标识正确；

3 箱（盘）不得采用可燃材料制作；

4 箱（盘）安装牢固，垂直度允许偏差为1.5‰，距地面宜为1.5m，照明配电板底边距地面宜不小于1.8m。

检验方法：观察检查和实测。

6.8 质 量 验 收

6.8.1 成套配电柜、控制柜（屏、台）和动力、照明配电箱（盘）安装分项工程的施工质量验收应按每台柜（箱、盘）安装做为检验批。

6.8.2 检验批的抽查数量：单独安装的抽查5台，成排安装的抽查1～3排。不足5台的全数检查。

6.8.3 检验批的验收按本标准第3.0.25条进行组织。

6.8.4 检验批质量验收记录当地政府主管部门无统一规定时，宜采用表6.8.4-1“成套配电柜、控制柜（屏、台）和动力、照明配电箱（盘）安装检验批质量验收记录表（Ⅰ）高压开关柜”、表6.8.4-2“成套配电柜、控制柜（屏、台）和动力、照明配电箱（盘）安装检验批质量验收记录表（Ⅱ）低压成套柜（屏、台）”、表6.8.4-3“成套配电柜、控制柜（屏、台）和动力、照明配电箱（盘）安装检验批质量验收记录表（Ⅲ）照明配电箱（盘）”。

表 6.8.4-1 成套配电柜、控制柜（屏、台）和动力、照明配电箱（盘）安装检验批质量验收记录表

GB 50303—2002

（Ⅰ）高压开关柜

单位（子单位）工程名称			
分部（子分部）工程名称		验收部位	
施工单位		项目经理	
分包单位		分包项目经理	
施工执行标准名称及编号			

		施工质量验收规范规定		施工单位检查评定记录	监理（建设）单位验收记录
主控项目	1	柜、屏、台、箱、盘的金属框架及基础型钢必须接地（PE）或接零（PEN）可靠；装有电器的可开启门，门和框架的接地端子应用裸编织铜线连接，且有标识			
	2	手车、抽出式成套配电柜推拉应灵活，无卡阻碰撞现象。动触头与静触头的中心线一致，且触头接触紧密，投入时，接地触头先于主触头接触；退出时，接地触头后于主触头脱开			
	3	高压成套配电柜必须符合本标准第 3.0.11 条的规定交接试验合格，且应符合：继电保护元器件、逻辑元件、变送器和控制用计算机等单体校验合格，整体组试验动作正确，整定参数符合设计要求；凡经法定程序批准，进入市场投入使用的新高压电气设备和继电保护装置，按产品技术文件要求交接试验			
	4	柜、屏、台、箱、盘间线路的线间和线对地间绝缘电阻值，馈电线路必须大于 0.5MΩ；二次回路必须大于 1MΩ			
	5	柜、屏、台、箱、盘间二次回路交流工频耐压试验，当绝缘电阻值大于 10MΩ 时，用 2500V 兆欧表摇测 1min，应无击穿闪络现象；当绝缘电阻值在 1～10MΩ 时，做 1000V 交流工频耐压试验，时间为 1min，应无击穿闪络现象			
一般项目	1	柜、屏、台、箱、盘相互间或基础型钢应用镀锌螺栓连接，且防松零件齐全			
	2	柜、屏、台、箱、盘安装垂直度允许偏差为 1.5‰，相互间接缝不应大于 2mm。成列盘面偏差不应大于 5mm			
	3	柜、屏、台、箱、盘内检查试验应符合：控制开关及保护装置的规格、型号符合设计要求；闭锁装置动作准确、可靠；辅助开关切换动作与主开关动作一致；柜、屏、台、箱、盘上的铭牌应标明被控设备编号及名称，或操作位置，接线端子有编号，且清晰、工整、不易脱色。48V 及以下回路可不做交流工频耐压试验。回路中的电子元件不需做交流工频耐压试验			
	4	低压电器组合应符合：发热元件安装在散热良好的位置；熔断器的熔体规格、自动开关的整定值符合设计要求；切换压板接触良好，相邻压板间有安全距离，切换时，不触及相邻的压板；信号回路的信号灯、按钮、光字牌、电铃、电笛、事故电钟等动作和信号显示准确；外壳须接地（PE）或接零（PEN）的，连接可靠；端子排安装牢固，端子有序号，强电、弱电端子隔离布置，端子规格与芯线截面积大小适配			
	5	连接柜、屏、台、箱、盘面板上的电器及控制台、板等可动部位的电线应符合：采用多股铜芯软电线，敷设长度留有适当裕量；线束有外套塑料管等加强绝缘保护层；与电器连接时，端部绞紧，且有不开口的终端端子或搪锡，不松散、断股；可转动部位的两端用卡子固定			
	6	基础型钢安装允许偏差 不直度（mm/m）	≤1		
		基础型钢安装允许偏差 水平度（mm/全长）	≤5		
		基础型钢安装允许偏差 不平行度（mm/全长）	≤5		
	7	柜、盘等垂直度允许偏差	≤1.5‰		

施工单位检查评定结果	专业工长（施工员）	施工班组长
	项目专业质量检查员：	年 月 日
监理（建设）单位验收结论	监理工程师（建设单位项目专业技术负责人）：	年 月 日

表 6.8.4-2 成套配电柜、控制柜（屏、台）和动力、照明配电箱（盘）安装检验批质量验收记录表

GB 50303—2002

（Ⅱ）低压成套柜（屏、台）

单位（子单位）工程名称					
分部（子分部）工程名称			验收部位		
施工单位			项目经理		
分包单位			分包项目经理		
施工执行标准名称及编号					
施工质量验收规范规定				施工单位检查评定记录	监理（建设）单位验收记录
主控项目	1	柜、屏、台、箱、盘的金属框架及基础型钢必须接地（PE）或接零（PEN）可靠；装有电器的可开启门，门和框架的接地端子应用裸编织铜线连接，且有标识			
	2	电击保护和保护导体的截面积	第 6.7.1.2 条		
	3	手车、抽出式成套配电柜推拉应灵活，无卡阻碰撞现象。动触头与静触头的中心线一致，且触头接触紧密，投入时，接地触头先于主触头接触；退出时，接地触头后于主触头脱开			
	4	成套配电柜的交接试验	第 6.7.1.5 条		
	5	柜、屏、台、箱、盘间线路的线间和线对地间绝缘电阻值，馈电线路必须大于 0.5MΩ；二次回路必须大于 1MΩ			
	6	柜、屏、台、箱、盘间二次回路交流工频耐压试验，当绝缘电阻值大于 10MΩ 时，用 2500V 兆欧表摇测 1min，应无击穿闪络现象；当绝缘电阻值在 1～10MΩ 时，做 1000V 交流工频耐压试验，时间为 1min，应无击穿闪络现象			
	7	直流屏试验，应将屏内电子器件从线路上退出，检测主回路线间和线对地间绝缘电阻值大于 0.5MΩ，直流屏所附蓄电池组的充、放电应符合产品技术文件要求；整流器的控制调整和输出特性试验应符合产品技术文件要求			
一般项目	1	柜、屏、台、箱、盘相互间或基础型钢应用镀锌螺栓连接，且防松零件齐全			
	2	柜、屏、台、箱、盘安装垂直度允许偏差为 1.5‰，相互间接缝不应大于 2mm。成列盘面偏差不应大于 5mm			
	3	柜（屏、盘、台等）内部检查试验	第 6.7.2.4 条		
	4	低压电器组合	第 6.7.2.5 条		
	5	柜（屏、盘、台等）间配线	第 6.7.2.6 条		
	6	柜（台）与其面板间可动位的配线	第 6.7.2.7 条		
	7	型钢安装允许偏差 不直度（mm/m）	≤1		
		型钢安装允许偏差 水平度（mm/全长）	≤5		
		型钢安装允许偏差 不平行度（mm/全长）	≤5		
	8	垂直度允许偏差	≤1.5‰		
施工单位检查评定结果	专业工长（施工员）		施工班组长		
	项目专业质量检查员：　　　　年　月　日				
监理（建设）单位验收结论	监理工程师（建设单位项目专业技术负责人）：　　　　年　月　日				

表 6.8.4-3 成套配电柜、控制柜（屏、台）和动力、照明配电箱（盘）安装检验批质量验收记录表 GB 50303—2002

（Ⅲ）照明配电箱（盘）

单位（子单位）工程名称				
分部（子分部）工程名称		验收部位		
施工单位		项目经理		
分包单位		分包项目经理		
施工执行标准名称及编号				
施工质量验收规范规定			施工单位检查评定记录	监理（建设）单位验收记录
主控项目	1	柜、屏、台、箱、盘的金属框架及基础型钢必须接地（PE）或接零（PEN）可靠；装有电器的可开启门，门和框架的接地端子应用裸编织铜线连接，且有标识		
	2	电击保护和保护导体截面积　第 6.7.1.2 条		
	3	柜、屏、台、箱、盘间线路的线间和线对地间绝缘电阻值，馈电线路必须大于 0.5MΩ；二次回路必须大于 1MΩ		
	4	照明配电箱（盘）安装应符合：箱（盘）内配线整齐，无绞接现象。导线连接紧密，不伤芯丝，不断股。垫圈下螺丝两侧压的导线截面积相同，同一端子上导线连接不多于 2 根，防松垫圈等零件齐全；箱（盘）内开关动作灵活可靠，带有漏电保护的回路，漏电保护装置动作电流不大于 30mA，动作时间不大于 0.1s。照明箱（盘）内，分别设置零线（N）和保护地线（PE 线）汇流排，零线和保护地线汇流排配出		
一般项目	1	柜、屏、台、箱、盘内检查试验应符合：控制开关及保护装置的规格、型号符合设计要求；闭锁装置动作准确、可靠；辅助开关切换动作与主开关动作一致；柜、屏、台、箱、盘上的铭牌应标明被控设备编号及名称，或操作位置，接线端子有编号，且清晰、工整、不易脱色。48V 及以下回路可不做交流工频耐压试验。回路中的电子元件不需做交流工频耐压试验		
	2	低压电器组合应符合：发热元件安装在散热良好的位置；熔断器的熔体规格、自动开关的整定值符合设计要求；切换压板接触良好，相邻压板间有安全距离，切换时，不触及相邻的压板；信号回路的信号灯、按钮、光字牌、电铃、电笛、事故电钟等动作和信号显示准确；外壳须接地（PE）或接零（PEN）的，连接可靠；端子排安装牢固，端子有序号，强电、弱电端子隔离布置，端子规格与芯线截面积大小适配		
	3	柜、屏、台、箱、盘间配线：电流回路应采用额定电压不低于 750V、芯线截面积不小于 2.5mm² 的铜芯绝缘电线或电缆；除电子元件回路或类似回路外，其他回路的电线应采用额定电压不低于 750V、芯线截面不小于 1.5mm² 的铜芯绝缘电线或电缆 二次回路连线应成束绑扎，不同电压等级、交流、直流线路及计算机控制线路应分别绑扎，且有标识；固定后不应妨碍手车开关或抽出式部件的拉出或推入		
	4	连接柜、屏、台、箱、盘面板上的电器及控制台、板等可动部位的电线应符合：采用多股铜芯软电线，敷设长度留有适当裕量；线束有外套塑料管等加强绝缘保护层；与电器连接时，端部绞紧，且有不开口的终端端子或搪锡，不松散、断股；可转动部位的两端用卡子固定		
	5	照明配电箱（盘）安装应符合：位置正确，部件齐全，箱体开孔与导管管径适配，暗装配电箱箱盖紧贴墙面，箱（盘）涂层完整；箱（盘）内接线整齐，回路编号齐全，标识正确；箱（盘）不得采用可燃材料制作；箱（盘）安装牢固，垂直度允许偏差为 1.5‰，距地面宜为 1.5m，照明配电板底边距地面宜不小于 1.8m		
	6	垂直度允许偏差　≤1.5‰		
施工单位检查评定结果	专业工长（施工员）		施工班组长	
	项目专业质量检查员：			年　月　日
监理（建设）单位验收结论	监理工程师（建设单位项目专业技术负责人）：			年　月　日

7 低压电动机、电加热器及电动执行机构安装

7.1 一 般 规 定

7.1.1 与低压电动机、电加热器及电动执行机构安装有关的建筑物、构筑物的土建工程质量应符合国家现行的建筑工程施工及验收规范中的有关规定。

7.1.2 低压电动机、电加热器及电动执行机构应与机械设备完成连接，绝缘电阻测试合格，经手动操作符合工艺要求，才能接线。

7.1.3 电动机接线端子与导线端子必须连接紧密，不受外力，连接用紧固件的锁紧装置完整齐全。在电机接线盒内，裸露的不同相导线间和导线对地间最小距离必须符合本标准的相应规定。

7.1.4 电机抽芯检查结果应符合下列规定：

1 线圈绝缘层完好、无伤痕、绑线牢靠，槽楔无断裂，不松动，引线焊接牢固；内部清洁，通风孔无堵塞。

2 轴承工作面光滑清洁，无裂纹或锈蚀，注油（脂）的型号、规格和数量正确；转子平衡块紧固，平衡螺丝锁紧，风扇叶片无裂纹。

7.1.5 电动机试运行一般应在空载的情况下进行，空载运行时间为2h，并做好电动机空载电流电压记录。

7.1.6 电动机、电加热器、电动执行机构和低压开关设备等应符合下列规定：

1 检查合格证和随带技术文件，实行生产许可证和安全认证制度的产品，有许可证编号和安全认证标志；

2 外观检查：有铭牌，附件齐全，电气接线端子完好，设备器件无缺损，涂层完整。

7.2 施 工 准 备

7.2.1 技术准备

7.2.1.1 进行图纸会审，复核设计安装方式是否符合现行国家规范的要求。电动机类型是否符合使用功能和工作环境的需要。

7.2.1.2 施工前应编制施工组织设计（施工方案），并报相应管理部门进行审批。进行设计交底和技术交底。

7.2.1.3 按照设计的现场使用状况和被驱动机械的要求，选择电动机的结构和安装方式，及其与被驱动机械的连接方式，并考虑被驱动机械有无振动和冲击性能选用牢固可靠的安装基础。

7.2.2 材料准备

低压电动机、电加热器、电动执行机构、型钢、螺栓、绝缘带、电焊条、防锈涂料、

润滑脂等。

7.2.3 主要机具

7.2.3.1 安装机具设备：龙门架、倒链、台钻、手电钻、联轴节顶出器、台虎钳、油压钳、扳手、电锤、板锉、电动套丝机、电焊机、气焊工具。

7.2.3.2 检测调试机具：钳式电流表、万用表、摇表、转速表、条式水平仪、数字式光学合象水平仪、塞尺、游标卡尺、外径千分尺、内径千分尺、千分表、电子测温计。

7.2.4 作业条件

7.2.4.1 施工图纸及技术资料齐全，有经过审批的施工组织设计（施工方案）。

7.2.4.2 土建应具备下列条件：

1 屋顶、楼板工作结束，不得有渗漏现象。

2 混凝土基础达到允许安装的强度。

3 现场模板、杂物清理完毕；

4 预埋件或预留孔符合设计要求，预埋件牢固。

7.2.4.3 在室外安装的电动机、电加热器及电动执行机构，应有防雨措施。

7.2.4.4 电动机、电加热器及电动执行机构的基础、地脚螺栓孔、沟道、电缆管位置尺寸应符合设计质量要求。

7.2.4.5 电动机、电加热器及电动执行机构安装场地应清理干净，道路畅通。

7.2.4.6 电动机驱动设备已安装完毕，且初验合格。

7.2.4.7 安装电动机的工作环境的要求，应符合电动机的性能，规定见表7.2.4.7。

表7.2.4.7 电动机型式的选择

序号	安装地点	采用电动机型号
1	一般场所	防护式电动机
2	潮湿场所	防滴式及有耐潮绝缘电机
3	有粉尘多纤维及有火灾危险性环境的场所	封闭式电机
4	有易燃、易爆炸危险场所	防爆式电机
5	有腐蚀性气体及有蒸汽浸蚀的场所	密封式及耐酸绝缘电机

7.3 材料质量控制

7.3.1 电动机、电加热器及电动执行机构应有铭牌，注明制造厂名，出厂日期，型号、容量、频率、电压、电流、接线方法、转速、温升、工作方法、绝缘等级等有关技术数据。

7.3.2 电动机、电加热器及电动执行机构的容量、规格、型号必须符合设计要求，附件、备件齐全，并有出厂合格证及有关技术文件。

7.3.3 电动机的控制、保护和起动附属设备，应与电动机配套，并有铭牌，注明制造厂名，出厂日期、规格、型号及出厂合格证等有关技术资料。

7.3.4 各种规格的型钢均应符合设计要求，型钢无明显的锈蚀，并有合格证。

7.3.5 其他材料：绝缘带、电焊条、防锈漆、调合漆、变压器油、润滑脂等均应有产品合格证。

7.4 施 工 工 艺

7.4.1 施工工艺流程

基础验收→设备开箱检查→安装前的检查→电动机、电加热器及电动执行机构安装→抽芯检查（如需要）→电机干燥（如需要）→控制、保护和起动设备安装→试运行前的检查→试运行

电动机、电加热器及电动执行机构三种电气装置的安装，电动机的安装技术要求比较高，本施工工艺以其为重点进行说明，电加热器及电动执行机构的安装可依据电动机相关施工要求进行。

7.4.2 施工要点

7.4.2.1 基础验收

对基础轴线、标高、地脚螺栓位置、外形几何尺寸进行测量验收，沟槽、孔洞及电缆管位置应符合设计及土建本身的质量要求。混凝土强度等级一定要符合设计要求。一般基础承重量不小于电机重量的3倍。基础各边应超出电机底座边缘100~150mm。

7.4.2.2 设备开箱检查

1 设备到场后，由建设单位、监理单位代表、供货方及施工单位共同进行开箱检查，并做好开箱检查记录。

2 按照设备供货清单、技术文件，对设备及其附件、备件的规格、型号、数量进行详细核对。

3 电动机本体、控制和起动设备外观检查应无损伤及变形，油漆应完好；电动机及其附属设备均应符合设计要求。

7.4.2.3 安装前的检查

1 盘动转子不得有卡阻及异常声响。

2 润滑脂情况应正常，无变色、变质及硬化等现象。其性能应符合电机工作条件的要求。

3 测量滑动轴承电机的空气间隙，其不均匀度应符合产品的规定。若无规定时，各点空气间隙与平均空气间隙之比宜为±5%。

4 电机的引出线接线端子焊接或压接良好，且编号齐全，裸露带电部分的电气间隙应符合产品标准的规定。

5 绕线式电机应检查电刷的提升装置，提升装置应有“起动”、“运行”的标志，动作顺序应是先短路集电环，后提起电刷。

7.4.2.4 电动机的安装

1 电动机安装应由电工、钳工操作，大型电动机的安装需要有起重工配合进行。

2 地脚螺栓应与混凝土基础牢固地结合成一体，浇灌前预留孔应清洗干净，螺栓本身不应歪斜，机械强度应满足要求。

3 稳装电机垫铁一般不超过3块，垫铁与基础面接触应严密，电机底座安装完毕后进行二次灌浆。

4 采用皮带传动的电动机轴及传动装置轴的中心线应平行，电动机及传动装置的皮带轮，自身垂直度全高不超过 0.5mm，两轮的相应槽应在同一直线上。

5 采用齿轮传动时，圆齿轮中心线应平行，接触部分不应小于齿宽的 2/3，伞形齿轮中心线应按规定角度交叉，咬合程度应一致。

6 采用靠背轮传动时，轴向与径向允许误差，弹性连接的不应小于 0.05mm，刚性连接的不大于 0.02mm。互相连接的靠背轮螺栓孔应一致，螺帽应有防松装置。

7 电刷的刷架、刷握及电刷的安装：

(1) 同一组刷握应均匀排列在与轴线平行的同一直线上。

(2) 刷握的排列，应使相邻不同极性的一对刷架彼此错开，以使换向器均匀的磨损。

(3) 各组电刷应调整在换向器的电气中性线上。

(4) 带有倾斜角的电刷，其锐角尖应与转动方向相反。

(5) 电刷架及其横杆应固定紧固，绝缘衬管和绝缘垫应无损伤、污垢，并应测量其绝缘电阻。

(6) 电刷的铜编带应连接牢固、接触良好，不得与转动部分或弹簧片相碰撞，且有绝缘垫的电刷，绝缘垫应完好。

(7) 电刷在刷握内应能上下自由移动，电刷与刷握的间隙应符合厂方规定，一般为 0.1~0.2mm。

8 定子和转子分箱装运的电动机，安装转子时，不可将吊绳绑在滑环、换向器或轴颈部分。

9 用 1000V 摇表测定电动机绝缘电阻值不应小于 0.5MΩ。100kW 以上的电动机，应测量各相直流电阻值，相互差不应大于最小值的 2%；无中性点引出的电动机，测量线间直流电阻值，相互差值不应大于最小值的 1%。

10 电机的换向器或集电环应符合下列要求：

(1) 表面应光滑，无毛刺、黑斑、油垢。当换向器的表面不平程度达到 0.2mm 时，应进行车光。

(2) 换向器片间绝缘应凹下 0.5~1.5mm，整流片与绕组的焊接应良好。

11 电机接线应牢固可靠，接线方式应与供电电压相符。

12 电动机安装后，应用手盘动数圈进行转动试验。

13 电动机外壳保护接地（或接零）必须良好。

7.4.2.5 抽芯检查

1 除电动机随带技术文件说明不允许在施工现场抽芯检查外，当电机有下列情况之一时，应做抽芯检查：

(1) 出厂日期超过制造厂保证期限。

(2) 当制造厂无保证期限时，出厂日期已超过一年。

(3) 经外观检查或电气试验，质量可疑时。

(4) 开启式电机经端部检查可疑时。

(5) 试运转时有异常情况。

2 抽芯检查应符合下列要求

(1) 电机内部清洁无杂物。

(2) 电机的铁芯、轴颈、集电环和换向器应清洁，无伤痕和锈蚀现象，通风口无堵塞。

(3) 绕组绝缘层应完好，绑线无松动现象。

(4) 定子槽楔应无断裂、凸出和松动现象，每根槽楔的空响长度不得超过其 1/3，端部槽楔必须牢固。

(5) 转子的平衡块及平衡螺丝应紧固锁牢，风扇方向应正确，叶片无裂纹。

(6) 磁极及铁轭固定良好，励磁绕组紧贴磁极，不应松动。

(7) 鼠笼式电机转子铜导电条和端环应无裂纹，焊接应良好；浇铸的转子表面应光滑平整；导电条和端环不应有气孔、缩孔、夹渣、裂纹、细条、断条和浇注不满等现象。

(8) 电机绕组应连接正确，焊接良好。

(9) 直流电机的磁极中心线与几何中心线应一致。

(10) 电机的滚动轴承工作面应光滑清洁，无麻点、裂纹或锈蚀，滚动体与内外圈接触良好，无松动。加入轴承内的润滑脂应填满内部空隙的 2/3，同一轴承内不得填入不同品种的润滑脂。

7.4.2.6 电机干燥

1 电机由于运输、保存或安装后受潮，绝缘电阻或吸收比，达不到规范要求，应进行干燥处理。

2 在进行电机干燥前，应根据电机受潮情况编制干燥方案。

3 烘干温度要缓慢上升，中、小型温升速度为 7～15℃/h，铁芯和线圈的最高温度应控制在 80℃。

4 当电动机绝缘电阻值达到规范要求时，在同一温度下经 5h 稳定不变时，方可认为干燥完毕。

5 干燥方法：

(1) 电阻器干燥法：利用大型电机下面的通风道内放置电阻箱，通风加热干燥电机。

(2) 灯泡照射干燥法：灯泡采用红外线灯泡或一般灯泡，把转子取出来，把灯泡放在定子内，通电照射。温度高低的调节可用改变灯泡瓦数来实现。

(3) 电流干燥法：采用低电压，用变阻器调节电流，其电流大小宜控制在电机额定电流的 60% 以内，并用测温计随时监测干燥温度。

7.4.2.7 控制、起动和保护设备安装

1 电机的控制和保护设备安装前应检查是否与电机容量相符，安装按设计要求进行，一般应装在电机附近。

2 引至电动机接线盒的明敷导线长度应小于 0.3m，并应加强绝缘保护，易受机械损伤的地方应套保护管。

3 直流电动机、同步电动机与调节电阻回路及励磁回路的连接，应采用铜导线，导线不应有接头。调节电阻器应接触良好，调节均匀。

4 电动机应装设过流和短路保护装置，并应根据设备需要装设相序断相和低电压保护装置。

5 电动机保护元件的选择：

(1) 采用热元件时按电动机额定电流的 1.1～1.25 倍来选。

（2）采用熔丝（片）时按电动机额定电流的 1.5～2.5 倍来选。

7.4.2.8 试运行前的检查

1 土建工程全部结束，现场清扫整理完毕。

2 电机本体安装检查结束，起动前应进行的试验项目已按现场国家标准《电气装置安装工程电气设备交接试验标准》GB 50150 试验合格。

3 冷却、调速、润滑、水、氢、密封油等附属系统安装完毕，验收合格，分部试运行情况良好。

4 电动机的保护、控制、测量、信号、励磁等回路的调试完毕，动作正常。

5 测定电机定子绕组、转子绕组及励磁回路的绝缘电阻，应符合要求；有绝缘的轴承座的绝缘板、轴承座及台板的接触面应清洁干燥，使用 1000V 兆欧表测量，绝缘电阻值不得小于 0.5MΩ。

6 电刷与换向器或集电环的接触应良好。

7 盘动电机转子时应转动灵活，无碰卡现象。

8 电机引出线应相序正确，固定牢固，连接紧密。

9 电机外壳油漆应完整，接地良好。

10 照明、通讯、消防装置应齐全。

7.4.2.9 试运行

1 电动机宜在空载情况下作第一次启动，空载运行时间宜为 2h，并记录电机的空载电流。

2 电动机试运行时通电后，如发现电动机不能起动或起动时转速很低、声音不正常等现象，应立即断电检查原因。

3 起动多台电动机时，应按容量从大到小逐台起动，严禁同时起动。

4 电机试运行中应进行下列检查：

（1）电机的旋转方向符合要求，无异声。

（2）换向器、集电环及电刷的工作情况正常。

（3）检查电机各部分温度，不应超过产品技术条件的规定。

（4）滑动轴承温度不应超过 80℃，滚动轴承不应超过 95℃。

（5）电机振动的双倍振幅值不应大于表 7.4.2.9 的规定。

表 7.4.2.9 电机振动的双倍振幅值

同步转速（r/min）	3000	1500	1000	750 及以下
双倍振幅值（mm）	0.05	0.085	0.10	0.12

5 交流电动机的带负荷起动次数，应符合产品技术条件的规定；当产品技术条件无规定时，可符合下列规定：

（1）在冷态时，可起动 2 次。每次间隔时间不得小于 5min。

（2）在热态时，可起动 1 次。当在处理事故以及电动机起动时间不超过 2～3s 时，可再起动 1 次。

6 电机在验收时，应提交下列资料和文件：

（1）变更设计部分的实际施工图。

（2）设计变更单。

(3) 厂方提供的产品说明书、检查及试验记录、合格证及安装使用图纸等技术文件。

(4) 安装验收记录、签证和电机抽芯检查及干燥记录等。

(5) 调整试验记录及报告。

7.5 成品保护

7.5.1 电动机、电加热器及电动执行机构到场后，若不立即安装，应存放在清洁、干燥的仓库或厂房内；若就地保管，就采取防潮、防雨、防尘等措施。

7.5.2 电气设备及附属设施安装在设备房内，应加锁保护，无关人员不得入内。

7.5.3 电气设备及附属设施安装在室外，根据现场情况采取必要的保护措施，控制设备的箱、柜要加锁。

7.5.4 施工时各工种之间要相互配合，保护设备不受碰撞损伤。

7.5.5 电气设备安装完后，应保持干燥清洁，防止设备锈蚀。

7.6 安全、环保措施

7.6.1 起吊电机转子时，不可将吊绳绑在滑环、换向器或轴颈部分。

7.6.2 抽芯检查时，注意以下事项：

1 钢丝绳不得碰到转子的轴颈、风扇、集电环及转子引线上。

2 钢丝绳拴缚的边棱部位必须垫以木板或橡皮垫。

3 转子放置时，应以硬木衬垫放在轴颈或转子的铁芯下。

7.6.3 使用电、气焊操作的场所及进行电机干燥作业时，清理周围易燃物，并备有消防设施。

7.6.4 所用的电气设备、电动工具要有可靠的安全接地（接零），防止出现触电事故。

7.6.5 下班前或工作结束后要切断所用电气设备、电动工具电源，检查操作地点，确认安全后，方可离开。

7.6.6 试运行的安全防护用品未准备好时，不得进行试运，试运中必须严格服从指挥，按试运行方案操作，操作及监护人员不得随意更改指令。

7.6.7 电动机、电加热器及电动执行机构安装所用机械设备必须完好并进行定期保养维护，使其在正常状态下运行，减少噪声排放。

7.6.8 所用的润滑油脂等材料，专人管理并进行严格控制，在现场使用时，专人监督负责。若有遗洒，马上进行清理移走，剩余油脂不得随意丢弃，派专人进行回收，以免造成土地和水体污染。

7.6.9 施工时固体废弃物做到工完场清，分类管理，统一回收到规定的地点存放清运。

7.6.10 采取一定的降噪措施，降低电动机运转时的噪声。

7.7 质量标准

7.7.1 主控项目

7.7.1.1 电动机、电加热器及电动执行机构的可接近裸露导体必须接地（PE）或接零（PEN）。

检验方法：观察检查。

7.7.1.2 电动机、电加热器及电动执行机构绝缘电阻值应大于0.5MΩ。

检验方法：实测和检查安装记录。

7.7.1.3 100kW以上的电动机，应测量各相电阻值，相互差不应大于最小值的2%。无中性点引出的电动机，测量线间直流电阻值，相互差不应大于最小值的1%。

检验方法：实测和检查安装记录。

7.7.2 一般项目

7.7.2.1 电气设备安装应牢固，螺栓及防松零件齐全，不松动。防水防潮电气设备的接线入口及接线盒盖等应做密封处理。

检验方法：观察检查。

7.7.2.2 除电动机随带技术文件说明不允许在施工现场抽芯检查外，有下列情况之一的电动机，应抽芯检查；

1 出厂时间已超过制造厂保证期限，无保证期限的已超过出厂时间一年以上。

2 外观检查、电气试验、手动盘转和试运转，有异常情况。

检验方法：查验技术文件和观察检查。

7.7.2.3 电动机抽芯检查应符合下列规定：

1 线圈绝缘层完好、无伤痕，端部绑线不松动，槽楔固定、无断裂，引线焊接饱满，内部清洁，通风孔道无堵塞。

2 轴承无锈斑，注油（脂）的型号、规格和数量正确，转子平衡块紧固，平衡螺丝锁紧，风扇叶片无裂纹。

3 连接用紧固件的防松零件齐全完整。

4 其他指标符合产品技术文件的特有要求。

检验方法：观察检查和检查电机抽芯记录。

7.7.2.4 在设备接线盒内裸露的不同相导线间和导线对地间最小距离应大于8mm,否则应采取绝缘防护措施。

检验方法：实测和检查安装记录。

7.8 质 量 验 收

7.8.1 低压电动机、电加热器及电动执行机构安装分项工程的施工质量验收应按每一设备间或每一区域（以电动机带驱动机械功能划分）做为检验批，其中高压、低压分开。

7.8.2 检验批的抽查数量：高压电机全数检查，低压电机抽查30%，但不少于5台，不足5台时应全检。

7.8.3 检验批的验收按本标准第3.0.25条进行组织。

7.8.4 检验批质量验收记录当地政府主管部门无统一规定时，宜采用表7.8.4“低压电动机、电加热器及电动执行机构安装检验批质量验收记录表”。

表 7.8.4　低压电动机、电加热器及电动执行机构检查接线检验批质量验收记录表

GB 50303—2002

<table>
<tr><td colspan="3">单位（子单位）工程名称</td><td colspan="3"></td></tr>
<tr><td colspan="3">分部（子分部）工程名称</td><td></td><td>验收部位</td><td></td></tr>
<tr><td>施工单位</td><td colspan="3"></td><td>项目经理</td><td></td></tr>
<tr><td>分包单位</td><td colspan="2"></td><td>分包项目经理</td><td colspan="2"></td></tr>
<tr><td colspan="3">施工执行标准名称及编号</td><td colspan="3"></td></tr>
<tr><td colspan="3">施工质量验收规范规定</td><td colspan="2">施工单位
检查评定记录</td><td>监理（建设）
单位验收记录</td></tr>
<tr><td rowspan="3">主控项目</td><td>1</td><td>低压电动机、电加热器及电动执行机构可接近的裸露导体必须接地或接零</td><td colspan="2"></td><td rowspan="3"></td></tr>
<tr><td>2</td><td>低压电动机、电加热器及电动执行机构绝缘电阻值应大于0.5MΩ</td><td colspan="2"></td></tr>
<tr><td>3</td><td>100kW以上的电动机应测量各相直流电阻值，相互差不应大于最小值的2%；无中性点引出的电动机，测量线间直流电阻值，相互差不应大于最小值的1%</td><td colspan="2"></td></tr>
<tr><td rowspan="4">一般项目</td><td>1</td><td>电气设备安装应牢固，螺栓及防松零件齐全，不松动。防水防潮电气设备的接线入口及接线盒盖等应做密封处理</td><td colspan="2"></td><td rowspan="4"></td></tr>
<tr><td>2</td><td>除电动机随带技术文件说明不允许在施工现场抽芯检查外，有出厂时间已超过制造厂保证期限，无保证期限的已超过出厂时间一年以上或外观检查、电气试验、手动盘转和试运转，有异常情况，应抽芯检查</td><td colspan="2"></td></tr>
<tr><td>3</td><td>电动机抽芯检查应符合：1. 线圈绝缘层完好、无伤痕，端部绑线不松动，槽楔固定、无断裂，引线焊接饱满，内部清洁，通风孔道无堵塞。2. 轴承无锈斑，注油（脂）的型号、规格和数量正确，转子平衡块紧固，平衡螺丝锁紧，风扇叶片无裂纹。3. 连接用紧固件的防松零件齐全完整。4. 其他指标符合产品技术文件的特有要求</td><td colspan="2"></td></tr>
<tr><td>4</td><td>在设备接线盒内裸露的不同相导线间和导线对地间最小距离应大于8mm，否则应采取绝缘防护措施</td><td colspan="2"></td></tr>
<tr><td colspan="2" rowspan="2">施工单位
检查评定结果</td><td>专业工长（施工员）</td><td></td><td>施工班组长</td><td></td></tr>
<tr><td colspan="4">项目专业质量检查员：　　　　年　月　日</td></tr>
<tr><td colspan="2">监理（建设）
单位验收结论</td><td colspan="4">监理工程师（建设单位项目专业技术负责人）：　　　　年　月　日</td></tr>
</table>

8 柴油发电机组安装

8.1 一 般 规 定

8.1.1 柴油发电机组安装时施工现场要满足一定的作业条件。

8.1.2 柴油发电机组及元器件的型号、规格及性能、工作精度，必须符合设计要求和国家现行技术标准的规定。

8.1.3 柴油发电机组应符合下列规定：

1 依据装箱单，核对主机、附件、专用工具、备品备件和随带技术文件，检查合格证和出厂试运行记录，发电机及其控制柜有出厂试验记录；

2 外观检查：有铭牌，机身无缺件，涂层完整。

8.1.4 柴油发电机组安装应按以下程序进行：

1 基础验收合格，才能安装机组；

2 地脚螺栓固定的机组经初平、螺栓孔灌浆、精平、紧固地脚螺栓、二次灌浆等机械安装程序；安放式的机组将底部垫平、垫实；

3 油、气、水冷、风冷、烟气排放等系统和隔振防噪声设施安装完成；按设计要求配置的消防器材齐全到位；发电机静态试验、随机配电盘控制柜接线检查合格，才能空载试运行；

4 发电机空载试运行和试验调整合格，才能负荷试运行；

5 在规定时间内，连续无故障负荷试运行合格，才能投入备用状态。

8.1.5 柴油发电机组空载试运行前，油、气、水冷、风冷、烟气排放等系统和隔振防噪声设施应安装完成，按设计要求配置的消防器材齐全到位，发电机静态试验完成，随机配电盘控制柜接线应检查合格。

8.2 施 工 准 备

8.2.1 技术准备

1 施工前必须按施工图和已批准的施工组织设计及施工方案进行技术交底，明确施工工艺、操作方法、质量标准、防护安全技术措施等。

2 进行技术复核，确定柴油发电机组的基础符合设计要求。

8.2.2 材料准备

柴油发电机组、型钢、螺栓、电焊条、防锈油漆等。

8.2.3 主要机具

1 安装机具：手电钻、砂轮切割机、电焊机、气焊工具、压线钳、扳手。

2 测试机具：钢卷尺、钢板尺、条式水平仪、塞尺、摇表、万用表、钳式电流表。

8.2.4 作业条件

1 机组安装时，建筑土建工程已全部结束，柴油发电机房的房门应满足机组运输与就位要求。

2 作业现场的通道必须满足机组的运输与起吊就位。

3 供电线出入孔（预埋套管）、排气管预留孔（套管）的标高、几何尺寸等，必须符合设计要求。

4 基础的强度、标高、中心线、几何尺寸，必须符合设计要求。

8.3 材料质量控制

8.3.1 柴油发电机组容量规格必须符合设计要求。

8.3.2 依据装箱单核对主机、附件、专用工具、备品备件和随机技术文件，查检合格证和出厂试运行记录，发电机及控制柜应有出厂试验记录。

8.3.3 柴油发电机组外观检查，机身应完好无损，配件齐全，涂膜完整。

8.3.4 安装用各种型钢规格应符合设计要求，并无明显锈蚀，螺栓均应采用镀锌螺栓。

8.3.5 其他辅材均应符合设计要求，并有产品合格证。

8.4 施工工艺

8.4.1 工艺流程

机组基础→机组就位→调校机组水平位置→安装接地线路→安装机组附属设备→机组接线→机组检测→机组试运行

8.4.2 施工要点

8.4.2.1 机组基础

柴油发电机组的混凝土基础应符合柴油发电机组制造厂家的要求，基础上安装机组地脚螺栓孔，采用二次灌浆，其孔距尺寸应按机组外形安装图确定。基座的混凝土强度等级必须符合设计要求。

8.4.2.2 机组就位

1 柴油发电机组就位之前，首先应对机组进行复查、调整和准备工作。

2 发电机组各联轴节的连接螺栓应紧固。机座地脚螺栓应紧固。安装时应检查主轴承盖、连杆、气缸体、贯穿螺栓、气缸盖等的螺栓与螺母的紧固情况，不应松动。

3 柴油机与发电机用联轴节连接时，其不同轴度应参考表 8.4.2.2 的要求。

表 8.4.2.2 整体安装的柴油机联轴节两轴的不同轴度

<table>
<tr><th rowspan="2">联轴节类型</th><th rowspan="2" colspan="2">联轴节外形最大直径（mm）</th><th colspan="2">两轴的不同轴度不应超过</th></tr>
<tr><th>径向位移（mm）</th><th>倾　斜</th></tr>
<tr><td rowspan="2">弹性联轴节</td><td><300</td><td>0.05</td><td rowspan="2" colspan="2">0.20/1000</td></tr>
<tr><td>≥300</td><td>0.10</td></tr>
<tr><td>刚性联轴节</td><td></td><td>0.03</td><td colspan="2">0.04/1000</td></tr>
</table>

4　所设置的仪表应完好齐全，位置应正确。操作系统的动作灵活可靠。

8.4.2.3　调校机组

1　机组就位后，首先调整机组的水平度，找正找平，紧固地脚螺栓牢固、可靠，并应设有防松动措施。柴油发电机组的水平度一般不应超过0.05/1000，机组连接螺栓拧紧后，柴油机组的不水平度仍应在0.05/1000范围内。

2　调校油路、传动系统、发电系统（电流、电压、频率）、控制系统等。

3　发电机、发电机的励磁系统、发电机控制箱调试数据，应符合设计要求和技术标准的规定。

8.4.2.4　安装地线

1　发电机中性线（工作零线）应与接地母线引出线直接连接，螺栓防松动装置齐全，有接地标识。

2　发电机本体和机械部分的可接近导体均应保护接地（PE）或接地线（PEN），且有标识。

8.4.2.5　安装机组附属设备

发电机控制箱（屏）是同步发电机组的配套设备，主要是控制发电机送电及调压。小容量发电机的控制箱一般（经减震器）直接安装在机组上，大容量发电机的控制屏，则固定在机房的地面上，或安装在与机组隔离的控制室内。

开关箱（屏）或励磁箱，各生产厂家的开关箱（屏）种类较多，型号不一，一般500kW以下的机组有柴油发电机组相应的配套控制箱（屏），500kW以上机组，可向机组厂家提出控制屏的特殊订货要求。

8.4.2.6　机组接线

1　发电机及控制箱接线应正确可靠。馈电出线两端的相序必须与电源原供电系统的相序一致。

2　发电机随机的配电柜和控制柜接线应正确无误，所有紧固件应紧固牢固，无遗漏脱落。开关、保护装置的型号、规格必须符合设计要求。

8.4.2.7　机组检测

1　柴油发电机的试验必须符合设计要求和相关技术标准的规定。

2　发电机的试验必须符合附录C的规定。

3　发电机至配电柜的馈电线路其相间、相对地间的绝缘电阻值大于0.5MΩ。塑料绝缘电缆出线，其直流耐压试验为2.4kV，时间15min，泄漏电流稳定，无击穿现象。

8.4.2.8　试运行

1　柴油机的废气可用外接排气管引至室外，引出管不宜过长，管路转弯不宜过急，弯头不宜多于3个。外接排气管内径应符合设计技术文件规定，一般非增压柴油机不小于75mm，增压型柴油机不小于90mm，增压柴油机的排气背压不得超过6kPa（600mmH_2O），排气温度约450℃，排气管的走向应能够防火，安装时应特别注意。调试运行中要对上述要求进行核查。

2　受电侧的开关设备、自动或手动切换装置和保护装置等试验合格，应按设计的使用分配方案，进行负荷试验，机组和电气装置连续运行12h无故障，方可做交接验收。

8.5 成 品 保 护

8.5.1 发电机房的门应加锁，未经许可非安装人员不准入内。

8.5.2 机组试运行至交工期内需设专人值班。

8.5.3 室内保持清洁干净、走道畅通，通风良好，室内温度保持在10～30℃，室内严禁明火及吸烟。

8.5.4 若需在发电机房内施工时，必须采取保护和防尘措施，以免碰撞损伤设备。

8.6 安全、环保措施

8.6.1 用摇表测定绝缘电阻时，应防止有人触及正在测定中的线路和设备。雷电时，禁止测定线路绝缘。

8.6.2 使用的梯子不得缺档、不得垫高使用。使用时上端要扎牢，下端应采取防滑措施。

8.6.3 施工时所用的机械设备必须是完好设备，并设专人管理，定期对设备进行检查、维修、保养，使设备在正常状态下运行，减少噪音排放。

8.6.4 对施工过程中产生的粉尘，采取洒水降尘、挡风等措施避免粉尘飞扬。

8.6.5 施工时产生的固体废弃物，做到自产自清，日产日清，工完场清，统一回收到规定的地点存放。

8.6.6 油漆、酸、碱液和其他有毒有害物质不能随意丢弃，以免造成水体和土地污染。

8.7 质 量 标 准

8.7.1 主控项目：

8.7.1.1 发电机的试验必须符合附录C的规定。

检验方法：实测和检查试验记录。

8.7.1.2 发电机组至低压配电柜馈电线路的相间、相对地间的绝缘电阻值应大于0.5MΩ。塑料绝缘电缆馈电线路直流耐压试验为2.4kV，时间为15min，泄漏电流稳定，无击穿现象。

检验方法：实测和检查试验记录。

8.7.1.3 柴油发电机馈电线路连接后，两端的相序必须与原供电系统的相序一致。

检验方法：测试并检查安装记录。

8.7.1.4 发电机中性线（工作零线）应与接地干线直接连接，螺栓防松零件齐全，且有标识。

检验方法：观察检查。

8.7.2 一般项目

8.7.2.1 发电机组随带的控制柜接线应正确，紧固件紧固状态良好，无遗漏脱落。开关、保护装置的型号、规格正确，验证出厂试验的锁定标记应无位移，有位移应重新按制造厂要求试验标定。

检验方法：观察检查。

8.7.2.2 发电机本体和机械部分的可接近裸露导体应接地（PE）或接零（PEN）可靠，且有标识。

检验方法：观察检查。

8.7.2.3 受电侧低压配电柜的开关设备、自动或手动切换装置和保护装置等试验合格，应按设计的自备电源使用分配预案进行负荷试验，机组连续运行12h无故障。

检验方法：试运行检查并检查试验记录。

8.8 质 量 验 收

8.8.1 柴油发电机组安装工程检验批的划分以每台柴油发电机组为单位，检查数量为全检。

8.8.2 检验批的验收按本标准第3.0.25条进行组织。

8.8.3 检验批质量验收记录当地政府主管部门无统一规定时，宜采用表8.8.3“柴油发电机组安装检验批质量验收记录表”。

表 8.8.3 柴油发电机组安装检验批质量验收记录表

GB 50303—2002

<table>
<tr><td colspan="3">单位（子单位）工程名称</td><td colspan="3"></td></tr>
<tr><td colspan="3">分部（子分部）工程名称</td><td colspan="2"></td><td>验收部位</td></tr>
<tr><td>施工单位</td><td colspan="3"></td><td>项目经理</td><td></td></tr>
<tr><td>分包单位</td><td colspan="3"></td><td>分包项目经理</td><td></td></tr>
<tr><td colspan="3">施工执行标准名称及编号</td><td colspan="3"></td></tr>
<tr><td colspan="3">施工质量验收规范规定</td><td colspan="2">施工单位
检查评定记录</td><td>监理（建设）
单位验收记录</td></tr>
<tr><td rowspan="4">主控项目</td><td>1</td><td>发电机的试验必须符合附录C的规定</td><td colspan="2"></td><td rowspan="4"></td></tr>
<tr><td>2</td><td>发电机组至低压配电柜馈电线路的相间、相对地间的绝缘电阻值应大于0.5MΩ。塑料绝缘电缆馈电线路直流耐压试验为2.4kV，时间为15min，泄漏电流稳定，无击穿现象</td><td colspan="2"></td></tr>
<tr><td>3</td><td>柴油发电机馈电线路连接后，两端的相序必须与原供电系统的相序一致</td><td colspan="2"></td></tr>
<tr><td>4</td><td>发电机中性线（工作零线）应与接地干线直接连接，螺栓防松零件齐全，且有标识</td><td colspan="2"></td></tr>
<tr><td rowspan="3">一般项目</td><td>1</td><td>发电机组随带的控制柜接线应正确，紧固件紧固状态良好，无遗漏脱落。开关、保护装置的型号、规格正确，验证出厂试验的锁定标记应无位移，有位移应重新按制造厂要求试验标定</td><td colspan="2"></td><td rowspan="3"></td></tr>
<tr><td>2</td><td>发电机本体和机械部分的可接近裸露导体应接地（PE）或接零（PEN）可靠，且有标识</td><td colspan="2"></td></tr>
<tr><td>3</td><td>受电侧低压配电柜的开关设备、自动或手动切换装置和保护装置等试验合格，应按设计的自备电源使用分配预案进行负荷试验，机组连续运行12h无故障</td><td colspan="2"></td></tr>
<tr><td colspan="2" rowspan="2">施工单位
检查评定结果</td><td>专业工长（施工员）</td><td></td><td>施工班组长</td><td></td></tr>
<tr><td colspan="4">项目专业质量检查员：　　　　年　月　日</td></tr>
<tr><td colspan="2">监理（建设）
单位验收结论</td><td colspan="4">监理工程师（建设单位项目专业技术负责人）：　　　　年　月　日</td></tr>
</table>

9 不间断电源安装

9.1 一 般 规 定

9.1.1 不间断电源电源应按产品技术要求试验调整，应检查确认，才能接至馈电网路。

9.1.2 不间断电源安装时施工现场要满足一定的作业条件。

9.1.3 蓄电池组安装、电解液的配制，首次充、放电的各项技术指标，必须符合现行技术标准的规定。

9.1.4 蓄电池组母线对地绝缘电阻值，必须符合以下的规定：

1 110V 的蓄电池线不小于 0.1MΩ;

2 220V 的蓄电池线不小于 0.2MΩ。

9.1.5 蓄电池组安装，应符合下列要求

1 稳固垫平、排列整齐、标志正确、清晰齐全、绝缘子绝缘垫板等无碎裂和缺损。

2 容器内无严重沉淀或其他杂物，容器本体无渗漏，表面清洁，容器内的有关表计清晰可见，电解液液位正确。

3 母线及支持件和支架平整，固定牢靠，母线平直，弯曲处弯度均匀一致，母线穿墙接线板，固定牢固密封良好。

4 母线熔焊焊接，焊缝无裂纹、气孔等缺陷，母线色标准确均匀，布置合理。

9.2 施 工 准 备

9.2.1 技术准备

1 施工前进行图纸会审，并按照已批准的施工组织设计（施工方案）进行技术交底，明确施工方法及质量标准、安全环保措施等。

2 蓄电池室地面进行耐酸处理，金属结构件涂刷防腐耐酸涂料。

9.2.2 材料准备

不间断电源、蓄电池组、母线、电缆、台架、连接条、螺栓及螺母。

9.2.3 主要机具

1 安装机具：配液池、台钻、砂轮、电锤、板锉、圆锉、手锯、扳手、电焊机、气焊工具。

2 测试机具：摇表、万用表、直流电压表、密度计、温度计、量杯。

9.2.4 作业条件

1 施工图纸及技术资料齐全。

2 土建施工全部结束，门窗齐全。

3 蓄电池室耐酸地面符合设计要求。金属结构件均涂刷完防腐耐酸涂料。

4 放置蓄电池台墩均已施工完毕。

5 采暖、通风装置及照明全部安装完并达到使用条件。

6 蓄电池室上、下水道接通。

9.3 材料质量控制

9.3.1 不间断电源应装有铭牌，注明制造厂名、设备名称、规格、型号等技术数据。备件应齐全，并有产品合格证及技术资料。

9.3.2 不间断电源及其他电气元件外表无锈蚀及损坏现象。机架所用材料符合设计要求。

9.3.3 配制铅酸蓄电池电解液用硫酸应采用符合现行国家标准《蓄电池用硫酸》，并有产品合格证。

9.3.4 绝缘子、绝缘垫无碎裂和缺损；型钢无明显锈蚀。

9.3.5 其他材料：防锈漆、耐酸漆、电力复合脂、镀锌螺丝、塑料带、沥青漆、酒精、铅板均应有合格证。

9.4 施工工艺

9.4.1 工艺流程

设备开箱检查→母线、电缆及机架安装→不间断电源安装→配液、充放电→调试和检测

不间断电源功能单位主要由整流装置、逆变装置、静态开关和蓄电池组四个功能单元组成，由制造厂以柜式出厂供货，有的组合在一起，容量大的分柜供应，安装时基本与柜盘安装要求相同，涉及到蓄电池组单独安装时按要求进行。

9.4.2 施工要点

9.4.2.1 设备开箱检查

1 设备开箱检查应由建设单位、监理单位、供货单位及施工单位代表共同进行，并做好开箱检查记录。

2 按照设备清单核对设备及零备件，应符合图纸要求，完好无损。制造厂的有关技术文件齐全。

3 设备、附件的型号、规格必须符合设计要求，附件应齐全，部件完好无损。

4 蓄电池外观质量检查。蓄电池应符合以下要求：外形无变形，外壳无裂纹、损伤，槽盖板应密封良好。正、负端柱必须极性正确。防酸栓、催化栓等配件应齐全无损伤。滤气帽的通气性能良好。

9.4.2.2 母线、电缆及台架安装

1 母线、电缆安装，应符合设计要求：

(1) 配电室内的母线支架应符合设计要求。支架（吊架）以及绝缘子铁脚均应做防腐处理涂刷耐酸涂料。

(2) 引出电缆敷设应符合设计要求。宜采用塑料护套电缆带标明正、负极性。正极为赭色，负极为蓝色。

（3）所采用的套管和预留洞处，均应用耐酸、碱材料密封。

（4）母线安装除应符合相关规定外，还应在连接处涂电力复合脂和防腐处理。

2　机架安装，应符合以下要求：

（1）机架的型号、规格和材质应符合设计要求。其数量间距应符合设计要求。

（2）高压蓄电池架，应用绝缘子或绝缘垫与地面绝缘。

（3）安放不间断电源的机架组装应平整、不得歪斜，水平度、垂直度允许偏差不应大于1.5‰，紧固件齐全。

（4）机架安装应做好接地线的连接。

（5）机架有单层架和双层架，每层上安装又有单列、双列之分，在施工过程中可根据不间断电源的容量及外形尺寸进行调整。

（6）不间断电源采用铅酸蓄电池时，其角钢与电源接触部分衬垫2mm厚耐酸软橡皮，钢材必须刷防酸漆；埋在机架内的桩柱定位后用沥青浇灌预留孔。

（7）不间断电源采用镉镍蓄电池和全密封铅酸电池时，机架不需作防酸处理。

9.4.2.3　不间断电源安装

1　不间断电源安装应按设计图纸及有关技术文件进行施工。

2　不间断电源安装应平稳，间距均匀，同一排列的不间断电源应高低一致、排列整齐。

3　引入或引出备用和不间断电源装置的主回路电线、电缆和控制电线、电缆应分别穿保护管敷设，在电缆支架上平行敷设应保持150mm的距离。电线、电缆的屏蔽护套接地连接可靠，与接地干线就近连接，紧固件齐全。

4　不间断电源接线时严禁将金属线短接，极性正确，以免不慎将电池短路，造成因大电流放电报废。

5　不间断电源输出端的中性线（N极），必须与由接地装置直接引来的接地干线相连接，做重复接地。不间断电源装置的可接近裸露导体接地（PE）或接零（PEN）可靠，且有标识。

6　应有防震技术措施，并应牢固可靠。

7　温度计、液面线应放在易于检查一侧。

8　由于不间断电源运行时，其输入输出线路的中线电流约为相线电流的1.8倍以上，安装时应检查中线截面，如发现中线截面小于相线截面时，应并联一条中线，防止因中线大电流引起事故。

9　不间断电源本机电源应采用专用插座，插座必须使用说明书中指定的保险丝。

10　蓄电池组的安装：

（1）采用架装的蓄电池；

（2）新旧蓄电池不得混用；存放超过三个月的蓄电池必须进行补充充电；

（3）安装时必须避免短路，并使用绝缘工具、戴绝缘手套，严防电击；

（4）按规定的串并联线路连接列间、层间、面板端子的电池连线，应非常注意正负极性，在满足截面要求的前提下，引出线应尽量短；并联的电池组各组到负载的电缆应等长，以利于电池充放电时各组电池的电流均衡；

（5）电池的连接螺栓必须紧固，但应防止拧紧力过大损坏极柱；

（6）再次检查系统电压和电池的正负极方向，确保安装正确，并用肥皂水和软布清洁蓄电池表面和接线；

（7）UPS与蓄电池之间应设手动开关。

9.4.2.4 配液、充放电

1 配液前应符合以下要求：

（1）硫酸应是蓄电池专用电解液硫酸，并应有产品出厂合格证。

（2）蒸馏水应符合国家现行技术标准要求。

（3）蓄电池槽内应清理干净。

（4）做好充电电源的准备工作，确保电源可靠供电。

（5）准备好配液用器具、测试设备及劳保用品。

2 调配电解液：

（1）调配电解液时，将蒸馏水放到已准备好的配液容器中，然后将浓硫酸缓慢的倒入蒸馏水中，同时用玻璃棒搅拌以便混合均匀，迅速散热；严禁将蒸馏水往硫酸里倒，以防发生剧烈爆炸。

（2）电解液调配好的密度应符合产品说明书的技术规定。

（3）注入蓄电池的电解液，其温度不宜高于30℃，当室温高于30℃时，不得高于室温。注入液面高低度应在高低液面线之间。

（4）固定型开口式蓄电池隔板在注入电解液前24h内插入，注入电解液应高出隔板上部10～20mm。

3 充电：

（1）蓄电池充电要在电解液注入3～5h（一般不宜超过12h）、液温低于30℃以下进行，充电时液温不宜高于45℃。

（2）防酸隔爆式铅蓄电池的防酸隔爆栓在注酸完毕后装好，防止充电时酸气大量外泄。

（3）蓄电池在充电时要严格按技术标准要求进行。

（4）蓄电池充电符合下列条件可认为已充足：

1）在正、负极板上发生强烈气泡。

2）电解液的比重增加到产品说明规定值，一般为1.20～1.21（温度为+15℃时）而3h内保持不变。

3）每个电池的电压增加到2.5～2.75V，而且3h内保持不变。

4）极板的颜色正极板变成褐红或暗褐色，负极板变成灰色，

（5）充电结束后，电解液的密度、液面高度需调整时，调后再进行0.5h的充电。

4 放电：

（1）蓄电池的放电应按技术标准规定的要求进行，不应过放。

（2）蓄电池具有以下特征时符合放电已完成的要求：

1）电池电压降至1.8V。

2）极板的颜色，正极板为褐色，负极板发黑。

3）电解液的密度，一般降至1.17～1.15。

（3）温度在25℃时，放电容量应达到额定容量的85%以上。当温度不在25℃时，其

容量可按下式换算：

$$C_{25}=\frac{C_t}{1+0.008(t-25)}$$

式中　t——放电过程中，电解液平均温度（℃）；

C_t——在液温为t℃时实际测得容量（A·h）；

C_{25}——换算成标准温度（25℃）时的容量（A·h）；

0.008——容量温度系数。

5　蓄电池放电后应立即充电，间隔不宜超过10h。

6　充放电全过程，按规定时间作好电压、电流、比重、温度记录及绘制充放电特性曲线图。

7　碱性蓄电池充放电：

（1）碱性蓄电池配液及充放电要按产品说明书和有关技术资料进行。

（2）电解液的注入：

1）清洗电池，擦去油污。

2）注入电解液需用玻璃漏斗或瓷漏斗。注入后2h进行电压测量，如测不出可等8～10h，再测一次。还测不出电压或电压过低，说明电池已坏，需更换电池。

3）电解液注入后2h还要检查液面高度，液面必须高出极板10～15mm。

4）在电解液中注入少量的火油或凡士林油，使其漂浮在液面上，隔绝空气，防止空气中二氧化碳与电解液接触。

（3）充放电：

1）碱性蓄电池的充、放电应按说明书的要求进行。

2）如果没有注明，充、放电电流可按以下方法计算：电池的额定容量除以4（或乘以25%），即额定容量为100A·h的蓄电池可用25A进行充电。

3）镉镍蓄电池充电先用正常充电电流充6h，1/2正常充电电流继续充6h，接着用8h放电率放电4h，如此循环，充、放电要进行3次。

4）对铁镍蓄电池用正常充电电流充12h，再用8h率放电，当两极电压降压1.1V时，再用12h率（1/3正常充电电流）充电一次。

（4）注意事项：

1）配制碱性电解液的容器应用铁、钢、陶瓷或珐琅制成。

2）严禁使用配制过酸性电解液的容器。

3）配制溶液的保护用品和配酸性溶液相同。

4）配制好的电解液必须密封，不能与空气接触，以防产生碳酸盐。

9.4.2.5　调试和检测

1　对不间断电源的各功能单元进行试验测试，全部合格后方可进行不间断电源的试验和检测。

2　采用后备式和方波输出的UPS电源时，其负载不能是容感性负载（变频器、交流电机、风扇、吸尘器等）；不允许在不间断电源工作时用与不间断电源相连的插座接通容感性负载。

3　不间断电源的输入输出连线的线间、线对地间的绝缘电阻值应大于0.5MΩ；接地电阻符合要求。

4 按要求正确设定蓄电池的浮充电压和均充电压，对 UPS 进行通电带负载测试。

5 按使用说明书的要求，按顺序启动 UPS 和关闭 UPS。

6 对不间断电源进行稳态测试和动态测试。稳态测试时主要应检测 UPS 的输入、输出、各级保护系统；测量输出电压的稳定性、波形畸变系统、频率、相位、效率、静态开关的动作是否符合技术文件和设计要求；动态测试应测试系统接上或断开负载时的瞬间工作状态，包括突加或突减负载、转移特性测试；其他的常规测试还应包括过载测试、输入电压的过压和欠压保护测试、蓄电池放电测试等。

7 检测不间断电源的功能：

（1）按接口规范检测接口的通信功能；

（2）检查连锁控制，确保因故障引起的断路器跳闸不会导致备用断路器闭合（对断路器手动恢复除外），反之亦然；

（3）采用试验用开关模拟电网故障，测验转换顺序；

（4）用辅助继电器设置故障，检测系统的自动转换动作的转移特性；

（5）正常电源与备用电源的转换测试：

通过带有可调时间延迟装置的三相感应电路实现正常和备用电源电压的监控。当正常电源故障或其电压降到额定值的 70% 以下时，计时器开始计时，若超过设定的延时时间（0～15s）故障仍存在，则备用电源电压已达到其额定值的 90% 的前提下，转换开关开始动作，由备用电源供电；一旦正常电源恢复，经延时后确认电压已稳定，转换开关必须能够自动切换到正常电源供电，同时通过手动切换恢复正常供电的功能也必须具备。

（6）检查声光报警装置的报警功能；

（7）检查系统对不间断电源运行状况的监测和显示情况；

（8）检测不间断电源的噪声。

8 根据 GB 7260/GB 50303/GB 50307 的有关规定对不间断电源系统进行检测验收。

9.5 成品保护

9.5.1 电源室的门应加锁，未经许可非安装人员不准入内。

9.5.2 不间断电源自充电至交工期内需设专人值班。

9.5.3 室内保持清洁干净、走道畅通，通风良好，室内温度保持在 10～30℃，室内严禁明火及吸烟。

9.5.4 若需在电源室施工时，必须采取保护和防尘措施，以免碰撞损伤设备。

9.6 安全、环保措施

9.6.1 不间断电源室内通风必须良好。

9.6.2 不间断电源室严禁烟火。

9.6.3 极板焊接时，必须由有经验的焊工进行，电工配合。

9.6.4 蓄电池配液应由有施工经验的电工操作，并设专人监护。

9.6.5 配液时不间断电源室应备5%的碳酸钠溶液和清水以防意外。

9.6.6 严格禁止把蒸馏水向硫酸内倾倒。

9.6.7 配注电解液时，操作人员必须配戴专用保护用品（防护眼镜、胶皮手套、胶皮围裙、胶皮靴、口罩），确保操作安全。

9.6.8 不间断电源施工时所用的机械设备必须是完好设备，并设专人管理，定期对设备进行检查、维修、保养，使设备在正常状态下运行，减少噪音排放。

9.6.9 对于备用和不间断电源施工过程中产生的粉尘，采取洒水降尘、挡风等措施避免粉尘飞扬。

9.6.10 油漆、酸、碱液和其他有毒有害物质不能随意丢弃，以免造成水体和土地污染。

9.7 质量标准

9.7.1 主控项目：

9.7.1.1 不间断电源的整流装置、逆变装置和静态开关装置的规格、型号必须符合设计要求。内部结线连接正确，紧固件齐全，可靠不松动，焊接连接无脱落现象。

检验方法：观察检查。

9.7.1.2 不间断电源的输入、输出各级保护系统和输出的电压稳定性、波形畸变系数、频率、相位、静态开关的动作等各项技术性能指标试验调整必须符合产品技术文件要求，且符合设计文件要求。

检验方法：检查安装记录。

9.7.1.3 不间断电源装置间连线的线间、线对地间绝缘电阻值应大于0.5MΩ。

检验方法：实测或检查绝缘电阻测试记录。

9.7.1.4 不间断电源输出端的中性线（N极），必须与由接地装置直接引来的接地干线相连接，做重复接地。

检验方法：观察检查。

9.7.2 一般项目

9.7.2.1 安放不间断电源的机架组装应横平竖直，水平度、垂直度允许偏差不应大于1.5‰，紧固件齐全。

检验方法：观察检查。

9.7.2.2 引入或引出不间断电源装置的主回路电线、电缆和控制电线、电缆应分别穿保护管敷设，在电缆支架上平行敷设应保持150mm的距离。电线、电缆的屏蔽护套接地连接可靠，与接地干线就近连接，紧固件齐全。

检验方法：观察检查。

9.7.2.3 不间断电源装置的可接近裸露导体接地（PE）或接零（PEN）可靠，且有标识。

检验方法：观察检查。

9.7.2.4 不间断电源正常运行时产生的A声级噪声，不应大于45dB；输出额定电流为5A及以下的小型不间断电源噪声，不应大于30dB。

检查方法：实测或检查安装记录。

9.8 质 量 验 收

9.8.1 不间断电源安装工程检验批的划分以每组不间断电源为单位，其中电解液配制、首次充放电、不间断电源装置间连线的线间、线对地间绝缘电阻检查数量为全检，其他项目抽查10处，不足10处全检。

9.8.2 检验批的验收按本标准第3.0.25条进行组织。

9.8.3 检验批质量验收记录当地政府主管部门无统一规定时，宜采用表9.8.3“不间断电源安装检验批质量验收记录表”。

表 9.8.3 不间断电源安装检验批质量验收记录表

GB 50303—2002

单位（子单位）工程名称				
分部（子分部）工程名称			验收部位	
施工单位			项目经理	
分包单位			分包项目经理	
施工执行标准名称及编号				
施工质量验收规范规定			施工单位检查评定记录	监理（建设）单位验收记录
主控项目	1	不间断电源的整流装置、逆变装置和静态开关装置的规格、型号必须符合设计要求。内部结线连接正确，紧固件齐全，可靠不松动，焊接连接无脱落现象		
	2	不间断电源的输入、输出各级保护系统和输出的电压稳定性、波形畸变系数、频率、相位、静态开关的动作等各项技术性能指标试验调整必须符合产品技术文件要求，且符合设计文件要求		
	3	不间断电源装置间连线的线间、线对地间绝缘电阻值应大于0.5MΩ		
	4	不间断电源输出端的中性线（N极），必须与由接地装置直接引来的接地干线相连接，做重复接地		
一般项目	1	安放不间断电源的机架组装应横平竖直，水平度、垂直度允许偏差不应大于1.5‰，紧固件齐全		
	2	引入或引出不间断电源装置的主回路电线、电缆和控制电线、电缆应分别穿保护管敷设，在电缆支架上平行敷设应保持150mm的距离。电线、电缆的屏蔽护套接地连接可靠，与接地干线就近连接，紧固件齐全		
	3	不间断电源正常运行时产生的A声级噪声，不应大于45dB；输出额定电流为5A及以下的小型不间断电源噪声，不应大于30dB		
	4	机架组装紧固且水平度、垂直度偏差　≤1.5‰		
施工单位检查评定结果		专业工长（施工员）	施工班组长	
		项目专业质量检查员：　　　年　月　日		
监理（建设）单位验收结论		监理工程师（建设单位项目专业技术负责人）：　　　年　月　日		

10 低压电气动力设备试验和试运行

10.1 一 般 规 定

10.1.1 本章适用于低压电气动力设备（包括成套配电柜、屏，配电箱、盘，电动机，电动执行机构等）试验和试运行分项工程的施工操作和施工质量检验。

10.1.2 低压电气动力设备试验和试运行应按以下程序进行：

1 设备的可接近裸露导体接地（PE）或接零（PEN）连接完成，经检查合格，才能进行试验；

2 动力成套配电（控制）柜、屏、台、箱、盘的交流工频耐压试验、保护装置的动作试验合格，才能通电；

3 控制回路模拟动作试验合格，盘车或手动操作，电气部分与机械部分的转动或动作协调一致，经检查确认，才能空载试运行。

10.1.3 低压电气动力设备试验和试运行前，要对相关的现场单独安装的各类低压电器进行单体的试验和检测，符合国家验收规范规定，才能进行试运行。与试运行有关的成套柜、屏、台、箱、盘已在试运行前试验合格。

10.1.4 低压电气动力设备和工作场所，所属电器、仪表元件，必须彻底清扫干净，不得有灰尘和杂物。检查母线上和设备上是否留有工具、金属材料及其他物件。

10.1.5 试验和试运行的各种参数符合设计要求，并做好记录。

10.2 施 工 准 备

10.2.1 技术准备

1 编制试验及试运行方案，并报相关部门进行审批。

2 备齐试验合格的验电器、绝缘防护装备、胶垫，以及接地编织铜线和灭火器材等。

3 各项电气交接试验均应合格，各类开关和控制保护动作正确。

10.2.2 主要机具

电工刀、电工钳、剥线钳、压线钳、夹嘴钳，各种螺丝刀、水准仪、兆欧表、万用表、水平尺、高压测试仪器、吸尘器、转速表、卡钳电流表、电子点温计、电桥、钢卷尺、直尺、塞尺、线坠、试铃、红外线遥测温度仪等。

10.2.3 作业条件

1 试验调整、试运行前应建立组织机构，应有施工单位、建设单位、监理单位三方有关工程技术负责人及专业工程技术人员共同参加，组成工作小组。如有必要，还需约定供货商参加。明确试验调整、试运行指挥者，操作者和监护人。

2 由施工单位专业技术人员编制电气设备试验调整、试运行施工方案。由建设单位，监理单位专业技术负责人审定批准，方可进行试验调整及试运行。

3 收集电气设备安装设计图纸、安装施工记录施工质量验收资料以及电气设备出厂技术文件和质量证明书，资料必须齐全。

4 试验调整用的机具、仪器仪表应准备齐全。机具、仪器仪表必须经计量检定合格后方可使用。

5 进行试验及试运行的设备清理、擦拭干净，无遗留杂物。低压电气动力设备做好全面检查，确认符合试运行条件时方可投入运行。各种交接试验单据齐全，数据符合要求。

10.3 施 工 工 艺

10.3.1 成套配电柜（盘）及动力柜试验调整和试运行

10.3.1.1 柜（盘）试验调整

1 高压试验应由当地供电部门许可的试验单位进行，试验内容包括以下部分：

（1）高压柜框架；

（2）母线；

（3）避雷器；

（4）高压瓷瓶；

（5）电压互感器；

（6）电流互感器；

（7）高压开关等。

2 调整内容：

（1）过流继电器调整；

（2）时间继电器；

（3）信号继电器；

（4）机械联锁调整；

3 二次控制小线调整及模拟试验：

（1）将所有的接线端子螺丝再紧一次；

（2）绝缘摇测：用500V摇表在端子板处测试每条回路的电阻，电阻必须大于0.5MΩ；

（3）二次小线回路如有晶体管，集成电路、电子元件时，该部位的检查不准使用摇表和试铃测试，应使用万用表测试回路是否接通；

（4）接通临时的控制电源和操作电源；将柜（盘）内的控制操作电源回路熔断器上端相线拆掉，接上临时电源；

（5）模拟试验：按照图纸要求，分别模拟试验控制、联锁、操作、继电保护和信号动作，正确无误，灵敏可靠；

（6）拆除临时电线，将原有的电源线复位。

10.3.1.2 送电前的检查

1 送电前应检查送电使用的工具、仪器仪表以及防护材料是否已经配备齐全。例如验电器、绝缘鞋、绝缘手套、临时接地编织铜线、绝缘胶垫，粉沫灭火器等。这些物品一般应由建设单位配备齐全。

2 彻底清扫全部设备及变配电室、控制室的灰尘。用吸尘器清扫电器、仪表元件。另外，室内除送电需用的设备用具外，其他物品不得堆入。要认真彻底检查到位，达到要求。

3 检查母线上、设备上有无遗留下的工具、金属材料及其他物体。

4 检查试运行的组织工作、指挥者、操作者及监护人是否已经到位。

5 检查柜（盘）的试验调整项目是否全部达到标准要求，试验数据及相关资料必须合格。

6 检查施工图、竣工资料、试验调整资料、设备技术文件、质量证明书是否全部搜集齐全。

7 继电保护器动作灵敏可靠，控制、联锁、信号等动作准确无误。

8 检查变配室门窗是否已封闭上锁，是否设有防鼠板等，是否有人值班。

10.3.1.3 送电试运行

1 必须由供电部门检查合格后，将电源供电送进室内，经验电，校相无误。

2 由安装单位合进线柜开关，检查 PT 柜上电压表三相是否电压正常。

3 合变压器柜开关，检查变压器是否有电。

4 合低压柜进线开关、查看电压表三相是否电压正常。

5 按上述 2～4 款，送其他柜的电。

6 在低压联络柜内，在开关的上下侧（开关未合状态）进行同相校核。用电压表或万用电表电压档 500V，用表的两个测针，分别接触两路的同相，此时电压表无读数，表示两路电同一相。用同样的方法检查其他两相。

7 验收。送电空载 24h 无异常现象，办理验收手续，交建设单位使用。同时接交变更洽商记录、产品技术文件、质量证明书，说明书试验报告单等技术资料。

10.3.1.4 运行中的故障预防

1 柜（盘）内，电器元件、瓷件损坏。预防措施应在安装时加强责任心，采取成品保护。在运行前检查到位，以防有损坏的元件、瓷件投入运行。

2 柜（盘）内控制线压接不紧，接线错误。运行前要对其进行认真检查调整和压紧，以防运行中发生故障。

3 手车式柜二次小线回路辅助开关切换失灵，机械性能差。在调试中，要反复试验调整，达不到要求的部件要求厂方更换，以防在运行中发生故障。

10.3.2 电动机及附属设备的试验调整和试运行

10.3.2.1 交流电动机的试验调整项目内容

1 测量绕组的绝缘电阻和吸收比；

2 测量绕组的直流电阻；

3 定子绕组的直流耐压试验和泄漏电流测量；

4 定子绕组的耐压试验；

5 绕线式电动机转子绕组的交流耐压试验；

6 同步电动机转子绕组的交流耐压试验；

7 测量可变电阻器、起动电阻器、灭磁电阻器的绝缘电阻；

8 测量可变电阻器、起动电阻器、灭磁电阻器的直流电阻；

9 测量电动机轴承的绝缘电阻；

10　检查定子绕组极性及其连接的正确性；

11　电动机空载转动检查和空载电流测量。

注：电压1000V以下、容量100kW以下的电动机，可按本条第1、7、10、11款进行试验。

10.3.2.2　试验标准

1　测量绕组的绝缘电阻和吸收比，应达到以下要求：

（1）额定电为1000V以下，常温绝缘电阻值不应低于0.5MΩ；

（2）额定电压为1000V以上，在运行温度的绝缘电阻值，定子绕组不应低于每千伏1MΩ；转子绕组不应低于每千伏0.5MΩ；

（3）1000V以上的电动机应测量吸收比。吸收比不应低于1.2，中性点可拆开的应分相测量。

2　测量绕阻的直流电阻，1000V以上或100kW以上的电动机各相绕组直流电阻值相互差别不应超过其最小值的2%，中性点引出的电动机可测量线间直流电阻，其相互差别不应超过最小值的1%。

3　定子绕阻直流耐压试验和泄漏电流测量1000V以上及1000kW以上、中性点连线已引出至线端子板的定子绕组应分相进行直流耐压试验。试验电压为定子绕组额定电压的3倍。在规定的试验电压下，各相泄漏电流值不应大于最小值的100%。当最大泄漏电流在20μA以下时，各相间无明显差别。试验时按以下要求进行；

（1）试验电压为电机额定电压的3倍。

（2）试验电压按每级0.5倍额定电压分阶段升高，每阶段停留60s，并记录泄漏电流。在规定的试验电压下，各相泄漏电流的差别不应大于最小值的50%，当最大泄漏电流在20微安以下，各相间差值与出厂试验值比较不应有明显差别。泄漏电流不应随时间延长而增大。泄漏电流随电压不成比例地显著增长时，应及时分析。

（3）氢冷电机必须在充氢前或排氢后且含氢量在3%以下时进行试验，严禁在置换过程中进行试验。

（4）水内冷电机试验时，宜采用低压屏蔽法。

4　定子绕组交流耐压试验按表10.3.2.2-1进行。

表10.3.2.2-1　定子绕组交流耐压试验电压

额定电压（kV）	3	6	10	试验电压（kV）	5	10	16

5　绕线式电动机的转子绕组交流耐压试验电压，按表10.3.2.2-2进行。

表10.3.2.2-2　绕线式电动机绕组交流耐压试验电压

转	试验电压（V）	备　注
不可逆的	1.5Uk + 750	Uk为转子静止时，在定子绕组上施加的额定电压，转子绕组开路时测得的电压
可逆的	3.0Uk + 750	

6　同步电动机转子绕组的交流耐压试验电压为额定励磁电压的7.5倍，且不低于1200V，但不应高于出厂试验电压值的75%。

7　可变电阻器、起动电阻器，灭磁电阻器绝缘电阻值，当与回路一起测量时，绝缘电阻值不应低于0.5MΩ。

8　测量可变电阻器、起动电阻器，灭磁电阻器的直流电阻值，与产品出厂数值比较，其差值不应超过 10%。调节过程中应接触良好，无开路现象，电阻值的变化应有规律性。

9　测量电动机轴承的绝缘电阻，当有油管连接时，应在油管安装后，采用 1000V 兆欧表测量，绝缘电阻不应低于 0.50MΩ。

10　检查定子绕组的极性及其连接应正确。中性点未引出者可不检查极性。

11　电动机空载传动检查的运行时间为 2h，并记录电动机的空载电流。当电动机与其机械部分的连接不易拆开时，可连在一起进行空载等转动检查试验。

10.3.2.3　试运行前的检查内容

1　土建工程全部结束，现场清扫整理完毕。

2　电机本体安装检查结束，质量验收合格。

3　冷却、调速、润滑等附属系统安装完毕，施工质量验收合格。

4　电机的保护、控制、测量、信号、励磁等回路的调试完毕，动作正常。

5　电动机应做的试验按照第 10.3.2.2 条进行，并全部符合要求。

6　电刷与转向器或滑环的接触应良好。

7　板动电机转子应转动灵活，无碰卡现象。

8　电机引出线相位正确，固定牢固连接紧密。

9　电动机外壳油漆完整，保护接地良好。

10　照明、通讯、消防装置应齐全。

10.3.2.4　试运行及验收

1　经运行交试验调整和运行前的检查全部符合要求后，就可进行试运行。

2　电动机试运行一般应在空载的情况下进行，空载运行时间为 2h，并做电动机空载电流、电压记录。

3　电动机接通电源后，如发现电动机不能启动和启动时转速很低或者声音不正常等现象，应立即切断电源检查原因。

4　启动多个电动机时，应按容量从大到小逐台起动，不能同时启动。

5　电动机试运行中应进行下列检查：

(1) 检查电机的旋转方向是否符合要求，声音正常；

(2) 检查换向器、滑环及电刷的工作情况是否正常；

(3) 检查电动机的温度不应有过热现象；

(4) 检查滑动轴承温升不应超过 45℃，滚动轴承温升不应超过 60℃。

(5) 检查电动机的振动是否符合要求。

6　交流电动机带负荷起动数次应尽量减少，如产品无规定时按在冷态时可连续起动 2 次，在热态时，可连续起动 1 次。

7　电动机经试运行合格后可进行验收，验收时应提交下列资料和文件；

(1) 设计变更洽商单；

(2) 产品说明书、试验记录、合格证明书等技术文件；

(3) 安装记录（包括电动机抽芯检查记录、电机干燥记录等）；

(4) 试验调整和试运行记录。

10.3.2.5　运行中的故障预防

1　电机运行时，电刷有明显的火花，预防措施是在安装与调试中，使电刷与换向器或集电环接触良好，在刷握内能上下活动，电刷的压力正常，引线与刷架连接紧密可靠，绕线电机的电刷抬起装置动作可靠，短路刀片接触良好，动作方向与标志一致。

2　电机端盖温度过高，要按规定加润滑油。

3　靠背轮间隙不一致，电机和拖动设备要找平。

4　电机起动时跳闸，调试前要检查热继电器的电流应与电机相符，电源开关选择要合理。

10.3.3　电力电容器的试验和试运行

10.3.3.1　电力电容器的试验项目：

1　测量绝缘电阻；

2　测量耦合电容器、断路器电容器的介质损耗角正切值及电容值；

3　耦合电容器的局部放电；

4　并联电容器交流耐压试验；

5　冲击合闸试验；

10.3.3.2　试验标准：

1　测量耦合电容器、断路器电容器的绝缘电阻应在二级间进行，并联电容器应在电极对外壳之间进行，并采用1000V兆欧表测量小套管对地绝缘电阻。

2　测量耦合电容器、断路器电容器的介质损耗角正切值及电容值，应符下列规定：

（1）测得的介质损耗角正切值应符合产品技术条件的规定；

（2）耦合电容器电容值的偏差应在额定电容值的+10%~5%范围内，电容器叠柱中任何两单元的实测电容之比值与这两单元的额定电压之比值的倒数之差不应大于5%。断路器电容器电容值的偏差应在额定电容值的5%范围内。对电容器组，还应测量总的电容值。

3　耦合电容器的局部放电试验，应符合下列要求：

（1）对500kV的耦合电容器，当对其绝缘性能或密封有怀疑而又有试验设备，可进行局部放电试验，多节组合的耦合电容器可分节试验。

（2）局部放电试验的预加电压值为$0.8\times1.3U_m$，停留时间大于10s，降至测量电压值为$1.1U_m$，维持60s后，测量局部放电量，放电量不宜大于10pf。

4　并联电容器的交流耐压试验，应符合下列要求：

（1）并联电容器电极对外壳交流耐压试验电压应符合表10.3.3.2的要求。

表10.3.3.2　并联电容器交流耐压试验电压标准

额定电压（kV）	<1	1	3	6	10	15	20	35
出厂试验电压（kV）	3	5	48	25	35	45	55	85
交流试验电压（kV）	2.2	3.8	14	19	26	34	41	63

（2）当产品出厂试验电压值不符合表中要求时，交换试验电压，应按产品出厂试验电压值的75%进行。

5　在电网额定电压下，对电力电容器组的冲击合闸试验，应进行3次，熔断器不应熔断。电容器组各电流相互间的差值不宜超过5%。

10.3.3.3　送电试运行

1　送电前的检查

(1) 对电力电容器的试验项目全面检查，应按第 10.3.3.1 条的要求全部做完试验，试验结果应全部符合要求。

(2) 对电力电容器外观进行检查，应无损坏及漏油、渗油现象。

(3) 检查连线，应正确可靠。

(4) 检查各种保护装置，应正确无损。

(5) 检查放电系统，应完好无损。

(6) 检查控制设备，应完好无损，动作正常，各种仪表经校对合格。

(7) 自动功率因数补偿装置调整好，(使用移相器事先调整好)。

2 送电试运行验收

(1) 送电前的检查全部符合要求后，方可送电试运行。

(2) 击合闸试验：对电力电容器组进行三次冲击合闸试验，无异常情况，方可投入运行。

(3) 正常运行 24h 后，应办理验收手续，移交建设单位验收。

(4) 验收时应移交的技术资料：设计图纸、设备技术文件、质量证明书、设计变更单，设备开箱检查记录，设备试验调整记录和安装调试记录。

10.3.3.4 运行中的故障预防

为避免电力电容器在运行中出现故障，应在安装中严格按标准要求施工，做好成品保护，对易损的瓷件、电容器本体使用包装物保护好，安装完毕后严格按程序和标准的试验调整，对绝缘测、耐压试验和漏油、渗油等项目重点检查达到标准要求。

10.3.4 母线测试及送电

10.3.4.1 送电前的测试

母线送电前应进行耐压试验，500V 以下母线可用 500V 摇表摇测，绝缘电阻不小于 0.5MΩ。

10.3.4.2 送电前的检查

母线安装后，要全面地进行检查，清理工作现场的工具、杂物，并与有关单位人员协商好，请无关人员离开现场。

10.3.4.3 送电程序

送电程序应为先高压，后低压；先干线，后支线；先隔离开关，后负荷开关。停电时，与上述顺序相反。

10.3.4.4 送电

车间送电前应先挂好有电标志牌，并通知有关单位及人员。送电后应有指示灯。

10.3.5 低压电器试验调整

10.3.5.1 试验项目内容

1 测量低压电器连同所连接电缆及二次回路的绝缘电阻；

2 低压线圈动作值校验；

3 低压电器动作情况检查；

4 低压电器采用的脱扣器的整定；

5 测量电阻器和变阻器的直流电阻。

6 低压电器连同连接的电缆及二次回路的交流耐压试验。

注：低压电器包括电压为 60～1200V 的刀开关，转换开关、熔断器、自动开关、接触器、控制器、主令电器、起动器、电阻器、变阻器及电磁铁。

10.3.5.2 试验过程及测试参数

1 测量低压电器连同所连接电缆及二次回路的绝缘电阻值，不应小于 1MΩ。比较潮湿的地方，不应小于 0.5MΩ。

2 电压线圈动作值较高，线圈的吸合电压，不应大于额定电压的 85%，释放电压不应小于额定电压的 5%；短时工作的合闸线圈应在额定电压的 85%～110%范围内，分离线圈应在额定电压的 75%～110%范围内均能可靠工作。

3 低压电器动作情况的检查：对采用电动机或液压，气压传动方式操作的电器，除产品另有规定外，当电压、液压或气压在额定值的 85%～110%范围内，电器应可靠工作。

4 低压电器采用的脱扣器的规定：各类过流脱扣器、失压和分离脱扣器、延时装置等，应按使用要求整定，其整定值误差不能超过产品技术条件的规定。

5 测定电阻器和变阻器的直流电阻值，其差值应符合产品技术条件的规定。

6 低压电器连同连接的电缆和二次回路的交流耐压试验；试验电压为 1000V。当回路的绝缘电阻在 10MΩ 以上时，采用 2500V 兆欧表代替，试验持续时间为 60s。

10.3.6 回路测试

10.3.6.1 1kV 及以下配电装置和馈电线路测试

1 配电装置及馈电线路的绝缘电阻测试不应小于 0.5MΩ。

2 测量馈电线路绝缘电阻时，应将断路器、用电设备、电器和仪表等断开。

3 动力配电装置的交流耐试验，试验电压为 1000V。当回路绝缘电阻在 10MΩ 以上时，可采用 2500V 兆欧表代替，试验持续时间为 60s。

4 检查配电装置内不同电源的馈线间或馈线两侧的相位应一致。

10.3.6.2 二次回路测试

1 小母线在断开所有其他并联支路时，不应小于 10MΩ。

2 二次回路的每一支路和断路器、隔断开关的操动机构的电源回路等，均不应小于 1 兆欧。

3 交流耐压试验：当回路绝缘电阻在 10MΩ 以上时，可采用 2500V 兆欧表代替，试验持续时间为 60s；当回路中有电子元件设备时，试验时应将插件拔出或将其两端短接；48V 及以下回路，可不作交流耐压试验。

注：二次回路是指电气设备的操作、保护、测量、信号等回路及其回路中的操动机构的线圈、接触器、断电器、仪表、互感器二次绕组等。

10.4 成 品 保 护

10.4.1 低压电气动力设备试验及试运行过程中应设专人值班。

10.4.2 保持室内清洁，防止灰尘损伤电气原件。

10.4.3 未经允许不得拆卸设备零件及仪表等，防止损坏或丢失。

10.5 安 全、环 保 措 施

10.5.1 电气设备的试验调整、试运行前必须编制相关的安全方案，确定安全领导小组、安全工作程序、安全操作注意事项、安全防护用品的配备和应急措施。

10.5.2 针对所要进行试验、调整和试运行的具体的电气设备，必须在操作前进行技术、安全交底。

10.5.3 在操作前认真检查所使用的防护用品是否符合安全操作规定要求，是否配备齐全。

10.5.4 高空作业时，要搭设符合要求的脚手架，按高空作业要求进行防护和操作。穿绝缘胶鞋，戴安全帽，系安全带。

10.5.5 电气设备机房、变配电室应门窗封闭和上锁。户外设备要有护拦等，机房、变配电室等照明、消防、设备齐全。

10.5.6 操作前要认真检查设备的接地，应接地良好。

10.5.7 变配电室、柜（盘）母线等送电前应先挂好有电标志牌，送电后要有指示灯。送电前与操作无关的人要撤离。

10.5.8 试验、调整、试运行等的操作必须按程序步骤和标准安全操作。

10.5.9 电气设备试验、测试、调整和试运行前，应有环保控制等方面交底。

10.5.10 在操作时，要注意保护周围的建筑成品、设备及其他设施不被污染和损坏。

10.5.11 在试验、调整和试运行中使用的包装物品应随时清理，保持现场清洁干净。

10.5.12 在电气设备试验、测试、调整和试运行操作，使用油品、油漆及其他易燃易爆等物品时，必须注意保护室内环境，并保证室内通风良好。电气设备、室内地面、墙面等易被污染的地方，应使用塑料布或编织袋遮盖。

10.5.13 在电气设备试验、测试、调整和试运行时，应采取防噪声隔离措施。

10.6 质 量 标 准

10.6.1 主控项目

10.6.1.1 试运行前，相关电气设备和线路应按本标准的规定试验合格。

检验方法：检查试验记录。

10.6.1.2 现场单独安装的低压电器交接试验项目应符合附录 D 的规定。

检验方法：检查试验记录。

10.6.2 一般项目

10.6.2.1 成套配电（控制）柜、台、箱、盘的运行电压、电流应正常，各种仪表指示正常。

检验方法：观察检查和检查试验记录。

10.6.2.2 电动机应试通电，检查转向和机械转动有无异常情况；可空载试运行的电动机，时间一般为 2h，记录空载电流，且检查机身和轴承的温升。

检验方法：试通电和检查试运行记录。

10.6.2.3 交流电动机在空载状态下（不投料）可启动次数及间隔时间应符合产品技术条件的要求；无要求时，连续启动 2 次的时间间隔不应小于 5min，再次启动应在电动机冷却至常温下。空载状态（不投料）运行，应记录电流、电压、温度、运行时间等有关数据，且应符合建筑设备或工艺装置的空载状态运行（不投料）要求。

检验方法：检查试运行记录。

10.6.2.4 大容量（630A 及以上）导线或母线连接处，在设计计算负荷运行情况下应做温度抽测记录，温升值稳定且不大于设计值。

检验方法：用红外线遥测温度仪进行检测。

10.6.2.5 电动执行机构的动作方向及指示，应与工艺装置的设计要求保持一致。

检验方法：观察检查。

10.7 质 量 验 收

10.7.1 低压电气动力设备试验和试运行工程检验批的划分以回路为单位，检查数量为全检。

10.7.2 检验批的验收按本标准第 3.0.25 条进行组织。

10.7.3 检验批质量验收记录当地政府主管部门无统一规定时，宜采用表 10.7.3“低压电气动力设备试验和试运行检验批质量验收记录表”。

表 10.7.3 低压电气动力设备试验和试运行检验批质量验收记录表

GB 50303—2002

<table>
<tr><td colspan="3">单位（子单位）工程名称</td><td colspan="4"></td></tr>
<tr><td colspan="3">分部（子分部）工程名称</td><td colspan="2"></td><td>验收部位</td><td></td></tr>
<tr><td colspan="2">施工单位</td><td colspan="3"></td><td>项目经理</td><td></td></tr>
<tr><td colspan="2">分包单位</td><td colspan="3"></td><td>分包项目经理</td><td></td></tr>
<tr><td colspan="3">施工执行标准名称及编号</td><td colspan="4"></td></tr>
<tr><td colspan="4">施工质量验收规范规定</td><td>施工单位
检查评定记录</td><td colspan="2">监理（建设）
单位验收记录</td></tr>
<tr><td rowspan="2">主控项目</td><td>1</td><td>试运行前，相关电气设备和线路应按本标准的规定试验合格</td><td></td><td></td><td colspan="2" rowspan="7"></td></tr>
<tr><td>2</td><td>现场单独安装的低压电器交接试验</td><td>第 10.6.1.2 条</td><td></td></tr>
<tr><td rowspan="5">一般项目</td><td>1</td><td colspan="2">成套配电（控制）柜、台、箱、盘的运行电压、电流应正常，各种仪表指示正常</td><td></td></tr>
<tr><td>2</td><td colspan="2">电动机应试通电，检查转向和机械转动有无异常情况；可空载试运行的电动机，时间一般为 2h，记录空载电流，且检查机身和轴承的温升</td><td></td></tr>
<tr><td>3</td><td colspan="2">交流电动机在空载状态下（不投料）可启动次数及间隔时间应符合产品技术条件的要求；无要求时，连续启动 2 次的时间间隔不应小于 5min，再次启动应在电动机冷却至常温下。空载状态（不投料）运行，应记录电流、电压、温度、运行时间等有关数据，且应符合建筑设备或工艺装置的空载状态运行（不投料）要求</td><td></td></tr>
<tr><td>4</td><td colspan="2">大容量（630A 及以上）导线或母线连接处，在设计计算负荷运行情况下应做温度抽测记录，温升值稳定且不大于设计值</td><td></td></tr>
<tr><td>5</td><td colspan="2">电动执行机构的动作方向及指示，应与工艺装置的设计要求保持一致。运行电压、电流及其指示仪表检查</td><td></td></tr>
<tr><td colspan="2" rowspan="2">施工单位
检查评定结果</td><td>专业工长（施工员）</td><td colspan="2"></td><td>施工班组长</td><td></td></tr>
<tr><td colspan="5">项目专业质量检查员： 年 月 日</td></tr>
<tr><td colspan="2">监理（建设）
单位验收结论</td><td colspan="5">监理工程师（建设单位项目专业技术负责人）： 年 月 日</td></tr>
</table>

11　裸母线、封闭母线、插接式母线安装

11.1　一　般　规　定

11.1.1　裸母线、封闭母线、插接式母线的型号、规格、电压等级等必须符合设计要求。有产品合格证、材质证明及安装技术文件。

11.1.2　封闭母线、插接母线应符合下列规定：

1　查验合格证和随带安装技术文件；

2　外观检查：防潮密封良好，各段编号标志清晰，附件齐全，外壳不变形，母线螺栓搭接面平整、镀层覆盖完整、无起皮和麻面；插接母线上的静触头无缺损、表面光滑、镀层完整。

11.1.3　裸母线、裸导线应符合下列规定：

1　查验合格证；

2　外观检查：包装完好，裸母线平直，表面无明显划痕，测量厚度和宽度符合制造标准；裸导线表面无明显损伤，不松股、扭折和断股（线），测量线径符合制造标准。

11.1.4　裸母线、封闭母线、插接式母线安装应按以下程序进行：

1　变压器、高低压成套配电柜、穿墙套管及绝缘端子等安装就位，经检查合格，才能安装变压器和高低压成套配电柜的母线；

2　封闭、插接式母线安装，在结构封顶、室内底层地面施工完成或已确定地面标高、场地清理、层间距离复核后，才能确定支架设置位置；

3　与封闭、插接式母线安装位置有关的管道、空调及建筑装修工程施工基本结束，确认扫尾施工不会影响已安装的母线，才能安装母线；

4　封闭、插接式母线每段母线组对接续前，绝缘电阻测试合格，绝缘电阻值大于20MΩ，才能安装组对；

5　母线支架和封闭、插接式母线的外壳接地（PE）或接零（PEN）连接完成，母线绝缘电阻测试和交流工频耐压试验合格，才能通电。

11.1.5　封闭、插接母线组装和固定位置应正确，外壳与底座间、外壳各连接部位和母线的连接螺栓应按产品技术文件要求选择正确，连接紧固。

11.2　施　工　准　备

11.2.1　技术准备

1　按照已批准的施工组织设计（施工方案）进行技术交底。

2　复核母线敷设路径是否通畅无阻碍。

3　母线施工前，应实测预留孔洞是否符合设计要求。

11.2.2 材料准备

裸母线、封闭母线、插接式母线、金属紧固件及卡件、绝缘材料及瓷件、防腐涂料、油性涂料、焊条、焊粉等。

11.2.3 主要机具

1 安装机具设备：砂轮切割机、母线煨弯器、母线矫直器、电焊机、气焊工具、台钻、手电钻、台虎钳、电锤、冲击电钻、油压煨弯器、液压升降梯、钢锯、砂轮、铝锉、钢丝刷、木锤、力矩扳手、铜丝刷等。

2 测试工具：皮尺、钢卷尺、钢板尺、钢角尺、水平仪、磁力线坠、摇表、万用表等。

11.2.4 作业条件

1 施工图纸及产品技术文件齐全。图纸已经会审并进行设计交底，有经过审批的施工组织设计（施工方案）。

2 母线装置安装前，建筑工程应具备下列条件：

(1) 基础、构架符合电气设备的设计要求，达到允许安装的强度，焊接构件的质量符合要求，高层构架的走道、栏杆、平台齐全牢固。

(2) 屋顶、楼板施工完毕，不能渗漏；室内地面基层施工完毕，并在墙上标出建筑地面标高。

(3) 门窗安装完毕，场地清理干净，并有一定的加工场地。

(4) 有可能损坏已安装母线装置或安装后不能再进行的装饰工程全部结束；封闭式、插接式母线安装部位的建筑装饰工程全部结束，暖卫通风工程安装完毕。

(5) 电气设备（变压器、开关柜等）安装完毕，检验合格。

(6) 预留孔洞及预埋件尺寸、强度均符合设计要求。

11.3 材料质量控制

11.3.1 铜、铝母线应有产品合格证及材质证明，并符合表 11.3.1 的要求。母线表面应光洁平整，不应有裂纹、折皱、夹杂物及变形和扭曲现象。

表 11.3.1 母线的机械性能和电阻率

母线名称	母线型号	最小抗拉强度 (N/mm^2)	最小伸长率 (%)	20℃时最大电阻率 (Ω.mm^2/m)
铜 母 线	TMY	255	6	0.01777
铝 母 线	LMY	115	3	0.0290

11.3.2 封闭母线、插接式母线应有出厂合格证、安装技术文件。技术文件应包括额定电压、额定容量、试验报告等技术数据。型号、规格、电压等级应符合设计要求。封闭母线、插接式母线各段应标志清晰、附件齐全，外壳无变形，内部无损伤。

11.3.3 绝缘子及穿墙套管的瓷件，应符合执行国家标准和有关电瓷产品技术条件的规定，并有产品合格证。

11.3.4 绝缘材料的型号、规格、电压等级应符合设计要求，外观无损伤及裂纹，绝缘良好。

11.3.5 所用各种规格的型钢应无明显锈蚀，金属紧固件、卡件、各种螺栓、垫圈应符合设计要求，并且必须采用热镀锌件。

11.3.6 各种油漆、电焊条等均有合格证。

11.4 施 工 工 艺

11.4.1 裸母线施工工艺

11.4.1.1 裸母线安装工艺流程

放线检查测量→支架制作安装→绝缘子安装→母线加工→母线联接→母线安装→涂色刷漆→检查、送电

11.4.1.2 施工要点

1 放线检查测量

(1) 进入现场后首先依据图纸进行检查，根据母线沿墙、跨柱、沿梁及屋架敷设的不同情况，核对是否与图纸相符。

(2) 核对检查母线敷设全方向有无障碍物，有无与建筑结构、设备、管道、通风等其他安装部件相互交叉矛盾的地方。

(3) 配电柜内安装的母线，还要测量其与设备上其他部件安全距离是否符合要求。

(4) 检查预留孔洞、预埋铁件的尺寸、标高、方位，是否符合要求。

(5) 放线测量出各段母线加工尺寸、支架尺寸，并划出支架安装距离及剔洞或固定件安装位置。

(6) 检查脚手架是否安全及符合操作要求。

2 支架制作安装

(1) 按图纸尺寸加工各种支架。支架采用 L50×50×5 角钢制作，用 M10 膨胀螺栓固定在墙上。

(2) 支架安装距离，当裸母线为水平敷设时，不超过 3m，重直敷设时不超过 2m。支架距离要均匀一致，两支架间距离偏差不得大于 50mm。

3 绝缘子安装

(1) 母线绝缘子安装前应进行检查，外观无裂纹、缺损现象，绝缘子灌注的螺栓、螺母结合牢固。安装前应测量绝缘电阻，大于 1MΩ 为合格。6～10kV 支柱绝缘子安装还应做交流耐压试验。

(2) 无底座和顶帽的内胶装式的低压绝缘子与金属固定件的接触面之间应垫以厚度不小于 1.5mm 的橡胶或石棉板等缓冲垫圈。

(3) 绝缘子夹板、卡板的安装要紧固，夹板、卡板的制作规格要与母线的规格相适配。

(4) 安装在同一平面或垂直面上的支柱绝缘子应位于同一平面上；其中心线位置应符合设计要求。母线直线段的支柱绝缘子的安装中心线应处在同一直线上。

4 母线的加工

(1) 母线矫直：母线应矫正平直。对弯曲不平的母线采用母线矫直器或人工矫直。人

工矫直时，先选一段表面平直、光滑、洁净的大型槽钢或工字钢，将母线放在钢材表面上用木锤进行矫直。

(2) 母线下料：可使用手锯或砂轮锯进行作业，严禁用气焊进行切割。下料时根据母线来料长度合理切割，切断面应平整，下料时母线要留有适当裕量，避免弯曲时产生误差，造成整根母线报废。

(3) 母线弯曲：母线的弯曲采用专用工具（母线煨弯器）冷煨，弯曲处不得有裂纹及显著的皱折，不得进行热弯。母线开始弯曲处距母线连接位置不应小于50mm。母线扭弯、扭转部分的长度不得小于母线宽度的2.5倍~5倍（图11.4.1.2-1），母线平弯及立弯的弯曲半径不得小于表11.4.1.2-1的规定。

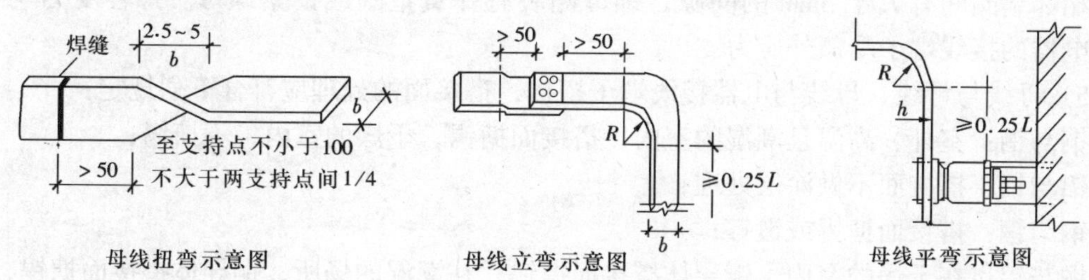

图 11.4.1.2-1　母线弯曲示意图

表 11.4.1.2-1　矩形母线最小弯曲半径（*R*）值

弯曲方式	母线断面尺寸（mm）	最小弯曲半径（mm）		
		铜	铝	钢
平　弯	50×5 及其以下	2*h*	2*h*	2*h*
	125×10 及其以下	2*h*	2.5*h*	2*h*
立　弯	50×5 及其以下	1*b*	1.5*b*	0.5*b*
	125×10 及其以下	1.5*b*	2*b*	1*b*

5　母线的连接

母线的连接可采用焊接或搭接两种方式。

(1) 焊接

1) 焊接位置：焊缝距离弯曲点或支持绝缘子边缘不得小于50mm，同一相如有多片母线，其焊缝应相互错开50mm以上。

2) 焊接前应将母线坡口两侧表面各50mm范围内清刷干净，不得有氧化膜、水分和油污；坡口加工面应无毛刺和飞边。

3) 焊接前对口应平直，其弯折偏移不应大于0.2%，中心线偏移不应大于0.5mm。对口焊接的母线，宜有35°~40°的坡口，1.5~2mm的钝边。

4) 铝及铝合金母线的焊接采用氩弧焊。

5) 每个焊缝应一次焊完，除瞬间断弧外不得停焊，母线焊完未冷却前，不得移动或受力。焊缝对口平直，不得错口，必须双面焊接，焊缝应凸起呈弧形，母线对接焊缝的上部应有2~4mm加强高度。引下线母线采用搭接焊时，焊缝的长度不应小于母线宽度的两倍。焊接接头表面应无肉眼可见的裂纹、凹陷、夹渣、气孔、未焊透及咬肉缺陷。

(2) 母线搭接

1) 矩形母线的搭接连接要求，见附录 E。

2) 矩形母线采用螺栓固定搭接时，连接处距支柱绝缘子的支持夹板边缘不应小于 50mm，上片母线端头与下片母线平弯起始处的距离不应小于 50mm。

3) 螺栓规格与母线规格有关，螺栓、平垫圈及弹簧垫必须采用镀锌件，螺栓长度应考虑在螺栓紧固后丝扣能露出螺母外 5～8mm。母线接头螺孔的直径宜大于螺栓直径 1mm；钻孔前，先在连接部位，按规定划好孔位中心线并冲眼，钻孔应垂直，不歪斜，螺孔中心距离的误差应为 ±0.5mm。

4) 母线接触面保持清洁，涂电力复合脂，螺栓孔周边无毛刺。连接螺栓两侧有平垫圈，相邻垫圈间有大于 3mm 的间隙，螺母侧装有弹簧垫圈或锁紧螺母。螺栓受力均匀，不使电器的接线端子受额外应力。

5) 母线与母线、母线与电器接线端子搭接，搭接面的处理应符合下列规定：

铜与铜：室外、高温且潮湿的室内，搭接面搪锡，干燥的室内，不搪锡；

铝与铝：搭接面不做涂层处理；

钢与钢：搭接面搪锡或镀锌；

铜与铝：在干燥的室内，铜导体搭接面搪锡；在潮湿的场所，铜导体搭接面搪锡，且采用铜铝过渡板与铝导体连接；

钢与铜或铝：钢搭接面搪锡。

(6) 母线的接触面应连接紧密，连接螺栓应用力矩扳手紧固，其紧固力矩值见附录 F。

6 母线的安装

(1) 母线安装应平整美观，且符合下列要求：

水平段：二支持点高度误差不大于 3mm，全长不大于 10mm。

垂直段：二支持点垂直误差不大于 2mm，全长不大于 5mm。

间距：平行部分间距应均匀一致，误差不大于 5mm。

(2) 母线在绝缘子上安装应符合下列规定：

1) 金具与绝缘子间的固定平整牢固，不使母线受额外应力；

2) 交流母线的固定金具或其他支持金具不形成闭合铁磁回路；

3) 除固定点外，当母线平置时，母线支持夹板的上部压板与母线间有 1～1.5mm 的间隙，当母线立置时，上部压板与母线间有 1.5～2mm 的间隙；

4) 母线的固定点，每段设置 1 个，设置于全长或两母线伸缩节的中点；

5) 母线采用螺栓搭接时，连接处距绝缘子的支持夹板边缘不小于 50mm。

(3) 室内裸母线的最小安全净距应符合附录 G 的要求。

(4) 母线支持点的间距，对低压母线不得大于 900mm，对高压母线不得大于 1200mm。低压母线垂直安装且支持点间距无法满足要求时，应加装母线绝缘夹板。母线在支持点的固定：水平安装的母线应采用开口元宝卡子，垂直安装的母线应采用母线夹板。母线只允许在垂直部分的中部夹紧在一对夹板上，同一垂直部分其余的夹板和母线之间应留有 1.5～2mm 的间隙。

(5) 母线过墙时采用穿墙隔板，其安装做法见图 11.4.1.2-2。

7 检查送电

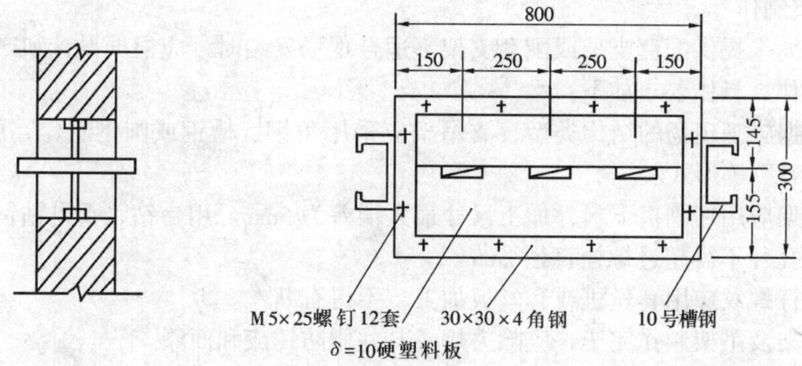

图 11.4.1.2-2　穿墙隔板安装做法

(1) 母线安装完后，应进行下列检查：

1) 金属构件加工、配制、螺栓连接、焊接等应符合国家现场标准的有关规定。

2) 所有螺栓、垫圈、闭口销、锁紧销、弹簧垫圈、锁紧螺母等应齐全、可靠。

3) 母线配制及安装架设应符合设计规定，且连接正确，螺栓紧固，接触可靠；相间及对地电气距离应符合要求。

4) 瓷件应完整、清洁；铁件和瓷件胶合处均应完整无损，充油套管应无渗油、油位应正常。

5) 油漆应完好，相色正确，接地良好。

(2) 母线送电前应进行耐压试验，高压母线交流工频耐压试验必须符合现行国家标准《电气装置安装工程电气设备交接试验标准》GB 50150 的规定，低压母线相间和相对地间的绝缘电阻值应大于 0.5MΩ，交流工频耐压试验电压为 1kV。当绝缘电阻值大于 10MΩ 时，可采用 2500V 兆欧表摇测替代，试验持续时间 1min，无击穿闪络现象。

(3) 母线送电要有专人负责，送电程序应为先高压、后低压；先干线，后支线；先隔离开关后负荷开关。停电时与上述顺序相反。

(4) 车间母线送电前应先挂好有电标志牌，并通知有关单位及人员，送电后应有指示灯。

11.4.2　封闭母线、插接式母线施工工艺

11.4.2.1　工艺流程

设备开箱清点检查→支架制作→支架安装→封闭母线、插接式母线安装→系统测试→送电运行

11.4.2.2　施工要点

1　设备开箱清点检查

(1) 设备开箱清点检查，应由建设单位代表、监理单位代表、供货商及施工单位共同进行并作好记录。

(2) 母线分段标志清晰齐全，外观无损伤变形，内部无损伤，母线螺栓固定搭截面应平整，其镀银无麻面、起皮及未覆盖部分，绝缘电阻符合设计要求。

(3) 根据母线排列图和装箱单，检查封闭插接母线、进线箱、插接开关箱及附件，其规格、数量应符合要求。

2　支架制作

若供应商未提供配套支架或配套支架不适合现场安装时，应根据设计和产品文件规定进行支架制作。具体要求如下：

（1）根据施工现场的结构类型，支吊架应采用角钢、槽钢或圆钢制作，可采用“一”“L”“T”“凵”等形式。

（2）支架应用切割机下料，加工尺寸最大误差为5mm。用台钻、手电钻钻孔，严禁用气割开孔，孔径不得超过螺栓直径2mm。

（3）吊杆螺纹应用套丝机或套丝扳加工，不得有断丝。

（4）支架及吊架制作完毕，应除去焊渣，并刷防锈漆和面漆。

3　支架安装

（1）支架和吊架安装时必须拉线或吊线锤，以保证成排支架或吊架的横平竖直，并按规定间距设置支架和吊架。

（2）母线的拐弯处以及与配电箱，柜连接处必须安装支架，直线段支架间距不应大于2m，支架和吊架必须安装牢固。

（3）母线垂直敷设支架：在每层楼板上，每条母线应安装2个槽钢支架，一端埋入墙内，另一端用膨胀螺栓固定于楼板上。当上下二层槽钢支架超过2m时，在墙上安装“一”字形角钢支架，角钢支架用膨胀螺栓固定于墙上。

（4）母线水平敷设支架：可采用“凵”形吊架或“L”形支架，用膨胀螺栓固定在顶板上或墙板上。

（5）膨胀螺栓固定支架不少于两条。一个吊架应用两根吊杆，固定牢固，螺扣外露2~4扣，膨胀螺栓应加平垫和弹簧垫，吊架应用双螺母夹紧。

（6）支架及支架与埋件焊接处刷防腐漆应均匀，无漏刷，不污染建筑物。

4　封闭、插接母线安装

（1）按照母线排列图，将各节母线、插接开关箱、进线箱运至各安装地点。

（2）安装前应逐节摇测母线的绝缘电阻，电阻值不得小于10MΩ。

（3）按母线排列图，从起始端（或电气竖井入口处）开始向上，向前安装。

（4）线母线槽在插接母线组装中要根据其部位进行选择：L形水平弯头应用于平卧、水平安装的转弯，也应用于垂直安装与侧卧水平安装的过渡。L形垂直弯头应用于侧卧安装的转弯，也应用于垂直安装与平卧安装之间的过渡。T形垂直弯头应用于侧卧安装的转弯，也应用于垂直安装与平卧安装之间的过渡。Z形水平弯头应用于母线平卧安装的转弯。Z形垂直弯头应用于母线侧卧安装的转弯，变压器母线槽应用于大容量母线槽向小容量母线槽的过渡。

（5）母线垂直安装

1）在穿越楼板预留洞处先测量好位置，用螺栓将两根角钢支架与母线连接好，再用供应商配套的螺栓套上防震弹簧、垫片，拧紧螺母固定在槽钢支架上（弹簧支架组数由供应商根据母线型式和容量规定）。

2）用水平压板以及螺栓、螺母、平垫片、弹簧垫圈将母线固定在“一”字形角钢支架上，然后逐节向上安装，要保证母线的垂直度（应用磁力线锤挂垂线）。在终端处加盖板，用螺栓紧固。

(6) 母线槽水平安装

1）水平平卧安装用水平压板及螺栓、螺母、平垫片、弹簧垫圈将母线（平卧）固定于“⊔”形角钢吊支架上。

2）水平侧卧安装用侧装压板及螺栓、螺母、平垫片、弹簧垫圈将母线（侧卧）固定于“⊔”形角钢支架上。水平安装母线时要保证母线的水平度，在终端加终端盖并用螺栓紧固。

(7) 母线的连接

1）当段与段连接时，两相邻段母线及外壳对准，连接后不使母线及外壳受额外应力。连接时将母线的小头插入另一节母线的大头中去，在母线间及母线外侧垫上配套的绝缘板，再穿上绝缘螺栓加平垫片。弹簧垫圈，然后拧上螺母，用力矩扳手紧固，达到规定力矩即可，最后固定好上下盖板。

2）母线连接用绝缘螺栓连接。

3）母线槽连接好后，其外壳即已连接成为一个接地干线，将进线母线槽、分线开关线外壳上的接地螺栓与母线槽外壳之间用 $16mm^2$ 软铜线连接好。

(8) 封闭式母线穿越防火墙、防火楼板时，应采取防火隔离措施。

(9) 橡胶伸缩套的连接头、穿墙处的连接法兰、外壳与底座之间、外壳各连接部位的螺栓应采用力矩扳手紧固，各接合面应密封良好。

(10) 外壳的相间短路板应位置正确，连接良好，相间支撑板应安装牢固，分段绝缘的外壳应作好绝缘措施。

(11) 插接式母线的端头应装封闭罩，引出线孔的盖子应完整。各段母线的外壳的连接应是可拆的，外壳之间应有跨接线，并应接地可靠。

5　分段测试

母线在连接过程中可按楼层数或母线段数，每连接到一定长度便测试一次，并做好记录，随时控制接头处的绝缘情况，分段测试一直持续到母线安装完后的系统测试。

6　试运行

封闭母线、插接式母线送电前，要将母线全线进行认真清扫，母线上不得挂连杂物和积有灰尘。检查母线之间的连接螺栓以及紧固件等有无松动现象。用兆欧表摇测相间、相对零、相对地的绝缘电阻，并做好记录。检查测试符合要求后送电空载运行 24h 无异常现象，办理验收手续，交建设单位使用，同时提交验收资料（包括设计图纸、设计变更记录、产品合格证、说明书、测试记录、试运行记录等）。

11.5　成　品　保　护

11.5.1　母线在运输与保管中应妥善包装，以防腐蚀性气体的侵蚀及机械损伤。

11.5.2　母线在涂色时，要采取措施避免污染其他母线、支架及建筑物。

11.5.3　已调平直的母线半成品应妥善保管，不得乱放。严禁利用安装好的母线吊、挂其他物件，并注意不能被其他物体碰撞母线和支柱绝缘子。

11.5.4　封闭插接母线安装完毕，如暂时不能送电运行，其现场应设置明显标志牌，以防损坏。如有其他工种作业时应对封闭插接母线加以保护，以免损伤。

11.5.5 变配电室进行二次喷浆时，应将母线用塑料布盖好。

11.5.6 母线安装处的门窗装好，并加锁防止闲杂人员进入。

11.6 安全、环保措施

11.6.1 母线施工时脚手架搭设必须牢固可靠，便于工作，检查合格后方可施工。

11.6.2 当母线进行电、气焊操作时，清理周围易燃物，并备有消防设施。

11.6.3 母线送电后，不得在母线附近工作或走动，以免造成触电事故。

11.6.4 工程验收交工前，不得使母线投入运行。

11.6.5 下班前或工作结束后要切断电源，检查操作地点，确认安全后，方可离开。

11.6.6 母线施工所用机械设备必须完好并进行定期保养维护，使其在正常状态下运行，减少噪音污染。

11.6.7 母线涂色所用油漆等材料，专人管理并进行严格控制，在现场使用时，专人监督负责；若有遗洒，马上进行清理移走，剩余油漆不得随意丢弃，派专人进行回收，以免造成土地和水体污染。

11.6.8 母线施工时固体废弃物做到工完场清，分类管理，统一回收到规定的地点存放清运。

11.6.9 母线加工时尽量远离办公区和生活区，预制加工场地要根据场地的具体情况，充分利用天然地形、建筑屏障条件，阻断或屏蔽一部分噪声的传播。

11.7 质量标准

11.7.1 主控项目

11.7.1.1 绝缘子的底座、套管的法兰、保护网（罩）及母线支架等可接近裸露导体应接地（PE）或接零（PEN）可靠。不应作为接地（PE）或接零（PEN）的接续导体。

检验方法：观察检查。

11.7.1.2 母线与母线或母线与电器接线端子，当采用螺栓搭接连接时，应符合下列规定：

1 母线的各类搭接连接的钻孔直径和搭接长度符合附录 E 的规定，用力矩扳手拧紧钢制连接螺栓的力矩值符合附录 F 的规定；

2 母线接触面保持清洁，涂电力复合脂，螺栓孔周边无毛刺；

3 连接螺栓两侧有平垫圈，相邻垫圈间有大于 3mm 的间隙，螺母侧装有弹簧垫圈或锁紧螺母；

4 螺栓受力均匀，不使电器的接线端子受额外应力。

检验方法：观察检查和实测或检查安装记录。

11.7.1.3 封闭、插接式母线安装应符合下列规定：

1 母线与外壳同心，允许偏差为 ±5mm。

2 当段与段连接时，两相邻段母线及外壳对准，连接后不使母线及外壳受额外应力。

3 母线的连接方法符合产品技术文件要求。

11.7.1.4 室内裸母线的最小安全净距应符合附录 G 的规定。

检验方法：观察检查和检查安装记录。

11.7.1.5 高压母线交流工频耐压试验必须按现行国家标准《电气装置安装工程电气设备交接试验标准》GB 50150 的规定交接试验合格。

检验方法：检查试验记录。

11.7.1.6 低压母线交接试验应符合下列规定：低压母线相间和相对地间的绝缘电阻值应大于 0.5MΩ；交流工频耐压试验电压为 1kV，当绝缘电阻值大于 10MΩ 时，可采用 2500V 兆欧表摇测替代，试验持续时间 1min，无击穿闪络现象。

检验方法：检查试验记录。

11.7.2 一般项目

11.7.2.1 母线的支架与预埋铁件采用焊接固定时，焊缝应饱满；采用膨胀螺栓固定时，选用的螺栓应适配，连接应牢固。

检验方法：观察检查。

11.7.2.2 母线与母线、母线与电器接线端子搭接，搭接面的处理应符合下列规定：

1 铜与铜：室外、高温且潮湿的室内，搭接面搪锡；干燥的室内不搪锡；

2 铝与铝：搭接面不做涂层处理；

3 钢与钢：搭接面搪锡或镀锌；

4 铜与铝：在干燥的室内，铜导体搭接面搪锡；在潮湿场所，铜导体搭接面搪锡，且采用铜铝过渡板与铝导体连接；

5 钢与铜或铝：钢搭接面搪锡。

11.7.2.3 母线的相序排列及涂色，当设计无要求时应符合下列规定：

1 上、下布置的交流母线，由上至下排列为 A、B、C 相；直流母线正极在上，负极在下。

2 水平布置的交流母线，由盘后向盘前排列为 A、B、C 相；直流母线正极在后，负极在前。

3 面对引下线的交流母线，由左至右排列为 A、B、C 相；直流母线正极在左，负极在右。

4 母线的涂色：交流，A 相为黄色、B 相为绿色、C 相为红色；直流，正极为赭色、负极为蓝色；在连接处或支持件边缘两侧 10mm 以内不涂色。

检验方法：观察检查。

11.7.2.4 母线在绝缘子上安装应符合下列规定：

1 金具与绝缘子间的固定平整牢固，不使母线受额外应力；

2 交流母线的固定金具或其他支持金具不形成闭合铁磁回路；

3 除固定点外，当母线平置时，母线支持夹板的上部压板与母线间有 1～1.5mm 的间隙；当母线立置时，上部压板与母线间有 1.5～2mm 的间隙；

4 母线的固定点，每段设置 1 个，设置于全长或两母线伸缩节的中点；

5 母线采用螺栓搭接时，连接处距绝缘子的支持夹板边缘不小于 50mm。

检验方法：观察检查、实测和检查安装记录。

11.7.2.5 封闭、插接式母线组装和固定位置应正确，外壳与底座间、外壳各连接部位和母线的连接螺栓应按产品技术文件要求选择正确，连接坚固。

检验方法：观察检查。

11.8 质 量 验 收

11.8.1 裸母线、封闭母线、插接式母线安装分项工程的施工质量验收应按每回路（每段）安装做为检验批。

11.8.2 检验批的抽查数量：高压部分全检，母线连接及弯曲处抽查 5 个，母线安装其他内容抽查 10 处，不足 10 处全检。

11.8.3 检验批的验收按本标准第 3.0.25 条进行组织。

11.8.4 检验批质量验收记录当地政府主管部门无统一规定时，宜采用表 11.8.4“裸母线、封闭母线、插接式母线安装检验批质量验收记录表”。

表 11.8.4 裸母线、封闭母线、插接式母线安装检验批质量验收记录表

GB 50303—2002

<table>
<tr><td colspan="4">单位（子单位）工程名称</td><td colspan="2"></td></tr>
<tr><td colspan="4">分部（子分部）工程名称</td><td>验收部位</td><td></td></tr>
<tr><td>施工单位</td><td colspan="3"></td><td>项目经理</td><td></td></tr>
<tr><td>分包单位</td><td colspan="3"></td><td>分包项目经理</td><td></td></tr>
<tr><td colspan="4">施工执行标准名称及编号</td><td colspan="2"></td></tr>
<tr><td colspan="4">施工质量验收规范规定</td><td>施工单位
检查评定记录</td><td>监理（建设）
单位验收记录</td></tr>
<tr><td rowspan="7">主控项目</td><td>1</td><td colspan="2">绝缘子的底座、套管的法兰、保护网（罩）及母线支架等可接近裸露导体应接地（PE）或接零（PEN）可靠</td><td></td><td></td></tr>
<tr><td>2</td><td>母线与母线、母线与电器接线端子的螺栓搭接</td><td>第 11.7.1.2 条</td><td></td><td></td></tr>
<tr><td>3</td><td>当段与段连接时，两相邻段母线及外壳对准，连接后不使母线及外壳受额外应力。母线的连接方法符合产品技术文件要求</td><td>第 11.7.1.3 条
第 2、3 款</td><td></td><td></td></tr>
<tr><td>4</td><td colspan="2">室内裸母线的最小安全净距应符合附录 G 的规定</td><td></td><td></td></tr>
<tr><td>5</td><td colspan="2">高压母线交流工频耐压试验必须按现行国家标准《电气装置安装工程电气设备交接试验标准》GB 50150 的规定交接试验合格</td><td></td><td></td></tr>
<tr><td>6</td><td colspan="2">低压母线相间和相对地间的绝缘电阻值应大于 0.5MΩ；交流工频耐压试验电压为 1kV，当绝缘电阻值大于 10MΩ 时，可采用 2500V 兆欧表摇测替代，试验持续时间 1min，无击穿闪络现象</td><td></td><td></td></tr>
<tr><td>7</td><td>封闭、插接式母线与外壳同心；允许偏差（mm）</td><td>≤ ±5</td><td></td><td></td></tr>
<tr><td rowspan="5">一般项目</td><td>1</td><td colspan="2">母线的支架与预埋铁件采用焊接固定时，焊缝应饱满；采用膨胀螺栓固定时，选用的螺栓应适配，连接应牢固</td><td></td><td></td></tr>
<tr><td>2</td><td colspan="2">母线与母线、母线与电器接线端子搭接，搭接面的处理应符合规定：铜与铜：室外、高温且潮湿的室内，搭接面搪锡；干燥的室内不搪锡；铝与铝：搭接面不做涂层处理；钢与钢：搭接面搪锡或镀锌；铜与铝：在干燥的室内，铜导体搭接面搪锡；在潮湿场所，铜导体搭接面搪锡，且采用铜铝过渡板与铝导体连接；钢与铜或铝：钢搭接面搪锡</td><td></td><td></td></tr>
<tr><td>3</td><td>母线的相序排列及涂色</td><td>第 11.7.2.3 条</td><td></td><td></td></tr>
<tr><td>4</td><td>母线在绝缘子上的固定</td><td>第 11.7.2.4 条</td><td></td><td></td></tr>
<tr><td>5</td><td colspan="2">封闭、插接式母线组装和固定位置应正确，外壳与底座间、外壳各连接部位和母线的连接螺栓应按产品技术文件要求选择正确，连接坚固</td><td></td><td></td></tr>
<tr><td colspan="2" rowspan="2">施工单位
检查评定结果</td><td>专业工长（施工员）</td><td></td><td>施工班组长</td><td></td></tr>
<tr><td colspan="4">项目专业质量检查员：　　　　年　月　日</td></tr>
<tr><td colspan="2">监理（建设）
单位验收结论</td><td colspan="4">监理工程师（建设单位项目专业技术负责人）：　　　　年　月　日</td></tr>
</table>

12 电缆桥架安装和桥架内电缆敷设

12.1 一 般 规 定

12.1.1 电缆桥架规格及型号必须符合设计要求，附件齐全。桥架与配件、附件和紧固件，均应采用镀锌标准件。

12.1.2 电缆桥架处于有防火要求的场所，应采取防火隔离措施。

12.1.3 电缆沿桥架敷设，必须单层敷设，排列整齐。不得有交叉、拐弯处应以最大截面电缆允许弯曲半径为准。

12.1.4 电缆桥架内的电缆应在首端、尾端、转弯及每隔 50m 处设有注明电缆编号、型号、规格及起止点等标记牌。

12.1.5 电缆桥架安装和桥架内电缆敷设应按以下程序进行：

1 测量定位，安装桥架的支架，经检查确认，才能安装桥架；

2 桥架安全检查合格，才能敷设电缆；

3 电缆敷设前绝缘测试合格，才能敷设；

4 电缆电气交接试验合格，且对接线去向、相位和防火隔堵措施等检查确认，才能通电。

12.2 施 工 准 备

12.2.1 技术准备

1 按照已批准的施工组织设计（施工方案）进行技术交底。

2 按施工图测量放线、坐标和标高、走向，经复核符合设计要求。

3 电缆敷设前，应现场复核桥架路向、弯曲半径是否符合规范要求。

12.2.2 材料准备

电缆桥架及其配件、电缆、金属型材、防锈涂料、油性涂料、标志牌等。

12.2.3 施工机具

1 主要安装机具：电锤、电钻、开孔机、活扳手、铅笔、粉线袋、卷尺、高凳等；

2 主要检测机具：经纬仪、水平仪、兆欧表、万用表、绝缘电阻测试仪等。

12.2.4 作业条件

1 配合土建的结构施工，预留孔洞、预埋铁和预埋吊杆、吊架、保护管等全部完成。

2 顶棚和墙面的喷浆、油漆及壁纸全部完成后，方可进行桥架敷设。

3 电缆耐压和电阻测试符合要求的相关的技术标准的规定。

4 线路上的障碍物已清除干净。

5 电缆线路敷设所需的配件、附件匹配齐全。

12.3 材料质量控制

12.3.1 各种规格电缆桥架的直线段、弯通、桥架附件及支、吊架等有产品合格证；桥架内外应光滑平整，无棱刺，不应有扭曲，翘边等变形现象；

12.3.2 桥架的外观检查：桥架产品包装箱内应有装箱清单、产品合格证及出厂检验报告。表面防腐层材料应符合国家现行有关标准的规定。桥架螺栓孔径，在螺杆直径不大于M16时，可比螺杆直径大2mm。同一组内相邻两孔间距±0.7mm；同一组内任意两孔间距±1mm；相邻两组的端孔间距±1.2mm。

12.3.3 各种金属型钢不应有明显锈蚀，管内无毛刺。所有紧固螺栓，均应采用镀锌件。

12.3.4 膨胀螺栓：应根据允许拉力和剪力进行选择。

12.3.5 每盘电缆上应标明电缆规格、型号、电压等级、长度及出厂日期。电缆盘应完好无损。

12.3.6 电缆外观完好无损，包装完好，无压扁、扭曲，铠装无松卷。耐热、阻燃的电缆外保护层有明显标识和制造厂标。油浸电缆应密封良好，无漏油及渗油现象。橡套及塑料电缆外皮及绝缘层无老化及裂纹。

12.3.7 电缆应按批查验合格证，合格证有生产许可证编号，按《额定电压450/750V及以下聚氯乙烯绝缘电缆》GB 5023.1～5023.7标准生产的产品有安全认证标志。

12.3.8 按制造标准，现场抽样检测绝缘层厚度和圆形线芯的直径；线芯直径误差不大于标称直径的1%。

12.3.9 对电缆绝缘性能、导电性能和阻燃性能有异议时，按批抽样送有资质的实验室检测。

12.3.10 其他附属材料：电缆标示牌、油漆、汽油、封铅、硬脂酸、白布带、橡皮包布、黑包布、塑料绝缘带等均应符合要求。

12.4 施工工艺

12.4.1 电缆桥架安装施工工艺

12.4.1.1 电缆桥架安装工艺流程

弹线定位→预埋铁或膨胀螺栓→支、吊架安装→桥架安装→保护地线安装

12.4.1.2 施工要点

1 弹线定位

(1) 根据图纸确定始端到终端，找好水平或垂直线，用粉线袋沿墙壁、顶棚和模板等处，在线路的中心线进行弹线。

(2) 按设计图的要求，分匀档距并用笔标出具体位置。

2 预埋铁或膨胀螺栓

(1) 预埋铁的自制加工尺寸不应小于120mm×60mm×6mm，其锚固圆钢的直径不应小于8mm。

(2) 紧密配合土建结构的施工，将预埋铁的平面放在钢筋网片下面，紧贴模板，可以

采用绑扎或焊接的方法将锚固圆钢固定在钢筋网上。模板拆除后，预埋铁的平面应明露、或吃进深度一般在 2～3cm，再将成品支架或角钢制成的支架、吊架焊在上面固定。

(3) 根据支架承受的荷重，选择相应的膨胀螺栓及钻头。埋好螺栓后，可用螺母配上相应的垫圈将支架或吊架直接固定在金属膨胀螺栓上。

3 支、吊架安装：

(1) 支架与吊架所用钢材应平直，无显著扭曲。下料后长短偏差应在 5mm 范围内，切口处应无卷边、毛刺。

(2) 钢支架与吊架应焊接牢固，无显著变形，焊缝均匀平整，焊缝长度应符合要求，不得出现裂纹、咬边、气孔、凹陷、漏焊等缺陷。

(3) 支架与吊架应安装牢固，保证横平竖直，在有坡度的建筑物上安装支架与吊架应与建筑物有相同坡度。

(4) 支架与吊架的规格一般不应小于扁钢 30mm×3mm；角钢 25mm×25mm×3mm。

(5) 严禁用电气焊切割钢结构或轻钢龙骨任何部位。

(6) 万能吊具应采用定型产品，并应有各自独立的吊装卡具或支撑系统。

(7) 固定支点间距一般不应大于 1.5～2m。在进出接线盒、箱、柜、转角、转弯和变形缝两端及丁字接头的三端 500mm 以内应设固定支持点。

(8) 严禁用木砖固定支架与吊架。

4 桥架安装

(1) 电缆桥架水平敷设时，支撑跨距一般为 1.5～3m，电缆桥架垂直敷设时，固定点间距不宜大于 2m。桥架弯通弯曲半径不大于 300mm 时，应在距弯曲段与直线段结合处 300～600mm 的直线段侧设置一个支、吊架。当弯曲半径大于 300mm 时，还应在弯通中部增设一个支、吊架。

(2) 电缆桥架在电缆沟和电缆隧道内安装：电缆桥架在电缆沟和电缆隧道内安装，应使用托臂固定在异形钢单立柱上，支持电缆桥架。电缆隧道内异型钢立柱与 120mm×120mm×240mm 预制混凝土砌块内与埋件焊接固定，焊角高度为 3mm，电缆沟内异型钢立柱可以用固定板安装，也可以用膨胀螺栓固定。

(3) 由桥架引出的配管应使用钢管，当桥架需要开孔时，应用开孔机开孔，开孔处应切口整齐，管孔径吻合，严禁用气、电焊割孔。钢管与桥架连接时，应使用管接头固定。

(4) 桥架的支、吊架沿桥架走向左右的偏差不应大于 10mm。

(5) 当直线段钢制桥架超过 30m，铝合金或玻璃钢电缆桥架超过 15m，应有伸缩缝，其连接宜采用伸缩连接板（伸缩板）。

(6) 电缆桥架在穿过防火墙及防火楼板时，应采取防火隔离措施，防止火灾沿线路延燃。防火隔离段施工中，应配合土建施工预留洞口，在洞口处预埋好护边角钢。施工时根据电缆敷设的根数和层数用 L50×50×5 角钢制作固定框，同时将固定框焊在护边角钢上。

5 保护地线安装：当允许利用桥架系统构成接地干线回路时，应符合下列要求：

(1) 桥架端部之间连接电阻值不应过大。接地孔应清除绝缘涂层；

(2) 在伸缩缝或软连接处需采用编制铜线连接。沿桥架全长另敷设接地干线时，每段（包括非直线段）托盘、梯架应至少有一点与接地干线可靠连接。

12.4.2 桥架内电缆敷设施工工艺

12.4.2.1 工艺流程

电缆绝缘测试和耐压试验→桥架内电缆敷设→挂标志牌

12.4.2.2 施工要点

1 电缆绝缘测试和耐压试验：敷设之前进行绝缘测试和耐压试验。

(1) 绝缘测试。用1kV摇表测线间及对地的绝缘电阻应不低于10MΩ。

(2) 电缆应做耐压和泄漏试验。

(3) 纸绝缘电缆应检查芯线是否受潮。首先，将芯线绝缘纸剥下一块，用火点着，如发出叭叭声音，即电缆已受潮。

(4) 受检油浸纸绝缘电缆应立即用焊料（铅锡合金）把电缆头封好。其他电缆用橡皮布密封后再用黑包布包好，橡塑护套电缆应有防晒措施。

2 施放电缆机具安装。采用机械施放时，将动力机械按施放要求就位，并安装好钢丝。

3 电缆搬运及支架架设，应符合以下要求：

(1) 短距离搬运，常规采用滚轮电缆轴的方法。运行应按电缆轴上箭头指示方向运作。以防作业错误造成电缆松弛。

(2) 电缆支架的架设地点应选择土质密实的原土层的地坪上和便于施工的位置，一般应在电缆起止点附近为宜。架设后，应检查电缆轴的转动方向，电缆引出端应位于电缆轴的上方。

4 桥架内电缆敷设

(1) 敷设方法可用人力或机械牵引。

(2) 电缆沿桥架敷设时，应单层敷设，排列整齐。不得有交叉，拐弯处应以最大截面电缆允许弯曲半径为准。

(3) 不同等级电压的电缆应分层敷设，高压电缆应敷设在上层。

4) 电缆穿过楼板时，应装套管，敷设完后应将套管用防火材料封堵严密。

5 挂标志牌：

(1) 标志牌规格应一致，并有防腐功能，挂装应牢固。

(2) 标志牌上应注明电缆编号、规格、型号及电压等级。

(3) 沿桥架敷设电缆在其两端、拐弯处、交叉处应挂标志牌，直线段应适当增设标志牌。

12.5 成品保护

12.5.1 室内沿桥架敷设电缆时，宜在管道及空调工程基本施工完毕后进行，防止其他专业施工时损伤污染。

12.5.2 不允许将穿过墙壁的桥架与墙上的孔洞一起抹死。

12.5.3 电缆两端头处的门窗装好，并加锁，防止电缆丢失或损毁。

12.5.4 桥架盖板应齐全，不得遗漏，并防止损坏和污染线槽。

12.5.5 使用高凳时，注意不要碰坏建筑物的墙面及门窗等。

12.6 安全、环保措施

12.6.1 电缆桥架安装时，其下方不应有人停留。进入现场应戴好安全帽。

12.6.2 使用人字梯必须坚固，距梯角 40～60cm 处要设拉绳，防止劈开。使用单梯上端要绑牢，下端应有人扶持。

12.6.3 使用电气设备、电动工具要有可靠的保护接地（接零）措施。打眼时，要戴好防护眼镜，工作地点下方不得站人。

12.6.4 剔凿出的垃圾要做到及时清理，堆放在指定地点。

12.6.5 包装用的塑料布及草带等物品应及时分类清除出现场。

12.6.6 各种气瓶的存放，要距离明火 10m 以上，挪动时不能碰撞。氧气瓶不能和可燃气瓶同放一处。

12.7 质量标准

12.7.1 主控项目

12.7.1.1 金属电缆桥架及其支架和引入或引出的金属电缆导管必须接地（PE）或接零（PEN）可靠，且必须符合下列规定：

1 金属电缆桥架及其支架全长应不少于 2 处与接地（PE）或接零（PEN）干线相连接；

2 非镀锌电缆桥架间连接板的两端跨接铜芯接地线，接地线最小允许截面积不小于 $4mm^2$；

3 镀锌电缆桥架间连接板的两端不跨接接地线，但连接板两端不少于 2 个有防松螺帽或防松垫圈的连接固定螺栓。

检验方法：观察检查。

12.7.1.2 电缆敷设严禁有绞拧、铠装压扁、护层断裂和表面严重划伤等缺陷。

检验方法：观察检查。

12.7.2 一般项目

12.7.2.1 电缆桥架安装应符合下列规定：

1 直线段钢制电缆桥架长度超过 30m、铝合金或玻璃钢制电缆桥架长度超过 15m 设有伸缩节，电缆桥架跨越建筑物变形缝处设置补偿装置。

2 电缆桥架转弯处的弯曲半径，不小于桥架内电缆最小允许弯曲半径，电缆最小允许弯曲半径见表 12.7.2.1-1。

表 12.7.2.1-1 电缆最小允许弯曲半径

序 号	电 缆 种 类	最小允许弯曲半径
1	无铅包钢铠护套的橡皮绝缘电力电缆	10*D*
2	有钢铠护套的橡皮绝缘电力电缆	20*D*
3	聚氯乙烯绝缘电力电缆	10*D*
4	交联聚氯乙烯绝缘电力电缆	15*D*
5	多芯控制电缆	10*D*
注：*D* 为电缆外径。		

3　当设计无要求时，电缆桥架水平安装的支架间距为1.5～3m，垂直安装的支架间距不大于2m。

4　桥架与支架间螺栓、桥架连接板螺栓固定紧固无遗漏，螺母位于桥架外侧；当铝合金桥架与钢支架固定时，有相互绝缘的防电化腐蚀措施。

5　电缆桥架敷设在易燃易爆气体管道和热力管道的下方，当设计无要求时，与管道的最小净距，符合表12.7.2.1-2的规定。

表12.7.2.1-2　与管道的最小净距（m）

管道类别		平行净距	交叉净距
一般工艺管道		0.4	0.3
易燃易爆气体管道		0.5	0.5
热力管道	有保温层	0.5	0.3
	无保温层	1.0	0.5

6　敷设在竖井内和穿越不同防火区的桥架，按设计要求位置，有防火隔堵措施。

7　支架与预埋件焊接固定时，焊缝饱满；膨胀螺栓固定时，选用螺栓适配，连接紧固，防松零件齐全。

检验方法：观察检查和检查安装记录。

12.7.2.2　桥架内电缆敷设应符合下列规定：

1　大于45°倾斜敷设的电缆每隔2m处设固定点；

2　电缆出入电缆沟、竖井、建筑物、柜（盘）、台处以及管子管口处等做密封处理。

3　电缆敷设排列整齐，水平敷设的电缆，首尾两端、转弯两侧及每隔5～10m处设固定点。敷设于垂直桥架内的电缆固定点距，不大于表12.7.2.2的规定。

表12.7.2.2　电缆固定点的间距

电缆种类		固定点的间距
电力电缆	全塑型	1000
	除全塑型外的电缆	1500
控制电缆		1000

检验方法：观察检查和检查安装记录。

12.7.2.3　电缆的首端、末端和分支处应设标志牌。

检验方法：观察检查。

12.8　质量验收

12.8.1　电缆桥架安装和桥架内电缆敷设安装工程的施工质量验收应按每系统做为检验批。

12.8.2　检验批的抽查数量：电缆的耐压试验结果、泄漏电流和绝缘电阻全数检查。桥架安装和桥架内电缆敷设按不同类型和不同类别抽查5处。

12.8.3　检验批的验收按本标准第3.0.25条进行组织。

12.8.4　检验批质量验收记录当地政府主管部门无统一规定时，宜采用表12.8.4“电缆桥架安装和桥架内电缆敷设安装检验批质量验收记录表”。

表 12.8.4 电缆桥架安装和桥架内电缆敷设检验批质量验收记录表

GB 50303—2002

<table>
<tr><td colspan="3">单位（子单位）工程名称</td><td colspan="3"></td></tr>
<tr><td colspan="3">分部（子分部）工程名称</td><td colspan="2"></td><td>验收部位</td><td></td></tr>
<tr><td>施工单位</td><td colspan="3"></td><td>项目经理</td><td></td></tr>
<tr><td>分包单位</td><td colspan="3"></td><td>分包项目经理</td><td></td></tr>
<tr><td colspan="3">施工执行标准名称及编号</td><td colspan="4"></td></tr>
<tr><td colspan="4">施工质量验收规范规定</td><td>施工单位
检查评定记录</td><td>监理（建设）
单位验收记录</td></tr>
<tr><td rowspan="2">主控项目</td><td>1</td><td colspan="2">金属电缆桥架及其支架和引入或引出的金属电缆导管必须接地（PE）或接零（PEN）可靠，且必须符合规定：金属电缆桥架及其支架全长应不少于2处与接地（PE）或接零（PEN）干线相连接；非镀锌电缆桥架间连接板的两端跨接铜芯接地线，接地线最小允许截面积不小于4mm²；镀锌电缆桥架间连接板的两端不跨接接地线，但连接板两端不少于2个有防松螺帽或防松垫圈的连接固定螺栓</td><td></td><td></td></tr>
<tr><td>2</td><td colspan="2">电缆敷设严禁有绞拧、铠装压扁、护层断裂和表面严重划伤等缺陷</td><td></td><td></td></tr>
<tr><td rowspan="3">一般项目</td><td>1</td><td>电缆桥架检查</td><td>第 12.7.2.1 条</td><td></td><td></td></tr>
<tr><td>2</td><td>桥架内电缆敷设和固定</td><td>第 12.7.2.2 条</td><td></td><td></td></tr>
<tr><td>3</td><td colspan="2">电缆的首端、末端和分支处应设标志牌</td><td></td><td></td></tr>
<tr><td colspan="2" rowspan="2"></td><td>专业工长（施工员）</td><td></td><td>施工班组长</td><td></td></tr>
<tr><td colspan="4"></td></tr>
<tr><td colspan="2">施工单位
检查评定结果</td><td colspan="4">

项目专业质量检查员：　　　　　　　　　　年　月　日</td></tr>
<tr><td colspan="2">监理（建设）
单位验收结论</td><td colspan="4">

监理工程师（建设单位项目专业技术负责人）：　　年　月　日</td></tr>
</table>

13 电缆沟内和电缆竖井内电缆敷设

13.1 一 般 规 定

13.1.1 电缆敷设时，不应破坏电缆沟的防水层。

13.1.2 在三相四线制系统中使用的电力电缆，不应采用三芯电缆另加一根单芯电缆或导线，以电缆金属护套等作中性线等方式。

13.1.3 三相系统中使用的单芯电缆，应组成紧贴的正三角形排列（充油电缆及水底电缆除外），并每隔 1m 应用绑带扎牢。

13.1.4 并列运行的电力电缆其长度应相等。

13.1.5 电缆敷设时，在电缆终端头与电缆接头附近可留有备用长度。支脉电缆尚应在全长上留出少量余度，并作波浪形敷设。

13.1.6 电缆敷设前，应对电缆进行外观检查及绝缘电阻试验。1kV 以下电缆用摇表测试，不低于 10MΩ。

13.1.7 电缆在沟内、竖井内支架上敷设应按以下程序进行：

1 电缆沟、电缆竖井内的施工临时设施、模板及建筑废料等清除，测量定位后，才能安装支架；

2 电缆沟、电缆竖井内支架安装及电缆导管敷设结束，接地（PE）或接零（PEN）连接完成，经检查确认，才能敷设电缆；

3 电缆敷设前绝缘测试合格，才能敷设；

4 电缆交接试验合格，且对接线去向、相位和防火隔堵措施等检查确认，才能通电。

13.2 施 工 准 备

13.2.1 技术准备

1 按照已批准的施工组织设计（施工方案）进行技术交底。

2 按施工图测量放线、坐标和标高、走向，经复核符合设计要求。

3 电缆敷设前，应现场复核电缆沟、电缆竖井是否通畅无障碍。

13.2.2 材料准备

电缆、金属型钢、金属紧固件、盖板、砖、卵石或碎石、砂子、防锈涂料、油性涂料、电焊条等。

13.2.2 主要机具

1 主要安装机具：敷设电缆用支架及轴、电缆滚轮、转向导轮、吊链、滑轮、钢丝绳、大麻绳、千斤顶、钢锯、手锤、扳手、电气焊工具、电工工具。

2 主要检测机具：绝缘摇表、皮尺、万用表等。

13.2.3 作业条件

1 预留孔洞、预埋件符合设计要求、预埋件安装牢固，强度合格。

2 电缆沟、电缆竖井等处的地坪及抹面工作结束，电缆沟排水畅通，无积水。

3 电缆沿线设施拆除完毕。场地清理干净、道路畅通，沟盖板齐备。

4 放电缆用的脚手架搭设完毕，且符合安全要求，电缆沿线的警示灯和照明灯符合照度要求。通讯设备功能满足施工要求。

13.3 材料质量控制

见12.3.5～12.3.10条相关内容。

13.4 施工工艺

13.4.1 工艺流程

电缆绝缘测试和耐压试验→电缆敷设→挂标志牌

13.4.2 施工要点

13.4.2.1 电缆绝缘测试和耐压试验，同本标准第12.4.2.2条第1款内容。

13.4.2.2 电缆敷设

1 电缆沟底应平整，并有1‰的坡度。排水方式应按分段（每段为50m）设置集水井，集水井盖板结构应符合设计要求。井底铺设的卵石或碎石层与砂层的厚度应依据地点的情况适当增减。地下水位高的情况下，集水井应设置排水泵排水，保持沟底无积水。

2 电缆沟支架应平直，安装应牢固，保持横平。支架必须做防腐处理。支架或支持点的间距，应符合设计要求。

3 电缆支架层间的最小垂直净距：10kV及以下电力电缆为150mm，控制电缆为100mm。

4 电缆在支架敷设的排列，应符合以下要求：

(1) 电力电缆和控制电缆应分开排列。

(2) 当电力电缆与控制电缆敷设在同一侧支架上时，应将控制电缆放在电力电缆下面，1kV及以下电力电缆应放在1kV以上电缆的下面（充油电缆应例外）。

(3) 电缆与支架之间应用衬垫橡胶垫隔开，以保护电缆。

5 电缆在沟内需要穿越墙壁或楼板时，应穿钢管保护。

6 电缆敷设完后，用电缆沟盖板将电缆沟盖好，必要时，应将盖板缝隙密封，以免水、汽、油等侵入。

13.4.2.3 电缆竖井内电缆敷设

1 竖井有砌筑式和组装结构竖井（钢筋混凝土预制结构或钢结构）。其垂直偏差不应大于其长度的2/1000；支架横撑的水平误差不应大于其宽度的2/1000；竖井对角线角的偏差不应大于其对角线长度的5/1000。

2 电缆支架应安装牢固，横平竖直。其支架的结构形式、固定方式应符合设计要求。支架必须进行防腐处理。支架（桥架）与地面保持垂直，垂直度偏差不应超过3mm。

3 垂直敷设，有条件时最好自上而下敷设。可利用土建施工吊具，将电缆吊至楼层顶部。敷设时，同截面电缆应先敷设低层，后敷设高层，敷设时应有可靠的安全措施，特别是做好电缆轴和楼板的防滑措施。

4 自下而上敷设时，小截面电缆可用滑轮和尼龙绳以人力牵引敷设。大截面电缆位于高层时，应利用机械牵引敷设。

5 竖井支架距离应不大于1500mm，沿桥架或托盘敷设时，每层最少架装两道卡固支架。敷设时，应放一根立即卡固一根。

6 电缆穿越楼板时，应装套管，并应将套管用防火材料封堵严密。

7 垂直敷设的电缆在每支架上或桥架上每隔1.5m处应加固定。

8 电缆排列应顺直，不应溢出线架（线槽），电缆应固定整齐，保持垂直。

9 支架、桥架必须按设计要求，做好全程接地处理。

13.4.2.4 挂标志牌

见本标准第12.4.2.2条第5款相关内容。

13.5 成 品 保 护

13.5.1 电缆沟内电缆施工不宜过早，一般在其他室外工程基本完工后进行，防止其他地下工程施工时损伤电缆。如已提前将电缆敷设完，其他地下工程施工时，应加强巡视。

13.5.2 沿电缆沟敷设的电缆施工完毕后应立即将沟盖板盖好。

13.5.3 电缆两端头处的门窗装好并加锁，防止电缆丢失或损毁。

13.5.4 电缆竖井内电缆排列沿桥架敷设时，应防止电缆排列混乱，不整齐，交叉严重。在电缆敷设前需将电缆事先排列好，划出排列图表，按图表进行施工。电缆敷设时，应敷设一根、卡固一根。

13.6 安 全、环 保 措 施

13.6.1 架设电缆盘的地面必须平实，支架必须采用有底平面的专用支架，不得用千斤顶代替。

13.6.2 拆卸电缆盘包装木板时，应随时清理，防止钉子扎脚或损伤电缆。

13.6.3 挖电缆沟时，土质松软或深度较大，应适当放坡，防止塌方。

13.6.4 敷设电缆时，处于电缆转向拐角的人员，必须站在电缆弯曲弧的外侧，切不可站在弯曲弧内侧，防止挤伤。

13.6.5 人力拉电缆时，用力要均匀，速度应平稳，不可猛拉猛跑，看护人员不可站在电缆盘的前方。

13.6.6 在交通道路附近或较繁华地点施工时，电缆沟要设栏杆和标志牌，夜间要设置红色标志灯。

13.6.7 环保措施见本标准第12.6.4、12.6.5、12.6.6条内容。

13.7 质 量 标 准

13.7.1 主控项目

13.7.1.1 金属电缆支架、电缆导管必须接地（PE）或接零（PEN）可靠。

检验方法：观察检查。

13.7.1.2 电缆敷设严禁有绞拧、铠装压扁、护层断裂和表面严重划伤等缺陷。

检验方法：观察检查。

13.7.2 一般项目

13.7.2.1 电缆支架安装应符合下列规定：

1 当设计无要求时，电缆支架最上层至竖井顶部或楼板的距离不小于 150～200mm；电缆支架最下层至沟底或地面的距离不小于 50～100mm。

2 当设计无要求时，电缆支架层间最小允许距离符合表 13.7.2.1 的规定。

表 13.7.2.1 电缆支架层间最小允许距离（mm）

电 缆 种 类	支架层间最小距离	电 缆 种 类	支架层间最小距离
控制电缆	120	10kV 及以下电力电缆	150～200

3 支架与预埋件焊接固定时，焊缝饱满；用膨胀螺栓固定时，选用螺栓适配，连接紧固，防松零件齐全。

检验方法：观察检查、实测和检查安装记录。

13.7.2.2 电缆在支架上敷设，转弯处的最小允许弯曲半径应符合表 12.7.2.1-1 的规定。

检验方法：实测和检查安装记录。

13.7.2.3 电缆敷设固定应符合下列规定：

1 垂直敷设或大于 45°倾斜敷设的电缆在每个支架上固定。

2 交流单芯电缆或分相后的每相电缆固定用的夹具和支架，不形成闭合铁磁回路。

3 电缆排列整齐，少交叉。当设计无要求时，电缆支持点间距，不大于表 13.7.2.3 的规定。

表 13.7.2.3 电缆支持点间距（mm）

电 缆 种 类		敷 设 方 式	
		水 平	垂 直
电 力 电 缆	全 塑 型	400	1000
	除全塑型外的电缆	800	1500
控 制 电 缆		800	1000

4 当设计无要求时，电缆与管道的最小净距，符合表 12.7.2.1-2 的规定，且敷设在易燃易爆气体管道和热力管道的下方。

5 敷设电缆的电缆沟和竖井，按设计要求位置，有防火隔堵措施。

检验方法：观察检查、实测和检查安装记录。

13.7.2.4 电缆的首端、末端和分支处应设标志牌。

检验方法：观察检查。

13.8 质 量 验 收

13.8.1 电缆沟内和电缆竖井内电缆敷设安装分项工程的施工质量验收应按每条电缆沟（每个电缆竖井）作为检验批。

13.8.2 检验批的抽查数量：电缆的耐压试验结果、泄漏电流和绝缘电阻全数检查。电缆敷设按不同类型和不同类别抽查5处。

13.8.3 检验批的验收按本标准第3.0.25条进行组织。

13.8.4 检验批质量验收记录当地政府主管部门无统一规定时，宜采用表13.8.4“电缆沟内和电缆竖井内电缆敷设检验批质量验收记录表”。

表13.8.4 电缆沟内和电缆竖井内电缆敷设检验批质量验收记录表

GB 50303—2002

<table>
<tr><td colspan="4">单位（子单位）工程名称</td><td colspan="3"></td></tr>
<tr><td colspan="4">分部（子分部）工程名称</td><td></td><td>验收部位</td><td></td></tr>
<tr><td>施工单位</td><td colspan="4"></td><td>项目经理</td><td></td></tr>
<tr><td>分包单位</td><td colspan="4"></td><td>分包项目经理</td><td></td></tr>
<tr><td colspan="4">施工执行标准名称及编号</td><td colspan="3"></td></tr>
<tr><td colspan="5">施工质量验收规范规定</td><td>施工单位
检查评定记录</td><td>监理（建设）
单位验收记录</td></tr>
<tr><td rowspan="2">主控项目</td><td>1</td><td colspan="3">金属电缆支架、电缆导管必须接地（PE）或接零（PEN）可靠</td><td></td><td></td></tr>
<tr><td>2</td><td colspan="3">电缆敷设严禁有绞拧、铠装压扁、护层断裂和表面严重划伤等缺陷</td><td></td><td></td></tr>
<tr><td rowspan="4">一般项目</td><td>1</td><td colspan="2">电缆支架安装</td><td>第13.7.2.1条</td><td></td><td></td></tr>
<tr><td>2</td><td colspan="2">电缆的弯曲半径</td><td>第13.7.2.2条</td><td></td><td></td></tr>
<tr><td>3</td><td colspan="2">电缆的敷设固定和防火措施</td><td>第13.7.2.3条</td><td></td><td></td></tr>
<tr><td>4</td><td colspan="3">电缆的首端、末端和分支处应设标志牌</td><td></td><td></td></tr>
<tr><td colspan="2" rowspan="2">施工单位
检查评定结果</td><td>专业工长（施工员）</td><td colspan="2"></td><td>施工班组长</td><td></td></tr>
<tr><td colspan="5">项目专业质量检查员：　　　　年　月　日</td></tr>
<tr><td colspan="2">监理（建设）
单位验收结论</td><td colspan="5">监理工程师（建设单位项目专业技术负责人）：　　　　年　月　日</td></tr>
</table>

14　电线导管、电缆导管和线槽敷设

14.1　一　般　规　定

14.1.1　电线导管、电缆导管和线槽的规格及型号必须符合设计要求和国家现行的技术标准规定。

14.1.2　敷设电线管路应取最小距离，并减少弯曲，预埋建筑结构内的管子外保护层不应小于15mm。

14.1.3　地下暗配线管路，不得穿越设备基础，如必须穿过基础时应加设保护套管保护。

14.1.4　导管应符合下列规定：

1　按批查验合格证。

2　外观检查：钢导管无压扁，内壁光滑。非镀锌钢导管无严重锈蚀，按制造标准油漆出厂的油漆完整。镀锌钢导管镀层覆盖完整，表面无锈斑。绝缘导管及配件不碎裂，表面有阻燃标记和制造厂标。

3　按制造标准现场抽样检测导管的管径、壁厚及均匀度，对绝缘导管及配件的阻燃性能有异议时，按批抽样送有资质的试验室检测。

14.1.5　电线导管、电缆导管和线槽敷设应按下列程序进行：

1　除埋入混凝土中的非镀锌钢导管外壁不做防腐处理外，其他场所的非镀锌钢导管内外壁均做防腐处理，经检查确认，才能配管。

2　室外直埋导管的路径、沟槽深度、宽度及垫层处理经检查确认，才能埋设导管。

3　现浇混凝土板内配管在底层钢筋绑扎完成，上层钢筋未绑扎前敷设，且检查确认，才能绑扎上层钢筋或浇捣混凝土。

4　现浇混凝土墙体内的钢筋网片绑扎完成，门、窗等位置已放线，经检查确认，才能在墙体内配管。

5　被隐蔽的接线盒和导管在隐蔽前检查合格，才能隐蔽。

6　在梁、板、柱等部位明配管的导管套管、埋件、支架等检查合格，才能配管。

7　吊顶上的灯位及电器器具位置先放样，且与土建及各专业施工单位商定，才能在吊顶内配管。

8　顶棚和墙面的喷浆、油漆或壁纸等基本完成，才能敷设线槽、槽板。

14.1.6　暗线管的弯曲处不得有折皱、凹穴和裂缝，弯扁程度应不大于管外径的10%，弯曲半径应符合以下要求：

1　明配线管的弯曲半径，常规不应小于管外径的6倍。如只有一个弯时，可不小于管外径的4倍。

2　暗配线管弯曲半径，常规不应小于管外径的6倍。埋入地下或混凝土结构内，其弯曲半径不应小于管外径的10倍。

14.1.7 电线管路敷设超过以下长度时，应在适当位置上加设接线盒。

1 配线管路长度每超过 30m，无弯曲。

2 配线管路长度每超过 20m，有 1 个弯曲。

3 配线管路长度每超过 15m，有 2 个弯曲。

4 配线管路长度每超过 8m，有 3 个弯曲。

14.1.6 线槽的接口应平整，接缝处应紧密平直。槽盖装上后应平整，无翘角，出线口的位置准确。

14.2 施 工 准 备

14.2.1 技术准备

1 进行图纸会审，审核系统路径是否正确，有无和其他专业矛盾和相碰之处。

2 施工前应编制施工组织设计（施工方案），并报相应管理部门进行审批。

3 进行设计交底和技术交底。

4 结合建筑施工图，按电气管线布置图弹出水平线和墙厚度线。采用 PVC 管敷设时，测量弹出水平面和分支布线控制线和线盒的定位点。并进行技术复核。

14.2.2 材料准备

各种类型导管及配件、金属线槽及附件、金属型钢、接线盒（箱）、电焊条、防锈涂料、油性涂料等。

14.2.3 施工机具

1 主要安装机具：压力案子、煨管器、液压煨管器、液压开孔器、套丝机、扣压器、砂轮锯、无齿锯、钢锯、刀锯、扁锉、半圆锉、圆锉、木锉、平锉、鱼尾钳、活扳子、弯管弹簧、剪管器、手电钻、电焊机、气焊工具、射钉枪、可挠金属电线管专用切割刀、专用扳子、手锤、錾子、电锤、热风机、电炉子、开孔器、台钻、高凳、粉线袋等。

2 主要检测机具：皮尺、水平尺、角尺、卷尺、尺杆、磁力线坠、摇表等。

14.2.4 作业条件

1 按施工图进行测放线定位，坐标和标高、走向、确定接线盒的位置，经复核符合设计要求。根据图纸，确定电器安装位置，确定配线的固定点，埋设好支持件。

2 布管的部位障碍物已清除干净。

3 现浇混凝土结构内配管，应在底部钢筋组装固定之后，根据施工图尺寸位置进行布线管固定牢固。

4 装配预制板就位后，配合土建作业将管弯曲连接部位按要求做好。

5 预制空心板就位的同时应及时配管。

6 砌体施工过程应及时准确地将布线配管随墙预埋好。

7 现浇混凝土墙配管，应在钢筋网片绑扎完毕，按施工图进行配管。

14.3 材 料 质 量 控 制

14.3.1 塑料阻燃管其含氧指数必须满足消防规范的规定，并应有产品质量合格证。

14.3.2 钢管壁厚均匀，无劈裂、砂眼、棱刺和凹扁现象，并应有产品质量合格证。用于丝扣连接的管箍应用通丝管扣，丝扣清晰不乱扣，镀锌件其镀锌层完整无劈裂，而端头光滑无毛刺，并应有产品合格证。

1 钢管的长度的偏差是否在允许范围内，即全长允许偏差在20mm。

2 钢管的弯曲度是否在允许范围内，每米不大于3mm。

3 钢管的壁厚是否均匀、一致，不应有折扁、裂缝、砂眼、塌陷等现象。

4 内外表面应光滑，不应有折叠、裂缝、分层、搭焊、缺焊、毛刺等现象。

5 切口应垂直、无毛刺，切口斜度不应大于2°。焊缝应整齐，无缺陷。

6 镀锌层应完好无损，锌层厚度均匀一致，不得有剥落、气泡等现象。

7 管箍：大小应符合国家规范要求，丝扣清晰、均匀，不乱扣，镀锌层均匀，无剥落、无劈裂，两端光滑无毛刺。

8 锁紧螺母：尺寸符合国家标准要求，外层完好无损，丝扣清晰、均匀、不乱扣、镀锌层均匀。

9 盒、箱：铁制盒、箱的大小尺寸以及壁厚应符合设计及规范要求，无变形，敲落孔完整无损，面板的安装孔应齐全，丝扣清晰，面板、盖板应与盒、箱配套，外形完整无损且颜色均一，无锈蚀等现象。

如为铸铁盒，则大小应符合设计及规范要求，壁厚均匀、一致，表面光滑，镀锌层均匀，完整无损，且丝扣清晰、均匀，无乱扣现象。

14.3.3 金属线槽及附件，必须采用定型的标准制品。其型号、规格应符合设计要求。线槽内外应光滑平整，无棱刺，不应有扭曲、翘边等变形现象。

14.4 施 工 工 艺

14.4.1 暗配管施工工艺

14.4.1.1 工艺流程

管子切断→套丝→煨弯→随土建施工进行分层分段配管→管线补偿→跨接地线的焊接→管线防腐

14.4.1.2 施工要点

1 管子切断

(1) 配管前根据图纸要求的实际尺寸将管线切断，大批量的管线切割时，可以采用型钢切割机，利用纤维增强砂轮片切割，操作时用力要均匀、平稳，不能过猛，以免砂轮崩裂。

(2) 小批量的钢管一般采用钢锯进行切断，将需切断的管子放在台虎钳的钳口内卡牢，注意切口位置与钳口距离应适宜，不能过长或过短，操作应准确。在锯管时锯条要与管子保持垂直，推锯时稍用力，但不能过猛，以免别断锯条，回锯时，稍抬锯条，尽量减少锯条的磨损，当管子快要断时，要减慢速度，使管子平稳锯断。

(3) 切断管子也可采用割管器，但使用割管器切断的管子，管口易产生内缩，缩小后的管口要用绞刀或锉刀刮（锉）光。

2 套丝

(1) 套丝一般采用套丝板来进行。套丝时，先将管子固定在台虎钳或龙门压架上，钳紧。根据管子的外径选择好相应的板牙，将绞板轻轻套在管端，调整绞板的三个支承脚，使其紧贴管子，这样套丝时不会出现斜丝，调整好绞板后，手握绞板，平稳向里推，带上2~3扣后，再站到侧面按顺时针方向转动套丝板，开始时速度应放慢，套丝时应注意用力均匀，以免发生偏丝、啃丝的现象。丝扣即将套成时，轻轻松开板机，开机通板。

(2) 管径小于 *DN*20 的管子应分两板套成，管径大于等于 *DN*25 的管子应分三板套成。

(3) 进入盒（箱）的管子其套丝长度不宜小于管外径的1.5倍，管路间连接时，套丝长度一般为管箍长度的1/2加2~4扣，需要退丝连接的丝扣长度为管箍的长度加2~4扣。

3 煨管

(1) 管径在 *DN*25 及其以上的管子应使用液压煨管器，根据管线需煨成的弧度选择相应的模具，将管子放入模具内，使管子的起弯点对准煨管器的起弯点，然后拧紧夹具，煨出所需的弯度。煨弯时使管外径与弯管模具紧贴，以免出现凹瘪现象。

(2) 管径小于 *DN*25 的管子，可用手扳煨管器煨弯。手扳煨管器的大小应根据管径的大小选择相适配的。在煨管过程中，用力不能太猛，各点的用力尽量均匀一致，且移动煨管器的距离不能太大。

(3) 焊接钢管也可采用热煨法。煨管前将管子一端堵严，灌入事先已炒干的砂子，并随灌随敲打管壁，直到灌满时，然后将另一端堵严。煨管时将管子放在火上加热，烧红后煨出所需的角度，随煨随浇冷却液，热煨法应掌握好火候。管弯处无折皱、凹穴和裂缝等现象。

(4) 管路的弯扁度应不大于管外径的10%，弯曲角度不宜小于90°，弯曲处不可有折皱、凹穴和裂缝等现象。

(5) 暗配管时弯曲半径不应小于管外径的6倍，埋设于地下或混凝土楼板时，不应小于管外径的10倍。煨管时管子焊缝一般应放在管子弯曲方向的正、侧面交角的45°线上。

4 管路连接

(1) 管与盒的连接

1) 在配管施工中，管与盒、箱的连接一般情况采用螺母连接。采用螺母连接的管子必须已套好丝，将套好丝的管端拧上锁紧螺母，插入与管外径相匹配的接线盒的敲落孔内，管线要与盒壁垂直，再在盒内的管端拧上锁紧螺母固定。应避免在左侧管线已带上锁紧螺母，而右侧管线未拧锁紧螺母。

2) 带上锁母的管端在盒内露出锁紧螺母的螺纹应为2~4扣，不能过长或过短，如采用金属护口，在盒内可不用锁紧螺母，但入箱的管端必须加锁紧螺母。多根管线同时入箱时应注意其入箱部分的管端长度应一致，管口应平齐。

(2) 管与管的连接

1) 丝接：丝接的两根管应分别拧进管箍长度的1/2，并在管箍内吻合好，连接好的管子外露丝扣应为2~3扣不应过长，需退丝连接的管线，其外露丝扣可相应增多，但也应在5~6扣左右。丝扣连接的管线应顺直，丝扣连接紧密，不能脱扣。

2) 套管焊接：套管焊接的方法只可用于≥*DN*25 管径的暗配厚壁管。套管的内径应与连接管的外径相吻合，其配合间隙以1～2mm为宜。不得过大或过小，套管的长度应为连接管外径的1.5～3倍，连接时应把连接管的对口处放在套管的中心处，连接管的管口应光滑、平齐，两根管对口相吻合。套管的管口应平齐并焊接牢固，不得有缝隙。

5 管路敷设

(1) 现浇混凝土结构中管路敷设

1) 墙、柱内管路敷设：墙体内的配管应在两层钢筋网中沿最近的路径敷设，并沿钢筋内侧进行绑扎固定，绑扎间距不应大于1m，柱内管线应与柱主筋绑扎牢固。当线管穿过柱时，应适当加筋，以减少暗配管对结构的影响。柱内管路需与墙连接时，伸出柱外的短管不要过长，以免碰断。墙柱内的管线并行时，应注意其管间距不可小于25mm，管间距过小，会造成混凝土填充不饱满，从而影响土建的施工质量。管线穿外墙时应加套管保护，并做防水。

2) 楼板内管路的敷设：现浇混凝土楼板内的管路敷设应在模板支好后，根据图纸要求及土建放线进行划线定位，确定好管、盒的位置，待土建底筋绑好，而顶筋未铺时敷设盒、管，并加以固定。土建顶筋绑好后，应再检查管线的固定情况，并对盒进行封堵。在施工中需注意，敷设于现浇混凝土楼板中的管子，其管径应不大于楼板混凝土厚度的1/2。由于楼板内的管线较多，所以施工时，应根据实际情况，分层、分段进行。先敷设好预埋于墙体等部位的管子，再连接与盒相连接的管线，最后连接中间的管线，并应先敷设带弯的管子再连接直管。并行的管子间距不应小于25mm，使管子周围能够充满混凝土，避免出现空洞。在敷设管线时，应注意避开土建所预留的洞。当管线需从盒顶进入时应注意管子煨弯不应过大，不能高出楼板顶筋，保护层厚度不小于50mm。

3) 梁内的管线敷设：管路的敷设应尽量避开梁。如不可避免时，注意以下要求：管线竖向穿梁时，应选择梁内受剪力、应力较小的部位穿过，当管线较多时需并挑敷设，且管间的间距同样不应小于25mm，并应与土建协商适当加筋。管线横向穿时，也应选择从梁受剪力、应力较小的部位穿过，管线横向穿梁时，管线距底箱上侧的距离不小于50mm，且管接头尽量避免放于梁内。灯头盒需设置在梁内时，其管线顺梁敷设时，应沿梁的中部敷设，并可靠固定，管线可煨成90°的弯从灯头盒顶部的敲落孔进入，也可煨成鸭脖弯从灯头盒的侧面敲落孔进入。

(2) 垫层内管线敷设：需敷设于楼板混凝土垫层内的管线应注意其保护层的厚度不应小于15mm。所以其跨接地线应焊接在其侧面。当楼板上为炉渣垫层时，需沿管线铺设水泥砂浆进行防腐，管线应固定牢固后再打垫层。

(3) 地面内管线敷设

1) 管线在地面内敷设，应根据图纸要求及土建测出的标高，确定管线的路径，进行配管。在配管时应注意尽量减少管线的接头，采用丝接时，要缠麻抹铅油后拧紧接头，以防水气的侵蚀。如果管线敷设于土壤中，应先把土壤夯实，然后沿管路方向垫不小于50mm厚的小石块，管线敷好后，在管线周围浇灌素混凝土。将管线保护起来，其保护层厚度不应小于50mm。如果管线较多时，可在夯实的土壤上，沿管路敷设路线铺设混凝土打底，然后再敷设管路，再在管路周围用混凝土保护。保护层厚度同样不小于50mm。

2) 地面内的管线使用金属地面出线盒时，盒口应与地面平齐，引出管与地面垂直。

3) 敷设的管线需露出地面时，其管口距地面的高度不应小于200mm。

4）多根线管进入配电箱时，管线排列应整齐。如进入落地式配电箱，其管口应高于基础不小于50mm。

5）线管与设备相连时，尽量将线管直接敷设至设备内，如果条件不允许直接进入设备，则在干燥环境下，可加软管引入设备，但管口应包紧密。如在室外或较潮湿的环境下，可在管口处加防水弯头。线管进设备时，不应穿过设备基础，如穿过设备基础则应加套管保护，套管的内径应不小于线管外径的2倍。

6）管线敷设时应尽量避开采暖沟、电信管沟等各种管沟。如躲避不开时，应按实际情况与设计要求进行敷设。

（4）空心砖墙内的管线敷设：施工时应与土建配合，在土建砌筑墙体前，根据现场放出的线，确定盒、箱的位置，并根据预留管位置确定管线路径，进行预制加工。准备工作做好后，将管线与盒、箱连接，并与预留管进行连接，管路连接好，可以开始砌墙，在砌墙时应调整盒、箱口与墙面的位置，使其符合设计及规范要求。管线经过部位的空心砖应改为普通砖立砌，或在管线周围浇一条混凝土带将管子保护起来，当多根管进箱时，应注意管口平齐、入箱长度小于5mm，且应用圆钢将管线固定好。空心砖墙内管线敷设应与土建配合好，避免在已砌好的墙体上进行剔凿。

（5）加气混凝土砌块墙内管线敷设：施工时除配电箱应根据设计图纸要求进行定位预埋外，其余管线的敷设应在墙体砌好后，根据土建放的线确定好盒（箱）的位置及管线所走的路径，然后进行剔凿，但应注意剔的洞、槽不得过大。剔槽的宽度应不大于管外径加15mm，槽深不小于管外径加15mm，管外侧的保护层厚度出不应小于15mm，接好盒（箱）管路后用不小于M10的水泥砂浆进行填充，抹面保护。

（6）在配管时应与土建施工配合，尽量避免剔凿，如果发生需剔凿墙面，敷设线管，需剔槽的深度、宽度应合适不可过大、过小。管线敷设好后，应在槽内用管卡进行固定，再抹水泥砂浆。管卡数量应依据管径大小及管线长度而定，不需太多，以固定牢固为标准。

（7）水平敷设管路加接线盒要求及垂直敷设管路加接线盒要求见表14.4.1.2-1及表14.4.1.2-2。

表14.4.1.2-1　水平敷设管线加接线盒要求

管路弯曲个数	管线长度（m）
无　弯　曲	<30
1	<20
2	<15
3	<8

表14.4.1.2-2　垂直敷设管路加接线盒要求

管内导线截面（mm^2）	管线长度（m）
<50	<30
>70且<95	<20
>120且<240	<18

6　接地

（1）管路应做整体接地连接，穿过建筑物变形缝时，应有接地补偿装置。如采用跨接方法连接，跨接地线两端焊接面不得小于该跨接线截面的6倍。焊缝均匀牢固，焊接处要清除药皮，刷防腐漆。跨接线的规格见表14.4.1.2-3所示。

（2）卡接：镀锌钢管应用专用接地线卡连接，不得采用熔焊连接地线。

7　管路防腐

表 14.4.1.2-3　跨接地线规格表（mm）

管　径（*DN*）	圆　钢	扁　钢
15～25	$\phi5$	—
32～38	$\phi6$	—
50～63	$\phi10$	25×3
≥70	$\phi8\times2$	（25×3）×2

（1）暗配于混凝土中的管路可不做防腐。

（2）在各种砖墙内敷设的管路，应在跨接地线的焊接部位，丝接管线的外露丝部位及焊接钢管的焊接部位，刷防腐漆。

（3）焦渣层内的管路应在管线周围打 50mm 的混凝土保护层进行保护。

（4）直埋入土中的钢管也需用混凝土保护，如不采用混凝土保护时，可刷墙漆进行保护。

（5）埋入有腐蚀性或潮湿土中的管线，如为镀锌管丝接，应在丝头处抹铅油缠麻，然后拧紧丝头。如为非镀锌管件，应涮沥青油后缠麻，然后再刷一道沥青油。

8　配管与其他管道间的距离

电气配管在敷设中还应注意与其他管道之间的安全距离，见表 14.1.4.2-4。

表 14.1.4.2-4　电气线路与管道间最小距离

管道名称	配线方式		穿管配线	绝缘导线明配线	裸导线配线
蒸汽管	平行	管道上	1000	1000	1500
		管道下	500	500	1500
	交叉		300	300	1500
暖气管、热水管	平行	管道上	300	300	1500
		管道下	200	200	1500
	交叉		100	100	1500
通风、给排水及压缩空气管	平行		100	200	1500
	交叉		50	100	1500
注：1　对蒸汽管道，当在管外包隔热层后，上下平行距离可减至 200mm； 2　暖气管、热水管应设隔热层； 3　对裸导线，应在裸导线处加装保护网。					

配管与煤气管道间的关系应为当配管与煤气管在同一平面内，间距应不小于 50mm，在不同平面内间距不小于 20mm，配电盘、箱与煤气管的间距要大于 300mm，电气开关、接头距煤气管要大于 150mm。

9　管路补偿

管路在通过建筑物的变形缝时，应加装管路补偿装置。管路补偿装置是在变形缝的两侧对称预埋一个接线盒，用一根短管将两接线盒相邻面连接起来，短管的一端与一个盒子固定牢固，另一端伸入另一盒内，且此盒上的相应位置的孔要开长孔，长孔的长度不小于管径的 2 倍。如果该补偿装置在同一轴线墙体上，则可有拐角箱作为补偿装置，如不在同一轴线上则可用直筒式接线箱进行补偿。

14.4.2　明配管施工工艺

14.4.2.1 工艺流程

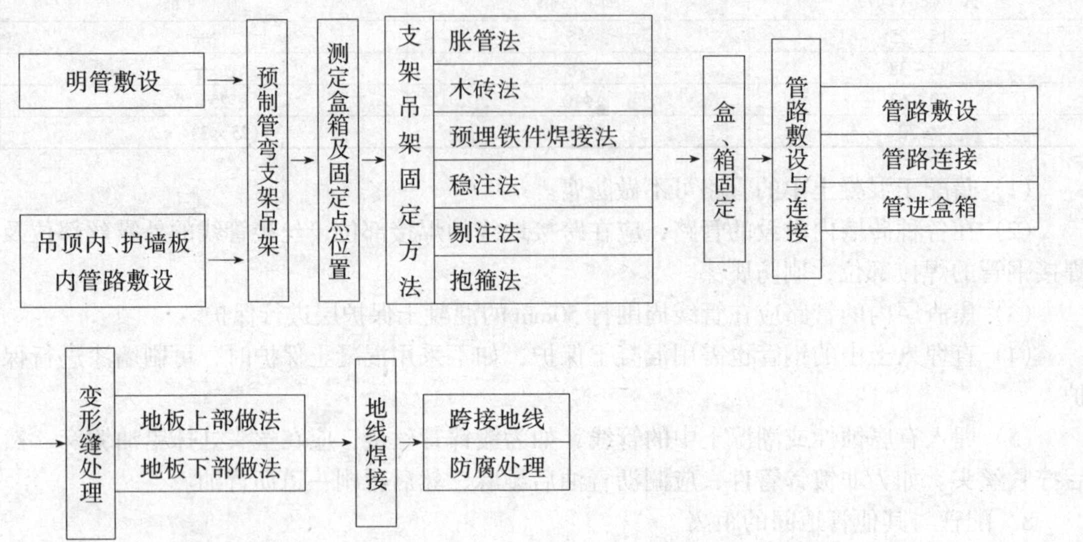

14.4.2.2 施工要点

根据设计图加工支架、吊架、抱箍等铁件以及各种盒、箱、弯管。敷设工艺与暗配管敷设工艺相同处见相关部分。易爆等场所敷管，应按设计和有关防爆规程施工。

1 管弯、支架、吊架预制加工

明配管弯曲半径一般不小于管外径6倍。如有一个弯时，可不小于管外径的4倍。加工方法可采用冷煨法和热煨法，支架、吊架应按设计图要求进行加工。支架、吊架的规格设计无规定时，应不小于以下规定：扁钢支架30mm×3mm；角钢支架25mm×25mm×3mm；埋注支架应有燕尾，埋注深度应不小于120mm。

2 测定盒、箱及固定点位置

(1) 根据设计首先测出盒、箱与出线口等的准确位置。测量时最好使用自制尺杆。

(2) 根据测定的盒、箱位置，按管路的垂直、水平走向弹线定位，按照安装标准规定的固定点间距的尺寸要求，计算确定支架、吊架的具体位置。

(3) 固定点的距离应均匀，管卡与终端、转弯中点、电气器具或接线盒边缘的距离为150~500mm。

3 固定方法

有胀管法、木砖法、预埋铁件焊接法、稳注法、剔注法、抱箍法。

4 盒、箱固定

由地面引出管路至自制明箱时，可直接焊在角钢支架上，采用定型盘、箱，需在盘、箱下侧100~150mm处加稳固支架，将管固定在支架上。盒、箱安装应牢固平整，开孔整齐并与管径相吻合。要求一管一孔不得开长孔。铁制盒、箱严禁用电气焊开孔。

5 管路敷设与连接

(1) 管路敷设：水平或垂直敷设明配管允许偏差值，管路在2m以内时，偏差为

3mm，全长不应超过管子内径的1/2。

(2) 检查管路是否畅通，内侧有无毛刺，镀锌层或防锈漆是否完整无损，管子不顺直者应调直。

(3) 敷管时，先将管卡一端的螺丝拧紧一半，然后将管敷设在管卡内，逐个拧牢。使用铁支架时，可将钢管固定在支架上，不许将钢管焊接在其他管道上。

(4) 管路连接：管路连接应采用丝扣连接，或采用扣压式管连接。

6 管路与设备连接

应将钢管敷设到设备内，如不能直接进入时，应符合下列要求：

(1) 在干燥房屋内，可在钢管出口处加保护软管引入设备，管口应包扎严密。

(2) 在室外或潮湿房间内，可在管口处装设防水弯头引出的导线应套绝缘保护软管，经弯成防水弧度后再引入设备。

(3) 管口距地面高度一般不宜低于200mm。

(4) 埋入土层内的钢管，应刷沥青包缠玻璃丝布后，再刷沥青油。或应采用水泥砂浆全面保护。

7 吊顶内、护墙板内管路敷设，其操作工艺及要求

材质、固定参照明配管施工工艺；连接、弯度、走向等可参照暗配管施工工艺要求施工，接线盒可使用暗盒。

(1) 会审时要与通风暖卫等专业协调并绘制大样图经审核无误后，在顶板或地面进行弹线定位。如吊顶是有格块线条的，灯位必须按格块分均，护墙板内配管应按设计要求，测定盒、箱位置、弹线定位。

(2) 灯位测定后，用不少于2个螺钉把灯头盒固定牢。如有防火要求，可用防火布或其他防火措施处理灯头盒。无用的敲落孔不应敲掉，已脱落的要补好。

(3) 管路应敷设在主龙骨的上边，管入盒、箱必须煨灯塔弯，并应里外带锁紧螺母。采用内护口，管进盒、箱以内锁紧螺母平为准。

(4) 固定管路时，如为木龙骨可在管的两侧钉钉，用钢丝绑扎后再把钉钉牢。如为轻钢龙骨、可采用配套管卡和螺钉固定，或用拉铆钉固定。直径25mm以上和成排管路应单独设支架。

(5) 管路敷设应牢固畅顺，禁止做拦腰管或拌脚管。遇有长丝接管时，必须在管箍后面加锁紧螺母。管路固定点的间距不得大于1.5m，受力灯头盒应用吊杆固定，在管进盒处及弯曲部位两端15～30cm处加固定卡固定。

(6) 吊顶内灯头盒至灯位可采用阻燃型普利卡金属软管过渡，长度不宜超过1m。其两端应使用专用接头。吊顶内各种盒、箱的安装，盒箱口的方向应朝向检查口以利于维修检查。

14.4.2.3 套接紧定式镀锌钢管（JDG）施工工艺

1 JDG管的敷设除管路连接的施工工艺与明配管不同外，其余均相同。

2 管与管的连接采用直管接头进行连接，安装时先把钢管插入管接头，使与管接头插紧定位，然后再持续拧紧紧定螺钉，直至拧断脖颈，使钢管与管接头成一体，无需再作跨接地线。注意不同规格的钢管应选用不同规格与之相配套的管接头。

3 管与盒的连接采用螺纹接头。螺纹接头为双面镀锌保护。螺纹接头与接线盒连接

的一端，带有一个爪形锁母和一个六角形锁母。安装时爪形螺母扣在接线盒内侧露出的螺纹接头的丝扣上，六角形螺母在接线盒外侧，用紧定扳手使爪形螺母和六角形螺母加紧接线盒壁。

14.4.3 可挠金属电线管和扣压式薄壁钢管敷设施工工艺

14.4.3.1 工艺流程

1 扣压式薄壁钢管暗管敷设工艺流程

弯管、箱、盒预制→测位→剔槽孔→爪型螺纹管接头与箱、盒紧固→箱、盒定向稳装→管路敷设→管路连接→压接接地→管路固定

2 扣压式薄壁钢管明管敷设工艺流程

弯管、箱盒预制→测位→爪型螺纹管接头与箱、盒紧固→箱、盒定向稳装→管路敷设→管路连接→压接接地→管路固定

3 扣压式薄壁钢管吊顶内管路敷设工艺流程

弯管、箱、盒预制→测位→爪型螺纹管接头与箱、盒紧固→箱盒支架固定→管路敷设→管路连接→压接接地→管路固定

4 可挠金属管暗管敷设工艺流程

备管件、箱盒预制→测位→箱盒固定→管路敷设→断管、安装附件→管与管连接或管与箱盒连接→卡接地线→管路固定

5 可挠金属管明管敷设工艺流程

备管件、箱盒预制→测位→箱盒固定→支架固定→断管、安装附件→管与管连接或管与箱盒连接→卡接地线→管路固定

14.4.3.2 施工要点

1 弯管、箱、盒、支架预制：根据施工图加工好各种弯管、箱、盒、支架。电线弯管可采用冷煨法及定型弯管。

冷煨法：一般管径为25mm及其以下时，用手扳煨管器。先将管子插入煨管器，逐步煨出所需弯度。管径为32mm及其以上时，使用液压煨管器，即先将管子放入模具，煨出所需弯度。

2 扣压式薄壁钢管暗管敷设：

(1) 箱、盒测位：根据施工图纸确定箱、盒轴线位置，以土建弹处的水平线为基准，挂线找平，标出箱、盒实际位置。成排、成列的箱、盒位置，应挂通线或十字线。

(2) 暗配的电线管路宜沿最近的路线敷设，并应减少弯曲；埋入墙体或混凝土内的导管与墙体或混凝土表面的净距不应小于15mm。

(3) 剔槽孔：砖墙或砌体墙需剔槽时，应在槽两边弹线，用快錾子剔。槽宽及槽深均以比管外径大5mm为宜。预制圆孔时，楼板上灯位打孔位置，用手锤由板下往上打；预制实心板上灯位打孔，可先在板上面用电锤打孔，在板下面用手锤扩孔，孔大小稍比灯盒大为宜。

(4) 管子切断：常用钢锯、无齿锯、砂轮锯进行切管，将需要切断的管子长度量准确，放在钳口内卡牢固，断口处平齐不歪斜，管口刮铣光滑、无毛刺，管内铁屑除净。

（5）稳住箱、盒：根据施工管路的要求，加工箱、盒时注意引出管的定向。砖墙、砌体墙及预制楼板的箱、盒，用强度不小于 M10 的水泥砂浆稳住，灰浆应饱满、平整、牢固、坐标正确。预制楼板上的灯头盒应安装好卡铁和轿杆，在楼板下面装设托板后再稳住；现浇混凝土墙及楼板上的箱、盒，应先安装好卡铁或轿杆，将卡铁或轿杆点焊在钢筋上；如为木模板时可用钉子、细铅丝将箱、盒绑扎固定在模板上。

（6）进入落地式配电箱、屏的电线管路，排列应整齐，管口应高出配电箱基础面不少于 50mm。

（7）管路连接：采用直管接头连接，其长度应为管外径的 2.0~3.0 倍，管的接口应在直管接头内中心即 1/2 处。根据配管线路的要求采用 90°直角弯管接头时，管的接口应插入直角弯管的承插口处，并应到位，再使用压接器压接，其扣压点应不少于两点。压接后，在连接口处涂抹铅油，使其整个线路形成完整的统一接地体。

（8）管路两个接线点之间的距离在下列长度范围内，应加装接线盒。接线盒的位置应便于穿线和检修：

1）管路无弯时，不超过 30m；

2）管路有一个转弯时，不超过 20m；

3）管路有两个转弯时，不超过 15m；

4）管路有三个转弯时，不超过 8m。

（9）管入箱、盒应采用爪型螺纹管接头。使用专用扳子锁紧，爪型锁母护口要良好使金属箱、盒达到导电接地的要求。箱、盒开孔应整齐，应与管径相吻合，要求一管一孔，不得开长孔。铁制箱、盒严禁用电气焊开孔。两根以上管入箱、盒，要长短一致，间距均匀，排列整齐。

（10）管路固定：

1）钢筋混凝土墙及楼板内的管路，每隔 1m 左右用钢丝绑扎在钢筋上。

2）砖墙或砌体墙剔槽敷设的管路，每隔 1m 左右用钢丝、铁钉固定。

3）预制圆孔板上的管路，可利用板孔用钢丝绑扎固定。

3 扣压式薄壁钢管明管敷设：

（1）根据设计图加工支架、吊架、抱箍等铁件，以及各种箱、盒、弯管。明管敷设工艺与暗管敷设工艺相同处请见相关部分。

（2）弯管（包括定型弯管）、支架、吊架预制加工：明配管弯曲半径一般不小于管外径的 6 倍。当两个接线盒之间只有一个弯曲时，其弯曲半径不宜小于管外径的 4 倍。加工方法可采用冷煨法和定型弯管。支架、吊架应按设计图纸要求进行加工。支架、吊架的规格设计无规定时，应不小于以下规定：扁钢支架：30mm × 3mm；角钢支架：25mm × 25mm × 3mm。埋注支架应有燕尾，埋注深度应不小于 120mm。

（3）测定箱、盒及固定点位置：

1）根据设计首先测出箱、盒与出线口等的准确位置。测量时最好使用自制尺杆。

2）根据测定的箱、盒位置，按管路的垂直、水平走向弹线定位，按照安装标准规定的固定点间距的尺寸要求，计算确定支架、吊架的具体位置。

3）固定点的距离应均匀，管卡与终端、转弯中点、电气器具或接线盒边缘的距离为 150~300mm。中间管卡最大距离见表 14.4.3.2-1。

表 14.4.3.2-1　薄壁钢管中间管卡最大距离

钢管直径（mm）	15~20	25~32	40~50
最大距离（mm）	1000	1500	2000

4）固定方法：胀管法、木砖法、预埋铁件焊接法、稳注法、剔注法、抱箍法。

5）箱、盒固定：采用定型箱、盒，需在箱、盒下侧 100~150mm 处加稳固支架，将管固定在支架上。箱、盒安装应牢固平整，开孔整齐，并与管径相吻合。要求一管一孔，不得开长孔。铁制箱、盒严禁电气焊开孔。

4　吊顶内及护墙板内管路敷设，其操作工艺及要求：材质及固定参照明配管工艺；连接、弯度、走向及压接接地等可参照暗配管工艺要求施工。

（1）会审图纸要结合土建结构图、建筑图与通风暖卫、消防综合布线图及各专业配合协调，特别是在各专业管道施工交汇处，如卫生间、通道等关键部位，应及时绘制大样图。经审核无误后，在顶板或地面进行弹线定位。如吊顶是有方格块线条的灯位，必须按格块分均。

（2）管路应敷设在主龙骨的上边，管入箱、盒必须煨灯塔弯，并以爪型螺纹管接头，用专用扳子锁好，在用扣压器在连接处扣压不少于 2 点，以达到电气接地良好可靠。

（3）管路敷设应牢固通顺，禁止用拦腰管或拌脚管。管路固定点的间距不得大于 1500mm。受力灯头盒应用吊杆固定，在管入盒处及弯曲部位两端 150~300mm 处加固定卡子固定。

（4）吊顶内灯头盒至灯位可采用金属可挠导管过度，长度不宜超过 1m。金属可挠导管应使用专用接头。吊顶各种箱、盒的安装，箱、盒口的方向应朝向检查口。

5　可挠金属电线管管路敷设的基本要求：

（1）应根据设计图纸要求，确定管路走向、进行管路敷设。并应减少弯曲，达到走向合理，检修维护方便。

（2）应根据所敷设的部位，环境条件，正确选用可挠金属电线管的规格型号及附件。

6　可挠金属电线管暗管敷设：

（1）箱、盒测位：根据施工图纸确定箱、盒轴线位置，以土建弹出的水平线、轴线为基准，挂线找平找位，线坠找正，标出箱、盒实际位置。成排、成列的箱、盒位置，应挂通线或十字线。

（2）暗敷在现浇混凝土结构中的管路，管路应敷设在两层钢筋中间。垂直方的管路宜沿同侧竖向钢筋敷设，水平方向的管路宜沿同侧横向钢筋敷设。

（3）砖混结构随墙暗敷设时，向上引管应及时堵好管口，并用临时支杆将管沿敷设方向挑起。

（4）预制楼板上暗敷设时，应先找灯位注盒后配管。管路敷设后立即用强度不低于 M10 的水泥砂浆稳注保护。

（5）剔槽敷设时，应在槽两边先弹线，用快錾子剔，槽宽及槽深均以比管径大 5mm 为宜。加气混凝土墙宜用电动刀具开槽。剔槽敷设时，严禁剔横槽。

7 吊顶内暗敷时，管路可敷设在主龙骨上。单独吊挂的管路，其吊点不宜超出1000mm。盒、箱两侧的管路固定点，不宜大于300mm。

8 护墙板（石膏板轻隔墙）内暗敷时，应随土建立龙骨同时进行。其管路固定，应用可挠金属电线管配套的卡子进行固定。

9 进入箱盒的管路，应排列整齐，采用BG型或UBG型接线箱连接器与箱体锁紧，并安装好BP型绝缘护口。当进入落地式配电箱、屏的可挠金属电线管，除应高出配电箱基础面不少于50mm外，还宜做排管的固定支架。

10 管路固定：

（1）敷设在钢筋混凝土中的管路，应与钢筋绑扎牢固，管子绑扎点间距不宜大于500mm，绑扎点距盒、箱不应大于300mm。绑扎线可采用细钢丝。

（2）砖墙或砌体墙剔槽敷设的管路每隔不大1000mm距离，用细钢丝、铁钉固定。

（3）吊顶内及护墙板内管路，每隔不大于1000mm的距离，采用专用卡子固定。在与接线箱、盒连接处，固定点距离不应大于300mm。

（4）预制板（圆孔板）上的管路，可利用板孔用钉子、钢丝固定后再用砂浆保护。

11 管路连接：

（1）可挠金属电线管与可挠金属电线管连接以及与钢制电线管、厚铁管、各类箱盒的连接时，均应采用其配套的专用附件，见表14.4.3.2-2。

表14.4.3.2-2 可挠金属电线管附件种类及用途

种　类	型　号	用　途
接线箱连接器	BG	可挠金属电线管与接线箱等连接
组合接线箱连接器	UBG	可挠金属电线管与接线箱等组合连接
混合连接器	KG	可挠金属电线管与钢制电线管连接
无螺纹连接器	VKC	可挠金属电线管与钢制电线管等组合
混合组合连接器	UKG	连接
直接连接器	KS	可挠金属电线管之间相互连接
绝缘护套	BP	为保护电线绝缘层不受损伤，安装在可挠金属电线管末端
固定夹	SP	固定可挠金属电线管
角型接线箱连接器	AG	可挠金属电线管与接线箱等直角组合连接
防水型接线箱连接器	WBG	外覆PVC塑料的可挠金属电线管与接线箱等组合连接
防水型混合连接器	WCG	外覆PVC塑料的可挠金属电线管与钢制电线保护管组合连接
防水角型接线箱连接器	WAG	外覆PVC塑料的可挠金属电线管与接线箱等直角组合连接
接地夹	DXA	固定接地线

（2）可挠金属电线管与箱盒连接时除采用专用配套附件外，还应做到：箱盒开孔排列整齐，孔径与管径相吻合，做到一管一孔不得开长孔，铁制箱盒严禁用电气焊开孔。

（3）可挠金属电线管与可挠金属电线管连接可采用KS系列连接器。由于管子、连接器自身有螺纹，可用手将管子直接拧入拧紧。

12　当采用VKV系列无螺纹连接器与钢管连接时，必须用扳手或钳子将连接器的顶丝拧紧，以防浇灌混凝土时松脱。

13　管子切断方法：

（1）可挠金属电线管的切断，应采用专用的切割刀进行，也可以用普通钢锯进行切断。

（2）用手握住可挠金属电线管或放置在工作台上用手压住，刀刃轴向垂直对准管子纹沟，边压边切即可断管。

（3）切面处理：管子切断后，便可直接与连接器连接。但为便于与附件连接，可用刀背敲掉毛刺，使其断面光滑。内侧用刀柄旋转绞动一圈，更便于过线。

14　地线连接：

（1）可挠金属电线管与管、箱盒等连接处，必须采用可挠金属电线管配套的接地夹子进行连接，其接地跨接线截面不小于$4mm^2$铜线。可挠金属电线管不得采用熔焊连接地线。

（2）可挠金属电线管，盒、箱等均应连接一体可靠接地。

（3）可挠金属电线管不得作为电气接地线。交流50V、直流120V及以下配管可不跨接接地线。

15　可挠金属电线管暗敷时，其弯曲半径不应小于外径的6倍。

16　暗敷于建筑物、构筑物内的管路与建筑物，构筑物表面的最小保护层不应小于15mm。

17　在暗敷设时，可挠金属电线管可能受重物压力或明显机械冲击处，应采取有效保护措施。

18　可挠金属电线管经过建筑物、构筑物的沉降缝或伸缩缝，应采取补偿措施，导线应留有余量。

19　当可挠金属电线管与不同直径的管相连时，应设置接线盒或拉线盒。

20　垂直敷设的可挠金属电线管，在下列情况下，应设置固定导线用的过路盒。

（1）管内导线截面为$50mm^2$及以下，长度每超过30m时；

（2）管内导线截面为$70\sim95mm^2$，长度每超过20m时；

（3）管内导线截面为$120\sim240mm^2$，长度每超过18m时。

21　明管敷设：

（1）根据设计图纸要求，结合土建结构、装修特点，注意通风、暖卫、消防等专业的影响前提下，确定管路走向、箱盒准确安装位置，进行弹线定位。

（2）预制管路支架、吊架，根据排管数量和管径钻好管卡固定孔位。箱盒进管孔，预先按连接器外径开好，做到一管一孔，排列整齐。接线盒上无用敲落孔不允许敲掉，配电箱（盘）不允许开长孔和电气焊开孔。

（3）首先用膨胀螺栓将箱盒稳装好，而后计算确定支架、吊架的具体位置在进行支架、吊架安装。应做到固定点间距均匀，转角处对称。

（4）支架、吊架与终端、转弯点、电气器具或接线盒、配电箱（盘）边缘的距离为150～300mm为宜。管长不超出1000mm时，应最少固定两处。中间的支架、吊架的最大距离不应超出表14.4.3.2-3规定值。

表 14.4.3.2-3　可挠金属电线管明敷设固定点间距离

敷　设　条　件	固定点间距离（mm）
建筑物侧面或下面水平敷设	<1000
人可能触及部位	<1000
可挠金属电线管互接，与接线箱或器具连接	固定点距连接处<300

（5）明配时，可挠金属电线管，其弯曲半径不应小于管径的 3 倍。抱柱、梁弯曲时，可采用专用的 30°弯附件进行配接。

（6）上人吊顶内可挠金属电线管敷设应按明管要求进行敷设。

（7）吊顶板内接线盒如采用可挠金属电线管引至灯具或设备时，其长度不宜超出 1000mm，两端应采用配套的连接器锁固，其管外皮保护接地线应与接线盒处进行连接成与盒内 PE 保护线连接。

（8）水平或垂直敷设的明配可挠金属电线管，其允许偏差为 5‰，全长偏差不应大于管内径的 1/2。明敷前应注意不要使可挠金属电线管出现碎弯，否则不宜达到质量标准。

（9）沉降缝或伸缩缝应做补偿处理。

14.4.4　硬质阻燃塑料管（PVC）明、暗敷设施工工艺

14.4.4.1　明配管工艺流程

预制支、吊架铁件及管弯→测定盒、箱及管路固定点位置→管路固定→管路敷设→管路入箱盒→变形缝做法

14.4.4.2　暗配管工艺流程

弹线定位→加工弯管→稳注盒箱→暗敷管路→扫管穿引线。

14.4.4.3　施工要点

1　按照设计图加工好支架、吊架、包箍、铁件及管弯。

（1）阻燃塑料管敷设与煨弯对环境温度的要求如下：阻燃塑料管及其配件的敷设、安装和煨弯制作，均应在原材料规定的允许环境温度下进行，其温度不宜低于 -15℃。

（2）管径在 25mm 及其以下可以用冷煨法，将弯簧插入（PVC）管内需煨弯处，两手抓住弯簧两端头，膝盖顶在被弯处，用手扳逐步煨出所需弯度，然后抽出弯簧。

（3）热煨法：用电炉子、热风机等加热均匀，烘烤管子煨弯处，待管被加热到可随意弯曲时，立即将管子放在木板上，固定管子一头，逐步煨出所需管弯度，并用湿布抹擦使弯曲部位冷却定型，然后抽出弯簧。不得因为煨弯使管出现烤伤、变色、破裂等现象。

（4）支架、吊架及敷设在墙上的管卡固定点及盒、箱边缘的距离为 150~300mm，管路中间距离见 14.4.4.3 所示。

表 14.4.4.3　管路中间固定点间距（mm）

安装方式	支架间距 管径			允许偏差
	15~20	25~40	50	
垂　直	1000	1500	2000	30
水　平	800	1200	1500	30

2 测定盒、箱及管路固定点位置：

(1) 按照设计图测出盒、箱、出线口等准确位置。测量时，应使用自制尺杆，弹线定位。

(2) 根据测定的盒、箱位置，把管路的垂直点水平线弹出，按照要求标出支架，吊架固定点具体尺寸位置。

3 管路固定：

(1) 胀管法：先在墙上打孔，将胀管插入孔内，再用螺丝（栓）固定。

(2) 剔注法：按测定位置，剔出墙洞用水把洞内浇湿，再将合好的高强度等级砂浆填入洞内。填满后，将支架、吊架或螺栓插入洞内，校正埋入深度和平直，再将洞口抹平。

(3) 先固定两端支架、吊架，然后拉直线固定中间的支架、吊架。

4 管路敷设：

(1) 断管：小管径可使用剪管器，大管径可使用钢锯锯断，断口后将管口锉平齐。

(2) 敷管时，先将管卡一端的螺丝（栓）拧紧一半，然后将管敷设于管卡内，逐个拧紧。

(3) 支架、吊架位置正确、间距均匀、管卡应平正牢固；埋入支架应有燕尾，埋入深度不应小于 120mm；用螺栓穿墙固定时，背后加垫圈和弹簧垫用螺母紧牢固。

(4) 管水平敷设时，高度应不低于 2000mm；垂直敷设时，不低于 1500mm（1500mm 以下应加保护管）。

(5) 管路较长敷设时，超过下列情况时，应加接线盒：管路无弯时，30m；管路有一个弯时，20m；管路有两个弯时，15m；管路有三个弯时，8m；如无法加装接线盒时，应将管直径加大一号。

5 管路连接：

(1) 管口应平整光滑；管与管、管与盒（箱）等器件应采用插入法连接，连接处接合面应涂专用胶合剂，接口应牢固密封。

(2) 管与管之间采用套管连接时，套管长度宜为管外径的 1.5～3 倍；管与管的对口应位于套管中处对平齐。

(3) 管与器件连接时，插入深度宜为管外径的 1.1～1.8 倍。

6 管路入盒、箱连接：

(1) 管路入箱、盒一律采用端接头与内锁母连接，要求平整、牢固。向上立管管口采用端帽护口，防止异物堵塞管路。

(2) 变形缝做法　变形缝穿墙过管及保护管，保护管应能承受管外的冲击，保护管的管径宜大于穿线管的管外径二倍。

7 暗管敷设时的弹线定位：

(1) 根据设计图要求，在砖墙、大模板混凝土墙、滑模板混凝土墙、木模板混凝土墙、组合钢模板混凝土墙等处，确定盒、箱位置进行弹线定位，按弹处的水平线用小线和水平尺测量出盒，箱准确位置并标出尺寸。

(2) 根据设计图灯位要求，在加气混凝土板、现浇混凝土板，进行测量后，标注出灯头盒的准确位置尺寸。

（3）各种隔墙剔槽稳埋开关盒弹线。根据设计图要求，在砖墙、泡沫混凝土墙、石膏孔板墙、礁渣砖墙等，需要稳埋开关盒的位置，进行测量确定开关盒准确位置尺寸。

8 加工弯管：

（1）阻燃塑料管敷设与煨弯对环境温度的要求如下：阻燃塑料管及其配件的敷设，安装和煨弯制作，均应在原材料规定的允许环境温度下进行，其温度不易低于－15℃。

（2）管径在25mm及其以下可以用冷煨法，如下将弯簧插入（PVC）管内需煨弯处，两手抓住弯簧两端头，膝盖顶在被弯处，用手扳逐步煨出所需弯度，然后抽出弯簧。

（3）热煨法：用电炉子、热风机等加热均匀，烘烤管子煨弯处，待管被加热到可随意弯曲时，立即将管子放在木板上，固定管子一头，逐步煨出所需管弯度，并用湿布抹擦使弯曲部位冷却定型，然后抽出弯簧。不得因为弯使管出现烤伤、变色、破裂等现象。

9 埋注盒、箱：

（1）盒、箱固定应平整牢固、灰浆饱满，纵横坐标准确，符合设计图和施工验收规范规定。

（2）砖墙稳埋盒、箱：

1）预留盒、箱孔洞：根据设计图规定的盒、箱预留具体位置，随土建砌体电工配合施工，在约300mm处预留出进入盒、箱的管子长度，将管子甩在盒、箱预留孔外，管端头堵好，等待最后一管一孔地进入盒、箱稳埋完毕。

2）剔洞稳埋盒、箱，再接短管：按弹处的水平线，对照设计图找出盒、箱的准确位置，然后剔洞，所剔孔洞应比盒、箱稍大一些。洞剔好后，先用水把洞内四壁浇湿，并将洞中杂物清理干净。依照管路的走向敲掉盒子的敲落孔，再用高强度等级水泥砂浆填入洞内将盒、箱稳端正，待水泥砂浆凝固后，在接短管入盒、箱。

（3）组合钢模板、大模板混凝土墙稳埋盒、箱：

1）在模板上打孔，用螺丝将盒、箱固定在模板上；拆模前及时将固定盒、箱的螺丝拆除。

2）利用穿筋盒，直接固定在钢筋上，并根据墙体厚度焊好支撑钢筋，使盒口或箱口与墙体平面平齐。

（4）滑模板混凝土墙稳埋盒、箱：

1）预留盒、箱孔洞，采取下盒套、箱套，然后待滑模板过后再拆除盒套或箱套，同时稳埋盒或箱体。

2）用螺丝将盒、箱固定在扁铁上，然后将扁铁焊在钢筋上，或直接用穿筋和固定在钢筋上，并根据墙厚度焊好支撑钢筋，使盒口平面与墙体平面平齐。

（5）顶板稳埋灯头盒：

1）加气混凝土板、圆孔板稳埋灯头盒。根据设计图标注出灯位的位置尺寸，先打孔，然后由下向上剔洞，洞口下小上大。将盒子配上相应的固定体放入洞中，并固定好吊板，待配管后用高强度等级水泥砂浆稳埋牢固。

2）现浇混凝土楼板等，需要安装吊扇、花灯或吊装灯具超过3kg时，应预埋吊钩或螺栓，其吊挂力矩应保证承载要求和安全。

3）隔墙稳埋开关盒、插座盒。如在砖墙泡沫混凝土墙等，剔槽前应在槽两边先弹线，槽的宽度及深度均应比管外径大，开槽宽度与深度以大于1.5倍管外径为宜。砖墙可用錾子沿槽内边进行剔槽；泡沫混凝土墙可用刀锯锯成槽的两边后，再剔成槽。剔槽后应先稳埋盒，再接管，管路每隔1m左右用镀锌铁丝固定好管路，最后抹灰并抹平齐。如为石膏圆孔板时，宜将管穿入板孔内并敷设至盒或箱处。

10 暗敷管路：

（1）管路连接：

1）管路连接应使用套箍连接（包括端接头接管）。用小刷子沾配套供应的塑料管胶粘剂，均匀涂抹在管外壁上，将管子插入套箍；管口应到位。胶粘剂性能要求粘接后1min内不移位，粘性保持时间长，并具有防水性。

2）管路垂直或水平敷设时，每隔1m距离应有一个固定点，在弯曲部位应以圆弧中心点为始点距两端300~500mm处各加一个固定点。

3）管进盒、箱，一管一孔，先接端接头然后用内锁母固定在盒、箱上，在管孔上用顶帽型护口堵好管口，最后用纸或泡沫塑料块堵好盒子口（堵盒子口的材料可采用现场现有柔软物件，如水泥纸袋等）。

（2）管路暗敷设：

1）现浇混凝土墙板内管路暗敷设：管路应敷设在两层钢筋中间，管进盒、箱时应煨成灯塔弯，管路每隔1m处用镀锌铁丝绑扎牢，弯曲部位按要求固定，往上引管不宜过长，以能煨弯为准，向墙外引管可使用“管帽”预留管口待拆模后取出“管帽”再接管。

2）滑升模板敷设管路时，灯位管可先引至牛腿墙内，滑模过后支好顶板，再敷设管至灯位。

3）现浇混凝土楼板管路暗敷设：根据建筑物内房间四周墙的厚度，弹十字线确定灯头盒的位置，将端接头、内锁母固定在盒子的管孔上，使用顶帽护口堵好管口，并堵好盒口，将固定好盒子，用机螺丝或短钢筋固定在底筋上。跟着敷管、管路应敷设在弓筋的下面底筋的上面，管路每隔1m处用镀锌铁丝绑扎牢。引向隔断墙的管子、可使用“管帽”预留管口，拆模后取出管帽再接管。

4）灰土层内管路暗敷设：灰土层夯实后进行挖管路槽，接着敷设管路，然后在管路上面用混凝土砂浆埋护，厚度不宜小于80mm。

11 扫管穿带线：对于现浇混凝土结构，如墙、楼板应及时进行扫管，即随拆模随扫管这样能够及时发现堵管不通现象，便于处理因为在混凝土未终凝时，修补管路。对于砖混结构墙体，在抹灰前进行扫管，有问题时修改管路，便于土建修复。经过扫管后确认管路畅通，及时穿好带线，并将管口、盒口、箱口堵好，加强成品配管保护，防止出现二次堵塞管路现象。

14.4.5 线槽敷设施工工艺

14.4.5.1 工艺流程

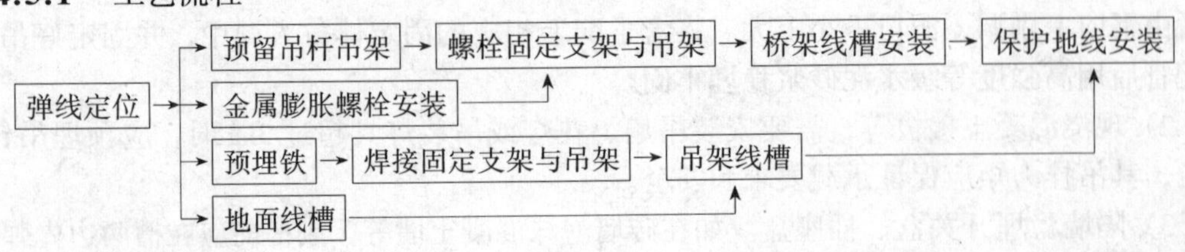

14.4.5.2　施工要点

1　弹线定位：同本标准第 12.4.1.2 条第 1 款内容。

2　预留孔洞：根据设计图标注的轴线部位，将预制加工好的木质或铁质框架，固定在标出的位置上，并进行调直找正，待现浇混凝土凝固模板拆除后，拆下框架，并抹平孔洞口。

3　支架与吊架安装要求及预埋吊杆、吊架

(1) 支架与吊架距离上层楼板不应小于 150～200mm，距地面高度不应低于 100～150mm。

(2) 轻钢龙骨上敷设线槽应各自有单独卡具吊装或支撑系统，吊杆直径不应小于 8mm；支撑应固定在主龙骨上，不允许固定在辅助龙骨上。

(3) 采用直径不小于 8mm 的圆钢，经过切割、调直、煨弯及焊接等步骤制作成吊杆、吊架。其端部应攻丝以便于调整。在配合土建结构中，应随着钢筋绑扎配筋的同时，将吊杆或吊架锚固在所标出的固定位置。在混凝土浇注时留有专人看护预防吊杆或吊架移位。拆模板时不得碰坏吊杆端部的丝扣。

(4) 预埋铁的自制加工：同本标准第 12.4.1.2 条第 2 款内容。

4　金属膨胀螺栓安装

(1) 钻孔直径的误差不得超过 +0.5～-0.3mm，深度误差不得超过 +3mm，钻孔后应将孔内残存的碎屑清除净。

(2) 螺栓固定后，其头部偏斜值不大于 2mm。

(3) 首先沿着墙壁或顶板根据设计图进行弹线定位，标出固定点的位置。

(4) 根据支架或吊架承重的荷重，选择相应的金属膨胀螺栓及钻头，所选钻头长度应大于套管长度。开孔的深度。

(5) 应先清除干净打好的孔洞内的碎屑，然后在用木锤或垫上木块后，用铁锤将膨胀螺栓敲进洞内，应保证套管与建筑物表面平齐，螺栓端部外露，敲击时不得损伤螺栓的丝扣。

(6) 埋好螺栓后，可用螺母配上相应的垫圈将支架或吊架直接固定在金属膨胀螺栓上。

5　线槽安装

(1) 线槽的接口应平整，接缝处应紧密平直。槽盖装上后应平整，无翘角，出线口的位置准确。

(2) 不允许将穿过墙壁的线槽与墙上的孔洞一起抹死。

(3) 线槽的所有非导电部分的铁件均应相互连接和跨接，使之成为一连续导体，并做好整体接地。

(4) 当线槽的底板对地距离低于 2.4m 时，线槽本身和线盖板均必加装保护地线。2.4m 以上的线槽盖板可不加保护地线。

(5) 线槽经过建筑物的变形缝（伸缩缝、沉降缝）时，线槽本身应断开，槽内用内连接板搭接，不需固定。保护地线和槽内导线均应留有补偿余量。

(6) 敷设在竖井、吊顶、通道、夹层及设备层等处的线槽应符合有关防火要求。

(7) 线槽直线段连接应采用连接板，用垫圈、弹簧垫圈、螺母紧固，接茬处应缝隙严密平齐。

(8) 建筑物的表面如有坡度时，线槽应随其变化坡度。待线槽全部敷设完毕后，应在配线之前进行调整检查。

(9) 吊装金属线槽：万能型吊具一般应用在钢结构中，如工字钢、角钢、轻钢龙骨等结构，可预先将吊具、卡具、吊杆、吊装器组装成一整体，在标出的固定点位置处进行吊装，逐件地将吊装卡具压接在钢结构上，将顶丝拧牢。

(10) 出线口处应利用出线口盒进行连接，末端部位要装上封堵，在盒、箱、柜进出线处采用抱脚连接。

(11) 地面线槽安装：地面线槽安装时，应及时配合土建地面工程施工。根据地面的形式不同，先抄平，然后测定固定点位置，将上好卧脚螺栓和压板的线槽水平放置在垫层上，然后进行线槽连接。如线槽与管连接；线槽与分线盒连接；分线盒与管连接；线槽出线口连接；线槽末端处理等，都应安装到位，螺丝紧固牢靠。地面线槽及附件全部上好后，再进行一次系统调整，主要根据地面厚度，仔细调整线槽干线，分支线，分线盒接头，转弯、转角、出口等处，水平高度要求与地面平齐，将各种盒盖盖好或堵严实，以防止水泥砂浆进入，直至配合土建地面施工结束为止。

6 线槽内保护地线安装

(1) 保护地线应根据设计图要求敷设在线槽内一侧，接地处螺丝直径不应小于6mm，并且需要加平垫和弹簧垫圈，用螺母压接牢固。

(2) 金属线槽的宽度在100mm以内（含100mm)，两段线槽用连接板连接处，每端螺丝固定点不少于4个；宽度在200mm以上（含200mm）两端线槽用连接板连接处，每端螺丝固定点不少于6个。

14.5 成 品 保 护

14.5.1 敷设管路时，保持墙面、顶棚、地面的清洁完整。修补铁件油漆时，不得污染建筑物。

14.5.2 施工用高凳时，不得碰撞墙、角、门、窗，更不得靠墙面立高凳。高凳脚应有包扎物，既防划伤地板，又防滑倒。

14.5.3 现浇混凝土楼板上配管时，注意不要踩坏钢筋，土建浇筑混凝土时，应留专人看守，以免振捣时损坏配管及盒，箱移位。遇有管路损坏时，及时修复。

14.5.4 管路敷设完毕后注意成品保护，特别是在现浇混凝土结构施工中，应派电工看护，以防管路移位或受机械损伤。在合模和拆模时，应注意保护管路不要移位、砸扁或踩坏等现象。

14.5.5 在混凝土板、加气板上剔洞时，注意不要剔断钢筋，剔洞时应先用钻打孔，再扩孔，不允许用大锤由上面砸孔洞。

14.5.6 剔槽不得过大、过深或过宽。预制梁柱和应力楼板均不得随意剔槽打洞。混凝土楼板，墙等均不得私自断筋。

14.5.7 明配管路及电气器具时，要保持顶棚，墙面及地面的清洁完整。搬运材料和使用高凳等机具时，不得碰坏门窗、墙面等。电气照明器具安装完后不要再喷浆。

14.5.8 吊顶内稳盒配管时，不要踩坏龙骨。严禁踩电线管行走，刷防锈漆不得污染墙面、吊顶或护墙板等。

14.5.9 其他专业在施工中，注意不得碰坏电气配管。严禁私自改动电线管及电气设备。

14.6 安全、环保措施

14.6.1 使用切割机时，首先检查防护罩是否完整，后部严禁有易燃易爆物品，切割机不得代替砂轮磨物，严禁用切割机切割麻丝和木块。

14.6.2 热煨管时，首先要检查煤炭中有无爆炸物，砂子要烘干，以防爆炸，灌砂台搭设牢固，以防倒塌伤人。

14.6.3 剔槽打洞时，锤头不得松动，凿子应无卷边、裂纹，应戴好防护眼镜。

14.6.4 油漆、涂料在倾倒、作业过程中发生遗洒，必须及时清理干净。油漆、涂料用完后，将容器交回现场仓库，统一由厂家回收。施工剩余的油漆、涂料，应送回仓库妥善保管。

14.6.5 沾染稀释油类涂料的棉纱、棉布、刷子及废弃的油漆、胶、砂纸等应全部收集存放在有毒有害垃圾池内

14.6.6 剔凿出的垃圾要做到及时清理，堆放在指定地点。

14.6.7 套丝作业采用手动及电动套丝机械，操作时应满足以下要求：

1 套丝机械必须安放在铁皮托盘内，防止作业时润滑油、铁屑等污染地面，同时润滑油可以回收并重复利用。

2 加工件套丝完成后，应在铁皮托盘内将加工端所附润滑油滴控净，并用棉纱擦干，防止油污染地面。

14.7 质 量 标 准

14.7.1 主控项目

14.7.1.1 金属的导管和线槽必须接地（PE）或接零（PEN）可靠，并符合下列规定：

1 镀锌的钢导管、可挠性导管和金属线槽不得熔焊跨接接地线，以专用接地卡跨接的两卡间连线为铜芯软导线，截面积不小于 $4mm^2$。

2 当非镀锌钢导管采用螺纹连接时，连接处的两端焊跨接接地线；当镀锌钢导管采用螺纹连接时，连接处的两端用专用接地卡固定跨接接地线。

3 金属线槽不作设备的接地导体，当设计无要求时，金属线槽全长不小于 2 处与接（PE）或接零（PEN）干线连接。

4 非镀锌金属线槽间连接板的两端跨接铜芯接地线，镀锌线槽间连接板的两端不跨接接地线，但连接板两端应设有不少于 2 个防松螺帽或防松垫圈的连接固定螺栓。

检验方法：观察检查和检查安装记录。

14.7.1.2 金属导管严禁对口熔焊连接；镀锌和壁厚小于等于 2mm 的钢导管不得套管熔焊连接。

检验方法：观察检查。

14.7.1.3 防爆导管不应采用倒扣连接，当连接有困难时，应采用防爆活接头，其接合面应严密。

检验方法：观察检查。

14.7.1.4 当绝缘导管在砌体上剔槽埋设时，应采用强度等级不小于 M10 的水泥砂浆抹面保护，保护层厚度大于 15mm。

检验方法：观察检查和检查安装记录。

14.7.2 一般项目

14.7.2.1 室外埋地敷设的电缆导管，埋深不应小于 0.7m。壁厚小于等于 2mm 的钢电线导管不应埋设于室外土壤内。

检验方法：观察检查。

14.7.2.2 室外导管的管口应设置在盒、箱内。在落地式配电箱内的管口、箱底无封板的，管口应高出基础面 50～80mm。所有管口在穿入电线、电缆后应做密封处理。由箱式变电所或落地式配电箱引向建筑物的导管，建筑物一侧的导管管口应设在建筑物内。

检验方法：观察检查和检查安装记录。

14.7.2.3 电缆导管的弯曲半径不应小于电缆最小允许弯曲半径，电缆最小允许弯曲半径应符合本标准表 12.7.2.1-1 的规定。

检验方法：检查安装记录。

14.7.2.4 金属导管内外壁应防腐处理；埋设于混凝土内的导管内壁应防腐处理，外壁可不防腐处理。

检验方法：施工时观察检查。

14.7.2.5 室内进入落地式柜、台、箱、盘内的导管管口，应高出柜、台、箱、盘的基础面 50～80mm。

检验方法：实测和检查安装记录。

14.7.2.6 暗配的导管，埋设深度与建筑物、构筑物表面的距离不应小于 15mm；明配的导管应排列整齐，固定点间距均匀，安装牢固。在终端、弯头中点或柜、台、箱、盘等边缘的距离 150～500mm 范围内设有管卡，中间直线段管卡间的最大距离应符合表 14.7.2.6 的规定。

表 14.7.2.6 管卡间的最大距离

敷设方式	导管种类	导管直径（mm）				
		15～20	25～32	32～40	50～65	65 以上
		管卡间最大距离（m）				
支架或沿墙明敷	壁厚＞2mm 刚性钢导管	1.5	2.0	2.5	2.5	3.5
	壁厚≤2mm 刚性钢导管	1.0	1.5	2.0	～	～
	刚性绝缘导管	1.0	1.5	1.5	2.0	2.0

检验方法：实测和检查安装记录。

14.7.2.7 线槽应安装牢固，无扭曲变形，紧固件的螺母应在线槽外侧。

检验方法：观察检查。

14.7.2.8 防爆导管敷设应符合下列规定：

1 导管间及与灯具、开关、线盒等的螺纹连接处紧密牢固，除设计有特殊要求外，连接处不跨接接地线，在螺纹上涂以电力复合脂或导电性防锈脂。

2 安装牢固顺直，镀锌层锈蚀或剥落处做防腐处理。

检验方法：观察检查。

14.7.2.9 绝缘导管敷设应符合下列规定：

1 管口平整光滑；管与管、管与盒（箱）等器件采用插入法连接时，连接处结合面涂专用胶合剂，接口牢固密封。

2 直埋于地下或楼板内的刚性绝缘导管，在穿出地面或楼板易受机械损伤的一段，采取保护措施。

3 当设计无要求时，埋设在墙内或混凝土内的绝缘导管，采用中型以上的导管。

4 沿建筑物、构筑物表面和在支架上敷设的刚性绝缘导管，按设计要求装设温度补偿装置。

检验方法：观察检查和检查安装记录。

14.7.2.10 金属、非金属柔性导管敷设应符合下列规定：

1 刚性导管经柔性导管与电气设备、器具连接，柔性导管的长度在动力工程中不大于0.8m，在照明工程中不大于1.2m。

2 可挠金属管或其他柔性导管与刚性导管或电气设备、器具间的连接采用专用接头；复合型可挠金属管或其他柔性导管的连接处密封良好，防液覆盖层完整无损。

3 可挠性金属导管和金属柔性导管不能做接地（PE）或接零（PEN）的接续导体。

检验方法：观察检查、实测和检查安装记录。

14.7.2.11 导管和线槽，在建筑物变形缝处，应设补偿装置。

检验方法：观察检查。

14.8 质 量 验 收

14.8.1 电线导管、电缆导管和线槽敷设安装工程的施工质量验收应按每层（每区域）做为检验批。

14.8.2 检验批的抽查数量：按导管、线槽的不同材质和不同敷设方式各抽查10处。

14.8.3 检验批的验收按本标准3.0.25条进行组织。

14.8.4 检验批质量验收记录当地政府主管部门无统一规定时，宜采用表14.8.4-1“电线导管、电缆导管和线槽敷设安装检验批质量验收记录表（Ⅰ）室内”、表14.8.4-2“电线导管、电缆导管和线槽敷设安装检验批质量验收记录表（Ⅱ）室外”。

表 14.8.4-1　电线导管、电缆导管和线槽敷设检验批质量验收记录表

GB 50303—2002

（Ⅰ）室内

<table>
<tr><td colspan="3">单位（子单位）工程名称</td><td colspan="3"></td></tr>
<tr><td colspan="3">分部（子分部）工程名称</td><td colspan="2"></td><td>验收部位</td></tr>
<tr><td colspan="3">施工单位</td><td colspan="2"></td><td>项目经理</td></tr>
<tr><td colspan="3">分包单位</td><td colspan="2"></td><td>分包项目经理</td></tr>
<tr><td colspan="3">施工执行标准名称及编号</td><td colspan="3"></td></tr>
<tr><td colspan="4">施工质量验收规范规定</td><td>施工单位检查评定记录</td><td>监理（建设）单位验收记录</td></tr>
<tr><td rowspan="4">主控项目</td><td>1</td><td colspan="2">金属的导管和线槽必须接地（PE）或接零（PEN）可靠，并符合下列规定：
镀锌的钢导管、可挠性导管和金属线槽不得熔焊跨接接地线，以专用接地卡跨接的两卡间连线为铜芯软导线，截面积不小于 4mm²；当非镀锌钢导管采用螺纹连接时，连接处的两端焊跨接接地线；当镀锌钢导管采用螺纹连接时，连接处的两端用专用接地卡固定跨接接地线；金属线槽不作设备的接地导体，当设计无要求时，金属线槽全长不小于 2 处与接（PE）或接零（PEN）干线连接；非镀锌金属线槽间连接板的两端跨接铜芯接地线，镀锌线槽间连接板的两端不跨接接地线，但连接板两端不小于 2 个有防松螺帽或防松垫圈的连接固定螺栓</td><td></td><td rowspan="4"></td></tr>
<tr><td>2</td><td colspan="2">金属导管严禁对口熔焊连接；镀锌和壁厚小于等于 2mm 的钢导管不得套管熔焊连接</td><td></td></tr>
<tr><td>3</td><td colspan="2">防爆导管不应采用倒扣连接，当连接有困难时，应采用防爆活接头，其接合面应严密</td><td></td></tr>
<tr><td>4</td><td colspan="2">当绝缘导管在砌体上剔槽埋设时，应采用强度等级不小于 M10 的水泥砂浆抹面保护，保护层厚度大于 15mm</td><td></td></tr>
<tr><td rowspan="9">一般项目</td><td>1</td><td>电缆导管的弯曲半径</td><td>第 14.7.2.3 条</td><td></td><td rowspan="9"></td></tr>
<tr><td>2</td><td colspan="2">金属导管内外壁应防腐处理；埋设于混凝土内的导管内壁应防腐处理，外壁可不防腐处理</td><td></td></tr>
<tr><td>3</td><td colspan="2">室内进入落地式柜、台、箱、盘内的导管管口，应高出柜、台、箱、盘的基础面 50～80mm</td><td></td></tr>
<tr><td>4</td><td>暗配管的埋设深度，明配管的固定</td><td>第 14.7.2.6 条</td><td></td></tr>
<tr><td>5</td><td colspan="2">线槽应安装牢固，无扭曲变形，紧固件的螺母应在线槽外侧</td><td></td></tr>
<tr><td>6</td><td colspan="2">防爆导管敷设应符合下列规定：导管间及与灯具、开关、线盒等的螺纹连接处紧密牢固，除设计有特殊要求外，连接处不跨接接地线，在螺纹上涂以电力复合脂或导电性防锈脂；安装牢固顺直，镀锌层锈蚀或剥落处做防腐处理</td><td></td></tr>
<tr><td>7</td><td colspan="2">绝缘导管敷设应符合下列规定：管口平整光滑；管与管、管与盒（箱）等器件采用插入法连接时，连接处结合面涂专用胶合剂，接口牢固密封；直埋于地下或楼板内的刚性绝缘导管，在穿出地面或楼板易受机械损伤的一段，采取保护措施；当设计无要求时，埋设在墙内或混凝土内的绝缘导管，采用中型以上的导管；沿建筑物、构筑物表面和在支架上敷设的刚性绝缘导管，按设计要求装设温度补偿装置</td><td></td></tr>
<tr><td>8</td><td colspan="2">金属、非金属柔性导管敷设应符合下列规定：
1. 刚性导管经柔性导管与电气设备、器具连接，柔性导管的长度在动力工程中不大于 0.8m，在照明工程中不大于 1.2m；
2. 可挠金属管或其他柔性导管与刚性导管或电气设备、器具间的连接采用专用接头；复合型可挠金属管或其他柔性导管的连接处密封良好，防液覆盖层完整无损；
3. 可挠性金属导管和金属柔性导管不能做接地（PE）或接零（PEN）的接续导体</td><td></td></tr>
<tr><td>9</td><td colspan="2">导管和线槽，在建筑物变形缝处，应设补偿装置</td><td></td></tr>
<tr><td colspan="2" rowspan="2">施工单位检查评定结果</td><td colspan="2">专业工长（施工员）</td><td>施工班组长</td><td></td></tr>
<tr><td colspan="4">项目专业质量检查员：　　　　　　　　　　年　　月　　日</td></tr>
<tr><td colspan="2">监理（建设）单位验收结论</td><td colspan="4">监理工程师（建设单位项目专业技术负责人）：　　　　年　　月　　日</td></tr>
</table>

表 14.8.4-2 电线导管、电缆导管和线槽敷设检验批质量验收记录表 GB 50303—2002

(Ⅱ) 室外

<table>
<tr><td colspan="2">单位(子单位)工程名称</td><td colspan="4"></td></tr>
<tr><td colspan="2">分部(子分部)工程名称</td><td colspan="2"></td><td>验收部位</td><td></td></tr>
<tr><td colspan="2">施工单位</td><td colspan="2"></td><td>项目经理</td><td></td></tr>
<tr><td colspan="2">分包单位</td><td colspan="2"></td><td>分包项目经理</td><td></td></tr>
<tr><td colspan="2">施工执行标准名称及编号</td><td colspan="4"></td></tr>
<tr><td colspan="3">施工质量验收规范规定</td><td>施工单位检查评定记录</td><td colspan="2">监理(建设)单位验收记录</td></tr>
<tr><td rowspan="2">主控项目</td><td>1</td><td>金属的导管和线槽必须接地(PE)或接零(PEN)可靠,并符合下列规定:镀锌的钢导管、可挠性导管和金属线槽不得熔焊跨接接地线,以专用接地卡跨接的两卡间连线为铜芯软导线,截面积不小于 4mm²;当非镀锌钢导管采用螺纹连接时,连接处的两端焊跨接接地线;当镀锌钢导管采用螺纹连接时,连接处的两端用专用接地卡固定跨接接地线</td><td></td><td colspan="2"></td></tr>
<tr><td>2</td><td>金属导管严禁对口熔焊连接;镀锌和壁厚小于等于 2mm 的钢导管不得套管熔焊连接</td><td></td><td colspan="2"></td></tr>
<tr><td rowspan="6">一般项目</td><td>1</td><td>室外埋地敷设的电缆导管,埋深不应小于 0.7m。壁厚小于等于 2mm 的钢电线导管不应埋设于室外土壤内</td><td></td><td colspan="2"></td></tr>
<tr><td>2</td><td>室外导管的管口应设置在盒、箱内。在落地式配电箱内的管口、箱底无封板的,管口应高出基础面 50~80mm。所有管口在穿入电线、电缆后应做密封处理。由箱式变电所或落地式配电箱引向建筑物的导管,建筑物一侧的导管管口应设在建筑物内</td><td></td><td colspan="2"></td></tr>
<tr><td>3</td><td>电缆导管的弯曲半径   第 14.7.2.3 条</td><td></td><td colspan="2"></td></tr>
<tr><td>4</td><td>金属导管的防腐   第 14.7.2.4 条</td><td></td><td colspan="2"></td></tr>
<tr><td>5</td><td>绝缘导管敷设应符合下列规定:管口平整光滑;管与管、管与盒(箱)等器件采用插入法连接时,连接处结合面涂专用胶合剂,接口牢固密封;直埋于地下或楼板内的刚性绝缘导管,在穿出地面或楼板易受机械损伤的一段,采取保护措施;沿建筑物、构筑物表面和在支架上敷设的刚性绝缘导管,按设计要求装设温度补偿装置</td><td></td><td colspan="2"></td></tr>
<tr><td>6</td><td>金属、非金属柔性导管敷设应符合下列规定:刚性导管经柔性导管与电气设备、器具连接,柔性导管的长度在动力工程中不大于 0.8m,在照明工程中不大于 1.2m;可挠金属管或其他柔性导管与刚性导管或电气设备、器具间的连接采用专用接头;复合型可挠金属管或其他柔性导管的连接处密封良好,防液覆盖层完整无损;可挠性金属导管和金属柔性导管不能做接地(PE)或接零(PEN)的接续导体</td><td></td><td colspan="2"></td></tr>
<tr><td colspan="2" rowspan="2">施工单位检查评定结果</td><td>专业工长(施工员)</td><td></td><td>施工班组长</td><td></td></tr>
<tr><td colspan="4">

项目专业质量检查员: 年   月   日</td></tr>
<tr><td colspan="2">监理(建设)单位验收结论</td><td colspan="4">

监理工程师(建设单位项目专业技术负责人):   年   月   日</td></tr>
</table>

15 电线、电缆穿管和线槽敷线

15.1 一 般 规 定

15.1.1 绝缘导线的规格、型号必须符合设计要求，测试要求导线的绝缘、导线对地、两根导线间绝缘电阻应不小于0.5MΩ。

15.1.2 电线、电缆穿管及线槽敷线应按以下程序进行：

1 接地（PE）或接零（PEN）及其他焊接施工完成，经检查确认，才能穿入电线或电缆以及线槽内敷线；

2 与导管连接的柜、屏、台、箱、盘安装完成，管内积水及杂物清理干净，经检查确认，才能穿入电线、电缆；

3 电缆穿管前绝缘测试合格，才能穿入导管；

4 电线、电缆交接试验合格，且对接线去向和相位等检查确认，才能通电。

15.1.3 在管内穿线前，应将管内积水及杂物清除干净；并带好管护口。

15.1.4 配线所规定的距离应符合要求。

15.1.5 不同材料导线线芯的中间连接和分支连接应使用熔焊、线夹、瓷接头或压接法连接。

15.1.6 电线、电缆穿管和线槽敷线施工中的安全技术措施，应符合国家现行技术标准及技术文件的相关规定。

15.2 施 工 准 备

15.2.1 技术准备

1 按照已批准的施工组织设计（施工方案）进行技术交底。

2 按施工图测量线路长度、位置、标高，经复核符合设计要求。

3 电线、电缆穿管和线槽敷线前，应现场复核管路及线槽是否安装完毕且通畅无障碍。

15.2.2 材料准备

电线、电缆、镀锌钢丝或钢丝、护口、螺旋接线钮、尼龙压接线帽、套管、焊锡、焊剂、橡胶绝缘带等。

15.2.3 施工机具

1 主要安装机具：克丝钳、尖嘴钳、剥线钳、压接钳、电炉、锡锅、锡勺、电烙铁、放线架、一（十）字槽螺丝刀、电工刀、高凳等。

2 主要检测机具：万用表、兆欧表、卷尺等。

15.2.4 作业条件

1 建筑结构工程必须经过结构验收，符合设计要求和规范的规定。方可进行下道工序。

2 管路或线槽安装完毕。箱、盒安装符合设计要求，并应完好无损无污染。

3 线管内不得有积水及潮气浸入。

15.3 材料质量控制

15.3.1 电线：导线的规格，型号必须符合设计要求，并有出厂合格证。

15.3.2 常用的BV型绝缘电线的绝缘层厚度应符合表15.3.2的规定。

15.3.3 电缆的材料质量控制见本标准第12.3.5～12.3.9条相关内容。

15.3.4 镀锌铁丝或钢丝：应顺直无背扣、扭接等现象，并具有相应的机械拉力。

15.3.5 护口：应根据管径的大小选择相应规格的护口。

表15.3.2 BV型绝缘电线的绝缘层厚度

序号	1	2	3	4	5	6	7	8	9	10	11	12	13	14	15	16	17
电线芯线标称截面积（mm^2）	1.5	2.5	4	6	10	16	25	35	50	70	95	120	150	185	240	300	400
绝缘层厚度规定值（mm）	0.7	0.8	0.8	0.8	1.0	1.0	1.2	1.2	1.4	1.4	1.6	1.6	1.8	2.0	2.2	2.4	2.6

15.3.6 螺旋接线钮：应根据导线截面和导线的根数选择相应型号的加强型绝缘钢壳螺旋接线钮。

15.3.7 尼龙压接线帽：适用于$2.5mm^2$以下铜导线的压接，其规格有大号、中号、小号三种，可根据导线截面和根数选择使用。

15.3.8 套管：有铜套管，铝套管，铜铝过渡套管三种，选用时应采用与导线材质、规格相应的套管。

15.3.9 接线端子（接线鼻子）：应根据导线的根数和总截面选择相应规格的接线端子。

15.3.10 焊锡：由锡、铅和锑等元素组合的低熔点（185～260℃）合金。焊锡制成条状或丝状。

15.3.11 焊剂：能清除污物和抑制工件表面氧化物。一般焊接应采用松香液，将天然松香溶解在酒精中制成乳状液体，适用于铜及铜合金焊件。

15.3.12 辅助材料：橡胶（或粘塑料）绝缘带、黑胶布、防锈漆、滑石粉、布条等均符合要求并有产品合格证。

15.4 施工工艺

15.4.1 工艺流程

选择电线电缆→穿带线扫管→放线及断线→电线、电缆与带线的绑扎→带护口→导线连接→导线焊接→导线包扎→线路检查绝缘摇测

15.4.2 施工要点

15.4.2.1 导线选择

1　应根据设计图要求选择导线。进（出）户的导线应使用橡胶绝缘导线，严禁使用塑料绝缘导线。

2　相线、中性线及保护地线的颜色应加以区分，用黄绿色相间的导线做保护地线，淡蓝色导线做中性线。

15.4.2.2　穿带线扫管

1　穿带线的目的是检查管路是否畅通，管路的走向及盒、箱的位置是否符合设计及施工图的要求。

2　穿带线的方法：

（1）带线一般均采用 $\phi 1.2 \sim 2.0$mm 的铁丝。先将铁丝的一端弯成不封口的圆圈，再利用穿线器将带线穿入管路内，在管路的两端均应留有 10～15cm 的余量。

（2）在管路较长或转弯较多时，可以在敷设管路的同时将带线一并穿好。

（3）穿带线受阻时，应用两根钢丝同时搅动，使两根钢丝的端头互相钩绞在一起，然后将带线拉出。

（4）阻燃型塑料波纹管的管壁呈波纹状，带线的端头要弯成圆形。

3　清扫管路：将布条的两端牢固的绑扎在带线上，两人来回拉动带线，将管内杂物清净。

15.4.2.3　放线及断线

1　放线

（1）放线前应根据施工图对导线的规格、型号进行核对。

（2）放线时导线应置于放线架或放线车上。

2　断线

剪断导线时，导线的预留长度应按以下四种情况考虑。

（1）接线盒、开关盒、插销盒及灯头盒内导线的预留长度应为 15cm。

（2）配电箱内导线的预留长度应为配电箱体周长的 1/2。

（3）出户导线的预留长度应为 1.5m。

（4）公用导线在分支处，可不剪断导线而直接穿过。

15.4.2.4　电线、电缆与带线的绑扎

1　当导线根数较少时，例如 2～3 根导线，可将导线前端的绝缘层削去，然后将线芯直接插入带线的盘圈内并折回压实，绑扎牢固，使绑扎处形成一个平滑的锥形过渡部位。

2　当导线根数较多或导线截面较大时，可将导线前端的绝缘层削去，然后将线芯斜错排列在带线上，用绑线缠绕绑扎牢固。使绑扎接头处形成一个平滑的锥形过渡部位，便于穿线。

15.4.2.5　管内穿线

1　钢管（电线管）在穿线前，应首先检查各个管口的护口是否齐整，如有遗漏或破损，均应补齐和更换。

2　当管路较长或转弯较多时，要在穿线的同时往管内吹入适量的滑石粉。

3　两人穿线时，应配合协调。

4　穿线时应注意下列问题：

（1）同一交流回路的导线必须穿于同一管内。

(2) 不同回路、不同电压和交流与直流的导线，不得穿入同一管内，但以下几种情况除外：额定电压为50V以下的回路；同一设备或同一流水作业线设备的电力回路和无特殊防干扰要求的控制回路；同一花灯的几个回路；同类照明的几个回路，但管内的导线总数不应多于8根。

(3) 导线在变形缝处，补偿装置应活动自如。导线应留有一定的余度。

(4) 敷设于垂直管路中的导线，当超过下列长度时，应在管口处和接线盒中加以固定：截面积为50mm^{2}及以下的导线为30m；截面积为70mm^2～95mm^{2}的导线为20m；截面积在180～240mm^{2}之间的导线为18m。

15.4.2.6 线槽配线

1 线槽内配线前应消除线槽内的积水和污物

2 同一线槽内（包括绝缘层在内）的导线截面积总和应不超过内部截面积的40%。

3 线槽底向下配线时，应将分支导线分别用尼龙绑扎带绑扎成束，并固定在线槽底板下，以防导线下坠。

4 不同电压、不同回路、不同频率的导线应加隔板放在同一线槽内。下列情况时，可直接放在同一线槽内：电压在65V及以下；同一设备或同一流水线的动力和控制回路；照明花灯的所有回路；三相四线制的照明回路。

5 导线较多时，除采用导线外皮颜色区分相序外，也可利用在导线端头和转弯处做标记的方法来区分。

6 在穿越建筑物的变形缝时，导线应留有补偿余量。

7 接线盒内的导线预留长度不应超过15cm；盘、箱内的导线预留长度应为其周长的1/2。

8 从室外引入室内的导线，穿过墙外的一段应采用橡胶绝缘导线，不允许采用塑料绝缘导线。穿墙保护管的外侧应有防水措施。

15.4.2.7 导线连接

1 配线导管的线芯连接，一般采用焊接、压板压接或套管连接。

2 配线导线与设备、器具的连接，应符合以下要求：

(1) 导线截面为10mm^{2}及以下的单股铜（铝）芯线可直接与设备、器具的端子连接。

(2) 导线截面为2.5mm^{2}及以下的多股铜芯线的线芯应先拧紧搪锡或压接端子后再与设备、器具的端子连接。

(3) 多股铝芯线和截面大于2.5mm^{2}的多股铜芯线的终端，除设备自带插接式端子外，应先焊接或压接端子再与设备、器具的端子连接。

3 导线连接熔焊的焊缝外形尺寸应符合焊接工艺标准的规定，焊接后应清除残余焊药和焊渣。焊缝严禁有凹陷、夹渣、断股、裂缝及根部未焊合等缺陷。

4 锡焊连接的焊缝应饱满、表面光滑。焊剂应无腐蚀性，焊接后应清除焊区的残余焊剂。

5 压板或其他专用夹具，应与导线线芯的规格相匹配，紧固件应拧紧到位，防松装置应齐全。

6 套管连接器和压模等应与导线线芯规格匹配。压接时，压接深度、压口数量和压接长度应符合有关技术标准的相关规定。

7　在配电配线的分支线连接处，干线不应受到支线的横向拉力。

8　剥削绝缘使用工具及方法：

(1) 剥削绝缘使用工具：由于各种导线截面、绝缘层薄厚程度、分层多少都不同，因此使用剥削的工具也不同。常用的工具有电工刀、克丝钳和剥线钳，可进行削、勒及剥削绝缘层。一般 $4mm^2$ 以下的导线原则上使用剥线钳，但使用电工刀时，不允许采用刀在导线周围转圈剥削绝缘层的方法。

(2) 剥削绝缘方法：

1) 单层剥法：不允许采用电工刀转圈剥削绝缘层，应使用剥线钳。

2) 分段剥法：一般适用于多层绝缘导线剥削，如编织橡皮绝缘导线，用电工刀先削去外层编织层，并留有约 12mm 的绝缘台，线芯长度随接线方法和要求的机械强度而定。

3) 斜削法：用电工刀以 45°角倾斜切入绝缘层，当切近线芯时就应停止用力，接着应使刀面的倾斜角度改为 15°左右，沿着线芯表面向前头端部推出，然后把残存的绝缘层剥离线芯，用刀口插入背部以 45°角削断。

9　单芯铜导线的直线连接：

(1) 绞接法：适用于 $4mm^2$ 及以下的单芯线连接。将两线互相交叉，用双手同时把两芯线互绞两圈后，将两个绞芯在另一个芯线上缠绕 5 圈，剪掉余头。

(2) 缠绕卷法：有加辅助线和不加辅助线两种，适用于 $6mm^2$ 及以上的单芯线的直线连接。将两线相互并合，加辅助线后用绑线在并合部位中间向两端缠绕（即公卷），其长度为导线直径 10 倍，然后将两线芯端头折回，在此向外单独缠绕 5 圈，与辅助线捻绞 2 圈，将余线剪掉。

10　单芯铜线的分支连接：

(1) 绞接法：适用于 $4mm^2$ 以下的单芯线。用分支线路的导线往干线上交叉，先打好一个圈结以防止脱落，然后再密绕 5 圈。分线缠绕完后，剪去余线。

(2) 缠卷法：适用于 $6mm^2$ 及以上的单芯线的连接。将分支线折成 90°紧靠干线，其公卷的长度为导线直径的 10 倍，单卷缠绕 5 圈后剪断余下线头。

(3) 十字分支连接做法：将两个分支线路的导线往干线上交叉，然后再密绕 10 圈。分线缠绕完后，剪去余线。

11　多芯铜线直接连接：

多芯铜导线的连接共有三种方法，即单卷法、缠卷法和复卷法。首先用细砂布将线芯表面的氧化膜清去，将两线芯导线的结合处的中心线剪掉 2/3，将外侧线芯做伞状张开，相互交错叉成一体，并将已张开的线端合成一体。

(1) 单卷法：取任意一侧的两根相邻的线芯，在接合处中央交叉，用其中的一根线芯做为绑线，在导线上缠绕 5～7 圈后，在用另一根线芯与绑线相绞后把原来的绑线压住上面继续按上述方法缠绕，其长度为导线直径的 10 倍，最后缠卷的线端与一条线捻绞 2 圈后剪断。另一侧的导线依次进行。注意应把线芯相绞处排列在一条直线上。

(2) 缠卷法：与单芯铜线直线缠绕连接法相同。

(3) 复卷法：适用于多芯软导线的连接。把合拢的导线一端用短绑线做临时绑扎、以防止松散，将另一端线芯全部紧密缠绕 3 圈，多余线端依次阶梯形剪掉。另一侧也按此办法办理。

12　多芯铜导线分支连接：

（1）缠卷法：将分支线折成90°紧靠干线。在绑线端部适当处弯成半圆形，将绑线短端弯成与半圆形成90°角，并与连接线靠紧，用较长的一端缠绕，其长度应为导线结合处直径5倍，再将绑线两端捻绞2圈，剪掉余线。

（2）单卷法：将分支线破开（或劈开两半），根部折成90°紧靠干线，用分支线其中的一根在干线上缠圈，缠绕3~5圈后剪断，再用另一根线芯继续缠绕3~5圈后剪断，按此方法直至连接到两边导线直径的5倍时为止，应保证各剪断处在同一直线上。

（3）复卷法：将分支线端破开劈成两半后与干线连接处中央相交叉，将分支线向干线两侧分别紧密缠绕后，余线按阶梯形剪断，长度为导线直径的10倍。

13　铜导线在接线盒内的连接：

（1）单芯线并接头：导线绝缘台并齐合拢。在距绝缘台约12mm处用其中一根线芯在其连接端缠绕5~7圈后剪断，把余头并齐折回压在缠绕线上。

（2）不同直径导线接头：如果是独根（导线截面小于2.5mm^2）或多芯软线时，则应先进行涮锡处理。再将细线在粗线上距离绝缘台15mm处交叉，并将线端部向粗导线（独根）端缠绕5~7圈，将粗导线端折回压在细线上。

（3）尼龙压接线帽：适用于2.5mm^2以下铜导线的压接，其规格有大号、中号、小号三种。可根据导线的截面和根数选择使用。其方法是将导线的绝缘层削掉后，线芯预留15mm的长度，插入接线帽内，如填不实，可以再用1~2根同材质同线径的导线插入接线帽内，然后用压接钳压实即可。

14　套管压接：套管压接法是运用机械冷态压接的简单原理，用相应的模具在一定压力下将套在导线两端的连接套管压在两端导线上，使导线与连接管间形成金属互相渗透，两者成为一体构成导电通路。要保证冷压接头的可靠性，主要取决于影响质量的三个要点：即连接管形状、尺寸和材料；压模的形状、尺寸；导线表面氧化膜处理。具体做法如下：先把绝缘层剥掉，清除导线氧化膜并涂以中性凡士林油膏（使导线表面与空气隔绝，防止氧化）。当采用圆形套管时，将要连接的铝芯线分别在铝套管的两端插入，各插到套管一半处；当采用椭圆形套管时，应使两线对插后，线头分别露出套管两端4mm；然后用压接钳和压模压接，压接模数和深度应与套管尺寸相对应。

15　接线端子压接：多股导线（铜或铝）可采用与导线同材质且规格相应的接线端子。削去导线的绝缘层，不要碰伤线芯，将线芯紧紧地绞在一起，清除套管、接线端子孔内的氧化膜，将线芯插入，用压接钳压紧。导线外露部分应小于1~2mm。

16　导线与水平式接线柱连接：

（1）单芯线连接：用一字或十字机螺钉压接时，导线要顺着螺钉旋进方向紧绕一圈后再紧固。不允许反圈压接，盘圈开口不宜大于2mm。

（2）多股铜芯线用螺丝压接时，先将软线芯做成单眼圈状，涮锡后，将其压平再用螺丝加垫紧牢固。

注意：以上两种方法压接后外露线芯的长度不宜超过1~2mm。

17　导线与针孔式接线桩连接（压接）：

把要连接的导线的线芯插入接线桩头针孔内，导线裸露出针孔1~2mm，针孔大于导线直径1倍时需要折回头插入压接。

15.4.2.8 导线焊接

1 铝导线的焊接：焊接前将铝导线线芯散开顺直合拢，用绑线把连接处作临时缠绑。导线绝缘层处用浸过水的石棉绳包好，以防烧坏。铝导线焊接所用的焊剂有两种：一种是锌58.5%、铅40%、铜5%的焊剂；另一种是含锌80%、铜1.5%、铅20%的焊剂。焊剂成分均按重量比。

2 铜导线的焊接：根据导线的线径及敷设场所不同，焊接的方法有如下几种：

(1) 电烙铁加焊：适用于线径较小的导线的连接及用其他工具焊接困难的场所。导线连接处加焊剂，用电烙铁进行锡焊。

(2) 喷灯加热（或用电炉加热）：将焊锡放在锡勺（或锡锅）内，然后用喷灯（或电炉）加热，焊锡熔化后即可进行焊接。加热时要掌握好温度；温度过高涮锡不饱满；温度过低涮锡不均匀。因此要根据焊锡的成分、质量及外界环境温度等诸多因素，随时掌握好适宜的温度进行焊接。

焊接完后必须用布将焊接处的焊剂及其它污物擦净。

15.4.2.9 导线包扎

首先用橡胶（或粘塑料）绝缘带从导线接头处始端的完好绝缘层开始，缠绕1～2个绝缘带幅宽度，再以半幅宽度重叠进行缠绕。在包扎过程中应尽可能的收紧绝缘带。最后在绝缘层上缠绕1～2圈后，再进行回缠。采用橡胶绝缘带包扎时，应将其拉长2倍后再进行缠绕。然后再用黑胶布包扎，包扎时要衔接好，以半幅宽度边压边进行缠绕，同时在包扎过程中收紧胶布，导线接头处两端应用黑胶布封严密。包扎后应呈枣核形。

15.4.2.10 线路检查及绝缘摇测

1 线路检查：接、焊、包全部完成后，应进行自检和互检；检查导线接、焊、包是否符合设计要求及有关施工验收规范及质量验评标准的规定。不符合规定时应立即纠正，检查无误后再进行绝缘摇测。

2 绝缘摇测：照明线路的绝缘摇测一般选用500V、量程为0～500MΩ的兆欧表。一般照明绝缘线路绝缘摇测有以下两种情况：

(1) 电气器具未安装前进行线路绝缘摇测时，首先将灯头盒内导线分开，开关盒内导线连通。摇测应将干线和支线分开，一人摇测，一人应及时读数并记录。摇动速度应保持在120r/min左右，读数应采用一分钟后的读数为宜。

(2) 电气器具全部安装完在送电前进行摇测时，应先将线路上的开关、刀闸、仪表、设备等用电开关全部置于断开位置，摇测方法同上所述，确认绝缘摇测无误后在进行送电试运行。

15.5 成品保护

15.5.1 穿线时不得污染设备和建筑物品，应保持周围环境。

15.5.2 使用高凳及其他工具时，应注意不得碰坏其他设备和门窗、墙面、地面等。

15.5.3 在接、焊、包全部完成后，应将导线的接头盘入盒、箱内，并用纸封堵严实，以防污染。同时应防止盒、箱内进水。

15.5.4 穿线时不得遗漏带护线套管或护口。

15.6 安全、环保措施

15.6.1 扫管穿线时要防止钢丝的弹力勾眼；两人穿线时应协调一致。一呼一应有节奏的进行，不要用力过猛以免伤手。

15.6.2 施工中使用的梯子应牢固，下端应有防滑措施，梯子不得缺档，不得垫高使用。在通道处使用梯子、应有人监护或设置围栏。单面梯子与地面夹角以60°~70°为宜，人字梯要在距梯脚40~60处设拉绳，不准站在梯子最上层工作。

15.6.3 使用焊锡锅，不能将冷勺或水进入锅内，防止爆炸，飞溅伤人。

15.6.4 铝导线采用电阻焊时，必须带保护茶镜和手套，防止电弧光伤眼睛及烫伤手部皮肤。

15.6.5 熔化焊锡、锡块，工具要干燥，防止爆溅。

15.6.6 在建筑结构上打孔眼时，应戴好防护眼镜。楼板砖墙打透眼时，板下、墙后不得有人靠近。

15.6.7 施工中所剩的电线头及绝缘层等不得随地乱丢，应分类收集到一起。

15.6.8 电线的包装不得随处丢弃，要工完场清。

15.6.9 打洞时产生的建筑垃圾应及时清理。并运至指定地点。

15.7 质　量　标　准

15.7.1 主控项目

15.7.1.1 三相或单相的交流单芯电缆，不得单独穿于钢导管内。

检验方法：观察检查。

15.7.1.2 不同回路、不同电压等级和交流与直流的电线，不应穿于同一导管内；同一交流回路的电线应穿于同一金属导管内，且管内电线不得有接头。

检验方法：观察检查和检查安装记录。

15.7.1.3 爆炸危险环境照明线路的电线和电缆额定电压不得低于750V，且电线必须穿于钢导管内。

检验方法：观察检查和检查安装记录。

15.7.2 一般项目

15.7.2.1 电线、电缆穿管前，应清除管内杂物和积水。管口应有保护措施，不进入接线盒（箱）的垂直管口穿入电线、电缆后，管口应密封。

检验方法：观察检查。

15.7.2.2 当采用多相供电时，同一建筑物、构筑物的电线绝缘层颜色选择应一致，既保护地线（PE线）应是黄绿相间色，零线用淡蓝色；相线用：A相——黄色、B相——绿色、C相——红色。

检验方法：观察检查。

15.7.2.3 线槽敷线应符合下列规定：

1 电线在线槽内有一定余量，不得有接头。电线按回路编号分段绑扎，绑扎点间距不应大于2m；

2　同一回路的相线和零线，敷设与同一金属线槽内；

3　同一电源的不同回路无抗干扰要求的线路可敷设于同一线槽内；敷设于同一线槽内有抗干扰要求的线路用隔板隔离，或采用屏蔽电线且屏蔽护套一端接地。

检验方法：观察检查和检查安装记录。

15.8　质　量　验　收

15.8.1　电线、电缆穿管和线槽敷线安装分项工程的施工质量验收应按每层（每区域）做为检验批。

15.8.2　检验批的抽查数量：抽查10处

15.8.3　检验批的验收按本标准第3.0.25条进行组织。

15.8.4　检验批质量验收记录当地政府主管部门无统一规定时，宜采用表15.8.4“电线、电缆穿管和线槽敷线安装检验批质量验收记录表”。

表15.8.4　电线、电缆穿管和线槽敷线检验批质量验收记录表

GB 50303—2002

单位（子单位）工程名称				
分部（子分部）工程名称			验收部位	
施工单位			项目经理	
分包单位			分包项目经理	
施工执行标准名称及编号				
施工质量验收规范规定			施工单位检查评定记录	监理（建设）单位验收记录
主控项目	1	三相或单相的交流单芯电缆，不得单独穿于钢导管内		
	2	不同回路、不同电压等级和交流与直流的电线，不应穿于同一导管内；同一交流回路的电线应穿于同一金属导管内，且管内电线不得有接头		
	3	爆炸危险环境照明线路的电线和电缆额定电压不得低于750V，且电线必须穿于钢导管内		
一般项目	1	电线、电缆穿管前，应清除管内杂物和积水。管口应有保护措施，不进入接线盒（箱）的垂直管口穿入电线、电缆后，管口应密封		
	2	当采用多相供电时，同一建筑物、构筑物的电线绝缘层颜色选择应一致，既保护地线（PE线）应是黄绿相间色，零线用淡蓝色；相线用：A相——黄色、B相——绿色、C相——红色		
	3	线槽敷线应符合下列规定：电线在线槽内有一定余量，不得有接头。电线按回路编号分段绑扎，绑扎点间距不应大于2m；同一回路的相线和零线，敷设与同一金属线槽内；同一电源的不同回路无抗干扰要求的线路可敷设于同一线槽内；敷设于同一线槽内有抗干扰要求的线路用隔板隔离，或采用屏蔽电线且屏蔽护套一端接地		
施工单位检查评定结果	专业工长（施工员）		施工班组长	
	项目专业质量检查员：　　年　月　日			
监理（建设）单位验收结论	监理工程师（建设单位项目专业技术负责人）：　　年　月　日			

16 槽板配线

16.1 一般规定

16.1.1 绝缘导线的规格、型号必须符合设计要求，测试要求导线的绝缘、导线对地、两根导线间绝缘电阻应不小于 0.5MΩ。

16.1.2 配线前应先将线槽内的灰尘和杂物清净。

16.1.3 固定底板时，应先将木砖或胀管固定牢，再将螺钉拧紧。线槽应选用合格产品。

16.1.4 槽板配线施工中的安全技术措施，应符合国家现行技术标准及技术文件的相关规定。

16.2 施工准备

16.2.1 技术准备

1 按照已批准的施工组织设计（施工方案）进行技术交底。

2 按施工图测量线路长度、位置、标高，经复核符合设计要求。

3 槽板配线前，应现场复核槽板是否安装完毕且通畅无障碍。

16.2.2 材料准备

塑料线槽、木槽板、绝缘导线、螺旋接线钮、套管、接线端子、木砖、塑料胀管。

16.2.3 施工机具

1 主要安装机具：活扳子、粉线袋、钢锯、钢锯条、喷灯、锡锅、锡勺、手锤、錾子、手电钻、电锤、电工常用工具、高凳等。

2 主要检测机具：万用表、兆欧表、卷尺、线坠等。

16.2.4 作业条件

1 配合土建结构施工预埋保护管、木砖及预留孔洞。

2 屋顶、墙面及地面、油漆、湿作业全部完成。

16.3 材料质量控制

16.3.1 塑料线槽必须采用难燃型硬聚氯乙烯工程塑料挤压成型。其含氧指数不应低于27%。并应有产品合格证。木槽板应经阻燃处理。

16.3.2 绝缘导线：导线的型号、规格必须符合设计要求，线槽内敷设导线的线芯最小允许截面：铜导线为 $1.0mm^2$；铝导线为 $2.5mm^2$。

16.3.3 螺旋接线钮：应根据导线截面和导线的根数选择相应型号的加强型绝缘钢壳螺旋接线钮。

16.3.4 套管：有铜套管，铝套管，铜铝过渡套管三种，选用时应采用与导线材质、规格相应的套管。

16.3.5 接线端子（接线鼻子）：应根据导线的根数和总截面选择相应规格的接线端子。

16.3.6 木砖：用木材制成梯形，使用时应做防腐处理。

16.3.7 塑料胀管：选用时，其规格应与被紧固的电气器具荷重相对应，并选择相同型号的圆头机螺丝与垫圈配合使用。

16.4 施　工　工　艺

16.4.1 工艺流程

弹线定位→槽板固定→槽板连接→槽内放线→导线连接→线路检查、绝缘摇测

16.4.2 施工要点

16.4.2.1 弹线定位

1 槽板配线在穿过楼板或墙壁时，应用保护管，且穿楼板处必须用钢管保护，其保护高度距地面不应低于1.8m；装设开关的地方可引至开关的位置。

2 过变形缝时应做补偿处理。

3 弹线定位方法：按设计图确定进户线、盒、箱等电气器具固定点的位置，从始端至终端（先干线后支线）找好水平或垂直线，用粉线袋在线路中心弹线，分均档距，用笔画出具体位置后，再细查木砖是否齐全，位置是否正确，否则应及时补齐。然后在固定点位置进行钻孔，埋入塑料胀管或伞形螺栓。弹线时不应弄脏建筑物表面。

16.4.2.2 线槽固定

1 木砖固定线槽：配合土建结构施工时预埋木砖，加气砖墙或砖墙剔洞后再埋木砖。梯形木砖较大的一面应朝洞里，外表面与建筑物的表面平齐，然后用水泥砂浆抹平，待凝固后，再把线槽底板用木螺钉固定在木砖上。

2 塑料胀管固定线槽：混凝土墙、砖墙可采用塑料胀管固定塑料线槽。根据胀管直径和长度选择钻头，在标出的固定点位置上钻孔，不应歪斜、豁口。先垂直钻好孔后，将孔内残存的杂物清净，用木锤把塑料胀管垂直敲入孔中，并与建筑物表面平齐为准，再用石膏将缝隙填实抹平，用半圆头木螺钉加垫圈将线槽底板固定在塑料胀管上，紧贴建筑物表面。应先固定两端，再固定中间，同时找正线槽底板，要横平竖直，并沿建筑物形状表面进行敷设。木螺钉规格尺寸见表16.4.2.2。

表16.4.2.2 木螺钉规格尺寸（mm）

标号	公称直径 d	螺杆直径 d	螺杆长度 L	标号	公称直径 d	螺杆直径 d	螺杆长度 L
7	4	3.81	12~70	14	6	6.30	25~100
8	4	4.2	12~70	16	6	7.01	25~100
9	4.5	4.52	16~85	18	8	7.72	40~100
10	5	4.88	18~100	20	8	8.43	40~100
12	5	5.59	18~100	24	10	9.86	70~120

3 伞形螺栓固定线槽：在石膏板墙或其他护板墙上，可用伞形螺栓固定塑料线槽，根据弹线定位的标记，找出固定点位置，把线槽的底板横平竖直地紧贴建筑物的表面，钻好孔后将伞形螺栓的两伞叶掐紧合拢插入孔中，待合拢伞叶自行张开后，再用螺母紧固即可，露出线槽内的部分应加套塑料管。固定线槽时，应先固定两端再固定中间。

16.4.2.3 线槽连接

线槽及附件连接处应严密平整，无缝隙，紧贴建筑物固定点最大间距见表 16.4.2.3。

表 16.4.2.3 槽体固定点最大间距尺寸

固定点形式	槽板宽度（mm）		
	20～40	60	80～120
	固定点最大间距（mm）		
中心单列	800	—	—
双列	—	1000	—
双列	—	—	800

1 槽底和槽盖直线段对接：槽底固定点的间距应不小于 500mm，盖板应不小于 300mm，底板离终点 50mm 及盖板距离终端点 30mm 处均应固定。线槽的槽底应用双钉固定。槽底对接缝与槽盖对接缝应错开并不小于 100mm。

2 线槽分支接头、线槽附件如直通、三通转角、接头、插口、盒、箱应采用相同材质的定型产品。槽底、槽盖与各种附件相对接时，接缝处应严实平整，固定牢固。

16.4.2.4 线槽各种附件安装要求：

1 盒子均应两点固定，各种附件、转角、三通等固定点不应小于两点（卡装式除外）。

2 接线盒、灯头盒应采用相应插口连接。

3 槽板的终端应采用终端头封堵。

4 在线路分支接头处应采用相应接线箱。

5 安装铝合金装饰板时，应牢固平整严实。

16.4.2.5 槽内放线

1 清扫线槽：放线时，先清除槽内的污物，使线槽内外清洁。

2 放线。先将导线放开抻直、捋顺后盘成大圈，置于放线架上，从始端到末端（先干线后支线）边放边整理，导线应顺直，不得有挤压、背扣、扭结和受损现象。绑扎导线时应采用尼龙绑扎带，不允许用金属丝进行绑扎。在接线盒处的导线预留长度不应超过 150mm。线槽内不允许出现接头，导线接头应放在接线盒内，从室外引进室内的导线在进入墙内一段用橡胶绝缘导线，严禁使用塑料绝缘导线。同时，穿墙保护管的外侧应有防水措施。

16.4.2.6 导线连接

导线连接应使连接处的接触电阻值最小，机械强度、绝缘强度均不降低。连接时，应正确区分相线、中性线、保护地线。可采用绝缘导线的颜色区分，或使用仪表测试对号，检查正确方可连接。导线连接见本标准 15.4.8 条相关内容。

16.4.2.7 线路检查绝缘摇测：见本标准 15.4.11 条相关内容。

16.5 成 品 保 护

16.5.1 安装槽板配线时，应注意保持墙面整洁。

16.5.2 接、焊、包完成后，盒盖、槽盖应全部盖严实平整，不允许有导线外露现象。

16.5.3 槽板配线完成后，不得再次喷浆、刷油，以防止导线和电气器具被污染。

16.6 安全、环保措施

16.6.1 导线的绝缘强度必须符合线路的额定电压要求。

16.6.2 高空作业所用材料要堆放平稳，工具应随手放入工具袋（套）内，上下传递物体禁止抛掷。

16.6.3 没有安全防护设施，禁止在屋架上弦、支撑、挑架的挑梁和未固定的构件上行走或作业。高空作业与地面联系，应设通讯装置，并专人负责。

16.6.4 在建筑结构上打孔眼时，应戴好防护眼镜。楼板砖墙打透眼时，板下、墙后不得有人靠近。

16.6.5 施工中所剩的电线头及绝缘层等不得随地乱丢，应分类收集到一起。

16.6.6 电线的包装不得随处丢弃，要工完场清。

16.6.7 槽板配线时产生的垃圾应及时清理，并运至指定地点。

16.7 质 量 标 准

16.7.1 主控项目

16.7.1.1 槽板内电线无接头，电线连接设在器具处。槽板与各种器具连接时，电线应留有余量，器具底座应压住槽板端部。

检验方法：观察检查。

16.7.1.2 槽板敷设应紧贴建筑物表面，且横平竖直、固定可靠，严禁用木楔固定。木槽板应经阻燃处理，塑料槽板表面应有阻燃标识。

检验方法：观察检查。

16.7.2 一般项目

16.7.2.1 木槽板无劈裂，塑料槽板无扭曲变形。槽板底板固定点间距应小于500mm；槽板盖板固定点间距应小于300mm；底板距终端50mm和盖板距中断30mm处应固定。

检验方法：观察检查、实测和检查安装记录。

16.7.2.2 槽板的底板接口与盖板接口应错开20mm，盖板在直线段和90°转角处应成45°斜口对接，T形分支处应成三角叉接，盖板应无翘角，接口应严密整齐。

检验方法：观察检查。

16.7.2.3 槽板穿过梁、墙和楼板处应有保护套管，跨越建筑物变形缝处槽板应设补偿装置，且与槽板结合严密。

检验方法：观察检查。

16.8 质 量 验 收

16.8.1 槽板配线安装分项工程的施工质量验收应按每层（每区域）作为检验批。

16.8.2 检验批的抽查数量：抽查10处。

16.8.3 检验批的验收按本标准第3.0.25条进行组织。

16.8.4 检验批质量验收记录当地政府主管部门无统一规定时，宜采用表16.8.4“槽板配线检验批质量验收记录表”。

表16.8.4 槽板配线检验批质量验收记录表
GB 50303—2002

单位（子单位）工程名称				
分部（子分部）工程名称			验收部位	
施工单位			项目经理	
分包单位			分包项目经理	
施工执行标准名称及编号				
施工质量验收规范规定			施工单位检查评定记录	监理（建设）单位验收记录
主控项目	1	槽板内电线无接头，电线连接设在器具处；槽板与各种器具连接时，电线应留有余量，器具底座应压住槽板端部		
主控项目	2	槽板敷设应紧贴建筑物表面，且横平竖直、固定可靠，严禁用木楔固定；木槽板应经阻燃处理，塑料槽板表面应有阻燃标识		
一般项目	1	木槽板无劈裂，塑料槽板无扭曲变形。槽板底板固定点间距应小于500mm；槽板盖板固定点间距应小于300mm；底板距终端50mm和盖板距中断30mm处应固定		
一般项目	2	槽板的底板接口与盖板接口应错开20mm，盖板在直线段和90°转角处应成45°斜口对接，T形分支处应成三角叉接，盖板应无翘角，接口应严密整齐		
一般项目	3	槽板穿过梁、墙和楼板处应有保护套管，跨越建筑物变形缝处槽板应设补偿装置，且与槽板结合严密		
施工单位检查评定结果	专业工长（施工员）		施工班组长	
	项目专业质量检查员： 年 月 日			
监理（建设）单位验收结论	监理工程师（建设单位项目专业技术负责人）： 年 月 日			

17 钢 索 配 线

17.1 一 般 规 定

17.1.1 钢索配线是由钢索承受配电线路全部荷载，是将绝缘导线及配件和灯具吊钩在钢索上形成一个完整的配电体系。适用于工业厂房和室外景观照明等场所使用。

17.1.2 在潮湿、有腐蚀性介质及易积蓄纤维灰尘的场所，应采用带塑料护套的钢索。

17.1.3 配线时应采用镀锌钢索，不应采用含油芯的钢索。

17.1.4 钢索安装应在土建工程基本结束后进行，拉环安装牢固，使其能承受钢索在全部荷载下的拉力。

17.1.5 钢索配线的规定及要求：

1 钢索上绝缘导线至地面的距离，在室内时应大于2.5m。

2 室内的钢索布线用绝缘导线明敷时，应采用瓷（塑料）夹或鼓形绝缘子、针式绝缘子固定；用护套线、金属管或硬质塑料布线时，可直接固定在钢索上。

3 钢索布线所采用的铁线和钢铰线的截面，应根据跨距、荷重和机械强度选择，最小截面不宜小于10mm^2。钢索的固定件应刷防锈漆或采用镀锌件。钢索的两端应拉紧，当跨距较大时应在中间增加支持点，中间支持点的间距不应大于12m。

4 在钢索上吊装金属管或塑料管布线时，应符合下列要求：

（1）钢索上吊装金属管或塑料管支持点的最大间距见表17.1.5。

（2）吊装接线盒和管路的扁钢卡子的宽度不应小于20mm，吊装接线盒卡子的数量不应少于2个。

表 17.1.5 支持点间最大间距

布线类别	支持点间距（mm）	支持点距灯头盒（mm）
金属管	1500	200
塑料管	1000	150

5 钢索上吊装护套线时，应符合下列要求：

（1）用铝卡子直敷在钢索上时，其支持点间距不应大于50mm；卡子距接线盒的距离不应大于100mm。

（2）用橡胶或塑料护套线时，接线盒应采用塑料制品。

6 钢索上吊装瓷瓶时，应符合下列要求：

（1）支持点间距不应大于1.5m，屋内的线间距离不应小于50mm，屋外的线间距离不应小于100mm。

（2）扁钢吊架的终端应加拉线，其直径应不小于3mm。

17.2 施 工 准 备

17.2.1 技术准备

1 按照已批准的施工组织设计（施工方案）进行技术交底。

2 按施工图测量线路长度、位置、标高，经复核符合设计要求。

3 钢索配线前,应现场复核预埋件和预留孔洞的几何尺寸、位置、标高是否符合设计要求。

17.2.2 材料准备

钢索及附件、镀锌圆钢吊钩、镀锌圆钢耳环、镀锌铁丝、扁钢吊架、绝缘导线、套管、接线端子等。

17.2.3 施工机具

1 主要安装机具：电焊机、砂轮锯、套管机、铣刀、气焊工具、压力案子、煨管器、液压煨管器、滑轮、倒链、牙管、电炉、锡锅、锡勺、电烙铁、手锤、錾子、钢锯、锉、套丝板、常用电工工具等。

2 主要检测机具：钢盘尺、水平尺、万用表、兆欧表等。

17.2.4 作业条件

钢索配管的预埋件及预留孔，应预埋、预留完成。装修工程除地面外基本结束，才能吊装钢索及敷设线路。

17.3 材料质量控制

17.3.1 钢索：采用钢绞线做为钢索，其截面积应根据实际跨距、荷重及机械强度选择，最小截面不小于 10mm^2，且不得有背扣、松股、抽筋等现象。如果用镀锌圆钢作为钢索，其直径不应小于 10mm。

17.3.2 镀锌圆钢吊钩：圆钢的直径不应小于 8mm。

17.3.3 镀锌圆钢耳环：圆钢的直径不应小于 10mm。耳环孔的直径不应小于 30mm，接口处应焊死，尾端应弯成燕尾。

17.3.4 镀锌钢丝：应顺直无背扣、扭接等现象，并具有规定的机械拉力。

17.3.5 扁钢吊架：应采用镀锌扁钢，其厚度不应小于 1.5mm，宽度不应小于 20mm，镀锌层无脱落现象。

17.3.6 导线的规格，型号必须符合设计要求，并有出厂合格证。

17.3.7 套管：有铜套管，铝套管，铜铝过渡套管三种，选用时应采用与导线材质、规格相应的套管。

17.3.8 接线端子（接线鼻子）：应根据导线的根数和总截面选择相应规格的接线端子。

17.4 施 工 工 艺

17.4.1 工艺流程

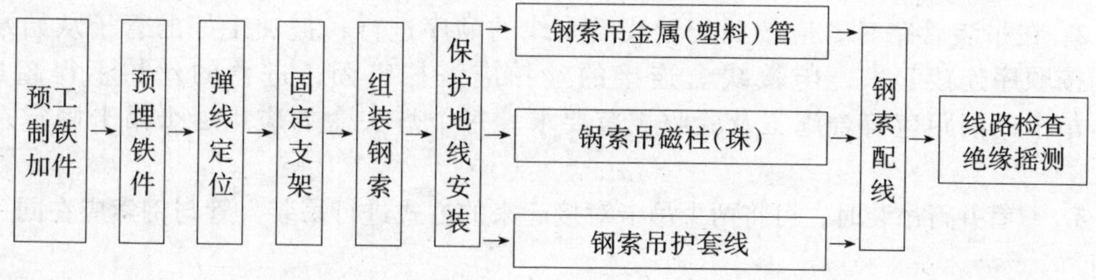

17.4.2 施工要点

17.4.2.1 预制加工铁件

1 加工预埋铁件：其尺寸不应小于120mm×60mm×6mm。焊在铁件上的锚固钢筋其直径不应小于8mm，其尾部要弯成燕尾状。

2 根据设计图的要求尺寸加工好预留孔洞的框架，加工好抱箍、支架、吊架、吊钩、耳环、固定卡子等镀锌铁件。非镀锌铁件应先除锈再刷上防锈漆。

3 钢管或电线管进行调直、切断、套丝、煨弯，为管路连接做好准备。

4 塑料管进行煨管、断管，为管路连接做好准备。

5 采用镀锌钢绞线或圆钢作为钢索时，应按实际所需长度剪断，擦去表面的油污，预先将其抻直，以减少其伸长率。

17.4.2.2 预埋铁件及预留孔洞：应根据设计图标注的尺寸位置，在土建结构施工时将预埋件固定好，并配合土建准确地将孔洞留好。

17.4.2.3 弹线定位：根据设计图确定出固定点的位置，弹出粉线，均匀分出档距，并用色漆做出明显标记。

17.4.2.4 固定支架：将已经加工好的抱箍支架固定在结构上，将心形环穿套在耳环和花篮螺栓上用于吊装钢索。固定好的支架可作为线路的始端、中间点和终端。

17.4.2.5 组装钢索

1 将预先拉直的钢索一端穿入耳环，并折回穿入心形环，再用两只钢索卡固定二道。为了防止钢索尾端松散，可用铁丝将其绑紧。

2 将花篮螺栓两端的螺杆均旋进螺母，使其保持最大距离，以备继续调整钢索的松紧度。

3 将绑在钢索尾端的铁丝拆去，将钢索穿过花篮螺栓和耳环，折回后嵌进心形环，再用两只钢索卡固定两道。

4 将钢索与花篮螺栓同时拉起，并钩住另一端的耳环，然后用大绳把钢索收紧，由中间开始，把钢索固定在吊钩上，调节花篮螺栓的螺杆使钢索的松紧度符合要求。

5 钢索的长度在50m以内时，允许只在一端装设花篮螺栓；长度超过50m时，两端均应装设花篮螺栓；长度每增加50m，就应加装一个中间花篮螺栓。

17.4.2.6 安装保护地线

钢索就位后，在钢索的一端必须装有明显的保护地线，每个花篮螺栓处均应做好跨接地线。

17.4.2.7 钢索吊装金属管

1 根据设计要求选择金属管、三通及五通专用明配接线盒，相应规格的吊卡。

2 在吊装管路时，应按照先干线后支线的顺序进行，把加工好的管子从始端到终端按顺序连接起来，与接线盒连接的丝扣应该拧牢固，进盒的丝扣不得超过2扣。吊卡的间距应符合施工及验收规范要求。每个灯头盒均应用2个吊卡固定在钢索上。

3 双管并行吊装时，可将两个吊卡对接起来的方式进行吊装，管与钢索应在同一平面内。

4 吊装完毕后应做整体的接地保护，接线盒的两端应有跨接地线。

17.4.2.8 钢索吊装塑料管

1 根据设计要求选择塑料管、专用明配接线盒及灯头盒、管子接头及吊卡。

2 管路的吊装方法同于金属管的吊装，管进入接线盒及灯头盒时，可以用管接头进行连接；两管对接可用管箍粘接法。

3 吊卡应固定平整，吊卡间距应均匀。

17.4.2.9 钢索吊瓷柱（珠）

1 根据设计图，在钢索上准确地量出灯位、吊架的位置及固定卡子之间的间距，要用色漆做出明显标记。

2 应对自制加工的二线式扁钢吊架和四线式扁钢吊架进行调平、找正、打孔，然后再将瓷柱（珠）找垂直平整，牢固的固定在吊架上。

3 将上好瓷柱（珠）的吊架，按照已确定的位置用螺丝固定在钢索上。钢索上的吊架不应有歪斜和松动现象。

4 终端吊架与固定卡子之间必须用镀锌拉线连接牢固。

5 瓷柱（珠）及支架的安装规定

（1）瓷柱（珠）用吊架或支架安装时，一般应使用不小于30mm×30mm×3mm的角钢或使用不小于40mm×4mm的扁钢。

（2）瓷柱（珠）固定在望板上时，望板的厚度不应小于20mm。

（3）瓷柱（珠）配线时其支持点间距及导线的允许距离应符合表17.4.2.9-1的规定。

（4）瓷柱（珠）配线时导线至建筑物的最小距离应符合表17.4.2.9-2的规定。

（5）瓷柱（珠）配线时其绝缘导线距地面最低距离应符合表17.4.2.9-3的规定。

表17.4.2.9-1 支持点及线间允许距离

导线截面（mm^2）	瓷柱（珠）型号	支持点间最大允许距离（mm）	线间最小允许距离（mm）	线路分支、转角处至电门、灯具等处支持点间距离（mm）	导线边线对建筑物最小水平距离（mm）
1.5～4	G38（296）	1500	50	100	60
6～10	G50（294）	1500	50	100	60

表17.4.2.9-2 导线至建筑物最小距离

导线敷设方式	最小间距（mm）
水平敷设时的垂直距离，距阳台、平台上方，跨越屋顶	2500
在窗户上方	200
在窗户下方	800
垂直敷设时至阳台、窗户的水平间距	600
导线至墙壁、构架的间距（挑檐除外）	35

表 17.4.2.9-3 导线距地面的最小距离

导线敷设方式		最小距离（mm）
导线水平敷设	室　内	2500
	室　外	2700
导线垂直敷设	室　内	1800
	室　外	2700

17.4.2.10 钢索吊护套线

1 根据设计图，在钢索上量出灯位及固定的位置。将护套线按段剪断，调直后放在放线架上。

2 敷设时应从钢索的一端开始，放线时应先将导线理顺，同时用铝卡子在标出固定点的位置上将护套线固定在钢索上，直至终端。

3 在接线盒两端 100～150mm 处应加卡子固定，盒内导线应留有适当余量。

4 灯具为吊装灯时，从接线盒至灯头的导线应依次编叉在吊链内，导线不应受力。吊链为瓜子链时，可用塑料线将导线垂直绑在吊链上。

17.4.2.11 线路检查及绝缘摇测，同本标准第 15.4.2.10 条相关内容。

17.5 成 品 保 护

17.5.1 电气设备安装的过程中，应注意不要碰坏其他设备及建筑物的门窗、墙面、地面等，并防止将已敷好的导线碰松、碰断。

17.5.2 配管、配线完成后，不得再进行喷浆、刷油，以免污染导线和电气器具。

17.6 安全、环保措施

17.6.1 施工中使用的梯子应牢固，下端应有防滑措施，梯子不得缺档，不得垫高使用。在通道处使用梯子、应有人监护或设置围栏。单面梯子与地面夹角以 60°～70°为宜，人字梯要在距梯脚 400～600mm 处设拉绳，不准站在梯子最上层工作。

17.6.2 使用焊锡锅，不能将冷勺或水进入锅内，防止爆炸，飞溅伤人。

17.6.3 熔化焊锡、锡块，工具要干燥，防止爆溅。

17.6.4 在建筑结构上打孔眼时，应戴好防护眼镜。

17.6.5 施工中所剩的电线头及绝缘层等不得随地乱丢，应分类收集到一起。

17.6.6 电线的包装不得随处丢弃，要工完场清。

17.6.7 打洞时产生的建筑垃圾应及时清理，并运至指定地点。

17.7 质 量 标 准

17.7.1 主控项目

17.7.1.1 应采用镀锌钢索，不应采用含油芯的钢索。钢索的钢丝直径应不小于 0.5mm,

钢索不应有扭曲和断股等缺陷。

检验方法：材料进场验收。

17.7.1.2 钢索的终端拉环埋件应牢固可靠，钢索与终端拉环套接处应采用心形环，固定钢索的线卡不应少于 2 个，钢索端头应用镀锌铁线绑扎紧密，且应接地（PE）或接零（PEN）可靠。

检验方法：观察检查。

17.7.1.3 当钢索长度在 50m 及以下时，应在钢索一端装设花篮螺栓紧固；当钢索长度大于 50m 时，应在钢索两端装设花篮螺栓紧固。

检验方法：观察检查。

17.7.2 一般项目

17.7.2.1 钢索中间吊架间距不应大于 12m，吊架与钢索连接处的吊钩深度不应小于 20mm，并应有防止钢索跳出的锁定零件。

检验方法：实测、观察检查和检查安装记录。

17.7.2.2 电线和灯具在钢索上安装后，钢索应承受全部负载，且钢索表面应整洁，无锈蚀。

检验方法：观察检查。

17.7.2.3 钢索配线的零件间和线间距离应符合表 17.7.2.3 的规定。

表 17.7.2.3 钢索配线的零件间和线间距离（mm）

配 线 类 别	支持件之间最大距离	支持件与灯头盒之间最大距离
钢 管	1500	200
刚性绝缘导管	1000	150
塑料护套线	200	100

检验方法：尺量检查和检查安装记录。

17.8 质 量 验 收

17.8.1 钢索配线安装分项工程的施工质量验收应按每层（每区域）作为检验批。

17.8.2 检验批的抽查数量：钢索安装抽查 5 条（5 段），钢索上配线按不同配线类别抽查 10 处。

17.8.3 检验批的验收按本标准第 3.0.25 条进行组织。

17.8.4 检验批质量验收记录当地政府主管部门无统一规定时，宜采用表 17.8.4“钢索配线检验批质量验收记录表”。

表 17.8.4　钢索配线检验批质量验收记录表
GB 50303—2002

<table>
<tr><td colspan="3">单位（子单位）工程名称</td><td colspan="4"></td></tr>
<tr><td colspan="3">分部（子分部）工程名称</td><td colspan="2"></td><td>验收部位</td><td></td></tr>
<tr><td colspan="3">施工单位</td><td colspan="2"></td><td>项目经理</td><td></td></tr>
<tr><td colspan="3">分包单位</td><td colspan="2"></td><td>分包项目经理</td><td></td></tr>
<tr><td colspan="3">施工执行标准名称及编号</td><td colspan="4"></td></tr>
<tr><td colspan="4">施工质量验收规范规定</td><td>施工单位检查评定记录</td><td colspan="2">监理（建设）单位验收记录</td></tr>
<tr><td rowspan="3">主控项目</td><td>1</td><td colspan="2">应采用镀锌钢索，不应采用含油芯的钢索。钢索的钢丝直径应不小于0.5mm，钢索不应有扭曲和断股等缺陷</td><td></td><td colspan="2" rowspan="6"></td></tr>
<tr><td>2</td><td colspan="2">钢索的终端拉环埋件应牢固可靠，钢索与终端拉环套接处应采用心形环，固定钢索的线卡不应少于2个，钢索端头应用镀锌铁线绑扎紧密，且应接地（PE）或接零（PEN）可靠</td><td></td></tr>
<tr><td>3</td><td colspan="2">当钢索长度在50m及以下时，应在钢索一端装设花篮螺栓紧固；当钢索长度大于50m时，应在钢索两端装设花篮螺栓紧固</td><td></td></tr>
<tr><td rowspan="3">一般项目</td><td>1</td><td colspan="2">钢索中间吊架间距不应大于12m，吊架与钢索连接处的吊钩深度不应小于20mm，并应有防止钢索跳出的锁定零件</td><td></td></tr>
<tr><td>2</td><td colspan="2">电线和灯具在钢索上安装后，钢索应承受全部负载，且钢索表面应整洁，无锈蚀</td><td></td></tr>
<tr><td>3</td><td>钢索配线零件间和线间距离</td><td>第 17.7.2.3 条</td><td></td></tr>
<tr><td colspan="3" rowspan="2">施工单位检查评定结果</td><td>专业工长（施工员）</td><td></td><td>施工班组长</td><td></td></tr>
<tr><td colspan="4">项目专业质量检查员：　　　　年　月　日</td></tr>
<tr><td colspan="3">监理（建设）单位验收结论</td><td colspan="4">监理工程师（建设单位项目专业技术负责人）：　　　　年　月　日</td></tr>
</table>

18 电缆头制作、接线和线路绝缘测试

18.1 一 般 规 定

18.1.1 电缆头的制作人员，应经技术培训合格后方可上岗操作。

18.1.2 电缆头制作，从剥切到封闭的全部工序应连续一次制作完成，以免受潮。

18.1.3 电缆头制作时，应严格遵守制作工艺规程。充油电缆还应遵守油务及真空工艺等有关规程。

18.1.4 剥切电缆时不得伤害线芯绝缘。包缠绝缘层时应注意清洁，以防止污物与潮气侵入绝缘层。绝缘纸（带）的搭接应均匀，层间应无空隙及褶皱。

18.1.5 电缆头制作和接线应按以下程序进行：

1 电缆连接位置、连接长度和绝缘测试经检查确认，才能制作电缆头；

2 控制电缆绝缘电阻测试和校线合格，才能接线；

3 电线、电缆交接试验和相位核对合格，才能接线。

18.1.6 电缆终端头的出线应保持电气要求必需的间距，其电缆头部带电部分之间及至接地部分的距离，应符合表 18.1.6-1 中的规定。电缆头引出线最小绝缘长度，应符合表 18.1.6-2 中的规定。

表 18.1.6-1 电缆头带电部分之间及至接地部分的距离

电 压 (kV)		最 小 距 离 (mm)
户 内	6 10	100 125
户 外	6~10	200

表 18.1.6-2 电缆头引出最小绝缘长度

电 压 (kV)	最小绝缘长度（mm）	电 压 (kV)	最小绝缘长度（mm）
6	270	10	315

18.1.7 弯曲电缆芯线时，其芯线弯曲半径不得小于表 18.1.7 中所规定的电缆芯线最小允许弯曲半径。

表 18.1.7 电缆芯线的最小弯曲半径

电缆及其结构类别		最小允许弯曲半径
油浸纸绝缘电缆	圆形芯线 扇形芯线 分相铅包	芯线外径的 10 倍 芯线扇形最大高度的 10 倍 缆芯铅包直径的 12.5 倍
橡胶或塑料电缆		芯线外径的 10 倍

18.1.8 电缆头（电缆敷设两端的终端头和中间接头）的金属外壳、铠装、铅（铝）包及屏蔽层，均应作接地处理。焊于钢铠与外壳上的接地线应采用多股铜绞线。接地铜绞线的最小截面，见表 18.1.8 的规定。

表 18.1.8 电缆头接地铜绞线的最小允许截面

铜芯电缆截面（mm^2）	铝芯电缆截面（mm^2）	接地线截面（mm^2）
35 及以下	50 及以下	10
50～120	70～150	16
150～240	185～300	25

18.1.9 对于穿过零序电流互感器的电缆。其终端头的接地线应与电缆一起贯穿互感器后再接地。从终端头至穿过互感器后接地点前的一段电缆，其终端头的金属外壳、金属包皮及接地线，均应与大地绝缘，终端头固定卡应加绝缘垫，并要求其对地绝缘电阻值不应小于 50kΩ。

18.1.10 封焊电缆头。封焊时火焰应均匀分布，不应损伤电缆，未冷却时不得移动。封焊完毕后，应抹硬脂酸除去氧化层，铅封后应进行外观检查，封焊处不应有夹渣、裂纹，且表面应光滑。

18.1.11 高压电缆的直流耐压试验和直流泄漏试验，在敷设电缆线路工程交接验收及其重包电缆头时，均应进行此项试验。

18.1.12 电缆头制作技术要求：

18.1.12.1 终端（中间）头的铅封

1 铅封的搪铅时间不宜过长，铅封未冷却不得移动电缆。

2 铝护套电缆搪铅时，应先涂刷铝焊料。

3 充油电缆的铅封应封两层，以增加铅封的密封性。铅封和铅套应预以加固。

18.1.12.2 浇注胶液封闭

1 浇注密封材料前，应将终端头或中间接头的金属（瓷）外壳预热去潮，以防浇注胶液产生气泡和空隙。

2 封闭材料为环氧树脂，应拌合均匀，浇灌时应防止产生气泡。

18.1.12.3 防震终端头

按照设计要求做好象鼻式电缆终端头的防震措施。

18.1.12.4 控制电缆终端头（常规为干封或用环氧树脂浇铸）

1 按实际需要长度，确定切割尺寸、打好接地卡子，即可剥去钢带和铅包。

2 首先将线芯间的充填物清除净，分开线芯，穿好塑料套管，在铅包切口处向上 30mm 一段线芯上，用聚氯乙烯带包缠 3～4 层，边包边涂聚氯乙烯胶，然后套上聚氯乙烯控制电缆终端套。

3 套好聚氯乙烯终端套以后，在其上口与线芯接合处再用聚氯乙烯带包缠 4～5 层，边包边刷聚氯乙胶液。

18.1.12.5 充油电缆头

1 供油系统与电缆间应装置有绝缘管接头。

2 表针安装应牢固，要装有防水装置。

3　调整压力油箱的油压，使其工作压力不超过电缆允许的压力范围。

4　电缆终端头、中间接头及充油电缆供油管路均不应有渗漏。

18.2　施　工　准　备

18.2.1　技术准备

1　按照已批准的施工组织设计（施工方案）进行技术交底。

2　复核电缆敷设符合设计要求。

18.2.2　材料准备

电缆终端头、电缆中间头、电缆绝缘胶、环氧树脂胶、接地线、各种绝缘带等。

18.2.3　施工机具

1　主要机具：防风棚、塑料布、油压接线钳、喷灯、铁壶、铝壶、搪瓷盘、铝锅、铁勺、漏勺、手套、漏斗、电炉子、钢锯、钢丝刷、温度计、剪刀、钢卷尺、扳手、锉刀、电烙铁、克丝钳、螺丝刀、台钻、电焊机、电锤、滑车、气焊工具。

2　主要检测工具：摇表、万能表、试铃、温度计、试验仪器等。

18.2.4　作业条件

1　作业环境。电缆头制作应选择无风晴朗的天气施工，温度在+5℃以上，相对湿度有70%以下。

2　施工现场洁净干燥，操作平台要牢固，四周应搭设防风棚。

3　施工现场电源应备有220V电源和安全电源。

4　安全技术设施符合安全消防规定。

5　制作人员应持证上岗，技术资料齐全，技术交底明确。

18.3　材料质量控制

18.3.1　电缆终端头型号、规格应符合电压等级，使用环境及设计要求。

18.3.2　电缆终端头应由电缆附件厂家配套供应，其主要部件、附件齐全，表面无裂纹和气孔，随带的袋装涂料或填料不泄漏。并有使用说明书及合格证。

18.3.3　电缆绝缘胶的型号和环氧树脂胶应是定型产品，必须符合电压等级和设计要求，应有产品合格证，绝缘胶应有理化和电气性能的试验单。

18.3.4　固定电缆头的金属紧固件均应用热镀锌件，并配齐相应的螺母、垫圈和弹簧垫。

18.3.5　地线采用裸铜软线或多股铜线，截面120号电缆以下16mm^2，150号以上25mm^2，表面应清洁、无断股现象。

18.4　施　工　工　艺

18.4.1　户外充油电缆头制作工艺

18.4.1.1　工艺流程

剥切→铅套管口→剥去半导电纸及填充物→压接端子

18.4.1.2 施工要点

1 剥切

按施工图设计尺寸，剥去电缆外护套和铠装，严禁损伤铅护套，用硬脂酸洗净铅护套表面，并焊好接地线。

2 铅套管口

剥切铅护套时，应将剥铅口处胀成喇叭口形，喇叭口直径为铅包直径的1.2倍，且无尖刺。在胀铅口下30mm处将铅护套打磨至露出金属光泽的糙面，套入金属壳体。

3 剥去半导电纸及填充物

剥切操作要保留统包绝缘25mm，三芯分别半重叠绕包绝缘带4层，在统包绝缘上绕包5mm厚的绝缘带。

4 压接端子

压接出线端子，套入上盖及两相套管，固定好电缆终端头，注入电缆油，至壳体3/4，油温120℃。安装上第三只套管、二次注油，注满油后及时旋紧螺帽。

18.4.2 油浸绝缘电缆户内外终端头制作工艺

18.4.2.1 工艺流程

剥切→套管口→隔油管→应力管→手套安装

18.4.2.2 施工要点

1 剥切

按设计规定的尺寸，剥去外护套及钢铠，清净铅包表面、焊接地线。

2 套管口

按规定的尺寸剖铅，应确保刀切铅包口平整光滑。

3 隔油管

保留统包绝缘25mm，其余剥去，分开三相线芯，除去绝缘表面浮油，同时套入隔油管，距剖铅口40~50mm，从下往上加热收缩。

4 应力管

(1) 套入应力管，距剖铅口60~80mm，加热收缩，取少许耐油填充胶尽量往下塞入三叉处。

(2) 拉伸耐油填充胶带在应力管下端，它和剖铅口之间绕成苹果状，与铅包搭接5mm，最大直径为铅包外径加15mm，将导电胶带绕于填充和铅包间各重叠约20mm。

5 手套安装

(1) 手套安装应尽量往下套入三支手套，确保与铅包重叠不少于70mm，从中部开始先向下后向上加热收缩。

(2) 三相同时套入绝缘管，至三支手套根部，涂胶端朝下，从下向上加热收缩。

(3) 根据支架承受的荷重，选择相应的膨胀螺栓及钻头；埋好螺栓后，可用螺母配上相应的垫圈将支架或吊架直接固定在金属膨胀螺栓上。

18.4.3 油浸绝缘电缆户内外终端头制作工艺

18.4.3.1 工艺流程

接线端子→雨裙安装

18.4.3.2 施工要点

1　接线端子

按接线端子孔深加5mm，去除端部绝缘，压接端子并锉平毛刺，用少许填充胶填充端子压坑处及端子和芯绝缘之间间隙。

2　雨裙安装

户外终端头应设置雨裙。安装雨裙时，将三孔雨裙和单孔雨裙套入，间距为100mm，单孔雨裙相间错开不得搭接，自下而上加热收缩。

18.4.4　交联聚乙烯电缆户内外热缩终端头制作工艺

18.4.4.1　工艺流程

校直→接地线→填充胶→剥离→应力管→接线端子→绝缘管→雨裙

18.4.4.2　施工要点

1　校直

校直聚氯乙烯绝缘电缆后，按规定的尺寸剥切外护套。在钢铠切断处内侧用绑线绑扎钢铠，保留30mm钢铠，余下锯除。在钢带断口外保留10mm内衬层，其余剥离，除去填充物，分开线芯。

2　接地线

先将钢带打磨光亮，再将其接地线分别绕包在三相铜屏蔽层上，并用绑线将其绑扎在钢带上，用焊锡焊牢后引下。

3　填充胶

将胶液填充三芯分支处及钢铠周围，包绕成苹果状，最大外径为电缆直径加15mm，钢铠向下擦净60mm外护套，并包绕2层热熔胶，浸入分支手套至根部，尽量往下，从手套中部向下缓慢环绕加热收缩，再向上加热收缩手指部至完全收缩。

4　剥离

从手指部向上保留55mm铜屏蔽层，其余剥离，切断口要整齐。保留半导电层20mm，其余剥离干净，不要损伤主绝缘。用溶剂清洁主绝缘。

5　应力管

套入应力管，与铜屏蔽搭接20mm，加热收缩。

6　接线端子

以接线端子孔深加5mm，去除端部芯绝缘，压接端子并锉平毛刺，用填充胶填充端子压坑处以及端子和芯绝缘之间加热收缩。

7　绝缘管

清洁芯线绝缘，应力管有分支手套的表面，套入绝缘管至手套根部，加热收缩。套入密封管于端子和芯线绝缘之间的间隙。

8　雨裙

在户外敷设电缆终端头须设置雨裙。套入三孔雨裙，上沿距手套根部60mm处加热收缩，套入第一层单孔雨裙，上沿距三孔雨裙上沿150mm，第二层单孔雨裙上沿距下层雨裙60mm，加热收缩。

18.4.5　聚乙烯绝缘电缆户内、外冷缩终端头制作工艺

18.4.5.1　工艺流程

校直与剥切→接地处理→分支手套→铜屏蔽层处理→绝缘手套→接线端子

18.4.5.2 施工要点

1 校直与剥切

（1）按设计规定终端头制作，首先校直电缆，剥切外护套、钢铠、内衬层和填充物，并清洁剥离处往下 50mm 长的外户套表面。

（2）电缆各芯铜屏蔽层距电缆分支处，来回绕包 23 号绝缘带以固定铜带，再将铜屏蔽层折回与钢带搭接，于固定铜带处单层绕包 23 号带至三叉分支处。

2 接地处理

剥离应保留 20mm 半导电层，其余的剥离，切勿划伤主绝缘层。将接地铜带平放在钢铠上，用恒力弹簧将其与铜屏蔽带和钢铠固定箍紧，再用 23 号带绕包两层在恒力弹簧、钢带和护套口上。

3 分支手套

套入三叉分支手套、尽量套至根部，逆时针方向拉出支撑芯绳收缩，先收缩手套根部，再收缩手指部。

4 铜屏蔽层处理

（1）用溶剂清洗主绝缘，在各芯上半重叠绕包 13 号半导电带一个来回，搭接铜屏蔽层至主绝缘各 5mm，拉伸原长的 30%。

（2）从 13 号带下 5mm 铜屏蔽层处向上绕包 2220 号应力带 70mm，返回起点。银灰面向外，拉伸原长的 10%。

（3）从 2220 号带上端向上绕 25 号带 15mm，返回将铜屏蔽层覆盖，再回到起点。绕包时均匀拉伸包带，拉伸原长的 100%。

5 绝缘套管

套入绝缘套管，与分支手套搭接 15mm，拉出芯绳，从下向上收缩。户外头需安装带裙边的绝缘管，与上一绝缘管搭接 10mm，从下向上收缩。

6 接线端子

按接线端子孔深加 10mm，剥除端绝缘，压接端子，锉平打光，用 23 号带平压坑及端子与芯绝缘之间的间隙。户内头用 23 号带从绝缘管上端 15mm 处至端子上半重叠来回绕包。户外头用 70 号防水带在端子到带裙边的绝缘管 15mm 处半重叠来回绕包。

18.4.6 油浸纸绝缘电缆中间头制作工艺

18.4.6.1 工艺流程

切割→剥护套及铠装→分相→连接管→密封→接地

18.4.6.2 施工要点

1 切割

校直电缆，按设计要求确定电缆接头的中心位置。留下 150～200mm 的重叠外，将其余的电缆锯掉。自接头中心向两边量取铅套管长的一半加 200mm 外，除去外护套。

2 剥护套及铠装

（1）剥护套。按设计要求剥除电缆护套，护套端头应切成圆锥形，以便包绕密封。剥切护套时保留钢铠到外护套断口 120mm，断口处应用绑线绑扎牢固，除去保护层后，用硬脂酸清洁 150mm 长的铅包，自接头中心向两边各量铅套管长一半减去 40mm，剖铅、胀喇叭口。

（2）剥铠装。在距护套切口 20mm 处的铠装上用直径 2.1mm、已退火的铜线作临时绑扎。然后距扎线 3～5mm 处的电缆末端一侧的铠装上锯一环痕，其深度为铠装厚度的 1/2，剥去两层铠装。

3　分相

（1）在铅包口处留 25mm 统包绝缘，其余剥除。将分相塞尺推入三叉处，使三芯间距相等并平行。

（2）从喇叭口处向末端量铅套长一半减去 40mm，将两根电缆线芯锯齐。按连接管长的一半加 10mm，剥去端绝缘纸、压接。用绝缘带填平压坑。在连接管上包一层屏蔽纸。

4　连接管

拆去分相塞尺，用 130～140℃的电缆油自铅包口向中心排除主绝缘和连接管潮气。用黄蜡带在各相自两端向中心包绕一层，并将连接管两端空隙填平，在全长上再包四层，将连接管处包出锥形。

5　密封

（1）在三芯间放置两个瓷撑板，用绝缘带绑牢，将铅套管套上，再用木棒轻敲收口，进行搪铅密封，留两个灌胶孔。

（2）用加热至 160～180℃的绝缘电缆胶，由一灌胶孔灌入铅套管内，使灌入深度超过绝缘线芯，待冷却到 60～70℃时，再进行二次灌入至满为止。待冷却至 60℃以下，再作三次灌入至满后，用封铅将灌胶孔封牢。

6　接地

接头密封后，应将铅套管、铅护套及钢铠用裸铜线连接焊牢，作为接地线。接地线与铠装采用焊接时扎 3 道，绑扎时扎 5 道。常规是焊接，严禁用喷灯施焊。

18.4.7　交联聚乙烯绝缘电缆热缩中间接头制作工艺

18.4.7.1　工艺流程：

切割→屏蔽层处理→保护套管→连接线芯→连接管→接地线

18.4.7.2　施工要点：

1　切割

校直电缆并把它固定，末端重叠 200mm，按设计要求确定中心位置和尺寸剥切外护套。在距外护套断口 40mm 钢铠上，用绑线扎牢，锯切钢带。保留 10mm 内衬层，去掉填充物，在中心位置锯切电缆。

2　屏蔽层处理

按设计尺寸剥切铜屏蔽层，保留 30mm 外半导电层，其余剥离，按连接管长的一半加 5mm。除去端绝缘，将线芯末端绝缘削成锥形反应力锥，长度为 30mm，保留 5mm 内半导电层。用清洗剂清洁主绝缘表面。

3　保护套管

将两电缆外护套断口向下 200mm 内的外护套表面打毛，将两套热缩保护管分别套到两根电缆上。在长端电缆三芯上分别套入红色绝缘和黑色半导电管。将三个铜丝网分别套入三芯上。

4　连接线芯

（1）按设计要求切割末端线芯绝缘，并将线芯绝缘端剖削成阶梯状圆锥形，严禁损伤线芯。

(2) 选择好与线芯截面相适配的连接管。压接连接管、锉平打光，将其管孔内壁和线芯表面擦拭干净，方可进行压接或焊接。用半导电带填平压坑。

(3) 在两端绝缘末端锥形体处与连接管端部用自粘带拉伸包绕填平，再来回包绕至距两端外半导电层 10mm 处，一共包 6 层。

5 连接管

将绝缘管移至连接管上对正，从中部加热向两端收缩。将半导电管移到绝缘管上对正，从中部加热收缩，两端部与铜屏蔽层搭接 10～20mm。将铜丝网拉紧包在每相上，两端用铜丝绑在铜屏蔽上焊好。

6 接地线

铜接地线应焊在两段电缆钢铠上。把三相线芯并拢收紧用白布带将三相线芯和接地线缠绕扎紧。在电缆两端打毛的外护套上，分别缠绕 100mm 宽的热熔胶 1～2 层，拉出一端保护管，与外护套搭接长度 100mm，从此端向接头中心收缩。拉出另一保护管，与外护套搭接 100mm。在与前一保护管搭接处包绕 1～2 层热熔胶，从端部向中心加热收缩。各搭接处用自粘带包绕 3 层。

18.4.8 接线

1 按电器外部接线端头的相线标志进行与其电源配线匹配的接线。

2 接线应排列整齐、清晰、美观，导线应绝缘良好、无损伤。

3 电源侧进线应接在接线端，即固定触头接线端。负荷侧出线应接在出线端，即可动触头接线端。

4 一般采用铜质导线或有电镀金属防锈层的螺栓和螺钉，连接时应拧紧、并应有防松装置。

5 电源线与电器接线，不得使电器内部受到额外应力。

18.4.9 线路绝缘测试

1 测试仪表的选择应根据被测试电缆的耐压强度确定。测试 1kV 以下电缆时，用 1kV 兆欧表（摇表）。测试 1kV 以上电缆时，用 2.5kV 兆欧表。

2 电缆耐压试验时，试验电压可分 4～6 段均匀升压，每段停留 1min，并读取泄漏电流值。然后逐渐降低电压，断开电源，用放电棒对被试验电缆芯进行放电。试验作完一相后，依上述步骤对其余相芯进行试验。

3 见本标准第 15.4.2.10 条相关内容。

18.5 成 品 保 护

18.5.1 制作电缆头时，对易损件要轻放，操作时要小心，防止碰坏电缆头的瓷套管等易损件。

18.5.2 在紧固电缆头的各处螺丝时，防止用力过猛损坏部件。

18.5.3 起吊电缆头前，把防扭抱箍安装好，并备有保护绳，以免损伤电缆和碰坏磁套管，固定电缆时要垫好橡皮或铅皮。

18.5.4 灌注绝缘胶时，不许触动电缆头有关部件。

18.5.5 电缆头制作完毕后，立即安装固定送电运行，暂不能送电或有其他作业时，对电缆头加木箱给予保护，防止砸、碰。

18.6 安全、环保措施

18.6.1 使用电气设备、电动工具要有可靠的保护接地（接零）措施。

18.6.2 热缩电缆头制作时，注意加热时周围无易燃易爆物品。

18.6.3 包装用的塑料布及草带等物品应及时分类清除出现场。

18.6.4 各种气瓶的存放，要距离明火10m以上，挪动时不能碰撞。氧气瓶不能和可燃气瓶同放一处。

18.7 质量标准

18.7.1 主控项目

18.7.1.1 高压电力电缆直流耐压试验必须按《建筑电气工程施工质量验收规范》GB 50303—2002第3.1.8条的规定交接试验合格。

检验方法：检查试验记录。

18.7.1.2 低压电线和电缆，线间和线对地间的绝缘电阻值必须大于0.5MΩ。

检验方法：检查绝缘电阻测试记录。

18.7.1.3 铠装电力电缆头的接地线应采用铜绞线或镀锡铜编织线，截面积不应小于表18.7.1.3的规定。

表 18.7.1.3 电缆芯线和接地线截面积（mm^2）

电缆芯线截面积	接地线截面积	电缆芯线截面积	接地线截面积
120及以下	16	150及以上	25
注：电缆芯线截面积在$16mm^2$及以下，接地线截面积与电缆芯线截面积相等。			

检验方法：观察检查和检查安装记录。

18.7.1.4 电线、电缆接线必须准确，并联运行电线或电缆的型号、规格、长度、相位应一致。

检验方法：观察检查和检查安装记录。

18.7.2 一般项目

18.7.2.1 芯线与电器设备的连接应符合下列规定：

1 截面积在$10mm^2$及以下的单股铜芯线和单股铝芯线直接与设备、器具的端子连接。

2 截面积在$2.5mm^2$及以下的多股铜芯线拧紧搪锡或接续端子后与设备、器具的端子连接。

3 截面积大于$2.5mm^2$的多股铜芯线，除设备自带插接式端子外，接续端子后与设备或器具的端子连接；多股铜芯线与插接式端子连接前，端部拧紧搪锡。

检验方法：观察检查和检查安装记录。

18.7.2.2 电线、电缆的芯线连接金具（连接管和端子），规格应与芯线的规格适配，且不得采用开口端子。

检验方法：观察检查。

18.7.2.3 电线、电缆的回路标记应清晰，编号准确。

检验方法：观察检查。

18.8 质 量 验 收

18.8.1 电缆头制作、接线和线路绝缘测试工程的施工质量验收应按每系统作为检验批。

18.8.2 检验批的抽查数量：电缆的耐压试验结果、泄漏电流和绝缘电阻全数检查。电缆头制作按不同类别各抽查10%，但不得少于5个。

18.8.3 检验批的验收按本标准第3.0.25条进行组织。

18.8.4 检验批质量验收记录当地方政府主管部门无统一规定时，宜采用表18.8.4“电缆头制作、接线和线路绝缘测试检验批质量验收记录表”。

表 18.8.4 电缆头制作、接线和线路绝缘测试检验批质量验收记录表

GB 50303—2002

<table>
<tr><td colspan="3">单位（子单位）工程名称</td><td colspan="3"></td></tr>
<tr><td colspan="3">分部（子分部）工程名称</td><td colspan="2"></td><td>验收部位</td></tr>
<tr><td colspan="3">施工单位</td><td colspan="2"></td><td>项目经理</td></tr>
<tr><td colspan="3">分包单位</td><td colspan="2"></td><td>分包项目经理</td></tr>
<tr><td colspan="3">施工执行标准名称及编号</td><td colspan="3"></td></tr>
<tr><td colspan="4">施工质量验收规范规定</td><td>施工单位检查评定记录</td><td>监理（建设）单位验收记录</td></tr>
<tr><td rowspan="4">主控项目</td><td>1</td><td colspan="2">电线和灯具在钢索上安装后，钢索应承受全部负载，且钢索表面应整洁，无锈蚀</td><td></td><td rowspan="7"></td></tr>
<tr><td>2</td><td colspan="2">低压电线和电缆，线间和线对地间的绝缘电阻值必须大于0.5MΩ</td><td></td></tr>
<tr><td>3</td><td>铠装电力电缆头的接地线</td><td>第18.7.1.3条</td><td></td></tr>
<tr><td>4</td><td colspan="2">电线、电缆接线必须准确，并联运行电线或电缆的型号、规格、长度、相位应一致</td><td></td></tr>
<tr><td rowspan="3">一般项目</td><td>1</td><td colspan="2">芯线与电器设备的连接应符合下列规定：截面积在10mm² 及以下的单股铜芯线和单股铝芯线直接与设备、器具的端子连接。截面积在2.5mm² 及以下的多股铜芯线拧紧搪锡或接续端子后与设备、器具的端子连接。截面积大于2.5mm² 的多股铜芯线，除设备自带插接式端子外，接续端子后与设备或器具的端子连接；多股铜芯线与插接式端子连接前，端部拧紧搪锡</td><td></td></tr>
<tr><td>2</td><td colspan="2">电线、电缆的芯线连接金具（连接管和端子），规格应与芯线的规格适配，且不得采用开口端子</td><td></td></tr>
<tr><td>3</td><td colspan="2">电线、电缆的回路标记应清晰，编号准确</td><td></td></tr>
<tr><td colspan="3" rowspan="2">施工单位检查评定结果</td><td>专业工长（施工员）</td><td>施工班组长</td><td></td></tr>
<tr><td colspan="3">项目专业质量检查员：　　年　月　日</td></tr>
<tr><td colspan="3">监理（建设）单位验收结论</td><td colspan="3">监理工程师（建设单位项目专业技术负责人）：　　年　月　日</td></tr>
</table>

19 普通灯具安装

19.1 一 般 规 定

19.1.1 建筑电气普通灯具安装工程的施工，必须按国家现行的施工质量验收规范和已批准的设计与施工组织设计进行施工。施工过程中不得自行修改设计方案，如因需要修改设计时，应经原设计单位的同意，方可进行。

19.1.2 为保证电气照明装置施工质量，确保安全运行和使用功能，必须严格控制照明器具接线相位的准确性。

19.1.3 照明灯具安装应按以下程序进行：

1 安装灯具的预埋螺栓、吊杆和吊顶上嵌入式灯具安装专用骨架等完成，按设计要求做承载试验合格后，才能安装灯具；

2 影响灯具安装的模板、脚手架拆除，顶棚和墙面喷浆、油漆或壁纸等及地面清理工作基本完成，才能安装灯具；

3 导线绝缘测试合格，才能灯具接线；

4 高空安装的灯具，地面通断电试验合格，才能安装。

19.1.4 照明灯具使用的导线，应能确保灯具承受一定的机械力和可靠接地，其工作电压等级不应低于交流500V，导线线芯最小截面积应符合设计和规范的有关规定，见表19.1.4。

表 19.1.4 导线线芯最小截面积（mm^2）

灯具的安装场所及用途		线芯最小截面		
		铜芯软线	铜线	铝线
灯头线	民用建筑室内	0.5	0.5	2.5
	工业建筑室内	0.5	1.0	2.5
	室外	1.0	1.0	2.5

19.1.5 灯具检查

1 根据灯具的安装场所检查灯具是否符合要求：

（1）易燃和易爆场所应采用防爆式灯具；

（2）有腐蚀性气体及特别潮湿的场所应采用封闭式灯具，灯具的各部件应做好防腐处理；

（3）潮湿的厂房内和户外的灯具应采用有泄水孔的封闭式灯具；

（4）多尘的场所应根据粉尘的浓度及性质，采用封闭式或密闭式灯具；

(5) 灼热多尘场所（如出钢、出铁、轧钢等场所）应采用投光灯；

(6) 可能受机械损伤的厂房内，应采用有保护网的灯具；

(7) 震动场所（如有锻锤、空压机等），灯具应有防震措施（如采用吊链软性连接）；

(8) 除开敞式外，其他各类等灯具的灯泡容量在100W以上者均应采用瓷灯口。

2 灯内配线检查：

(1) 灯内配线应符合设计要求及有关规定；

(2) 穿入灯箱的导线在分支连接处不得承受额外应力和磨损，多股软线的端头需盘圈，涮锡；

(3) 灯箱内的导线不应过于靠近热光源，并应采取隔热措施；

(4) 使用螺灯口时，相线必须压在灯芯柱上。

19.2 施 工 准 备

19.2.1 技术准备

1 灯具施工前，应复核其安装地点及安装方式（有无吊顶、有无其他专业相互交叉矛盾）是否符合设计要求，并现场确定灯具安装实际高度。

2 见本标准第4.2.1.1条及第4.2.1.2条相关内容。

19.2.2 材料准备

灯具、灯座、木台、绝缘导线等。

19.2.3 主要机具

1 安装机具：一字形和十字形螺丝刀、冲击电钻、组合木梯、圆头锤、电工刀、钢锯、扳手、钢丝钳、剥线钳、压接钳、电笔、手电钻、台钻、摇表、线锤、锡锅。

2 检测机具：万用表、兆欧表。

19.2.4 作业条件

1 与土建工程作业工序应密切配合，做好预埋件预埋工作。以保证电气照明装置安装工程的质量。

2 电气照明装置施工前，土建工程应全部结束，对电气施工无任何妨碍。

3 安装前，应先检查预埋件及预留孔洞的位置、几何尺寸，是否符合设计要求，并应将盒内杂物清理干净。

4 预埋件固定应牢固、端正、合理和整齐。

5 盒子口修好，木台、木板防火涂料已涂刷完。

19.3 材 料 质 量 控 制

19.3.1 查验合格证，新型气体放电灯具有随带技术文件。

19.3.2 型号、规格及外观质量应符合设计要求和国家标准的规定。

19.3.3 外观检查：灯具涂层完整，无损伤，附件齐全。防爆灯具铭牌上有防爆标志和防爆合格证号，普通灯具有安全认证标志。

19.3.4 电气照明装置的接线应牢固，灯内配线电压不应低于交流500V，并且严禁外露，电气接触应良好。需接地或接零的灯具、开关、插座等非带电金属部分，应有明显标志的专用接地螺钉。

19.3.5 塑料台应有足够的强度，受力后无弯翘变形现象；

19.3.6 对成套灯具的绝缘电阻、内部接线等性能进行现场抽样检测。灯具的绝缘电阻值不小于2MΩ，内部接线为铜芯绝缘电线，芯线截面积不小于0.5mm²，橡胶或聚氯乙烯（PVC）绝缘电线的绝缘层厚度不小于0.6mm。对游泳池和类似场所灯具（水下灯及防水灯具）的密闭和绝缘性能有异议时，按批抽样送有资质的试验室检测。

19.4 施工工艺

19.4.1 工艺流程

灯具固定→组装灯具→灯具接线→灯具接地

19.4.2 施工要点

19.4.2.1 灯具的固定

1 当在砖混中安装电气照明装置时，应采用预埋吊钩、螺栓、螺钉、膨胀螺栓、尼龙塞或塑料塞固定，严禁使用木楔。当设计无规定时，上述固定件的承载能力应与电气照明装置的重量相匹配。

2 软线吊灯，灯具重量在0.5kg及以下时，采用软电线自身悬吊安装。当软线吊灯灯具重量大于0.5kg时，灯具安装固定采用吊链，且软电线均匀编叉在吊链内，使电线不受拉力，编叉间距应根据吊链长度控制在50~80mm范围内。

3 当吊灯灯具重量大于3kg时，应采用预埋吊钩或螺栓固定。

4 灯具固定应牢固可靠，禁止使用木楔。每个灯具固定用的螺钉或螺栓不应少于2个。当绝缘台直径为75mm及以下时，可采用1个螺钉或螺栓固定。

5 采用钢管作灯具的吊杆时，钢管内径不应小于10mm。钢管壁厚度不应小于1.5mm。

6 花灯吊钩圆钢直径不应小于灯具挂销直径，且不应小于6mm。大型花灯的固定及悬吊装置，应按灯具重量的2倍做过载试验。

7 固定灯具带电部件的绝缘材料以及提供防触电保护的绝缘材料，应耐燃烧和防明火。

8 嵌入顶棚内的装饰灯具应固定在专设的框架上，导线不应贴近灯具外壳，且在灯盒内应留有余量，灯具的边框应紧贴在顶棚面上。

19.4.2.2 灯具组装

1 组合式吸顶花灯的组装

（1）首先将灯具的托板放平，如果托板为多块拼装而成，就要将所有的边框对齐，并用螺丝固定，将其连成一体，然后按照说明书及示意图把各个灯口装好。

（2）确定出线的位置，将端子板（瓷接头）用机螺丝固定在托板上。

（3）根据已固定好的端子板（瓷接头）至各灯口的距离掐线，把掐好的导线剥出线芯，盘好圈后，进行涮锡。然后压入各个灯口，理顺各灯头的相线和零线，用线卡子分别固定，并且按供电要求分别压入端子板，组装好后试验电路是否合格。

2 吊灯花灯组装

首先将导线从各个灯口穿到灯具本身的接线盒里。一端盘圈，涮锡后压入各个灯口。理顺各个灯头的相线和零线，另一端涮锡后根据相序分别连接，包扎并甩出电源引入线，最后将电源引入线从吊杆中穿出。组装好后检验电路是否合格。

19.4.2.3 灯具的接线

1 穿入灯具的导线在分支连接处不得承受额外压力和磨损，多股软线的端头应挂锡，盘圈，并按顺时针方向弯钩，用灯具端子螺丝拧固在灯具的接线端子上。

2 螺口灯头接线时，相线应接在中心触点的端子上，零线应接在螺纹的端子上。

3 荧光灯的接线应正确，电容器应并联在镇流器前侧的电路配线中，不应串联在电路内。

4 灯具内导线应绝缘良好，严禁有漏电现象，灯具配线不得外露，并保证灯具能承受一定的机械力和可靠地安全运行。

5 灯具线不许有接头，在引入处不应受机械力。

6 灯具线在灯头、灯线盒等处应将软线端作保险扣，防止接线端子不能受力。

19.4.2.4 塑料（木）台的安装

1 将接灯线从塑料（木）台的出线孔中穿出，将塑料（木）台紧贴住建筑物表面，塑料（木）台的安装孔对准灯头盒螺孔，用机螺丝将塑料（木）台固定牢固。

2 把从塑料（木）台甩出的导线留出适当维修长度，削出线芯，然后推入灯头盒内，线芯应高出塑料（木）台的台面。用软线在接灯线芯上缠绕 5～7 圈后，将灯线芯折回压紧。用粘塑料带和黑胶布分层包扎紧密。将包扎好的接头调顺，扣于法兰盘内，法兰盘吊盒、平灯口应与塑料（木）台的中心找正，用长度小于 20mm 的木螺丝固定。

19.4.2.5 日光灯安装

1 吸顶日光灯安装：根据设计图确定出日光灯的位置，将日光灯贴紧建筑物表面，日光灯的灯箱应完全遮盖住灯头盒。对着灯头盒的位置打好进线孔，将电源线甩入灯箱，在进线孔处应套上塑料管以保护导线。找好灯头盒螺孔的位置，在灯箱的底板上用电钻打好孔，用机螺钉拧牢固，在灯箱的另一端应使用胀管螺栓进行固定。如果日光灯是安装在吊顶上的，应该用自攻螺钉将灯箱固定在龙骨上。灯箱固定好后，将电源线压入灯箱内的端子板（瓷接头）上，把灯具的反光板固定在灯箱上，并将灯箱调整顺直，最后把日光灯管装好。

2 吊链日光灯安装：根据灯具的安装高度，将全部吊链编好后，把吊链挂在灯箱挂钩上，并且在建筑物顶棚上安装好塑料圆台，将导线依顺序编叉在吊链内，并引入灯箱，在灯箱的进线处应套上软塑料管以保护导线压入灯箱的端子板（磁接头）内。将灯具导线和灯头盒中甩出的电源线连接，并用粘塑料带和黑胶布分层包扎紧密。理顺接头扣于吊盒内，吊盒的中心应与塑料（木）台的中心对正，用木螺钉将其拧牢固。将灯具的反光板用机螺钉固定在灯箱上，调整好灯脚，最后将灯管装好。

19.4.2.6 各型花灯安装

1　各型组合式吸顶花灯安装：根据预埋的螺栓和灯头盒位置，在灯具的托板上用电钻开好安装孔和出线孔。安装时将托板托起，将电源线和从灯具甩出的导线连接并包扎严密。应尽可能地把导线塞入灯头盒内，然后把托板的安装孔对准预埋螺栓，使托板四周和顶棚贴紧，用螺母将其拧紧，调整好各个灯口。悬挂好灯具的各种装饰物，并上好灯管和灯泡。

2　吊式花灯安装：将灯具托起，并把预埋好的吊杆插入灯具内，把吊挂销钉插入后将其尾部掰成燕尾状，并且将其压平。导线接好头，包扎严实。理顺后向上推起灯具上部的扣碗，将接头扣于其内，且将扣碗紧贴顶棚，拧紧固定螺钉。调整好各个灯口，上好灯泡，最后配上灯罩。

19.4.2.7　光带的安装

根据灯具的外形尺寸确定其支架的支撑点，再根据灯具的具体重量经过认真核算，选用型材制作支架。做好后，根据灯具的安装位置，用预埋件或用胀管螺栓把支架固定牢固。轻型光带的支架可以直接固定在主龙骨上；大型光带必须先下好预埋件，将光带的支架用螺丝固定在预埋件上，固定好支架，将光带的灯箱用机螺钉固定在支架上，再将电源线引入灯箱与灯具的导线连接并包扎紧密。调整各个灯口和灯脚，装上灯泡和灯管，上好灯罩，最后调整灯具的边框应与顶棚面的装修直线平行。如果灯具对称安装，其纵向中心轴线应在同一直线上，偏斜不应大于5mm。

19.4.2.8　壁灯的安装

先根据灯具的外形选择合适的木台（板）或灯具底托，把灯具摆放在上面，四周留出的余量要对称，然后用电钻在木板上开出线孔和安装孔，在灯具的底板上也开好安装孔。将灯具的灯头线从木台（板）的出线孔甩出，在墙壁上的灯头盒内接头，并包扎严密，将接头塞入盒内。把木台或木板对正灯头盒、贴紧墙面，可用机螺钉将木台直接固定在盒子耳朵上，采用木板时应用胀管固定。调整木台（板）或灯具底托使其平正不歪斜，再用机螺钉将灯具拧在木台上（板）或灯具底托上，最后配好灯泡、灯管和灯罩。安装在室外的壁灯，其台板或灯具底托与墙面之间应加防水胶垫，并应打好泄水孔。

19.4.2.9　灯具的接地

当灯具距地面高度小于2.4m时，灯具的可接近裸露导体必须接地（PEN）可靠，并应有专用接地螺栓，且有标识。

19.4.2.10　灯具安装工艺的其他要求

1　同一室内或场所成排安装的灯具，其中心线偏差不应大于5mm。

2　日光灯和高压汞灯及其附件应配套使用，安装位置应便于检查和维修。

3　公共场所用的应急照明灯具和疏散指示灯，应有明显的标志。无专人管理的公共场所照明宜装设自动节能开关。

4　矩形灯具的边框宜与顶棚面的装饰直线平行，其偏差不应大于5mm。

5　日光灯管组合的开启式灯具，灯管排列应整齐，其金属或塑料的间隔片不应有扭曲等缺陷。

6　对装有白炽灯泡的吸顶灯具，灯泡不应紧贴灯罩；当灯泡与绝缘台之间的距离小于5mm时，灯泡与绝缘台之间应采取隔离措施。

安装在重要场所的大型灯具的玻璃罩，应采取防止玻璃罩破裂后向下溅落的措施。一般可采用透明尼龙丝编织的保护网，网孔的规格应根据实际情况决定。

7 安装在室外的壁灯应有泄水孔，绝缘台与墙面之间应有防水措施。

19.5 成 品 保 护

19.5.1 在安装、运输中应加强保管，成批灯具应进入成品库，码放整齐、稳固。搬运时应轻拿轻放，以免碰坏表面的镀锌层、油漆及玻璃罩。设专人保管，建立责任制，对操作人员做好成品保护技术交底，不应过早地拆去包装纸。

19.5.2 安装灯具时不要碰坏建筑物的门窗及墙面。

19.5.3 灯具安装完毕后不得再次喷浆，以防止器具污染。

19.5.4 电气照明装置施工结束后，对施工中造成的建筑物、构筑物局部破损部分，应修补完整。

19.6 安全、环保措施

19.6.1 应根据灯具的安装高度选用合适的合梯，合梯顶部应连接牢固，距合梯底 40~60cm 处要设强度足够的拉绳，不准站在合梯最上一层工作。严禁从高合梯上下抛工具及工具带。

19.6.2 手持电动工具的外壳、手柄、负荷线、插头、开关等必须完好无损，使用前要作空载试验检查，运转正常后方可使用。

19.6.3 手持电动工具使用前，对电动工具开关箱的隔离开关、短路保护、过负荷保护和漏电保护器进行仔细检查，开关箱检查合格后，才能使用手持电动工具。

19.6.4 在露天或潮湿环境的场所必须使用Ⅱ类手持电动工具。

19.6.5 特殊潮湿环境场所施工，优先使用带隔离变压器的Ⅱ类手持电动工具，如果使用Ⅱ类手持电动工具，必须装设防溅型的漏电保护器，把隔离变压器或漏电保护器装在狭窄场所外边，并设专人看护。

19.6.6 手持电动工具的负荷线采用耐气候型的橡皮护套铜芯软电缆，并不得有接头。

19.6.7 组装灯具及安装灯具所剩的电线头及绝缘层等不得随地乱丢，应分类收集放于指定地点。

19.6.8 灯具的包装带、灯泡和灯管的包装纸等不得随地乱丢，应分类收集放于指定地点。

19.6.9 灯具安装过程中掉下的建筑灰渣，应及时清理干净。

19.6.10 烧坏的灯泡及灯管等不得随地乱丢，应分类收集交给指定负责人统一处理。

19.7 质 量 标 准

19.7.1 主控项目

19.7.1.1 灯具的固定应符合下列规定：

1 灯具重量大于3kg时，固定在螺栓预埋吊钩上。

2 软线吊灯，灯具重量在0.5kg及以下时，采用软电线自身吊装；大于0.5kg的灯具采用吊链，且软电线编叉在吊链内，使电线不受力。

3 灯具固定牢固可靠，不使用木楔。每个灯具固定用螺钉不少于2个。当绝缘台直径在75mm及以下时，采用1个螺钉或螺栓固定。

检验方法：观察检查。

19.7.1.2 花灯吊钩圆钢直径不应小于灯具挂销直径，且不应小于6mm。大型花灯的固定及悬吊装置，应按灯具重量的2倍做过载试验。

检验方法：观察检查并进行过载试验。

19.7.1.3 当钢管做灯杆时，钢管内径不应小于10mm，钢管厚度不应小于1.5mm。

检验方法：实测。

19.7.1.4 固定灯具带电部件的绝缘材料以及提供防触电保护的绝缘材料，应耐燃烧和防明火。

检验方法：检查材料实验记录。

19.7.1.5 当设计无要求时，灯具的安装高度和使用电压等级应符合下列规定：

1 一般敞开式灯具，灯头对地面距离不小于下列数值（采用安全电压时除外）：

（1）室外：2.5m（室外墙上安装）；

（2）厂房：2.5m；

（3）室内：2m；

（4）软吊线带升降器的灯具在吊线展开后：0.8m。

2 危险性较大及特殊危险场所，当灯具距地面高度小于2.4m时，使用额定电压为36V及以下的照明灯具，或有专用保护措施。

检验方法：观察检查和检查安装记录。

19.7.1.6 当灯具距地面高度小于2.4m时，灯具的可接近裸露导体必须接地（PE）或接零（PEN）可靠，并应有专用接地螺栓，且有标识。

检验方法：观察检查。

19.7.2 一般项目

19.7.2.1 引向每个灯具的导线线芯最小截面积应符合表19.1.4的规定。

检验方法：观察检查。

19.7.2.2 灯具的外形、灯头及其接线应符合下列规定：

1 灯具及其配件齐全，无机械损伤、变形、涂层剥落和灯罩破裂等缺陷。

2 软线吊灯的软线两端做保护扣，两端芯线搪锡。当装升降器时，套塑料软管，采用安全灯头。

3 除敞开式灯具外，其他各类灯具灯泡容量在100W及以上者采用瓷质灯头。

4 连接灯具的软线盘扣、搪锡压线，当采用螺口灯头时，相线接于螺口灯头中间的端子上。

5 灯头的绝缘外壳不破损和漏电；带有开关的灯头，开关手柄无裸露的金属部分。

检验方法：观察检查。

19.7.2.3 变电所内，高低压配电设备及裸母线的正上方不应安装灯具。

检验方法：观察检查。

19.7.2.4 装有白炽灯泡的吸顶灯具，灯泡不应紧贴灯罩。当灯泡与绝缘台间距离小于5mm时，灯泡与绝缘台间应采取隔热措施。

检验方法：观察检查和检查安装记录。

19.7.2.5 安装在重要场所的大型灯具的玻璃罩，应采取防止玻璃罩碎裂后向下溅落的措施。

检验方法：观察检查。

19.7.2.6 投光灯的底座及支架应固定牢固，枢轴应沿需要的光轴方向拧紧固定。

检验方法：观察检查。

19.7.2.7 安装在室外的壁灯应有泄水孔，绝缘台与墙面之间应有防水措施。

检验方法：观察检查。

19.8 质 量 验 收

19.8.1 普通灯具安装工程检验批的划分以每层（每区域）为单位，大（重）型灯具全数检查，其他普通灯具安装检查数量为抽查灯具总数的10%。

19.8.2 检验批的验收按本标准第3.0.25条进行组织。

19.8.3 检验批质量验收记录当地政府主管部门无统一规定时，宜采用表19.8.3“普通灯具安装检验批质量验收记录表”。

表 19.8.3 普通灯具安装检验批质量验收记录表

GB 50303—2002

单位（子单位）工程名称			
分部（子分部）工程名称		验收部位	
施工单位		项目经理	
分包单位		分包项目经理	
施工执行标准名称及编号			

		施工质量验收规范规定		施工单位检查评定记录	监理（建设）单位验收记录
主控项目	1	灯具的固定应符合下列规定：灯具重量大于3kg时，固定在螺栓预埋吊钩上；软线吊灯，灯具重量在0.5kg及以下时，采用软电线自身吊装；大于0.5kg的灯具采用吊链，且软电线编叉在吊链内，使电线不受力；灯具固定牢固可靠，不使用木楔。每个灯具固定用螺钉或螺丝不少于2个；当绝缘台直径在75mm及以下时，采用1个螺钉或螺栓固定			
	2	花灯吊钩圆钢直径不应小于灯具挂销直径，且不应小于6mm。大型花灯的固定及悬吊装置，应按灯具重量的2倍做过载试验			
	3	当钢管做灯杆时，钢管内径不应小于10mm，钢管厚度不应小于1.5mm			
	4	固定灯具带电部件的绝缘材料及提供防触电保护的绝缘材料，应耐燃烧和防明火			
	5	一般敞开式灯具，灯头对地面距离不小于下列数值（采用安全电压时除外）：室外：2.5m（室外墙上安装）；厂房：2.5m；室内：2m；软吊线带升降器的灯具在吊线展开后：0.8m 危险性较大及特殊危险场所，当灯具距地面高度小于2.4m时，使用额定电压为36V及以下的照明灯具，或有专用保护措施			
	6	当灯具距地面高度小于2.4m时，灯具的可接近裸露导体必须接地（PE）或接零（PEN）可靠，并应有专用接地螺栓，且有标识			
一般项目	1	引向每个灯具的电线线芯最小载面积	第19.7.2.1条		
	2	灯具的外形、灯头及其接线应符合下列规定：灯具及其配件齐全，无机械损伤、变形、涂层剥落和灯罩破裂等缺陷；软线吊灯的软线两端做保护扣，两端芯线搪锡；当装升降器时，套塑料软管，采用安全灯头；除敞开式灯具外，其他各类灯具灯泡容量在100W及以上者采用瓷质灯头；连接灯具的软线盘扣、搪锡压线，当采用螺口灯头时，相线接于螺口灯头中间的端子上；灯头的绝缘外壳不破损和漏电；带有开关的灯头，开关手柄无裸露的金属部分			
	3	变电所内，高低压配电设备及裸母线的正上方不应安装灯具			
	4	装有白炽灯泡的吸顶灯具，灯泡不应紧贴灯罩；当灯泡与绝缘台间距离小于5mm时，灯泡与绝缘台间应采取隔热措施			
	5	安装在重要场所的大型灯具的玻璃罩，应采取防止玻璃罩碎裂后向下溅落的措施			
	6	投光灯的底座及支架应固定牢固，枢轴应沿需要的光轴方向拧紧固定			
	7	安装在室外的壁灯应有泄水孔，绝缘台与墙面之间应有防水措施			
施工单位检查评定结果		专业工长（施工员）		施工班组长	
		项目专业质量检查员：			年 月 日
监理（建设）单位验收结论		监理工程师（建设单位项目专业技术负责人）：			年 月 日

20 专用灯具安装

20.1 一 般 规 定

20.1.1 在照明配电箱内，应设专用的总开关及分路开关。室内灯具应分别接在两条专用的回路上（宜设自动投入的备用电源装置）。

20.1.2 开关至灯具的导线应使用额定电压不低于500V的铜芯多股绝缘导线。

20.1.3 见本标准第19.1.1条和第19.1.2条的相关内容。

20.2 施 工 准 备

20.2.1 技术准备

见本标准19.2.1条相关内容。图纸会审时注意标志灯是否易于更换。

20.2.2 材料准备

专用灯具及其附件、绝缘电线等。

20.2.3 主要机具

1 安装机具：一字形和十字形螺丝刀、冲击电钻、组合木梯、圆头锤、电工刀、钢锯、扳手、钢丝钳、剥线钳、压接钳、电笔、手电钻、摇表、线锤、锡锅。

2 检测机具：万用表、兆欧表。

20.2.4 作业条件

1 在结构施工中做好预埋工作，混凝土楼板应预埋螺栓，吊顶内应预下吊杆，盒子口修好。

2 与照明装置安装有关的建筑物和构筑物的土建工程质量已符合现行的建筑工程施工及验收规范中的有关规定。

3 照明装置施工前，建筑工程已符合下列要求：

（1）对灯具安装有妨碍的模板、脚手架应拆除；

（2）顶棚、墙面等抹灰工作应完成，地面清理工作应结束。

4 照明装置的技术交底及有关材料进货已完成。

20.3 材 料 质 量 控 制

20.3.1 各种标志灯的指示方向正确无误。

20.3.2 应急灯必须灵敏可靠。

20.3.3 事故灯具应有特殊标志。

20.3.4 供局部照明的变压器必须是双圈的，初次级均应装有熔断器。

20.3.5 携带式照明灯具用的导线，应采用橡胶套导线，接地或接零线应在同一护套内。

20.4 施工工艺

20.4.1 工艺流程：

灯具固定→组装灯具→灯具接线→灯具接地

20.4.2 施工要点：

1 公共场所用的应急灯和疏散指示灯，要有明显的标志。公共场所照明宜装设自动节能开关。

2 低压工作灯36V及以下照明变压器的安装，应符合以下要求：

(1) 电源侧应有短路保护，其熔丝的额定电流不应大于变压器的额定电流。

(2) 固定的外壳、铁芯和低压侧的任意一端或中性点，均应设置接地或接零。

3 手术台无影灯的安装，应符合以下要求：

(1) 固定灯具的螺栓数量，不得少于灯具法兰盘上的固定孔数，且螺栓直径应与法兰盘孔径匹配。

(2) 在混凝土结构上，预埋件应与主筋焊接。

(3) 固定灯座的螺栓应采取双螺母锁固。

(4) 灯具的配线接线应与灯泡间隔地连接在两条专用回路上。

(5) 在照明配电箱内，应设专用的总开关及分路开关。室内灯具应分别接在两条专用的回路上（宜设自动投入的备用电源装置）。

(6) 开关至灯具的导线应使用额定电压不低于500V的铜芯多股绝缘导线。

4 防水灯的安装，应符合以下要求：

(1) 防水软线吊灯，常规有两种组合形式：一是带台吊线盒可以和胶木防水灯座组合；另一种是由瓷质吊线盒和瓷座防水软线灯座组合而成。

(2) 普通的安装木（塑料）台时，与建筑物顶棚表面相接触部位应加设2mm厚的橡胶垫。

(3) 安装瓷质吊线盒及防水软线灯时，先将吊线盒与灯座及木（塑料）台组装连接了，并应严格控制灯位盒内开关线与工作零线的连接。

(4) 安装胶木吊线盒时，应把吊线盒与木（塑料）台先固定在一起，把灯位盒内的电源线通过橡胶垫及木（塑料）台和吊线盒组装好以后固定在灯位盒上。

(5) 防水软线灯做直线路连接时，两个接线头应上、下错开30~40mm。开关线连接于与防水灯座中心触点相连接的软线上，工作零线连接于与防水软线灯座螺口相连接的软线上。

5 应急照明灯具安装应符合下列规定：

(1) 疏散照明由安全出口标志灯和疏散标志灯组成。安全出口标志灯距地高度不低于2m，且安装在疏散出口和楼梯口里侧的上方；

(2) 疏散标志灯安装在安全出口的顶部，楼梯间、疏散走道及其转角处应安装在1m以下的墙面上。不易安装的部位可安装在上部。疏散通道上的标志灯间距不大于20m（人防工程不大于10m）；

(3) 应急照明灯具、运行中温度大于60℃的灯具，当靠近可燃物时，采取隔热、散热等防火措施。当采用白炽灯、卤钨灯等光源时，不直接安装在可燃装修材料或可燃物件上；

(4) 疏散照明线路采用耐火电线、电缆，穿管明敷或在非燃烧体内穿钢性导管暗敷，暗敷保护层厚度不小于 30mm。电线采用额定电压不低于 750V 的铜芯绝缘电线。

6 防爆灯具安装应符合下列规定：

(1) 灯具的防爆标志、外壳防护等级和温度组别与爆炸危险环境相适配。灯具配套齐全，不用非防爆零件替代灯具配件（金属护网、灯罩、接线盒等）；

(2) 灯具吊管及开关与接线盒螺纹啮合扣数不少于 5 扣，螺纹加工光滑、完整、无锈蚀，并在螺纹上涂以电力复合酯或导电性防锈酯；

(3) 开关安装位置便于操作，安装高度 1.3m。

20.5 成 品 保 护

20.5.1 在安装、运输中应加强保管，成批灯具应进入成品库，码放整齐、稳固。搬运时应轻拿轻放，以免碰坏表面的镀锌层、油漆及玻璃罩。设专人保管，建立责任制，对操作人员做好成品保护技术交底，不准过早地拆去包装纸。

20.5.2 安装灯具不要碰坏建筑物的门窗及墙面。

20.5.3 灯具安装完毕后不得再次喷浆，以防止器具污染。

20.5.4 电气照明装置施工结束后，对施工中造成的建筑物、构筑物局部破损部分，应修补完整。

20.6 安全、环保措施

20.6.1 应急照明灯具运行中温度大于 70℃的灯具，当靠近可燃物时，采取隔热、散热等防火措施。当采用白炽灯，卤钨灯等光源时，不直接安装在可燃装修材料或可燃物件上。

20.6.2 应急照明灯具线路在每个防火分区有独立的应急照明回路，穿越不同防火分区的线路有防火隔堵措施。

20.6.3 疏散照明线路采用耐火电线、电缆，穿管明敷或非燃烧体内穿刚性导管暗敷，暗敷保护层厚度不小于 30mm。电线采用额定电压不低于 750V 的铜芯绝缘电线。

20.6.4 组装灯具及安装灯具所剩的电线头及绝缘层等不得随地乱丢，应分类收集放于指定地点。

20.6.5 灯具的包装带、灯泡及灯管的包装纸等不得随地乱丢，应分类收集放于指定地点。

20.6.6 灯具安装过程中掉下的建筑灰渣应及时清理干净。

20.6.7 烧坏的灯泡及灯管等不得随地乱丢，应分类收集交给指定负责人。

20.7 质 量 标 准

20.7.1 主控项目

20.7.1.1 36V 及以下行灯变压器和行灯安装必须符合下列规定：

1 行灯电压不大于 36V，在特殊潮湿场所或导电良好的地面上以及工作地狭窄、行动不便的场所，行灯电压不大于 12V。

2 变压器外壳铁芯和低压侧的任意一端或中性点接地（PE）或接零（PEN）可靠。

3 行灯变压器采用双圈变压器，其电源侧和负荷侧有熔断器保护，熔丝额定电流分别不应大于变压器一次、二次的额定电流。

4 行灯灯体及手柄绝缘良好，坚固耐热耐潮湿。灯头灯体结合紧固，灯头无开关，灯泡外部有金属保护网、反光罩及悬吊挂钩，挂钩固定在灯具的绝缘手柄上。

检查方法：观察检查和实测。

20.7.1.2 游泳池和类似场所灯具（水下灯及防水灯具）的等电位联结应可靠，且有明显标识，其电源的专用漏电保护装置全部检测合格。自电源引入灯具的导管必须采用绝缘导管，严禁采用金属或有金属护层的导管。

检查方法：观察检查和测试。

20.7.1.3 手术台无影灯安装应符合下列规定：

1 固定灯座的螺栓数量不少于灯具法兰底座上的固定孔数，且螺栓直径与底座孔径相适配。螺栓采用双螺母锁固。

2 在混凝土结构上螺栓与主筋相焊接或将螺栓末端弯曲与主筋绑扎锚固。

3 配电箱内装有专用的总开关及分路开关，电源分别接在两条专用的回路上，开关至灯具的电线采用额定电压不低于750V的铜芯多股绝缘电线。

检查方法：观察检查和实测。

20.7.1.4 应急照明灯具安装应符合下列规定：

1 应急照明灯的电源除正常电源外，另有一路电源供电；或者是独立于正常电源的柴油发电机组供电；或由蓄电池柜供电或选用自带电源型应急灯具。

2 应急照明在正常电源断电后，电源转换时间为：疏散照明≤15s；备用照明≤15s（金融商店交易所≤1.5s）；安全照明≤0.5s。

3 疏散照明由安全出口标志灯和疏散标志灯组成。安全出口标志灯距地高度不低于2m，且安装在疏散出口和楼梯口里侧的上方。

4 疏散标志灯安装在安全出口的顶部，楼梯间、疏散走道及其转角处应安装在1m以下的墙面上。不易安装的部位可安装在上部。疏散通道上的标志灯间距不大于20m（人防工程不大于10m）。

5 疏散标志灯的设置，不影响正常通行，且不在其周围设置容易混同疏散标志灯的其他标志牌等。

6 应急照明灯具、运行中温度大于60℃的灯具，当靠近可燃物时，采取隔热、散热等防火措施。当采用白炽灯、卤钨灯等光源时，不直接安装在可燃装修材料或可燃物件上。

7 应急照明线路在每个防火分区有独立的应急照明回路，穿越不同防火分区的线路有防火隔堵措施。

8 疏散照明线路采用耐火电线、电缆，穿管明敷或在非燃烧体内穿钢性导管暗敷，暗敷保护层厚度不小于30mm。电线采用额定电压不低于750V的铜芯绝缘电线。

检查方法：观察检查和实测。

20.7.1.5 防爆灯具安装应符合下列规定：

1 灯具的防爆标志、外壳防护等级和温度组别与爆炸危险环境相适配。当设计无要求时，灯具种类和防爆结构的选型应符合表20.7.1.5的规定。

表 20.7.1.5 灯具种类和防爆结构的选型

照明设备种类 \ 爆炸危险区域防爆结构	Ⅰ 区		Ⅱ 区	
	隔爆型 D	增安型 E	隔爆型 D	增安型 E
固定式灯	○	×	○	○
移动式灯	△	—	○	—
携带式电池灯	○	—	○	—
镇流器	○	△	○	○
注：○为适用；△为慎用；×为不适用。				

2 灯具配套齐全，不用非防爆零件替代灯具配件（金属护网、灯罩、接线盒等）。

3 灯具的安装位置离开释放源，且不在各种管道的泄压口及排放口上下方安装灯具。

4 灯具及开关安装牢固可靠，灯具吊管及开关与接线盒螺纹啮合扣数不少于 5 扣，螺纹加工光滑、完整、无锈蚀，并在螺纹上涂以电力复合酯或导电性防锈酯。

5 开关安装位置便于操作，安装高度 1.3m。

检查方法：观察检查。

20.7.2 一般项目

20.7.2.1 36V 及以下行灯变压器和行灯安装应符合下列规定：

1 行灯变压器的固定支架牢固，油漆完整；

2 携带式局部照明灯电线采用橡套软线。

检查方法：观察检查。

20.7.2.2 手术台无影灯安装应符合下列规定：

1 底座紧贴顶板，四周无缝隙。

2 表面保持整洁、无污染，灯具镀、涂层完整无划伤。

检查方法：观察检查。

20.7.2.3 应急照明灯具安装应符合下列规定：

1 疏散照明采用荧光灯或白炽灯；安全照明采用卤钨灯，或采用瞬时可靠点燃的荧光灯。

2 安全出口标志灯和疏散标志灯装有玻璃或非燃材料的保护罩，面板亮度均匀度为 1:10（最低:最高），保护罩应完整、无裂纹。

检查方法：观察检查。

20.7.2.4 防爆灯具安装应符合下列规定：

1 灯具及开关的外壳完整，无损伤、无凹陷或沟槽，灯罩无裂纹，金属护网无扭曲变形，防爆标志清晰。

2 灯具及开关的紧固螺栓无松动、无锈蚀，密封垫圈完好。

检查方法：观察检查。

20.8 质 量 验 收

20.8.1 专用灯具安装工程检验批的划分以每层（每区域）为单位，安装检查数量为抽查灯具总数的 10%。

20.8.2 检验批的验收按本标准第 3.0.25 条进行组织。

20.8.3 检验批质量验收记录当地政府主管部门无统一规定时，宜采用表 20.8.3“专用灯具安装检验批质量验收记录表”。

表 20.8.3 专用灯具安装检验批质量验收记录表

GB 50303—2002

单位（子单位）工程名称				
分部（子分部）工程名称			验收部位	
施工单位			项目经理	
分包单位			分包项目经理	
施工执行标准名称及编号				
施工质量验收规范规定			施工单位检查评定记录	监理（建设）单位验收记录
主控项目	1	36V 及以下行灯变压器和行灯安装必须符合：行灯电压不大于 36V，在特殊潮湿场所或导电良好的地面上以及工作地狭窄、行动不便的场所行灯电压不大于 12V；变压器外壳铁芯和低压侧的任意一端或中性点接地（PE）或接零（PEN）可靠；行灯变压器双圈变压器，其电源侧和负荷侧有熔断器保护，熔丝额定电流分别不应大于变压器一次、二次的额定电流；行灯灯体及手柄绝缘良好，坚固耐热耐潮湿；灯头灯体结合紧固，灯头无开关，灯泡外部有金属保护网、反光罩及悬吊挂钩，挂钩固定在灯具的绝缘手柄上		
	2	游泳池和类似场所灯具（水下灯及防水灯具）的等电位联结应可靠，且有明显标识，其电源的专用漏电保护装置全部检测合格。自电源引入灯具的导管必须采用绝缘导管，严禁采用金属或有金属护层的导管		
	3	手术台无影灯安装应符合：固定灯座的螺栓数量不少于灯具法兰底座上的固定孔数，且螺栓直径与底座孔径相适配；螺栓采用双螺母锁固；在混凝土结构上螺栓与主筋相焊接或将螺栓末端弯曲与主筋绑扎锚固；配电箱内装有专用的总开关及分路开关，电源分别接在两条专用的回路上，开关至灯具的电线采用额定电压不低于 750V 的铜芯多股绝缘电线		
	4	应急照明灯具安装应符合下列规定：应急照明灯的电源除正常电源外，另有一路电源供电；或者是独立于正常电源的柴油发电机组供电；或由蓄电池柜供电或选用自带电源型应急灯具；应急照明在正常电源断电后，电源转换时间为：疏散照明≤15s；备用照明≤15s（金融商店交易所≤1.5s）；安全照明≤0.5s；疏散照明由安全出口标志灯和疏散标志灯组成。安全出口标志灯距地高度不低于 2m，且安装在疏散出口和楼梯口里侧的上方；疏散标志灯安装在安全出口的顶部，楼梯间、疏散走道及其转角处应安装在 1m 以下的墙面上。不易安装的部位可安装在上部。疏散通道上的标志灯间距不大于 20m（人防工程不大于 10m）；疏散标志灯的设置，不影响正常通行，且不在其周围设置容易混同疏散标志灯的其他标志牌等；应急照明灯具、运行中温度大于 60℃ 的灯具，当靠近可燃物时，采取隔热、散热等防火措施。当采用白炽灯，卤钨灯等光源时，不直接安装在可燃装修材料或可燃物件上；应急照明线路在每个防火分区有独立的应急照明回路，穿越不同防火分区的线路有防火隔堵措施；疏散照明线路采用耐火电线、电缆，穿管明敷或在非燃烧体内穿钢性导管暗敷，暗敷保护层厚度不小于 30mm。电线采用额定电压不低于 750V 的铜芯绝缘电线		
	5	防爆灯具的选型及其开关的位置和高度　　第 20.7.1.5 条		
一般项目	1	36V 及以下行灯变压器和行灯安装应符合下列规定：行灯变压器的固定支架牢固，油漆完整；携带式局部照明灯电线采用橡套软线		
	2	手术台无影灯安装应符合：底座紧贴顶板，四周无缝隙。表面保持整洁、无污染，灯具镀、涂层完整无划伤		
	3	应急照明灯具安装应符合：疏散照明采用荧光灯或白炽灯；安全照明采用卤钨灯，或采用瞬时可靠点燃的荧光灯；安全出口标志灯和疏散标志灯装有玻璃或非燃材料的保护罩，面板亮度均匀度为 1:10（最低:最高），保护罩应完整、无裂纹		
	4	防爆灯具安装应符合：灯具及开关的外壳完整，无损伤、无凹陷或沟槽，灯罩无裂纹，金属护网无扭曲变形，防爆标志清晰；灯具及开关的紧固螺栓无松动、锈蚀，密封垫圈完好		
施工单位检查评定结果	专业工长（施工员）		施工班组长	
	项目专业质量检查员：　　年　月　日			
监理（建设）单位验收结论	监理工程师（建设单位项目专业技术负责人）：　　年　月　日			

21 建筑物景观照明灯、航空障碍标志灯和庭院灯安装

21.1 一 般 规 定

21.1.1 景观照明包括建筑物的立面照明、庭院照明、水下照明、霓虹灯等。安装之前，应根据设计图纸放线定位确定灯位的位置，校验预埋件位置，是否符合设计要求。灯位的准确性是保证景观照明投影效果的重要工序之一。

21.1.2 灯头应采用防水灯头，其规格、型号和技术性能必须符合设计要求。

21.1.3 见本标准第19.1.1条和第19.1.2条的相关内容。

21.2 施 工 准 备

21.2.1 技术准备

见本标准19.2.1条相关内容。

21.2.2 材料准备

景观照明灯、航空障碍标志灯和庭院灯及其附件，绝缘电线等。

21.2.3 主要机具

1 安装机具：一字形和十字形螺丝刀、冲击电钻、组合木梯、圆头锤、电工刀、钢锯、扳手、钢丝钳、剥线钳、压接钳、电笔、手电钻、摇表、线锤、锡锅、电焊机。

2 检测机具：万用表、兆欧表。

21.2.4 作业条件

见本标准19.2.3条相关内容。

21.3 材料质量控制

21.3.1 灯具的型号、规格必须符合设计要求和国家现行技术标准的规定。灯具配件齐全，无机械损伤、变形、涂膜剥落，灯罩破裂，灯箱歪翘等现象。并应有产品质量合格证

21.3.2 金属附件应为镀锌制品标准件，镀膜应完好无损。其型号、规格必须与灯具匹配。

21.3.3 灯罩的型号、规格应符合设计要求，灯罩玻璃无破裂、几何形状正常。

21.3.4 水下灯具按批进行见证取样，送有资质的试验单位进行检测，各项技术指标合格后方可使用。

21.3.5 对成套灯具的绝缘电阻、内部接线等性能应进行现场抽样检测，绝缘电阻值应不小于2MΩ。

21.3.6 开关、控制器、漏电保护装置的型号、规格必须符合设计要求和国家现场技术标准的规定。实行安全认证制度的产品应有安全认证标志。

21.3.7 接线盒盒体完整，无碎裂，零件齐全。其防水性能应符合设计要求。

21.3.8 电线、电缆的型号、规格必须符合设计要求。合格证应有生产许可证编号。

21.4 施 工 工 艺

21.4.1 景观照明灯安装

21.4.1.1 工艺流程：

组装灯具→安装灯具→调试→通电试运行

21.4.1.2 施工要点

1 组装灯具

(1) 首先,将灯具拼装成整体,并用螺丝固定连成一体,然后按设计要求把各个灯口装好。

(2) 根据已确定的出线和走线的位置，将端子用螺丝固定牢固。

(3) 根据已固定好的端子至各灯口的距离放线，把放好的导线削出线芯，进行涮锡。然后压入各个灯口，理顺各灯头的相线和零线，用线卡子分别固定，并按供电相序要求分别压入端子进行连接紧固牢固。

2 安装灯具

(1) 建筑物彩灯安装

1) 彩灯安装均位于建筑物的顶部，彩灯灯具必须是具有防雨性能的专用灯具，安装时应将灯罩拧紧。灯罩应完整无碎裂。

2) 配线管路应按明配管敷设，并应具有防雨功能。管路连接和进入灯头盒均应丝扣连接，金属灯架、配线管、钢索等必须有可靠的接地或接零。管路必须作防腐处理，敷设平整、顺直。固定牢靠。

3) 垂直彩灯悬挂挑臂安装。挑臂的槽钢型号、规格及结构形式应符合设计要求，并应做好防腐处理，挑臂槽钢如是镀锌件应采用螺栓固定连接，严禁焊接。

4) 吊挂钢索。钢索直径应≥4.5mm，吊挂应采用开口吊钩螺栓在挑臂槽钢上固定，两侧均应有螺帽，并应加平垫及弹簧垫圈，螺母安装紧固。常规应采用直径≥10mm 的开口吊钩螺栓。地锚（水泥拉线盘和镀锌圆钢拉线棒组成）应为架空外线用拉线盘，埋置深度应大于1500mm。底把采用 ϕ16mm 圆钢或者采用花篮螺栓应是镀锌制品件。

5) 垂直彩灯应采用防水吊线灯头，下端灯头距离地面应高于3000mm。

(2) 景观照明灯具安装

1) 景观灯具安装。灯具落地式的基座的几何尺寸必须与灯箱匹配，其结构形式和材质必须符合设计要求。

2) 每套灯具座落的位置,应根据设计图纸而确定。投光的角度和照度应与景观协调一致。

3) 景观灯具的导电部分对地绝缘电阻值必须大于2MΩ。

4) 景观落地式灯具安装在人员密集流动性大的场所时，应设置围栏防护。如条件不允许无围栏防护，安装高度应距地面2500mm以上。

5) 金属结构架和灯具及金属软管，应做保护接地线，连接牢固可靠，标识明显。

(3) 水下照明灯具安装

1) 水下照明灯具及配件的型号、规格和防水性能，必须符合设计要求。

2）水下照明设备安装。必须采用防水电缆或导线。压力泵的型号、规格应符合设计要求。

3）根据设计图纸的灯位，放线定位必须准确。确保投光的准确性。

4）位于灯光喷水池或音乐灯光喷水池中的各种喷头的型号、规格，必须符合设计要求，并应有产品质量合格证。

5）水下导线敷设应采用绝缘导管布线，严禁在水中有接头，导线必须甩在接线盒中。各灯具的引线应由水下接线盒引出，用软电缆相连。

6）灯头应固定在设计指定的位置（是指已经完成管线及灯头盒安装的位置），灯头线不得有接头，在引入处不受机械力。安装时应将专用防水灯罩拧紧，灯罩应完好，无碎裂。

7）喷头安装按设计要求，控制各个位置上喷头的型号和规格。安装时，必须采用与喷头相适应的管材，连接应严密，不得有渗漏现象。

8）压力泵安装牢固，螺栓及防松动装置齐全。防水防潮电气设备的导线入口及接线盒盖等应作防水密闭处理。

（4）霓虹灯安装

1）霓虹灯的色泽应符合设计要求，灯管应完好无破裂。

2）变压器组初级侧应装有双极闸刀开关，每台变压器的初级侧应装熔断器保护。

3）变压器的铁芯和次级线圈的一端应与外壳连接后接地。

4）变压器应安装在灯管附近便于检查的地方。其专用变压器所供灯管长度不应超过允许负载长度。变压器的安装高度应保证不低于3m。如因空间条件限制，必须安装在3m以下时，应采用防护措施。位于室外安装时，还应有防水措施。

将变压器安装于易燃结构附近时，应控制与该结构的距离不小于150mm，如设置防火板，其距离可减少至50mm。

5）灯管的固定必须采用专门的绝缘支架，支架应牢固、可靠。专用支架为玻璃制品，固定后灯管与建筑物或构筑物表面的距离不应小于20mm。

6）变压器的二次导线和灯管间的连接线，应采用额定电压不低于15kV的高压尼龙绝缘导线。二次导线与建筑物、构筑物表面的距离不应小于20mm。高压导线的线间及导线敷设面间的距离不应小于50mm；支点间的距离不应小于400mm。

7）霓虹灯安装的金属结构架，必须设置有可靠的接地装置。

8）霓虹灯应装有适应的电容器，$\cos\phi$ 应不小于0.85。

9）霓虹灯配电线路不得与其他照明设备共用一个回路。

3　调试、试运行

（1）调试。景观照明系统布线、灯具安装、控制电器设备全部安装完毕。应对配电系统进行相序和绝缘测试。对景观照明投光强度和方位、射程的调试，音乐喷水照明节奏变化与喷水造型的亮暗、速度的调试。

（2）试运行。景观照明系统通电后，根据设计要求，进行巡视检查。开关与灯具控制顺序相对应。通电试运行时间为24h，所有照明灯具均需开启，每2h记录运行状态一次，连续24h内无故障为合格。

21.4.2　航空障碍标志灯和庭院灯安装

21.4.2.1　工艺流程

灯架制作与组装→灯架安装→灯具接线→灯具安装

21.4.2.2 施工要点

1 灯架制作与组装

(1) 钢材的品种、型号、规格、性能等，必须符合设计要求和国家现行技术标准的规定。并应有产品质量合格证。

(2) 切割。按设计要求尺寸测尺划线要准确，必须采取机械切割的切割面应平直，确保平整光滑，无毛刺。

(3) 焊接应采用与母材材质相匹配焊条施焊。焊缝表面不得有裂纹、焊瘤、气孔、夹渣、咬边、未焊满、根部收缩等缺陷。

(4) 制孔。螺栓孔的孔壁应光滑、孔的直径必须符合设计要求。

(5) 组装。型钢拼缝要控制拼接缝的间距，确保形体的规整、几何尺寸准确，结构和造型符合设计要求。

2 灯架安装

(1) 灯架的联结件和配件必须是镀锌件，各部结构件规格应符合设计要求。非镀锌件必须经防腐处理。

(2) 承重结构的定位轴线和标高、预埋件、固定螺栓（锚栓）的规格和位置、紧固应符合设计要求。

(3) 安装灯架时，定位轴线应从承重结构体控制轴线直接引上，不得从下层的轴线引上。

(4) 紧固件连接时，应设置防松动装置，紧固必须牢固可靠。

3 灯具接线

(1) 配电线路导线绝缘检验合格，才能与灯具连接。

(2) 导线相位与灯具相位必须相符，灯具内预留余量应符合规范的规定。

(3) 灯具线不许有接头，绝缘良好，严禁有漏电现象，灯具配线不得外露。

(4) 穿入灯具的导线不得承受压力和磨损，导线与灯具的端子螺丝拧固牢靠。

4 灯具安装

(1) 航空障碍标志灯安装

1) 航空障碍灯是一种特殊的预警灯具，已广泛应用于高层建筑和构筑物。除应满足灯具安装的要求外，还有它特殊的工艺要求。安装方式有侧装式和底装式，都应通过联结件固定在支承结构件上，根据安装板上定位线，将灯具用 M12 螺栓固定牢靠。

2) 接线方法。接线时采用专用三芯防水航空插头及插座，如图 21.4.2.2 所示。其中的 1、2 端头接交流 220V 电源，3 端头接保护零线。

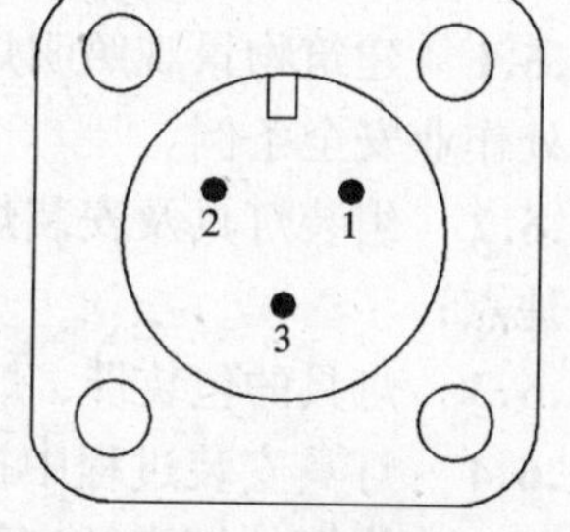

图 21.4.2.2 PLZ 型航空灯插座接线图

3) 障碍照明灯应属于一级负荷，应接入应急电源回路中。灯的启闭应采用露天安装光电自动控制器进行控制，以室外自然环境照度为参量来控制光电元件的导通以启闭障碍灯。也有采用时间程序来启闭障碍灯的，为了有可靠的供电电源、两路电源的切换最好在障碍灯控制盘处进行。

(2) 庭院灯（路灯）安装

1) 每套庭院灯（路灯）应在相线上装设熔断器。由架空线引入路灯的导线，在灯具入口处应做防水弯。

2）路灯照明器安装的高度和纵向间距是道路照明设计中需要确定的重要数据。参考数据见表21.4.2.2的规定。

表21.4.2.2 路灯安装高度（m）

灯 具	安装高度	灯 具	安装高度
125～250W荧光高压汞灯 250～400W高压钠灯	≥5 ≥6	60～100W白炽灯或50～80W荧光高压汞灯	≥4～6

3）每套灯具的导线部分对地绝缘电阻值必须大于2MΩ。

4）灯具的接线盒或熔断器盒，其盒盖的防水密封垫应完整。

5）金属结构支托架及立柱、灯具，均应做可靠保护接地线，连接牢固可靠。接地点应有标识。

6）灯具供电线路上的通、断电自控装置动作正确，每套灯具熔断器盒内熔丝齐全，规格与灯具适配。

7）装在架空线路电杆上的路灯，应固定可靠，紧固件齐全、拧紧、灯位正确。每套灯具均配有熔断器保护。

21.5 成 品 保 护

21.5.1 在安装、运输中应加强保管，成批灯具应进入成品库，码放整齐、稳固；搬运时应轻拿轻放，以免碰坏表面的镀锌层、油漆及灯罩；设专人保管，建立责任制，对操作人员做好成品保护技术交底，不准过早地拆去包装纸；

21.5.2 建筑物景观照明灯、航空障碍标志灯和庭院灯施工结束后，对施工中造成的建筑物、构筑物局部破损部分，应修补完整。

21.6 安全、环保措施

21.6.1 建筑物景观照明灯、航空障碍标志灯施工中有高空作业，施工中注意安全，遵守高处作业安全条例。

21.6.2 组装灯具及安装灯具所剩的电线头及绝缘层等不得随地乱丢，应分类收集放于指定地点；

21.6.3 灯具的包装带、灯泡及灯管的包装纸等不得随地乱丢，应分类收集放于指定地点；

21.6.4 灯具安装过程中掉下的建筑灰渣应及时清理干净；

21.6.5 烧坏的灯泡及灯管等不得随地乱丢，应分类收集交给指定负责人。

21.7 质 量 标 准

21.7.1 主控项目

21.7.1.1 建筑物彩灯安装应符合下列规定：

1 建筑物顶部彩灯采用有防雨性能的专用灯具，灯罩要拧紧。

2 彩灯配线管路按明配管敷设，且有防雨功能。管路间、管路与灯头盒间螺纹连接，

表 21.8.3 建筑物景观照明灯、航空障碍标志灯和庭院灯安装检验批质量验收记录表

单位（子单位）工程名称				
分部（子分部）工程名称			验收部位	
施工单位			项目经理	
分包单位			分包项目经理	
施工执行标准名称及编号				
施工质量验收规范规定			施工单位检查评定记录	监理（建设）单位验收记录
主控项目	1	建筑物彩灯安装应符合：建筑物顶部彩灯采用有防雨性能的专用灯具，灯罩要拧紧；彩灯配线管路按明配管敷设，且有防雨功能。管路间、管路与灯头盒间螺纹连接，金属导管及彩灯的构架、钢索等可接近裸露导体接地（PE）或接零（PEN）可靠；垂直彩灯悬挂挑臂采用不小于10＃槽钢。端部吊挂钢索用的吊钩螺栓直径不小于10mm，螺栓在槽钢上固定，两侧有螺帽，且加平垫及弹簧垫圈紧固；悬挂钢丝绳直径不小于4.5mm，底把圆钢直径不小于16mm，地锚采用架空外线用拉线盘，埋设深度大于1.5m；垂直彩灯采用防水吊线灯头，下端灯头距离地面高于3m		
	2	霓虹灯安装应符合：霓虹灯管完好，无破裂；灯管采用专用的绝缘支架固定，且牢固可靠。灯管固定后，与建筑物、构筑物表面的距离不小于20mm；霓虹灯专用变压器采用双圈式，所供灯管长度不大于允许负载长度，露天安装的有防雨措施；霓虹灯专用变压器的二次电线和灯管间连接线采用额定电压大于15kV的高压绝缘电线。二次电线与建筑物、构筑物表面的距离不小于20mm		
	3	建筑物景观照明灯具安装应符合：每套灯具的导电部分对地绝缘电阻值大于2MΩ；在人行道等人员来往密集场所安装的落地式灯具，无围栏防护，安装高度距地面2.5m以上；金属构架和灯具的可接近裸露导体及金属软管的接地（PE）或接零（PEN）可靠，且有标识		
	4	航空障碍标志灯安装应符合：灯具装设在建筑物或构筑物的最高部位。当最高部位平面面积较大或为建筑群时，除在最高端装设外，还在其外侧转角的顶端分别装设灯具；当灯具在烟囱顶上装设时，安装在低于烟囱口1.5～3m的部位且呈正三角形水平排列；灯具的选型根据安装高度决定；低光强的（距地面60m以下装设时采用）为红色光，其有效光强大于1600cd。高光强的（距地面150m以上装设时采用）为白色光，有效光强随背景亮度而定；灯具的电源按主体建筑中最高负荷等级要求供电；灯具安装牢固可靠，且设置维修和更换光源的措施		
	5	庭院灯安装应符合：每套灯具的导电部分对地绝缘电阻值大于2MΩ；立柱式路灯、落地式路灯、特种园艺灯等灯具与基础固定可靠，地脚螺栓备帽齐全。灯具的接线盒或熔断器盒，盒盖的防水密封垫完整。金属立柱及灯具可接近裸露导体接地（PE）或接零（PEN）可靠。接地线单设干线，干线沿庭院灯布置位置形成环网状，且不少于2处与接地装置引出线连接。由干线引出支线与金属灯柱及灯具的接地端子连接，且有标识		
一般项目	1	建筑物彩灯安装应符合：建筑物顶部彩灯灯罩完整，无碎裂；彩灯电线导管防腐完好，敷设平整、顺直		
	2	霓虹灯安装应符合：当霓虹灯变压器明装时，高度不小于3m；低于3m采取防护措施；霓虹灯变压器的安装位置方便检修，且隐蔽在不易被非检修人触及的场所，不装在吊平顶内；当橱窗内装有霓虹灯时，橱窗门与霓虹灯变压器一次侧开关有连锁装置，确保开门不接通霓虹灯变压器的电源；霓虹灯变压器二次侧的电线采用玻璃制品绝缘支持物固定，支持点距离不大于下列数值：水平线段：0.5m；垂直线段：0.75m		
	3	建筑物景观照明灯具构架应固定可靠，地脚螺栓拧紧，备帽齐全；灯具的螺栓紧固、无遗漏。灯具外露的电线或电缆应有柔性金属导管保护		
	4	航空障碍标志灯安装应符合：同一建筑物或建筑群灯具间的水平、垂直距离不大于45m；灯具的自动通、断电源控制装置动作准确		
	5	庭院灯安装应符合：灯具的自动通、断电源控制装置动作准确，每套灯具熔断器盒内熔丝齐全，规格与灯具适配；架空线路电杆上的路灯，固定可靠，紧固件齐全、拧紧，灯位正确；每套灯具配有熔断器保护		
施工单位检查评定结果		专业工长（施工员）	施工班组长	
		项目专业质量检查员：	年　月　日	
监理（建设）单位验收结论		监理工程师（建设单位项目专业技术负责人）：	年　月　日	

22 开关、插座、风扇安装

22.1 一 般 规 定

22.1.1 开关、插座表面应无气泡、裂纹、铁粉、肿胀、明显的擦伤和毛刺，并具有良好的光泽。

22.1.2 开关安装规定

1 拉线开关距地面的高度一般为2~3m，距门边为150~200mm，拉线开关距顶板不小于100mm，且拉线出口应垂直向下。

2 板把开关距地面高度为1.3m，距门口为150~200mm；开关不得安于单扇门后。

3 暗装开关的面板应端正、严密并与墙面平。

4 开关位置应与灯位对应。

5 成排安装的开关高度应一致，高低差不大于1mm，拉线开关相邻间距一般不小于20mm。

6 多尘潮湿场所和户外应选用防水瓷制拉线开关或加装保护箱。

7 在易燃、易爆和特别潮湿的场所，开关应分别采用防爆型、密闭型或安装在其他场所控制。

8 民用住宅严禁装设床头开关。

22.1.3 插座安装规定：

1 车间及试验室的插座安装高度距地面不小于0.3m，特殊场所暗装的插座不小于0.15m。

2 在儿童活动场所应采用安全插座。采用普通插座，其安装高度不应低于1.8m。

3 同一室内安装的插座高低差不应大于5mm；成排安装的插座高低差不应大于1mm。

4 落地插座应有保护面板，面板与地面齐平或紧贴地面，盖板固定牢固，密封良好。

5 在潮湿场所，应采用密封良好并带保护地线触头的防水防溅插座，安装高度不低于1.5m。在特别潮湿和有易燃、易爆气体及粉尘的场所应采用密闭型并带保护地线触头的保护型插座，安装高度不低于1.5m。

6 当交流、直流或不同电压等级的插座安装在同一场所时，应有明显的区别，且必须选择不同结构、不同规格和不能互换的插座，其配套的插头，应按交流、直流或不同电压等级区别使用。

22.2 施 工 准 备

22.2.1 技术准备

1 开关、插座、风扇施工前，应复核其安装地点及安装方式（有无吊顶、有无其他专业相互交叉矛盾）是否符合设计要求，并现场确定安装实际高度。

2 见本标准第 4.2.1.1 条及第 4.2.1.2 条相关内容。

22.2.2 材料准备

开关、插座、风扇、塑料（台）板、辅助材料等。

22.2.3 主要机具

1 安装机具：一字形和十字形螺丝刀、圆头锤、电工刀、钢锯、钢丝钳、剥线钳、压接钳、电笔、锡锅。

2 检测机具：万用表。

22.2.4 作业条件

1 吊扇的吊钩预埋完成。

2 线路的导线已敷设完毕，电线绝缘测试已合格。

3 开关、插座施工前，建筑工程已符合下列要求：

(1) 对开关、插座安装有妨碍的模板、脚手架应拆除；

(2) 顶棚和墙面的喷浆、油漆或壁纸等应基本完成，地面清理工作应结束。

4 开关、插座的技术交底及有关材料进货已完成。

22.3 材料质量控制

22.3.1 开关、插座、接线盒和风扇及其附件应符合下列规定：

1 查验合格证，防爆产品有防爆标志和防爆合格证，实行安全认证制度的产品有安全认证标志。

2 外观检查：开关、插座的面板及接线盒盒体完整、无碎裂、零件齐全，风扇无损坏，涂层完整，调速器等附件适配。

3 对开关、插座的电气和机械性能进行现场抽样检测。检测规定如下：

(1) 不同极性带电部件的电气间隙和爬电距离不小于 3mm；

(2) 绝缘电阻值不小于 5MΩ。

(3) 用自攻锁紧螺钉或自切螺钉安装的，螺钉与软塑固定件旋合长度不小于 8mm，软塑固定件在经受 10 次拧紧退出试验后，无松动或掉渣，螺钉及螺纹无损坏现象。

(4) 金属间相旋合的螺钉螺母，拧紧后完全退出，反复 5 次仍能正常使用。

4 对开关、插座、接线盒及其面板等塑料绝缘材料阻燃性能有异议时，按批抽样送有资质的试验室检测。

22.3.2 各种开关、插座和吊扇规格、型号必须符合设计要求，并有产品合格证。开关、插座面板应具有足够的强度，表面平整，无弯翘变形等现象。

22.3.3 吊扇的各种零配件应齐全，扇叶无变形和受损现象，吊杆上的悬挂销钉必须装设防震橡皮垫及防松装置。

22.3.4 塑料（台）板。应具有足够的强度，台板应平整、无弯翘变形等现象。其规格型号必须符合设计要求。

22.3.5 辅助材料。附属配件其中金属铁件（膨胀螺栓、木螺钉、机螺栓等）均应是镀锌标准件。其规格、型号应符合设计要求，与组合件必须匹配。

22.4 施 工 工 艺

22.4.1 工艺流程

清理→接线→安装

22.4.2 施工要点

22.4.2.1 清理

器具安装之前，将预埋盒子内残存的灰块、杂物剔掉清除干净，再用湿布将盒内灰尘擦净。若盒子有锈蚀，需除锈刷漆。

22.4.2.2 接线

1 单相双孔插座接线。应根据插座的类别和安装方式而确定接线方法。

（1）横向安装时，面对插座的右极接线柱应接相线，左极接线柱应接中性线。

（2）竖向安装时，面对插座的上极接线柱应接相线，下极接线柱应接中性线。

2 单相三孔及三相四孔插座接线时，应符合以下规定：

（1）单相三孔插座接线时，面对插座上孔的接线柱应接保护接地线，面对插座的右极的接线柱应接相线，左极接线柱应接中性线。

（2）三相四孔插座接线时，面对插座上孔的接线柱应接保护地线，下孔极和左右两极接线柱分别接相线。

（3）接地或接零线在插座处不得串联连接。

（4）插座箱是由多个插座组成，众多插座导线连接时，应采用 LC 型压接帽压接总头后，然后再作分支线连接。

交、直流或不同电压的插座安装在同一场所时，应设置明显标志加以区别，其插头与插座必须配套，严禁互相代用。

（5）接线时，首先将箱内甩出的导线留出维修余量，削出线芯。操作要精心，不得碰伤线芯。将导线按顺时针方向盘绕在开关、插座对应的接线柱上旋紧压头。连接独芯导线时，可将线芯直接插入接线孔内，紧固顶丝将其导线芯压紧，线芯不得外露。

3 开关接线，应符合以下要求：

（1）相线应经开关控制。接线时应仔细，识别导线的相线与零线，严格做到开关控制（即分断或接通）电源相线，应使开关断开后灯具上不带电。

（2）扳把开关通常为两个静触点，分别由两个接线柱连接。连接时除应把相线接到开关上外，并应接成扳把向上为开灯，扳把向下为关灯。接线时不可接反，否则维修灯具时，易造成意外的触电或短路事故。接线后将开关芯固定在开关盒上，将扳把上的白点（红点）标记朝下面安装。开关的扳把必须安正，不得卡在盖板上，盖板与开关芯用机螺栓固定牢固，盖板应紧贴建筑物表面。

（3）双联及以上的暗扳把开关，每一联即为一只单独的开关，能分别控制一盏电灯。接线时，应将相线连接好，分别接到开关上与动触点连通的接线柱上，而将开关线接到开关静触点的接线柱上。

（4）暗装的开关应采用专用盒。专用盒的四周不应有空隙，盖板应端正，并应紧贴墙面。

22.4.2.3　开关和插座安装

1　开关安装

（1）灯的开关位置应便于操作，安装的位置必须符合设计要求和规范的规定。

（2）安装在同一室内的开关，宜采用同一系列的产品，开关的通断位置应一致，且操作灵活，接触可靠。

（3）开关安装的位置要求是：开关边缘距门框距离宜为150～200mm，距地面高度宜为1300mm。拉线开关距地面高度宜为2000～3000mm，且拉线出口应垂直向下。

（4）开关安装允许偏差值的规定是：并列安装的相同型号开关距地面高度应一致，高度差不应大于1mm。同一室内安装的开关高度差不应大于5mm。并列安装的拉线开关的相邻间距不宜小于20mm。

（5）相线应经开关控制，民用住宅严禁设置床头开关。

2　插座安装

（1）插座应采用安全型插座，其安装的标高应符合设计要求和规范的规定。

（2）落地式插座应具有牢固可靠的保护盖板。地插座面板与地面齐平、紧贴地面、盖板固定牢固密封良好。

（3）插座标高允许偏差值应符合以下规定：同一室内安装的插座高度差不宜大于5mm；并列安装的相同型号的插座高度差不宜大于1mm。

（4）明装插座必须安装在塑料台上，位置应垂直端正，用木螺钉固定牢固。

（5）暗装插座应用专用盒，盖板应端正，紧贴墙面。每一插座位置上必须使用户能任意使用Ⅰ类和Ⅱ类家用电器。

（6）常规家用电器的插座，单相者用三孔插座，三相者用四孔插座，其中一孔应与保护零线紧密连接。

（7）住宅插座回路应单独装设漏电保护装置。

22.4.2.4　吊扇组装

1　不改变扇叶角度。

2　扇叶的固定螺钉防松零件齐全。

3　吊杆之间、吊杆与电机之间的螺纹连接，其啮合长度每端不小于20mm，且防松零件齐全紧固。

4　吊扇应接线正确，当运转时扇叶不应有明显颤动和异常声响。

5　涂层完整，表面无划痕、无污染，吊杆上下扣碗安装牢固到位；同一室内并列安装的吊扇开关高度一致，且控制有序不错位。

22.4.2.5　吊扇安装

1　将吊扇托起，并把预埋的吊钩将吊扇的耳环挂牢，然后接好电源接头，注意多股软铜线盘圈涮锡后进行包扎严密，向上推起吊杆上的扣碗，将接头扣于其内，紧贴建筑物表面，拧紧固定螺钉。

2　吊扇挂钩应安装牢固，吊扇挂钩的直径不应小于吊扇悬挂销钉的直径，且不得小于8mm。吊扇悬挂销钉应装设防震橡胶垫，销钉的防松装置应齐全、可靠。

3　吊扇扇叶距地面高度不宜小于2.5m。

22.4.2.6　壁扇安装

1　壁扇底座采用尼龙塞或膨胀螺栓固定，尼龙塞或膨胀螺栓的数量不应少于两个，且直径不应少于8mm。壁扇底座固定牢固可靠。

2　壁扇的安装，其下侧边缘距地面高度不宜小于1.8m，且底座平面的垂直偏差不宜大于2mm，涂层完整，表面无划痕、无污染，防护罩无变形。

3　壁扇防护罩扣紧，固定可靠，当运行时扇叶和防护罩均无明显的颤动和异常声响。

22.5　成　品　保　护

22.5.1　安装开关、插座时不得碰坏墙面，要保持墙面的清洁；

22.5.2　开关、插座安装完毕后，不得再次进行喷浆，以保持面板的清洁；

22.5.3　在插座上不要插接超过插座允许的临时负荷；

22.5.4　其他工种在施工时，不要碰坏和碰歪开关、插座。

22.6　安全、环保措施

22.6.1　熔化焊锡丝或锡块时，锡锅要干燥，防止锡液爆溅；锡锅手柄处要使用隔热效果比较好的材料。

22.6.2　吊扇安装完毕后一定作通电试验，检查吊扇转动是否平稳，若不平稳及时查找原因。

22.6.3　托儿所、幼儿园及小学等儿童活动场所插座安装高度小于1.8m，要采用安全型插座。

22.6.4　插座安装完成后，全数用插座三相检测仪检测插座接线是否正确及漏电开关动作情况，并且用漏电检测仪检测插座的所有漏电开关动作时间，不合格的必须更换。

22.6.5　开关、插座及吊扇安装所剩的电线头及绝缘层等不得随地乱丢，应分类收集放于指定地点。

22.6.6　吊扇的包装带、开关及插座的包装盒等不得随地乱丢，应分类收集放于指定地点。

22.6.7　吊扇安装过程中掉下的建筑灰渣应及时清除干净。

22.7　质　量　标　准

22.7.1　主控项目

22.7.1.1　当交流、直流或不同电压等级的插座安装在同一场所时，应有明显的区别，且必须选择不同结构、不同规格和不能互换的插座；配套的插头应按交流、直流或不同电压等级区别使用。

检验方法：观察检查和检查安装记录。

22.7.1.2　插座接线应符合下列规定：

1　单相两孔插座，面对插座的右孔或上孔与相线连接，左孔或下孔与零线连接；单相三孔插座，面对插座的右孔与相线连接，左孔与零线连接。

2　单相三孔、三相四孔及三相五孔插座的接地（PE）或接零（PEN）线接在上孔。插座的接地端子不与零线端子连接。同一场所的三相插座，接线的相序一致。

3　接地（PE）或接零（PEN）线在插座间不串联连接。

检验方法：用专用测试工具检查。

22.7.1.3　特殊情况下插座安装应符合下列规定：

1　当接插有触电危险家用电器的电源时，采用能断开电源的带开关插座，开关断开相线。

2　潮湿场所采用密封型并带保护地线触头的保护型插座，安装高度不低于1.5m。

检验方法：观察检查。

22.7.1.4　照明开关安装应符合下列规定：

1　同一建筑物、构筑物的开关采用同一系列的产品，开关的通断位置一致，操作灵活、接触可靠。

2　相线经开关控制；民用住宅无软线引至床边的床头开关。

检验方法：观察检查。

22.7.1.5　吊扇安装应符合下列规定：

1　吊扇挂钩安装牢固，吊扇挂钩的直径不小于吊扇挂销直径，且不小于8mm。有防震橡胶垫。挂销的防松零件齐全、可靠。

2　吊扇扇叶距地高度不小于2.5m。

3　吊扇组装不改变扇叶角度，扇叶固定螺栓防松零件齐全。

4　吊杆间、吊杆与电机间螺纹连接，啮合长度不小于20mm，且防松零件齐全紧固。

5　吊扇接线正确，当运转时扇叶无明显颤动和异常声响。

检验方法：观察检查和检查安装记录。

22.7.1.6　壁扇安装应符合下列规定：

1　壁扇底座采用尼龙塞或膨胀螺栓固定；尼龙塞或膨胀螺栓的数量不少于2个，且直径不小于8mm。固定牢固可靠。

2　壁扇防护罩扣紧，固定可靠。当运转时扇叶和防护罩无明显颤动和异常声响。

检验方法：观察检查和检查安装记录。

22.7.2　一般项目

22.7.2.1　插座安装应符合下列规定：

1　当不采用安全插座时，托儿所、幼儿园及小学等儿童活动场所安装高度不小于1.8m。

2　暗装的插座面板紧贴墙面，四周无缝隙，安装牢固，表面光滑整洁、无碎裂、划伤，装饰帽齐全。

3　车间及试（实）验室的插座安装高度距地面不小于0.3m；特殊场所暗装的插座不

小于 0.15m；同一室内插座安装高度一致。

4　地面插座面板与地面齐平或紧贴地面，盖板固定牢固，密封良好。

检验方法：观察检查和检查安装记录。

22.7.2.2　照明开关安装应符合下列规定：

1　开关安装位置便于操作，开关边缘距门框边缘的距离 0.15～0.2m，开关距地面高度 1.3m。拉线开关距地面高度 2～3m，层高小于 3m 时，拉线开关距顶板不小于 100mm，拉线出口垂直向下。

2　相同型号并列安装及同一室内开关安装高度一致，且控制有序不错位。并列安装的拉线开关的相邻间距不小于 20mm。

3　暗装的开关面板应紧贴墙面，四周无缝隙，安装牢固，表面光滑整洁、无碎裂、划伤，装饰帽齐全。

检验方法：观察检查和检查安装记录。

22.7.2.3　吊扇安装应符合下列规定：

1　涂层完整，表面无划痕、无污染，吊杆上下扣碗安装牢固到位。

2　同一室内并列安装的吊扇开关高度一致，且控制有序不错位。

检验方法：观察检查和检查安装记录。

22.7.2.4　壁扇安装应符合下列规定：

1　壁扇下侧边缘距地面高度不小于 1.8m。

2　涂层完整，表面无划痕、无污染，防护罩无变形。

检验方法：观察检查和检查安装记录。

22.8　质　量　验　收

22.8.1　开关、插座、风扇安装工程检验批的划分以每层（每区域）为单位，检查数量为抽查安装总数的 10%，但不少于 5 处。

22.8.2　检验批的验收按本标准第 3.0.25 条进行组织。

22.8.3　检验批质量验收记录当地政府主管部门无统一规定时，宜采用表 22.8.3“开关、插座、风扇安装检验批质量验收记录表”。

表 22.8.3　开关、插座、风扇安装检验批质量验收记录表

GB 50303—2002

单位（子单位）工程名称				
分部（子分部）工程名称			验收部位	
施工单位			项目经理	
分包单位			分包项目经理	
施工执行标准名称及编号				
施工质量验收规范规定			施工单位检查评定记录	监理（建设）单位验收记录
主控项目	1	当交流、直流或不同电压等级的插座安装在同一场所时，应有明显的区别，且必须选择不同结构、不同规格和不能互换的插座；配套的插头应按交流、直流或不同电压等级区别使用		
	2	插座接线应符合：单项两孔插座，面对插座的右孔或上孔与相线连接，左孔或下孔与零线连接；单项三孔插座，面对插座的右孔与相线连接，左孔与零线连接；单相三孔、三相四孔及三相五孔插座的接地（PE）或接零（PEN）线接在上孔。插座的接地端子不与零线端子连接。同一场所的三相插座，接线的相序一致。接地（PE）或接零（PEN）线在插座间不串联连接		
	3	特殊情况下插座安装应符合：当接插有触电危险家用电器的电源时，采用能断开电源的带开关插座，开关断开相线；潮湿场所采用密封型并带保护地线触头的保护型插座，安装高度不低于 1.5m		
	4	照明开关安装应符合：同一建筑物、构筑物的开关采用同一系列的产品，开关的通断位置一致，操作灵活、接触可靠；相线经开关控制；民用住宅无软线引至床边的床头开关		
	5	吊扇安装应符合：吊扇挂钩安装牢固，吊扇挂钩的直径不小于吊扇挂销直径，且不小于 8mm；有防震橡胶垫；挂销的防松零件齐全、可靠；吊扇扇叶距地高度不小于 2.5m；吊扇组装不改变扇叶角度，扇叶固定螺栓防松零件齐全；吊杆间、吊杆与电机间螺纹连接，啮合长度不小于 20mm，且防松零件齐全紧固；吊扇接线正确，当运转时扇叶无明显颤动和异常声响		
	6	壁扇安装应符合：壁扇底座采用尼龙塞或膨胀螺栓固定；尼龙塞或膨胀螺栓的数量不少于 2 个，且直径不小于 8mm。固定牢固可靠；壁扇防护罩扣紧，固定可靠，当运转时扇叶和防护罩无明显颤动和异常声响		
一般项目	1	插座安装应符合：当不采用安全插座时，托儿所、幼儿园及小学等儿童活动场所安装高度不小于 1.8m；暗装的插座面板紧贴墙面，四周无缝隙，安装牢固，表面光滑整洁、无碎裂、划伤，装饰帽齐全；车间及试（实）验室的插座安装高度距地面不小于 0.3m；特殊场所暗装的插座不小于 0.15m；同一室内插座安装高度一致；地面插座面板与地面齐平或紧贴地面，盖板固定牢固，密封良好		
	2	照明开关安装应符合：开关安装位置便于操作，开关边缘距门框边缘的距离 0.15 ~ 0.2m，开关距地面高度 1.3m；拉线开关距地面高度 2 ~ 3m，层高小于 3m 时，拉线开关距顶板不小于 100mm，拉线出口垂直向下；相同型号并列安装及同一室内开关安装高度一致，且控制有序不错位。并列安装的拉线开关的相邻间距不小于 20mm；暗装的开关面板应紧贴墙面，四周无缝隙，安装牢固，表面光滑整洁、无碎裂、划伤，装饰帽齐全		
	3	吊扇安装应符合：涂层完整，表面无划痕、无污染，吊杆上下扣碗安装牢固到位；同一室内并列安装的吊扇开关高度一致，且控制有序不错位		
	4	壁扇安装应符合：壁扇下侧边缘距地面高度不小于 1.8m；涂层完整，表面无划痕、无污染，防护罩无变形		
施工单位检查评定结果		专业工长（施工员）		施工班组长
		项目专业质量检查员：　　　　年　月　日		
监理（建设）单位验收结论		监理工程师（建设单位项目专业技术负责人）：　　　　年　月　日		

23 建筑物照明通电试运行

23.1 一 般 规 定

23.1.1 电气线路的绝缘电阻、保护地线（PE）连接牢固可靠，开关插座的接线正确，漏电保护器的动作电流和时间、接地电阻和照度满足设计要求和规范规定。

23.1.2 照明系统通电连续试运行时间满足国家质量验收规范的规定。

23.1.3 照明系统的测试与通电试运行应按以下程序进行：

1 电线绝缘电阻测试前电线的连接完成；

2 照明箱（盘）、灯具、开关、插座的绝缘电阻测试在就位前或接线前完成；

3 备用电源或事故照明电源作空载自动投切试验前拆除负荷，空载自动投切试验合格，才能做有载自动投切试验；

4 电气器具及线路绝缘电阻测试合格，才能通电试验；

5 照明全负荷实验必须在本条第1、2、4款完成后进行。

23.2 施 工 准 备

23.2.1 技术准备

1 试运行前编制照明通电试运行方案，并报相关主管部门审批。对调试人员进行技术交底及安全交底。

2 检查巡视整个照明系统，全线无障碍，能够满足送电要求。

23.2.2 主要机具

一字形和十字形螺丝刀，组合木梯，圆头锤，电工刀，扳手，钢丝钳，剥线钳，压接钳，铁水平尺，塞尺，电笔，摇表，万用表，兆欧表，交流钳形电流表。

23.2.3 作业条件

1 灯具、开关、插座的安装已按批准的设计进行施工完毕，并且安装质量已符合现行的施工及验收规范中的有关规定。

2 照明配电箱的安装已按批准的设计进行施工完毕，并且安装质量已符合现行的施工及验收规范中的有关规定。

23.3 通电试运行技术要求

23.3.1 每一回路的线路绝缘电阻不小于0.5MΩ。关闭该回路上的全部开关，测量调试电压值是否符合要求。符合要求后，选用经试验合格的5～6A漏电保护器接电逐一测试，通电后应仔细检查和巡视，检查灯具的控制是否灵活、准确。开关与灯具控制顺序相对应，电扇的转向及调速开关是否正常。如果发现问题必须先断电，然后查找原因进行修复，合格后，再接通正式电路试亮。

23.3.2 全部回路灯具试验合格后开始照明系统通电试运行。

23.3.3 照明系统通电试运行检验方法：

1 灯具、导线、电缆和继电保护系统的调整试验结果，查阅试验记录或试验时旁站。

2 空载试运行和负荷试运行结果，查阅试运行记录或试运行时旁站。

3 绝缘电阻和接地电阻的测试结果，查阅测试记录或测试时旁站或用适配仪表进行抽测。

4 漏电保护器动作数据值和插座接线位置准确性测定，查阅测试记录或用适配仪表进行抽测。

5 螺栓紧固程度用适配工具作拧动试验；有最终拧紧力矩要求的螺栓用扭力扳手抽测。

6 水平度用铁水平尺测量，垂直度用线锤吊线尺量，盘面平整度拉线尺量，各种距离的尺寸用塞尺等检测仪器测量。

23.4 运行中的故障预防

23.4.1 避免某一回路灯具线路发生短路故障，先测量其线路绝缘电阻。

23.4.2 减少故障损坏范围，采用开关逐一打开的方法。

23.4.3 降低故障损伤程度，灯具试验线路上采用小容量、灵敏度很高的漏电保护器。

23.4.4 派专人时刻观察电压表和电流表的指示情况，发现问题及时处理，最大限度地减少损失。

23.4.5 根据配电设置情况，安排专人反复观察小开关有无异常，测量100A以上的开关端子温度变化情况，如开关端子有异常立即关闭开关，及时处理。

23.5 安全、环保措施

23.5.1 低压配电柜前面铺一层厚5mm以上宽1m的橡胶板，以保证试验合闸安全，单独开关柜门前放一块干燥的木板，合闸时双脚采在木板上，操作电工必须穿绝缘鞋。

23.5.2 调整房间内的开关与灯具的对应次序时，严禁带电作业，检修个别线路及插座时，必须关闭电源，严禁带电作业。

23.5.3 经测量发现某开关端子温度很高，必须关闭其前级电源开关，并在前级开关上挂“禁止合闸”牌，然后用试电笔复核此开关无电后，才能开始查找原因，检修。

23.5.4 已送电的开关要挂“已送电”字样的标识牌，配电室禁止非操作人员进入。

23.5.5 送电调试所剩的电线头及绝缘层等零碎物不得随地乱丢，应分类收集放于指定地点。

23.5.6 有噪声的镇流器等不得随地乱丢，应分类收集交给工程指定人员处理。

23.5.7 检修灯具过程中掉下的建筑灰渣应及时清理干净。

23.5.8 烧坏的灯泡及灯管等不得随地乱丢，应分类收集交给指定负责人统一处理。

23.6 质 量 标 准

主 控 项 目

23.6.1 照明系统通电，灯具回路控制应与照明配电箱及回路的标识一致；开关与灯具控制顺序相对应，风扇的转向及调速开关应正常。

检验方法：观察检查和检查通电试运行记录。

23.6.2 公用建筑照明系统通电连续试运行时间为 24h，民用住宅照明系统通电连续试运行时间为 8h。所有照明灯具均应开启，且每 2h 记录运行状态 1 次，连续试运行时间内无故障。

检验方法：检查通电试运行记录。

23.7 质 量 验 收

23.7.1 建筑物照明通电试运行检验批的划分以每层（每区域）为单位，各系统全数检查。

23.7.2 检验批的验收按本标准第 3.0.25 条进行组织。

23.7.3 检验批质量验收记录当地政府主管部门无统一规定时，宜采用表 23.7.3“建筑物照明通电试运行检验批质量验收记录表”。

表 23.7.3 建筑物照明通电试运行检验批质量验收记录表

GB 50303—2002

单位（子单位）工程名称				
分部（子分部）工程名称			验收部位	
施工单位			项目经理	
分包单位			分包项目经理	
施工执行标准名称及编号				
施工质量验收规范规定			施工单位检查评定记录	监理（建设）单位验收记录
主控项目	1	照明系统通电，灯具回路控制应与照明配电箱及回路的标识一致；开关与灯具控制顺序相对应，风扇的转向及调速开关应正常		
主控项目	2	公用建筑照明系统通电连续试运行时间为 24h，民用住宅照明系统通电连续试运行时间为 8h。所有照明灯具均应开启，且每 2h 记录运行状态 1 次，连续试运行时间内无故障		
		专业工长（施工员）	施工班组长	
施工单位检查评定结果		项目专业质量检查员：　　　　年　月　日		
监理（建设）单位验收结论		监理工程师（建设单位项目专业技术负责人）：　　　　年　月　日		

24 接地装置安装

24.1 一般规定

24.1.1 接地装置安装工程应按已批准的设计进行施工。

24.1.2 接地装置安装应按以下程序进行：

1 建筑物基础接地体：底板钢筋敷设完成，按设计要求做接地施工，经检查确认，才能支模或浇捣混凝土。

2 人工接地体：按设计要求位置开挖沟槽，经检查确认，才能打入接地极和敷设地下接地干线。

3 接地模块：按设计位置开挖模块坑，并将地下接地干线引到模块上，经检查确认，才能相互焊接。

4 装置隐蔽：检查验收合格，才能覆土回填。

24.1.3 接地装置宜采用钢材。接地装置的导体截面应符合热稳定和机械强度的要求，大中型发电厂、110kV及以上变电所或腐蚀性较强场所的接地装置应采用热镀锌钢材，或适当加大面积。

24.1.4 在地下不得采用裸铝导体作为接地体或接地线。

24.1.5 利用化学方法降低土壤电阻率时，采用的降阻剂应符合下列要求：

1 材料的选择应符合设计要求。

2 使用的材料必须符合国家现行技术标准，并有合格证件。

3 严格按照生产厂家使用说明书规定的操作工艺施工。

24.1.6 锤击接地体时，应严格控制接地体的垂直度，使其与地面保持垂直，以防止接地体与土之间产生缝隙，增加接地电阻，而影响接地体的散流效果。

24.1.7 埋置深度。打入深度以接地体顶端面距自然地面的距离，应符合设计要求，当无具体规定时，不宜小于600mm，垂直接地体埋置深度以2500mm左右为宜。防止接地体受机械损伤及受到腐蚀。

24.1.8 接地体植入接地体沟时，两垂直接地体之间的间距不宜小于接地体长度的2倍。接地体通常不小于两根，相互间的距离应不小于5m。

24.1.9 在多岩石地区，接地体可以水平敷设，埋设深度通常不小于600mm。在地下的接地体严禁涂刷防腐涂料。

24.2 施工准备

24.2.1 技术准备

1 按照已批准的施工组织设计（施工方案）进行技术交底。

2 按施工图设计接地装置的位置进行放线、确定线路，经复核符合设计要求。

3 接地装置安装前，应现场复核接地干线支架安装和保护套管的预埋情况，经验收符合设计要求。

24.2.2 材料准备

钢材（扁钢、角钢、圆钢、钢管等）、铅丝、紧固件（螺栓、垫片、弹簧垫圈、U形螺栓、元宝螺栓等）和支架、电焊条、油性涂料等。

24.2.3 施工机具

1 主要安装机具：手锤、电焊机、钢锯、气焊工具、压力案子、铁锹、铁镐、大锤、夯桶、倒链、紧线器、电锤、冲击钻、常用电工工具等。

2 主要检测机具：线坠、卷尺、接地电阻测试仪等。

24.2.4 作业条件

1 接地体作业条件

(1) 按设计位置清理好现场。

(2) 底板筋与柱筋连接处已绑扎完。

(3) 桩基内钢筋与柱内筋连接处已绑扎完。

2 接地干线作业条件

(1) 支架安装完毕。

(2) 保护管已予埋好。

(3) 土建抹灰完毕。在配合土建结构施工的同时，做好预埋铁件及预留孔洞。

24.3 材料质量控制

24.3.1 钢材（扁钢、角钢、圆钢、钢管等）均应为热镀锌材料，其型号、规格应符合设计要求，并应有产品质量合格证和试验报告。

24.3.2 辅助材料，均应采用镀锌制品，如钢丝、紧固件（螺栓、垫片、弹簧垫圈、U形螺栓、元宝螺栓等）和支架等。

24.3.3 常用材料：电焊条、氧气、乙炔、油性涂料、预埋件等均符合要求并有产品合格证。

24.4 施工工艺

24.4.1 工艺流程

定位放线→人工接地体制作→接地体→接地干线

24.4.2 施工要点

24.4.2.1 定位放线

1 按设计规定防雷装置接地体的位置进行放线。沿接地体的线路，开挖接地体沟，以便打入接地体和敷设接地干线。因为地层表面层容易受冻，冻土层会使接地电阻增大，且地表层易扰动被挖，而至损坏接地装置，所以接地装置应埋置于地表层以下，接地体还应埋设在土层电阻率较低和人们不常到达的地方。

2　接地装置的位置，与道路或建筑物的出入口等的距离应不小于3m；当小于3m时，为降低跨步电压应采取以下措施：

(1) 水平接地体局部埋置深度不应小于1m，并应局部包以绝缘物（50～80mm厚的沥青层）。

(2) 采用沥青碎石地面或在接地装置上面敷设50～80mm厚的沥青层，其宽度应超过接地装置2m。敷设沥青层时，其基底必须用碎石夯实。

(3) 接地体上部装设用圆钢或扁钢焊成的500mm×500mm的网格压网，其边缘距接地体不得小于2.5m。

(4) 采用"帽檐式"的压带做法。挖接地体沟时，应根据设计要求标高，对接地装置的线路进行测量弹线。根据划出的线路从自然地面开始，挖掘上底宽600mm，深900mm，下底宽400mm的沟。沟要挖得平直、深浅一致，沟底如有石子应清除干净。挖沟时如附近有建筑物或构筑物，沟的中心线与建筑物或构筑物的基础距离不宜小于2m。

24.4.2.2　人工接地体制作

1　垂直接地体的加工制作：制作垂直接地体材料一般采用镀锌钢管 *DN*50、镀锌角钢∟50×50×5或镀锌圆钢 ϕ20，长度不应小于2.5m，端部锯成斜口或锻造成锥形。角钢的一端应加工成尖头形状，尖点应保持在角钢的角脊线上并使斜边对称制成接地体。

2　水平接地体的加工制作：一般使用－40mm×40mm×4mm的镀锌扁钢。

3　铜接地体常用900mm×900mm×1.5mm的铜板制作：

(1) 在铜接地板上打孔，用单股 ϕ1.3mm～ϕ2.5mm铜线将铜接地线（绞线）绑扎在铜板上，在铜绞线两侧用气焊焊接。

(2) 在铜接地板上打孔，将铜接地绞线分开拉直，搪锡后分四处用单股 ϕ1.3mm～ϕ2.5mm铜线绑扎在铜板上，用锡逐根与铜板焊好。

(3) 将铜接地线与接线端子连接，接线端部与铜端子以及与铜接地板的接触面处搪锡，用 ϕ5mm×6mm的铜铆钉将端子与铜板铆紧，在接线端子周围进行锡焊。铜端子规格为－30mm×1.5mm，长度为750mm。

(4) 使用－25mm×1.5mm的扁铜板与铜接地板进行铜焊固定。

24.4.2.3　人工接地体的安装

1　垂直接地体的安装：将接地体放在沟的中心线上，用大锤将接地体打入地下，顶部距地面不小于0.6m，间距不小于5m。接地极与地面应保持垂直打入，然后将镀锌扁钢调直置入沟内，依次将扁钢与接地体用电焊焊接。扁钢应侧放而不可平放，扁钢与钢管连接的位置距接地体顶端100mm，焊接时将扁钢拉直，焊好后清除药皮，刷沥青漆做防腐处理，并将接地线引出至需要的位置，留有足够的连接高度，以待使用。

2　水平接地体的安装：水平接地体多用于绕建筑四周的联合接地。安装时应将扁钢侧放敷设在地沟内（不应平放），顶部埋设深度距地面不小于0.6m。

3　铜板接地体应垂直安装，顶部距地面的距离不小于0.6m，接地极间的距离不小于5m。

24.4.2.4　自然接地体安装

1　利用钢筋混凝土桩基基础做接地体

在作为防雷引下线的柱子（或者剪力墙内钢筋做引下线）位置处，将桩基础的抛头钢筋与承台梁主筋焊接，再与上面作为引下线的柱（或剪力墙）中钢筋焊接。如果每一组桩基多于4根时，只须连接四角桩基的钢筋作为防雷接地体。

2 利用钢筋混凝土板式基础做接地体

（1）利用无防水层底板的钢筋混凝土板式基础做接地时，将利用作为防雷引下线符合规定的柱主筋与底板的钢筋进行焊接连接。

（2）利用有防水层板式基础的钢筋做接地体时，将符合规格和数量的可以用来做防雷引下线的柱内钢筋，在室外自然地面以下的适当位置处，利用预埋连接板与外引的 ϕ12mm 镀锌圆钢或 - 40mm × 40mm 的镀锌扁钢相焊接做连接线。同有防水层的钢筋混凝土板式基础的接地装置连接。

3 利用独立柱基础、箱形基础做接地体

（1）利用钢筋混凝土独立柱基础及箱形基础做接体，将用作防雷引下线的现浇混凝土柱内符合要求的主筋，与基础底层钢筋网做焊接连接。

（2）钢筋混凝土独立柱基础如有防水层时，应将预埋的铁件和引下线连接应跨越防水层将柱内的引下线钢筋、垫层内的钢筋与接地线相焊接。

4 利用钢柱钢筋混凝土基础作为接地体

（1）仅有水平钢筋网的钢柱钢筋混凝土基础做接地时，每个钢筋混凝土基础中有一个地脚螺栓通过连接导体（≥ϕ12mm 钢筋或圆钢）与水平钢筋网进行焊接连接。地脚螺栓通过连接导体与水平钢筋网的搭接焊接长度不应小于连接导体直径的6倍，并应在钢桩就位后，将地脚螺栓及螺母和钢柱焊为一体。

（2）有垂直和水平钢筋网的基础，垂直和水平钢筋网的连接，应将与地脚螺栓相连接一根垂直钢筋焊到水平钢筋网上，当不能焊接时，采用≥ϕ12mm 钢筋或圆钢跨接焊接。如果四根垂直主筋能接触到水平钢筋网时，将垂直的四根钢筋与水平钢筋网进行绑扎连接。

（3）当钢柱钢筋混凝土基础底部有柱基时，宜将每一桩基的一根主筋同承台钢筋焊接。

5 钢筋混凝土杯型基础预制柱做接地体

（1）当仅有水平钢筋的杯型基础做接地体时，将连接导体（即连接基础内水平钢筋网与预制混凝土柱预埋连接板的钢筋或圆钢）引出位置是在杯口一角的附近，与预制混凝土柱上的预埋连接板位置相对应，连接导体与水平钢筋网采用焊接。连接导体与柱上预埋件连接也应焊接，立柱后，将连接导体与∟63mm × 63mm × 5mm 长 100mm 的柱内预埋连接板焊接后，将其与土壤接触的外露部分用 1:3 水泥砂浆保护，保护层厚度不小于 50mm。

（2）当有垂直和水平钢筋网的杯型基础做接地体时，与连接导体相连接的垂直钢筋，应与水平钢筋相焊接。如不能焊接时，采用不小于 ϕ10mm 的钢筋或圆钢跨接焊。如果四根垂直主筋都能接触到水平钢筋网时，应将其绑扎连接。

（3）连接导体外露部分应做水泥砂浆保护层，厚度 50mm。当杯形钢筋混凝土基础底下有桩基时，宜将每一根桩基的一根主筋同承台梁钢筋焊接。如不能直接焊接时，可用连接导体进行连接。

24.4.2.5 接地干线安装

接地干线（即接地母线）从引下线断线卡至接地体和连接垂直接地体之间的连接线。

接地干线一般使用 - 40mm × 4mm 的镀锌扁钢制作。接地干线分为室内和室外连接两种。室外接地干线与支线一般敷设在沟内。室内的接地干线多为明敷，但部分设备连接支线需经过地面，也可以埋设在混凝土内，具体的安装方法如下：

1 室外接地干线敷设

（1）根据设计图纸要求进行定位放线、挖土。

（2）将接地干线进行调直、测位、打眼、煨弯，并将断接卡子及接线端子装好。然后将扁钢放入地沟内，扁钢应保持侧放，依次将扁钢在距接地体顶端大于 50mm 处与接地体用电焊焊接。焊接时应将扁钢拉直，将扁钢弯成弧形（或三角形）与接地钢管（或角钢）进行焊接。敷设完毕经隐蔽验收后，进行回填并压实。

2 室内接地干线敷设

（1）室内接地线是供室内的电气设备接地使用，多数是明敷设，但也可以埋设在混凝土内。明敷设的接地线大多数敷设在墙壁上，或敷设在母线架和电缆的构架上。

（2）保护套管埋设：在配合土建墙体及地面施工时，在设计要求的位置上，预埋保护套管或预留出接地干线保护套管孔。护套管为方型套管，其规格应能保正接地干线顺利穿入。

（3）接地支持件固定：按照设计要求的位置进行定位放线，固定支持件无设计要求时距地面 250 ~ 300mm 的高度处固定支持件。支持件的间距必须均匀，水平直线部分为 0.5 ~ 1.5m，垂直部分 1.5 ~ 3m，弯曲部分为 0.3 ~ 0.5m。固定支持件的方法有预埋固定钩或托板法、预留支架洞口后安装支架法、膨胀螺栓及射钉直接固定接地线法等。

（4）接地线的敷设：将接地扁钢事先调直、打眼、煨弯加工后，将扁钢沿墙吊起，在支持件一端将扁钢固定住，接地线距墙面间隙应为 10 ~ 15mm。过墙时穿过保护套管，钢制套管必须与接地线做电气连通，接地干线在连接处进行焊接，末端预留或连接应符合设计规定。接地干线还应与建筑结构中预留钢筋连接。

（5）接地干线经过建筑物的伸缩（或沉降）缝时，如采用焊接固定，应将接地干线在过伸缩（或沉降）缝的一段做成弧形，或用 ϕ12mm 圆钢弯出弧形与扁钢焊接，也可以在接地线断开处用 50mm^2 裸铜软绞线连接。

（6）为了连接临时接地线，在接地干线上需安装一些临时接地线柱（也称接地端子），临时接地线柱的安装，应根据接地干线的敷设形式不同采用不同的安装形式。常采用在接地干线上焊接镀锌锣栓做临时接地线柱法。

（7）明敷接地线的表面应涂以 15 ~ 100mm 宽度相等的绿色和黄色相间的条纹。在每个接地导体的全部长度上或只在每个区间或每个可接触到的部位上宜作出标志。中性线宜涂淡蓝色标志，在接地线引向建筑物的入口处和在检修用临时接地点处，均应刷白色底漆并标以黑色接地标志。

（8）室内接地干线与室外接地干线的连接应使用螺栓连接以便检测，接地干线穿过套管或洞口应用沥青丝麻或建筑密封膏堵死。

（9）接地线与管道连接（等电位联结）：接地线和给水管、排水管及其他输送非可燃体或非爆炸气体的金属管道连接时，应在靠近建筑物的进口处焊接。若接地线与管道不能直接焊接时，应用卡箍连接，卡箍的内表面应搪锡。应将管道的连接表面刮拭干净，安装完毕后涂沥青。管道上的水表、法兰阀门等处应用裸露铜线将其跨接。

3 接地线与电气设备的连接

(1) 电气设备的外壳上一般都有专用接地螺丝。将接地线与接地螺丝的接触面擦净，至发出金属光泽，接地线端部挂上锡，并涂上中性凡士林油，然后接入螺丝并将螺帽拧紧。在有振动的地方，所有接地螺丝都必须加垫弹簧垫圈。接地线如为扁钢，其孔眼必须用机械钻孔，不得用气焊开孔。

(2) 电气设备如装在金属结构上面有可靠的金属接触时，接地线或接零线可直接焊在金属结构上。

24.5 成 品 保 护

24.5.1 其他工种在挖土时，应注意保护接地体，不得损坏接地体。

24.5.2 安装接地体时，不得破坏散水和外墙装修。

24.5.3 不得随意移动已经绑扎好的结构钢筋。

24.5.4 喷浆前，必须预先将接地线用纸包好。

24.5.5 拆除脚手架或搬运物体时，不得碰坏接地干线。

24.6 安全、环保措施

24.6.1 在室外作业时，如挖接地体地沟，接地体及接地干线的施工，要求操作人员必须戴安全帽，施工现场上空范围内要搭设防护板，以防建筑物上空坠落物体的打击。

24.6.2 使用大锤锤击接地极时，应一人扶持接地极，一人挥捶敲击。两人均戴长袖手套，接地极要加戴临时护帽（钢管或角钢制作）以防接地极端部损坏击伤人体。

24.6.3 使用绳索吊装物体时，绳索必须有足够的承重能力，将物体系牢，吊装物体下严禁有人。

24.6.4 搬运材料、机具、设备时，应小心谨慎，防止碰撞损坏材料、机具和设备，同时注意人身安全，防止碰伤、砸伤。

24.6.5 刷油防腐现场严禁有火源、热源。操作时严禁吸烟等。熔化焊锡、锡块，工具要干燥，防止爆溅。

24.6.6 挖土时将挖出的土应集中堆放使用编织袋封盖好防止风吹扬尘。挖完土后，应立即安装接地装置，隐蔽验收后立即回填。

24.6.7 使用机械时产生的噪声要有防止噪音扩散的措施。

24.6.8 施工现场保持清洁，做到工完场清。施工中产生的垃圾，机械产生的油污应及时清理干净。

24.7 质 量 标 准

24.7.1 主控项目

24.7.1.1 人工接地装置或利用建筑物基础钢筋的接地装置必须在地面以上按设计要求的位置设测试点。

检验方法：观察检查和检查安装记录。

24.7.1.2　测试接地装置的接地电阻值必须符合设计要求。

检验方法：检查试验记录。

24.7.1.3　防雷接地的人工接地装置的接地干线埋设，经过人行道处埋地深度不应小于1m，且应采取均压措施或在其上方铺设卵石或沥青地面。

检验方法：检查隐蔽验收记录。

24.7.1.4　接地模块顶端埋深不应小于0.6m，接地模块间距不应小于模块长度的3～5倍，接地模块埋设基坑，一般为模块外形尺寸的1.2～1.4倍，且在开挖深度内详细记录地层情况。

检验方法：检查隐蔽验收记录。

24.7.1.5　接地模块应垂直或水平就位，不应倾斜设置，保持与原土层接触良好。

检验方法：施工时旁站和检查隐蔽验收记录。

24.7.2　一般项目

24.7.2.1　当设计无要求时，接地装置顶面埋设深度不应小于0.6m。圆钢、角钢及钢管接地极应垂直埋入地下，间距不应小于5m。接地装置的焊接应采用搭接焊，搭接长度应符合下列规定：

1　扁钢与扁钢搭接为扁钢宽度的2倍，不少于三面施焊；

2　圆钢与圆钢搭接为圆钢直径的6倍，双面施焊；

3　圆钢与扁钢搭接为圆钢直径的6倍，双面施焊；

4　扁钢与钢管，扁钢与角钢焊接，紧贴角钢外侧两面，或紧贴钢管3/4表面，上下两侧施焊；

5　除埋设在混凝土中的焊接接头外，应有防腐措施。

检验方法：实测、观察检查和检查隐蔽验收记录。

24.7.2.2　当设计无要求时，接地装置和材料采用为钢材，热浸镀锌处理，最小允许规格、尺寸应符合表24.7.2.2的规定。

表24.7.2.2　最小允许规格、尺寸

种类、规格及单位		敷设位置及使用类别			
		地上		地下	
		室内	室外	交流电流回路	直流电流回路
圆钢直径（mm）		6	8	10	12
扁钢	截面（mm^2）	60	100	100	100
	厚度（mm）	3	4	4	6
角钢厚度（mm）		2	2.5	4	6
钢管管壁厚度（mm）		2.5	2.5	3.5	4.5

检验方法：材料进场验收。

24.7.2.3　接地模块应集中引线，用干线把接地模块并联焊接一个环路，干线的材质与接地模块焊接点的材质应相同，钢制的采用热浸镀锌扁钢，引出线不少于2处。

检验方法：检查接地装置安装记录。

24.8 质 量 验 收

24.8.1 接地装置安装分项工程的施工质量验收应按每系统作为检验批。

24.8.2 检验批的抽查数量：接地体安装全数检查，接地干线按不同类别各抽查5处，接地线与设备连接抽查设备、器具总数的10%。

24.8.3 检验批的验收按本标准第3.0.25条进行组织。

24.8.4 检验批质量验收记录当地政府主管部门无统一规定时，宜采用表24.8.4“接地装置安装检验批质量验收记录表”。

表 24.8.4 接地装置安装检验批质量验收记录表

GB 50303—2002

<table>
<tr><td colspan="3">单位（子单位）工程名称</td><td colspan="3"></td></tr>
<tr><td colspan="3">分部（子分部）工程名称</td><td colspan="1"></td><td>验收部位</td><td></td></tr>
<tr><td colspan="3">施工单位</td><td></td><td>项目经理</td><td></td></tr>
<tr><td colspan="3">分包单位</td><td></td><td>分包项目经理</td><td></td></tr>
<tr><td colspan="3">施工执行标准名称及编号</td><td colspan="3"></td></tr>
<tr><td colspan="4">施工质量验收规范规定</td><td>施工单位检查评定记录</td><td>监理（建设）单位验收记录</td></tr>
<tr><td rowspan="5">主控项目</td><td>1</td><td colspan="2">人工接地装置或利用建筑物基础钢筋的接地装置必须在地面以上按设计要求的位置设测试点</td><td></td><td rowspan="8"></td></tr>
<tr><td>2</td><td colspan="2">测试接地装置的接地电阻值必须符合设计要求</td><td></td></tr>
<tr><td>3</td><td colspan="2">防雷接地的人工接地装置的接地干线埋设，经过人行道处埋地深度不应小于1m，且应采取均压措施或在其上方铺设卵石或沥青地面</td><td></td></tr>
<tr><td>4</td><td colspan="2">接地模块顶端埋深不应小于0.6m，接地模块间距不应小于模块长度的3~5倍，接地模块埋设基坑，一般为模块外形尺寸的1.2~1.4倍，且在开挖深度内详细记录地层情况</td><td></td></tr>
<tr><td>5</td><td colspan="2">接地模块应垂直或水平就位，不应倾斜设置，保持与原土层接触良好</td><td></td></tr>
<tr><td rowspan="3">一般项目</td><td>1</td><td colspan="2">当设计无要求时，接地装置顶面埋设深度不应小于0.6m。圆钢、角钢及钢管接地极应垂直埋入地下，间距不应小于5m。接地装置的焊接应采用搭接焊，搭接长度应符合：扁钢与扁钢搭接为扁钢宽度的2倍，不少于三面施焊；圆钢与圆钢搭接为圆钢直径的6倍，双面施焊；圆钢与扁钢搭接为圆钢直径的6倍，双面施焊；扁钢与钢管，扁钢与角钢焊接，紧贴角钢外侧两面，或紧贴钢管3/4表面，上下两侧施焊；除埋设在混凝土中的焊接接头外，应有防腐措施</td><td></td></tr>
<tr><td>2</td><td>接地装置的材质和最小允许规格</td><td>第24.7.2.2条</td><td></td></tr>
<tr><td>3</td><td colspan="2">接地模块应集中引线，用干线把接地模块并联焊接一个环路，干线的材质与接地模块焊接点的材质应相同，钢制的采用热浸镀锌扁钢，引出线不少于2处</td><td></td></tr>
<tr><td colspan="3" rowspan="2">施工单位检查评定结果</td><td>专业工长（施工员）</td><td>施工班组长</td><td></td></tr>
<tr><td colspan="3">项目专业质量检查员： 年 月 日</td></tr>
<tr><td colspan="3">监理（建设）单位验收结论</td><td colspan="3">监理工程师（建设单位项目专业技术负责人）： 年 月 日</td></tr>
</table>

25 避雷引下线和变配电室接地干线敷设

25.1 一 般 规 定

25.1.1 避雷引下线和变配电室接地干线安装工程应按已批准的设计进行施工。

25.1.2 避雷引下线安装应符合以下要求：

1 明装敷设引下线截面，采用镀锌圆钢时其直径不得小于8mm，采用镀锌扁钢时其截面不得小于12mm×4mm。引下线应沿最短路线引至接地体，弯曲处应制成软弯，常规应大于90°弯。明装引下线距墙面为15mm，每隔1500~2000mm应设置支持架固定。

2 暗装引下线，利用建筑物中钢筋混凝土柱的钢筋作为组成时，至少要选用4根柱子且每根柱子至少要有2根主筋通过连接焊接组成一体后，作为引下线。

25.1.3 引下线安装应按以下程序进行：

1 利用建筑物柱内主筋作引下线，在柱内主筋绑扎后，按设计要求施工，经检查确认才能支模；

2 直接从基础接地体或人工接地体暗敷埋入粉刷层内的引下线，经检查确认不外露，才能贴面砖或刷涂料等；

3 直接从基础接地体或人工接地体引出明敷的引下线，先埋设或安装支架，经检查确认才能敷设引下线。

25.1.3 引下线测试点的设置是，先将地面以上1400mm的线段，用开口钢管、角钢等预以保护，然后在1500~1800mm处应设断接卡子作为测试点。暗装时可引到接地电阻测定箱中。

25.1.4 接地线裸露部位应设置保护装置，以防止机械损伤。凡易遭受损伤部位应用角钢加以保护。接地线穿越墙壁时应预留明孔，及预埋钢管作保护套管。

25.2 施 工 准 备

25.2.1 技术准备

1 按照已批准的施工组织设计（施工方案）进行技术交底。

2 按施工图设计变配电室接地干线的位置进行放线、确定线路，经复核符合设计要求。

3 利用主筋作引下线时，检查钢筋连接完成情况并符合要求。

25.2.2 材料准备

同本标准第24.2.2条内容。

25.2.3 施工机具

同本标准第 24.2.3 条内容。

25.2.4 作业条件

1 防雷引下线的作业条件

(1) 防雷引下线暗敷设时建筑物（或构筑物）有脚手架或爬梯，能达到上人操作的条件。

(2) 利用建筑物柱筋做引下线时，钢筋绑扎完毕。

(3) 防雷引下线明敷设时，建筑物（或构筑物）有脚手架或爬梯，能达到上人操作的条件。

(4) 防雷引下线明敷时支架已安装完毕，建筑外装饰应完毕。

2 变配电室接地干线作业条件

(1) 支架安装完毕。

(2) 保护管已预埋好。

(3) 土建抹灰完毕，在配合土建结构施工的同时，做好预埋铁件及预留孔洞。

25.3 材 料 质 量 控 制

同本标准第 24.3 节内容。

25.4 施 工 工 艺

25.4.1 工艺流程

定位放线→变配电室接地干线→引下线敷设→断接卡子制作安装

25.4.2 施工要点

25.4.2.1 定位放线

1 按设计规定变配电室接地干线的位置进行放线。做好明敷接地引下线及室内接地干线的支持件，固定牢固。

2 引下线沿外墙面明敷时，应在表面进行弹线或吊铅垂线测量，以确保其垂直度。

25.4.2.2 变配电室接地干线安装

同 24.4.2.5 接地干线安装中室内接地干线敷设施工要求。

25.4.2.3 避雷引下线安装

避雷引下线常用镀锌扁钢不小于 -25mm×4mm 或镀锌圆钢不小于 ϕ12mm 材料加工制作。引下线的数量位置由设计定。如无设计要求时一般设在建筑物伸缩缝的两侧以及每隔 18m 处。

1 避雷引下线暗敷设

(1) 利用建筑物主筋作暗敷引下线：当钢筋直径为 16mm 及以上时，应利用两根钢筋（绑扎或焊接）作为一组引下线，当钢筋直径为 10mm 及以上时，应利用四根钢筋（绑扎或焊接）作为一组引下线。引下线的上部与接闪器焊接，下部与接地体焊接，并按设计要求的高度设置测试点。测试点用 -40mm×4mm 镀锌扁钢制作，与引下线主筋焊接，并安装测试盒保护。在盒盖上应作出接地标记。测试点无设计高度时，应在距室外地坪 0.5m

处安装测试点。如果测试接地电阻达不到设计要求，必须在距室外地坪0.8~1m处预留导体加接外附人工接地体。

(2) 引下线沿墙或混凝土构造柱暗敷设：应使用不小于 ϕ12mm 镀锌圆钢或不小于 -25mm×4mm的镀锌扁钢。施工时配合土建主体外墙（或构造柱）施工。将钢筋（或扁钢）调直后与接地体（或断接卡子）连接好，由下到上展放钢筋（或扁钢）并加以固定，敷设路径要尽量短而直，可直接通过挑檐或女儿墙与避雷带焊接。

2　避雷引下线明敷设

(1) 首先将引下线调直，然后根据设计的位置定位放线安装支持件（固定卡子），支持件（固定卡子）应随土建主体施工预埋。一般在距室外护坡2m高处，预埋第一个支持卡子，随土建主体的上升依次预埋所有支持卡子，卡子间距1.5~2m，但必须均匀。卡子应突出墙装饰面15mm。

(2) 将调直的引下线由上到下安装。用绳子提升到屋顶将引下线固定到支持卡子上。上部与避雷带焊接下部与接地体焊接，依次安装完毕。引下线的路径尽量短而直，不能直线引下时，应拐弯，应做成弯曲半径为10倍圆钢的弯。

(3) 明装引下线在断接卡子下部应外套塑料管以防机械损伤，为避免接触电压，游人众多的建筑物，明装引下线的外围要装设护栏。

3　重复接地引下线安装

(1) 在低压TN系统中，架空线路干线和分支线的终端，其PEN或PE线应做重复接地。电缆线路和架空线路在每个建筑物的进线外均需做重复接地（如无特殊要求，对小型单层建筑，距接地点不超过50m可除外）。

(2) 低压架空线路进户线重复接地可在建筑物的进线处做引下线。引下线处可不设断接卡子，N线与PE线的连接可在重复接地节点处连接。需测试接地电阻时，打开节点处的连接板。架空线路除在建筑物外做重复接地外，还可利用总配电屏、箱的接地装置做PEN或PE线的重复接地。

(3) 电缆进户时，利用总配电箱进行N线与PE线的连接，重复接地线再与箱体连接。中间可不设断接卡，需测试接地电阻时，卸下端子，把仪表专用导线连接到仪表E的端钮上，另一端连到与箱体焊接为一体的接地端子板上测试。

4　引下线各部位的连接：当引下线长度不足时，需要在中间做接头搭接焊接。扁钢搭接长度不小于宽度的2倍，三个棱边都要焊接。圆钢引下线搭接长度不小于圆钢直径的6倍，两面焊接。

25.4.2.4　断接卡子制作安装

1　接地装置由多个接地装置部分组成时，应按设计要求设置便于分开的断接卡子，自然接地体与人工接地连接处应有便于分开的断接卡，建筑物上的防雷设施采用多根引下线时，宜在各引下线距地面1.5~1.8m处设断接卡并安装断接卡箱。

2　断接卡有明装和暗装，断接卡可利用不小于-40mm×4mm或-25mm×4mm的镀锌扁钢制作。断接卡子应用两根镀锌螺栓拧紧，引下线的圆钢与断接卡子的扁钢采用搭接焊，搭接长度不应小于圆钢直径的6倍，而且两面焊。

25.5 成 品 保 护

25.5.1 安装保护管时，注意保护好土建结构及装饰面。

25.5.2 拆架子时不要碰撞引下线。

25.5.3 变配电室安装设备时，不得碰坏接地干线。

25.6 安全、环保措施

25.6.1 使用电焊、气焊焊接时，应远离易燃易爆的物体。焊接时应用铁板遮挡焊星飞溅，防止烧坏建筑成品及机械设备并随机配备灭火器，以防引起火灾时灭火之用。

25.6.2 使用电动机具，如电锤、电钻、切割机、电焊机等，必须有可靠的接地线，与供电系统的重复接地线可靠连接。电动机具接线要正确连接，牢固可靠，并设闸刀开关和漏电保护器防雨配电箱，机具配电线路应符合临时供电规范要求。

25.6.3 搬运材料、机具、设备时，应小心谨慎，防止碰撞损坏材料、机具和设备，同时注意人身安全，防止碰伤、砸伤。

25.6.4 刷油防腐现场严禁有火源、热源，操作时严禁吸烟等。熔化焊锡、锡块、工具要干燥，防止爆溅。

25.6.5 使用机械时产生的噪音要有防止噪音扩散的措施。

25.6.6 施工现场保持清洁，做到工完场清。施工中产生的垃圾，机械产生的油污应及时清理干净。

25.7 质 量 标 准

25.7.1 主控项目

25.7.1.1 暗敷在建筑物抹灰层内的引下线应有卡钉分段固定；明敷的引下线应平直，无急弯，与支架焊接处，油漆防腐处理，且无遗漏。

检验方法：观察检查和检查隐蔽验收记录。

25.7.1.2 变压器室、高低压开关室内的接地干线应有不少于2处与接地装置引出干线连接。

检验方法：观察检查。

25.7.1.3 当利用金属构件，金属管道做接地线时，应在构件或管道与接地干线间焊接金属跨接线。

检验方法：观察检查。

25.7.2 一般项目

25.7.2.1 钢制接地线的焊接连接应符合本标准第24.7.2.1条的要求。材料采用及最小允许规格，尺寸应符合本标准第24.7.2.2条的要求。

检验方法：实测、观察检查和检查隐蔽验收记录。

25.7.2.2 明敷接地引下线及室内接地干线的支持件间距应均匀，水平直线部分0.5～

1.5m，垂直直线部分1.5～3m，弯曲部分0.3～0.5m。

检验方法：实测和检查安装记录。

25.7.2.3 接地线在穿越墙壁、楼板和地坪处应加套钢管或其他坚固的保护管，钢套管应与接地线做电气连通。

检验方法：检查接地装置安装记录。

25.7.2.4 变配电室内明敷接地干线安装应符合下列规定：

1 便于检查，敷设位置不妨碍设备的拆卸与检修；

2 当沿建筑物墙壁水平敷设时，距地面高度250～300mm；与建筑物墙壁间隙10～15mm；

3 当接地线跨越建筑物变形缝时，设补偿装置；

4 接地线表面沿长度方向，每段为15～100mm，分别涂以黄色和绿色相间的条纹；

5 变压器室、高压配电室的接地干线上应设置不少于2个供临时接地用的接线柱或接地螺栓。

检验方法：实测、观察检查和检查安装记录。

25.7.2.5 当电缆穿过零序电流互感器时，电缆头的接地应过零序电流互感器后接地；由电缆头至穿过零序电流互感器的一段电缆金属护层和接地线应对地绝缘。

检验方法：观察检查。

25.7.2.6 配电间隔和静止补偿装置的栅栏门及变电室金属门铰链处的接地连接，应采用编织铜线。变配电室的避雷器应用最短的接地线与接地干线连接。

检验方法：观察检查。

25.7.2.7 设计要求接地的幕墙金属框架和建筑物的金属门窗，应就近与接地干线连接可靠，连接处不同金属间应有防电化腐蚀措施。

检验方法：观察检查和检查安装记录。

25.8 质 量 验 收

25.8.1 避雷引下线和变配电室接地干线敷设安装分项工程的施工质量验收应按每系统（每变配电室）作为检验批。

25.8.2 检验批的抽查数量：避雷引下线全数检查，接地干线按不同类别各抽查5处，接地线与设备连接抽查设备、器具总数的10%。

25.8.3 检验批的验收按本标准第3.0.25条进行组织。

25.8.4 检验批质量验收记录当地政府主管部门无统一规定时，宜采用表25.8.4-1“避雷引下线和变配电室接地干线敷设检验批质量验收记录表（Ⅰ）防雷引下线”、表25.8.4-2“避雷引下线和变配电室接地干线敷设检验批质量验收记录表（Ⅱ）变配电室接地干线”。

表 25.8.4-1　避雷引下线和变配电室接地干线敷设检验批质量验收记录表

GB 50303—2002

（Ⅰ）防 雷 引 下 线

<table>
<tr><td colspan="3">单位（子单位）工程名称</td><td colspan="4"></td></tr>
<tr><td colspan="3">分部（子分部）工程名称</td><td colspan="2"></td><td>验收部位</td><td></td></tr>
<tr><td>施工单位</td><td colspan="4"></td><td>项目经理</td><td></td></tr>
<tr><td>分包单位</td><td colspan="3"></td><td colspan="2">分包项目经理</td><td></td></tr>
<tr><td colspan="3">施工执行标准名称及编号</td><td colspan="4"></td></tr>
<tr><td colspan="5">施工质量验收规范规定</td><td>施工单位
检查评定记录</td><td>监理（建设）
单位验收记录</td></tr>
<tr><td rowspan="2">主控项目</td><td>1</td><td colspan="3">暗敷在建筑物抹灰层内的引下线应有卡钉分段固定；明敷的引下线应平直，无急弯，与支架焊接处，油漆防腐处理，且无遗漏</td><td></td><td rowspan="2"></td></tr>
<tr><td>2</td><td colspan="3">变压器室、高低压开关室内的接地干线应有不少于2处与接地装置引出干线连接</td><td></td></tr>
<tr><td rowspan="4">一般项目</td><td>1</td><td colspan="2">钢制接地线的连接和材料规格、尺寸</td><td>第25.7.2.1条</td><td></td><td rowspan="4"></td></tr>
<tr><td>2</td><td colspan="3">明敷接地引下线及室内接地干线的支持件间距应均匀，水平直线部分0.5～1.5m；垂直直线部分1.5～3m，弯曲部分0.3～0.5m</td><td></td></tr>
<tr><td>3</td><td colspan="3">接地线在穿越墙壁、楼板和地坪处应加套钢管或其他坚固的保护管，钢套管应与接地线做电气连通</td><td></td></tr>
<tr><td>4</td><td colspan="3">设计要求接地的幕墙金属框架和建筑物的金属门窗，应就近与接地干线连接可靠，连接处不同金属间应有防电化腐蚀措施</td><td></td></tr>
<tr><td colspan="3" rowspan="2">施工单位检查评定结果</td><td colspan="2">专业工长（施工员）</td><td>施工班组长</td><td></td></tr>
<tr><td colspan="4">项目专业质量检查员：　　　　　　年　　月　　日</td></tr>
<tr><td colspan="3">监理（建设）单位验收结论</td><td colspan="4">监理工程师（建设单位项目专业技术负责人）：　　年　　月　　日</td></tr>
</table>

表 25.8.4-2　避雷引下线和变配电室接地干线敷设检验批质量验收记录表

GB 50303—2002

（Ⅱ）变配电室接地干线

<table>
<tr><td colspan="3">单位（子单位）工程名称</td><td colspan="4"></td></tr>
<tr><td colspan="3">分部（子分部）工程名称</td><td colspan="2"></td><td>验收部位</td><td></td></tr>
<tr><td colspan="2">施工单位</td><td colspan="3"></td><td>项目经理</td><td></td></tr>
<tr><td colspan="2">分包单位</td><td colspan="3"></td><td>分包项目经理</td><td></td></tr>
<tr><td colspan="3">施工执行标准名称及编号</td><td colspan="4"></td></tr>
<tr><td colspan="5">施工质量验收规范规定</td><td>施工单位检查评定记录</td><td>监理（建设）单位验收记录</td></tr>
<tr><td>主控项目</td><td>1</td><td colspan="3">变压器室、高低压开关室内的接地干线应有不少于 2 处与接地装置引出干线连接</td><td></td><td></td></tr>
<tr><td rowspan="6">一般项目</td><td>1</td><td colspan="2">钢制接地线的连接和材料规格、尺寸</td><td>第 25.7.2.1 条</td><td></td><td></td></tr>
<tr><td>2</td><td colspan="3">明敷接地引下线及室内接地干线的支持件间距应均匀，水平直线部分 0.5～1.5m；垂直直线部分 1.5～3m，弯曲部分 0.3～0.5m</td><td></td><td></td></tr>
<tr><td>3</td><td colspan="3">接地线在穿越墙壁、楼板和地坪处应加套钢管或其他坚固的保护管，钢套管应与接地线做电气连通</td><td></td><td></td></tr>
<tr><td>4</td><td colspan="3">变配电室内明敷接地干线安装应符合：便于检查，敷设位置不妨碍设备的拆卸与检修；当沿建筑物墙壁水平敷设时，距地面高度 250～300mm；与建筑物墙壁间隙 10～15mm；当接地线跨越建筑物变形缝时，设补偿装置；接地线表面沿长度方向，每段为 15～100mm，分别涂以黄色和绿色相间的条文；变压器室、高压配电室的接地干线上应设置不少于 2 个供临时接地用的接线柱或接地螺栓</td><td></td><td></td></tr>
<tr><td>5</td><td colspan="3">当电缆穿过零序电流互感器时，电缆头的接地应过零序电流互感器后接地；由电缆头至穿过零序电流互感器的一段电缆金属护层和接地线应对地绝缘</td><td></td><td></td></tr>
<tr><td>6</td><td colspan="3">配电间隔和静止补偿装置的栅栏门及变电室金属门铰链处的接地连接，应采用编织铜线。变配电室的避雷器应用最短的接地线与接地干线连接</td><td></td><td></td></tr>
<tr><td colspan="2" rowspan="2">施工单位检查评定结果</td><td colspan="2">专业工长（施工员）</td><td></td><td>施工班组长</td><td></td></tr>
<tr><td colspan="5">项目专业质量检查员：　　　　年　月　日</td></tr>
<tr><td colspan="2">监理（建设）单位验收结论</td><td colspan="5">监理工程师（建设单位项目专业技术负责人）：　　　　年　月　日</td></tr>
</table>

26 接闪器安装

26.1 一般规定

26.1.1 接闪器安装工程应按已批准的设计进行施工。

26.1.2 避雷针体常规用镀锌钢筋或钢管制成，避雷针体顶端应制成尖状并应成封闭的，其截面积不得小于100mm^2，采用钢管时管壁的厚度不得小于3mm。

26.1.3 避雷针安装必须垂直、牢固，其倾斜度不得大于5/1000。在1～12m长避雷针的组装中，其各节的尺寸见表26.1.3的规定。

表26.1.3 避雷针组装尺寸

避雷针高度（m）	1	2	3	4	5	6	7	8	9	10	11	12
第一节尺寸（m）ϕ25（mm）	1	2	1.5	1	1.5	1.5	2	1	1.5	2	2	2
第二节尺寸（m）ϕ40（mm）			1.5	1.5	1.5	2	2	1	1.5	2	2	2
第三节尺寸（m）ϕ50（mm）				1.5	2	2.5	3	2	2	2	2	2
第四节尺寸（m）ϕ100（mm）								4	4	4	4	4

26.1.4 避雷带安装应符合以下要求：

1 明装敷设避雷带的截面，采用镀锌圆钢时其直径不得小于8mm；采用镀锌扁钢时，其截面不得小于25mm×4mm。明装避雷带距屋面应保持有100～150mm的间距，每隔500～1500mm应用支持架固定。

2 暗装避雷带（网）可利用建筑物内的钢筋组成，选用钢筋的直径不得小于8mm。

26.1.5 接闪器安装：接地装置和引下线应施工完成，才能安装接闪器，且与引下线连接。

26.2 施工准备

26.2.1 技术准备

1 按照已批准的施工组织设计（施工方案）进行技术交底。

2 按施工图设计进行放线、确定位置，经复核符合设计要求。

26.2.2 材料准备

同24.2.2条内容。

26.2.3 施工机具

同24.2.2条内容。

26.2.4 作业条件

1 均压环作业条件：土建圈梁钢筋正在绑扎时，配合做此项工作。

2 避雷网安装作业条件：

(1) 接地装置和引下线已施工完毕；

(2) 支架已安装完毕；

(3) 具备调直场地和垂直运输条件。

3 避雷针安装作业条件：

(1) 接地体及引下线必须做完。

(2) 需要脚手架时，脚手架搭设完毕。

(3) 土建结构工程已完，并随结构施工做完预埋件。

26.3 材料质量控制

同本标准第24.3节相关内容。

26.4 施工工艺

26.4.1 工艺流程

均压环安装→避雷针制作安装→避雷带安装

26.4.2 施工要点

26.4.2.1 均压环安装

1 均压环（或避雷带）的材料一般为镀锌圆钢 ϕ12mm，镀锌扁钢 -25mm×4mm 或 -40mm×4mm，使用前必须调直。

2 在高层建筑上，以首层起，每三层均设均压环一圈，可利用钢筋混凝土圈梁的钢筋与柱内作引下线钢筋进行连接（绑扎或焊接）做均压环。没有组合柱和圈梁的建筑物，应每三层在建筑物外墙内敷设一圈 ϕ12mm 或 -25mm×4mm 镀锌圆钢或扁钢，与防雷引下线连接做均压环。

3 以距地30m高度起，每向上三层，在结构圈梁内敷设一条 -25mm×4mm 的镀锌扁钢与引下线焊成一环形水平避雷带，以防止侧向雷击，并将金属栏杆及金属门窗等较大的金属物体与防雷装置可靠连接。

26.4.2.2 避雷针制作安装

1 避雷针制作：避雷针一般用镀锌圆钢或镀锌钢管制作，针长在1m以下时，圆钢为 ϕ12mm，钢管为G20mm；针长在1~2m时，圆钢为 ϕ16mm，钢管为G25mm。

2 避雷针安装前，应在屋面施工时配合土建浇灌好混凝土支座，预留好地脚螺栓，地脚螺栓最少有2根与屋面、墙体或梁内钢筋焊接。待混凝土强度达到要求后，再安装避雷针，连接引下线。

3 安装避雷针时，先组装避雷针，在底座板相应位置上焊一块肋板将避雷针立起，找直、找正后进行点焊，然后加以校正，焊上其他三块肋板。避雷针安装要牢固，并与引下线、避雷网焊接成一个电气通路。

26.4.2.3 避雷带安装

1 明装避雷带安装

(1) 明装避雷带的材料：一般为 ϕ10mm 的镀锌圆钢或 -25mm×4mm 的镀锌扁钢，支架一般用镀锌扁钢 -20mm×3mm 或 -25mm×4mm 和镀锌圆钢制成，支架的形式根据现场情况采用各种形式。

(2) 避雷带沿屋面安装时，一般沿混凝土支座固定，支座距转弯点中点 0.25m，直线部分支座间距应不大于 1m，必须布置均匀，避雷带距屋面的边缘距离不大于 500mm，在避雷带转角中心严禁设支座。

(3) 女儿墙和天沟上支架安装：尽量随结构施工预埋支架，支架距转弯中点 0.25m，直线部分支架水平间距 1～1.5m，垂直间距 1.5～2m，且支架间距均匀分布，支架的支起高度 100mm。

(4) 屋脊和檐口上支座、支架安装：可使用混凝土支墩或支架固定。使用支墩固定避雷带时，配合土建施工。现场浇制支座，浇制时，先将脊瓦敲去一角，使支座与瓦内的砂浆连成一体。如使用支架固定避雷带时，用电钻将脊瓦钻孔，再将支架插入孔内，用水泥砂浆填塞牢固。支架的间距同上。

(5) 避雷带沿坡形屋面敷设时，应使用混凝土支墩固定，且支墩与屋面垂直。

(6) 避雷带安装：将避雷带调直，用大绳提升到屋面，顺直敷设固定在支架上，焊接连成一体，再同引下线焊好。建筑物屋顶有金属旗杆，透气管，金属天沟，铁栏杆、爬梯、冷却塔、水箱，电视天线等金属导体都必须与避雷带焊接成一体，顶层的烟囱应做避雷针。在建筑物的变形缝处应做防雷跨越处理。

2 暗装避雷带安装

(1) 用建筑物 V 形折板内钢筋作避雷带，折板插筋与吊环和钢筋绑扎，通长筋应和插筋、吊环绑扎，折板接头部位的通长筋在端部顶留钢筋 100mm 长，便于与引下线连接。

(2) 利用女儿墙压顶钢筋作避雷带：将压顶内钢筋做电气连接（焊接），然后将防雷引下线与压顶内钢筋焊接连接。

26.5 成品保护

26.5.1 遇坡顶瓦屋面，在操作时应采取措施，以免踩坏屋面瓦。

26.5.2 不得损坏外檐装修。

26.5.3 避雷带敷设后，应避免砸碰。

26.5.4 拆除脚手架，注意不要碰坏避雷针。

26.5.5 避雷针安装时注意保护建筑物屋面及设施。

26.6 安全、环保措施

见本标准第 25.6 节相关内容。

26.7 质 量 标 准

26.7.1 主控项目

26.7.1.1 建筑物顶部的避雷针、避雷带等必须与顶部外露的其他金属物体连成一个整体的电气通路，且与避雷引下线连接可靠。

检验方法：观察检查和检查安装记录。

26.7.2 一般项目

26.7.2.1 避雷针、避雷带应位置正确，焊接固定的焊缝饱满无遗漏，螺栓固定的应备帽等防松零件齐全，焊接部分补刷的防腐油漆完整。

检验方法：观察检查。

26.7.2.2 避雷带应平正顺直，固定点支持件间距均匀。固定可靠，每个支持件应能承受大于49N（5kg）的垂直拉力。当设计无要求时，支持件间距应符合本标准第25.7.2.2条的要求。

检验方法：材料进场验收。

26.8 质 量 验 收

26.8.1 接闪器安装分项工程的施工质量验收应按每系统作为检验批。

26.8.2 检验批的抽查数量：接闪器安装全数检查。

26.8.3 检验批的验收按本标准第3.0.25条进行组织。

26.8.4 检验批质量验收记录当地政府主管部门无统一规定时，宜采用表26.8.4“接闪器安装检验批质量验收记录表”。

表 26.8.4　接闪器安装检验批质量验收记录表

GB 50303-2002

<table>
<tr><td colspan="3">单位（子单位）工程名称</td><td colspan="3"></td></tr>
<tr><td colspan="3">分部（子分部）工程名称</td><td colspan="2"></td><td>验收部位</td><td></td></tr>
<tr><td colspan="2">施工单位</td><td colspan="2"></td><td>项目经理</td><td></td></tr>
<tr><td colspan="2">分包单位</td><td colspan="2"></td><td>分包项目经理</td><td></td></tr>
<tr><td colspan="3">施工执行标准名称及编号</td><td colspan="3"></td></tr>
<tr><td colspan="3">施工质量验收规范规定</td><td>施工单位检查评定记录</td><td>监理（建设）单位验收记录</td></tr>
<tr><td>主控项目</td><td>1</td><td>建筑物顶部的避雷针、避雷带等必须与顶部外露的其他金属物体连成一个整体的电气通路，且与避雷引下线连接可靠</td><td></td><td></td></tr>
<tr><td rowspan="2">一般项目</td><td>1</td><td>避雷针、避雷带应位置正确，焊接固定的焊缝饱满无遗漏，螺栓固定的应备帽等防松零件齐全，焊接部分补刷的防腐油漆完整</td><td></td><td></td></tr>
<tr><td>2</td><td>避雷带应平正顺直，固定点支持件间距均匀。固定可靠，每个支持件应能承受大于49N（5kg）的垂直拉力。
当设计无要求时：明敷接地引下线及室内接地干线的支持件间距应均匀，水平直线部分0.5～1.5m，垂直直线部分1.5～3m，弯曲部分0.3～0.5m</td><td></td><td></td></tr>
<tr><td rowspan="2" colspan="2">施工单位检查评定结果</td><td>专业工长（施工员）</td><td></td><td>施工班组长</td></tr>
<tr><td colspan="3">项目专业质量检查员：　　　　年　　月　　日</td></tr>
<tr><td colspan="2">监理（建设）单位验收结论</td><td colspan="3">监理工程师（建设单位项目专业技术负责人）：　　　　年　　月　　日</td></tr>
</table>

27 建筑物等电位联结

27.1 一 般 规 定

27.1.1 建筑物电源进线处都应做总等电位联结，各个总等电位联结端子板应相连通。总等电位联结端子板安装在进线配电箱近旁。

总等电位联结端子板，应将下列导电部分汇流互相连通。

1 进户线配电箱的母排。

2 公用设施有金属管道，如上、下水，热力，燃气等管道。

3 建筑物金属结构。

4 接地极引线。

27.1.2 等电位联结线和等电位联结端子板宜用铜质材料。

27.1.3 等电位联结，应符合以下要求：

1 扁钢的搭接长度不应小于其宽度的2倍，三面施焊（当扁钢宽度不同时，搭接长度以宽的为准）。

2 圆钢的搭接长度应不小于其直径的6倍，双面施焊（当直径不同时，搭接长度以直径大的为准）。

3 扁钢与圆钢连接时，其搭接长度应不小于圆钢直径的6倍。

4 等电位联结线与金属管道的连接，应采用抱箍，与管道接触处的接触表面须刮拭干净，安装完毕后刷防护涂料，抱箍内径等于管道外径，其大小依管径大小而定。金属部件或零件，应有专用接线螺栓与等电位联结支线连接，连接处螺帽紧固、防松动件齐全。

27.1.4 等电位联结应按以下程序进行：

1 总等电位联结：可作为导电接地体的金属管道入户处和供总等电位联结的接地干线的位置检查确认，才能安装焊接总等电位联结端子板，按设计要求做总等电位联结；

2 辅助等电位联结：对供辅助等电位联结的接地母线位置检查确认，才能安装焊接辅助等电位联结端子板，按设计要求做辅助等电位联结；

3 对特殊要求的建筑金属屏蔽网箱，网箱施工完成，经检查确认，才能与接地线连接。

27.1.5 等电位联结须测试导电的连续性，导电不良的连接处需作跨接线。

27.1.6 等电位联结端子板与插座保护线端子或任一装置外导电部分间的连接线的电阻包括连接点的电阻不应大于0.2Ω。

27.2 施 工 准 备

27.2.1 技术准备

1　按照已批准的施工组织设计（施工方案）进行技术交底。

2　等电位联结前，应现场复核接地装置安装情况，经验收符合设计要求。

27.2.2　材料准备

接地干线（铜或钢）、总等电位联结端子板、等电位联结线、防护涂料、电焊条等。

27.2.3　施工机具

1　主要安装机具：手锤、电焊机、钢锯、气焊工具、压力案子、电锤、冲击钻、常用电工工具等。

2　主要检测机具：线坠、卷尺、接地电阻测试仪等。

27.2.4　作业条件

1　防雷接地装置安装完毕。

2　配电箱等电气设备、各专业管路安装完毕。

27.3　材料质量控制

同本标准第24.3节相关内容。

27.4　施　工　工　艺

27.4.1　总等电位联结系统施工工艺

27.4.1.1　工艺流程

总等电位联结系统工艺流程，如图27.4.1.1所示。

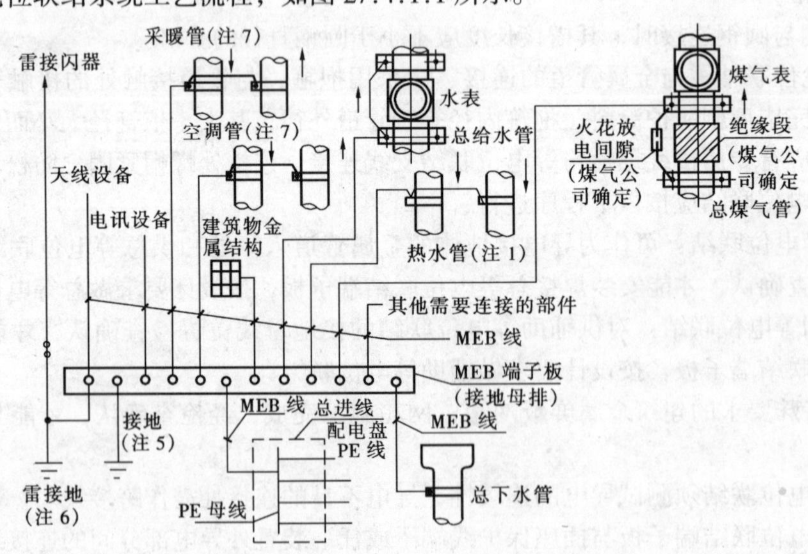

图27.4.1.1　总等电位联结系统工艺流程

27.4.1.2　施工要点

1　端子板应采用紫铜板，根据设计要求的规格尺寸加工。端子箱尺寸及箱顶、底板孔规格和孔距应符合设计要求。

2 MEB线截面应符合设计要求。相邻管道及金属结构允许用一根MEB线连接。

3 利用建筑物金属体做防雷及接地时，MEB端子板宜直接短捷地与该建筑物用作防雷及接地的金属体连通。

27.4.2 有防水要求房间等电位联结系统施工工艺

27.4.2.1 工艺流程

有防水要求房间等电位联结系统工艺流程，如图27.4.2.1所示。

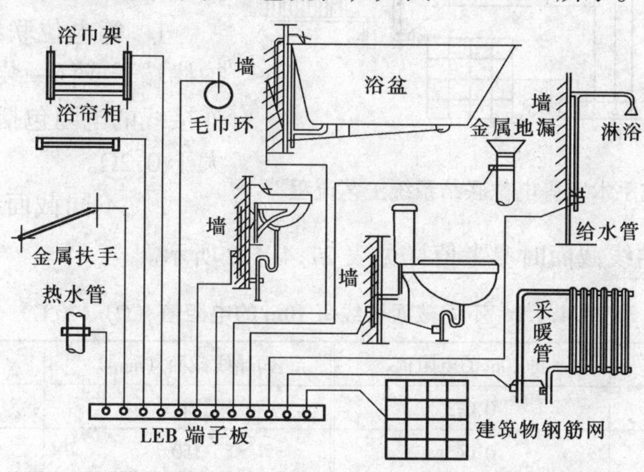

图27.4.2.1 有防水要求房间等电位联结系统工艺流程

27.4.2.2 施工要点

1 首先将地面内钢筋网和混凝土墙内钢筋网与等电位联通。

2 预埋件的结构形式和尺寸，埋设位置标高应符合设计要求。

3 等电位联结线与浴缸、地漏、下水管、卫生设备和连接，按工艺流程图要求进行。

4 等电位端子板安装位置应方便检测。端子箱和端子板组装应牢固可靠。

5 LEB线均应采用BV-4mm^{2}的铜线，应暗设于地面内或墙内穿入塑料管布线。

27.4.3 游泳池等电位联结系统施工工艺

27.4.3.1 工艺流程

游泳池等电位联结系统工艺流程，如图27.4.3.1所示。

27.4.3.2 施工要点

1 LEB线可自LEB端子板引出，与其室内有关金属管道和金属导电部分相互连接。

2 无筋地面应敷设等电位均衡导线，采用25mm×4mm扁钢或ϕ10圆钢在游泳池四周敷设三道，距游泳池0.3m，每道间距约为0.6m，最少在两处作横向连接，且与等电位联结端子板连接。

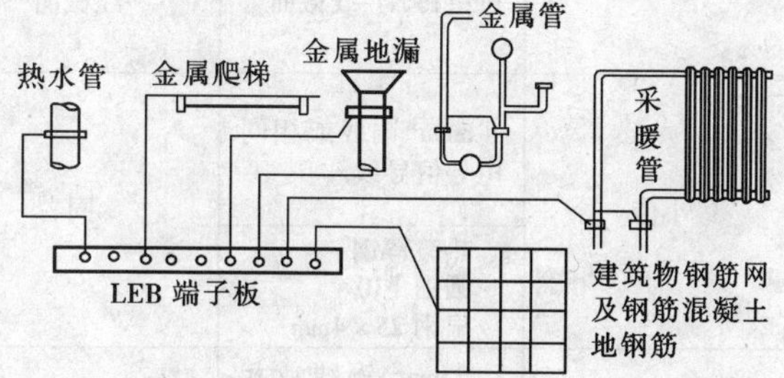

图27.4.3.1 游泳池等电位联结系统工艺流程

3 等电位均衡导线也可敷设网格为50mm×150mm，ϕ3的钢丝网，相邻网之间应互相焊接牢固。

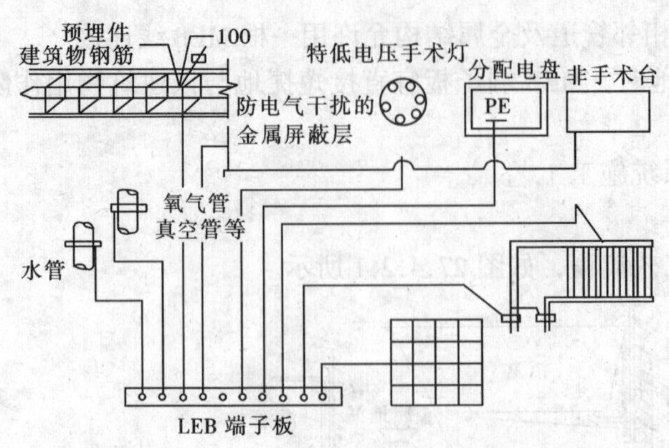

图 27.4.4.1　医院手术室等电位联结系统工艺流程

27.4.4　医院手术室等电位联结系统施工工艺

27.4.4.1　工艺流程

医院手术室等电位联结系统工艺流程，如图 27.4.4.1 所示。

27.4.4.2　施工要点

1　等电位联结端子板与插座保护线端子或任一装置外导电部分间的连接线的电阻包括连接点的电阻不应大于 0.2Ω。

2　不同截面导线每 10m 的电阻值供选择等电位联结线截面时参考值详见表 27.4.4.2 所示。

表 27.4.4.2　不同截面导线每 10m 的电阻值（Ω）（20℃）

铜导线截面（mm^2）	每 10m 的电阻值	铜导线截面（mm^2）	每 10m 的电阻值
2.5	0.073	50	0.0038
4	0.045	150	0.0012
6	0.03	500	0.0004
10	0.018		

3　预埋件形式、尺寸和安装的位置、标高，应符合设计要求，安装必须牢固可靠。

27.4.5　等电位联结线截面

等电位联结线的截面，应符合表 27.4.5 的要求。

表 27.4.5　等电位联结线的截面

<table>
<tr><th>类别
取值</th><th>总等电位联结线</th><th>局部等电位联结线</th><th colspan="2">辅助等电位联结线</th></tr>
<tr><td rowspan="2">一般值</td><td rowspan="2">不小于 0.5×进线 PE（PEN）线截面</td><td rowspan="2">不小于 0.5×PE 线截面①</td><td>两电气设备外露导电部分间</td><td>1×较小 PE 线截面</td></tr>
<tr><td>电气设备与装置外可导电部分间</td><td>0.5×PE 线截面</td></tr>
<tr><td rowspan="3">最小值</td><td rowspan="2">6mm² 铜线或相同电导值导线②</td><td rowspan="3">同右</td><td>有机械保护时</td><td>2.5mm² 铜线或 4mm² 铝线</td></tr>
<tr><td>无机械保护时</td><td>4mm² 铜线</td></tr>
<tr><td>热镀锌钢
圆钢 φ10
扁钢 25×4mm</td><td colspan="2">热镀锌钢
圆钢 φ8
扁钢 20×4mm</td></tr>
<tr><td>最大值</td><td>25mm² 铜线或相同电导值导线②</td><td>同左</td><td colspan="2">—</td></tr>
<tr><td colspan="5">① 局部场所内最大 PE 线截面；
② 不允许采用无机械保护的铝线。</td></tr>
</table>

等电位联结端子板截面不得小于所接等电位联结线截面。常规端子板的规格为：260mm×100mm×4mm，或者是 260mm×25mm×4mm。等电位联结端子板应采取螺栓连接，

以便于拆卸进行定期检测。

27.4.6 等电位联结导通性的测试

等电位联结安装完毕后应进行导通性测试，测试用电源可采用空载电压变4～24V的直流或交流电源，测试电流不应小于0.2A，当测得等电位联结端子板与等电位联结范围内的金属管道等金属体末端之间的电阻不超过3Ω时，可认为等电位联结是有效的，如发现导通不良的管道连接处，应做跨接线，并在投入使用后应定期做测试。

27.5 成品保护

27.5.1 其他专业在施工时注意保护等电位联结，不得损坏接地线。

27.5.2 安装等电位时，不得破坏其他专业已安装完毕的设施；

27.5.3 不得随意改动电气器具接线。

27.5.4 喷浆前，必须预先将等电位联结线用纸包好。

27.5.5 搬运物体时，不得碰坏等电位联结线。

27.6 安全、环保措施

27.6.1 搬运材料、机具、设备时，应小心谨慎，防止碰撞损坏材料、机具和设备，同时注意人身安全，防止碰伤、砸伤。

27.6.2 刷油防腐现场严禁有火源、热源，操作时严禁吸烟等。

27.6.3 使用机械时产生的噪音要有防止噪音扩散的措施。

27.6.4 施工现场保持清洁，做到工完场清。施工中产生的垃圾，机械产生的油污应及时清理干净。

27.7 质量标准

27.7.1 主控项目

27.7.1.1 建筑物等电位联结干线应从与接地装置有不少于2处直接连接的接地干线或总等电位箱引出，等电位联结干线或局部等电位箱间的连接线形成环形网路，环形网路应就近与等电位联结干线或局部等电位箱连接。支线间不应串联连接。

检验方法：观察检查。

27.7.1.2 等电位联结的线路最小允许截面应符合表27.7.1.2的规定。

表 27.7.1.2 线路最小允许截面（mm^2）

材料	截面	
	干线	支线
铜	16	6
钢	50	16

检验方法：实测和检查安装记录。

27.7.2 一般项目

27.7.2.1 等电位联结的可接近裸露导体或其他金属部件，构件与支线连接应可靠，熔焊、钎焊或机械紧固应导通正常。

检验方法：观察检查和检查试验记录。

27.7.2.2 需等电位联结的高级装修金属部件或零件，应有专用接线螺栓与等电位联结支线连接，且有标识；连接处螺帽紧固，防松零件齐全。

检验方法：观察检查。

27.8 质 量 验 收

27.8.1 建筑物等电位联结分项工程的施工质量验收应按每系统作为检验批。

27.8.2 检验批的抽查数量：抽查10%。

27.8.3 检验批的验收按本标准第3.0.25条进行组织。

27.8.4 检验批质量验收记录当地政府主管部门无统一规定时，宜采用用表27.8.4“建筑物等电位联结检验批质量验收记录表”。

表 27.8.4 建筑物等电位联结检验批质量验收记录表

GB 50303—2002

(2) 变配电室接地干线

<table>
<tr><td colspan="3">单位（子单位）工程名称</td><td colspan="3"></td></tr>
<tr><td colspan="3">分部（子分部）工程名称</td><td colspan="2"></td><td>验收部位</td><td></td></tr>
<tr><td colspan="3">施工单位</td><td colspan="2"></td><td>项目经理</td><td></td></tr>
<tr><td colspan="3">分包单位</td><td colspan="2"></td><td>分包项目经理</td><td></td></tr>
<tr><td colspan="3">施工执行标准名称及编号</td><td colspan="4"></td></tr>
<tr><td colspan="4">施工质量验收规范规定</td><td></td><td>施工单位
检查评定记录</td><td>监理（建设）
单位验收记录</td></tr>
<tr><td rowspan="2">主控项目</td><td>1</td><td colspan="3">建筑物等电位联结干线应从与接地装置有不少于2处直接连接的接地干线或总等电位箱引出，等电位联结干线或局部等电位箱间的连接线形成环形网路，环形网路应就近与等电位联结干线或局部等电位箱连接。支线间不应串联连接</td><td></td><td></td></tr>
<tr><td>2</td><td colspan="2">等电位联结的线路最小允许截面积</td><td>第27.7.1.2条</td><td></td><td></td></tr>
<tr><td rowspan="2">一般项目</td><td>1</td><td colspan="3">等电位联结的可接近裸露导体或其他金属部件，构件与支线连接应可靠，熔焊、钎焊或机械紧固应导通正常</td><td></td><td></td></tr>
<tr><td>2</td><td colspan="3">需等电位联结的高级装修金属部件或零件，应有专用接线螺栓与等电位联结支线连接，且有标识；连接处螺帽紧固，防松动零件齐全</td><td></td><td></td></tr>
<tr><td colspan="3" rowspan="2">施工单位检查评定结果</td><td colspan="2">专业工长（施工员）</td><td>施工班组长</td><td></td></tr>
<tr><td colspan="4">

项目专业质量检查员：　　　　　　　　年　　月　　日</td></tr>
<tr><td colspan="3">监理（建设）单位验收结论</td><td colspan="4">

监理工程师（建设单位项目专业技术负责人）：　　　　年　　月　　日</td></tr>
</table>

28 分部（子分部）工程验收

28.0.1 当建筑电气分部工程施工验收时，检验批的划分应符合下列规定：

1 室外电气安装工程中分项工程的检验批，依据庭院大小、投运时间先后、功能区块不同划分；

2 变配电室安装工程中分项工程的检验批，主变配电室为1个检验批；有数个分变配电室，且不属于子单位工程的子分部工程，各为1个检验批，其验收记录汇入所有变配电室有关分项工程有验收记录中；如各分变配电室属于各子单位工程的子分部工程，所属分项工程各为1个检验批，其验收记录应为一个分项工程验收记录，经子分部工程验收记录汇入分部工程验收记录中。

3 供电干线安装工程分项工程的检验批，依据供电区段和电气线缆竖井的编号划分；

4 电气动力和电气照明安装工程中分项工程及建筑物等电位联结分项工程的检验批，其划分的界区，应与建筑土建工程一致；

5 备用和不间断电源安装工程中分项工程各自成为1个检验批；

6 防雷及接地装置安装工程中分项工程检验批，人工接地装置和利用建筑物基础钢筋的接地体各为1个检验批，大型基础可按区块划分成几个检验批；避雷引下线安装6层以下的建筑为1个检验批，高层建筑依均压环设置间隔的层数为1个检验批；接闪器安装同一屋面为1个检验批。

28.0.2 当验收建筑电气工程时，应核查下列各项质量控制资料，且检查分项工程质量验收记录和分部（子分部 ）质量验收记录应正确，责任单位和责任人的签章齐全。

1 建筑电气工程施工图设计文件和图纸会审记录及洽商记录；

2 主要设备、器具、材料的合格证和进场验收记录；

3 隐蔽工程记录；

4 电气设备交接试验记录；

5 空载试运行和负荷试运行记录；

6 接地电阻、绝缘电阻测试记录；

7 建筑照明通电试运行记录；

8 工序交接合格等施工安装记录；

28.0.3 根据单位工程实际情况，检查建筑电气分部（子分部）工程所含分项工程的质量验收记录应无遗漏缺项。

28.0.4 当单位工程质量验收时，建筑电气分部（子分部）工程实物质量的抽检部位如下，且抽检结果应符合本规范规定。

1 大型公用建筑的变配电室，技术层的动力工程，供电干线的竖井，建筑顶部的防雷工程，重要的或大面积活动场所的照明工程，以及5%自然间的建筑电气动力、照明工程；

2 一般民用建筑有配电室和5%自然间的建筑电气照明工程，以及建筑顶部的防雷工程；

3 室外电气工程以变配电室为主，且抽检各类灯具的5%。

28.0.5 核查各类技术资料应齐全，且符合工序要求，有可追溯性；各责任人均应签章确认。

28.0.6 为方便检测验收，高低压配电装置的调整试验应提前通知监理和有关监督部门，实行旁站确认，变配电室通电后可抽测的项目主要是：各类电源自动切换或通断装置、馈电线路的绝缘电阻、接地（PE）或接零（PEN）的导通状态、开关插座的接线正确性、漏电保护装置的动作电流和时间、接地装置的接地电阻和由照明设计确定的照度等。抽检的结果应符合本规范规定和设计要求。

28.0.7 检验方法应符合下列规定：

1 电气设备、电缆和继电保护系统的调整试验结果，查阅试验记录或试验时旁站；

2 空载试运行和负荷试运行结果，查阅试运行记录或运行时旁站；

3 绝缘电阻、接地电阻和接地（PE）或接零（PEN）导通状态及插座接线正确性的测试结果，查阅测试记录或测试时旁站或用适配仪表进行抽测；

4 漏电保护装置动作数据值，查阅测试记录或用适配仪表进行抽测；

5 负荷试运行时大电流节点温升测量用红外线遥测温度仪抽测或查阅负荷试运行记录；

6 螺栓紧固程度用适配工具做拧动试验；有最终拧紧力矩要求的螺栓用扭力扳手抽测；

7 需吊芯、抽芯检查的变压器和大型电动机，吊芯、抽芯时旁站或查阅吊芯、抽芯记录；

8 需做动作试验的电气装置，高压部分不应带电试验，低压部分无负荷试验；

9 水平度用铁水平尺量，垂直度用线锤、吊线尺量，盘面平整度拉线尺量，各种距离的尺寸用塞尺、游标卡尺、钢尺、塔尺或采用其他仪器仪表等测量；

10 外观质量情况目测检查；

11 设备规格型号、标志及接线，对照工程设计图纸及其变更文件检查。

附录A 变压器交接试验

A.0.1 变压器交接试验，见表A.0.1。

表A.0.1 变压器交接试验

序号	试验内容	油浸变压器		干式变压器	
		电压等级		电压等级	
		6kV	10kV	6kV	10kV
1	绕组连同套管直流电阻值测量（在分接头各个位置）	与出厂值比较，同温度下变化不大于2%	（同左）	与出厂值比较，同温度下变化不大于2%	（同左）
2	检查变压比（在分接头各个位置）	与变压器铭牌标示相同，符合规律	（同左）	与变压器铭牌标示相同，符合规律	（同左）
3	检查结线组别	与变压器铭牌标示相同，且与出线符号一致	（同左）	与变压器铭牌标示相同，且与出线符号一致	（同左）
4	绕组绝缘电阻值测量	经测量时温度与出厂测量温度换算后不低于出厂值70%	（同左）	经测量时温度与出厂测量温度换算后不低于出厂值70%	（同左）
5	绕组连同套管交流工频耐压试验	21kV 1min	30kV 1min	17kV 1min	24kV 1min
6	与铁芯绝缘的紧固件绝缘电阻值测量	用2500V摇表测量1min，无闪络、击穿现象	（同左）	用2500V摇表测量1min，无闪络、击穿现象	（同左）
7	绝缘油电气强度试验	按GB 507—86执行，不低于25kV	（同左）	—	—
8	检查相位	与设计要求一致	（同左）	与设计要求一致	（同左）

附录B　高压设备及母线交接试验

B.0.1　高压设备及母线交接试验，见表B.0.1。

表B.0.1　高压设备及母线交接试验

序号	试验内容	电压等级	
		6kV	10kV
1	隔离开关、负荷开关有机物绝缘拉杆的绝缘电阻	大于1200MΩ	大于1200MΩ
2	负荷开关交流工频耐压试验	21kV　1min	27kV　1min
3	纯瓷套管交流工频耐压试验	23kV　1min	30kV　1min
4	固体有机绝缘套管交流工频耐压试验	21kV　1min	27kV　1min
5	母线支持绝缘子及隔离开关交流工频耐压试验	32kV　1min	42kV　1min
6	电流、电压互感器高压侧交流工频耐压试验	21kV　1min	27kV　1min
7	开关操动位置机械闭锁装置	准确可靠	准确可靠
8	高压限流熔丝管直流电阻值测量	与同型号产品间相比无明显差别	
9	负荷开关导电回路直流电阻值测量	符合产品技术条件	
10	电流、电压互感器绝缘电阻值测量	经测量时温度与出厂测量温度换算后无较大差别	
11	电压互感器一次绕组直流电阻值测量	与产品出厂测量值无明显差别	
12	对有需要作励磁特性的电流互感器作励磁特性曲线	符合产品技术条件	
13	电压互感器空载电流测量和励磁特性试验	与出厂试验记录无明显差别	
14	三相电压互感器接线组别、单相互感器极性试验	与铭牌标示相同，且与出线符号一致	
15	互感器的变比试验	与铭牌标示相同	

附录C 发电机交接试验

C.0.1 发电机交接试验，见表C.0.1。

表C.0.1 发电机交接试验

序号	部位		试验内容	试验结果
1	静态试验	定子电路	测量定子绕组的绝缘电阻和吸收比	绝缘电阻值大于0.5MΩ 沥青浸胶及烘卷云母绝缘吸收比大于1.3 环氧粉云母绝缘吸收比大于1.6
2	静态试验	定子电路	在常温下，绕组表面温度与空气温度差在±3℃范围内测量各相直流电阻	各相直流电阻值相互间差值不大于最小值2%，与出厂值在同温度下比差值不大于2%
3	静态试验	定子电路	交流工频耐压试验1min	试验电压为$1.5U_n+750V$，无闪络击穿现象，U_n为发电机额定电压
4	静态试验	转子电路	用1000V兆欧表测量转子绝缘电阻	绝缘电阻值大于0.5MΩ
5	静态试验	转子电路	在常温下，绕组表面温度与空气温度差在±3℃范围内测量绕组直流电阻	数值与出厂值在同温度下比差值不大于2%
6	静态试验	转子电路	交流工频耐压试验1min	用2500V摇表测量绝缘电阻替代
7	静态试验	励磁电路	退出励磁电路电子器件后，测量励磁电路的线路设备的绝缘电阻	绝缘电阻值大于0.5MΩ
8	静态试验	励磁电路	退出励磁电路电子器件后，进行交流工频耐压试验1min	试验电压1000V，无击穿闪络现象
9	静态试验	其他	有绝缘轴承的用1000V兆欧表测量轴承绝缘电阻	绝缘电阻值大于0.5MΩ
10	静态试验	其他	测量检温计（埋入式）绝缘电阻，校验检温计精度	用250V兆欧表检测不短路，精度符合出厂规定
11	静态试验	其他	测量灭磁电阻，自同步电阻器的直流电阻	与铭牌相比较，其差值为±10%
12	运转试验		发电机空载特性试验	按设备说明书比对，符合要求
13	运转试验		测量相序	相序与出线标识相符
14	运转试验		测量空载和负荷后轴电压	按设备说明书比对，符合要求

附录D 低压电器交接试验

D.0.1 低压电器交接试验，见表D.0.1。

表D.0.1 低压电器交接试验

序号	试验内容	试验标准或条件
1	绝缘电阻	用500V兆欧表摇测，绝缘电阻值≥1MΩ；潮湿场所，绝缘电阻≥0.5MΩ
2	低压电器动作情况	除产品另有规定外，电压、液压或气压在额定值的85%～110%范围内能可靠动作
3	脱扣器的整定值	整定值误差不得超过产品技术条件的规定
4	电阻器和变阻器的直流电阻差值	符合产品技术条件规定

附录E 母线螺栓搭接尺寸

E.0.1 母线螺栓搭接尺寸，见表E.0.1。

表E.0.1 母线螺栓搭接尺寸

搭接形式	类别	序号	连接尺寸（mm）			钻孔要求		螺栓规格
			b_1	b_2	a	ϕ（mm）	个 数	
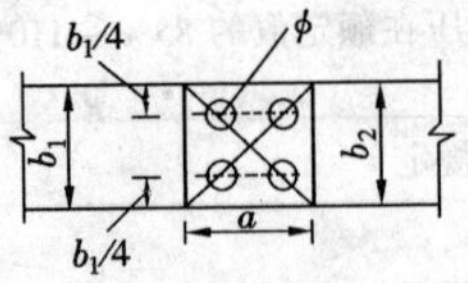	直线连接	1	125	125	b_1 或 b_2	21	4	M20
		2	100	100	b_1 或 b_2	17	4	M16
		3	80	80	b_1 或 b_2	13	4	M12
		4	63	63	b_1 或 b_2	11	4	M10
		5	50	50	b_1 或 b_2	9	4	M8
		6	45	45	b_1 或 b_2	9	4	M8
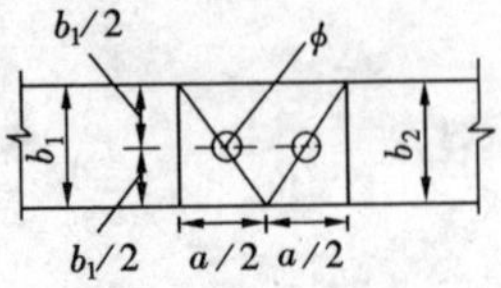	直线连接	7	40	40	80	13	2	M12
		8	31.5	31.5	63	11	2	M10
		9	25	25	50	9	2	M8
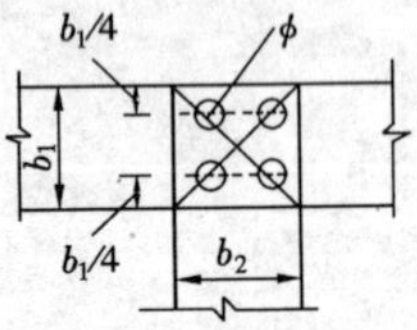	垂直连接	10	125	125		21	4	M20
		11	125	100～80		17	4	M16
		12	125	63		13	4	M12
		13	100	100～80		17	4	M16
		14	80	80～63		13	4	M12
		15	63	63～50		11	4	M10
		16	50	50		9	4	M8
		17	45	45		9	4	M8
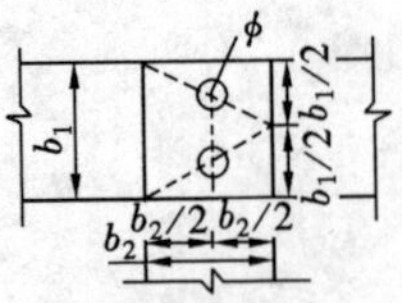	垂直连接	18	125	50～40		17	2	M16
		19	100	63～40		17	2	M16
		20	80	63～40		15	2	M14
		21	63	50～40		13	2	M12
		22	50	45～40		11	2	M10
		23	63	31.5～25		11	2	M10
		24	50	31.5～25		9	2	M8
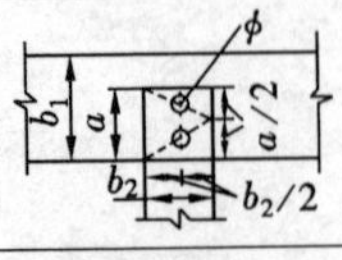	垂直连接	25	125	31.5～25	60	11	2	M10
		26	100	31.5～25	50	9	2	M8
		27	80	31.5～25	50	9	2	M8
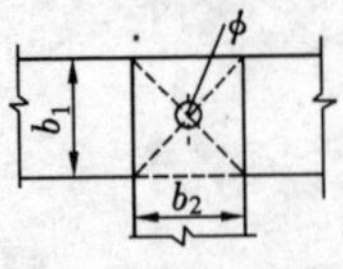	垂直连接	28	40	40～31.5		13	1	M12
		29	40	25		11	1	M10
		30	31.5	31.5～25		11	1	M10
		31	25	22		9	1	M8

附录 F　母线搭接螺栓的拧紧力矩

F.0.1　母线搭接螺栓的拧紧力矩，见表 F.0.1。

表 F.0.1　母线搭接螺栓的拧紧力矩

序　号	螺　栓　规　格	力矩值（N·m）
1	M8	8.8～10.8
2	M10	17.7～22.6
3	M12	31.4～39.2
4	M14	51.0～60.8
5	M16	78.5～98.1
6	M18	98.0～127.4
7	M20	156.9～196.2
8	M24	274.6～343.2

附录G 室内裸母线最小安全净距

G.0.1 室内裸母线最小安全净距，见表G.0.1。

表G.0.1 室内裸母线最小安全净距

符号	适用范围	图号	额定电压（kV）			
			0.4	1~3	6	10
A_1	1. 带电部分至接地部分之间 2. 网状和板状遮拦向上延伸线距地2.3m处与遮拦上方带电部分之间	图G.1	20	75	100	125
A_2	1. 不同相的带电部分之间 2. 断路器和隔离开关的断口两侧带电部分之间	图G.1	20	75	100	125
B_1	1. 栅状遮拦至带电部分之间 2. 交叉的不同时停电检修的无遮拦带电部分之间	图G.1 图G.2	800	825	850	875
B_2	网状遮拦至带电部分之间	图G.1	100	175	200	225
C	无遮拦裸导体至地（楼）面之间	图G.1	2300	2375	2400	2425
D	平行的不同时停电检修的无遮拦裸导体之间	图G.1	1875	1875	1900	1925
E	通向室外的出线套管至室外通道的路面	图G.2	3650	4000	4000	4000

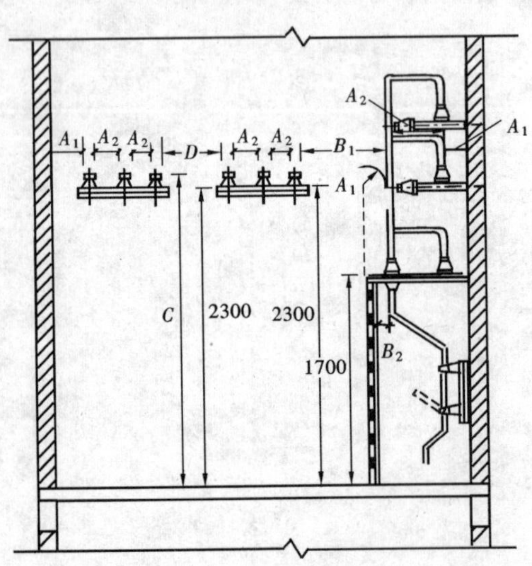

图G.1 室内A_1、A_2、B_1、B_2、C、D值校验

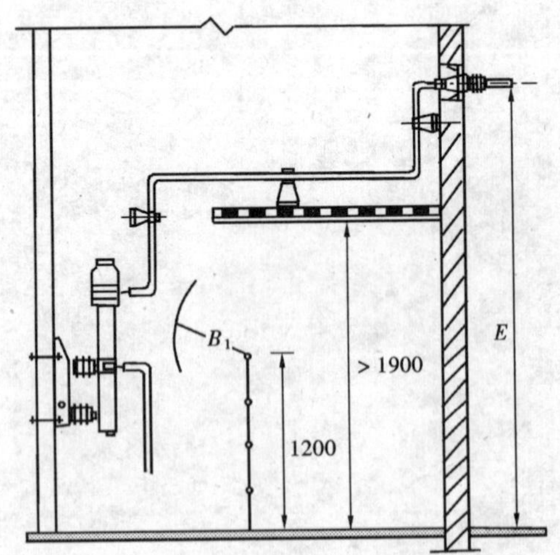

图G.2 室内B_1、E值校验

本标准用词说明

1 为便于在执行本标准中相关内容时区别对待，对要求严格程度不同的用词说明如下：

1）表示很严格，非这样做不可的用词：

正面词采用“必须”；反面词采用“严禁”。

2）表示严格，在正常情况下均应这样做的用词：

正面词采用“应”；反面词采用“不应”或“不得”。

3）表示允许稍有选择，在条件许可时，首先应这样做的用词：

正面词采用“宜”；反面词采用“不宜”。

表示有选择，在一定条件下可以这样做的用词，采用“可”。

2 本标准中指定应按其他有关标准、规范执行时的写法为“应符合……要求或规定”或“应按……执行”。

智能建筑工程施工技术标准

Technical standard for construction of
intelligent building systems

ZJQ 08—SGJB 339—2005

编 制 说 明

本标准是根据中建八局《关于〈施工技术标准〉编制工作安排的通知》（局科字［2002］348号）文的要求，由中建八局会同中建八局安装公司和上海班维电子工程有限公司共同编制。

在编写过程中，编写组认真学习和研究了国家《建筑工程施工质量验收统一标准》GB 50300—2001、《智能建筑工程质量验收规范》GB 50339—2003等标准，结合本企业智能建筑工程的施工经验进行编制，并组织本企业内、外专家经专项审查后定稿。

为方便配套使用，本标准在章节编排上与《智能建筑工程质量验收规范》GB 50339—2003保持对应关系。主要是：总则、术语和符号、基本规定、通信网络系统、信息网络系统、建筑设备监控系统、火灾自动报警及消防联动系统、安全防范系统、综合布线系统、智能化系统集成、电源与接地、环境、住宅（小区）智能化和分部（子分部）工程验收等共十四章。其主要内容包括技术和质量管理、施工工艺和方法、质量标准和验收三大部分。

本标准中有关国家规范中的强制性条文以黑体字列出，必须严格执行。

为了持续提高本标准的水平，请各单位在执行本标准过程中，注意总结经验，积累资料，随时将有关意见和建议反馈给中建八局技术质量部（通讯地址：上海市浦东新区源深路269号，邮政编码：200135），以供修订时参考。

本标准主要编写和审核人员：

主　　编：谢刚奎

副 主 编：陈洪兴　朱　毅

主要参编人：陈国强　章小燕　白晓栋　苗冬梅　焦景乾　敖利平　高云清　叶　颖

审 核 专 家：肖绪文　刘建祥　张成林　刘发洸　卜一德

1 总 则

1.0.1 为了加强施工技术管理，规范智能建筑工程的施工工艺，在符合设计要求、满足使用功能和国家相关标准（规范、规程等）的条件下，达到技术先进、经济合理，保证工程质量、环境保护和安全施工，制定本标准。

1.0.2 本标准适用于建筑工程的新建、扩建、改建工程中的智能建筑工程的施工及质量验收。

1.0.3 本标准依据现行国家标准《智能建筑工程施工质量验收规范》GB 50339—2003、《建筑工程施工质量验收统一标准》GB 50300—2001 等的要求编制，并与其配套使用。

1.0.4 智能建筑工程的安装与调试应根据设计图纸及有关设备技术文档的要求进行，所用的材料，应按照设计要求选用，并应符合国家现行材料标准的有关规定。

1.0.5 智能建筑工程施工中除应执行本标准外，尚应符合现行国家、行业及地方有关标准、规范的规定。

2 术语和符号

2.1 术 语

2.1.1 建筑设备自动化系统（BAS）building automation system

对建筑物或建筑群内各类机电设备进行监测、控制及自动化管理，达到安全、可靠、节能和集中管理的目的。其监控范围：将建筑物或建筑群内的空调与通风、变配电、照明、给排水、热源与热交换、冷冻和冷却及电梯和自动扶梯等系统，以集中监视、控制和管理为目的构成的综合系统。本标准所用建筑设备监控系统与此条通用。

2.1.2 通信网络系统（CNS）communication network system

通信网络系统是建筑物内语音、资料、图像传输的基础设施。通过通信网络系统，可实现与外部通信网路（如公用电话网、综合业务数字网、互联网、数据通信网及卫星通信网等）相联，确保信息畅通和实现信息共享。

2.1.3 信息网络系统（INS）information network system

信息网络系统是应用计算机技术、通信技术、多媒体技术、信息安全技术和行为科学等先进技术和设备构成的信息网络平台。借助于这一平台实现信息共享、资源共享和信息的传递与处理，并在此基础上开展各种应用业务。

2.1.4 智能化系统集成（ISI）intelligent system integrated

智能化系统集成应在建筑设备监控系统、安全防范系统、火灾自动报警及消防联动系统等各子分部工程的基础上，实现建筑物管理系统（BMS）集成。BMS可进一步与信息网络系统（INS）、通信网络系统（CNS）进行系统集成，实现智能建筑管理集成系统（IBMS），以满足建筑物的监控功能、管理功能和信息共享的需求，便于通过对建筑物和建筑设备的自动检测与优化控制，实现信息资源的优化管理和对使用者提供最佳的信息服务，使智能建筑达到投资合理、适应信息社会需要的目标，并具有安全、舒适、高效和环保的特点。系统集成的核心是充分利用智能建筑设施实现协同工作，提高智能建筑的信息利用效率。

2.1.5 火灾报警系统（FAS）fire alarm system

由火灾探测系统、火灾自动报警及消防联动系统和自动灭火系统等部分组成，实现建筑物的火灾自动报警及消防联动。

2.1.6 安全防范系统（SAS）security protection & alarm system

根据建筑安全防范管理的需要，综合运用电子信息技术、计算机网络技术、视频安防监控技术和各种现代安全防范技术构成的用于维护公共安全、预防刑事犯罪及灾害事故为目的的，具有报警、视频安防监控、出入口控制、安全检查、停车场（库）管理功能的安全技术防范体系。

2.1.7 住宅（社区）智能化（CI）community intelligent

它是以住宅社区为平台,兼备安全防范系统、火灾自动报警及消防联动系统、信息网络系统和物业管理系统等功能系统以及这些系统集成的智能化系统,具有集建筑系统、服务和管理于一体,向用户提供节能、高效、舒适、便利、安全的人居环境等特点的智能化系统。

2.1.8 家庭控制器（HC）home controller

完成家庭内各种数据采集、控制、管理及通信的控制器或网络系统，一般应具备家庭安全防范、家庭消防、家用电器监控、家用表具远程抄表及信息服务等功能。

2.1.9 控制网络系统（CNS）control network system

用控制总线将控制设备、传感器及执行机构等装置连接在一起进行实时的信息交互，并完成管理和设备监控的网络系统。

2.1.10 建筑与建筑群综合布线系统 generic cabling system for building and campus

建筑物或建筑群内的传输网络。它既使话音和数据通信设备、交换设备和其他信息管理系统彼此相连，又使这些设备与外部通信网络相连接。它包括建筑物到外部网络或电话局线路上的连线点与工作区的话音或数据终端之间的所有电缆及相关联的布线部件。

2.1.11 配线子系统（水平子系统）horizontal subsystem

配线子系统由信息插座、配线电缆或光缆、配线设备和跳线等组成。国外称之为水平子系统。

2.1.12 干线子系统（垂直子系统）backbone subsystem

干线子系统由配线设备、干线电缆或光缆、跳线等组成。国外称之为垂直子系统。

2.1.13 工作区 work area

工作区为需要设置终端设备的独立区域。

2.1.14 管理 administration

管理是针对设备间、交接间、工作区的配线设备、缆线、信息插座等设施，按一定模式进行标识和记录。

2.1.15 设备间 equipment room

设备间是安装各种设备的房间，对综合布线而言，主要是安装配线设备。

2.1.16 建筑群子系统 campus subsystem

建筑群子系统由配线设备、建筑物之间的干线电缆或光缆、跳线等组成。

2.1.17 交接间

安装楼层配线设备的房间。

2.1.18 安装通道

布放综合布线缆线的各种管网、电缆桥架、线槽等布线空间的统称。

2.1.19 安装空间

安装各种设备所需的房间或场地的统称。

2.2 符 号

符号	中文名	英文名
ATM	异步传输模式	Asyncnronous Transfer Mode

ACR	衰减 串音衰减比率	Attenuation to Crosstalk Ratio
BD	建筑物配线设备	Building Distributor
BHCA	中继模块的处理能力	Busy Hour Call Attempts
CD	建筑群配线设备	Campus Distributor
CISPR	国际无线电干扰特别委员会	Commission Internationale Speciale des Perturbations Radio
dB	电信传输单位:分贝	dB
DDC	直接数字控制器	Direct Digital Controller
DDN	数字数据网	Digital Data Network
DMZ	非军事化区或停火区	Demilitarized Zone
DSP	数字信号处理	Digital Signal Processing
EIA	美国电子工业协会	Electronic Industries Association
ELFEXT	等电平远端串音	Equal Level Far End Crosstalk
E-MAIL	电子邮件	Electronic-MAILs
FD	楼层配线设备	Floor Distributor
FEXT	远端串音	Far End Crosstalk
FTP	文件传输协议	File Transfer Protocol
FITX	光纤到X(X表示路边、楼、户、桌面)	Fiber To-The-X(X:C,B,H,D;C-curb,B-building,H-houst,D-desk)
HFC	混合光纤同轴网	Hybrid Fiber Coax
HTTP	超文本传输协议	Hypertext Transfer Protocol
HUB	集线器	HUB
IEC	国际电工技术委员会	International Electrotechnical Commission
IEEE	美国电气及电子工程师学会	The Institute of Electrical and Electronics Engineers
I/O	输入/输出	Input/Output
IP	因特网协议	Internet Protocol
ISDN	综合业务数字网	Integrated Services Digital Network
B-ISDN	宽频综合业务数字网	Broadband ISDN
N-ISDN	窄带综合业务数字网	Narrowband ISDN
ISO	国际标准化组织	International Organization for Standardization
ITU-T	国际电信联盟 电信(前称CCITT)	International Telecommunication Union-Telecommunications (formerly CCITT)
NEXT	近端串音	Near End Crosstalk
OAS	办公自动化系统	Office Automatization System
PIR	被动红外探测器	Passive Infra-Red detector
PSELFEXT	等电平远端串音的功率和	Power Sum ELFEXT
PSNEXT	近端串音的功率和	Power Sum NEXT

SDH	同步数字分组网	Synchronous Digital Hierarchy
TIA	美国电信工业协会	Telecommunications Industry Association
UNI	用户网络侧接口	User Network Interface
UPS	不间断电源系统	Uninterrupted Power System
UTP	非屏蔽对绞线	Unshielded Twisted Pair
VOD	视像点播	Video on Demand
Vr.m.s	电压有效值	Vroot.mean.square
VSAT	甚小口径卫星地面站	Very Small Aperture Terminal
XDSL	数字用户环路(X:表示高速、非对称、单环路、甚高速)	X Digital Subscriber Line,(X:H,A,S,V;H-high data rate,A-asymmetrical,S-single line,V-very high data rate)

3 基 本 规 定

3.1 一 般 规 定

3.1.1 智能建筑工程施工及质量验收应包括工程实施及质量控制、系统检测和竣工验收。

3.1.2 智能建筑分部工程应包括通信网络系统、信息网络系统、建筑设备监控系统、火灾自动报警及消防联动系统、安全防范系统、综合布线系统、智能化系统集成、电源与接地、环境和住宅（小区）智能化等子分部工程；子分部工程又分为若干个分项工程（子系统）。

3.1.3 智能建筑工程质量验收应按“先产品，后系统；先各系统，后系统集成”的顺序进行。

3.1.4 智能建筑工程的现场质量管制应符合本标准附录 A 中表 A.0.1 的要求。

3.1.5 火灾自动报警及消防联动系统、安全防范系统、通信网络系统的检测验收应按相关国家现行标准和国家及地方的相关法律法规执行，其他系统的检测应由省市级以上的建设行政主管部门或质量技术监督部门认可的专业检测机构组织实施。

3.2 产品质量检查

3.2.1 本标准所涉及的产品应包括智能建筑工程各智能化系统中使用的材料、硬件设备、软件产品和工程中应用的各种系统接口。

3.2.2 产品质量检查应包括列入《中华人民共和国实施强制性产品认证的产品目录》或实施生产许可证和上网许可证管理的产品，未列入强制性认证产品目录或未实施生产许可证和上网许可证管理的产品应按规定程序通过产品检测后方可使用。

3.2.3 产品功能、性能等项目的检测应按相应的现行国家产品标准进行，供需双方有特殊要求的产品，可按合同规定或设计要求进行。

3.2.4 对不具备现场检测条件的产品，可要求进行工厂检测并出具检测报告。

3.2.5 硬设备及材料的质量检查重点应包括安全性、可靠性及电磁兼容性等项目，可靠性检测可参考生产厂家出具的可靠性检测报告。

3.2.6 软件产品质量应按下列内容检查：

1 商业化的软件，如操作系统、数据库管理系统、应用系统软件、信息安全软件和网管软件等应做好使用许可证及使用范围的检查。

2 由系统承包商编制的用户应用软件、用户组态软件及接口软件等应用软件，除进行功能测试和系统测试之外，还应根据需要进行容量、可靠性、安全性、可恢复性、兼容性、自诊断等多项功能测试，并保证软件的可维护性。

3 所有自编软件均应提供完整的文件（包括软件资料、程序结构说明、安装调试说明、使用和维护说明书等）。

3.2.7 系统接口的质量应按下列要求检查：

1 系统承包商应提交接口规范，接口规范应在合同签订时由合同签定机构负责审定。

2 系统承包商应根据接口规范制定接口测试方案，接口测试方案经检测机构批准后实施。系统接口测试应保证接口性能符合设计要求，实现接口规范中规定的各项功能，不发生兼容性及通信瓶颈问题，并保证系统接口的制造和安装质量。

3.3 工程实施及质量控制

3.3.1 工程实施及质量控制应包括与前期工程的交接和工程实施条件准备、进场设备和材料的验收、隐蔽工程检查验收和过程检查、工程安装质量检查、系统自检和试运行等。

3.3.2 工程实施前应进行工序交接，做好与建筑结构、建筑装饰装修、建筑给水排水及采暖、建筑电气、通风与空调和电梯等分部工程的接口确认。

3.3.3 工程实施前应做好如下条件准备：

1 检查工程设计文件及施工图的完备性。智能建筑工程必须按已审批的施工图设计文档实施。工程中出现的设计变更，应按本标准附录 B 中表 B.0.3 的要求填写设计变更审核表。

2 完善施工现场质量管制检查制度和施工技术措施。

3.3.4 必须按照合同技术文件和工程设计文件的要求，对设备，材料和软件进行进场验收。进场验收应有书面记录和参加人签字，并经监理工程师或建设单位验收人员签字。未经进场验收合格的设备、材料和软件不得在工程上使用和安装。经进场验收的设备和材料应按产品的技术要求妥善保管。

3.3.5 设备及材料的进场验收应填写本标准附录 B 中表 B.0.1，具体要求如下：

1 保证外观完好，产品无损伤、无瑕疵，品种、数量、产地符合要求。

2 设备和软件产品的质量检查应执行本标准第 3.2 节的规定。

3 依规定程序获得批准使用的新材料和新产品除符合本条规定外，尚应提供主管部门规定的相关证明文档。

4 进口产品除应符合本标准规定外，尚应提供原产地证明和商检证明、配套提供的质量合格证明、检测报告及安装、使用、维护说明书等文件资料应为中文文本（或附中文译文）。

3.3.6 应做好隐蔽工程检查验收和过程检查记录，并经监理工程师签字确认；未经监理工程师签字，不得实施隐蔽作业。应按本标准附录 B 中表 B.0.2 填写隐蔽工程（过程检查）验收表。

3.3.7 采用现场观察、核对施工图、抽查测试等方法，对工程设备安装质量进行检查和观感质量验收。根据《建筑工程施工质量验收统一标准》GB 50300—2001 第 4.0.5 条和第 5.0.5 条的规定按检验批要求进行。应按附录 B 中表 B.0.4 的规定填写质量验收记录。

3.3.8 系统承包商在安装调试完成后，应对系统进行自检。自检时要求对检测项目逐项检测。

3.3.9 根据各系统的不同要求，应按本标准各章规定的合理周期对系统进行连续不中断试运行。应按附录 B 中表 B.0.5 填写试运行记录并提供试运行报告。

3.4 系 统 检 测

3.4.1 系统检测时应具备的条件：

1 系统安装调试完成后，已进行了规定时间的试运行。

2 已提供了相应的技术文件和工程实施及质量控制记录。

3.4.2 建设单位应组织有关人员依据合同技术文件和设计文档，以及本标准规定的检测项目、检测数量和检测方法，制定系统检测方案并经检测机构批准实施。

3.4.3 检测机构应按系统检测方案所列检测项目进行检测。

3.4.4 检测结论与处理

1 检测结论分为合格和不合格。

2 主控项目有一项不合格，则系统检测不合格；一般项目两项或两项以上不合格，则系统检测不合格。

3 系统检测不合格应限期整改，然后重新检测，直至检测合格。重新检测时抽检数量应加倍。系统检测合格，但存在不合格项，应对不合格项进行整改，直到整改合格，并应在竣工验收时提交整改结果报告。

3.4.5 检测机构应按本标准附录 C 中表 C.0.1、表 C.0.2、表 C.0.3 和表 C.0.4 填写系统检测记录和汇总表。

4 通 信 网 络 系 统

4.1 一 般 规 定

4.1.1 本章适用于智能建筑工程中安装的通信网络系统及其与公用通信网之间的接口的系统施工、检测和竣工验收。

4.1.2 本系统应包括通信系统、卫星数字电视及有线电视系统、公共广播及紧急广播系统等各子系统及相关设施。其中通信系统包括电话交换系统、会议电视系统及接入网设备。

4.1.3 通信网络系统的机房环境应符合本标准第12章的规定，机房安全、电源与接地应符合《通信电源设备安装工程验收规范》YD 5079和本标准第8章、第11章的有关规定。

4.1.4 通信网络系统缆线的敷设应按以下规定进行：

1 光缆及对绞电缆应符合本标准第9章的规定。

2 电话线缆应符合《城市住宅区和办公楼电话通信设施验收规范》YD 5048的有关规定。

3 同轴电缆应符合《有线电视系统技术规范》GY/T 106的有关规定。

4.2 通 信 系 统

4.2.1 施工准备

4.2.1.1 技术准备

1 施工前进行图纸会审。

2 施工前应编制施工组织设计（施工方案），并报上一级技术负责人审核批准。

3 施工前应进行技术交底，明确施工方法及质量标准。

4.2.1.2 材料准备

机房设备：数字程控交换机、数字资料接点机（DDN)、宽频接入设备（DSLAM、LAN、SWITCH等)、数字传输设备、电源等。

终端设备：电话机、传真机、计算机等。

安装用料：桥架、线槽、光缆、电缆、电线、管材、型材等。

4.2.1.3 主要机具

施工机具：电焊机、切割机、砂轮机、专用工具等。

测试仪器：场强仪、综合数字分析仪、网络测试仪、示波器、数字万用表、PCM呼叫分析器、PCM信道测试仪、信令分析仪、对讲机等。

4.2.1.4 作业条件

1 检查机房建筑情况（含防火安全措施)，应达到设计或规范要求。机房地线和电源线的布放应符合规范要求，方能进行施工。

2 机房设备、终端设备、电源设备等全部到齐，其他设备和材料数量应满足连续施工的要求。工程施工中严禁使用未经验收合格的器材，关键设备应有强制性产品认证证书和标志或入网许可证等文件数据。

4.2.2 材料质量控制

4.2.2.1 通信系统的设备、材料进场验收要求除遵照本标准第3.3.4条和第3.3.5条的规定执行外，还应执行下列规定：

1 施工前，应对工程所有的器材设备的规格、程序、数量、质量进行检查，无出厂检验证明材料或设计不符的器材不得在工程中使用。

2 型材、管材和铁件的检验要求应符合下列要求：

(1) 各种型材的材质、规格均应符合设计文件的规定，表面应光滑、平整，不得变形、断裂。

(2) 管材采用钢管、硬聚氯乙烯管、玻璃钢管时，其管身应光滑无伤痕，管孔无变形，孔径、壁厚应符合设计要求。

(3) 管道采用水泥管块时，应符合《通信管道工程施工及验收技术规范》的有关规定(见附录一)。

(4) 各种规格铁件的材质均应符合质量标准，不得有歪斜、扭曲、毛刺、断裂或破损。

(5) 铁件的表面处理和镀层应均匀完整、表面光洁，无脱落、无气泡等缺陷。

3 缆线的检验要求：

(1) 工程中使用的对绞电缆、视音频线缆和光缆的规格、程序、形式应符合设计的规定和合同要求。

(2) 电缆所附的标志、卷标内容应齐全（电缆型号、生产厂名、制造日期和电缆盘长）且应附有出厂检验合格证。如用户在合同中有要求，应附有本批量电缆的电气性能检验报告。

(3) 电缆的电气性能应从本批量电缆的任意盘中抽样测试。

(4) 线料和电缆的塑料外皮应无老化变质现象，无扭曲、破损、折皱现象，并应进行通、断和绝缘检查。

(5) 局内电缆、接线端子板等主要器材的电气应抽样测试。当相对湿度在75%以下，用250V兆欧表测试时，电缆芯线绝缘电阻应不小于200MΩ，接线端子板相邻端子的绝缘电阻应不低于500MΩ。

(6) 剥开电缆头，有A、B端要求的要识别端别，在缆线外端应标出类别和序号。

(7) 光缆开盘后应先检查光缆外表面有无损伤，光缆端封装是否良好。根据光缆出厂产品质量检验合格证和测试记录，审核光纤的几何、光学和传输特性及机械物理性能是否符合设计要求。

(8) 综合布线系统工程在使用62.5/125μm或50/125μm多模渐变折射率光纤光缆和单模光纤光缆时，应现场检验测试光纤衰减常数和光纤长度。

(9) 衰减测试，宜用光时域反射仪（OTDR）进行测试，测试结果如超出标准或与出厂测试数值相差太大，应用光功率计测试，并加以比较，判断是测试误差还是光纤本身衰减过大。

(10) 长度测试：要求对每根光纤进行测试，测试结果应与实际长度一致。如在同一盘光缆中光纤长度差异较大，则应从另一端进行测试，或做通光检查以判断是否有断纤存在。

4 光纤调度软纤（光跳线）检验应符合下列规定：

(1) 光纤调度软纤应具有经过防火处理的光纤保护包皮，两端的活性连接器（活接头）端面应配有合适的保护盖帽。

(2) 每根光纤调度软纤中光纤的类型应有明显的标记，选用应符合设计要求。

5 保安接线排的保安单元过压、过流保护各项指标应符合设计和产品技术要求。

6 光纤插座的连接器使用型号数量和位置应与设计相符。

7 光纤插座面板应有发射（TX）和接受（RX）的明显标志。

8 对绞电缆（UTP 和 STP）的电气性能、机械特性、传输性能及插接件的具体技术指标和要求应符合设计和产品技术要求。

9 通信电缆设备验收检查应符合有关标准及厂商质保资料的要求。

4.2.3 施工工艺

4.2.3.1 工艺流程

技术资料核查→安全防火措施→线缆敷设→机架设备安装→配线架安装→机台和终端设备安装→系统测试

4.2.3.2 施工要点

1 技术资料核查

认真阅审施工图，检查其是否满足设计要求和合同要求，同时是否符合国家及行业标准和工程设计文件规定，以及制图的规范化等质量标准。对设计意图不明或不合理的地方应交由设计单位或业主处理，有关技术文档及必要的设备安装及使用说明书应齐全。

2 安全防火措施

检查机房建筑情况，应达到设计或规范要求，具体应符合如下几条要求：

(1) 机房环境相对安静，并远离电梯房、水泵房等易产生电磁辐射干扰的场所，距离不宜小于 15m；

(2) 无有害气体或蒸汽以及烟尘侵入，远离易燃易爆场所；

(3) 机房内应根据规模大小设置卤代烷或二氧化碳等固定式或手提式灭火装置，禁止采用水喷淋装置；

(4) 其他机房建筑环境应符合本标准第 12 章的要求。

3 线缆敷设

通信线路施工的质量检查和监督应按《市内电话线路工程施工及验收技术规范》YDJ 38 规定执行：

(1) 电缆敷设要求

1) 电源线宜与信号线、控制线分开敷设。

2) 电缆布放的路由、位置和截面应符合施工图纸的要求。

3) 捆绑电缆要牢固、松紧适度，平直、端正，捆扎线扣要整齐一致；转弯要均匀、圆滑，弯曲半径应大于电缆直径的 10 倍，同一类型的电缆弯度要一致；穿放光缆时，其弯曲半径不得小于其外径的20倍。

4）线槽内电缆要求顺直，无大团扭绞和交叉，转弯要均匀、圆滑，弯曲半径应符合要求，电缆不溢出线槽。

5）电缆敷设穿管时，不应损伤线缆外皮（护套），穿放电缆时宜涂抹滑石粉。

6）电缆穿入管子后，为避免拉得过紧，应有一定的余量。

7）应做到一线到位，避免电缆接续，出现接头。

8）软光纤应采用独用塑料线槽敷设，与其他缆线交叉时应采用穿塑料管保护，敷设光纤时不得产生小圈。

9）在在用设备上施工时，有时其光纤内可能有激光光束，故其端面不得正对眼睛，以免灼伤。

10）电缆或光纤两端成端后应按照设计作好标记。

11）电源线的敷设应满足：

a　交换机系统使用的交流电源线（110V或220V）必须有接地保护线。

b　直流电源线成端时应连接牢固、接触良好，保证电压降指标及对地电位符合设计要求。

c　机房的每路直流馈电线包括所接的列内电源线和机架引入线，两端腾空时，用500V的兆欧表测试正负线间和负线对地间绝缘电阻均不得小于1MΩ。

d　交换系统使用的交流电源线两端腾空时，用500V的兆欧表测试芯线间和芯线对地间绝缘电阻均不得小于1MΩ。

e　电源布线应平直、整齐，导线的固定方法和要求应符合施工图的要求和电气标准规范的规定。

f　电源线色标要清晰、正确，正线为红色，负线为蓝色。

g　采用电力电缆作为直流馈电线时，每对馈电线应保持平行，正负线两端应有统一的红蓝标志。电源线末端必须用绝缘胶带等绝缘物封头，电缆剖头处必须用胶带和护套封扎。

h　汇流条接头处应平整、整洁，铜排镀锡。汇流条转弯和电源线转弯时的曲率半径应符合相关要求。

i　汇流条鸭脖弯连接的铜排搭接长度等于其宽度。

（2）准备工作

1）图纸准备，包括机架排列图、电缆路由图、电缆截面图、端子板排列图、布缆图、电缆编号及机架编号对照表。

2）工具准备，包括电缆剪刀、钢皮尺、梯凳、搭桥跳板等。

工程技术负责人应将电缆放绑的有关要求和技术问题向参加放缆的人员作详细交底。

放置梯凳或搭跳板等时均要绑扎牢固，所用的跳板要能安全承重。

3）器材准备。将欲布放的电缆按类型、按顺序、分期分批搬进机房，按顺序堆放。并将放缆盘按照施缆路由放置于适当部位。

（3）注意事项

1）布放电缆前，复查布放电缆路由上的电缆走道是否全部垂直和水平，装置是否牢固。

2）电缆由盘上脱离盘体时不能硬拉，应有专人负责，根据需要缓慢放盘。

3）高凳作业必须注意安全，严禁来回跨越或用脚移动高凳。

4）如需在走道上铺板时，必须绑扎牢固，安全可靠。

5）每条电缆的两端应有明显的标志。

（4）电缆长度的计算

1）计算电缆长度有拉放法和计算法两种方法。拉放法是将电缆直接上架，比量两端留长后剪断。在电缆根数少、长度较长的情况下，此法比较可靠。计算法是将电缆经过长度计算再布放。在电缆较短，根数多的情况下，此法计算准确，可节约电缆。架下编扎的电缆，必须经过计算，复核后才能量剪。

2）计算方法是将整个机房排列用一张大坐标纸以一定的比例（如1:10）画出，标明机架及列走道位置。总配线架可用另一张坐标纸画出，在坐标纸上进行电缆长度的计算。为了便于核对，可画好表格并将图上各段长度填入表格，然后考虑增加转弯长度，再汇总得出电缆总长度。

电缆转弯时由于层数不同而产生的长度差异，可以用一个常数 K 表示。当第一条电缆为内层时，外层第二条电缆比第一条在转弯处长出 K，第三条电缆又比第二层电缆长出 K，K 的计算公式为：$K=1.57X$（X = 电缆的外皮直径）。

电缆在大批量剪断前，应先量剪一段进行试放，核对计算有无错误，并确定起止长度。

计算过程中，由一个人计算，另一个人复核。

（5）量剪电缆

1）采用长度计算法量剪电缆前，应该核对电缆的规格、程序，并用250V兆欧表进行线对之间、组与组之间、芯线与铝皮之间的大绝缘测试，并作好测试记录。

2）量剪时，一人看尺寸，另一人念电缆长度数据，看准尺寸无误后方可剪断，并在电缆两端适当部位贴上标签。

（6）布放电缆

1）布放电缆的方法

布放电缆前要充分了解布线路由。

放电缆时要尽量考虑发展位置，对于按照设计规定预留的空位应垫以短电缆头或木块，木块漆色应与电缆外皮颜色一致。

布放前应先复核电缆的规格、程序及段长，以免发生差错。布放时应按排列顺序放上走道。以避免交叉或放上后再变更位置。放电缆时要避免电缆扭绞。

放绑人员应站在电缆走道旁边的梯凳或木桥上，每人负责一段。禁止在走道或线槽上踩踏。

2）布放电缆的基本规格形式

电缆应互相平行靠拢，无空隙。

麻线在横铁或支铁上要并拢平行，不交叉，不歪斜，排列整齐。线扣应在一直线，位置在横铁的中心线上。

电缆在走道上拐平弯时，转弯部分不可选在横铁上，以免捆绑困难，应将转弯部分选在临近两横铁之间，并力求对称。

大堆电缆分成几堆下线时，应尽可能将上面的电缆绑成一直线，避免起伏不平的现象。

电缆弯度均匀圆滑，起弯点以外应保持平直，电缆曲率半径应符合要求。

上、下走道间的电缆在距起弯点 10mm 处各空绑一道；如果垂直的一段长度在 100mm 以下，可仅在中间空绑一道。

配线架上的水平走道电缆下线时，应在走道至第一支铁的中间空绑一道。

配线架端子板电缆编扎（或分、穿线）后，其出线前面一段应绑扎在配线架的支铁上。

布放线槽电缆时可以不绑扎，槽内电缆应顺直，尽量不交叉，电缆不溢出线槽。在电缆进出线槽部位和电缆转弯处应绑扎或用塑料卡捆扎固定。

(7) 电缆作弯

1）电缆作弯的方法

用两手握住电缆侧面，从电缆的起弯点开始，缓缓地顺次将电缆弯作好。一般先弯小一些，然后将电缆的两端直线部分向外反弯一下，以防电缆在绑好后变形。

成堆电缆作弯，应采用电缆枕头（木模），这样既保证质量，也便于施工。

电缆弯好后，可用芯线将电缆临时绑好；但不可用裸铜线捆绑，以免勒伤电缆外皮。

作弯时，应尽可能一次将弯作好。要避免一再修改而致使电缆芯线绝缘受损，而且一再修改也更不易达到作弯的要求。

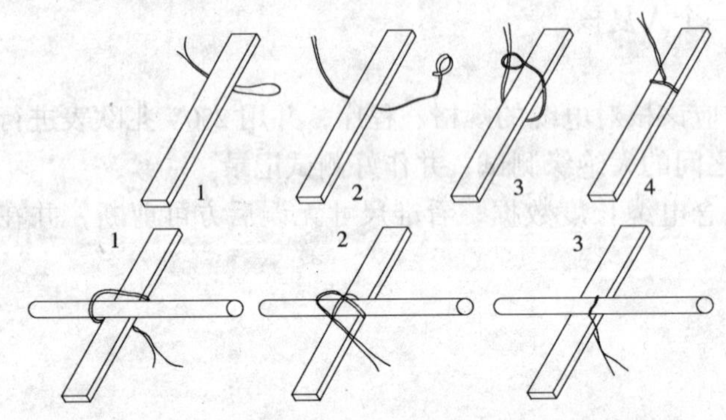

图 4.2.3.2-1 电缆起始扣、绑扎扣

作弯时，应多次从上下左右前后各个侧面观察作弯质量，及时纠正不当之处。尤其在绑最初几根电缆时，因电缆较少，容易变形，更应注意。

2）机架电缆作弯的作法

机架电缆下线，最好在一处下线。电缆较多时，可考虑两处下线。

已绑好的电缆，需将线把与作成端的端子板对齐，用废芯线将电缆捆在电缆支铁上。

先弯好最里面的一条电缆（即离机架最近的一条电缆），并把它绑在列走道横铁上，再依次作弯其他电缆。机架电缆下弯的弧度应一致，作弯时可利用作弯模板比量。

3）大走道上下电缆弯的作法

电缆在直走道上绑至距作弯 1～2 根横铁时，须先将电缆弯作好后再继续绑下去，不应将电缆绑到起弯点时才开始作弯。

先按规定位置作好第一条电缆弯，并以此为准作其他各条电缆弯。

靠近电缆弯的 1～2 根横铁，应绑得稍紧一些。在每层转弯处不宜压得过紧，以免电缆弯被压拓下来，致使电缆弯不成型。

(8) 捆绑电缆

1）注意事项

捆绑电缆前应检查核对每根电缆的起始部位、路由和占电缆截面图的位置是否符合设计，而且设计预留的空位不得遗漏。

捆绑电缆可根据不同情况采用单根捆绑法或成组捆绑法。

电缆一般应在一组放完后一次捆绑；电缆条数较多时，可分几次捆绑，每次不超过20～25条，布放好一部分即可捆绑一部分。如电缆堆需凑齐一组方能捆绑时，应将电缆用临时扎线捆扎成形。

2）捆绑电缆

捆绑电缆前，一般先从配线架一端开始整理，将电缆位置对准，然后在支铁上作临时捆绑，经检查两端留长都能满足成端需要后，即可正式捆绑。正式捆绑可从一端开始向另一端顺序进行；如果电缆两头不编线时，也可从中间向两端捆绑，但不得从两端向中间捆绑。

捆绑电缆时起始扣、绑扎扣的作法，如图4.2.3.2-1所示。

3）电缆在走道支铁上捆绑作法，如图4.2.3.2-2所示。

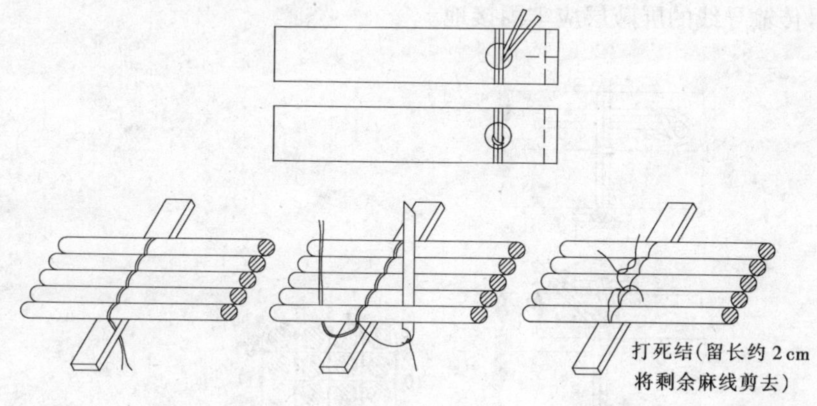

图4.2.3.2-2　电缆在走道支铁上捆绑法

4）电缆的悬空捆绑法，如图4.2.3.2-3所示。

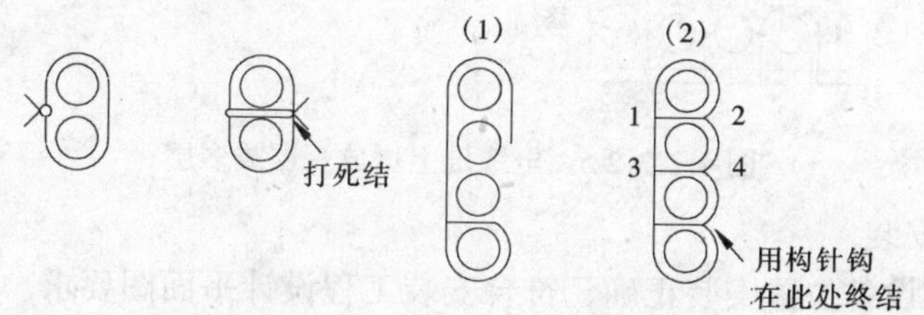

图4.2.3.2-3　电缆悬空捆绑法

5）电缆堆的单条竖立捆绑、成组捆绑，如图4.2.3.2-4所示。

6）电缆堆上增放一层或多层的捆绑，如图4.2.3.2-5所示。

(9) 电缆整理

捆绑电缆时，应随绑随整理。

电缆堆部分不平直时，可垫以木块，并用橡皮榔头轻轻敲打矫正。

每组电缆放绑完毕后，即可将辅助支铁和临时捆扎线去掉。

作大走道电缆弯用的辅助支铁，应在绑好一道悬空捆绑后方可取下。

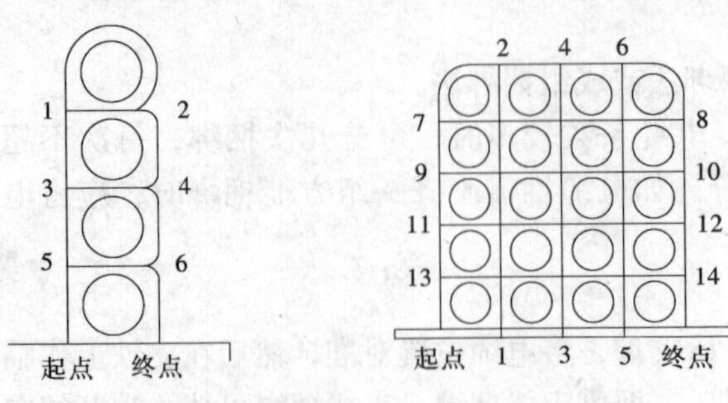

图 4.2.3.2-4 单条竖立捆绑或成组捆绑法

用钩针和穿线调整不规则的线扣，使其合乎要求。

捆绑电缆后，其长出的麻线应先打死结，然后压在电缆堆里面。

(10) 接地系统

电信设备的工作接地，一般要求单独设置，亦可与建筑物内变压器的工作接地共享一个接地装置，但必须通过绝缘的专用接地线与接地装置相连。

电信设备采用共同接地装置时，其接地电阻应不大于 1Ω，宜用两根截面不小于 $25mm^2$ 的铜芯绝缘线穿管敷设到共同接地极上。

音频信号传输导线的屏蔽层应牢固接地。

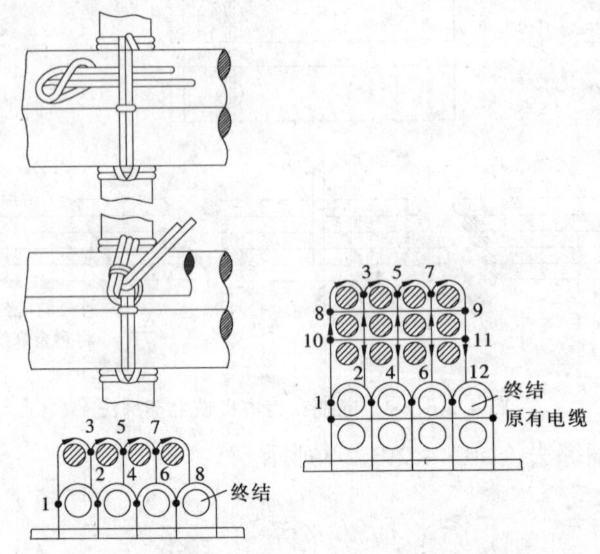

图 4.2.3.2-5 电缆堆上增放一层或多层

4 机架设备安装

(1) 机房机架设备位置安装正确，符合安装工程设计平面图要求。

(2) 机架安装垂直度偏差应不大于 3mm。

(3) 大列主走道侧必须对齐成直线，误差不得大于 5mm，相邻机架应紧密靠拢，整列机面应在同一平面上，无凹凸现象。

(4) 各种螺栓必须拧紧，同类螺丝露出螺帽的长度应一致。

(5) 机架上的各种零件不得脱落或碰坏，漆面如有脱落应予补漆，各种文字和符号标志应正确、清晰、齐全。

(6) 机架、列架必须按施工图的抗震要求进行加固。

(7) 告警显示单元安装位置端正合理，告警标志清楚。

5　总配线架及各种配线架的安装

(1) 配线架的位置符合设计规定，垂直度允许偏差应小于3mm，底座水平度允许偏差小于1mm/m，全长小于5mm。

(2) 铁架应接地良好。

(3) 告警装置完整、可靠。

(4) 配线架必须按施工图要求进行抗震加固。

6　机台和终端设备安装

(1) 机台位置安装正确，台列安装整齐，机台边缘应成一直线，相邻机台紧密靠拢，台面相互保持水平，衔接处无明显高低不平现象；

(2) 终端设备应配备完整，安装就位，标志齐全、正确。

7　系统调试

(1) 测试或检测应按《程控电话交换设备安装工程验收规范》YD 5077的内容进行。

(2) 数字程控交换机的系统检查测试：

1) 通电测试前要求：机房温度18~28℃，相对湿度30%~75%，直流电压符合设计要求。硬件检查应符合如下要求：设备标志齐全正确；印制电路板数量、规格、安装位置与施工文件相符；设备的各种选择开关应置于指定的位置上；设备的各种熔丝规格符合要求；列架、机架接地良好；设备内部的电源布线无接地现象，并确认主电源正常。

2) 硬件通电测试：按厂商提供的设备技术资料测试，步骤如下；

a　各级硬件设备按厂家提供的操作程序，逐级加上电源；

b　设备通电后，检查所有变换器的输出电压均应符合规定；

c　各种外围终端应设备齐全，自测正常，设备内风扇装置应运转良好；

d　检查交换机、配线架等各级可闻、可见告警信号装置应工作正常、告警准确；

e　交换系统配置的时钟同步装置应工作正常，各级交换中心配备的时钟等级和性能参数应符合相关的国家标准和规定要求；

f　装入测试程序，通过人机命令或自检，对设备进行测试检查，确认硬件系统无故障，并提供测试报告。

3) 系统功能测试：

a　系统建立功能（包括系统初始化；系统自动/人工再装入；系统自动/人工再启动）；

b　系统交换功能（包括本局及出入局呼叫；市话汇接呼叫；各种用户交换机的来去话呼叫；长途及国际来、去呼叫；计费；非电话业务；特种业务呼叫；新业务性能）；

c　系统维护管理功能（包括人机命令核实、告警系统测试；话务观察和统计；例行测试；中继和用户线的人工测试；用户资料和局数的管理；故障诊断；冗余设备的人工/自动倒换；输入、输出设备的性能测试）；

d　系统信号方式及网络支撑，包括用户的信号方式（脉冲、多频）、局间信令方式（随路、共路）、系统的网同步功能、系统的网管功能。

(3) 程控用户交换机或其他通信设备（如远程模块等）除检查出厂及厂验记录外，还需依据生产厂家提供的资料和有关的技术规范、标准的相关规定等进行初验测试。

1) 可靠性测试：

a　软件测试故障不大于 8 个，更换印刷板次数不大于 0.05 次/100 户及 0.005 次/30 路 PCM 系统；处理机再启动指标应符合以下要求：

类　别	全 局 处 理 机	
	1～3 对（次）	3 对以上（次）
次　要	3	4
严　重	1	2
再装入	0	1

b　分群设备的可靠性指标应符合下列要求：

a）每一用户级群公共设备产生通话中断或停止接续超出 1min 以上的故障，每群每月不大于 0.1 次；

b）由中继级群公共设备产生通话中断或停止接续超出 1min 以上的中继级分群阻断率，不得大于下列指标：

中继级群容量（话路）	中继级群阻断率
≤64	0.15 次/每月/每群
64～480	0.1 次/每月/每群

c）选组级交换网络不得产生通话用户阻断。

c　分散设备的可靠性指标应符合下列要求：

个别用户不正常呼出或呼入接续

每千门用户	0.5 户次/月
每百条中继线	0.5 线次/月

2）接通率测试。局内接通率应达到 99.96%以上，局间接通率应达到 98%以上。

3）接续功能测试。

4）处理能力和过负荷测试：

a　当系统达到 BHCA（中继模块的处理能力）值时，对人机命令的响应 90%均应在 3s 以内；

b　当处理机的处理能力超过上限值时，应自动逐步限制普通用户的呼出；所限制的用户要均匀分布，优先用户不受限制；不允许同时对所有普通用户停止服务。

5）维护管理和故障诊断功能测试。

6）系统信号测试，包括用户信号方式、局间信号方式、组网能力、网同步功能等。

7）系统建立，包括初始化、系统自动/人工再装入、系统自动/人工再启动等。

8）系统维护管理功能，包括人机命令核实、告警系统测试、话务观察和统计、例行测试中继和用户线的人工测试、用户资料和局资料的管理、故障诊断、冗余设备的自动/人工倒换、输入、输出设备的性能测试等。

9）系统信号方式及配合，包括用户的信号方式（脉冲、多频）、局间信号方式（随路、共路）、系统的网同步功能等。

8　试运行及验收测试

（1）试运行要求

1）程控交换机试运行验收是对质量稳定性观察的重要阶段，是接入用户后对交换机实际质量最直接的检验。

2）试运行阶段应从初验测试完毕、割接开通后开始，时间应不少于3个月。

3）试运行验收测试的主要指标和性能应达到本款第（2）项要求的试运行观察指标后方可进行总验收。如果主要指标不符合要求，应从次月开始，重新进行3个月。在试运转期间，如果障碍率总指标合格，但某月的指标不合格时，应追加1个月，直到合格为止。

4）在试运行期间，应至少接入设备容量20%以上的用户联网运行。

（2）试运行观察指标。

1）硬件故障率。因元器件损坏，须更换印制板的次数：应不大于0.04次/100户·每月及0.004次/30路PCM系统·每月。

2）试运行期间，系统自动再启动的指标要求应符合表4.2.3.2的规定。

3）计费差错率应不大于万分之一。

4）交换网络非正常倒换的指标不大于：

第一月，2次；第二月，1次；第三月，1次。

表4.2.3.2　系统自动再启动的指标要求

类别	第一月		第二月		第三月	
	全局处理机		全局处理机		全局处理机	
	1～3对	3对以上	1～3对	3对以上	1～3对	3对以上
次要	3	4	2	3	2	3
严重	1	2	1	1	0	1
再装入	0	1	0	0	0	0

5）在试运转阶段不得出现由于设备原因进行人工再装入和最高级的人工再启动。

6）在试运转期间，不应产生由于软件设计错误造成的故障。

7）分群设备与分散设备的可靠性指标与初验测试阶段指标相同。

（3）试运转模拟呼叫测试

1）局内接通率测试

a　用仿真呼叫器每月测试一次，每次作一万次呼叫，接通率应不小于99.9%，呼叫在忙时进行；

b　用人工拨号方法每月测试一次，做1000次呼叫，接通率应不小于99.5%，呼叫在忙时进行。

2）局间接通率测试

各局向出入中继接通率每月测试一次，每个局向作200次呼叫，接通率应不小于95%，测试时连接4对用户，在话务清闲时进行。

3）长途电路接通率测试

在长途交换机上，对长途电路接通率每月测试一次，要求长途来、去话接通率优于长途电路维护考核指标；长途电路、长市中继电路可用率在98%以上。

4）长时间通话测试

每月测试一次，用10对话机连成通话状态，在48h后，通话电话应正常，计费正确，无重接、断话或单向通话等现象。

4.2.3.3 会议电视系统

1 会议电视系统是利用图像压缩编码和处理技术、电视技术、计算机通信技术和相关设备，通过信息传输通道，在本地区或远程地区点对点或多点之间，进行图像、语音、数据信号双工实时交互式多媒体通信的方式。

2 会议电视系统的建立可以依据ITU-T的两大框架建议H.320和H.323来进行。H.320是ITU-T较早期的会议电视系统标准，该标准完全建立在一系列会议电视系统专有的技术和标准之上，而H.323标准则建立在通用的、开放的计算机网络通信技术基础之上，具有广阔的发展前景。

(1) 采用H.320建议时，信道性能极限值要求为：国内/国际会议电视电路以2048kbit/s速率传输时，比特误码率（BER）应小于10^{-1}，无误码秒（EFS）应大于92%；

(2) 采用H.323建议时，性能指标为：语音的最大时延0.25s，最大时延抖动应小于10ms，可接受的误码率小于10^{-1}；活动图像的最大时延0.25s，最大时延抖动应小于10ms，可接受的误码率小于10^{-2}。

3 根据会议电视系统不同使用场所、使用性质和组成方式，智能建筑内部会议电视系统主要分为公用型会议电视系统和桌面型会议电视系统。

(1) 公用型会议电视系统：主要由数据终端设备、传输信道和网络节点的多点控制单元等组成，其中数据终端设备主要包括视频/音频输入输出设备、视频/音频编解码器、多路复用/信号分接设备等。

1）小型会议室可设置75~90cm监视器，大型会议室应采用100~250cm投影电视机，会议室第一排位置与监视器的位置应相差六倍监视器高度的距离；

2）会场环境要求：会场高度应大于3m；温度为18~22℃；湿度为60%~80%；会场照度采用人工光源，宜采用3500K色温冷光源；监视器及投影机照度≤80lx；照明、空调、会议电视分别供电，会议电视采用不间断电源；单独接地电阻<4Ω，联合接地电阻<0.3Ω。

(2) 桌面型会议电视系统：基于计算机通信手段，在计算机基础上安装多媒体接口卡、图像卡、多媒体应用软件及输入/输出设备，可以实现视频图像、声音文字、数据资料的双工双向同步传输及交互式通信。

4.2.3.4 接入网设备

ADSL技术是利用现有的一对电话铜双绞线，为用户提供上、下行非对称的传输速率（带宽）。上行为低速传输，可达640kb/s，下行为高速传输，可达7Mb/s，其特点：

(1) 可直接利用现有电话用户线，无须另外敷设电缆；

(2) 能为用户提供上、下行不对称的传输带宽；

(3) 采用点到点的网络拓扑结构，用户可以独享带宽；

(4) 可广泛用于视频业务和高速internet的接入。

ADSL技术具有较简洁的网络配置。首先，它采用点到点的网络拓扑结构，使得数据信息可以直接从局端传送到各个用户；其次，根据双绞线布放范围的不同可以灵活组网。

利用铜双绞线传送高速数据，不可避免地会产生各种噪声干扰，如回波效应干扰、近端和远端串音、脉冲噪声和背景噪声等。这些噪声干扰会随双绞线距离远近、线径大小等因素而不同，其上行信道采用 QPSK（相移键控）技术，下行则采用 DMT（离散多音频）技术，不仅在调制带宽方面具有较好的效果，而且对各种噪声能够加以有效的抑制，改善信道的传输质量。

4.2.4 成品保护

1 通信机房的门应加锁，未经许可非安装人员不准入内。

2 在机房内施工时，必须采取保护和防尘措施，以免碰撞损伤设备。

3 室内保持清洁干净、走道畅通、通风良好，室温保持在 18～28℃，相对湿度 30%～75%，室内严禁烟火。

4 工程至交工期间需设专人值班。

4.2.5 施工安全、环保措施

1 利用综合布线系统组成的网络应加以屏蔽，防止由射频产生电磁污染。

2 应在施工现场采取维护安全、防范危险、预防火灾等措施；有条件的，应对施工现场实行封闭管理。

3 施工现场对毗邻的建筑物、构筑物和特殊作业环境可能造成损害的，应采取安全防护措施。

4 施工中应遵守有关环境保护和安全生产的法律、法规的规定，采取措施控制和处理施工现场的各种粉尘、废气、废水、固体废物以及噪声、振动对环境的污染和危害。

5 敷设光纤时应避免产生小圈，有激光光束的光纤，其端面不得正对眼睛，以免灼伤。

4.2.6 系统检测

4.2.6.1 通信系统工程实施按规定的安装、移交和验收工作流程进行。

4.2.6.2 通信系统检测由系统检查测试、初验测试和试运行验收测试三个阶段组成。

4.2.6.3 通信系统的测试可包括以下内容：

1 系统检查测试

硬件通电测试；系统功能测试。

2 初验测试

可靠性；接通率；基本功能（如通信系统的业务呼叫与接续、计费、信令、系统负荷能力、传输指标、维护管理、故障诊断、环境条件适应能力等）。

3 试运行验收测试

联网运行（接入用户和电路）；故障率。

4.2.6.4 通信系统试运行验收测试应从初验测试合格后开始，试运行周期可按合同规定执行，但不应少于 3 个月。

4.2.6.5 通信系统检测应按国家现行标准和规范、工程设计文件和产品技术要求进行，其测试方法，操作程序及步骤应根据国家现行标准的有关规定，经建设单位与生产厂商共同协商确定。

Ⅰ 主 控 项 目

4.2.6.6 智能建筑通信系统安装工程的检测阶段、检测内容、检测方法及性能指标要求应符合《程控电话交换设备安装工程验收规范》YD 5077 等有关国家现行标准的要求。

4.2.6.7 通信系统接入公用通信网信道的传输速率、信号方式、物理接口和接口协议应符合设计要求。

4.2.6.8 通信系统的工程实施及质量控制和系统检测的内容应符合表 4.2.6.8 的要求。

表 4.2.6.8 通信系统工程检测项目

I 程控电话交换设备安装工程	
序 号	检 测 内 容
1	安装验收检查
(1)	机房环境要求
(2)	设备器材进场检验
(3)	设备机柜加固安装检查
(4)	设备模块配置检查
(5)	设备间及机架内缆线布放
(6)	电源及电力线布放检查
(7)	设备至各类配线设备间缆线布放
(8)	缆线导通检查
(9)	各种卷标检查
(10)	接地电阻值检查
(11)	接地引入线及接地装置检查
(12)	机房内防火措施
(13)	机房内安全措施
2	通电测试前硬件检查
(1)	按施工图设计要求检查设备安装情况
(2)	设备接地良好，检测接地电阻值
(3)	供电电源电压及极性
3	硬件测试
(1)	设备供电正常
(2)	告警指示工作正常
(3)	硬件通电无故障
4	系统检测
(1)	系统功能
(2)	中继电路测试
(3)	用户连通性能测试
(4)	基本业务与可选业务
(5)	冗余设备切换
(6)	路由选择
(7)	信号与接口
(8)	过负荷测试
(9)	计费功能
5	系统维护管理
(1)	软件版本符合合同规定
(2)	人机命令核实
(3)	告警系统
(4)	故障诊断
(5)	资料生成
6	网络支撑
(1)	网管功能
(2)	同步功能

续表 4.2.6.8

Ⅰ　程控电话交换设备安装工程	
序　号	检　测　内　容
7	仿真测试
(1)	呼叫接通率
(2)	计费准确率
Ⅱ　会议电视系统安装工程	
序　号	检　测　内　容
1	安装环境检查
(1)	机房环境
(2)	会议室照明、音响及色调
(3)	电源供给
(4)	接地电阻值
2	设备安装
(1)	管线敷设
(2)	话筒、扬声器布置
(3)	摄像机布置
(4)	监视器及大屏幕布置
3	系统测试
(1)	单机测试
(2)	信道测试
(3)	传输性能指标测试
(4)	画面显示效果与切换
(5)	系统控制方式检查
(6)	时钟与同步
4	监测管理系统检测
(1)	系统故障检测与诊断
(2)	系统实时显示功能
5	计费功能
Ⅲ　接入网设备（非对称数字用户环路 ADSL）安装工程	
序　号	检　测　内　容
1	安装环境设备
(1)	机房环境
(2)	电源供给
(3)	接地电阻值
2	设备安装验收检查
(1)	管线敷设
(2)	设备机柜及模块安装检查
3	系统检测
(1)	收发器线路接口测试（功率谱密度，纵向平衡损耗，过压保护）
(2)	用户网络接口（UNI）测试
	a.25.6Mbit/s 电接口
	b.10BASE-T 接口
	c. 通用串行总线（USB）接口
	d.PCI 总线接口
(3)	业务节点接口（SNI）测试
	a.STM-1（155Mbit/s）光接口
	b. 电信接口（34Mbit/s、155Mbit/s）
(4)	分离器测试（包括局端和远程）

续表 4.2.6.8

Ⅲ 接入网设备（非对称数字用户环路 ADSL）安装工程	
序 号	检 测 内 容
	a. 直流电阻
	b. 交流阻抗特性
	c. 纵向转换损耗
	d. 损耗/频率失真
	e. 时延失真
	f. 脉冲噪声
	g. 话音频带插入损耗
	h. 频带信号衰减
(5)	传输性能测试
(6)	功能验证测试
	a. 传递功能（具备同时传送 IP、POTS 或 ISDN 业务能力）
	b. 管理功能（包括配置管理、性能管理和故障管理）

4.2.7 竣工验收

1 竣工验收文件和记录应包括以下内容：

(1) 图纸会审记录；

(2) 工程说明；

(3) 施工方案；

(4) 技术交底；

(5) 开工报告；

(6) 安装设备明细表；

(7) 过程质量记录；

(8) 设备检测记录及系统测试记录；

(9) 竣工图纸及文件；

(10) 随工检查记录和阶段验收报告；

(11) 工程变更单；

(12) 重大工程质量事故报告表；

(13) 停（复）工报告；

(14) 竣工报告；

(15) 验收证书

(16) 工程总结等。

2 验收方法和内容。凡经过随工检查和阶段验收合格并取得签证的，在工程总验收时，一般不再进行检查。总验收的内容应包括：

(1) 确认各阶段测试检查结果；

(2) 验收组织认为必要项目的实验；

(3) 设备的清点核实；

(4) 对工程进行评定和验收。

3 通信系统分项工程验收记录当地方主管部门无统一规定时，宜采用表 4.2.7-1 “程控电话交换系统分项工程质量验收记录表”、表 4.2.7-2 “会议电视系统分项工程质量验收记录表”、表 4.2.7-3 “接入网设备分项工程质量验收记录表”。

表 4.2.7-1 程控电话交换系统分项工程质量验收记录表

单位（子单位）工程名称		子分部工程	通信网络系统
分项工程名称	通信系统	验收部位	
施工单位		项目经理	
施工执行标准名称及编号			
分包单位		分包项目经理	

序号	检测项目（主控项目）（执行本标准第 4.2.6.6 条、第 4.2.6.7 条、第 4.2.6.8 条的规定）			检查评定记录	备注
1	通电测试前检查		标称工作电压为－48V		允许变化范围 －57～－40V
2	硬件检查测试		可见可闻报警信号工作正常		
			装入测试程序，通过自检，确认硬件系统无故障		
3	系统检查测试		系统各类呼叫，维护管理，信号方式及网络支持功能		
4	初验测试	可靠性	不得导致 50% 以上的用户线、中继线不能进行呼叫处理		执行 YD 5077 规定
			每一用户群通话中断或停止接续，每群每月不大于 0.1 次		
			中继群通话中断或停止接续： 0.15 次/月（≤64 话路） 0.1 次/月（64～480 话路）		
			个别用户不正常呼入、呼出接续： 每千门用户，≤0.5 户次/月 每百条中继，≤0.5 线次/月		
			一个月内，处理机再启动指标为 1～5 次（包括 3 类再启动）		
			软件测试故障不大于 8 个/月，硬件更换印刷电路板次数每月不大于 0.05 次/100 户及 0.005 次/30 路 PCM 系统		
			长时间通话，12 对话机保持 48h		
		障碍率测试：局内障碍率不大于 3.4×10^{-4}			同时 40 个用户模拟呼叫 10 万次
		性能测试	本局呼叫		每次抽测 3～5 次
			出、入局呼叫		中继 100% 测试
			汇接中继测试（各种方式）		各抽测 5 次
			其他各类呼叫		
			计费差错率指标不超过 10^{-4}		
			特服业务（特别为 110、119、120 等）		作 100% 测试
			用户线接入调制解调器，传输速率为 2400bps，数据误码率不大于 1×10^{-5}		
			2B＋D 用户测试		
		中继测试：中继电路呼叫测试，抽测 2～3 条电路（包括各种呼叫状态）			主要为信令和接口
		接通率测试	局间接通率应达 99.96% 以上		60 对用户，10 万次
			局间接通率应达 98% 以上		呼叫 200 次
		采用人机命令进行故障诊断测试			

检测意见：

监理工程师（建设单位项目专业技术负责人）：　　　　检测机构负责人：

日期：　　　　日期：

表 4.2.7-2　会议电视系统分项工程质量验收记录表

<table>
<tr><td colspan="3">单位（子单位）工程名称</td><td></td><td>子分部工程</td><td>通信网络系统</td></tr>
<tr><td colspan="3">分项工程名称</td><td>通信系统</td><td>验收部位</td><td></td></tr>
<tr><td colspan="2">施工单位</td><td colspan="2"></td><td>项目经理</td><td></td></tr>
<tr><td colspan="3">施工执行标准名称及编号</td><td colspan="3"></td></tr>
<tr><td colspan="2">分包单位</td><td colspan="2"></td><td>分包项目经理</td><td></td></tr>
<tr><td colspan="4">检测项目（主控项目）
（执行本标准第 4.2.6.6 条、第 4.2.6.7 条、第 4.2.6.8 条的规定）</td><td>检查评定记录</td><td>备　注</td></tr>
<tr><td>1</td><td>单机测试</td><td colspan="2">指标符合设计或生产厂家说明书要求</td><td></td><td rowspan="5">执行 YD 5033 的规定或符合设计要求的为合格</td></tr>
<tr><td rowspan="4">2</td><td rowspan="4">信道测试（传输性能限值）</td><td colspan="2">国内段电视会议链路：传输信道速率 2048kbps，误比特率（BER）1×10^{-6}；1h 最大误码数 7142；1h 严重误码事件为 0；无误码秒（EFS%）92</td><td></td></tr>
<tr><td colspan="2">国际段电视会议链路：传输信道速率 2048kbps，误比特率（BER）1×10^{-6}；1h 最大误码数 7142；1h 严重误码事件为 2；无误码秒（EFS%）92</td><td></td></tr>
<tr><td colspan="2">国内、国际全程链路：传输信道速率 2048kbps，误比特率（BER）3×10^{-6}；1h 最大误码数 21427；1h 严重误码事件为 2；无误码秒（EFS%）92</td><td></td></tr>
<tr><td colspan="2">国内段电视会议链路：传输信道速率 64kbps，误比特率（BER）1×10^{-6}</td><td></td></tr>
<tr><td rowspan="2">3</td><td rowspan="2">系统效果质量检测</td><td colspan="2">主观评定画面质量和声音清晰度</td><td></td><td></td></tr>
<tr><td colspan="2">外接时钟度不低于 10^{-12}量级</td><td></td><td></td></tr>
<tr><td>4</td><td>监测管理系统检测</td><td colspan="2">具备本地、远端监测、诊断和实时显示功能</td><td></td><td></td></tr>
<tr><td colspan="6">检测意见：

检测机构负责人：
监理工程师（建设单位项目专业技术负责人）：
日期：　　　　　　　　　　　　　　　　日期：</td></tr>
</table>

表 4.2.7-3　接入网设备分项工程质量验收记录表

<table>
<tr><td colspan="3">单位（子单位）工程名称</td><td></td><td>子分部工程</td><td>通信网络系统</td></tr>
<tr><td colspan="3">分项工程名称</td><td>通信系统</td><td>验收部位</td><td></td></tr>
<tr><td colspan="3">施工单位</td><td></td><td>项目经理</td><td></td></tr>
<tr><td colspan="3">施工执行标准名称及编号</td><td colspan="3"></td></tr>
<tr><td colspan="3">分包单位</td><td></td><td>分包项目经理</td><td></td></tr>
<tr><td colspan="4">检测项目（主控项目）
（执行本标准第 4.2.6.6 条、第 4.2.6.7 条、第 4.2.6.8 条的规定）</td><td>检查评定记录</td><td>备　注</td></tr>
<tr><td rowspan="3">1</td><td rowspan="3" colspan="2">安装环境检查</td><td>机房环境</td><td></td><td rowspan="3">符合设计要求者为合格</td></tr>
<tr><td>电源</td><td></td></tr>
<tr><td>接地电阻值</td><td></td></tr>
<tr><td rowspan="2">2</td><td rowspan="2" colspan="2">设备安装检查</td><td>管线敷设</td><td></td><td rowspan="2">符合设计要求者为合格</td></tr>
<tr><td>设备机柜及模块</td><td></td></tr>
<tr><td rowspan="14">3
系统检测</td><td rowspan="3" colspan="2">收发器线路接口</td><td>功率谱密度</td><td></td><td rowspan="14">符合设计要求者为合格</td></tr>
<tr><td>纵向平衡损耗</td><td></td></tr>
<tr><td>过压保护</td><td></td></tr>
<tr><td rowspan="4" colspan="2">用户网络接口</td><td>25.6Mbit/s 电接口</td><td></td></tr>
<tr><td>10BASE-T 接口</td><td></td></tr>
<tr><td>USB 接口</td><td></td></tr>
<tr><td>PCI 接口</td><td></td></tr>
<tr><td rowspan="2" colspan="2">业务节点接口（SNI）</td><td>STM-1（155Mbit/s）光接口</td><td></td></tr>
<tr><td>电信接口</td><td></td></tr>
<tr><td colspan="3">分离器测试</td><td></td></tr>
<tr><td colspan="3">传输性能测试</td><td></td></tr>
<tr><td rowspan="2" colspan="2">功能验证测试</td><td>传输功能</td><td></td></tr>
<tr><td>管理功能</td><td></td></tr>
<tr><td colspan="6">检测意见：

监理工程师（建设单位项目专业技术负责人）：　　　　检测机构负责人：
日期：　　　　日期：</td></tr>
</table>

4.3 卫星数字电视及有线电视系统

4.3.1 施工准备

4.3.1.1 技术准备

1 施工前进行图纸会审。

2 施工前应编制施工组织设计（施工方案），并报上一级技术负责人审核批准。

3 施工前应进行技术交底，明确施工方法及质量标准。

4.3.1.2 材料准备

施工所需的设备、器材、辅材准备就绪，满足连续施工和阶段施工的要求。

前端设备：天线、接收机、调制解调器、高频头、放大器、避雷器等。

传输设备：分支器、分配器、放大器等。

安装用料：桥架、线槽、视频电缆、光缆、管材、型材、钢线卡子、镀锌带母螺栓、地脚螺栓、拉线环、电缆挂钩、U形钢卡、镀锌滚花膨胀螺栓、终端转角墙担、平顶射钉等。

辅助用料：汽油70号、标志牌、棉纱头、焊锡丝等。

4.3.1.3 主要机具

施工机具：起重机械、电焊机、切割机、电钻、砂轮机、专用工具等。

测试仪器：数字万用表、对讲机、频谱分析仪、场强仪、光功率计、光时域反射仪、卫星信号测试仪等。

4.3.1.4 作业条件

1 建筑物建筑工程达到天线架设的设计和规范要求，周围作业环境满足天线架设的施工要求。

2 机房地线和电源线的布放应符合规范要求。

3 前端设备、传输设备、电源设备等全部到齐，其他设备和材料数量应满足连续施工的要求。

4 型材、管材和铁件的检验要求应符合有关施工验收规范要求。

5 工程中使用的视频电缆和光缆规格、形式应符合设计的规定和合同要求。

4.3.2 材料质量控制

4.3.2.1 卫星数字电视及有线电视系统的设备、材料进场验收要求除遵照本标准第3.3.4条和第3.3.5条的规定执行外，还应执行下列规定：

1 产品性能应符合相应的国家标准或行业标准的规定，并经国家认定的质检单位测试合格，产品的生产厂必须持有生产许可证。

2 产品附有铭牌（或商标），检验合格证和产品使用说明书、各种部件的规格、型号、数量应符合设计要求。产品外观应无变形、破损和明显脱漆现象。

3 工程施工中严禁使用未经验收合格的器材，关键设备应有强制性产品认证证书和标志或入网许可证等文件。

4 国外产品应符合中国广播电视制式和频率配置。

5 在同一项目中，选用的主要部件和材料，性能和外观应具有一致性。

6 选用的设备和部件的输入输出标称阻抗、电缆的标称特性阻抗均为75Ω。

7 有源部件均应通电检查。

4.3.3 施工工艺

4.3.3.1 工艺流程

天线安装→系统前端及机房设备安装→干线传输部分的安装→分支传输网络的安装→系统调试

4.3.3.2 施工要点

1 天线安装

天线安装应符合设计和规范要求。

(1) 预埋管线、支撑件、预留孔洞、沟、槽、基础、地坪等都符合设计要求。

(2) 天线安装间距满足表4.3.3.2-1要求。

表4.3.3.2-1 天线安装间距表

天线间的关系	间　距	天线间的关系	间　距
最低层天线与支承屋顶面	≥1λ	两天线同杆左右安装	≥1λ
两天线前后安装	≥3λ	天线正前方净空	不影响电波接受
两天线同杆上下安装	≥0.5λ（不小于1m）		

注：1 "λ"指工作波长；
2 设计时以低频道的λ考虑；
3 计算点指天线的中心位置。

(3) 若天线系统需用一个以上的天线装置时，则装置之间的水平距离要在5m以上。

(4) 分段式天线竖杆连接时，直径小的钢管必须插入直径大的钢管内30cm以上，才能焊接，以保证天线竖杆的强度。

(5) 卫星电视接收天线安装应十分牢固、可靠，以防大风将天线吹离已调好的方向而影响收看效果。天线立柱应垂直，用卫星信号测试仪调整高频头的位置。

(6) 为了减少拉绳对天线接收信号的影响，每隔1/4中心波长的距离内串接一个绝缘子，通常一根拉绳内串接有2~3个绝缘子。

(7) 保安器和天线放大器应尽量安装在靠近该接收天线的竖杆上，并注意防水，馈线与天线的输出端应连接可靠并将馈线固定住，以免随风摇摆造成接触不良。

(8) 天线避雷装置的安装按《建筑电气工程施工技术标准》ZJQ08—SGJB 303—2005第24、25、26章相关规定执行。

2 系统前端及机房设备安装

(1) 在确定各部件的安装位置时，考虑电缆连接的走向要合理，电缆的弯曲半径应大于10d（d为电缆外径）。

(2) 机房内电缆的布放，应根据设计要求进行。电缆必须顺直无扭绞，不得使电缆盘结，电缆引入机架处、拐弯处等重要出入地方，均需绑扎牢固。

(3) 电缆敷设在两端连接处应留有适度余量，并应在两端做电缆标识。

(4) 接地母线的路由、规格应符合设计图纸的规定。

(5) 引入引出房屋的电缆，应加装防水罩，向上引的电缆在入口处还应作成滴水弯，其弯度不得小于电缆的最小弯曲半径。

（6）机房中如有光端机（发送机、接收机），光端机上的光缆应留约10m的余量。余缆应盘成圈妥善放置。

（7）前端机房设备安装应符合下列要求：

1）按机房平面布置图进行设备定位。

2）机架、控制台到位后，均应进行垂直度调整，并从一端按顺序进行。几个机架并排在一起时，两机架间的缝隙不得大于3mm。机架面板应在同一平面上，并与基准线平行；前后偏差不应大于3mm。对于相互有一定间隔而排成一列的设备，其面板前后偏差不应大于5mm。

3）机架和控制台的安放应竖直平稳。

4）机架内机盘、部件和控制台的设备安装应牢固，固定用的螺丝、垫片、弹簧垫片均应按要求装上不得遗漏。

3　干线传输部分安装

（1）架设架空电缆时，应先将电缆吊线用夹板固定在电缆杆上，再用电缆挂钩把电缆卡挂在吊线上。挂钩的间距宜为0.5~0.6m。根据气候条件，每一杆挡均应留出余兜。

（2）在新杆上布放和收紧吊线时，要防止电杆倾斜和倒杆；在已架有电信、电力线的杆路上加挂吊线时，要防止吊线上弹。

电缆与其他线路共杆架设时，两线间最小垂直距离应符合表4.3.3.2-2规定。

（3）架设墙壁电缆应先在墙上装好墙担，把吊线放在墙担上收紧，用夹板固定，再用电缆挂钩将电缆卡挂在吊线上。墙壁电缆沿墙角转弯，应在墙角处设转角墙担。

（4）电缆采用直埋方式，必须使用具有铠装的能直埋的电缆，其埋深不得小于0.8m。紧靠电缆处要用细土覆盖10cm，上压一层砖石保护。在寒冷的地区应埋在冻土层以下。

当电缆与其他线路共沟（隧道）敷设时，其间距应符合表4.3.3.2-3规定。

表4.3.3.2-2　两线间最小垂直距离

种　类	最小间距（m）
1~10kV电力线同杆平行	2.5
1kV电力线同杆平行	1.5
有线广播同杆平行	1
通讯电缆同杆平行	0.6

表4.3.3.2-3　电缆与其他线路共沟（隧道）敷设间距

种　类	最小间距（m）
与220V交流电线路共沟	0.5
与通讯电缆共沟	0.1

（5）电缆采用穿管敷设时，应先清扫管孔，并在管孔内预设一根铁线，将电缆牵引网套绑扎在电缆头上，用铁线将电缆拉入到管道内。敷设较细的电缆可不用牵引网套，直接把铁线绑扎在敷设的电缆上。

（6）当架空电缆和墙壁电缆引入地下时，在距地面不小于2.5m的部分应采用钢管保护；钢管应埋入地下0.3~0.5m。

（7）布放电缆时，应按各盘电缆的长度根据设计图纸各段的长度选配。电缆需要接续时应严格按电缆生产厂提出的步骤和要求进行，不得随意接续。

（8）安装干线放大器应符合下列要求：

1）在架空电缆线路中，干线放大器应安装在距离电杆1m的地方，并固定在吊线上。

2）在墙壁电缆线路中，干线放大器应固定在墙壁上。吊线有足够的承受力，也可固定在吊线上。

3）在地下穿管或直埋电缆线路中干线放大器的安装，应保证放大器不得被水浸泡，应装载于金属箱内，可将放大器安装在地面以上。

4）干线放大器输入、输出的电缆，均应留有余量，以防电缆收缩时插头脱落；连接处应有防水措施，电缆插头制作应按标准工艺进行。

5）干线放大器的外壳和供电器的外壳均应就近接地。

(9) 干线采用光缆时，施工按第 9 章相关内容执行。

(10) 传输部分的防雷、安全和接地应符合设计和规范要求。

4　分支传输网络安装

(1) 电缆的敷设

1）支线宜采用架空电缆或墙壁电缆，架设方法应符合上述第 3 款的规定。沿墙架设时，也可采用线卡卡挂在墙壁上，卡子间的距离不得超过 0.8m，并不得以电缆本身的强度来支承电缆的重量和拉力。

2）采用自承式同轴电缆（图 4.3.3.2-1）作支线或用户线时，电缆的受力应在自承线上（图 4.3.3.2-2）；在电杆或墙担处将自承线与电缆连接的塑料部分切开一段距离，并在切开处的根部缠扎三层聚氯乙烯带，并应缩短自承线，用夹板夹住使电缆产生余兜。

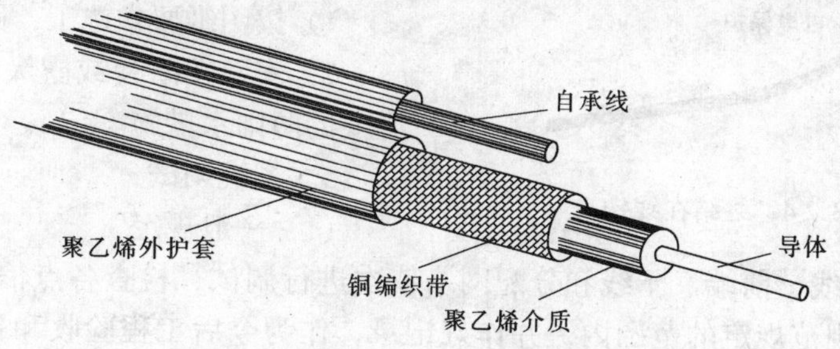

图 4.3.3.2-1　自承式同轴电缆

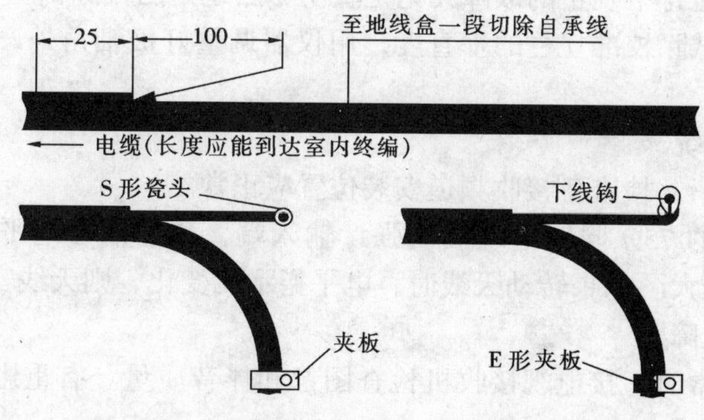

图 4.3.3.2-2　自承式电缆的自承线

3）采用自承式电缆作用户引入线时，在其下线端处应用缠扎法把自承线终结做在下线钩、电杆或吊线上（图 4.3.3.2-3、图 4.3.3.2-4）。

4）用户线进入房屋内可穿管暗敷，也可用卡子明敷在室内墙壁上，或布放在吊顶上，

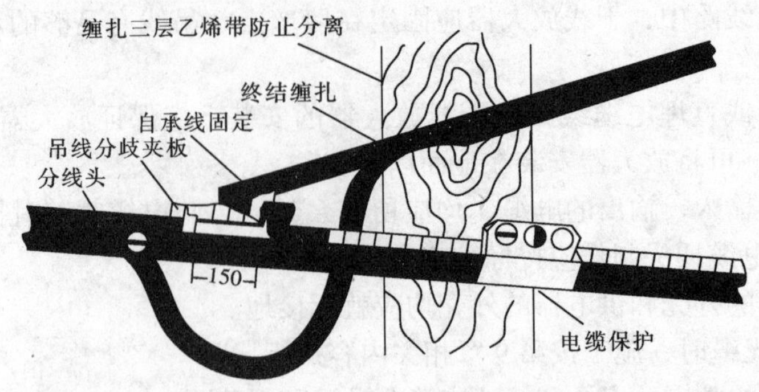

图 4.3.3.2-3　终结在吊线上

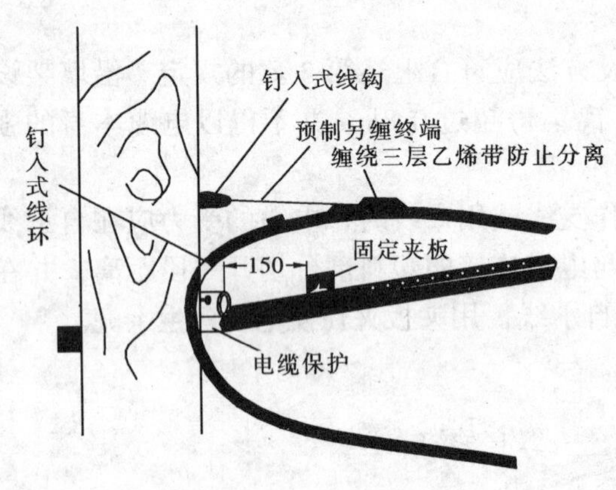

图 4.3.3.2-4　终结在线钩上

但均应做到牢固、安全、美观。

5）在室内墙壁上安装的系统输出口用户盒，应做到牢固、美观、接线牢靠；接收机至用户盒的连接线应采用阻抗为75Ω，屏蔽系数高的同轴电缆，其长度不宜超过3m。

（2）用户终端盒、放大器、分配器和分支器

1）按图纸要求施工，固定牢固。

2）安装在阳台或露天安装时，应采取必要的防雨水措施。

5　系统调试

（1）一般规定

1）首先对天线、前端、干线和分配网络依次进行调试，检查各点信号的电平值是否符合设计要求或规范规定的范围内，并作好记录，作为今后工程验收和日后维修的依据。其次进行系统的统调。

2）调试中或试运行中发生的故障无论是查明原因还是已排除都应做好记录。

3）卫星天线调试除校准立柱的垂直度，用仪器调整好极轴角外，还需用测试仪对天线进行精调。

（2）调整天线系统

1）天线架设完毕，检查各接收频道安装位置应正常。

2）将天线输出的75Ω同轴电缆接场强计输入端，测量信号电平大小，微调天线方向，使场强计指示最大。如果转动天线时，电平指示无变化，则天线安装或阻抗变换器有问题，应检查排除故障。

3）测量电平正常时，接电视接收机检查图像和伴音质量。有重影时，反复微调天线方向直至消除重影为止。

4）各频道天线调整完毕后，方可接入共用天线系统的前端设备中。

（3）前端设备调试

1）各频道天线信号接入混合器

a　接入有源放大型混合器输入端，调整输入端电位器，使输出电平差在2dB左右。

b 接入无源混合输入端（在强信号频道的混合器输入端加接衰减器），调整混合器输出端，各频道电平差控制在 ± 2dB 内。

2）调整交、互调干扰

a 混合器输出端与线路放大器输入端相接，以提高电视信号的输出电平。

b 放大器输出端接一电视接收机观察：

a）放大器产生交、互调干扰，可适当减少放大器输入端电平，消除干扰。

b）放大器输出端各频道电平应符合设计要求；如果过小，此放大器的抗交、互调干扰性能差，输出最大电平达不到线路电平的要求，则应更换放大器。

c 按设计系统要求，送入自办节目，逐个检查设备的正常工作情况及输出电平的大小，将前端设备调试到正常工作状态。

d 前端设备调试完毕后，送信号至干线系统。

3）前端输出电平调试

a 混调：由无源混合器的输出口接至场强仪，调节每台调制器的前面板图像输出电平钮，使每个频道的输出电平都一致。

b 单调：将场强仪分别接到每一台调制器输出口，测试一下各频道的输出电平情况，并记录下来，一般正常情况下，各频道输出电平不会一致。

c 再混调：将场强仪再接至无源混合器输出口，用奇数递增顺序和偶数递增顺序频道分别调试一遍，重复第一步过程。

d 再单调：再重复第二步，单测每一个频道输出电平，并记录下来，与上次相比，确定各频道之间的电平差已小了很多。

e 再混调：再将场强仪接至无源混合器输出口，按偶数递减顺序规律和奇数递减规律分别进行输出电平的调节，重复第一步过程。

f 再单调：接场强仪至每一个频道电平输出口测每一个频道电平，大多数的频道电平已在设计电平值左右，再重复调节上述“单调”和“混调”过程，直至各频道电平输出达到设计要求为止，然后将无源混合器输出接至传输网。前端设备运行一段时间后，各频道电平输出会有所变化，需再次按上述方法重新调试一次，以保证网络的正常工作。

（4）干线系统调试

1）调整各频道信号电平差（用频率均衡方法）。干线放大器输入端串入一只频率均衡器，根据放大器输出信号电平差的情况，分别串入 6dB、10dB、12dB 等均衡量不等的频率均衡器，调整到正常工作。

2）同时调整干线放大器输入端电平大小，当产生交、互调干扰时，适当减少输入端电平，可直接串入衰减器，调到输出电平符合原设计要求。

（5）分配系统调试

1）无源分配网络调试

按设计要求，在无源分配网络的输入端送一个电视信号（一般选用 UHF 频道，或用电视信号发生器产生），调整输出端电平，使之与原设计的输入电平相等。用场强计（或电平表）测量电视接收机在分配、分支器各输出端的电平，观察分析信号电子和重影现象。

2）有源分配网络调试

首先不接入电源给放大器，用万用表检查分支线路有无短路和断路，经检查无误后，才能通电调试。

调整网络中，各延长放大器的输入电平和输出电平，各频道信号之间的电平差应符合设计要求。

输入电平过低或过高，应调整放大器增益。

交、互调干扰调整。在系统的输入端送高、中、低三个频道信号进行试验。有交、互调干扰时，调整延长放大器的输入衰减或前端放大器的输出电平解决。低频道电平过高时，调整斜率控制电路，达到“全倾斜”或“半倾斜”方式。

3）无源（或有源）分配系统调整完毕后，可接入干线送来的射频电视信号进行统调。

4）分配系统中含有调频广播信号时，则应对较强的调频信号加以衰减，以免干扰电视信号。

(6) 调测中应做好调测记录。

4.3.4 成品保护

1 机房的门应加锁，未经许可非安装人员不准入内。

2 在机房内施工时，必须采取保护和防尘措施，以免碰撞损伤设备。

3 室内保持清洁干净、走道畅通、通风良好，室内严禁烟火。

4 工程交工前需设专人值班。

5 天线放大器应加装防雨铁盒。

4.3.5 施工安全、环保措施

1 应在施工现场采取维护安全、防范危险、预防火灾等措施；有条件的，应对施工现场实行封闭管理。

2 施工现场对毗邻的建筑物、构筑物和特殊作业环境可能造成损害的，应采取安全防护措施。

3 施工中应遵守有关环境保护和安全生产的法律、法规的规定，采取措施控制和处理施工现场的各种粉尘、废气、废水、固体废物以及噪声、振动对环境的污染和危害。

4 吊装和高空作业时，应严格遵守操作规程。

4.3.6 系统检测

Ⅰ 主 控 项 目

4.3.6.1 卫星数字电视及有线电视系统的系统检测应符合下列要求：

1 卫星数字电视及有线电视系统的安装质量检查应符合以下国家现行标准的有关规定。

(1)《有线电视广播系统技术规范》GY/T 106；

(2)《有线电视系统测量方法》GY/T 121；

(3)《卫星数字电视接收站测量方法》GY/T 149；

(4)《卫星数字电视接收站测量方法—室内单元测量》GY/T 150；

(5)《卫星数字电视接收站测量方法—室外单元测量》GY/T 151。

2 在工程实施及质量控制阶段，应检查卫星天线的安装质量、高频头至室内单元的线距、功放器及接收站位置、缆线连接的可靠性，符合设计要求为合格。

3 卫星数字电视的输出电平应符合国家现行标准的有关规定。

4 采用主观评测检查有线电视系统的性能，主要技术指标应符合表 4.3.6.1-1 的规定。

表 4.3.6.1-1 有线电视主要技术指标

序号	项目名称	测试频道	主观评测标准
1	系统输出电平（dBμV）	系统内的所有频道	60～80
2	系统载噪声比	系统总频道的 10%且不少于 5 个，不足 5 个全检，且分布于整个工作频段的高、中、低段	无噪波，即无"雪花干扰"
3	载波互调比	系统总频道的 10%且不少于 5 个，不足 5 个全检，且分布于整个工作频段的高、中、低段	图像中无垂直、倾斜或水平条纹
4	交扰调制比	系统总频道的 10%且不少于 5 个，不足 5 个全检，且分布于整个工作频段的高、中、低段	图像中无移动、垂直或斜图案，即无"窜台"
5	回波值	系统总频道的 10%且不少于 5 个，不足 5 个全检，且分布于整个工作频段的高、中、低段	图像中无沿水平方向分布在右边一条或多条轮廓线，即无"重影"
6	色/亮度时延差	系统总频道的 10%且不少于 5 个，不足 5 个全检，且分布于整个工作频段的高、中、低段	图像中色、亮信息对齐，即无"彩色鬼影"
7	载波交流声	系统总频道的 10%且不少于 5 个，不足 5 个全检，且分布于整个工作频段的高、中、低段	无背景噪声，如丝丝
8	伴音和调频广播的声音	系统总频道的 10%且不少于 5 个，不足 5 个全检，且分布于整个工作频段的高、中、低段	无背景噪声，如丝丝声、哼声、蜂鸣声和串音等

5 电视图像质量的主观评价应不低于 4 级，具体标准见表 4.3.6.1-2。

表 4.3.6.1-2 图像的主观评价标准

等 级	图像质量操作程度
5	图像上不觉察有损伤或干扰存在
4	图像上有稍可觉察的损伤或干扰，但不令人讨厌
3	图像上有明显觉察的损伤或干扰，令人讨厌
2	图像上损伤或干扰较严重，令人相当讨厌
1	图像上损伤或干扰极严重，不能观看

6 HFC 网络和双向数字电视系统：

（1）正向测试的调制误差率和相位抖动，反向测试的侵入噪声、脉冲噪声和反向隔离度的参数指标应满足设计要求；

（2）检测其数据通信、VOD、图文播放等功能；

（3）HFC 用户分配网应采用中心分配结构，具有可寻址路权控制及上行信号汇集均衡等功能；

(4) 检测系统的频率配置、抗干扰性能，其用户输出电平应取62~68dB。

4.3.7 竣工验收

1 竣工验收文件和记录按本标准第4.2.7条的要求执行。

2 验收内容：

(1) 系统图像质量的主观评价，参见表4.3.6.1-2；

(2) 系统质量的客观测试；

(3) 系统避雷、安全和接地设施的检查，参见表4.3.7-1。

表4.3.7-1 系统避雷、安全和接地检查

检查项目	检查要点
天线	(1) 振子排列、安装方向正确； (2) 各固定部位牢固； (3) 各间距合乎要求
天线放大器	(1) 牢固安装在竖杆（架）上； (2) 防水措施有效
馈线	(1) 穿金属管保护安装； (2) 电缆与各部件的接点正确、牢固、防水
竖杆（架）及拉线	(1) 强度够； (2) 拉线方向正确，拉力均匀
避雷针及接地	(1) 避雷针安装高度合适； (2) 接地线合乎施工要求； (3) 各部位电气连接良好； (4) 接地电阻≤4Ω
前端	(1) 设备及部件安装地点恰当； (2) 连接正确、美观、整齐； (3) 进、出电缆符合设计要求，有标记
传输设备	(1) 按设计安装 (2) 各连接点正确、牢固、防水； (3) 空余端正确处理，外壳接地
用户设备	(1) 布线整齐、美观、牢固； (2) 输出口用户盒安装位置正确、安装平整； (3) 用户接地盒、避雷器按要求安装
电缆及接插件	(1) 电缆走向、布线和敷设合理、美观； (2) 电缆弯曲、扭转、盘接不过分； (3) 电缆离地高度及与其他管线间距离要求合适； (4) 架设、敷设的安装构件选用合适； (5) 接插部件牢固、防水、防蚀

3 卫星数字电视及有线电视系统分项工程验收记录当地方主管部门无统一规定时，宜采用表4.3.7-2“卫星数字电视系统分项工程质量验收记录表”、表4.3.7-3“有线电视系统分项工程质量验收记录表”。

表 4.3.7-2　卫星数字电视系统分项工程质量验收记录表

<table>
<tr><td colspan="2">单位（子单位）工程名称</td><td colspan="2"></td><td>子分部工程</td><td>通信网络系统</td></tr>
<tr><td colspan="2">分项工程名称</td><td colspan="2">卫星数字电视及有线电视系统</td><td>验收部位</td><td></td></tr>
<tr><td>施工单位</td><td colspan="3"></td><td>项目经理</td><td></td></tr>
<tr><td colspan="2">施工执行标准名称及编号</td><td colspan="4"></td></tr>
<tr><td>分包单位</td><td colspan="3"></td><td>分包项目经理</td><td></td></tr>
<tr><td colspan="2">检测项目（主控项目）
（执行本标准第 4.3.6.1 条的规定）</td><td colspan="3">检查评定记录</td><td>备　注</td></tr>
<tr><td>1</td><td>卫星天线的安装质量</td><td colspan="3"></td><td rowspan="4">符合国家现行标准的为合格</td></tr>
<tr><td>2</td><td>高频头至室内单元的线距</td><td colspan="3"></td></tr>
<tr><td>3</td><td>功放器及接收站位置</td><td colspan="3"></td></tr>
<tr><td>4</td><td>缆线连接的可靠性</td><td colspan="3"></td></tr>
<tr><td>5</td><td>系统输出电平（dBμV）</td><td colspan="3"></td><td>－30～－60</td></tr>
<tr><td>6</td><td></td><td colspan="3"></td><td></td></tr>
<tr><td>7</td><td></td><td colspan="3"></td><td></td></tr>
<tr><td>8</td><td></td><td colspan="3"></td><td></td></tr>
<tr><td>9</td><td></td><td colspan="3"></td><td></td></tr>
<tr><td>10</td><td></td><td colspan="3"></td><td></td></tr>
<tr><td colspan="6">检测意见：

检测机构负责人：
监理工程师（建设单位项目专业技术负责人）：
日期：　　　　　　日　　　　期：</td></tr>
</table>

表 4.3.7-3　有线电视系统分项工程质量验收记录表

<table>
<tr><td colspan="3">单位（子单位）工程名称</td><td colspan="2"></td><td>子分部工程</td><td>通信网络系统</td></tr>
<tr><td colspan="3">分项工程名称</td><td colspan="2">卫星数字电视及有线电视系统</td><td>验收部位</td><td></td></tr>
<tr><td colspan="2">施工单位</td><td colspan="3"></td><td>项目经理</td><td></td></tr>
<tr><td colspan="3">施工执行标准名称及编号</td><td colspan="4"></td></tr>
<tr><td colspan="2">分包单位</td><td colspan="3"></td><td>分包项目经理</td><td></td></tr>
<tr><td colspan="3">检测项目（主控项目）
（执行本标准第 4.3.6.1 条的规定）</td><td colspan="3">检查评定记录</td><td>备　注</td></tr>
<tr><td>1</td><td colspan="2">系统输出电平（dBμV）（系统内的所有频道）</td><td colspan="3"></td><td>60～80</td></tr>
<tr><td>2</td><td colspan="2">系统载噪比（系统总频道的10%）</td><td colspan="3"></td><td>无噪波，即无“雪花干扰”</td></tr>
<tr><td>3</td><td colspan="2">载波互调比（系统总频道的10%）</td><td colspan="3"></td><td>图像中无垂直、倾斜或水平条纹</td></tr>
<tr><td>4</td><td colspan="2">交扰调制比（系统总频道的10%）</td><td colspan="3"></td><td>图像中无移动、垂直或斜图案，即无“窜台”</td></tr>
<tr><td>5</td><td colspan="2">回波值（系统总频道的 10%）</td><td colspan="3"></td><td>图像中无沿水平方向分布在右边一条或多条轮廓线，即无“重影”</td></tr>
<tr><td>6</td><td colspan="2">色/亮度时延差（系统总频道的 10%）</td><td colspan="3"></td><td>图像中色、亮信息对齐，即无“彩色鬼影”</td></tr>
<tr><td>7</td><td colspan="2">载波交流声（系统总频道的10%）</td><td colspan="3"></td><td>图像中无上下移动的水平条纹，即无“滚道”现象</td></tr>
<tr><td>8</td><td colspan="2">伴音和调频广播的声音（系统总频道的 10%）</td><td colspan="3"></td><td>无背景噪音、如丝丝声、哼声、蜂鸣声和串音等</td></tr>
<tr><td>9</td><td colspan="2">电视图像主观评价≥4 分</td><td colspan="3"></td><td></td></tr>
<tr><td colspan="7">检测意见：

检测机构负责人：
监理工程师（建设单位项目专业技术负责人）：
日期：　　　　　　　　　　　　　　日　　期：</td></tr>
</table>

4.4 公共广播与紧急广播系统

4.4.1 施工准备

4.4.1.1 技术准备

1 施工前进行图纸会审。

2 施工前应编制施工组织设计（施工方案），并报上一级技术负责人审核批准。

3 施工前应进行技术交底，明确施工方法及质量标准。

4.4.1.2 主要材料

扬声器、功放、广播机柜、电缆电线、电缆卡子、螺栓、管材、型材等。

4.4.1.3 主要机具

1 施工机具

升降机、电焊机、切割机、弯管器、电钻、砂轮机等。

2 测试仪器

数字万用表、声源、声级计、示波器、低频信号发生器、失真度测量仪、对讲机等。

4.4.1.4 作业条件

公共广播与紧急广播系统系统安装前，应具备下列条件：

1 已完成机房、弱电竖井的建筑施工。

2 预埋管及预留孔符合设计要求。

3 设备机房施工完毕，机房环境、电源及接地安装已完成，具备安装条件。

4.4.2 材料质量控制

公共广播与紧急广播系统的设备、材料进场验收要求除遵照本标准第3.3.4和3.3.5条的规定执行外，还应执行下列规定：

4.4.2.1 扬声器（箱）、功放、广播机柜、电源的各项技术参数应符合设计和产品技术要求，均应提供生产厂的生产营业执照及相关测试证明。

4.4.2.2 各类线缆具有出厂合格证等质保资料。

4.4.3 施工工艺

4.4.3.1 施工工艺流程

技术资料复核→机房设备安装→线路敷设→扬声器安装→系统测试

4.4.3.2 施工要点

1 机房设备安装

音控室内布局按设计要求进行。

（1）广播室设备的安装应考虑到维修方便，设备间不应过分密集，控制台与机架间应有较宽的通道，与落地式广播设备的净距一般不宜小于1500mm，设备与设备并列布置时，应保证间隔便于通行，不宜小于1000mm。

（2）设备安装应平稳、端正，落地式设备应用地脚螺栓加以固定，或用型钢在墙上加固。

（3）设备安装完毕，应对其垂直度进行调整，垂直误差不大于1.5/1000。

2 线路敷设

(1) 音频信号输入的馈电应用屏蔽软线。

1）话筒输出必须使用专用屏蔽软线。长度在 10～50m 之间应使用双芯屏蔽软线作低阻抗平衡输入连接，中间若有话筒转接插座的必须要求接触特性良好。

2）长距离连接的话筒线（50m 以上）必须采用低阻抗（200Ω）、平衡传送连接方法，最好采用四芯屏蔽线对绞线对并接穿钢管敷设。

3）调音台及全部周边设备之间的连接均需采用单芯（不平衡）或双芯（平衡）屏蔽软线连接。

(2) 功率输出的馈电是指功放输出至扬声器（箱）之间的连接电缆，视距离远近进行截面及高或低阻抗的选择。

1）厅堂、舞厅和其他室内扩声系统宜用低阻抗输出，采用截面积为 $2\sim6mm^2$ 的软发烧线穿管敷设，其双向计算长度的直流电阻应小于扬声器阻抗的 0.02～0.01。

2）室外扩声、体育场扩声大楼背景音乐和宾馆客房广播宜用高阻抗定电压传输（70V 或 100V），馈线宜采用穿管的双芯聚氯乙烯多股软线。

3）宾馆客房多套节目的广播线应每套节目敷设一对馈线，而不能共享一根公共地线，以免节目信号间干扰。

(3) 供电线路选择（单相、三相、自动稳压器），宜用隔离变压器（1:1），总用电量 <10kVA 时，用单相 220V；总用电量 >10kVA 时，用三相电源再分三路输出 220V 供电。

电压波动超过 +5%或 -10%时，应采用自动稳压器，以保证各系统设备正常工作。

所有馈电线宜穿管敷设，线路施工应参照《建筑电气工程施工技术标准》ZJQ 08—SGJB 303—2005 执行。

(4) 接地与防雷应按标准规范要求进行安装敷设。

1）应设有专门的接地地线，不与防雷接地或供电接地共享地线。

2）音频接地必须为单点，不得形成音频接地环流。

3　扬声器的安装

(1) 扩声扬声器系统宜采用明装，若采用暗装，装饰面的透声开口应足够大，透声材料或蒙面的格条尺寸相对于主要扩声频段的波长应足够小。

(2) 无论明装或暗装均应牢固，不得因振动而产生机械噪声。

(3) 与火灾事故广播合用的背景音乐扬声器（箱），在现场不得装设音量调节或控制开关。

(4) 扩声公共广播系统声特性测量方法按有关标准规定进行，厅堂扩声系统执行《厅堂扩声特性测量方法》GB/T 4959—1995，歌舞厅扩声系统执行《歌舞厅扩声系统的声学特性指标与测量方法》WH 0301—93，体育馆则执行建设部标准《体育馆声学设计及测量规程》JGJ—T 131—2000。

4　系统测试

公共广播与紧急广播系统安装完毕后，应进行系统检测和功能检测。

(1) 系统检测包括以下内容：

1）系统的输入输出不平衡度、音频线的敷设和接地形式，保证安装质量符合设计要求，设备之间阻抗匹配合理。

2）放声系统应分布合理，符合设计要求。

3）最高输出电平、输出信噪比、声压级和频宽的技术指标应符合设计要求。

4）通过对响度、音色和音质的主观评价，评定系统的音响效果。

(2) 功能检测应包括：

1）业务宣传、背景音乐和公共寻呼插播。

2）紧急广播与公共广播共用设备时，其紧急广播由消防分机控制，具有最高优先权。在火灾和突发事故发生时，应能强制切换为紧急广播并以最大音量播出；紧急广播功能检测按本标准第7章的有关规定执行。

3）功率放大器应冗余配置，并在主机故障时，按设计要求备用机自动投入运行。

4）公共广播系统应分区控制，分区的划分不得与消防分区的划分产生矛盾。

4.4.4 成品保护

1 敷设管路时，保持墙面、顶棚、地面的清洁完整。修补铁件油漆时，不得污染建筑物。

2 施工用高凳时，不得碰撞墙、角、门、窗，更不得靠墙面立高凳。高凳脚应有包扎物，既防划伤地板，又防滑倒。

3 现浇混凝土楼板上配管时，注意不要踩坏钢筋。土建浇筑混凝土时，应留专人看守，以免振捣时损坏配管及盒、箱移位。遇有管路损坏时，及时修复。

4 在机房内施工，必须采取保护和防尘措施，以免碰撞损伤设备。

5 音控室的门应加锁，未经许可非安装人员不准入内，工程交工前需设专人值班。

4.4.5 施工安全、环保措施

1 应在施工现场采取维护安全、防范危险、预防火灾等措施。有条件的，应对施工现场实行封闭管理。

2 施工现场对毗邻的建筑物、构筑物和特殊作业环境可能造成损害的，应采取安全防护措施。

3 施工中应遵守有关环境保护和安全生产的法律、法规的规定，采取措施控制和处理施工现场的各种粉尘、废气、废水、固体废物以及噪声、振动对环境的污染和危害。

4.4.6 系统检测

Ⅰ 主 控 项 目

4.4.6.1 公共广播与紧急广播系统检测应符合下列要求：

1 系统的输入输出不平衡度、音频线的敷设和接地形式，保证安装质量符合设计要求，设备之间阻抗匹配合理。

2 放声系统应分布合理，符合设计要求。

3 最高输出电平、输出信噪比、声压级和频宽的技术指标应符合设计要求。

4 通过对响度、音色和音质的主观评价，评定系统的音响效果。

5 功能检测应包括：

(1) 业务宣传、背景音乐和公共寻呼插播。

(2) 紧急广播与公共广播共用设备时，其紧急广播由消防分机控制，具有最高优先权。在火灾和突发事故发生时，应能强制切换为紧急广播并以最大音量播出。紧急广播功能检测按本标准第7章的有关规定执行。

(3) 功率放大器应冗余配置，并在主机故障时，按设计要求备用机自动投入运行。

(4) 公共广播系统应分区控制，分区的划分不得与消防分区的划分产生矛盾。

4.4.7 竣工验收

1 竣工验收文件和记录按本标准第4.2.7条的要求执行。

2 公共广播及紧急广播系统分项工程验收记录当地方主管部门无统一规定时，宜采用表4.4.7“公共广播及紧急广播系统分项工程质量验收记录表”。

表4.4.7 公共广播及紧急广播系统分项工程质量验收记录表

单位（子单位）工程名称				子分部工程	通信网络系统
分项工程名称		公共广播及紧急广播系统		验收部位	
施工单位				项目经理	
施工执行标准名称及编号					
分包单位				分包项目经理	
检测项目（主控项目） （执行本标准第4.4.6.1条的规定）			检查评定记录		备　注
1	安装质量	不平衡度			符合设计要求者为合格
		音频线敷设			
		接地及安装			
		阻抗匹配			
2	放声系统分布				
3	音质音量	最高输出电平			
		输出信噪比			
		声压级			
		频宽			
4	音响效果主观评价				
5	功能检测	业务内容			
		消防联动			
		功放冗余			
		分区划分			

检测意见：

检测机构负责人：

监理工程师（建设单位项目专业技术负责人）：

日期：　　　　　　　　　　　　日　　期：

5 信 息 网 络 系 统

5.1 一 般 规 定

5.1.1 本章适用于智能建筑工程中信息网络系统的工程实施及质量控制、系统检测和竣工验收。

5.1.2 信息网络系统应包括计算机网络、应用软件及网络安全等。

5.2 施 工 准 备

5.2.1 技术准备

1 施工前进行图纸会审。

2 施工前应编制施工组织设计（施工方案），并报上一级技术负责人审核批准。

3 施工前应进行技术交底，明确施工方法及质量标准。

5.2.2 材料准备

计算机（服务器、终端机）、系统软件、打印机、集线器、交换机、路由器、调制解调器、软盘等。

5.2.3 主要机具

万用表、便携式计算机、网络分析仪（网络测试仪）、对讲机、专用工具等。

5.2.4 作业条件

1 综合布线系统施工完毕，已通过系统检测并具备竣工验收的条件。

2 设备机房施工完毕，机房环境、电源及接地安装已完成，具备安装条件。

5.3 材 料 质 量 控 制

5.3.1 信息网络系统的设备、材料进场验收要求除遵照本标准第 3.3.4 条和第 3.3.5 条的规定执行外，还应执行下列规定：

1 有序列号的设备必须登记设备的序列号。

2 网络设备开箱后通电自检，查看设备状态指示灯应正常，设备启动应正常。

3 计算机系统、网管工作站、UPS 电源、服务器、资料存储设备、路由器、防火墙、交换机等产品按本标准第 3.2 节的规定执行。

4 软件应符合本标准第 3.2.6 条的规定。

5 防火墙和防病毒软件等产品必须通过公安部计算机信息系统安全产品质量监督检验中心检验，并具有公安部公共信息安全监察局颁发的“计算机信息系统安全专用产品销售许可证”。特殊行业有其他规定时，还应遵守行业的相关规定。

5.4 施 工 工 艺

5.4.1 施工工艺流程

安装机柜→系统配置→连通性测试→网络管理软件测试→系统安全性测试→设备容错测试

5.4.2 施工要点

1 安装机柜

(1) 设备根据设计要求安装在标准机柜内或独立放置。除注意机械尺寸空间外，还应满足水平度和垂直度的要求，螺钉安装应紧固，设备本身及机架外壳的接地线符合规范标准和设计要求。

(2) 网络设备应安装整齐，固定牢靠，便于维护和管理；高端设备的信息模块和相关部件应正确安装，空余槽位应安装空板；设备上的标签应标明设备的名称和网络地址，跳线连接应稳固，走向清楚明确，线缆上应有标签。

(3) 安装质量检查：机房环境是否满足要求；设备器材清点检查；设备机柜加固检查；设备模块配置检查；设备间及机架内缆线布放；电源检查；设备至各类配线设备间缆线布放；缆线导通检查；各种标签检查；接地电阻值检查；接地引入线及接地装置检查；机房内防火措施；机房内安全措施等。

2 系统配置

(1) 根据用户的功能需求和生产厂家提供的安装手册，编写相关配置表。通过控制台或仿真终端对网络设备进行配置，保存配置结果。

(2) 系统配置时，应按以下要求进行网络安全保护：

1) 防火墙的设置。

应阻挡外部网络的非授权访问和窥探，控制内部用户的不合理的流量，同时可屏蔽内部网络的拓扑细节，便于保护内部网络的安全。

2) 代理服务器的设置。

应保证局域网用户可以安全地访问 Internet 提供的各种服务而局域网无需承担任何风险。

3) 网络中要有备份与容错。

4) 对网络安全防御的其他手段，加密与网络防护等均应一一检查。

5) 应检查“系统安全策略”内容是否符合实际要求。对于信息系统管理还应包括安全协议、E-mail 系统维护协议和网络管理协议等，确保所有的系统管理人员能够及时报告问题和防止超越权限。

3 连通性测试

(1) 通电测试前设备检查：按施工图设计要求检查设备安装情况；设备接地应良好；供电电源电压及极性符合要求。

(2) 设备通电测试：设备供电正常；报警指示工作正常；设备通电后工作正常及故障检查。

(3) 连接相关的广域网接入线路，观察接入设备运行状态及 IP 地址，确认连接正常、路由配置正确。进行网络集线器端口 IP 地址分配，检测网络集线器端口的连通性，连通性检测应符合如下要求：

1）根据网络设备的连通图，网管工作站应能够和任何一台网络设备通信。

2）各子网（虚拟专网）内用户之间的通信功能检测：根据网络配置方案的要求，允许通信的计算机之间可以进行资源共享和信息交换，不允许通信的计算机之间应无法通信；保证网络节点符合设计规定的通讯协议和适用标准。

3）根据配置方案的要求，检测局域网内的用户与公用网之间的通信能力。

4）连通性检测方法可采用相关测试命令进行测试，或根据设计要求使用网络测试仪测试网络的连通性。

5）路由检测方法可采用相关测试命令进行测试；或根据设计要求使用网络测试仪测试网络路由设置的正确性。路由器的路由表配置出错，漏配或错配远程路由器的 IP 地址，都会导致找不到远程的路由器（或是路由循环），使得 IP 包在两个路由器之间循环传递而找不到线路远程的主机。应采用有效的方法和软件，诊断出路由循环故障的位置，及时排除。

4　网络管理软件测试

（1）软件的版本及对应的操作系统平台与设计（或合同）相符。

（2）配置一台网络管理软件所需的计算机，并安装好网络管理软件所需的操作系统。

（3）按照网络管理软件的安装手册和随机文件，安装网络管理软件，并符合设计要求。网络管理软件应具备如下管理功能：

1）网管系统应能够搜索到整个网络系统的拓扑结构图和网络设备连接图。

2）网络系统应具备自诊断功能，当某台网络设备或线路发生故障后，网管系统应能够及时报警和定位故障点。

3）应能够对网络设备进行远程配置，检测网络的性能，提供网络节点的流量、广播率和错误率等参数。

（4）网络管理软件功能测试，应符合设计和合同要求。确认网络管理软件能够监测所需管理的设备的状态和动态地显示网络流量，并据此设置这些设备的属性，使网络系统得到优化。

5　系统安全性测试

（1）信息安全性检测应满足以下要求：

1）办公网络应能抵御来自防火墙以外的网络攻击，使用流行的攻击手段进行仿真攻击，不能攻破的判为合格。

2）办公网络能够根据需求控制内部终端机的互联网（Internet）连接请求和内容，可使终端机用不同身份访问 Internet 的不同资源，符合设计要求判为合格。

3）办公网络与控制网络必须实施安全隔离，测试方法可采用相关测试命令进行测试，保证做到未经授权，从办公网络不能进入控制网络。

4）检测防病毒系统的有效性，将一个含有当前已知流行病毒的文件（病毒样本）通过文件传输、邮件附件、网上邻居等方式传播，各个位置的防病毒软件应能正确地检测到该含病毒的文件，并执行杀毒操作。

5）安装了入侵检测的系统，使用流行的攻击手段进行仿真攻击，这些攻击应被入侵检测软件发现和阻断。

6）互联网行为管理系统，应尝试访问若干受限网址，测试系统的访问控制功能。

（2）应用系统安全性应满足以下要求：

1）身份认证：管理用户账号，要求用户必须使用满足安全要求的口令。

2）访问控制：在身份认证的基础上根据用户及资源对象实施访问控制；用户能正确访问其获得授权的对象资源，同时不能访问未获得授权的资源。防止未授权用户的非法访问，保护应用系统资料的安全。

3）资料安全应符合：

a 资料完整性：保证资料在网络传输过程中，无丢失、损坏、修改、乱码产生。

b 数据保密性：保证资料在网络传输过程中，不会被非法用户获得。

c 资料在网上传输时，根据设计要求应使用必要的加密措施，并采用会话密钥、数字签名、时间戳等安全技术，保证传输资料的完整性和保密性；通过截取传输的资料包，发现密文传输漏洞。

4）安全审计：用户对应用系统的访问，应有必要的审计记录。

（3）操作系统安全性应满足以下要求：

1）使用符合安全强度要求的操作系统。

2）使用安全性较高的文件系统。

3）管理操作系统的用户账号，用户必须使用满足安全要求的口令。

4）服务器应只提供必需的服务，其他无关的服务应关闭，对可能存在漏洞的服务或操作系统，应更换或升级。

5）设置并正确利用审计系统，对一些非法的侵入尝试必须有记录。模拟非法尝试，审计日志中应有正确记录。

6 设备容错测试

容错功能的检测采用人为设置网络故障的方法，检测系统正确判断故障及自动恢复的功能，切换时间应符合设计要求。检测内容应包括以下两个方面：

（1）具备容错能力的网络系统，应具有错误恢复和隔离功能，主要部件应有备份，并在出现故障时可自动切换。

（2）有链路冗余配置的网络系统，当其中的某条链路断开或有故障发生时，整个系统仍应保持正常工作，并在故障恢复后应能自动切换回主系统运行。

（3）信息网络系统在安装、调试完成后，应进行不少于1个月的试运行，有关系统自检和试运行应符合本标准第3.3.8条和第3.3.9条的要求。

5.5 成品保护

1 机房的门应加锁，未经许可非安装人员不准入内。

2 工程至交工期间需设专人值班。

3 室内保持清洁干净、走道畅通、通风良好，室温保持在18～28℃，相对湿度30%～75%，室内严禁烟火。

4　在机房内施工时，必须采取保护和防尘措施，以免碰撞损伤设备。

5　保护连接网络设备的各类线缆（电缆和光缆），不应倾轧、折断线缆。

6　保护网络连接设备端口，避免灰尘、杂质侵入。

7　使用的系统软件应注意保管，以免损坏。

5.6　施工安全、环保措施

1　利用综合布线系统组成的网络，应防止由射频产生的电磁污染，影响周围其他网络的正常运行。

2　应在施工现场采取维护安全、防范危险、预防火灾等措施。有条件的，应对施工现场实行封闭管理。

3　施工现场对毗邻的建筑物、构筑物和特殊作业环境可能造成损害的，应采取安全防护措施。

4　施工中应遵守有关环境保护和安全生产的法律、法规的规定，采取措施控制和处理施工现场的各种粉尘、废气、废水、固体废物以及噪声、振动对环境的污染和危害。

5　敷设光纤时不得产生小圈，有激光光束的光纤，其端面不得正对眼睛，以免灼伤。

5.7　系　统　检　测

5.7.1　计算机网络系统检测

5.7.1.1　计算机网络系统的检测应包括连通性检测、路由检测、容错功能检测、网络管理功能检测。

5.7.1.2　连通性检测方法可采用相关测试命令进行测试，或根据设计要求使用网络测试仪测试网络的连通性。

Ⅰ　主　控　项　目

5.7.1.3　连通性检测应符合以下要求：

1　根据网络设备的连通图，网管工作站应能够和任何一台网络设备通信。

2　各子网（虚拟专网）内用户之间的通信功能检测：根据网络配置方案要求，允许通信的计算机之间可以进行资源共享和信息交换，不允许通信的计算机之间无法通信；并保证网络节点符合设计规定的通讯协议和适用标准。

3　根据配置方案的要求，检测局域网内的用户与公用网之间的通信能力。

5.7.1.4　对计算机网络进行路由检测，路由检测方法可采用相关测试命令进行测试，或根据设计要求使用网络测试仪测试网络路上设置的正确性。

Ⅱ　一　般　项　目

5.7.1.5　容错功能的检测方法应采用人为设置网络故障，检测系统正确判断故障及故障排除后系统自动恢复的功能。切换时间应符合设计要求。检测内容应包括以下两个方面：

1 对具备容错能力的网络系统，应具有错误恢复和故障隔离功能，主要部件应冗余设置，并在出现故障时可自动切换。

2 对有链路冗余配置的网络系统，当其中的某条链路断开或有故障发生时，整个系统仍应保持正常工作，并在故障排除后即能自动切换回主系统运行。

5.7.1.6 网络管理功能检测应符合下列要求：

1 网管系统应能够搜索到整个网络系统的拓扑结构图和网络设备连接图。

2 网络系统应具备自诊断功能，当某台网络设备或线路发生故障后，网管系统应能够及时报警和定位故障点。

3 应能够对网络设备进行远程配置和网络性能检测，提供网络节点的流量、广播率和错误率等参数。

5.7.2 应用软件检测

5.7.2.1 智能建筑的应用软件应包括智能建筑办公自动化软件、物业管理软件和智能化系统集成等应用软件系统。应用软件的检测应从其涵盖的基本功能、界面操作的标准性、系统可扩展性和管理功能等方面进行检测，并根据设计要求检测其行业应用功能。满足设计要求时为合格，否则为不合格。不合格的应用软件修改后必须通过回归测试。

5.7.2.2 应先对软硬件配置进行核对，确认无误后方可进行系统检测。

I 主 控 项 目

5.7.2.3 软件产品质量检查应按照本标准第3.2.6条的规定执行，应采用系统的实际数据和实际应用案例进行测试。

5.7.2.4 应用软件检测时，被测软件的功能、性能确认宜采用黑盒法进行，主要测试内容应包括：

1 功能测试

在规定的时间内运行软件系统的所有功能，以验证系统是否符合功能需求。

2 性能测试

检查软件是否满足设计文件中规定的性能，应对软件的响应时间、吞吐量、辅助存储区、处理精度进行检测。

3 文档测试

检测用户文档的清晰性和准确性，用户文档中所列应用案例必须全部测试。

4 可靠性测试

对比软件测试报告中可靠性的评价与实际试运行中出现的问题，进行可靠性验证。

5 互连测试

应验证两个或多个不同系统之间的互连性。

6 回归测试

软件修改后，应经回归测试验证是否因修改引出新的错误，即验证修改后的软件是否仍能满足系统的设计要求。

Ⅱ 一 般 项 目

5.7.2.5 应用软件的操作命令界面应为标准图形交互界面，要求风格统一、层次简洁，操作命令的命名不得具有二义性。

5.7.2.6 应用软件应具有可扩展性，系统应预留可升级空间以供纳入新功能，宜采用能适应最新版本的信息平台，并能适应信息系统管理功能的变动。

5.7.3 网络安全系统检测

5.7.3.1 网络安全系统宜从物理层安全、网络层安全、系统层安全、应用层安全等四个方面进行检测，以保证信息的保密性、真实性、完整性、可控性和可用性等信息安全性能符合设计要求。

Ⅰ 主 控 项 目

5.7.3.2 计算机信息系统安全专用产品必须具有公安部计算机管理监察部门审批颁发的“计算机信息系统安全专用产品销售许可证”；特殊行业有其他规定时，还应遵守行业的相关规定。

5.7.3.3 如果与因特网连接，智能建筑网络安全系统必须安装防火墙和防病毒系统。

5.7.3.4 网络层安全的安全性检测应符合以下要求：

1 防攻击

信息网络应能抵御来自防火墙以外的网络攻击，使用流行的攻击手段进行模拟攻击，不能攻破判为合格。

2 因特网访问控制

信息网络应根据需求控制内部终端机的因特网连接请求和内容，使用终端机用不同身份访问因特网的不同资源，符合设计要求判为合格。

3 信息网络与控制网络的安全隔离

测试方法可采用相关测试命令进行测试，或根据设计要求使用网络测试仪测网络的连通性，保证做到未经授权，从信息网络不能进入控制网络；符合此要求者判为合格。

4 防病毒系统的有效性

将含有当前已知流行病毒的文件病毒样本，通过文件传输、邮件附件、网上邻居等方式向各点传播，各点的防病毒软件应能正确地检测到该含病毒文件，并执行杀毒操作；符合本要求者判为合格。

5 入侵检测系统的有效性

如果安装了入侵检测系统，使用流行的攻击手段进行模拟攻击（如 DOS 拒绝服务攻击），这些攻击应被入侵检测系统发现和阻断；符合此要求者判为合格。

6 内容过滤系统的有效性

如果安装了内容过滤系统，则尝试访问若干受限网址或者访问受限内容，这些尝试应该被阻断；然后访问若干未受限的网址或者内容，应该可以正常访问；符合此要求者为合格。

5.7.3.5 系统层安全应满足以下要求：

1 操作系统应选用经过实践检验的具有一定安全强度的操作系统。

2 使用安全性较高的文件系统。

3 严格管理操作系统的用户账号，要求用户必须使用满足安全要求的口令。

4 服务器应只提供必须的服务，其他无关的服务应关闭，对可能存在漏洞的服务或操作系统，应更换或者升级相应的补丁程序；扫描服务器，无漏洞者为合格。

5 认真设置并正确利用审计系统，对一些非法的侵入尝试必须有记录；模拟非法尝试，审计日志中有正确记录者为合格。

5.7.3.6 应用层安全应符合下列要求：

1 身份认证

用户口令应该加密传输，或者禁止在网络上传输；严格管理用户账号，要求用户必须使用满足安全要求的口令。

2 访问控制

必须在身份认证的基础上根据用户及资源对象实施访问控制；用户能正确访问其获得授权的对象资源，同时不能访问未获得授权的资源，符合此要求者判为合格。

Ⅱ 一 般 项 目

5.7.3.7 物理层安全应符合下列要求：

1 中心机房的电源与接地及环境要求应符合本标准第11章、第12章的规定。

2 对于涉及国家秘密的党政机关、企事业单位的信息网络工程，应按《涉密信息设备使用现场的电磁泄漏发射保护要求》BMB5、《涉及国家秘密的计算机信息系统保密技术要求》BMZ1和《涉及国家秘密的计算机信息系统安全保密评测指南》BMZ3等国家现行标准的相关规定进行检测和验收。

5.7.3.8 应用层安全应符合下列要求：

1 完整数据在存储、使用和网络传输过程中，不得被篡改、破坏。

2 保密性：数据在存储、使用和网络传输过程中，不应被非法用户获得。

3 安全审计：对应用系统的访问应有必要的审计记录。

5.8 竣 工 验 收

5.8.1 竣工验收除应符合本标准第14章的规定外，还应对信息安全管理制度进行检查，并作为竣工验收的必要条件。

5.8.2 竣工验收的文件资料包括设备的进场验收报告、产品检测报告、设备的配置方案和配置文档、计算机网络系统的检测记录和检测报告、应用软件的检测记录和用户使用报告、安全系统的检测记录和检测报告以及系统试运行记录。

5.8.3 信息网络系统分项工程验收记录当地方主管部门无统一规定时，宜采用表5.8.3-1“计算机网络系统检测分项工程质量验收记录表（Ⅰ）”、表5.8.3-2“计算机网络系统检测分项工程质量验收记录表（Ⅱ）”、表5.8.3-3“应用软件系统检测分项工程质量验收记录表（Ⅰ）”、表5.8.3-4“应用软件系统检测分项工程质量验收记录表（Ⅱ）”、表5.8.3-5“网络安全系统检测分项工程质量验收记录表（Ⅰ）”、表5.8.3-6“网络安全系统检测分项工程质量验收记录表（Ⅱ）”。

表 5.8.3-1 计算机网络系统检测分项工程质量验收记录表（Ⅰ）

<table>
<tr><td colspan="3">单位（子单位）工程名称</td><td></td><td>子分部工程</td><td>信息网络系统</td></tr>
<tr><td colspan="3">分项工程名称</td><td>计算机网络系统</td><td>验收部位</td><td></td></tr>
<tr><td colspan="2">施工单位</td><td colspan="2"></td><td>项目经理</td><td></td></tr>
<tr><td colspan="3">施工执行标准名称及编号</td><td colspan="3"></td></tr>
<tr><td colspan="2">分包单位</td><td colspan="2"></td><td>分包项目经理</td><td></td></tr>
<tr><td colspan="3">检测项目（主控项目）
（执行本标准第 5.7.1.1～5.7.1.4 条的规定）</td><td colspan="2">检测记录</td><td>备　注</td></tr>
<tr><td>1</td><td colspan="2">网络设备连通性</td><td colspan="2"></td><td rowspan="5">执行本标准第 5.7.1.1～5.7.1.3 条中规定</td></tr>
<tr><td rowspan="3">2</td><td rowspan="3">各用户间通信性能</td><td>允许通信</td><td colspan="2"></td></tr>
<tr><td>不允许通信</td><td colspan="2"></td></tr>
<tr><td>符合设计规定</td><td colspan="2"></td></tr>
<tr><td>3</td><td colspan="2">局域网与公用网连通性</td><td colspan="2"></td></tr>
<tr><td>4</td><td colspan="2">路由检测</td><td colspan="2"></td><td>执行本标准第 5.7.1.4 条中规定</td></tr>
<tr><td>5</td><td colspan="2"></td><td colspan="2"></td><td></td></tr>
<tr><td>6</td><td colspan="2"></td><td colspan="2"></td><td></td></tr>
<tr><td>7</td><td colspan="2"></td><td colspan="2"></td><td></td></tr>
<tr><td>8</td><td colspan="2"></td><td colspan="2"></td><td></td></tr>
<tr><td>9</td><td colspan="2"></td><td colspan="2"></td><td></td></tr>
<tr><td>10</td><td colspan="2"></td><td colspan="2"></td><td></td></tr>
<tr><td colspan="6">检测意见：

检测机构负责人：
监理工程师（建设单位项目专业技术负责人）：
日期：　　　　日　期：</td></tr>
</table>

表 5.8.3-2　计算机网络系统检测分项工程质量验收记录表（Ⅱ）

<table>
<tr><td colspan="3">单位（子单位）工程名称</td><td></td><td>子分部工程</td><td>信息网络系统</td></tr>
<tr><td colspan="3">分项工程名称</td><td>计算机网络系统</td><td>验收部位</td><td></td></tr>
<tr><td colspan="3">施工单位</td><td></td><td>项目经理</td><td></td></tr>
<tr><td colspan="3">施工执行标准名称及编号</td><td colspan="3"></td></tr>
<tr><td colspan="3">分包单位</td><td></td><td>分包项目经理</td><td></td></tr>
<tr><td colspan="3">检测项目（一般项目）
（执行本标准第 5.7.1.5 条、第 5.7.1.6 条的规定）</td><td colspan="2">检测记录</td><td>备　注</td></tr>
<tr><td rowspan="5">1</td><td rowspan="5">容错功能检测</td><td>故障判断</td><td colspan="2"></td><td rowspan="5">执行本标准第 5.7.1.5 条中规定</td></tr>
<tr><td>自动恢复</td><td colspan="2"></td></tr>
<tr><td>切换时间</td><td colspan="2"></td></tr>
<tr><td>故障隔离</td><td colspan="2"></td></tr>
<tr><td>自动切换</td><td colspan="2"></td></tr>
<tr><td rowspan="6">2</td><td rowspan="6">网络管理功能检测</td><td>拓扑图</td><td colspan="2"></td><td rowspan="6">执行本标准第 5.7.1.6 条中规定</td></tr>
<tr><td>设备连接图</td><td colspan="2"></td></tr>
<tr><td>自诊断</td><td colspan="2"></td></tr>
<tr><td>节点流量</td><td colspan="2"></td></tr>
<tr><td>广播率</td><td colspan="2"></td></tr>
<tr><td>错误率</td><td colspan="2"></td></tr>
<tr><td>3</td><td colspan="2"></td><td colspan="2"></td><td></td></tr>
<tr><td>4</td><td colspan="2"></td><td colspan="2"></td><td></td></tr>
<tr><td>5</td><td colspan="2"></td><td colspan="2"></td><td></td></tr>
<tr><td colspan="6">检测意见：

检测机构负责人：
监理工程师（建设单位项目专业技术负责人）：
日期：　　　　日　　期：</td></tr>
</table>

表 5.8.3-3 应用软件系统检测分项工程质量验收记录表（Ⅰ）

<table>
<tr><td colspan="3">单位（子单位）工程名称</td><td colspan="2"></td><td>子分部工程</td><td>信息网络系统</td></tr>
<tr><td colspan="3">分项工程名称</td><td colspan="2">应用软件</td><td>验收部位</td><td></td></tr>
<tr><td colspan="2">施工单位</td><td colspan="3"></td><td>项目经理</td><td></td></tr>
<tr><td colspan="3">施工执行标准名称及编号</td><td colspan="4"></td></tr>
<tr><td colspan="2">分包单位</td><td colspan="3"></td><td>分包项目经理</td><td></td></tr>
<tr><td colspan="4">检测数量：全部应用软件
检测项目（主控项目）
（执行本标准第 5.7.2.1～5.7.2.4 条的规定）</td><td colspan="2">检测记录</td><td>备　注</td></tr>
<tr><td rowspan="2">1</td><td rowspan="2">功　能
性测试</td><td colspan="2">安装：按安装手册中的规定成功安装</td><td colspan="2"></td><td rowspan="10">执行本标准第 5.7.2.1～5.7.2.4 条中规定</td></tr>
<tr><td colspan="2">功能：按使用说明书中的范例、逐项测试</td><td colspan="2"></td></tr>
<tr><td rowspan="4">2</td><td rowspan="4">性能测试</td><td colspan="2">响应时间</td><td colspan="2" rowspan="4"></td></tr>
<tr><td colspan="2">吞吐量</td></tr>
<tr><td colspan="2">辅助存储区</td></tr>
<tr><td colspan="2">处理精度测试</td></tr>
<tr><td>3</td><td colspan="3">文档测试</td><td colspan="2"></td></tr>
<tr><td>4</td><td colspan="3">可靠性测试</td><td colspan="2"></td></tr>
<tr><td>5</td><td colspan="3">互连测试</td><td colspan="2"></td></tr>
<tr><td>6</td><td colspan="3">回归（一致性）测试</td><td colspan="2"></td></tr>
<tr><td>7</td><td colspan="3"></td><td colspan="2"></td><td></td></tr>
<tr><td>8</td><td colspan="3"></td><td colspan="2"></td><td></td></tr>
<tr><td>9</td><td colspan="3"></td><td colspan="2"></td><td></td></tr>
<tr><td colspan="7">检测意见：

检测机构负责人：
监理工程师（建设单位项目专业技术负责人）：
日期：　　　　　　　　　　　　　　　　　　　　　　日　　　期：</td></tr>
</table>

表 5.8.3-4 应用软件系统检测分项工程质量验收记录表（Ⅱ）

<table>
<tr><td colspan="2">单位（子单位）工程名称</td><td></td><td>子分部工程</td><td>信息网络系统</td></tr>
<tr><td colspan="2">分项工程名称</td><td>应用软件</td><td>验收部位</td><td></td></tr>
<tr><td colspan="2">施工单位</td><td></td><td>项目经理</td><td></td></tr>
<tr><td colspan="2">施工执行标准名称及编号</td><td colspan="3"></td></tr>
<tr><td colspan="2">分包单位</td><td></td><td>分包项目经理</td><td></td></tr>
<tr><td colspan="2">检测项目（一般项目）
（执行本标准第 5.7.2.4 条、第 5.7.2.5 条的规定）</td><td colspan="2">检测记录</td><td>备　注</td></tr>
<tr><td>1</td><td>操作界面测试</td><td colspan="2"></td><td>执行本标准第 5.7.2.4 条中规定</td></tr>
<tr><td>2</td><td>可扩展性测试</td><td colspan="2"></td><td rowspan="2">执行本标准第 5.7.2.5 条中规定</td></tr>
<tr><td>3</td><td>可维护性测试</td><td colspan="2"></td></tr>
<tr><td>4</td><td></td><td colspan="2"></td><td></td></tr>
<tr><td>5</td><td></td><td colspan="2"></td><td></td></tr>
<tr><td>6</td><td></td><td colspan="2"></td><td></td></tr>
<tr><td>7</td><td></td><td colspan="2"></td><td></td></tr>
<tr><td>8</td><td></td><td colspan="2"></td><td></td></tr>
<tr><td>9</td><td></td><td colspan="2"></td><td></td></tr>
<tr><td>10</td><td></td><td colspan="2"></td><td></td></tr>
<tr><td colspan="5">检测意见：

检测机构负责人：
监理工程师（建设单位项目专业技术负责人）：
日期：　　　　　　　　　　　　　　　　日　　　　期：</td></tr>
</table>

表 5.8.3-5 网络安全系统检测分项工程质量验收记录表（Ⅰ）

<table>
<tr><td colspan="3">单位（子单位）工程名称</td><td></td><td>子分部工程</td><td>信息网络系统</td></tr>
<tr><td colspan="3">分项工程名称</td><td>网络安全系统</td><td>验收部位</td><td></td></tr>
<tr><td colspan="3">施工单位</td><td></td><td>项目经理</td><td></td></tr>
<tr><td colspan="3">施工执行标准名称及编号</td><td colspan="3"></td></tr>
<tr><td colspan="3">分包单位</td><td></td><td>分包项目经理</td><td></td></tr>
<tr><td colspan="3">检测项目（主控项目）
（执行本标准第 5.7.3.2～5.7.3.6 条的规定）</td><td colspan="2">检测记录</td><td>备 注</td></tr>
<tr><td>1</td><td colspan="2">安全产品认证</td><td colspan="2"></td><td>执行本标准第 5.7.3.2 条中规定</td></tr>
<tr><td rowspan="2">2</td><td rowspan="2">安全系统配置</td><td>防火墙</td><td colspan="2"></td><td rowspan="2">执行本标准第 5.7.3.3 条中规定</td></tr>
<tr><td>防病毒</td><td colspan="2"></td></tr>
<tr><td rowspan="6">3</td><td rowspan="6">信息安全性</td><td>来自防火墙外的模拟网络攻击</td><td colspan="2"></td><td rowspan="6">执行本标准第 5.7.3.4 条中规定</td></tr>
<tr><td>对内部终端机的访问控制</td><td colspan="2"></td></tr>
<tr><td>办公网络与控制网络的隔离</td><td colspan="2"></td></tr>
<tr><td>防病毒系统测试</td><td colspan="2"></td></tr>
<tr><td>入侵检测系统功能</td><td colspan="2"></td></tr>
<tr><td>内容过滤系统的有效性</td><td colspan="2"></td></tr>
<tr><td rowspan="5">4</td><td rowspan="5">操作系统安全性</td><td>操作系统</td><td colspan="2"></td><td rowspan="5">执行本标准第 5.7.3.5 条中规定</td></tr>
<tr><td>文件系统</td><td colspan="2"></td></tr>
<tr><td>用户账号</td><td colspan="2"></td></tr>
<tr><td>服务器</td><td colspan="2"></td></tr>
<tr><td>审计系统</td><td colspan="2"></td></tr>
<tr><td rowspan="2">5</td><td rowspan="2">应用系统安全性</td><td>身份认证</td><td colspan="2"></td><td rowspan="2">执行本标准第 5.7.3.6 条中规定</td></tr>
<tr><td>访问控制</td><td colspan="2"></td></tr>
<tr><td colspan="6">检测意见：

检测机构负责人：
监理工程师（建设单位项目专业技术负责人）：
日期：　　　　日　　期：</td></tr>
</table>

表 5.8.3-6 网络安全系统检测分项工程质量验收记录表（Ⅱ）

<table>
<tr><td colspan="3">单位（子单位）工程名称</td><td colspan="2"></td><td>子分部工程</td><td colspan="2">信息网络系统</td></tr>
<tr><td colspan="3">分项工程名称</td><td colspan="2">网络安全系统</td><td>验收部位</td><td colspan="2"></td></tr>
<tr><td colspan="2">施工单位</td><td colspan="3"></td><td>项目经理</td><td colspan="2"></td></tr>
<tr><td colspan="3">施工执行标准名称及编号</td><td colspan="5"></td></tr>
<tr><td colspan="2">分包单位</td><td colspan="3"></td><td>分包项目经理</td><td colspan="2"></td></tr>
<tr><td colspan="3">检测项目（一般项目）
（执行本标准第 5.7.3.7 条、第 5.7.3.8 条的规定）</td><td colspan="3">检测记录</td><td colspan="2">备　注</td></tr>
<tr><td rowspan="3">1</td><td rowspan="3">物理层
安　全</td><td>安全管理制度</td><td colspan="3"></td><td colspan="2" rowspan="3">执行本标准第 5.7.3.7 条中规定</td></tr>
<tr><td>中心机房的环境要求</td><td colspan="3"></td></tr>
<tr><td>涉密单位的保密要求</td><td colspan="3"></td></tr>
<tr><td rowspan="3">2</td><td rowspan="3">应用层
安　全</td><td>数据完整性</td><td colspan="3"></td><td colspan="2" rowspan="3">执行本标准第 5.7.3.8 条中规定</td></tr>
<tr><td>数据保密性</td><td colspan="3"></td></tr>
<tr><td>安全审计</td><td colspan="3"></td></tr>
<tr><td>3</td><td colspan="2"></td><td colspan="3"></td><td></td><td></td></tr>
<tr><td>4</td><td colspan="2"></td><td colspan="3"></td><td></td><td></td></tr>
<tr><td>5</td><td colspan="2"></td><td colspan="3"></td><td></td><td></td></tr>
<tr><td>6</td><td colspan="2"></td><td colspan="3"></td><td></td><td></td></tr>
<tr><td colspan="8">检测意见：

检测机构负责人：
监理工程师（建设单位项目专业技术负责人）：
日期：　　　　　　　　　　　　　　　　日　　　期：</td></tr>
</table>

6 建筑设备监控系统

6.1 一 般 规 定

6.1.1 本章适用于智能建筑工程中建筑设备监控系统的工程实施及质量控制、系统检测和竣工验收。

6.1.2 建筑设备监控系统用于对智能建筑内各类机电设备进行监测、控制及自动化管理，达到安全、可靠、节能和集中管理的目的。

6.1.3 建筑设备监控系统的监控范围为空调与通风系统、变配电系统、公共照明系统、给排水系统、热源和热交换系统、冷冻和冷却水系统、电梯和自动扶梯系统等各子系统。

6.2 施 工 准 备

6.2.1 技术准备

1 施工前进行图纸会审。

2 施工前应编制施工组织设计（施工方案），并报上一级技术负责人审核批准。

3 施工前应进行技术交底，明确施工方法及质量标准。

4 明确划分建筑物自动化系统（BAS）供货商与各子系统供货商之间材料（设备）供应接口。双方所供设备必须满足系统设计要求或双方签订的接口技术协议。

6.2.2 主要材料

中央站计算机、网关、DDC控制器、各类传感器、变送器、阀门及其执行机构、桥架线槽、各类管材、线缆、型材等。

6.2.3 主要机具

1 施工机具

电焊机、切割机、砂轮机、对讲机、专用工具等。

2 测试仪器

数字万用表、示波器、温度计、精密压力表、标准信号发生器、兆欧表、接地电阻测试仪等。

6.2.4 作业条件

建筑设备监控系统安装前，应具备下列条件：

1 已完成机房、弱电竖井的建筑施工。

2 预埋管及预留孔符合设计要求。

3 设备机房施工完毕，机房环境、电源及接地安装已完成，具备安装条件。

4 空调与通风设备、给排水设备、动力设备、照明控制箱、电梯等设备安装就位，并应预留好设计文件中要求的控制信号接入点。

5 各系统的供电及二次线路的设计必须满足 BAS 系统监测、控制和要求，并应有双方书面协议。

6.3 材料质量控制

6.3.1 设备及材料的进场验收除按本标准第 3.3.4 条和第 3.3.5 条的规定执行外，还应符合下列要求：

1 电气设备、材料、成品和半成品的进场验收应按《建筑电气工程施工技术标准》ZJQ08—SGJB 303—2005 中的有关规定执行；

2 各类传感器、变送器、阀门及执行器、现场控制器等的进场验收要求：

(1) 查验合格证和随带技术文件，实行产品许可证和强制性产品认证标志的产品应有产品许可证和强制性产品认证标志。

(2) 外观检查：铭牌、附件齐全，电气接线端子完好，设备表面无缺损，涂层完整。

3 BAS 系统与变配电系统、空调与通风系统、电梯系统、照明系统、给排水系统等的硬件接口、通讯线缆、信息传输及通信方式等必须相互匹配，其软硬件产品的品牌、版本、型号、规格、产地和数量应符合设计、产品技术标准要求及双方签订的技术协议要求。

(1) 做好外观检查。外部设备、内部插接件应完好无损，无变形。

(2) 技术参数、性能指标等随机技术资料应齐全。

(3) 缆线符合设计和合同要求，应具有产品出厂合格证、检验资料。

4 中央管理工作站与操作分站。处理机系统、显示设备、操作键盘、打印设备、存贮设备以及操作台等组成的管理工作站（中央与区域分站）的设备（包括软件、硬件）的品牌、型号规格、产地和数量应符合设计和合同要求。

(1) 做好外观检查，外壳、漆层应无损伤或变形。

(2) 内部插接件等固紧螺钉不应有松动现象。

(3) 附件及随机资料及技术资料应齐全、完好。

(4) 包装和密封良好，并有装箱清单。

(5) 操作系统、应用软件等型号、版本、介质及随机资料应符合设计和合同要求。

5 网络设备、软件产品的进场验收按本标准第 5.3 节及第 3.2.6 条中的有关规定执行。

6.4 施工工艺

6.4.1 空调与通风系统

6.4.1.1 工艺流程

现场设备定位→管线安装→现场设备安装→DDC 控制器安装→校接线→系统连接、调试。

6.4.1.2 施工要点

1　现场设备定位与安装

末端设备的定位与安装按设计和产品说明书要求进行，并应符合以下要求：

（1）一般规定

1）不应安装在阳光直射的位置。

2）应远离有较强振动，电磁干扰的区域。

3）室外型传感器应有防风雨的防护罩。

4）并列安装的同类传感器，距离高度应一致，高度差不应大于1mm，同一区域内高度差不应大于5mm。

5）应安装在便于调试、维修的地方。

（2）温、湿传感器的定位与安装

1）风管式温、湿度传感器

a　应安装在风速平稳、能反映风温的地方。

b　应安装在风管直管段的下游，还应避开风管死角的位置。

c　安装底座尽量采用轻质材料制作，安装处应用柔性材料及密封剂可靠密封，防止漏风。

2）管道式温度传感器

a　开孔与焊接工作必须在工艺管道的防腐、衬里、吹扫和压力试验前进行，不宜在焊缝及其边缘上开孔和焊接。

b　感温段大于管道口径的1/2时，可安装在管道的顶部；感温段小于管道口径的1/2时，应安装在管道的侧面或底部。

c　安装位置应在流体温度变化灵敏和具有代表性的地方，不宜选择在阀门等阻力部件附近和介质流动呈死角处和振动较大的位置。

d　温度取源部件与管道相互垂直安装时，其轴线应与管道轴线垂直相交；在管道拐弯处安装时，宜逆着介质流向，其轴线应与管道轴线相重合；与管道呈倾斜角度安装时，宜逆着介质流向，其轴线应与管道轴线相交。

（3）压力、压差传感器和压差开关的定位与安装

1）应安装在温、湿度传感器的上游侧。

2）风管型压力、压差传感器应在风管的直管段下游，应避开风管内通风死角的位置。

3）管道型、蒸汽压力与压差传感器安装：

a　开孔与焊接工作必须在工艺管道的防腐、衬里、吹扫和压力试验前进行，不宜在管道焊缝及其边缘处上开孔及焊接。

b　压力取源部件的端部不应超出设备或管道的内壁。

c　在水平和倾斜管道上安装压力取源部件时，取压点的方位应符合：测量液体压力时，在管道的下半部与管道的水平中心线成0～45°夹角的范围内；测量蒸汽压力时，在管道的上半部，以及下半部与管道的水平中心线成0～45°夹角的范围内。

d　蒸汽压力与压差传感器的安装位置应选在蒸汽压力稳定的地方，不宜选在阀门等阻力部件的附近或蒸汽流动呈死角处以及振动较大的地方。

4）安装压差开关时，宜将薄膜处于垂直于平面的位置；风压压差开关安装离地高度不应小于0.5m；不应影响空调器本体的密封性。

5）水流开关的开孔与焊接工作，必须在工艺管道的防腐、衬里、吹扫和压力试验前进行，不宜在焊缝处或在焊缝边缘上开孔安装；水流开关应安装在水平管段上，不应安装在垂直管段上。

6）差压传感器应配齐截止阀和平衡三阀组。

（4）流量传感器类的定位与安装

1）电磁流量计

a 电磁流量计应避免安装在较强的交直流磁场或有剧烈振动的场所。

b 电磁流量计、被测介质及管道连接法兰三者之间应连成等电位，并应接地。

c 应设置在流量调节阀的上游，流量计的上下游均应有一定的直管段，当设计文件和设备说明书无规定时，一般上游侧应有长度为 $10d$（d 为管径）、下游段应有 $4\sim5d$ 的直管段。

d 在垂直的管道上安装时，其流体介质应自下向上流动，保证导管内充满被测流体或不致产生气泡；在水平的管道上安装时，两个测量电极不应在管道的正上方和正下方位置。

2）涡轮流量计

a 涡轮式流量变送器应安装在便于维修并避免管道振动、避免强磁场及热辐射的场所。

b 涡轮式流量传感器安装时要水平，流体的流动方向必须与传感器壳体上所示的流向标志一致。

c 当可能产生逆流时，流量变送器后面应装设止逆阀，流量变送器应装在测压点上游，距测压点 $3.5\sim5.5d$ 的位置。测温应设置在下游侧，距流量传感器 $6\sim8d$ 的位置。

d 流量传感器需要装在一定长度的直管上，以确保管道内流速平稳。流量传感器上游应留有10倍管径的直管，下游有5倍管径长度的直管。若传感器前后的管道中安装有阀门，管道缩径、弯管等影响流量平稳的设备，则直管段的长度还需相应增加。

e 信号的传输线宜采用屏蔽和有绝缘保护层的电缆，宜在流量传感器侧单点接地。

（5）空气质量传感器的定位与安装

被探测气体密度比空气轻的空气质量传感器，应安装在风管或房间的上部；被探测气体密度比空气重的空气质量传感器，应安装在风管或房间的下部。

（6）空气速度传感器的定位与安装

空气速度传感器应安装在风管的直管段，应避开风管内的通风死角，直管段长度应满足设计或产品说明书要求。

（7）风机盘管温控器、风机盘管电动阀的定位与安装。

温控开关与其他开关并列安装时，高度差不应大于1mm；在同一室内，其高度差不应大于5mm，温控开关外形尺寸与其他开关不一样时，以底边高度为准。电动阀阀体上箭头的指向应与水流方向一致。风机盘管电动阀应安装于风机盘管的回水管上。四管制风机盘管的冷热水管电动阀共享线应为零线。

（8）电磁阀、电动调节阀的定位与安装

1）电磁阀、电动调节阀安装前，宜进行仿真动作和试压试验。电磁阀还应按安装使用说明书的规定检查线圈与阀体间的电阻。

2）检查电动调节阀的输入电压，输出信号和接线方式，应符合产品说明书的要求。

3）检查电动阀门的驱动器，其行程、压力和最大关紧力（关阀的压力）及阀体强度，阀芯泄漏试验，必须满足设计和产品说明书的要求。

4）电磁阀、电动调节阀阀体上箭头的指向应与水流方向一致。

5）电磁阀、电动阀的口径与管道通径不一致时，应采用渐缩管件，同时电磁阀电动阀口径一般不应低于管道口径2个等级。空调器的电磁阀、电动阀旁一般应装有旁通管路。

6）执行机构应固定牢固，机械传动应灵活，无松动或卡涩现象，操作手轮应处于便于操作的位置。

7）有阀位指示装置的电动阀、电磁阀，阀位指示装置应面向便于观察的位置。

8）电动阀、电磁阀一般安装在回水管口。在管道冲洗前，应完全打开。

9）电动调节阀安装时，应避免给调节阀带来附加压力，当调节阀安装在管道较长的地方时，应安装支架和采取避振措施。

10）电动阀门及执行器安装时应符合《建筑电气工程施工技术标准》ZJQ08—SGJB303—2005第6章及第7章、设计文件和产品技术文件的要求。

（9）电动风门驱动器的定位与安装

1）安装前应作如下检查：应按安装使用说明书的规定检查线圈、阀体间的电阻、供电电压、控制输入等符合设计和产品说明书的要求，且宜进行仿真动作。风阀控制器的输出力矩必须与风阀所需的相配，符合设计要求。

2）风阀控制器上的开闭箭头的指向应与风门开闭方向一致。

3）风阀控制器与风阀门轴的连接应固定牢固。

4）风阀的机械机构开闭应灵活，无松动或卡阻现象。

5）风阀控制器安装后，其开闭指示位应与风阀实际状况一致，风阀控制器宜面向便于观察的位置。

6）风阀控制器应与风阀门轴垂直安装，垂直角度不小于85°。

7）当风阀控制器不能直接与风门挡板轴相连接时，可通过附件与挡板轴相连，其附件装置必须保证风阀控制器旋转角度有足够的调整范围。

2　管线安装

按《建筑电气工程施工技术标准》ZJQ08—SGJB303—2005 第14、15章相关内容执行。

3　DDC控制器安装

（1）安装位置正确，部件齐全，箱体开孔与导管管径适配。

（2）控制器箱内接线整齐，回路编号齐全，标志正确。

（3）控制器箱安装牢固，垂直度允许偏差为1.5‰。底边距地面一般为1.4m，同一建筑物内安装高度应一致。

（4）控制器柜安装应符合电气柜安装要求，详见《建筑电气工程施工技术标准》ZJQ08—SGJB303—2005 第6章。

（5）检查每台控制器的接口数量，应与被控设备要求相符，并留有10%以上的裕量。

4　校接线

（1）接线前应校线，检查其导通性和绝缘电阻，合格后方可接线，线端应有标号；

（2）剥绝缘层时不应损伤线芯；

（3）电缆与端子的连接应均匀牢固、导电良好；

(4) 多股线芯端头宜采用接线片，电线与接线片的连接应压接；

(5) 剥去外护套的橡皮绝缘芯线及屏蔽线，应加设绝缘护套；

(6) 线路两端均应按设计图纸标号，回路标志齐全正确，标号应字迹清晰且不易褪色。

5 系统连接、调试

(1) 系统调试必须配备专业人员负责调试，组成调试班子，其中包括负责现场施工的技术质量人员。

(2) 要制定调试计划（大纲），包括各方面的配合，经业主、监理审查通过后进行。

(3) 调试步骤及内容：

1）检查新风机、空气处理机、送排风机、VAV末端装置及风机盘管的电气控制柜，按设计要求与DDC之间的接线正确，严防强电串入DDC。

2）按监控点表的要求检查装于通风与空调系统中的各类传感器、变送器、执行器等设备的位置，接线正确，其安装应符合本标准的要求。

3）确认DDC控制器和I/O模块的地址码设置应正确。

4）确认DDC允许送电并接通主电源开关，观察DDC控制器和各组件状态应正常。

5）按产品设备说明书和工程设计要求进行DDC功能测试，一般应进行运行可靠性测试和DDC软件主要功能及其实时性测试；

6）确认各类受控空调设备在手动控制状态下，运行正常。

7）在DDC侧或主机侧，检测各AI、AO、DI、DO点，确认其满足设计、监控点和联动联锁的各项要求。

各个阶段、步骤应有记录和报告，最后归成文档。

另外，由于变频器在通风空调系统的广泛应用，在此类通风空调系统的单体设备的检测调试中还应按以下内容进行：

1）若新风机是变频调速或高、中、低三速控制时，应模拟变化风压测量值或其他工艺要求，确认风机转速能相应改变或切换到测量值或稳定在设计值，风机转速这时应稳定在某一点上，并按设计和产品说明书的要求记录30%、50%、90%风机速度时高、中、低三速相对应的风压或风量。

2）变风量空调机，应按控制功能变频或分档变速的要求，确认空气处理机的风量、风压随风机的速度也相应变化。当风压或风量稳定在设计值时，风机速度应稳定在某一点上，并按设计和产品说明书的要求记录30%、50%、90%风机速度时相对应的风压或风量（变频、调速）；还应在分档变速时测量其相应的风压与风量。

3）VRV空调系统。对VRV空调系统纳入BAS系统的控制一般是在其配电回路中设置监控节点，起到按时间程序设定开启系统的功能，以控制不必要的能源浪费。

目前，相当多的VRV产品制造商都已相继开发出了基于BACnet协议专用网关的接口设备，可以将VRV空调系统纳入BAS系统中，VRV末端设备的运行状态是通过BACnet网关接口上传信号至BAS系统，监控中心经该网关接口下传信号（如初始值设定、控制参数设定等）至末端设备，并对整个VRV空调系统实行系统管理。经对这二个系统的集成，在中央控制中心可以对VRV空调系统实现以下功能：

a 室温监视；

b 温控器状态监视；

c 压缩机运转状态监视；

d 室内风扇运转状态；

e 空调机异常信息；

f ON/OFF 控制和监视；

g 温度设定和监视；

h 空调机模式设定和监视（制冷/制热/风扇/自动）；

i 遥控器模式设定和监视；

j 滤网信号监视和复位；

k 风向设定和监视；

l 额定风量设定和监视；

m 强迫温控器关机设定和监视；

n 能效设定和设定状态监视；

o 集中/机上控制器操作拒绝和监视；

p 系统强迫关闭设定和监视。

在 BAS 系统管理平台上，可以将空调系统与其他弱电系统实现联动控制功能，如利用电子考勤及电子门锁系统实施 VRV 空调系统的启、停联动，达到有效节能的目的。利用火灾报警信号，实施 VRV 空调系统的相应联动功能，满足消防要求。

基于 BACnet 协议专用网关的 VRV 空调系统接口设备的调试方法可按设备说明书进行，与网络系统网关设备调试方法一致。

4）变频调速排风机。变频调速排风机启动后，室内风压测量值应跟随风压设定值的改变而变化。当风压设定值固定时，经过一定时间后测量值应能稳定在风压设定值的附近。如果测量值跟踪设定值的速度太慢，可以适当提高 PID 调节的积分作用。如果送风温度在设定值上下明显地作周期性波动，其偏差超过范围，则应先降低或取消微分作用，再降低比例放大作用，直到系统稳定为止。PID 参数设置的原则是：首先保证系统稳定，其次满足其基本的精度要求，各项参数设置不宜过分，应避免系统振荡，并有一定余量。当系统经调试不能稳定时，应考虑有关的机械或电气装置中是否存在妨碍系统稳定的因素，应作仔细检查，排除此类干扰。

6.4.2 变配电系统

6.4.2.1 工艺流程

电量变送器安装→线槽敷线、配管穿线→DDC 控制器安装→校接线→系统调试

6.4.2.2 施工要点

1 电量变送器安装

常用的电量变送器有电压、电流、频率、有功功率、功率因数和有功电量变送器，安装在监测设备（高低压开关柜）内或者设置一个单独的电量变送器柜，将全部的变送器放在该柜内。

(1) 变送器柜安装按电气变配电柜安装标准执行。

(2) 变送器柜外壳及其有金属管的外接管应有接地跨接线，外壳应有良好的接地，满足设计及有关规范要求。

2 线槽敷线、配管穿线

按《建筑电气工程施工技术标准》ZJQ08—SGJB303—2005 第 14、15 章相关内容执行。

3 DDC 控制器安装

按本标准第 6.4.1.2 条第 3 款内容执行。

4 校接线

除按本标准第 6.4.1.2 条第 4 款内容执行外，尚应注意：

(1) 相应监测设备的 CT、PT 输出端通过电缆接入电量变送器柜，必须按设计和产品说明书提供的接线图接线，并检查其量程是否匹配（包括输入阻抗、电压、电流的量程范围），再将其对应的输出端接入 DDC 相应的监测端。

(2) 变送器接线时，严禁其电压输入端短路和电流输入端开路。

(3) 检查变送器的输入、输出端的范围与设计和 DDC 所要求的信号必须相符。

5 系统调试

(1) 确认 DDC 控制器和 I/O 模块的地址码设置应正确。

(2) 确认 DDC 送电并接通主电源开关，观察 DDC 控制器和各组件状态应正常。

(3) 系统监控点的测试：

1) 根据设计图纸和系统监控点表的要求，逐点进行测试。

2) 模拟量输入信号的精度测试：在变送器输出端测量其输出信号的数值，通过计算与主机 CRT 上显示数值进行比较，其误差应满足设计和产品的技术要求。

(4) 电量计费测试检查。按系统设计的要求，激活电量计费测试程序，检查其输出打印报告的资料，用计算方法或用常规电度计量仪表的资料进行比较，其测试资料应满足设计和计量要求。

(5) 柴油发电机运行工况的测试

1) 确认柴油发电机及其相应配电柜单机运行工况正常。

2) 确认其输出配电柜处于断开状态，严禁其输出电压接入正常的供配电回路。

3) 对柴油发电机进行仿真测试，即仿真激活柴油发电机组的起动控制程序，按设计和监控点表的要求确认相应开关设备动作和运行情况应正常。

6.4.3 公共照明系统

6.4.3.1 施工工艺流程

线槽敷线、配管穿线→DDC 控制器安装→系统连接、调试

6.4.3.2 施工要点

1 线槽敷线、配管穿线

按《建筑电气工程施工技术标准》ZJQ08—SGJB303—2005 第 14、15 章相关内容执行。

2 DDC 控制器安装

按本标准第 6.4.1.2 条第 3 款内容执行。

3 系统连接、调试

(1) 按设计图纸和通信接口的要求，检查电气柜与 DDC 通信方式的接线是否正确。

(2) 确认 DDC 控制器和 I/O 模块的地址码设置应正确。

(3) 确认 DDC 送电并接通主电源开关，观察 DDC 控制器和各组件状态应正常。

(4) 系统监控点的测试检查。根据设计图纸和系统监控点表的要求，按有关规定的方

式逐点进行测试。确认受 BAS 控制的照明配电箱设备运行正常情况下，激活顺序、时间或照度控制程序，按照明系统设计和监控要求，按顺序、时间程序或分区方式进行测试。

6.4.4 给排水系统

6.4.4.1 施工工艺流程

线槽敷线、配管穿线→安装现场设备（液位计、液位开关、压力传感器、压力开关、水流开关等）→DDC 控制器安装→系统连接、调试

6.4.4.2 施工要点

1 线槽敷线、配管穿线

按《建筑电气工程施工技术标准》ZJQ08—SGJB303—2005 相关内容执行。

2 安装现场设备（液位计、液位开关、压力传感器、压力开关、水流开关等）

(1) 压力传感器、压力开关、水流开关等末端设备的安装

按本标准第 6.4.1.2 条第 1 款相关内容执行。

(2) 液位计、液位开关的安装

1) 浮力式液位计的安装高度应符合设计文件规定。

2) 浮筒液位计的安装应使浮筒呈垂直状态，处于浮筒中心正常操作液位或分界液位的高度。

3) 钢带液位计的导管应垂直安装，钢带应处于导管的中心并滑动自如。

4) 用差压计或差压变送器测量液位时，仪表安装高度不应高于下部取压口。

5) 双法兰式差压变送器毛细管的敷设应有保护措施，其弯曲半径不应小于 50mm，周围温度变化剧烈时应采取隔热措施。

6) 安装浮球式液位仪表的法兰短管必须保证浮球能在全量程范围内自由活动。

3 DDC 控制器安装

按本标准第 6.4.1.2 条第 3 款内容执行。

4 系统连接、调试

(1) 按设计监控要求，检查各类水泵的电气控制柜与 DDC 之间的接线是否正确，严防强电串入 DDC。

(2) 检查各类传感器（水位传感器、温度传感器、流量传感器或水位开关），安装应符合规范要求，接线应正确。

(3) 检查各类水泵等受控设备，在手动控制状态下应运行正常。

(4) 确认 DDC 控制器和 I/O 模块的地址码设置应正确。

(5) 确认 DDC 送电并接通主电源开关，观察 DDC 控制器和各组件状态应正常。

(6) 按规定的要求检测设备 AO、AI、DO、DI 点，确认其满足设计监控点和联运联锁的要求。

近年来，通过设在水管上的压力传感器、集成在水泵电控箱的变频器、DDC 控制器/PLC/工控机组成闭环控制回路来控制水泵机组运行状态，实现管网的恒压变流量供水的给水系统得以广泛应用。水泵设备运行时，压力传感器不断将管网水压信号变换成标准电信号送入 DDC 控制器/PLC/工控机，经 DDC 控制器/PLC/工控机运算处理后，获得最佳控制参数，通过变频器和继电控制元件自动调整水泵机组高效率地运行，既保证了良好的供水品质，又最大限度地节能。

恒压变频供水系统试运时，在变频自动运行方式下给水泵电控柜通电，此时DDC控制器/PLC/工控机通过变频器启动第一台水泵，第一台泵进入变频运行状态，转速逐渐升高；当供水量 $Q<1/nQ_{max}$时（Q_{max}为 n 台泵全部工频运行时的最大流量），DDC控制器/PLC/工控机根据压力传感器检测的供水量的变化自动调节第一台泵转速，以保证供水压力稳定。当 $1/nQ_{max}<Q<2/nQ_{max}$，第一台泵已不能满足所需水量，此时DDC控制器/PLC/工控机将第一台泵转为工频运行状态，启动第二台泵，使第一台泵进入变频运行状态，其转速由所需水量决定；当 $Q>2/nQ_{max}$时，DDC控制器/PLC/工控机将第一台泵、第二台泵置于工频运行状态，启动第三台泵投入变频运行状态，如此顺序启动水泵直至达到水压稳定。反之，当供水量减小时，变频器亦调整水泵转速，顺序下降直至切换停泵。

一些供水系统到了夜间用水流量很小或无用水流量，这时，如果设备保持连续运行，会造成设备效率降低、能耗大、设备磨损等问题。为改善这种不利工况，可在设备系统中并接小型气压罐，小流量时按气压罐式间歇运行供水，待系统中的供水流量达到一定时恢复正常运行。

6.4.5 热源和热交换系统

6.4.5.1 施工工艺流程

线槽敷线、配管穿线→现场设备安装（温度传感器、水管型压力和压差传感器、蒸汽压力传感器、流量传感器、电磁阀、电动调节阀等）→DDC控制器安装→系统连接、调试

6.4.5.2 施工要点

1 线槽敷线、配管穿线

按《建筑电气工程施工技术标准》ZJQ08—SGJB303—2005第14、15章相关内容执行。

2 现场设备安装（温度传感器、水管型压力和压差传感器、蒸汽压力传感器、流量传感器、电磁阀、电动调节阀器等）

按本标准第6.4.1.2条第1款相关内容执行；

此外，水管型压力和压差传感器在高压水管上安装时，应装在进水管侧；在低压水管上安装时，应装在回水管侧。

3 DDC控制器安装

按本标准第6.4.1.2条第3款内容执行。

4 系统连接、调试

（1）检查热泵机组控制柜的电器元器件应无损坏，内部与外部接线应正确无误。严防强电串入DDC，直流弱电地与交流强电地应分开。

（2）按监控点表要求，检查热泵机组上的温度传感器、电动阀、风阀、压差开关等设备的位置，接线应正确，输入/输出信号类型、量程应和设计相一致。

（3）手动位置时，确认各单机在非BAS系统控制状态下应运行正常。

（4）确认DDC控制器和I/O模块的地址码设置应正确。

（5）确认DDC送电并接通主电源开关，观察DDC控制器和各组件状态应正常。

（6）对填写的BAS系统监控点记录表进行核查。

（7）按设计和产品技术说明书规定，在确认主机、热泵机组、电动蝶阀等相关设备单独运行正常下，在DDC侧或主机侧检测全部AO、AI、DO、DI点，应满足设计和监控点表的要求。激活自动控制方式，确认系统各设备按设计和工艺要求的顺序投入运行和关闭

自动退出运行两种方式都应正确。

（8）增减空调机运行台数，增加其热负荷，检验平衡管流量的方向和数值，确认能激活或停止热源机组的台数，应能满足负荷需要。

（9）模拟一台设备故障停运以及整个机组停运，检验系统应自动激活一个预定的机组投入运行。

6.4.6 冷冻和冷却水系统

6.4.6.1 施工工艺流程

线槽敷线、配管穿线→现场设备安装（水管温度传感器、压力压差传感器、流量传感器、电磁阀、电动调节阀等）→DDC控制器安装→系统连接、调试

6.4.6.2 施工要点

1 线槽敷线、配管穿线

按《建筑电气工程施工技术标准》ZJQ08—SGJB303—2005第14、15章相关内容执行。

2 现场设备安装（水管温度传感器、压力压差传感器、流量传感器电磁阀、电动调节阀等）

按本标准第6.4.1.2条第1款相关内容执行。

3 DDC控制器安装

按本标准第6.4.1.2条第3款内容执行。

4 系统连接、调试

（1）检查冷冻和冷却系统的控制柜的全部电气元器件应无损坏，内部与外部接线应正确无误。严防强电串入DDC，直流弱电地与交流强电地应分开。

（2）按监控点表要求，检查冷冻和冷却系统的温、湿度传感器、电动阀、压差开关等设备的位置，接线应正确，输入/输出信号类型、量程应和设计相一致。

（3）手动位置时，确认各单机在非BAS系统控制状态下运行正常。

（4）确认DDC控制器和I/O模块的地址码设置应正确。

（5）确认DDC送电并接通主电源开关，观察DDC控制器和各组件状态应正常。

（6）对填写的BAS系统监控点记录表进行核查。

（7）按设计和产品技术说明书规定在确认主机、冷水泵、冷却泵、风机、电动蝶阀等相关设备单独运行正常的情况下，检查全部AO、AI、DO、DI点应满足设计和监控点表的要求；确认系统在激活或关闭自动控制两种情况下，各设备按设计和工艺要求顺序投入或退出运行两种方式都应正确。

（8）增减空调机运行台数，增加其冷负荷，检验平衡管流量的方向和数值，确认能激活停止制冷机组的台数，以满足负荷需要。

（9）模拟一台设备故障停运，或者整个机组停运，检验系统是否自动激活一个预定的机组投入运行。

（10）按设计和产品技术说明规定，模拟冷却水温度的变化，确认冷却水温度旁通控制和冷却塔高、低速控制的功能，并检查旁通阀动作方向应正确。

现代智能建筑多采用集中供冷（水），而分散的中央空调机组和众多的风机盘管，随时都在调节过程中，变频调速技术即得以较多地应用。采用变频调速技术，控制冷冻水循环泵的转速（即改变冷冻水流量）来跟踪冷冻水的需求量，便可以取消旁通水量，解决冷

冻水系统压差平衡，节约能源。

具体实施原理：在供水管和回水管之间加装一只压差传感器，将压差数值转换成4～20mA的标准信号，送到变频器的模拟量输入端，经变频器的数据处理系统计算并与设定压力值比较后，给出PID调节后的输出频率，以改变水泵电机的转速来恒定供回水管之间压差的目的，形成一个完整的闭环控制系统。当管道用水量加大时，管道压差会有所下降，自控环节令变频器输出频率有所上升，电机转速随即上升，使管道压差回升至设定值；反之，频率会降低，管道压差相应回落，最终达到供回水压差恒定的目的。该系统可有多台循环水泵组成，配置一台智能控制器及与BAS系统监控中心通讯连接，即可实现一台变频器多泵联用，三泵联用，一用一备，两用一备等。

多台循环水泵系统试运时，当给出启泵指令后，接通第一台泵其变频软启动。若工作频率升至电网工频时，管道压差未达到设定值，一定延时后，会通过泵电控箱继电器回路快速切换接通工频回路，将该泵切入工频电路运行，并自动接通第二台泵投入变频启动并运行，跟踪管道压差的设定值，如第二台泵工作频率上升至工频仍达不到设定压差时，则同样顺序启动第三台循环泵，直至管网达到设定压差。相反的过程是当冷冻水用水量下降时，管道压差会有所提高，系统要求降低频率。当频率降低到设定值则经一定延时会自动切出上一台运行在工频上的循环泵，若输出的频率再次低到设定值，则再切出一台运行在工频的循环泵，始终保持有一台循环泵运行在变频状态。由于是循环控制泵的启停顺序，因而泵的使用率也是均匀的。相应冷冻机组的冷却水循环泵也可类似控制。

经上述试运功能正常后，系统即可投入运行。

6.4.7 电梯和自动扶梯系统

6.4.7.1 施工工艺流程

线槽敷线、配管穿线→DDC控制器安装→系统连接、调试

6.4.7.2 施工要点

一般电梯设备与智能建筑工程系统的工程接口应按下表划分（表6.4.7.2），与施工合同不一致的，以合同为准。

表6.4.7.2 电梯设备与智能建筑工程系统的工程接口

序号	设备材料名称	设备材料供应接口	设计接口	技术接口	施工接口
1	摄像机	A. 供应摄像机 B. 供应视频线和电缆	A. 提出安装位置的要求 B. 设计线路走向	A. 提出开口尺寸，视频线和电源线的型号规格	A. 安装与接线 B. 负责电缆敷设
2	楼层显示器	A. 提供设备 B. 提供干接点信号	B. 提供接线图	B. 提供运行状态、楼层（N）故障/运行、报警、上行、下行和停止等干接点信号	A. 负责将运行状态、故障报警信号引至BAS系统的管线敷设和接线，将楼层显示信号引至安保系统
3	卡片阅读机	A. 提供卡片阅读机 B. 提供卡片阅读机信号电缆和电源线	A. 提供电梯侧接线图和卡片阅读机安装位置和开孔尺寸 B. 线路设计走向	A. 提出卡片阅读机的外形尺寸和开口尺寸要求 B. 提供停层限制的干接点信号要求	A. 安装卡片阅读机及机房至安保控制室之间的管线敷设及接线 B. 负责开孔、电源电缆线敷设

续表 6.4.7.2

序号	设备材料名称	设备材料供应接口	设计接口	技术接口	施工接口
4	电视机	A. 提供设备 B. 提供视频电缆和电源线	B. 负责电缆敷设走向和安装支架开孔位置与尺寸	A. 提出电视机安装位置和固定方式	A. 安装与接线
5	电梯迫降	A. 提供控制信号模块和管线材料 B. 提供迫降和返回干接点	B. 提供接线图	A. 提供干接点信号要求	A. 管线敷设及接线
6	喇　叭	A. 提供喇叭 B. 提供电缆	B. 提供接线图	A. 提出电线要求，喇叭尺寸	A. 负责安装接线 B. 负责开孔
注：A—智能；B—电梯。					

1　线槽敷线、配管穿线

按《建筑电气工程施工技术标准》ZJQ08—SGJB303—2005 第 14、15 章相关内容执行。

2　DDC 控制器安装

按本标准第 6.4.1.2 条第 3 款内容执行。

3　系统连接、调试

（1）检查并且复核电梯和电动扶梯的运行状态和故障状态是否符合 BAS 系统要求。

（2）电气线路检查试验。按设计和监控点表要求，检查 DDC 与电梯控制柜及装于电梯内的卡片阅读机之间的联机或通讯线，连接应正确。

（3）检查 BAS 系统与电梯的接口技术条件，通信接口、数据传输、格式、传输速率等应满足设计要求或双方技术协议的要求。

（4）确认 DDC 控制器和 I/O 模块的地址码设置应正确。

（5）确认 DDC 送电并接通主电源开关，观察 DDC 控制器和各组件状态应正常。

（6）负荷运行及性能测试，功能试验（包括联动功能）检查。在控制侧或主机侧，按规定的要求，检测电梯设备的全部监测点，应满足设计、监控点表和联动联锁的要求。

（7）检查电梯系统其他试验。例如静态测试试验，曳引机试运转快慢车运行，自动门调整，安全装置检查试验，均应符合设计及产品（设备）技术标准要求。

（8）配合技术质量监督局（劳动部门）对电梯进行验收，整理电梯安装的有关资料和安装施工总结。

6.4.8　中央管理工作站与操作分站安装

目前国际上有两种开放式标准：一种是 LONworks 标准，另一种是 BACnet 标准。这两种标准也得到我国有关的标准的推荐，如江苏省地方标准《建筑智能化系统工程设计标准》DB32/181—1998 建筑设备自动化系统中“3.1 一般规定”的第 3.1.10 条明确指出，对于多个供应商不同系统之间的集成宜采用美国 ASHRAE 学会制定的 BACnet ANSI/ASHARE SPC 135P 标准，对分布式控制系统则宜采用 LONworks 标准。

LONworks 标准是采用 LONTALK 通信协议的一种现场总线技术，通过挂接在 LON 总线上的控制节点上装配的神经元芯片，以及芯片内固化的标准网络通讯协议使得接入总线的各类设备可实现互相通信。该控制节点即可视为操作分站。LONworks 标准是实时控制域方面，为建筑物自控系统中传感器与执行器之间的网络化，实现互操作性产品制定的标准；是控制现场传感器与执行器之间实现互操作的网络标准。

BACnet 标准是管理信息域方面的一个标准，有比 LONworks 更为大量的数据通讯能力，处理高级复杂的大信息量，有更强大的过程处理、组织处理能力，适于大型智能建筑和不同厂家、系统之间系统集成。中央管理站多采用 BACnet 标准。

6.4.8.1 施工工艺流程

中央管理工作站与操作分站设备安装→线槽敷线、配管穿线→设备连接→BAS 系统调试

6.4.8.2 施工要点

1 中央管理工作站与操作分站设备安装

中央管理工作站通常远离冷冻机房和锅炉房，因此，通常在该些关键设备房现场控制室设操作分站，执行关键设备的监控和与中央管理工作站的通信。

设备安装前应检查所需的供电要求与供电系统应符合设计要求（包括电源功率、稳压电源或 UPS 等）。

设备安装按产品技术说明书及设计要求执行。

2 线槽敷线、配管穿线

按《建筑电气工程施工技术标准》ZJQ08—SGJB303—2005 第 14、15 章相关内容执行。

3 设备连接

(1) 按系统设计图连接主机、网络控制设备、UPS、打印机、HUB 集线器等设备。

(2) 连接主机和 DDC 控制器，形成控制网络。

目前，基于 BACnet 协议的专用网关或 LONTALK 协议的接口设备，可以将冷冻机组、锅炉、热交换器等设备纳入 BAS 系统中，设备的运行状态是通过 BACnet 网关或 LONtalk 协议的接口设备上传信号至操作分站直至中央管理工作站，中央管理工作站经该网关接口下传信号（如初始值设定、控制参数设定等）至 DDC 控制器使末端设备执行相应动作，从而实现系统管理。

因此，在订购冷冻机组、锅炉、热交换器等设备时应关注设备厂家对 BACnet 协议或 LONTALK 协议的支持，根据系统设计订购产品，确保其自带控制器与接口设备的匹配性。

接口设备的调试方法可按设备说明书进行，与网络系统网关设备调试方法一致。

4 BAS 系统调试

(1) 检查各子系统的调试结果应符合设计要求。

工程安装完成后，要对传感器、执行器、控制器及系统功能（含系统联动功能）进行现场测试，传感器可用高精度仪表现场校验，使用现场控制器改变给定值或用信号发生器对执行器进行检测，传感器和执行器要逐点测试；系统功能、通信接口功能要逐项测试；并填写系统自检表。

(2) 中央管理工作站调试：

1) 线缆导通、绝缘等性能测试、设备外观和安装工程质量检查、环境温湿度卫生及供电电源检查、接地系统检查、系统与设备间联机检查，应符合设计要求。

2) 系统软件功能测试：

一般应测试以下功能：

a 口令及登录；

b 交互式系统接口；

c 报警、故障的提示和打印；

d 报警处理；

e 系统开发环境；

f 多种控制方式；

g 历史数据查询打印；

h 其他辅助功能。

3）应用软件功能测试：

一般应测试以下功能：

a 采样和数据处理功能；

b 报警设定；

c 控制程序；

d 教学功能；

e 通信控制；

f 命令冲突及处理。

(3) 工程调试完成经与工程建设单位协商后可投入系统试运行，应由建设单位或物业管理单位派出的管理人员和操作人员进行试运行，认真作好值班运行记录，并应保存系统试运行的原始记录和全部历史资料。

6.5 成品保护

1 现场设备（温/湿度传感器，压力/压差传感器、流量传感器、电磁阀、电动调节阀、风机盘管温控器 DDC 控制器等）均需要做保护，以免损坏。

2 中央管理工作站与操作分站机房的门应加锁，未经许可非安装人员不准入内。

3 工程至交工期间需设专人值班。

4 室内保持清洁干净、走道畅通、通风良好，室温保持在 18～28℃，相对湿度 30%～75%，室内严禁烟火。

5 在机房内施工时，必须采取保护和防尘措施，以免碰撞损伤设备。

6.6 施工安全、环保措施

1 施工现场应采取维护安全、预防火灾等措施。有条件的，应当对施工现场实行封闭管理。

2 施工现场对毗邻的建筑物、构筑物和特殊作业环境可能造成损害的，应采取安全防护措施。

3 施工中应当遵守有关环境保护和安全生产的法律、法规的规定，采取控制和处理施工现场的各种粉尘、废气、废水、固体废物以及噪声、振动对环境的污染和危害。

4 BAS 系统的现场各级控制器、现场末端设备的安装及其管线敷设时，应注意做好可能的高处作业防护措施，并与其他专业做好协调沟通，确保施工顺利安全进行。

5 施工中的安全技术管理，应符合《建设工程施工现场供用电安全规范》GB 50194 和《施工现场临时用电安全技术规范》JGJ 46 中的有关规定。

6.7 系 统 检 测

6.7.1 建筑设备监控系统的检测应以系统功能和性能检测为主，同时对现场安装质量、设备性能及工程实施过程中的质量记录进行抽查或复核。

6.7.2 建筑设备监控系统的检测应在系统试运行连续投运时间不少于 1 个月后进行。

6.7.3 建筑设备监控系统检测应依据工程合同技术文件、施工图设计文件、设计变更审核文件、设备及产品的技术文件进行。

6.7.4 建筑设备监控系统检测时应提供以下工程实施及质量控制记录：

1 设备材料进场检验记录。

2 隐蔽工程和过程检查验收记录。

3 工程安装质量检查及观感质量验收记录。

4 设备及系统自检测记录。

5 系统试运行记录。

Ⅰ 主 控 项 目

6.7.5 空调与通风系统功能检测

建筑设备监控系统应对空调系统进行温湿度及新风量自动控制、预定时间表自动启停、节能优化控制等控制功能进行检测。应着重检测系统测控点（温度、相对湿度、压差和压力等）与被控设备（风机、风阀、加湿器及电动阀门等）的控制稳定性、响应时间和控制效果，并检测设备联锁控制和故障报警的正确性。

检测数量为每类机组按总数的 20%抽检，且不得少于 5 台，每类机组不足 5 台时全部检测。被检测机组全部符合设计要求为检测合格。

6.7.6 变配电系统功能检测

建筑设备监控系统应对变配电系统的电气参数和电气设备工作状态进行监测，检测时应利用工作站资料读取和现场测量的方法对电压、电流、有功（无功）功率、功率因子、用电量等各项参数的测量和记录进行准确性和真实性检查，显示的电力负荷及上述各参数的动态图形能比较准确地反映参数变化情况，并对报警信号进行验证。

检测方法为抽检，抽检数量按每类参数抽 20%，且数量不得少于 20 点，数量少于 20 点时全部检测。被检参数合格率 100% 时为检测合格。

对高低压配电柜的运行状态、电力变压器的温度、应急发电机组的工作状态、储油罐的液位、蓄电池组及充电设备的工作状态、不间断电源的工作状态等参数进行检测时，应全部检测，合格率 100%时为检测合格。

6.7.7 公共照明系统功能检测

建筑设备监控系统应对公共照明设备（公共区域、过道、园区和景观）进行监控，应以光照度、时间表等为控制依据，设置程控灯组的开关，检测时应检查控制动作的正确性；并检查其手动开关功能。

检测方式为抽检，按照明回路总数的20%抽检，数量不得少于10路，总数少于10路时应全部检测。抽检数量合格率100% 时为检测合格。

6.7.8 给排水系统功能检测

建筑设备监控系统应对给水系统、排水系统和中水系统进行液位、压力等参数检测及水泵运行状态的监控和报警进行验证。检测时应通过工作站参数设置或人为改变现场测控点状态，监视设备的运行状态，包括自动调节水泵转速、投运水泵切换及故障状态报警和保护等项是否满足设计要求。

检测方式为抽检，抽检数量按每类系统的50%，且不得少于5套，总数少于5套时全部检测。被检系统合格率100%时为检测合格。

6.7.9 热源和热交换系统功能检测

建筑设备监控系统应对热源和热交换系统进行系统负荷调节、预定时间表自动启停和节能优化控制。检测时应通过工作站或现场控制器对热源和热交换系统的设备运行状态、故障等的监视、记录与报警进行检测，并检测对设备的控制功能。

核实热源和热交换系统能耗计量与统计资料。

检测方式为全部检测，被检系统合格率100%时为检测合格。

6.7.10 冷冻和冷却水系统功能检测

建筑设备监控系统应对冷水机组、冷冻冷却水系统进行系统负荷调节、预定时间表自动启停和节能优化控制。检测时应通过工作站对冷水机组、冷冻冷却水系统设备控制和运行参数、状态、故障等的监视、记录与报警情况进行检查，并检查设备运行的联动情况。

核实冷冻水系统能耗计量与统计资料。

检测方式为全部检测，满足设计要求时为检测合格。

6.7.11 电梯和自动扶梯系统功能检测

建筑设备监控系统应对建筑物内电梯和自动扶梯系统进行监测。检测时应通过工作站对系统的运行状态与故障进行监视，并与电梯和自动扶梯系统的实际工作情况进行核实。

检测方式为全部检测，合格率100%时为检测合格。

6.7.12 建筑设备监控系统与子系统（设备）间的数据通信接口功能检测

建筑设备监控系统与带有通信接口的各子系统以数据通信的方式相联时，应在工作站监测子系统的运行参数（含工作状态参数和报警信息），并与实际状态核实，确保准确性和响应时间符合设计要求。对可控的子系统，应检测系统对控制命令的响应情况。数据通信接口应按本标准第3.2.7条的规定对接口进行全部检测，检测合格率100%时为检测合格。

6.7.13 中央管理工作站与操作分站功能检测

对建筑设备监控系统中央管理工作站与操作分站功能进行检测时，应主要检测其监控和管理功能，检测时应以中央管理工作站为主，对操作分站主要检测其监控和管理权限以及数据与中央管理工作站的一致性。

应检测中央管理工作站显示和记录的各种测量数据、运行状态、故障报警等信息的实时性和准确性，以及对设备进行控制和管理的功能，并检测中央站控制命令的有效性和参数设定的功能，保证中央管理工作站的控制命令被无冲突地执行。

应检测中央管理工作站数据的存储和统计（包括检测数据、运行数据）、历史数据趋势图显示、报警存储统计（包括各类参数报警、通讯报警和设备报警）情况，中央管理工作站存储的历史数据时间应大于3个月。

应检测中央管理工作站数据报表生成及打印功能，故障报警信息的打印功能。

应检测中央管理工作站操作的方便性，人机界面应符合友好、汉化、图形化要求，图形切换流程清楚易懂，便于操作。对报警信息的显示和处理应直观有效。

应检测操作权限，确保系统操作的安全性。

以上功能全部满足设计要求时为检测合格。

6.7.14 系统实时性检测

采样速度、系统响应时间应满足合同技术文件与设备工艺性能指标的要求；抽检10%且不少于10台，少于10台时全部检测，合格率90%及以上时为检测合格。

报警信号响应速度应满足合同技术文件与设备工艺性能指标的要求。抽检20%且不少于10台，少于10台时全部检测，合格率100%时为检测合格。

6.7.15 系统可维护功能检测

应检测应用软件的在线编程(组态)和修改功能,在中央站或现场进行控制器或控制模块应用软件的在线编程(组态)、参数修改及下载,全部功能得到验证为合格,否则为不合格。

设备、网络通讯故障的自检测功能，自检必须指示出相应设备的名称和位置，在现场设置设备故障和网络故障，在中央站观察结果显示和报警，输出结果正确且故障报警准确者为合格，否则为不合格。

6.7.16 系统可靠性检测

系统运行时，启动或停止现场设备，不应出现数据错误或产生干扰，影响系统正常工作。检测时采用远动或现场手动启/停现场设备，观察中央站数据显示和系统工作情况，工作正常的为合格，否则为不合格。

切断系统电网电源，转为UPS供电时，系统运行不得中断。电源转换时系统工作正常的为合格，否则为不合格。

中央站冗余主机自动投入时，系统运行不得中断；切换时系统工作正常的为合格，否则为不合格。

Ⅱ 一 般 项 目

6.7.17 现场设备安装质量检查

现场设备安装质量应符合《建筑电气工程施工技术标准》ZJQ08—SGJB 303—2005第6章及第7章、设计文件和产品技术文件的要求，检查合格率达到100%时为合格。

1 传感器

每种类型传感器抽检10%且不少于10台，传感器少于10台时全部检查。

2 执行器

每种类型执行器抽检10%且不少于10台，执行器少于10台时全部检查。

3 控制箱（柜）

各类控制箱（柜）抽检20%且不少于10台，少于10台时全部检查。

6.7.18 现场设备性能检测

1 传感器精度测试，检测传感器采样显示值与现场实际值的一致性。依据设计要求及产品技术条件，按照设计总数的10%进行抽测，且不得少于10个，总数少于10个时全部检测，合格率达到100%时为检测合格。

2　控制设备及执行器性能测试，包括控制器、电动风阀、电动水阀和变频器等，主要测定控制设备的有效性、正确性和稳定性。测试核对电动调节阀在零开度、50%和80%的行程处与控制指令的一致性及响应速度；测试结果应满足合同技术文件及控制工艺对设备性能的要求。

检测为20%抽测，但不得少于5个，设备数量少于5个时全部测试，检测合格率达到100%时为检测合格。

6.7.19　根据现场配置和运行情况对以下项目做出评测：

1　控制网络和数据库的标准化、开放性。

2　系统的冗余配置，主要指控制网络、工作站、服务器、数据库和电源等。

3　系统可扩展性，控制器I/O口的备用量应符合合同技术文件要求，但不应低于I/O口实际使用数的10%；机柜至少应留有10%的卡件安装空间和10%的备用接线端子。

4　节能措施评测，包括空调设备的优化控制、冷热源自动调节、照明设备自动控制、风机变频调速、VAV变风量控制等。根据合同技术文件的要求，通过对系统数据库记录分析、现场控制效果测试和数据计算后做出是否满足设计要求的评测。

结论为符合设计要求或不符合设计要求。

6.8　竣　工　验　收

6.8.1　竣工验收应在系统正常连续投运时间超过3个月后进行。

6.8.2　竣工验收文件资料应包括以下内容：

1　工程合同技术文件。

2　竣工图纸：

(1) 设计说明；

(2) 系统结构图；

(3) 各子系统控制原理图；

(4) 设备布置及管线平面图；

(5) 控制系统配电箱电气原理图；

(6) 相关监控设备电气接线图；

(7) 中央控制室设备布置图；

(8) 设备清单；

(9) 监控点（I/O）表等。

3　系统设备产品说明书。

4　系统技术、操作和维护手册。

5　设备及系统测试记录：

(1) 设备测试记录；

(2) 系统功能检查及测试记录；

(3) 系统联动功能测试记录。

6　其他文件：

（1）工程实施及质量控制记录；

（2）相关工程质量事故报告表。

6.8.3 必要时各子系统可分别进行验收，验收时应作好验收记录，签署验收意见。

6.8.4 建筑设备监控系统分项工程验收记录当地方主管部门无统一规定时，宜采用表6.8.4-1“空调与通风系统分项工程质量验收记录表”、表6.8.4-2“变配电系统分项工程质量验收记录表”、表6.8.4-3“公共照明系统分项工程质量验收记录表”、表6.8.4-4“给排水系统分项工程质量验收记录表”、表6.8.4-5“热源和热交换系统分项工程质量验收记录表”、表6.8.4-6“冷冻和冷却水系统分项工程质量验收记录表”、表6.8.4-7“电梯和自动扶梯系统分项工程质量验收记录表”、表6.8.4-8“子系统通信接口分项工程质量验收记录表”、表6.8.4-9“中央管理工作站及操作分站分项工程质量验收记录表”、表6.8.4-10“系统实时性、可维护性、可靠性分项工程质量验收记录表”、表6.8.4-11“现场设备安装及检测分项工程质量验收记录表”。

表6.8.4-1 空调与通风系统分项工程质量验收记录表

单位（子单位）工程名称			子分部工程	建筑设备监控系统
分项工程名称		空调与通风系统	验收部位	
施工单位			项目经理	
施工执行标准名称及编号				
分包单位			分包项目经理	
检测项目（主控项目）（执行本标准第6.7.5条的规定）			检查评定记录	备注
1	空调系统温度控制	控制稳定性		检测数量为每类机组按总数20%抽检，且不得少于5台，不足5台时全部检测，抽检设备全部符合设计要求时为检测合格
		响应时间		
		控制效果		
2	空调系统相对湿度控制	控制稳定性		
		响应时间		
		控制效果		
3	新风量自动控制	控制稳定性		
		响应时间		
		控制效果		
4	预定时间表自动启停	稳定性		
		响应时间		
		控制效果		
5	节能优化控制	稳定性		
		响应时间		
		控制效果		
6	设备联锁控制	正确性		
		实时性		
7	故障报警	正确性		
		实时性		
检测意见： 监理工程师（建设单位项目专业技术负责人）： 日期：			检测机构负责人： 日期：	

表 6.8.4-2　变配电系统分项工程质量验收记录表

<table>
<tr><td colspan="2">单位（子单位）工程名称</td><td></td><td>子分部工程</td><td>建筑设备监控系统</td></tr>
<tr><td colspan="2">分项工程名称</td><td>变配电系统</td><td>验收部位</td><td></td></tr>
<tr><td>施工单位</td><td colspan="2"></td><td>项目经理</td><td></td></tr>
<tr><td colspan="2">施工执行标准名称及编号</td><td colspan="3"></td></tr>
<tr><td>分包单位</td><td colspan="2"></td><td>分包项目经理</td><td></td></tr>
<tr><td colspan="2">检测项目（主控项目）
（执行本标准第 6.7.6 条的规定）</td><td colspan="2">检查评定记录</td><td>备　注</td></tr>
<tr><td>1</td><td>电气参数测量</td><td colspan="2"></td><td rowspan="3">各类参数按 20% 抽检，且不得小于 20 点，被检参数合格率 100% 时为检测合格</td></tr>
<tr><td>2</td><td>电气设备工作状态测量</td><td colspan="2"></td></tr>
<tr><td>3</td><td>变配电系统故障报警</td><td colspan="2"></td></tr>
<tr><td>4</td><td>高低压配电柜运行状态</td><td colspan="2"></td><td rowspan="6">各项参数全部检测，被检参数合格率 100% 时为检测合格</td></tr>
<tr><td>5</td><td>电力变压器温度</td><td colspan="2"></td></tr>
<tr><td>6</td><td>应急发电机组工作状态</td><td colspan="2"></td></tr>
<tr><td>7</td><td>储油罐液位</td><td colspan="2"></td></tr>
<tr><td>8</td><td>蓄电池组及充电设备工作状态</td><td colspan="2"></td></tr>
<tr><td>9</td><td>不间断电源工作状态</td><td colspan="2"></td></tr>
<tr><td>10</td><td></td><td colspan="2"></td><td rowspan="4"></td></tr>
<tr><td>11</td><td></td><td colspan="2"></td></tr>
<tr><td>12</td><td></td><td colspan="2"></td></tr>
<tr><td>13</td><td></td><td colspan="2"></td></tr>
<tr><td colspan="5">检测意见：

监理工程师（建设单位项目专业技术负责人）：　　　　检测机构负责人：
日期：　　　　日期：</td></tr>
</table>

表 6.8.4-3 公共照明系统分项工程质量验收记录表

<table>
<tr><td colspan="3">单位（子单位）工程名称</td><td></td><td>子分部工程</td><td>建筑设备监控系统</td></tr>
<tr><td colspan="3">分项工程名称</td><td>公共照明系统</td><td>验收部位</td><td></td></tr>
<tr><td>施工单位</td><td colspan="3"></td><td>项目经理</td><td></td></tr>
<tr><td colspan="3">施工执行标准名称及编号</td><td colspan="3"></td></tr>
<tr><td>分包单位</td><td colspan="3"></td><td>分包项目经理</td><td></td></tr>
<tr><td colspan="3">检测项目（主控项目）
（执行本标准第 6.7.7 条的规定）</td><td colspan="2">检查评定记录</td><td>备　注</td></tr>
<tr><td rowspan="7">1</td><td rowspan="7">公共照明设备监　控</td><td>公共区域 1</td><td colspan="2"></td><td rowspan="11">1. 以光照度或时间表为依据，检测控制动作正确性
2. 按照明回路 20% 抽检，且不得小于 10 路，抽检合格率 100% 时为检测合格</td></tr>
<tr><td>公共区域 2</td><td colspan="2"></td></tr>
<tr><td>公共区域 3</td><td colspan="2"></td></tr>
<tr><td>公共区域 4</td><td colspan="2"></td></tr>
<tr><td>公共区域 5</td><td colspan="2"></td></tr>
<tr><td>公共区域 6
（园区或景观）</td><td colspan="2"></td></tr>
<tr><td>公共区域 7
（园区或景观）</td><td colspan="2"></td></tr>
<tr><td>2</td><td colspan="2">检查手动开关功能</td><td colspan="2"></td></tr>
<tr><td>3</td><td colspan="2"></td><td colspan="2"></td></tr>
<tr><td>4</td><td colspan="2"></td><td colspan="2"></td></tr>
<tr><td>5</td><td colspan="2"></td><td colspan="2"></td></tr>
<tr><td colspan="6">检测意见：

检测机构负责人：
监理工程师（建设单位项目专业技术负责人）：
日期：　　　　日期：</td></tr>
</table>

表 6.8.4-4 给排水系统分项工程质量验收记录表

<table>
<tr><td colspan="4">单位（子单位）工程名称</td><td colspan="2"></td><td>子分部工程</td><td>建筑设备监控系统</td></tr>
<tr><td colspan="4">分项工程名称</td><td colspan="2">给排水系统</td><td>验收部位</td><td></td></tr>
<tr><td>施工单位</td><td colspan="5"></td><td>项目经理</td><td></td></tr>
<tr><td colspan="4">施工执行标准名称及编号</td><td colspan="4"></td></tr>
<tr><td>分包单位</td><td colspan="5"></td><td>分包项目经理</td><td></td></tr>
<tr><td colspan="4">检测项目（主控项目）
（执行本标准第 6.7.8 条的规定）</td><td colspan="3">检查评定记录</td><td>备　注</td></tr>
<tr><td rowspan="6">1</td><td rowspan="6">给
水
系
统</td><td rowspan="3">参数检测</td><td>液　位</td><td colspan="3"></td><td rowspan="6">按系统 50% 数量抽检，且不得小于 5 点，被检系统合格率 100% 时为系统检测合格</td></tr>
<tr><td>压　力</td><td colspan="3"></td></tr>
<tr><td>水泵运行状态</td><td colspan="3"></td></tr>
<tr><td colspan="2">自动调节水泵转速</td><td colspan="3"></td></tr>
<tr><td colspan="2">水泵投运切换</td><td colspan="3"></td></tr>
<tr><td colspan="2">故障报警及保护</td><td colspan="3"></td></tr>
<tr><td rowspan="6">2</td><td rowspan="6">排
水
系
统</td><td rowspan="3">参数检测</td><td>液　位</td><td colspan="3"></td><td rowspan="6">按系统 50% 数量抽检，且不得小于 5 点，被检系统合格率 100% 时为系统检测合格</td></tr>
<tr><td>压　力</td><td colspan="3"></td></tr>
<tr><td>水泵运行状态</td><td colspan="3"></td></tr>
<tr><td colspan="2">自动调节水泵转速</td><td colspan="3"></td></tr>
<tr><td colspan="2">水泵投运切换</td><td colspan="3"></td></tr>
<tr><td colspan="2">故障报警及保护</td><td colspan="3"></td></tr>
<tr><td rowspan="3">3</td><td rowspan="3">中水系统监控</td><td colspan="2">液　位</td><td colspan="3"></td><td rowspan="3">同上</td></tr>
<tr><td colspan="2">压　力</td><td colspan="3"></td></tr>
<tr><td colspan="2">水泵运行状态</td><td colspan="3"></td></tr>
<tr><td colspan="8">检测意见：

检测机构负责人：
监理工程师（建设单位项目专业技术负责人）：
日期：　　　　日期：</td></tr>
</table>

表 6.8.4-5 热源和热交换系统分项工程质量验收记录表

<table>
<tr><td colspan="3">单位（子单位）工程名称</td><td colspan="2"></td><td>子分部工程</td><td>建筑设备监控系统</td></tr>
<tr><td colspan="3">分项工程名称</td><td colspan="2">热源和热交换系统</td><td>验收部位</td><td></td></tr>
<tr><td>施工单位</td><td colspan="4"></td><td>项目经理</td><td></td></tr>
<tr><td colspan="3">施工执行标准名称及编号</td><td colspan="4"></td></tr>
<tr><td>分包单位</td><td colspan="4"></td><td>分包项目经理</td><td></td></tr>
<tr><td colspan="3">检测项目（主控项目）
（执行本标准第 6.7.9 条的规定）</td><td colspan="3">检查评定记录</td><td>备　注</td></tr>
<tr><td rowspan="5">1</td><td rowspan="5">热源系统</td><td>参数检测</td><td colspan="3"></td><td rowspan="5">系统功能为全部检测，被检系统合格率100%时为检测合格</td></tr>
<tr><td>系统负荷调节</td><td colspan="3"></td></tr>
<tr><td>预定时间表启停</td><td colspan="3"></td></tr>
<tr><td>节能优化控制</td><td colspan="3"></td></tr>
<tr><td>故障检测记录与报警</td><td colspan="3"></td></tr>
<tr><td rowspan="5">2</td><td rowspan="5">热交换系统</td><td>参数检测</td><td colspan="3"></td><td rowspan="5">系统功能为全部检测，被检系统合格率100%时为检测合格</td></tr>
<tr><td>系统负荷调节</td><td colspan="3"></td></tr>
<tr><td>预定时间表启停</td><td colspan="3"></td></tr>
<tr><td>节能优化控制</td><td colspan="3"></td></tr>
<tr><td>故障检测记录与报警</td><td colspan="3"></td></tr>
<tr><td>3</td><td colspan="2">能耗计量与统计</td><td colspan="3"></td><td>满足设计要求时为合格</td></tr>
<tr><td>4</td><td colspan="2"></td><td colspan="3"></td><td></td></tr>
<tr><td colspan="7">检测意见：

检测机构负责人：
监理工程师（建设单位项目专业技术负责人）：
日期：　　　　　　　　　　　　日期：</td></tr>
</table>

表 6.8.4-6 冷冻和冷却水系统分项工程质量验收记录表

<table>
<tr><td colspan="3">单位（子单位）工程名称</td><td colspan="2"></td><td>子分部工程</td><td>建筑设备监控系统</td></tr>
<tr><td colspan="3">分项工程名称</td><td colspan="2">冷冻和冷却水系统</td><td>验收部位</td><td></td></tr>
<tr><td>施工单位</td><td colspan="4"></td><td>项目经理</td><td></td></tr>
<tr><td colspan="3">施工执行标准名称及编号</td><td colspan="4"></td></tr>
<tr><td>分包单位</td><td colspan="4"></td><td>分包项目经理</td><td></td></tr>
<tr><td colspan="3">检测项目（主控项目）
（执行本标准第 6.7.10 条的规定）</td><td colspan="3">检查评定记录</td><td>备　注</td></tr>
<tr><td rowspan="6">1</td><td rowspan="6">冷冻水系统</td><td>参数检测</td><td colspan="3"></td><td rowspan="6">各系统全部检测，满足设计要求时为检测合格</td></tr>
<tr><td>系统负荷调节</td><td colspan="3"></td></tr>
<tr><td>预定时间表启停</td><td colspan="3"></td></tr>
<tr><td>节能优化控制</td><td colspan="3"></td></tr>
<tr><td>故障检测记录与报警</td><td colspan="3"></td></tr>
<tr><td>设备运行联动</td><td colspan="3"></td></tr>
<tr><td rowspan="6">2</td><td rowspan="6">冷却水系统</td><td>参数检测</td><td colspan="3"></td><td rowspan="6">各系统全部检测，满足设计要求时为检测合格</td></tr>
<tr><td>系统负荷调节</td><td colspan="3"></td></tr>
<tr><td>预定时间表启停</td><td colspan="3"></td></tr>
<tr><td>节能优化控制</td><td colspan="3"></td></tr>
<tr><td>故障检测记录与报警</td><td colspan="3"></td></tr>
<tr><td>设备运行联动</td><td colspan="3"></td></tr>
<tr><td>3</td><td colspan="2">能耗计量与统计</td><td colspan="3"></td><td>满足设计要求为合格</td></tr>
<tr><td colspan="7">检测意见：

监理工程师（建设单位项目专业技术负责人）：
日期：

检测机构负责人：
日期：</td></tr>
</table>

表 6.8.4-7 电梯和自动扶梯系统分项工程质量验收记录表

<table>
<tr><td colspan="3">单位（子单位）工程名称</td><td colspan="2"></td><td>子分部工程</td><td>建筑设备监控系统</td></tr>
<tr><td colspan="3">分项工程名称</td><td colspan="2">电梯和自动扶梯系统</td><td>验收部位</td><td></td></tr>
<tr><td>施工单位</td><td colspan="4"></td><td>项目经理</td><td></td></tr>
<tr><td colspan="4">施工执行标准名称及编号</td><td colspan="3"></td></tr>
<tr><td>分包单位</td><td colspan="4"></td><td>分包项目经理</td><td></td></tr>
<tr><td colspan="3">检测项目（主控项目）
（执行本标准第 6.7.11 条的规定）</td><td colspan="3">检查评定记录</td><td>备　　注</td></tr>
<tr><td rowspan="2">1</td><td rowspan="2">电梯系统</td><td>电梯运行状态</td><td colspan="3"></td><td rowspan="2">各系统全部检测，合格率 100% 时为检测合格</td></tr>
<tr><td>故障检测记录与报警</td><td colspan="3"></td></tr>
<tr><td rowspan="2">2</td><td rowspan="2">自动扶梯系统</td><td>扶梯运行状态</td><td colspan="3"></td><td rowspan="2">各系统全部检测，合格率 100% 时为检测合格</td></tr>
<tr><td>故障检测记录与报警</td><td colspan="3"></td></tr>
<tr><td>3</td><td colspan="2"></td><td colspan="3"></td><td></td></tr>
<tr><td>4</td><td colspan="2"></td><td colspan="3"></td><td></td></tr>
<tr><td>5</td><td colspan="2"></td><td colspan="3"></td><td></td></tr>
<tr><td>6</td><td colspan="2"></td><td colspan="3"></td><td></td></tr>
<tr><td>7</td><td colspan="2"></td><td colspan="3"></td><td></td></tr>
<tr><td colspan="7">检测意见：

检测机构负责人：
监理工程师（建设单位项目专业技术负责人）：
日期：　　　　　　　　　　　　　　日期：</td></tr>
</table>

表 6.8.4-8 子系统通信接口分项工程质量验收记录表

<table>
<tr><td colspan="3">单位（子单位）工程名称</td><td></td><td>子分部工程</td><td>建筑设备监控系统</td></tr>
<tr><td colspan="3">分项工程名称</td><td>子系统通信接口</td><td>验收部位</td><td></td></tr>
<tr><td>施工单位</td><td colspan="3"></td><td>项目经理</td><td></td></tr>
<tr><td colspan="3">施工执行标准名称及编号</td><td colspan="3"></td></tr>
<tr><td>分包单位</td><td colspan="3"></td><td>分包项目经理</td><td></td></tr>
<tr><td colspan="3">检测项目（主控项目）
（执行本标准第 6.7.12 条的规定）</td><td colspan="2">检查评定记录</td><td>备　注</td></tr>
<tr><td rowspan="3">1</td><td rowspan="3">子系统 1</td><td>工作状态参数</td><td colspan="2"></td><td rowspan="12">1. 各子系统通信接口，在工作站检测子系统运行参数，核实实际状态；
2. 数据通信接口应按本标准第 3.2.7 条规定全部检测，检测合格率 100%时为检测合格</td></tr>
<tr><td>报警信息</td><td colspan="2"></td></tr>
<tr><td>控制命令响应</td><td colspan="2"></td></tr>
<tr><td rowspan="3">2</td><td rowspan="3">子系统 2</td><td>工作状态参数</td><td colspan="2"></td></tr>
<tr><td>报警信息</td><td colspan="2"></td></tr>
<tr><td>控制命令响应</td><td colspan="2"></td></tr>
<tr><td rowspan="3">3</td><td rowspan="3">子系统 3</td><td>工作状态参数</td><td colspan="2"></td></tr>
<tr><td>报警信息</td><td colspan="2"></td></tr>
<tr><td>控制命令响应</td><td colspan="2"></td></tr>
<tr><td rowspan="3">4</td><td rowspan="3">子系统 4</td><td>工作状态参数</td><td colspan="2"></td></tr>
<tr><td>报警信息</td><td colspan="2"></td></tr>
<tr><td>控制命令响应</td><td colspan="2"></td></tr>
<tr><td colspan="6">检测意见：

监理工程师（建设单位项目专业技术负责人）：　　　　检测机构负责人：
日期：　　　　日期：</td></tr>
</table>

表 6.8.4-9 中央管理工作站及操作分站分项工程质量验收记录表

<table>
<tr><td colspan="3">单位（子单位）工程名称</td><td colspan="2"></td><td>子分部工程</td><td>建筑设备监控系统</td></tr>
<tr><td colspan="3">分项工程名称</td><td colspan="2">中央管理工作站及操作分站</td><td>验收部位</td><td></td></tr>
<tr><td>施工单位</td><td colspan="4"></td><td>项目经理</td><td></td></tr>
<tr><td colspan="3">施工执行标准名称及编号</td><td colspan="4"></td></tr>
<tr><td>分包单位</td><td colspan="4"></td><td>分包项目经理</td><td></td></tr>
<tr><td colspan="3">检测项目（主控项目）
（执行本标准第 6.7.13 条的规定）</td><td colspan="3">检查评定记录</td><td>备　注</td></tr>
<tr><td>1</td><td colspan="2">数据测量显示</td><td colspan="3"></td><td rowspan="11">全部项目满足设计要求时为检测合格</td></tr>
<tr><td>2</td><td colspan="2">设备运行状态显示</td><td colspan="3"></td></tr>
<tr><td>3</td><td colspan="2">报警信息显示</td><td colspan="3"></td></tr>
<tr><td>4</td><td colspan="2">报警信息存储统计和打印</td><td colspan="3"></td></tr>
<tr><td>5</td><td colspan="2">设备控制和管理</td><td colspan="3"></td></tr>
<tr><td>6</td><td colspan="2">数据存储和统计</td><td colspan="3"></td></tr>
<tr><td>7</td><td colspan="2">历史数据趋势图</td><td colspan="3"></td></tr>
<tr><td>8</td><td colspan="2">数据报表生成和打印</td><td colspan="3"></td></tr>
<tr><td>9</td><td colspan="2">人机界面</td><td colspan="3"></td></tr>
<tr><td>10</td><td colspan="2">操作权限设定</td><td colspan="3"></td></tr>
<tr><td>11</td><td colspan="2"></td><td colspan="3"></td></tr>
<tr><td colspan="7">检测意见：

监理工程师（建设单位项目专业技术负责人）：　　　　检测机构负责人：
日期：　　　　日期：</td></tr>
</table>

表 6.8.4-10 系统实时性、可维护性、可靠性分项工程质量验收记录表

<table>
<tr><td colspan="3">单位（子单位）工程名称</td><td></td><td>子分部工程</td><td>建筑设备监控系统</td></tr>
<tr><td colspan="3">检测内容</td><td>系统实时性、可维护性、可靠性</td><td>验收部位</td><td></td></tr>
<tr><td>施工单位</td><td colspan="3"></td><td>项目经理</td><td></td></tr>
<tr><td colspan="3">施工执行标准名称及编号</td><td colspan="3"></td></tr>
<tr><td>分包单位</td><td colspan="3"></td><td>分包项目经理</td><td></td></tr>
<tr><td colspan="3">检测项目（主控项目）
（执行本标准第 6.7.14 条、第 6.7.15 条、第 6.7.16 条的规定）</td><td colspan="2">检查评定记录</td><td>备　注</td></tr>
<tr><td rowspan="2">1</td><td rowspan="2">关键数据采样速度</td><td>满足合同文件</td><td colspan="2"></td><td rowspan="4">10%抽检且不得少于 10 台，合格率达 90%为合格</td></tr>
<tr><td>满足设备性能指标</td><td colspan="2"></td></tr>
<tr><td rowspan="2">2</td><td rowspan="2">系统响应时间</td><td>满足合同文件</td><td colspan="2"></td></tr>
<tr><td>满足设备性能指标</td><td colspan="2"></td></tr>
<tr><td rowspan="2">3</td><td rowspan="2">报警信号响应速度</td><td>满足合同文件</td><td colspan="2"></td><td rowspan="2">20%抽检且不得少于 10 台，合格率 100%为合格</td></tr>
<tr><td>满足设备性能指标</td><td colspan="2"></td></tr>
<tr><td rowspan="2">4</td><td rowspan="2">应用软件在线编程和修改功能</td><td>在线编程及修改</td><td colspan="2"></td><td rowspan="10">对相应功能进行验证，功能得到验证或工作正常时为合格</td></tr>
<tr><td>软件下载</td><td colspan="2"></td></tr>
<tr><td rowspan="2">5</td><td rowspan="2">设备故障自检测</td><td>现场故障指示</td><td colspan="2"></td></tr>
<tr><td>工作站显示和报警</td><td colspan="2"></td></tr>
<tr><td rowspan="2">6</td><td rowspan="2">网络通信故障自检测</td><td>网络故障指示</td><td colspan="2"></td></tr>
<tr><td>工作站显示和报警</td><td colspan="2"></td></tr>
<tr><td rowspan="3">7</td><td rowspan="3">系统可靠性</td><td>启停设备时</td><td colspan="2"></td></tr>
<tr><td>电源切换为 UPS 供电时</td><td colspan="2"></td></tr>
<tr><td>中央站冗余主机自动投入时</td><td colspan="2"></td></tr>
<tr><td>8</td><td></td><td></td><td colspan="2"></td></tr>
<tr><td colspan="6">检测意见：

检测机构负责人：
监理工程师（建设单位项目专业技术负责人）：
日期：　　　　　　　　　　　日期：</td></tr>
</table>

表 6.8.4-11　现场设备安装及检测分项工程质量验收记录表

<table>
<tr><td colspan="3">单位（子单位）工程名称</td><td colspan="2"></td><td>子分部工程</td><td>建筑设备监控系统</td></tr>
<tr><td colspan="3">检测内容</td><td colspan="2">现场设备安装及检测</td><td>验收部位</td><td></td></tr>
<tr><td>施工单位</td><td colspan="4"></td><td>项目经理</td><td></td></tr>
<tr><td colspan="4">施工执行标准名称及编号</td><td colspan="3"></td></tr>
<tr><td>分包单位</td><td colspan="4"></td><td>分包项目经理</td><td></td></tr>
<tr><td colspan="3">检测项目（一般项目）
（执行本标准第 6.7.17 条、第 6.7.18 条、第 6.7.19 条的规定）</td><td colspan="3">检查评定记录</td><td>备　注</td></tr>
<tr><td rowspan="4">1</td><td rowspan="4">现场设备安装</td><td>传感器安装</td><td colspan="3"></td><td rowspan="4">传感器、执行器按 10%抽检，且不少于 10 台，控制箱（柜）按 20%抽检，且不少于 10 台，合格率 100%时为合格</td></tr>
<tr><td>执行器安装</td><td colspan="3"></td></tr>
<tr><td>控制箱（柜）安装</td><td colspan="3"></td></tr>
<tr><td>其他</td><td colspan="3"></td></tr>
<tr><td rowspan="4">2</td><td rowspan="4">设备性能检测</td><td>传感器测试</td><td colspan="3"></td><td rowspan="4">传感器 10%抽检，且不少于 10 台，控制设备及执行器按 20%抽检，且不少于 5 台，合格率 100%时为合格</td></tr>
<tr><td>控制设备性能测试</td><td colspan="3"></td></tr>
<tr><td>执行器性能测试</td><td colspan="3"></td></tr>
<tr><td>其他</td><td colspan="3"></td></tr>
<tr><td rowspan="5">3</td><td rowspan="5">评测项目</td><td>控制网络</td><td colspan="3"></td><td rowspan="5">满足设计要求时为合格。I/O 备用不应低于实际使用数 10%，机柜应留有 10%的卡件安装空间和 10%的备用接线端子</td></tr>
<tr><td>数据库</td><td colspan="3"></td></tr>
<tr><td>系统冗余配置</td><td colspan="3"></td></tr>
<tr><td>系统可扩展性</td><td colspan="3"></td></tr>
<tr><td>节能措施</td><td colspan="3"></td></tr>
<tr><td>4</td><td colspan="2"></td><td colspan="3"></td><td></td></tr>
<tr><td colspan="7">检测意见：

监理工程师（建设单位项目专业技术负责人）：　　　　检测机构负责人：
日期：　　　　　　　　　　　　　　　　　　　　　　日期：</td></tr>
</table>

7 火灾自动报警及消防联动系统

7.1 一 般 规 定

7.1.1 本章适用于智能建筑工程中的火灾自动报警及消防联动系统的工程实施、系统检测和竣工验收。

7.1.2 火灾自动报警及消防联动系统必须执行《工程建设标准强制性条文》的有关规定。

7.1.3 火灾自动报警及消防联动系统的监测内容应逐项实施，检测结果符合设计要求为合格，否则为不合格。

7.2 施 工 准 备

7.2.1 技术准备

1 图纸设计完成后应经当地消防部门审批。

2 施工前进行图纸会审。

3 施工前应编制施工组织设计（施工方案），并报上一级技术负责人审核批准。

4 施工前应进行技术交底，明确施工方法及质量标准。

7.2.2 主要材料

探测器、按钮、报警器、接口模块、火灾报警控制器、报警电话、电铃、电缆 、桥架线槽、管材、型材、膨胀螺栓等。

7.2.3 主要机具

施工机具：电焊机、切割机、砂轮机、对讲机、电工专用工具等。

测试仪器：数字万用表、示波器、低频信号发生器、标准信号发生器、探测器试验器、探测器电阈值检测仪、数字式多路查线仪、兆欧表、接地电阻测试仪等。

7.2.4 作业条件

火灾自动报警及消防联动系统安装前，应具备下列条件：

1 已完成机房、弱电竖井的建筑施工。

2 预埋管及预留孔符合设计要求。

3 设备机房施工完毕，机房环境、电源及接地安装已完成，具备安装条件。

4 设备、管道安装满足火灾自动报警及消防联动工程施工要求。

7.3 材 料 质 量 控 制

7.3.1 一般规定

1 火灾自动报警及消防联动系统应选用“三证”齐全、合格的产品，即有生产厂家的出厂合格证、国家防火建筑材料质量监督检验中心的产品检验报告、公安消防机关的产品销售许可证。

2 对所有进场材料设备进行开箱全面检查，所有随机的原始资料，自制设备的设计计算资料、图纸、测试记录、验收鉴定结论等应全部清点，整理归档。

3 消防主机应具有汉化图形显示及中文屏幕菜单等功能，并进行操作试验。

4 进口设备还应提供原产地证明和商检证明；配套提供的质量合格证明、检测报告及安装、使用、维护说明书等文件资料应为中文文体（或附中文译文）。

7.3.2 火灾和可燃气体探测系统

1 火灾探测器、接口模块和线缆等材料设备的型号、规格、材质应符合设计和国家现行技术标准的规定。

2 火灾探测器、接口模块和配电线路采用的缆线、电管、桥架等器材应达到耐火耐热的设计标准。

7.3.3 火灾报警控制系统

控制器的型号、技术性能应符合设计要求和规范标准的规定，有技术说明书。

7.3.4 消防联动系统

消防联动设备和控制装置（包括室内消火栓系统，自动喷水灭火系统，卤代烷、二氧化碳等气体灭火系统，电动防火门、防火卷帘等防火分隔设备，通风、空调、防烟、排烟设备及电动防火阀，电梯的控制装置，断电控制装置，备用发电控制装置，火灾事故广播系统，消防通信系统，火警电铃、火警灯等现场声光报警控制装置，事故照明诱导装置）的性能和技术参数应符合设计要求及产品技术参数说明或双方签订的技术协议文件要求。

7.4 施 工 工 艺

7.4.1 火灾和可燃气体探测系统

7.4.1.1 工艺流程

探测器定位→线缆敷设→探测器底座安装、接线→消防主机接线→探测器安装→联合调试

7.4.1.2 施工要点

1 线缆敷设

（1）导线的种类、电压等级应符合现行国家标准《火灾自动报警系统设计规范》GB 50116的规定。

（2）布线应符合《建筑电气工程施工技术标准》ZJQ08—SGJB303—2005 的规定。

（3）在管内或线槽内的穿线，应在建筑抹灰及地面工程结束后进行；在穿线前，应将管内或线槽内的积水及杂物清除干净。

（4）不同系统、不同电压等级、不同电流类别的线路，不应穿在同一管内或线槽的同一槽孔内。

（5）导线在管内或线槽内，不应有接头或扭结；导线的接头，应在接线盒内焊接或用端子连接。

（6）敷设在多尘或潮湿场所管路的管口和管子连接处，均应作密封处理。

（7）导线敷设后，应对每回路的导线用 500V 的兆欧表测量绝缘电阻，其对地绝缘电阻值不应小于 20MΩ。

2 探测器（包括感温探测器，感烟探测器，可燃气体探测报警器）的定位和安装

探测器的安装位置、方向和接线方式应按设计图纸要求进行，并应符合下列规定：

（1）点型火灾探测器的安装位置的适合安装高度见表 7.4.1.2。

表 7.4.1.2 探测器适合安装高度

房间高度 h（m）	感烟探测器	感温探测器			火焰探测器
		一 级	二 级	三 级	
$12 < h \leqslant 20$	不合适	不合适	不合适	不合适	合 适
$8 < h \leqslant 12$	合 适	不合适	不合适	不合适	合 适
$6 < h \leqslant 8$	合 适	合 适	不合适	不合适	合 适
$4 < h \leqslant 6$	合 适	合 适	合 适	不合适	合 适
$h \leqslant 4$	合 适	合 适	合 适	合 适	合 适

（2）探测器至墙壁、梁边的水平距离不应小于 0.5m。

（3）探测器周围 0.5m 内不应有遮挡物。

（4）探测器至空调送风口边的水平距离不应小于 1.5m，至多孔送风顶棚孔口的水平距离不应小于 0.5m。

（5）在宽度小于 3m 的内走道顶棚上设置探测器时宜居中布置。感温探测器的安装间距不应超过 10m，感烟探测器的安装间距不应超过 15m。探测器距端墙的距离不应大于探测器安装间距的一半。

（6）探测器宜水平安装，如必须倾斜安装时，倾斜角不应大于 45°。

（7）探测器的底座应固定牢靠，其导线连接必须可靠压接或焊接；当采用焊接时，不得使用带腐蚀性的助焊剂。

(8)探测器的“+”线应为红色，“-”线应为蓝色，其余线应根据不同用途采用其他颜色区分，但同一工程中相同用途的导线颜色应一致。

（9）探测器底座的外接导线，应留有不小于 15cm 的余量，入端处应有明显标志。

（10）探测器底座的穿线孔宜封堵，安装完毕后的探测器底座应采取保护措施。

（11）探测器的确认灯，应面向便于人员观察的主要入口方向。

（12）探测器在即将调试时方可安装，在安装前应妥善保管，并应采取防尘、防潮、防腐蚀措施。

（13）可燃气体探测器安装应满足如下要求：

1）探测器的安装位置应根据被测气体的密度、安装现场的气流方向、湿度等各种条件而确定。密度大，比空气重的气体，探测器应安装在探测区域的下部，距地面 200～300mm 的位置；密度小，比空气轻的气体，探测器应安装在探测区域的上方位置。

2）在室内梁上安装探测器时，探测器与顶棚距离应在 200mm 以内。

3）防爆型可燃气体探测器安装位置依据可燃气体比空气重或轻分别安装在泄漏处的上部或下部，与非防爆型可燃气体探测器安装相同。

3 调试

(1) 探测系统调试应在系统施工结束后进行，调试人员必须由有资格的专业技术人员或持有消防专业上岗证书的人员担任。

(2) 审核检查调试方案，并提供下列文件：

1) 编有地址码的各种报警组件（探测器、手动报警按钮等）与实际施工相符的竣工图；

2) 设计变更文字记录（设计修改通知单等）；

3) 施工记录及隐蔽工程验收记录；

4) 检验记录及绝缘电阻、接地电阻测试记录。

(3) 检查构成系统的设备的规格、型号、性能、数量及备品备件，应符合设计图纸要求。

(4) 检查系统管线施工质量，应符合以下要求：

1) 应无不同性质线缆共管的现象；

2) 各种火警设备接线应正确，接线排列合理，接线端子处标牌编号齐全；

3) 工作接地和保护接地应正确。

(5) 对各种控制设备和装置逐个进行单机通电检查。

1) 校验线路

打开被校验回路中的各个部件与设备接线端子一一查对，探测回路线、通信线是否短路或开路，应对导线与导线、导线对地、导线对屏蔽层的绝缘电阻进行分别测试记录，其值不小于 20MΩ。

2) 报警控制器的试验

开机后将带上探测点进行编码（硬件编码、软件编码或自适应编址方式编码），并在平面图上作详细记录。对未带上的探测点要逐个检查，如果是管线问题，则在排除线路故障后再开机测试，如果是探测器问题，则更换探测器。

3) 火灾探测器的现场测试

采用专用设备对探测器逐个进行试验（或按《火灾自动报警系统施工及验收规范》GB50166 标准抽检），动作应准确无误，编码与图纸相符；手动报警按钮位置符合图纸要求，编码无误。

a　感烟型探测器：采用烟雾发生器进行测试，探测器上灯亮后 5s 内应报警。

b　感温型探测器：采用温度加热器进行测试，探测器上灯亮后 5s 内应报警。

c　火焰探测器（紫外线型，红外线型）：在 25m 内用火光进行测试，探测器上灯亮后 5s 内应报警。

d　复合型探测器（定温、差温复合型）：根据设计所设定的定温及差温数据，采用温度加热器以设定的最低温度限值进行测试。感烟、感温复合型探测器：先按感烟探测器进行测试后，再按感温探测器进行测试，火灾报警控制器动作、发出声光信号、指示火警部位应与图纸编码相同。

e　手动报警按钮测试：可用工具松动按钮盖（不损坏设备）进行测试，显示编码与位置和设计图纸相符。

4) 可燃气体火灾探测器的现场测试

模拟可燃气体泄漏，应可靠发出报警信号，并自动切断气源，与之相邻的指定的电气装置的电源也应能自动切断。

7.4.2 火灾报警控制系统

7.4.2.1 工艺流程

报警控制器定位→线缆敷设→报警控制器安装→控制器接线→消防主机接线→联合调试

7.4.2.2 施工要点

1 线缆敷设

按本标准第7.4.1.2条第1款要求执行。

2 火灾报警控制器的定位和安装。

(1) 火灾报警控制器（以下简称控制器）在墙上安装时，其底边距地（楼）面高度宜为1.3~1.5m，落地安装时，其底宜高出地坪0.1~0.2m。

(2) 控制器靠近其门轴的侧面距离不应小于0.5m，正面操作距离不应小于1.2m。落地式安装时，柜下面有进出线地沟。

(3) 控制器的正面操作距离，设备单列布置不应小于1.5m，双列布置时不应小于2m。

(4) 控制器应安装牢固，不得倾斜。安装在轻质墙上时应采取加固措施。

(5) 配线应整齐，避免交叉，并应固定牢固，电缆芯线和所配导线的端部均应标明编号，并与图纸一致。

(6) 端子板的每个接线端，接线不得超过两根。

(7) 导线应绑扎成束，其导线、引入线穿线后，在进线管处应封堵。

(8) 控制器的主电源引入线应直接与消防电源连接，严禁使用电源插头。主电源应有明显标志。

(9) 控制器的接地应牢固，并有明显标志。

(10) 竖向的传输线路应采用竖井敷设，每层竖井分线处应设端子箱，端子箱内的端子宜选择压接或带锡焊接的端子板，其接线端子上应有相应的标号。

(11) 消防控制设备的外接导线，当采用金属软管作套管时，其长度不宜大于2m且应采用管卡固定，其固定点间距不应大于0.5m。金属软管与消防控制设备的接线盒（箱）应采用锁母固定，并应根据配管规定接地。

(12) 消防控制设备外接导线的端部应有明显标志。

(13) 消防控制设备盘（柜）内不同电压等级、不同电流的类别的端子应分开，并有明显标志。

(14) 控制器（柜）接线牢固、可靠，接触电阻小，而线路绝缘电阻要求保证不小于20MΩ。

3 调试

(1) 报警控制系统调试应在系统施工结束后进行，调试人员必须由有资格的专业技术人员或持有消防专业上岗证书的人员担任。

(2) 审核检查调试方案，并提供下列文件：

1) 各种报警控制设备（区域报警控制器、集中火灾报警控制器等）与实际施工相符的竣工图；

2）设计变更文字记录（设计修改通知单等）；

3）施工记录及隐蔽工程验收记录；

4）检验记录及绝缘电阻、接地电阻测试记录。

（3）检查构成系统的设备的规格、型号、性能、数量及备品备件，应符合设计图纸要求。

（4）检查系统管线施工质量，应符合以下要求：

1）应无不同性质线缆共管的现象；

2）各种报警控制设备接线应正确，接线排列合理，接线端子处标牌编号齐全；

3）工作接地和保护接地应正确。

（5）火灾报警控制系统通电后，应对报警控制器进行如下功能检查：

1）火灾报警设备的自检功能检查：切断受其控制的外接设备进行自检，自检期间如有非自检回路的火灾报警信号输入，应能发出火灾报警声、光信号。

2）消音、复位功能：能直接或间接接收火灾报警信号、声信号，并应能手动消除，但再次有火灾报警信号输入时，应能再启动。

3）故障报警功能：各部件间及打印机连接线断线、短路、接地、控制器故障、主电源欠压等，均应能在100s内发出与火灾报警信号有明显区别的声、光故障信号。

4）火灾优先功能：当火灾报警控制器内或由其控制进行的查询、中断、判断及数据处理等操作时，对于接收火灾报警信号的延时应不超过10s。

5）报警记忆功能：接收火灾报警信号后，发出声、光报警信号，指示火灾发生部位并予保持，声、光信号在火灾报警控制器复位前，应不能手动消除，并具有显示或记录火灾报警时间的月、日、时、分等信息的计时装置。

6）电源功能检查：电源自动转换和备用电源的自动充电，备用电源的欠压和过压报警功能。

7）与BAS联动功能（自动报警、灭火、消防联动等）检查：应有通讯接口，且提供双方通讯协议、硬件接口技术资料并获得有关方面确认。

8）屏蔽及接地良好：火灾报警控制器在场强10V/m及1MHz～1GHz频率范围内的辐射电磁场干扰下，不应发出火灾报警信号和不可恢复的故障信号，且应正常运行。

7.4.3 消防联动系统

7.4.3.1 工艺流程

检查相关专业→线缆敷设→接口模块安装→接线→联合调试

7.4.3.2 施工要点

1 消防联动系统开始施工之前，应对涉及的其他专业如下内容进行检查：

（1）土建专业：消防控制室、消防泵房、消防水池、防火门、卷帘门等设置应符合规范要求；

（2）电气专业：火灾报警设备用电（双电源）是否配套到位；防火门、卷帘门电动控制装置应符合设计规范要求；

（3）给排水专业：消防泵、喷淋泵、消火栓、报警阀、水流指示器等的配置位置是否吻合；

（4）通风空调专业：防火阀、排烟阀、排烟风机、送风阀、送风机等型号规格是否相匹配。

2　线缆敷设

除按本标准第7.4.1.2条第1款要求执行外，尚应符合以下要求：

（1）消火栓泵、喷淋泵配电线路要求。

1）阻燃型电线穿金属管并埋设在非燃砌体内或采用电缆桥架敷设；

2）耐火电缆宜配以耐火型电缆桥架或选用防火型电缆；

3）当变电所与水泵房相邻或距离较近并属于同一防火分区时，供电电源干线可采用耐火电缆；

4）当变电所与水泵房距离较远并穿越不同防火分区时，应采用防火型电缆。

（2）防排烟装置配电线路要求。

1）防排烟装置包括送风机、排烟机、防火阀等，一般布置较分散，其配电线路防火既要考虑供电主回路线路，也要考虑联动控制线路；

2）防排烟装置配电线路、联动和控制线路应采用耐火型电缆；

3）配电线路和控制线路在敷设时，应尽量缩短线路长度，避免穿越不同的防火分区。

（3）防火卷帘门配电线路要求。

1）防火卷帘门的电源应引自各楼层带双电源切换配电箱，以确保供电可靠；

2）当防火卷帘门水平配电线路较长时，应采用耐火电缆并使用耐火型电缆桥架明敷，以确保发生火灾时仍能可靠供电。

（4）消防电梯配电线路要求。

1）消防电梯应有两路专线配电，并应采用耐火电缆；

2）当有供电可靠性特殊要求时，两路配电专线一路可选用防火型电缆；

3）垂直敷设的配电线路应尽量在电气竖井内，并可不穿金属管保护，但当与延燃电缆敷设在同一竖井时，两者间必须用耐火材料隔开。

（5）火灾应急照明线路要求。

1）火灾应急照明包括疏散指示照明、火灾事故照明、备用照明；

2）火灾应急照明线路应采用阻燃型电线穿金属保护管暗敷于不燃结构内，且保护层厚度不小于30mm；

3）在吊顶内敷设时，应采用耐热或耐火型电线。

（6）消防广播、通信等配电线路要求。

1）包括火灾事故广播、火灾警铃、消防电话设备；

2）宜采用阻燃型电线穿保护管单独暗敷；

3）当必须采用明敷线路时，应对线路做耐火处理；

3　接口模块安装

接口模块包括输入输出、切换及各种控制动作模块以及总线隔离器等。

（1）总线隔离器设置应满足：当隔离器动作时，被隔离保护的输入输出模块不应超过32个。

（2）为便于维修，应将其装于设备控制柜内或吊顶外，吊顶外应安装在墙上距地面高1.5m处（若装于吊顶内，需在吊顶上开维修孔洞）。

（3）明装时，将模块底盒安装在预埋盒上；暗装时，将模块底盒预埋在墙内或安装在专用装饰盒上。

4　调试

(1) 报警控制系统调试应在系统施工结束后进行，调试人员必须由有资格的专业技术人员或持有消防专业上岗证书的人员担任。

(2) 审核检查调试方案，并提供下列文件：

1) 火灾自动报警及消防联动系统与实际施工相符的竣工图；

2) 设计变更文字记录（设计修改通知单等）；

3) 施工记录及隐蔽工程验收记录；

4) 检验记录及绝缘电阻、接地电阻测试记录。

(3) 检查构成系统的设备的规格、型号、性能、数量及备品备件，应符合设计图纸要求。

(4) 检查系统管线施工质量，应符合以下要求：

1) 应无不同性质线缆共管的现象；

2) 各种接口模块接线应正确，接线排列合理，接线端子处标牌编号齐全；

3) 工作接地和保护接地应正确。

(5) 联动功能调试

1) 消火栓系统。

a　在消防控制中心应能控制消防泵的启、停。试验 1~3 次，并能显示工作及故障状态。

b　在水泵房就地控制消防泵的启、停及主泵、备泵转换，试验 1~3 次，应正常，并在消防水泵控制箱上能显示泵的工作及故障状态。

c　动作消火栓箱内的手动控制按钮，在任何楼层及部位均能启动消防泵，并可通过输入模块向消防控制中心报警，以明确报警的部位。

2) 喷水灭火系统。

a　在消防控制中心应能控制喷淋泵的启停，试验 1~3 次，并能显示工作及故障状态，显示信号阀及水流指示器的工作状态；

b　在水泵房就地控制喷淋泵与备用泵转换运行，试验 1~3 次，应正常；

c　进行末端放水试验：检查末端的压力表及放水阀，然后进行放水，检查水流指示器、报警阀和压力开关启动喷淋泵的动作应正常，符合要求，在喷淋泵控制箱上能显示泵的工作及故障状态。

3) 泡沫及干粉灭火系统。

a　在消防控制中心应能对泡沫泵及消防泵的启停，试验 1~3 次，并显示其工作状态。

b　对干粉系统控制启停试验 1~3 次，应正确，并显示系统工作状态。

4) 有管网的卤代烷，二氧化碳灭火系统。

a　应进行人工启动和紧急切断试验 1~3 次；

b　显示系统手动、自动工作状态；

c　在报警喷射阶段，应有相应的声、光信号，并能手动切除声响；消防控制中心应有喷放显示；

d 在延时阶段，应有自动关闭防火门窗、空调机及有关部位的防火阀，落下防火幕等动作，试验1~3次均正常，并显示其工作状态；

e 应抽一个保护区进行喷放试验（卤代烷采用氮气，用量为1瓶，二氧化碳采用CO_2气体，其用量按系统用量的10%以上喷放）。

5）报警装置及通讯的检测。

a 走道或室内的两个相邻的有编码的探测器动作，应控制着火层及相邻层的火灾应急广播或警报装置投入工作。对于共享扬声器，应作强行切换试验。

b 消防通信设备应功能正常，语音清楚。

a）消防控制中心与设备间的对讲电话，进行1~3次通话试验。

b）每个电话插孔上进行通话试验。

c）消防控制中心的外接电话与“119”进行1~3次通话试验。

6）检查消防联动控制设备

消防联动控制设备在接到已确认的火灾报警信号后，应在3s内发出联动信号，并按有关逻辑关系联动一系列相关设备发生动作，最长时间不得越过30s，联动下列设备应试验1~2次：

a 切断着火层及相邻层的非消防电源，接通消防电源和受联动控制器控制的应急灯及疏散、诱导灯投入工作；

b 当走道或室内的两个相邻有编码的探测器报警时，控制电梯全部停于首层，接收其反馈信号（5s内），并显示其状态；

c 疏散信道上的防火卷帘一侧的感烟探测器动作后，防火卷帘下降距地（楼）面1.8m，当防火卷帘两侧的感温探测器动作后，防火卷帘下降到底；作为防火分隔用的防火卷帘在火灾探测器动作后防火卷帘下降到底，以上均应接收其反馈信号（5s内），并显示其状态；

d 常开防火门的任一侧火灾探测器报警后，常开防火门应自动关闭，接收其反馈信号（5s内），并显示其状态；

e 室内任一火灾探测器报警后，停止有关部位的空调机，关闭电动防火阀，接收其反馈信号（5s内），并显示其状态；

f 走道或室内的两个相邻的有编码的探测器动作后，启动有关部位的防烟、排烟风机及排烟阀正压送风口，接收其反馈信号（5s内），并显示其状态；

g 开启着火层及相邻层的正压送风口，接收其反馈信号，并显示其状态；

h 控制着火层及相邻层的应急广播投入运行工作。

（6）系统调试开通后，对系统功能逐项检查，做好调试记录，编写调试报告。

（7）系统运行120h正常后，报请消防监督机构验收。

7.5 成品保护

1 火灾报警控制室的门应加锁，未经许可非安装人员不准入内。

2 工程至交工期间需设专人值班。

3 室内保持清洁干净、走道畅通、通风良好，室温保持在18~28℃，相对湿度

30%～75%，室内严禁烟火。

4 在机房内施工时，必须采取保护和防尘措施，以免碰撞损伤设备。

5 探测器等现场设备应在装修结束后安装，并保持清洁。

7.6 施工安全、环保措施

1 应当在施工现场采取维护安全、预防火灾等措施；有条件的，应当对施工现场实行封闭管理。

2 施工现场对毗邻的建筑物、构筑物和特殊作业环境可能造成损害的，施工企业应当采取安全防护措施。

3 施工中应当遵守有关环境保护和安全生产的法律、法规的规定，采取控制和处理施工现场的各种粉尘、废气、废水、固体废物以及噪声、振动对环境的污染和危害。

7.7 系 统 检 测

Ⅰ 主 控 项 目

7.7.1 在智能建筑工程中，火灾自动报警及消防联动系统的检测应按《火灾自动报警系统施工及验收规范》GB 50166 的规定执行。

7.7.2 火灾自动报警及消防联动系统应是独立的系统。

7.7.3 除《火灾自动报警系统施工及验收规范》GB 50166 中规定的各种联动外，当火灾自动报警及消防联动系统还与其他系统具备联动关系时，其检测按本标准第 3.4.2 条规定拟定检测方案，并按检测方案进行，但检测程序不得与《火灾自动报警系统施工及验收规范》GB 50166 的规定相抵触。

7.7.4 火灾自动报警系统的电磁兼容性防护功能，应符合《消防电子产品环境试验方法和严酷等级》GB 16838 的有关规定。

7.7.5 检测火灾报警控制器的汉化图形显示界面及中文屏幕菜单等功能，并进行操作试验。

7.7.6 检测消防控制室向建筑设备监控系统传输、显示火灾报警信息的一致性和可靠性，检测与建筑设备监控系统的接口、建筑设备监控系统对火灾报警的响应及其火灾运行模式，应采用在现场模拟发出火灾报警信号的方式进行。

7.7.7 检测消防控制室与安全防范系统等其他子系统的接口和通信功能。

7.7.8 检测智能型火灾探测器的数量、性能及安装位置，普通型火灾探测器的数量及安装位置。

7.7.9 新型消防设施的设置情况及功能检测应包括：

1 早期烟雾探测火灾报警系统；

2 大空间早期火灾智能检测系统、大空间红外图像矩阵火灾报警及灭火系统；

3 可燃气体泄漏报警及联动控制系统。

7.7.10 公共广播与紧急广播系统共享时，除执行本标准第 4.4.6 条的规定外，尚应符合下列要求：

1 火灾时应能在消防控制室将火灾疏散层的扬声器和公共广播扩音机强制转入火灾应急广播状态。

2 消防控制室应能监控用于火灾应急广播时的扩音机的工作状态，并应具有遥控开启扩音机和采用传声器播音的功能。

3 床头控制柜内设有服务性音乐广播扬声器时，应有火灾应急广播功能。

4 应设置火灾应急广播备用扩音机，其容量不应小于火灾时需同时广播的范围内火灾应急广播扬声器最大容量总和的1.5倍。

7.7.11 安全防范系统中相应的视频安防监控（录像、录音）系统、门禁系统、停车场（库）管理系统等对火灾报警的响应及火灾模式操作等功能的检测，应采用在现场模拟发出火灾报警信号的方式进行。

7.7.12 当火灾自动报警及消防联动系统与其他系统合用控制室时，应满足《火灾自动报警系统设计规范》GB 50116 和《智能建筑设计标准》GB/T 50314 的相应规定，但消防控制系统应单独设置，其他系统也应合理布置。

注：

1 《智能建筑设计标准》GB/T 50314 第6.0.4条：消防控制室可单独设置，当与BA、SA系统合用控制室时，有关设备在室内应占有独立的区域，且相互间不会产生干扰。火灾报警控制系统主机及控制盘应设在消防控制室内。

2 《火灾自动报警系统设计规范》GB 50116 第6.2条：

6.2 消 防 控 制 室

6.2.1 消防控制室的门应向疏散方向开启，且人口处应设置明显的标志。

6.2.2 消防控制室的送、回风管在其穿墙处应设防火阀。

6.2.3 消防控制室内严禁与其无关的电气线路及管路穿过。

6.2.4 消防控制室周围不应布置电磁场干扰较强及其他影响消防控制设备工作的设备用房。

6.2.5 消防控制室内设备的布置应符合下列要求：

6.2.5.1 设备面盘前的操作距离：单列布置时不应小于1.5 m；双列布置时不应小于2 m。

6.2.5.2 在值班人员经常工作的一面，设备面盘至墙的距离不应小于3 m。

6.2.5.3 设备面盘后的维修距离不宜小于1 m。

6.2.5.4 设备面盘的排列长度大于4 m时，其两端应设置宽度不小于1 m的通道。

6.2.5.5 集中火灾报警控制器或火灾报警控制器安装在墙上时，其底边距地面高度宜为1.3～1.5 m，其靠近门轴的侧面距墙不应小于0.5 m，正面操作距离不应小于1.2 m。

7.8 竣 工 验 收

7.8.1 火灾自动报警及消防联动系统的竣工验收应按《火灾自动报警系统施工及验收规范》GB 50166 关于竣工验收的规定及各地方的配套法规执行。

7.8.2 当火灾自动报警及消防联动系统与其他智能建筑子系统具备联动关系时，其验收按本标准第10章的有关规定执行，但验收程序不得与国家现行规范、法规相抵触。

7.8.3 验收文件：

1 公安消防监督机构审批的《建筑工程消防设计审核意见书》；

2 由消防监督机构认可的检测单位出具的测试报告；

3 绘制的竣工图（含编有地址码的各种报警元件，如探测器、手报按钮等）；

4　设计变更记录（设计修改通知单等）；

5　施工记录（含隐蔽工程验收记录）、检验记录（含绝缘电阻，接地电阻测试记录）；

6　自检调试报告以及附表；

7　所有消防设备和产品选用的厂家、类型、数量及消防准销证、合格证（或产品检测报告）；

8　建设单位制定的消防安全制度、消防安全操作规程、消防值班安全责任人等。

7.8.4　系统验收：

1　火灾自动报警及联运系统竣工时，必须经公安消防机构进行消防验收，未经验收或验收不合格的，不得投入使用。

2　公安消防机构正式验收前，必须经由消防测试中心对已竣工的火灾自动报警及联运系统逐点进行测试，应准确无误；对不符合消防法规的部分应及时整改，整改合格后复测，然后由测试中心出具测试报告交建设单位。

3　建设单位应向公安消防监督部门提出验收申请报告并应附有测试中心出具的测试报告；由消防施工单位绘制的竣工图、设计变更记录、施工记录（含隐蔽工程验收记录）、检验记录（含绝缘电阻、接地电阻测试记录）、调试报告以及建设单位制定的消防安全制度、消防安全操作规程、消防值班安全责任人等。

4　工程验收应分为以下三阶段：

（1）隐蔽工程中间验收。隐蔽工程完毕后，施工部门请建设单位（必要时请消防主管单位）、施工质量员进行检查验收，并按国家规范填写隐蔽工程中间验收报告。重大项目同时请公司质管部门参加验收。

（2）工程竣工内部验收。一般工程竣工并试运行5日后，项目部组织施工负责人、施工质量管理员共同按消防工程验收规范进行检查、试验、验收，并填写工程项目内部验收单。重大工程项目报请上级质管部门参与验收。

（3）工程正式验收。内部验收后，施工部门应向建设单位提出验收申请。由建设单位主持，设计、施工、消防监督部门及质量管理有关人员参加共同进行，验收主要内容：

1）三次切换消防设备的主电源和备用电源，应正常。

2）火灾报警控制器的每项功能应重复试验1~2次，并应符合现行国家标准《火灾报警控制器通用技术条件》中功能要求。控制器数量在5台以下者全部抽验；在6~10台者，抽验5台；实际数量超过10台者按实际数量的30%~50%的比例，但不少于5台抽验。

3）火灾报警探测器（含手动报警按钮）应进行模拟火灾响应试验和故障报警抽检：100只以内，抽检10只，100只以上按5%~10%抽检，但不得少于10只，试验均应准确正常。

4）室内消火栓的功能验收应在出水压力符合设计要求下进行：

a　工作泵、备用泵转换运行1~3次；

b　控制室内操作水泵启停1~3次；

c　消火栓按钮启动泵按5%~10%的比例抽检。

上述控制功能及信号均应正常。

5）自动喷水灭火系统；

a　工作泵备用泵转换运行 1~3 次；

b　控制室内操作喷淋泵启停 1~3 次；

c　水流指标器、闸阀关闭器及电动阀按实际安装数量的 10%~30%比例进行末端放水试验。

上述控制功能及信号均应正常。

6）卤代烷、泡沫、二氧化碳、干粉等灭火系统按实际数量的 20%~30%抽检：

a　人工启动和紧急切断试验 1~3 次；

b　与联动控制设备（关闭防火门、窗，停止空调机，关闭防火阀，落下防火幕等）试验 1~3 次；

c　抽一个防护区进行喷放试验（卤代烷系统应采用氮气等介质代替）。

以上控制功能及信号均应正常。

7）电动防火门、防火卷帘应按实际安装数量的 10%~20%抽检其联动控制功能，其控制功能及信号均应正常。

8）消防电梯应进行 1~2 次人工控制及自动控制功能检验，其控制功能及信号均应正常。

9）火灾事故广播，按实际数量的 10%~20%进行抽检：

a　共用扬声器的强行切换试验；

b　在消防控制室选层广播；

c　备用扩音机控制功能试验。

上述控制功能应正常，语音应清楚。

10）消防通讯设备的检验：

a　消防控制室与设备间的对讲电话应进行 1~3 次通话试验；

b　电话插孔按实装数 5%~10%进行通话试验；

c　消防控制室的外线与“119”台进行通话试验 1~3 次。

以上功能应正常，语言应清楚。

11）各项检验项目中，当有不合格者，应限期修复或更换，并进行复验。复验时，对有抽验比例要求的，应进行加倍试验，复检不合格者，不能通过验收。

合格后由消防部门签发工程验收合格证。

7.8.5　火灾自动报警及消防联动系统分项工程验收记录当地方主管部门无统一规定时，宜采用表 7.8.5“火灾自动报警及消防联动系统分项工程质量验收记录表”。

注：《火灾自动报警系统施工及验收规范》GB 50166—92 附表见附表 1~附表 5。

表 7.8.5 火灾自动报警及消防联动系统分项工程质量验收记录表

<table>
<tr><td colspan="3">单位（子单位）工程名称</td><td colspan="2"></td><td>子分部工程</td><td>火灾自动报警及消防联动系统</td></tr>
<tr><td colspan="3">分项工程名称</td><td colspan="2"></td><td>验收部位</td><td></td></tr>
<tr><td>施工单位</td><td colspan="4"></td><td>项目经理</td><td></td></tr>
<tr><td colspan="3">施工执行标准名称及编号</td><td colspan="4"></td></tr>
<tr><td>分包单位</td><td colspan="4"></td><td>分包项目经理</td><td></td></tr>
<tr><td colspan="4">检测项目
（执行本标准第7章的规定）</td><td colspan="2">检查评定记录</td><td>备　注</td></tr>
<tr><td rowspan="2">1</td><td rowspan="2">系统检测</td><td colspan="2">执行 GB 50166 规范</td><td colspan="2"></td><td rowspan="2">系统检测执行 GB 50166 规定，使用 GB 50166 的附录表格</td></tr>
<tr><td colspan="2">系统应为独立系统</td><td colspan="2"></td></tr>
<tr><td>2</td><td>系统联动</td><td colspan="2">与其他系统联动</td><td colspan="2"></td><td>满足设计要求为检测合格</td></tr>
<tr><td>3</td><td colspan="3">系统电磁兼容性防护</td><td colspan="2"></td><td></td></tr>
<tr><td rowspan="2">4</td><td rowspan="2">火灾报警控制器人机界面</td><td colspan="2">汉化图形界面</td><td colspan="2"></td><td rowspan="2">符合设计要求为检测合格</td></tr>
<tr><td colspan="2">中文屏幕菜单</td><td colspan="2"></td></tr>
<tr><td rowspan="2">5</td><td rowspan="2">接口通信功能</td><td colspan="2">消防控制室与建筑设备监控系统</td><td colspan="2"></td><td rowspan="2">符合设计要求为检测合格</td></tr>
<tr><td colspan="2">消防控制室与安全防范系统</td><td colspan="2"></td></tr>
<tr><td rowspan="2">6</td><td rowspan="2">系统关联功能</td><td colspan="2">公共广播与紧急广播共用</td><td colspan="2"></td><td>符合 GB 50166 有关规定</td></tr>
<tr><td colspan="2">安全防范子系统对火灾响应与操作</td><td colspan="2"></td><td>符合设计要求为检测合格</td></tr>
<tr><td rowspan="2">7</td><td rowspan="2">火灾探测器性能及安装状况</td><td colspan="2">智能性</td><td colspan="2"></td><td rowspan="2">符合设计要求为检测合格</td></tr>
<tr><td colspan="2">普通性</td><td colspan="2"></td></tr>
<tr><td rowspan="4">8</td><td rowspan="4">新型消防设施设置及功能</td><td colspan="2">早期烟雾探测</td><td colspan="2"></td><td rowspan="4">符合设计要求为检测合格</td></tr>
<tr><td colspan="2">大空间早期检测</td><td colspan="2"></td></tr>
<tr><td colspan="2">大空间红外图像矩阵火灾报警及灭火</td><td colspan="2"></td></tr>
<tr><td colspan="2">可燃气体泄漏报警及联动</td><td colspan="2"></td></tr>
<tr><td>9</td><td>消防控制室</td><td colspan="2">控制室与其他系统合用时要求</td><td colspan="2"></td><td>符合 GB 50166、GB 50314 的有关规定</td></tr>
<tr><td colspan="7">检测意见：

检测机构负责人：
监理工程师（建设单位项目专业技术负责人）：
日期：　　　　　　　　日期：</td></tr>
</table>

附表 1 调 试 报 告

年　　月　　日　　　　　　　　　　　　　　编号：

<table>
<tr><td colspan="2">工程名称</td><td colspan="2"></td><td colspan="2">工程地址</td><td colspan="3"></td></tr>
<tr><td colspan="2">使用单位</td><td colspan="2"></td><td>联 系 人</td><td colspan="2"></td><td>电话</td><td></td></tr>
<tr><td colspan="2">调试单位</td><td colspan="2"></td><td>联 系 人</td><td colspan="2"></td><td>电话</td><td></td></tr>
<tr><td colspan="2">设计单位</td><td colspan="2"></td><td>施工单位</td><td colspan="4"></td></tr>
<tr><td rowspan="5">工程主要设备</td><td colspan="2">设备名称型号</td><td>数 量</td><td>编 号</td><td>出厂年月</td><td>生产厂</td><td colspan="2">备 注</td></tr>
<tr><td colspan="2"></td><td></td><td></td><td></td><td></td><td colspan="2"></td></tr>
<tr><td colspan="2"></td><td></td><td></td><td></td><td></td><td colspan="2"></td></tr>
<tr><td colspan="2"></td><td></td><td></td><td></td><td></td><td colspan="2"></td></tr>
<tr><td colspan="2"></td><td></td><td></td><td></td><td></td><td colspan="2"></td></tr>
<tr><td colspan="2">施工有无遗留问题</td><td></td><td>施工单位联 系 人</td><td></td><td colspan="2">电话</td><td colspan="2"></td></tr>
<tr><td>调试情况</td><td colspan="8"></td></tr>
<tr><td colspan="3">调试人员
（签字）</td><td colspan="2"></td><td colspan="2">使用单位人员
（签字）</td><td colspan="2"></td></tr>
<tr><td colspan="3">施工单位负责人
（签字）</td><td colspan="2"></td><td colspan="2">设计单位负责人
（签字）</td><td colspan="2"></td></tr>
</table>

附表2 系统竣工表

验收时间：（用户填写）

<table>
<tr><td colspan="2">工程名称</td><td colspan="4"></td><td colspan="2">验收的建筑名称</td><td colspan="2"></td></tr>
<tr><td colspan="2">隐蔽工程记录</td><td>验收报告</td><td>系统竣工图</td><td>设计更改</td><td colspan="3">设计更改内容</td><td colspan="2">工程验收情况</td></tr>
<tr><td colspan="2">1. 有
2. 无
□</td><td>1. 有
2. 无
□</td><td>1. 有
2. 无
□</td><td>1. 有
2. 无
□</td><td colspan="3"></td><td colspan="2">1. 合格
2. 基本合格
3. 不合格
□</td></tr>
<tr><td colspan="10">主要消防设施</td></tr>
<tr><td rowspan="4">消火栓系统</td><td>产品名称</td><td>产品型号</td><td>生产厂家</td><td>数量</td><td>产品名称</td><td>产品型号</td><td>生产厂家</td><td colspan="2">数量</td></tr>
<tr><td>室内消火栓</td><td></td><td></td><td></td><td>水泵接合器</td><td></td><td></td><td colspan="2"></td></tr>
<tr><td>室外消火栓</td><td></td><td></td><td></td><td>气压水罐</td><td></td><td></td><td colspan="2"></td></tr>
<tr><td>消防水泵</td><td></td><td></td><td></td><td>稳压泵</td><td></td><td></td><td colspan="2"></td></tr>
<tr><td rowspan="2">通风空调系统</td><td>产品名称</td><td>产品型号</td><td>生产厂家</td><td>数量</td><td>产品名称</td><td>产品型号</td><td>生产厂家</td><td colspan="2">数量</td></tr>
<tr><td>风机</td><td></td><td></td><td></td><td>防火阀</td><td></td><td></td><td colspan="2"></td></tr>
<tr><td rowspan="7">防排烟系统</td><td>方式
部位</td><td colspan="3">1. 自然排烟 2. 机械排烟
3. 通风兼排烟</td><td>产品名称</td><td>产品型号</td><td>生产厂家</td><td colspan="2">数量</td></tr>
<tr><td>防烟楼梯间</td><td colspan="3"></td><td>防火阀</td><td></td><td></td><td colspan="2"></td></tr>
<tr><td>前室及合用前室</td><td colspan="3"></td><td>送风机</td><td></td><td></td><td colspan="2"></td></tr>
<tr><td>走道</td><td colspan="3"></td><td>排风机</td><td></td><td></td><td colspan="2"></td></tr>
<tr><td>房间</td><td colspan="3"></td><td>排烟阀</td><td></td><td></td><td colspan="2"></td></tr>
<tr><td colspan="2">自然排烟口面积</td><td colspan="3">机械排烟送风量</td><td colspan="4">机械排烟风量</td></tr>
<tr><td colspan="2">m^2</td><td colspan="3">m^3/h</td><td colspan="4">m^3/h</td></tr>
<tr><td rowspan="4">安全疏散系统</td><td colspan="3">设施名称及有无状况</td><td>产品名称</td><td>产品型号</td><td>生产厂家</td><td colspan="3">数量</td></tr>
<tr><td>疏散指示标志</td><td colspan="2">1. 有 2. 无</td><td>防火门</td><td></td><td></td><td colspan="3"></td></tr>
<tr><td>消防电源</td><td colspan="2">1. 有 2. 无</td><td>防火卷帘</td><td></td><td></td><td colspan="3"></td></tr>
<tr><td>事故照明</td><td colspan="2">1. 有 2. 无</td><td>消防电梯</td><td></td><td></td><td colspan="3"></td></tr>
<tr><td rowspan="8">火灾报警系统</td><td colspan="2">系统设计单位</td><td colspan="2"></td><td>施工单位</td><td colspan="4"></td></tr>
<tr><td colspan="4">形式 1. 区域报警 2. 集中报警 3. 控制中心报警</td><td>设置部位</td><td colspan="4"></td></tr>
<tr><td>产品名称</td><td>产品型号</td><td>生产厂家</td><td>数量</td><td>产品名称</td><td>产品型号</td><td>生产厂家</td><td colspan="2">数量</td></tr>
<tr><td>感烟探测器</td><td></td><td></td><td></td><td>集中报警器</td><td></td><td></td><td colspan="2"></td></tr>
<tr><td>感温探测器</td><td></td><td></td><td></td><td>区域报警器</td><td></td><td></td><td colspan="2"></td></tr>
<tr><td>火焰探测器</td><td></td><td></td><td></td><td>事故广播</td><td></td><td></td><td colspan="2"></td></tr>
<tr><td></td><td></td><td></td><td></td><td>手动按钮</td><td></td><td></td><td colspan="2"></td></tr>
</table>

续附表 2

系统设计单位				系统施工单位			

喷洒灭火系统								
系统类型	1. 喷雾水冷却设备　2. 喷雾水灭火设备　3. 喷洒水灭火设备							
喷洒类型	1. 干式　2. 湿式　3. 预作用　4. 开式					系统设置部位		
产品名称	产品型号	生产厂家	数　量	产品名称	产品型号	生产厂家	数　量	
喷　洒　头				水　泵				
水流报警阀				稳　压　泵				
报　警　阀				气压水罐				
压力开关								

卤代烷灭火系统					
系统设计单位			系统施工单位		
系统类型 1.1211　2.1301		系统形式	1. 全充满系统　2. 局部应用系统		
系统设置部位					
产品名称	产品型号	生产厂家	数　量	产品名称	设　置　部　位
喷　头				远程启动装置	
瓶头阀				联动开启装置	
分配阀				手动开启装置	
储　罐 （储量/瓶）		压力		紧急制动	

消防控制室							
系统设计单位			系统施工单位				
控制室位置		控制室面积		耐火系统		出入口数量	
应有控制功能数		实有控制功能数		缺何种控制功能			

其他灭火系统				
系统设计单位		系统施工单位		
系统设置部位				
系统名称	系　统　类　别	系　统　启　动　方　式	用量或储量	工作压力
二氧化碳灭火系统	1. 全充满 2. 局部应用 □	1. 自动　2. 半自动 3. □动	（kg）	使用压力：
泡沫灭火系统	1. 低倍　2. 高倍 3. 氟氮白　4. 抗溶性 □	1. 固定　2. 半固定 3. 移动式 □	（kg）	供给强度：
干粉灭火系统	1. 氮酸氢钠　2. 碳酸氢钾 3. 氮酸二氢氨　4. 尿素 □	1. 自动　2. 半自动 3. 手动 □	（kg）	供给强度：
蒸气灭火系统	1. 全充满固定　2. 全充 满半固定　3. 局部 □	1. 固定　2. 半固定 3. 移动式 □	（%）	供给强度：
氮气灭火系统	1. 全充满　2. 局部应用 □	1. 自动　2. 半自动 3. 手动 □	（kg）	使用压力：

火灾事故广播系统			
设计单位		施工单位	
产品名称	产　品　型　号	生　产　厂　家	数　　量
扩　音　机			
喇　叭			
备用扩音机			

消防通讯设备			
设计单位		施工单位	
产品名称	产品型号	生　产　厂　家	数　　量
对讲电话			
电话插孔			
外线电话			
外线对讲机			

附表 3　系统运行日登记表

单位名称：

项目 时间	设备运行情况		报警性质				报警部位、原因及处理情况	值　班　人			备　注
	正常	故障	火警	误报	故障报警	漏报		时～时	时～时	时～时	

注：正常划“√”，有问题注明。

附表4 控制器日检登记表

第　　页

单位名称							控制器型号			
检查项目 时　间	自检	消音	复位	故障报警	巡检	电　源			检查人（签名）	备　注
						主电源	备用电源			

检查情况	故障及排除情况	防火负责人

注：正常划“√”，有问题注明。

附表 5 季（年）检登记表

第　　页

单位名称		防火负责人	

日　期	设备种类	检查试验内容及结果	检查人

仪器自检情况	故障及排除情况	备　注

8 安全防范系统

8.1 一般规定

8.1.1 本章适用于智能建筑工程中的安全防范系统的工程实施及质量控制、系统检测和竣工验收，在执行本章各项规定的同时，还须遵守国家公共安全行业的有关法规。

8.1.2 对银行、金融、证券、文博等高风险建筑除执行本标准的规定外，还必须执行公共安全行业对特殊行业的相关规定和标准。

8.1.3 安全防范系统的范围应包括视频安防监控系统、入侵报警系统、出入口控制（门禁）系统、巡更管理系统、停车场（库）管理系统等各子系统。

8.1.4 安全防范系统施工质量检查和观感质量验收，应根据合同技术文件、设计施工图进行。

1 对电（光）缆敷设与布线应检验管线的防水、防潮，电缆排列位置，布放、绑扎质量，桥加的架设质量，缆线在桥架内的安装质量，焊接及插接头安装质量和接线盒接线质量等；

2 对接地线应检验接地材料、接地线焊接质量、接地电阻等；

3 对系统的各类探测器、摄像机、云台、防护罩、控制器、辅助电源、电锁、对讲设备等的安装部位、安装质量和观感质量等进行检验；

4 同轴电缆的敷设、摄像机、机架、监视器等的安装质量检验应符合《民用闭路监视电视系统工程技术规范》GB 50198 的有关规定；

5 控制柜、箱与控制台等的安装质量检验应遵照《建筑电气工程施工技术标准》ZJQ08—SCJB 303—2005 第 6 章有关规定执行。

8.1.5 在安全防范系统设备安装、施工测试完成后，经建设方同意可进入系统试运行，试运行周期应不少于 1 个月；系统试运行时应作好试运行记录。

8.2 施工准备

8.2.1 技术准备

1 施工前进行图纸会审。

2 施工前应编制施工组织设计（施工方案），并报上一级技术负责人审核批准。

3 施工前应进行技术交底，明确施工方法及质量标准。

8.2.2 主要材料

1 视频安防监控系统：前端设备（CCD 摄像机、镜头、云台、防护罩、解码器，一体化摄像机等）、矩阵控制器、终端设备（多画面分割器、监视器、录像机、PC、数字式录像机、报警器、电梯层面显示器）等。

2　入侵报警系统：各类报警器（开关、振动、超声波、次声、主动与被动红外、微波、激光、多种技术复合等报警器）、报警控制器等。

3　巡更管理系统：计算机、网络收发器（或传送单元）、前端控制器（或手持读取器）、巡更点（或编码片）等。

4　出入口控制（门禁）系统：中央管理机、控制器、读卡器（门磁开关，电子门锁等）、执行机构等。

5　停车场（库）管理系统：入口/出口控制装置（验票机、感应线圈与栅栏机）、信道管理的引导系统及管理中心（收费机、中央管理主机）、通信管理（内部电话主机）设备、车辆检测识别设备等。

6　各子系统通用材料：传输缆线（同轴电缆、电话电缆、双绞线、光纤等）、桥架线槽、电缆、管材、型材、膨胀螺栓等。

8.2.3　主要机具

施工机具：电焊机、切割机、砂轮机、对讲机、光纤熔接机、电工专用工具等。

测试仪器：数字万用表、场强仪（用于射频传输系统）、示波器、逻辑笔、小型监视器（用于室外分系统或摄像机的测试）、彩色信号发生器、噪声测量仪、波形监视器、扫频仪、光纤传输专用测试仪、对讲机、便携式计算机等。

8.2.4　作业条件

安全防范系统安装前，应具备下列条件：

1　已完成机房、弱电竖井的建筑施工。

2　预埋管及预留孔符合设计要求。

3　具备各信息采集点的施工安装条件。

8.3　材料质量控制

8.3.1　一般规定

设备及器材的进场验收除按本标准第3.3.4条和第3.3.5条的规定执行外，还应符合下列要求：

1　安全技术防范产品必须经过国家或行业授权的认证机构（或检测机构）认证（检测）合格，并取得相应的认证证书（或检测报告）；

2　产品质量检查应按本标准第3.2节的规定执行。

8.3.2　视频安防监控系统

1　组成视频安防监控系统CCTV的前端设备（如CCD摄像机、镜头、云台、防护罩、解码器，一体化摄像机等）、控制设备（如视频矩阵切换器、双工多画面视频处理器、多画面分割器、视频分配器等）、终端设备（如多画面分割器、监视器、录像机、PC、数字式录像机、报警器、电梯层面显示器等）、传输缆线（同轴电缆、双绞线、光纤等）等器材设备应符合设计要求，且具有开箱清单、产品技术说明书、合格证等质保资料，数量符合图纸或合同的要求。

2　摄像机镜头的焦距、自动光圈、Cs/C接口标准、光通量等选择应符合设计要求。

3　视频信号传输电缆应使用75Ω特性阻抗的同轴电缆。

4 设备产品的企业应提供“生产登记批准书”的批准文件或“安全认证”的有关文件。

8.3.3 入侵报警系统

1 各类报警器（开关、振动、超声波、次声、主动与被动红外、微波、激光、多种技术复合等报警器）、报警控制器及传输缆线必须具备产品的技术说明书、质保资料，并应符合设计要求和相关行业标准；数量符合图纸或合同的要求；设备进入现场，应具有开箱清单，产地证明等随机资料。

2 微波入侵探测器、被动/主动红外入侵探测器和防盗报警器等产品在包装或说明书上标明生产许可证标记和编号及批准日期，并提供相应的产品检验报告。

8.3.4 巡更管理系统

1 组成巡更系统的计算机、网络收发器（或传送单元）、前端控制器（或手持读取器）、巡更点（或编码片）等设备及传输线缆应符合设计要求，必须具备产品技术说明书、产品合格证等质保资料，数量和备件符合图纸或合同要求。

2 产品外观应完整，无损伤和任何变形。

3 有源设备到场后应通电检查各项功能，且应符合产品技术标准要求和设计要求。

8.3.5 出入口控制（门禁）系统

1 构成出入口控制（门禁）系统的中央管理机、控制器、读卡器（门磁开关、电子门锁等）、执行机构等器材设备必须具备产品技术说明书，产品合格证等质保资料，还应符合设计要求和相关行业标准，数量符合图纸或合同的要求。设备进入现场，应有开箱清单、产地证明等随机资料。

2 产品外观应完整，无损伤和任何变形。

3 有源设备到场后应通电检查各项功能，且应符合设计及产品技术要求。

8.3.6 停车场（库）管理系统

1 构成停车场（库）管理系统的入口/出口控制装置（验票机、感应线圈与栅栏机）、信息管理的引导系统、管理中心（收费机、中央管理主机）、车辆检测识别设备、通信管理（内部电话主机）设备、传输线缆等应符合设计要求。产品应有技术说明书、产品合格证等质保质料，数量应符合图纸或合同要求。

2 产品外观应完整，无损伤和任何变形。

3 有源设备到场后应通电检查各项功能，且应符合设计和产品技术标准要求。

8.4 施 工 工 艺

8.4.1 视频安防监控系统

8.4.1.1 工艺流程

线缆敷设→摄像机安装→控制箱（台）、监控台安装→系统调试

8.4.1.2 施工要点

1 线缆敷设

（1）视频安防监控系统的电缆桥架、电缆沟、电缆竖井、电线导管、线缆敷设的施工遵照《建筑电气工程施工技术标准》ZJQ08—SGJB303—2005 第 12 章、第 13 章、第 14 章、

第15章的内容执行，如有特殊要求应以设计施工图的要求为准。

(2) 地线、电源线应按规定连接，电源线与信号线分槽（或管）敷设，以防干扰。采用联合接地时，接地电阻应小于1Ω。

(3) 电缆的弯曲半径应大于电缆直径的15倍。

(4) 电源线宜与信号线、控制线分开敷设。

(5) 室外设备连接电缆时，宜从设备的下部进线。

(6) 电缆长度应逐盘核对，并根据设计图上各段线路的长度来选配电缆。宜避免电缆的接续；当电缆接续时应采用专用接插件。

(7) 架设架空电缆时，宜将电缆吊线固定在电杆上，再用电缆挂钩把电缆卡挂在吊线上，挂钩的间距宜为0.5~0.6m。根据气候条件，每一杆档应留出余兜。

(8) 墙壁电缆的敷设，沿室外封面宜采用吊挂方式；室内封面宜采用卡子方式。

墙壁电缆当沿墙角转弯时，应在墙角处设转角墙担。电缆卡子的间距在水平路径上宜为0.6m；在垂直路径上宜为1m。

(9) 直埋电缆的埋深不得小于0.8m，并应埋在冻土层以下；紧靠电缆处应用沙或细土覆盖，其厚度应大于0.1m，且上压一层砖石保护。通过交通要道时，应穿钢管保护。电缆应采用具有铠装的直埋电缆，不得用非直埋式电缆作直接埋地敷设。转弯地段的电缆，地面上应有电缆标志。

(10) 敷设管道电缆，应符合下列要求：

1) 敷设管道线之前应先清刷管孔；

2) 管孔内预设一根镀锌铁线；

3) 穿放电缆时宜涂抹黄油或滑石粉；

4) 管口与电缆间应衬垫铅皮，铅皮应包在管口上；

5) 进入管孔的电缆应保持平直，并应采取防潮、防腐蚀、防鼠等处理措施。

(11) 管道电缆或直埋电缆在引出地面时，均应采用钢管保护。钢管伸出地面不宜小于2.5m，埋入地下宜为0.3~0.5m。

(12) 监控室内，电缆的敷设应符合下列要求：

1) 采用地槽或墙槽时，电缆应从机架、控制台底部引入，将电缆顺着所盘方向理直，按电缆的排列次序放入槽内；拐弯处应符合电缆曲率半径要求。

电缆离开机架和控制台时，应在距起弯点10mm处成捆捆绑，根据电缆的数量应每隔100~200mm捆绑一次。

2) 采用架槽时，架槽宜每隔一定距离留出线口。电缆由出线口从机架上方引入，在引入机架时，应成捆绑扎。

3) 采用电缆走道时，电缆应从机架上方引入，并应在每个梯铁上进行绑扎。

4) 采用活动地板时，电缆在地板下可灵活布放，并应顺直无扭绞；在引入机架和控制台处还应成捆绑扎。

(13) 光缆的敷设按本标准第9.4.2条第5款的规定执行。

2 摄像机安装

(1) 云台、解码器的安装。

1) 云台的回转范围、承载能力、旋转速度和使用的电压类型应符合设计要求及标准规范规定。

2）云台安装在支架上应牢固，转动时无晃动；负载安装的位置不应偏离回转中心。

3）安装完毕后，检查云台的水平、垂直转动角度和定值控制是否正常，并根据设计要求整定云台转动起点和方向。

4）解码器（箱）应安装在云台附近，但不应影响建筑的美观，也可在吊顶内安装，但须有检修孔，以便维修或拆装。

（2）摄像机的安装应符合下列规定：

1）应满足监视目标视场范围要求，并具有防损害防破坏能力。

2）摄像机宜安装在监视目标附近不易受到外界损伤的地方，也不应影响附近现场人员的工作和正常活动。

3）在摄像机最佳安装位置确定后，选配合适的镜头取得摄像景物效果。

4）安装前，摄像机应逐个通电检查和粗调。调整后焦面、电源同步等性能，处于正常工作状态方可安装。

5）安装高度：室内距离地面不低于 2m，室外距离地面不低于 3.5m。

6）电梯轿厢内的摄像机应安装在电梯厢门左侧（或右侧）上角（或顶部），并应能有效监视电梯厢内人员。摄像机的光轴与电梯厢的两个面壁成 45°角，与电梯天花板成 45°俯角为宜。

7）各类摄像机应保持牢固，绝缘隔离，注意防破坏；摄像机经功能检查、监视域的观察和图像质量达标后方可固定。

8）在高压带电的设备附近安装摄像机时，应遵守带电设备的安全规定。

9）摄像机配套装置（防护罩、支架、雨刷等器材）安装应灵活牢固。

10）摄像机信号导线和电源导线应分别引入，并用金属管保护，引入的电缆宜留有 1m 的余量，不得影响摄像机的转动；摄像机的电缆和线均应固定，并不得用插头承受电缆的自重。

a 摄像机的镜头应避免逆光安装，若必须逆光安装的场合，应选择将监视区的光对比度控制在最低限度范围内。

b 在高温多尘的场合，对目标实行远距离监视控制和集中调度的摄像机要加装风冷防尘保护设施。

3 控制箱（台）、监控台安装

（1）控制箱（台）安装

控制箱（台）安装按《建筑电气工程施工技术标准》ZJQ08—SGJB303—2005 第 6 章的内容执行。

（2）监控台机架安装

1）机架安装位置应符合设计要求，当有困难时可根据电缆地槽和接线盒位置作适当调整；

2）机架的底座应与地面固定；

3）机架安装应竖直平稳，垂直偏差不得超过 1‰；

4）几个机架并排在一起，面板应在同一平面上并与基准线平行，前后偏差不得大于 3mm；两个机架中间缝隙不得大于 3mm。对于相互有一定间隔而排成一列的设备，其面板前后偏差不得大于5mm；

5）机架内的设备、部件的安装，应在机架定位完毕并加固后进行，安装在机架内的设备应牢固、端正；

6）机架上的固定螺丝、垫片和弹簧垫圈均应按要求紧固不得遗漏。

(3) 控制台安装应符合下列规定：

1）控制台位置应符合设计要求；

2）控制台应安装竖直，台面水平；

3）附件完整，无损伤，螺丝紧固，台面整洁无划痕；

4）台内接插件和设备接触应可靠，安装应牢固；内部接线应符合设计要求，无扭曲脱落现象。

(4) 监视器的安装应符合下列规定：

1）监视器安装在固定的机架和机柜上，小屏幕监视器也可安装在控制台操作柜上。当安装在柜内时，应有通风散热措施，并注意电磁屏蔽。

2）监视器的安装位置应使屏幕不受外来光直射，当有不可避免的光照时，应有避光措施。

3）监视器的外部可调部分，应便于操作。

4　系统调试

(1) 调试前准备

1）按设计要求，对照图纸逐一或抽查，检查设备的规格、型号、数量、备品备件等。

2）仔细检查供电的电压、极性和相位等应符合设计要求。

3）检查系统线路，对于错线、开路、虚焊、短路等应进行处理，检查其记录单。

4）要有调试大纲（或方案），并经有关方确认、审核后进行调试。

(2) 检查摄像机与镜头的配合、控制和功能部件（如云台、变焦、光圈及防护罩等）的技术状态应合理、正常，应无明显逆光现象，符合产品技术标准。

(3) 检查系统摄像机监控范围要达到公共安全防范的需要和设计要求，调整聚焦和后靶面使控制面、清晰度、灰度等级等达到系统技术指标；在调整时要注意有足够的照度和必要的逆光处理等。

(4) 摄像机云台和镜头的遥控功能要能调整到应有的范围，一般通过解码器的硬件装置来实现的。

1）摄像机接通后，在监视器上显示图像，图像清晰时，遥控变焦，遥控自动光圈，观察变焦过程中的图像清晰度应无异常；

2）遥控电动云台带动摄像机旋转，云台运转应平稳、速度均匀、无噪声、电机无发热现象，在静止和旋转过程中图像清晰度应变化不大。调试过程中应注意避免遥控延迟和机械冲击等不良现象。

(5) 调整监视器、录像机、视频打印机、图像处理器、同步机、编码器、解码器等设备使其工作正常，在摄像机的标准照度下，监视图像质量和系统技术指标应满足下列要求：

1）图像质量可按五级损伤制评定，应不低于4级；

2）相对应4级图像质量的信噪比应符合表8.4.1.2-1的规定；

表 8.4.1.2-1 信 噪 比（dB）

指标项目	黑日电视系统	彩色电视系统
随机信噪比	37	36
单频干扰	40	37
电源干扰	40	37
脉冲干扰	37	31

3）图像水平清晰度黑白电视系统不应低于 400 线，彩色电视系统不应低于 270 线；

4）图像画面的灰度不应低于 8 级；

5）系统的各路视频信号，在监视器输入端的电平值应为 $1V_{p\text{-}p} \pm 3\text{dB}$ VBS；

6）系统各部分信噪比指标分配应符合表 8.4.1.2-2 的规定：

表 8.4.1.2-2 系统各部分信噪比指标分配（dB）

项 目	摄像部分	传输部分	显示部分
连续随机信噪比	40	50	45

7）系统在低照度使用时，监视画面应达到可用图像，其系统信噪比不得低于 25dB。

注：1 五级损伤制评分标准应符合本标准第 4.3.6 条表 4.3.6-2 的规定。

2 VBS 为图像信号，消隐脉冲和同步脉冲组成的全电视信号的英文缩写代号。

3 可用图像是指在监视低照度画面时，能够辨认画面物体轮廓的图像。

（6）视频控制矩阵的调整，调整操作程序的软件使其设置功能正常，切换功能正常，字符迭加功能正常。应有摄像机位置、时间、日期等字符标识，电梯内图像画面应迭加有楼层字符等显示标识，所有显示应稳定正常。

（7）检查主机操作应正常，并按正式设计方案达到相关功能要求。

（8）检查记录图像的回放质量应达到可用图像的要求。

（9）检查系统与计算机集成系统的联网接口以及该系统对电视监控系统的集中管理控制能力。

8.4.2 巡更管理系统

8.4.2.1 施工流程

线缆敷设→巡更点设备安装→管理中心计算机及外设安装（可与 BAS 系统共用）→系统调试

8.4.2.2 施工要点

1 线缆敷设

（1）巡更管理系统的电缆桥架、电缆沟、电缆竖井、电线导管、线缆敷设的施工遵照《建筑电气工程施工技术标准》ZJQ08—SGJB303—2005 第 12 章、第 13 章、第 14 章、第 15 章的内容执行，如有特殊要求应以设计施工图的要求为准。

（2）地线、电源线应按规定连接，电源线与信号线分槽（或管）敷设，以防干扰。采用联合接地时，接地电阻应小于 1Ω。

2 巡更点设备安装

（1）有线巡更信息开关或无线巡更信息钮，应安装在各出入口、主要信道、各紧急出入口、主要部门或其他需要巡更的站点上，高度和位置按设计和规定要求设置。

（2）安装应牢固、端正，户外应有防水措施。

3　巡更系统调试

（1）调试前准备：

1）具备设备平面布置图、接线图、安装图、系统图以及其他必要的技术文件。确定调试步骤和方法，并经审核后实施。

2）检查线路，施工测试记录（绝缘电阻、接地电阻）等应符合要求。

（2）读卡式巡更系统应保证确定为巡更用的读卡机在读巡更卡时正确无误，检查实时巡更应和计划巡更相一致，若不一致应能发出报警。

（3）采用巡更信息钮（开关）的信息正确无误，数据能及时收集、统计、打印。

（4）按照巡更路线图检查系统的巡更终端、读卡机的响应功能。

（5）现场设备的接入率及完好率测试。

（6）检查巡更管理系统对任意区域或部位按时间线路进行任意编程修改的功能以及撤防、布防的功能。

（7）检查系统的运行状态、信息传输、故障报警和指示故障位置的功能。

（8）检查巡更管理系统对巡更人员的监督和记录情况、安全保障措施和对意外情况及时报警的处理手段。

（9）对在线联网式的巡更管理系统还需要检查电子地图上的显示信息、遇有故障时的报警信号以及和电视监视系统等的联动功能。

（10）巡更系统的数据存储记录保存时间应满足管理要求。

8.4.3　入侵报警系统

8.4.3.1　施工流程

线缆敷设→探测报警器安装→监控台安装→系统调试

8.4.3.2　施工要点

1　线缆敷设

（1）入侵报警系统的电缆桥架、电缆沟、电缆竖井、电线导管、线缆敷设的施工遵照《建筑电气工程施工技术标准》ZJQ08—SGJB303—2005 第 12 章、第 13 章、第 14 章、第 15 章的内容执行，如有特殊要求应以设计施工图的要求为准；

（2）地线、电源线应按规定连接。电源线与信号线应分槽（或管）敷设，以防干扰。采用联合接地时，接地电阻不大于 1Ω。

（3）从传感器到控制报警器的信号线，多选用双绞线，线长以不超过 100m 为宜。

（4）信号线不宜与强电线同管或平行敷设。若平行敷设，则两者间距不得小于 50mm。

（5）探头信号线与避雷线平行间距不得小于 3m，垂直交叉间距不得小于 1.5m。

2　探测报警器安装

入侵报警系统探测报警器包括微波、红外、开关式、超声波、声控、振动、双技术、玻璃破碎、其他周界防御报警器等。

（1）探测报警器安装场合及要求应符合合同和设计图纸要求：

1）对某些不设围墙的开放式建筑及没有金融营业场所、重要库房等建筑还应安装门磁开关、玻璃破碎报警器等，并考虑周界报警；

2）金融营业柜台（含商场收银台）、重要仓库、居室等应配有紧急报警按钮；

3）系统应能按时间、按区域（部位）任意编程、设防或撤防；

4）系统应能显示报警部位、时间，并能记录及提供联动电视监控、灯光等控制接口信号；

5）系统应能考虑与属地区域公共安全防范报警系统联网的需要和可能。

(2) 入侵探测器的安装应符合下列一般规定：

1）各类入侵探测器的安装，应根据可选用产品的特性及警戒范围要求进行安装；

2）周界入侵探测器的安装，位置要对准，防区要交叉，不留死区。室外入侵探测器的安装应符合产品使用要求和防护范围；

3）底座和支架应固定牢靠，其导线连接应采用可靠连接方式；

4）外接导线应留有适当的余量。

5）探头与报警设备两端均要接上滤波电容。

6）探头不得靠近和直接近距离朝向发热体、发光体、风口、气流通道、窗口和玻璃门窗。

7）探头入线口不能开得太大，否则会造成虫、蚁的侵入和风吹，以及灰尘的进入。

8）探头周围应无遮挡物和小动物搭脚的固定物。

9）探头的实际使用距离与产品标称距离应有20%～30%的余量。

10）报警器的供电尽可能不与大功率设备和易产生电磁辐射的电器共线。

11）当探头离报警控制器距离较远时，应注意工作电流与线路压降。在必须安装工作电流大的探测器且走线很长的场所，应采取就近供电的方法，在控制室采用遥控的方法控制电源的通断。

(3) 微波报警器

1）雷达式微波报警器

a 微波对非金属物质的穿透性可能造成误报警，因此微波探测器应严禁对着被保护房间的外墙、外窗安装。同时，在安装时应调整好微波报警传感器的控制范围和其指向性。应将报警传感器悬挂在距地面1.5m～2m左右高处，探头稍向下俯视，使其方向性指向地面，并把探测器的探测覆盖区限定在所要保护的区域之内，使因其穿透性能造成的不良影响减至最小。

b 探测器应尽可能地覆盖出入口，以获得高的探测率。

c 微波报警器探头不应对着大型金属物体或具有金属镀层的物体。

d 当在同一室内需要安装两台以上的微波报警器时，它们之间的微波发射频率应有所差异，一般相差25MHz以上，而且不宜相对放置，以防止交叉干扰，产生误报警。

e 微波报警器的探头不应对准可能会活动的物体，如门帘、窗帘、电风扇、排气扇或门、窗等可能会振动的部位。

f 微波报警器的探头不应对准日光灯、水银灯等气体放电灯光源，并应距离1m以上。

2）微波墙式报警器

a 采用L形托架将微波收、发机安装在墙上或桩柱上，收、发机之间要有清晰的视线。

b 应设置一个供微波墙占用的无任何障碍物和干扰源的带状区域，特别要避免中间有较大的金属物体。带状区域的宽度与微波射束的辐射角及监控周界的长度有关，一般宽度为 10～20m。

c 当防范区具有比较开阔、平坦和直线性较好的外周界线时，根据微波射束的直线性传播特性，适宜采用两个相对方向发射的微波射束组成一个警戒墙。

（4）红外报警器

1）主动式红外报警器

可根据防范要求，防范区的大小和形状的不同，分别构成警戒线、警戒网、多层警戒等不同的防范布局方式。在多组红外发射机与接收机一起使用时，应注意消除射束的交叉误射。

2）被动式红外报警器（PIR）

可根据现场探测模式，直接安装在墙上、天花板上或墙角，其布置和安装原则如下：

a 选择安装位置时，应尽可能使入侵者都能处于红外警戒的光束范围内；

b 应使入侵者的活动有利于横向穿越光束带区，以提高探测度；

c 为防止误报警，不应将 PIR 探头对准任何温度会快速改变的物体，诸如电加热器、火炉、暖气、空调器的出风口、白炽灯等强光源以及受到阳光直射的门窗等热源，以免由于热气流的流动而引起误报警；

d PIR 不能安装在某些热源（如暖气片、加热器、热管道等）的上方或其附近，且应与热源保持至少 1.5m 以上的间隔距离；

e PIR 不能安装在强电设备附近；

f 警戒区内不宜有高大的遮挡物遮挡和电风扇叶片的干扰。PIR 一般安装在墙角，安装高度为 2～4m，通常为 2～2.5m。

g 在做明线布设，以电钻钻出较大的入线口时，PIR 装设完成后须填补缝隙，以防风或虫蚁的入侵而引起误报警。

（5）开关式报警器

安装磁控开关时应注意以下几个问题：

1）干簧管与磁铁之间的距离应按选购产品的要求正确安装。

2）一般普通的磁控开关不宜在金属物体上直接安装，必须安装时，应采用钢门专用型磁控开关或改用微动开关及其他类型开关器件。

（6）超声波报警器

1）安装超声波报警器时，应使发射角对准入侵者最有可能进入的场所，以提高探测的灵敏度。

2）室内的密封性应较好，控制区内不应有大容量的空气流动，不能有过多的门和窗，且均需紧闭。收、发机不应靠近空调器、排风扇、暖气等，避开通风的设备及气体的流动。在门窗密封性不太好的场所，应采取必要的措施。

3）房间隔音性能要好，避免室外的超声波噪声所引起的误报警。

4）应避免室内的家具挡住超声波而形成探测盲区，同时，超声波收、发机也不应对着玻璃、软隔板墙、房门等放置。

5）空气的温度和相对湿度会影响超声波探测灵敏度。在不同的气候条件下安装时，应将灵敏度调整到一个合适的值，并留有余量，以防止气候变化后误报警。

(7) 声控报警器

1) 使用声控报警应配合其他种类的警戒措施。

2) 可采用滤波远频技术，以抑制室外的噪声可能引起的误报。

(8) 振动报警器

1) 振动式传感器安装在墙壁或天花板等处时，与这些物体必须固定牢固。用于探测地面振动时，应将传感器周围的泥土压实。

2) 振动传感器安装的位置应远离振动源（如旋转的电机）。在室外应用时，埋入地下的振动传感器应与其他埋入地中的一些物体（树木、电线杆、栏网桩柱等）保持适当的距离，一般应保持 1～3m 以上的距离。

(9) 双技术报警器（双鉴器）

1) 微波—被动红外双鉴器

a 安装时，使微波、红外两种探测器的灵敏度在防范区内尽量保持均衡。

b 对同时能引起的两种探测传感器误报警的环境因素应避开或将影响减至最小。

2) 超声波—被动红外双鉴器

a 安装时，应避开同时能引起超声波、红外两种探测器误报警的环境因素。

b 不适于安装在通风好、空气流动大的位置。

3) 分体式双鉴器

安装时，应将这两种探测器径向安排或置于相互垂直的状态。

(10) 玻璃破碎报警器

1) 安装时，应将声电传感器正对着警戒的主要方向，探测器对防护玻璃面必须有清晰的视线其正面不应有遮挡物。

2) 安装时应尽量靠近所要保护的玻璃，尽可能地远离噪声干扰源，以减少误报警；探测器的灵敏度应调整到一个合适的值，以能探测到距探测器最远的被保护玻璃即可。

3) 玻璃与墙壁或天花板之间的夹角不得大于 90°，以免降低其探测力。

4) 用一个玻璃破碎探测器来保护多面玻璃窗，可将玻璃破碎探测器安装在房间的天花板上，并应与几个被保护玻璃窗之间保持大致相同的探测距离，以使探测灵敏度均衡。

5) 有窗帘、百页窗或其他遮盖物，特别是有厚重的窗帘时，探测器应安装在窗帘背面的门窗框架上或门窗的上方。

6) 探测器不要装在通风口或换气扇的前面，也不要靠近门铃，以确保工作可靠性。

7) 声控型单技术玻璃破碎探测器仅适用于无人环境。声控-振动型双鉴玻璃破碎探测器应安装在和玻璃同面的墙上，亦可安装在邻近的墙上和天花板上，但装置只能与玻璃有 90°转角，不能安装在玻璃对面墙上；次声波-玻璃破碎高频声响双技术玻璃破碎器可以装在玻璃对面的墙上及任何地点，但需满足探测器的探测范围半径要求。

(11) 其他周界防御报警器

1) 泄露电缆传感器

a 泄露同轴电缆一般埋于周界的地下，常埋于周界的外侧，掩埋深度及两根电缆之间的距离视电缆结构、环境、介质情况及发射机的功率而定。

b 泄露同轴电缆也可安装入墙内。

c 泄露同轴电缆通过准确调节其灵敏度，以消除对鸟、猫等小动物或其他小物体通过所引起的误报警。

d　在掩埋泄露电缆的地表面上不能放置成堆的金属物体。

e　报警器主机应靠近泄露电缆的外侧安装，并通过高频电缆与泄露电缆连接；其交流电源及报警信号输出线则以导线连到置于控制中心的报警控制器上。

2）振动电缆传感器

a　应多划分几个探测区域，即尽量缩短每个区域所控制的探测电缆的长度。

b　电缆中的固定导体与可移动导线在电缆的终端应当短路相接。

c　振动电缆应固定在较牢固的栅、网上，并经常与其他的周界防御报警器配合使用。

3）电场感应式传感器

a　电场感应式传感器通常安装在原有的钢丝网的中间或顶部，或围墙的顶部及侧面，也可单独安装在一端埋入土中的桩柱上。

b　不管采用何种安装方式，场线与感应线之间必须尽量保持平行，线间距约为25～100cm。安装时要利用弹簧等物来将各条导线拉紧。

4）电容变化式传感器

a　安装在建筑物的房顶和天空的边缘、墙或栅网的顶部；室内使用时也可安装在门、窗附近及其他入侵者可能翻爬、靠近的场所。每隔5m安装一个支架，感应线应保持平直。与墙面距离50cm为宜。

b　应调整好报警的灵敏度，一般在室外调整的灵敏度距离要小些，而在室内调整的灵敏度距离要大些。

3　监控台安装

按本标准第8.4.1.2条第3款执行。

4　入侵报警系统调试

（1）调试前准备

1）设备平面布置图、接线图、安装图、系统图以及其他必要的技术文件齐全，确定调试步骤和方法，调试人员的资格应符合要求。

2）按设计要求，对照图纸检查设备、探测器等产品的规格、型号、数量、备品备件等。

3）检查线路，施工测试记录应符合要求。

（2）检查探测器的安装角度、探测范围，报警探测器形成的警戒范围应无盲区。

（3）检查探测器独立防拆保护功能。

（4）检查防盗报警控制器的自检功能、编程功能、布撤防及旁路功能以及报警发生时的声光显示与记录功能（按国家标准《入侵探测器》GB 10408.1～10408.9，《入侵报警系统技术要求》GA/A 368，《防盗报警控制器通用技术条件》GB/T 12663的有关要求对系统设备进行功能检查）。

（5）当有报警联动要求时，检查报警后对应的灯光、摄像机、录像机等相关设备的联动功能。

（6）对已建成区域性公共安全防范报警网络的地区，检查系统是否具备直接或间接联网的条件。

（7）检查系统与计算机集成系统的联网接口，以及该系统对防盗防入侵报警的集中管理和控制能力。

(8) 系统应能按时间，按区域（部位）任意编程，设防或撤防。

(9) 系统应能显示报警部位、时间，并能记录及提供联动电视监控、灯光等控制接口信号。

(10) 测试紧急按钮到控制器的直接响应时间一般≤1s，到系统微机处理器的响应时间一般为3s以内。

(11) 紧急按钮通过市话网至报警中心的响应时间≤20s（电话线路处于主叫状态）；检查报警信号应优先（即报警优先抢占话路），并有防破坏措施；检查当电话线破坏时系统应另有辅助办法与报警中心联系。

(12) 检查系统的主电源和备用电源，其容量应分别符合相关标准的要求。在备用电源连续充、放电3次后，主电源和备用电源能自动切换。

(13) 检查报警系统的可靠度应满足相关标准及设计技术要求。

8.4.4 出入口控制（门禁）系统

8.4.4.1 工艺流程

线缆敷设→读卡机（IC卡机、磁卡机、感应式读卡机等）安装→监控台安装→系统调试

8.4.4.2 施工要点

1 线缆敷设

(1) 出入口控制（门禁）系统的电缆桥架、电缆沟、电缆竖井、电线导管、线缆敷设的施工遵照《建筑电气工程施工技术标准》ZJQ08—SGJB303—2005第12章、第13章、第14章、第15章的内容执行，如有特殊要求应以设计施工图的要求为准。

(2) 地线、电源线应按规定连接，电源线与信号线分槽（或管）敷设，以防干扰。采用联合接地时，接地电阻应小于1Ω。

2 读卡机（IC卡机、磁卡机、感应式读卡机等）的安装

(1) 应安装在平整、坚固的地方，保持水平，不能倾斜。

(2) 一般安装在室内，安装在室外时，应考虑防水措施及防撞装置，并不应受到直射阳光的照射。

3 监控台安装

按本标准第8.4.1.2条第3款执行。

4 出入口控制（门禁）系统调试

(1) 读卡系统的调试一般用一组不同类型的卡（其中包括正常可用的卡、定时可用的卡、已超时不可用的卡、黑名单的卡、卡+密码、卡+防劫持码等）对每台读卡机（含非接触式读卡机）进行判别和处理，工作正常；系统的开门、关门、提示、记忆、统计和打印等处理功能应正常。

(2) 指纹、声纹、视网膜、掌纹和复合技术等识别系统按产品技术说明书和设计要求进行调试。

(3) 检查各种鉴别方式的出入口控制系统工作是否正常，并按有效设计方案达到相关功能要求。

(4) 对每一次有效的进入，检查主机应能储存进入人员的相关信息，对非有效进入或

被胁迫进入应有异地报警功能。

（5）检查微处理器或计算机控制系统，应具有时间、逻辑、区域、事件和级别分档等判别及处理功能。

（6）检查系统防劫、求助、紧急报警应正常工作，应具有异地声光报警与显示功能。

（7）检查系统与计算机集成系统的联网接口以及该系统对出入口（门禁）控制系统的集中管理和控制能力。

8.4.5 停车场（库）管理系统

8.4.5.1 工艺流程

线缆敷设→前端设备（读卡机、闸门机、车辆出入检测装置、信号指示器等）安装→监控室主机等设备安装→系统调试

8.4.5.2 施工要点

1 线缆敷设

（1）停车场（库）管理系统的电缆桥架、电缆沟、电缆竖井、电线导管、线缆敷设的施工遵照《建筑电气工程施工技术标准》ZJQ08—SGJB303—2005 第 12 章、第 13 章、第 14 章、第 15 章的内容执行，如有特殊要求应以设计施工图的要求为准。

（2）地线、电源线应按规定连接，电源线与信号线分槽（或管）敷设，以防干扰。采用联合接地时，接地电阻应小于 1Ω。

2 前端设备（读卡机、闸门机、车辆出入检测装置、信号指示器等）安装

（1）闸门机和读卡机（IC 卡机、磁卡机、发卡（票）机、验卡（票）机等）的安装规定：

1）应安装在平整、坚固的水泥基墩上，保持水平，不能倾斜。

2）一般安装在室内，安装在室外时，应考虑防水措施及防撞装置。

3）闸门机与读卡机安装的中心间距一般为 2.4～2.8m。

（2）车辆出入检测装置

1）车辆出入检测装置包括两种典型的检测方式：光电（红外线）检测方式和环形感应线圈方式。

2）光电（红外线）检测装置在安装时除收发装置应相互对准外，还应避免太阳光线直射接收装置（受光器）。

3）环形感应线圈检测装置的感应线圈埋设深度距地表面不小于 0.2m，长度不小于 1.6m，宽度不小于 0.9m，感应线圈至机箱处的线缆应采用金属管保护，并固定牢固。感应线圈应埋设在车道居中位置，并与读卡机、闸门机的中心间距保持在 0.9m 左右，且保证环形线圈 0.5m 平面范围内不可有其他金属物，严防碰触周围金属。

（3）信号指示器

1）车位状况信号指示器应安装在车道出入口的明显位置其底部离地面高度保持 2.0～2.4m左右。

2）车位状况信号指示器一般安装在室内，安装在室外时，应考虑防水措施；安装在停车位上高度应在 2.1m 以上。

3）车位引导显示器应安装在车道中央上方，便于识别引导信号；其离地面高度保持 2.0～2.4m 左右；显示器的规格一般不小于长 1.0m，宽 0.3m。

4）出入口信号灯与环形线圈或红外装置的距离至少应在 5m 以上，10~15m 为宜。

3　监控室主机等设备安装

按本标准第 8.4.1.2 款第 3 条执行。

4　停车场（库）管理系统调试

（1）检查感应线圈的位置和响应速度。

（2）车库管理系统的车辆进入、分类收费、收费指示牌应正确，导向指示正确。

（3）闸门机应工作正常，进/出口车牌号复核等功能应达到设计要求。

（4）读卡器正确刷卡后的响应速度达到设计或产品技术标准要求。

（5）闸门的开放和关闭的动作时间应符合设计和产品技术标准要求。

（6）按不同建筑物要求而设置的不同的管理方式的停车场（库）管理系统应正常工作，且应符合设计要求。通过计算机网络和视频监控及识别技术，应能实现对车辆的进出行车信号指示、计费、保安等方面的综合管理，且符合设计要求。

（7）检查入口车道上各设备（自动发票机、自动闸门机、车辆感应检测器、入口摄像机等）以及各自完成 IC 卡的读/写、显示、自动闸门机起落控制、入口图像信息采集以及收费主机的实时通信等功能均应符合设计和产品技术性能标准的要求。

（8）检查出口车道上各设备（读卡机、验卡机、自动闸门机、车辆感应检测器等）以及各自完成 IC 卡的读/写、显示、自动闸门机起落控制以及与收费主机的实时通信等功能应符合设计和产品技术标准。

（9）检查收费管理处的设备（收费管理主机、收费显示屏、打印机、发/读卡机、通信设备等）以及各自完成车道设备实时通信、车道设备的监视与控制、收费管理系统的参数设置、IC 卡发售/挂失处理及数据收集、统计汇总、报表打印等功能应符合设计与产品技术标准。

（10）检查系统与计算机集成系统的联网接口以及该系统对车库管理系统的集中管理和控制能力。

1）调试硬件与软件至正常状态，符合设计要求。

2）各子系统的输入/输出能在集成控制系统中实现输入/输出，其显示和记录能反映各子系统的相关关系。

3）对具有集成功能的公共安全防范系统，应按照批准的设计方案和有关标准进行检查。

8.5　成　品　保　护

1　监控机房应有专人值班，对安防控制主机等设备应设置密码，以免被外人进行操作，机房的门应加锁，未经许可非安装人员不准入内。

2　摄像机、探测器等安防设备应装保护外壳，防止人为破坏。

3　在机房内施工时，必须采取保护和防尘措施，以免碰撞损伤设备。

4　室内保持清洁干净、走道畅通、通风良好，室温保持在 18~28℃，相对湿度 30%~75%室内严禁烟火。

8.6 施工安全、环保措施

1 应当在施工现场采取维护安全、防范危险、预防火灾等措施。有条件的，应当对施工现场实行封闭管理。

2 施工现场对毗邻的建筑物、构筑物和特殊作业环境可能造成损害的，施工企业应当采取安全防护措施。

3 施工中应当遵守有关环境保护和安全生产的法律、法规的规定，采取控制和处理施工现场的各种粉尘、废气、废水、固体废物以及噪声、振动对环境的污染和危害。

8.7 系 统 检 测

8.7.1 安全防范系统的系统检测应由国家或行业授权的检测机构进行检测，并出具检测报告，检测内容、合格判据应执行国家公共安全行业的相关标准。

8.7.2 安全防范系统检测应依据工程合同技术文件、施工图设计文件、工程设计变更说明和洽商记录、产品的技术文件进行。

8.7.3 安全防范系统进行系统检测时应提供：

1 设备材料进场检验记录；

2 隐蔽工程和过程检查验收记录；

3 工程安装质量和观感质量验收记录；

4 设备及系统自检测记录；

5 系统试运行记录。

Ⅰ 主 控 项 目

8.7.4 安全防范系统综合防范功能检测应包括：

1 防范范围、重点防范部位和要害部门的设防情况、防范功能，以及安防设备的运行是否达到设计要求，有无防范盲区；

2 各种防范子系统之间的联动是否达到设计要求；

3 监控中心系统记录（包括监控的图像记录和报警记录）的质量和保存时间是否达到设计要求；

4 安全防范系统与其他系统进行系统集成时，应按本标准第 3.2.7 条的规定检查系统的接口、通信功能和传输的信息等是否达到设计要求。

8.7.5 视频安防监控系统的检测

1 检测内容：

(1) 系统功能检测：云台转动，镜头、光圈的调节，调焦、变倍，图像切换，防护罩功能的检测；

(2) 图像质量检测：在摄像机的标准照度下进行图像的清晰度及抗干扰能力的检测。检测方法：按本标准第 4.3.6 条的规定对图像质量进行主观评价，主观评价应不低于 4 级。抗干扰能力按《安防视频监控系统技术要求》GA/T 367 进行检测；

（3）系统整体功能检测：

1）功能检测应包括视频安防监控系统的监控范围、现场设备的接入率及完好率；矩阵监控主机的切换、控制、编程、巡检、记录等功能。

2）对数字视频录像式监控系统还应检查主机死机记录、图像显示和记录速度、图像质量、对前端设备的控制功能以及通信接口功能、远端联网功能等。

3）对数字硬盘录像监控系统除检测其记录速度外，还应检测记录的检索、回放等功能。

（4）系统联动功能检测。联动功能检测应包括与出入口管理系统、入侵报警系统、巡更管理系统、停车场（库）管理系统等的联动控制功能。

（5）视频安防监控系统的图像记录保存时间应满足管理要求。

2　摄像机抽检的数量应不低于20%且不少于3台，摄像机数量少于3台时应全部检测；被抽检设备的合格率100%时为合格；系统功能和联动功能全部检测，功能符合设计要求时为合格，合格率100%时为系统功能检测合格。

8.7.6　入侵报警系统（包括周界入侵报警系统）的检测

1　检测内容：

（1）探测器的盲区检测，防动物功能检测；

（2）探测器的防破坏功能检测应包括报警器的防拆报警功能，信号线开路、短路报警功能，电源线被剪的报警功能；

（3）探测器灵敏度检测；

（4）系统控制功能检测应包括系统的撤防、布防功能，关机报警功能，系统后备电源自动切换功能等；

（5）系统通信功能检测应包括报警信息传输、报警响应功能；

（6）现场设备的接入率及完好率测试；

（7）系统的联动功能检测应包括报警信号对相关报警现场照明系统的自动触发、对监控摄像机的自动启动、视频安防监视画面的自动调入，相关出入口的自动启闭，录像设备的自动启动等；

（8）报警系统管理软件（含电子地图）功能检测；

（9）报警信号联网上传功能的检测；

（10）报警系统报警事件存储记录的保存时间应满足管理要求。

2　探测器抽检的数量应不低于20%且不少于3台，探测器数量少于3台时应全部检测；被抽检设备的合格率100%时为合格；系统功能和联动功能全部检测，功能符合设计要求时为合格，合格率100%时为系统功能检测合格。

8.7.7　出入口控制（门禁）系统的检测

1　检测内容：

（1）出入口控制（门禁）系统的功能检测：

1）系统主机在离线的情况下，出入口（门禁）控制器独立工作的准确性、实时性和储存信息的功能；

2）系统主机对出入口（门禁）控制器在线控制时，出入口（门禁）控制器工作的准确性、实时性和储存信息的功能，以及出入口（门禁）控制器和系统主机之间的信息传输功能；

3）检测掉电后，系统启用备用电源应急工作的准确性、实时性和信息的存储和恢复能力；

4）通过系统主机、出入口（门禁）控制器及其他控制终端，实时监控出入控制点的人员状况；

5）系统对非法强行入侵及时报警的能力；

6）检测本系统与消防系统报警时的联动功能；

7）现场设备的接入率及完好率测试；

8）出入口管理系统的数据存储记录保存时间应满足管理要求。

（2）系统的软件检测：

1）演示软件的所有功能，以证明软件功能与任务书或合同书要求一致；

2）根据需求说明书中规定的性能要求，包括时间、适应性、稳定性等以及图形化界面友好程度，对软件逐项进行测试；对软件的检测按本标准第3.2.6条中的要求执行；

3）对软件系统操作的安全性进行测试，如系统操作人员的分级授权、系统操作人员操作信息的存储记录等；

4）在软件测试的基础上，对被验收的软件进行综合评审，给出综合评审结论，包括：软件设计与需求的一致性、程序与软件设计的一致性、文档（含软件培训、教材和说明书）描述与程序的一致性、完整性、准确性和标准化程度等。

2 出入口控制器抽检的数量应不低于20%且不少于3台，数量少于3台时应全部检测；被抽检设备的合格率100% 时为合格；系统功能和软件全部检测，功能符合设计要求为合格，合格率为100%时为系统功能检测合格。

8.7.8 巡更管理系统的检测

1 检测内容：

（1）按照巡更路线图检查系统的巡更终端、读卡机的响应功能；

（2）现场设备的接入率及完好率测试；

（3）检查巡更管理系统编程、修改功能以及撤防、布防功能；

（4）检查系统的运行状态、信息传输、故障报警和指示故障位置的功能；

（5）检查巡更管理系统对巡更人员的监督和记录情况、安全保障措施和对意外情况及时报警的处理手段；

（6）对在线联网式巡更管理系统还需要检查电子地图上的显示信息，遇有故障时的报警信号以及和视频安防监控系统等的联动功能；

（7）巡更系统的数据存储记录保存时间应满足管理要求。

2 巡更终端抽检的数量应不低于20%且不少于3台，探测器数量少于3台时应全部检测，被抽检设备的合格率为100 %时为合格；系统功能全部检测，功能符合设计要求为合格，合格率100%时为系统功能检测合格。

8.7.9 停车场（库）管理系统的检测

1 检测内容：

停车场（库）管理系统功能检测应分别对入口管理系统、出口管理系统和管理中心的功能进行检测。

（1）车辆探测器对出入车辆的探测灵敏度检测，抗干扰性能检测；

（2）自动栅栏升降功能检测，防砸车功能检测；

（3）读卡器功能检测，对无效卡的识别功能；对非接触IC卡读卡器还应检测读卡距离和灵敏度；

（4）发卡（票）器功能检测，吐卡功能是否正常，入场日期、时间等记录是否正确；

（5）满位显示器功能是否正常；

（6）管理中心的计费、显示、收费、统计、信息储存等功能的检测；

（7）出/入口管理监控站及与管理中心站的通信是否正常；

（8）管理系统的其他功能，如“防折返”功能检测；

（9）对具有图像对比功能的停车场（库）管理系统应分别检测出/入口车牌和车辆图像记录的清晰度、调用图像信息的符合情况；

（10）检测停车场（库）管理系统与消防系统报警时的联动功能，电视监控系统摄像机对进出车库车辆的监视等；

（11）空车位及收费显示；

（12）管理中心监控站的车辆出入数据记录保存时间应满足管理要求。

2　停车场（库）管理系统功能应全部检测，功能符合设计要求为合格，合格率100%时为系统功能检测合格。其中，车牌识别系统对车牌的识别率达98%时为合格。

8.7.10　安全防范综合管理系统的检测

综合管理系统完成安全防范系统中央监控室对各子系统的监控功能，具体内容按工程设计文件要求确定。

1　检测内容：

（1）各子系统的数据通信接口：各子系统与综合管理系统以数据通信方式连接时，应能在综合管理监控站上观测到子系统的工作状态和报警信息，并和实际状态核实，确保准确性和实时性，对具有控制功能的子系统，应检测从综合管理监控站发送命令时，子系统响应的情况；

（2）综合管理系统监控站：对综合管理系统监控站的软、硬件功能的检测，包括：

1）检测子系统监控站与综合管理系统监控站对系统状态和报警信息记录的一致性；

2）综合管理系统监控站对各类报警信息的显示、记录、统计等功能；

3）综合管理系统监控站的数据报表打印、报警打印功能；

4）综合管理系统监控站操作的方便性，人机界面应友好、汉化、图形化。

2　综合管理系统功能应全部检测，功能符合设计要求为合格，合格率为100%时为系统功能检测合格。

8.8　竣　工　验　收

8.8.1　智能建筑工程中的安全防范系统工程的验收应按照《安全防范系统验收规则》GA 308的规定执行。

注：《安全防范系统验收规则》GA 308部分内容摘录如下：

5.1　验收组织

系统验收由建设单位会同公安技防管理部门组织安排。

5.2 验收参加单位（人员）

出席验收会的单位（人员）有建设单位的上级业务主管部门、建设单位（含工程总包单位、使用单位、监理单位）、设计、施工单位、公安技防管理部门、公安业务主管部门和一定数量的技术专家，必要时还应有检测机构代表参加。

5.3 验收机构

5.3.1 系统验收时要协商组成验收小组，或验收委员会。

5.3.2 验收小组（验收委员会）由建设单位负责人、建设单位上级主管部门、公安技防管理部门、公安业务主管部门以及不低于验收机构人员总数40%的技术专家组成，并推选组长、副组长（主任、副主任）。

6 验收内容

6.1 施工验收

6.1.2 施工验收内容

施工验收主要验收工程施工质量，包括设备安装质量和管线敷设质量。

a）按规定的项目和要求，分别检查前端设备和终端的安装质量。

b）在进行施工验收时，复核随工验收单的检查结果（管线敷设时，工程建设单位或监理单位应会同设计、施工单位共同对管线敷设质量进行随工验收，并填写隐蔽工程随工验收单）；

c）复核土建施工单位提供的弱电系统接地电阻测试数据，应符合 GB 50198 标准要求；检查接地系统是否按等电位接地要求施工，并符合 GB 50057 标准要求；

d）抽查明敷管线及时装接线盒、桥架、管井中线缆接头施工工艺（视频线缆应一线到位，尽量避免接头），并应符合 JGJ/T 16 等相关标准的要求。

6.2 技术验收

6.2.1 基本要求

a）技术验收由验收小组（验收委员会）指定的技术验收组负责检查验收；

b）对照原初步设计论证意见与整改情况以及系统检测报告，检查系统的主要功能和主要技术指标，应符合国家或公共安全待业相关标准、规范的要求和设计任务书或合同提出的技术要求；

c）对照系统竣工报告，系统初验报告，检查系统设备的配置（数量、型号及安装部位）应符合正式设计方案要求；

d）检查系统选用的技防产品，应符合国家或公共安全待业有关标准和管理的规定；

e）检查系统中的备用电源。备用电源在主电源断电时，应能自动切换，保证系统在规定的时间内正常工作；

f）对具有集成功能的安全防范系统，应按照正式设计方案和相关标准进行检查；

g）按要求，对工程按各分系统项目进行现场功能抽查复查，并做好记录。

6.3 资料审查

6.3.1 基本要求

a）资料审查由工程验收小组（验收委员会）指定的资料审查组负责审查；

b）工程正式验收时，设计、施工单位应按规定的要求提供全套验收图纸资料；

c）图纸资料应保证质量，做到内容齐全、标记正确、文字清楚、数据准确、图文表一致；

d）图样的绘制应符合 GA/T 74 及国家标准的有关规定。

6.3.2 审查内容

a）按 6.3.1 中 c）、d）要求审查设计、施工单位提供的验收图纸资料的编制质量（准确性、规范性）和与工程实际的符合度，并填写记录。

b）根据工程规模，审查验收图纸资料的完整性，包括日常维修服务条款，并填写记录。

8.8.2 以管理为主的电视监控系统、出入口控制（门禁）系统、停车场（库）管理系统等系统的竣工验收按本标准第 14 章规定执行。

8.8.3 竣工验收应在系统正常连续投运时间 1 个月后进行。

8.8.4 系统验收的文件及记录应包括以下内容：

1 工程设计说明，包括系统选型论证，系统监控方案和规模容量说明，系统功能说明和性能指标等；

2 工程竣工图纸，包括系统结构图、各子系统原理图、施工平面图、设备电气端子接线图、中央控制室设备布置图、接线图、设备清单等；

3 系统的产品说明书、操作手册和维护手册；

4 工程实施及质量控制记录；

5 设备及系统测试记录；

6 相关工程质量事故报告、工程设计变更单等。

8.8.5 必要时各子系统可分别进行验收，验收时应作好验收记录，签署验收意见。

8.8.6 安全防范系统分项工程验收记录当地方主管部门无统一规定时，宜采用表8.8.6-1“综合防范功能分项工程质量验收记录表”、表8.8.6-2“视频安防监控系统分项工程质量验收记录表”、表8.8.6-3“入侵报警系统分项工程质量验收记录表”、表8.8.6-4“出入口控制（门禁）系统分项工程质量验收记录表”、表8.8.6-5“巡更管理系统分项工程质量验收记录表”、表8.8.6-6“停车场（库）管理系统分项工程质量验收记录表”、表8.8.6-7“安全防范综合管理系统分项工程质量验收记录表”。

表8.8.6-1 综合防范功能分项工程质量验收记录表

<table>
<tr><td colspan="3">单位（子单位）工程名称</td><td></td><td>子分部工程</td><td>安全防范系统</td></tr>
<tr><td colspan="3">检测内容</td><td>综合防范功能</td><td>验收部位</td><td></td></tr>
<tr><td>施工单位</td><td colspan="3"></td><td>项目经理</td><td></td></tr>
<tr><td colspan="3">施工执行标准名称及编号</td><td colspan="3"></td></tr>
<tr><td>分包单位</td><td colspan="3"></td><td>分包项目经理</td><td></td></tr>
<tr><td colspan="3">检测项目（主控项目）
（执行本标准第8.7.4条的规定）</td><td colspan="2">检查评定记录</td><td>备　注</td></tr>
<tr><td rowspan="2">1</td><td rowspan="2">防范范围</td><td>设防情况</td><td colspan="2"></td><td rowspan="15">综合防范功能符合设计要求时为检测合格</td></tr>
<tr><td>防范功能</td><td colspan="2"></td></tr>
<tr><td rowspan="2">2</td><td rowspan="2">重点防范部位</td><td>设防情况</td><td colspan="2"></td></tr>
<tr><td>防范功能</td><td colspan="2"></td></tr>
<tr><td rowspan="2">3</td><td rowspan="2">要害部门</td><td>设防情况</td><td colspan="2"></td></tr>
<tr><td>防范功能</td><td colspan="2"></td></tr>
<tr><td>4</td><td colspan="2">设备运行情况</td><td colspan="2"></td></tr>
<tr><td>5</td><td colspan="2">防范子系统之间的联动</td><td colspan="2"></td></tr>
<tr><td rowspan="2">6</td><td rowspan="2">监控中心图像记录</td><td>图像质量</td><td colspan="2"></td></tr>
<tr><td>保存时间</td><td colspan="2"></td></tr>
<tr><td rowspan="2">7</td><td rowspan="2">监控中心报警记录</td><td>完整性</td><td colspan="2"></td></tr>
<tr><td>保存时间</td><td colspan="2"></td></tr>
<tr><td rowspan="3">8</td><td rowspan="3">系统集成</td><td>系统接口</td><td colspan="2"></td></tr>
<tr><td>通信功能</td><td colspan="2"></td></tr>
<tr><td>信息传输</td><td colspan="2"></td></tr>
<tr><td>9</td><td colspan="2"></td><td colspan="2"></td><td></td></tr>
<tr><td colspan="6">检测意见：

监理工程师（建设单位项目专业技术负责人）：　　　　检测机构负责人：
日期：　　　　日期：</td></tr>
</table>

表 8.8.6-2 视频安防监控系统分项工程质量验收记录表

单位（子单位）工程名称		子分部工程	安全防范系统
分项工程名称	视频安防监控系统	验收部位	
施工单位		项目经理	
施工执行标准名称及编号			
分包单位		分包项目经理	

检测项目（主控项目） （执行本标准第 8.7.5 条的规定）				检查评定记录	备　注
1	设备功能	云台转动			
		镜头调节			
		图像切换			
		防护罩效果			
3	图像质量	图像清晰度			
		抗干扰能力			
4	系统功能	监控范围			设备抽检数量不低于20%且不少于 3 台。合格率为 100%时为合格；系统功能和联动功能全部检测，符合设计要求时为合格，合格率为100%系统检测合格
		设备接入率			
		完好率			
		矩阵主机	切换控制		
			编程		
			巡检		
			记录		
		数字视频	主机死机		
			显示速度		
			联网通信		
			存储速度		
			检索		
			回放		
5	联动功能				
6	图像记录保存时间				

检测意见：

检测机构负责人：

监理工程师（建设单位项目专业技术负责人）：

日期：　　　　　　　　　　　　　　　　　　　　日期：

表 8.8.6-3　入侵报警系统分项工程质量验收记录表

<table>
<tr><td colspan="3">单位（子单位）工程名称</td><td></td><td>子分部工程</td><td>安全防范系统</td></tr>
<tr><td colspan="3">分项工程名称</td><td>入侵报警系统</td><td>验收部位</td><td></td></tr>
<tr><td>施工单位</td><td colspan="3"></td><td>项目经理</td><td></td></tr>
<tr><td colspan="3">施工执行标准名称及编号</td><td colspan="3"></td></tr>
<tr><td>分包单位</td><td colspan="3"></td><td>分包项目经理</td><td></td></tr>
<tr><td colspan="3">检测项目（主控项目）
（执行本标准第 8.7.6 条的规定）</td><td>检查评定记录</td><td colspan="2">备　注</td></tr>
<tr><td rowspan="2">1</td><td rowspan="2">探测器设置</td><td>探测器盲区</td><td></td><td colspan="2" rowspan="17">探测器抽检数量不低于 20%，且不少于 3 台，抽检设备合格率 100%时为合格；各项系统功能和联动功能全部检测，符合设计要求为合格，合格率为 100%时系统检测合格</td></tr>
<tr><td>防动物功能</td><td></td></tr>
<tr><td rowspan="3">2</td><td rowspan="3">探测器防破坏功能</td><td>防拆报警</td><td></td></tr>
<tr><td>信号线开路、短路报警</td><td></td></tr>
<tr><td>电源线被剪报警</td><td></td></tr>
<tr><td>3</td><td>探测器灵敏度</td><td>是否符合设计要求</td><td></td></tr>
<tr><td rowspan="4">4</td><td rowspan="4">系统控制功能</td><td>系统撤防</td><td></td></tr>
<tr><td>系统布防</td><td></td></tr>
<tr><td>关机报警</td><td></td></tr>
<tr><td>后备电源自动切换</td><td></td></tr>
<tr><td rowspan="2">5</td><td rowspan="2">系统通信功能</td><td>报警信息传输</td><td></td></tr>
<tr><td>报警响应</td><td></td></tr>
<tr><td rowspan="2">6</td><td rowspan="2">现场设备</td><td>接入率</td><td></td></tr>
<tr><td>完好率</td><td></td></tr>
<tr><td>7</td><td>系统联动功能</td><td></td><td></td></tr>
<tr><td>8</td><td>报警系统管理软件</td><td></td><td></td></tr>
<tr><td>9</td><td>报警事件数据存储</td><td></td><td></td></tr>
<tr><td>10</td><td>报警信号联网</td><td></td><td></td><td colspan="2"></td></tr>
<tr><td colspan="6">检测意见：

检测机构负责人：
监理工程师（建设单位项目专业技术负责人）：
日期：　　　　　　　　　　　　　　　　　　日期：</td></tr>
</table>

表 8.8.6-4 出入口控制（门禁）系统分项工程质量验收记录表

<table>
<tr><td colspan="3">单位（子单位）工程名称</td><td></td><td>子分部工程</td><td>安全防范系统</td></tr>
<tr><td colspan="3">分项工程名称</td><td>出入口控制（门禁）系统</td><td>验收部位</td><td></td></tr>
<tr><td>施工单位</td><td colspan="3"></td><td>项目经理</td><td></td></tr>
<tr><td colspan="3">施工执行标准名称及编号</td><td colspan="3"></td></tr>
<tr><td>分包单位</td><td colspan="3"></td><td>分包项目经理</td><td></td></tr>
<tr><td colspan="3">检测项目（主控项目）
（执行本标准第 8.7.7 条的规定）</td><td colspan="2">检查评定记录</td><td>备　注</td></tr>
<tr><td rowspan="3">1</td><td rowspan="3">控制器独立工作时</td><td>准确性</td><td colspan="2"></td><td rowspan="24">/
控制器抽检数量不低于 20%且不少于 3 台，合格率 100%为合格；各项系统功能和软件功能全部检测，功能符合设计要求时为合格，合格率 100%时系统检测合格</td></tr>
<tr><td>实时性</td><td colspan="2"></td></tr>
<tr><td>信息存储</td><td colspan="2"></td></tr>
<tr><td rowspan="2">2</td><td rowspan="2">系统主机接入时</td><td>控制器工作情况</td><td colspan="2"></td></tr>
<tr><td>信息传输功能</td><td colspan="2"></td></tr>
<tr><td rowspan="3">3</td><td rowspan="3">备用电源启动</td><td>准确性</td><td colspan="2"></td></tr>
<tr><td>实时性</td><td colspan="2"></td></tr>
<tr><td>信息的存储和恢复</td><td colspan="2"></td></tr>
<tr><td>4</td><td>系统报警功能</td><td>非法强行入侵报警</td><td colspan="2"></td></tr>
<tr><td rowspan="2">5</td><td rowspan="2">现场设备状态</td><td>接入率</td><td colspan="2"></td></tr>
<tr><td>完好率</td><td colspan="2"></td></tr>
<tr><td rowspan="2">6</td><td rowspan="2">出入口管理系统</td><td>软件功能</td><td colspan="2"></td></tr>
<tr><td>数据存储记录</td><td colspan="2"></td></tr>
<tr><td rowspan="3">7</td><td rowspan="3">系统性能要求</td><td>实时性</td><td colspan="2"></td></tr>
<tr><td>稳定性</td><td colspan="2"></td></tr>
<tr><td>图形化界面</td><td colspan="2"></td></tr>
<tr><td rowspan="2">8</td><td rowspan="2">系统安全性</td><td>分级授权</td><td colspan="2"></td></tr>
<tr><td>操作信息记录</td><td colspan="2"></td></tr>
<tr><td rowspan="2">9</td><td rowspan="2">软件综合评审</td><td>需求一致性</td><td colspan="2"></td></tr>
<tr><td>文档资料标准化</td><td colspan="2"></td></tr>
<tr><td>10</td><td>联动功能</td><td>是否符合设计要求</td><td colspan="2"></td></tr>
<tr><td colspan="6">检测意见：

检测机构负责人：
监理工程师（建设单位项目专业技术负责人）：
日期：　　　　　　　　日期：</td></tr>
</table>

表 8.8.6-5 巡更管理系统分项工程质量验收记录表

<table>
<tr><td colspan="3">单位（子单位）工程名称</td><td></td><td>子分部工程</td><td>安全防范系统</td></tr>
<tr><td colspan="3">分项工程名称</td><td>巡更管理系统</td><td>验收部位</td><td></td></tr>
<tr><td>施工单位</td><td colspan="3"></td><td>项目经理</td><td></td></tr>
<tr><td colspan="3">施工执行标准名称及编号</td><td colspan="3"></td></tr>
<tr><td>分包单位</td><td colspan="3"></td><td>分包项目经理</td><td></td></tr>
<tr><td colspan="3">检测项目（主控项目）
（执行本标准第 8.7.8 条的规定）</td><td colspan="2">检查评定记录</td><td>备　注</td></tr>
<tr><td rowspan="2">1</td><td rowspan="2">系统设备功能</td><td>巡更终端</td><td colspan="2"></td><td rowspan="18">巡更终端、读卡器抽检数量不低于 20% 且不少于 3 台，抽检设备合格率 100% 时为合格；各项系统功能和软件功能全部检测，功能符合设计要求为合格，合格率为 100% 时系统检测合格</td></tr>
<tr><td>读卡器</td><td colspan="2"></td></tr>
<tr><td rowspan="2">2</td><td rowspan="2">现场设备</td><td>接入率</td><td colspan="2"></td></tr>
<tr><td>完好率</td><td colspan="2"></td></tr>
<tr><td rowspan="8">3</td><td rowspan="8">巡更管理系统</td><td>编程、修改功能</td><td colspan="2"></td></tr>
<tr><td>撤防、布防功能</td><td colspan="2"></td></tr>
<tr><td>系统运行状态</td><td colspan="2"></td></tr>
<tr><td>信息传输</td><td colspan="2"></td></tr>
<tr><td>故障报警及准确性</td><td colspan="2"></td></tr>
<tr><td>对巡更人员的监督和记录</td><td colspan="2"></td></tr>
<tr><td>安全保障措施</td><td colspan="2"></td></tr>
<tr><td>报警处理手段</td><td colspan="2"></td></tr>
<tr><td rowspan="2">4</td><td rowspan="2">联网巡更管理系统</td><td>电子地图显示</td><td colspan="2"></td></tr>
<tr><td>报警信号指示</td><td colspan="2"></td></tr>
<tr><td>5</td><td colspan="2">联动功能</td><td colspan="2"></td></tr>
<tr><td>6</td><td colspan="2"></td><td colspan="2"></td></tr>
<tr><td colspan="6">检测意见：

检测机构负责人：
监理工程师（建设单位项目专业技术负责人）：
日期：　　　　　　　　日期：</td></tr>
</table>

表 8.8.6-6　停车场（库）管理系统分项工程质量验收记录表

<table>
<tr><td colspan="3">单位（子单位）工程名称</td><td></td><td>子分部工程</td><td>安全防范系统</td></tr>
<tr><td colspan="3">分项工程名称</td><td>停车场（库）管理系统</td><td>验收部位</td><td></td></tr>
<tr><td>施工单位</td><td colspan="3"></td><td>项目经理</td><td></td></tr>
<tr><td colspan="3">施工执行标准名称及编号</td><td colspan="3"></td></tr>
<tr><td>分包单位</td><td colspan="3"></td><td>分包项目经理</td><td></td></tr>
<tr><td colspan="3">检测项目（主控项目）
（执行本标准第 8.7.9 条的规定）</td><td colspan="2">检查评定记录</td><td>备　注</td></tr>
<tr><td rowspan="2">1</td><td rowspan="2">车辆探测器</td><td>出入车辆灵敏度</td><td colspan="2"></td><td rowspan="24">各项系统功能和软件功能全部检测，功能符合设计要求为合格，合格率为 100% 为系统检测合格。其中车辆识别系统对车辆识别率达 98%时为合格</td></tr>
<tr><td>抗干扰性能</td><td colspan="2"></td></tr>
<tr><td rowspan="2">2</td><td rowspan="2">自动栅栏</td><td>升降功能</td><td colspan="2"></td></tr>
<tr><td>防砸车功能</td><td colspan="2"></td></tr>
<tr><td rowspan="2">3</td><td rowspan="2">读卡器</td><td>无效卡识别</td><td colspan="2"></td></tr>
<tr><td>非接触卡读卡距离和灵敏度</td><td colspan="2"></td></tr>
<tr><td rowspan="2">4</td><td rowspan="2">发卡（票）器</td><td>吐卡功能</td><td colspan="2"></td></tr>
<tr><td>入场日期及时间记录</td><td colspan="2"></td></tr>
<tr><td>5</td><td>满位显示器</td><td>功能是否正常</td><td colspan="2"></td></tr>
<tr><td rowspan="10">6</td><td rowspan="10">管理中心</td><td>计费</td><td colspan="2"></td></tr>
<tr><td>显示</td><td colspan="2"></td></tr>
<tr><td>收费</td><td colspan="2"></td></tr>
<tr><td>统计</td><td colspan="2"></td></tr>
<tr><td>信息存储记录</td><td colspan="2"></td></tr>
<tr><td>与监控站通信</td><td colspan="2"></td></tr>
<tr><td>防折返</td><td colspan="2"></td></tr>
<tr><td>空车位显示</td><td colspan="2"></td></tr>
<tr><td>数据记录</td><td colspan="2"></td></tr>
<tr><td rowspan="2">7</td><td rowspan="2">有图像功能的管理系统</td><td>图像记录清晰度</td><td colspan="2"></td></tr>
<tr><td>调用图像情况</td><td colspan="2"></td></tr>
<tr><td>8</td><td>联动功能</td><td></td><td colspan="2"></td></tr>
<tr><td colspan="6">检测意见：

检测机构负责人：
监理工程师（建设单位项目专业技术负责人）：
日期：　　　　　　　　　　　　　日期：</td></tr>
</table>

表 8.8.6-7　安全防范综合管理系统分项工程质量验收记录表

<table>
<tr><td colspan="3">单位（子单位）工程名称</td><td colspan="2"></td><td>子分部工程</td><td>安全防范系统</td></tr>
<tr><td colspan="3">检测内容</td><td colspan="2">安全防范综合管理系统</td><td>验收部位</td><td></td></tr>
<tr><td>施工单位</td><td colspan="4"></td><td>项目经理</td><td></td></tr>
<tr><td colspan="3">施工执行标准名称及编号</td><td colspan="4"></td></tr>
<tr><td>分包单位</td><td colspan="4"></td><td>分包项目经理</td><td></td></tr>
<tr><td colspan="3">检测项目（主控项目）
（执行本标准第 8.7.10 条的规定）</td><td colspan="3">检查评定记录</td><td>备　　注</td></tr>
<tr><td rowspan="3">1</td><td rowspan="3">数据通信接口</td><td>对子系统工作状态观测并核实</td><td colspan="3"></td><td rowspan="11">各项系统功能和软件功能全部检测，符合设计要求为合格，合格率100%时系统检测合格</td></tr>
<tr><td>对各子系统报警信息观测并核实</td><td colspan="3"></td></tr>
<tr><td>发送命令时子系统响应情况</td><td colspan="3"></td></tr>
<tr><td rowspan="7">2</td><td rowspan="7">综合管理系统</td><td>正确显示子系统工作状态</td><td colspan="3"></td></tr>
<tr><td>对各类报警信息显示、记录、统计情况</td><td colspan="3"></td></tr>
<tr><td>数据报表打印</td><td colspan="3"></td></tr>
<tr><td>报警打印</td><td colspan="3"></td></tr>
<tr><td>操作方便性</td><td colspan="3"></td></tr>
<tr><td>人机界面友好、汉化、图形化</td><td colspan="3"></td></tr>
<tr><td>对子系统的控制功能</td><td colspan="3"></td></tr>
<tr><td>3</td><td colspan="2"></td><td colspan="3"></td></tr>
</table>

检测意见：

检测机构负责人：

监理工程师（建设单位项目专业技术负责人）：

日期：　　　　　　　　　　　　　　　　　　日期：

9 综合布线系统

9.1 一般规定

9.1.1 本章适用于智能建筑工程中的综合布线系统的工程实施及质量控制、系统检测和竣工验收。

9.1.2 综合布线系统施工前应对交接间、设备间、工作区的建筑和环境条件进行检查，检查内容和要求如下：

1 交接间、设备间、工作区土建工程已全部竣工。房屋地面平整、光洁，门的高度和宽度应不妨碍设备和器材的搬运，门锁和钥匙齐全。

2 房屋预埋地槽、暗管及孔洞和竖井的位置、数量、尺寸均应符合设计要求。

3 铺设活动地板的场所，活动地板防静电措施应符合设计要求。

4 交接间、设备间应提供220V单相带地电源插座。

5 交接间、设备间应提供可靠的接地装置，设置接地体时，检查接地电阻值及接地装置应符合设计要求。

6 交接间、设备间的面积、通风及环境温、湿度应符合设计要求。

9.1.3 设备材料的进场验收应执行本标准9.3节及本标准第3.3.4条和第3.3.5条的规定。

9.1.4 施工完成后，应对系统进行自检，自检时要求对工程安装质量、观感质量和系统性能检测项目全部进行检查，并填写系统自检表。

9.2 施工准备

9.2.1 技术准备

1 施工前进行图纸会审；

2 施工前应编制施工组织设计（施工方案），并报上一级技术负责人审核批准；

3 施工前应进行技术交底，明确施工方法及质量标准。

9.2.2 主要材料

信息插座、光缆、铜缆、机柜、配线部件、桥架、管材型材等。

9.2.3 主要机具

1 施工机具

电焊机、切割机、砂轮机、剥线钳、弥勒钳、打线钳、光纤熔接机、对讲机、专用工具等。

2 测试机具

网络测试仪、网络线缆测试仪、数字万用表、示波器、低频信号发生器、光时域反射计、光波网络分析仪等。

9.2.4 作业条件

1 在建筑工程和室内装修施工的同时或稍后的适当时间安排施工，应避免彼此脱节，必要时可随时修改计划，以求密切配合，协作施工，有利保证工程质量。

2 调查现场，复核设计的缆线敷设路由和设备安装位置应正确。事先预留的暗管、地槽、洞孔的数量、位置、规格尺寸应符合设计中的规定要求。有漏缺、不妥之处应形成书面记录交有关方面确认，施工整改后再进行。

3 设备间和干线交接间等专用房间，必须具备如下条件：

(1) 土建工程必须全部完工，墙壁和地面均平整，室内通风、干燥、整洁，门窗齐全，门锁性能良好，钥匙齐全，以保证房间安全可靠。

(2) 房间内按设计要求预先设置的地槽、暗敷管路和洞孔位置、数量和尺寸均正确无误，满足安装施工需要。

(3) 对设备间内铺设的活动地板应认真检查其施工质量。活动地板应有防静电措施，并符合有关标准，接地装置均应符合设计规定和相关标准要求。

(4) 设备间和交接间内均应设置可靠的220V、50Hz的施工电源，并有良好的接地装置，以便施工和维修使用。房间的面积大小、环境温湿度条件、防尘和防火措施等都符合工艺设计提出的要求和标准的有关规定。

9.3 材料质量控制

9.3.1 设备及材料的进场验收除按本标准第3.3.4条和第3.3.5条的规定执行外，还应符合下列要求：

1 选用的国内外产品均应以我国发布的标准为准则，进行检测和鉴定，未经国家或有关部门的产品质量监督检验机构鉴定合格的设备和器材，不得在工程中使用。

2 清点、检验和抽样测试的主要器材应做好记录，对不符合标准要求的缆线和器材，应单独存放，不应混淆，以备核查与处理，并不允许在工程中使用。

3 缆线的检验要求：

(1) 工程中使用的对绞电缆和光缆的型号、规格及数量应符合设计中的规定和合同要求。

(2) 根据材料运单对照检查对绞电缆和光缆的包装标志或标签，要求内容应齐全，字迹应清晰。外包装应注明电缆或光缆的型号、规格、线径或芯数、端别、盘号和盘长等情况，并要与出厂产品质量合格证一致。

(3) 电缆和光缆的外包装应无外部破损，对缆身应检查外护套是否完整无损，有无压扁或裂纹等现象，如发现有上述现象，应做记录，以便抽样测试。电缆和光缆均应附有出厂质量检验合格证，还应附有本批量电缆电气性能检验报告和测试记录，供查阅检查。

(4) 对于电缆的电气性能测试，应从本批量电缆的任意3盘中（目前电缆一般以305m，500m，1000m配盘）截出100m的长度进行抽样测试，测试结果应符合工程验收基本连接要求。一般使用五类以上电缆测试仪，对电缆的衰减和近端串扰的技术性能进行测试。其各电气性能指标应符合设计要求的有关标准，其中，超五类、六类对绞电缆应符合国家推荐标准《数字通信用实芯聚烯烃绝缘水平对绞电缆》YD/T 1019—2001，五类、超五类、六类对绞电缆性能指标见附录H，五类、六类布线系统性能参数见附录I；可提供600MHz带宽的七类/F级布线系统及其部件国际标准 ISO/IEC 11801、IEC 61076-3-104 和 IEC 60603-7-7 第二版于2004年刚获批准，国内尚未确立国家标准，其应用尚处于初步阶段。

(5) 对于电缆或光缆有端别要求时，应剥开缆头，分清A，B端别，并在电缆或光缆的两端外部标记出端别和序号，以便敷设时予以识别。

(6) 根据光缆出厂产品质量检验合格证和测试记录，审核光纤的几何、光学和传输特性及机械物理性能是否符合设计要求。光缆开盘后，同时检查光缆外表有无损伤，光缆端头封装是否良好。

(7) 检测光纤衰减和光纤长度。具体测试要求如下。

1) 衰减测试。一般采用光时域反射仪（OTDR）进行测试。如测试结果超出标准，出现异常或与出厂测试数值相差很大时，应查找分析原因，可用光功率计测试，并加以比较，以便断定是测试误差还是光纤本身衰减过大。光纤测试时，应两个方向分别测试，性能参数较差方向的数据为准。

2) 长度测试。要求对每根光纤进行测试对比，测试结果应一致。如在同一盘光缆中，发现光纤的长度差异较大等现象，应从另一端进行复测或作通光检查，以判定是否有断纤现象。如有断纤，应进行处理，待检查合格后，才允许使用。光缆检查测试完毕后，光缆端头应密封固定，恢复外包装以便保护。

3) 光纤跳线检验应符合如下要求：

a 光纤跳线外面应有经过防火处理的光纤保护外皮，以增强其保护性能，跳线的两端的活动连接器（活接头用）的端面应装配有合适的保护盖帽。

b 每根光纤跳线应标有该光纤的类型等明显标记，以便选用。

4) 保留线缆有光纤测试仪打印数据，作为检测文件的重要资料。

4 型材、管材和铁件的检验要求：

(1) 各种型材的材质、规格、型号均应符合设计文件的规定，要求表面应光滑、平整，不得变形（如显着扭曲）、无断裂、破损现象。

(2) 钢管和硬聚氯乙烯塑料管要检验其管身是否光滑、均匀、无伤痕和变形，管内壁光滑、孔径和壁厚均应符合设计要求。

(3) 各种铁件的材质和规格均应符合邮电部发布的通信行业标准 YD/T 206.1～29《架空通信线路铁件》等标准中规定的质量要求，满足安装施工要求，不得有歪斜、扭曲、断裂、毛刺和破损等缺陷。

(4) 铁件的表面处理和镀锌层应均匀完整、光洁，牢固地附着在铁件表面，不应有气泡、脱落、砂眼、裂纹、针孔和锈蚀斑痕，其安装部位与其他接合处也不应有锌渣或锌瘤残存，以免影响安装施工质量。

5 接插件的检验要求：

(1) 配线模块和信息插座及其他接插件的部件应完整，检查塑料材质是否满足设计要求。

(2) 保安单元过压、过流保护各项指标应符合有关规定。

(3) 光纤插座的连接器使用型式和数量、位置应与设计相符。

(4) 电缆插座面板和光纤插座面板应有明显标志（如颜色、图形和文字符号）。光纤表明发射（Tx）和接收（Rx），以示区别而便于安装使用。

(5) 连接件的性能参数应与布线系统相匹配。其中，七类线缆系统的参数要求连接件在600MHz时所有的线对提供至少60dB的综合近端串音，RJ连接器已无法满足其性能要求，目前，西蒙公司生产的TERA连接器（非RJ连接器）已被国际标准IEC 61076-3-104推荐采用，并对TERA连接器中使用的接口在标准中作出了说明。

6 机柜、机架、配线架检验要求：

(1) 光、电缆交接设备的编排及标志名称应与设计相符，标志名称应统一，其位置应正确、清晰。发现有缺省、数量不符者，应作好记录。

(2) 箱体（柜架）外壳表面应平整，不变形，无裂损、发翘、发潮、锈蚀现象。箱体（柜架）表面涂层应完整无损，无挂流、裂纹、起泡、脱落和划伤等缺陷，箱门开启、关闭或外罩装卸灵活。整体应密封防尘和防潮。

(3) 箱内的接续模块或接线端子及零部件（配件）应装配齐全（或符合设计、合同要求）。

(4) 配线接续设备的各项电气性能指标，包括机架外壳接地装置等，均应符合国家标准

7 仪表和工具的检验要求：

(1) 综合布线系统的测试仪表应能测试三、四、五类（含超五类）对绞电缆的各种电气性能，其精度要求按表9.3.1要求考虑。有条件时，应采用能测试六类和超六类，直至七类对绞电缆的测试仪表。测试六类和超六类的测试仪表其最大测试带宽应在200～550MHz以上，七类对绞电缆的测试仪表其最大测试带宽则应在600MHz以上，除带宽外，精度等级也应满足现行标准。

表9.3.1 测试仪表精度最低性能要求

序号	性能参数	1～100MHz	备注
1	随机噪声最低值	最大值不超过75db时，同时满足65～15×log（f/100）db	注①
2	剩余近端串音衰减	55～15×log（f/100）db	注①
3	平衡输出信号	37～15×log（f/100）db	注①
4	共模抑制	37～15×log（f/100）db	注①
5	动态精确度	±0.75db 注②	
6	长度精确度	±1m±4%（被测长度）	
7	回波损耗	15db	

注：①表中f为频率，单位为MHz。对于表中计算值低于75db时，第1、2项可以不测量；在低于60db时，第3、4、5项可以不测量。

②表中第五项内容是从0～10db的近端串音衰减极限值优于至60db时的值。

(2) 施工工具如电缆或光缆的接续工具：剥线器、电缆芯线接线机、光缆切断器、光纤磨光机、光纤熔接机、各种手动剪等必须检验合格，切实有效，方能在工程中使用。

9.4 施 工 工 艺

9.4.1 工艺流程

线槽、桥架敷设→水平布线子系统电缆敷设→主干布线子系统电缆敷设→信息插座模块安装→配线架安装→接地→线缆端接→信息插座端接→系统测试

9.4.2 施工要点

1 线槽、桥架敷设（包括暗敷管路系统）

(1) 与土建等其他专业进行图纸会审，确认它们的走向、路由、位置、管径和线槽规格。从整体和系统来统盘考虑，做到互相衔接，配合协调，不应产生脱节和矛盾等现象。

(2) 暗敷管路系统的管材应根据其所在场合的具体条件和要求来考虑，在易受电磁干扰影响的场所，必须采用钢管，并应设置良好的接地装置。

(3) 暗敷管路遇下列情况之一时，中间应增设接线盒或拉线盒。

1) 管长度每超过 30m（无弯曲）；

2) 管长度每超过 20m（有 1 个弯曲）；

3) 管长度每超过 15m（有 2 个弯曲）；

4) 管长度每超过 8m（有 3 个弯曲）。

(4) 管弯曲时弯成角度不应小于 90°，其弯曲半径不应小于保护管外径的 10 倍。

(5) 暗敷管路管径大小除考虑管路长度，弯曲角度，弯曲次数外，还需考虑穿放电缆的管径利用率。

(6) 引入管路的施工要求。

1) 引入管路的位置应邻近综合布线系统的设备间，其距离一般不宜超过 15m。但不应与其他地下管线（如给排水管、煤气管、热力管和电力电缆等）过于接近，并应满足有关规定要求。

2) 引入管路与建筑内管路的连接方式：

a 引入管路与地槽连接。管口的下边缘与地槽的底面一致或略高出 1～2cm，以利于电缆（或光缆）平直安放。

b 引入管路与走线架连接：管口可伸出墙壁 2～3cm，其位置应与走线架邻近衔接，以便电缆或光缆布置。

c 引入管路为多孔管群时，管群口边缘应做成喇叭口形状，以利于电缆光缆敷设。

d 引入管路的管孔内径一般不应大于 90mm，但不得小于 50mm。

e 引入管路的室内外部分应尽量取成直线，不采用弯曲管道，以利于穿放电缆或光缆。

3) 引入管路埋设要求。

a 在靠近建筑处应在地下 0.8m，不得小于 0.5m。如穿越绿地，要注意覆土层的厚度，适当加大埋设深度。或采取保护措施，如管道外加做 8cm 厚度的混凝土包封或在管道上覆盖钢筋混凝土板等。

b 引入管路向室外人孔或手孔方向作倾斜的坡度，一般为 0.3%～0.4%，最小不宜小于 0.25%，以防引入管路中有渗水流入室内。

(7) 主干管路施工要求：

1）上升管路安装：

a 上升管路不得在办公室或客房等房间内设置，更不宜过于靠近垃圾道、煤气管、电力管、热力管和排水管以及易爆易燃的场所，以免对信息网络造成危害和干扰等后患。

b 上升管路的连接方式应根据建筑的结构体系和综合布线系统的总体网络系统等情况来选取。

c 检查所选用的管种（如钢管或硬聚氯乙烯管）、管径和长度（即起讫段落）应符合设计图纸要求。在混凝土浇筑时，上升管路应与附近的钢筋焊接（管材为钢管）或绑扎牢固（管材为硬聚氯乙烯管）。在砖砌墙体中，上升管路的管子应不受力压损，并牢固可靠。

2）电缆竖井安装：

a 专用电缆竖井的位置不应过于靠近热力管、排烟道或厕所、浴室和水房等过于潮湿的场所；宜避免与电梯井和楼梯间相邻近，以免影响缆线的绝缘程度，降低使用年限，并应不受外界干扰以及符合防尘、防震等要求。

b 专用电缆竖井其宽度不宜小于1.5m。电缆竖井在每个楼层的外壁都应装设外开的操作门，并用具有阻燃防火性能的材料制成，门的高度不得低于1.9m，门的宽度不得小于0.7m。

c 合用竖井时与电力线缆间距不宜小于1.5m，或采取切实有效的隔离措施，以保证综合布线系统的缆线的安全运行，减少电磁干扰影响。不得和电梯井或管道井（包括排烟道、排气道和垃圾道等）使用同一竖井。

d 电缆竖井中采用穿钢管敷设时，应预留1~2根备用。

(8) 水平管路施工要求：

1）配线管路的安装：

a 浇筑在楼层地坪及在抹灰层或垫层中，应尽量避免与其它管线的交叉，管径不宜超过32mm。

b 将管材浇筑或砌埋在墙壁内，应与建筑的墙壁同步施工，不得先后脱节；在墙壁内必须可靠固定，相隔一定距离（小于1m）用木塞和木螺钉等把管路固定在墙上；在管路的外面应采用水泥砂浆或灰浆抹面层保护。

c 暗敷管路在设备或技术夹层中应注意尽量远离对信息网络不利的环境。

2）水平配管常采用放射式（星状）分布方式、格子形分布方式（包括大厅立柱式分布方式）、分支式分布方式和混合式分布方式等几种形式。放射式分布方式（星状分布方式）适用场合：各种公共建筑，高层办公楼或租赁大楼，技术业务楼，楼层面积较小的建筑和住宅楼等。

(9) 线槽施工要求：

1）在综合布线系统主干路由上缆线较多且较集中的场合（如上升房或电缆竖井中以及设备间内），宜设置信息缆线专用线槽，其装设的路由和位置应以设计文件要求为依据，尽量做到隐蔽、安全和便于缆线敷设和连接。一般宜选用带盖的全封闭无孔槽式桥架，如有防火要求，应选用阻燃材料制成的耐火型全封闭无孔槽式桥架。

2）合用线槽（通信电缆、监视控制电缆、计算机用电缆、有线电视电缆和火灾报警电缆等合用）宜分层安排。如必须同层布置，它们之间应设置金属隔板，并有一定间距，以免互相干扰。同槽内采取分层安排时应遵守如下次序：通信电缆应在最上层，其次是计算机用电缆，再次是有屏蔽性能的控制电缆，然后其他控制电缆依次往下排列安放，毫伏级信号线应布放在最下层。且采取措施使层间距离达到 20 ~ 30mm，必要时可增大间距。这样有利于屏蔽电磁干扰。强电电缆线路和弱电电缆线路不应在同一线槽内，除非采取特殊措施，以保证信息网络的安全可靠。

3）线槽的路由和位置宜设在公用部位（如走廊等），不宜设在房间内。在吊顶内敷设要有规则地整齐布置，线槽顶部距顶棚或其他障碍物之间的距离不应小于 0.3m，如为封闭型线槽，其槽盖开启的净空应有 80mm 以上，以便槽盖开启和盖合。吊架、支承等安装件牢固可靠，吊顶应有检修孔，以利于维修管理。如线槽明敷时，安装高度不宜低于 2.2 ~ 2.5m。线槽在屋内垂直敷设时，其垂直度的偏差不应超过 3mm。距离 1.8m 以下应加装金属盖板，以保护缆线。为了防尘、防潮和防火，线槽均应采取密闭措施加以保护。

4）线槽水平支撑跨距一般为 1.0 ~ 2.0m，垂直固定点间距一般为 1.0m，不宜大于 1.5m；

a　直线段线槽在下列部位应设置支承或吊挂固定：线槽本身相互接续的连接处，且水平度偏差不应超过 2mm；距离接续设备的 0.2m 处；线槽的走向改变或转弯处。

b　非直线段线槽的支承点或吊挂点的设置应按以下要求：当曲率半径不大于 300mm 时，应在距非直线段与直线段接合处 300 ~ 600mm 的直线段侧设置一个支承点或吊挂点；当曲率半径大于 300mm 时，除按上述设置支承点或吊挂点外，还应在非直线段的中部增设一个支承点或吊挂点。

c　吊挂线槽的吊杆直径不应小于 6mm，吊装件与线槽（桥架）保持 90°垂直，安装间隔均匀整齐，牢固可靠，无歪斜和晃动现象，并保持同一直线上安装；靠墙壁安装方式也应符合上述要求；在吊顶内敷设的线槽，宜采用单独的支撑件和吊挂件固定，不应与吊顶或其他设施的支撑件或吊挂件共享。

5）室内的普通型、湿热型和中腐蚀型等环境可采用镀锌冷轧钢板线槽。强腐蚀型环境可采用镀镍合金钝化处理线槽。室外的轻腐蚀型和中腐蚀型可采用镀锌冷轧钢板或镀镍合金钝化处理线槽，强腐蚀型可采用不锈钢线槽。

6）在线槽内的电缆总截面积不应超过 50%，且宜预留 10% ~ 25% 的裕量。钢制槽式桥架、梯架的直线段每隔 30m，铝合金、玻璃钢槽式桥架、梯架的直线段每隔 15m 时，应预留伸缩缝，连接采用伸缩板。

7）电缆线槽与室内各种管道平行或交叉时，其最小净距应符合表 9.4.2-1 的要求。

表 9.4.2-1　电、光缆暗管敷设与其他管线最小净距

管线种类	平行净距（mm）	垂直交叉净距（mm）
避雷引下线	1000	300
保护地线	50	20
热力管（不包封）	500	500
热力管（包封）	300	300
给水管	150	20
煤气管	300	20
压缩空气管	150	50

8）在线槽表面涂刷过氯乙烯涂料，并应符合《钢结构防火涂料应用技术规范》CECS24:90，其整体耐火性能应符合国家有关标准的要求。

9）同一高度平行敷设的相邻的电线线槽之间应留有维修空间距离，不宜小于600mm。

10）线槽系统应有可靠的电气连接，并有良好的接地装置，应符合有关接地标准。节与节之间接触良好，必要时应增设电气连接线（编织铜线）。当允许利用金属线槽构成接地干线回路时，应注意以下几点要求：

a　接地处应清除绝缘涂层，以保证接地装置的性能良好。

b　在伸缩缝或软连接处需采用16mm^{2}编织软铜线连接焊牢。

c　另外敷设接地干线时，每段（包括：非直线段和直线段）槽式桥架、梯架应与接地干线至少有一点可靠地连接，长距离的电缆线槽按设计要求接地，设计无要求时接地间隔不大于50m。

11）明敷线槽应注意以下几点：

a　线槽的路由和位置应尽量选在公用部位隐蔽处，最好利用楼内垂直辅助信道（如楼梯间或技术夹层），既保证线槽和缆线安全，又便于维护检修。

b　要充分利用空间进行安装（如线槽紧贴墙面安装），以便选用规格尺寸经济合理的线槽，有利于降低工程造价。

c　特殊建筑物根据实际安装线槽的规格要求，生产线槽和有关附件及连接件。安装施工时，需按安装图纸顺序进行安装，对号入座，这样既保证达到美观要求，又保证安装质量。

2　建筑群主干布线子系统电缆敷设

(1) 建筑群主干布线子系统一般设在智能居住小区、校园式的大院内或街坊中，其电缆敷设方式通常有架空悬挂（包括墙壁挂设）和地下敷设两种类型。宜采用地下敷设，只有在旧区改建或建筑布置分散时才采用架空杆路悬挂电缆，在街坊内如建筑物排列整齐、外墙面比较平直，电缆不会遭受外力损伤时，可以采用墙壁挂设敷设方式。

(2) 地下通信电缆管道工程应注意复测定线、管道铺设、建筑人孔或手孔及工程检验等各个阶段的质量控制，做好随工检验、隐蔽工程签证、竣工验收，按照有关标准和设计要求严格把关。

(3) 地下电缆敷设要求：

1）电缆敷设前检查：

a　对所有电缆规格数量进行核对，外观、长度和电气性能均应符合设计要求。对非填充型全塑电缆，在敷设前应再进行一次保气试验，经确认电缆密封性能完全合格后，才能在管道中穿放敷设。

b　核对电缆端别，按规定的端别敷设。电缆芯线色标应对应。

2）管道内电缆敷设：

a　牵引电缆的拉力应均匀，不应猛拉紧拽，最大牵引力不应超过电缆本身允许的牵引标准，牵引力不大于80%的允许拉力。

b　严禁将已划伤的电缆拉进管孔。应派专人随工随时检查电缆外表，要求无划痕和无损伤，电缆弯曲处不应出现凹凸折痕。弯曲的最小曲率半径须大于电缆外径的15倍。

c　电缆在管孔内的位置应平直，不得扭绞。如需截断，应使用专用剪刀等工具，不得使用钢锯等利器，以防拉伤电缆芯线和损坏缆芯结构，影响线路传输质量。

3）电缆接续的封合：

a 电缆芯线接续前，应根据设计中规定的要求，复核两端电缆的规格、端别是否正确吻合，并检查电缆的密闭性能是否良好。

b 全塑电缆的单位顺序和芯线排列均以规定的色标为准，在对号时应采用感应式对号器。电缆外护套剖开长度和切口应符合规定，切口处应保留1.5cm长度的缆芯包带。

c 全塑电缆芯线接续，必须按色标顺序施工。如遇有障碍线对，无法修复时，应用预备线对替换，并应做好标记，严禁错对拼凑连接。

d 全塑电缆芯线接续采用接线子接续，不允许采用剥离电缆芯线绝缘层将导线直接扭绞的接续方法。电缆芯线接续应色谱正确，松紧适度，接线子接续后，应排列整齐，绑扎妥善，每个单位束的色标扎带应缠紧，保留在单位束的根部。全塑电缆芯线接续采用纽扣型和模块型两种接线子的接续方法，应符合各自的规定要求进行，参看有关标准规定。

e 电缆接头套管的封合均采用热缩套管法。在选用热缩套管时，应根据全塑电缆型号、品种和规格等来选用相应的接续套管。在热缩套管施工中应按照其操作顺序进行。对热缩套管加热烧烤时，应先从套管中间起向两端加热（先中间后两端），在套管周围均匀加热，使套管显示剂（又称温度指示漆）由绿色或白色变为黑色，逐步加热到一定温度使套管收缩。在套管接口处应出现两条白线，如未显示白线，应继续加热至显示出白线为止。同时，在热缩套管的两端口及拉链处，应有少量热熔胶溢出。在热缩套管未完全冷却前，不宜过多振动或搬移，在人孔或手孔中热缩套管封合后，要妥善放置在电缆托板上，加以固定并衬垫平稳。热缩套管封合后，要求整个套管形状平直，表面光亮整洁、无褶皱、无异样。所有显示剂均应变化，且较均匀，套管外表面颜色黑亮，热熔胶应全部充分熔化。

4）直埋电缆敷设：

a 直埋电缆敷设前要检查是否取得了城市建设有关部门或街道（园区）建设的主管单位的同意并签订了协商文件，以免与公共交通、绿化和其他管线系统发生矛盾造成不必要的损失。尤其是在埋设电力电缆或煤气管线的地段，应事先请有关单位派人到现场指导。必要时，可在其他地下管线位置的邻近处挖掘“试探坑”，且不得使用铁镐或铁钎直捣，以免损坏其他地下管线。

b 在校园式大院和街道内挖掘电缆沟槽和接头坑位，一般采取人工挖掘方式。电缆沟槽的上口宽度、沟底宽度和沟槽深度的关系应符合有关规定和设计图纸的要求。电缆沟槽的中心线应与设计路由的中心线一致，允许左右偏差不得超过100mm，沟槽底面的高度偏差不应大于50mm，平面弯曲或纵面弯曲应符合直埋电缆最小曲率半径的规定和埋设深度的要求。电缆接头坑位的长度应大于电缆接头长度约5倍，其凸出的半径从电缆沟槽中心线至凸出的坑边不应小于600mm。

c 检查直埋电缆的型号、规格和长度，应符合设计文件或图纸的要求，还应鉴别其电缆端别，其工作顺序基本上与管道电缆相似，可参照上述管道电缆有关要求处理。

d 检查沟槽底部应平整、无杂物和碎石。如有砂砾碎石，应将沟底加挖深度约

100mm，并加以夯实找平，再铺垫10cm厚度的细土或细砂一层，再次平整，然后敷设电缆，在电缆上面铺一层10cm细土或细砂后，再在上面覆土（覆土中不得含尖角的杂物或碎石块）10cm，予以找平后再盖砖或预制混凝土板，并应符合有关规定和设计工艺要求。

e 敷设电缆时不应发生折裂、碰伤、刮痕和磨破现象，如有这些现象，必须及时检修，并经测试检验确认电缆质量良好，并有记录备案后，才允许进行下一道工序。

f 直埋电缆在弯曲路由或需要作电缆预留盘放时，其电缆的最小曲率半径应大于电缆直径的15倍。

g 检查复验电缆施工后的对地绝缘等电气特性有无显著变化，如发现有问题，应及时查找原因，责令施工方整改后方能进入下道工序。

h 直埋电缆的接续和回填土、直埋电缆的电缆芯线接续和电缆接头套管的封合方法，均与一般的管道电缆相同，可参见管道电缆部分。不同的是直埋电缆外面尚有钢带铠装保护层，应保证钢带铠装的电气连接符合有关标准。

i 做好现场与施工图核实工作，以便绘制竣工图。

3 建筑物主干布线子系统电缆敷设。

(1) 电缆敷设前检查

1) 主干路由中所采用的缆线型号、规格、程式、数量、起讫段落以及安装位置，应符合设计图纸和文件的要求。

2) 将需要布放的缆线两端贴有标签，标签内容有缆线的用途和名称（可用代号代替)、型号、规格、长度、起始端和终端地点等，标签字迹应清晰、端正。

(2) 电缆敷设

1) 布放缆线的牵引力不宜过大，应小于缆线允许张力的80%。

2) 采用电动牵引绞车的型号和性能应根据牵引电缆的重量来选择。

3) 布放线缆，在牵引过程中吊挂线缆的支点相隔间距不应大于1.5m。在垂直线槽内缆线应每隔1.5m将缆线固定绑扎在线槽内的支架上。

4) 缆线不应产生扭绞或打圈等现象，也不应有可能受到外界挤压或遭受损伤而产生障碍的隐患。

5) 在敞开式线槽或桥架内敷设电缆，水平敷设时，应在电缆的首端、尾端、转弯及每间隔3~5m处进行固定；垂直敷设时，应在电缆的上端和每间隔1.5m处进行固定。

6) 在封闭式的线槽内敷设电缆，缆线均应平齐顺直，排列有序，互相不重迭、不交叉，缆线在线槽内不应溢出，影响线槽盖盖合。在缆线进出线槽的部位或转弯处应绑扎固定。

7) 在桥架或线槽内缆线绑扎固定应根据缆线的类型、缆径、缆线芯数分束绑扎。绑扎的间距不宜大于1.5m，且应均匀一致，绑扎松紧适度。

8) 吊顶内布置缆线，应分束绑扎，且所有缆线的外护套应有阻燃性能，其选用要求应符合设计规定。

9) 主干对绞电缆的弯曲半径应至少为电缆外径的10倍。

(3) 缆线分隔要求及与其他管线的间距

1) 各种系统（如通信系统、计算机系统、楼宇设备自控系统、电视监控系统、广播与卫星电视系统和火灾报警系统等）的信号线、控制线及电源线等，如在同一路由上敷设时，应采用金属电缆线槽或桥架，按系统分离布放，金属电缆线槽或桥架应有可靠的接地装置。各个系统缆线间的最小间距及接地装置都应符合设计要求和标准规范的规定，以免互相干扰。

2）为保证通信网络的安全运行，对绞电缆与电力线路的最小净距应符合表 9.4.2-2 要求。

表 9.4.2-2 对绞电缆与电力线最小净距

条件 \ 范围 \ 单位	最小净距（mm）		
	380V < 2kVA	380V 2.5 ~ 5kVA	380V > 5kVA
对绞电缆与电力电缆平行敷设	130	300	600
有一方在接地的金属线槽或钢管中	70	150	300
双方均在接地的金属线槽或钢管中	注	80	150

注：双方都在接地的金属线槽或钢管中，且平行长度小于 10m 时，最小间距可为 10mm。表中对绞电缆如采用屏蔽电缆时，最小净距可适当减小，并符合设计要求。

4 水平布线子系统电缆敷设

（1）布放电缆应有冗余，干线交接间或二次交接间的对绞电缆预留长度为 3 ~ 6m，工作区为 0.3 ~ 0.6m。如有需要可适当增加长度或按设计规定预留长度。

（2）非屏蔽的 4 对对绞电缆的弯曲半径应至少为电缆外径的 4 倍，在施工过程中应至少为 8 倍；屏蔽对绞电缆的弯曲半径应至少为电缆外径的 6 ~ 10 倍。

（3）缆线敷设时，要求牵引拉力适宜，牵引的节奏缓和。敷设电缆芯线线径为 0.5mm 的 4 对对绞电缆时的牵引拉力不应超过 100N；电缆芯线线径为 0.4mm 时的牵引拉力不应超过 70N。

（4）布放主干电缆和双护套缆线时，直线管道的管径利用率应为 50% ~ 60%，弯管道应为 40% ~ 50%。布放 4 对对绞电缆时，暗管管径的截面利用率应为 25% ~ 30%。任何段落暗敷管路内一般布放的缆线不宜超过 3 根。

（5）水平布线系统中缆线支撑必须按照有关规定和设计要求执行。

（6）活动地板下敷设缆线，要求活动地板内的净空高度不应小于 150mm，如活动地板内作为通风系统的风道使用时，其净空高度不应小于 300mm。

（7）水平布线子系统的缆线可以利用公用立柱中的空间敷设缆线。如果地板为格形楼板线槽与沟槽相结合的方式时，公用立柱的支撑位置宜避开沟槽和线槽位置。线槽和沟槽设置方向和走向应与活动地板相互一致。

5 光缆敷设

（1）一般规定

1）光纤熔接机等贵重仪器和设备，应有专人负责使用、搬运和保管。

2）光缆弯曲时不能超过最小曲率半径。施工时一般不应小于光缆外径的 20 倍。

3）光缆敷设时应控制光缆的敷设张力，避免使光纤受到过度的外力（弯曲、侧压、牵拉、冲击等）。要求布放光缆的牵引力应不超过光缆允许张力的 80%，主要牵引力应加在光缆的加强构件上，光纤不应直接承受拉力。最大安装张力及最小安装半径如表9.4.2-3所示。

表 9.4.2-3　光缆的最大安装张力及最小安装半径

光纤根数	张　力（kg）	半　径（cm）
4	45	5.08
6	56	7.60
12	67.5	7.62

4）应避免光缆受到外界的冲击力和重物碾压，不得使光缆变形或光纤受损，应对光缆护套进行检查，必要时要对光缆的密封性能和光纤衰减特性等进行测试，如不符合要求，光缆不应在工程中使用。

5）光缆如采用机械牵引时，牵引力应用拉力计监视，不得大于规定值。光缆盘转动速度应与光缆布放速度同步，牵引的最大速度为 15m/min，并保持恒定。光缆不应出现背扣扭转和小圈。

6）光缆敷设应单独占用管道管孔。即使合用管道，也应在管孔中穿放塑料子管，其内径应为光缆外径的 1.5 倍。与其他弱电系统的缆线平行敷设时，应有一定间距分开敷设，并固定绑扎。

7）光缆及其接续应有识别标志。标志内容有编号、光缆型号和规格等。

8）严寒地区应按设计要求采取防冻措施，以防光缆受冻损伤。

（2）建筑群间主干光缆的敷设

1）管道光缆的敷设

a　检查光缆穿放的管孔数和其位置应符合设计文件和施工图纸的要求。如采用塑料子管，要求对塑料子管的材料、规格、盘长进行检查，均应符合设计规定。一个水泥管管孔布放两根以上的子管时，其子管等效总外径不宜大于管孔内径的 85%。

b　穿放塑料子管，其敷设方法与光缆敷设基本相同，但需符合以下规定：放两根以上的塑料子管，应在其端头做好标记或采用管子本身的颜色标志；敷设时环境温度应在 -5～+35℃之间，以免影响管子的质量；连续布放塑料子管的长度，不宜超过 300m，并要求子管不得在管道中间有接头；牵引塑料子管的最大拉力不应超过管材的抗张强度。布放完后，应将子管管口临时封堵，且固定牢固。塑料子管应根据设计规定在人孔或手孔中留有足够长度。

c　在光缆牵引端头和牵引索之间应装转环，以免牵引过程中产生扭转而损伤光缆。光缆牵引长度一般不应大于 1000m，超长距离时，应将光缆采取分盘、分段牵引或在中间适当地点增加辅助牵引，以减少光缆所受牵引力和提高施工效率。另外为使光缆外护套在敷设过程中不受损伤，应在出入管孔、拐弯处或与其他障碍物有交叉时，采用导引装置或喇叭口保护等保护措施。

d　光缆敷设后，应逐个在人孔或手孔中将光缆放置在规定的托板上，并应留有适当余量，避免光缆过于绷紧。

e　光缆穿放的管孔出口端应封堵严密，以防水分或杂物进入管内。

2）直埋光缆的敷设

a 直埋光缆的埋深应符合表9.4.2-4的规定。

表9.4.2-4 直埋光缆埋深

序 号	光缆敷设的地段或土质	埋设深度（m）	备 注
1	市区、城镇的一般场合	≧1.2	不包括车行道
2	街坊内、人行道下	≧1.0	包括绿化地带
3	穿越铁路、道路	≧1.2	距轨底或路面
4	普通土质（硬土等）	≧1.2	
5	砂砾土质（半石质土等）	≧1.0	

b 敷设前，先清理沟底，应无有碍光缆敷设的杂物，在沟底应铺垫10cm厚度的细土或砂土，平整后放入光缆，然后再回填30cm厚度的砂土或细土以便保护。

c 在同一路由上且同沟敷设光缆和铜缆时，应先敷铜缆，后敷光缆。在沟底不得交叉或重迭放置。光缆如有弯曲腾空和拱起现象，应设法放平，不得用脚踩或其他重物压光缆。

d 直埋光缆与其他管线及建筑物的最小净距见表9.4.2-5。

表9.4.2-5 直埋光缆与其他管线及建筑物的最小净距

序 号	其他管线及建筑物名称和其状况		最小净距（m）		备 注
			平行时	交叉时	
1	市话通信电缆管道边线（不包括人孔或手孔）		0.75	0.25	—
2	非同沟敷设的直埋通信电缆		0.50	0.50	—
3	直埋电力电缆	电压小于5kV	0.50	0.50	—
		电压大于5kV	2.00	0.50	
4	给水管	管径＜30cm	0.50	0.50	光缆采用钢管保护时，交叉时的最小净距可降为0.15m
		管径30～50cm	1.00	0.50	
		管径＞50cm	1.50	0.50	
5	煤气管	压力小于3kg/cm²	1.00	0.50	同给水管备注
		压力3～8kg/cm²	2.00	0.50	
6	树木	灌木	0.75		—
		乔木	2.00		
7	高压石油、天然气管		10.00	0.50	同给水管备注
8	热力管或下水管		1.00	0.50	—
9	排水沟		0.80	0.50	—
10	建筑红线（或基础）		1.0	—	

e 在校园式大院或街坊内布放光缆时不允许光缆在地上拖拉，也不得出现急弯、扭转、浪涌或牵拉过紧等现象，抬放敷设时的光缆曲率半径不得超过规定。前后移动光缆的位置时，应将光缆全长抬起或逐段抬起移位，不宜过猛拉拽。如发现破损等缺陷应立即修复，并测试其对地绝缘电阻，应符合下列规定：单盘光缆敷设后测试每公里金属外护套对

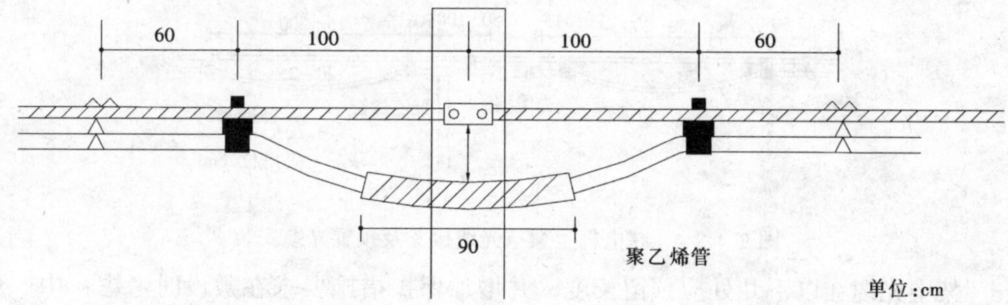

图 9.4.2-1　光缆在杆上预留、保护示意图

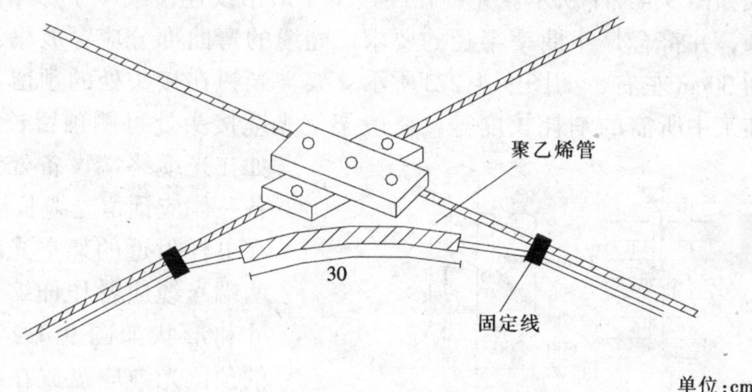

图 9.4.2-2　光缆在十字吊线处保护示意图

地绝缘电阻值应不低于 10MΩ。光缆接头盒密封完毕后测试光缆接头盒内所有金属构件对地绝缘电阻，应不低于 20000MΩ。

f　直埋光缆的接头处、拐弯点或预留长度处以及与其它管线交越处，应设置标志，并在图纸上记录、归档。

3）架空光缆的敷设

a　检查架空杆应符合《市内电话线路工程施工及验收技术规范》和《本地网通信线路工程验收规范》中的规定，确认合格，且能满足架空光缆的技术要求，并对新设或原有的钢绞线吊线检查，应无伤痕和锈蚀等缺陷，钢线绞合应严密，均匀，无跳股现象。吊线的原始垂度应符合设计要求，固定吊线的铁件安装位置应正确、牢固。

b　要求牵引拉力不得大于光缆允许的最大拉力，敷设过程中不允许出现过度弯曲或光缆外护套硬伤等现象。

c　架空光缆垂度应能保证光缆的伸长率不超过 0.2%。

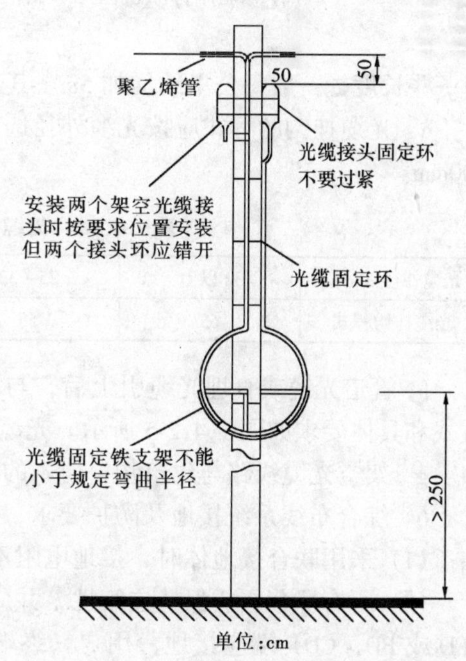

图 9.4.2-3　在电杆附近架空光缆接头安装图

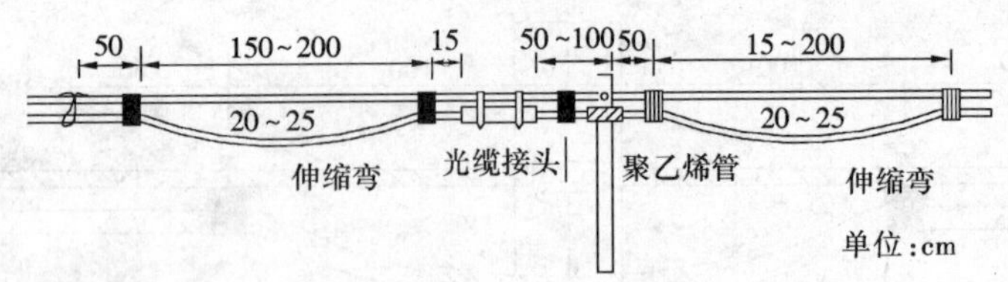

图 9.4.2-4 在电杆上架空光缆接头及预置光缆安装

d 架空光缆在以下几处应预留长度，并增加保护措施要求在敷设时考虑：中、重和超重负荷区布放的架空光缆，应在每根电杆上预留，轻负荷区每 3~5 杆档作一处预留。预留及保护方式如图 9.4.2-1 所示。光缆在经过十字形吊线连接或丁字形吊线连接处，光缆的弯曲应圆顺，并符合最小曲率半径的要求，光缆的弯曲部分应穿放聚乙烯管加以保护，其长度约为 30cm 左右，如图 9.4.2-2 所示。架空光缆在接头处的预留长度应包括光缆接续长度和施工中所需的消耗长度等，一般架空光缆接头处每侧预留长度为 6~10m。如在光缆终端设备处终端时，在设备一侧应预留光缆长度为 10~20m。在电杆附近的架空光缆接头，它的两端光缆应各作伸缩弯，其安装尺寸和形状如图 9.4.2-3 所示。两端的预留光缆应盘放在相邻的电杆上(图中未画出)，固定在电杆上的架空光缆接头及预留光缆的安装尺寸和形状如图 9.4.2-4 所示。架空光缆在布放时，由于光缆本身的韧性，不可能没有自然弯曲。因此也应预留一些长度，一般每公里约增加 5m。其余留长根据设计要求。

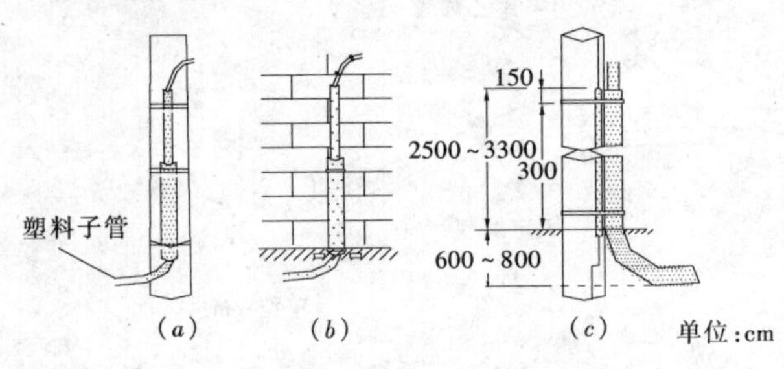

图 9.4.2-5 引上光缆安装及保护

(a) 木杆上电缆引上装置图；(b) 墙壁上电缆引上装置图；(c) 水泥杆上电缆引上装置图

e 光缆挂钩的程式应按光缆外径选用，见表 9.4.2-6 中的规定。光缆挂钩间距一般为 500mm。

表 9.4.2-6 光缆挂钩程式按光缆外径选用表

光缆外径（mm）	32 以上	25~32	19~24	13~18	12 以下
光缆挂钩程式	65	55	45	35	25

f 管道光缆或直埋光缆引上后，与吊挂式的架空光缆相连接时，其引上光缆的安装方式和具体要求如图 9.4.2-5 所示。光缆接头的位置应根据设计中的规定办理。

g 架空光缆线路与建筑物、树木的最小间距见表 9.4.2-7。

6 综合布线系统接地及防护要求

(1) 采用联合接地体时，接地电阻不应大于 1Ω，单独设置接地体时，不应大于 4Ω。

(2) 所有屏蔽层应保持连续性，并应注意保证导线相对位置不变。屏蔽层的配线设备 (FD 或 BD，CD) 端应接地，用户（终端设备）端宜接地，两端接地应连接同一接地体，若非同一接地体时，其接地电位差不应大于 1Vr.m.s。对于高频信号传输，屏蔽系统至少要在两端接地，有时需多处接地。

表 9.4.2-7 架空光缆线路与建筑物、树木的最小间距

序号	其他建筑物、树木名称	与架空光缆线路平行时		与架空光缆线路交越时	
		垂直净距（m）	备注	垂直净距（m）	备注
1	市区街道	4.5	最低缆线到地面	5.5	最低缆线到地面
2	胡同（街坊中区内道路）	4.0	最低缆线到地面	5.0	最低缆线到地面
3	铁　路	3.0	最低缆线到地面	7.0	最低缆线到地面
4	公　路	3.0	最低缆线到地面	5.5	最低缆线到地面
5	土　路	3.0	最低缆线到地面	4.5	最低缆线到地面
6	房屋建筑	—	—	距脊 0.5 距顶 1.0	最低缆线距屋脊 最低缆线距平顶
7	河　流	—	—	1.0	最低缆线距最高水位时最高桅杆顶
8	市区树木	—	—	1.0	最低缆线到树枝顶
9	郊区树木	—	—	1.0	最低缆线到树枝顶
10	架空通信线路	—	—	0.6	一方最低缆线与另一方最高缆线间距

（3）每一楼层的配线柜都应单独布线至接地体。接地导线截面与距离远近，插座数量，专线条数，工作站数量（个）等有关见表 9.4.2-8。

表 9.4.2-8 楼层配线设备至大楼总接地体的距离

名　称	楼层配线设备至大楼总接地体的距离	
	≤30m	≤100m
信息点的数量	≤75	>75，≤450
工作区的面积	≤750	>750，≤4500
绝缘铜导线的面积（mm^2）	6～16	16～50

（4）信息插座的接地可利用电缆屏蔽层连至每层的配线柜上。

（5）金属线槽或钢管应保持电气连接连续，并在两端应有良好的接地。

（6）干线电缆应避免安排在外墙，特别是墙角。因这些地方，雷电的电流最大。

（7）下列情况必须采用保护器（包括过压过流保护）：

1）当电缆从建筑物外面进入建筑物内部时；

2）雷击引起的危险影响；

3）工作电压超过 250V 的电源线路碰地；

4）地电势上升到 250V 以上而引起的电源故障；

5）交流 50Hz 感应电压超过 250V。

（8）保护器的选用。

1）综合布线系统的过压保护宜选用气体放电管保护器。当两个电极之间的电位差超过 250V 交流电压或 700V 雷电浪涌电压时，在导体与地电极之间提供一条导电通路。

2）固态保护器适合较低的击穿电压（60～90V），对数据或特殊线路提供了最佳的保护（有振铃电压的线路除外）。

3）过流保护宜选用能够自复的保护器：如热敏电阻、雪崩二极管。

（9）其他接地要求：有源设备外壳，电缆屏蔽层及连通接地线均应接地，宜采用联合接地，与避雷带与均压网联通。

（10）防火阻燃及防电磁污染的要求：

1）在易燃区或大楼竖井内布放电缆或光缆，宜采用防火和防毒的电缆或光缆；

2）利用综合布线系统组成的网络，应防止由射频产生的电磁污染。

7 信息插座模块安装

（1）安装在活动地板或地面上，应固定在接线盒内，插座面板采用直立和水平等形式。接线盒盖可开启，并应具有防水、防尘、抗压功能。接线盒面应与地面齐平。

（2）8位模块式通用插座，多用户信息插座或集合点配线模块，安装位置应符合设计要求。

（3）8位模块式通用插座底盒的固定方法按施工现场条件而定，宜采用预置扩张螺钉固定等方式。

（4）固定螺丝需拧紧，不应产生松动现象。

（5）各种插座面板应有标识，以颜色、图形、文字表示所接终端设备类型。

8 配线架（机柜）安装

（1）各部件应完整，安装就位，标志齐全；

（2）安装螺丝必须拧紧，面板应保持在一个平面上。

（3）机柜、机架安装完毕后，垂直偏差度应不大于3mm。机柜、机架安装位置应符合设计要求。

（4）机柜、机架上的各种零件不得脱落或碰坏，漆面如有脱落应予以补漆，各种标志应完整、清晰。

（5）机柜、机架的安装应牢固，如有抗震要求时，应按施工图的抗震设计进行加固。

9 光缆接续（连接）和缆线终接

（1）光缆的接续应符合如下规定：

1）在光纤接续中应严格执行操作规程的要求，以确保光纤接续质量。

2）使用光纤熔接机时必须严格遵守厂家提供的使用说明书及要求，每次熔接作业前，应将光纤熔接机的有关部位清洁干净。光纤熔接前，必须将光纤端面按要求切割，务必合格，才能将光纤进行熔接。在光纤接续时，应按两端光纤的排列顺序，一一对应接续，不得接错。

3）在光纤接续的全过程中，应使用光时域反射仪（OTDR）进行监测，务必使光纤接续损耗符合表9.4.2-9要求。必要时在每道工序完成后应测量接续损耗。

表 9.4.2-9 光纤连接损耗（dB）

连接类别	多模		单模	
	平均值	最大值	平均值	最大值
熔接	0.15	0.3	0.15	0.3

4）熔接完成并测试合格后的光纤接续部位，应立即做增强保护措施（热缩管法、套管法和V形槽法）。

5）光纤护套、涂层的去除，光纤端面切割制备，光纤熔接，热缩管的加强保护等施工作业应连续完成，不得任意中断。

6）光纤全部连接完成后，应按下列要求将光纤接头固定和光纤余长收容盘放。

a 光纤接续应按顺序排列整齐，布置合理，并应将光纤接头固定，光纤接头部位应平直安排不应受力。

b 根据光缆接头套管（盒）的不同结构，按工艺要求将接续后的光纤余长收容盘放，光纤的盘绕方向应一致，松紧适度。

c 余长光纤盘绕弯曲时的曲率半径不应小于40mm，应大于厂家规定的要求。光纤收容余长的长度不应小于1.2m。

d 光纤盘留后，按顺序收容，不应有扭绞受压现象。应用海绵等缓冲材料压住光纤形成保护层，并移放入接头套管中。

e 光纤接续的两侧余长应贴上光纤芯的标记，以便今后检测时备查。

7）光缆内的铜导线的连接：

a 铜导线的连接方法可采用绕接、焊接或接线子连接几种，有塑料绝缘层的铜导线应采用全塑电缆接线子接续。

b 铜导线接续点应距光缆接头中心100mm左右，允许偏差±10mm。有几对铜导线时，可分两排接续。

c 对远端共用的铜导线，在接续后应测试直流电阻，绝缘电阻和绝缘耐压强度等，并检查铜导线接续是否良好。

d 直埋光缆中的铜导线接续后，应测试直流电阻，绝缘电阻和绝缘耐压强度等，并要求符合国家标准有关通信电缆铜导线电性能的规定。

8）金属护层和加强芯的连接：

a 光缆接头两侧综合护套金属护层（一般为铝护层）在接头装置处应保持电气连通，并应按规定要求接地，或按设计要求处理。铝护层的连（引）线是在铝护层上沿光缆轴向开一个25mm的纵口，再拐90°弯开10mm长，呈“L”状的口，将连接线端头卡子与铝护层夹住并压接，再用聚氯乙烯胶带绕包固定。

b 加强芯是根据需要长度截断后，再按工艺要求进行连接。一般是将两侧加强芯（不论是金属或非金属材料）断开，再固定在金属接头套管（盒）上。加强芯连接方法和在接头盒上一样采用压接，要求牢固可靠，并互相绝缘。如果金属接头套管、在其外面应采用热缩管或塑料套管保护。

9）接头套管（盒）的封合和安装应符合如下要求：

a 光缆接头套管的封合应按工艺要求进行。如为铅套管封焊时，应严格控制套管内的温度，封焊时应采取降温措施，要保证光纤被覆层不会受到过高温度的影响。

b 光缆接头套管内应放入袋装的防潮剂和接头责任卡，以便备查。

c 光缆接头套管若采用热缩套管时，加热顺序应由套管中间向两端依次进行烘烤，加热应均匀，热缩管冷却后才能搬动，要求热缩套管的外形圆整，表面美观、无烧焦等不良缺陷。

d 光缆接续和封合全部完成后，应测试并作记录，如需装地线引出时，安装工艺必须符合设计要求。

e 光缆接头应放在人孔正上方的光缆接头托架上，光缆接头预留余缆应盘成“O”形圈紧贴人孔壁，用扎线捆扎在人孔铁架上固定，“O”形圈的半径不得小于光缆直径的20倍。

f 直埋光缆接头应平放于接头坑中，其曲率半径不得小于光缆直径的20倍。坑底（即光缆接头下面）应铺垫100mm细土或细砂，并平整踏实，接头上面应覆盖厚约200mm的细土或细砂，然后在细土层上面覆盖混凝土盖板或完整的砖块，以保护光缆和光缆接头。

(2) 缆线的终接应包括缆线的终端和连接，而缆线的终端和连接有两种，一种是配线接续设备，另一种是通信出端和其他附件。配线接续设备包括配线架（建筑群配线架(CD)，建筑物配线架（BD），楼层配线架（FD）等）、配线柜（交接箱等）。连接硬件包括通信引出端（信息插座）和其他附件（如插头或连接块），其核心部件都是模块化插座和内部连接件。主要有RJ45的信息插座和RJ45插头。七类屏蔽线缆推荐采用国际标准推荐的TERA连接器。

(3) 缆线的终端和连接的施工必须严格按照设计和施工的有关技术标准以及生产厂家的要求执行。综合布线系统室内缆线中间不应有接头，必须通过配线接续设备或连接硬件进行终端和连接。施工安装质量应符合产品安装手册及其技术特性要求。

(4) 缆线的终端和连接必须按照规定的连接区域（也称连接场）顺序进行，电缆两端的色标和数字（或代号、符号）应与连接端含义一致，符合相关标准要求。严防发生颠倒或错接等现象。

(5) 在配线接续设备或连接硬件进行缆线终端连接时，必须严格执行施工操作规程，要求缆线必须捆扎妥善，松紧适宜，布置有序，并固定在设备中的走线架或线槽内，不应混乱无章，缆线的曲率半径符合规定。如采用卡接方式，必须牢固可靠，接触良好，不应有松动等现象。

(6) 按照缆线终端顺序，剥除每条缆线的外护套，必须符合以下规定：

1) 剥除缆线外护套必须采用专用工具施工操作，不得采用一般刀剪，以免操作不当损伤缆线的绝缘层，影响缆线的电气特性而使传输质量下降。

2) 应按规定剥除缆线的外护套长度，为了保持每对对绞线的扭绞状态不致变化，剥除外护套的长度不宜过长，根据缆线类别的不同有所区别，要求五类线的非扭绞长度不应大于30mm，三、四类线的非扭绞长度不应大于50mm。剥除缆线外护套的长度也不宜过短，应有足够的非扭绞长度，以便终端连接；同时，在线缆端接点，应使电缆中的每个线对的绞距尽可能靠近IDC，六类线对绞距由电缆制造商计算，改变电缆绞距将给电缆性能带来不利影响。

3) 当缆线剥除外护套后，要立即对非扭绞的导线进行整理，成对分组捆扎，以防线对分散错乱，尽量保持线对与未除去外护套前的状态一致，保证缆线的电气特性不变。

(7) 进行缆线终端连接时，必须按照规定要求施工操作。在采用卡接方法时应符合如下规定：

1）必须采用专用卡接工具进行卡接，卡接用力要适宜，不宜过猛，以免造成接续模块受损。

2）应按照缆线的色标进行终端，不得混乱而产生线对颠倒或错接。如有错接，应用专用工具将导线从接线缝中拉出，再按正确的顺序重新卡接。拆除过程中拉力要适当，以免损伤导线而形成断线。

3）卡接导线后，应立即清除多余线头，不得在接续模块中留存，并要检查导线有无变形及放置准确与否。

4）在缆线终端连接后，必须对配线接续设备等进行全程测试，以便准确判定工程的施工质量，如有故障，应正确迅速地排除，随工检查再测试并作好记录，以保证综合布线系统正常运行。

（8）通信引出端（信息插座）和其他附件应符合如下规定：

1）对插座的内部连接件检查，保证电气连接完整无缺。

2）应按下图的规定，对 RJ45 系列的连接硬件按色标线对组成及排列顺序进行终接。终结时，每对对绞线应保持扭绞状态，扭绞松开长度对于五类线不应大于 13mm。

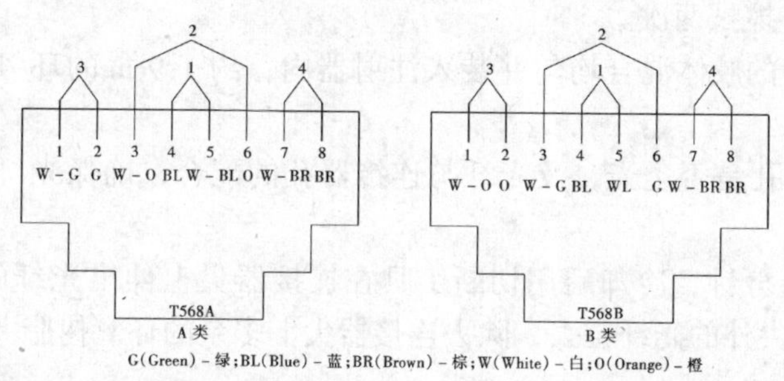

G(Green)－绿；BL(Blue)－蓝；BR(Brown)－棕；W(White)－白；O(Orange)－橙

3）对绞线对称电缆与 RJ45 信息插座采取卡接接续方式时，应按先近后远，先下后上的接续顺序进行卡接。如与接线模块卡接时，应按设计规定或生产厂家要求进行施工操作。

4）采用屏蔽电缆时，应将电缆屏蔽层与连接硬件终端处的屏蔽罩有可靠接触。一般缆线屏蔽层与连接硬件的屏蔽罩形成 360°圆周的接触，它们之间的接触长度不宜小于 10mm。

（9）跳线端接应符合如下规定：

1）各类跳线（包括电缆）和接插硬件间必须接触良好，连接正确，标志清楚齐全。跳线（电缆）选用的类型和品种均应符合系统设计要求。

2）各类跳线（电缆）长度应符合设计要求，对绞电缆的长度不应超过 5m，光缆跳线不应超过 10m。

（10）光缆的终端应符合如下规定：

1）光纤交叉连接（又称光纤跳接）的连接状况与铜导线电缆在建筑物配线架或交接箱上进行跳线连接基本相似。

2）光纤互相连接（简称光纤互连，又称光纤对接）方式，光信号只通过一次插接性连接而在光纤交叉连接中，光信号需要通过两次插接性连接，且有一段跳线或跨接线的损耗。两者相比各有其特点和用途，应根据网络需要和设备配置来决定选用。

3）单工终端均采用ST连接器连接。常用的标准型STⅡ光纤连接器有陶瓷和塑料两种，其长度为22.6mm，平均损耗是0.4dB（陶瓷）和0.5dB（塑料），运行温度在-40~80℃。

4）STⅡ光纤连接器在光纤端安装程序应符合下列次序和要求：

a 外护套的切割深度和外护套的剥除长度应符合标准规定，且不得损伤光纤。

b 根据不同类型的光纤和STⅡ插头作好标记。

c 光纤的涂覆层和外皮剥除应选用不同规格的剥线器，在剥除过程中应注意如下几点：剥线器的刀片等必须清刷干净，不应留有粉尘，剥线前后均应清刷刀片；用浸有酒精的纸或布，擦去光纤上残留的外皮，擦拭时不能使光纤弯曲；不要用干纸或干布擦拭已无外衣的光纤，以免造成光纤表面毛糙的缺陷，不应接触裸露的光纤或将光纤与其他物体接触。

d 将准备好的干净光纤存放在专用的“保持块”中，在光纤存放前，应先将“保持块”处理干净，按光纤按顺序依次存放，裸露的光纤部分应悬空，如光纤弄脏，在继续加工前再用酒精纸/布细心擦拭两次。

e 将环氧树脂袋中的胶体混合均匀并装入注射器内，约1.9cm的环氧树脂可以组装12个ST连接器插头。

f 检查连接器光纤孔是否透光，及光纤与连接器孔的配合，确保光纤顺利通过。按要求涂抹环氧树脂。

g 烘烤环氧树脂十分钟，冷却后用切断工具在连接器尖上伸出光纤的一面上刻痕，用轻的直拉力将连接器尖外的光纤拉去，除去连接器尖上多余的环氧树脂并磨光。

10 吹光纤系统

(1) 常规结构化布线系统存在问题

从传统意义上讲，结构化布线系统的灵活性及可变性主要体现在配线架上，可以通过灵活的跳线将不同物理位置的信息点与数据或语音网络设备相连。但是，一旦水平布线子系统敷设安装到位后，就无法再进行路由及线缆类别的变更或进行扩容。而垂直子系统稍好一些，理论上只要竖井内、桥架或线槽里有足够的空间，就可以不进行破坏而重新布线，以达到扩容或升级的目的。但是由于大多数施工现场的情况比较复杂，对已完成的垂直子系统的线缆进行更换、扩容或升级，决不是一件轻而易举的事。

(2) 吹光纤系统的组成

吹光纤系统能通过更加灵活、更加简便快捷的方法来满足真正意义上的扩展性与升级性的需求。

吹光纤系统由低成本的塑料微管（单微管和多微管）、吹光纤纤芯、附件（包括配线架、信息出口、连线接头等）和安装设备组成。

1）微管（单微管和多微管）

吹光纤的单微管有两种规格，其外径分别为5mm和8mm。8mm管由于内径较粗，因而吹制距离也较远。每一个多微管由2、4或7根单微管组成，并按应用环境分为室内型及室外型两类，可安装到桌面，也可以用于主干或楼间连接。吹光纤系统所有微管外皮均采用阻燃、低烟无卤的材料，在燃烧时不产生有毒气体，符合国际最新标准的要求；而微管内壁的低摩擦衬里，非常光滑，利于吹光纤芯在管内的吹动。在进行楼内或楼间光纤布线时，可先将微管敷设在所需的路面上，而不需将光纤吹入，只有当实际真正需时才将光纤吹入微管，再进行端接。采用直径为5mm的微管，在路由多弯曲（路由中最小弯曲半径为25mm，有300个90°弯曲）的情况可吹制超过300m；在直路中可超过500m。采用8mm微管，在路由多弯曲的情况下，可吹制距离超过600m；在直路中超过1000m，垂直安装高度（由下往上吹制）超过300m。在室内环境中，单微管的最小弯曲半径为25mm，可充分适应楼内布线环境的要求。微管路由的变更也非常简便，只需将要变更的微管切断，再用微管连接头进行拼接，即可方便地完成对路的修改、封闭和增加。

2）吹光纤系统光纤纤芯

吹光纤单芯纤芯有62.5/125μm、50/125μm多模和单模三类。其性能与传统光纤系统没有区别，并可根据用户需求定制带宽更高和衰耗更低的光纤。每根5mm外径或8mm外径的单微管同时最多均可吹8芯光纤（可吹制不同种类光纤，并且吹制时无需特意绑扎光纤）。由于光纤表面经过特别涂层处理（涂层表面有鳞状突起不规则细小颗粒），并且重量极轻（每芯为0.23g/m），因而吹制灵活。在吹光纤安装时，对于最小变异半径为25mm的弯度，在允许范围内最多可有300个90°弯曲。由于吹光纤表面采用了特殊涂层，因而在压缩空气进入空管时，光纤借助空气动力悬浮在空管内，并利用空气涡流作用向前飘行，且吹制时光纤没有方向性，吹制方向只是取决于压缩空气的吹动方向。另外，由于吹光纤的内层结构即玻璃纤芯与普通光纤相同，因此，光纤的端接程序、设备及接头与传统光纤完全一样。

3）吹光纤附件

附件包括48.3m（19in）吹光纤配线架、跳线、墙上及地面光纤出线盒、用于微管间连接的陶瓷接头等。

（3）吹光纤系统的性能特点及优越性

1）系统特性指标良好

由于吹光纤系统与传统光纤系统的区别主要在于其敷设方式上，光纤本身的衰减等指标与普通光纤相同，并同样可采用ST、SC型接头端接。

2）系统完整性

从光纤、各种出线口、配线架到附件均可供用户自由选择。

3）设计简单

在传统的光纤布线设计中，对于楼间、光纤到桌面等方案，出于对光纤成本（含端接等）、布放难度等考虑，不能全面考虑未来发展的需求，而尽可能全面的布线。但对于吹光纤系统则不同，只需考虑光纤系统的物理结构，可以尽可能地敷设吹光纤微管，而后按实际需要再将光纤吹入，进行端接。

4）分散投资成本

目前，许多客户在考虑光纤系统设计时，出于对光纤系统成本的考虑，不能全面考虑未来的需求，特别是在很多的布线工程中，只能极少数信息点采用光纤到桌面方案，而当后期需要增加光纤时，则由于没有合适的敷设路由而无法完成。吹光纤系统则不同，由于微管成本极低（一般只占整个光纤系统的5%左右），设计时尽可能地敷设光纤微管，而后根据实际需求吹入光纤。由于光纤系统将基础设施与布线产品分离，因而大大提高了性能价格比，可分散投资，减轻用户负担。

5）安装安全、灵活方便、变更简易

采用吹光纤系统，大大减少了光纤续接工作。在系统安装时，只需敷设吹光纤微管，由建筑物外进入建筑物内和在分层配线架连接时，用特制的陶瓷接头将微管拼接即可，无需做任何端接；当所有微管敷设连接好后，可通过钢珠测试法来测试路由是否通畅，然后再将光纤吹入。由于路由采用的是微管的物理连接，即使出现断裂，也可简单替换；同样，更改微管的物理走向和连接方式，即可改变光纤网络的结构。

6）便于网络升级换代

吹光纤系统既可以吹入，也可以吹出。当网络升级需要更换光纤类型时，无需重装进行施工，可利用预先敷设的微管，将原来的光纤吹出，再将新光纤吹入，从而充分满足用户未来需求及保护用户投资的安全性，便于更改、扩容或升级。

11　系统测试

(1) 综合布线系统工程安装施工过程中或完成后，应全程或分段进行连接性能和电气性能测试，包括各种缆线、通信引出端（信息插座）及连接硬件等的测试。综合布线系统工程的工程质量测试包括验收测试（认证测试）和验证测试。

1）验证测试由施工人员对某一工艺操作完成后进行测试，也即边施工边测试的分段测试工序，以保证所完成的每一个连接的正确性；这种测试只注重布线部件的连接性能(包括连接是否正确无误)，一般不考虑布线部件的电气特性。

2）验收测试是指对综合布线系统依照标准规定的电气性能和包括连接性能在内的其他性能进行逐项测试，是安装完工后的全程系统测试，它是对布线系统工程的施工安装操作工艺质量和缆线及连接硬件本身的质量两者结合后的整体性和系统性的质量测试。

(2) 验证、验收测试应有随工验收记录清单（或机器自动记录盘片和打印输出原件）。综合布线系统检测项目见表 9.4.2-10 所示。

表 9.4.2-10　综合布线系统检测项目

阶　段	验收项目	验 收 内 容	验收方式
一、施工前检查	1. 环境要求	(1) 土建施工情况：地面、墙面、门、电源插座及接地装置； (2) 土建工艺：机房面积、预留孔洞； (3) 施工电源； (4) 地板铺设	施工前检查
	2. 器材检验	(1) 外观检查 (2) 型式、规格、数量； (3) 电缆电气性能测试； (4) 光纤特性测试	施工前检查
	3. 安全、防火要求	(1) 消防器材； (2) 危险物的堆放； (3) 预留孔洞防火措施	施工前检查

续表 9.4.2-10

阶　段	验收项目	验　收　内　容	验收方式
二、设备安装	1. 交接间、设备间、设备机柜、机架	(1) 规格、外观； (2) 安装垂直、水平度； (3) 油漆不得脱落，标志完整齐全； (4) 各种螺丝必须紧固； (5) 抗震加固措施； (6) 接地措施	随工前检查
	2. 配线部件及 8 位模块通用插座	(1) 规格、位置； (2) 位置各种螺丝必须拧紧； (3) 标志齐全； (4) 安装符合工艺要求； (5) 屏蔽层可靠连接	随工前检查
三、电、光缆布入（楼内）	1. 电缆桥架及线槽布放	(1) 安装位置正确； (2) 安装符合工艺要求； (3) 符合布放缆线工艺要求； (4) 接地	随工检验
	2. 缆线暗敷（包括暗管、线槽、地板等方式）	(1) 缆线规格、路由、位置； (2) 符合布放缆线工艺要求； (3) 接地	隐蔽工程签证
四、电、光缆布放（楼间）	1. 架空缆线	(1) 吊线规格、架设位置、装设规格； (2) 吊线垂直； (3) 缆线规格； (4) 卡、挂间隔； (5) 缆线的引入符合工艺要求	随工检验
	2. 管道缆线	(1) 使用管孔孔位； (2) 缆线规格； (3) 缆线走向； (4) 缆线的防护设施的设置质量	隐蔽工程签证
	3. 埋式缆线	(1) 缆线规格 (2) 敷设位置、深度； (3) 缆线的防护设施的设置质量； (4) 回土夯实质量	隐蔽工程签证
	4. 隧道缆线	(1) 缆线规格； (2) 安装位置、路由； (3) 土建设计符合工艺要求	隐蔽工程签证
	5. 其他	(1) 通信线路与其他设施的间距； (2) 进线室安装、施工质量	随工检验或隐蔽工程

续表 9.4.2-10

<table>
<tr><th>阶　段</th><th>验收项目</th><th>验　收　内　容</th><th>验收方式</th></tr>
<tr><td rowspan="4">五、缆线终接</td><td>1.8 位模块式通用插座</td><td>符合工艺要求</td><td>随工检验</td></tr>
<tr><td>2. 配线部件</td><td>符合工艺要求</td><td rowspan="4">竣工检验</td></tr>
<tr><td>3. 光纤插座</td><td>符合工艺要求</td></tr>
<tr><td>4. 各类跳线</td><td>符合工艺要求</td></tr>
<tr><td rowspan="2">六、系统测试</td><td>1. 工程电气性能测试</td><td>(1) 连接图;
(2) 长度;
(3) 衰减;
(4) 近端串音（两端都应测试）;
(5) 设计中特殊规定的测试内容</td></tr>
<tr><td>2. 光纤特性测试</td><td>(1) 衰减;
(2) 长度</td><td>竣工检验</td></tr>
<tr><td rowspan="2">七、工程总验收</td><td>1. 竣工技术文件</td><td>清点、交接技术文件</td><td rowspan="2">竣工检验</td></tr>
<tr><td>2. 工程验收评价</td><td>考核工程质量，确认验收结果</td></tr>
</table>

(3) 综合布线系统工程电气测试按如下进行：

1）测试按下图进行连接：

a　基本链路连接应符合图 9.4.2-6 方式（六类以上布线系统“基本链路”改称为“永久链路”）。

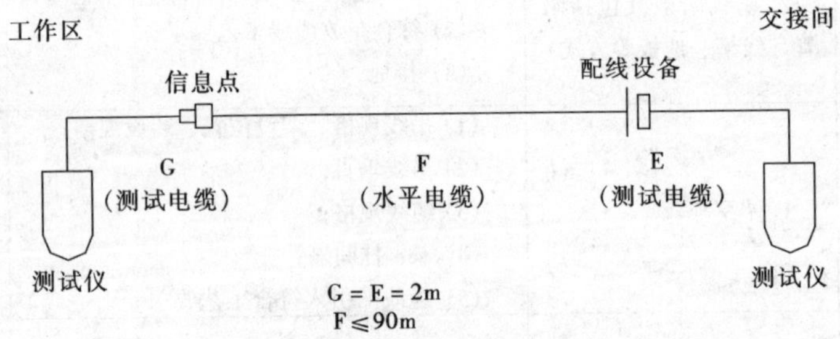

图 9.4.2-6　基本链路测试连接

b　信息连接应符合图 9.4.2-7 方式。

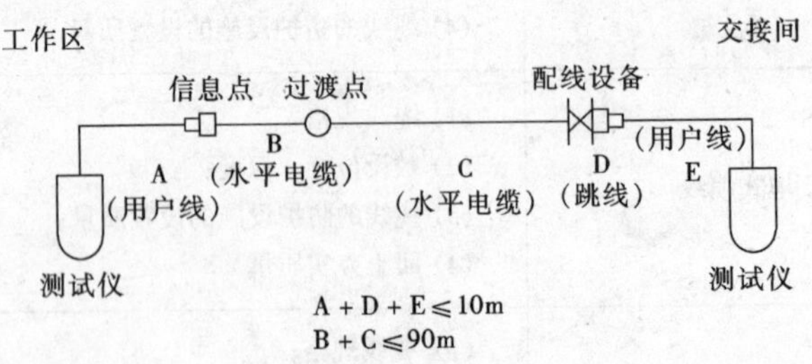

图 9.4.2-7　信道测试

2）测试包括以下内容：

a　接线图的测试，主要测试水平电缆终接工作区 8 位模块式通用插座及交接间配线设备接插件接线端子间的安装连接正确或错误。

b　测试长度应在测试连接图所要求的范围之内。

c　在选定的某一频率上信道和基本链路衰减量应符合表9.4.2-11和表9.4.2-12要求，信道的衰减包括10m（跳线、设备连接线之和）及各电缆段、接插件的衰减量的总和。

表9.4.2-11　信道衰减量

频　率（MHz）	3类（dB）	5类（dB）
1.00	4.2	2.5
4.00	7.3	4.5
8.00	10.2	6.3
10.00	11.5	7.0
16.00	14.9	9.2
20.00		10.3
25.00		11.4
31.25		12.8
62.50		18.5
100.00		24.0
注：总长度为100m以内。		

表9.4.2-12　基本链路衰减量

频　率（MHz）	3类（dB）	5类（dB）
1.00	3.2	2.1
4.00	6.1	4.0
8.00	8.8	5.7
10.00	10.0	6.3
16.00	13.2	8.2
20.00		9.2
25.00		10.3
31.25		11.5
62.50		16.7
100.00		21.6
注：总长度为94m以内。		

以上测试是以20℃为准，在3类对绞电缆时，每增加1℃则衰减量变化1.5%，对5类对绞电缆，则每增加1℃会有0.4%的变化。

d　近端串音是对绞电缆内，二条线对间信号的感应。对近端串音的测试，必须对每对线在两端进行测量。某一频率上，线对间近端串音应符合表9.4.2-13和表9.4.2-14的要求。

表9.4.2-13　信道近端串音（最差线间）

频率（MHz）	3类（dB）	5类（dB）
1.00	39.1	60.0
4.00	29.3	50.6
8.00	24.3	45.6
10.00	22.7	44.0
16.00	19.3	40.6
20.00		39.0
25.00		37.4
31.25		35.7
62.50		30.6
100.00		27.1
注：最差值限于60dB。		

表9.4.2-14　基本链路近端串间（最差线间）

频率（MHz）	3类（dB）	5类（dB）
1.00	40.1	60.0
4.00	30.7	51.8
8.00	25.9	47.1
10.00	24.3	45.5
16.00	21.0	42.3
20.00		40.7
25.00		39.1
31.25		37.6
62.50		32.7
100.00		29.3
注：最差值限于60dB。		

3）所有测试结果应有记录，并纳入文档管理。

4）五类、六类布线系统性能参数比较见附录I。

（4）光纤链路测试按如下进行：

1）测试前应对所有的光连接器进行清洗，并将测试接收器校准至零位。

2）测试包括以下内容：

a　对整个光纤链路（包括光纤和连接器）的衰减进行测试；

b　进行光纤链路的反射测量以确定链路长度及故障点位置。

3）测试按下图进行连接：

a　在两端对光纤逐根进行测试，连接方式见图 9.4.2-8。

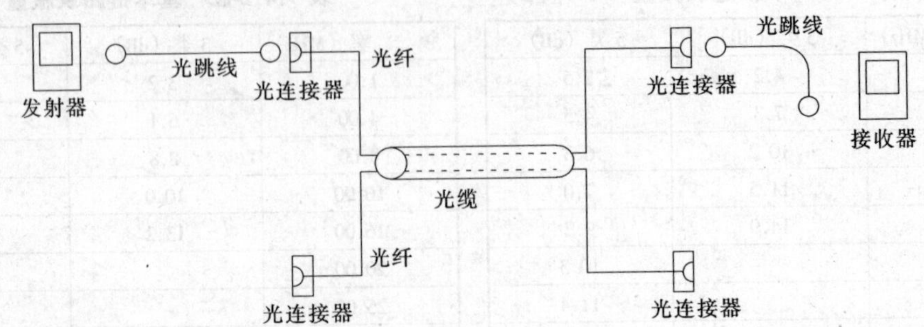

图 9.4.2-8　光纤链路测试连接图（一）

b　在一端对 2 根光纤进行环回测试，连接方式见图 9.4.2-9。

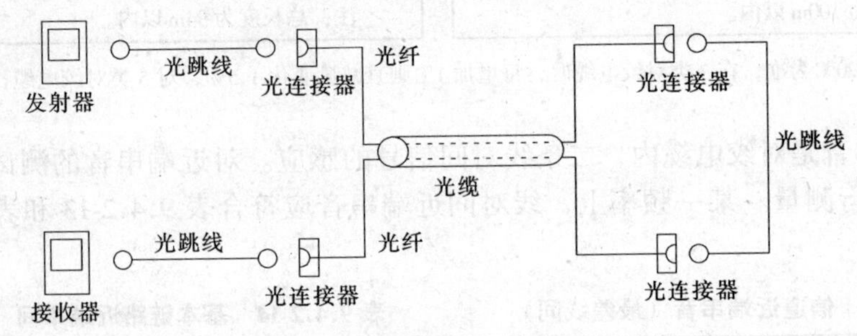

图 9.4.2-9　光纤链路测试连接图（二）

4）光纤链路系统指标应符合设计要求。

5）所有测试结果应有记录，并纳入文档管理。

6）光缆布线链路在规定的传输窗口测量出的最大光衰减（介入损耗）应不超过表 9.4.2-15 的规定，该指标已包括链路接头与连接插座的衰减在内。

表 9.4.2-15　光缆布线链路的衰减

布　线	链路长度（m）	衰　减（dB）			
		单模光缆		多模光缆	
		1310nm	1550nm	850nm	1300nm
水　平	100	2.2	2.2	2.5	2.2
建筑物主干	500	2.7	2.7	3.9	2.6
建筑群主干	1500	3.6	3.6	7.4	3.6

7）光缆布线链路的任一接口测出的光回波损耗应大于表 9.4.2-16 给出的值。

表 9.4.2-16　最小光回波损耗

类　别	单　模　光　缆		多　模　光　缆	
波　长	1310nm	1550nm	850nm	1300nm
光回波损耗	26dB	26dB	20dB	20dB

（5）电气性能测试仪按二级精度，应达到表 9.3.1 要求。

（6）测试仪表应有输出接口，以将所有存储的测试数据输出至计算机和打印机，进行维护和文档管理。

（7）电、光缆测试仪表应具有合格证及计量证书。

9.5 成品保护

9.5.1 设备间、配线间、交接间的门应加锁，未经许可非安装人员不准入内

9.5.2 工程至交工期间需设专人值班。

9.5.3 室内保持清洁干净、走道畅通、通风良好，室温保持在 18~28℃，相对湿度 30%~75%，室内严禁烟火。

9.5.4 在机房内施工时，必须采取保护和防尘措施，以免碰撞损伤设备。

9.5.5 电缆光缆端头在端接前做好密封保护工作。

9.6 施工安全、环保措施

9.6.1 利用综合布线系统组成的网络，应防止由射频产生的电磁污染，影响周围其他网络的正常运行。

9.6.2 不得直接用眼睛观察通电的光纤端口。

9.6.3 应当在施工现场采取维护安全、防范危险、预防火灾的措施；有条件的，应当对施工现场实行封闭管理。

9.6.4 施工现场对毗邻的建筑物、构筑物和特殊作业环境可能造成损害的，施工企业应当采取安全防护措施。

9.6.5 施工中应当遵守有关环境保护和安全生产的法律、法规的规定，采取控制和处理施工现场的各种粉尘、废气、废水、固体废物以及噪声、振动对环境的污染和危害。

9.7 系统检测

9.7.1 综合布线系统性能检测应采用专用测试仪器对系统的各条链路进行检测，并对系统的信号传输技术指标及工程质量进行评定。

9.7.2 综合布线系统性能检测时，光纤布线应全部检测，电缆布线以不低于 10% 的比例进行随机抽样检测，抽样点必须包括最远布线点。

9.7.3 系统性能检测合格判定应包括单项合格判定和综合合格判定。

1 单项合格判定

（1）对绞电缆布线某一个信息端口及其水平布线电缆（信息点）按第 9.4.2 条第 11 款第（3）项相关指标要求，有一个项目不合格，则该信息点判为不合格；垂直布线电缆某线对按连通性，长度要求、衰减和串扰等进行检测，有一个项目不合格，则判该线对不合格。

（2）光缆布线测试结果不满足第 9.4.2 条第 11 款第（4）项相关指标要求，则该光纤链路判为不合格。

（3）允许未通过检测的信息点、线对、光纤链路经修复后复检。

2 综合合格判定

（1）光缆布线检测时，如果系统中有一条光纤链路无法修复，则判为不合格。

（2）对绞电缆布线抽样检测时，被抽样检测点（线对）不合格比例不大于1%，则视为抽样检测通过；不合格点（线对）必须予以修复并复验。被抽样检测点（线对）不合格比例大于1%，则视为一次抽样检测不通过，应进行加倍抽样；加倍抽样不合格比例不大于1%，则视为抽样检测通过。如果不合格比例仍大于1%，则视为抽样检测不通过，应进行全部检测，并按全部检测的要求进行判定。

（3）对绞电缆布线全部检测时，如果有下面两种情况之一时则判为不合格；无法修复的信息点数目超过信息点总数的1%；不合格线对数目超过线对总数的1%；

（4）全部检测或抽样检测的结论为合格，则系统检测合格；否则为不合格。

Ⅰ 主 控 项 目

9.7.4 缆线敷设和终接的检测应符合9.4.2条的相关规定，应对以下项目进行检测：

1 缆线的弯曲半径；

2 预埋线槽和暗管的敷设；

3 电源线与综合布线系统缆线应分隔布放，缆线间的最小净距应符合设计要求；

4 建筑物内电、光缆暗管敷设及与其他管线之间的最小净距；

5 对绞电缆芯线终接；

6 光纤连接损耗值。

9.7.5 建筑群子系统采用架空、管道、直埋敷设电、光缆的检测要求应按照本地网通信线路工程验收的相关规定执行。

9.7.6 机柜、机架、配线架安装的检测，应符合第9.4.2条的相关规定外，还应符合以下要求：

1 卡入配线架连接模块内的单根线缆色标应和线缆的色标相一致，大对数电缆按标准色谱的组合规定进行排序；

2 端接于RJ45口的配线架的线序及排列方式按有关国际标准规定的两种端接标准（T568A或T568B）之一进行端接，但必须与信息插座模块的线序排列使用同一种标准。

9.7.7 信息插座安装在活动地板或地面上时，接线盒应严密防水、防尘。

9.7.8 系统监测应包括工程电气性能检测和光纤特性检测，按表9.4.2-10执行。

Ⅱ 一 般 项 目

9.7.9 缆线终接应符合第9.4.2条的相关规定。

9.7.10 各类跳线的终接应符合第9.4.2条的相关规定。

9.7.11 机柜、机架、配线架安装，除应符合第9.4.2条的相关规定外，还应符合以下要求：

1 机柜不应直接安装在活动地板上，应按设备的底平面尺寸制作底座，底座直接与地面固定，机柜固定在底座上，底座高度应与活动地板高度相同，然后铺设活动地板，底座水平误差每平方米不应大于2mm；

2 安装机架面板，架前应预留有800mm空间，机架背面离墙距离应大于600mm；

3 背板式跳线架应经配套的金属背板及接线管理架安装在墙壁上，金属背板与墙壁应紧固；

4 壁挂式机柜底面距地面不宜小于300mm；

5 桥架或线槽应直接进入机架或机柜内；

6 接线端子各种标志应齐全。

9.7.12 信息插座的安装要求应执行第9.4.2条的相关规定。

9.7.13 光缆芯线终端的连接盒面板应有标志。

9.7.14 采用计算机进行综合布线系统管理和维护时，应按下列内容进行检测：

1 中文平台、系统管理软件；

2 显示所有硬件设备及其楼层平面图；

3 显示干线子系统和配线子系统的元件位置；

4 实时显示和登录各种硬件设施的工作状态。

9.8 竣 工 验 收

9.8.1 综合布线系统竣工验收应按照本标准第14章和如下规定进行：

1 竣工技术文件按下列要求进行编制：

(1) 工程竣工以后，施工单位应在工程验收以前，将工程竣工技术资料交给建设单位。

(2) 综合布线系统工程的竣工技术资料应包括以下内容：

1) 安装工程量；

2) 工程说明；

3) 设备、器材明细表；

4) 竣工图纸为施工中更改后的施工设计图；

5) 测试记录（宜采用中文表示）；

6) 工程变更、检查记录及施工过程中，需更改设计或采取相关措施，由此产生的建设、设计、施工等单位之间的洽商记录；

7) 随工验收记录；

8) 隐蔽工程签证；

9) 工程决算。

(3) 竣工技术文件要保证质量，做到外观整洁，内容齐全，数据准确。

2 综合布线系统工程，应按表9.4.2-10所列项目、内容进行检验。

3 在验收中发现不合格的项目，应由验收机构查明原因，分清责任，提出解决办法。

4 综合布线系统工程如采用计算机进行管理和维护工作，应按专项进行验收。

9.8.2 竣工验收文件除上述要求的文件外，还应包括：

1 综合布线系统图；

2 综合布线系统信息端口分布图；

3 综合布线系统各配线区布局图；

4 信息端口与配线架端口位置的对应关系表；

5 综合布线系统平面布置图；

6 综合布线系统性能自检报告。

9.8.3 综合布线系统分项工程验收记录当地方主管部门无统一规定时，宜采用表9.8.3-1“综合布线系统安装分项工程质量验收记录表（Ⅰ）”、表9.8.3-2“综合布线系统安装分项工程质量验收记录表（Ⅱ）”、表9.8.3-3“综合布线系统性能检测分项工程质量验收记录表（Ⅰ）”、表9.8.3-4“综合布线系统性能检测分项工程质量验收记录表（Ⅱ）。”

表9.8.3-1 综合布线系统安装分项工程质量验收记录表（Ⅰ）

<table>
<tr><td colspan="2">单位（子单位）工程名称</td><td></td><td>子分部工程</td><td>综合布线系统</td></tr>
<tr><td colspan="2">分项工程名称</td><td>系统安装质量检测</td><td>验收部位</td><td></td></tr>
<tr><td colspan="2">施工单位</td><td></td><td>项目经理</td><td></td></tr>
<tr><td colspan="2">施工执行标准名称及编号</td><td colspan="3"></td></tr>
<tr><td colspan="2">分包单位</td><td></td><td>分包项目经理</td><td></td></tr>
<tr><td colspan="3">检测项目（主控项目）
（执行本标准第9.7.4～9.7.7条的规定）</td><td>检 测 记 录</td><td>备　注</td></tr>
<tr><td>1</td><td colspan="2">缆线的弯曲半径</td><td></td><td>执行GB/T 50312中第5.1.1条第5款规定</td></tr>
<tr><td>2</td><td colspan="2">预埋线槽和暗管的线缆敷设</td><td></td><td>执行GB/T 50312中第5.1.2条规定</td></tr>
<tr><td>3</td><td colspan="2">电源线、综合布线系统缆线应分隔布放</td><td></td><td>1. 缆线间最小间距应符合设计要求
2. 执行GB/T 50312中第5.1.1条第6款的规定</td></tr>
<tr><td>4</td><td colspan="2">电、光缆暗管敷设及与其他管线最小净距</td><td></td><td>执行GB/T 50312中第5.1.1条第6款的规定</td></tr>
<tr><td>5</td><td colspan="2">对绞电缆芯线终接</td><td></td><td>执行GB/T 50312中第6.0.2条的规定</td></tr>
<tr><td>6</td><td colspan="2">光纤连接损耗值</td><td></td><td>执行GB/T 50312中第6.0.3条第4款的规定</td></tr>
<tr><td>7</td><td colspan="2">架空、管道、直埋电（光）缆敷设</td><td></td><td>执行GB/T 50312中第5.1.5条的规定</td></tr>
<tr><td rowspan="4">8</td><td rowspan="4">机柜、机架、配线架的安装</td><td>符合规定</td><td></td><td rowspan="4">执行GB/T 50312第4节的规定</td></tr>
<tr><td>色标一致</td><td></td></tr>
<tr><td>色谱组合</td><td></td></tr>
<tr><td>线序及排列</td><td></td></tr>
<tr><td rowspan="2">9</td><td rowspan="2">信息插座安装</td><td>安装位置</td><td></td><td rowspan="2">执行本标准第9.7.7条的规定</td></tr>
<tr><td>防水防尘</td><td></td></tr>
<tr><td colspan="5">检测意见：

监理工程师（建设单位项目专业技术负责人）：　　　　检测机构负责人：
日期：　　　　日期：</td></tr>
</table>

表 9.8.3-2　综合布线系统安装分项工程质量验收记录表（Ⅱ）

<table>
<tr><td colspan="3">单位（子单位）工程名称</td><td></td><td>子分部工程</td><td>综合布线系统</td></tr>
<tr><td colspan="3">分项工程名称</td><td>系统安装质量检测</td><td>验收部位</td><td></td></tr>
<tr><td colspan="3">施工单位</td><td></td><td>项目经理</td><td></td></tr>
<tr><td colspan="3">施工执行标准名称及编号</td><td colspan="3"></td></tr>
<tr><td colspan="3">分包单位</td><td></td><td>分包项目经理</td><td></td></tr>
<tr><td colspan="3">检测项目（一般项目）
（执行本标准第 9.7.9～9.7.13 条的规定）</td><td colspan="2">检 测 记 录</td><td>备　注</td></tr>
<tr><td>1</td><td colspan="2">缆线终接</td><td colspan="2"></td><td>执行 GB/T 50312 中第 6.0.2 条的规定</td></tr>
<tr><td>2</td><td colspan="2">各类跳线的终接</td><td colspan="2"></td><td>执行 GB/T 50312 中第 6.0.4 条的规定</td></tr>
<tr><td rowspan="7">3</td><td rowspan="7">机柜、机架、配线架的安装</td><td>符合规定</td><td colspan="2"></td><td rowspan="7">执行 GB/T 50312 中第 4.0.1 条的规定</td></tr>
<tr><td>设备底座</td><td colspan="2"></td></tr>
<tr><td>预留空间</td><td colspan="2"></td></tr>
<tr><td>紧固状况</td><td colspan="2"></td></tr>
<tr><td>距地面距离</td><td colspan="2"></td></tr>
<tr><td>与桥架线槽连接</td><td colspan="2"></td></tr>
<tr><td>接线端子标志</td><td colspan="2"></td></tr>
<tr><td>4</td><td colspan="2">信息插座的安装</td><td colspan="2"></td><td>执行 GB/T 50312 中第 4.0.3 条的规定</td></tr>
<tr><td>5</td><td colspan="2">光缆芯线终端的安装连接标志</td><td colspan="2"></td><td>执行本标准 9.7.13 条的规定</td></tr>
<tr><td>6</td><td colspan="2"></td><td colspan="2"></td><td></td></tr>
<tr><td colspan="6">检测意见：

监理工程师（建设单位项目专业技术负责人）：　　　　检测机构负责人：
日期：　　　　日期：</td></tr>
</table>

表 9.8.3-3　综合布线系统性能检测分项工程质量验收记录表（Ⅰ）

<table>
<tr><td colspan="3">单位（子单位）工程名称</td><td></td><td>子分部工程</td><td>综合布线系统</td></tr>
<tr><td colspan="3">分项工程名称</td><td>系统性能检测</td><td>验收部位</td><td></td></tr>
<tr><td colspan="2">施工单位</td><td colspan="2"></td><td>项目经理</td><td></td></tr>
<tr><td colspan="3">施工执行标准名称及编号</td><td colspan="3"></td></tr>
<tr><td colspan="2">分包单位</td><td colspan="2"></td><td>分包项目经理</td><td></td></tr>
<tr><td colspan="3">检 测 项 目（主控项目）
（执行本标准第 9.7.8 条的规定）</td><td colspan="2">检测记录</td><td>备　注</td></tr>
<tr><td rowspan="5">1</td><td rowspan="5">工程电气性能检测</td><td>连接图</td><td colspan="2"></td><td rowspan="10">执行 GB/ T 503128.0.2 条的规定</td></tr>
<tr><td>长　度</td><td colspan="2"></td></tr>
<tr><td>衰　减</td><td colspan="2"></td></tr>
<tr><td>近端串音（两段）</td><td colspan="2"></td></tr>
<tr><td>其他特殊规定的测试内容</td><td colspan="2"></td></tr>
<tr><td rowspan="5">2</td><td rowspan="5">光纤特性检测</td><td>连通性</td><td colspan="2"></td></tr>
<tr><td>衰　减</td><td colspan="2"></td></tr>
<tr><td>长　度</td><td colspan="2"></td></tr>
<tr><td></td><td colspan="2"></td></tr>
<tr><td></td><td colspan="2"></td></tr>
<tr><td colspan="6">检测意见：

监理工程师（建设单位项目专业技术负责人）：　　　　检测机构负责人：
日期：　　　　　　　　　　　　　　　　　　　　　　日期：</td></tr>
</table>

表 9.8.3-4　综合布线系统性能检测分项工程质量验收记录表（Ⅱ）

<table>
<tr><td colspan="2">单位（子单位）工程名称</td><td></td><td>子分部工程</td><td>综合布线系统</td></tr>
<tr><td colspan="2">分项工程名称</td><td>系统性能检测</td><td>验收部位</td><td></td></tr>
<tr><td colspan="2">施工单位</td><td></td><td>项目经理</td><td></td></tr>
<tr><td colspan="2">施工执行标准名称及编号</td><td colspan="3"></td></tr>
<tr><td colspan="2">分包单位</td><td></td><td>分包项目经理</td><td></td></tr>
<tr><td colspan="3">检测项目（一般项目）
（执行本标准第 9.7.14 条的规定）</td><td>检 测 记 录</td><td>备　注</td></tr>
<tr><td rowspan="5">1</td><td rowspan="5">综合布线管理系统</td><td>中文平台管理软件</td><td></td><td rowspan="5">执行本标准第 9.7.14 条的规定</td></tr>
<tr><td>硬件设备图</td><td></td></tr>
<tr><td>楼层图</td><td></td></tr>
<tr><td>干线子系统及配线子系统配置</td><td></td></tr>
<tr><td>硬件设施工作状态</td><td></td></tr>
<tr><td>2</td><td colspan="2"></td><td></td><td></td></tr>
<tr><td>3</td><td colspan="2"></td><td></td><td></td></tr>
<tr><td>4</td><td colspan="2"></td><td></td><td></td></tr>
<tr><td>5</td><td colspan="2"></td><td></td><td></td></tr>
<tr><td>6</td><td colspan="2"></td><td></td><td></td></tr>
<tr><td colspan="5">检测意见：</td></tr>
<tr><td colspan="3">监理工程师（建设单位项目专业技术负责人）：
日期：</td><td colspan="2">检测机构负责人：
日期：</td></tr>
</table>

10 智能化系统集成

10.1 一 般 规 定

10.1.1 本章适用于智能建筑工程中的智能化系统集成的工程实施及质量控制、系统检测和竣工验收。

10.1.2 本章规定了智能化系统集成的检测和验收办法、步骤和内容。

10.1.3 系统集成检测验收的重点应为系统的集成功能、各子系统之间的协调控制能力、信息共享和综合管理能力、运行管理与系统维护的可实施性、使用的安全性和方便性等要素。

10.2 施 工 准 备

10.2.1 技术准备

1 施工前进行图纸会审；

2 施工前应编制施工组织设计（施工方案），并报上一级技术负责人审核批准；

3 施工前应进行技术交底，明确施工方法及质量标准。

4 明确系统集成的功能要求、各子系统的接口形式、通信协议、数据格式及整体安全要求。

10.2.2 主要材料

服务器、工作站、网关、防火墙、缆线、系统软件、应用软件、开发工具等。

10.2.3 主要机具

计算机、电工工具、对讲机、网络专用工具、测试软件及仪器等。

10.3 材 料 质 量 控 制

10.3.1 智能化系统集成的设备、材料进场验收要求除遵照本标准第 3.2 条、第 3.3.4 条和第 3.3.5 条的规定执行外，还符合如下规定：

1 中继器、网桥、网卡、路由器、网关、各种接插件、集线器、交换机等网络设备、部件须有产品标准和接口规范的技术资料或说明书，产品性能、软硬件特性都必须符合系统集成设计的要求。

2 不同厂家的产品要有统一的软件通信协议标准，各种产品需提供标准化的系列接口。当需接口的产品之间采用不同通信协议和标准时，必须向负责接口的一方公开乙方的协议标准内容。

3 为便于实现软件系统和硬件系统的集成，软件产品和硬件设备应模块化设计。能适应不同厂家的设备之间的无缝连接和互相替代。

4 集成软件应能适应信息网络及技术发展的要求。系统集成在使用和维护方面应尽可能简单化，界面应汉化。

5　集成系统采用的接口协议应标准化。

6　实时数据库的选择应符合：

（1）现场待安装的数据库软件必须有产品详细说明书，并符合设计要求，确认是否是原版，严禁使用盗版软件。

（2）数据库应与网络操作系统相匹配。

（3）应检查网络数据库的一致性，范围性，避免系统集成中出现不兼容等问题。

7　信息安全产品应符合：

（1）主动检测网络的易受攻击点和安全漏洞的检测工具（包括软、硬件）应符合产品技术要求和相关测试校验要求。

（2）用户访问系统的身份识别技术产品一定要有相关的质保资料，方可在系统中使用，以保证身份认证可靠性。

（3）用于保护可信网络的装置——防火墙产品应有完整的质量保证体系，应符合设计要求，避免使用单纯的地址过滤型防火墙。

8　各子系统功能接口应符合：

（1）功能接口包括接插件、通讯协议和软件编程接口等，这些都应符合设计总体要求，并具有产品技术说明书等资料，并应符合有关标准要求。

（2）接口连接双方有技术协议的应出具相关资料文件，并应检查其是否符合双方协议要求。

（3）必要时对接口设备通电，检查其是否能实现双方确认的功能。

10.4　施　工　工　艺

10.4.1　工艺流程

选择集成协议、确定集成核心和系统平台→集成网络系统→应用软件集成→系统安全实现→集成系统测试

10.4.2　施工要点

系统集成工程的实施必须按已批准的设计文件和施工图进行。

1　系统集成应确保系统的互操作性，技术标准和规范、产品标准和规范、工程标准和规范、验收标准和规范等必须符合有关条例及规范。

2　系统集成包括设备的集成，系统软件的集成，应用软件的集成，人员的集成，组织机构的集成，管理方法的集成，应有详细的集成系统方案，并经反复认证及业主确认。智能建筑中集成系统有各种各样，大小不一，但均需满足用户对功能的要求。

10.4.2.1　选择集成协议、确定集成核心和系统平台

1　通讯协议是集成系统与各子系统进行数据交换的基础，一般各个子系统采用不同的厂家产品支持不同的通讯协议，集成系统采用的协议应能与各子系统支持协议兼容或编制通讯接口。

2　在实现系统集成时，为解决互联和互操作的问题，所采用的技术手段有：

（1）采用统一的通信协议实现系统集成。BACnet 是楼宇自动控制领域第一个开放式标准，该协议结合建筑工程特点定义了多种对象、服务及数据链路结构，很多空调、制冷、变配电设备制造厂商均采纳该标准协议，为系统集成创造了条件；LONworks 是 1990

年推出的全分布式，具有开放性和互操作性的通讯协议，经 LONworks 协会认证的产品具有良好的互操作性，也是系统集成的常用标准协议。

(2) 采用协议转换实现系统集成。具有不同协议的网络互连，可以采用协议转换器。采用标准的协议转换器在局域网内部通信采用了简单的通信结构，网络上的所有站只使用简单的会话/传送协议，所有协议转换器之间通信只使用同样的传送层协议和 IP。

(3) 采用 OPC 技术实现系统集成。OPC 允许应用程序链接到其他软件对象中，解决了应用程序与过程控制设备之间的数据读取和写入。OPC 提供信息管理域应用软件与实时控制域进行数据传输的方法，在统一的 OPC 环境下，各应用程序可以直接读取现场设备的数据，不需一个一个地编写专用的接口程序，各现场设备也可直接与不同应用之间互连，从而实现不同网络平台，不同通讯协议、不同厂家的产品方便的互连和互操作。

(4) 采用 ODBC 技术实现系统集成。ODBC 是解决异种数据库之间互连的标准，采用 ODBC 及其他开放分布式数据技术实现系统集成，也是智能建筑实现集成的重要方式。

3 选择集成核心时，应该考虑如下基本原则：

(1) 选择在整个智能化系统中所占比重最大系统的软件。

(2) 选择在各种控制系统中采用最先进技术的软件。

(3) 选择高层通信技术最开放的软件。

(4) 一般宜以 BAS 或 OAS 系统的软件为集成核心。

4 系统平台的选择应考虑操作、维护的便利性及系统安全性要求。

10.4.2.2 集成网络系统

1 集成网络系统完成对各个子系统的硬件连接，通过网卡或是网关连接到计算机局域网络形成统一的网络系统。系统集成所要求的计算机通信内容主要是工作数据，所要求的网络技术相对较普通，只有在要求计算机网络直接传输图像信息时，才会要求高技术和高速度的网络设备。

2 集成网络系统应采用分层网络结构，高层网络采用通用的办公网络系统，底层根据数据流、稳定性等要求选择相应的工业控制网络。选择应基于通用性、兼容性及技术发展的考虑。

3 常用的网络设备要求：

(1) 网卡的计算机接口和网络接口（通常有三种：BNC，UTP 和 AUI）应适合所用的计算机和网络系统物理层要求。

(2) 集线器 HUB 是一台具有多个 UTP 接口的设备，计算机通过 HUB 实现互连。安装前必须具备产品说明书，并检查是否符合设计要求。机架式的 HUB，还必须检查机架质量，应具有相应的质保资料。

(3) 网桥（Bridge）是在数据链路层将网络互连的设备，可以完成各功能子网之间的互连和隔离。它目前通常由交换器（Switch）、路由器（Router）或服务器附带完成网桥的功能。

(4) 交换机的一个网络接口可以连接一个网段、一台工作站或服务器。由于 Switch 中各网络接口是互相独立的，所以每个网络接口都能充分利用其传输带宽。

(5) 路由器（Router）完成网络层的连接，完成协议转换以及网络层的路由选择。进而可以连接多种协议的局域网。用户选用路由器时，必须考虑路由器的软件是否支持用户所采用的网络协议，选择时还需注意接口和软件协议是否符合需求。

10.4.2.3 应用软件集成

1 应用软件集成包括系统功能接口的实现、实时数据库及系统功能集成。

2 集成系统的功能接口必须按已批准的设计和施工图进行安装，集成商提供接口规范应由合同双方审定。

3 功能接口的软硬件性能要求、功能要求、技术标准必须符合设计和标准规范，并有双方确认的协议意见。只有企业标准的产品，应按法定程序获得有关部门的核准，按企业标准进行检测，并出具检测报告。

4 集成系统应具有如下管理功能接口：

(1) 建筑设备监控系统、安防系统、火灾自动报警系统、一卡通系统、车库管理等系统的网络运行状态集中监视与管理功能接口；

(2) 建筑设备监控系统、安防系统、火灾自动报警系统、一卡通系统的联动控制功能接口；

(3) 集中控制功能接口，包括系统运行的启、停时间表，需要中央控制室控制的动作和系统监视控制功能等；

(4) 全局事件的决策管理功能接口，在大楼（小区）内发生影响全局的事件如火灾等时，如何进行救灾决策等，对这些全局事件进行决策管理；

(5) 各个虚拟子网配置，安全管理的功能，对集成在IBMS上的各个子网的管理系统，如宾馆管理系统、商场管理系统、物业管理系统、办公自动化系统等，除了共享信息和资源外，还要对建立的各个虚拟子网进行配置和安全管理；

(6) 系统的运行、维护、管理和流程自动化管理功能。通过时间响应程序和事件响应程序的方式来实现大厦内机电设备流程的自动化控制，空调机和冷、热源设备的最佳启停和节能运行控制，电梯、照明回路的时间控制等，这些流程的自动化控制和管理不但可以简化人员的手动操作，而且可以使大厦机电设备运行处于最佳状态，达到节省能源和人工成本的目的。

(7) 集成系统中功能接口很多，但无论是楼宇还是居住小区，必须有两个共享功能。具体内容应包括：实时采集各类信息，如控制信息、事件（故障）发生及报警信息；用户、物业管理、办公自动化用的各类信息；来自外部如 Internet 网上的各类信息。信息形式可以为数据、图文、声像等形式，通过处理、查询、建立一个共享信息库，供用户和物业管理人员随时调阅查看，提高信息的共享性，从而达到信息共享的功能。设备共享包括内部网络设备的共享，对外通信设施的共享和公共设备的共享等。

5 应根据接口规范制定接口测试大纲，并经有关方批准。然后按大纲逐项检测接口的软、硬件，保证接口性能符合设计要求，能实现接口规范中规定的各项功能，并不发生通信瓶颈及系统兼容性问题。功能接口产品的检测报告应包括检测依据，检测设备和检测结果记录。并加盖有资格确认部门（或单位）的印章。

6 实时数据库应具有如下功能：

(1) 数据的安全性控制；

(2) 数据的完整性控制；

(3) 数据的并发控制。

7 安装数据库前，应作如下检查：

(1) 检查网络操作系统与被安装的数据库是否相匹配；

（2）检查数据库的版本是否符合设计要求，对商用数据库软件检查有否使用许可证，应对其使用范围进行验收。

（3）数据库应有技术和使用说明书等全套文档资料。

8 系统集成各种功能的实现，须依靠系统集成软件，而大多数系统集成软件都有其特殊性，软件开发须在仔细的调研、确定工作流程和数据流后，明确其结构和功能。应提供软件测试报告，报告中应包括模块测试、组装测试和总体测试的内容。

9 所有接口应用软件均应提供完备齐全的文档：

（1）软件资料；

（2）程序结构说明；

（3）安装调试说明；

（4）使用和维护说明。

10 应提供自编软件的软件测试大纲、必要的调试检测用的软件和开发工具。软件应通过功能测试、性能测试和安全测试，并经检验合格，且持续运行时间不低于1个月。

10.4.2.4 系统安全实现

1 营造网络系统安全运行的环境。采用多级客户机/服务器模式，用户端使用统一的浏览界面，内外交换处利用防火墙将内部 Intranet 与 Internet 相隔离，使服务器运行环境相对封闭。

检查防火墙应具有如下功能：

（1）网络安全屏障。一个作为阻塞点、控制点的防火墙，通过过滤不安全的服务而降低风险。可禁止不安全的协议进出受保护的网络，防火墙应保护网络免受基于路由的攻击，可以拒绝攻击的报文并通知防火墙管理员。

（2）网络安全策略。通过以防火墙为中心的安全方案配置，能将所有安全措施如口令、加密、身份认证、审计等配置在防火墙上。

（3）网络监控审计。防火墙应能记录下经过它的所有访问，同时也能提供网络使用情况的统计数据。当发生可疑动作时，能进行报警，并提供网络是否受到监测和攻击的详细信息。

（4）防止内部信息的外泄。通过防火墙对内部网络的划分，可实现内部网重点网段的隔离，从而限制了局部重点或敏感网络安全问题对全局网络造成的影响。使用防火墙应能屏蔽那些透露内部细节的服务，以防暴露内部网络的某些安全漏洞。

2 应用入侵检测（IDS）技术进一步加强网络安全。入侵检测是对传统静态网络安全技术（防火墙、加密和认证）的重要加强措施，它从网络若干关键点收集信息，并分析这些信息，决定哪些是违反安全策略的行为和可能遭到攻击的对象。入侵检测应能对网络探测、系统误用及其他恶意行为等作出反应（发送电子邮件、寻呼、记录日志、切断网络连接等）。

3 各类网络的安全要求：

（1）语音网络。由于已全程控化、全数字化的语音交换保证了网络内部的语音传送安全，主要的安全问题是要保证通信服务不中断，防止线路盗用，语音窃听等。

（2）基础数据网（X.25/DDN/FR/ATM）。由于采用固定或半固定连接实现点到点的数据传输，安全性较高。主要的安全问题是保证通信的高可靠性，不间断的服务。

（3）宽带 IP 数据网。采用 TCP/IP 开放协议，协议本身的漏洞和网络技术的开放性，带来了前所未有的巨大的安全隐患。主要安全问题是缺乏服务质量的保证，如地址盗用、地址欺骗、内容窃取或更改、计算机病毒等。

三种电信网具有不同的安全特点，安全保障的措施也各有不同。

4 应用访问控制策略控制用户对资源的使用。宜从如下几方面进行控制：

（1）网络用户验证——这是网络安全系统的最外层防线。在登录过程中，系统会检查用户名及口令的合法性，不合法的用户将被拒绝。

（2）网络用户访问资源的权限。用户权限主要体现在用户对所有系统资源的可用程度。

（3）传输安全。采用不对称密钥技术对传输信息进行加密解密防止信息的泄露和被破坏。

5 选用网络防病毒解决方案，应能有效地检测和清除各种已知和未知病毒。选择方案时，首先要考虑是否适合自己的需要，同时还有可扩充性，为今后网络的发展留下足够的空间。

10.4.2.5 集成系统测试

1 系统集成的测试以用户的系统需求为依据，达到用户的要求就可以认为完成系统集成的要求。

2 测试内容包括：

（1）已建成使用的智能化系统的监视能力的测试。检查已经完成在统一操作界面上监视所有系统的工作情况。

（2）各智能化系统的联动能力的测试。

（3）测试各种物业管理、设备管理和人员管理系统，应达到设计要求。

（4）对大厦信息服务系统测试，必要的信息、资料、数据库和信息传输渠道应达到设计要求。

（5）用于系统集成的各种通信设备的测试。

（6）系统安全性能测试。模拟非法用户、系统入侵等事件，系统安全性能应达到设计要求。

3 硬件产品（或设备）检测的重点内容：

（1）产品的性能和功能；

（2）产品的安全性；

（3）产品的电源与接地；

（4）产品的可靠性及电磁兼容性。

4 软件产品（用户应用软件、用户组态软件及接口软件等）检测的主要内容：

（1）功能测试应包括容量、可用性、安全性、可恢复性、兼容性等；

（2）数据传输的格式和速率应符合标准规范和双方约定的要求；

（3）应保证软件的可维护性。

5 所有测试结果应有记录，并纳入文档管理。

6 系统集成调试完成后，应进行系统自检，并填写系统自检报告。

7 系统集成调试完成，经与工程建设方协商后可投入系统试运行，投入试运行后应由建设单位或物业管理单位派出的管理人员和操作人员作好值班试运行记录并保存试运行的全部历史数据。

10.5 成 品 保 护

10.5.1 设备机房的门应加锁，未经许可非安装人员不准入内。

10.5.2 工程至交工期间需设专人值班。

10.5.3 室内保持清洁干净、走道畅通、通风良好，室温保持在 18～28℃，相对湿度 30%～75%，室内严禁烟火。

10.5.4 在机房内施工时，必须采取保护和防尘措施，以免碰撞损伤设备。

10.5.5 随机光盘要统一存放，妥善保管。

10.5.6 系统设置参数等重要数据要做好备份，并存放于安全的场所。

10.6 施工安全、环保措施

10.6.1 应当在施工现场采取维护安全、防范危险、预防火灾的措施；有条件的，应当对施工现场实行封闭管理。

10.6.2 施工现场对毗邻的建筑物、构筑物和特殊作业环境可能造成损害的，施工企业应当采取安全防护措施。

10.6.3 施工中应当遵守有关环境保护和安全生产的法律、法规的规定，采取控制和处理施工现场的各种粉尘、废气、废水、固体废物以及噪声、振动对环境的污染和危害。

10.7 系 统 检 测

10.7.1 系统集成的检测应在建筑设备监控系统、安全防范系统、火灾自动报警及消防联动系统、通信网络系统、信息网络系统和综合布线系统检测完成，系统集成完成调试并经过 1 个月试运行后进行。

10.7.2 检测前应按本标准第 3.4.2 条的规定编写系统集成检测方案，检测方案应包括检测内容、检测方法、检测数量等。

10.7.3 系统集成检测的技术条件应依据合同技术文件、设计文件及相关产品技术文件。

10.7.4 系统集成检测时应提供以下过程质量记录：

1 硬件和软件进场检验记录；

2 系统测试记录；

3 系统试运行记录。

10.7.5 系统集成的检测应包括接口检测、软件检测、系统功能及性能检测、安全检测等内容。

Ⅰ 主 控 项 目

10.7.6 子系统之间的硬线连接、串行通讯连接、专用网关（路由器）接口连接等应符合设计文件、产品标准和产品技术文件或接口规范的要求，检测时应全部检测，100%合格为检测合格。计算机网卡、通用路由器和交换机的连接测试可按照本标准第 5.7.1.2 条有关内容进行。

10.7.7 检查系统数据集成功能时，应在服务器和客户端分别进行检查，各系统的数据应在服务器统一界面下显示，界面应汉化和图形化，数据显示应准确，响应时间等性能指标应符合设计要求。对各子系统应全部检测，100%合格为检测合格。

10.7.8 系统集成的整体指挥协调能力

系统的报警信息及处理、设备联锁控制功能应在服务器和有操作权限的客户端检测。对各子系统应全部检测，每个子系统检测数量为子系统所含设备数量的 20%，抽检项目 100%合格为检测合格。

应急状态的联动逻辑的检测方法为：

1 在现场模拟火灾信号，在操作员站观察报警和做出判断情况，记录视频安防监控系统、门禁系统、紧急广播系统、空调系统、通风系统和电梯及自动扶梯系统的联动逻辑是否符合设计文件要求；

2 在现场模拟非法侵入（越界或入户），在操作员站观察报警和做出判断情况，记录视频安防监控系统、门禁系统、紧急广播系统和照明系统的联动逻辑是否符合设计文件要求；

3 系统集成商与用户商定的其他方法。

以上联动情况应做到安全、正确、及时和无冲突。符合设计要求的为检测合格，否则为检测不合格。

10.7.9 系统集成的综合管理功能、信息管理和服务功能的检测应符合本标准第 5.7.2 节的规定，并根据合同技术文件的有关要求进行。检测的方法，应通过现场实际操作使用，运用案例验证满足功能需求的方法来进行。

10.7.10 视频图像接入时，显示应清晰，图像切换应正常，网络系统的视频传输应稳定、无拥塞。

10.7.11 系统集成的冗余和容错功能（包括双机备份及切换、数据库备份、备用电源及切换和通信链路冗余切换）、故障自诊断、事故情况下的安全保障措施的检测应符合设计文件要求。

10.7.12 系统集成不得影响火灾自动报警及消防联动系统的独立运行，应对其系统相关性进行连带测试。

Ⅱ 一 般 项 目

10.7.13 系统集成商应提供系统可靠性维护说明书，包括可靠性维护重点和预防性维护计划，故障查找及迅速排除故障的措施等内容。可靠性维护检测，应通过设定系统故障，检查系统的故障处理能力和可靠性维护性能。

10.7.14 系统集成安全性，包括安全隔离身份认证、访问控制、信息加密和解密、抗病毒攻击能力等内容的检测，按本标准第 5.7.3 条有关规定进行。

10.7.15 对工程实施及质量控制记录进行审查，要求真实、准确、完整。

10.8 竣 工 验 收

10.8.1 竣工验收应在系统集成正常连续投运时间 1 个月后进行。

10.8.2 竣工验收文件资料应包括以下内容：

1 设计说明文件及图纸；

2 设备及软件清单；

3 软件及设备使用手册和维护手册，可靠性维护说明书；

4 过程质量记录；

5 系统集成检测记录；

6 系统集成试运行记录。

10.8.3 智能化系统集成分项工程验收记录当地方主管部门无统一规定时，宜采用表10.8.3-1“系统集成网络连接分项工程质量验收记录表”、表10.8.3-2“系统数据集成分项工程质量验收记录表”、表10.8.3-3“系统集成整体协调分项工程质量验收记录表”、表10.8.3-4“系统集成综合管理及冗余功能分项工程质量验收记录表”、表10.8.3-5“系统集成可维护性和安全性分项工程质量验收记录表”。

表10.8.3-1 系统集成网络连接分项工程质量验收记录表

单位（子单位）工程名称			子分部工程	智能化系统集成
检测内容		系统集成网络连接	验收部位	
施工单位			项目经理	
施工执行标准名称及编号				
分包单位			分包项目经理	
检测项目（主控项目） （执行本标准第10.7.6条的规定）		检查评定记录		备注
1	连接线测试			全部检测，100%合格时为检测合格
2	通信连接测试			
3	专用网关接口连接测试			
4	计算机网卡连接测试			
5	通用路由器连接测试			
6	交换机连接测试			
7	系统连通性测试			
8	网管工作站和网络设备通信测试			
9				
10				
检测意见：				
监理工程师（建设单位项目专业技术负责人）： 日期：			检测机构负责人： 日期：	

表 10.8.3-2 系统数据集成分项工程质量验收记录表

<table>
<tr><td colspan="3">单位（子单位）工程名称</td><td></td><td>子分部工程</td><td>智能化系统集成</td></tr>
<tr><td colspan="3">检测内容</td><td>系统数据集成</td><td>验收部位</td><td></td></tr>
<tr><td>施工单位</td><td colspan="3"></td><td>项目经理</td><td></td></tr>
<tr><td colspan="3">施工执行标准名称及编号</td><td colspan="3"></td></tr>
<tr><td>分包单位</td><td colspan="3"></td><td>分包项目经理</td><td></td></tr>
<tr><td colspan="3">检测项目（主控项目）
（执行本标准第 10.7.7 条的规定）</td><td colspan="2">检查评定记录</td><td>备　注</td></tr>
<tr><td rowspan="3">1</td><td rowspan="3">服务器端</td><td>人机界面</td><td colspan="2"></td><td rowspan="9">对各子系统全部检测，100%合格时为检测合格</td></tr>
<tr><td>显示数据</td><td colspan="2"></td></tr>
<tr><td>响应时间</td><td colspan="2"></td></tr>
<tr><td rowspan="3">2</td><td rowspan="3">客户端 1</td><td>人机界面</td><td colspan="2"></td></tr>
<tr><td>显示数据</td><td colspan="2"></td></tr>
<tr><td>响应时间</td><td colspan="2"></td></tr>
<tr><td rowspan="3">3</td><td rowspan="3">客户端 2</td><td>人机界面</td><td colspan="2"></td></tr>
<tr><td>显示数据</td><td colspan="2"></td></tr>
<tr><td>响应时间</td><td colspan="2"></td></tr>
<tr><td>4</td><td colspan="2"></td><td colspan="2"></td><td></td></tr>
<tr><td>5</td><td colspan="2"></td><td colspan="2"></td><td></td></tr>
<tr><td colspan="6">检测意见：

监理工程师（建设单位项目专业技术负责人）：　　　　检测机构负责人：
日期：　　　　日期：</td></tr>
</table>

表 10.8.3-3 系统集成整体协调分项工程质量验收记录表

<table>
<tr><td colspan="2">单位（子单位）工程名称</td><td colspan="2"></td><td>子分部工程</td><td>智能化系统集成</td></tr>
<tr><td colspan="2">检测内容</td><td colspan="2">系统集成整体协调</td><td>验收部位</td><td></td></tr>
<tr><td>施工单位</td><td colspan="3"></td><td>项目经理</td><td></td></tr>
<tr><td colspan="3">施工执行标准名称及编号</td><td colspan="3"></td></tr>
<tr><td>分包单位</td><td colspan="3"></td><td>分包项目经理</td><td></td></tr>
<tr><td colspan="3">检测项目（主控项目）
（执行本标准第 10.7.8 条的规定）</td><td colspan="2">检查评定记录</td><td>备　注</td></tr>
<tr><td rowspan="2">1</td><td rowspan="2">系统的报警信息及处理</td><td>服务器端</td><td colspan="2"></td><td rowspan="8">各项检测应做到安全、正确、及时、无冲突，符合设计要求的为合格，否则为不合格</td></tr>
<tr><td>有权限的客户端</td><td colspan="2"></td></tr>
<tr><td rowspan="2">2</td><td rowspan="2">设备联锁控制</td><td>服务器端</td><td colspan="2"></td></tr>
<tr><td>有权限的客户端</td><td colspan="2"></td></tr>
<tr><td rowspan="3">3</td><td rowspan="3">应急状态的联动逻辑检测</td><td>现场模拟火灾信号</td><td colspan="2"></td></tr>
<tr><td>现场模拟非法侵入</td><td colspan="2"></td></tr>
<tr><td>其他</td><td colspan="2"></td></tr>
<tr><td>4</td><td colspan="2"></td><td colspan="2"></td></tr>
<tr><td colspan="6">检测意见：

监理工程师（建设单位项目专业技术负责人）：　　　　检测机构负责人：
日期：　　　　日期：</td></tr>
</table>

表 10.8.3-4　系统集成综合管理及冗余功能分项工程质量验收记录表

<table>
<tr><td colspan="3">单位（子单位）工程名称</td><td></td><td>子分部工程</td><td>智能化系统集成</td></tr>
<tr><td colspan="3">检测内容</td><td>系统集成综合管理及冗余功能</td><td>验收部位</td><td></td></tr>
<tr><td colspan="3">施工单位</td><td></td><td>项目经理</td><td></td></tr>
<tr><td colspan="3">施工执行标准名称及编号</td><td colspan="3"></td></tr>
<tr><td colspan="3">分包单位</td><td></td><td>分包项目经理</td><td></td></tr>
<tr><td colspan="3">检测项目（主控项目）
（符合本标准第 10.7.9～10.7.12 条的规定）</td><td colspan="2">检测记录</td><td>备　注</td></tr>
<tr><td>1</td><td colspan="2">综合管理功能</td><td colspan="2"></td><td rowspan="3">运用案例验证满足功能需求</td></tr>
<tr><td>2</td><td colspan="2">信息管理功能</td><td colspan="2"></td></tr>
<tr><td>3</td><td colspan="2">信息服务功能</td><td colspan="2"></td></tr>
<tr><td rowspan="3">4</td><td rowspan="3">视频图像接入时</td><td>图像显示</td><td colspan="2"></td><td rowspan="10">满足设计要求的为合格</td></tr>
<tr><td>图像切换</td><td colspan="2"></td></tr>
<tr><td>图像传输</td><td colspan="2"></td></tr>
<tr><td rowspan="6">5</td><td rowspan="6">系统冗余和容错功能</td><td>双机备份及切换</td><td colspan="2" rowspan="6"></td></tr>
<tr><td>数据库备份</td></tr>
<tr><td>备用电源及切换</td></tr>
<tr><td>通信链路冗余及切换</td></tr>
<tr><td>故障自诊断</td></tr>
<tr><td>事故条件下的安全保障措施</td></tr>
<tr><td>6</td><td colspan="2">与火灾自动报警系统相关性</td><td colspan="2"></td></tr>
<tr><td colspan="6">检测意见：

监理工程师（建设单位项目专业技术负责人）：　　　　检测机构负责人：
日期：　　　　日期：</td></tr>
</table>

表 10.8.3-5　系统集成可维护性和安全性分项工程质量验收记录表

单位（子单位）工程名称			子分部工程	智能化系统集成
检测内容	系统集成可维护性和安全性		验收部位	
施工单位			项目经理	
施工执行标准名称及编号				
分包单位			分包项目经理	
检测项目（一般项目）（符合本标准第 10.7.13～10.7.15 条的规定）			检测记录	备　注
1	系统可靠性维护	可靠性维护说明及措施		符合设计要求的为合格
		设定系统故障检查		
2	系统集成安全性	身份认证		符合设计要求的为合格
		访问控制		
		信息加密和解密		
		抗病毒攻击能力		
3	工程实施及质量控制记录	真实性		符合设计要求的为合格
		准确性		
		完整性		
4				

检测意见：

监理工程师（建设单位项目专业技术负责人）：　　　　检测机构负责人：

日期：　　　　日期：

11 电 源 与 接 地

11.1 一 般 规 定

11.1.1 本章适用于智能建筑工程中的智能化系统电源、防雷及接地系统的工程实施、系统检测和竣工验收。

11.1.2 本章规定了智能化系统电源、防雷及接地系统的工程实施、检测和竣工验收的内容和要求。

11.1.3 在智能化系统电源、防雷及接地系统检测中除执行本标准外，还应执行国家强制性条文所要求的检测和验收项目，并应查验有关电气装置的质量检验、认证等相关文件。

11.1.4 智能化系统的供电装置和设备应包括：

1 正常工作状态下的供电设备，包括建筑物内各智能化系统交、直流供电，以及供电传输、操作、保护和改善电能质量的全部设备和装置。

2 应急工作状态下的供电设备，包括建筑物内各智能化系统配备的应急发电机组、各智能化子系统备用蓄电池组、充电设备和不间断供电设备等。

11.1.5 各智能化系统的电源、防雷及接地系统的检测，可作为分项工程，在各系统检测中进行；也可综合各系统电源与接地系统进行集中检测；并由相应的检测机构提供检测记录。

11.1.6 防雷及接地系统的检测和验收应包括建筑物内各智能化系统的防雷电入侵装置、等电位联结、防电磁干扰接地和防静电干扰接地等。

11.1.7 **电源与接地系统必须保证建筑物内各智能化系统的正常运行和人身、设备安全。**

11.1.8 电源、防雷及接地系统的工程实施及质量控制应执行本标准第 3.3 节的规定。

11.2 施 工 准 备

11.2.1 技术准备

1 施工前进行图纸会审。

2 施工前应编制施工组织设计（施工方案），并报上一级技术负责人审核批准。

3 施工前应进行技术交底，明确施工方法及质量标准。

11.2.2 主要材料

应急发电机组、UPS、稳压器、蓄电池、配电和整流设备、电缆 、管材、型材、铜棒、铜排、接地端子、紧固件等。

11.2.3 主要机具

施工机具：起重机械、电焊机、切割机、电钻、冲击电钻、电工工具、对讲机等。

测试机具：接地电阻测试仪、兆欧表、数字万用表、稳压器、示波器、低频信号发生器等。

11.2.4 作业条件

电源与接地系统安装前，应具备下列条件：

1 接地汇流排已施工完毕；

2 预埋管及预留孔符合设计要求；

3 设备机房施工完毕，机房环境具备安装条件；

4 独立接地系统室外部分已经完成。

11.3 材料质量控制

1 智能建筑工程交直流供电设备、配电和整流设备、蓄电池、电源缆线及附件、防雷接地装置（接闪器、引下线和接地装置）的产品资料（包括硬件及其软件）应完整，质保资料齐全，主要设备应提供主管部门规定的相关证明文件、质量合格证、检测报告及安装、使用、维护说明书等文件资料，进口产品还应提供原产地证明和商检证明，所有设备及附件产品均应符合设计要求。

2 进场设备及附件的外观应完好，型号规格、数量、产地应符合设计（或合同）要求。

3 继电器、接触器和开关应动作灵活，接触紧密，无锈蚀、损坏。

4 紧固件、接线端子应完好无损，且无污物和锈蚀。

5 设备的附件齐全，性能符合安装使用说明书的规定。

6 稳压器在使用前应检查其稳压特性，电压波动值应符合设计要求和说明书的规定。

7 整流器的输出电压应符合设计要求和说明书的规定。

11.4 施工工艺

11.4.1 智能建筑电源

11.4.1.1 工艺流程

设备基础制作安装→电源设备安装→线缆敷设→设备接线、调试

11.4.1.2 施工要点

1 设备基础制作安装

按《建筑电气工程施工技术标准》ZJQ08—SGJB303—2005 第 6.4.2.1 条的内容执行。

2 电源设备安装

(1) 应急发电机组安装

按《建筑电气工程施工技术标准》ZJQ08—SGJB303—2005 第 8 章的内容执行。

(2) 稳流稳压、不间断电源（UPS）安装

按《建筑电气工程施工技术标准》ZJQ08—SGJB303—2005 第 9 章的相关内容执行。

(3) 蓄电池（组）安装

按《建筑电气工程施工技术标准》ZJQ08—SGJB303—2005 第 9 章的相关内容执行。

(4) 电源箱安装

按《建筑电气工程施工技术标准》ZJQ08—SGJB303—2005 第 6 章的内容执行。

3 线缆敷设

线缆敷设按《建筑电气工程施工技术标准》ZJQ08—SGJB303—2005 第 12 ~ 15 章的内容执行。

4 设备接线、调试

(1) 应急发电机组接线、调试

按《建筑电气工程施工技术标准》ZJQ08—SGJB303—2005 第 8.4.2.6 ~ 8.4.2.8 条的内容执行。

(2) 稳流稳压、不间断电源（UPS）、蓄电池（组）的接线、调试

按《建筑电气工程施工技术标准》ZJQ08—SGJB303—2005 第 9.4.2.3 ~ 9.4.2.5 条的相关内容执行。

11.4.2 防雷和接地

11.4.2.1 防雷工程安装

1 防雷工程包含接闪功能、分流影响、均衡电位、屏蔽作用、接地效果和合理布线等六项，均应达到设计要求。

2 接闪器的安装按《建筑电气工程施工技术标准》ZJQ08—SGJB303—2005 第 26 章的内容执行。

3 避雷引下线的安装按《建筑电气工程施工技术标准》ZJQ08—SGJB303—2005 第 25 章的内容执行。

4 等电位联结施工按《建筑电气工程施工技术标准》ZJQ08—SGJB303—2005 第 27 章的内容执行。

11.4.2.2 接地工程安装

接地工程安装按《建筑电气工程施工技术标准》ZJQ08—SGJB303—2005 第 24 章的内容执行。

1 计算机机房（包括其他弱电机房）的接地：

(1) 四种接地方式接地电阻值要求：

1) 交流工作接地（交流电的设备作二次接地）接地电阻应不大于 4Ω；

2) 安全保护接地（机柜的外壳用绝缘导线连接接地）接地电阻应不大于 4Ω；

3) 直流地（分直流地悬浮和直流地直接接大地两种）由设计确定接地电阻值；

4) 防雷接地（可单独设置）应由设计确定接地电阻值；

5) 采用联合接地时，接地电阻均应小于 1Ω。

(2) 计算机系统的接地应采取单点接地并采取等电位措施。

(3) 多个计算机系统分别采用接地线与接地体连接。

(4) 接地引下线应选用截面积≥$35mm^2$ 的多芯铜电缆，以减少高频阻抗。

(5) 机房内的非计算机系统的管、线、风道或暖气片等金属实体，应做接地处理，接地电阻应小于 4Ω。

(6) 计算机终端及网络的节点机均不宜就地做接地保护，应统一设计，以防因地线间的电位差而损坏设备或器件。

2 综合布线系统应有良好的接地系统，所有屏蔽层应保持连续性。

(1) 屏蔽层的配线设备（FD 或 BD）端应接地，终端视具体情况宜接地，两端的接地应尽量连接同一接地体或接地电位差≤1Vr·m·s。

(2) 每一楼层的配线柜都应单独布线至接地体，选用的绝缘铜导线的截面积应大于 6~16 mm^2（接地距离≤30m）或 16~50mm^2（接地距离≤100m）。

(3) 信息插座的接地可利用电缆屏蔽层连至每层的配线柜上。

(4) 工作站的外壳接地应单独布线连接至接地体，选用的绝缘铜导线截面积应不小于 25mm^2。

(5) 金属线槽或钢管应保持连续的电气连接，并在两端应有良好的接地。

(6) 综合布线系统有源设备的外壳、电缆屏蔽层及连通接地线均应接地；同层有避雷带及均压网时应与此相接，使接地系统组成一个笼式均压体。

3 智能化楼宇（小区）的供电接地系统应采用 TN-S 系统。

4 电信设备的接地。

以下电信设备均应接地，以防人身伤害和设备损坏、抑制电气干扰：

(1) 直流电源、电信设备的机架、机壳、入站通信电缆的金属护套和屏蔽层。

(2) 交流配电屏、整流器屏等供电设备的外露导电部分。

(3) 直流配电屏的外露导电部分。

(4) 交直流两用电信设备的机架、内机框与机架、机框不绝缘的供电整流盘的外露导电部分。

(5) 电缆、架空线路及有关需要接地的部分，如放电器、避雷器、保护器等。

(6) 配电屏、整流器屏等外露导电部分，当加固装置将其与机架、机框在电气上已连通时，仍需与 PE 线或 PEN 线相连。

5 屏蔽接地与防静电接地。

构成布线系统的设备应当能防止内部自身传导和外来干扰，屏蔽及其正确接地是防止电磁干扰的最佳保护方式，按设计要求进行可靠接地。

(1) 设备外壳应与 PE 线连接；

(2) 屏蔽管路两端应与 PE 线可靠连接，室内屏蔽也应多点与 PE 线可靠连接；

(3) 防静电接地要求：在洁净干燥的环境中，所有设备外壳及室内（包括地坪）设施均须与 PE 线多点可靠连接。

11.5 成 品 保 护

1 设备机房的门应加锁，未经许可非安装人员不准入内。

2 工程至交工期间需设专人值班。

3 室内保持清洁干净、走道畅通、通风良好，室温保持在 18~28℃，相对湿度 30%~75%室内严禁用火及吸烟。

4 在机房内施工时，必须采取保护和防尘措施，以免碰撞损伤设备。

11.6 施工安全、环保措施

1 金属电缆桥架及其支架和引入或引出的金属电缆导管必须接地（PE）或接零（PEN）可靠，并符合相关规定。

2 危险环境（易燃易爆环境下）施工用线路的电线和电缆额定电压不得低于750V，且缆线必须穿于钢管内。

3 应在施工现场采取维护安全、防范危险、预防火灾等措施；有条件的对施工现场实行封闭管理。

4 施工现场对毗邻的建筑物、构筑物和特殊作业环境可能造成损害的，施工企业应当采取安全防护措施。

5 施工中应当遵守有关环境保护和安全生产的法律、法规的规定，采取措施控制和处理施工现场的各种粉尘、废气、废水、固体废物以及噪声、振动对环境的污染和危害。

11.7 系 统 检 测

Ⅰ 主 控 项 目

11.7.1 智能化系统应引接依《建筑电气工程施工技术标准》ZJQ08—SGJB303—2005验收合格的公用电源。

11.7.2 智能化系统自主配置的稳流稳压、不间断电源装置的检测，应执行《建筑电气工程施工技术标准》ZJQ08—SGJB303—2005中第9.7.1条的规定。

11.7.3 智能化系统自主配置的应急发电机组的检测，应执行《建筑电气工程施工技术标准》ZJQ08—SGJB303—2005中第8.7.1条的规定。

11.7.4 智能化系统自主配置的蓄电池组及充电设备的检测，应执行《建筑电气工程施工技术标准》ZJQ08—SGJB303—2005中第6.7.1.8条的规定。

11.7.5 智能化系统主机房集中供电专用电源设备、各楼层设置用户电源箱的安装质量检测，应执行《建筑电气工程施工技术标准》ZJQ08—SGJB303—2005中第10.6.1.2条的规定。

11.7.6 智能化系统主机房集中供电专用电源线路的安装质量检测，应执行《建筑电气工程施工技术标准》ZJQ08—SGJB303—2005中第12.7.1条、第13.7.1条、第14.7.1条、第15.7.1条的规定。

11.7.7 智能化系统的防雷及接地系统应引接依《建筑电气工程施工技术标准》ZJQ08—SGJB303—2005验收合格的建筑物共享接地装置。采用建筑物金属体作为接地装置时，接地电阻不应大于1Ω。

11.7.8 智能化系统的单独接地装置的检测，应执行《建筑电气工程施工技术标准》ZJQ08—SGJB303—2005中第24.7.1.1条、第24.7.1.2条、第24.7.1.4条、第24.7.1.5条的规定，接地电阻应按设备要求的最小值确定。

11.7.9 智能化系统的防过流、过压组件的接地装置、防电磁干扰屏蔽的接地装置、防静电接地装置的检测，其设置应符合设计要求，连接可靠。

11.7.10 智能化系统与建筑物等电位联结的检测，应执行《建筑电气工程施工技术标准》ZJQ08—SGJB303—2005 中第 27.7.1 条的规定。

Ⅱ 一 般 项 目

11.7.11 智能化系统自主配置的稳流稳压、不间断电源装置的检测，应执行《建筑电气工程施工技术标准》ZJQ08—SGJB303—2005 中第 9.7.2 条的规定。

11.7.12 智能化系统自主配置的应急发电机组的检测，应执行《建筑电气工程施工技术标准》ZJQ08—SGJB303—2005 中第 8.7.2 条的规定。

11.7.13 智能化系统主机房集中供电专用电源设备、各楼层设置用户电源箱的安装检测应执行《建筑电气工程施工技术标准》ZJQ08—SGJB303—2005 中第 10.6.2 条的规定。

11.7.14 智能化系统主机房集中供电专用电源线路的安装质量检测，应执行《建筑电气工程施工技术标准》ZJQ08—SGJB303—2005 中第 12.7.2 条、第 13.7.2 条、第 14.7.2 条、第 15.7.2 条的规定。

11.7.15 智能化系统的单独接地装置，防过流和防过压组件的接地装置、防电磁干扰屏蔽的接地装置及防静电接地装置的检测，应执行《建筑电气工程施工技术标准》ZJQ08—SGJB303—2005 中第 24.7.2 条的规定。

11.7.16 智能化系统与建筑物等电位联结的检测，应执行《建筑电气工程施工技术标准》ZJQ08—SGJB303—2005 中第 27.7.2 条的规定。

11.8 竣 工 验 收

11.8.1 电源、防雷及接地系统的竣工验收应按本标准第 3.5 节的规定实施。

11.8.2 电源、防雷及接地系统的竣工验收应对系统检测结论进行复核，并做好与相关智能化系统的工程交接和接口检验，系统检测复核合格并获得相关智能化系统竣工验收确认后，电源、防雷及接地系统竣工验收合格。

11.8.3 电源与接地分项工程验收记录当地方主管部门无统一规定时，宜采用表 11.8.3-1“电源系统分项工程质量验收记录表（Ⅰ)”、表 11.8.3-2“电源系统分项工程质量验收记录表（Ⅱ)”、表 11.8.3-3“防雷与接地系统分项工程质量验收记录表（Ⅰ)”、表 11.8.3-4“防雷与接地系统分项工程质量检测记录表（Ⅱ)”。

表 11.8.3-1 电源系统分项工程质量验收记录表（Ⅰ）

<table>
<tr><td colspan="3">单位（子单位）工程名称</td><td></td><td>子分部工程</td><td>电源与接地</td></tr>
<tr><td colspan="2">分项工程名称</td><td colspan="2">电源系统</td><td>验收部位</td><td></td></tr>
<tr><td>施工单位</td><td colspan="3"></td><td>项目经理</td><td></td></tr>
<tr><td colspan="3">施工执行标准名称及编号</td><td colspan="3"></td></tr>
<tr><td>分包单位</td><td colspan="3"></td><td>分包项目经理</td><td></td></tr>
<tr><td colspan="3">检测项目（主控项目）
（执行本标准第 11.7 节的规定）</td><td colspan="2">检查评定记录</td><td>备 注</td></tr>
<tr><td>1</td><td colspan="2">引接 ZJQ08—SGJB303—2005 验收合格的公用电源</td><td colspan="2"></td><td>执行本标准第 11.7.1 条</td></tr>
<tr><td rowspan="4">2</td><td rowspan="4">稳流稳压、不间断电源装置</td><td>核对规格、型号和接线检查</td><td colspan="2"></td><td>执行 ZJQ08—SGJB303—2005 第 9.7.1.1 条</td></tr>
<tr><td>电气交接试验及调整</td><td colspan="2"></td><td>执行 ZJQ08—SGJB303—2005 第 9.7.1.2 条</td></tr>
<tr><td>装置间的连线绝缘电阻值测试</td><td colspan="2"></td><td>执行 ZJQ08—SGJB303—2005 第 9.7.1.3 条</td></tr>
<tr><td>输出端中性线的重复接地</td><td colspan="2"></td><td>执行 ZJQ08—SGJB303—2005 第 9.7.1.4 条</td></tr>
<tr><td rowspan="4">3</td><td rowspan="4">应急发电机组</td><td>电气交接试验</td><td colspan="2"></td><td>执行 ZJQ08—SGJB303—2005 第 8.7.1.1 条</td></tr>
<tr><td>馈电线路的绝缘电阻测试和耐压试验</td><td colspan="2"></td><td>执行 ZJQ08—SGJB303—2005 第 8.7.1.2 条</td></tr>
<tr><td>相序检验</td><td colspan="2"></td><td>执行 ZJQ08—SGJB303—2005 第 8.7.1.3 条</td></tr>
<tr><td>中性线与接地干线的连接</td><td colspan="2"></td><td>执行 ZJQ08—SGJB303—2005 第 8.7.1.4 条</td></tr>
<tr><td>4</td><td colspan="2">蓄电池组及充电设备蓄电池组充放电</td><td colspan="2"></td><td>执行 ZJQ08—SGJB303—2005 第 6.7.1.8 条</td></tr>
<tr><td>5</td><td colspan="2">专用电源设备及电源箱交接试验</td><td colspan="2"></td><td>执行 ZJQ08—SGJB303—2005 第 10.6.1.2 条</td></tr>
<tr><td rowspan="2">6</td><td rowspan="2">智能化主机房集中供电专用电源线路安装质量</td><td>金属电缆桥架、支架和金属导管的接地</td><td colspan="2"></td><td rowspan="2">执行 ZJQ08—SGJB303—2005 第 12.7.1 条、第 13.7.1 条、第 14.7.1 条、第 15.7.1 条</td></tr>
<tr><td>电缆敷设检查</td><td colspan="2"></td></tr>
<tr><td colspan="6">检测意见：

监理工程师（建设单位项目专业技术负责人）： 检测机构负责人：
日期： 日期：</td></tr>
</table>

表 11.8.3-2 电源系统分项工程质量验收记录表（Ⅱ）

单位（子单位）工程名称			子分部工程	电源与接地
分项工程名称		电源系统	验收部位	
施工单位			项目经理	
施工执行标准名称及编号				
分包单位			分包项目经理	
检测项目（一般项目） （执行本标准第 11.7 节的规定）			检查评定记录	备注
1	稳流稳压、不间断电源装置	主回路和控制电线、电缆敷设及连接		执行 ZJQ08—SGJB303—2005 第 9.7.2.2条
		可接近裸漏导体的接地或接零		执行 ZJQ08—SGJB303—2005 第 9.7.2.3条
		运行时噪音的检查		执行 ZJQ08—SGJB303—2005 第 9.7.2.4条
		机架组装紧固且水平度、垂直度偏差≤15%		执行 ZJQ08—SGJB303—2005 第 9.7.2.1条
2	应急发电机组	随带控制器的检查		执行 ZJQ08—SGJB303—2005 第 8.7.2.1条
		可接近裸漏导体的接地或接零		执行 ZJQ08—SGJB303—2005 第 8.7.2.2条
		受电侧低压配电柜的试验和机组整体负荷试验		执行 ZJQ08—SGJB303—2005 第 8.7.2.3条
3	专用电源设备及电源箱	电压、电流及指示仪表检查		执行 ZJQ08—SGJB303—2005 第 10.6.2.1条
		试通电检查		执行 ZJQ08—SGJB303—2005 第 10.6.2.2条
		电线或母线连接处温升检查		执行 ZJQ08—SGJB303—2005 第 10.6.2.4条
4	智能化主机房集中供电专用电源线路安装质量			执行 ZJQ08—SGJB303—2005 第 12.7.2 条、第 13.7.2 条、第 14.7.2 条、第 15.7.2 条

检测意见：

监理工程师（建设单位项目专业技术负责人）：
日期：

检测机构负责人：
日期：

表 11.8.3-3　防雷与接地系统分项工程质量验收记录表（Ⅰ）

<table>
<tr><td colspan="3">单位（子单位）工程名称</td><td></td><td>子分部工程</td><td>电源与接地</td></tr>
<tr><td colspan="3">分项工程名称</td><td>防雷与接地系统</td><td>验收部位</td><td></td></tr>
<tr><td colspan="3">施工单位</td><td></td><td>项目经理</td><td></td></tr>
<tr><td colspan="3">施工执行标准名称及编号</td><td colspan="3"></td></tr>
<tr><td colspan="3">分包单位</td><td></td><td>分包项目经理</td><td></td></tr>
<tr><td colspan="3">检测项目（主控项目）
（执行本标准第 11.7 节的规定）</td><td colspan="2">检查评定记录</td><td>备　注</td></tr>
<tr><td>1</td><td colspan="2">防雷与接地系统引接 ZJQ08—SGJB303—2005 验收合格的共用接地装置</td><td colspan="2"></td><td rowspan="2">执行本标准第 11.7.7 条</td></tr>
<tr><td>2</td><td colspan="2">建筑物金属体作接地装置接地电阻不应大于 1Ω</td><td colspan="2"></td></tr>
<tr><td rowspan="4">3</td><td rowspan="4">采用单独接地装置</td><td>接地装置测试点的设置</td><td colspan="2"></td><td>执行 ZJQ08—SGJB303—2005 第 24.7.1.1 条</td></tr>
<tr><td>接地电阻值测试</td><td colspan="2"></td><td>执行 ZJQ08—SGJB303—2005 第 24.7.1.2 条</td></tr>
<tr><td>接地模块的埋没深度、间距和基坑尺寸</td><td colspan="2"></td><td>执行 ZJQ08—SGJB303—2005 第 24.7.1.4 条</td></tr>
<tr><td>接地模块设置应垂直或水平就位</td><td colspan="2"></td><td>执行 ZJQ08—SGJB303—2005 第 24.7.1.5 条</td></tr>
<tr><td rowspan="3">4</td><td rowspan="3">其他接地装置</td><td>防过流、过压元件接地装置</td><td colspan="2"></td><td rowspan="3">其设置应符合设计要求，连接可靠</td></tr>
<tr><td>防电磁干扰屏蔽接地装置</td><td colspan="2"></td></tr>
<tr><td>防静电接地装置</td><td colspan="2"></td></tr>
<tr><td rowspan="2">5</td><td rowspan="2">等电位联结</td><td>建筑物等电位联结干线的连接及局部等电位箱间的连接</td><td colspan="2"></td><td>执行 ZJQ08—SGJB303—2005 第 27.7.1.1 条</td></tr>
<tr><td>等电位联结的线路最小允许截面积</td><td colspan="2"></td><td>执行 ZJQ08—SGJB303—2005 第 27.7.1.2 条</td></tr>
<tr><td>6</td><td colspan="2"></td><td colspan="2"></td><td></td></tr>
<tr><td colspan="6">检测意见：

监理工程师（建设单位项目专业技术负责人）：　　　　检测机构负责人：
日期：　　　　日期：</td></tr>
</table>

表 11.8.3-4 防雷与接地系统分项工程质量检测记录表（Ⅱ）

<table>
<tr><td colspan="3">单位（子单位）工程名称</td><td></td><td>子分部工程</td><td>电源与接地</td></tr>
<tr><td colspan="3">分项工程名称</td><td>防雷与接地系统</td><td>验收部位</td><td></td></tr>
<tr><td>施工单位</td><td colspan="3"></td><td>项目经理</td><td></td></tr>
<tr><td colspan="3">施工执行标准名称及编号</td><td colspan="3"></td></tr>
<tr><td>分包单位</td><td colspan="3"></td><td>分包项目经理</td><td></td></tr>
<tr><td colspan="3">检测项目（一般项目）
（执行本标准第 11.7 节的规定）</td><td colspan="2">检查评定记录</td><td>备　注</td></tr>
<tr><td rowspan="3">1</td><td rowspan="3">防过流和防过压接地装置、防电磁干扰屏蔽接地装置、防静电接地装置</td><td>接地装置埋设深度、间距和搭接长度</td><td colspan="2"></td><td>执行 ZJQ08—SGJB303—2005 第 24.7.2.1 条</td></tr>
<tr><td>接地装置的材质和最小允许规格</td><td colspan="2"></td><td>执行 ZJQ08—SGJB303—2005 第 24.7.2.2 条</td></tr>
<tr><td>接地模块与干线的连接和干线材质选用</td><td colspan="2"></td><td>执行 ZJQ08—SGJB303—2005 第 24.7.2.3 条</td></tr>
<tr><td rowspan="2">2</td><td rowspan="2">等电位联结</td><td>等电位联结的可接近裸露导体或其他金属部件、构件与支线的连接可靠，导通正常</td><td colspan="2"></td><td>执行 ZJQ08—SGJB303—2005 第 27.7.2.1 条</td></tr>
<tr><td>需等电位联结的高级装修金属部件或零件等电位联结的连接</td><td colspan="2"></td><td>执行 ZJQ08—SGJB303—2005 第 27.7.2.2 条</td></tr>
<tr><td>3</td><td colspan="2"></td><td colspan="2"></td><td></td></tr>
<tr><td>4</td><td colspan="2"></td><td colspan="2"></td><td></td></tr>
<tr><td>5</td><td colspan="2"></td><td colspan="2"></td><td></td></tr>
<tr><td colspan="6">检测意见：

监理工程师（建设单位项目专业技术负责人）：　　　　检测机构负责人：
日期：　　　　日期：</td></tr>
</table>

12 环 境

12.1 一 般 规 定

12.1.1 本章适用于智能建筑内计算机房、通信控制室、监控室及重要办公区域环境的系统检测和验收。

12.1.2 本章中环境的检测验收内容包括：空间环境、室内空调环境、视觉照明环境、室内噪声及室内电磁环境。

12.1.3 室内噪声、温度、相对湿度、风速、照度、一氧化碳和二氧化碳含量等参数检测时，检测值应符合设计要求。

12.1.4 环境检测时，主控项目按20%进行抽样检测，合格率达到100%时为该项检测合格；一般项目按10%进行抽样检测，合格率达到90%时为该项检测合格。系统检测结论应符合本标准第3.4.4条的规定。

12.2 施 工 准 备

本节仅针对环境检测施工准备作出表述。

12.2.1 技术准备

1 熟悉环境检测相关测试依据和标准，熟悉专业图纸，确定测定数据标准。相关标准如下：

(1) 上海市标准《住宅装饰装修验收标准》DB31/T 30—1999；

(2) 国家标准《城市区域环境噪声标准》GB 3096—1993；

(3) 国家标准《城市区域环境噪声测量方法》GB/T 14623—1993；

(4) 国家标准《环境空气质量标准》GB 3095—1996；

(5) 环境保护行业标准《环境空气质量功能区划分原则与技术方法》HJ/T 14—1996；

(6) 国家标准《电磁辐射防护规定》GB 8702—1988；

(7) 国家标准《环境电磁波卫生标准》GB 9175；

(8) 国家标准《建筑装修施工质量验收规范》GB 50305；

(9)《民用建筑隔声设计规范》GBJ 118—88；

(10)《体育馆声学设计及测量规程》JGJ/T 131—2000；

(11)《建筑隔声评价标准》GBJ 121—88；

(12)《建筑隔声测量规范》GBJ 75—84；

(13)《建筑外窗空气声隔声性能分级及其检测方法》GB 8485—87；

(14)《防静电工程技术规范》DGJ—08—83—2000 上海市工程建设强制性规范。

2 编制环境检测方案，报上一级技术负责人批准，并作好技术交底。

12.2.2 主要机具

气相色谱仪、二氧化碳检测仪、一氧化碳红外分析仪、场强仪、漏能仪、声级计、温度计、直尺光度计、照度计、显微镜、风速仪、温湿度仪、钢卷尺、对讲机等。

12.2.3 作业条件

环境检测前，应具备下列条件：

1 计算机房、通信控制室、监控室及重要办公区域环境已竣工。

2 其他对环境测试有影响的区域已施工完毕。

12.3 材料质量控制

所有在环境检测中使用的仪器仪表应有主管部门出具的计量检定证书或标识。

12.4 施工工艺

12.4.1 环境检测项目

空间环境检测→视觉照明环境检测→环境电磁辐射检测→室内空调环境检测→室内噪声检测

12.4.2 施工要点

1 空间环境检测

(1) 测量主要办公区域顶棚净高不小于 2.7m；

(2) 测量计算机房、通信控制室、监控室及重要办公区域的架空地板的高度及配线间满足设计要求；

(3) 防静电、防尘地毯、地板应满足设计要求；

(4) 建筑装饰用材符合设计规定。

应进行放射性指标复检检测（天然花岗石材总面积 $>200m^2$），游离甲醛（饰面人造木板总面积 $>500m^2$）复检检测。

(5) 色彩搭配质量控制

居室空间装饰色彩的构成元素，从空间界面到内部陈设主要分为四大类：

1）建筑构件类，如天花板、地面、墙面、柱、屏罩、门窗、室内楼梯等。

2）设备家具类。

3）陈设类：如工艺品、灯具、观赏植物等。

4）纺织品，如地毯、窗帘、台布、靠垫、坐垫等。

(6) 由业主（或户主）、施工方、监理方和设计方组成的验收小组进行空间环境验收。

按设计要求的功能指标、性能要求进行测量、目测、主观评测，必要时，对环保指标要求按标准规定进行测量验收。

2 视觉照明环境检测

(1) 视觉环境要求

视觉环境基本要求，见表 12.4.2-1。

表 12.4.2-1　视觉环境基本要求

视觉环境	照　度	水平面照度应维持在 500Lx 以上
	灯具布置	灯具布置以线形为主，并保证桌面及其周围的照度差异不大
	灯　具	为下口开放型灯具，并且眩光指数大于 II 级，要求灯具在办公室用途变动时，其格栅、反射板和灯管等也可变换。灯具布置以线形为主，消除频闪
	照明控制	当办公室间隔变化时，照明控制范围可以随之变动，应操作方便，控制灵活

（2）正确处理照度和眩光的关系

照明的质量包括照度水平、亮度分布、照度均匀度、阴影、眩光、光源的显色性、照度的稳定和频闪效应的消除，其中主要应解决好照度和眩光的关系。照明光波性能参数比较，见表 12.4.2-2。

表 12.4.2-2　照明光波性能参数比较

	热辐射电光源		气体放电光源					
	白炽灯	卤钨灯	荧光灯	荧光高压汞灯		高压钠灯		金属卤化物灯
				普通型	自镇流型	普通型	高显色型	
额定功率	15～1000	500～2000	6～125	50～1000		35，250，400，1000		125，250，400，1000，2000，3500
光效（Lm/W）	7.4～19	18～21	27～82	25～53	16～29	70～100	40～50	60～90
平均寿命（h）	1000	1000～1500	1500～5000	3500～6000	3000	6000～12000	3000	1000～2000
一般显色指数	99～100	99～100	65～70	30～40		20～25	>70	65～85
色温（K）	2400～2900	3000～3200	3000～6500	5500	4400	2000～4000		4500～7000
启动稳定时间	瞬　时		1～3s	4～8min		4～8min		4～10min
再启动稳定时间	瞬　时		瞬　时	5～10min	3～6min	10～20min		10～15min
功率因数	1		0.33～0.52	0.44～0.67	0.9	0.44		
频闪效应	不明显		明　显	明　显		明　显		明　显
表面亮度	大		小	较大		较大		大
电压变化影响	大		较　大	较　大		大		较　大
环境温度影响	小		大	较　小		较　小		较　小
抗震性能	较　差	差	较　好	好		好		好
所需附件	无		镇流器、启辉器	镇流器		镇流器、触发器		镇流器、触发器

(3) 照明的光度测量

1) 照度的测量

不同形式照度计根据其不同性能应用于不同场合的照度测量中。对于室内照明的中等照度到高照度的测量，多采用简易或精密型的光电池式照度计；对于道路和广场照明等由低照度到高照度的测量，宜采用光电管式照度计；极微照度的测量则应采用光电倍增管式照度计。

照明工程测量用照度计应附有视觉校正滤光片和角校正装置，以减少测量误差。

在测量时，应事前检查灯具及光源是否完整无损。电源电压应力求稳定。对气体放电灯，宜燃 20～30min 后，待光通量输出稳定时进行测量。

2) 亮度的测量

光度量之间存在着一定的关系，运用这种关系能使某些光度量的测量变得较为容易，并且能利用照度计来测量其他光度量。

3) 光强的测量

光强的测量主要应用直尺光度计进行。

3 环境电磁辐射检测

电磁环境影响信息（语音、数据、图像）的传递。信号的输入输出装置，包括进线管道及卫星接收天线，自动移动通信接收/发射装置、强弱电管走线方式及接地装置、电器设备安装位置等均可对电磁环境造成影响。

(1) 抗电磁干扰标准。

1) 抗干扰标准（IEC 801—2～4），见表 12.4.2-3。

表 12.4.2-3 抗干扰标准

标准类别	静电放电（ESD）		辐射场强（V/m）	快速瞬变的无线电脉冲（EFT）	
	空气放电（kV）	接触点放电（kV）		供电线装置（kV）	信号线（kV）
低水平 EM 环境	2	2	1	0.5	0.25
中等 EM 环境	4	4	3	1	0.5
恶劣 EM 环境	8	6	10	2	1
极其恶劣 EM 环境	15	8	待定	4	2
衰减标准	B类	B类	A类	B类	B类

注：1 A 类是指设备在连续运转时，不允许低于制造业特定的性能降低或功能损失。

2 B 类在测试期间允许性能降低或功能损失，但在测试后，不允许低于制造业特有的规定。

3 辐射场强的频率范围 27～500MHz。

4 辐射场强中：低水平 EM 环境指无线电/电视发射机距离大于 1km。
中等 EM 环境指手提式无线电收发机，距离 1m 范围以内。
恶劣 EM 环境指临近的高功率无线电收发机。

2) EN50082—X 通用的抗干扰标准，见表 12.4.2-4、表 12.4.2-5。

表 12.4.2-4 居住区/商业区抗干扰标准

项目 / 标准类别	静电放电（ESD）		辐射场强	快速瞬变的无线电脉冲（EFT）	
	空气放电	接触点放电		供电线装置	信号线
恶劣的 EM 环境	8kV	6kV	3V/m	1kV	0.5kV
衰减标准	B类	B类	A类	B类	B类

注：1、2、3 与表 12.4.2-3 的注 1、2、3 相同。

表 12.4.2-5　工业区抗干扰标准

标准类别	静电放电（ESD）		辐射场强	快速瞬变的无线电脉冲（EFT）	
	空气放电	接触点放电		供电线装置	信号线
恶劣 EM 环境	8kV	4kV	10V/m	2kV	1kV
衰减标准	B类	B类	A类	B类	B类

（2）防电磁辐射标准

关于发射干扰波电场强度的限值标准，主要参考 EN55022 和 CISPR22《信息技术设备无线电干扰特征的限值和测量方法》中有关无线电干扰电场强度的限值。该标准规定分为 A、B 两类，在《建筑与建筑群综合布线系统工程设计规范》中因引用该标准也分为 A、B 两类。为此，在引用 EN55022 和 CISPR22 标准后，特别需要注意以下几点。

1）A、B 两类与综合布线系统 A、B、C、D 系统分级不是同一含义，不应混淆。

2）如果由于高的环境噪声电平或其他原因，不能在 30m 的情况下进行场强测量，可以在封闭距离内进行，例如 10m 以内的测量。

3）因为发生干扰的情况而要求额外的规定条款，可以协商解决。

4）A 类信息技术设备只满足 A 类干扰限值，不满足 B 类干扰限值。某些国家 A 类设备可以送请有限制地销售和采用（保护距离 30m）。

5）B 类信息技术设备满足 B 类干扰限值，此类设备将不送请限制销售，也不限制采用（保护距离 10m）。

6）通用的测量条件。

a　噪声电平最低限度应低于 6dBmv 特定限值。

b　信号源加上环境条件的环境噪声电平最低限度应低于 6dBmv。

c　环境噪声电平最低限度应低于 4.8dBmv 特定限值。

（3）室内电磁环境的检测

1）各类设备的无线电干扰测试的技术要求及测试方法依据如表 12.4.2-6 所示。

表 12.4.2-6　各类设备的天线的干扰测试依据

序　号	设　备　名　称	技术要求及测试方法依据
1	信息技术设备 金融和贸易结算电子设备	《信息技术设备的无线电干扰极限值和测量方法》相关条款
2	陆地移动通信设备的传导发射（CE）、辐射发射（RE）	《陆地移动通信设备电磁兼容性技术要求测量方法》相关条款
3	射频设备	《工业科学和医疗（ISM）射频设备电磁干扰特性的测量方法和极限》相关条款
4	声音、电视广播接收机及有关设备	《声音、电视广播接收机及有关设备无线电干扰特性限值和测量方法》相关条款
5	电源设备及照明设备	《照明设备及类似设备无线电干扰特性》相关条款
6	空调制冷设备	《家用和类似用途电动工具及类似电器无线电干扰特性限值和测量方法》相关条款
注：序号 1 中设备、电源端子干扰电压的极限值符合表 12.4.2-8 为合格；辐射干扰场强符合表 12.4.2-9 为合格。		

2）各类设备无线电抗扰度测试的测试依据，如表 12.4.2-7 所示。

表 12.4.2-7 各类设备无线电抗扰度测试的测试依据

设 备 名 称	技术要求及测试方法依据
信息技术设备 金融和贸易结算电子设备 安全防范电子设备	《信息技术设备抗扰度限值和方法》相关条款
声音和电视信号的电缆分配系统设置与部件	《30Hz～1GHz 声音和电视信号的电缆分配系统设置与部件辐射干扰特性允许值和测量方法》相关条款
电源设备、空调制冷设备及照明设备	《低压电气电子设备发出的谐波电流极限》相关条款
陆地移动通信设备的传导敏感度（CS）、辐射敏感度（RS）	《陆地移动通信设备电磁兼容性技术要求和测量方法》相关条款

测量仪器应用经有关计量部门出具的有效精度不低于 2.5 级的检测仪表进行检测。各类主机房及监控室室内电磁场强应不大于 1V/m，有综合布线时不应大于 3V/m，ITE 分级指标如表 12.4.2-8、表 12.4.2-9 所示。

表 12.4.2-8 ITE 分 级 指 标

频率（MHz）	准峰值 dB（μV/m）		平均值 dB（μV/m）	
	A 级	B 级	A 级	B 级
0.15～0.5	79	66～56	66	56～46
0.5～5	73	56	60	46
5～30	73	60	60	50

表 12.4.2-9 ITE 分 级 指 标

频率（MHz）	准峰极限值 dB（μV/m）	测量距离（m）	
		A 级	B 级
30～230	30	30	10
230～1000	37	30	10

3）环境电磁波允许辐射强度

以电磁波辐射强度及其频段特性对人体可能引起潜在性不良影响的阈下值为界，将环境电磁波容许辐射强度标准分为二级，见表 12.4.2-10。计算机房、通信控制室、监控室及重要办公区域环境应达到一级标准；职业照射：在每天 8h 工作期内，任意连续 6min 按全身平均的比吸收率应小于 0.1W/kg；公众照射：在一天 24h 内，任意连续 6min 按全身平均的比吸收率应小于 0.02W/kg。

根据不同需要与目的，应用不同的测量方式，为调查辐射源周围环境电磁波辐射强度及其分布规律，常以辐射源为中心，在不同方位取点的方式进行测量，简称点测；为全面调查某地区环境电磁波的背景值及按人口调查居民人群所受辐射强度的测量简称面测。

点测时以辐射源为中心，将待测区按 5° ~ 10°划线，呈扇形展开。随此划线，近区场以每隔 5 ~ 20min 定点测量，远区场以每隔 50 ~ 100m 定点测量，或按特殊需要选点测量。

简易测量：一般用各向同性探头的宽频段场强仪测定之，如探头为非各向同性者，则分别测定各不同极化方向的场强值，取其矢量和。

面测量，将待测场所划分为若干小区，从中选择有代表性的小区作为监测点，测量仪器应用环境电磁波自动监测系统，实现各频段自动扫描、自动测量和实时处理。

表 12.4.2-10　环境电磁波允许辐射强度

波　长	单　位	容许场强	
		一级（安全区）	二级（中间区）
长、中、短波	V/m	< 10	< 25
超短波	V/m	< 5	< 12
微　波	$\mu W/cm^2$	< 10	< 40
混　合	V/m	按主要波段场强；若各波段场分散，则按复合场强加权确定	

4　室内空调环境检测

良好的空调环境必须有适当的室内温、湿度，较均匀的气流分布，设备能正常工作和噪声小等基本要求，而且还能根据办公功能或出租的要求，灵活改变空调分区。其空调环境内容见表 12.4.2-11，检测方法见《通风空调工程施工技术标准》ZJQ08—SGJB 243—2005。

表 12.4.2-11　空调环境基本内容

类　别	项　目	等　级		
		甲	乙	丙
室内环境基准	空气中浮游粉重量（mg/m^3）	≤0.15	—	—
	CO 含量（mg/m^3）	< 10（$\times 10^{-6}$）	—	—
	CO_2 含量（mg/m^3）	< 1000（$\times 10^{-6}$）	—	—
	温度（℃）	冬天 22 夏天 24	冬天 18 夏天 26	冬天 18 夏天 27
	相对湿度（%）	冬天≥45 夏天≤55	冬天≥30 夏天≤60	夏天≤65
	气流速度	< 0.25m/s	—	—
空调控制单元	空调设备的开、关及温度区域范围不得超过两层以上，且各承租户能单独对空调系统进行控制			

续表 12.4.2-11

类别	项目	等级		
		甲	乙	丙
温湿度自动调整	空调能依设定值自动调节温、湿度			
24h 服务	每个空调服务区域的设备应能够在 24h 中控制，且各承租户能单独控制			
室内热负荷	应考虑自动化办公设备的散热，保证空调器增加的空间及线路			

5 室内噪声检测

噪声来自以下几个方面：

(1) 通过围护结构传入的室外环境噪声，这是主要的途径；

(2) 建筑内部其他房间传来的噪声；

(3) 室内设备产生的噪声，如冰箱压缩机声等；

(4) 空调通风系统噪声以及设备振动引起的围护结构发声。

降噪措施：对于室外噪声传入室内的可以通过建筑布局和围护结构隔声来控制。当处于高噪声环境时，可通过封闭阳台降噪。在阳台内外窗各开一扇换气情况下，室内外仍有 20～25dB 的声级差时用带换气扇的通风消声道换气或照设计要求进行窗的隔声处理。

室内噪声采用声级计测量，噪声等级应符合设计要求。

12.5 成品保护

1 在检测过程中，应注意对施工成品的保护。

2 检测完成后，设备机房的门应锁闭或设专人值班至工程交工。

12.6 施工安全、环保措施

1 应注意避免测量过程可能对人身造成的损害，在检测进行之前应对仪器和环境及人身防护设施等充分检查，确认无误后方可进行。

2 应在施工现场采取维护安全、防范危险、预防火灾等措施；有条件的，应对施工现场实行封闭管理。

3 施工现场对毗邻的建筑物、构筑物和特殊作业环境可能造成损害的，施工企业应采取安全防护措施。

4 施工中应遵守有关环境保护和安全生产的法律、法规的规定，采取控制和处理施工现场的各种粉尘、废气、废水、固体废物以及噪声、振动对环境的污染和危害。

12.7 系统测试

Ⅰ 主控项目

12.7.1 空间环境的检测应符合下列要求：

1 主要办公区域顶棚净高不小于 2.7m;

2 楼板满足预埋地下线槽（线管）的条件，架空地板、网络地板的铺设应满足设计要求;

3 为网络布线留有足够的配线间。

12.7.2 室内空调环境检测应符合下列要求:

1 实现对室内温度、湿度的自动控制，并符合设计要求;

2 室内温度，冬季 18~22℃，夏季 24~28℃;

3 室内相对湿度，冬季 40%~60%，夏季 40%~65%;

4 舒适性空调的室内风速，冬季应不大于 0.2m/s，夏季应不大于 0.3m/s。

12.7.3 视觉照明环境检测应符合下列要求:

1 工作面水平照度不小于 500lx;

2 灯具满足眩光控制要求;

3 灯具布置应模数化，消除频闪。

12.7.4 环境电磁辐射的检测应执行《环境电磁波卫生标准》GB 9175 和《电磁辐射防护规定》GB 8702 的有关规定。

Ⅱ 一 般 项 目

12.7.5 空间环境检测应符合下列要求:

1 室内装饰色彩合理组合，建筑装修用材应符合《建筑装饰装修工程施工技术标准》ZJQ08—SGJB305—2005 的有关规定;

2 防静电、防尘地毯，静电泄漏电阻在 1.0×10^5 ~ $1.0\times10^8\Omega$ 之间;

3 采取的降低噪声和隔声措施应恰当。

12.7.6 室内空调环境检测应符合下列要求:

1 室内 CO 含量率小于 $10\times10^{-6}g/m^3$;

2 室内 CO_2 含量率小于 $1000\times10^{-6}g/m^3$。

12.7.7 室内噪声测试推荐值：办公室 40~45dB（A），智能化子系统的监控室 35~40dB（A）。

12.8 竣 工 验 收

12.8.1 环境的验收仅限于对系统的检测结果进行复核，本标准第 12.7 节规定的各项指标符合要求，则环境竣工验收合格。

12.8.2 环境分项工程验收记录当地方主管部门无统一规定时，宜采用表 12.8.2-1“环境检测分项工程质量验收记录表（Ⅰ）”、表 12.8.2-2“环境检测分项工程质量验收记录表（Ⅱ）”。

表 12.8.2-1　环境检测分项工程质量验收记录表（Ⅰ）

<table>
<tr><td colspan="3">单位（子单位）工程名称</td><td></td><td>子分部工程</td><td>环　境</td></tr>
<tr><td colspan="3">检测内容</td><td>环境检测</td><td>验收部位</td><td></td></tr>
<tr><td colspan="3">施工单位</td><td></td><td>项目经理</td><td></td></tr>
<tr><td colspan="3">施工执行标准名称及编号</td><td colspan="3"></td></tr>
<tr><td colspan="3">分包单位</td><td></td><td>分包项目经理</td><td></td></tr>
<tr><td colspan="3">检测项目（主控项目）
（执行本标准 12.7.1～12.7.4 条的规定）</td><td colspan="2">检查评定记录</td><td>备　注</td></tr>
<tr><td rowspan="4">1</td><td rowspan="4">空间环境</td><td>主要办公区域天花板净高不小于 2.7m</td><td colspan="2"></td><td rowspan="12">按 20%进行抽样检测，满足规范要求和设计要求时为合格，合格率达到 100%时为该项检测合格</td></tr>
<tr><td>楼板满足预埋地下线槽（线管）的条件</td><td colspan="2"></td></tr>
<tr><td>架空地板、网络地板的铺设</td><td colspan="2"></td></tr>
<tr><td>网络布线及其他系统布线配线间</td><td colspan="2"></td></tr>
<tr><td rowspan="5">2</td><td rowspan="5">室内空调环境</td><td>室内温度、湿度控制</td><td colspan="2"></td></tr>
<tr><td>室内温度，冬季 18～22℃，夏季 24～28℃</td><td colspan="2"></td></tr>
<tr><td>室内相对湿度，冬季 40%～60%，夏季 40%～65%</td><td colspan="2"></td></tr>
<tr><td>室内风速，夏季不大于 0.3m/s</td><td colspan="2"></td></tr>
<tr><td>室内风速，冬季不大于 0.2m/s</td><td colspan="2"></td></tr>
<tr><td rowspan="3">3</td><td rowspan="3">视觉照明环境</td><td>工作面水平照度不小于 500Lx</td><td colspan="2"></td></tr>
<tr><td>灯具满足眩光控制要求</td><td colspan="2"></td></tr>
<tr><td>灯具布置应模数化，消除频闪</td><td colspan="2"></td></tr>
<tr><td>4</td><td>电磁环境</td><td>符合 GB 9175 和 GB 8702 的要求</td><td colspan="2"></td><td>符合时为合格</td></tr>
<tr><td colspan="6">检测意见：

监理工程师（建设单位项目专业技术负责人）：　　　　检测机构负责人：
日期：　　　　日期：</td></tr>
</table>

表 12.8.2-2　环境检测分项工程质量验收记录表（Ⅱ）

单位（子单位）工程名称			子分部工程	环 境
检测内容		环境检测	验收部位	
施工单位			项目经理	
施工执行标准名称及编号				
分包单位			分包项目经理	
检测项目（一般项目） （执行本标准第 12.7.5～12.7.7 条的规定）			检查评定记录	备 注
1	空间环境	室内装饰色彩合理组合装修用材符合 GB 50305 规定		按 10%进行抽样检测，满足有关规定和设计要求时为合格，合格率达到 90%时为该项检测合格
		地毯静电泄漏在 $1.0\times10^5\sim1.0\times10^8\Omega$ 之间		
		降低噪声和隔声措施		
2	室内空调环境	室内 CO 含量率小于 $10\times10^{-6}g/m^3$		
		室内 CO_2 含量率小于 $1000\times10^{-6}g/m^3$		
3	室内噪声	办公室推荐值 40～45dB（A）		
		监控室推荐值 35～40dB（A）		
4				
5				

检测意见：

监理工程师（建设单位项目专业技术负责人）：
日期：

检测机构负责人：
日期：

13 住宅（小区）智能化

13.1 一 般 规 定

13.1.1 本章适用于建筑工程中的新建、扩建或改建的民用住宅和住宅小区智能化的工程实施及质量控制、系统检测和竣工验收。

13.1.2 住宅（小区）智能化应包括火灾自动报警及消防联动系统、安全防范系统、通信网络系统、信息网络系统、监控与管理系统、家庭控制器、综合布线系统、电源和接地、环境、室外设备及管网等。住宅（小区）智能化体系结构框图见附图一。

13.1.3 火灾自动报警及消防联动系统包括的内容在本标准第7章规定的基础上，应增加家居可燃气体泄漏报警系统。

13.1.4 安全防范系统包括的内容在本标准第8章规定的基础上，应增加访客对讲系统。

13.1.5 通信网络系统应包括通信系统、卫星数字电视及有线电视系统等，其工程实施和系统检测及验收按本标准第4.1~4.3节内容执行。

13.1.6 信息网络系统应包括计算机网络系统、控制网络系统等，其工程实施和系统检测及验收按本标准第5章相关内容执行。

13.1.7 监控与管理系统应包括表具数据自动抄收及远传系统、建筑设备监控系统、公共广播与紧急广播系统、住宅（小区）物业管理系统等。住宅（小区）水、电、气、热（冷）表具的选用及远传方式，与当地各主管部门的管理有关。

13.1.8 家庭控制器的功能应包括家庭报警、家庭紧急求助、家用电器监控、表具数据采集及处理、通信网络和信息网络接口等。根据建设单位和设计要求，可将访客对讲子系统纳入家庭控制器。

13.1.9 住宅（小区）智能化的工程实施及质量控制应执行本标准第3.3节的规定。

13.1.10 设备安装质量检查

1 火灾自动报警及消防联动系统设备安装质量应符合《火灾自动报警系统施工及验收规范》GB 50166的要求。

2 其他系统的设备安装质量应符合本标准第4、5、6、8、9章有关规定。

13.2 施 工 准 备

13.2.1 技术准备

1 施工前进行图纸会审。

2 施工前应编制施工组织设计（施工方案），并报上一级技术负责人审核批准。

3 施工前应进行技术交底，明确施工方法及质量标准。

4 火灾自动报警及消防联动系统图纸设计完成后应经当地消防部门审批。

5 检查建筑设备监控系统设计，还应符合：给水泵工作电源、启停状态应受控于消防报警系统，以保证小区内在发生火灾时仍有充足的消防用水。

6 环境检测见本标准第12.2.1条。

13.2.2 主要材料

1 火灾自动报警及消防联动系统：探测器（包括家居可燃气体探测器）、按钮、报警器、接口模块、火灾报警控制器、报警电话、电铃、电缆、桥架线槽、管材、型材、膨胀螺栓等。

2 安全防范系统除本标准第8.2.1条所列材料外，还包括访客对讲系统材料如下：

(1) 小区入口管理话机、电源；

(2) 住宅单元入口管理话机、电控锁、读卡器（或键盘）、楼层分配器（总线多线制）、摄像机（可视对讲系统）；

(3) 住户室内机。

3 监控与管理系统：

(1) 公共广播与紧急广播系统，见本标准第4.4.1.2条；

(2) 建筑设备监控系统，见本标准第6.2.2条；

(3) 表具数据自动抄收及远传系统：水、电、气、热能等计量表具，IC卡，远传设备，计算机软硬件，管材，线缆，桥（槽）架，型材等；

(4) 住宅（小区）物业管理系统：计算机软硬件、管材、线缆、桥（槽）架、型材等；

4 家庭控制器：网络产品、计算机、家庭智能控制器、计量仪表和电子器材、各类防灾探测器（火灾探测、煤气泄漏探测等）和传感器及执行器、管材、线缆、桥（槽）架、型材等。

5 室外设备及管网：室外智能建筑设备、室外线缆 、管材、型材等。

6 通信网络系统，见本标准第4.2.1.2条及第4.3.1.2条。

7 信息网络系统，见本标准第5.2.2条。

8 综合布线系统，见本标准第9.2.2条。

9 电源和接地，见本标准第11.2.2条。

13.2.3 主要机具

1 火灾自动报警及消防联动系统，见本标准第7.2.3条。

2 安全防范系统，见本标准第8.2.3条。

3 监控与管理系统：

(1) 公共广播与紧急广播系统，见本标准第4.4.1.3条；

(2) 建筑设备监控系统，见本标准第6.2.3条；

(3) 表具数据自动抄收及远传系统、住宅（小区）物业管理系统：便携式计算机、数字万用表、示波器、低频信号发生器、缆线敷设工具、电焊机、电钻、电工专用工具等。

4 家庭控制器：便携式计算机、数字万用表、示波器、低频信号发生器、缆线敷设工具、电焊机、电钻、电工专用工具等。

5 室外设备及管网：数字万用表、示波器、低频信号发生器、对讲机、缆线敷设工具、电焊机、电钻、电工专用工具等。

6 通信网络系统，见本标准第 4.2.1.3 条及 4.3.1.3 条。

7 信息网络系统，见本标准第 5.2.3 条。

8 综合布线系统，见本标准第 9.2.3 条。

9 电源和接地，见本标准第 11.2.3 条。

10 环境，见本标准第 12.2.2 条。

13.2.4 作业条件

1 建筑工程进程应满足智能建筑工程预留预埋施工要求；

2 其他专业应满足智能建筑工程施工要求。

13.3 材料质量控制

13.3.1 火灾自动报警及消防联动系统

按本标准第 7.3 节执行。

13.3.2 安全防范系统

按本标准第 8.3 款执行。

13.3.3 监控与管理系统

1 建筑设备监控系统除按本标准第 6.3 节执行外，监控设备接口条件及技术数据，应满足国家有关部门现行的行业标准，具体如下：

(1) 通信速率应满足 5kbps ~ 1Mbps 的中低速的传输要求；

(2) 通信距离应在 40m ~ 10km 范围之内可调；

(3) 接口阻抗（双绞线时），向上可与 120 ~ 150Ω 特性阻抗的各类网络线匹配，向下可与 I/O 种类采集控制线配接；

(4) I/O 点接口电压及闭路电流：

AI 点：控制电压为 0 ~ 10V，控制电流为 4 ~ 20mA，输入阻抗为 100Ω，分辨率不小于 8bit；

DI 点：输入电平为 5V；

AO 点：控制电压为 0 ~ 10V，控制电流为 4 ~ 20mA，分辨率不小于 8bit；

DO 点：继电器或可控硅输出。

(5) 耐压与绝缘：500V，50MΩ。

2 公共广播与紧急广播系统按本标准第 4.4.2 条执行。

3 表具数据自动抄收及远传系统：

(1) 采用的水表、电表、燃气、热能表等能耗表均应为符合国家产品标准，并具有相应计量部门确认检定证书的专用表具，生产厂商应提供有关计量器具的生产许可证。

(2) 计量表具显示数据精度等技术指标必须达到设计要求和产品技术指标规定，系统响应时间≤10s；水、电、气、热（冷）量表具采用现场计量、数据远传，远传数据应保证计量精度小于误差率 2%；智能用户表应符合相关行业的国标要求。

(3) 电能表的各项性能指标应满足《多功能电能表通信规约》DL/T 645—1997、《低压电力用户集中抄表系统技术条件》DL/T 698—1999 产品标准规定的精度。

4 住宅（小区）物业管理系统的计算机软硬件按本标准第 3.2.5 条及第 3.2.6 条执

行。

13.3.4 家庭控制器

1 有关的材料（设备）质量控制要求应遵照各系统的材料（设备）要求，另外，针对家庭的特殊环境，应强调优先选择先进、适用、成熟的产品和技术。质量控制中特别强调如下几点：

(1) 避免短期内因技术陈旧造成整个系统性能不高而过早淘汰；

(2) 避免采用技术不成熟的硬件产品；

(3) 硬件产品应具有兼容性，便于系统产品更新与维护；

(4) 具有可扩充性，便于系统升级与扩展；

(5) 功能模块采用标准接口。

2 家用电器产品还应符合家电行业的有关标准。

13.3.5 室外设备及管网

1 检查室外安装设备，应符合设计的防水防尘防潮等防护等级要求。

2 设备浪涌过电压防护器设置应符合国家现行标准及设计要求。

13.4 施 工 工 艺

13.4.1 火灾自动报警及消防联动系统

详见本标准第7章。

13.4.2 安全防范系统

13.4.2.1 视频安防监控系统按本标准第8.4.1条执行。

13.4.2.2 入侵报警系统按本标准第8.4.2条执行。

13.4.2.3 出入口控制（门禁）系统按本标准第8.4.3条执行。

13.4.2.4 巡更管理系统按本标准第8.4.4条执行。

13.4.2.5 停车场（库）管理系统按本标准第8.4.5条执行。

13.4.2.6 访客对讲系统

1 工艺流程

线缆敷设→对讲设备（室内话机、门口主机、电控锁、楼层分配器、管理员机、电源、摄像机等）安装→系统调试

2 施工要点

(1) 线缆敷设

1) 访客对讲系统的电缆桥架、电缆沟、电缆竖井、电线导管、线缆敷设的施工遵照《建筑电气工程施工技术标准》ZJQ08—SGJB303—2005第12章、第13章、第14章、第15章的内容执行，如有特殊要求应以设计施工图的要求为准。

2) 系统布线时，电源线与信号线必须分开敷设，以免干扰，管路及设备应接地可靠。

3) 视频同轴电缆敷设按本标准第8.4.1.2条第1款执行。

(2) 对讲设备安装

1) 门口机的安装高度应离地面1.5~1.7m处，面向访客；

2) 可视门口机内置摄像机的方位和视角应能调整，不具有逆光补偿功能的摄像机安

装时应作环境亮度处理；单独设置的摄像机安装按本标准第8.4.1.2条第2款相关内容执行。

3）管理机安装时应牢固，并不影响其他系统的操作与运行；

4）用户机一般安装在用户出入口的内墙，安装高度应离地面1.4～1.6m处，保持牢固；

5）电源箱安装应符合设计要求，电源地线及外壳接地线应牢固。

（3）系统调试

1）选呼功能测试：在单元入口处的主机（门口机）处选呼任一住户室内分机，应能听到正常铃声。

2）通话功能测试：在单元入口处的主机（门口机）对任一住户室内分机选呼后，应能实施双工通话，话音清晰，不应出现振鸣现象。

3）电控开锁功能测试：应可在分机上正常实施电控开锁功能，电锁开时应无卡涩现象。

4）检测视频信号清晰度，应能实现对访客的识别。

5）对于联网型的小区对讲系统，其管理主机除应进行选呼功能、通话功能、电控开锁功能测试外，还应能接收和传送住户的紧急报警求助信息。

6）对具有紧急报警求助功能的小区访客对讲系统的测试按以下步骤进行：

a　使管理机处于通话状态下，同时分别触发两台报警键，管理机应能立即发生与呼叫键不同的声光信号，逐条显示报警信息，包括时间、区域。

b　使系统处于守候状态，同时分别触发呼叫键和报警键，报警信号具有优先功能，管理机应发出声光报警并指示发生的部位，并应至少能储存5组报警信息。

13.4.3　监控与管理系统

13.4.3.1　建筑设备监控系统按本标准第6.4节执行。

13.4.3.2　公共广播与紧急广播系统按本标准第4.4.3条执行。

13.4.3.3　表具数据自动抄收及远传系统：

表具数据自动抄收及远传系统通过家居的水表、煤气表、电表等分别读取水、燃气、电的消耗数，通过独立网络传到居住（小区）物业管理中心。管理中心可以监测系统运行状态，可随时查询、统计、打印，有数据备份功能，并可向水、燃气、电等各公司传送相关信息，实现远程抄表。上述表具也可采用IC卡表具，表具数据可远传到供水、电、气、热相应的职能部门，住户可通过居住区内部宽带网或Internet网查看表具数据或网上支付费用。

1　工艺流程

表具及远传系统设备定位→线缆敷设→表具及远传系统设备安装→系统调试

2　施工要点

（1）表具及远传系统设备定位安装

1）表具安装位置、高度应符合设计要求。

2）水、电、气、热（冷）等表具的安装按相应配套行业标准和产品说明书的要求执行。

（2）线缆敷设

表具数据自动抄收及远传系统的电缆桥架、电缆沟、电缆竖井、电线导管、线缆敷设的施工遵照《建筑电气工程施工技术标准》ZJQ08—SGJB303—2005 第 12 章、第 13 章、第 14 章、第 15 章的内容执行，如有特殊要求应以设计施工图的要求为准。

(3) 系统调试

1) 通过管理中心主机，分三个时间段，对每户能源表具远传数据进行查询、统计、打印、费用计算功能测试，系统应正常。

2) 数据保存功能测试：电源断电，测试系统不应出现误读数并有数据保存功能；电源恢复后，保存数据不丢失。

3) 测试系统，应具有时钟、故障报警、防破坏报警功能。

13.4.3.4 住宅（小区）物业管理系统

1 住宅（小区）物业管理系统的计算机软硬件设备安装测试按本标准第 5 章相关内容执行；

2 该系统中有关电子商务、电子银行、远程医疗等内容的检测验收还应遵守国家、行业、地方主管部门的有关规定。

13.4.4 家庭控制器

13.4.4.1 工艺流程

线缆敷设→家庭控制器、报警器、紧急求助装置安装→系统调试

13.4.4.2 施工要点

1 线缆敷设

(1) 家庭布线系统应满足不同户型的需求，规范家庭综合布线，按经审核合格的图纸施工。

(2) 对绞线布线按本标准第 9.4.2 条“水平布线子系统缆线敷设”相关内容执行。

(3) 配管穿线、线槽敷线施工按《建筑电气工程施工技术标准》ZJQ08—SGJB303—2005 第 14 章、第 15 章的内容执行。

2 家庭控制器、报警器、紧急求助装置安装

(1) 设备配置要求

根据设计要求，严格按国家城镇建设行业标准《居住区智能化系统配置与技术要求》CJ/T 174—2003 中有关配置进行检查、监督施工。

(2) 家庭控制器安装应符合：

1) 固定牢固，外观整洁美观；

2) 便于操作和维护；

3) 控制器为箱式设备时，其垂直度允许偏差为 3mm，当箱体高度大于 1.2m 时，垂直度允许偏差为 4mm；其水平度允许偏差为 3mm。

4) 控制器接线排列应整齐美观，并有清晰且不易褪色回路标志。

5) 控制器应按产品要求可靠接地。

(3) 家庭报警器包括感温、感烟、可燃气体、超声波、红外、微波、激光、视频运动、多技术复合、磁开关等探测器，其安装按本标准第 7.4.1.2 条和第 8.4.3.2 条相关内容执行。

(4) 紧急求助装置安装高度应适宜，应充分考虑老年人和未成年人在紧急情况下能方

便操作。

3 家庭控制器系统调试

家庭智能控制器功能应齐全，操作界面力求简单。可连接电话线路，家庭总线(HBS/RS485)、各种类型的监视和控制模块及与计算机联网的通信接口，通过该接口可以将计算机中软件程序（如监控模式、语言模式、时间与事件响应指令等）传送给智能控制器中内存，也可连接打印机，打印报警和家电设备运行状态的信息等。家庭智能控制器安装完毕后，按设计要求进行如下功能测试：

(1) 感温、感烟、可燃气体、超声波、红外、微波、激光、视频运动、多技术复合、磁开关等探测器单体测试按本标准第7章和第8.7.6条相关内容执行。

(2) 安全防范系统功能（可视对讲、防盗报警，如门窗红外线报警器、门磁开关、玻璃破碎报警器、有害气体泄漏报警、火灾探测、非法进入报警和紧急呼叫按钮）；

(3) 联动控制功能

灯光控制、空调控制、门锁控制、能耗表（水表、电表、煤气表、热水表等）读数数据的自动采集和传输、家用电器（灯、音响、电视机、热水机、微波炉等）的通/断电控制并可通过电话线或Internet网对家中情况进行远程监控；

(4) 通信功能（电子邮件、远程购物、远程教育、四表远传、多功能电话、ISDN、VOD以及宽带接入)；

(5) 娱乐功能（家庭影院、有线/卫星/闭路电视以及交互或电子游戏等)。

(6) 与表具数据抄收及远传接系统、通信网络和信息网络的接口功能测试按本标准第3.2.7条的规定执行。

(7) 家庭报警网络功能

1) 布防、撤防记录功能——每次布、撤防都应有正确的时间记录、信息记录并能保存。

2) 紧急报警功能——无论报警器主机处于什么状态，都能发出紧急求救信号。

3) 自身保护功能——包括断线报警、主机防拆、欠电警示等功能，并将这些信息正确送到接警中心。

4) 巡检功能——接警主机应能对网络的线路故障，客户的布、撤防情况，控制主机的工作状态进行定期巡检，以确保网络运行的可靠性。

5) 布防、撤防延时功能——产品应具有可设置延时时间的功能，防止误报。

6) 分防区功能——可分2、4、6个不同的防区，可以分别布、撤防，方便用户使用。

7) 操作方便、可靠性检查测试。

8) 接警主机功能：

a 记录报警、布防、撤防、故障等功能；

b 应具有电子地图显示用户区域位置的功能；

c 能记录、修改、打印用户信息；

d 能统计用户信息、警情、误报原因等功能；

e 应设置菜单式处警方法和处警记录，并能自动记录在数据库中。

9) 信号传输速度、接警中心接受信号的速率和容量检查应满足设计要求。

13.4.5 室外设备及管网

13.4.5.1 室外设备箱安装

1 基础验收/基础型钢制作安装

(1) 室外设备箱安装前，应先对基础进行验收，基础中心与标高应符合设计要求。

(2) 无土建基础时，应进行基础型钢制作安装：

1) 预制加工基础型钢的型号、规格应符合设计要求。按设计尺寸进行下料和调直，做好防锈处理。根据地脚螺栓位置及孔距尺寸，进行制孔，制孔必须采用机械制孔。

2) 基础型钢架安装。按放线确定的位置、标高，中心轴线尺寸，控制准确的位置稳定型钢架，用水平尺或水准仪找平、找正，与地脚螺栓连接牢固。

3) 基础型钢与地线连接，将引进箱内的地线与型钢结构基架的两端焊牢，然后涂二遍防锈漆。

4) 基础型钢安装应符合《建筑电气工程施工技术标准》ZJQ08—SGJB303—2005 第6.7.2.1条的规定。

2 室外设备（箱）安装

(1) 室外设备箱的安装应符合《建筑电气工程施工技术标准》ZJQ08—SGJB303—2005第6章的相关规定。

(2) 室外设备连接电缆时，宜从设备的下部进线，进线管口周围应注防水密封胶密封防护；

(3) 室外各系统设备（探头、广播喇叭、摄像机等）按各系统设备安装要求执行。

(4) 防雷接地、防冻及防晒措施按设计文件和产品要求执行。

13.4.5.2 室外管网安装

室外电缆导管及线路敷设应执行《建筑电气工程施工技术标准》ZJQ08—SGJB303—2005第14章、第15章的有关规定。

13.5 成 品 保 护

1 对各子系统设备应加以保护，尤其是小区内的已安装完毕的公共场所设备（探头、广播喇叭、摄像机等等），应做好防护，以免人为破坏。

2 各系统设备箱柜在搬运和安装过程中，应防止变形和表面油漆损伤。

3 安防机房、消防控制中心等机房门应加锁，未经许可非安装人员不准入内，操作人员需接受专门培训。

4 工程至交工期间需设专人值班。

5 室内保持清洁干净、走道畅通、通风良好，室温保持在18～28℃，相对湿度30%～75%，室内严禁烟火。

13.6 施工安全、环保措施

1 应在施工现场采取维护安全、防范危险、预防火灾等措施；有条件的，应对施工现场实行封闭管理。

2 施工现场对毗邻的建筑物、构筑物和特殊作业环境可能造成损害的，施工企业应采取安全防护措施。

3 施工中应遵守有关环境保护和安全生产的法律、法规的规定，采取控制和处理施工现场的各种粉尘、废气、废水、固体废物以及噪声、振动对环境的污染和危害。

4 不得直接用眼睛观察通电的光纤端口，以免灼伤。

13.7 系 统 检 测

13.7.1 住宅（小区）智能化的系统检测应在工程安装调试完成、经过不少于1个月的系统试运行，具备正常投运条件后进行。

13.7.2 住宅（小区）智能化的系统检测应以系统功能检测为主，结合设备安装质量检查、设备功能和性能检测及相关内容进行。住宅（小区）智能化检测项目见表13.7.2。

表 13.7.2 住宅（小区）智能化检测项目表

项 目	检 测 内 容
1. 火灾自动报警及消防联动系统	报警装置
	灭火装置
	疏散装置
	可燃气体报警
2. 安全防范系统	视频安防监控系统
	入侵报警系统
	巡更管理系统
	出入口控制（门禁）系统
	停车场（库）管理系统
	访客对讲系统
3. 通信网络系统	卫星接收系统
	有线电视系统
	电话系统
4. 信息网络系统	计算机网络系统
	控制网络系统
5. 监控与管理系统	表具数据自动抄收及远传
	建筑设备监控
	公共广播与紧急广播
	住宅（小区）物业管理系统
6. 家庭控制器	家庭报警
	家用电器监控
	家用表具数据采集及处理
	家庭紧急求助
	通信网络和信息网络的接口
7. 综合布线系统	综合布线系统

续表 13.7.2

项　目	检 测 内 容
8. 电源与接地	电源质量等级
	系统接地
	系统防雷
9. 环境	机房环境指标
10. 室外设备及管网	室外设备安装
	室外缆线敷设
	室外缆线选型

13.7.3　住宅（小区）智能化的系统检测应依据工程合同技术文件、施工图设计文件、设计变更审核文件、设备及相关产品技术文件进行。

注：施工图设计文件内容包括：

1　系统选型论证；

2　系统规模和控制方案说明；

3　系统功能说明和性能指标等；

4　系统结构图；

5　各子系统控制有理图；

6　设备布置与布线图；

7　相关动力配电箱电气原理图；

8　监控设备安装施工图；

9　中央控制室设备布置图；

10　监控设备电气端子接线图；

11　监控设备清单等。

13.7.4　住宅（小区）智能化进行系统检测时，应提供以下工程实施及质量控制记录：

1　设备材料进场检验记录；

2　隐蔽工程和随工检验记录；

3　工程安装质量及观感质量验收记录；

4　设备及系统自检记录；

5　系统试运行记录。

13.7.5　通信网络系统、信息网络系统、综合布线系统、电源与接地、环境的系统检测应执行本标准第 4 章、第 5 章、第 9 章、第 11 章、第 12 章有关规定。

13.7.6　其他系统的系统检测应按本标准第 13.7.7 ~ 13.7.11 条的规定进行。

13.7.7　火灾自动报警及消防联动系统检测

Ⅰ 主 控 项 目

13.7.7.1　火灾自动报警及消防联动系统功能检测除符合本标准第 7 章规定外，还应符合下列要求：

1　可燃气体泄漏报警系统的可靠性检测。

2　可燃气体泄漏报警时自动切断气源及打开排气装置的功能检测。

3　已纳入火灾自动报警及消防联动系统的探测器不得重复接入家庭控制器。

13.7.8　安全防范系统检测

13.7.8.1　视频安防监控系统、入侵报警系统、出入口控制（门禁）系统、巡更管理系统和停车场（库）管理系统的检测应按本标准第8章有关规定执行。

Ⅰ 主 控 项 目

13.7.8.2 访客对讲系统的检测应符合下列要求：

1 室内机门铃提示、访客通话及与管理员通话应清晰，通话保密功能与室内开启单元门的开锁功能应符合设计要求；

2 门口机呼叫住户和管理员机的功能、CCD红外夜视（可视对讲）功能、电控锁密码开锁功能、在火警等紧急情况下电控锁的自动释放功能应符合设计要求；

3 管理员机与门口机的通信及联网管理功能，管理员机与门口机、室内机互相呼叫和通话的功能应符合设计要求；

4 市电掉电后，备用电源应能保证系统正常工作8h以上。

注：不安装家庭控制器的住宅可将家庭紧急求助报警装置纳入访客对讲子系统。访客对讲子系统检测项目见表13.7.8.2。

表13.7.8.2 访客对讲子系统检测项目表

项 目	检 测 内 容
访客对讲子系统	门口机外观
	门口机防水、防拆等功能
	通话清晰度
	图像清晰度
	保密功能
	单元门开锁功能
	火灾时电控锁释放功能
	与访客通话功能
	与管理员通信功能
	备用电源工作时间

Ⅱ 一 般 项 目

13.7.8.3 访客对讲系统室内机应具有自动定时关机功能，可视访客图像应清晰；管理员机对门口机的图像可进行监视。

13.7.9 监控与管理系统检测

Ⅰ 主 控 项 目

13.7.9.1 表具数据自动抄收及远传系统的检测应符合下列要求：

1 水、电、气、热（冷）能等表具应采用现场计量、数据远传，选用的表具应符合国家产品标准，表具应具有产品合格证书和计量检定证书；

2 水、电、气、热（冷）能等表具远程传输的各种数据，通过系统可进行查询、统计、打印、费用计算等；

3 电源断电时，系统不应出现误读数并有数据保存措施，数据保存至少4个月以上；

电源恢复后，保存数据不应丢失；

4 系统应具有时钟、故障报警、防破坏报警功能。

13.7.9.2 建筑设备监控系统除参照本标准第 6 章有关规定外，还应具备饮用水蓄水池过滤设备、消毒设备的故障报警的功能。

13.7.9.3 公共广播与紧急广播系统的检测应符合本标准第 4.4.6 条的要求。

13.7.9.4 住宅（小区）物业管理系统的检测除执行本标准第 5.7.2 条规定外，还应进行以下内容的检测，使用功能满足设计要求的为合格，否则为不合格。

1 住宅（小区）物业管理系统应包括住户人员管理、住户房产维修、住户物业费等各项费用的查询及收取、住宅（小区）公共设施管理、住宅（小区）工程图纸管理等；

2 信息服务项目可包括家政服务、电子商务、远程教育、远程医疗、电子银行、娱乐等；应按设计要求的内容进行检测；

3 物业管理公司人事管理、企业管理和财务管理等内容的检测应根据设计要求进行；

4 住宅（小区）物业管理系统的信息安全要求应符合本标准第 5.7.3 条的要求。

Ⅱ 一 般 项 目

13.7.9.5 表具现场采集的数据与远传的数据应一致，每类表具总数达到 100 个及以上的按 10%抽检，少于 100 个的抽检 10 个。

13.7.9.6 建筑设备监控系统除执行本标准第 6.7 节有关规定外，还应进行以下内容的检测：

1 室外园区艺术照明的开启、关闭时间设定、控制回路的开启设定和灯光场景的设定及照度调整；

2 园林绿化浇灌水泵的控制、监视功能。

13.7.9.7 住宅（小区）物业管理系统房产出租、房产二次装修管理、住户投诉处理、数据资料的记录、保存、查询等功能检测可按本标准第 5.7.2 条有关内容进行。

13.7.10 家庭控制器检测

13.7.10.1 家庭控制器检测应包括家庭报警、家庭紧急求助、家用电器监控、表具数据采集及处理、通信网络和信息网络接口等内容。家庭控制器与表具数据抄收及远传系统、通信网络和信息网络的接口的检测应按本章中第 3.2.7 条的规定执行。家庭控制器检测项目，见表 13.7.10.1。

表 13.7.10.1 家庭控制器检测项目表

项 目	检 测 内 容
1. 家庭控制器	家庭控制器外观
	接入网接口
	故障报警
	备用电源
	防雷接地
2. 家庭报警	感烟探测器
	感温探测器
	可燃气体探测器
	红外探测器

续表 13.7.10.1

项目	检测内容
2. 家庭报警	微波探测器
	复合探测器
	磁开关探测器
3. 家庭紧急求助	紧急求助装置
	撤、布防功能
4. 家用电器监控	家用电器监控安全性
	家用电器监控遥控功能
5. 家用表具数据采集与处理	表具产品标准
	表具数据抄收
	表具数据远传
	信息显示、查询

Ⅰ 主 控 项 目

13.7.10.2 家庭报警功能的检测应符合下列要求：

1 感烟探测器、感温探测器、燃气探测器的检测应符合国家现行产品标准的要求；

2 入侵报警探测器的检测应执行本标准第 8.7.6 条的规定；

3 家庭报警的撤防、布防转换及控制功能。

13.7.10.3 家庭紧急求助报警装置的检测应符合下列要求：

1 可靠性：准确、及时的传输紧急求助信号；

2 可操作性：老年人和未成年人在紧急情况下应能方便地发出求助信号；

3 应具有防破坏和故障报警功能。

13.7.10.4 家用电器的监控功能的检测应符合设计要求。

13.7.10.5 家庭控制器应对误操作或出现故障报警时具有相应的处理能力。

13.7.10.6 无线报警的发射频率及功率的检测。

Ⅱ 一 般 项 目

13.7.10.7 家庭紧急求助报警装置的检测应符合下列要求：

1 每户宜安装一处以上的紧急求助报警装置（如：起居室、卧室等）；

2 紧急求助报警装置宜有一种以上的报警方式（如手动、遥控、感应等）；

3 报警信号宜区别求助内容；

4 紧急求助报警装置宜加夜间显示。

13.7.11 室外设备及管网

Ⅰ 主 控 项 目

13.7.11.1 安装在室外的设备箱应有防水、防潮、防晒、防锈等措施；设备浪涌过电压防护器设置、接地联结应符合国家现行标准及设计要求。室外设备及管网检测项目，见表

13.7.11.1。

表 13.7.11.1 室外设备及管网检测项目表

项 目	检 测 内 容
1. 室外设备	设备防潮、防水措施
	设备防冻措施
	设备屏蔽措施
	设备防腐、防锈措施
	设备机械强度
	设备防晒措施
	设备防雷接地措施
2. 室外管网、缆线敷设	管网防潮、防水措施
	缆线防潮、防水措施
	管网防冻措施
	管网防腐措施
	管网、缆线机械强度
	管网、缆线屏蔽措施
	管网、缆线敷设深度
	缆线选型
	管网接地

13.7.11.2 室外电缆导管及线路敷设，应执行《建筑电气工程施工技术标准》ZJQ08—SGJB 303—2005 中有关规定。

13.8 竣 工 验 收

13.8.1 住宅（小区）智能化的竣工验收应在系统正常连续投运时间不少于 3 个月后进行；

13.8.2 竣工验收文件和记录应包括以下内容：

1 工程实施及质量控制记录。

2 设备和系统检测记录。

3 竣工图纸和竣工技术文件。

注：竣工图纸和竣工技术文件内容包括：

1 系统结构图；

2 各子系统控制原理图；

3 设备布置与布线图；

4 相关动力配电箱电气原理图；

5 管理控制中心设备布置图；

6 监控设备安装施工图；

7 监控设备电气端子接线图；

8 工程变更文件；

9 设备清单等。

4 技术、使用和维护手册。

5 其他文件包括：

（1）工程合同及技术文件；

（2）相关工程质量事故报告等。

13.8.3 各子系统可以分别验收，应作好验收记录，签署验收意见。

13.8.4 住宅（小区）智能化分项工程验收记录当地方主管部门无统一规定时，宜采用表

13.8.4-1“住宅（小区）智能化分项工程质量验收记录表（Ⅰ）”、表 13.8.4-2“住宅（小区）智能化分项工程质量验收记录表（Ⅱ）”、表 13.8.4-3“住宅（小区）智能化分项工程质量验收记录表（Ⅲ）”、表 13.8.4-4“住宅（小区）智能化分项工程质量验收记录表（Ⅳ）”、表 13.8.4-5“住宅（小区）智能化分项工程质量验收记录表（Ⅴ）”、表 13.8.4-6“住宅（小区）智能化分项工程质量验收记录表（Ⅵ）”。

表 13.8.4-1 住宅（小区）智能化分项工程质量验收记录表（Ⅰ）

单位（子单位）工程名称			子分部工程	住宅（小区）智能化
分项工程名称		火灾自动报警及消防联动系统	验收部位	
施工单位			项目经理	
施工执行标准名称及编号				
分包单位			分包项目经理	
检测项目（执行本标准第 13.7.7 条的规定）			检查评定记录	备 注
1	符合本标准第 7 章规定			使用第 7 章相关记录表 7.8.5
2	可燃气体泄漏报警系统检测	可靠性		满足设计要求及本标准规定时为检测合格
		报警效果		
3	可燃气体泄漏报警联动	自动切断气源		
		打开排气装置		
4	可燃气体探测器	不得重复接入家庭控制器		
5				
6				
7				
8				
9				

检测意见：

监理工程师（建设单位项目专业技术负责人）：　　　　检测机构负责人：

日期：　　　　日期：

表 13.8.4-2 住宅（小区）智能化分项工程质量验收记录表（Ⅱ）

<table>
<tr><td colspan="3">单位（子单位）工程名称</td><td colspan="2"></td><td>子分部工程</td><td>住宅（小区）智能化</td></tr>
<tr><td colspan="3">分项工程名称</td><td colspan="2">安全防范系统</td><td>验收部位</td><td></td></tr>
<tr><td colspan="3">施工单位</td><td colspan="2"></td><td>项目经理</td><td></td></tr>
<tr><td colspan="3">施工执行标准名称及编号</td><td colspan="4"></td></tr>
<tr><td colspan="3">分包单位</td><td colspan="2"></td><td>分包项目经理</td><td></td></tr>
<tr><td colspan="4">检测项目
（执行本标准第 13.7.8 节的规定）</td><td colspan="2">检查评定记录</td><td>备 注</td></tr>
<tr><td>1</td><td colspan="3">视频安防监控系统、入侵报警系统、出入口控制系统、巡更管理系统符合本标准第 8 章有关规定（本标准 13.7.8.1 条规定）</td><td colspan="2"></td><td>使用第 8 章相关记录表 8.8.6-1～表 8.8.6-7</td></tr>
<tr><td rowspan="10">2</td><td rowspan="10" colspan="2">访客对讲系统（主控项目）（本标准 13.7.8.2 条规定）</td><td>室内机门铃及双方通话应清晰</td><td colspan="2"></td><td rowspan="13">满足设计要求及本标准规定时为检测合格</td></tr>
<tr><td>通话保密性</td><td colspan="2"></td></tr>
<tr><td>开锁</td><td colspan="2"></td></tr>
<tr><td>呼叫</td><td colspan="2"></td></tr>
<tr><td>可视对讲夜视效果</td><td colspan="2"></td></tr>
<tr><td>密码开锁</td><td colspan="2"></td></tr>
<tr><td>紧急情况电控锁释放</td><td colspan="2"></td></tr>
<tr><td>通信及联网管理</td><td colspan="2"></td></tr>
<tr><td>备用电源工作 8 小时</td><td colspan="2"></td></tr>
<tr><td>管理员机与门口机、室内机呼叫与通话</td><td colspan="2"></td></tr>
<tr><td rowspan="3">3</td><td rowspan="3" colspan="2">访客对讲系统（一般项目）（本标准 13.7.8.3 条规定）</td><td>定时关机</td><td colspan="2"></td></tr>
<tr><td>可视图像清晰</td><td colspan="2"></td></tr>
<tr><td>对门口机图像可监视</td><td colspan="2"></td></tr>
<tr><td colspan="7">检测意见：

监理工程师（建设单位项目专业技术负责人）： 检测机构负责人：
日期： 日期：</td></tr>
<tr><td colspan="7">注：通信网络系统检测项目的详细内容与要求请参考表 4.2.7-1、表 4.2.7-2、表 4.2.7-3、表 4.3.7-1、表 4.3.7-2，信息网络系统检测项目的详细内容与要求请参考表 5.8.2-1～表 5.8.2-6</td></tr>
</table>

表 13.8.4-3 住宅（小区）智能化分项工程质量验收记录表（Ⅲ）

<table>
<tr><td colspan="2">单位（子单位）工程名称</td><td colspan="2"></td><td>子分部工程</td><td>住宅（小区）智能化</td></tr>
<tr><td colspan="2">分项工程名称</td><td colspan="2">监控与管理系统</td><td>验收部位</td><td></td></tr>
<tr><td colspan="2">施工单位</td><td colspan="2"></td><td>项目经理</td><td></td></tr>
<tr><td colspan="3">施工执行标准名称及编号</td><td colspan="3"></td></tr>
<tr><td colspan="2">分包单位</td><td colspan="2"></td><td>分包项目经理</td><td></td></tr>
<tr><td colspan="3">检测项目（主控项目）
（执行本标准第 13.7.9 条的规定）</td><td colspan="2">检查评定记录</td><td>备 注</td></tr>
<tr><td rowspan="11">1</td><td rowspan="11">表具数据自动抄收及远传系统（本标准第 13.7.9.1 条的规定）</td><td>水、电、气、热（冷）表具选择</td><td colspan="2"></td><td rowspan="11">表具应符合国家产品标准，具有产品合格证书和计量检定证书，功能检测符合设计要求时为合格</td></tr>
<tr><td>系统查询</td><td colspan="2"></td></tr>
<tr><td>统计</td><td colspan="2"></td></tr>
<tr><td>打印</td><td colspan="2"></td></tr>
<tr><td>费用计算</td><td colspan="2"></td></tr>
<tr><td>断电数据保存四个月以上</td><td colspan="2"></td></tr>
<tr><td>电源恢复数据不丢失</td><td colspan="2"></td></tr>
<tr><td>系统时钟</td><td colspan="2"></td></tr>
<tr><td>故障报警</td><td colspan="2"></td></tr>
<tr><td>防破坏报警</td><td colspan="2"></td></tr>
<tr><td></td><td colspan="2"></td></tr>
<tr><td rowspan="3">2</td><td rowspan="3">建筑设备监控系统（本标准第 13.7.9.2 条的规定）</td><td>符合本标准第 6 章有关规定</td><td colspan="2"></td><td rowspan="3">符合设计要求时为检测合格，使用第 6 章记录表 6.8.4-1～表 6.8.4-11</td></tr>
<tr><td>饮用水过滤设备报警</td><td colspan="2"></td></tr>
<tr><td>消毒设备故障报警</td><td colspan="2"></td></tr>
<tr><td>3</td><td>公共广播与紧急广播系统</td><td>符合本标准第 4.4.6 条的规定</td><td colspan="2"></td><td>使用第 4 章记录表 4.4.7</td></tr>
<tr><td rowspan="16">4</td><td rowspan="16">住宅（小区）物业管理系统（本标准第 13.7.9.4 条的规定）</td><td>人员管理</td><td colspan="2"></td><td rowspan="16">符合设计要求时为检测合格，其中信息安全应符合本标准第 5.7.3 条的要求</td></tr>
<tr><td>房产维修</td><td colspan="2"></td></tr>
<tr><td>费用查询收取</td><td colspan="2"></td></tr>
<tr><td>公共设施管理</td><td colspan="2"></td></tr>
<tr><td>工程图纸管理</td><td colspan="2"></td></tr>
<tr><td>家政服务</td><td colspan="2"></td></tr>
<tr><td>电子商务</td><td colspan="2"></td></tr>
<tr><td>远程教育</td><td colspan="2"></td></tr>
<tr><td>远程医疗</td><td colspan="2"></td></tr>
<tr><td>电子银行</td><td colspan="2"></td></tr>
<tr><td>娱乐项目</td><td colspan="2"></td></tr>
<tr><td>物业人事管理</td><td colspan="2"></td></tr>
<tr><td>企业管理</td><td colspan="2"></td></tr>
<tr><td>财务管理</td><td colspan="2"></td></tr>
<tr><td>信息安全</td><td colspan="2"></td></tr>
<tr><td>其他</td><td colspan="2"></td></tr>
<tr><td colspan="6">检测意见：

监理工程师（建设单位项目专业技术负责人）： 检测机构负责人：
日期： 日期：</td></tr>
</table>

表 13.8.4-4 住宅（小区）智能化分项工程质量验收记录表（Ⅳ）

<table>
<tr><td colspan="3">单位（子单位）工程名称</td><td colspan="2"></td><td>子分部工程</td><td>住宅（小区）智能化</td></tr>
<tr><td colspan="3">分项工程名称</td><td colspan="2">监控与管理系统</td><td>验收部位</td><td></td></tr>
<tr><td colspan="3">施工单位</td><td colspan="2"></td><td>项目经理</td><td></td></tr>
<tr><td colspan="4">施工执行标准名称及编号</td><td colspan="3"></td></tr>
<tr><td colspan="3">分包单位</td><td colspan="2"></td><td>分包项目经理</td><td></td></tr>
<tr><td colspan="4">检测项目（一般项目）
（执行本标准第 13.7.9.5～13.7.9.7 条的规定）</td><td colspan="2">检查评定记录</td><td>备 注</td></tr>
<tr><td>1</td><td>表具数据自动抄收及远传系统</td><td colspan="2">表具采集与远传数据一致性</td><td colspan="2"></td><td>每类表具按 10% 抽检，且不得少于 10，合格率 100% 时为检测合格</td></tr>
<tr><td rowspan="6">2</td><td rowspan="6">建筑设备监控系统</td><td colspan="2">园区照明时间设定</td><td colspan="2"></td><td rowspan="6">符合设计要求时为检测合格</td></tr>
<tr><td colspan="2">控制回路开启设定</td><td colspan="2"></td></tr>
<tr><td colspan="2">灯光场景设定</td><td colspan="2"></td></tr>
<tr><td colspan="2">照度调整</td><td colspan="2"></td></tr>
<tr><td colspan="2">浇灌水泵监视控制</td><td colspan="2"></td></tr>
<tr><td colspan="2">中水设备监视控制</td><td colspan="2"></td></tr>
<tr><td rowspan="4">3</td><td rowspan="4">住宅（小区）物业管理系统</td><td colspan="2">房产出租管理</td><td colspan="2"></td><td rowspan="4">符合设计要求时为检测合格，其中管理系统软件检测应符合本标准第 5.7.2 条的要求</td></tr>
<tr><td colspan="2">房产二次装修管理</td><td colspan="2"></td></tr>
<tr><td colspan="2">住户投诉处理</td><td colspan="2"></td></tr>
<tr><td colspan="2">数据资料的记录、保存、查询</td><td colspan="2"></td></tr>
<tr><td>4</td><td></td><td colspan="2"></td><td colspan="2"></td><td></td></tr>
<tr><td>5</td><td></td><td colspan="2"></td><td colspan="2"></td><td></td></tr>
<tr><td colspan="7">检测意见：

监理工程师（建设单位项目专业技术负责人）：　　　　检测机构负责人：
日期：　　　　日期：</td></tr>
</table>

表 13.8.4-5 住宅（小区）智能化分项工程质量验收记录表（Ⅴ）

<table>
<tr><td colspan="3">单位（子单位）工程名称</td><td></td><td>子分部工程</td><td>住宅（小区）智能化</td></tr>
<tr><td colspan="3">分项工程名称</td><td>家庭控制器</td><td>验收部位</td><td></td></tr>
<tr><td colspan="3">施工单位</td><td></td><td>项目经理</td><td></td></tr>
<tr><td colspan="3">施工执行标准名称及编号</td><td colspan="3"></td></tr>
<tr><td colspan="3">分包单位</td><td></td><td>分包项目经理</td><td></td></tr>
<tr><td colspan="3">检测项目
（执行本标准第 13.7.10 条的规定）</td><td colspan="2">检查评定记录</td><td>备 注</td></tr>
<tr><td rowspan="3">1</td><td rowspan="3">家庭报警功能检测（主控项目）</td><td>感烟探测器、感温探测器、燃气探测器检测</td><td colspan="2"></td><td rowspan="3">探测器检测应符合国家现行产品标准；入侵报警探测器检测执行本标准 8.7.6 条规定；其他符合设计要求</td></tr>
<tr><td>入侵报警探测器检测</td><td colspan="2"></td></tr>
<tr><td>家庭报警撤防、布防控制功能</td><td colspan="2"></td></tr>
<tr><td rowspan="4">2</td><td rowspan="4">家庭紧急求助功能检测（主控项目）</td><td>可靠性</td><td colspan="2"></td><td rowspan="4">符合设计要求时为检测合格</td></tr>
<tr><td>可操作性</td><td colspan="2"></td></tr>
<tr><td>防破坏报警</td><td colspan="2"></td></tr>
<tr><td>故障报警</td><td colspan="2"></td></tr>
<tr><td rowspan="4">3</td><td rowspan="4">家用电器监控功能检测（主控项目）</td><td>监控功能</td><td colspan="2"></td><td rowspan="4">符合设计要求时为检测合格；发射频率及功率检测应符合国家有关规定</td></tr>
<tr><td>误操作处理</td><td colspan="2"></td></tr>
<tr><td>故障报警处理</td><td colspan="2"></td></tr>
<tr><td>发射频率及功率检测</td><td colspan="2"></td></tr>
<tr><td rowspan="4">4</td><td rowspan="4">家庭紧急求助报警装置检测（一般项目）</td><td>每户宜装一处以上的紧急求助报警装置</td><td colspan="2"></td><td rowspan="4"></td></tr>
<tr><td>宜有一种以上的报警方式(手动、遥控、感应等)</td><td colspan="2"></td></tr>
<tr><td>区别求助内容</td><td colspan="2"></td></tr>
<tr><td>夜间显示</td><td colspan="2"></td></tr>
<tr><td colspan="6">检测意见：

监理工程师（建设单位项目专业技术负责人）： 检测机构负责人：
日期： 日期：</td></tr>
</table>

表 13.8.4-6 住宅（小区）智能化分项工程质量验收记录表（Ⅵ）

<table>
<tr><td colspan="2">单位（子单位）工程名称</td><td colspan="2"></td><td>子分部工程</td><td>住宅（小区）智能化</td></tr>
<tr><td colspan="2">分项工程名称</td><td colspan="2">室外设备及管网</td><td>验收部位</td><td></td></tr>
<tr><td colspan="4">施工单位</td><td>项目经理</td><td></td></tr>
<tr><td colspan="3">施工执行标准名称及编号</td><td colspan="3"></td></tr>
<tr><td colspan="4">分包单位</td><td>分包项目经理</td><td></td></tr>
<tr><td colspan="3">检测项目（主控项目）
（执行本标准第 13.7.11 条的规定）</td><td colspan="2">检查评定记录</td><td>备 注</td></tr>
<tr><td rowspan="3">1</td><td rowspan="3">室外设备箱安装</td><td>应有防水、防潮、防晒、防锈措施</td><td colspan="2"></td><td rowspan="3">符合现行国家标准及设计要求</td></tr>
<tr><td>设备浪涌过电压防护器设置</td><td colspan="2"></td></tr>
<tr><td>接地联结</td><td colspan="2"></td></tr>
<tr><td rowspan="2">2</td><td rowspan="2">室外电缆及导管</td><td>室外电缆导管敷设</td><td colspan="2"></td><td rowspan="2">执行 ZJQ08—SGJB 303—2005 中有关规定</td></tr>
<tr><td>室外线路敷设</td><td colspan="2"></td></tr>
<tr><td>3</td><td colspan="2"></td><td colspan="2"></td><td></td></tr>
<tr><td>4</td><td colspan="2"></td><td colspan="2"></td><td></td></tr>
<tr><td>5</td><td colspan="2"></td><td colspan="2"></td><td></td></tr>
<tr><td>6</td><td colspan="2"></td><td colspan="2"></td><td></td></tr>
<tr><td>7</td><td colspan="2"></td><td colspan="2"></td><td></td></tr>
<tr><td>8</td><td colspan="2"></td><td colspan="2"></td><td></td></tr>
<tr><td colspan="6">检测意见：

监理工程师（建设单位项目专业技术负责人）： 检测机构负责人：
日期： 日期：</td></tr>
</table>

14　分部（子分部）工程验收

14.0.1　当智能建筑分部工程施工验收时，检验批的划分应符合下列规定：

分项工程可由一个或若干检验批组成，一般按一个设计系统或设备组别划分为一个检验批。

14.0.2　智能建筑工程的分部（子分部）工程、分项工程按表 14.0.2 划分，各子分部、分项工程构成智能建筑工程体系结构图见附录 F。

表 14.0.2　智能建筑工程子分部工程、分项工程划分表

分部工程	子分部工程	分项工程
智能建筑	通信网络系统	通信系统，卫星数字电视及有线电视系统，公共广播及紧急广播系统
	信息网络系统	计算机网络系统，应用软件，网络安全系统
	建筑设备监控系统	空调与通风系统，变配电系统，公共照明系统，给排水系统，热源和热交换系统，冷冻和冷却水系统，电梯和自动扶梯系统，中央管理工作站与操作分站，子系统通信接口
	火灾自动报警及消防联动系统	火灾和可燃气体探测系统，火灾报警控制系统，消防联动系统
	安全防范系统	视频安防监控系统，入侵报警系统，出入口控制（门禁）系统，巡更管理系统，停车场（库）管理系统
	综合布线系统	缆线敷设和终接，机柜、机架、配线架的安装，信息插座和光缆芯线终端的安装
	智能化系统集成	集成系统网络，实时数据库，信息安全，功能接口
	电源与接地	智能建筑电源，防雷及接地
	环境	空间环境，室内空调环境，视觉照明环境，电磁环境
	住宅（小区）智能化	火灾自动报警及消防联动系统（含火灾和可燃气体探测系统、火灾报警控制系统、消防联动系统、家居可燃气体泄露报警系统）； 安全防范系统（含视频安防监控系统、入侵报警系统、出入口控制（门禁）系统、巡更管理系统、停车场（库）管理系统、访客对讲系统）； 通信网络系统（含通信系统、卫星数字电视及有线电视系统）； 信息网络系统（含计算机网络系统、控制网络系统）； 监控与管理系统（含表具数据自动抄收及远传系统、建筑设备监控系统、公共广播及紧急广播系统、住宅（小区）物业管理系统）； 家庭控制器（含家庭报警、家庭紧急求助、家用电器监控、表具数据采集及处理、通信网络和信息网络接口）； 综合布线系统； 电源与接地； 环境； 室外设备及管网

注：上表各子分部工程中：1　综合布线系统和环境子分部工程的分项工程质量验收表包含全部分项工程检测内容；2　建筑设备监控系统子分部工程增加系统实时性、可维护性、可靠性和现场设备安装及检测分项工程质量验收表；火灾报警及消防联动系统子分部工程的分项工程质量验收表包含全部分项工程检测内容，增加了 GB 50166 的表格；安全防范系统子分部工程增加综合防范功能、安全防范综合管理系统分项工程质量验收表；智能化系统集成子分部工程的分项工程质量验收表按检测内容分设，未按分项工程分设。

14.0.3 各系统竣工验收应包括以下内容：

1 工程实施及质量控制检查；

2 系统检测合格；

3 运行管理队伍组建完成，管理制度健全；

4 运行管理人员已完成培训，并具备独立上岗能力；

5 竣工验收文件资料完整；

6 系统检测项目的抽检和复核应符合设计要求；

7 观感质量验收应符合要求；

8 根据《智能建筑设计标准》GB/T 50314 的规定，智能建筑的等级符合设计的等级要求。

14.0.4 竣工验收结论与处理

1 竣工验收结论分合格和不合格；

2 本标准第 14.0.3 节规定的各款全部符合要求，为各系统竣工验收合格，否则为不合格；

3 各系统竣工验收合格为智能建筑工程竣工验收合格；

4 竣工验收发现不合格的系统或子系统时，建设单位应责成责任单位限期整改，直到重新验收合格；整改后仍无法满足安全使用要求的系统不得通过竣工验收。

14.0.5 竣工验收时应按本标准附录 D 中表 D.0.1 和表 D.0.2 的要求填写资料审查结果和验收结论。

附录A　施工现场质量管理检查记录

A.0.1　施工现场质量管理检查记录，见表A.0.1。

表A.0.1　施工现场质量管理检查记录

系统名称				施工许可证（开工证）	
建设单位				项目负责人	
设计单位				项目负责人	
监理单位				总监理工程师	
施工单位		项目经理		项目技术负责人	

序号	项　　目	内　　容
1	现场质量管理检查制度	
2	施工安全技术措施	
3	主要专业工种操作上岗证书	
4	分包方确认与管理制度	
5	施工图审查情况	
6	施工组织设计、施工方案及审批	
7	施工技术标准	
8	工程质量检验制度	
9	现场设备、材料存放与管理	
10	检测设备、计量仪表检验	
11	开工报告	
12		
13		
14		
检查结论： 总监理工程师　　　　（建设单位项目负责人）：　　年　　月　　日		

附录B 工程实施及质量控制记录

B.0.1 工程实施及质量控制记录，见表B.0.1。

表B.0.1 设备材料进场检验表

系统名称：__________ 工程施工单位：__________ 编号：

序号	产品名称	规格、型号、产地	主要性能/功能	数量	包装及外观	检测结果		备注
						合格	不合格	

施工单位人员签名：	监理工程师（或建设单位）签名：	检测日期：

注：在检查结果栏，按实际情况在相应空格内打“√”，左列打“√”视为合格，右列打“√”视为不合格；
2 备注格内填写产品的检测报告和记录是否齐备。

B.0.2 隐蔽工程（随工检查）验收表，见表B.0.2。

表B.0.2 隐蔽工程（随工检查）验收表

系统名称：______________　　　　　　　　　　　　　　　　　　编号：

<table>
<tr><td colspan="2">建设单位</td><td colspan="2">施工单位</td><td colspan="2">监理单位</td></tr>
<tr><td colspan="2"></td><td colspan="2"></td><td colspan="2"></td></tr>
<tr><td rowspan="5">隐蔽工程（随工检查）内容与检查结果</td><td rowspan="2">检查内容</td><td colspan="4">检查结果</td></tr>
<tr><td colspan="2">安装质量</td><td>楼层（部位）</td><td>图号</td></tr>
<tr><td></td><td colspan="2"></td><td></td><td></td></tr>
<tr><td></td><td colspan="2"></td><td></td><td></td></tr>
<tr><td></td><td colspan="2"></td><td></td><td></td></tr>
<tr><td colspan="6">验收意见：</td></tr>
<tr><td colspan="2">建设单位/总包单位</td><td colspan="2">施工单位</td><td colspan="2">监理单位</td></tr>
<tr><td colspan="2">验收人：
日期：
盖章：</td><td colspan="2">验收人：
日期：
盖章：</td><td colspan="2">验收人：
日期：
盖章：</td></tr>
<tr><td colspan="6">注：
1 检查内容包括：1）管道排列、走向、弯曲处理、固定方式；2）管道连接、管道搭铁、接地；3）管口安放护圈标识；4）接线盒及桥架加盖；5）线缆对管道及线间绝缘电阻；6）线缆接头处理等。
2 检查结果的安装质量栏内，按检查内容序号，合格的打“√”，不合格的打“×”，并注明对应的楼层（部位）、图号。
3 综合安装质量的检查结果，在验收意见栏内填写验收意见并扼要说明情况。</td></tr>
</table>

B.0.3 更改审核表，见表B.0.3。

表B.0.3 更改审核表

系统（工程）名称：________　　　　　　　编号

更改内容	更改原因	原　　为	更 改 为

<table>
<tr><td>申请：

日期：</td><td rowspan="4">分
发
单
位</td><td></td></tr>
<tr><td>审核：

日期：</td><td></td></tr>
<tr><td>批准：

日期：</td><td></td></tr>
<tr><td>更改实施日期：</td><td></td></tr>
</table>

B.0.4 工程安装质量及观感质量验收记录，见表 B.0.4。

表 B.0.4 工程安装质量及观感质量验收记录

系统（工程）名称：＿＿＿＿＿ 施工单位：＿＿＿＿＿ 编号：

<table>
<tr><td rowspan="2">设备名称</td><td rowspan="2">项目</td><td rowspan="2">要求</td><td rowspan="2">方法</td><td rowspan="2">主观评价</td><td colspan="2">检查结果</td><td rowspan="2">抽查百分数</td></tr>
<tr><td>合格</td><td>不合格</td></tr>
<tr><td></td><td></td><td></td><td></td><td></td><td></td><td></td><td></td></tr>
<tr><td></td><td></td><td></td><td></td><td></td><td></td><td></td><td></td></tr>
<tr><td></td><td></td><td></td><td></td><td></td><td></td><td></td><td></td></tr>
<tr><td></td><td></td><td></td><td></td><td></td><td></td><td></td><td></td></tr>
<tr><td></td><td></td><td></td><td></td><td></td><td></td><td></td><td></td></tr>
<tr><td></td><td></td><td></td><td></td><td></td><td></td><td></td><td></td></tr>
<tr><td>检查结果</td><td colspan="3"></td><td>安装质量
检查结论</td><td colspan="3"></td></tr>
<tr><td colspan="4">施工单位人员签名：</td><td colspan="3">监理工程师（建设单位）签名：</td><td>验收日期：</td></tr>
<tr><td colspan="8">注：
1 在检查结果栏，按实际情况在相应空格内打“√”（左列打“√”，视为合格；右列打“√”，视为不合格）。
2 检查结果：K_s（合格率）=合格数/项目检查数（项目检查数如无要求或实际缺项未检查的，不计在内）。
3 检查结论：K_s（合格率）⩾0.8，判为合格；K_s<0.8，判为不合格；必要时作简要说明。
4 主观评价栏内填写主观评价意见，分“符合要求”和“不符合要求”；不符合要求者注明主要问题。</td></tr>
</table>

B.0.5 系统试运行记录，见表 B.0.5。

表 B.0.5 系统试运行记录

系统名称：＿＿＿＿＿＿ 建设（使用）单位：＿＿＿＿＿＿ 编号：

施工单位：＿＿＿＿＿＿ 设计单位：

日期/时间	系统运行情况	备 注	值班人
值班长签名：		建设单位代表签名：	
注： 系统运行情况栏中，注明正常/不正常，并每班至少填写一次；不正常的在备注栏内扼要说明情况（包括修复日期）。			

附录C 检 测 记 录

系统检测记录由检测机构专业人员填写。

C.0.1 智能建筑工程分项工程质量检测记录，见表C.0.1。

表C.0.1 智能建筑工程分项工程质量检测记录表 编号：

单位（子单位）工程名称			子分部工程	
分项工程名称			验收部位	
施工单位			项目经理	
施工执行标准名称及编号				
分包单位			分包项目经理	
检测项目及抽检数量		检测记录		备 注
检测意见： 监理工程师签字： （建设单位项目专业技术负责人） 日期：			检测机构负责人签字： 日期：	

C.0.2 子系统检测记录，见表 C.0.2。

表 C.0.2 子系统检测记录 编号：

<table>
<tr><td>系统名称</td><td></td><td>子系统名称</td><td></td><td>序号</td><td></td><td>检测部位</td><td></td></tr>
<tr><td>施工单位</td><td colspan="5"></td><td>项目经理</td><td></td></tr>
<tr><td>执行标准
名称及编号</td><td colspan="7"></td></tr>
<tr><td>分包单位</td><td colspan="2"></td><td colspan="2">分包项目经理</td><td colspan="3"></td></tr>
<tr><td rowspan="7">主控项目</td><td rowspan="2">系统检测内容</td><td rowspan="2">检测规范的规定</td><td rowspan="2" colspan="2">系统检测评定记录</td><td colspan="2">检测结果</td><td rowspan="2">备注</td></tr>
<tr><td>合格</td><td>不合格</td></tr>
<tr><td></td><td></td><td colspan="2"></td><td></td><td></td><td></td></tr>
<tr><td></td><td></td><td colspan="2"></td><td></td><td></td><td></td></tr>
<tr><td></td><td></td><td colspan="2"></td><td></td><td></td><td></td></tr>
<tr><td></td><td></td><td colspan="2"></td><td></td><td></td><td></td></tr>
<tr><td></td><td></td><td colspan="2"></td><td></td><td></td><td></td></tr>
<tr><td rowspan="3">一般项目</td><td></td><td></td><td colspan="2"></td><td></td><td></td><td></td></tr>
<tr><td></td><td></td><td colspan="2"></td><td></td><td></td><td></td></tr>
<tr><td></td><td></td><td colspan="2"></td><td></td><td></td><td></td></tr>
<tr><td rowspan="3">强制性条文</td><td></td><td></td><td colspan="2"></td><td></td><td></td><td></td></tr>
<tr><td></td><td></td><td colspan="2"></td><td></td><td></td><td></td></tr>
<tr><td></td><td></td><td colspan="2"></td><td></td><td></td><td></td></tr>
<tr><td colspan="8">检测机构的检测结论：

检测负责人： 年 月 日</td></tr>
<tr><td colspan="8">注：
1 检测结果栏中，左列打“√”为合格，右列打“√”为不合格；
2 备注栏内填写检测时出现的问题。</td></tr>
</table>

C.0.3 强制措施条文检测记录，见表 C.0.3。

表 C.0.3 强制措施条文检测记录

编号：

<table>
<tr><td>工程名称</td><td colspan="3"></td><td>结构类型</td><td colspan="4"></td></tr>
<tr><td>建设单位</td><td colspan="3"></td><td>受检部位</td><td colspan="4"></td></tr>
<tr><td>施工单位</td><td colspan="3"></td><td>负责人</td><td colspan="4"></td></tr>
<tr><td>项目经理</td><td></td><td>技术负责人</td><td></td><td>开工日期</td><td colspan="4"></td></tr>
<tr><td colspan="9">检测依据《智能建筑工程施工质量验收规范》GB 50339—2003</td></tr>
<tr><td>条 号</td><td>项 目</td><td colspan="3">检 查 内 容</td><td colspan="4">判 定</td></tr>
<tr><td>5.5.2</td><td>防火墙和防病毒软件</td><td colspan="3">检查产品销售许可证及符合相关规定</td><td>A</td><td>B</td><td>C</td><td>D</td></tr>
<tr><td>5.5.3</td><td>智能建筑网络安全系统检查</td><td colspan="3">防火墙和防病毒软件的安全保障功能及可靠性</td><td>A</td><td>B</td><td>C</td><td>D</td></tr>
<tr><td>7.2.6</td><td>检测消防控制室向建筑设备监控系统传输、显示火灾报警信息的一致性和可靠性</td><td colspan="3">1 检测与建筑设备监控系统的接口
2 对火灾报警的响应
3 火灾运行模式</td><td>A</td><td>B</td><td>C</td><td>D</td></tr>
<tr><td>7.2.9</td><td>新型消防设施的设置及功能检测</td><td colspan="3">1 早期烟雾火灾报警系统
2 大空间早期火灾智能检测系统
3 大空间红外图像矩阵火灾报警及灭火系统
4 可燃气体泄漏报警及联动控制系统</td><td>A</td><td>B</td><td>C</td><td>D</td></tr>
<tr><td>7.2.11</td><td>安全防范系统对火灾自动报警的响应及火灾模式的功能检测</td><td colspan="3">1 视频安防监控系统的录像、录音响应
2 门禁系统的响应
3 停车场（库）的控制响应
4 安全防范管理系统的响应</td><td>A</td><td>B</td><td>C</td><td>D</td></tr>
<tr><td>11.1.7</td><td>电源与接地系统</td><td colspan="3">1 引接验收合格的电源和防雷接地装置
2 智能化系统的接地装置
3 防过流与防过压元件的接地装置
4 防电磁干扰屏蔽的接地装置
5 防静电接地装置</td><td>A</td><td>B</td><td>C</td><td>D</td></tr>
</table>

“判定”填写说明：

1 A表示符合强制性标准；B表示可能违反强制性标准，经检测单位检测，设计单位核定后，再判定；C表示违反强制性标准；D表示严重违反强制性标准。

2 由多项内容组成为一条的强制性条文，取最低级判定为条的判定。

C.0.4 系统（分部工程）检测汇总表，见表C.0.4。

表C.0.4 系统（分部工程）检测汇总表

系统名称：__________ 施工单位：__________ 编号：

<table>
<tr><td rowspan="2">子系统名称</td><td rowspan="2">序　号</td><td rowspan="2">内容及问题</td><td colspan="2">检测结果</td></tr>
<tr><td>合格</td><td>不合格</td></tr>
<tr><td></td><td></td><td></td><td></td><td></td></tr>
<tr><td></td><td></td><td></td><td></td><td></td></tr>
<tr><td></td><td></td><td></td><td></td><td></td></tr>
<tr><td></td><td></td><td></td><td></td><td></td></tr>
<tr><td></td><td></td><td></td><td></td><td></td></tr>
<tr><td></td><td></td><td></td><td></td><td></td></tr>
<tr><td></td><td></td><td></td><td></td><td></td></tr>
<tr><td></td><td></td><td></td><td></td><td></td></tr>
<tr><td></td><td></td><td></td><td></td><td></td></tr>
<tr><td colspan="2">检测机构项目负责人签名：</td><td>检查结论</td><td colspan="2"></td></tr>
<tr><td colspan="2">检测人员签名：</td><td colspan="3">检测日期：</td></tr>
<tr><td colspan="5">注：
在检测结果栏，按实际情况在相应空格内打“√”（左列打“√”，视为合格；右列打“√”，视为不合格）。</td></tr>
</table>

附录D 分部（子分部）工程竣工验收记录

表D.0.1和表D.0.2由验收机构负责填写。

D.0.1 资料审查，见表D.0.1。

表D.0.1 资料审查

系统名称：______________　　　　　　　　　　　　　　　编号：

序号	审查内容	审查结果				备注
		完整性		准确性		
		完整（或有）	不完整（或无）	合格	不合格	
1	工程合同技术文件					
2	设计更改审核					
3	工程实施及质量控制检验报告及记录					
4	系统检测报告及记录					
5	系统的技术、操作和维护手册					
6	竣工图及竣工文件					
7	重大施工事故报告及处理					
8	监理文件					
9						
10						
11						
审查结果统计：		审查结论：				
审查人员签名：			日期：			

注：

1 在审查结果栏，按实际情况在相应的空格内打“√”（左列打“√”，视为合格；右列打“√”，视为不合格）。

2 存在的问题，在备注栏内注明。

3 根据行业要求，验收组可增加竣工验收要求的文件，填在空格内。

D.0.2 竣工验收结论汇总，见表 D.0.2。

表 D.0.2 竣工验收结论汇总

系统名称：________ 施工单位：________ 编号：

项目	结论	签名
工程实施及质量控制检验结论		验收人签名： 年 月 日
系统检测结论		验收人签名： 年 月 日
系统检测抽检结果		抽检人签名： 年 月 日
观感质量验收		验收人签名： 年 月 日
资料审查结论		审查人签名： 年 月 日
人员培训考评结论		考评人员签名： 年 月 日
运行管理队伍及规章制度审查		审查人员签名： 年 月 日
设计等级要求评定		评定人签名： 年 月 日
系统验收结论		验收小组（委员会）组长签名： 日期：
建议与要求： 验收组长、副组长（主任、副主任）签名：		

注：

1 本汇总表须附本附录所有表格、行业要求的其他文件及出席验收会与验收机构人员名单（签到）。

2 验收结论一律填写“通过”或“不通过”。

附录E 住宅（小区）智能化体系结构框图

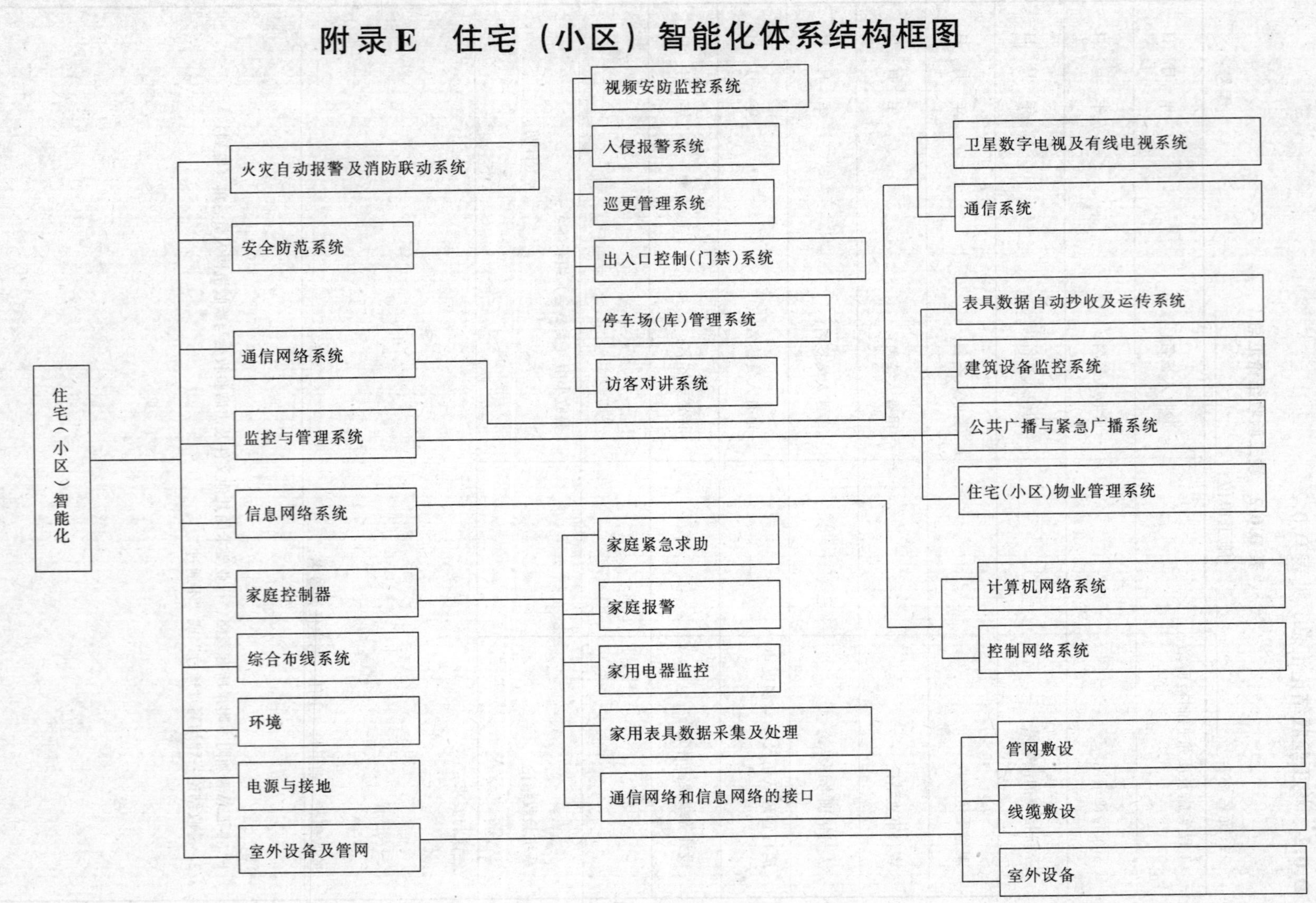

附录F 智能建筑工程体系结构图

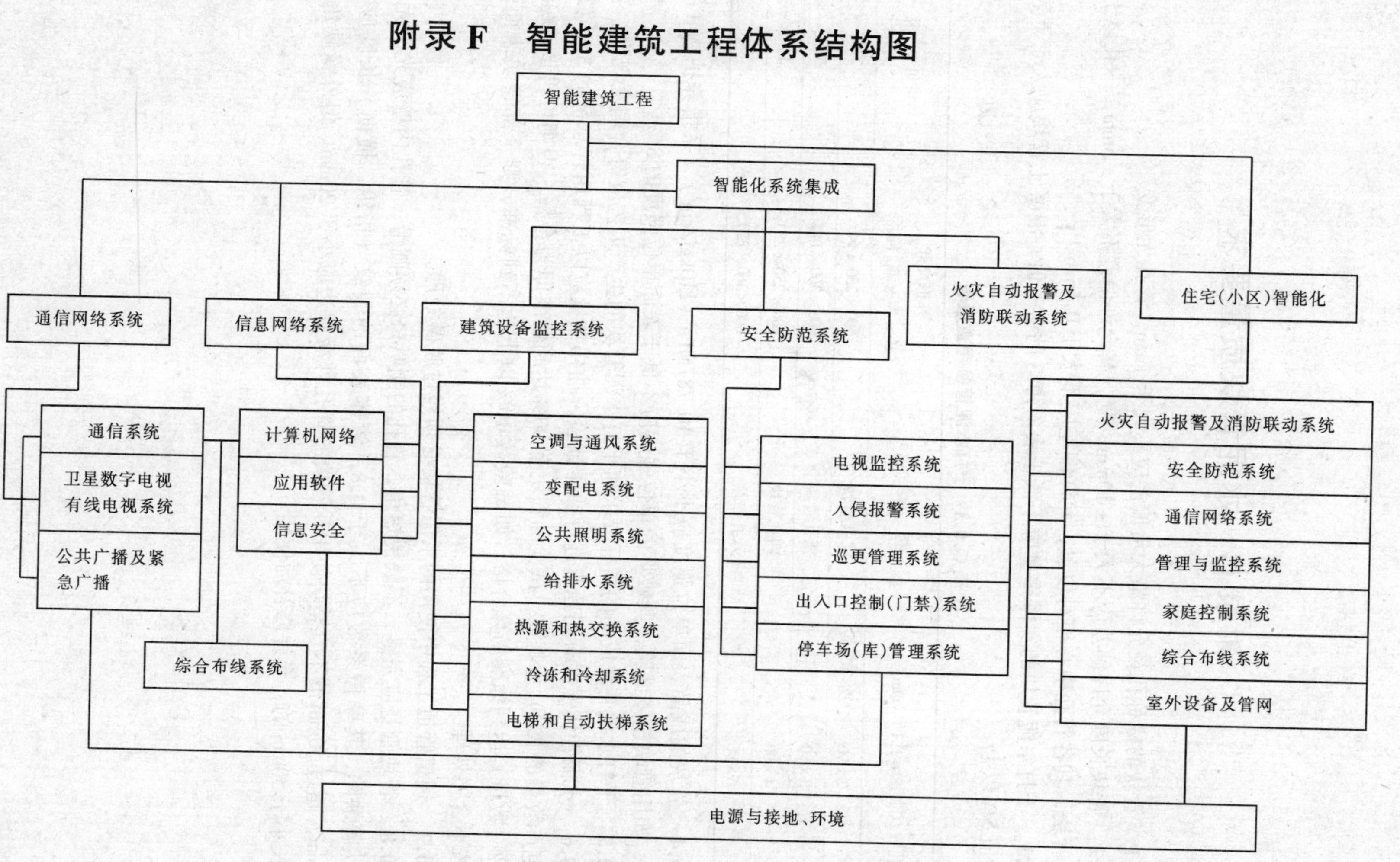

附录G 水泥管块质量要求

G.0.1 管块的标称孔径允许最大负偏差应不大于1mm，管孔无形变。

G.0.2 管块长度允许偏差应不大于±10mm，宽、高允许偏差不大于±5mm，一孔以上的多孔管块，其各管孔中心相对位置，允许偏差应不大于0.5mm。

G.0.3 干打水泥管块的实体重量应不低于表G.0.3的参考值，混凝土管块应大于下表的参考值5%以上。

表G.0.3 干打水泥管参考重量表

孔数（个）×孔径（mm）	标 称	外形尺寸 长×宽×高（mm）	重量kg/根
2×90	二孔管块	600×250×140	27
3×90	三孔管块	600×360×140	37
4×90	四孔管块	600×250×250	45
6×90	六孔管块	600×360×250	62

G.0.4 管块的成品表面单位强度应不小于10.787MPa（110kgf/cm^2）（系指养护28d的试块），如用管块整体试验，其破坏的单位强度应不低于表面单位强度的8%。

G.0.5 干打水泥管块成品的指标要求和干打水泥管块的生产工艺应符合国家规定。

G.0.6 水泥管块强度有问题应进行抽样试验，抽样数量应以工程用管总量的3‰（或大分屯点数量的3‰）为基数，试验的管块有90%达到标准即为合格，否则可再试3‰，其90%（数量）达到标准仍算合格。如试验数10%以上达不到标准，则全部管块表面强度应按不合格处理。

G.0.7 通信管道工程中使用的水泥管块必须经过脱碱处理。

G.0.8 管块管身应完整，不缺棱短角，管孔的喇叭口必须圆滑，管孔内壁应光滑无凹凸起伏等缺陷，其摩擦系数应不大于0.8，管体表面的裂纹（指纵、横向）长度应小于50mm，超过50mm的不宜整块使用。管块的管孔外缘缺边应小于20mm，但外缘缺角的其边长小于50mm的，允许修补后使用。

附录 H　五类、超五类、六类对绞电缆性能比较

H.0.1　五类、超五类、六类对绞电缆性能比较，见表 H.0.1。

H.0.1　五类、超五类、六类对绞电缆性能比较

类别频率	五类			超五类			六类		
MHz	A	N	I	A	N	I	A	N	I
1	2.0	62	100 ± 15	2.0	65	100 ± 15	1.9	74	100 ± 15
4	4.1	53		4.1	56		3.7	75	
10	6.5	47		6.5	50		5.9	59	
16	8.2	44		8.2	47		7.5	56	
20	9.2	43		9.2	46		8.4	55	
31.25	11.7	40		11.7	43		10.6	52	
62.5	17.0	35		17.0	38		15.4	47	
100	22.0	32		22.0	35		19.8	44	
200							29.0	40	
250							32.8	38	

其中：

A—衰减（dB/km）；

N—近端串音（dB/km）；

I—特性阻抗（Ω）。

附录I 五类、六类布线系统性能参数比较

I.0.1 五类、六类布线系统性能参数比较，见表I.0.1。

I.0.1 五类、六类布线系统性能参数比较

参数内容	带宽（MHz）	链路模型参数值		永久链路优于基本链路参数值
		6类永久链路	5类基本链路	
插入衰耗（衰减）	100	18.5db	21.6db	3.1db
	250	30.7db	—	—
近端串音（NEXT）	100	41.8db	29.3db	12.5db
	250	35.3db	—	—
近端串音的功率和（PowerSum NEXT）	100	39.3db	24.5db	14.8db
	250	32.7db	—	—
远端串音（FEXT）	100	24.2db	17.0db	7.2db
	250	16.2db	—	—
等电平远端串音的功率和（PowerSum ELFEXT）	100	21.2db	14.4db	6.8db
	250	13.2db	—	—
衰减—串音衰减比率 ACR	100	23.4db	7.7	15.7
	250	4.6db	—	—
衰减—串音衰减比率的功率和（PowerSum ACR）	100	20.8db	—	新增内容
	250	2.0db	—	—
回波损耗（水平电缆）	100	14.1db	10.1db	4.0db
	250	11.3db	—	—
时延	100	490ns	510ns	20ns
	250	490ns	—	—
时延偏差	整个频率	44ns	45ns	1ns

附录J 本标准参考的标准规范

1.《工程建设标准强制性条文》;

2.《智能建筑设计标准》GB/T 50134—2000;

3.《建筑电气工程施工质量验收规范》GB 50303—2002;

4.《电气装置安装工程施工及验收规范》GB 50254—GB 50259;

5.《民用建筑电气设计规范》JGJ/T 16—92;

6.《电气装置安装工程电缆线路施工及验收规范》GB 50168—92;

7.《电气装置安装工程接地装置施工及验收规范》GB 50169—92;

8.《通信电源设备安装工程验收规范》YD 5079;

9.《城市住宅区和办公楼电话通信设施验收规范》YD 5048;

10.《电信交换设备过电压过电流防护技术要求及试验方法》YD/T 950—1998;

11.《建议电信交换设备过电压和过电流能力》ITU—TK.20;

12.《汉字电传机技术要求及试验方法》YD/T 626—1997;

13.《市内电话线路工程施工及验收技术规范试行》YDJ 38—85;

14.《程控电话交换设备安装工程验收规范》YD 5077;

15.《会议电视系统工程设计规范》YD 5033;

16.《不对称数字用户线（ADSL）话音分离器技术要求和测试方法》YD/T 1187—2002;

17.《接入网设备测试方法——带话音分离器的不对称数字用户线（ADSL）》YD/T 1055—2000;

18.《基于ADSL的用户接入网网管标准》YD/T 1147;

19.《30MHz～1GHz声音和电视信号电缆分配系统》GB 6510—86;

20.《有线电视系统工程技术规程》GB 50200—94;

21.《工业企业共用天线电视系统设计规范》GBJ 120—88;

22.《民用建筑电气设计规范》JGJ/T 16—92;

23.《有线电视广播系统技术规范》GY/T 106—92;

24.《厅堂扩声特性测量方法》GB/T 4959—1995;

25.《歌舞厅扩声系统的声学特性指标与测量方法》WH 0301—93;

26.《体育馆声学设计及测量规范》;

27.《电子计算机房设计规范》GB 50174—93;

28.《建筑与建筑群综合布线系统 工程设计规范》GB/T 50311—2000;

29.《建筑与建筑群综合布线系统工程施工及验收规范》GB/T 50312—2000;

30.《商业建筑电信布线标准》EIA/TIA 568A;

31.《用户建筑综合布线》ISO/IECIS O11801;

32.《建筑通信线路间距标准》EIA/TIA 569；
33.《商业建筑通信接地要求》EIA/TIA 607；
34.《软件工程术语》GB/T 11457—1995；
35.《软件维护指南》GB/T 14079—93；
36.《质量管理和质量保证标准》GB/T 19001—IS 09001；
37.《质量管理和质量保证标准在软件开发、供应和维护中的使用指南》GB/T 19003—1997；
38.《防静电工程技术规范》上海市标准 DBJ 08—83—2000；
39. IEEE802 局域网、城域网技术标准；
40.《涉密信息设备使用现场的电磁泄漏发射保护要求》BMB5；
41.《涉及国家秘密的计算机信息系统保密技术要求》BMZ1；
42.《涉及国家秘密的计算机信息系统安全僚誉评测指南》BMZ3；
43.《建设工程施工现场供用电安全规范》GB 50194；
44.《施工现场临时用电安全技术规范》JGJ 46；
45.《工业自动化仪表工程施工及验收规范》GB/T 93—2003；
46.《自动化仪表安装工程质量检验标准》GBJ 132—90；
47.《现场设备、工业管道焊接工程施工及验收规范》；
48.《电梯制造与安装安全规范》GB 7588—1995；
49.《电梯安装验收规范》GB 10060—93；
50.《电梯技术条件》GB/T 10058—1997；
51.《电梯试验方法》GB/T 10059—1997；
52.《电气装置安装工程电梯电气装置施工及验收规范》GB 50182—93；
53.《自动扶梯和自动人行道的制造与安装安全规范》GB 16899—1997；
54.《火灾自动报警系统施工及验收规范》GB 50166；
55.《火灾自动报警系统设计规范》GB 50116；
56.《消防电子产品环境试验方法和严酷等级》GB 16838；
57.《民用闭路监视电视系统工程技术规范》GB 50198；
58.《文物系统博物馆安全防范工程设计规范》GB/T 16571；
59.《银行营业场所安全防范工程设计规范》GB/T 16676；
60.《安防视频监控系统技术要求》GA/T 367；
61.《入侵探测器》GB/T 10408.1～10408.9；
62.《入侵报警系统技术要求》GA/A368；
63.《防盗报警控制器通用技术条件》GB/T 12663；
64.《安全防范工程程序与技术》GA/T 75—94；
65.《安全防范系统验收规则》GA 308—2001；
66.《黑白可视对讲系统》GA/T 269—2001；
67.《工业电视系统工程设计规范》GBJ 115—87；
68.《住宅设计规范》GB 50096—1999；
69.《本地网通信线路工程验收规范》YD 5051—97；

70.《通信管道工程施工及验收技术规范》YDJ 39—90;
71.《地下通信管道用塑料管》YD/T 841—1996;
72.《电信网光纤数字传输系统工程施工及验收暂行技术规定》YDJ 44—89;
73.《市内通信全塑电缆线路工程施工及验收技术规范》YD 2001—92 ;
74.《铜芯聚烯烃绝缘铝塑综合护套市内通信电缆进网要求》YD/T 630—93 ;
75.《架空通信线路铁件》YD/T 206.1~29—1997;
76.《大楼通信综合布线》YD/T 926.1~3—1997;
77.《数字通信用实芯聚烯烃绝缘水平对绞电缆》YD/T 1019—2001;
78.《美洲商务建筑布线标准》EIA/TIA—568A 、TIA/EIA 568B.2;
79.《美洲商务建筑通信的通道和空间标准》EIA/TIA—569 ;
80.《非屏蔽双绞线电缆布线系统现场测试传输性能规范》TIA/EIA TSB67;
81.《钢结构防火涂料应用技术规范》CECS 24：90;
82.《计算软件开发规范》GB 8566—87;
83.《计算机软件开发质量及配套管理计划规范》GB 12504~12509—90;
84.《建筑物防雷设计规范》GB 50057—2000;
85.《建筑物防雷设施安装图集》国标 99D562;
86.《国际电工技术委员会雷电磁脉冲防护标准》IEC 1312—1;
87.《国际保险研究会浪涌保护器标准》UL 1449;
88.《英国国家浪涌保护器标准》BS 6651—1992;
89.《浪涌保护器标准》IEC 61643—1;
90.《低压浪涌保护器的选择与应用》UTEC 15—443;
91.《澳大利亚和新西兰浪涌保护器标准》NZS/AS 1768—1991;
92.《美国国家标准协会/国际电气和电子工程学会浪涌保护器标准》ANSI/IEEEC 62.41;
93.《法国国家低压浪涌保护标准》NFC 61740;
94.《德国国家电气浪涌保护器标准》VDE 0675;
95.《居室空气中甲醛的卫生标准》;
96.《住宅装饰装修验收标准》DB31/T 30—1999;
97.《城市区域环境噪声标准》GB 3096—1993;
98.《城市区域环境噪声测量方法》GB/T 14623—1993;
99.《环境空气质量标准》GB 3095—1996;
100.《环境空气质量功能区划分原则与技术方法》HJ/T 14—1996;
101.《隔声窗》HJ/T 17—1996;
102.《通风消声器》HJ/T 16—1996;
103.《500kV 超高压送变电工程电磁辐射环境影响评价技术规范》HJ/T 24—1998;
104.《烟气采样器技术条件》HJ/T 47—1999;
105.《烟尘采样器技术条件》HJ/T 48—1999;
106.《固定污染源烟气连续排放监测系统技术要求及检测方法》HJ/T 76—2001;
107.《电磁辐射防护规定》GB 8702—1988;

108.《建筑装修施工质量验收规范》GB 50305;
109.《信息技术设备的抗干扰标准》EN 55024;
110.《抗静电放电干扰标准》IEC 801—2ESD;
111.《抗辐射干扰标准》IEC 801—3;
112.《抗无线电脉冲干扰标准》IEC 801—4EFT;
113.《信息技术设备无线电干扰特征的限值和测量方法》CISPR22;
114.《陆地移动通信设备电磁兼容性技术要求测量方法》;
115.《工业科学和医疗（ISM）射频设备电磁干扰特性的测量方法和极限》;
116.《声音、电视广播接收机及有关设备无线电干扰特性限值和测量方法》;
117.《照明设备及类似设备无线电干扰特性》;
118.《家用和类似用途电动工具及类似电器无线电干扰特性限值和测量方法》;
119.《信息技术设备抗扰度限值和方法》;
120.《30Hz～1GHz 声音和电视信号的电缆分配系统设置与部件辐射干扰特性允许值和测量方法》;
121.《低压电气电子设备发出的谐波电流极限》;
122.《居住区智能化系统配置与技术要求》
123. EN50082—X 抗干扰标准;
124. EN55022 电磁发射测量标准;

本标准用词说明

1 为便于在执行本规范条文时区别对待，对要求严格程度不同的用词，说明如下；

1）表示很严格，非这样做不可的用词：

正面词采用“必须”，反面词采用“严禁”。

2）表示严格，在正常情况下均应这样做的用词：

正面词采用“应”，反面词采用“不应”或“不得”。

3）表示允许稍有选择，在条件许可时，首选应这样做的用词：

正面词采用“宜”，反面词采用“不宜”。

表示有选择，在一定条件下可以这样做的用词，采用“可”。

2 本标准中指明应按其他有关标准、规范执行的写法为“应符合……要求或规定”或“应按……执行”。